现代农业机械设计理论与应用

贾洪雷 等 著

科学出版社
北京

内 容 简 介

本书仅就农业机械的最新研究成果进行论述，这些机具主要适用于中国北方旱作区（特别是东北垄作区）。本书从现代农艺的要求出发，与近年来出现的蓄水保墒、培肥地力耕作方法研究紧密融合，对所研制的耕整地、少免耕播种施肥施药、玉米收获及秸秆籽粒处理等系列新型机具进行介绍，并对其设计理论、研究方法、试验和应用等进行阐述。将现代农业装备研制与保护性耕作模式研究紧密结合、将理论与实践紧密结合、将产学研紧密结合。本书具有系统性、创新性和实用性。

本书可供高等院校相关专业教师及本科生、研究生参考，对农机科研单位、农机企业相关人员，以及其他从事农机工作特别是保护性耕作技术研究、推广及管理的人员会有较大帮助。

图书在版编目（CIP）数据

现代农业机械设计理论与应用/贾洪雷等著. —北京：科学出版社，2020.6
ISBN 978-7-03-064388-9

Ⅰ. ①现… Ⅱ. ①贾… Ⅲ. ①农业机械–机械设计–研究 Ⅳ. ①S220.2

中国版本图书馆 CIP 数据核字(2020)第 022461 号

责任编辑：李秀伟 陈 倩 赵晓廷 / 责任校对：严 娜
责任印制：肖 兴 / 封面设计：刘新新

科学出版社 出版
北京东黄城根北街 16 号
邮政编码: 100717
http://www.sciencep.com

北京汇瑞嘉合文化发展有限公司 印刷

科学出版社发行 各地新华书店经销

*

2020 年 6 月第 一 版 开本：787 × 1092 1/16
2020 年 6 月第一次印刷 印张：38 1/2
字数：913 000

定价：480.00 元

(如有印装质量问题，我社负责调换)

作 者 简 介

贾洪雷，1957 年 12 月生，博士。吉林大学生物与农业工程学院、工程仿生教育部重点实验室教授、博士生导师、唐敖庆特聘教授。

1982 年 1 月大学本科毕业于吉林农业大学农机系，分配到吉林省农业机械研究所（2000 年后更名为吉林省农业机械研究院）从事农机科研工作，后考入吉林大学农业机械化与自动化专业攻读博士学位，师从马成林教授，并调入吉林大学工作。现任吉林省机械化保护性耕作研究中心主任、东北保护性耕作系统工程技术研究中心主任、吉林省现代农业装备产业公共技术研发中心主任，国家先进农业装备制造技术专家组成员，科技部“十三五”农业农村科技创新专项规划评估专家组成员，面向 2035 年的国家中长期科技发展规划农业农村专题智能农机装备领域专家组成员，中国农业机械学会理事兼耕作种植机械分会副主任委员，《农业机械学报》编委，全国农业机械标准化技术委员会耕种和施肥机械分会委员等职。

主要从事保护性耕作技术与现代农业机械研究等，主持国家高技术研究发展计划（863 计划）、国家科技支撑计划和国家重点研发计划等国家及省部级课题 30 余项，研制开发农机新产品 10 余种，并大量推广应用，截至 2018 年底，以第一或通讯作者发表 SCI/EI 检索论文 102 篇，获专利 58 件，省部级一等奖 3 项、二等奖 2 项。2010 年被评为吉林省第十一批有突出贡献的中青年专业技术人才，2016 年课题组获吉林省首批重大科技项目研发人才团队称号。

《现代农业机械设计理论与应用》著者名单

吉林大学：

贾洪雷　黄东岩　齐江涛　庄　健　袁洪方　赵佳乐

郭　慧　王　刚　王文君　刘慧力　郭明卓

吉林省农业机械研究院：

刘昭辰　范旭辉　刘春喜　李洪刚　赵文罡

吉林农业大学：

王增辉　徐艳蕾

吉林省农业科学院：

卢景忠

长春市农业机械研究院：

宋相礼

长春市信息中心：

刘　晖

序　一

《现代农业机械设计理论与应用》一书是贾洪雷及其团队研究工作的结晶。

贾洪雷同志是我培养的博士，他从 1982 年大学毕业开始，先后在吉林省农业机械研究院和吉林大学生物与农业工程学院从事农机专业科研教学工作，至今已近 40 年。

近 20 多年来，贾洪雷带领的由教授、工程师和博士、硕士等组成的团队对保护性耕作系统及其配套机械，以及机械仿生学的应用进行了潜心研究。获得了国家和省部的大力支持，主持立项研究了 863 计划项目、国家科技支撑计划项目、国家农业科技成果转化资金项目，以及吉林省科技发展计划项目等，取得了卓越的创造性成果。结合现代农艺的要求，研制并成功应用了与保护性耕作配套的一系列耕整地、少免耕精密播种、自控施肥施药、收获及联合作业机械，在设计理论方法上取得了一系列突破，为机械仿生学在农业机械上的应用进行了有益的探索。推出并试验成功了一种三年轮耕保护性耕作模式。先后获得省部级一等奖 3 项，取得国家发明专利数十件，发表高水平论文百余篇，培养博士、硕士数十人。由于科研教学成绩突出，贾洪雷被聘为吉林大学唐敖庆特聘教授。

贾洪雷等通过综合归纳提升上述研究成果，编写成《现代农业机械设计理论与应用》一书，该书的出版对农业机械学科的教学科研设计和管理推广有参考价值，也将对保护性耕作系统的发展起到一定的推动作用。

马成林

2019 年 3 月于吉林长春

序　二

“农业的根本出路在于机械化”，为了加速我国的现代农业建设，国家着力扶持和发展适合中国国情的农机装备。我国农机工作者通过长期努力，研究出一批先进适用、具有原创性的农机装备和关键技术，促进了我国农业现代化的发展。《现代农业机械设计理论与应用》一书正是贾洪雷教授所带领的团队将历经 20 余年潜心研究的科研成果与实践经验高度凝练总结所成。

《现代农业机械设计理论与应用》一书内容丰富，特点鲜明，研究方法先进，包含了保护性耕作技术与理论、仿生设计与制造、智能控制和精准农业等学科前沿热点，总结了作者长期深入农村与田间的实践经验，阐明了将先进学科技术融汇于实际生产中的理论方法与应用实例。该书重点论述了少免耕高效破茬防堵、高速精密播种、仿生高效减阻深松、低啃伤摘穗收获、高效低耗秸秆还田及三年轮耕机械化耕作法等技术的多学科交叉研究方法与机理；详细阐述了多功能耕整机、耕播联合机、免耕播种机、深松整地联合作业机和玉米收获与秸秆处理等机具的设计理论及应用，充分体现了现代农机研制与农艺的融合，取得了一批原创性成果，该书的出版将对我国北方旱作区全程机械化起到积极的促进作用。

书中的内容有广泛的适应性，是“借鉴过去，构思未来”的重要参考。

是为序。

罗锡文

2019 年 3 月

前 言

人类历史的发展表明，生产工具的技术水平，在相当程度上标志着社会生产力的水平，同样，农业生产工具（统称为农业机械）的发展水平，标志着农业生产力的发展水平。农业机械化就是先进科学技术的物化，没有先进的农业机械，就不可能有农业现代化，也就不能全面建成小康社会。

中国是旱作农业大国，其中以东北垄作区与西北黄土高原区为主体的北方旱作区，构成我国最具代表性的旱作农业区。传统耕作方式耕翻频繁，土地长时间裸露休闲，造成作业成本高，水土流失加剧，土壤退化严重，蓄水保墒能力下降，因此急需改变传统的农业生产模式。推行以秸秆还田和少免耕为核心的机械化保护性耕作技术，已在国内外被证明是最行之有效的方法。保护性耕作在北美洲（美国、加拿大等）、南美洲（巴西、阿根廷、巴拉圭等）、大洋洲（主要是澳大利亚）各地已是主流的耕作模式，在欧洲、亚洲、非洲亦不断推进，将传统耕作模式改造成现代的新型耕作模式。机械化保护性耕作技术的重要特征是农机与农艺的紧密融合。

针对在北方旱作区（特别是东北垄作区）开展保护性耕作的需要，开展秸秆-根茬粉碎还田、表土耕作、深松、少免耕播种（施肥）、植保（防治病虫草害）、玉米收获及干燥等配套机具研制，用现代农业装备改造传统耕作技术，逐步达到减轻土壤侵蚀、蓄水保墒、培肥地力、减排降耗的效果。

从 20 世纪 90 年代，特别是 21 世纪初之后，作者及其团队，在 863 计划课题“田间多功能蓄水保墒耕作机具与成套设备研制及产业化开发”及其滚动课题的资助下，与西北农林科技大学一起，研制成功了一套适合东北垄作区及西北黄土高原区的保护性耕作模式成套机具，同时创建了新的耕作模式：东北垄作三年轮耕法及西北自然降水高效利用模式。之后在国家科技支撑计划项目（“仿生智能作业机械研究与开发”“玉米种植机械关键技术和装备研究与示范”“大豆、马铃薯机械化高效生产技术及装备研究与示范”“秸秆直接循环利用模式配套机具研发与技术集成示范”）、国家农业科技成果转化资金项目（“仿生减阻深松机和蓄水保墒耕作模式的中试与示范”“三年轮耕耕作模式及配套机具中试与示范”等）、吉林省科技发展计划项目（“吉林省保护性耕作关键技术研究与开发”“黑土区保护性耕作模式和配套机具研究”“行间互作保护性耕作模式配套玉米收获机研发”“玉米秸秆捡拾打捆机研制与开发”等）、吉林省全程农机化项目等大力资助下，将工程（机械）仿生技术、智能控制技术、先进制造技术和现代农艺等引入农业设备研制中，使机具性能、规格、品种不断丰富提高，将配套齐全、设计新颖、性能先进、使用可靠的机具呈现在人们面前。这些机具可适应北方旱作区，特别是东北垄作区多种保护性耕作模式各作业环节的需求。基于此，著者将 20 多年来新耕法及其配套装备研究技术理论创新与实践应用成果，总结提炼汇集成本书。

本书是结合保护性耕作模式来介绍北方旱作区（主要是东北垄作区）保护性耕作各种新型机具设计理论、设计方法、试验方法及实践应用成果的专著。除绪论外共12章，第1章为耕法（北方旱作区保护性耕作），第2～4章是耕整地机械（包括旋耕-碎茬、秸秆-根茬粉碎还田、深松整地机械），第5～8章是播种施肥施药机械（包括精密播种、免耕播种、耕播联合作业及植保机械），第9～11章是收获机械（包括玉米收获、玉米秸秆捡拾、粮食干燥等机械设备），第12章为农业机械作业质量智能监测系统。论述整机设计的10章（第2～11章），各章都选择1种或多种代表性机具进行详细阐述，并将其核心工作部件的优化设计、参数选择等进行了论述。

绪论与各章撰写人员如下：绪论，刘昭辰、贾洪雷、黄东岩、刘晖；第1章，刘昭辰、贾洪雷、黄东岩、刘晖、郭明卓、赵佳乐；第2章，贾洪雷、刘昭辰、黄东岩、王增辉；第3章，黄东岩、贾洪雷；第4章，庄健、贾洪雷、赵文罡、范旭辉；第5章，范旭辉、贾洪雷、李洪刚；第6章，赵佳乐、贾洪雷、黄东岩、郭明卓、范旭辉；第7章，郭慧、贾洪雷、王文君、刘昭辰；第8章，徐艳蕾、卢景忠、宋相礼、黄东岩；第9章，王刚、贾洪雷；第10章，袁洪方、贾洪雷、刘昭辰；第11章，刘春喜、贾洪雷、刘昭辰、袁洪方；第12章，齐江涛、黄东岩、刘慧力。

本书由贾洪雷、刘昭辰拟出写作提纲，由贾洪雷、刘昭辰、黄东岩、宋相礼初审，由贾洪雷、刘昭辰、黄东岩统稿，邀请马成林、张振京、李子林主审，由贾洪雷定稿。特别要感谢任露泉院士和马成林教授，两位导师始终是作者及团队科研工作的领路人。马成林教授和罗锡文院士为本书作序，在此深表谢意。本书的内容是在吉林大学生物与农业工程学院、吉林大学工程仿生教育部重点实验室等诸多教师、研究生，以及吉林省农业机械研究院、吉林农业大学、吉林省农业科学院、延吉插秧机制造有限公司、吉林省康达农业机械有限公司、黑龙江省勃农兴达机械有限公司、吉林省农业机械化管理中心等单位相关同志大力协助下研究完成的，在此一并表示感谢。

本书可供高等院校相关专业教师及学生（本科生、研究生）参考，对农机科研单位、农机企业相关人员会有所帮助，对其他从事农机工作特别是保护性耕作技术研究、推广及管理的人员会有较大帮助，它将对保护性耕作特别是北方旱作区保护性耕作及装备研制的发展与推广起到推动作用。

由于机械化保护性耕作技术及现代农业机械的研究是一个涉及多学科的系统工程，书稿内容虽经长达几年的多次修改及反复论证，但因作者水平所限，不足之处在所难免，请读者批评、指正，以便进一步修改完善。

著　者

2019年3月于吉林长春

目 录

绪　论

1 引　言

我国的农业素以精耕细作闻名于世，已有 5000 多年的农耕文明史。我们用了世界上 7%的耕地，养活了占世界 22%的人口，这是很了不起的成就，在这里农业机械功不可没。

农业生产力包括农业劳动者（有相当生产技能的农民）与农业生产资料（主要是土地和农业生产工具）。我国农民一直以勤劳、智慧而著称，农田（土地）则是大自然赐给我们的宝贵财富。生产力的发展，首先是从生产工具的变革与发展开始的。因此，要进一步发展农业生产力，要把落后的农业改造成现代化的农业，就必须创造并使用各种先进的生产工具——农业机械。

农业机械化是农业现代化的重要内容。它不仅可提高农业劳动生产率，提高单位面积产量，改善农业劳动条件，还可完成人类自身无法完成的劳动，促进农业生产的发展。

习近平总书记于 2015 年 5 月 27 日，在华东七省（市）党委主要负责同志座谈会上指出，同步推进新型工业化、信息化、城镇化、农业现代化，薄弱环节是农业现代化。实现农业现代化，已成为全面建成小康社会的关键，而实现农业机械化是重中之重。

农业机械是农业生产中使用的各种复杂机器和简单农具的总称。农业生产包括农、林、牧、副、渔等诸多方面，因而农业机械种类繁多。它不仅包括在粮、棉、油、菜、糖、果、烟、茶、丝、麻、药、杂等所有种植业及鸡、鸭、猪、牛、羊和渔业等各种饲养加工业中所使用的机器与工具，还包括开荒、造林、草原更新、农副产品加工及物料储运等所用机械[1-3]。随着农业生产的发展，农业机械种类越来越多，越分越细，像畜牧、排灌、林业、渔业等机械，多已独立形成体系，目前所指的农业机械，主要侧重种植机械方面，如耕整地、播种施肥、栽植、田间管理、收获等各种作业机械。

本书仅就旱田田间作业机械的最新研究成果进行论述，而且这些机具主要适用于北方旱作区（特别是东北垄作区）的农艺技术要求，并且以近年来与农业生产中新出现的蓄水保墒培肥地力耕法（以多种模式的保护性耕作技术为主）相配套的新机具为主，并没有面面俱到。特别是多数农业机械著作及教材中作为重点内容介绍及论述的铧式犁的设计计算，因其在保护性耕作技术中很少涉及，所以在本书中并未介绍。因为我们是以玉米种植收获机械研制为主，所以对谷物联合收获机也未介绍。至于用于经济作物、蔬菜等的农业机械，本书更没有涉及，本书亦未涉及水田机械。本书取名“现代”，主要是针对现在正大力推行的新耕法（保护性耕作技术模式）中新研制的各类机具及关键零部件。因包含新耕作模式、新型机具，故暂取“现代”二字，以此区别于传统耕法与传统机具。

2　农业机械化的发展历史

中国在仰韶文化时期（公元前4800年到公元前2900年）已有石器农具。龙山文化时期（公元前2800年到公元前2300年）已有木、石、骨、陶制农具，公元前770年（东周）开始使用铁器，春秋末战国初（公元前475年）铁制农具被广泛使用，促进了农业发展。耒耜是最早的松土耕地工具，后来的犁就是由它演变而来的。在三代（夏商周）时期（公元前21世纪开始）创造了耦耕法，产生了人畜牵引的犁的雏形，到唐代时已臻完善。用工具进行播种开始较晚，公元前90年，汉朝赵过发明了三脚耧（三行条播器），可“日种一顷”，一脚耧、两脚耧应发明更早。此前还有可进行点播的瓠种（点播器）问世，类似后来的“点葫芦”，靠人工控制株行距。中耕除草松土的工具，如石锄，在龙山文化时期已有。收割用的工具，如专收禾穗的工具——铚，在仰韶文化时已有雏形，其他如脱粒、清选、磨米磨面、汲水灌溉、运输等各种器具在我国古代都已创造出来并广泛用于农业生产中。到元明时代各种农业生产工具有300余种。但由于我国长期受到封建统治及百余年帝国主义的侵略，农业生产及工具改革发展缓慢[1-3]。

世界上的其他文明古国，如古埃及、古希腊、古印度、古波斯等，使用农业生产工具也都很早。古埃及在公元前25世纪、西亚的美索不达米亚平原在公元前36世纪、古印度在公元前20世纪也都开始使用原始的犁。但国外农业生产工具在公元前9世纪以后的26个世纪中，几乎没有很大发展。直到18世纪欧洲产业革命萌发，各种生产工具突飞猛进。19世纪70年代，美国制成了以内燃机为动力的拖拉机，从此世界农业机械的发展踏入了一个新的阶段[2, 4]。

美国学者凯普纳等著的《农业机械原理》（原著第二版，中译本第一版，1978）开篇第一段话就是：“上一世纪在农业生产中使用机器是美国农业的一个突出发展。农业机械化使数以百万计的农业劳动力走向其他工业部门，从而对美国工业的显著扩展做出了贡献。”

农业机械化是“用机器逐步代替人、畜力进行农业生产的技术改造和经济发展的过程”[5]。

农业机械化可节省大量劳动力，满足了其他工业发展的需要。1870年，美国全部劳动力中有一半以上在农村；到90年后的1960年，每12个劳动力中只有1人务农[4]；1969年，就达到了每22个劳动力中只有1人务农了！1986年美国每100hm^{2}耕地拥有拖拉机动力121.75kW，每个农业劳动力拥有70.6kW[2]。至2012年，美国的务农人口约占总人口的2%，人均谷物占有量为1160kg，农业生产中，几乎事事离不开机器。美国国家工程院组织工程科技界评选出20世纪对人类社会做出最伟大贡献的20项工程科技成就，“农业机械化”被列为第七位[6]。美国《大西洋》月刊（2013年11月）认为联合收割机是自车轮问世以来，改变人类历史进程的50大发明之一，它推动了农业现代化。

我国的农业机械化，是从中华人民共和国成立后开始起步的。20世纪50年代，国家采取各种措施，积极推广新式农具（主要有双轮双铧犁和水泵等）、创办机械化农场、成立农机站、组建农机拖拉机厂、建立农机科研院所及学校，到“一五”结束时（1957

年），全国机耕面积已达 133 万 hm^2，生产大型农机具近 3 万台。到 20 世纪 60 年代前期，农业机械化在纠正了“左”的思潮影响后，获得了稳步发展。“文化大革命”十年当中，国民经济发展受到极大影响，但为了实现毛泽东主席提出的“在 1980 年基本上实现农业机械化”的目标，农业机械化仍获得了“大发展”，拖拉机、农用拖车、机动植保机械、联合收获机等在数量上都有大幅增长。但是，由于农业机械化技术选择的主体是政府而不是农民，这些机具都是国家生产，分给社队使用，而不管农民的需求，因而许多机具并未能发挥效用。到 70 年代，除机耕面积及机电排灌面积分别达到 44%和 55%外，机播仅 8.9%，机收仅 2.1%，机插还不到 1%，其他如畜禽饲养、林木、水产养殖、农副产品加工等机械化水平则更低[2]。与在“1980 年基本上实现农业机械化”要求相差甚远。这种做法超出了实际可能，违背了经济规律，使农民在农机化的推进上缺乏动力，反而使经济效益下降，挫伤了农民应用农业机械技术的积极性。

改革开放，给农业机械化的发展带来了新机遇和新挑战。包产分田到户，使大型机具无用武之地，但适合一家一户使用的小型拖拉机却成了广大农民的抢手货。

从 1983 年，我国放松了政策，允许农户购买拖拉机等大中型农业机械，农机家庭经营主体地位形成，广大农民探讨出多样化的小生产与大市场的有效对接形式，又由于农业生产是自然再生产，适合家庭分散经营，20 世纪 90 年代我国农业机械化获得快速发展，促进了以机械服务为纽带的合作，其中股份合作制也逐步发展起来。1996 年，国家有关部委开始组织小麦跨区机收服务，探索出了解决小农户生产与农机规模化作业之间矛盾的有效途径，中国特色农业机械化发展道路初步形成。

我国于 21 世纪初（2001 年 12 月 11 日）正式成为世界贸易组织成员，我国农产品市场逐步开放，同时扩大农产品出口的有利条件进一步增多。在融入经济全球化的进程中，我们肩负着把我国尚处于弱势地位的传统农业，建设成为高产值、高效率、高效益的现代基础产业的艰巨任务，还面对国际经济一体化、新技术革命、经济信息化、市场化等一系列挑战。

农业机械化是我国加入世界贸易组织后农业结构调整的必然趋势，是农业产业化的必要措施，是农业现代化的重要内容和主要标志。随着农业机械数量的增加，为使其高效、优质、低耗运转，迫切需要建立健全农业社会化服务体系，各类农机合作组织应运而生。而合理的土地流转，是实施现代农业机械化的首要前提[7]。

2002 年，党的十六大明确提出了全面建设小康社会的奋斗目标。报告指出“坚持党在农村的基本政策，长期稳定并不断完善以家庭承包经营为基础、统分结合的双层经营体制。有条件的地方可按照依法、自愿、有偿的原则进行土地承包经营权流转，逐步发展规模经营。”十八大报告明确指出，发展农民专业合作和股份合作，培育新型经营主体，发展多种形式规模经营，构建集约化、专业化、组织化、社会化相结合的新型农业经营体系。

中共中央、国务院通过各年度的一号文件，明确指出，农业合作社是带动农户进入市场的基本主体，是发展农村集体经营的新型实体，是创新农村社会管理的有效载体。具体明确了创新农业生产经营体制，稳步提高组织化程度的方针政策，鼓励和支持承包土地向专业大户、家庭农场、农民合作社流转。

经过长时间的探索，党中央尊重广大农民的首创精神，在 2016 年 8 月 30 日中央全面深化改革领导小组第二十七次会议上，审议通过了《关于完善农村土地所有权承包权经营权分置办法的意见》，明确实行土地所有权、承包权、经营权（简称“三权”）分置并行，使生产关系更好地适应生产力发展的客观规律，顺应广大农民保留土地承包权、流转土地经营权的意愿，有利于促进土地资源合理利用，构建新型农业经营体系，发展多种形式适度规模经营，提高土地产出率、劳动生产率和资源利用率，推动现代农业发展，这是继实行家庭联产承包责任制后，农村的又一次伟大变革。党的十九大进一步肯定这项制度，并明确“保持土地承包关系稳定并长久不变，第二轮土地承包到期后再延长三十年。”这为加快实现农业机械化奠定了基础。

党始终把解决好农业农村农民（即“三农”）问题放在重中之重，坚持工业反哺农业、城市支持农村和多予少取放活方针，加大强农惠农富农政策力度。2004 年起全国范围内实行种粮直补，启动实施了农机购置补贴、良种补贴，并于 2006 年 1 月 1 日起废止《中华人民共和国农业税条例》，全部取消了农业税，这一系列政策极大地调动了农民种粮积极性，提高了产量，增加了农民收入。

随着县域经济的发展和乡镇企业的发展，其吸纳了大量农村劳动力，还有许多农民进城务工，造成农业劳动力紧张，从而使得对农业机械化的需求比以前任何时期都迫切。

2004 年 11 月，《中华人民共和国农业机械化促进法》颁布实施，这是我国第一部关于农业机械化的法律，从科研开发、生产流通、质量保证、推广使用、社会化服务等方面制定了促进农业机械化发展的扶持措施，标志着我国农业机械化发展进入了依法促进的快车道。2004～2009 年的中央一号文件中，都把加快推进农业机械化作为转变农业生产方式，实现农业现代化的重要措施与手段。

2006 年中央一号文件中明确要求：“大力推进农业机械化，提高重要农时、重点作物、关键生产环节和粮食主产区的机械化作业水平”[8]。2007 年中央一号文件中还提出了大力推广精量播种、水稻插秧、土地深松、化肥深施、秸秆粉碎还田等农机化技术及加快用信息技术装备农业[10]。在 2008 年进一步提出：“加快推进粮食作物生产全程机械化”，加强先进适用、生产急需农业机械的研发，重点在粮食主产区加快推广应用[9]。

大力开发推广资源节约型和保护生态环境的农业技术，建设环境友好型社会，始终是中央重点关注的问题，多次提出“积极实施东北黑土区等水土流失综合防治工程”[8, 10]。从 2005 年开始提出“改革传统耕作方式，发展保护性耕作”，而后多次反复强调实施保护性耕作示范工程，推广保护性耕作技术。发展节地、节水、节肥、节药、节种的节约型农业，生产和使用节电、节油农业技术装备[8]。

2012 年中央一号文件还对农业技术创新提出了明确要求：“加快推进前沿技术研究，在农业生物技术、信息技术、新材料技术、先进制造技术、精准农业技术等方面取得一批重大自主创新成果，抢占现代农业科技制高点”[11]。

当前我国经济发展进入新常态，在资源环境约束下，提升农业可持续发展能力，是必须应对的一个重大挑战。要“加快农业科技创新，在智能农业、农机装备、生态环保等领域取得重大突破”[12]。

经过改革开放，特别是 21 世纪以来党和国家贯彻落实一系列强农惠农富农方针政策，我国的农业机械化事业获得了长足的发展，取得了实实在在的成就。到中华人民共和国成立六十周年前夕的 2008 年底，农业总动力达 8.22 亿 kW，是 1949 年的 1 万倍，1978 年的 6.85 倍；拖拉机保有量达 2022 万台（大中型 300 多万台）。全国耕种收综合机械化水平达到 45.8%，主要粮食作物生产机械化发展迅速，小麦综合生产基本实现了全程机械化，综合机械化水平达到 86%；水稻与玉米综合机械化水平均超过 51%，农机制造企业约为 8000 家，其中规模以上企业达 2000 多个，实现农机工业总产值 1915 亿元，是 1980 年的 18.5 倍。各类农机作业服务组织 16.56 万个，农机户总数 3833 万个（其中专业户 422 万个），农机维修点 21.6 万个。农机从业人员 4600 多万人，占乡村人口的 5%。中央财政农机具购置补贴从开始的 2004 年的 7000 万元增长到 2009 年的 130 亿元，带动了地方政府及农民和企业对农机化的投入。树立“立足大农业，发展大农机”的思路，借助各方面有利环境和因素，形成合力，推动了农机化事业快速发展。一种作物一种作物地研究，一个环节一个环节地解决，一个地区一个地区地推进，取得了良好成效。

到 2014 年底，全国农业机械总动力达到 10.81 亿 kW，耕种收综合机械化率达到 61.60%以上，我国农业生产方式已实现由人力畜力为主向机械作业为主的历史性跨越。农机工业总产值达到 3571 亿元，为 2008 年的 1.86 倍，居世界第一位，主要农机产品已能满足国内九成以上需求。2015 年，全国农业机械总动力达到 11.17 亿 kW，拖拉机 2310.41 万台（大中型 607.29 万台），稻麦联合收获机 131.84 万台，玉米联合收获机 42 万台，其他收获机械 161.56 万台，各种耕整机械 3576 万台，种植施肥机械 853 万台，机械喷雾（粉）机 618 万台，各类排灌机械 4788 万台（套）。耕种收综合机械化率 63.82%，机耕 11 987.6 万 hm^2，机耕率达 80.43%；机播 8665.1 万 hm^2，机播率达 52%；机收 8764.4 万 hm^2，机收率达 53.4%。四大作物综合机械化率：小麦 93.66%，玉米 81.21%，水稻 78.12%，大豆 65.85%。全国 2319 家规模以上农机企业主营业务收入 4283.68 亿元[13, 14]。2016 年，全国农业机械总动力达到 11.44 亿 kW，主要农作物耕种收机械化率达到 65%。农民合作社、农机服务组织等日益成为农机化应用新型主体，对配套化、多样化的农机装备和服务需求旺盛。

吉林省作为国家重要的商品粮基地，改革开放后，农业机械化始终走在全国前列。到 2014 年，全省农作物耕种收机械化水平达到 77.9%，机耕、机播、机收面积分别达到 7470 万亩①、7507 万亩、4365 万亩。前郭、榆树、公主岭等 3 个国家现代农业示范县（市），率先于 2015 年实现了粮食生产全程机械化。2016 年全省农业机械总动力为 3300 万 kW，拖拉机保有量 119.6 万台，水稻插秧机 6.38 万台，水稻收获机 1.99 万台，玉米收获机 5.08 万台，免耕播种机 2.4 万台，耕种收综合机械化率 84.5%。全省 30 个产粮大县（市、区），2020 年将基本实现粮食生产全程机械化。

3 农业机械的特点

农业机械工程是将机械工程的知识与技术应用到农业上。农业与工业及其他行业存

① 1 亩≈666.7m^2

在着根本不同，农业机械与其他行业机械有很大差异[2-4]。

（1）工作对象不同

农业机械工作对象多是土壤和生物体（植物和动物）。土壤本身就千差万别，而且同一种土壤随着含水量、气候等变化，性能都有很大差异，作物更是种类繁多、千姿百态。例如，现在东北垄作区几种主要作物：玉米、水稻、大豆、马铃薯、甜菜，它们的播种种植、收获、脱粒等各项作业，都必须使用各自的机具，一般无法通用。如果从全国范围内看，还有小麦、花生、油菜、棉花、甘蔗、红薯等众多作物，从种到收则需要更多的机具设备。这还没有包括果蔬、花卉、草业、丝麻、烟草、茶叶、药材等种植业，更不用说渔业、畜禽养殖及加工等行业了。农业机械可能是世界上种类和形式最多的机械类产品，至少也有两万种以上。

（2）作业环境不同

农业机械多数是在田间和露天场地工作，作业环境相对比较恶劣。泥土灰尘沙石、日晒风吹雨淋常伴左右，甚至在冰雪条件下工作，对机具的防尘密封、防腐防晒等性能要求很高。田间作业，地面起伏不平，机具振动、颠簸，加剧磨损、变形甚至造成损坏，影响寿命和可靠性。这与安放在工厂坚实地面或行驶在平滑路面上的其他机械完全不同。

（3）服务群体不同

农业机械的使用者（服务群体）是几千万个农机户（包括农机专业户），或由他们组成的农机专业股份合作社。我们必须把这些“动力”（农业机械）分送到各个工作场所（农机户），而不像其他机械行业，将作业移到一个集中的“动力厂”去完成。一个农机户（专业户或合作社）通常需要几种（台）不同的作业机械，才能完成耕、种、收等不同作业，而每种机具完成某项作业仅需很短时间，其他时间多为闲置，田间作业机具的年利用率是很低的，这可采用联户使用甚至跨地区作业的方法提高利用率；另外要尽量降低制造产品的成本，要使机器设计得尽量简单。要使用的机具设备种类较多，而每种机具每季使用时间较短，不像机床或汽车等操作者使用的对象几乎长年累月不发生变化，所以农业机械调整使用不应过于复杂，应便于使用者操作。

（4）设计制造方法不同

凯普纳说：“人们认为，农业机械设计这一领域对工程技术人员的工作能力的要求，要比任何其他工程领域高。”因为农业机械工作对象的特殊性，这就给理论分析带来很大困难，传统的理论分析与计算，往往只能得出定性的结论，所以对于农业机械设计问题，试验且重复多点试验是设计后所必不可少的环节。一个农机设计人员，往往只能掌握或熟悉少数几种农业机械的设计理论与方法，而对大量的自己并未亲自涉及的机具或部件，只能采用类比的方法逐步入门。例如，原来设计播种机的专家，要想去设计联合收割机，也要从头学习。即使你是谷物联合收割机的设计师，对玉米、棉花收获机的设计，则也是新课题；去设计马铃薯、红薯、花生、甜菜等收获机械，则是进入了全新领域。如果从旱田作业机具转向水田作业机具，更要重起炉灶。若从种植业“转行”到养殖业，要学的新东西就更多了。

农业机械作业复杂，农业机械在作业时，往往都不是完成单一的任务。例如，免耕播种机，一次作业要同时完成切断秸秆根茬、清除种床处茬草、开沟施肥、开沟播种、覆土、镇压等多种作业；玉米收割机，一次作业要完成割秆、摘穗、剥皮（剥去玉米穗苞叶）、秸（茎）秆粉碎还田、果穗装箱等多项作业，有的玉米联合收割机还可同时完成玉米穗的脱粒工作（玉米籽粒含水量要合乎要求）。近年来研制成功的各类联合（复式）作业机，功能更齐全，作业环节更多，这就对农业机械研究设计提出了更高要求，需要结构、机构创新。

要尽量降低机具的生产成本。农业机械上采用许多锻件、冲压件、铸件（铸铁、铸钢、铸铝）、注塑件等，而不进行任何切削加工，或仅作少许加工（如钻孔等），设计制造中多采用通用件（如排种器、摘穗辊、切割刀片等）。

农业机械的一项研究课题，往往涉及土壤和生物方面的问题，那就一定会有一些未知的或仅部分已知的不可控的可变因素。它们会对试验研究产生影响。试验设计是农业机械新产品设计不可缺少的组成部分，研究人员多运用数理统计的原理来设计试验方案和分析试验结果。如果试验进行很细致，测量很准确，一个按数理统计学原理设计的试验，将保证试验结果的最大可靠性和有用性。好的试验设计有两个特点：每一个试验处理要包括一定的重复次数（至少重复 2 次，多数情况下至少重复 4 次），以及试验的随机安排问题。

（5）农机农艺紧密结合

某种农业机械都是为满足某种（些）农艺要求而诞生的，农业机械应该是与工作对象联系最紧密的机械行业。随着农艺的改变，农业机械也要发生改变，随着现代农艺技术的不断发展，需要研制新的农业机械去满足新的农艺要求。例如，为满足保护性耕作技术的需要，人们就发明了适合秸秆还田地播种的免耕播种机，反之，正是免耕播种机的问世，才大大推动了保护性耕作技术的推广应用。长期的科研实践证明了这一点。在只进行根茬还田作业时，研究了碎茬机，后又发展成耕整联合作业机，之后农艺又要求秸秆也要还田，就研制了秸秆还田机及秸秆-根茬粉碎还田联合作业机。同样，根据现代农艺要求成功研制了免耕播种机、深松机、留高茬玉米收获机，并研制出适合宽窄行、均匀垄等各种不同农艺要求的现代农业机械。为了解决一些农机化的难题，农学家也从育种栽培技术等方面着手，研究出新品种或新农艺，使机械化成为可能。例如，通过小苗带土移栽及工厂化育秧，解决水稻插秧机械的推广难题。2014 年中央一号文件明确指出："培育推广一批高产、优质、抗逆、适应机械化生产的突破性新品种。""实现作物品种、栽培技术和机械装备的集成配套。"将农机与农艺结合，提高到国家层面的战略高度，从而将改变长久以来只能片面要求农业机械必须适应农艺技术的被动局面。

4　农业机械的发展趋势

发展资源节约型、生态友好型农业，是 21 世纪以来我们努力追求的目标。我们不仅要给子孙后代留下金山银山，更要留下绿水青山和清新空气。我国是缺地少水的农业大国，耕地及淡水资源短缺，始终是制约我国农业特别是北方旱区农业可持续发展的两大“瓶颈”，在我们研究与开发农业机械、实现农业机械化的进程中，必须要认真考虑这个问题。

几十年来，我国农业机械研制，经历了“选、改、创”的过程。早期主要学习苏联和当时东欧社会主义国家（民主德国、捷克斯洛伐克、波兰等）的技术及农机装备；改革开放后，旱田大型机具主要是学习美国及其他西方发达国家（德国、加拿大、澳大利亚、意大利等），小型及水田机械主要是学习日本、韩国等。将国外机具引进后试用选型，在此基础上改进，并研制出适合我国的新型机具。在学习国外先进经验的过程中，我国广大的农机工作者及工程技术人员，也发明创造了许多先进适用、农民爱不释手的农业机械，并已出口国外。

目前，发达国家农业机械化已达到相当高的水平，技术装备也向更高阶段发展。高速、宽幅、大型已是美国等先进国家农业机械的特征，而且向智能控制、联合作业、系列通用方向发展。这也应该成为当前我国农业机械发展的方向[2, 3]。

（1）发展高效的农业机械

研发适合大面积作业的高速、宽幅、大型农业机械及与其配套的大马力拖拉机，满足家庭农场及大型农业合作组织的需要。同时也要大力发展适应规模经营所需主要粮食作物及经济作物生产所需高效农机产品。

（2）发展系列通用农业机械产品

搞好农机产品及零部件的系列化、通用化、标准化（即“三化”）工作，使生产厂家机具系列型号完整齐全，满足各种不同农业条件及不同需求农户的需要，可增加生产批量，提高产品质量，降低生产成本，增强市场竞争力。还应使机具做到一机多用，像美国那样，一台谷物联合收割机，通过迅速更换不同割台，就可用来收获不同作物，如小麦、水稻、玉米、大豆等。而且前两种作物与玉米、大豆在东北地区的收获季节是错开的，这样的机具对养机户是很大的福音。

（3）大力发展保护性耕作技术及配套机具

东北黑土区是国家耕地保护的重点区域，保护耕地是生态农业建设的重要内容。重点发展精量免耕播种、化肥深施、深松整地、秸秆-根茬粉碎还田等蓄水保墒、培肥地力的关键机具装备。

（4）发展精准施肥、变量喷药等技术及装备

采用全球定位系统（global positioning system，GPS）、地理信息系统（geographic information system，GIS）和遥感（remote sensing，RS）系统，逐渐扩大精准施肥、变量喷药试点范围，减少化肥、农药（除草剂及杀虫剂）施用量，节省资源，减少污染，保护环境。这是日后长期发展的方向。

（5）运用新技术提高机具及零部件的性能

20 世纪 80 年代以后，农业装备的电子化、信息化已是发达国家农业装备技术创新的主流趋势，液压、气动等技术已广泛应用。工程仿生降阻减粘耐磨技术、计算机机器视觉技术等，已在农业机械整机设计特别是关键零部件设计中运用，并取得了成功，这在国内外已有许多实例。例如，工程仿生技术应用在土壤工作部件上，降阻减粘效果明显，应大力推广应用。

（6）发展急需缺门农机产品

“十三五”期间国家将水稻、玉米、小麦、马铃薯、棉花、油菜、花生、大豆、甘蔗等九大作物，在耕整地、种植、收获、植保、烘干、秸秆处理6个主要环节，作为实施主要农作物全程机械化的重点内容。

主要粮食作物的作业机械是目前发展的重点，但还有许多生产急需产品尚需解决。全国范围内有棉花、甘蔗、油菜收获机械等，适合山区丘陵地区使用的小型轻便的耕播收机械，蔬菜、花卉、果品、药材生产所需机具，畜禽集约化、工厂化饲养成套设备及饲料加工技术设备等。若全面建成小康社会，这些为农民致富的行业尤其要受到重视。

进入21世纪，世界各国特别是发达国家，农业机械产品更多种多样，性能更先进，使用更可靠，作业更精准化、智能化，更能满足人们使用的方便性、安全性与舒适性要求，其发展趋势表现在以下几个方面[2, 3]。

（1）向农业机械化的深度和广度发展

在粮食生产过程机械化基础上，各种经济作物、果蔬生产也实现了全部机械化。在畜禽饲养、设施农业、农产品加工等各方面美国都居世界先进水平，农业机械化使农业劳动力减至最少。在2010年，美国有220万户家庭农场，多个农场平均占有418英亩（约合2537亩）以上土地，每个农场劳动力平均仅为1.6个。

（2）先进科学技术在农业生产中广泛应用

各国正研究将卫星通信、遥感技术、电子计算机等应用到农业机械上，实现拖拉机和其他自走式农业机械无人驾驶、自动操作、自动监控，使各种农业机械更准确、迅速地实现耕、播、施、除草、收获等作业。农业机器人已走进人们的生活。

（3）保护农业生态环境，有效利用和节省资源的技术与装备进一步发展

节能、节地、节水、节肥、节药、节种的节约型农业机械应得到发展。要广泛采用低排放、低噪声、低振动的农业机械动力。

（4）农产品工业化、工厂化生产技术及装备，农产品的精深加工及加工过程中副产品高价值综合利用将继续快速发展蔬菜、花卉、果类生产，畜禽、水产品生产及深加工等技术装备得到发展。

（5）发展农用飞机

利用农用飞机、直升机和无人机进行播种、施肥、喷洒农药、森林灭火、人工降雨等，效率高、成本低、效果好，并可进入一般机械难以进入的地方。

（6）高度重视农机产品质量及“三化”，提高企业产品市场竞争力

国际上，大型拖拉机及农业机械产品已向五大公司约翰迪尔（John Deere）、凯斯纽荷兰（Case New Holland）、克拉斯（Claas）等集中。在日本，小型水田机械则向久保田等四大公司集中。大型跨国公司的产品，均有大中小型系列产品，适用不同地区、各种作物、不同购买力及使用水平的用户需要。采用先进的设计方法及制造技术，大大提升了机具制造质量及使用的可靠性。

（7）提高机具使用的安全性、舒适性及方便性

拖拉机及其他自走式农业机械的驾驶室，隔尘、隔热、隔噪声，且设有故障报警、作业量自动记录系统等；拖拉机设置安全防护架以防翻车对驾驶员的伤害；农业机械上

大量采用液压气动、电子控制等系统，提高操作方便性。

5 农业机械新产品研制程序

农机新产品的研制大体分为前期准备阶段、科研样机（或称性能试验样机）研制阶段、生产机型设计试验阶段[2, 4]。

（1）前期准备阶段

首先是确认和选定一项研究课题，这多是由农业生产的需要提出来的，并据此提出相应的农业技术要求、使用要求等。其次要详细收集国内外相关资料，了解与该课题相关机具的研制水平及主要技术参数，对拟研究的课题做出分析，并可组织一系列的试验工作，从而形成该课题的可行性分析报告，进而提出课题计划任务书（申报书），任务书中应明确任务来源、机具应用范围与技术经济指标等，还应提出时间进度要求。

（2）科研样机研制阶段

早期农业机械研究多采用试凑法及类比法，随着科技的发展，研制工作可以以前期研究获得的基本原理和资料作为依据。这段时间里，设计者要运用逻辑推理和大胆设想，进行多方案对比并选出最佳方案。

先应对研制机具拟采用的新型零部件进行攻关，如播种机具中排种器、开沟器，耕整机中的工作刀片，收割机中的切割刀片等。许多零部件可在理论分析基础上，通过优化设计、正交试验等方法，进行参数选择。

然后进行整机结构设计。设计工作进行中，应注意接受其他部门的建议和帮助（如作物、土壤等部门）。设计中要对现有资料（或机具）和过去的经验进行批判性吸收，对设计中的创新之处可申报专利。

完成设计后，要进行试制及试验。农业机械科学是一门试验科学，不经过反复试验是无法得到正确结论的。通过性能试验，发现问题，检验样机是否达到任务书的各项要求，如果未达到要求，要进行改进设计，有时甚至要推倒重来，失败在科学研究中是常有的事情。在性能问题解决之后，还要就机具的经济性、可靠性等方面问题进行考核，使其结构简单、可靠。

性能试验过关之后，还要根据相关行业（或国家）标准规定完成多点大面积生产考核，在此基础上由指定检测部门进行性能检测，并进行科研成果检测与评价（鉴定）。鉴定时除提供样机外，还要提供经过标准化审查的机具图样及一整套鉴定（验收）文件（如鉴定大纲、科技工作报告、综合研究报告或设计计算说明书、综合试验报告、查新报告、农机检测报告、国内外技术对比报告、经济效益及社会效益分析报告、用户意见、标准化审查报告、试制工作总结、使用说明书、课题计划任务合同书，有时还应提供技术条件）。

上面这些工作一般可由科研院所、大专院校或会同生产企业来完成，而进一步的试验设计工作，则必须由生产企业来完成。

（3）生产机型设计试验阶段

已通过科研成果鉴定的样机，并已被证明在经济上是可行的，就可设计制造正式投产更完善的样机。这时要考虑其受力、功耗、使用的可靠性、方便性、安全性及舒适性，还应考虑日后的维修保养问题。生产样机试制完成后交给各地区农户进行使用，严格考查机具的坚固耐用性、对不同地区与条件的适应性、易损件的使用寿命及机具使用的可靠性。某些关键零部件的磨损、疲劳、超载试验考核可在实验室中进行。

根据生产样机的田间及实验室试验结果，结合成本会计、质检人员、使用人员、工艺人员及其他审查过设计的人员的意见与建议，对产品进行必要修改，直至通过新产品鉴定，方可进行批量生产。先要进行小批试生产，验证生产图纸，同时可验证工厂的工装、工艺。如果小批生产销售经市场和用户验证取得成功，下一年度就可成批生产了。

投产之后的机具，仍可根据用户、生产部门等的意见进行改进设计，并且采用新材料、新工艺以降低成本或设法扩大机具的使用范围等。

6　本书的主要内容及创新点

农业机械研究，国际上主要有两个体系，一个是注重理论研究，可称为“理论派”，以苏联哥略契金院士为代表，出版大量著作，主要侧重理论分析及公式演绎；另一个是以美国为代表，注重应用研究，可称为“实践派”，主要著作是早年崔引安及张德骏教授等翻译的《农业机械原理》，书中基本上看不到理论公式，却介绍了各种农业机械结构形式及其功能[6]。

本书是作者及其团队根据近几十年的科研实践，以理论与实践相结合的方法，对承担的 863 计划项目、国家科技支撑计划项目与其他国家级、部级、省级等课题中研制的各种机具的设计理论及设计方法等进行的科学总结。

（1）主要内容

针对蓄水保墒培肥地力现代农业技术，提出了东北垄作区蓄水保墒三年轮耕机械化耕作法，并且研制出适合本耕法的一整套新型技术装备及适合其他保护性耕作模式的技术装备，如图 0-1～图 0-7 所示。本书就此进行了论述。

图 0-1　机械化保护性耕作技术模式示范基地（之一）

图 0-2 机械化保护性耕作技术模式示范基地（之二）

图 0-3 机械化保护性耕作技术模式示范基地（之三）

图 0-4 “十五”863 计划课题机具在中国长春国际农业·食品博览（交易）会展出（2005 年）

图 0-5 “十一五”国家科技支撑计划课题机具在中国长春国际农业·食品博览（交易）会展出（2009 年）

a. 课题机具

b. 机具作业现场

c. 机具中期检查现场(之一)

d. 机具中期检查现场(之二)

e. 2013年(郑州)国际农业机械展览会

图 0-6　“十二五”国家科技支撑计划玉米课题机具

a. 机具作业现场

b. 机具检测现场

c. 专家检查现场

图 0-7 “十二五”国家科技支撑计划大豆课题机具

1）北方旱作区保护性耕作模式（第 1 章）。

2）适应新耕法——保护性耕作的耕整地机械，包括新型旋耕-碎茬通用机及系列产品（第 2 章）、秸秆-根茬粉碎还田联合作业机（第 3 章）、深松整地联合作业机系列产品（第 4 章）。

3）适应新耕法的播种施肥施药机械，包括精密播种机系列产品（第 5 章）、免耕播种机（第 6 章）、耕播联合作业机系列产品（第 7 章）、智能变量植保技术与机械（第 8 章）。

4）收获机械，包括玉米收获机械（第 9 章）、秸秆捡拾打捆机（第 10 章）、粮食（玉米）干燥机械（第 11 章）。

5）作业质量监控系统（第 12 章）。

（2）创新点

本书是多年科研成果的总结，主要创新点有以下几个方面。

1）创立了东北垄作区蓄水保墒三年轮耕机械化耕作法，它包括地表植被覆盖与免耕播种技术、深松整地沟台换位交替休闲技术、留茬越冬与耕播植保联合作业技术。这是适合东北冷凉垄作区的保护性耕作模式。

2）构建了“三通型”（通用刀辊、通用刀盘、通用刀片）旋耕-碎茬通用技术。提出了旋耕-碎茬通用工作机理，发明了仿生旋耕-碎茬通用刀片及其在刀辊上的多头螺旋线对称排列法，发明了新型旋耕-碎茬通用机及耕整联合作业机，可完成收后播前的各项耕整（如碎茬、起垄、深松、施肥等）作业。

3）构建了秸秆-根茬同步处理技术。发明了（玉米）秸秆-根茬粉碎还田联合作业机，可一次完成秸秆粉碎还田、根茬粉碎还田及部分覆埋作业，解决了收后秸秆-根茬的处理问题。

4）构建了仿生减阻低扰动深松技术。成功研制出仿生减阻深松机、仿生深松变量施肥机及深松整地联合机，为此发明了空间曲面深松铲、叶片式碎土辊，采用了发明专利产品仿生柔性镇压辊、仿生减阻深松铲柄，提高松土系数，减少土壤扰动，降低深松阻力，减少功耗。

5）构建了高效清茬防堵、高精度播种技术，解决了北方旱作区多种保护性耕作模式的少免耕播种的关键问题，它包括清茬防堵技术、高效精播及漏播监测技术、耕播联合动态仿形技术、动态弹性镇压技术。研制了免耕播种机、精密播种机及耕播联合作业机系列产品，可完成秸秆覆盖、留高茬覆盖地上的各种农业要求的播种作业，为此发明了仿形爪式清茬草机构、变曲率轮齿破茬松土器、耕播机补偿式连接机构、双腔结构橡胶镇压轮、新型排种器（包括导种管）及漏播监测系统等。

6）发明了高留茬玉米收获机，解决了东北垄作区大力推广留高茬（30～50cm）越冬保护性耕作模式的玉米收获问题。为降低切割功耗，还发明了仿生锯齿锯片。

7）构建了一种提高玉米脱水效率的联合干燥法。发明了燃气直热与微波辅助联合干燥机，在国内首次将微波干燥技术应用于玉米烘干，提高了烘干效率，提高了烘干后粮食的品质。

截至2018年底，作者及其所率团队发表SCI/EI检索论文123篇；获美国发明专利1件，获国家发明专利95件（其中耕法1件，整机5件），另有22件发明专利在实审过程中，这期间还获得实用新型专利27件（其中整机12件），多项专利成果在书中进行了阐述或说明。

主要参考文献

[1] 刘仙洲. 中国古代农业机械发明史. 北京: 科学出版社, 1963.
[2] 北京农业工程大学. 农业机械学. 2版. 上册. 北京: 中国农业出版社, 1994.
[3] 耿瑞阳, 张道林, 王相友, 等. 新编农业机械学. 北京: 国防工业出版社, 2011.
[4] R. A. 凯普纳, 等. 农业机械原理. 崔引安, 张德骏，等译. 北京: 机械工业出版社, 1978.
[5] 余友泰. 农业机械化工程. 北京: 中国展望出版社, 1987.
[6] 赵匀. 农业机械分析与综合. 北京: 机械工业出版社, 2009.
[7] 张永田. 农业机械化的新探索. 长春: 吉林人民出版社, 2006.
[8] 中共中央 国务院. 关于推进社会主义新农村建设的若干意见. 人民日报, 2006-2-22(001).
[9] 中共中央 国务院. 关于切实加强农业基础建设 进一步促进农业发展农民增收的若干意见. 人民日报, 2008-1-31(001).
[10] 中共中央 国务院. 关于积极发展现代农业扎实推进社会主义新农村建设的若干意见. 人民日报, 2007-1-30(001).

[11] 中共中央 国务院. 关于加快推进农业科技创新持续增强农产品供给保障能力的若干意见. 人民日报, 2012-2-2(001).

[12] 中共中央 国务院. 关于加大改革创新力度加快农业现代化建设的若干意见. 人民日报, 2015-2-2(001).

[13] 陈巧敏. 中国农业机械化年鉴(2016). 北京: 中国农业科学技术出版社, 2016.

[14] 中国机械工业年鉴编辑委员会, 中国农业机械工业协会. 中国农业机械工业年鉴(2016). 北京: 机械工业出版社, 2017.

第 1 章　北方旱作区保护性耕作

本书中涉及的农业机械，基本都是通过 21 世纪初在我国开始大力推广的保护性耕作技术（主要是针对北方旱作农业区的多种保护性耕作模式）而研制的新型机具，故在介绍各类机具之前，先对有关保护性耕作技术的一些内容加以论述。

1.1　我国北方旱作区概况

我国北方旱作区（指北方年降水量低于 650mm 的旱区无灌溉条件雨养农业区），是北方旱区的重要组成部分。北方旱区包括东北平原垄作区、黄土高原区、农牧交错带（区）、西北绿洲农业区及华北平原一年两熟灌溉区，前 3 个区域为北方旱作区的主要所在区域。

1.1.1　我国北方旱作区基本情况

我国旱区农业主要分布在昆仑山、秦岭、淮河以北的 15 个省、自治区、直辖市（东北三省、华北五省区市、西北五省区及河南、山东等）广大地区，为北纬 33°20′～53°30′（从秦岭到北端黑龙江省的漠河北极村），东经 73°50′～135°05′（横跨我国最西端的帕米尔高原到最东端的乌苏里江与黑龙江交汇处），总土地面积占国土面积的 52.5%，人口占 43%，粮食产量占 46%。无灌溉条件的旱耕地约 3300 万 hm^2（1997 年数据），占全国旱耕地总面积的 75%。干旱区、半干旱偏旱区、半干旱区、半湿润偏旱区是旱区农业主体区域。我国将旱区农业扩大到半湿润偏旱区，这是我国的主要农业区[1-9]。

1）干旱区。年降水量＜250mm，降水条件无法满足农作物生长，必须靠引水灌溉，属无灌溉无农业区，也称为绿洲农业区，新疆是典型代表，此外还有甘肃河西走廊、陇西高原、宁夏北部、内蒙古西北部等，总面积达 284 万 km^2，约占国土面积的 29.5%，大面积是荒漠草地及半荒漠草地，耕地约 365 万 hm^2，81%是水浇地。

2）半干旱偏旱区。年降水量 250～300mm，60%～70%集中于夏季，是旱作农业北界，东起呼伦贝尔草原，西南经鄂尔多斯高原，过祁连山北到柴达木盆地外围。总面积 26 万 km^2，耕地约 166.5 万 hm^2。

3）半干旱区。年降水量 300～500mm，60%～70%集中于夏季，冬、春干旱严重。涉及三北地区，包括松嫩平原、黄土高原、内蒙古高原、华北平原，总面积 121.8 万 km^2，耕地约 1576.2 万 hm^2。

4）半湿润偏旱区。年降水量 500～650mm，但年度分布不均易引起春旱，总土地面积 66.2 万 km^2，耕地 1528.2 万 hm^2，此区内有许多地方有灌溉条件。

年降水量 650mm 以上地区，就属于半湿润及湿润区，已不属于旱区农业范围。

在旱区农业中，西北绿洲农业区气候干燥，降水稀少，年降水量 50～250mm，多数地区多年平均降水量不足 100mm，蒸发量却达 2000～3000mm，属中温干旱、半干旱偏旱气候区。绿洲农业是荒漠地区依靠地表水（河、湖）、地下水、泉水等进行灌溉的农业，多数依靠周围的高山雪水。水是其主要制约因素，是绿洲的命脉，更是绿洲农业的命脉所在。新疆等不应属于旱作农业区。节水、防风蚀是绿洲农业区推行保护性耕作的主要目标。

华北平原（也称为黄淮海平原）一年两熟灌溉区，包括华北地区的京津冀，以及河南、山东、陕西关中平原等，皖北苏北多是半湿润、湿润区，虽多有旱田种植，但基本不属于旱区农业区。该区人均耕地少，实行精耕细作、灌溉、一年两熟。灌溉是保证粮食高产稳产的主要因素，地下水位不断下降已对该区域（特别是京津冀地区）造成严重威胁。发展旱作节水型农业是本区域实行保护性耕作的主要目标。该区域多数旱田耕地采取灌溉措施，满足作物水分需要，所以华北平原灌溉区不属于旱作雨养农业区。

内蒙古的大兴安岭—阴山一线（大体是我国 400mm 降水量的等值线），是我国农区及牧区的分界线，这两大区域之间实际还存在一个农牧过渡带，称为农牧交错带（区），大致沿 400mm 降水等值线两侧分布，北起大兴安岭西麓的呼伦贝尔，向西南延伸，经内蒙古东南，沿长城经河北北部、山西北部、陕西北部、内蒙古的鄂尔多斯、宁夏中部、甘肃东北部，直到青海玉树，是从半干旱区向旱区过渡的广阔地带，面积达 160 万 km^2，600 多个县（市、旗），2 亿多人口。该区是我国面积最大、空间跨度最长的农牧交错带，也是世界四大农牧交错带之一。

因为区域跨度大，降水量（235～450mm）、无霜期（100～160 天）、年积温（大于 10℃年积温 1400～3500℃）差异均较大。此区域风多，年平均风速 3.0～3.8m/s。全年大于 5m/s 风速的天数为 30～100 天，农田退化、风蚀沙化严重，是我国生态环境最脆弱的地区之一，是全国生态环境重点建设整治区域。

从开展保护性耕作技术试验推广的角度，该区域又称为（中国）北部冷凉风沙区。该区存在的主要问题是：冬季气温低，春季干旱、风大，风蚀沙化严重，土壤贫瘠。实行保护性耕作的主要目标是：防治沙尘暴和土壤沙漠化，提高产量，培肥地力。因为该区域南北差异过大，又将内蒙古赤峰及其以北部分称为东北西部干旱风沙区，将河北与山西北部及内蒙古中南部部分地区称为华北长城沿线风沙区。

东北西部干旱风沙区，主要包括吉林白城，辽宁阜新、朝阳，以及内蒙古东部四市盟（呼伦贝尔市、通辽市、赤峰市及兴安盟，也就是早年的呼伦贝尔盟、哲里木盟、昭乌达盟及兴安盟，简称“东四盟”）大部分等广大地区，该区与东北平原垄作区连成一片，构成国家的商品粮基地——东北垄作区。

华北长城沿线风沙区，位于西北牧区与华北农区的过渡带，主要包括河北坝上地区、山西雁北地区及内蒙古中段南部丘陵山地区，是危害华北平原生态环境的重要沙尘源地。该区域南接黄土高原区。农牧交错带从长城沿线再向南，也与黄土高原相连。

这样，北方旱作区主体是东北垄作区及黄土高原区，在黄土高原农区向牧区过渡地带是农牧交错带（与黄土高原交织在一起）。北方旱作农业比较集中的有黑龙江、吉林、辽宁、内蒙古、山西、陕西、甘肃、宁夏、青海等 9 个省区。

我国的旱作农业，除扩大了地区范围，年降水量从<500mm，扩大至<650mm，另外，在特殊条件下要应用保墒措施，播种时可施水点播补墒，在经营农作物生产同时，因地适时种草种树，发展畜牧业和保护性林业。

北方旱区粮棉油林果畜的产量在全国占重要位置。到 20 世纪末，粮食产量占全国近 1/2，其中小麦占 70%、玉米占 80%、棉花占 61%、大豆占 72%、牛羊肉占 75%、奶类占 82%、羊毛羊绒占 93.3%，水果中苹果、梨、葡萄、枣、桃、杏产量均占全国 90%以上。北方旱区农业生产具有巨大发展潜力，但受制于土地及水两大资源“瓶颈”。

黄土高原区与农牧交错区（带），土壤贫瘠，退化、沙化严重。东北垄作区耕地也在严重退化，耕层变薄，有机质含量下降。需努力做好耕地资源保护工作。

水资源的制约形势更为严峻。我国水资源总量年平均为 28 100 亿 m^3，居世界第 6 位，但人均占有量仅为 2200m^3（世界人均为 7342m^3），仅为世界平均水平的 3/10，居资源统计 132 个国家的第 82 位。我国有 15 个省（自治区、直辖市）低于人均 1700m^3 的联合国规定的严重缺水线，其中有 10 个省（自治区、直辖市）低于人均 1000m^3 的生存起码标准，除上海外，其余省（自治区、直辖市）均在北方旱区农业区的区域内。我国长江流域以北地区，水资源仅占全国的 19.1%，西北和内蒙古六省区，土地面积占国土面积的 44.4%，但水资源仅占 9.7%。我国有超过一半的国土处于半干旱和干旱（降水量<500mm）区域。污染加剧、工农业生产用水矛盾加剧、气候变化加剧等，进一步增加了水资源对农业生产发展的制约。因此必须努力发展节水型农业。

1.1.2　黄土高原区简要情况

黄土高原是中国四大高原之一，也是世界上面积最大最集中的黄土区，是中华民族古代文明主要发祥地[1-6, 10-17]。

1.1.2.1　黄土高原的地理位置和区域划分

黄土高原东起太行山（约东经114°），西临青海省日月山（青海湖东岸，约东经110°30′），北接阴山长城沿线（约北纬41°），南至秦岭（约北纬34°）。东西长 1000km 以上，南北最宽处 750km，总面积 64 万 km^2。它包括山西省绝大部分（山西高原）、陕西省中北部（陕北高原）、内蒙古的鄂尔多斯高原及河套平原、宁夏回族自治区大部分（宁南高原）、甘肃省中东部（陇中高原及陇东高原）、青海省东北部湟水黄河谷地间的山地区及河南省西北丘陵区[15]。除部分石质山地外，大部分区域覆盖着深厚的黄土层。一般为 50～80m，最厚的达 150～180m。经流水长期侵蚀，逐渐形成千沟万壑、支离破碎的特殊自然景观。山地、丘陵、平原与宽阔谷地并存。地势由西北向东南倾斜，位于中国第二级阶梯上，海拔 500～3000m，多数在 1000～1500m。

以吕梁山和六盘山为界，把黄土高原分为东、中、西三部分：吕梁山以东部分，地势较低，为 500～1000m，河谷平原较多，亦有太行山等山地，已是高原东部边缘；在吕梁山与六盘山之间，是黄土高原中部，为高原主体，海拔 1000～2000m；六盘山以西是黄土高原西部，海拔 2000m 以上。按地形地貌类型黄土高原可分为如下 4 区。

1. 丘陵区

这是黄土高原中面积最大的地貌类型，占黄土高原面积 1/2 以上，主要包括六盘山至吕梁山之间的广大区域。

在六盘山以西，仅有陇中高原所属的丘陵区：其中临夏回族自治州内部分是土石丘陵，海拔 1900～2300m，相对高差 150～250m，侵蚀强烈；而白银市东南部的会宁至定西市所辖渭源、通渭等均分布有面积广大的黄土墚状丘陵，与六盘山以东的大面积黄土丘陵相似。

在吕梁山以东，只有太岳山外围的古县（为临汾市所辖）是黄土丘陵地貌，其余多集中在晋陕两省黄河两岸广大地区。山西省部分，从黄河东岸最北的河曲开始，南至永和，东临吕梁山东麓的汾西，从北到南跨过忻州、吕梁、临汾三市的晋西广大区域，有黄土墚状丘陵，也有黄土峁状丘陵；陕西省部分，从最北部县城府谷开始（属榆林市），向南到延安市所辖南部的宜川县，跨越陕西省面积最大的两个地级市，即陕西省富县—宜川县一线以北广大地区，都是黄土高原丘陵区，与山西省相对位置具有同样的地貌特征，海拔 1200～1600m，相对深度 150～200m，地面破碎，是黄土高原土壤侵蚀最强烈的地区。

丘陵区边缘处，多与黄土塬区接壤，大量黄土塬被流水沟谷分割成为条状残塬，塬面不断缩小，成为残塬墚状丘陵。

丘陵区边缘处，有许多石质山地或土石山地，还有许多块丘陵就处在山脉的外围地区，丘陵区与山地区彼此相连。

黄土丘陵区是黄土高原重要的农业区，耕地总面积大，但坡耕地、小块地多，土壤质地疏松、抗蚀能力差，雨量少而集中。该区是黄土高原水土流失最严重的侵蚀类型区。

主要种植小麦与玉米，此外还有马铃薯和杂粮。

2. 旱塬区

黄土塬，是指黄土覆盖较厚而且面积较大的平坦地面，周围为沟谷环蚀。塬面高出谷底百余米，黄土厚数十米。

洛川塬、董志塬、长武塬、白草塬是其代表。

洛川塬位于子午岭（在陇东高原与陕北高原交界处）和黄龙山（陕北高原中东部）之间的洛河中游，陕北黄土丘陵区之南，洛川县处于其中。为山间盆地，塬面向洛河倾斜。

董志塬介于泾河支流马莲河和蒲河之间，是陇东高原（甘肃省庆阳市）的重要组成部分，西北—东南走向，塬面开阔，海拔 1250～1400m，长约 80km，宽 5～10km，最宽处 20km。向南延伸是长武塬（已进入陕西省咸阳市内），位于泾河流域，塬面海拔 1000～1300m。

白草塬则处在陇中高原东北部（甘肃省白银市），黄河支流祖历河中下游，塬面海拔 1750～1900m，相对切割深度 180～200m。

在陕西关中盆地、山西汾河谷地及豫西、晋南黄河沿岸，分布有众多黄土台塬。关中黄土塬沿渭河两侧东西向分布，渭河北侧面积更广阔。两侧的关中台塬呈阶梯状向渭河倾斜，塬面平坦。汾河谷地黄土台塬沿汾河两侧分布，汾河下游浮山、翼城、霍山附近台塬面积宽广。豫西山地北麓台塬沿黄河南岸由西向东延伸，塬面呈阶梯状向黄河倾斜。晋南台塬分布于中条山南麓芮城、平陆一带及峨眉台地，峨眉塬面积最大。

在黄土塬外围还分布着大面积的黄土残塬，如山西的隰县、大宁、吉县，太原盆地北部大盂、黄寨，陕西宜川云岩河流域；甘肃陇东高原的环江流域等，这是黄土塬被沟谷切割的结果，塬面呈条块状。

黄土塬耕地条件优于黄土丘陵，耕地以黄土塬保留地、台塬梯田和坡沟梯田为主。蓄住天上降水，非常关键。

以种植冬小麦、春玉米为主，同时是我国种植面积最大和总产量最多的优质苹果生产基地。

3. 河谷平原区

陕西的关中平原、山西的汾河谷地平原和河南的伊洛河平原，是黄土高原面积最大的 3 个平原。它们分别是黄河第一大支流——渭河及其支流、第二大支流——汾河及另一条支流伊洛河冲积而成的。以关中平原面积最大，而且形成了良好的灌溉系统，已成为一年两熟灌溉区。另外还有十几条较重要的河流，两岸都有河谷平原。

黄土高原多数大城市都在河谷平原上。西北地区第一大城市、中国著名古都西安坐落在关中平原腹地，此外如咸阳、宝鸡等重要城市，也在关中平原；山西省省会太原，在汾河谷地平原腹地；西北地区第二大城市、甘肃省省会兰州，在黄河干流串状河谷平原上；青海省省会西宁，则在黄河支流湟水河谷地上；宁夏回族自治区首府银川，则坐落在黄河冲积平原——宁夏平原上（在黄土高原外围）；在伊洛河平原上，则有河南省第二大城市洛阳。

黄土高原的河谷平原区零星分布在黄河及其支流两岸，面积不大，却是农业生产的重要区域，也是黄土高原区经济文化最发达区域。晋陕两省的河谷平原区，还是中华民族农耕文化的发祥地之一。考古人员在西安附近的半坡遗址发现仰韶文化（公元前 4800 年到公元前 2900 年）时期，就有了锄耕农业；山西西南部则是中华民族祖先尧、舜、禹时（公元前 21 世纪）的都城所在地，农耕文化十分发达。农耕史已有 5000 年以上。

主要作物是小麦、玉米，此外还有棉花与水稻等。

4. 山地区

黄土高原河多、山多。其最西部，在西宁市以南的拉脊山，海拔 3000～4000m，主峰高 4469m，为黄土高原第一高峰。拉脊山位于黄河与湟水谷地之间，地势高亢，是黄土高原海拔最高的石质山地。

黄土高原从宁甘边界开始，在中部地区有白于山、子午岭、崂山、黄龙山、北山等，主要为石质山或土石山。白于山海拔 1500～1800m，山体黄土厚度为 50～70m，岭脊起伏和缓，山坡流水侵蚀、重力侵蚀活跃，是典型的土石山地，是洛河、延河、无定河、清涧河的发源地。子午岭、黄龙山均是侵蚀严重的山地区。

黄土高原东部山地从吕梁山（海拔 1500m 以上）开始，以东有太行山（海拔 1000～2000m），南有中条山（海拔 1500m 左右）。

黄土高原的山地以土石山居多，占全区域土地面积超过 20%，近 14 万 km^2，主要分布在山西省，占 52%。土石山主要是林业用地。

河谷平原是农业生产最发达区域：旱塬区虽然塬面面积较大，也较平坦，但主要靠自然降水维持农田水分需求，水资源是其农业发展的主要瓶颈；丘陵区因黄土丘陵地形有较大坡度，而且沟壑纵横，水土流失严重，虽是主要农业区，但应因地制宜，宜农则农，宜牧则牧，宜林则林；山地区农业生产占比较小。

黄土高原东部及东南部是华北平原，北部和西北部与内蒙古高原接壤，西南部靠近青藏高原，南部是秦岭山地——我国南北方的地理分界线。

1.1.2.2 黄土高原的资源环境概况

1. 气候条件

黄土高原处在沿海向内陆、平原向高原的过渡地带。自南向北跨越暖温带及中温带，自东南向西北横贯半湿润、半湿润偏旱、半干旱、半干旱偏旱、干旱各区，包括了旱区农业的各种类型区。气候受纬度影响，又受地形制约，是典型的大陆性季风气候。

400mm 降水量等值线通过陕北高原的榆林、靖边，陇东高原的环县和宁南高原的固原，其将黄土高原降水情况分成西北、东南两个区域。在鄂尔多斯高原西部、宁夏西北部、甘肃靖远—永登一线（黄土高原西北边缘），年降水量仅 150～250mm，为干旱区。在关中盆地、晋南及豫西北（黄土高原东南部边缘），降水量则达到 600～750mm。从西北往东南，降水量逐渐增加。黄土高原是典型旱作农业区。

季风影响造成降水的年际和季节分配不均。丰水年甚至是枯水年的几倍；一年中，降水多集中于 7～9 月，占全年的 60%～80%，冬季降水一般只占 5%。极容易发生暴雨天气（尤其是陕北、晋西及内蒙古准格尔一带），最大暴雨强度达 2mm/min 以上。

黄土高原多数地区蒸发量高于实际降水量，蒸发量春末夏初最高，冬季最小。

年平均温度为 3.6～14.3℃，北低南高。

光热资源丰富，全区在 50×10^8～63×10^8J/m^2，比同纬度华北平原高，年日照时数 2000～3100h，较同纬度华北地区多 200～300h，≥10℃年积温在 2500～4500℃，适于种喜凉、喜温作物。

2. 土地资源

主要分 3 大类，黄土丘陵（坡度＞3°）、平地（坡度＜3°）及土石山地。

黄土丘陵占全区土地面积比例最大，其中＞15°的斜坡地及陡坡地（＞25°）占 56%。

平地包括川平地（主要是河谷平原）及高平地（主要是塬地、台地）两大类，前者水土条件好，多具备灌溉条件；后者干旱严重，因沟壑蚕食，面积日趋缩小，亟待保护。

土石山地多为林业用地。

黄土高原土壤以黄绵土分布最广泛，具有黄土本质特征，土层厚、质地均匀、疏松多孔，易耕作，但极易受侵蚀，由于自然及人为因素作用，普遍退化，再生性减弱。在黄绵土基础上，经过多年耕作熟化形成一些较肥沃的土壤，如垆土和黑垆土。此外还有褐土、灌淤土及风沙土。

黄土高原地区土壤富含 Ca、K，但有机质、N、P 严重缺乏；有机质含量<1.0%的土壤占 57.1%，<0.6%的占 22.1%；N 含量<0.075%的土壤占 68.8%，<0.05%的占 35.4%。土壤退化，肥力严重不足，再加上缺水，严重制约农业的发展。

1.1.2.3　黄土高原资源环境存在的主要问题

1. 水蚀严重

黄土高原是世界上水蚀最严重的地区。水蚀面积 33.7 万 km^2（2001 年），其中强度级侵蚀[即侵蚀强度>5000t/（km^2·a）]以上就有 16.6km^2，主要集中在甘肃（占 36%）、陕西（占 34%）、山西（占 20%）三省。但极强度侵蚀[>8000t/（km^2·a）]以上的，却以陕西最严重，占到 73%，山西与内蒙古分别占 16%和 11%。

黄土是点棱接触支架式多孔结构，土体疏松，干燥时坚硬，遇水后矿物质溶解，土体迅速分解、崩解，抗水蚀能力弱，这是黄土易造成水土流失的内因；而黄土高原上众多河流（200 多条）流过，加之受暴雨影响，大多数河流汛期洪峰，急涨猛落，对河床强烈冲刷侵蚀，这是造成黄土高原水土流失的重要外因。

黄河是黄土高原区域水系的骨干，黄河流经 8 个省（区），除入海口在山东省外，其他 7 个省（区）全在黄土高原上，各支流年径流量总量可达 $18.5\times10^9m^3$。汛期水量占全年水量 70%以上，各水系含沙量很高。往往一次洪水的含沙量占全年的 70%～80%。

六盘山与吕梁山之间的区域是水蚀的重灾区，尤其是陕北高原的中北部，如最北部的窟野河中下游与孤山川流域为极剧烈侵蚀[>20 000t/（km^2·a）]区域；无定河中下游、延河、清涧河上游等，侵蚀强度亦达到强度及极强度级[>7500～15 000t/（km^2·a）]；北起山西河曲至陕西韩城的龙门，沿黄河的晋陕峡谷两侧，也是极强烈级侵蚀[10 000～15 000t/（km^2·a）]区域。各河流含泥沙量是很惊人的，如无定河，长度 491.2km，含泥沙量高达 152kg/m^3；渭河支流泾河，长 455km，含泥沙量高达 171kg/m^3，是渭河的 4 倍，其流入渭河后，顿使渭河混沌，所谓“泾渭分明”，因多条支流流入渭河，使渭河每年输入黄河的泥沙达 0.58×10^9t，超过黄河泥沙总量的 1/3。黄河年均输沙量为 1.6×10^9t，其 1/4 淤积在下游河道上，对下游造成严重威胁。高原上平均每年被剥蚀的黄土达 3mm 厚，黄土入黄河，这是黄河之“黄”的根本原因。

黄土高原地区 60%是坡耕地，加之传统的耕作方法，据估算每年流失的土壤有机质达 1800×10^4t，流失氮素达 154×10^4t。

2. 风沙肆虐

黄土高原土壤侵蚀还有一个重要原因是风蚀，本区每年水土流失达 $45.4\times10^4km^2$，有 $11.7\times10^4km^2$ 是由风蚀造成的。

黄土高原风沙危害区主要位于长城沿线以北，阴山以南，贺兰山以东，朔州、呼和浩特一线以西区域，以鄂尔多斯风沙高原为主体，这正是华北长城沿线风沙区的主要组成部分（还有一部分在河北省燕北地区）。这个区域多是沙漠化土地，严重沙漠化土地约 $3.6\times10^4 km^2$，主要是毛乌素沙地、库布齐沙漠及宁夏黄河段东部的河东沙地。本区域属于干旱区及半干旱偏旱区，降水稀少，加之冬春风大，风沙灾害严重，每年风沙区填积到黄河中的沙量达到 $1.6\times10^8 t$，占黄河年输沙量的 1/10。

3. 地表植被稀少

黄土高原地区森林资源贫乏，林地面积为 $450\times10^4 hm^2$，覆盖率仅为 7.16%，不到世界平均水平的 1/4，而且主要分布在东南部地区及土石山区。

区内有草场 $2333\times10^4 hm^2$，破坏严重，草层低矮、稀疏，多分布在黄土丘陵区及风沙区，干旱少雨，风蚀、水蚀十分严重，自然灾害频繁，覆盖率及产草量下降，草场退化。沙化草场占草场总面积的 90.6%。

区内传统耕作方式，耕作次数多，强度大，裸露休闲，地上缺乏覆盖物，加之坡耕地多，造成水土流失加剧。

4. 防治措施

国家对黄土高原地区水土流失问题十分重视，从 1978 年开始，坚持按山系、分流域综合治理，大力营造水土保持林和水源涵养林；1989～2000 年，大力建设生态经济型防护林体系；2001～2008 年，在原有基础上，合理引水、充分保水、有效节水、高效用水，大力推广以抗旱造林为核心的径流林业技术，2008 年黄土高原森林覆盖率已提高到 19.55%。栽种人工草地也是保护水土的有效方法，覆盖率在 20%～40%，就有较明显减少水土流失的作用；覆盖率达到 60%～70%，可减少 90%的土壤侵蚀量。还可采取工程措施，如修水平梯田、打坝淤地及引洪灌地。不合理的土地利用也是水土流失的重要原因，所以要根据旱坡地坡度大小的不同，采用不同的土地利用方式。大于 30°的坡地实行草灌（木）间作；在缓坡地丘陵地尽量增加人工草场，发展畜牧业；在平川地、坝地发展种植耕作业，并且采用保护性耕作技术，这样有利于保持水土，发展生产。合理利用耕地，水土流失才能得到根本改善。经过多年努力，土壤侵蚀量下降。

1.1.3 东北垄作区简要情况

东北的黑龙江、吉林、辽宁及内蒙古东四盟，在长期农业生产中形成了适合干旱低温特点的垄作体系，即在旱田作物生长中，有断面呈梯形的垄形存在（高 12～25cm，行距 50～75cm），这个地区称为东北垄作区。现在所称东北垄作区，泛指整个东北行政区划所在地域，在农业中亦包括农林牧渔业，在种植业中包括水旱田，在旱田中亦包括年降水量超过 650mm 的所有旱耕地。

东北垄作区所属行政区域的东北地区，处于北纬 38°43′～53°33′，东经 115°30′～135°05′，土地面积约 126.8 万 km^2（其中，黑龙江省约 46 万 km^2，吉林省 19.02 万 km^2，辽宁省 14.71 万 km^2，内蒙古东四盟 47.13 万 km^2），是我国重要的商品粮基地[2-9, 15-32]。

北边以黑龙江及其支流乌苏里江与俄罗斯为界，东南部以图们江、鸭绿江与朝鲜为邻，南临渤海、黄海，西部与蒙古国接壤，西南则是河北省及内蒙古其他地区。

1.1.3.1　东北垄作区的垦殖历史

垄作法约创始于西周时期，经过春秋战国，发展于秦汉隋唐，到宋朝以后逐步成熟，并延续至今，现国内仍有些地方采用，东北地区更是以垄作作为其主要耕作模式。

东北地区，特别是辽宁、吉林地区，原是满族居住的地方，于 1616 年建国为后金，1636 年改为清，1644 年清入关之后，在东北实行封禁政策，将耕地划为旗地、官庄地、军屯地和驿站等，归旗人和入旗官兵使用，又划围场，其余全属官荒。1776 年，重申“边外永行禁止流民，不许入内”。清政府的封禁政策，使东北地区人烟稀少，19 世纪初吉林仅 30 万人，19 世纪末黑龙江仅 30 万人，农业生产基本处于停滞状态。但许多关内衣食无着的农民，还是背井离乡“闯关东”，到东北来开荒种地，如吉林较早垦荒的是榆树（1690 年）和扶余（1692 年），辽宁省因离关内近，则开垦得更早。直到 18 世纪末（1796 年）清嘉庆年间开始，封禁政策开始松弛，山东、河南、河北等地的一些灾民逃荒过来，到清光绪皇帝期间，1876 年，清朝崇实将军倡导开发东北地区，1895 年清政府开禁垦殖，关内移民开始大量涌入，到东北开荒种地。

到民国初期，东北的开垦已见成效。到 20 世纪 20 年代，在吉林，几种作物都有种植。到 1929 年大豆、高粱和谷子是大宗作物，分别占粮食作物种植面积的 33.89%、24.91%和 26.34%，三者相加达 85.14%，总产量比例是：大豆占 27.03%，高粱占 31.25%，谷子占 26.67%，由此看来单产以高粱最高。

1923 年和 1925 年，吉林、黑龙江两省为解决财政困难，分别做出土地抢垦的决定，规定荒地谁开垦归谁耕种，结果又有大量荒地被开垦。

1931 年“九一八”事变之后，日本军国主义占领东北，在对中国进行军事占领的同时，对东北进行经济掠夺。1940 年以后，日本人向东北大量移民，组织所谓的“开拓团”，霸占农民土地，为支援前方战争，强行征收军粮。特别是 1941 年太平洋战争爆发后，实行“决战搜荷方策”，出荷粮已占到粮食总产量的 40%以上，所有细粮全部被收缴。日伪的强征暴敛对农业生产造成严重破坏。以吉林省为例，1944 年与 1934 年相比，四大作物（大豆、高粱、谷子、玉米）单产均下降。

1949 年中华人民共和国成立以后，农民成了土地的主人。抗美援朝战争胜利后，10 万志愿军战士集体转业到黑龙江省“北大荒”，后又有 50 万山东等地支边青年前去落户，开荒种地。干部、战士及青年发扬了“南泥湾”精神，用几年的时间，在三江平原等地建起了一大批国营农场，把昔日的荒原，建成了国家的商品粮基地。为便于实行机械种植，主要种植小麦。

现在，在黑龙江省农垦总局下面设有 9 个农垦分局，113 个农牧场，垦区农业机械化程度高，农民素质好，土地集中连片，统一管理，具有规模生产和订单生产的优势，勇于学习发达国家的经验，适应国内外市场的需求，是我国农业现代化的榜样，更是现代农业机械的最好演示场。

在 20 世纪五六十年代，辽宁省对其内水患严重的各条河流进行了综合治理，特别是将省内最大河流——辽河的中下游地区低洼地开辟成大面积灌溉区，建成了盘锦灌区，扩大了水稻种植面积，现在盘锦与邻近的营口，是辽宁省水田最集中的地区。

种植结构悄然发生变化，以吉林省为例，20 世纪 50 年代，玉米成为第一大作物。到 60 年代，玉米的种植面积已占到 33.92%，远超过高粱（占 18.06%）、谷子（占 19.498%）、大豆（18.86%）的种植面积。70 年代，玉米的种植面积已占粮食作物种植面积的 43.32%，其他 3 种主要作物的种植比例均不足 20%；而平均总产量上，玉米占全省粮食作物年均总产量一半以上，达到了 53.67%，成为名副其实的第一大粮食作物，1979 年，单产已超过 3000kg/hm^2，总产量超过 500 万 t（100 亿斤[①]）。改革开放前，东北三省由于片面追求工业发展，粮食等农副产品长期不能自给。

在党的十一届三中全会（1978 年）之后，特别是 1983 年实行家庭联产承包责任制后，广大农民生产积极性空前高涨，加之农作物新品种和农业新技术的推广应用，粮食生产得到稳步快速发展，大大缩小了粮食供需缺口，到 20 世纪 90 年代，东北三省粮食总产量达到自给有余，由粮食净调入地区变为调出地区，并逐步成为国家商品粮基地。

经过不断调整，进入 21 世纪，东北垄作区粮食作物的生产，已形成以玉米、大豆、水稻三大作物为主，辅以小麦、高粱、谷子及小杂豆的新格局。

东北是全国第一的大豆生产基地，播种面积及总产量均为全国第一，所产的非转基因大豆及深加工产品，深受欢迎。由于近两年种植结构的调整，大豆种植面积不断增加。

东北玉米生产在全国也占重要地位，总产量虽然略低于华北平原（河北、山东、河南等），但其商品量、出口量仍居国内第一。尤其是吉林省，从 20 世纪 90 年代到 21 世纪前 10 年，玉米的平均总产量及单产，均列全国首位，是我国玉米第一生产大省。黑龙江省与辽宁省平均总产量分列第四位及第六位，东北平原成了世界黄金玉米带之一。

东北水稻生产在全国亦占有重要位置，东北地区所产粳稻，米质好，口感佳，深受国内市场欢迎，东北大米，已是京、津、沪等大城市的抢手货。

其他粮食作物，如谷子、高粱、红小豆、绿豆、糜子、荞麦等，统称为小杂粮，尽管种植面积不大，总产量不高，但却成为群众餐桌上的稀罕物，亦受到经销商的青睐。

东北垄作区，在全国各粮食主产区中，开发得较晚，但大部分耕地已有 100 多年的垦殖历史，还有些开发更早。抗美援朝胜利后开始开垦的国营农场，也已开垦耕种 60 年之久。其以东北黑土区为主体，土壤肥沃，多为平原及缓坡丘陵，适于机械化耕作，具有发展农业生产得天独厚的条件。

1.1.3.2 耕作方式的发展和变迁

现在，东北大多数地区仍然沿用适合该地区春旱夏涝秋霜早特点的垄作耕作体系，就是作物始终生长在高出地面的梯形垄台上。因地表呈波浪起伏状，地表面积比平作增加 20%～30%，利于接纳太阳辐射量，加之垄面与地面形成 30° ～ 40° 交角，使日光垂直照射垄面的时间增加，使昼间垄上地温可比平作高 2～3℃，加大了土壤昼夜温差，有利于作物生长；垄台处土层厚，空隙大，利于根系生长；夏季雨水集中季节，可用垄沟处排水，有利于防涝；因地表起伏，利于降低风速，而且垄台处刮起的土壤可落于沟处，减少风蚀；多次中耕培土，可防止作物倒伏。垄耕法实际上是一种少耕法，作业中的动

---

① 1 斤=500g

土较少，可减少土壤失墒，形成虚实相间的结构，较好地解决了需水与供水的矛盾。传统的垄作法耕、种、管多采用以下环节。

1）扣种。用犁碗子将垄台处部分土壤切开，将垄上根茬连土翻到左侧垄沟（称“破茬”），而后扶犁手将此松土踩实（称“踩底格子”），回程时走在犁前的人将种子播在垄沟新土上，而后将原垄台处剩余土壤翻起盖到种子上（称“掏墒”），并用磙子镇压，在原垄沟处形成一条新垄。两犁成一垄。这是一种耕种结合的方法。

2）耲种。不翻地，将原垄上的根茬刨掉，而后在原垄台上播种并镇压。

3）铲趟。铲是锄草、趟是行间松土培土，一般应进行三次，随着作物生长期的不同，趟地的三角铧要逐渐加宽，最后一遍应趟起大垄，既防涝又防倒伏。

在播种及中耕时可同时施肥。播种还可采用挤种等方法。

随着机械化的发展，传统耕法逐渐发生了变化。在 20 世纪五六十年代，我国的农业机械化完全是学习苏联的经验。平作地区情况比较相似，但东北垄作区根本无法找到适合的机具。广大科技工作者做了长时间的探索，最后找到一种土洋结合、洋为中用的办法：平播后起垄。就是将原来的垄地，用铧式犁翻掉，而后用圆盘耙和镇压器耙碎耢平，春天进行平播，后经过 1～3 遍中耕逐渐趟起新垄。为此，吉林省农业机械研究所等单位科技人员发明了 BZ-6（4）综合号播种机及 Z-7 中耕机，在东北垄作区大面积推广使用，两种机具在 1983 年均获得了国家发明三等奖。两种机具可以完成东北垄作中播种及中耕铲趟两个关键环节的作业，为实现东北垄作区机械化做出了较大的贡献。平播后起垄的耕法，直至 20 世纪 80 年代中期，实行家庭联产承包责任制、分户经营之前，在东北垄作区广泛应用，至今仍有许多地方继续使用。当时也有平翻后先起垄后播种的方法。

在土地经营权转变为农户所有，实行分散经营之后，大（中）型拖拉机及农机具被小型拖拉机及农机具取代，耕作方式发生了新变化。当时出现了大量的小四轮拖拉机及与小四轮配套的打茬机，秋后或春播前，用小四轮拖拉机带打茬机灭茬，而后起垄及在垄上播种。播种时采用畜力或小型机动播种机进行播种（同时施口肥），有的农户还进行中耕（及追肥）作业。在 20 世纪八九十年代，这种耕法是东北垄作区普遍采用的耕法，直到现在仍被应用。

21 世纪开始，新型少免耕技术的出现，逐渐打破了以小四轮灭茬起垄播种耕种方式为主导的局面。

1.1.3.3　传统耕法存在的主要问题

原始的扣种、耲种等耕法，现在农村已很少使用。平播后起垄及灭茬起垄播种（它们与原始耕法统称为传统耕法）两种耕法对东北地区的农业生产都发挥了应有的作用，比原始耕法有进步，并可实现机械化生产，但也存在不少问题。

1. 地表裸露休闲，土壤侵蚀严重

铧式犁翻耕或秋天灭茬起垄春天播种，从 10 月到翌年 5 月、6 月地上长出作物，每年裸露休闲 7 个月以上，加之春旱风大，疏松裸露的土层极易被刮起，风蚀严重，沙尘天气甚至沙尘暴发生越来越频繁，土地沙漠化严重。

加之东北垄作区降水主要集中在 6～9 月，并多以暴雨形式出现，再加上春季积雪融化产生径流，极易发生水蚀。

东北黑土区多为漫川漫岗和台地低丘，坡度一般在3°～5°、坡长 500～2000m，耕地占比大，更易发生风蚀及水蚀，水土流失呈日益加重趋势，生态环境日趋恶化。据全国第二次水土流失遥感普查显示，黑龙江省水土流失面积达 11.2 万 km^2，占全省总面积的 25%；其中耕地流失面积达 5.67 万 km^2，占总流失面积的 51%。严重的水土流失导致生态环境恶化，流失的氮、磷、钾等元素直接污染水库、河道，水旱风沙灾害多发。

水土流失的直接严重后果，是使黑土层逐年变浅。黑土层每年流失厚度达 0.7～1cm，原来 60～80cm 厚的黑土层，只剩下 20～30cm，有的地方甚至已“露黄”。土壤的有机质每年以 0.13%的速率递减，从原始的 10%下降到 2%～3%。据 2005 年 3 月 27 日《新文化报》刊文《东北黑土地退化严重》报道：“目前吉林省黑土层厚度在 20～30cm 的薄层黑土面积占黑土总面积的 25%，黑土厚度小于 20cm 的黑土面积占 12%，完全丧失黑土层的‘露黄’面积占黑土总面积 3%。”

2. 多次作业，压实土壤，破坏土壤结构，无法创造蓄水保墒的土壤环境

研究表明，大多数情况下，拖拉机累计压实面积超过作物本身种植面积，压实对土壤及作物具有明显影响。在土壤含水率较高时，轮胎的压实直接影响水分在土壤的传输及土壤水库的形成。压实严重影响土壤的渗水能力，降雨易产生径流。当土壤因连续耕作和压实受到结构性破坏时，土壤中供作物利用的水分会减少。

长期以来，用小拖拉机和牛马犁耕作，使农田耕层变浅，化肥、农药使用量不断加大，使土壤板结、堆密度增大、孔隙度减少等。与开垦初期相比，开垦 40 年的黑土地，土壤堆密度由 0.79g/cm^3 增加到 1.06g/cm^3，总孔隙度由 69.7%下降到 58.9%，田间持水量由 57.7%下降到 41.9%；开垦 80 年后，三项指标进一步恶化，分别是 1.26g/cm^3、52.5%和 26.69%，土壤质量退化严重。

3. 秸秆处理成难题

长期以来，农村将作物秸秆作为燃料或饲料，秋收后运回家中留用。现在农村做饭取暖的燃料已变成更方便的煤和液化气。过去用于干农活的役畜也大大减少，大多数农户已不饲养，加之秸秆综合处理的技术与装备跟不上，秋收后作物秸秆只好遗弃田间。传统耕作在整地前，为降低作业难度，将秸秆在田地中进行焚烧，危害极大。首先是对大气环境造成严重污染，焚烧秸秆会导致空气中总悬浮颗粒数明显增加，是造成秋冬季节雾霾天气的主要因素之一，焚烧过程中产生大量含有 CO、CO_2 等的有毒、有害气体，给人类健康带来不利影响，而且 CO_2 居于引起地球温度升高的 6 种温室气体之首；焚烧秸秆对耕层土壤也造成极大破坏：杀死微生物，使土壤水分大量损失（达 65%～80%），土壤板结，蓄水保墒能力下降；焚烧秸秆更会造成极大的安全隐患，极易诱发火灾事故，烟雾还会影响空中航行及高速公路上汽车的行驶安全。

作物秸秆本来是宝贵的可再生资源，它可作为燃料进行发电，可以被制成燃气（包括沼气），加工成饲料和有机肥，还是造纸及新墙体材料的原料等。实际上，它对于改造日益退化的黑土地及各种耕地，逐步恢复和提升其地力，是最直接、最方便、最有效的原料。

4. 加剧温室效应，增加温室气体排放量

2015 年 11 月 30 日召开的巴黎气候大会，提出到 21 世纪末将地球温升控制在 2℃以内，并力争 1.5℃的目标。工业革命后导致的全球气温以较快速度持续升高，已给人类的生存带来威胁。这是因为某些聚集于大气层中的气体浓度增加而引起的地球温度升高的温室效应，这些气体被称为温室气体。在 1997 年 12 月《联合国气候变化框架公约》第三次缔约方大会上通过的限制温室气体排放的《京都议定书》，规定了可能引起温室效应的 6 种温室气体：二氧化碳（CO_2）、甲烷（CH_4）、氧化亚氮（N_2O）、氢氟碳化物（HFC）、全氟化碳（PFC）及六氟化硫（SF_6）。联合国政府间气候变化专门委员会（Intergovernmental Panel on Climate Change，IPCC）认为，大气层中对温室效应的综合贡献率，CO_2 占 60%，CH_4 占 20%，N_2O 占 6%，三者合计达到 86%，发达国家（如美国、英国、加拿大等）研究表明，农业在温室气体排放中的贡献在 8%左右。

传统耕作，拖拉机多次下地，消耗大量化石能源（主要是柴油），最终产物以 CO_2 形式排放到大气中。日本在北海道的研究认为，传统耕法比少耕法每公顷多耗 47.51kg 燃油，相当于 125.4kg CO_2 的量，就是说少耕法总的 CO_2 释放量比传统耕法减少 15%～29%。美国在其东南沿海平原研究发现，传统耕法比免耕法 80h 内累积的 CO_2 排放通量大近 3 倍。频繁耕作特别是采用有壁犁耕作会导致有机碳大量损失，增加 CO_2 释放量。频繁耕作还增加了土壤干湿交替变化，土壤呼吸相对增加，有机质分解速率提高，都将增加 CO_2 释放量。

CH_4 和 N_2O 对温室效应的综合贡献率虽然远低于 CO_2，但大气中 CH_4 的 70%、N_2O 的 90%，来源于农业活动和土地利用方式的转换，而 CO_2 只有 1/4 左右来自土地利用的变化。而且 CH_4 及 N_2O 对温室效应的影响，分别是 CO_2 的 21 倍及 180～270 倍。研究表明，农田释放的 N_2O 对全球增温的影响高于 CH_4 和 CO_2。

水稻田是陆地生态系统中大气 CH_4 的重要源。全球水稻田 CH_4 年排放量占大气 CH_4 源的 10%～30%。我国水稻田排放的 CH_4 大约占我国 CH_4 总排放量的 50%，我国学者估算的排放量，1988 年为 5.6～22.6Tg（$1Tg=10^6t$），中间值为 14.1Tg；1990 年为 5.7～23.9Tg，中间值为 14.3Tg。

国外学者研究证实，犁耕后再整地，会导致 CH_4 氧化速率降低 60%～70%。免耕 15 年后，土壤 CH_4 的吸收率比连续耕作、同等施氮量的地块高了 4.5～11 倍，通过少免耕（即减少耕作次数或耕作强度）可提高土壤吸收 CH_4 的能力。国内学者研究证实，稻草覆盖免耕与稻草翻压比较，土壤释放 CH_4 的量减少。

在 3 种主要温室气体中，N_2O 主要来自农业活动。它在大气中的浓度和增加速度是三者中最小的，但它增强温室效应的效果是最明显的，它是 CO_2 的 180～270 倍，是 CH_4 的 21 倍，同时它在大气中存留的时间长，达 150 年左右。N_2O 的产生主要依靠土壤的硝化作用与反硝化作用。

氮肥是引起 N_2O 释放的主要来源，氮进入土壤后主要的损失途径是，或以 NO_3^-形式淋失，或以 N_2O 气体形式释放。若要减少 N_2O 释放量，必须使耕作措施有利于提高氮肥利用率，如适当提高秸秆还田量，来有效提高氮素利用率。国外学者研究还证实，拖拉机通行压实土壤，其空气中 N_2O 的浓度比其他处理高 7 倍多；当土壤压实和 NH_4^+、NO_3^-肥共同作用时，土壤空气中的 N_2O 达到高峰。传统耕作的拖拉机多次进地作业，会大大增加土壤的 N_2O 排放量。

影响土壤温室气体排放量有诸多因素，但耕作方式是重要影响因素之一，而且是人类自己可以控制的因素。

5. 成本高、效率低、效益差

平播后起垄，从秋后搬运秸秆、翻地、耙地、镇压耢平、播种、中耕追肥（中耕一般三次）、收获等，大体需要 8 道以上工序。灭茬起垄播种，从秋后搬运秸秆、灭茬、起垄、播种、中耕追肥除草（一般三次）、收获等，大体需要 7 或 8 道工序，如果产量以 8000kg/hm^2（已高于吉林省全省平均单产）计，收入不到 1 万元，可以说是高投入，低收入。

综上所述，为了保护黑土地，抑制沙尘暴，保护生态环境，改变旱作农业区的面貌，在大力推行党中央国务院部署的退耕还林、还草、还湿的同时，需要大力发展蓄水保墒培肥地力的机械化保护性耕作法。

1.1.4 东北垄作区耕作区的划分

东北地区超过 126 万 km^2 的土地上，耕地面积约 30 万 km^2，旱作农业区约 13 万 km^2，处于我国纬度较高地带（38°43′N 以北），地跨温带、中温带与寒温带。属大陆性季风气候，受大兴安岭山脉阻隔，岭西为大陆性气候。降水量从东往西逐步减少，从 1000～1100mm，降至 300mm，从湿润区、半湿润区、半湿润偏旱区过渡到半干旱区，直至半干旱偏旱区。农业上，从农林区、农耕区过渡到农牧交错区，直至纯牧区。本区三面环山，东部、北部及西部是山地，分别是长白山、小兴安岭、大兴安岭及其支脉，南邻大海，中部是我国第一大平原——东北平原（包含松嫩平原、辽河平原及三江平原），这是世界三大黑土区之一，也是世界著名的黄金玉米带之一。种植制度为一年一熟，是我国重要的商品粮基地，也是我国农业机械化程度最高的地区之一。

东北垄作区可分为 5 个耕作区，分别做以介绍[7, 15, 18, 28-31]。

1.1.4.1 东北平原区

该区是东北垄作区粮食主产区，是东北黑土区和黄金玉米带的主体，是国家商品粮基地，在保障我国粮食安全方面占有举足轻重的地位。但因长期的过度开发利用，大部分地区存在生态破坏、土地退化的问题，成为国家重点治理的区域，是日后推行保护性耕作的重点。

该区位于大、小兴安岭与长白山之间，大部分海拔 200m 以下，土壤肥沃，腐殖质含量高，通气和蓄水性能好，是我国玉米、大豆主要产区，还是中国优质粳稻重要产区。

该区根据自然条件及行政区划不同，可分为 4 个小区。

1. 辽宁省平原区

位于辽东丘陵与辽西丘陵之间，辽宁、吉林省界之南直至辽东湾。包括铁岭、沈阳、辽阳、盘锦、营口等 5 市全部区域，另外有鞍山市区及所辖之台安、海城，锦州之黑山、北镇。

本区是辽河冲积平原，地域广阔平坦，土质肥沃，耕地多为草甸土。年平均气温 6.5～8.9℃，大于 10℃积温 3200～3600℃，无霜期 151～166 天，年降水量 570～760mm，主要集中于 5～9 月，占全年的 80%左右，光照资源比较丰富，高于长江中下游平原。自然条件适宜，农业开发历史悠久，粮食生产在辽宁省占最主要地位。主要粮食作物为水稻、玉米、大豆。

2. 吉林省平原区

位于吉林省中西部，分别由辽河平原与松嫩平原组成，处于东北平原腹地。包括长春、四平、辽源、松原共 4 市全部区域，以及吉林市区及永吉、通化的梅河口。

本区气候条件优越，年平均日照时数 2700h，大于 10℃的活动积温 3000℃，年降水量 400～600mm，无霜期 130～140 天，雨热同季，对作物生长十分有利，地势平坦，土质肥沃，以黑土著称，有机质丰富，团粒结构好，通气透水能力强，适合作物生长，是我国重要的商品粮基地。主要粮食作物是玉米、水稻及大豆。

3. 黑龙江省平原区

该平原区由两部分组成：小兴安岭以西是松花江、嫩江的冲积平原——松嫩平原；小兴安岭以东是黑龙江、松花江与乌苏里江的冲积平原——三江平原低地。它是东北平原北部的组成部分。

松嫩平原分布在黑龙江省西部、吉林省西北部及内蒙古呼伦贝尔市与兴安盟交界处，在黑龙江省部分面积最大，从东往西包括 4 个市所辖区域：哈尔滨、绥化、大庆、齐齐哈尔。

松嫩平原是东北黑土区组成部分，土质肥沃，主要有黑土、黑钙土、河淤土、草甸土，西部有盐碱土、风沙土，无霜期 118～150 天，年降水量从东向西逐步减少，由 481mm 降至 396mm，松嫩平原西部是易发生旱灾地区。日照比较充足，年平均气温 5.5～5.8℃，雨热同季，利于作物生长，主要粮食作物是玉米、大豆、水稻，是黑龙江省重要粮食生产基地，也是国家重要的商品粮基地。大豆的种植面积及总产量始终居全国首位，非转基因大豆生产在国际上也占有重要位置。

三江平原，包括佳木斯、七台河、鸡西、双鸭山、鹤岗 5 市全部区域。

三江平原地势低平，湿地广布，是较易发生涝灾的地区。土壤以草甸土、白浆土和黑土为主，无霜期 126～145 天，年降水量 460～591mm。三江平原是东北垄作区开发最晚的耕地，多数只有五六十年的垦殖历史，刚开垦时以种植小麦为主，现在以种植玉米、大豆、水稻为主。

黑龙江省松嫩平原面积为 10.3 万 km^2，三江平原面积为 4.6 万 km^2。

4. 内蒙古嫩江西岸平原区

位于大兴安岭东麓、嫩江西岸之间，包括内蒙古呼伦贝尔市所辖扎兰屯、莫力达瓦达斡尔族自治旗、阿荣旗、鄂伦春自治旗等 4 个旗（市），是我国大豆主产区之一。

该平原是东南季风的北界，年平均温度 0～2.5℃，无霜期 100～130 天，10℃以上年积温 2000～2400℃，日照时数 2800h，大兴安岭天然屏障阻挡了西伯利亚寒流侵袭，又抬高温湿热气团，产生丰沛降水，年降水量 450～530mm，地表水亦丰富。土质肥沃，土壤为黑土、草甸土、暗棕壤及沼泽土，是内蒙古主要宜农土地资源。

1.1.4.2 西部生态脆弱区

该区处于东北平原与大兴安岭山地之间的狭长地带，是我国北方旱区农牧交错带（区）的北段（又称为东北西部干旱风沙区），从黑龙江泰来开始，经过吉林省白城市、内蒙古通辽市，到辽宁省阜新、朝阳及内蒙古赤峰市，农田与草原交织在一起，许多农田是草原开垦而成的，现在许多农田退耕还草，是东北垄作区生态最脆弱的地区，是日后推行保护性耕作的难点。该区可分为 4 个小区。

该区在辽宁省及内蒙古东四盟部分，都是耕地面积较大的区域，在该省（区）农业生产特别是粮食生产中占有重要位置。

1. 辽宁省西部地区

处于辽西山地丘陵。包括阜新、朝阳 2 市全部区域，另外有锦州的义县，葫芦岛的建昌。可延伸至沈阳的康平、法库。

年平均气温 7～8℃，10℃以上的积温 2900～3400℃，无霜期 135～165 天，5～9 月日照时数 1200～1300h，6 级以上大风日数平均为 74.8 天（春秋两季为主），本区是东北地区光热资源最丰富的地区。年降水量仅 300～500mm，从东到西递减，康平为 450～500mm，中部阜新 350～500mm，西部朝阳只有 300～400mm，而且降水变率大，旱灾频发，十年九旱。水资源不足，耕地质量差，2/3 是中低产田，坡耕地较多。耕地面积较大，约 180 万 hm^2，主要作物是玉米，除水稻之外，该地区是其他粮食及油料、经济作物在辽宁省的主要产地。

2. 吉林省白城地区

位于松嫩平原西端，科尔沁草原东部，土地面积 2.57 万 km^2，占吉林省的 13.7%，包括白城市全部区域，向东延至乾安。

年平均气温 3.5～5.5℃，10℃以上的积温 2900～3000℃，年降水量 350～400mm，气温高，大风多，蒸发量是降水量的 3 倍以上，湿润系数 0.6 以下；十年九旱，耕地比较瘠薄，有机质含量低，风沙地、盐碱地较多，是吉林省生态环境最脆弱地区。主要作物是玉米，此外有小杂粮。

3. 内蒙古西辽河平原地区

该平原由辽河近代泛滥性平原和残留的沙质古老冲积平原组成，地势西高东低，海拔从西部 320m 降到东部 20m，包括通辽市区及所辖的开鲁、科尔沁左翼中旗、科尔沁左翼后旗等 3 旗县。

年平均气温 5.7～6.1℃，10℃以上的积温 3000～3200℃，无霜期 140～145 天，年降水量 320～480mm，春旱频率高，一年中八级以上大风天数 15～38 天，多集中于春季，造成风沙危害。土壤为草甸土和风沙土，少量为盐土。开鲁、通辽河间地带土壤表层 30cm 内含盐量在 0.15%～0.3%，属苏打盐化。本区南部是科尔沁沙地，沙化严重。主要作物是玉米。

4. 内蒙古东部生态脆弱区

位于科尔沁沙地上，是我国五大沙漠之一。包括赤峰的巴林左旗、巴林右旗、阿鲁科尔沁旗、克什克腾旗、翁牛特旗、敖汉旗等 6 个旗，通辽的奈曼旗、库伦旗，以及兴安盟的科尔沁右翼中旗。沙丘与甸子土比例在西部为 8∶2，在东部为 7∶3。

气候条件与西辽河平原区相近。土壤以风沙土为主，有机质含量少，肥力低。土地沙化、盐碱化严重。沙漠化已到了非治不可的地步。该沙区建设的有利条件是水资源较丰富。主要作物是玉米，其次是小麦与杂豆。

1.1.4.3　东部山地丘陵区（长白山山地丘陵区）

长白山是其主干，北起黑龙江鸡西市鸡东、密山，东北至西南走向，经过吉林省延边、通化，进入辽宁省本溪、丹东，并沿千山山脉延伸到辽东半岛（千山，从本溪连山关至旅顺老铁山）。长白山区分作长白中山低山区及长白低山丘陵区。长白中山低山区包括张广才岭、龙岗山及以东广大区域，海拔多为 800～1000m；长白低山丘陵区以西北大黑山麓为界，东至蛟河—辉发河谷地，海拔 400～1000m，已与吉林省内的平原交织在一起。千山山脉多在 500m 以下。此区域林业发达，是农林交错区，农业（种植业）在东北垄作区中占的比重很小。

按地域特征及行政区域分为 3 个小区。

1. 辽宁省东部山地区

在长大铁路以东、丹东—岫岩一线以北地区，包括抚顺、本溪 2 市全部区域，丹东的凤城、宽甸，鞍山的岫岩等。

年平均气温 5～8℃，10℃以上的积温 2700～3400℃，无霜期 140～145 天，年降水量丰富，在 750～1200mm，是辽宁省年降水量最多的区域。土壤多为暗棕壤和棕壤，还有少量的草甸土和水稻土，以坡地为主，土层较薄。林业资源、矿产资源丰富，粮食播种面积占全省比例较小，主要作物是玉米、水稻、大豆。

2. 吉林省东部山地区

吉林省的山地区，几乎包含了省内 4 个市州，面积达 9.58 万 km^2，占吉林省土地面积的 50.34%。包括延边朝鲜族自治州（含延吉、图们、珲春、敦化等 8 县市），白山及所辖 4 县市，通化的通化县、辉南、柳河、集安，吉林的舒兰、蛟河、磐石、桦甸。

该区属于典型的长白山区气候，冬季漫长，夏季多雨。年平均降水量 763～834mm，最高可达 1000mm，是吉林省雨量最充沛地区。无霜期 110 天左右，有效积温 2700～2800℃，土壤多为白浆土和灰棕壤。气候条件适宜森林生长，是我国主要林区，林下资源丰富，人参业在国内及国际上均占有重要位置。

粮食作物中主要是玉米、水稻和大豆，但其粮食作物总产量仅为吉林省的 11%左右。

3. 黑龙江省东南部山区

该区是长白山（含张广才岭、老爷岭等）在黑龙江省的部分，与吉林省东部山区毗邻，自然气候条件亦十分相似。

包括牡丹江市全部区域，向北逐步过渡到三江平原。

1.1.4.4 北部山地丘陵区（大、小兴安岭山地丘陵区）

由主要处于内蒙古东部的大兴安岭及处于黑龙江省的小兴安岭（包括北延的伊勒呼里山）组成，大、小兴安岭，形似人字：大兴安岭大体为东北—西南走向，从黑龙江省北端的大兴安岭地区开始，向西南经内蒙古的呼伦贝尔市、兴安盟、通辽市，直至赤峰市与锡林郭勒盟交界处；小兴安岭从黑龙江省大兴安岭地区开始（为伊勒呼里山），在黑河市形成西、东两个分支，而后进入绥化东边及伊春，东部突入三江平原，西南部为松嫩平原。分成 2 个小区。

1. 小兴安岭山地丘陵区

这是东北垄作区的北部山地丘陵区在黑龙江省的部分，它包括黑龙江北部的大面积土地，加上牡丹江市的长白山山地丘陵区，共同构成黑龙江省的山地丘陵区，面积达 22.7 万 km^2，为全省土地面积的 1/2，但粮食播种面积为全省的 13.2%，粮食产量仅为全省的 11.5%（2008 年）。

该区包括伊春市、黑河市及大兴安岭地区所辖区域。

该区是我国最寒冷的地区，冬季气温低且漫长，无霜期短，坡耕地较多，地块小且零散，机械化作业较困难。林业资源丰富。由于地势气候影响，种植业受限，以种植春小麦、大豆、马铃薯为主，耕作技术粗放。

2. 大兴安岭山地丘陵区

主要在内蒙古东部，在生态脆弱区西侧。包括呼伦贝尔市区及所辖的根河、额尔古纳、陈巴尔虎旗、鄂温克族自治旗、牙克石、新巴尔虎右旗、新巴尔虎左旗及满洲里（代管），兴安盟的乌兰浩特、扎赉特旗、阿尔山、科尔沁右翼前旗、突泉，通辽的霍林郭勒、扎鲁特旗，赤峰市区及所辖林西、宁城、喀喇沁旗。

土地面积达 23.2km^2，为内蒙古东四盟土地面积的 50%，为农林牧混合区。

岭北为寒温山地区（主要在呼伦贝尔市），年平均气温−1～3℃，10℃以上的积温仅

1600～1900℃，无霜期 80～110 天，年均降水量 350～400mm，原多为国营农场，适宜种麦类，这里有著名的呼伦贝尔草原。岭南（主要在兴安盟）为温暖山地区，年平均气温 3～5℃，年均降水量 400～500mm，10℃以上的积温 2400～2800℃；日照较充足，春风大，蒸发量大，易春旱。通辽、赤峰及兴安盟的山地区，多与生态脆弱区交织在一起，气候条件也与其相近。主要作物为玉米。粮食的播种面积及总产量均占内蒙古东四盟 1/3 左右。

1.1.4.5 辽宁沿海区

辽宁大陆海岸线长 2178km，约占中国的 12%，跨渤海与黄海北部两个海域，是东北地区唯一的沿海地区，海洋渔业资源丰富，渔业在该区农林牧渔业总产值中占 58.3%（2008 年），为支柱产业。农业与牧业也超过了 20%，农业中，以玉米、水稻种植为主。

该区主要包括大连市全部区域，丹东市区及东港，葫芦岛市区及所辖的绥中、兴城，锦州市区及凌海。营口、盘锦、鞍山三市所辖沿海区域，已划入辽宁省平原区内。

该区是东北唯一的暖温带地区，大于 10℃积温在 3400℃以上，雨量丰沛。

由以上叙述可知，平原区是东北垄作区的核心耕作区，耕地及环境保护的重要性及紧迫性不言而喻；生态脆弱区在辽宁及内蒙古东部地区农业生产中亦有重要位置，而且是日后生态环境建设与耕地保护的重点区域；两大山地丘陵区面积广阔（占东北地区土地面积近 1/2），对该地区生态环境保护起着举足轻重的作用，为此，国家提出退耕还林、还草、还湿的战略措施，防止水土流失进一步加剧，山地丘陵区也应成为发展保护性耕作的重要区域；沿海区是上述平原区与山地丘陵区的延伸及扩展，只是发展的重点放在了效益更好的海洋渔业上，其耕地保护可纳入平原区与山地丘陵区范围内。

1.2 保护性耕作技术发展的历史与现状

1.2.1 保护性耕作的定义与主要内容

保护性耕作的概念具有多样性、时代性、区域性的特征[4]，在中国更是如此。

1.2.1.1 保护性耕作的定义

现代的保护性耕作技术起源于美国。在美国，保护性耕作（conservation tillage，CT）是指播种后有 30%以上的地表有作物的残留物（residue）覆盖以减少土壤水蚀的一切耕播系统。在风蚀严重地区，则指在关键的风蚀期内至少有 1000 磅/英亩（约合 1120kg/hm^2）的小粒谷物残留物留在地表的一切耕播系统。这是 1996 年由美国保护性耕作信息中心（Conservation Tillage Information Center，CTIC）提出来的概念[20]。保护性耕作播种前不扰动或较少扰动土壤，作物种子或切开残留物播入下面土壤中，或播入耕过的窄条带土壤里。控制杂草常用除草剂，或以作物覆盖，也有的采用机械。在播前或播种的同时将肥料和石灰施入土壤。

国际上一般将保护性耕作定义为：用大量秸秆残茬覆盖地表，将耕作减少到只要能保证种子发芽即可，主要用农药来控制杂草和病虫害的耕作技术。这也成为国内广为流传的提法，国内对保护性耕作的技术概念存在多种提法。美国对保护性耕作的定义难以概括我国的全貌，不一定完全适合我国国情。我国对保护性耕作的认识也有一个不断深化的过程。

农业部最早在《保护性耕作实施要点》中要求，保护性耕作秸秆覆盖量不低于秸秆总量的 30%，留茬覆盖高度不低于秸秆高度的 1/3，认为搞保护性耕作就必须实行免耕和少耕。农业部 2002 年将其定义为：对农田实行免耕、少耕，用作物秸秆覆盖地表，减少风蚀、水蚀，提高土壤肥力和抗旱能力的先进农业耕作技术[5]。

在 2007 年 4 月的《农业部关于大力发展保护性耕作的意见》中将其修订为：保护性耕作是以秸秆覆盖地表、免少耕播种、深松及病虫草害综合控制为主要内容的现代耕作技术体系，具有防治农田扬尘和水土流失、蓄水保墒、培肥地力、节本增效、减少秸秆焚烧和温室气体排放等作用。

1.2.1.2 保护性耕作的主要内容

可称为推广实施保护性耕作的 5 项关键技术[3-9, 18-21, 26, 33, 34]。

1. 秸秆与根茬覆盖技术

将前茬作物收割后的秸秆与根茬（统称为残茬）覆盖地表，是保护性耕作的基本内容，没有残茬覆盖，保护性耕作无从谈起。

秸秆与根茬覆盖对保护土壤免受侵蚀、蓄水保墒、培肥地力效果明显。秸秆覆盖亦可抑制杂草的生长。

（1）减少对土壤的侵蚀

诸多推广保护性耕作技术取得重大成功的国家和地区，一致得出这样的结论：“保护土壤免受侵蚀的一个秘诀是不要让土壤裸露，确保土壤表面有植物生长或其原有的植物残茬覆盖”[35]。秸秆与根茬覆盖地表，使其形成了一个防护层来保护土壤。

残茬覆盖，根茬具有较强的固土能力，秸秆可挡土，可有效减少扬尘和土粒迁移，而且覆盖可使地表湿润，增加团粒结构，也减少了风蚀。

秸秆覆盖可降低地表风速，如整秆留茬越冬，地表风速降低 24%～71%。

留茬覆盖，随着留茬高度增加，降低地表风速效果越明显，留茬高度＞25cm 时，可显著地降低土壤风蚀量。

地表的覆盖物，避免了降雨特别是强降雨对土层的直接冲刷，残茬覆盖还可以大大减少降雨后形成的径流，可减少 50%以上，增加地表粗糙度，增加雨水入渗量，减少土壤流失。

（2）有利于蓄水保墒

残茬覆盖地表，有利于吸纳雨雪，抑制水分蒸发，减少地表径流，蓄水保墒效果突出。

中国农业大学在山西省多年的试验表明，在影响土壤能否多蓄雨水的因素中，秸秆残茬覆盖是第一位的，占 47%[2]。在降雨强度为 80mm/h 的情况下，覆盖率为 80%的免耕处理从 31min 开始出现径流，比裸露耕作的滞后 19min，15min 平均径流强度为传统耕作的 61%。在降雨 24h 后，0～100cm 土层内的土壤蓄水量及降水入渗量分别比传统耕作法高 7.7%及 43.3%[34]。玉米生产水分利用率提高 22%[2]。秸秆本身是一种很好的保水剂，吸水量为自身干重的 2.5～4 倍。

地表秸秆可减少太阳对土壤的直接照射，而且阻挡了水汽上升，因此土壤水分蒸发量大大减少。免耕比传统耕作可使土壤蓄水量增加 10%，土壤蒸发量减少约 40%，耗水量减少 15%[3]。

（3）有利于恢复和培肥地力

经过吸水和土壤微生物作用的秸秆与根茬，一部分纤维素和半纤维素被分解释放出 N、P、K 等，补充土壤养分，可减少化肥施用量，剩下未分解的木质素等留在土壤中，增加土壤中有机质含量。

吉林省农业科学院（简称吉林省农科院）对玉米四密 25 等多年高留茬还田试验结果如表 1-1。

表 1-1　不同留茬高度玉米秸秆质量

玉米品种	平均单株秸秆重/g	10cm 茬子秸秆重/g	40cm 茬子秸秆重/g	10cm%	40cm%
四密 21（湿重）	2858	219.1	874.1	7.7	30.6
1243（湿重）	2100	201.4	802.1	9.6	38.2
莱育 3119（湿重）	3900	309.3	1235.2	7.9	31.7
四密 25（湿重）	3002	247.2	986.4	8.2	32.9
四密 25（干重）	206	10.9	46	5.3	22.3

注：10cm%，表示 10cm 茬子质量占整株秸秆质量的百分比；40cm%，表示 40cm 茬子质量占整株秸秆质量的百分比

按留茬 40cm，每公顷四密 25 的根茬为 2.78t（干重），如果秸秆全部还田，可换算其还田秸秆干重达 12.5t。

四密 25 秸秆养分化验分析结果为：含全氮 0.671%；全磷 0.2332%；全钾 1.1399%。

在农村，常用化肥磷酸二铵中含氮量 16%～18%，含磷量 46%～48%，则 2.78t 秸秆与根茬含全氮 18.654kg，含全磷 6.483kg，含全钾 31.690kg，相当于磷酸二铵 103.6～116.5kg 的含氮量及 60.8～63.1kg 的含磷量。

若全部秸秆还田，则 12.5t 的干秸秆含全氮、全磷、全钾的量分别是上述数据的 4.5 倍，那将是多么可观的数字。

对高留茬（40cm）还田 5 年的试验结果为：0～40cm 耕层土壤有机质含量年均提高近 0.06%；5 年速效磷（P_2O_5）在 0～20cm 耕层增加 21.66ppm①，20～40cm 耕层增加 28.39ppm；速效钾（K_2O）在 0～20cm 耕层增加 58.5ppm，20～40cm 耕层增加 44.2ppm。

秸秆还田有保氮和促进固氮作用。新鲜秸秆施入土壤，由于秸秆含有丰富的碳（40%～60%），为固氮菌提供碳源和能源，从而促进固氮作用。同时促进各种微生物活动和繁殖，还田秸秆分解有机质，释放养分供作物生长，使土壤肥力不断更新。还田秸秆吸收土壤中速效氮，利于保存氮素，供下茬作物利用。

① 1ppm=1mg/kg

但秸秆的碳氮比（C/N）都大于微生物活动所需要的 C/N，所以秸秆还田的同时要施用适量的氮肥，这样可以加速秸秆腐解速度，满足后茬作物对土壤有效氮的需求，提高氮肥利用率。秸秆腐烂过程中，微生物分解有机质时，最适宜的C/N为25∶1，而通常秸秆的C/N仅为（80～100）∶1。而且秸秆腐解还要有合适的土壤环境：在土温27～30℃，土壤湿度在田间持水量为55%～80%时分解最快。当温度及湿度过低时，秸秆基本不分解，这也是东北垄作区推行全面免耕（地表永久覆盖）的最大难点。

秸秆在土壤中腐烂分解成有机肥，以改善土壤团粒结构和保水、吸水、黏结、透气、保温等理化性状，增加土壤肥力和有机质含量。

2. 免耕施肥播种技术

实施保护性耕作时，将种子与肥料同时播施到有秸秆根茬覆盖的地里，除播种施肥外，不再扰动土壤，而且播种施肥时尽可能少地破坏垄台（或种床）。免耕播种技术是开展保护性耕作的核心技术。秸秆覆盖地免耕播种解决不了或解决不好，保护性耕作技术就无法推广。在巴西，1971 年就引进并试验成功了以免耕为主的保护性耕作技术，但经过近 5 年时间推广面积不足 1000hm^2。直到 1976 年研制成功了速度快、对土壤扰动小的三圆盘免耕播种机后，才使该项技术在巴西迅速发展，免耕面积到 2005 年达 2360 万 hm^2[5]，仅次于美国，居世界第二位。

播种时要求播量精确可靠，株行（垄）距准确，播深及覆土厚度一致，其后要进行镇压，防止种子被架空。影响播种质量的土地条件是种床质量。传统耕作时，经过多次土壤耕作使种床地表平整、土壤疏松细碎，无影响播种的杂物（如秸秆、根茬、杂草等）。但实施保护性耕作时，特别是在秸秆覆盖地上进行免耕播种时，根本无法达到上述条件。主要表现在如下各方面。

1）保护性耕作要求播种后地表还要有30%以上的覆盖物（主要是残茬），这样在播前地表覆盖了大量残茬。而且东北垄作区，从秋收后（10 月末）到翌年播种前（“五一”前）气温很低，还田的秸秆很难腐烂，加之秸秆产量大，单株秸秆粗壮、韧性大，不易折断，在播种施肥机具通过时，很容易发生堵塞，秸秆覆盖量越大，堵塞的可能性越大，秸秆的长度越长，含水量越大，越易造成堵塞，传统的播种机根本无法作业。因此在免耕施肥播种机上要采用行之有效的防堵技术。

2）免耕地块，地表比较坚硬，开沟入土困难。如果仍在原垄处播种，那么在欲播条带上还长有前茬作物根茬，则更增加了开沟的难度。为了尽量减少动土量，在免耕施肥播种时，多采用窄开沟技术。

3）地表平整度差，播深及覆土深度控制困难。垄沟里有秸秆，垄台上有根茬，加之地上留下的收割机、运粮车压出的沟辙，增加了机器行走的颠簸振动，影响播深及覆土深度稳定性。

4）免耕施肥播种的施肥量大。因播种前多没有其他耕作，在播种时将底（基）肥与种肥一次性施入，造成播种时施肥量过大，一般都在 400～600kg/hm^2，还有的地方甚至达到 800～900kg/hm^2。而且秸秆还田地块还应增施氮肥，以保证秸秆腐解时的C/N。这与国内传统耕作的播种机及国外的免耕播种机（国外施肥量一般为 100kg/hm^2）有很大差别。

免耕施肥播种机还必须做到种肥分施，在秸秆还田地中，很难进行侧深施肥，只能将肥料施在种子正下方（玉米播种时肥料应在种子下方 3～4cm），这样施肥开沟深度就比较大。

5）覆土镇压困难。开沟易形成较大土块，土壤流动性较差，有时会造成回土不好，覆土深度不易保证，甚至出现种子被架空的现象。镇压时应首先将种床上土块压碎，再将土壤压密。保护性耕作更应提倡窄开沟重镇压。

在秸秆覆盖地上进行免耕播种，是在“恶劣”的土地环境上进行一项关键环节作业，只有突破这个技术“瓶颈”，才能保证保护性耕作技术的实施。

3. 深松技术

深松是实施保护性耕作的基础。特别是在实行保护性耕作的初期更是必不可少的作业环节。原来使用铧式犁翻耕的土壤，在 20cm 左右深处，都会形成一个犁底层，妨碍雨水入渗及作物根系生长。之后用小型拖拉机进行碎茬起垄，耕层更浅，而且垄沟处拖拉机反复压实，雨水入渗更困难。通过深松，可打破犁底层，加深耕层，改善耕层结构。一般耕作是消除表土压实的快捷、有效的方法，却会对深层土壤造成伤害，深松可消除深层的压实。深松作用主要表现在如下几方面。

1）提高了土壤的蓄水能力。通过深松打破犁底层，降低土壤容重，增加土壤孔隙度，建立土壤水库，吸纳雨雪，大大提高了蓄水能力。辽宁省试验表明，全方位深松 40～50cm，较对照田，土壤含水率增加 3%～5%，蓄水量增加 165～330m^3/hm^2；内蒙古试验表明机械深松比常规耕地土壤容重降低 0.02～0.14g/cm^3，孔隙度增加 10%，土壤温度提高 0.5℃[26]；吉林省农科院在吉林省试验证明，隔年交替行间深松（深度 45cm）地块比现行耕法地块 0～20cm 及 20～40cm 耕层土壤容重分别降低了 0.049g/cm^3 和 0.19g/cm^3，田间持水量分别提高了 2.69%和 4.36%，含水量分别提高了 2.77%和 0.4%；吉林大学在吉林省试验表明，秋后深松起垄地块，第二年春播时耕层（0～30mm）含水率比传统耕作地块高 9.20%，地温提高 5.4%（2008 年）；黑龙江省测定表明，深松耕法贮水深度可达到 110～150cm，贮水容量增加 15%左右，而有犁底层的耕地，贮水深度只有 60cm。

深松时疏松而不翻转土壤，不会使下层湿土翻上来造成跑墒。

2）深松使土壤疏松，增加土壤粗糙度，大大促进了降水的入渗（土壤渗透速率提高 5 倍以上），减少地面积水或径流，可减少水蚀。所以一般深松在秋收后封冻前或伏雨前进行，效果最佳。

3）有利于培肥地力。行间间隔深松可形成虚实并存的耕层结构，虚部深蓄水，有利于土壤通气和好气微生物活动，土壤矿化较强；实部提墒供水，通透性差，促进嫌气分解（分解植物残体），土壤腐殖化较强；水、肥、气、热侧向水平移动，形成水热逆向循环。

深松使作物根系密集区下移，根系残体增多，促进根系发展，根重增加，腐殖质含量增加，为微生物生存提供良好条件，起到培肥地力的作用。

4）调节土壤固相、液相、气相三相比例。土壤的基本成分是固体物质，它包括粗细不同的矿物质颗粒、有机质（主要是腐殖质，占土壤有机质总量的80%左右）和微生物。在固体物质之间，有许多大小孔隙，孔隙中充满水分和空气。土壤水分实际是含有多种成分的、稀薄的土壤溶液。通过调节三相比例，改善土壤结构，协调土壤中微生物矛盾及蓄水和供水矛盾，实现用地养地结合，保证了作物养分供给，为作物生长提供良好的土壤环境。

吉林省农科院在隔年交替行间深松地块测得的0～20cm及20～40cm耕层的三相比分别是1∶0.56∶0.56及1∶0.58∶0.68，而常规耕作的对照田则分别是1∶0.46∶0.50及1∶0.48∶0.40，深松地块水分及空气含量更高，更有利于作物生长。

深松打破犁底层，促使根系发达；深松提高了土壤蓄水保墒能力，创造虚实并存的土壤结构，调节土壤三相比例，为作物生长创造了良好的土壤环境，从而为作物产量形成创造了条件。多地长年试验及测定表明，深松地块产量比传统耕作地块增加，玉米地深松后平均增产4.5%[2]。吉林省于2007～2009年三年试验测产也表明，深松地块与传统耕作地块相比，玉米平均增产13.3%，是各种耕法中增产幅度最大的。

在保护性耕作实施初期，土壤自我疏松能力弱，深松作业很有必要。一般建议2～3年深松一次，直到土壤具备自我疏松能力，可以不再深松，但有些土壤，可能一直要定期深松。有些耕地不宜深松：耕层下是沙粒地块、水田、耕层浅的山地等。

4. 表土作业技术

表土作业是指在收获后播种前对表层（一般在地表下10cm左右）土壤进行耕作。多数情况下是在窄条带的局部区域进行，为日后播种准备舒适的种床。在垄上播种时，用灭茬机灭茬是最常用的方法之一；立茬覆盖沟台交替种植模式，对两留茬行间浅旋，耕深小于7cm，宽度小于20cm。也可全方位进行，以便平整土地切断长秸秆和消灭杂草。

表土作业在保护性耕作的发源地美国，也是非常普遍的，例如，其采用的条耕、带耕等保护性耕法，都是在全覆盖地表上，秋后耕出一个宽20cm左右、深10cm的待播条带，春天在条带处施肥、播种，它是把传统全耕和免耕结合起来，耕作只限于很窄的条带内（土壤扰动仅占田面30%）。美国完全免耕的耕地仅占全部耕地10%左右。

东北垄作区，除辽南以外，绝大多数地区气候比较寒冷，无霜期短，秋后还田的秸秆根茬，春播时很难腐烂，加之东北地区玉米单产较高，与其籽粒产量相对应的秸秆产量相当大，而且粗壮，对播种会造成很大的影响，所以在播种前需要对欲播条带进行必要处理。

采用的方法主要是耙、浅松、浅旋（灭茬）等。

东北地区各种模式的保护性耕作法，多数都有表土作业这道工序，以保证播种质量，而且清除了苗带处的覆盖物，提高了地温，保证按时按质出苗，这样也可使保护性耕作技术更容易被广大农民接受，使现代农业技术得到更快推广。表土作业是顺利进行保护性耕作的保证。

东北垄作区推行的保护性耕作模式，多数仍采用垄作方式。垄作本身就是一种少耕耕作法。在美国、加拿大、巴西等保护性耕作发达的国家，都将垄作作为保护性耕作的一种方式。高旺盛在《中国保护性耕作制》一书中归纳出的保护性耕作的六大共性技术之一就有“改变微地形技术（等高种植、垄耕等）”，可见在垄作保护性耕作中保持垄形的重要性。只有这样才能充分发挥垄作的优点，将传统垄作与保护性耕作紧密结合，走出一条新的农机与农艺结合的道路。

国外多是在播种前对垄台修复（不追肥），我国多在玉米拔节时用中耕机对垄台进行修复，同时可进行追肥。主要用带分土板的三角铧，也可在深松时同时进行。

5. 杂草和病虫害防控技术

能否成功防控病虫草害，是保护性耕作技术能否成功实施的关键。我国东北垄作区，多数地区低温干旱，杂草及病虫害不会太严重，但因为取消了铧式犁翻耕作业环节，可能会造成病虫草害的抬头，特别是杂草可能比传统耕作多。

喷施农药是世界各国防控病虫草害的主要手段，对杂草还可采用机械除草、人工除草及生物覆盖压草等手段。我国也是如此。

目前，控制病虫害还有一个主要措施是在播种前对作物种子进行药剂拌种。控制杂草也常用土壤封闭除草法：在灭茬后播种前（或同时），土壤墒性较好的情况下一次性喷药，要喷洒均匀，不重不漏。

1.2.2　保护性耕作的起源与国际实践

保护性耕作技术是人类在大量耕地受到侵蚀、自身生存受到威胁时，与土壤侵蚀做斗争的产物。

正如“世界水土保持协会专刊第 3 辑”《免耕农业制度》导论[35]中所说：“世界上 8.52 亿饥饿人群中的大部分人都生活在土壤侵蚀严重的贫瘠土地上。”土壤严重侵蚀是怎么造成的？

地球表面几十厘米厚的土壤是人类文明的基石，它是经历了漫长的地质年代，在成土速率大于侵蚀速率时形成的。例如，形成东北黑土区 1cm 厚的黑土层，需要 300～400 年；形成 30cm 厚的黑土层，几乎需要上万年的历史。

在 20 世纪某段时间，土壤侵蚀速率开始超过新土形成速率，使人类文明的基石发生动摇，这一切与过度放牧、过度采伐和农业过度扩张、过度耕作密切相关。

19 世纪末 20 世纪初美国西部大开发，过度耕作、裸露休闲，导致 20 世纪 30 年代的沙尘暴。1954～1960 年苏联在现俄罗斯西西伯利亚平原及哈萨克斯坦北部开垦草原种植小麦，种植面积超过加拿大和澳大利亚小麦种植面积总和，使苏联小麦产量大幅增长，后来却造成类似美国的沙尘暴肆虐。非洲是开发较晚的大陆，但其引进的犁耕，加之土地裸露休闲（甚至连根茬都被公共放牧牲畜吃掉），使沙尘暴频发。2005 年 1 月美国国家航空航天局公布的非洲大型沙尘暴向西移出中非地区影像记录中显示：巨大的黄褐色沙尘绵延 5300km。沙尘暴每年从非洲带走 20 亿～30 亿 t 土壤细颗粒，大量沙尘跨越大西洋，沉积在加勒比海。

水蚀是土壤侵蚀的另一种形式。埃塞俄比亚是非洲的一个多山国家，坡耕地土壤极易受到侵蚀，每年因降水冲刷而流失的表层土壤达 10 亿 t。中国黄土高原区也是世界上受水蚀影响严重的生态脆弱区。

在有计划地退耕还林还草还湿的同时，在广大农业区推行以秸秆根茬还田覆盖为基本内容的保护性耕作技术是保护土壤、防止风蚀水蚀最有效的方法之一。

现代保护性耕作技术的发源地是美国，其纬度和中国相似，下面加以重点介绍。

1.2.2.1 美国保护性耕作的起源与发展

为加深对美国保护性耕作技术发展与现状的了解，原吉林工业大学校长，吉林大学马成林教授，于 2006 年旅美期间，利用各种信息渠道调研了美国保护性耕作系统的理论与实践，加深了我们对它的认识[20]。

19 世纪末美国西部大开发，把几千万公顷的干旱半干旱草原开垦成农田，频繁耕作，裸露休闲。到 20 世纪 30 年代，遇到干旱大风天气，表层裸露松散的土壤难以抵挡大风袭击，形成震惊世界的“黑风暴”（沙尘暴）。1931 年第一次横扫大平原，就有 30 万 hm^2 农田被毁。1934 年 5 月 11 日开始的“黑风暴”，持续 3 天，横扫美国 2/3 国土，超过 3 亿 t 土壤刮进大西洋，300 万 hm^2 耕地被毁。“黑风暴”从太平洋东岸（美国西海岸）一直刮到大西洋西岸（美国东海岸），远离太平洋东岸 3000km 以上的芝加哥，每年有 1200 万 t 沙土“光临”，该市居民平均每人 4t。长期以来，过度开发、不适当耕作造成重大损失：677 万 hm^2 肥沃农田彻底被毁，883 万 hm^2 遭到严重破坏，并有 600 多万 hm^2 受到严重威胁。1935 年美国土壤侵蚀调查显示，独立战争（1775～1783 年）时期，美国平均表土厚度大约为 22.86cm，1935 年只剩大约 15.24cm，仅 150 多年时间，损失了 1/3，而且主要是 19 世纪末西部大开发以后不足 50 年造成的。这是大自然对人类掠夺性开发利用土地的严厉惩罚。人类开始反思自己错误的耕作方式招致的严重后果，开始进行各种保土保水耕法的探索。

1942 年，美国成立了土壤保护局[现为国家自然资源保护局（Natural Resources Conservation Service，NRCS）]。

1943 年，俄亥俄州农民爱德华·福克纳（Edward Faulkner）的名著《犁耕者的愚蠢》（*Plow Man's Folly*）（在《免耕农业制度》中译为《耕作者的荒唐行为》）发表，导致了一场淘汰铧式犁耕地和采用少免耕的革命。这是农业耕作实践变革中的一个里程碑。他说：“首先，犁地实在没有必要；其次，如果不犁地，那么通常继犁地之后要做的事大多数是全没必要的。”“可以用大量事实证明，犁的使用实际上破坏了土壤生产力。”经过努力，1951 年，美国陶氏化学公司的巴若恩（K. C. Barrons）等报道了免耕技术的成功应用。

1955 年后除草剂百草枯等问世，免耕播种机械研制成功。1961 年，肯塔基州的亨瑞（Harry）和劳伦斯（Lawrence）创建了世界上首个机械化免耕农场。美国保护性耕作应用面积不断扩大，1965 年已达耕地面积的 2.35%。1973 年，菲利普（Phillips）和扬（Young）又出版了一本关于保护性耕作的里程碑式著作《免耕农业》（*No-Tillage Farming*）。1979 年美国的保护性耕作面积已占耕地面积的 16%。1985 年美国通过《食品安全法》（Food Safety Act，FSA），实行保护土壤和作物亏损补贴，要求对于所有严重侵蚀土壤的耕种，农民要在 1990 年做出保护性耕作计划，并于 1995 年全面实施。同时开展多项有利于保护性耕作发展的行动，如作物残留物管理（Crop Residue Management，CRM）行动、严重侵蚀土壤（High Eroded Land，HEL）控制、最佳管理计划（Best Management Plan，BMP）等项目的实施，使美国保护性耕作得到有效推广，并取得良好效果。遭受侵蚀的农田中，遭受轻度、中度和重度侵蚀农田的比例在 1985 年分别为 19.4%、15.8%和 64.8%，到 1995 年，轻、中度分别增加到 49.9%及 33.7%，而重度则降至 16.4%。1994 年美国联邦立法，规定严重侵蚀土壤（HEL）必须采用保护性耕作。到 1998 年保护性耕作面积已达到 37.2%，同时减少耕（地表残留物覆盖率 15%～30%）面积达 26%，两者相加已达 63.2%。

1982 年以来，美国全国作物残留物管理（CRM）的调查，都是由设在普渡大学的保护性耕作信息中心（CTIC），根据国家自然资源保护局的分类定义进行的，是 NRCS 在全美唯一的在县级水平衡量跟踪农作物耕作类型的调查。数据统计分 5 组：免耕（包括免耕、条耕、带耕、垂直耕）、覆盖耕、垄耕、减少耕（地表残留物覆盖率为 15%～30%）和集约传统耕（地表残留物覆盖率为 15%以下）。免耕、覆盖耕、垄耕均是地表残留物覆盖率在 30%以上的保护性耕作模式，减少耕亦有一定的保护土壤的作用，上述 4 种模式均属于作物残茬处理耕作模式，广义上都可算作保护性耕作模式。CTIC 发布的 1990～2007 年各种耕作模式作业面积见表 1-2[3, 5]。

表 1-2　保护性耕作各种模式及其他耕作方式在美国的应用（1990～2007 年）（单位：$\times10^4hm^2$）

耕法	年份								
	1990	1992	1994	1996	1998	2000	2002	2004	2007
免耕	684	1 137	1 574	1 736	1 934	2 112	2 238	2 525	2 654
	6.0%	9.9%	13.7%	14.8%	16.3%	17.5%	19.6%	22.6%	23.7%
覆盖耕	2 157	2 319	2 299	2 327	2 343	2 165	1 821	1 942	1 926
	19.0%	20.2%	20.0%	19.8%	19.7%	18.0%	16.0%	17.4%	17.2%
垄耕	121	138	146	138	142	134	113	89	100
	1.1%	1.2%	1.3%	1.2%	1.2%	1.1%	1.0%	0.8%	0.9%
合计（1）	2 962	3 594	4 019	4 201	4 419	4 411	4 172	4 556	4 680
	26.1%	31.4%	35.0%	35.8%	37.2%	36.6%	36.6%	40.7%	41.8%
减少耕（15%～30%覆盖）	2 873	2 970	2 962	3 027	3 161	2 481	2 594	2 412	2 396
	25.3%	25.9%	25.8%	25.8%	26.6%	20.6%	22.8%	21.5%	21.4%
合计（2）（15%以上覆盖）	5 835	6 564	6 981	7 228	7 580	6 892	6 766	6 968	7 076
	51.3%	57.3%	60.8%	61.5%	63.8%	57.3%	59.4%	62.3%	63.2%
集约传统耕（15%以下覆盖）	5 532	4 889	4 508	4 516	4 294	5 144	4 626	4 225	4 122
	48.7%	42.7%	39.2%	38.5%	36.2%	42.7%	40.6%	37.7%	36.8%
种植总面积	11 367	11 453	11 489	11 744	11 874	12 036	11 392	11 193	11 198

注：各栏中，上面一行数字为该模式种植的万公顷数，下面一行数字为该项占全国种植总面积的百分比。合计（1）为覆盖率≥30%的各种耕法之总和，应是严格定义的保护性耕作面积总和及所占百分比。合计（2）为覆盖率≥15%的各种耕法之总和，应是广义的保护性耕作面积总和及所占百分比

美国保护性耕作的核心是对土壤和水的管理，以增加土壤蓄水保水能力、减少土壤侵蚀、改善耕地质量、提高农业生产水平为目的，包括秸秆覆盖、免耕、少耕、休闲、轮作等技术。

美国的保护性耕作，从探索、试验研究、技术攻关到大面积推广，经过半个多世纪的努力，现在已成为美国农业的主流耕作方式。美国的保护性耕作，以地表秸秆覆盖率为衡量标准，简单明确，抓住要害。政府重视，并进行立法。高等院校积极参与，随时监测全国保护性耕作开展情况，提出并发布权威的数据，这在世界各国中是唯一的。美国的保护性耕作模式多种多样，因地制宜，将传统耕作中的优点批判继承，融合到保护性耕作中，使其作物单产始终能保持高水平。在保护性耕作技术研究中，真正做到农机农艺紧密结合；为推行保护性耕作，发明了免耕播种机，反之为了适应保护性耕作需要，培育出棉花、大豆等转基因新品种，解决草害问题。美国推行保护性耕作的经验教训是非常丰富的，无法一一列举。这正是我们可以进行借鉴的，做到洋为中用，举一反三，走好自己的路。

1.2.2.2 美国保护性耕作常见模式

美国保护性耕作模式的演变体现了美国专家与农民几十年探索最佳经济和环境效益的过程。必须从气候条件、土壤特性、作物要求等多种因素出发，经过反复试验才能确定应该采用的耕作方法。

如前所述，按 CTIC 的调查，美国将保护性耕作模式分 3 组统计，即免耕（包括免耕、条耕、带耕、垂直耕）、覆盖耕及垄耕[20]。

1. 免耕（no-tillage）

免耕是指除施肥外，从收获到播种期间不扰动土壤的耕作播种系统。通常在作物残留物覆盖的地表上，装有免耕播种部件（图 1-1）的免耕播种机（图 1-2）用波纹圆盘（图 1-3）切开覆盖物，随后用双圆盘开沟器进行播种（土壤扰动不超过田面的 25%），这是美国应用最早的保护性耕作模式。在不太寒冷也不潮湿的土地上产量不比传统耕作低。

图 1-1 免耕播种部件

图 1-2 免耕播种机

免耕可节省油耗和作业时间，降低劳动和机具成本，减少作业时的尘土和碳排放对大气的污染。覆盖物可减少径流和降低土壤侵蚀，帮助雨水及灌溉水维持渗透，减少蒸发。由于土壤扰动少和有覆盖物为蚯蚓等田间生物提供食物与栖息地，连续免耕三五年后土壤的有机质含量、孔隙度、透气透水性增加，产量也逐年提高。

图 1-3　波纹圆盘

2. 条耕（strip-tillage）

在全覆盖地表上的一窄条范围内将覆盖物拨开，秋后耕出宽 20cm、深 10cm 的待播条带，条带内形成一条 7.5～10cm 高的小垄，次年春天垄高往往下沉到 2.5～5cm，播种后地表平整，行间仍覆盖着残留物。在条耕时肥料通常以液态注入或施入干料。它可以把传统全耕与免耕结合起来，耕作只限于很窄的播种条带内（土壤扰动占田面 30%）。秋天条耕作物产量可等同于铧式犁耕翻。此法在俄亥俄州用得较多。因为免耕使春天地温复苏慢，种植玉米有风险，所以往往秋天进行条耕，为次年春天播种玉米做准备，称为秋条耕。

条耕优点：保护土壤，行间所铺残留物未受扰动；玉米有温暖松软的种床；条耕时把肥料送到靠近作物根部；可以较早播种；燃料消耗仅为全面耕翻的 1/4。

行清除器、圆盘刀、耕作器及覆盖圆盘安装在一个机架上，两边装上划行器。该机宽度要与播种机宽度一致或成倍数。每行需动力 11～14.7kW。

行清除器（图 1-4）：拨开残留物开出裸露土壤带，在残留物覆盖很厚时尤为重要。单个圆盘配置在行清除器前方或后方，从中间切开残留物便于向两侧分拨。耕作器（图 1-5）铲很窄，带鼹鼠刀（图 1-6），底部有小翼，以增强松土和深施肥能力。尽量减少上部的土壤扰动，耕作深度在 10～20 cm 变化，取决于功率大小和施肥深度。

图 1-4　行清除器

图 1-5　耕作器

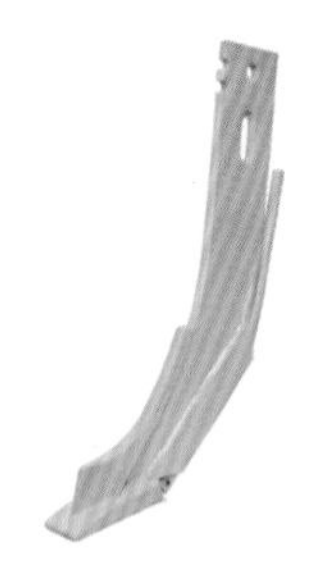

图 1-6　鼹鼠刀

一对圆盘刀用于收集耕作器甩出来的土壤，使其都处于窄条之内，圆盘不要插到土里。

条耕播种和施肥都需要对准耕条，为此应用一种实时自动导向器，使播种机和施肥机上不再需要安装划印器。

施肥系统：有磷钾干粉施肥器、液压肥料罐、高压无水氨车（图 1-7），秋天地温超过 10℃时不宜施氮肥（易挥发），宜在春天出苗后进行。

图 1-7　高压无水氨车

条耕用在大豆茬最理想，但条耕前应将豆秸粉碎并均匀撒在地里，条耕小麦茬时也应在收获时将麦秆切短，并应安装行清除器。

但条耕设备成本比免耕播种机和条播机要高，动力也大。春天气温高时可采用免耕。秋天条耕必须在土壤饱和前完成。

试验发现，连茬玉米用动力旋耕 20cm 宽、10cm 深的耕条，可提高产量，优于播到原行上的免耕播种，但仍低于全幅耕作。行内耕作不一定能比播种于老种行之间的免耕法增产。

3. 带耕（zone-tillage）

带耕是一种深条耕。用机器准备一个窄的播种区：15～25cm 宽、10cm 深，并深松打破犁底层（图 1-8）。有一套（2 或 3 个）波纹圆盘刀，前圆盘刀 25.4mm 宽，13 个波，对准播行中线破碎大土块和上年留下的秸秆；后 2 个圆盘刀 50.8mm 宽，8 个波，偏离播行中心线 76.2mm 对称布置，且带偏角，把土壤甩到行的中线上，但不压实；后边设一滚动刀框用来形成良好种床。

图 1-8　带耕深松机

带耕对土壤的扰动限制在播种行内（田面 30%），美国东北部常年采用铧式犁耕作，土壤 20～30cm 深处形成犁底层，严重影响作物生长。用深松铲耕至犁底层下 5cm（有的工作深度可达 50cm）。破坏犁底层有利于排水。美国东北部越来越多地采用带耕，用带耕种植各种田间作物（图 1-9）。

图 1-9　带耕播种机

田面仅 1/3 被耕作，降低了作业成本，行内变暖较快有利于春播，提高了播种质量与出苗率。其他 2/3 田面用残留物覆盖，可以减少土壤侵蚀、改善水分供给、增加蚯蚓数量。带耕的种床准备作业可在秋天进行。但带耕几年后多年生杂草增加，需要在秋天将其控制住；相关设备较贵。

4. 垂直耕（vertical-tillage）

即深松耕法，秋天在残留物覆盖的地里，用铲柄很窄、铲头带翼的深松铲（图 1-10）深耕 33～35cm 以打破犁底层（图 1-11）。次年春天顺沟播种，深松后松碎土壤形成种沟，水可均匀进入土壤，保持土壤潮湿，提高地温，缺点是耕作阻力很大，杂草生长快，2004 年艾奥瓦州立大学将其与全面翻耕和免耕法进行对比试验，结果 3 种耕法植株数基本一致，但垂直耕法产量较高。2008 年俄亥俄州立大学试验表明垂直耕法最有利于作物生长，产量高。

图 1-10　垂直耕作深松铲

图 1-11　垂直耕作机

5. 覆盖耕（mulch-tillage）

在播种前或播种同时扰动全部地表一次或两次（图 1-12），播后地表残留物不少于30%，以减少水土流失和土壤风蚀，增加土壤有机质，并给蚯蚓等生物创造好的生活环境。采用的农具有田间中耕机、旋转耙和圆盘机具（如涡轮圆盘刀式，见图 1-13）等。靠药剂或中耕控制杂草。

图 1-12　覆盖耕作机

图 1-13　涡轮圆盘刀

6. 垄耕（ridge-tillage）

春天在垄顶播种，垄耕播种前后的原作物茬、作物残留物、种子、化肥、植化相克区及粪肥分布情况如图 1-14 所示。作物高 30～45cm 时进行第二遍中耕恢复垄形，也可在玉米青饲收获后起垄（若玉米收获后切碎秸秆起垄则次年播种有困难），垄高 15～20cm，玉米、高粱春播时垄高 10～15cm，播大豆时垄高 7.5～10cm，收获后保持垄形，行距不小于75cm。播种时专用播种机（可在垄顶作业的播种机）用圆盘开沟器、刀或行清除器在原垄顶准备种床，播种时可将 80%～100%的草籽翻到垄沟里，播种后垄顶会降低，第一次中耕松土并消灭杂草，第二次中耕恢复垄形可达 20cm。这种方法可比传统翻耕和免耕大幅降低除草剂用量，在 12.5～17.5cm 高的垄上播种，产量与全面耕翻相近，种床提高，地温即提高。普渡大学试验表明，春天垄顶温度比铧式犁秋翻只低 0.5～1℃，比免耕高 2～2.8℃，垄耕是成功的耕法。播种机必须清除覆盖物并把种子播在垄的中线上，为保持播种部件在垄顶工作，需要可靠的随垄稳定装置，如图 1-15 和图 1-16 所示的一对轮子。有的机器上每组单体都有随垄轮，所以机器重量在各支点上应有合理的分配。中耕机（图 1-17）必须准确恢复垄形。收获时要适当切碎秸秆，使其均匀覆盖在地表上，收获机上需要两个窄的轮子，以便跨垄行走，不破坏垄形。

除前述几种保护性耕作模式外，还有减少耕，也称为少耕，田面有 15%～30%的覆盖率，也有相当的保护土壤的作用，是传统耕作向保护性耕作转化的过渡形式，其为广义的保护性耕作模式中的一种形式。

1.2.2.3　南美洲的保护性耕作

南美洲的保护性耕作，虽然起步较晚，发展速度却是最快的，而且主要是采用永久免耕的形式，这种形式在保护性耕作的发源地美国，也仅占 10%～12%[3, 5]。

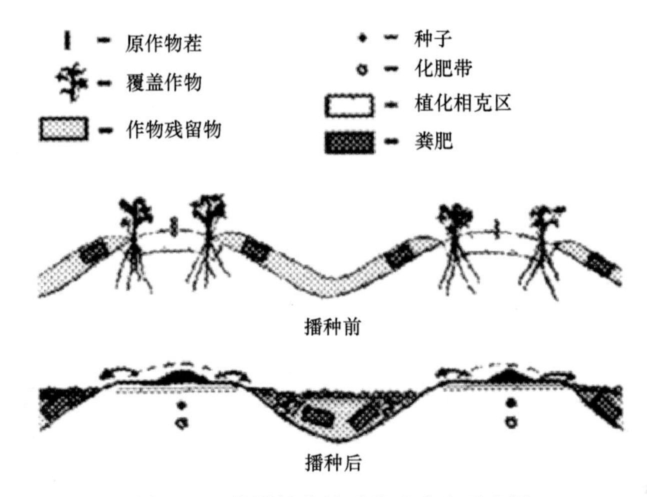

图 1-14　垄耕播种前后物质分布示意图

图 1-15　垄耕播种机

图 1-16　播种机随垄导向轮

图 1-17　垄耕中耕机复垄器

南美洲的免耕，主要集中在巴西、阿根廷、巴拉圭、乌拉圭南方共同市场四国，占南美洲的98%。四国国土面积共计1187.7万km^2，占南美洲土地面积的66.53%（约2/3），其中巴西最大，面积达851.4万km^2，占南美洲的47.7%；阿根廷是南美洲第二大国，面积为278.0万km^2。巴西、阿根廷都是世界上农牧业发达的国家。巴西大豆、牛肉、鸡肉产量居世界第二，出口量居世界第一；阿根廷也是世界粮食和肉类的主要生产国与出口国，素有“世界粮仓和肉库”之称。乌拉圭可耕地和牧场占国土面积的90%，是世界第六大稻米出口国。巴拉圭经济以农、牧、林业为主，农业是国民经济主要支柱。南方共同市场四国，地处南回归线两侧，多数地域处于热带与亚热带，乌拉圭全境及阿根廷南部处于温带[36]。

以巴西保护性耕作（免耕）发展情况作为代表，对南美洲保护性耕作的发展情况做以介绍[3, 5, 37]。

巴西农业资源得天独厚，土地资源、生物资源、水资源十分丰富。水资源总量居世界第一。可耕地资源15 250万hm^2，牧场17 700万hm^2，已耕地4900万hm^2[36]。

拉丁美洲的免耕试验于1971年从巴西开始。由位于南回归线上的巴西巴拉那州（Paraná）隆德里纳（Londrina）的农牧研究所与德国技术合作公司合作开展研究试验。项目在该州罗兰迪亚赫伯特·巴兹（Herbert Bartz）农场建立示范区，Bartz先生为此前去开展免耕技术研究较早的美国、英国考察，访问了当时免耕技术知识中心——肯塔基州立大学，并且拜访研究试验免耕技术的亲历者及前辈，引进了免耕播种机具，于1972年播下第一批免耕大豆，Bartz成为拉丁美洲应用免耕技术第一人。

但由于巴西还没有自己生产的免耕播种机，因此免耕（保护性耕作）技术无法大面积推广，1971～1975年推广不足1000hm^2。直到1975年开发了第一台免耕播种机，但作业速度慢。1976年研制成功速度较快、对土壤扰动小的三圆盘式免耕播种机，才促进了免耕技术的推广。另外，还研制出既适用于宽行作物（大豆、玉米、高粱、向日葵），又适用于窄行作物（麦类、绿肥覆盖作物）的通用型免耕播种机，以适应轮作的需要，保证免耕更好地推广。

20世纪70年代除草剂种类太少，只有百草枯和2,4-D两种，有时只能人工除草。到80年代初期，除草剂种类和数量迅速增加，但种类繁多的除草剂的使用让农民甚至推广人员和技术人员感到棘手。巴西出版发行的两种出版物解决了这个难题。一本是1994年出版的附有图片、描述巴西主要杂草并指明应用哪些除草剂的书，另一本是1998年出版的介绍巴西市场销售的各种除草剂及其使用方法的书。

巴西与阿根廷研制成功物美价廉的除草剂，生产出了有效的免耕机具，使免耕在南美洲得到空前的发展。这两个农业大国免耕技术的大力应用，不但带动了南美洲保护性耕作的推广，而且给世界各国起到了示范作用。

作物轮作和绿肥覆盖作物是免耕在巴西乃至南美洲成功推广应用的关键。如果每年在同地块种植同一种作物，会出现病虫草害，免耕系统采用作物轮作可降低杂草危害（表1-3）[37]。研究表明，绿肥作物覆盖也能减轻杂草蔓延。应该要求至少保留6t/hm^2经济作物或绿肥覆盖作物的干物质，若能达到10t/hm^2干物质则更好，这样可以很好地抑制杂草，改善土壤的水分和温度，改进土壤理化性质及生物特性。免耕系统要求覆盖物均匀分布。

表 1-3　轮作与否对田间杂草出现频次的影响（巴西南里奥格兰德州地区）

杂草出现频次	轮作		非轮作	
	NT	CT	NT	CT
小麦田中阔叶草	36	24	102	167
小麦田中窄叶草	17	30	41	44
大豆田中阔叶草	4	20	15	77

注：NT 为免耕，CT 为传统耕作

通常认为排水条件差的土壤不适宜进行免耕，所幸的是南美洲大部分土壤排水状况良好。可修建合适的排水系统，改善排水条件较差的土壤。

在推广应用免耕之前应该清除传统耕作中犁和耙压实的影响，在巴西、阿根廷、巴拉圭一般用楔形犁解决上述问题。在免耕过程中进行作物轮作（包括绿肥覆盖作物），用作物残茬覆盖土壤表面，就不会引起土壤压实问题。

采用免耕新技术的过程中，人们思想观念的转变是根本性的转变，包括技术、研究、推广人员，但最主要的是农民。人们要认真学习实施免耕法的各种知识。在免耕系统专业知识的传播中，巴西免耕联合会和阿根廷免耕农民协会起着重要作用。

经过努力，巴西的免耕迅速发展起来。从 1976 年不足 1000hm^2，1985 年达到 40 万 hm^2。1990 年达到 100 万 hm^2，1995 年达到 650 万 hm^2，2000 年达到 1736 万 hm^2，2005 年达到 2360 万 hm^2，为 1985 年的 59 倍（图 1-18）。2004 年免耕面积（2310 万 hm^2）已占粮食种植面积（4094.6 万 hm^2）的 56%。

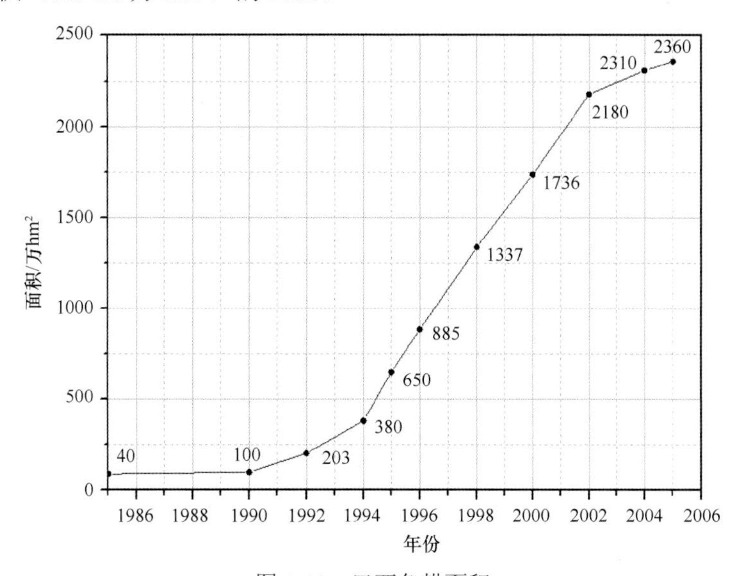

图 1-18　巴西免耕面积

阿根廷是现在世界上推广免耕的另一个范例[5,37]。其免耕面积于 2004 年已达到 1826.9 万 hm^2，仅次于美国和巴西两国，远超加拿大和澳大利亚，居世界第 3 位。阿根廷推广免耕起步更晚，直至 20 世纪 70 年代中期，杜邦公司参与了免耕法研究，与阿根廷国家农业技术研究所合作开展试验，1977 年在该研究所试验站举行了首届全国免耕研讨会，1978 年建立第一家免耕农场。但到 1986 年阿根廷免耕农民协会成立时，全国推广面积只有 2.5 万 hm^2。进入 90 年代，在协会的推动下，进入大面积推广阶段，1996 年达到 290 万 hm^2，为 10 年前的 116 倍；而到 2004 年竟达到惊人的 1826.9 万 hm^2[37]，为 18 年前的 730 多倍（图 1-19），免耕面积已占耕地面积的 73%。

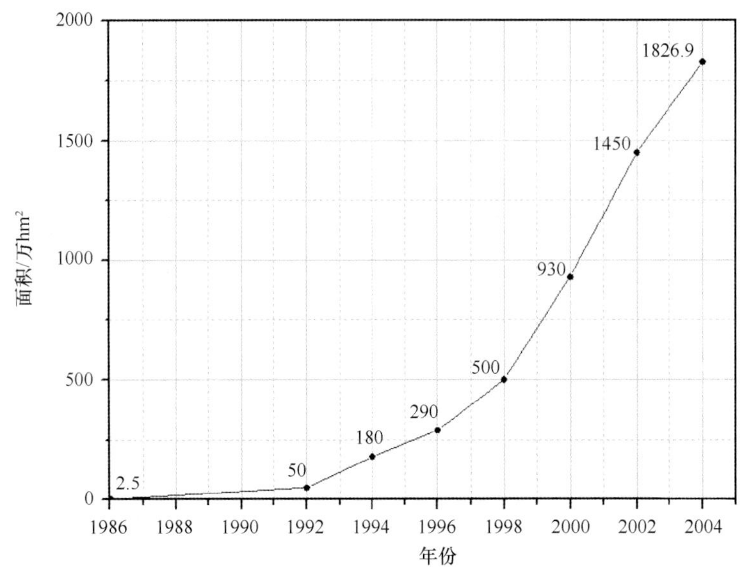

图 1-19　阿根廷免耕面积

巴拉圭是一个经济落后的小国，但经过多年努力已成为世界上免耕法推广最先进的国家：免耕面积达 170 万 hm^2，排在澳大利亚之后，居世界第 6 位，推广面积为全国耕地面积的 77%以上，居世界第一。

乌拉圭全国 85%的土地是牧场，但免耕面积达到了 26.3 万 hm^2。

从 1987～2004 年，南方共同市场四国免耕面积扩大了 58 倍（面积从 67 万 hm^2 扩大到 3960 万 hm^2），而美国同期只扩大了 5.2 倍（从 405 万 hm^2 扩大到 2525 万 hm^2），而且美国免耕面积（2525 万 hm^2，占耕地面积的 22.6%）还不是永久免耕，美国永久免耕仅占耕地面积的 10%～12%，只有 1000 多万 hm^2，还不及阿根廷（表 1-4）。至 2005 年，四国免耕面积约为 4383 万 hm^2，南美洲为 4490 万 hm^2，占世界的 46.9%。

表 1-4　不同国家免耕面积[37]

国家	免耕面积/万 hm^2
美国	2530.4
巴西	2360
阿根廷①	1826.9（2004 年）
加拿大	1252.2（2004 年）
澳大利亚	900
巴拉圭	170
印度恒河平原②	190
玻利维亚	55
南非	37.7
西班牙	30
委内瑞拉	30（2004 年）

续表

国家	免耕面积/万 hm^2
乌拉圭	26.3
新西兰	20（2006 年）
法国	15
智利	12
哥伦比亚	10.2
中国	10
其他国家（估计值）	100
合计	9575.7

①初始信息基于 2003/2004 年收集的 40%的数据；②包括南亚的 4 个国家（印度、巴基斯坦、孟加拉国、尼泊尔）。除标明年份的以外，其余均为 2005 年数据。

南美洲（主要是南方共同市场四国）已成为世界上推广保护性耕作（特别是免耕）的火车头。

1.2.2.4　大洋洲（澳大利亚）的保护性耕作

澳大利亚是大洋洲大陆唯一的国家，土地面积 769.2 万 km^2，为大洋洲总面积的 85%。因受亚热带高压和东南信风的控制与影响，沙漠和半沙漠占全国面积的 35%，干旱面积约 625 万 km^2，占 81%，是典型的旱农国家[36]。天然牧场占全国面积的 55%，耕地面积仅占 2.6%（约 2000 万 hm^2），其中一半种植小麦，是世界主要小麦输出国之一。澳大利亚人少地多，人均耕地 1hm^2，是农业大国，农业具有很强的国际竞争力。但全国水资源十分缺乏，降雨集中，多为暴雨，水土流失严重。而且其昆士兰、新南威尔士等州，土层厚度仅 100cm 左右，几十年的翻耕作业，加剧了水土流失，使土层不断变薄。专家预测，如果继续任其发展，100 年后全澳大利亚耕地面积将减少 50%。这对农业的可持续发展构成了严重威胁。

20 世纪 70 年代初，澳大利亚政府在全国建立了大批保护性耕作试验站，组织农学、土壤、农机专家参加试验研究工作。80 年代初开始大规模推广应用[3, 5, 38, 39]。政府为了推广这项技术，先后启动大量的研究、示范、培训项目，并对采用这项技术的农民在机器改进、税收、农用柴油等方面给予优惠政策，通过项目带动技术的研究与推广。至 20 世纪末，主要农业区基本实现保护性耕作。据 2002 年统计，全国有 1460 万 hm^2 耕地实施保护性耕作，占全国耕地（2000 万 hm^2）的 73%，其中实行免耕的达到 900 万 hm^2，居世界第 5 位。从 1985 年开始至 2004 年，澳大利亚粮食产量增加 1 倍，保护性耕作贡献率占 40%以上[37]。

澳大利亚的保护性耕作有多种方式：免耕、少耕、秸秆覆盖、倒茬轮作和固定道等，免耕应用最广，占耕地面积的 45%，占实施保护性耕作耕地的 61%（2002 年数据）。澳大利亚是采用固定道保护性耕作法最成功的国家。其特点是：机器在固定的车道上行进，上面不种作物，作物生长带不被车轮压实，收获后用残茬覆盖地表，不翻耕度过休闲期。在几个干旱区该技术得到较好推广。到 2003 年，已推广 100 万 hm^2，占全国耕地面积的 5%。昆士兰大学 10 多年试验表明，固定道作业避免了土壤压实，提高了水分入渗及利用率，使土壤形成更均匀的团粒分布，从而为作物生长创造良好的水、土、气环境，利于作物根系发育。采用固定道作业，车轮走在坚实车道上，较大地减少了牵引功率损失，并且不必去疏松车轮压实的土壤而消耗功率，所以可节省 50%能耗。固定车道虽占去了部分耕地面积，影响了总产量（略低），但总的经济效益是可观的，生态效益更明显[5, 38]。

澳大利亚的保护性耕作技术对我国保护性耕作研究与发展产生过重要影响。我国系统的保护性耕作研究，就是中国农业大学在澳大利亚昆士兰大学的帮助下于 1991 年开始的。

作者也曾于 2005 年在澳大利亚昆士兰大学等处度过一年的时光，学习保护性耕作方面的经验，对日后研究与推广保护性耕作技术与配套机具，起了很大作用。

1.2.2.5 其他国家的保护性耕作

以美国为代表的北美洲、以巴西为代表的南美洲、以澳大利亚为代表的大洋洲，代表了当今保护性耕作发展的主流。2002 年保护性耕作应用面积已达 15 953hm^2，占世界推广应用面积的 92.7%。其他三大洲（亚、欧、非），仅占 7.3%。

1. 加拿大的保护性耕作

加拿大与澳大利亚一样，也是一个人少地多的农业大国。加拿大国土面积达 997.06 万 km^2，仅次于俄罗斯，居世界第 2 位，但因处于高纬度，整个国家处在北纬 60°两侧，很大一部分在北极圈之内，气候严寒，适耕土地较少，仅有 4000 多万 hm^2，不足国土面积的 5%[36]。加拿大农业区全部集中在南部，尤其是与美国毗邻 400km 宽的狭长地带。西部艾伯塔、萨斯喀彻温和马尼托巴 3 个省（俗称大草原地区），土质肥沃，是国家的粮仓。安大略和魁北克省是畜牧业基地，农业主要集中于河谷盆地。

20 世纪 50 年代前，加拿大与美国一样，普遍用铧式犁翻耕土壤，地表上基本无残茬，对风蚀水蚀抵御能力很低，加之加拿大地多人少，有土壤休闲的传统，裸露休闲期达 12～18 个月。休闲期间地表无覆盖物，土壤水分蒸发严重，播种时墒情严重不足。而且因无覆盖，加剧了土壤侵蚀及盐碱化。为此，该国于 20 世纪 50 年代中期开始研究保护性耕作[3, 5]。重点研究免耕播种机和除草剂问题。经过 30 年的努力探索，试验研究成功，形成了免耕和少耕技术体系，在 1985～1995 年 11 年中得到了大面积推广应用，到 1997 年，加拿大免耕推广面积占可推广面积的 1/4。为了保证免耕的实施，加拿大制定了免耕实施的有关法律。1995 年以后，由于国际市场粮价走低，主要研究降低生产成本：采用多种方式除草、降低除草剂用量，改进机器减少作业能耗，降低机械作业成本。

目前，加拿大已基本取消了铧式犁翻耕。至 2004 年，保护性耕作应用面积超过 2400 万 hm^2，占全国耕地面积的 60%，免耕面积占 34%。西部 3 省 40%耕地实施免耕为主的保护性耕作。萨斯喀彻温省推广面积达 70%。应用作物是小麦、大麦、玉米和豆类。

研究表明，实施保护性耕作对提高土壤含水率，减少土壤侵蚀，改善加拿大西部大草原生态起了重要作用。免耕作业减少作业成本的作用较明显，并且能提高农作物的产量。但也面临一些问题：土壤压实问题；地表不平或播种深浅不一、漏播问题；病虫草害增加问题等。

2. 苏联的保护性耕作

多年来，关于苏联所在旱农区开展保护性耕作的报道很少。苏联旱农区除包括现在的俄罗斯广大区域外，还包括亚洲的哈萨克斯坦等国及欧洲的粮仓乌克兰等，乌克兰有占世界 1/3 的黑土区。苏联耕地面积达 2 亿 hm^2 以上，横跨欧亚两大洲，居世界之首。广种薄收，机械化程度比较高，产量低而不稳。

在 20 世纪 50 年代，苏联曾大力推广马尔采夫无壁犁耕作法（将有壁犁犁镜部分去掉），但控制不住杂草，效果不好。后来（20 世纪 60 年代～70 年代初）结合马尔采夫耕作法与加拿大的抗旱留茬耕作法，配合施用除草剂，形成了一套适合旱地的蓄水保墒耕作法，取得成功，大面积推广，因此获得了列宁奖金。用无壁犁深松或浅松，地表保留 80%左右根茬及植物残体，减轻风蚀水蚀，截留雨雪，减少蒸发，产量明显提高[5]。

1954～1960 年，苏联为了增加谷物生产，在西西伯利亚和哈萨克斯坦北部稀疏草原区，开垦了超过 4200 万 hm^2 的土地种植谷物（小麦）。在原始草地开垦后几十年里，由于原始土壤高含量的有机质提供了大量的矿化氮，维持了较高的土壤肥力，这一特性掩盖了土壤退化所导致的土地生产力下降的问题。夏季休耕期频繁的农业活动，加速了有机质中氮的矿化作用。然而最近以来，土壤退化已相当明显。原始草原被开垦农耕以来，土壤有机质含量流失过半，表土腐殖质流失，有 1/4 耕地土壤腐殖质含量低于 2%。在哈萨克斯坦北部就有 1200 万 hm^2 犁耕地需要保护，以防止过度侵蚀，严重侵蚀的耕地达 500 万 hm^2。研究表明，在高度侵蚀地区，农作物减产高达 50%。部分地区，过度耕作导致土壤退化，已使农用地面积缩小到仅剩极小面积，其他区域不得不撂荒。

过度耕作，加之该地区干旱少雨（年均降雨量仅 250～300mm），4～5 月风速可达 15～20m/s，土壤干燥导致严重的风蚀现象，使其成了沙尘天气的起源地，短期粮食产量的增长带来的却是沙尘暴的肆虐。

近年来，部分国际组织机构已积极参与推广和发展包括西西伯利亚平原与哈萨克斯坦北部在内的欧亚大陆北部地区的水土保持耕作农业活动中来[40]。联合国粮食及农业组织（Food and Agriculture Organization of the United Nations，FAO，以下简称“联合国粮农组织”）和世界银行，在哈萨克斯坦开设了一个水土保持耕作农业项目，该项目主要强调永久性利用残茬覆盖地表，研究表明该措施能大幅度降低耕作强度且不影响作物产量。免耕技术可使农田产量提高，尤其是干旱时期，使劳动投入及能耗减少，作业成本大大降低，项目表明，该技术是可行的。

该项目于 2004 年完成，参与项目的农民将该技术在农田耕作时应用，而其他农民也已开始采购相关设备，实施免耕，越来越多的农民对该技术产生兴趣。哈萨克斯坦政府也鼓励农民实施免耕技术，并以政策形式支持在哈萨克斯坦北部小麦主产区分期实施免耕技术。2006 年哈萨克斯坦有 180 万 hm^2 农田实施了免耕技术，但尚不到全国耕地面积的 10%。

3. 欧洲的保护性耕作

各种文献中介绍欧洲各国保护性耕作情况的很少。欧洲是近代文明的发祥地，有深厚的工业基础，农业亦十分发达，但是保护性耕作特别是免耕技术应用率却很低。这是因为欧洲绝大部分地区是冷湿气候，气候常年相对稳定，很少出现强降雨或暴风雨天气。加之反对者认为欧洲大陆土壤类型多样，免耕设备价格昂贵，很多技术需要重新学习掌握。杂草蔓延更是大家普遍担心的问题。

本来以英国为代表，欧洲的保护性耕作（以免耕播种为代表）是走在世界前列的，英、美等国是最早研究免耕的国家。拉丁美洲免耕技术的先驱 Bartz 就曾于 20 世纪 70 年代去英国学习考察，并参观了英国帝国化学工业集团。1973 年英国的免耕面积已达 20 万 hm^2，而巴西才刚刚起步，到 1976 年还不足 1000hm^2。1983～1984 年，英国免耕面积达到 27.5 万 hm^2，但后来英国禁止焚烧秸秆，许多人又开始用犁翻地了，传统耕作回潮，2005 年英国免耕面积已不足 20 万 hm^2。

2005 年欧洲免耕面积很少，但保护性耕作面积还是不少的，见表 1-5。

表 1-5　欧洲保护性农业联盟成员国 2005 年实施保护性耕作和免耕面积

国家	可耕地/万 $hm^2$①	保护性耕作（含免耕）/万 hm^2	占可耕地比例/%	免耕面积/万 hm^2	占可耕地比例/%
比利时	81.5	14.0	17.2	0	0
丹麦	227.6	23.0	10.1	0	0
芬兰	219.9	115.0	52.3	15.0	6.8
法国	1 844.9	387.0	21.0	15.0	0.8
德国	1 179.1	250.0	21.2	20.0	1.7
希腊	271.7	43.0	15.8	20.0	7.4
匈牙利	461.4	50.0	10.8	9.0	2.0
爱尔兰②	40.1	1.0	2.5	0	0
意大利	828.7	56.0	6.8	8.0	1.0
葡萄牙	199.0	41.8	21.0	8.0	4.0
俄罗斯	12 346.5	1 550.0	12.6	50.0	0.4
斯洛伐克	143.3	17.9	12.5	37	25.8
西班牙	1 373.8	240.0	17.5	60.0	4.4
瑞士	40.9	10.2	24.9	1.2	2.9
英国	575.3	268.0	46.6	18.0	3.1
合计	19 833.7	3 066.9	15.5	261.2	1.3

注：①网站 www.faostat.fao.org，联合国粮农组织统计；②2005 年政府统计和 2007 年爱尔兰保护性农业勘探局提供的数据

表 1-5 是由欧洲保护性农业联盟主席 Gottlieb Basch 等在《欧洲免耕技术现状：制约与前景》[41]中提供的，引用时对个别数据进行了修正。统计国家仅有 15 个，仅占欧洲国家与地区数的 1/3，特别是缺少“欧洲粮仓”乌克兰的统计数据，影响了数据的权威性，但毕竟包括了俄罗斯、法国、德国、英国、西班牙等主要农业国，仍有一定参考价值。

水蚀和风蚀已影响了欧洲 15 700 万 hm^2 土地，大约 90%的有机质含量处于中低水平，其中 45%的土壤有机碳含量低于 2%，另外 45%的有机碳含量在 2%～6%。欧洲南部土壤有机质含量下降问题严重，在过去 30 年面临这个问题的区域进一步北移。欧盟有 36%土地出现土壤压实问题，380 万 hm^2 土地受到可溶盐累积的影响。近几年，由于温度升高、降雨量和极端气候影响，土地退化进一步加剧。据欧盟估计，土地退化造成

的损失每年可达 380 亿欧元[41]。

欧洲毕竟是世界上最先进的地区之一，经过 3 年广泛的公众咨询听证后，欧盟委员会于 2006 年 9 月 22 日批准了“土壤主题战略”：“建立一个共同的法律章程，确保欧洲土壤保持健康，并且能支持经济活动和人类福祉所依赖的生态环境。”该战略旨在解决整个欧盟各个成员国的土壤退化问题，具体如下：侵蚀、有机质含量下降、盐碱化、压实、结皮、污染、洪水、滑坡及生物多样性下降。要求各成员国必须确认各自的土壤退化的风险区域，并在 5～7 年采取相应的防治措施。广泛采用以免耕为主的保护性耕作，为实现“土壤主题战略”目标，尤其是对大部分脆弱土壤。为加速免耕技术推广，要求开发新技术、改善已有方法，增加教育与研究投入，并提出了包括推广保护性耕作和免耕“激励计划”、开发适用的免耕条播机和播种机、制定连续免耕长期研究计划等 9 项具体措施[41]。

欧盟新的土壤立法规定，土壤保护是每个成员国的法定责任。

4. 非洲的保护性耕作

非洲面积为 3020 万 km^2，人口近 10 亿，均仅次于亚洲，为世界第 2 位。赤道从非洲中部穿过，非洲大部分区域处在南北回归线之间，所以大部分区域是热带与亚热带。因受亚热带高压影响，干旱与半干旱区域非常广泛，属于热带亚热带沙漠半沙漠气候、热带亚热带草原气候的地域很广。特别是北回归线两侧，分布着世界上面积最大的撒哈拉沙漠（约 960 万 km^2），东边到埃及，与红海边的阿拉伯沙漠相连；西边直至大西洋沿岸；北边又连接其他沙漠，几乎接近地中海；南边也是沙漠连着沙漠，已越过北纬 16°线。包含埃及、利比亚、阿尔及利亚、苏丹、乍得、尼日尔、马里、毛里塔尼亚等 13 个国家全部或大部分区域。南回归线附近是横在纳米比亚与博茨瓦纳的卡拉哈迪沙漠（面积 12 万 km^2）。除上述 15 个国家，还有南非、摩洛哥、突尼斯、尼日利亚等 4 国部分地区受影响。整个受影响面积总和超过非洲土地面积的 1/2[36]。

这些地方气候炎热、降水稀少、蒸发量大、干旱严重，世界上最炎热的地方、世界上最干旱的地方都在撒哈拉沙漠所属区域。非洲大部分地区有公共放牧的传统：作物收获后在田里放养牲畜，作物残茬及其他残留植被得不到保留，土地在炎热的天气下裸露休闲，非洲大陆是最晚引进西方犁耕文化的地方，过度犁耕加裸露极易造成土壤侵蚀，是形成沙尘暴的根源。

研究表明，很少发生沙尘暴的撒哈拉沙漠，过去半个世纪，沙尘暴次数增加了 10 倍，位于非洲西端的毛里塔尼亚，沙尘暴次数从 20 世纪 60 年代的每年 2 次，增加到 20 世纪初的每年 80 次，平均 4～5 天 1 次。乍得博德莱（Bodele）洼地，21 世纪初 1 年风沙带走土壤约 13 亿 t，是 1947 年有记录以来的 10 倍多，沙尘暴每年从非洲带走的土壤有 20 亿～30 亿 t[35]。另一个文明古国埃塞俄比亚则是水蚀严重的国家。不能不说这是造成非洲许多地区贫困的重要原因之一。

实施保护性耕作是控制土壤侵蚀的有效措施。

在炎热干旱的摩洛哥（含西撒哈拉地区）保护性耕作的发展情况，是非洲北部撒哈拉沙漠覆盖及影响的广大地区的缩影[36, 42]。摩洛哥处于非洲西北部，撒哈拉沙漠西端，面积为 72 万 km^2（含西撒哈拉地区），干旱面积达 90%，耕地面积为 920 万 hm^2（2000

年），农业发展已达到可利用土地资源与水资源的极限。不当的耕作措施和过度放牧、还田生物量及养分很少、预防水蚀风蚀的保护措施不足、作物产量波动很大，由此导致的土壤退化问题已在摩洛哥全国范围报道（1985 年）。为了应对水分亏欠及贫瘠的土壤问题，必须对耕作制度进行调整。所以摩洛哥梅克内斯国家农业科学院区域农业研究中心于 1983 年开始对免耕系统进行研究，在 2 个对照区域建成 2 个长期试验站：西部的西迪依艾迪（Sidi El Aydi）和南部的吉玛萨姆（Jemaa Shaim）。

早期的研究（始于 1983 年）表明，在谷物产量方面，免耕优于传统耕作（表 1-6），还发现免耕农田中土壤条件使作物生长更加旺盛健康。多人多地长期试验表明：①免耕制度产量比传统制度的高；②相比持续耕作，作物轮作对提高和稳定小麦产量的作用比连年耕作的大；③免耕制度加上作物轮作比传统耕作和连年耕作更有利于能量转换与平衡；④免耕制度结合作物轮作比传统耕作效益更高，风险更小。

表 1-6　不同地点不同耕作制度对小麦谷物产量的影响　　（单位：t/hm^2）

地点	耕作制度	免耕	传统耕作	平均
Sidi El Aydi	小麦连作	1.9A	1.4B	1.65
	小麦-休闲	3.7A	2.6B	3.15
Jemaa Shaim	小麦连作	1.6A	1.6A	1.6
	小麦-休闲	3.1A	2.4B	2.75
平均		2.58	2	2.29

注：表中同一行不同字母表示差异显著，LSD 检验，5%水平

从 20 世纪 90 年代中期开始，在政府和国际组织的支持下，农业研究机构开始宣传推广免耕法，在不同地区农场开展试验，有利于研究免耕系统的效益情况。

免耕系统明显的效果如图 1-20 所示，免耕系统的小麦产量大部分都较高，而且在干旱年份也如此[42]。免耕降低了气候异常情况下产生的风险，农民对此感到满意。此外，与常规耕作相比，免耕节约成本，机械成本和作业成本都较低，可增强作物长势，是一种回报很高的生产方式。

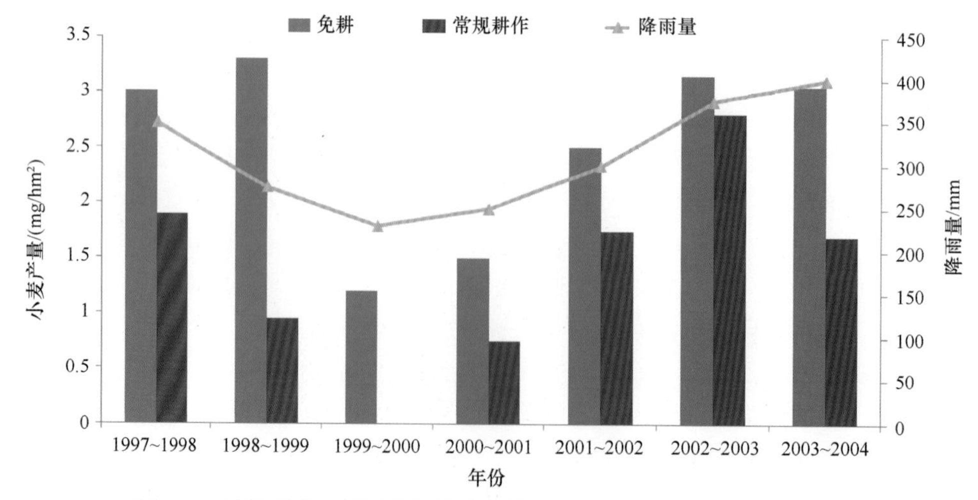

图 1-20　摩洛哥半干旱区农场坡地中等深度黏土耕作对小麦产量的影响

由于摩洛哥半干旱的气候特点，能否保持土壤水分成为这些地区农业制度成功与否的衡量标准。免耕使休闲土壤蓄水效率从传统耕作的 10%提高到 28%，蓄水量从 30mm 提高到 84mm。免耕系统使降雨入渗得到改善，使得作物在质地黏重的土壤对土壤水分的有效利用率提高。对结构不良的土壤，残茬覆盖可防止土壤结皮。在黏土上连续 11 年免耕，土壤有机碳含量提高 13.6%（表 1-7）[42]。

表 1-7　耕作对土壤（0～200mm）有机碳和总氮含量的影响

类别	项目	免耕	传统耕作
有机碳	含量/（t/hm^2）	37.3A	33.9B
	11 年后增长百分比/%	13.6	3.3
总氮	含量/（t/hm^2）	3.5A	3.3B

注：表中同一行不同字母表示差异显著，LSD 检验，5%水平

免耕系统的经济效益十分明显：降低生产成本、提高劳动生产率、提高产量、减少燃料消耗等。

非洲南部以地处南非高原东北的内陆国家津巴布韦为代表做以介绍[36, 43, 44]。

津巴布韦是非洲独立较晚的国家（1980 年 4 月 8 日独立），1998 年实行土地改革。全境多为高原，面积为 39 万 km^2，人口共 1300 万，属热带草原气候，主要种植玉米。

独立后，对小农户应用保护性农业（耕作）系统引起各方关注。于 1988～1998 年，先后在东博夏娃（Domboshawa）培训中心砂质土、马科霍利（Makoholi）试验站及哈特克利夫（Hatcliffe）地区，对 5 种耕作方式下地表径流、土壤侵蚀和产量等参数影响情况进行试验研究。5 种耕作方式是：免耕垄作（no-till tied ridge，NTTR）、作物覆盖松土（mulch rotary，MR）、松土（clean rotary，CR）、手锄（hand hoe，HH）、传统犁耕（conventional moldboard plow，CMP）。试验结果如图 1-21 和图 1-22 所示，均为津巴布韦大学 Nyagumbo 博士于 1998 年提供的数据。

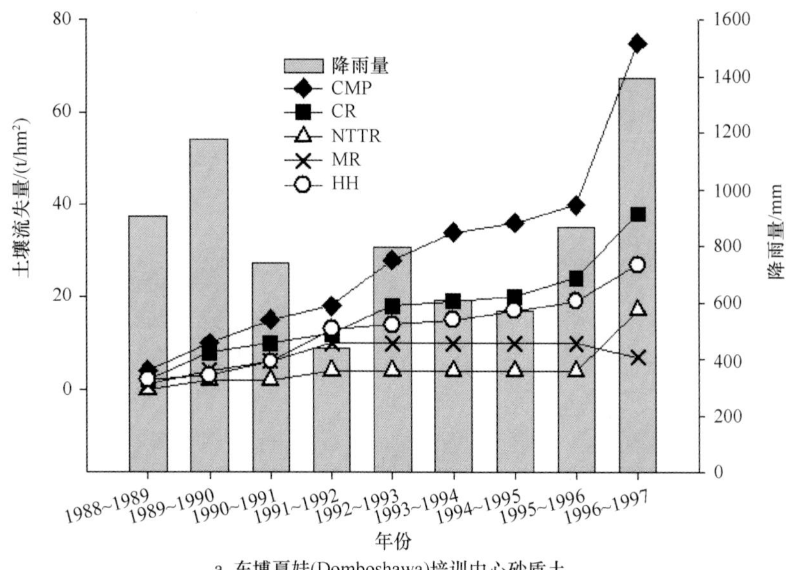

a. 东博夏娃(Domboshawa)培训中心砂质土

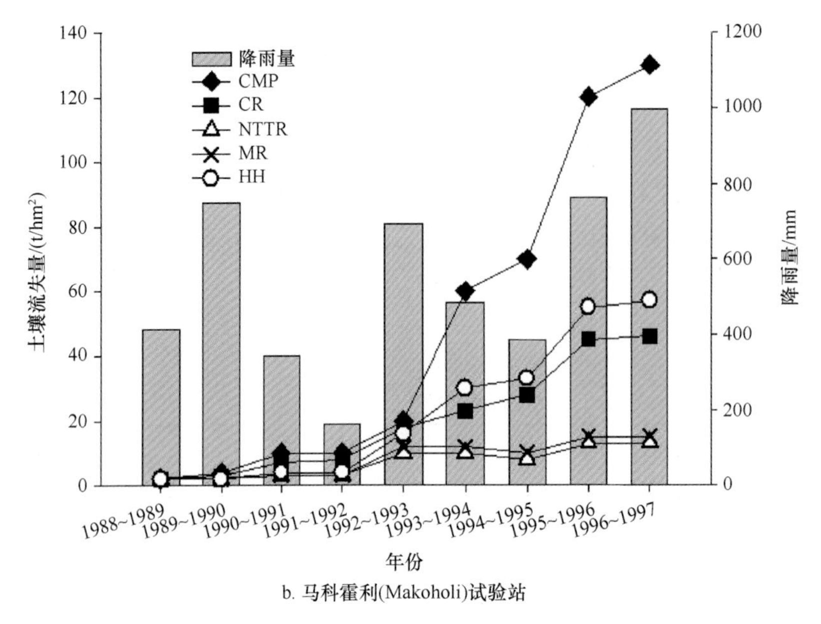

b. 马科霍利(Makoholi)试验站

图 1-21 5 种耕作方式下 9 季积累土壤流失量

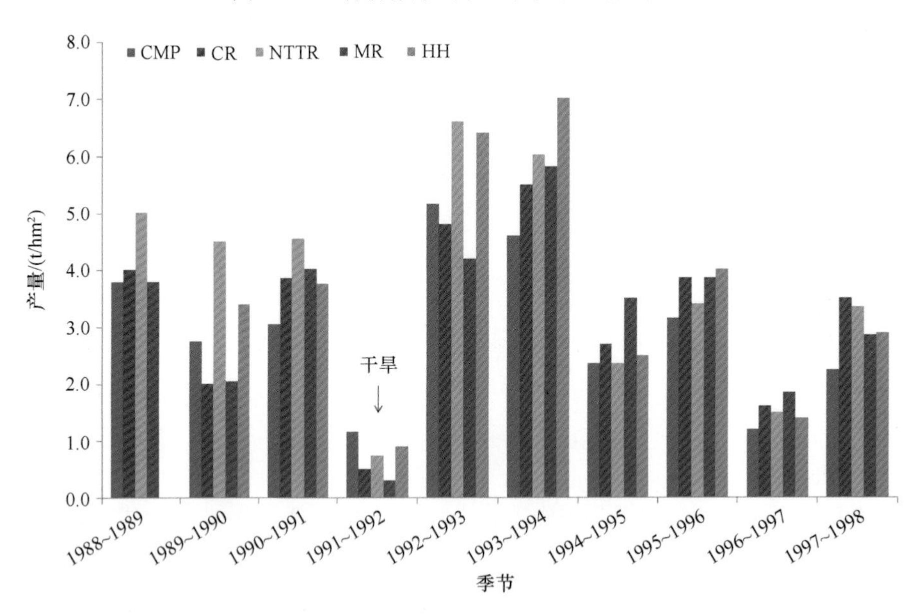

图 1-22 在东博夏娃（Domboshawa）培训中心砂质土 5 种耕作方式下 10 季玉米产量

国际玉米小麦改良中心自 2004 年起，在非洲南部的马拉维、坦桑尼亚、赞比亚及莫桑比克等地极力推行保护性农业，以项目形式与小型农场主及农户合作。

5. 亚洲的保护性耕作

前面介绍的苏联的保护性耕作情况，其地域处于亚洲北部（含现在的俄罗斯及哈萨克斯坦）。中国及印度是亚洲的两个大国，除土地面积较大外，更是人口大国（人口居世界第一、第二位）及农业大国。按耕地面积计，印度、中国居亚洲第一、第二位。

两国通过自身努力，均已解决了自己人民的吃饭问题，这是一个非常了不起的成就。中国的保护性耕作情况将在“1.2.3 节”中介绍，在此以印度等为代表来介绍亚洲的保护性耕作[36, 45]。

印度位于南亚次大陆，北回归线从印度中部穿过，国土面积 298 万 km^2，人口 10.9 亿，耕地面积 1.43 亿 hm^2，占国土面积的 48%，居亚洲之首，人均耕地远超我国，水资源也较丰富，全国灌溉面积约占耕地面积的 1/3，印度多数地区属热带季风气候，几乎全年均可生长农作物，热量资源丰富。

印度实行粮食自给的绿色革命后，到 2001～2002 年粮食产量达到 21 200 万 t。绿色革命重点是选用高产种子、施肥和优化灌溉方案。但此后粮食生产陷入了停滞状态，自然资源（主要是水土资源）的退化是导致增长滞后的根本原因。水和土地在过度利用下承受巨大压力，化肥过度施用和集约耕作损坏了土壤结构。为了在不增加农民负担的情况下，养活日益增长的人口，必须在减少自然资源消耗的前提下，加快粮食产量的增长，这就要在耕作方式上进行革命，推行保护性耕作。

在新德里印度农业研究理事会、国际玉米小麦改良中心、大专院校及其他组织支持下，印度在恒河平原西部推行保护性耕作（免耕）技术。实施免耕技术的进展速度取决于有效适用的免耕播种机的发展速度和农民的努力程度。戈宾德瓦勒潘特农业科技大学（Gobind Vallabh Pant University of Agriculture & Technology，Pantanagar）为研制稻麦系统的免耕播种机做出了贡献，为免耕技术在印度恒河平原稻麦系统的推广铺平了道路。1997～1998 年，恒河平原地区仅有几公顷免耕地，在 2000～2001 年作物生长季恒河平原西部实施免耕的面积已迅速增到 100 万 hm^2。据专家估计 2004～2005 年，在印度恒河平原（除印度外，还包括巴基斯坦、孟加拉国、尼泊尔少部分地区）免耕面积达 190 万 hm^2。该技术之所以推广得这么迅速，主要是因为它的显著、快速及持续的“成本节约效应”。与传统耕作相比可节约 15%～16%作业成本，产量可提高 4%。尽管农民尚未认识到，免耕的生态环境效应也是十分明显的：地表残茬保护土壤不受侵蚀，减少耕作使土壤结构得到改善，有机质分解可减缓甚至逆转等。

保护性耕作在世界各地得到广泛发展，在南、北美洲及大洋洲已成为主流耕作方式，在其他各洲的试验示范也取得了成功，获得了巨大的经济、社会及生态效益。我国从 2002 年开始，在全国进行试验示范和推广。2002 年世界主要国家保护性耕作应用面积见表 1-8[5]。

表 1-8　2002 年世界主要国家保护性耕作应用面积

所在洲	国家	耕地面积 /×10^4hm^2	保护性耕作			
			面积 /×10^4hm^2	占总耕地比例/%	免耕	
					面积/×10^4hm^2	占总耕地比例/%
北美洲	美国	11 400	6 769	59.4	2 241	19.7
	加拿大	4 256	2 600	61	1 252（2004 年数据）	29.4
	墨西哥	2 520			65	2.6
南美洲	巴西	5 330	3 990	74.9	1 735（2000 年数据）	32.6
	阿根廷	2 500	2 000	80	1 450	58.0

续表

所在洲	国家	耕地面积/$\times10^4hm^2$	保护性耕作			
			面积/$\times10^4hm^2$	占总耕地比例/%	免耕	
					面积/$\times10^4hm^2$	占总耕地比例/%
南美洲	巴拉圭	220	178	80.9	130	59.1
	玻利维亚	187	94	50.3	42	22.5
	乌拉圭	126	60.3	47.9	25	19.8
	委内瑞拉	264			17	6.4
	智利	198			13	6.6
	哥伦比亚	193			7	3.6
欧洲	比利时	76.8	14	18.2	0.92	1.2
	爱尔兰	134.3	1	0.7	0.01	0.007
	斯洛伐克	147.8	14	9.5	1	0.7
	瑞士	42	12	28.6	0.9	2.1
	法国	1 830.5	300	16.4	15	0.82
	德国	1 183.2	237.5	20.1	35.4	2.99
	葡萄牙	215.3	3.9	1.8	2.5	1.16
	丹麦	236.5	23	9.7	11.8	5
	英国	528	144	27.3	2.4	0.45
	西班牙	1 434.4	200	13.9	30	2.09
	匈牙利	482	50	10. 4	0.8	0.17
	意大利	828.3	56	6.8	8	0.97
非洲	南非	1 536			30	1.95
	加纳	285			4.5	1.6
大洋洲	澳大利亚	2 000	1 460	73	900	45
亚洲和其他国家					≥200	
世界耕地总面积		150 000	≥16 906.7	≥11.3	≥8 203.2	5.5

注：①部分国家仅有免耕面积，没有保护性耕作面积。②加拿大的保护性耕作应用面积主要集中在 3 个农业省

表 1-8 中所列数据与本书“表 1-4 不同国家免耕面积”及“表 1-5 欧洲保护性农业联盟成员国 2005 年实施保护性耕作和免耕面积”许多国家数据有出入，这与统计年份及数据来源渠道不同有关，但基本可信。

表 1-8 中在统计保护性耕作面积合计数时，未将“部分国家仅有免耕面积，没有保护性耕作面积”的免耕面积统计进去（≥336.5 万 hm^2），如果加上此数，表中保护性耕作面积的合计数应≥17 243.2 万 hm^2，占总耕地面积的比例≥11.5%。

1.2.3 保护性耕作在我国的发展

我国在 5000 多年的农耕文明史上，始终重视土壤保护和合理利用，重视用地与养地结合，这是我国传统农业技术的精髓，也是保护性耕作追求的目标。

1.2.3.1　保护性耕作在我国的发展历史

历史上我国人民在土壤耕作管理上就积累了丰富的经验和知识，具备了保护性耕作的朴素思想[3]。公元 6 世纪的农学百科全书《齐民要术》中已有一系列的防旱保墒土壤耕作技术的记载。同时记载了直播方法，其实就是最早的免耕。自古以来，我国已在一些地区实行以人畜力为主的传统性保护性耕作，如至今还在东北保留的垄作制度，就是一种以少耕为主的耕法。在甘肃陇中地区发展起来的砂田，从明清时期算起已有三四百年历史，它采用河流石子铺地，将种子种于其下，以砂石掩盖，可在年降水量 200～300mm 的干旱条件下，取得瓜果粮菜丰收，它通过增加覆盖、减少耕作达到保墒的目的，与保护性耕作的思想一脉相承。还有坡地上的梯田、等高耕作、水平沟、坝地等水土保持工程，许多地方的灭茬播种、套作、轮作等，都是我们的祖先在保护性耕作技术方面留下的丰富遗产。

但是，我国对现代保护性耕作技术的试验研究，是从 20 世纪 60 年代开始的[3, 5, 9]。

首先是在黑龙江国营农场，开展免耕种植小麦的试验。在 20 世纪 60 年代末 70 年代初，在江苏太湖、徐州开展稻茬地免耕播种小麦的试验。

20 世纪 70 年代，部分大专院校及农业科研院所开始进行覆盖、少免耕的试验研究，增产效果明显。北京农业大学（中国农业大学前身）率先开展秸秆覆盖免耕技术研究，并研究出我国第一代免耕播种机，应用结果表明，水分利用率比传统耕法提高 10%～20%，夏玉米增产 10%～20%，省工节能一半以上，表现出明显效果。中国农业科学院土壤肥料研究所主持研究的旱地秸秆覆盖减耕技术，在山东应用表明，0～30cm 土层含水量比对照田高 70%左右，覆盖小麦秸秆处理 4 年土壤有机质较对照田增加 0.24%，有明显提高土壤肥力和促进大豆根瘤固氮作用，小麦增产 8%～10%，大豆增产 15%左右，节约用工 2/3。东北在垄作基础上，试验了耕耙松结合、耕耙结合、原垄播种等耕法，收到了保墒、抢农时、提高地温、防止风蚀的效果。华北地区（在河北与北京）研究了玉米免耕覆盖技术。西北地区重点研究防止水土流失、保墒施肥等新型耕法，如等高带状间隔免耕、种草覆盖、秸秆覆盖、隔行耕作等技术[3]。

20 世纪 80 年代初，现代保护性耕作的概念被引入中国。北京农业大学与陕西省、山西省、河北省农业科学院等开展覆盖和少免耕试验研究，取得显著效果。东北垄作区也推广多种少耕法：留茬少耕或旋耕除茬播种、灭茬起垄垄上播、垄作留茬深松耕法、条带深松耕法、机械化原垄耙茬播种耕作法、地膜覆盖耕作栽培法等。

这些研究许多是单项技术的试验，多以人畜力为主，尚未建立机械化保护性耕作技术体系；研究主要以抗旱增产为目标，对生态环境、农业可持续发展的目标尚不清晰，但这为日后系统的试验研究进行了有益的探索，提供了宝贵经验。

1.2.3.2　保护性耕作的系统试验研究

我国系统的保护性耕作试验研究是于 20 世纪 90 年代初在澳大利亚的帮助下开始的[2, 3, 5, 11]。

1991 年，北京农业工程大学（现中国农业大学）和山西省农机局（现山西省农业机械发展中心)、澳大利亚昆士兰大学、中国农业科学院等合作，在山西、河北先后建立了 8 个保护性耕作试验区，开启了 10 多年的试验研究历程。这项研究工作得到我国农业部与澳大利亚国际农业研究中心（Australian Center for International Agricultural Research，ACIAR）的资助。

山西省地处黄土高原，是我国乃至世界上水土流失（主要是水蚀）最严重的地区之一，农业生产条件较差，在山西选择了临汾（以冬小麦为主）及寿阳（以春玉米为主）等地区作为试验区。而在河北选择了风蚀严重的张北和丰宁（处于华北长城沿线风沙区）作为试验区，这里正是对北京沙尘天气有重要影响的地区。系统试验研究以抗旱增收和减少水土流失，实现可持续发展为目标，同时进行农机与农艺的结合。在多年大量试验研究基础上，于 1999 年 5 月 19 日，成立了农业部保护性耕作研究中心（Conservation Tillage Research Center，CTRC），该中心主要成员由中国农业大学进行保护性耕作研究的专家组成。10 多年试验研究表明，起源于西方国家的现代保护性耕作技术，经过消化改造，可以适应我国北方旱区农业，并且发展了中国特色的保护性耕作工艺体系，研制出适合小地块、低成本的中小型保护性耕作机具。长期大量试验数据分析表明，保护性耕作可有效控制沙尘、减少土壤侵蚀、保持土壤水分、保护农田和环境、提高土壤肥力、提高作物产量、降低种植成本，从而增加农民收益。该中心在保护性耕作对土壤、大气、作物系统的影响方面，如风蚀、水蚀、地表径流、土壤水分、土壤肥效、土壤结构、作物产量等，进行了前瞻性研究，这些研究获得的数据，为我国保护性耕作研究评价提供了重要基础。为了进行研究测试，还研发了许多测试仪器设备，如土壤湿度测量仪、模拟降雨器、翻斗式径流检测系统、沙尘样品采集器、土壤参数在线监测系统、拖拉机可拖拉便携式风道装置等。

保护性耕作能明显减少土壤侵蚀。在山西寿阳试验区，连续进行 5 年（1998～2002 年）径流监测，测试结果表明保护性耕作比传统耕作土壤水蚀减少 73%（表 1-9）。

表 1-9 1998～2002 年径流量 （单位：mm）

试验处理	1998 年（225mm）	1999 年（274mm）	2000 年（240mm）	2001 年（392mm）	2002 年（289mm）	5 年总和
免耕覆盖不压实	1.5	19.1	0	67.3	5.0	92.9
免耕覆盖压实	0.4	30.4	0.15	123.2	5.3	159.45
浅松覆盖不压实	0.8	24.1	0.27	89.0	6.1	120.27
传统耕作	3.2	40.1	1.03	104.7	8.1	157.13

注：年度下方括号中数字为当年 6 月 1 日至 10 月 20 日的总降雨量

应该说明的是，各年度总降雨量相差不大，但 1999 年及 2001 年因为暴雨而造成地表径流增加。1999 年作物生长期极度干旱，8 月中下旬却突降暴雨，瞬时降雨强度达 114.9mm/h，最大时 60min 连续雨量占该次降雨量的 88%，造成水土流失。2001 年 6 月 24 日、27 日和 8 月 6 日、10 日几次暴雨，也造成水土流失。降雨强度和雨量是影响黄土高原水土流失的重要因素。试验数据证明残茬覆盖不压实+少免耕是控制径流、减少水土流失的有效方法。

在丰宁和张北农田沙尘测试区，用 21 组沙尘样品采集器在 $20hm^2$ 测试区内进行监测，结果表明保护性耕作比传统耕作土壤风蚀减少 60%（图 1-23），这是中国农业大学研究人员在丰宁测定的结果，表明免耕+覆盖控制风蚀效果最佳。

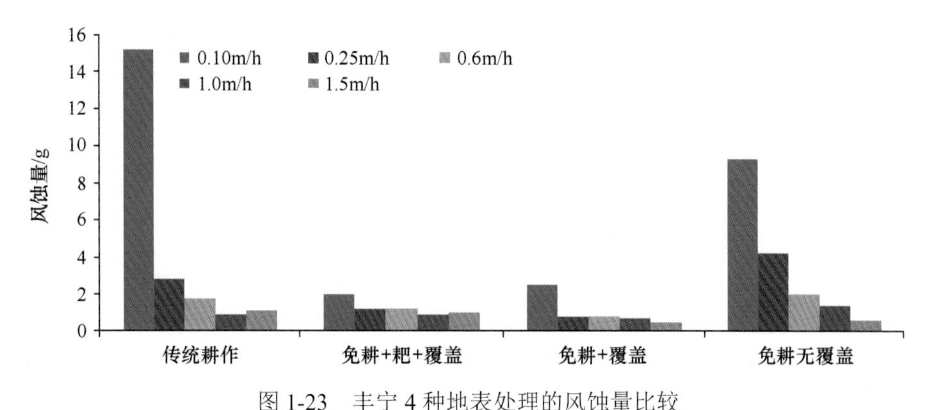

图 1-23　丰宁 4 种地表处理的风蚀量比较

试验条件：风力平均为 4.1m/s，最大为 11m/s；气温为–7℃；土壤含水率为 8%；覆盖率为 55%

研究人员还用野外风洞测试了风蚀量与风速和留茬高度的关系（图 1-24），说明在麦茬地割茬高度在 25cm 以上能显著降低土壤风蚀量。

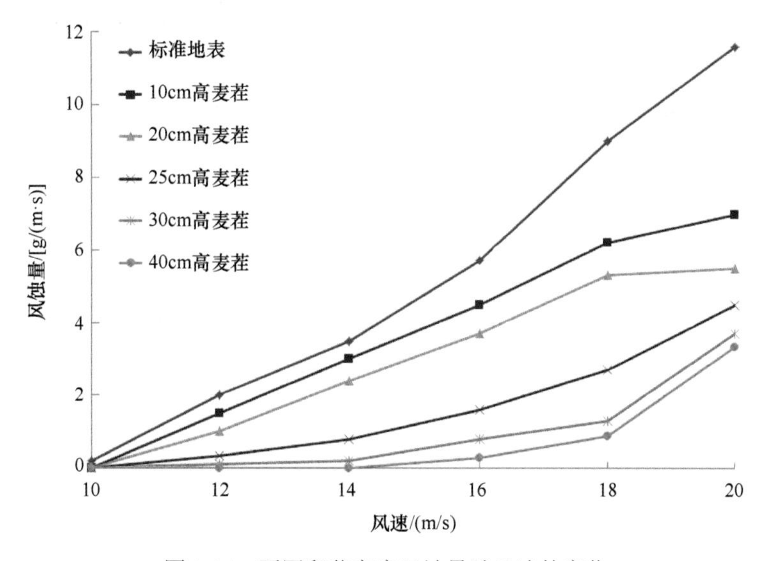

图 1-24　不同留茬高度风蚀量随风速的变化

保护性耕作可有效提高土壤肥力，改善土壤质地。实行保护性耕作作物秸秆覆盖，0～5cm 土层有机质含量增加明显，春玉米保护性耕作地土壤有机质含量比常规耕作提高 35.74%；水解氮增加 6.55%，速效磷增加 16.4%，速效钾增加 10.7%。在临汾（小麦田）免耕保护性耕作试验地有机质变化情况如图 1-25 所示。其中免 5、免 7 及免 12 为到 2002 年测定时实行免耕的年数。免 5、免 7 之前曾进行过耙地和深松作业。按 5 年统计，速效氮年均提高 1.2%；速效钾年均提高 0.8%；速效磷有所下降，5 年减少 1.04×10^{-6}g。土壤中大于 1mm 的团粒结构增多，蚯蚓从无到有，经 10 年的免耕覆盖，蚯蚓达到 10～15 条/m^2。以秸秆覆盖为主要特征的保护性耕作促进了土壤微生物活动，有利于土壤质地改善。

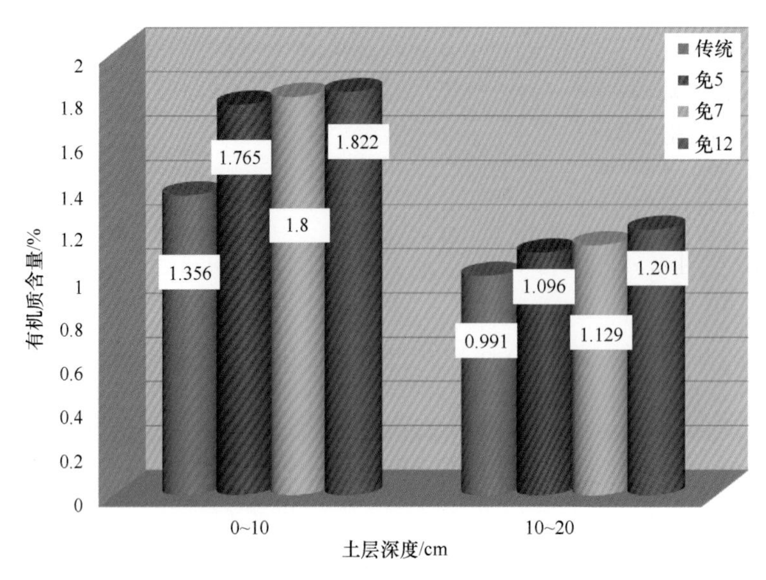

图 1-25　临汾保护性耕作试验地土壤有机质变化情况

保护性耕作可提高地力，而且可增加土壤贮水量，提高水分利用效率，为增产创造了条件。临汾（冬小麦）与寿阳（春玉米）试验区从 1993～2001 年 9 月的试验结果证明，增产效果明显。临汾冬小麦保护性耕作试验区：休闲期蓄水量比传统耕作高出 14.5%，水分利用效率比传统耕作增加 23.0%，小麦增产 18.7%。寿阳春玉米保护性耕作试验区：休闲期蓄水量比传统耕作提高 14.9%（免耕覆盖）和 13.4%（深松覆盖），玉米产量提高 2.65%（免耕覆盖）和 17.0%（深松覆盖）。

此间，西北农林科技大学、甘肃农业大学等单位在西北半干旱、坡耕地地区，也做了许多试验研究工作。我国北方的保护性耕作已为人们所认识和接受。这些工作引起了国家的高度重视。

1.2.3.3　保护性耕作在我国的推广应用

2002 年 6 月 5 日，时任国务院副总理的温家宝同志，在一份关于保护性耕作的报告上批示：“改革传统耕作方法，发展保护性耕作技术，对于改善农业生产的条件和生态环境具有重要意义，农业部要制定规划和措施积极推进这项工作”[3]。原农业部副部长路明也对这一个技术体系给予高度评价，多次表示“农业部下决心要推广这项技术”[3]。2002 年，农业部、财政部在以前保护性耕作技术应用试点的基础上，投资启动了我国保护性耕作项目，在北京、天津、河北、山西、辽宁、内蒙古、陕西、甘肃等北方 8 省（区、市）建立了 38 个保护性耕作示范县。2003 年，项目实施范围又增加 5 个省（区）：青海、新疆、宁夏、山东、河南，新增示范县 20 个。2004 年在上述 13 个省（区、市）基础上，再增加示范县 34 个，使示范县达到 92 个，核心示范面积达到 20 万 hm^2[3]。到 2006 年已建立国家保护性耕作示范县 200 多个，北方 15 个省（区、市）两级（国家及省）示范县总数超过 350 个，推广面积达 160 多万 hm^2。到这时保护性耕作的发展已驶上快车道。原因是党中央、国务院已把发展保护性耕作上升为国家战略。2005 年中央一号文件首先提出“改革传统耕作方法，发展保护性耕作”。日后从 2006～2012 年 7 年的中央一号文件，几乎每年都提出要求“大力发展保护性耕作”。

2003 年农业部还组织制定了一系列管理规定和技术文件[17]，包括《保护性耕作技术实施要点（试行）》《保护性耕作项目实施规范（试行）》《保护性耕作实施效果监测规程（试行）》《保护性耕作项目检查考评办法（试行）》等。并组织编写了《保护性耕作培训手册》《保护性耕作知识问答》《保护性耕作机具参考目录》《保护性耕作宣传画册》及保护性耕作宣传片等宣传培训材料[17]。

2007 年农业部出台《关于大力发展保护性耕作的意见》，提出力争 2010 年（“十一五”时期末），中国保护性耕作实施面积超过 6000 万亩（400 万 hm^2），达到北方适宜地区耕地面积的 6%。该《意见》就当前加大保护性耕作推广力度、加强示范区建设、扩大实施规模、积极开展宣传、探求长效发展机制等多方面工作进行了系统阐述。

“十一五”期间（2006～2010 年），国家科技支撑计划重点项目“保护性耕作技术体系研究与示范”，重点围绕农田保土、保水、防沙及秸秆还田的技术需求，集中力量、重点突破，重点研究与保护性耕作密切相关的土壤耕作关键技术及轮耕模式、农田地表覆盖保护技术、保护性耕作条件下稳产高效益栽培技术等关键技术。农业部也针对各地在实施保护性耕作过程中出现的探索技术模式、病虫草害防治和机具适应性等问题，先后设立 20 多项创新项目进行攻关。

为了加强对这项工作的领导，在农业部农业机械化管理司成立了保护性耕作项目办公室，下设专家组，由农业部保护性耕作研究中心领导。专家组部分成员来自农业部农业机械化技术开发推广总站、农业部农业机械试验鉴定总站，农学专家主要来自中国农业大学和中国农业科学院[17]。

农业部保护性耕作研究中心从示范县中选出 10 个监测站点，监测其实行保护性耕作的经济及环境效果，见表 1-10～表 1-12[17]。

表 1-10　保护性耕作与传统耕作作物产量对比

地点	作物	产量			
		传统耕作/（t/hm^2）	保护性耕作/（t/hm^2）	差值/（t/hm^2）	增幅/%
北京 昌平	玉米	7.03	7.21	0.18	2.6
	冬小麦	4.65	5.25	0.6	12.9
天津 宝坻	玉米	7.33	7.29	–0.04	–0.5
	冬小麦	6.11	6.16	0.05	0.8
河北 藁城	冬小麦	5.73	6	0.27	4.7
河北 丰宁	玉米	5.88	6.27	0.39	6.6
	小麦	2.67	2.9	0.23	8.6
	裸燕麦	2.07	2.22	0.15	7.2
辽宁 凌源	玉米	4.39	4.45	0.06	1.4
山西 阳高	糜子	2.35	2.5	0.15	6.4
	豆类	0.53	0.71	0.18	34.0
	小米	2.27	2.34	0.07	3.1

续表

地点	作物	产量			
		传统耕作/（t/hm²）	保护性耕作/（t/hm²）	差值/（t/hm²）	增幅/%
内蒙古 赤峰	玉米（灌区）	8.7	9.27	0.57	6.6
	玉米（丘陵区）	2.6	2.77	0.17	6.5
	小米	2.7	3.05	0.35	13.0
	绿豆	0.84	0.89	0.05	6.0
内蒙古 武川	裸燕麦	1.45	1.53	0.08	5.5
	糜子	1.51	1.6	0.09	6.0
陕西 浦城	冬小麦	1.48	1.63	0.15	10.1
甘肃 西峰	冬小麦	5.27	6.28	1.01	19.2
	玉米	6.9	7.33	0.43	6.2

从监测结果看，除天津宝坻传统耕作与保护性耕作产量基本持平外，其他各点、各种作物产量，保护性耕作均高于传统耕作，增幅在 0.8%～34%。

表 1-11 保护性耕作和传统耕作作物生产成本对比

作物	各省试验站	生产成本/（元/hm²）		
		传统耕作	保护性耕作	总节约成本
玉米	河北 丰宁	1618.50	1419	199.5
	辽宁 凌源	2625	2025	600
	内蒙古 赤峰	2279.25	1758	521.25
	甘肃 西峰	945	240	705
	平均	1866.94	1360.50	506.44
小麦	河北 丰宁	1275	1050	225
	陕西 浦城	975	660	315
	甘肃 西峰	630	435	195
	平均	960	715	245
小杂粮	山西糜子	2775	2287.50	487.5
	山西豆	2805	2302.50	502.5
	山西小米	4020	3667.50	352.5
	内蒙古小米	1455	1128	327
	内蒙古绿豆	900	720	180
	内蒙古武川裸燕麦	450	315	135
	内蒙古武川小米	240	120	120
	平均	1806.40	1505.80	300.6

表 1-11 中为一年一熟地区作物生产成本的对比。在华北一年两熟区，保护性耕作节省生产成本的作用更明显，可达到 1425 元/hm²。其中降低人工成本达 750 元/hm²，降低机械使用成本 375 元/hm²，降低灌溉成本 300 元/hm²（北京昌平、天津宝坻、河北藁城三地属于一年两熟区，表 1-11 中没列出）。

表 1-12　传统耕作与保护性耕作土风洞模拟试验结果对比

地点	日期	耕作方法	风沙量/g
内蒙古 武川县	2003 年 3 月 26～28 日	传统耕作	0.498
		保护性耕作	0.19
		降低率/%	61.8
内蒙古 赤峰市 松山区	2003 年 4 月 22 日～5 月 3 日	传统耕作	7.08
		保护性耕作	4.66
		降低率/%	34.2
辽宁省 凌源市	2004 年 3 月 10 日	传统耕作	0.858
		保护性耕作	0.078
		降低率/%	90.9

注：表 1-10～表 1-12 均引自《免耕农业制度》论文集中刘恒新等著《中国保护性耕作现状》

内蒙古武川县为呼和浩特市所辖县，地处阴山以北农牧交错区，内蒙古赤峰市松山区与辽宁省凌源市属于东北垄作区的山地丘陵区及西部生态脆弱区。上述三县（区、市）都是风沙较大的地区。在上述地区实施保护性耕作对减少风蚀作用十分明显。

在政府推动下，按市场机制运行，保护性耕作推广工作的实施效率很高。保护性耕作具有明显的生态效益，这表现出其公益性特征[3]，应是政府投入扶持的重点领域，包括试验阶段技术研究、机具研发中试、办试验区等；示范阶段建设保护性耕作示范基地、开展技术培训、补贴购置保护性耕作机具等；推广阶段宣传培训、实行购机补贴、扶持农机户和农机服务组织大范围应用等。农业部、国家发展改革委组织编制的《保护性耕作工程建设规划（2009～2015 年）》经国务院同意已下发。该规划总投资 36.6 亿元（其中中央资金 18.7 亿元），在我国东北平原垄作区、东北西部干旱风沙区、西北黄土高原区、西北绿洲农业区、华北长城沿线区和黄淮海两熟平作区 6 个主要类型区，用 6 年时间，建成 600 个高标准、高效益保护性耕作工程区，总规模 133 万 hm^2，辐射带动实施保护性耕作面积 1.7 亿亩（1133 万 hm^2）。

据不完全统计，全国 2008 年实施保护性耕作的耕地，应在 1700 万 hm^2 以上[3]。

1.2.4　北方旱作区主要保护性耕作模式简介

1.2.4.1　黄土高原区主要保护性耕作模式

黄土高原一年一熟区主要粮食作物是冬小麦和春玉米，其次是马铃薯，此外还有谷子、豆类和小杂粮。该区实行保护性耕作的主要目标是高效利用自然降水、提高水分利用效率、控制水土流失及抑制土壤水分蒸发，逐渐恢复和培肥地力。

保护性耕作模式要充分利用黄土高原耕地土层深厚、结构疏松、入渗速度快、蓄水能力强的特性，将自然降水充分利用到保护性耕作技术中去，搞好土壤休闲期覆盖保水、深松蓄水、少免耕节水。

中国农业大学、西北农林科技大学、甘肃农业大学等院校、科研单位及农机推广部门等，从 20 世纪 90 年代开始，分别在黄土高原的主要区域——山西高原、陕北高原、陇中陇东高原等地对多种蓄水保墒培肥地力保护性耕作模式进行试验研究与推广示范，并取得了很好成效。现简单介绍如下[3, 5, 6, 16]。

1. 冬小麦保护性耕作技术模式

（1）秸秆还田全程覆盖免耕播种技术模式

工艺流程：机收小麦（秸秆粉碎还田覆盖）→夏闲期地表残茬（碎秸秆及留茬）覆盖→（化学除草）→免耕播种（含施肥）→田间管理→越冬→化学或人工除草→病虫害防治→收获（机收）。

机收时可正常留茬（10cm 左右），也可高留茬（30cm）；粉碎后秸秆均匀覆盖地表，在夏季休闲期，地表始终要有残茬覆盖，以利于保水防蒸发，也利于蓄水减少径流，视情况而定是采用化学除草还是人工除草；秋天要适时播种施肥，用免耕播种机来完成，出苗后要查苗、补苗；冬天越冬返青后，应注意除草及病虫害防治。

保证地表全程残茬覆盖，是该项技术的特点。

（2）秸秆还田全程覆盖少耕播种技术模式

本技术与秸秆还田全程覆盖免耕播种技术基本相同，只是增加了播前表土作业，用于解决地面秸秆量过大、地表不平等问题。

表土作业方式为浅松、浅旋和耙地，用后两种方法，应在播种前 15 天进行。

（3）秸秆覆盖深松少耕播种技术模式

在实施保护性耕作初期（尤其是第一年），深松作业可打破长期翻耕形成的犁底层，利于土壤吸纳雨水和促进作物根系生长。

工艺流程：机收小麦→深松→夏闲期地表残茬覆盖→（化学除草）→播前表土作业→播种（施肥）→田间管理→越冬→除草→病虫害防治→收获。

冬小麦收后进行深松，特别有利于吸纳夏季降雨，做到夏雨秋用与冬用，为下一季作物生长创造良好条件。

在黄土高原西部，如陇中高原的定西市，种春小麦：3 月中旬至 4 月上旬播种，8 月收获，秋、冬季土地休闲。春小麦收获正值雨季，收后杂草生长旺盛，要及时喷洒除草剂。休闲期可采用秸秆全量粉碎覆盖还田，也可采用留立茬 12～20cm，其余秸秆不还田。多采用免耕秸秆覆盖的模式，并实行小麦-豌豆年间轮作系统，经济效益明显。

2. 玉米保护性耕作技术模式

（1）秸秆还田全程覆盖免耕播种技术模式

工艺流程：机械收获（同时秸秆粉碎还田覆盖）→（圆盘耙耙地或浅旋）→冬闲期残茬覆盖地表→春天免耕播肥（含施肥）→除草→田间管理→收获。

中国农业大学及西北农林科技大学的试验表明，玉米产量低于 7500kg/hm^2，冬闲期无大风地区，可不进行机收后的圆盘耙耙地或浅旋，否则需要表土作业将部分粉碎秸秆覆埋。耙（旋）深应在 5～8cm。冬闲期要注意残茬覆盖地表。要用免耕播种机进行施肥播种。播种时地温稳定在 8℃以上，种床含水量在 15%～18%，种与肥距离 4cm。播种后（或同时）出苗前及时喷除草剂，封闭地表。玉米生育期可视情况进行人工除草，注意防治病虫害。

（2）秸秆覆盖深松少免耕播种技术模式

工艺流程：机械收获→深松→浅耙或浅旋→少免耕施肥播种→除草→田间管理→收获。

深松应在秋收后上冻前进行，土壤含水量在 15%～22%。其他事项如前一种模式。

3. 马铃薯保护性耕作技术模式

马铃薯是我国第四大粮食作物，黄土高原则是其重要产区，甘肃定西有“马铃薯之乡”之称。但马铃薯的果实是长于地下的块茎，对其栽培实行保护性耕作难度很大，要打破常规思路。甘肃农业大学通过试验筛选确定了垄上覆膜沟内覆草摆种（或浅播）的保护性耕作技术体系。

工艺流程：前茬作物收获后残茬覆盖免耕→除草→越冬→播前开沟起垄→垄上覆膜、沟内覆碎秸秆→摆（播）种→第二次覆碎秸秆→田间管理→收获。

马铃薯前茬多为其他作物，收后秸秆覆盖地表，消灭杂草覆盖休闲越冬。播种前一个多月时开沟，垄底宽 30cm，沟宽 70cm，垄高 15cm，垄上覆膜，沟内覆盖 8～10cm 厚碎秆。5 月初摆（播）种，施肥，覆盖秸秆并撒土压草防风刮跑。生育期不进行中耕及追肥，人工拔除杂草，病虫害用药剂防治，成熟后掀起秸秆浅挖收获。

4. 膜侧沟播保护性耕作技术模式

这是 21 世纪初（2003～2004 年）西北农林科技大学在与吉林省农业机械研究院承担“十五”期间 863 计划项目“田间多功能蓄水保墒耕作机具与成套设备研制及产业化开发”时试验成功的，包括如下两个内容。

（1）冬小麦自然降水高效利用模式——留茬覆盖深松膜侧沟播技术

工艺流程：麦收时留茬 40cm（秸秆粉碎覆盖）→6 月下旬间隔深松→耕整地→ 起垄并垄上覆膜→膜侧沟播小麦→喷药防治病虫草害→收获（图 1-26a）。

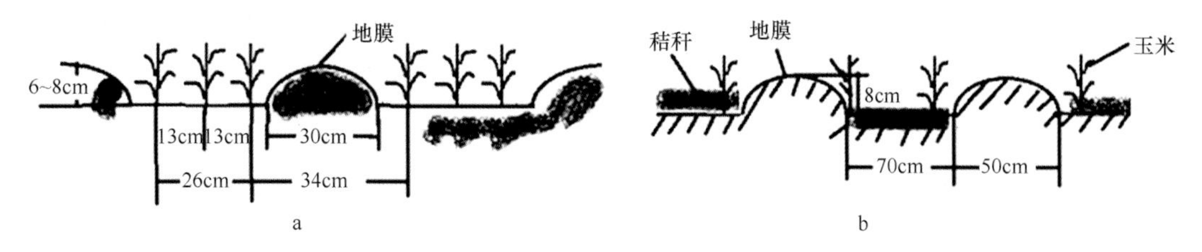

图 1-26　留茬覆盖深松膜侧和起垄覆膜膜侧沟播技术模式示意图

西北农林科技大学研制成功了起垄覆膜沟播机，将几项关键环节作业一次完成。

播种时间比不覆膜露地晚 5～7 天，沟中播 3 行效果更好。

（2）春玉米自然降水高效利用模式——起垄覆膜膜侧沟播技术

工艺流程：前茬作物收获后深耕→保墒越冬→保墒整地→起垄覆膜→膜侧沟播玉米→田间管理→收获（图 1-26b）。

可采用玉米起垄覆膜膜侧播种机一次完成几项关键作业，采用 120cm 带型，起垄宽

50cm，沟底宽 70cm，垄上覆膜，膜两侧种玉米，离膜侧 5cm 左右，形成 60cm 等行距种植模式。最好将前茬作物秸秆粉碎后覆盖在沟底，在前茬作物收获后进行行间深松，2003 年试验示范初期，就是采用的这种模式。也可采用垄上播种覆膜的办法，但效果没有膜侧沟播好。

地膜长期大量使用会造成“白色污染”，要及时清除及回收，应积极使用可降解地膜。

黄土高原区还有一年两熟种植模式及部分谷子—豆类轮作等保护性耕作模式。

1.2.4.2 华北长城沿线等农牧交错区主要保护性耕作模式

华北长城沿线的农牧交错区，为半干旱的一年一熟区。北接东北垄作区，南邻黄土高原区，农牧交错区多与上述两区交织在一起。主要作物是小麦、玉米，还有马铃薯（主要在阴山北麓）及小杂粮，该区是华北平原特别是京津冀地区的风沙源，实行保护性耕作的主要目标是，针对该区干旱少雨、风蚀沙化严重的特点，重点防风、固土、保水、保肥。

中国农业大学等大专院校及科研单位，始终把这个地区保护性耕作的试验示范作为重点工作，并将其与退耕还林还草紧密结合起来[3, 5, 6]。

主要模式简介如下。

1. 高留茬或秸秆覆盖少免耕播种技术模式

工艺流程：收获→留高茬（秸秆）覆盖休闲→播前化学灭草→（表土作业）→少免耕施肥播种→田间管理→病虫害防治→收获（留高茬秸秆覆盖）。

这包括了该区 4 种主要保护性耕作模式，高留茬少免耕播种，秸秆覆盖少免耕播种。

收获时应留高茬，除大豆外，均应在 20cm 以上，如果前茬是小麦、大豆等作物，秸秆应全量还田覆盖，玉米应碎秆还田覆盖，使农田不再裸露休闲。如果地表秸秆量过大，播种前或收获后应进行表土作业（浅耙或浅旋），特别是去除未来种床处的坚硬根茬，以便保证日后的播种质量。播前（或播种同时，或播后出苗前）要除草。用免耕播种机播种施肥。苗期要注意田间管理，首先是查苗、补苗，人工或机械除草、机械中耕等。生长期注意防治病虫草害。

华北长城沿线区是风沙严重区域，休闲期地表有根茬固土、覆盖物挡土，会大大减少风蚀。在河北丰宁、张北，内蒙古武川、清水河等地的保护性耕作试验示范都证明了这点。如武川试验结果显示，在春季大风天，保护性耕作风沙量比传统耕作降低 60%。

在农牧交错区，农牧民习惯于用秸秆喂畜或作燃料，无法全量还田覆盖，采用高留茬覆盖地表是个好办法。

农牧交错区农田中杂草传播途径更多，威胁更大，杂草防治要加大力度。多以轮作的方法为基础，在作物栽培过程中，综合采取化学、生物、机械和人工相结合的方法消除草害。

2. 马铃薯与麦类等条播作物带状间作

马铃薯种植与收获后，地表裸露，如果马铃薯地两侧为麦类、谷子、油菜等条播作物，收获后留 20cm 以上高茬，可间接保护种植马铃薯而留下的裸地。这个宽度带应在 6～12m。第二年马铃薯与麦类等条播作物种植带互换（马铃薯不宜重茬或迎茬）。

3. 砂田耕作法

这是西北地区人民独创的以砂石覆盖和长期免耕为核心的保护性耕作方法。它起源于陇中高原，现在主要分布在甘肃中部、宁夏中部及青海东部等年降水量 200～300mm 的干旱、半干旱偏旱地区，推广总面积近 20 万 hm^2。

技术流程如下。

1）选择靠近砾石和砂源的田地。

2）如果是农田，要休闲一年以上；如果是荒地，应提前一年耕翻。深耕、晒垡、深施农家肥。

3）按适中比例在平整后的土地上播撒厚 10～15cm 的砾石及粗砂，大到鹅卵石，小到粗砂，鹅卵石等占 60%，粗砂占 40%。在结冻期进行，每公顷铺 1000～1500t。构造良好的砂田可连续使用 20～30 年。

4）播种在砂层之下，浅播于表土上，注意掀开砂层但不要将土刨出与砂石混合。最适于种稀播宽行作物。

5）收获前不必灌溉与追肥，病虫草害也很轻，可不进行防治。收获时将地上部分全部移至田外，根茬还田。

6）收获后耖砂：用拖拉机牵引铁制耙具，横向、纵向耖动两次松动砂层，便于蓄墒。

7）老砂田，土石混合严重，要重新起砂、筛砂，土、砂分离后重新铺砂，以恢复生产力。

现在砂田耕作法已实现机械化耕作，并可进行补肥、补水作业。

在各农牧交错区还试验推广了其他一些保护性耕作模式，如农林（草）带状间作保护性耕作技术模式、草甸栗钙土农田立垡覆盖保护性耕作技术模式、退化草地少免耕技术模式等。

1.2.4.3　东北垄作区主要保护性耕作模式

东北垄作区的辽宁省及内蒙古东部地区，在 21 世纪初就已被农业部列为首批推广保护性耕作的示范点。黑龙江省、吉林省作为国家重要的商品粮基地，为了综合治理东北黑土区水土流失，也在保护性耕作技术试验研究推广方面做了大量工作。增加秸秆还田量以恢复与培肥地力，增加地表覆盖度以防止风蚀与水蚀，提高土壤含水率以抵御春旱，是本区实行保护性耕作的主要目标[3, 5-9, 16, 18, 26]。

1. 秸秆粉碎还田少免耕播种模式

这在辽宁省阜新市的阜新蒙古族自治县（简称阜新县）、彰武县和沈阳市苏家屯区与吉林省双辽市等地试验获得成功，多年在东北多地推广，在气候较温暖的辽宁省、吉林省西南部地区更适合推广此种模式。

工艺流程是：玉米收获（如用玉米联合收获机收获玉米，同时秸秆粉碎还田；如果人工收获，将留在地里的秸秆用秸秆还田机进行粉碎还田）→苗带灭茬处理残茬（作业深度 6～7cm）→播种、施肥→化学除草或中耕（垄作至少中耕一次，为下年备垄）→收获。冬季风较小的地块，收获时割茬高度适当提高到 30cm，防止风刮去地表碎秸秆。表土作业深度要浅，将苗带处残茬拿掉即可，而且表土作业与播种作业要紧密衔接。在秸秆覆盖量小的地块，可直接免耕播种，不进行表土作业。

现在有重型牵引式具有清茬草功能的免耕播种机，可免去表土作业环节，直接免耕施肥播种，双辽市就是采用这种方法，2014 年已实现碎秆全覆盖免耕播种 121.3 万亩。

2. 整秆覆盖少耕播种模式

在风较大的地方，采用较多。

工艺流程是：玉米人工摘穗收获，秸秆直立越冬→播前表土处理→精少量播种深施肥→化学除草中耕→收获。

在 21 世纪刚开始推广保护性耕作，阜新县曾试行这种模式，但存在一些问题，特别是与玉米收获机械化不适应，逐渐为秸秆粉碎覆盖还田所代替。

3. 留高茬覆盖垄（平）作模式

是东北垄作区目前推广较多的保护性耕作模式。

工艺流程：割秆、留茬 30cm 以上→截留秸秆运出→春季免耕播种深施肥（也可先表土作业后精少量播种施肥）→化学除草→中耕→收获。

在生态脆弱区及西部山区也采用这种模式，如通辽科尔沁区，该区于 2002 年被列为农业部保护性耕作示范区，该示范区面积到 2008 年达 8000hm^2，辐射推广面积达 15 300hm^2。分为旱作耕地及井灌（浇）耕地两种。

在沈阳市苏家屯区林盛堡镇长兴甸村对前 3 种保护性耕作模式与传统耕作进行了对比试验，试验于 2006 年开始，于 2007 年与 2008 年进行测定，两年试验测定得到了基本相同的结论：碎秆覆盖免耕播种的保护性耕作模式效果最佳。在玉米关键生育期保护性耕作各种模式土壤体积含水量均高于传统耕作，且有显著差异。秋后考种测产，碎秆覆盖模式比传统垄作增产 9.72%（2007 年）及 5.87%（2008 年），高留茬覆盖模式亦分别增产 3.67%及 4.38%，而整秆覆盖因出苗不好缺苗严重均比传统垄作减产（表 1-13）[9]。

表 1-13 不同耕作处理模式对玉米产量及构成因素影响

年份	影响因素（单株）	耕作处理模式			
		传统垄作	碎秆覆盖	高留茬覆盖	整秆覆盖
2007	穗粒数/（粒/穗）	616.5	662.5	645	637.8
	百粒重/g	38.5	39.8	39.5	39.2
	植株密度/（棵/hm^2）	65 214	65 987	65 754	59 889

续表

年份	影响因素（单株）	耕作处理模式			
		传统垄作	碎秆覆盖	高留茬覆盖	整秆覆盖
2007	穗行数/行	20.1	21.3	21.1	20.8
	平均穗长/cm	25.3	26.4	26.1	25.8
	平均穗位/cm	122.1	120.2	121.5	121.9
	穗粗/cm	5.2	5.62	5.51	5.42
	秃尖长/cm	2.1	1.23	1.43	1.51
	产量/（kg/hm^2）	10 871.6	11 928.0	11 270.1	9 843.0
2008	穗粒数/（粒/穗）	645.5	678.3	665.8	658.2
	百粒重/g	38.8	40.6	39.4	39.6
	植株密度/（棵/hm^2）	65 640	66 180	66 315	61 770
	穗行数/行	21.6	22.3	22.1	22.4
	平均穗长/cm	26.2	27.2	26.8	26.1
	平均穗位/cm	115.4	112.9	113.4	114.3
	穗粗/cm	6	6.6	6.2	6.3
	秃尖长/cm	1.3	0.91	1.08	1.23
	产量/（kg/hm^2）	11 337.0	12 003.0	11 833.5	10 821.0

保护性耕作因减少了作业环节从而减少了作业成本，4 种模式的种子化肥除草剂等投入基本相同，人工费用相差不多，因此保护性耕作全部生产成本均低于传统耕作，这样产投比最高的是碎秆覆盖（4.7），最低的是传统垄作（3.9）。

前 3 种模式实施头 2 年，必须进行深松作业，否则会减产，以后每 3 年也要深松一次。

4. 东北垄作区蓄水保墒三年轮耕法

这是由吉林大学、吉林省农业机械研究院于 2004 年提出来的，其循环图如图 1-27 所示。三年轮耕法的试验研究示范情况，将在 1.3 节详细阐述。

东北垄作区为一年一熟区，一般以秋后整地为新一种植年度的开始，直至收获为止。以此为基点，对周期循环图作以说明。

（1）第一种植年度——秸秆粉碎覆盖还田年度

秋后秸秆根茬覆盖还田—第二年春天施肥喷药免耕播种—6 月中下旬深松—秋天收获（秸秆回收，根茬还田）。

（2）第二种植年度——秋后换垄年度

秋后根茬还田破垄成新垄—翌年春天垄上施肥、播种（可播大豆）、喷药—6 月中下旬深松扶垄—秋天收获（秸秆回收，留茬越冬）。

（3）第三种植年度——留茬越冬年度

秋后垄上留茬越冬—翌年春天施肥播种喷药—6 月中下旬中耕除草追肥—收获（秸秆粉碎，覆盖还田）。

又返回起点，进行下一循环。

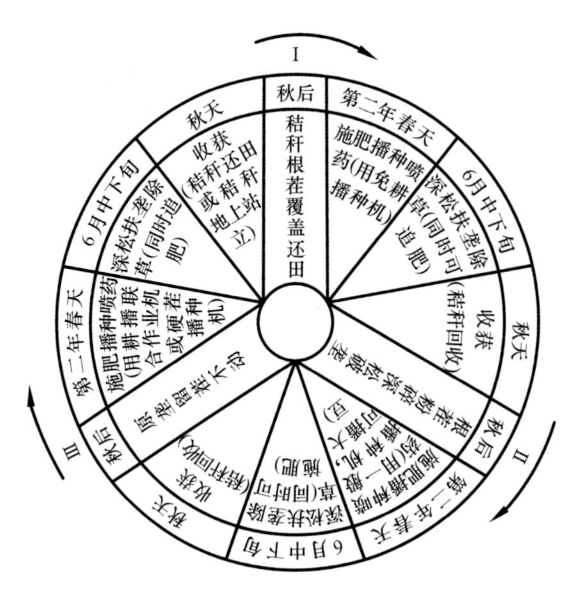

图 1-27　东北垄作区蓄水保墒三年轮耕机械化耕作法周期循环图

5. 玉米宽窄行交替种植平作模式

这是吉林省农科院提出的保护性耕作技术模式，也称为玉米大垄双行平作保护性耕作模式。

主要技术内容如下。

1）改垄作种植为平作种植，并且采用大垄双行。即改变传统 65cm 的垄距种植，成为宽行 90cm（或 80cm），窄行 40cm（或 50cm）平作种植，宽行为休耕带，窄行为作物生长带，休耕带与生长带进行隔年交替，如图 1-28 所示。

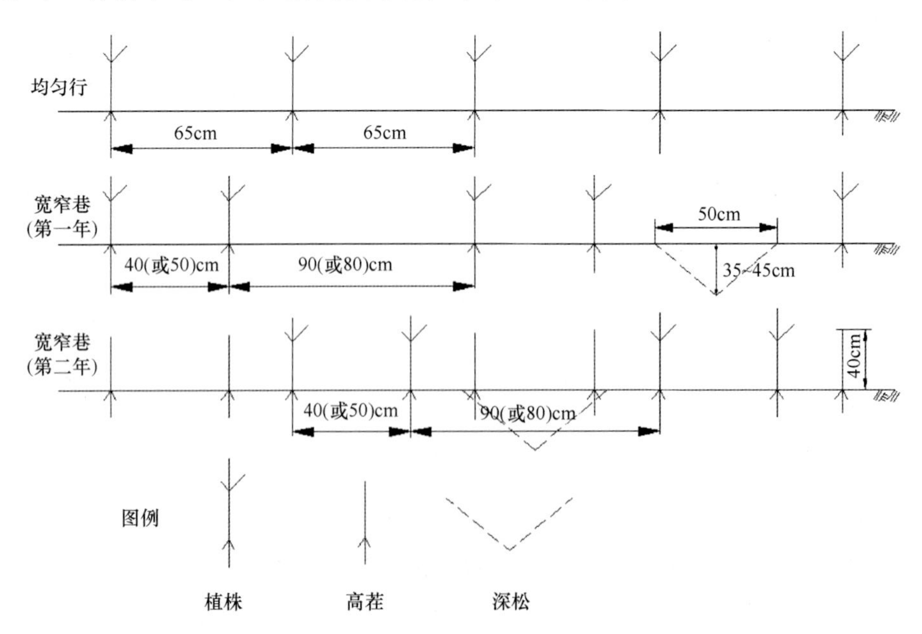

图 1-28　宽窄行交替种植技术模式

2）改半精量［每穴为（2±1）粒］播种为半株距加密精量播种，每穴一粒种子，便于间苗。

3）改三次中耕（三铲三趟）为只对宽行（休耕带）进行深松，宽度 30～40cm，深度 35～45cm，并进行追肥。

4）改秋收时低留茬（一般只有 5～15cm 高）粉碎还田为留高茬，高度为 40～50cm，并且保留根茬不动，至翌年经风吹、日晒、雨淋、冻融自然腐烂还田。

6. 玉米留高茬行间直播模式

玉米留高茬行间直播模式也是吉林省农科院提出来的保护性耕作技术模式。这种模式是从玉米沟垄交替休闲种植模式演变过来的。沟垄交替就是上年垄台种植，下年垄沟种植，上年秋后垄上高留茬，下年秋后垄沟高留茬，垄台种植年份进行垄沟深松（但耕深不要过深）30cm 左右，并追肥，应于 6 月下旬进行。收获时留茬应在 30～50cm。

模式概述。第一年均匀垄种植（行距 60～70cm）的玉米收获后留高茬 30～50cm 越冬；第二年春天不整地，直接在第一年行间（垄沟）播种（为保证播种质量可采用耕播联合作业，先将垄沟浅旋，旋耕深度＜7cm，而后播种），追肥期在茬带上结合追肥进行窄幅深松，收获后仍留高茬 30～50cm 越冬；第三年春仍不整地，在第二年行间播种，也就是在第一年茬带处播种，此时因第二年深松追肥，加上第一年留下的根茬已腐解，播种已不困难。如此年际反复进行作业（图 1-29）。

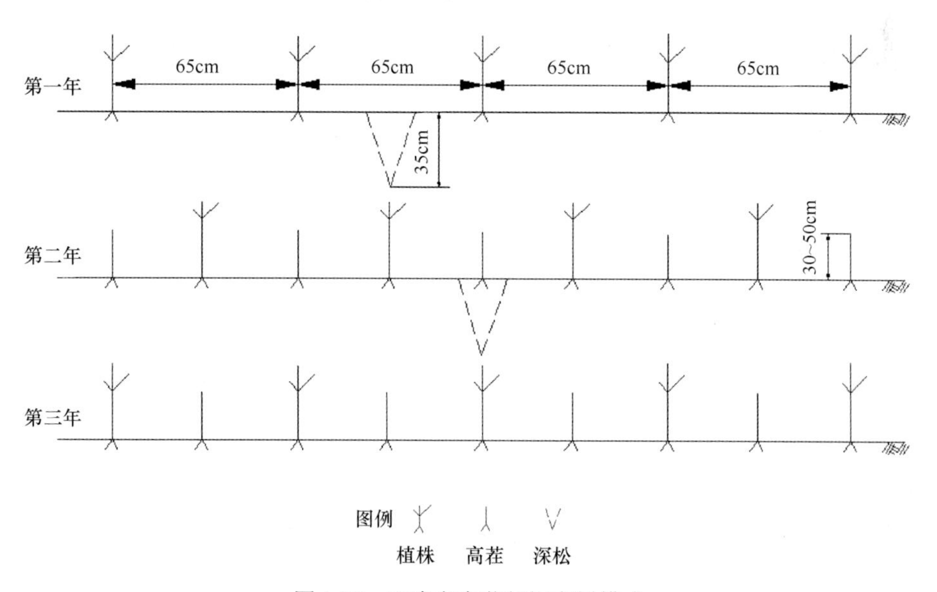

图 1-29　玉米留高茬行间直播模式

此种模式，因为不修复垄形，逐渐从垄作过渡到平作。

经试验测试，与传统作业相比，0～40cm 耕层土壤有机质含量年均提高 0.30～0.80g/kg，春季土壤含水率提高 0.5～2.0 个百分点，保苗率提高 15%以上，产量提高 10%以上。

7. 玉米垄台、垄侧交替休闲种植模式

该技术主要是针对东北山地丘陵区地块分散、地形复杂、机械化程度低的特点而建立的保护性耕作模式。山区半山区不利于大型农业机械作业，现有耕作方式多以人工和畜力作业为主，根茬处理费力，生产环节多。留茬垄侧种植技术，通过立茬覆盖还田、垄侧栽培，简化了根茬处理环节，同时减少了表土作业，对保护山区土壤，减少水蚀具有很好效果。

模式概述：保持传统垄作，改连年垄台（上）种植为垄台、两侧（或一侧）垄侧交替种植。三年轮种为一个周期的耕作方式是：第一年垄台种植，第二年一侧垄侧种植，第三年另一侧垄侧种植，而后又回到垄台（上）种植，这样周而复始进行下去，而秋后收获留茬越冬。多提倡留高茬（＞20cm），借助沟台与保留的高茬降低地表风速，减轻风蚀与扬沙扬尘。这种模式在各地采用的耕作方式不尽相同。如留茬高度不同，有些地方正常留茬 5～15cm，有的地方高留茬，甚至有的要求留茬 40～50cm；有的不要求中耕，有的要求伏雨前深松中耕、追肥。

现在多采用如下 2 种技术模式。

1）人工等距点播。在留茬垄地垄侧先浅穿一犁，深施肥，然后在垄侧深穿一犁起垄，用播种器人工精量播种并施口肥，覆土后压实保墒。

2）跟犁种。在老垄沟施入底肥，在垄侧穿一犁破茬后跟犁种，并施入口肥，最后在同一垄侧穿一犁，掏墒覆土，镇压保墒。

有条件的地方应结合追肥进行伏雨前（初）深松，建立土壤水库，提高自然降水利用率。

8. 垄向区田技术

这项技术是东北农业大学沈昌蒲教授等提出的坡耕地水土保持新技术[3]，在 20 世纪 90 年代（1990～1999 年）试验推广应用，表现出较好的防止水土流失及促进作物增产的效果。

垄向区田是在坡耕地垄沟内或平作地行间修筑小土挡，将很长的垄沟截成许多区段，以土挡拦截降雨，以小区段贮存雨水，直至浅穴中雨水全部渗入土壤，成为土壤水，减少了径流，解决了强降雨和土壤入渗慢的矛盾，这样岗地也可留住水，使洼地不积水，保证作物生长及促进产量增加。

沈教授等还在理论上与实践中解决了修筑垄向区田的技术问题，并研制成功了筑挡机，实现了机械化作业。为解决广大山地丘陵水土流失问题找到了捷径。

东北的生态脆弱区（如吉林省白城市及乾安县等），春播时多采用补墒播种（俗称坐水种）；还有些地方采用地膜覆盖；黑龙江垦区及许多地方实行作物轮作等先进措施。

1.3 三年轮耕法试验研究与推广示范

三年轮耕法[7, 8, 16, 46]，是东北垄作区近年来推行的保护性耕作模式之一，其基本内

容在前面已作了介绍。

1.3.1　三年轮耕法的提出

20 世纪 90 年代初到 21 世纪初 10 多年中，吉林省农业机械研究院（2000 年前称为吉林省农业机械研究所）对耕播联合作业机、抗旱施水播种机、旋耕-碎茬通用机、耕整联合作业机及耕整种植联合作业工艺进行研究，参与了国外引进免耕播种机的试验，并于 2000 年开始进行免耕播种机的研究。2000 年作者团队在北京参加了中国机械化旱作节水农业国际研讨会。会后对会议论文集的重要论文进行认真阅读和深入研究。

10 多年科研实践的积累和在理论上的总结，在 2002 年终于有了结果，我们申报国家高技术研究发展计划（863 计划）项目获得成功，吉林省农业机械研究院和西北农林科技大学共同承担了"生物与现代农业"领域的 863 计划课题"田间多功能蓄水保墒耕作机具与成套设备研制及产业化开发"及其滚动课题"田间多功能蓄水保墒与行走式灌溉机具研制及产业化开发"。当年又承担吉林省"旱作节水保护性耕作技术及配套装备研究与示范"。同时"节水抗旱施水播种机的改进与示范"（农业成果转化资金项目）也在科技部列项。

这些课题是国家和吉林省，针对制约北方旱作区农业可持续发展两大"瓶颈"——土地资源和水资源日益严峻的形势而开设的，这与我们多年来追求的建立蓄水保墒培肥地力保护性耕作技术体系的目标不谋而合。

我们对旱作节水保护性耕作等有关国内外资料进行深入研究与探讨，并做了针对性实地考察。山西、河北等地已开始保护性耕作试验。黑龙江省在半干旱地区推行一种以深松、扶原垄、浅耕相结合的土壤"三三"轮耕方法，是一种简单易行的少耕法。辽宁省开展保护性耕作试验研究已有多年历史，许多经验可供借鉴。吉林省在 20 世纪 90 年代曾对吉林省西部半干旱地区机械化耕作制度进行研究，并推出两套方案供选择，一是"垄作、少耕、四不"耕作制度，即秋整地（灭茬、起垄、深松、深施肥）→春播种（开窄沟、施种肥、镇压）→药剂灭草→雨前中耕→收获。此处"四不"指：不刨茬、不追肥、不间苗、不铲地。二是轮耕深松蓄水保墒机械化耕作制度。第一年结合秸秆还田秋翻并耙压，春季平播，机械中耕施肥；第二年秋灭茬或起垄，春播种，夏中耕分层施肥；第三年秋重耙耙茬，轻耙耙平耙碎压实，春平播，机械中耕侧深追肥。二者共性是少耕与根茬还田，不同之处在于前者的重要措施是深松不平翻地，而后者深翻秸秆还田（3 年 1 次），前者是中耕趟地 1 次（同时浅松），后者依然是 3 遍中耕。

综合国内外，特别是辽宁、黑龙江两省的经验，借鉴吉林省过去的实践，实际上在吉林省有限降水（中西部地区平均年降水量在 350～600mm，多数地区低于 500mm）条件下，抗春旱达到蓄水保墒的关键技术是秸秆根茬还田及覆盖、少免耕播种、深松，还要注意化学除草，在东北垄作区也是如此。

秸秆根茬覆盖还田是保护性耕作的核心技术环节，只有这样才能有效控制土壤受到侵蚀的程度，才能有效恢复和培肥地力。但在吉林省乃至东北多数地区因气温低，还田秸秆不易腐解，连年全量秸秆覆盖还田较难实现。可考虑 3 年或 2 年全量秸秆还田一次。

东北垄作区高产玉米秸秆量大、粗壮，给少免耕施肥播种也带来极大困难，有时需要进行表土作业，或在免耕播种机上加装强力清茬（草）装置。

耕地由于传统平翻或行间三角铧中耕，形成了坚硬的犁底层，在保护性耕作初期，应加强深松作业。如破垄合新垄时，应在耕整机上加装深松起垄铲；而用于伏雨前中耕时，则应是深松整地及中耕通用。还可修复垄形。

保护性耕作病虫草害多以药剂解决，这也是与传统耕作不同之处，耕作中可在中耕时用机械方法除草，去除病虫害亦需用药剂。这样就逐渐形成了适合东北垄作的三年轮耕耕作法，这是一种仍然保持东北垄作特点，农机与农艺高度融合的机械化耕作技术体系，并从 2002 年秋开始进行田间试验，于 2003 年下半年开始逐渐形成专利材料，吉林大学、吉林省农业机械研究院于 2004 年正式申报国家发明专利，2005 年公开，2007 年授权。专利名称为“东北垄作中耕作物蓄水保墒三年轮耕机械化耕作法”，授权专利号 ZL200410011106.8，公开号 CN100356827C。

1.3.2 三年轮耕法的试验研究

按秸秆覆盖还田、秋后换垄、留茬越冬 3 个种植年度，从 2002 年秋至 2005 年秋对三年轮耕法进行田间试验研究。

在耕法研究的过程中，结合各课题开发的秸秆-根茬粉碎还田联合作业机、耕整联合作业机、耕播联合作业机、硬茬播种机、免耕播种机、深松机（并可安装中耕部件）等，均已研制成功，进行了性能试验并陆续投入大面积生产考核。

试验点分别选在位于东北平原区中部的长春市兴隆山镇吉林省农业机械研究院试验基地及德惠市米沙子镇，以及吉林省西部的乾安县（紧邻西部生态脆弱区的吉林省白城市）。以吉林省农业机械研究院试验基地为例进行分析。

1.3.2.1 秸秆粉碎覆盖还田种植年度（2002 秋～2003 年秋）

2002 年秋后：试验地人工摘穗后，玉米秸秆站立，用秸秆-根茬粉碎还田联合作业机将秸秆根茬粉碎还田并部分覆埋；对比田为同等条件地块，人工收获后留茬翌年春碎茬起垄。

2003 年春季（5 月 5 日）播种：试验地用免耕播种机直接播种；对比田春整地后播种。

播后一个月内测定种床（0～10cm）土壤含水率。图 1-30 为 30 天内土壤含水率走势图：5 月 27 日有一次 21mm 的降雨，所以 5 月 29 日土壤含水率突增。表 1-14 是两种作业方式的耕层土壤含水率对比。

6 月对试验地进行深松除草追肥作业，深松深度 25～30cm；对比田按传统作业方式进行铲趟三遍。

秋收时均是人工将秸秆割倒。当时还没有玉米收割机。

1.3.2.2 秋后换垄种植年度（2003 年秋～2004 年秋）

试验田用如下耕法。

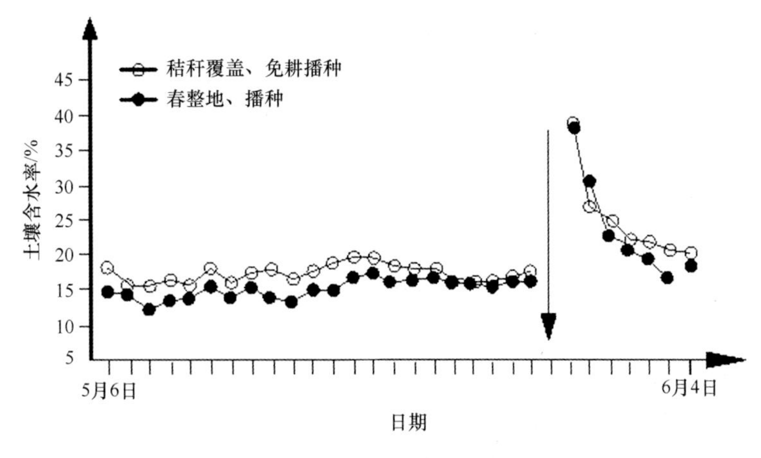

图 1-30　30 天内土壤含水率走势

表 1-14　两种作业方式的耕层土壤含水率对比（%）

日期	秸秆覆盖、免耕播种	秋翻及春整地、播种	含水率差值	含水率提高百分比
4 月 21 日	18.3	15.9	2.4	15.1
5 月 4 日	17.3	15.5	1.8	11.6
5 月 7 日	15.9	14.9	1.0	6.7
5 月 29 日	38.2	38.3	–0.1	–0.3
6 月 5 日	18.5	16.3	2.2	13.5

2003 年秋后，耕整联合作业机上安装深松起垄铲，碎茬、深松破垄起新垄并镇压，施底肥，待播种。

2004 年春天，在垄上直接用精密播种机播种。

2004 年伏雨前用仿生减阻深松机垄沟深松（25～30cm）、扶垄、除草。

2004 年秋收后留茬越冬（秋收仍用人工）。

对比田仍用 2002 年秋～2003 年秋同样的耕法。

试验田本种植年度的核心技术是深松。2003 年秋及 2004 年伏雨前的深松效果，在 2005 年春播时显现明显，于 2005 年 4 月 27 日我们对试验地及对比田 0～100cm 土壤层蓄水状况进行检测，结果见表 1-15。

表 1-15　0～100cm 土壤含水率情况对比

土壤深度/cm		0～5	5～10	10～20	20～30	30～40	40～50	50～60	60～70	70～80	80～90	90～100
试验田	含水率/%	18.9	20.2	21.5	29.3	27.4	24.3	21.5	20.6	20.5	20.8	18.1
	均值/%	24.41						20.3				
	折合毫米水/mm	158.67						147				
对比田	含水率%	14.8	17.9	21.2	25.2	26.1	23.1	13.9	14.1	11.8	12.1	13.4
	均值/%	22.39						13.06				
	折合毫米水/mm	145.53						94.42				

1.3.2.3 留茬越冬种植年度（2004年秋～2005年秋）

过去很多人对春季采用硬茬播种（耕播联合作业）持怀疑态度，担心春天动土会使土壤失墒严重，影响种子发芽，所以对此耕法（耕播联合作业）的蓄水保墒情况的检测非常重要。为了验证耕播联合作业对土壤墒情的影响，于2005年4月25日～5月2日，做了如下测试。测试过程规划见表1-16，测定结果见表1-17。

表1-16　测试过程规划表

测试区域划分		测试阶段划分（测试日期）			
		A（4月25日）	B（4月27日）	C（4月28日）	D（5月2日）
不耕作对比区	1	不耕作测试	不耕作测试	不耕作测试	不耕作测试
传统耕作区	2	单独碎茬作业后测试	2天后，单独起垄作业后测试	1天后，完成施肥、播种、镇压作业后测试	播种后4天测试
耕整联合耕作区	3	不耕作测试	2天后，1DGZL-240（4）耕整联合作业机配套天津迪尔-702拖拉机，一次完成碎茬、起垄、镇压作业后测试	1天后，2BJ-4精密播种机配套长春-40拖拉机，完成施肥、播种、镇压作业后测试	播种后4天测试
耕播联合作业区	4	不耕作测试	不耕作测试	IGBL-240（4）耕播联合作业机配套芬特-611LS拖拉机，一次完成碎茬、施肥、播种、镇压作业后测试	播种后4天测试

表1-17　蓄水保墒试验结果统计表

测试区域		各测试阶段土壤含水率/%							
		A		B		C		D	
		0～10cm	10～15cm	0～10cm	10～15cm	0～10cm	10～15cm	0～10cm	10～15cm
不耕作对比区	垄台	23.74	17.92	19.54	17.16	18.1	16.5	10	14.68
	垄沟	36.9	26.54	32.28	25.54	30.6	25.1	22.26	23.28
传统耕作区	垄台	10.23	22.54	7.3	14.22	8.3	15.14	6.34	11.3
	垄沟	25.14	25.56	12.16	23.18	11.78	22.94	9.64	21.2
耕整联合作业区	垄台	23.54	17.86	10.6	19.58	9.86	20.6	7.84	19.06
	垄沟	36.24	26.18	21.76	22.14	20.2	22.06	11.2	22.4
耕播联合作业区	垄台	24.02	18.1	20.12	17.1	14.48	22.98	11.38	20.38
	垄沟	36.44	26.3	32.9	25.46	25.38	22.06	11.82	19.94

此次均在留茬越冬玉米地上进行对比试验，传统耕作（对比田）采用春播前碎茬起垄的作业方式，这是当时东北垄作区采用最普遍的方式之一。

土壤含水率测定采用时域反射仪（time domain reflectometer，TDR）进行，表中每个含水量数据，都是相应点的平均值。

该种植年度试验田采用如下耕法。

2004年秋后，垄上留茬不动，越冬。

2005年春播时，用耕播联合作业机进行碎茬、施肥、播种、镇压、喷除草剂，一次完成。

2005 年伏雨前用仿生减阻深松机深松、扶垄、除草、追肥。

2005 年秋收后秸秆粉碎覆盖还田。

对比田采用的耕法依旧不变。

1.3.2.4　其他调查及测定

1）2005 年秋收后，我们对试验田及对比田土壤中的有机质含量进行了测定，曾经进行过全秸秆还田的试验田，有机质含量为 24.8g/kg，而对比田为 23.6g/kg，试验田比对比田多 1.2g/kg，即提高 5.08%。两者的差异是因为试验田三年有一次全秸秆还田，折合平均每年可将有机质含量提高 0.4g/kg，同时土壤容重下降 0.09g/cm^3。

2）出苗情况：2003 年，试验田出苗率为 95.1%，对比田为 93.8%，试验田比对比田高出 1.3 个百分点，高 1.39%。2004 年，试验田出苗率为 96%，对比田为 94.2%，试验田比对比田高出 1.8 个百分点，高 1.91%。

3）产量状况：2003 年，试验田产量为 8662kg/hm^2，对比田为 7475kg/hm^2，试验田比对比田高 1187kg/hm^2，高 15.88%。另外德惠米沙子及乾安亦表现新耕法增产的效果：德惠米沙子 2003 年增产 12.03%（试验田为 7325kg/hm^2），2004 年增产 13.18%（试验田为 7967kg/hm^2）；乾安 2003 年增产 14.17%（试验田为 6493kg/hm^2），2004 年春播后发生 60 多天持续干旱，试验田减产，仅为 2003 年的 54%（3516kg/hm^2），但对比田几乎绝收，还是显示出保护性耕作的优越性。

1.3.2.5　试验结论

1）秸秆根茬还田覆盖后，可使耕层内土壤含水量提高，10cm 以内种床土壤中水分含量可提高 10%左右，而这正是种子发芽过程中所吸收水分的主要来源。

2）深松可使 1m 以内的土壤中含水量增加，比传统耕作增加 26.12%，其中 0～50cm 土壤增加 9.02%，50～100cm 土壤增加 55.43%。通过深松可增加土壤水库的容量，多蓄雨水。试验田中，玉米根系长可达 150cm 以上，对比田可达 110cm，所以 100cm 深度以内的水都是有用之水。伏雨前深松也有很好的保墒、蓄墒效果。

3）耕播联合作业比传统的碎茬、起垄、施肥播种分段作业有较明显的保墒效果：播后当天测试结果显示，种床（垄台）处 10cm 内含水量可多出 6.18 个百分点，15cm 内高出 7.84 个百分点，垄沟处 10cm 内也高出许多；播种 4 天后测试，垄台处 10cm 内高出 5.04 个百分点，15cm 内高出 7.08 个百分点，垄沟处 10cm 内高出 2.18 个百分点，而 15cm 内耕播联合作业比传统分段作业低 1.26 个百分点。

耕播联合作业与耕整（同时碎茬起垄）联合、施肥播种的分段作业相比，保墒效果亦较明显：播种当天测定，垄台处 10cm 内高出 4.62 个百分点，15cm 内高出 2.38 个百分点；垄沟处 10cm 内高出 3.54 个百分点，15cm 内高出 1.32 个百分点，垄沟处两者相差不多。由此可见，耕整联合作业后播种的分段作业保墒效果介于传统分段作业与耕播联合一次作业之间。耕播联合作业从碎茬到播种完成，只是造成“瞬间失墒”，土壤水分损失较少，为日后在东北垄作区推行硬（铁）茬播种提供了依据。

4）进行全秸秆还田，对培肥土壤、改善土壤结构有较好效果，三年还田一次即可使土壤有机质含量平均每年提高 0.03%～0.04%，且可使土壤容量下降。

5）因为三年轮耕法有较好的蓄水保墒培肥地力的效果，因此可以保证粮食产量的提高。

一个循环周期的多点试验，证明三年轮耕法是可行的，与其耕法配套的机具研制是成功的。

1.3.3 三年轮耕法的试验示范

1.3.3.1 试验示范区规划设计

三年轮耕法从 2002 年秋季开始到 2005 年秋季，经过三年三地的试验验证，以一整套配套机具为支撑的机械化保护性耕作法，已逐步成熟，该耕作法从 2007 年开始在吉林省进行试验示范推广。吉林大学在吉林省科学技术厅列了“吉林省保护性耕作关键技术研究与开发”项目，同年承担了国家科技支撑计划项目“仿生智能作业机械研究与开发”，以将“十五”期间研制的三年轮耕法各配套机具的性能进一步提高。

为此在吉林农业大学试验农场建立了核心试验示范区，该区位于东北垄作区中部，地处北温带，土壤以薄层黑土为主，年降水量 500～600mm，降水时空分布不均匀，自然降水利用效率较低，干旱、低温是该区玉米单产的重要限制因素。该区传统耕作方式以春秋灭茬起垄、垄上播为主，多为春秋两季整地，且裸露休闲，土壤失墒、风蚀水蚀较重。此外，结合耕法试验，各配套机具在吉林省中西部地区的公主岭、榆树、梨树、通榆、白城等多地进行示范及大面积推广，面积超过 5600hm^2。2007 年开始，在黑龙江省平原地区，也采用了这种模式，称为“一深两免一覆”保护性耕作模式。

1. 试验示范区的划分

2007 年秋后开始，将示范区划分如图 1-31a 所示。

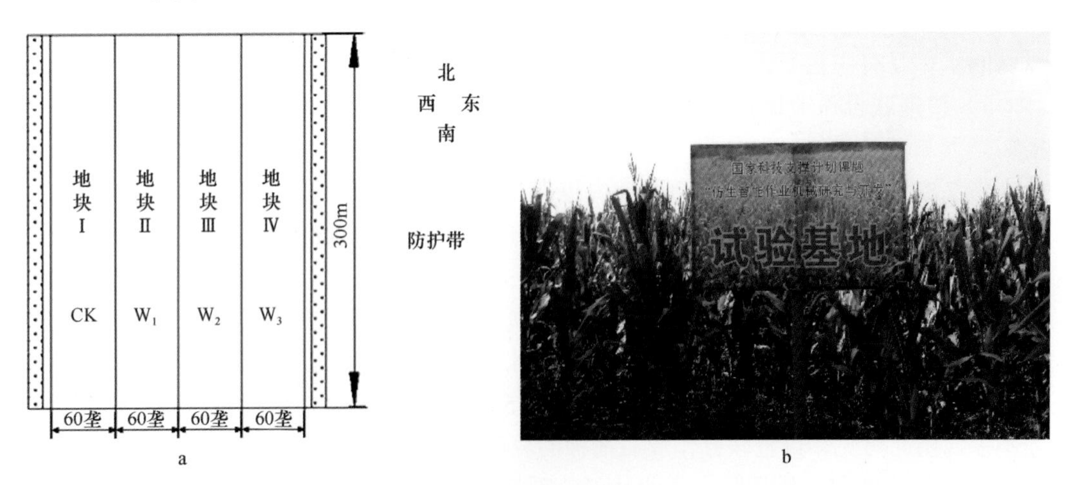

图 1-31 试验示范区地块

地块东侧留出少部分耕地，其余耕地分成 4 等份：CK（地块Ⅰ）、W_1（地块Ⅱ）、

W_2（地块III）、W_3（地块IV），每块 60 条垄宽（垄距平均 65cm 左右），300m 长。

CK 日后试验示范期间始终采用传统耕作：65cm 等行距种植。每年秋季碎茬起垄，翌年春季播种。其余 3 个地块采用三年轮耕法循环图（图 1-27）上给出的不同年度耕作方法，其测定结果均与 CK 所得数据进行比较。

W_1：2007 年秋收时人工摘穗立秆，用秸秆-根茬粉碎还田联合作业机粉碎还田，翌年春季免耕播种。年度测试指标包括土壤含水率、土壤坚实度（或容重）、地表残茬（秸秆与根茬等植被）覆盖率与覆盖量、免耕播种作业质量、残茬覆盖对播后地块含水率及地温的影响等。

W_2：2007 年秋收时秸秆回收，用耕整机碎茬深松破垄成新垄并镇压，翌年春天在垄上直接播种。年度测试指标包括土壤含水率、土壤坚实度（或容重）、深松作业质量、深松作业对土壤含水率的影响等。

W_3：2007 年秋收时秸秆回收，留高茬（留茬高度≥25cm）越冬，翌年春天在用耕播联合作业机灭茬播种作业。年度测试指标包括土壤含水率、土壤坚实度（或容重）、耕播作业质量。

4 种作业方式于 2007 年秋到 2009 年秋在核心测试示范区并行实施。玉米品种为当地主栽品种先玉 420，密度 50 000 株/hm^2 左右，施肥水平为常规施肥量，田间管理与当地大田生产一致。

W_1 地块，2008 年秋后深松破垄成新垄，2009 年秋后留高茬越冬，W_2 及 W_3 地块按循环图依此类推。

2. 测试中涉及的几个问题

（1）测点选择

性能试验测区内测定土壤含水率、坚实度（或容重）、覆盖率、碎土率等多是选 5 个点测定，建议采用平行四边形对角线等距取点法（图 1-32a）。

大面积生产考核或示范区内处理小区建议采用三角形顶点三点等距取点法（图 1-32b）。

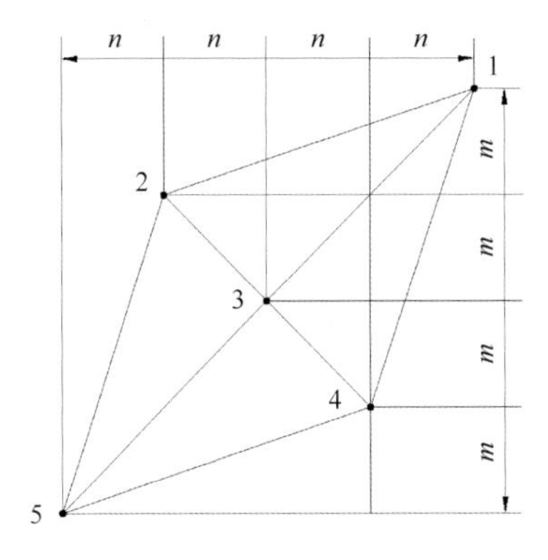

a. 平行四边形对角线等距取点法

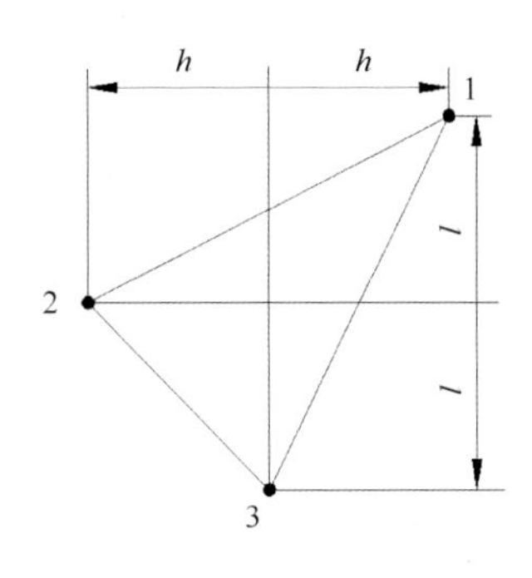

b. 三角形顶点三点等距取点法

图 1-32　测点取点法示意图

测区内选 5 点：1、5 两点应离各地边 5～20m（沿垄方向可选大值，垂直垄方向选小值）。沿垄方向：1-2、2-3、3-4、4-5 之间垂直距离相等，均等于 m。垂直垄方向：1-4、4-3、3-2、2-5 之间垂直距离也相等，均等于 n。这样选点减少了随意性及主观倾向性，保证了科学性及客观代表性。尤其是避免了 2 个或 2 个以上测点选在同一垄上。

测区内选 3 点类似于选 5 点的方法，即横向 1-3、3-2 相等，等于 h；纵向 1-2、2-3 相等，等于 l。

（2）测试各点测深层次的选择

1）碎茬、播种作业前均应测 15cm 以内耕层的含水率及土壤坚实度：分层为 0～5cm、5～10cm、10～15cm。

2）旋耕作业前，测 20cm 以内的耕层，在上述基础上增加 15～20cm 层。

3）比较保护性耕作与传统耕作蓄水情况的地块，至少要测 0～50cm 土层的含水情况。

分 4 层应是：0～10cm、10～20cm、20～30cm、30～50cm。

分 3 层应是：0～10cm、10～20cm、20～50cm。

4）深松后拟测定水分利用效率地块，应测 1m 深土壤的各层含水率。

分 6 层应是：0～10cm、10～20cm、20～30cm、30～50cm、50～70cm、70～100cm。

分 4 层应是：0～10cm、10～20cm、20～50cm、50～100cm。

（3）测定时段的选择

一般在播种及收获两个时段。个别情况下可增加作物生长某特殊阶段。各机具性能测试前必须测定，测试项目在下文列出。

（4）测试项目选择

在本小节“试验示范区的划分”的 4 种不同地块介绍中，已将年度测试指标作了规定。应注意到：土壤含水率、土壤坚实度（或容重）是各种耕作方法都必须测定的项目指标，各种机具性能测试也必须测定这几项指标。

土壤含水量（率）：通常有质量含水量（率）（dry base，d.b）和体（容）积含水量（率）。前者是单位质量干土中含有水分的质量，%（用 Hs 代表）；后者是土壤水分体积占土壤体积的百分比（用 Ht 代表），如果 ρ_t 代表土壤容重，则有 $Ht=Hs\rho_t$，测得质量含水量（率）及土壤容重就可求得其体积含水量。所以用测容重时的环刀取土，而后烘干测得质量含水量，就可直接算出其体积含水量。目前土壤水分速测仪（如时域反射仪）测得的含水量都是体积含水量。

试验示范中，还要在秋收过程中，对各种不同耕作方法地块进行考种测产。其方法在本章 1.3.3.2 小节详细介绍。

作物水分利用效率（water use efficiency，WUE）（作物单位面积的经济产量与耗水量的比值）亦是重要指标，因为我们在示范区不进行灌溉，而对该区域又无法取得作物生长期降水的准确数据，因此用播种前、收获后不同地块的含水率变化情况来替代。

3. 所需设备仪器

在具体试验测试时再进行介绍。

1.3.3.2　W_1 地块的试验及结果分析

1. 2007 年秋季试验

地表秸秆覆盖情况是测试重点。

人工摘穗，秸秆直立田间，用 TN-600 拖拉机挂接 1JGHL-140（2）秸秆-根茬粉碎还田联合作业机对秸秆与根茬同时粉碎还田并部分覆埋，防止风将还田残茬刮跑。作业前试验小区试验地情况如表 1-18（表中所有数据均用平行四边形对角线等距取点法采集后计算）所示。

表 1-18　试验地情况记录表

试验测定时间：2007.10.20

项目	深度	位置					
		第 1 点	第 2 点	第 3 点	第 4 点	第 5 点	各点均值
土壤含水率（d.b）/%	0～10cm	11.44	11.32	17.49	11.29	12.61	12.83
	10～20cm	14.01	13.31	13.54	14.37	15.24	14.09
	20～30cm	15.54	14.53	14.90	15.58	15.41	15.17
秸秆特性	含水率/%	279.41	342.19	312.81	345.67	377.42	331.55
	质量/（kg/m^2）	2.25（6）	2.7（6）	1.65（5）	2.0（5）	2.5（6）	2.22（5.6）
试验地其他说明	1. 表中数据是在长 50m，宽 32 条垄的测区测量的 2. 秸秆质量栏，后面括号中数字为该点秸秆株数						

机具作业后马上对地表残茬覆盖情况进行了测定。测定方法如图 1-33 所示。

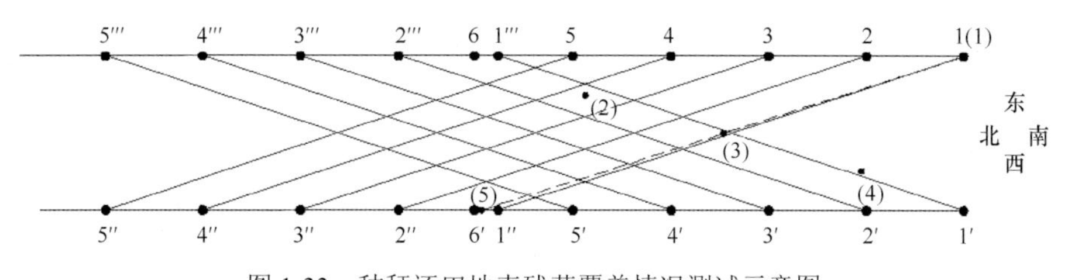

图 1-33　秸秆还田地表残茬覆盖情况测试示意图

测区东西两侧每相隔 10m 插 1 个标杆，每侧各立 6 个标杆：东侧为 1、2、3、4、5、6 号，西侧对应位置为 1′、2′、3′、4′、5′、6′号。以标杆 1 为圆心，50m 长皮尺为半径，在另一个端点划出圆弧，与测区西边 1′-6′线上某点相交，交点为 1″点，在 1-1″线上，每隔 20cm 取 1 点，在 1 与 1″之间可取 249 个点（不含 1、1″两点），测查取点下面是否有秸秆残茬覆盖，查出有覆盖的点数为 n 并记录下来，$\frac{n}{249}\times100\%$ 为 1-1″线上的地表秸秆覆盖率。按上述方法，可测出 2-2″、3-3″、4-4″、5-5″及 1′-1‴、2′-2‴、3′-3‴、4′-4‴、5′-5‴各线的秸秆覆盖率，即可得出这块地的秸秆覆盖率。

地表秸秆残茬覆盖量测定，用平行四边形对角线等距取点法，取出（1）、（2）、（3）、（4）、（5）共 5 点，每点处取 1m×1m 地表，将地表上覆盖秸秆残茬分别进行称量，可得出湿秸秆的覆盖量，通过秸秆含水量可求出其每平方米秸秆覆盖量，再乘以 666.7，则为每亩地的秸秆覆盖量。

覆盖率与覆盖量测量结果见表 1-19。

表 1-19　地表秸秆覆盖情况记录表

试验测定时间：2007.10.21

	测位	1-1″	1′-1‴	2-2″	2′-2‴	3-3″	3′-3‴	4-4″	4′-4‴	5-5″	5′-5‴	均值
地表秸秆覆盖率	覆盖点数	179	160	176	162	155	147	161	167	166	141	161.4
	覆盖率/%	71.89	64.26	70.68	65.06	62.25	59.04	64.66	67.07	66.67	56.63	64.82
秸秆覆盖量	测点	（1）		（2）		（3）		（4）		（5）		均值
	覆盖量/(kg/m^2)	0.7		2.2		0.75		2.3		2.1		1.61

从表 1-18 及表 1-19 数据可算出干秸秆覆盖量为 0.373kg/m^2，亩覆盖量为 248.7kg/亩。

试验地秋后含水率很低，土层超 20cm 深处（从垄台算起）比较硬。从覆盖率及覆盖量看，机具对还田秸秆及残茬进行了必要覆埋，可防止风刮。

2. 2008 年春季试验

试验测试重点是对比秸秆粉碎还田覆盖地（W_1）免耕播种后一月内与传统耕作地块（CK）春播后一月内耕层土壤含水率（体积）、地温的变化情况。隔天测定，每天早中晚测 3 次（8：00、14：00、18：00），每块地测 3 点，取平均值，结果见表 1-20。

按表 1-20 数据绘出含水率及地温变化图，分别为图 1-34 及图 1-35。地温用 10cm 及 20cm 深的平均值来进行对比。

从春播后一个月的试验测定可知，秸秆还田覆盖与传统耕作相比，可使耕层（20cm 及 10cm 深平均值）土壤含水率增加 0.82 个百分点，提高 2.71%，对作物种子发芽、出苗及早期生长大有好处。

秸秆还田覆盖免耕播种，在播后 13 天内（5 月 9 日～5 月 21 日）对地温有一定影响，在 10cm 深处土壤平均温度比对比田低 0.33℃（低 2.01%），20cm 处低 0.74℃（低 4.50%），耕层平均低 0.54℃（低 3.29%）。在后半个多月，二者相差无几。按全月平均值，在 10cm 深处，只低 0.13℃（低 0.07%），整个耕层只低 0.34℃（低 1.89%），影响不大。这是因为秸秆-根茬粉碎还田联合作业机作业时，相当于对种床条带进行了表土作业，减轻了春播前后秸秆覆盖对地温的影响。

3. 2008 年秋季测试

主要测定 0～100cm 土层的土壤含水量（d.b），将其与传统耕作对比。采用三角形顶点三点等距取点法采点。

土壤含水率采用烘干法测得，见表 1-21。

2007 年秋后秸秆还田覆盖的蓄水保墒效果，到 2008 年秋后仍然显现，特别是在 0～30cm 耕层表现更明显：0～10cm 土层，W_1 比 CK 含水率高出 2.67 个百分点，提高 15.78%；0～20cm 土层，W_1 比 CK 含水率高出 1.58 个百分点，提高 9.12%；0～30cm 土层，W_1 比 CK 含水率高出 1.38 个百分点，提高 7.81%。

表 1-20 秸秆覆盖地（W_1）与传统耕作对比田（CK）土壤含水量、地温测试记录表

项目	土层	小区	5月9日	5月11日	5月13日	5月15日	5月17日	5月19日	5月21日	5月23日	5月25日	5月28日	5月30日	6月2日	6月4日	6月6日	6月8日	6月10日	总平均
含水率/%	深 10cm	CK	23.4	29.8	31.1	30	30.1	30	30	29.1	29.8	30.6	30.8	30.5	30.1	29.5	30.7	27	29.53
		W_1	27.9	30.8	32.5	31.7	31.1	31.1	31.2	30.4	30.5	31.1	30.2	31.2	30.5	30.8	31.3	29.3	30.73
	深 20cm	CK	28.6	32.3	32.3	31.6	31.9	31.7	31.5	30.6	30.6	31.5	31.5	30.7	30.3	29.8	31.7	27.8	30.9
		W_1	28.9	31.7	32.7	31.9	31.6	31.8	32.2	31.1	30.9	31.8	31	31.1	31.2	31.3	31.3	31	31.34
	平均	CK	26	31.1	31.7	30.8	31	30.9	30.8	29.9	30.2	31.1	31.2	30.6	30.2	29.7	31.2	27.4	30.22
		W_1	28.4	31.3	32.6	31.8	31.4	31.5	31.7	30.8	30.7	31.5	30.6	31.2	31.4	31.1	31.3	30.2	31.04
地温/℃	深 10cm	CK	14.7	15.3	17.5	17.4	17.2	16.6	16.2	19.2	19.3	16.8	16.4	17.3	18.2	20.5	21.5	22.5	17.91
		W_1	14.7	14.9	17	17	17.1	16.6	15.3	19.2	19.4	16.6	16.1	17	18	21.5	20.5	23.5	17.78
	深 20cm	CK	14.7	15.3	17.5	17.4	17.1	16.6	16.3	19.3	19.3	17.0	16.4	17.3	18.2	20.5	21.5	23	17.96
		W_1	14.0	14.8	16.5	16.8	16.7	16.0	15.1	19.2	19.0	16.4	16.1	16.8	17.8	20.5	20	23	17.42
	平均	CK	14.7	15.3	17.5	17.4	17.2	16.6	16.3	19.3	19.3	16.9	16.4	17.3	18.2	20.5	21.5	22.8	17.95
		W_1	14.4	14.9	16.8	16.9	16.9	16.3	15.2	19.2	19.2	16.5	16.1	16.9	17.9	21	20.3	23.3	17.61
气温/℃			17.1	17.4	19	18.3	18.6	17.3	15	20.3	21	16.3	17.3	18	19	23	23	26	19.16

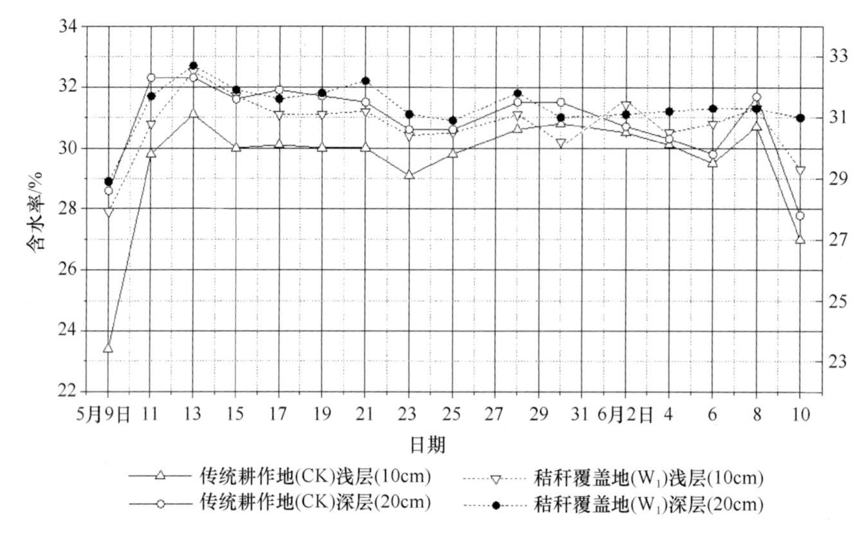

图 1-34 不同耕作模式播种后土壤含水率对比

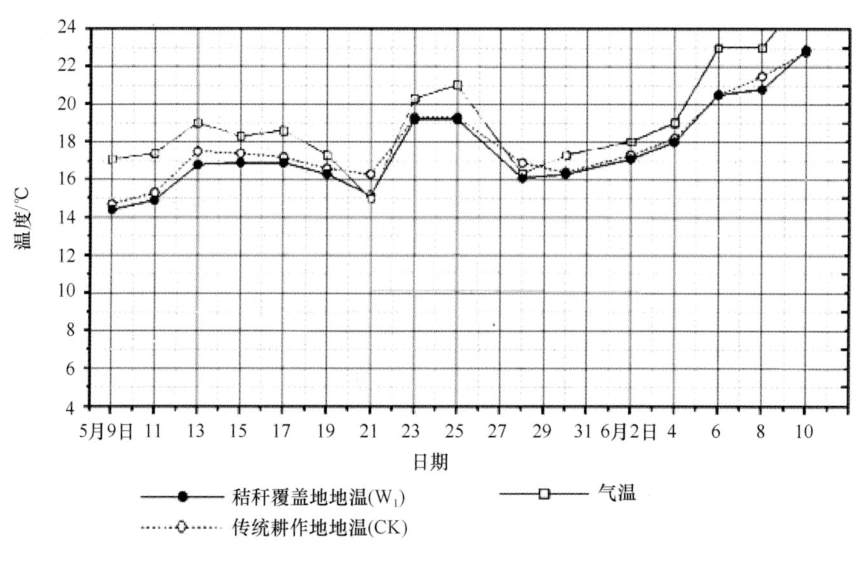

图 1-35 不同耕作模式播种后地温对比

表 1-21 秸秆覆盖地（W_1）与传统耕作地（CK）秋后土壤含水率测定汇总表（%）（d.b）

测定日期：2008.10.28

小区	位置	深度									
		0～10cm	10～20cm	20～30cm	30～50cm	50～70cm	70～100cm	0～20cm平均	0～30cm平均	0～50cm平均	0～100cm平均
W_1	第 1 点	17.21	17.42	18.84	17.94	17.48	17.70	17.32	17.82	17.85	17.77
	第 2 点	20.87	19.40	20.18	19.18	17.41	18.45	20.14	20.15	19.91	19.25
	第 3 点	20.70	17.84	19.03	18.84	19.02	18.45	19.27	19.19	19.10	18.98
	平均	19.59	18.22	19.35	18.65	17.97	18.20	18.91	19.05	18.95	18.67
CK	第 1 点	16.92	17.22	18.60	18.44	18.08	17.83	17.07	17.58	17.80	17.85
	第 2 点	15.64	17.28	18.04	19.54	18.85	18.13	16.46	16.99	17.63	17.91
	第 3 点	18.21	18.73	18.48	19.89	19.57	18.27	18.47	18.47	18.83	18.86
	平均	16.92	17.74	18.37	19.29	18.83	18.08	17.33	17.68	18.08	18.21

同时测定了 W_1 与 CK 两地块的土壤坚实度：秸秆覆盖地 10cm 深处 17.97kg/cm^2，20cm 深处 29.97kg/cm^2，30cm 深处 33.93kg/cm^2，平均 27.29kg/cm^2；传统耕作（秋后碎茬起垄）地 10cm 深处 19.47kg/cm^2，20cm 深处 32.97kg/cm^2，30cm 深处 36.07kg/cm^2，平均 29.50kg/cm^2。W_1 耕层比 CK 耕层的坚实度小。

4. 2008 年度考种测产

目的是将 W_1 与 CK 两块地经济（籽粒）产量进行对比。田间采样于 2008 年 10 月 6 日进行。每个地块按三角形顶点三点等距取点法取 3 点，每点周围各取 20m^2，如果在 n 根垄上取 20m^2，则取样垄长 $l=\dfrac{20}{\text{平均垄距}}\div n$，即在 l 长的 n 条垄上取样。建议 n=3 或 5，取样点要处于该取样小区中央：在中间垄上，并在取样垄长 l 的中点。应避免不同取样小区在同一垄上取样。

（1）田间取样

查定平均行距、平均株距、小区内株数及空秆数、小区内有效穗数（过小果穗可 2 或 3 个合并算 1 穗）、鲜穗总重、随机取出 10 穗称重为 $W_{\text{穗}2}$(约为该点果穗总重的 1/10)。将 10 穗做好位置标记，装袋留室内考种用。上述数据在取样现场及时记入“玉米测产考种记录表”中。

（2）晾干后样品处理

于 2009 年 1 月 5 日将已自然晾干的各取样点的 10 穗果穗做进一步处理，并记录下如下数据[（1）与（2）中数据见表 1-22]。

记录 10 穗果穗晾干后质量（$W_{\text{穗}1}$，kg）；脱粒后称得籽粒重（$W_{\text{籽}1}$，kg）；随机取出的百粒重（$W_{\text{籽}100}$，kg）；从百粒中取出 15g，放入烘干箱 135℃下烘干 40min，冷却稳定后称重（a，g）；烘干后从样品中取出 5g 磨粉，放入烘干箱，135℃下烘干 40min，冷却稳定后称重（b，g）。

（3）计算出相关数据

1）出籽率 ρ，穗粒重占果穗重之比例（%）：

$$\rho=\frac{W_{\text{籽}1}}{W_{\text{穗}1}}\times 100\% \tag{1-1}$$

2）晾干后样品含水率 β_1［参照（GB/T10362—2008）《粮油检验　玉米水分测定》进行］：

$$\beta_1=1-\frac{ab}{15\times 5} \tag{1-2}$$

3）田间取样时籽粒含水率 β_2：

$$\beta_2=1-\frac{W_{\text{穗}1}}{W_{\text{穗}2}}(1-\beta_1) \tag{1-3}$$

4）某取样小区单位面积干籽粒产量（W，kg/m^2）：

$$W=\frac{W_{\text{穗}2\text{总}}\cdot\rho\cdot(1-\beta_2)}{2} \tag{1-4}$$

式中，$W_{\text{穗}2\text{总}}$为鲜穗总重。

表 1-22　2008 年玉米测产考种记录表

田间采样时间：2008.10.6　　　　室内晾干后检测时间：2009.1.5～1.6

试验示范区	测试小区	平均行距/cm	平均株距/cm	小区株数	小区有效穗数	空秆数	鲜穗总重/kg（$W_{穗2总}$）	单穗重/kg	10 穗鲜重/kg（$W_{穗2}$）	10 穗晾干重/kg（$W_{穗1}$）	10 穗干粒重/kg（$W_{籽1}$）	出籽率/%（ρ）	15g 粒烘干重/g（a）	5g 粉烘干重/g（b）	含水率/%（β_1）	干籽粒产量/（kg/m²）（W）	籽粒产量/（kg/m²）（$W_{安}$）
传统耕作 CK	1	70.0	29.2	98	98	2	36.1	0.368	3.64	2.2	2.00	90.91	14.53	4.89	5.26	0.9396	1.0926
	2	71	34.4	82	91	4	32.1	0.353	3.52	2.05	1.85	90.24	14.61	4.84	5.72	0.7953	0.9248
	3	67	26.2	114	92	7	30.6	0.333	3.35	2.00	1.80	90.00	14.78	4.75	6.52	0.7685	0.8936
	平均	69.3	29.9	98	93.7	4.33	32.93	0.351								0.8345	0.9703
秸秆还田 W_1	1	72	26.7	104	101	6	35.8	0.354	3.59	2.10	1.85	88.10	14.74	4.78	6.06	0.8666	1.0076
	2	66	28.9	105	104	4	36.9	0.355	3.52	2.10	1.90	90.48	14.73	4.80	5.72	0.9390	1.0919
	3	67.7	31.8	93	95	2	34.7	0.365	3.45	1.95	1.75	89.74	14.58	4.79	6.88	0.8194	0.9529
	平均	68.6	29.1	100.7	100	4	35.8	0.358								0.8750	1.0175
深松起垄 W_2	1	66	27.1	112	105	8	37.8	0.36	3.65	2.20	2.00	90.91	14.56	4.78	7.20	0.9610	1.1174
	2	65	34.1	90	107	4	36.3	0.339	3.55	2.20	2.00	90.91	14.59	4.82	6.23	0.9588	1.1149
	3	65	31.7	97	98	5	36.0	0.367	3.65	2.20	2.00	90.91	14.55	4.80	6.88	0.9185	1.0680
	平均	65.3	31.0	99.7	103.3	5.67	36.7	0.355								0.9461	1.1001

则可预测出某块地的亩产量或公顷产量，也可计算出安全水（$\beta_{安}$=14%）产量（国家收购用）。

为便于比较，将 2007 年秋后深松起垄（W_2）地块的测产考种结果也在表 1-22 内列出。并将田间采样及室内晾干、烘干监测结果合并在一个记录表中。

从检测数据可见，秸秆覆盖地块（W_1）与传统耕作地块（CK）相比，其他条件相同，只是因地上有秸秆覆盖，春天免耕播种，秋后产量却不相同，前者比后者产量高 4.86%。

5. 2008 年秋～2009 年秋种植年度测试情况

2008 年秋后，W_1 地块碎茬深松起垄，2009 年春精密播种。播前对示范区内各地块土壤进行了测定。表 1-23 是 W_1 与 CK 两地块之情况。2008 年秋后深松地块与传统耕作地块相比，土壤含水率有明显增加，整个耕层（0～30cm）前者比对比田高 3.33 个百分点，提高了 15.15%，这对种子发芽、出苗十分有利。

表 1-23　2009 年春播 W_1、CK 地块土壤测定记录表

试验测定时间：2009.4.28

区域	项目	深度	位置					
			第 1 点	第 2 点	第 3 点	第 4 点	第 5 点	平均
W_1（2008 年秋后碎茬深松起垄地）	含水率（d.b）/%	0～10cm	26.97	21.25	24.64	25.85	21.09	23.96
		10～20cm	24.28	25.90	24.57	27.89	22.23	24.97
		20～30cm	29.85	25.83	28.34	27.24	23.76	27.00
	坚实度/（kg/cm^2）	0～10cm	3.1	3.6	7.0	5.9	2.9	4.5
		10～20cm	16.7	9.4	12.8	11.5	15.0	13.08
		20～30cm	15.7	15.6	22.4	18.2	16.9	17.76
	土壤容重/（g/cm^3）	0～10cm	1.34		1.19		1.107	1.21
		10～20cm	1.35		1.51		1.34	1.40
		20～30cm	1.32		1.29		1.41	1.34
CK（传统作业对比田）	含水率（d.b）/%	0～10cm	22.15	20.34	23.28	23.28	24.21	22.65
		10～20cm	23.53	23.41	20.70	22.13	20.92	22.14
		20～30cm	20.92	21.73	20.49	22.08	20.57	21.16
	坚实度/（kg/cm^2）	0～10cm	5.6	13.2	4.7	11.3	8.3	8.62
		10～20cm	19.6	15.8	25.2	21.5	12.7	18.96
		20～30cm	17.9	14.9	21.8	19.3	25.4	19.86
	土壤容重/（g/cm^3）	0～10cm	1.172		0.972		1.02	1.05
		10～20cm	1.19		1.53		1.38	1.37
		20～30cm	1.58		1.47		1.51	1.52

2009 年秋后也进行了考种测产，方法如 2008 年秋后，结果见表 1-24。

为了便于对比，将另两个示范区（W_2、W_3）的考种测产情况一并列出。

W_1（前一年深松起垄地块）比 CK 产量高 1000kg/hm^2 以上（高 1165kg/hm^2），W_1 比 CK 增产 13.14%。

表 1-24　2009 年玉米测产考种记录表

田间采样时间：2009.10.8　　　　室内晾干后检测时间：2009.11.24

试验示范区	测试小区	平均行距/cm	平均株距/cm	小区株数	小区有效穗数	空秆数	鲜穗总重/kg($W_{穗2总}$)	10 穗鲜重/kg ($W_{穗2}$)	10 穗晾干重/kg ($W_{穗1}$)	10 穗干粒重/kg（$W_{籽1}$）	出籽率/%（ρ）	15g 粒烘干重/g（a）	5g 粉烘干重/g（b）	含水率/%（β_1）	百粒重/g（含水率 14%）	干籽粒产量/(kg/m²)（W）	籽粒产量/(kg/m²)（$W_{安}$）
传统耕作CK	1	61	40.5	82	77	1	26.5	3.4	2.32	2.0606	88.82	14.47	4.71	9.13	33.15	0.7298	0.8486
	2	63.3	38.07	84	78	0	32	4.0	2.45	2.1494	87.73	14.42	4.70	9.63	36.49	0.7769	0.9034
	3	62.3	37.3	88	77	7	30	4.0	2.54	2.2583	88.91	14.58	4.74	7.85	34.58	0.7805	0.9075
	平均	62.2	38.6	84.7	77.3	2.67	29.5								34.74	0.7624	0.8865
W_1	1	68.4	34.81	85	75	7	31.5	4.26	2.7	2.3944	88.68	14.22	4.68	11.27	33.49	0.7855	0.9134
	2	61.5	31.27	105	94	9	37.5	4.0	2.37	2.0796	87.77	14.50	4.69	9.33	33.16	0.8841	1.0280
	3	62.8	32.50	99	79	12	34	3.9	2.6	2.3039	88.61	14.65	4.68	8.58	38.23	0.9181	1.0676
	平均	64.2	32.86	96.3	82.7	9.33	34.3								34.96	0.8626	1.0030
W_2	1	63.8	30.14	105	96	6	32.5	3.8	2.53	2.2499	88.82	14.47	4.67	9.9	34.74	0.8660	1.0071
	2	63.8	32	99	95	3	32.5	3.65	2.50	2.2291	89.16	14.6	4.74	7.73	33.12	0.9157	1.0647
	3	63.2	32.96	97	94	3	29	3.3	2.2	1.9368	88.04	14.6	4.69	8.70	32.37	0.7770	0.9035
	平均	63.6	31.7	100.3	95	4	31.3								33.37	0.8529	0.9918
W_3	1	63.0	40.70	79	74	6	28.5	3.4	2.2	1.9354	87.97	13.72	4.61	15.67	28.68	0.6839	0.7952
	2	67.5	36.13	83	69	13	25.5	3.2	2.24	1.9939	89.01	14.4	4.67	10.34	31.42	0.7123	0.8282
	3	68.7	30.64	96	80	11	29	3.5	2.5	2.2230	88.92	14.28	4.75	9.56	35.87	0.8329	0.9685
	平均	66.4	35.82	86	74.3	10	27.67								31.99	0.7430	0.8640

注：W_1，2008 年秋～2009 年秋，为 2008 年秋后深松起垄，2009 年春垄上播种年度；W_2，2008 年秋后留茬越冬，2009 年春天用耕播联合作业机播种；W_3，2008 年秋后用玉米联合收获机收获，秸秆直接粉碎还田，2009 年春免耕播种

2009 年秋后，该地块留高茬越冬，于 2010 年春进行耕播联合作业，完成一个循环周期。

1.3.3.3　W_2 地块的试验示范情况

该地块 2007 年秋后碎茬深松（28～30cm）起垄，2008 年春播种，播前及播后对土壤含水率进行了测定。播前耕层（0～30cm）含水率比传统耕作高 9.20%，地温高 0.88℃，提高 5.4%；播后含水率比传统耕作地块高 15.30%。

2008 年 10 月 28 日与 W_1、CK 地块同时，测定了 W_2 地块 0～100cm 土层的土壤含水率（d.b），测得的结果经整理汇总后列入表 1-25。

表 1-25　W_2 与 CK 秋后土壤含水率测定汇总表（%）

测定时间：2008.10.28

深度	0～10cm	10～20cm	20～30cm	30～50cm	50～70cm	70～100cm	0～20cm 平均	0～30cm 平均	0～50cm 平均	0～100cm 平均
W_2	16.64	18.79	18.56	19.61	19.37	19.60	17.72	18.00	18.40	18.76
CK	16.92	17.73	18.37	19.29	18.83	18.08	17.33	17.67	18.08	18.20
差值	−0.28	1.06	0.19	0.32	0.54	1.52	0.39	0.33	0.32	0.56

从测定结果可见，2007 年秋后深松对土壤深层蓄水有很大好处，在 50～100cm 深层土壤，W_2 比 CK 含水率可增加近 1 个百分点（1.03），提高 5%以上（5.58%），70～100cm 最深层，增 1.52 个百分点，提高 8.4%。0～100cm 整个土层，增 0.56 个百分点，提高 3.08%。

2008 年秋后对 W_2 地块进行了考种测产，测产结果已列在表 1-22 中，深松地块是产量最高的，籽粒产量 11 001kg/hm^2，比传统耕作地块提高 13.38%。

2008 年秋后人工收秆留高茬越冬，2009 年春用新研制的 2BGZ-4 多功能智能耕播机耕播联合作业。播前对耕层（0～30cm）土壤情况进行了测定，其含水率（d.b）为 21.33%，土壤容重为 1.463g/cm^3，平均坚实度为 18.51kg/cm^2。播种密度为 50 000 株/hm^2。

W_2 地块 2009 年秋用玉米收获机收获，秸秆粉碎还田。在玉米收获之后进行考种测产，测产结果见表 1-24，其预测产量为 9917kg/hm^2，仅次于原秋后深松地块（W_1 地块），其产量比传统耕作高 1052kg/hm^2，提高 11.87%。留高茬越冬，翌年春天耕播联合作业是一种好形式。

该地块于 2010 年春天，用免耕播种机直接播种，完成一个循环周期。

1.3.3.4　W_3 地块试验示范情况

2007 年秋后留茬越冬，2008 春用耕播联合作业方法播种，所做测试如 1.3.2 小节“三年轮耕法的试验研究”中之 1.3.2.3“留茬越冬种植年度”的试验安排，将耕播联合作业与传统耕作分段作业，耕整与播种分段作业进行对比，结果亦说明在墒情较好的情况进行耕播联合作业是可行的。该项作业模式 2008 年秋后未进行测产。

2008 年秋收时，用玉米联合收获机进行收获，秸秆粉碎还田，2009 年春播前对区内土壤情况进行了测定：耕层（0～30cm）土壤含水率（d.b）21.94%、土壤容重 1.38g/cm^3、坚实度 14.94kg/cm^2。重点对地表秸秆覆盖情况进行了测定：播前地表覆盖率为 75.15%，播后仍为 47.1%，而且多是原种床（垄台顶部）处秸秆被移至垄侧及垄沟处。地表秸秆覆盖量为 0.685kg/m^2（按秸秆含水率为 25%计），合干秸秆 0.548kg/m^2，此处还没包括仍留在垄上的根茬。从测得数据可知，联合收获秸秆直接还田，其地表秸秆残茬覆盖量要比用秸秆-根茬粉碎还田联合作业机，将立于田间的秸秆粉碎还田大得多，而且仍然立在垄台上的根茬完全没有腐烂，给将来播种带来很大困难，播种质量会受到影响。

秋后考种测产，该地块产量较低，甚至低于传统耕作。产量为 8640kg/hm^2，比对比田低 2.53%。主要是保苗少，有效穗数少，影响了单产。

2009 年秋后，秸秆回收，用仿生智能耕整机碎茬深松破垄合新垄，2010 年春天垄上播种，完成一个循环周期。

1.3.3.5 不同耕作模式玉米生长情况比较

1. 生育进程比较

从表 1-26 可见，秋后碎茬深松起垄春垄上播及秋后留茬越冬春耕播联合地块，播种—出苗时间明显少于其他模式。

表 1-26 不同耕作模式玉米生育进程 （单位：天）

耕作模式	播种—出苗	出苗—开花	开花—成熟	播种—成熟	差值
CK	25.5	55.5	55	136	0
秋后秸秆还田春免耕播种	26.5	55	55	136.5	+0.5
秋后碎茬深松起垄春垄上播	24	55	55	134	–2
秋后留茬越冬春耕播联合	24	55	55	134	–2

2. 株高比较

以秋后碎茬深松起垄地块最高，株高为 41.5cm，比传统耕作高 8cm，较秋后秸秆还田地块高 4.57cm，而在拔节及抽雄期，雨量较充沛，各模式株高大致相同。

3. 产量比较

按 2008 年及 2009 年两年测产平均单产进行比较，结果见表 1-27。从表 1-27 中可见以秋后碎茬深松起垄春垄上播模式单产最高，传统耕作单产最低。秋后留高茬越冬春耕播联合单产亦较高，比传统耕作可高 6%以上。秋后秸秆还田春免耕播种产量主要受 2009 年播种质量的影响。

表 1-27 不同耕作模式产量对比

耕作模式	CK	秋后秸秆还田春免耕播种	秋后碎茬深松起垄春垄上播	秋后留高茬越冬春耕播联合
2008 年度/（kg/hm^2）	9 703	10 175	11 001	—
2009 年度/（kg/hm^2）	8 865	8 640	10 030	9 917
平均/（kg/hm^2）	9 284	9 408	10 516	9 917
相对产量/%	100	101.34	113.26	106.82

1.3.3.6　小结

三年轮耕法从提出到试验研究并获得国家发明专利，直至示范推广，经过了一个不断完善的过程。实践中，广大农机工作者及农户，在此基础上，根据各地实际情况，或完全按周期循环图进行，或按其中某一种植年度或某两个种植年度的模式进行。如有的地方气温较高，而秸秆量又适中，实行连年秸秆还田，对蓄水保墒、培肥地力效果很明显。有的地方玉米连作，将周期循环图的第二个种植年度与第三个种植年度调换，使得第一年还田的秸秆几乎完全腐解，第三年秋后只是清除当年留下的根茬，再深松破垄合新垄。

在三年轮耕法试验示范过程中，重点对与耕法配套的新型仿生智能机具设备进行研制和试验，使三年轮耕法的各种配套机具，在 863 计划项目基础上又进了一步，特别是免耕播种机，此时已在吉林省康达农业机械有限公司投入批量生产。行间深松机（仿生深松变量施肥机）也由白城市新农机械有限责任公司生产。此外仿生智能耕整机系列产品、耕播联合作业机、硬茬播种机等均投入批量生产，在农业生产中广泛应用。三年轮耕法及系列配套机具，2017 年获教育部科技进步（推广类）一等奖。

1.3.4　三年轮耕法的主要特点

三年轮耕法的特点可用“三合”“三个一”“三少”“三高”来概括。

1.3.4.1　“三合”

1）传统垄作技术的精髓与现代农艺技术的紧密融合。国内外都把垄作视为现代保护性耕作的技术之一，美国就一直有一百万公顷以上农田采用垄耕（作）作为较寒冷地区开展保护性耕作的模式之一，国外还有加拿大、法国、印度、巴西等许多国家将垄作作为减少水土流失，进行保护性耕作的模式。垄作有增加地面起伏、提高地温、防止降水冲刷种床等优点，在轮耕法中得以保留，原有垄作机具仍可适用。同时与现代保护性耕作中秸秆根茬还田覆盖、少免耕播种、深松、化学除草等技术紧密结合，取得 1+1 大于 2 的效果。

2）现代农业技术与新型农机化技术高度契合。在三年轮耕法中，每项农艺技术的实施，都能由新型农机装备来作为技术支撑。如耕法研究初期还几乎很少有玉米收获机来完成秸秆根茬粉碎还田的作业，我们就研制成功了秸秆-根茬粉碎还田联合作业机，一次完成秸秆根茬粉碎并部分覆埋的作业，在当时几年内保证了秸秆根茬粉碎还田的作业。免耕播种机是推广保护性耕作的核心机具，我们在学习消化国外先进技术基础上，研制了牵引式免耕播种机，现在已成为东北垄作区的主推机型，市场占有率超 70%。为完成秋后深松破垄合新垄作业，我们研制成功了耕整联合作业机，一次进地即可完成碎茬、深松破垄合新垄、施底肥镇压等联合作业。为了解决越冬留茬地春天抢墒播种的问题研制成功了耕播联合作业机及硬茬播种机。为了进行伏雨前行间深松，我们研制成功了仿生减阻深松机，一次作业可完成深松扶垄中耕除草追肥等联合作业。近些年来我们又先后开发成功留高茬（割茬高度可调）玉米收割机及玉米秸秆捡拾打捆机。

3）多项作业巧妙联合。为抢农时，减少机具进地次数，我们研制的机具多是复式或联合作业机具，多数机具都能同时完成 5 项以上作业。

1.3.4.2 “三个一”

三年轮耕法主要内容是三年为一个周期，三年作业工序不尽相同，最大区别在于“三个一”。

1）三年中有一年进行全秸秆粉碎还田，根茬各年度均还田，这是本耕法的主要特征之一。这可保证玉米秸秆的其他用途（饲料、燃料等材料），并且可保证农田对有机质的需求，从而有利于恢复及培肥地力。

2）三年中有一年实行垄台与垄沟换位，种养结合、交替休闲，使耕地水、肥资源利用更合理。

3）三年中可进行一次换茬轮作（实行玉米-玉米-大豆轮作模式）。实行作物轮作是国际上推行保护性耕作的成功做法，尤其是以免耕形式为主的南美洲各国，作物轮作是实施保护性耕作的三大内容之一（其他两项是秸秆根茬覆盖及免耕播种）。东北传统垄作也是提倡换茬轮作，只是后来玉米种植面积不断增加，多数地区多采用玉米连作。现在除黑龙江及内蒙古东四盟因大豆种植面积仍较大，还有一些地方实行用大豆作为倒茬作物，吉林省、辽宁省种植大豆地区不多。从 2015 年秋收后国家对玉米收购政策收紧，而对优质大豆种植实行鼓励政策，今后大豆种植形势较好。实践证明，豆科植物是保护性耕作中轮作时的最佳选择，对日后玉米种植帮助极大。这也是养地的重要措施。

1.3.4.3 “三少”

这是三年轮耕法的特征之一。

1）动土少，通过采用少免耕等技术，减少对土壤的扰动，达到减少土壤侵蚀的效果。这包括减少扰动次数及扰动范围两个方面，这是真正意义上的“精耕”：适时耕作和适地耕作。保护性耕作，不是不耕作，而是将机械力与土壤中自然力和生物力对土壤的作用有机结合起来。

在三年轮耕法中，每个种植年度机械动土一般有 2 或 3 次。如秸秆覆盖还田年度，只是在免耕播种及伏雨前深松中耕时动土，因其采用窄开沟重镇压技术，播种时动土为 10cm 以内条带，深松只在垄沟处一条窄条带耕作。在换垄种植年度，秋后换垄动土范围相对较大，但因秋冬季节东北垄作区气温较低，水土流失可能性较小，日后播种、伏雨前深松动土（也可不进行深松）深度均较小。留茬越冬年度，仅是春季耕播联合作业及伏雨前深松两次。

动土少是通过实施少免耕达到的。在三年轮耕保护性耕作法中，完全放弃铧式犁翻耕，从而取消了原来的翻耙压、平翻后起垄等土壤全方位长时间作业，并以一次垄沟深松代替过去的三铲三趟，这是对从 20 世纪 60 年代兴起的东北垄作区传统机械化耕法的革命，也是对原始的靠人畜力进行扣种、耲种等传统耕法的扬弃，它用全程机械化的方法，继承了传统垄作少耕的优点。

2）裸露少。三年轮耕法有两年地表始终有覆盖物：秸秆粉碎覆盖还田年度，休闲期地表残茬覆盖率在 60%～70%，播种后也在 40%以上；在留茬越冬年度，休闲期地表始终留有前茬作物根茬；在深松换垄年度，秋后已成新垄并镇压，冬季被雪覆盖，起到保护作用，4 月下旬即可播种，等 5 月中下旬可长出新的庄稼。

3）机具进地少。除收获、运粮、运秸秆外，各年度机具进地仅 2 或 3 次，不到传统耕作一半。进地次数少，大大减轻了对土壤的压实，减少能源消耗及作业成本。传统的平翻后起垄，除收获及收获后运粮、运秸秆等，每年度要作业 7 或 8 次；碎茬起垄的方法，也要作业 6 或 7 次，几乎全年中将整个耕地全压一遍。

1.3.4.4　“三高”

通过三年轮耕法可达到“三高”的效果。

（1）较高的土壤蓄水量

动土少、裸露少、机具压实少，最直接的效果是创造了土壤蓄水保墒的环境。消除了裸露休闲，减少了土壤休闲期水分散失；地表有覆盖物，减少了无效蒸发；深松更是创造了接纳天然降水的条件，减少土壤径流损失，使土壤深层（50～100cm 处）含水量增加明显，而且深层土壤水分不会轻易损失。

（2）较高的土壤营养储备

大量的秸秆根茬还田，保证了耕地有机质的来源。并且通过换垄与大豆轮作等，进一步使土壤水、肥资源利用合理。长期的少耕、免耕，减少压实，使土壤的物理、化学、生物性状不断得到改善：孔隙分布更合理，土壤有机质、N、P、K 含量提高，表层土壤有机质品质改善。

（3）较高的收益

三年轮耕法可降低生产成本：大大减少作业次数，从而降低了机械作业费用；精密播种，省种、省工；种养结合，省肥；具备较好的蓄水保墒效果，有许多地方可免除施水播种及补墒灌溉，节省水资源，又可提高作业效率。三年轮耕法提高了作物产量，较大程度地增加了耕地的产出。节支又增产，直接的效果是使得农民增收。

该耕法充分采用了旱作节水农业的蓄水保墒培肥地力的诸项技术，也是东北垄作区保护性耕作的基本技术内容。

主要参考文献

[1] 鄂卓茂, 刘清平, 庞昌德, 等. 行走式节水灌溉理论与实践. 北京: 中国农业出版社, 2005.

[2] 高焕文. 北京地区机械化可持续旱作农业研究//牛盾. 面向二十一世纪的机械化旱作节水农业(中国机械化旱作节水农业国际研讨会论文集). 北京: 中国农业大学出版社, 2000: 21-25.

[3] 高旺盛. 中国保护性耕作制. 北京: 中国农业大学出版社, 2011.

[4] 李洪文, 胡立峰. 保护性耕作的生态环境效应. 北京: 中国农业科学技术出版社, 2008.

[5] 李问盈, 李洪文, 陈实. 保护性耕作技术. 哈尔滨: 黑龙江科学技术出版社, 2009.

[6] 高焕文. 保护性耕作技术与机具. 北京: 化学工业出版社, 2004.

[7] 贾洪雷. 东北垄作蓄水保墒耕作技术及其配套的联合少耕机具研究. 长春: 吉林大学博士学位论文, 2005.

[8] 贾洪雷, 马成林, 刘昭辰, 等. 东北垄作蓄水保墒耕作体系与配套机具. 农业机械学报, 2005, 36(7):

32-26.
[9] 王庆杰, 何进. 垄作保护性耕作. 北京: 中国农业科学技术出版社, 2013.
[10] 国家发展和改革委员会国土开发与地区经济研究所. 中国西部开发信息百科. 综合卷. 北京: 中国计划出版社, 2003.
[11] 郭方忠, 张克复, 吕靖华. 甘肃大辞典. 兰州: 甘肃文化出版社, 2000.
[12] 邓绥林, 刘文障. 地学辞典. 石家庄: 河北教育出版社, 1992.
[13] 李民, 王星尧, 杨静琦, 等. 黄河文化百科全书. 成都: 四川辞书出版社, 2000.
[14] 周伟洲, 丁景泰, 王子文, 等. 丝绸之路大辞典. 西安: 陕西人民出版社, 2006.
[15] 何江艳. 中国地图册. 北京: 中国地图出版社, 2015.
[16] 贾洪雷, 马成林, 刘昭辰, 等. 北方旱作农业区蓄水保墒耕作模式研究. 农业机械学报, 2007, 38(12): 190-194.
[17] 刘恒新, 李洪文, 范学民, 等. 中国保护性耕作现状//汤姆•戈达德, 等. 免耕农业制度(世界水土保持协会专刊 第3辑). 李定强, 卓慕宁, 等译. 北京: 中国环境科学出版社, 2011: 309-320.
[18] 孙占祥, 刘武仁, 来永才. 东北农作制. 北京: 中国农业出版社, 2010.
[19] 王立春. 吉林玉米高产理论与实践. 北京: 科学出版社, 2014: 6.
[20] 贾洪雷, 马成林, 李慧珍, 等. 基于美国保护性耕作分析的东北黑土区耕地保护. 农业机械学报, 2010, 41(10): 28-34.
[21] 李宝筏, 邱立春, 吴士宏, 等. 面向东北地区进行保护性耕作研究与建议. 农业机械文摘, 2002, (6): 201-204.
[22] 王军. 东北黑土地退化严重对粮食生产有潜在威胁. 中学地理教学参考, 2015(7): 65.
[23] 宋凤斌, 王兴礼. 吉林玉米栽培. 北京: 北京农业大学出版社, 1991.
[24] 刘作新. 试论东北地区农业节水与农业水资源可持续利用. 应用生态学报, 2004, 15(10): 1737-1742.
[25] 《中国农业土壤概论》编委会. 中国农业土壤概论. 北京: 农业出版社, 1982.
[26] 赵淑华, 郭跃. 机械化旱作节水农业技术在内蒙古自治区农业生产中的应用与发展前景//牛盾. 面向二十一世纪的机械化旱作节水农业(中国机械化旱作节水农业国际研讨会论文集). 北京: 中国农业大学出版社, 2000: 97-100.
[27] 何堤, 陈实, 肖传彬, 等. 黑龙江省旱作农业区耕作方法的试验研究//牛盾. 面向二十一世纪的机械化旱作节水农业(中国机械化旱作节水农业国际研讨会论文集). 北京: 中国农业大学出版社, 2000: 337-341.
[28] 高秀静. 辽宁省地图册. 北京: 中国地图出版社, 2013.
[29] 杜怀静. 吉林省地图册. 北京: 中国地图出版社, 2013.
[30] 黄玉玲. 中国分省系列地图册 黑龙江. 北京: 中国地图出版社, 2016.
[31] 梁华, 邹向荣. 中国分省系列地图册 内蒙古. 北京: 中国地图出版社, 2016.
[32] 李宝阀, 刘安东, 包文育, 等. 适用于我国东北地区的垄作耕播机. 农业机械, 2005, (11): 100-102.
[33] 杨林. 黄土高原干旱区农业可持续发展及机械化旱作技术选择//牛盾. 面向二十一世纪的机械化旱作节水农业(中国机械化旱作节水农业国际研讨会论文集). 北京: 中国农业大学出版社, 2000: 361-370.
[34] 翟通毅. 山西省发展机械化保护性耕作农业的报告//牛盾. 面向二十一世纪的机械化旱作节水农业(中国机械化旱作节水农业国际研讨会论文集). 北京: 中国农业大学出版社, 2000: 86-90.
[35] Brown L R. 《免耕农业制度》导论//汤姆•戈达德, 等. 免耕农业制度(世界水土保持协会专刊 第3辑). 李定强, 卓慕宁, 等译. 北京: 中国环境科学出版社, 2011: 3-5.
[36] 刘毅, 陈卓宁. 世界分国地图集. 北京: 中国地图出版社, 2008.
[37] Derpsch R. 免耕和保护性农业: 进展报告// 汤姆•戈达德, 等. 免耕农业制度(世界水土保持协会

专刊 第 3 辑). 李定强, 卓慕宁, 周顺桂, 等译. 北京: 中国环境科学出版社, 2011: 7-30.

[38] Flower K, Crabtree B, Butler G, et al. 澳大利亚免耕种植系统// 汤姆•戈达德, 等. 免耕农业制度(世界水土保持协会专刊 第 3 辑). 李定强, 卓慕宁, 等译. 北京: 中国环境科学出版社, 2011: 341-349.

[39] Rainbow R. 澳大利亚免耕和精准农业集成技术以及保护性农业未来的挑战// 汤姆•戈达德, 等. 免耕农业制度(世界水土保持协会专刊 第 3 辑). 李定强, 卓慕宁, 等译. 北京: 中国环境科学出版社, 2011: 167-184.

[40] Gan Y, Harker K N, McConkey B, 等. 欧亚大陆北部的免耕系统//汤姆•戈达德, 等. 免耕农业制度(世界水土保持协会专刊 第 3 辑). 李定强, 卓慕宁,等译. 北京: 中国环境科学出版社, 2011: 133-146.

[41] Basch G, Geraghty J, Streit B, 等. 欧洲免耕技术现状: 制约与前景//汤姆•戈达德, 等. 免耕农业制度(世界水土保持协会专刊 第3辑). 李定强, 卓慕宁, 等译. 北京: 中国环境科学出版社, 2011: 119-125.

[42] Mrabet R. 摩洛哥的免耕措施//汤姆•戈达德, 等. 免耕农业制度(世界水土保持协会专刊 第 3 辑). 李定强, 卓慕宁, 等译. 北京: 中国环境科学出版社, 2011: 194-308.

[43] Nyagumbo I. 津巴布韦保护性农业和相关制度的应用经验和发展综述// 汤姆•戈达德, 等. 免耕农业制度(世界水土保持协会专刊 第 3 辑). 李定强, 卓慕宁, 等译. 北京: 中国环境科学出版社, 2011: 258-278.

[44] Mazvimavi K. 津巴布韦农业救济与开发中的保护性耕作// 汤姆•戈达德, 等. 免耕农业制度(世界水土保持协会专刊 第 3 辑). 李定强, 卓慕宁, 等译. 北京: 中国环境科学出版社, 2011: 126-132.

[45] Bhan S, Bharti V K. 印度农业的保护性耕作// 汤姆•戈达德, 等. 免耕农业制度(世界水土保持协会专刊 第 3 辑). 李定强, 卓慕宁, 等译. 北京: 中国环境科学出版社, 2011: 147-155.

[46] 贾洪雷, 马成林, 刘昭辰, 等. 东北垄作中耕作物蓄水保墒三年轮耕机械化耕作法: 中国, ZL200410011106.8. 2007-12-26.

第 2 章　旋耕-碎茬通用机

表土作业除采用耙地、浅松（相对使用较少）外，就是浅旋和灭茬了。在前茬行上播种多采用播种部件之前加装清茬草机构，或播前先灭茬；如果在两留茬行间播种，可先对行间进行浅旋。旋耕-碎茬通用机可完成上述两项作业。

旋耕与碎茬是两种最常见的土壤耕作方式，东北垄作区在 20 世纪 80 年代以后更是如此。在水田、菜田、平作麦田，多采用全幅旋耕，一次作业就可达到高质量的待播（或待插）状态；在垄作旱田，则多用灭茬机碎茬，而后起垄待播。旋耕与碎茬已成为北方旱作区两种最基本的作业方式。90 年代初，吉林省农业机械研究所就开始进行将两种作业放在一台机具上去完成的探索，到 90 年代末终于在技术上取得了突破。

2.1　旋耕-碎茬作业通用工作机理研究

2.1.1　引言

在 20 世纪八九十年代，使用最多的碎茬机是小四轮拖拉机带动的二行碎茬机，以四平市农丰乐收获机械有限公司生产的 1GY-2 碎茬机最受欢迎。它为卧式刀辊，刀盘结构，L 型弯刀，安装碎茬刀的刀盘 4 个为 1 组，刀盘间距 80mm，焊在一段方管上，然后将 4 组刀盘套在方管型刀辊轴上并固定，由拖拉机输出动力带动其转动，作业时刀辊轴逆时针旋转（在机具前进方向左侧看）。其他厂家产品与其大同小异。

当时使用的旋耕机，都是由江苏连云港、江西南昌等国家定点厂家制造的，多是卧式刀辊、刀座（库）结构，耕作刀片是侧切刃为阿基米德螺线构成的弯刀，是国家标准化生产的以水田耕作为主水旱通用的系列产品。一般为侧边传动（以防全幅旋耕时漏耕），采用更换圆柱齿轮的方法使刀辊获得不同转速。作业时刀辊也呈逆时针旋转。

国外一般没有单独的碎茬机，在一些免耕播种机上，在开沟器前面装有清茬草部件。

在 20 世纪末，国内出现的在一台机具上完成旋耕和碎茬两种作业的机具，主要有以下形式。

1）用国产旋耕机进行碎茬作业，但碎茬效果不如碎茬机好，农户不愿接受。

2）更换不同的刀辊来满足不同作业要求。

3）双刀辊结构：碎茬刀辊在前，旋耕刀辊在后，两者同时作业。

后两种形式较单机有较大进步，但均要有两套刀辊、两套耕作刀片固定部件及两种刀片。科研实践中发现，旋耕与碎茬作业机具都是通过刀片旋转来对工作对象进行加工，而且旋转方向相同，其运动方程形式基本相同，这就为两项作业通用提供了可能。为此，研究人员提出了旋耕-碎茬通用刀辊和通用刀盘的设计思想，将两种回转工作部件结合到一个刀辊上，形成了通用刀辊、通用刀盘、更换刀片的旋耕-碎茬通用机。进而又提出了通用刀辊、通用刀盘、通用刀片，即“三通型”的设计思想，发明了全新的旋耕-碎茬通用机[1-6]。

2.1.2　刀端运动方程

旋耕刀和碎茬刀（统称为耕作刀片，简称刀片）在作业时完成复合运动：一个是刀片绕刀辊轴中心线的圆周运动，为相对运动（其速度为相对速度 V_0，也称为圆周运动速度）；另一个是刀辊轴随机具前进的运动，为牵连运动（其速度为牵连速度 V_m，也就是机具的前进速度）。

相对速度与牵连速度的比值称为速比（λ）：

$$\lambda = \frac{V_0}{V_m} = \frac{\omega R}{V_m} \tag{2-1}$$

式中，ω 为刀辊（刀片）旋转的角速度；R 为刀片刀端回转半径。

绝对速度（也称为切削速度）为 V，则有

$$V = V_0 + V_m \tag{2-2}$$

速比 λ 不同，工作部件（刀片）的运动轨迹不同。下面确定刀端 M 的运动轨迹。点 M 沿余摆线运动（图 2-1）。取刀辊中心 O 为坐标原点，机具前进方向为 x 轴正方向，耕深方向为 y 轴正方向，点 M（x，y）运动轨迹的参数方程如下：

$$\begin{cases} x = V_m t + R\cos\omega t \\ y = R\sin\omega t \end{cases} \tag{2-3}$$

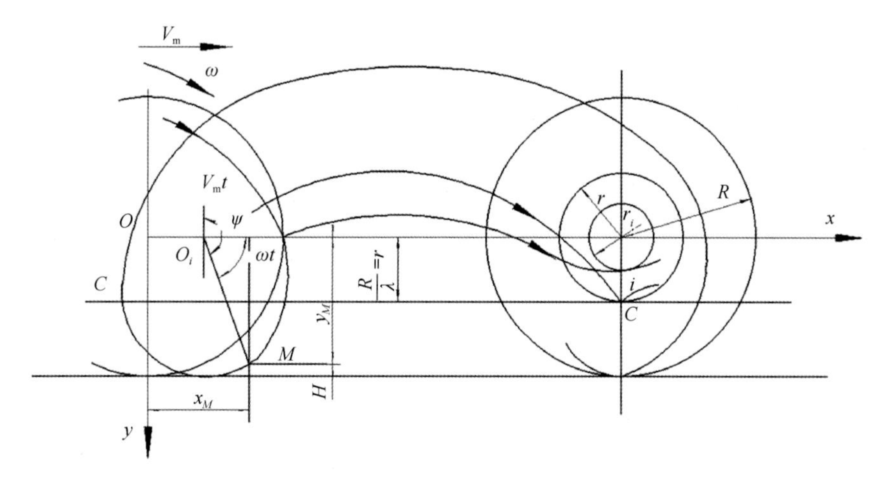

图 2-1　耕作刀片运动轨迹示意图

从方程式（2-3）可导出 M 点运动方程：

$$x = \frac{V_m}{\omega}\arcsin\frac{y}{R} + \sqrt{R^2 - y^2} \tag{2-4}$$

分析可知，刀片上各点运动轨迹的摆线是不同的，在该点回转半径 $r = \dfrac{R}{\lambda}$ 时，即

$\omega r=V_{\mathrm{m}}$ 时，该点运动轨迹为摆线；刀上某点 $r_i<r$ 时，该点运动轨迹是短幅摆线；刀上 $r_i>r$ 的各点运动轨迹均为余摆线（长幅摆线）。

刀片上任意点（x_i，y_i）的运动方程为

$$x_i=\frac{V_{\mathrm{m}}}{\omega}\arcsin\frac{y_i}{r_i}+\sqrt{r_i^2-y_i^2} \tag{2-5}$$

刀片运动轨迹与速比 λ 有直接关系。

当 $\lambda=1$ 时，刀端运动轨迹曲线是一条摆线，刀片就像在地面纯滚动的轮子的轮爪一样刺入土中，不能起到切削松碎土壤的作用。

当 $\lambda<1$ 时，刀端在任何位置的绝对运动水平位移均与机具前进方向相同，刀片不能拨土向后，对土壤的作用还不如被动牵引机具大，这时其运动轨迹曲线是短幅摆线。

当 $\lambda>1$ 时，刀片旋转到一定部位，其端点绝对运动的水平位移就会与机具的前进方向相反，这样刀片才能以其刃口切削土壤或打击长在土中的根茬，这才是旋耕-碎茬所需要的，刀端轨迹是具有绕扣的余摆线（长幅摆线），绕扣最宽处为绕扣的横弦，λ 值越大，横弦越长。若 $\lambda\to\infty$，即机具停止前进（$V_{\mathrm{m}}=0$），则绕扣成为一个圆，其最大横弦为刀辊的直径（$=2R$）。即 λ 值在（1, ∞）变化，横弦值在（0, $2R$）变化，λ 值的选取是旋耕-碎茬通用刀辊（含刀片）设计的关键。

利用对时间 t 求导可从式（2-3）中得到刀端运动速度的参数方程：

$$\begin{cases}V_x=\dfrac{\mathrm{d}x}{\mathrm{d}t}=V_{\mathrm{m}}-R\omega\sin\omega t\\[2mm] V_y=\dfrac{\mathrm{d}y}{\mathrm{d}t}=R\omega\cos\omega t\end{cases} \tag{2-6}$$

切削速度 V 的值可按式（2-7）求得

$$V=\sqrt{V_x^2+V_y^2}=\sqrt{V_{\mathrm{m}}^2-2V_{\mathrm{m}}\omega R\sin\omega t+\omega^2R^2}=\omega R\sqrt{1+\frac{1}{\lambda^2}-\frac{2}{\lambda}\sin\omega t} \tag{2-7}$$

当机具以 V_{m} 等速直线运动前进，刀端以 ω 匀速旋转，刀端只有指向运动中心的向心加速度 a_n 时，其加速度参数方程为

$$\begin{cases}a_x=-R\omega^2\cos\omega t\\ a_y=-R\omega^2\sin\omega t\end{cases} \tag{2-8}$$

绝对加速度为

$$a_n=\sqrt{a_x^2+a_y^2}=R\omega^2 \tag{2-9}$$

2.1.3 切土节距

旋耕机工作时以铣切原理加工土壤，因此刀轴上同一个回转平面内的刀片在相继入土和切削土壤的过程是间歇的。设同一个回转平面内刀片数量为 Z，如图 2-2 所示，当第一把刀在 A 点入土时，刀片一面旋转一面随机组直线前进，t 时刻后，安装在同一个回转平面内的第二把刀开始在 B 点入土，此时 $AB=S$，此段距离即旋耕机刀片的切土节

距，t 则为刀片转过 $2\pi/Z$ 角度所需的时间。因此切土节距可表示为安装在同一刀盘上同一个回转平面内的刀片在转过相应安装角（即 $2\pi/Z$）时刀辊随机具前进的距离。

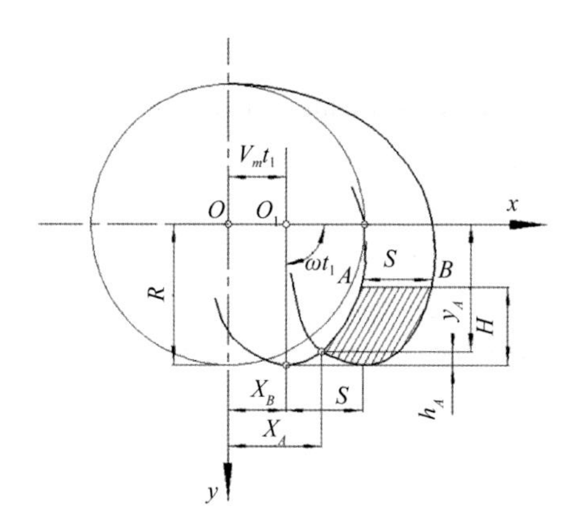

图 2-2　切土节距 S 示意图

则有

$$S = V_{\mathrm{m}} t_s = V_{\mathrm{m}} \frac{2\pi}{Z\omega} = V_{\mathrm{m}} \frac{2\pi R}{Z V_0} = \frac{2\pi R}{\lambda Z} = \frac{V_{\mathrm{m}} \cdot 60}{Zn} \tag{2-10}$$

式中，n 为刀辊转速；t_s 为机具行走 s 距离所需要的时间；Z 为同一刀盘上同侧刀片数量；V_{m} 为机具前进速度；V_0 为圆周运动速度；λ 为速比；ω 为刀片旋转角速度。

从式（2-10）中可见，若想减小切土节距，可降低机具前进速度，提高刀辊转速或增加切削小区内刀片数量，反之亦然。

切土节距是土垡的水平侧面厚度，如图 2-3 所示。

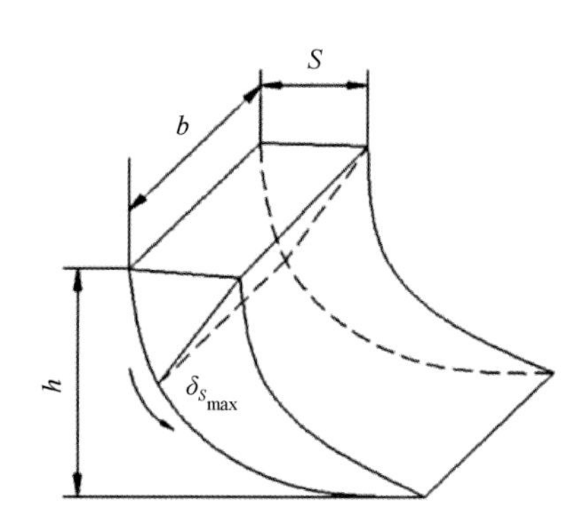

图 2-3　垡片示意图

b 为垡片宽度，$\delta_{S_{\max}}$ 为垡片最大厚度

相邻两刀片相继入土作业后，在沟底部存在一个凸起部分，如图 2-2 所示。

$$h_A \approx R\left[1 - \cos\frac{\pi}{Z(\lambda - 1)}\right] \tag{2-11}$$

h_A 值表明沟底的平整度，它与刀片结构参数 R 和运动参数 λ 有关。

2.1.4 切削速度、切土节距与作业质量的关系

2.1.4.1 切削速度的水平分量 V_x

V_x 是耕作刀片刀端 M 任意时刻切削速度（绝对速度）的水平分量，也是碎茬作业时刀片水平击打根茬的速度，该速度对碎茬质量起决定性作用。刀端运动至 A 点，是刀片与地表接触的瞬间，为 t_A，此时耕深为 H（图 2-2），式（2-6）可变成如下形式：

$$V_x = V_{\mathrm{m}} - R\omega\sin\omega t = V_{\mathrm{m}} - R\omega\sin\omega t_A = V_{\mathrm{m}} - R\omega\frac{R-H}{R} = V_{\mathrm{m}} - \frac{\pi n}{30}(R-H) \quad (2\text{-}12\mathrm{a})$$

从式（2-12a）可见，这里 V_x 与机具前进速度、刀辊转速及刀端回转半径有关，这也是影响碎茬的各运动参数及刀辊结构参数的关系式。

分析可知，打茬时只有当 $V_x<0$ 时，也就是刀片在与根茬接触的速度水平分量与机具前进方向相反，而 $|V_x|$ 值足够大时，刀片才能有效击打根茬，使其破碎，起到打茬作用。试验表明，若切碎玉米根茬，并使根茬切段长度≤5cm，只有当 $|V_x|>$ 4m/s 时，刀片才能起碎茬作用；当 $|V_x|$ 从 4m/s 增加到 4.7m/s 时，碎茬率由 80%提高到 92%；增加到 5.5m/s 时，碎茬率可提高到 96%；$|V_x|$ 再继续增加，碎茬率提高不明显，所以 $|V_x|$ 的绝对值应不小于 5.5m/s，切土节距应控制在 4cm 左右，则有

$$\frac{\pi n}{30}(R-H) \geqslant V_{\mathrm{m}} + 5.5 \quad (2\text{-}12\mathrm{b})$$

易知，在刀片达到要求耕深（碎茬耕深）瞬间，$|V_x|$ 绝对值最大，刀端绝对速度全部为水平分量，这时应切到玉米的五股茬（根茬中最坚硬部分，而且粗壮、量大），所以碎茬深度定在 8～10cm。

在 R、H 基本不变的情况下，要满足 V_x 的要求，只能提高刀辊转速（n）或降低机具前进速度（V_{m}）。当 V_{m}=1m/s，R=260mm=0.26m，H=100mm=0.1m，则 n≥380r/min，即当碎茬刀（刀片）回转半径为 260mm 时，碎茬时，刀辊转速应为 n=380～420r/min 或更高。

2.1.4.2 切削速度的垂直分量 V_y

V_y 是耕作刀片刀端 M 任意时刻切削速度的垂直分量，也是旋耕（或碎茬）作业时向下切土的速度。

由式（2-6）及图 2-1 可知，V_y 随刀片入土后逐渐减小；而达到预定要求耕深时，V_y=0；而后刀片向上提起（此时 V_y 为负值），直至出土。

2.1.4.3 切土节距 S

S 是影响机具作业质量的另一个主要参数。

前面已叙及，碎茬作业时，为使切碎的根茬更好还田，易于自然腐烂，不影响播种，农艺要求根茬切段长度≤5cm，这样除 $|V_x|$ 不小于 5.5m/s 外，还要求切土节距 S 控制在 4cm 左右，一般取 S≤5cm。从式（2-10）可知，为了确保较小的 S 值，可考虑适当

增加同一切割小区刀片数量 Z，如令 Z=3，则有 $\frac{V_m}{n}=\frac{SZ}{60}=\frac{0.05\times3}{60}=0.0025$，这时如果 V_m=1m/s，则 n=400r/min。

一般碎茬作业时刀辊转速 $n_{碎}$=380～450r/min，机具前进速度（V_m）应在 3.4～4km/h。

旋耕作业主要是耕翻与疏松土壤，在中等黏性土壤的麦田，切土节距 S 在 10cm 左右即可满足农艺要求。水田旱耕，因为还要水泡田及耙平田面，碎土要求更宽，切土节距 S 可放宽至 14cm。若旋耕后直接播种或含水率超过 35%的中等黏土稻田，切土节距 S 应在 6～9cm。旋耕时刀辊转速一般选 $n_{旋}$=180～260r/min，设 $n_{旋}$=240r/min，三种切土节距情况下，机具前进速度应为

S_1=6～9cm，

$$V_{m1}=\frac{S\cdot n\cdot Z}{60}=\frac{(0.06\sim0.09)\times240\times3}{60}=0.72\sim1.08\text{m/s}=2.6\sim3.9\text{km/h}$$

S_2=10cm 时，V_{m2}=1.2m/s=4.3km/h

S_3=14cm 时，V_{m3}=1.68m/s=6km/h

那么在 $n_{旋}$=180～260r/min 范围内，三种切土节距下机具前进速度应为

S_1=6～9cm，V_{m1}=（0.54～0.78）～（0.81～1.17）m/s=（1.9～2.8）～（2.9～4.2）km/h

S_2=10cm，V_{m2}=0.9～1.3m/s=3.2～4.7km/h

S_3=14cm，V_{m3}=1.26～1.82m/s=4.5～6.6km/h

为保证必要的生产率，机具前进速度 V_m 不能太低，这样，要保证碎茬作业的切土节距 S 在 4cm 左右，最大不能超过 5cm，只能增加切削小区内刀片的数量（使 $Z>2$），如果采用传统旋耕机的刀座结构，刀座之间易堵泥缠草，机具无法正常作业，所以在旋耕-碎茬通用机中采用刀盘结构。

2.1.5　刀盘的设计

2.1.5.1　刀盘直径的确定

刀盘直径应保证在耕作刀片以最大耕深作业时，刀盘不入土，而且要保证刀片在其上固定的可靠性(图 2-4)(图 2-4 中为更换刀片式旋耕-碎茬通用机，安装旋耕刀的刀盘)。

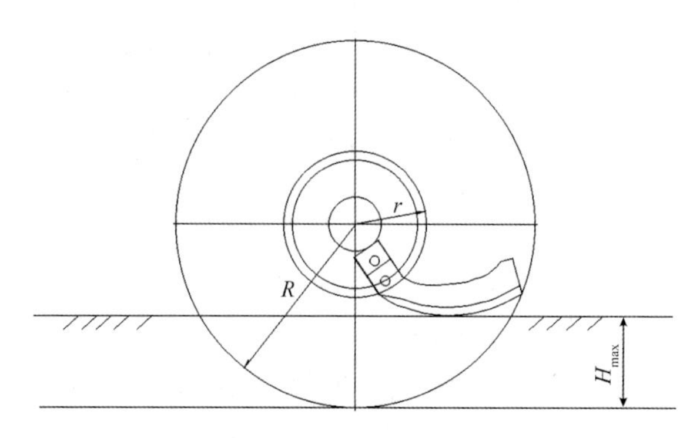

图 2-4　刀盘直径的确定

北方水田及菜田旋耕深度一般不超过16cm，旱田碎茬深度则更浅，最大在12～14cm，碎茬效果最佳的深度是8～10cm，所以以旋耕最大深度16cm为设计依据，应满足

$$r < R - H_{max} \tag{2-13}$$

式中，r为刀盘半径；R为刀端回转半径；H_{max}为旋耕最大深度。

刀盘直径过小，刀片固定困难，如果刀端回转半径为260mm，旋耕最大深度为160mm，则得$r<100$mm，设计时取r=97mm。

刀盘厚度取δ=10mm，保证强度要求。

2.1.5.2 刀盘间距的确定

为了满足垄台碎茬的垄距要求，又考虑单刀幅宽不能过大，故刀盘间距F与垄距E之间应有如下关系：

$$5F=E，即 F=E/5 \tag{2-14}$$

刀盘间距的配置如图2-5所示。可根据不同垄距要求设计刀盘间距。以东北垄作区最常见的600～700垄距为例，取其中间值E=650mm，则$F=E/5=650/5=130$mm，此刀盘间距的碎茬区中心线和650mm标准垄距正好对中，在600～700mm垄距时亦可正常作业，满足碎茬作业要求。如果F=120mm，可适应550～650mm垄距，F=140mm，可适应650～750mm垄距。

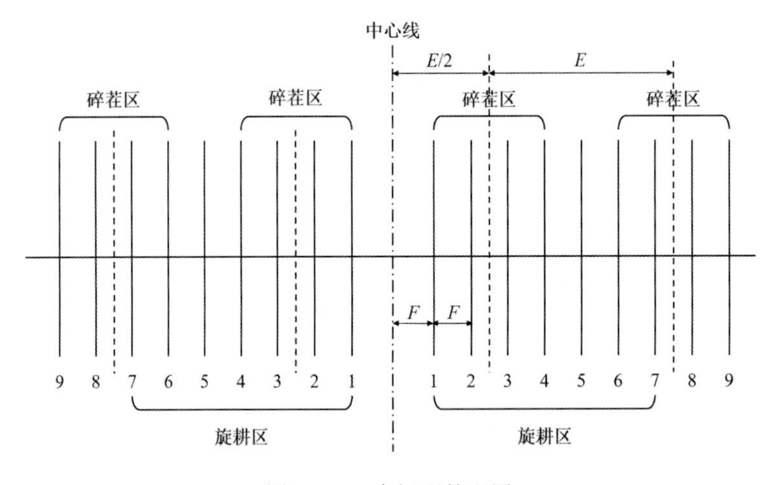

图2-5 刀盘间距的配置

旋耕作业对此无严格要求。因此碎茬作业对垄距的要求成为通用机确定刀盘间距的主要依据。

2.1.6 旋耕-碎茬作业通用工作机理的基本结论

1）旋耕与碎茬作业的工作部件均是旋转驱动作业，运动方程相同，为其通用奠定了基础。

2）因为两种作业对工作部件转速提出了不同的要求，所以通用机上要有变速机构。

3）为兼顾两种作业切土节距、速比的不同，小区刀片数量 $Z>2$，应采用刀盘结构。

4）旋耕最大深度是确定刀盘半（直）径尺寸的主要依据。

5）垄台碎茬作业时的垄距要求是确定刀盘间距的主要依据。

2.2　旋耕-碎茬通用刀片

旋耕-碎茬通用机研制初期，是采用通用刀辊、通用刀盘、更换刀片的型式。如果用同一个刀片（只更换一下转速）来完成两种不同作业，将使旋耕-碎茬作业通用问题得到圆满解决，因此通用刀片的研究被提了出来[7-11]。

2.2.1　旋耕-碎茬通用刀片的初步设计

2.2.1.1　通用刀片的设计基础

旋耕-碎茬通用刀片的研究设计建立在对国内外 L 型碎茬刀(L 型直刀是碎茬效果较好的刀具）及宽幅旋耕刀深入研究的基础上，吸收两者优点，并利用仿生学研究成果对其切刃曲线进行优化，通过试验研究，找到较优的参数组合。

吉林大学胡少兴等对 L 型碎茬刀结构参数进行研究[11]，认为其较佳参数组合是：滑切角 γ=5°，弯曲半径 r=30mm，弯折角 φ=68°，见图 2-6。

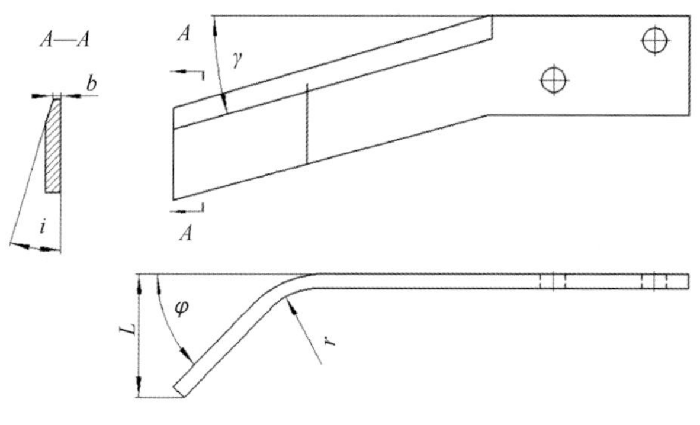

图 2-6　L 型碎茬刀简图

L. 单刀幅度；b. 刃厚

我国广泛使用的旋耕刀基本都是单刀幅宽不大于 50mm 的窄刀。GB/T 5669—2008 规定①，旋耕弯刀单刀幅宽为 40mm 与 50mm 两种。通常将单刀幅宽不小于 60mm 的旋耕刀称为宽幅旋耕刀，简称宽刀。随着拖拉机功率的提高，旋耕机整机幅宽增加。宽刀单刀耕幅宽，可避免刀辊上刀片数量过多。宽刀在欧美、日本应用较多，如日本 FG1800F2561 旋耕弯刀，单刀幅宽 100mm；RFT21806 旋耕弯刀，单刀幅宽 90mm。这些单刀用于水田，作业质量良好。欧美在旱田作业亦用宽刀。日本两种弯刀回转半径为 260mm，弯折角为 66°～70°。国家标准旋耕刀弯折角为 60°，弯曲半径为 30mm。

---

① 前期的相关调查和研究均参照当时的国家标准，但现在部分标准已更新或废止，特向读者说明，后续研究请参照最新相关标准执行。本书其他机器研究亦遵循上述说明。

影响碎茬刀及宽幅旋耕刀作业质量的结构参数基本相同，这为旋耕-碎茬通用刀片研究设计奠定了基础。

2.2.1.2 旋耕-碎茬通用刀片结构参数

通用刀片主要由刀柄、侧切面、正切面、过渡面、侧切刃、正切刃及过渡刃组成（图 2-7），其中侧切面具有切开土壤、切断或推开草茎及残茬的功能；正切面除了切土、碎茬，还具有翻土、碎土及抛土（及残茬）的功能。侧切面大体继承旋耕刀的主要功能，正切面主要继承碎茬刀正切面的碎茬功能。所以侧切刃采用与国家标准旋耕刀相同的阿基米德螺线的一段作为侧切刃曲线，正切刃采用 L 型碎茬刀正切刃（空间直线）的刃口曲线。过渡面则是圆柱面，过渡刃是沿着正切刃弯折线方向的视图，将侧切刃和正切刃连接起来的一段圆弧。根据大量研究对比结果，初步确定了通用刀片结构参数的取值范围。

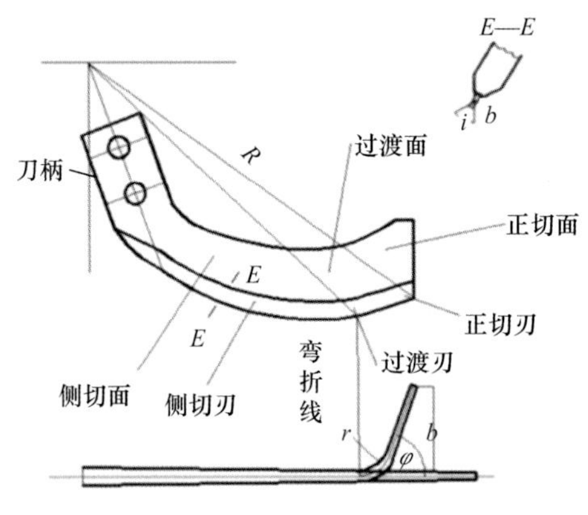

图 2-7 通用刀片结构简图

旋耕-碎茬通用刀片主要结构参数如下。

1）刀端回转半径 R，田间作业时，刀片的回转半径，主要根据农业生产要求的耕深进行确定，在耕深（碎茬深度）和机器的前进速度一定的情况下，应尽量选择较大的回转半径。回转半径主要根据拖拉机的参数、机具的切土节距、沟底的凸起高度、正切面推土的可能性、刀片的滑切性能及功率消耗等因素加以确定。选 R=240～260mm。

2）弯折角 φ，即碎茬刀正切面与侧切面的夹角。弯折角过大，作业时刀尖首先接触土壤或根茬，旋耕刀或碎茬刀受力增加，缩短刀片的使用寿命；弯折角过小，旋耕刀切割土垡（碎茬刀主要切割根茬）时，首先在弯折处接触土壤（根茬），然后滑向侧切刃，刀辊易堵塞，切割阻力增大。选 φ=67°～73°。

3）正切面刃角 i，i 越小，刀越锋利，功耗越小，但若过小，则刀片使用寿命缩短。

4）正切刃滑切角 γ，若滑切角增大，则切割阻力增大，碎土或碎茬作用减小；但若滑切角过小，则刀易缠草，降低作业质量。选 γ=7°～17°。

5）弯曲半径 r，若弯曲半径太小，工作时弯折圆弧处比较容易粘土，会降低通用刀片在弯曲处的强度，缩短使用寿命；但是弯曲半径也不能过大，过大会使作业后沟底的不平度增大。选 r=26～32mm。

6）单刀作业幅宽 L，作业幅宽小，漏土或漏茬现象严重；作业幅宽大可减少刀的排数，但单刀阻力增大，弯折处易折断，而且刀盘、刀片及固定件强度要大大增加。选 L=50～60mm。

7）刃厚 b。当刃口半径大于 0.6mm 时，刀片碎土（碎茬）质量明显下降，单刃口半径应控制在 0.4mm 以内，并采用刃口外磨形式以保持刃口锋利。

回转半径 R、刃厚 b 及正切面刃角 i 均能比较直观地确定，而其余 4 个参数 φ、γ、r 和 L 的变化会对通用刀片的功率消耗及作业质量造成影响，选取此 4 个参数作为变量，设计并试制出 9 种刀片（图 2-8），由试验来进行结构参数的优选。

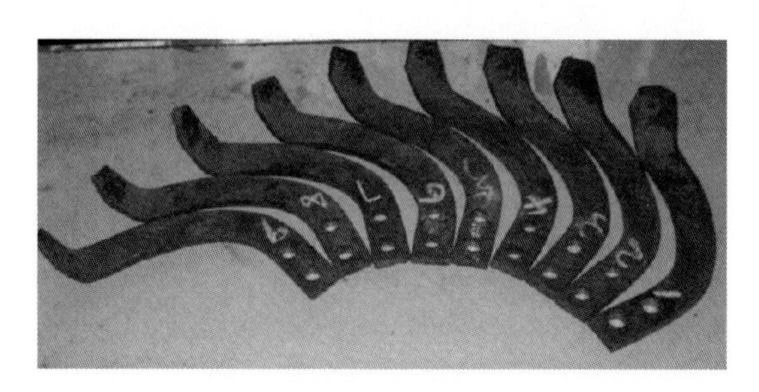

图 2-8　9 组通用刀片

2.2.2　旋耕-碎茬通用刀片结构参数的试验研究

在满足作业质量的前提下，功率消耗应作为确定通用刀片结构参数的主要依据。通过试验比较不同组合的结构参数对通用刀片功率消耗的影响，从而根据试验得到最优结构参数组合的通用刀片。

2.2.2.1　试验设备与试验方法

试验在吉林大学工程仿生教育部重点实验室的土槽中进行，通用刀片试验台固定在台车上（图 2-9、图 2-10），台车提供测试所需的前进速度，电机提供测试所需的刀片转速（由变频器控制），扭矩由 AKC-205B 型扭矩传感器通过 TS-5HM 型智能扭矩测试仪显示，并与计算机相连，将采集的数据传输到计算机。

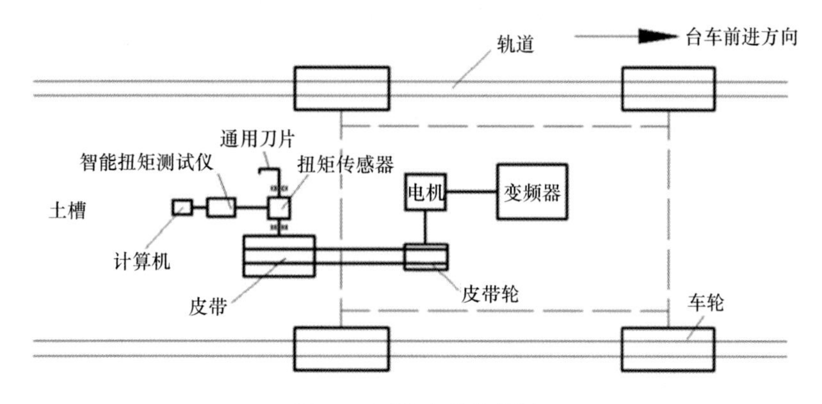

图 2-9　试验台结构简图

以刀片的弯折角 φ、弯曲半径 r、正切刃滑切角 γ 和单刀幅宽 L 作为试验因素来安排正交试验，试验因素与水平如表 2-1 所示。由于单刀幅宽互不相同，为了能有效地进行对比，以单刀单位幅宽所受扭矩作为评价指标，试验重复 3 次取均值。选用 $L_9(3^4)$正交试验表安排试验，分别安排旋耕与碎茬（切断）两种试验。

旋耕作业时台车前进速度为 0.38m/s，刀片转速为 220r/min，作业深度为 16cm，耕层（0～20cm）土壤含水率为 20.4%，各层土壤平均坚实度为 0.78MPa。

图 2-10　试验装置实物图

表 2-1　试验因素和水平

水平	因素			
	弯折角 A φ/(°)	弯曲半径 B r/mm	正切刃滑切角 C γ/(°)	单刀作业幅宽 D L/mm
1	67	20	7	50
2	70	26	12	55
3	73	32	17	60

碎茬作业由切断作业代替。将玉米秸秆顺沟埋入压实，埋入深度为 6～7cm，每隔 40cm 栽入一个根茬（图 2-11），刀片每次都可切割到根茬或玉米秸秆，试验结果比较接近实际，因此可用切断试验代替碎茬作业。切断试验时台车前进速度为 0.7m/s，刀片转速为 380r/min，作业深度为 12cm，土壤含水率（0～15cm）为 15.8%，各层土壤平均坚实度为 0.86MPa，根茬含水率为 32.5%～69.4%，秸秆含水率为 48.4%～75.8%。

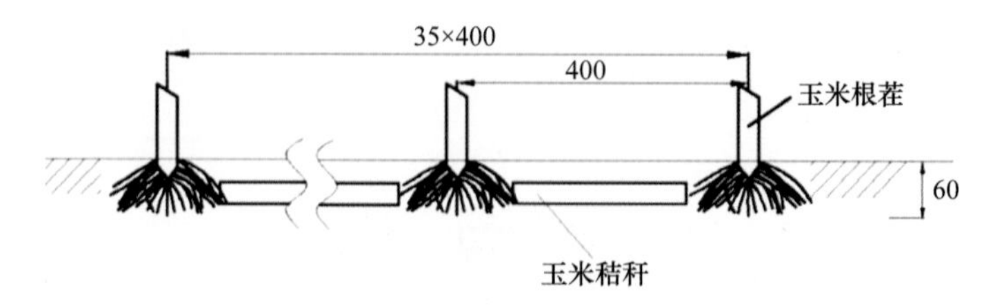

图 2-11　切断试验根茬处置简图

2.2.2.2　结果与分析

单刀旋耕试验方案及结果如表 2-2 所示。

由于机具作业单刀转速一定的情况下，其所消耗的功率和扭矩存在正比例关系（功率=转矩×转速），因此，扭矩的变化亦反映功率消耗的差异。由表 2-2 可知，试验因素对通用刀片单刀功率消耗影响的主次因素为 D、C、A、B，优化组合为 $A_3B_2C_3D_3$，即在旋耕试验所设定条件下，通用刀片单刀的最优结构参数为：弯折角 φ=73°、弯曲半径 r=26mm、正切刃滑切角 γ=17°、单刀作业幅宽 L=60mm。

表 2-2　通用刀片单刀旋耕试验结果

试验序号	因素				
	弯折角 A	弯曲半径 B	正切刃滑切角 C	单刀作业幅宽 D	单刀单位幅宽扭矩 M/（N·m/m）
1	1	1	1	1	658.8
2	1	2	2	2	602.9
3	1	3	3	3	548.3
4	2	1	3	2	612.7
5	2	2	1	3	551.6
6	2	3	2	1	654.2
7	3	1	2	3	544.3
8	3	2	3	1	631.5
9	3	3	1	2	595.9
K_1	603.3	605.3	636.3	648.8	
K_2	606.2	595.3	600.5	603.8	
K_3	590.6	599.4	597.5	548.0	
R	15.6	10.0	38.8	100.2	
优水平	A_3	B_2	C_3	D_3	
主次因素	D、C、A、B				
优化组合	$A_3B_2C_3D_3$				

单刀切断试验方案及结果如表 2-3 所示。

表 2-3　通用刀片单刀切断试验结果

试验序号	因素				
	弯折角 A	弯曲半径 B	正切刃滑切角 C	单刀作业幅宽 D	单刀单位幅宽扭矩 M/（N·m/m）
1	1	1	1	1	1007.8
2	1	2	2	2	961.0
3	1	3	3	3	893.0
4	2	1	3	2	967.8
5	2	2	1	3	885.5
6	2	3	2	1	1044.3
7	3	1	2	3	871.3
8	3	2	3	1	1056.4
9	3	3	1	2	943.0
K_1	953.9	949.0	998.4	1036.2	
K_2	965.9	967.6	958.9	957.3	
K_3	956.9	960.1	972.4	883.3	
R	12.0	18.6	39.5	152.9	
优水平	A_1	B_1	C_2	D_3	
主次因素	D、C、B、A				
优化组合	$A_1B_1C_2D_3$				

由表 2-3 可知，试验因素对通用刀片单刀单位幅宽功率消耗影响的主次因素为 D、C、B、A，优水平组合为 $A_1B_1C_2D_3$。即在切断试验所设定条件下，通用刀片单刀的最优结构参数为：弯折角 φ=67°、弯曲半径 r=20mm、正切刃滑切角 γ=12°、单刀作业幅宽 L=60mm。

从上述试验可见，切断（碎茬）作业条件下单刀单位幅宽的扭矩（功率消耗）较旋耕作业大。在满足作业质量的前提下，应以切断试验得到的最优结构参数组合作为通用刀片的结构参数进行优化设计，并以该结构参数的通用刀片作为后续试验及田间试验的刀片。

2.2.2.3 对比试验

为考察通用刀片的功率消耗（扭矩）特性，将通用刀片与国标旋耕刀进行旋耕作业功耗（扭矩）对比试验。通用刀片采用切断试验得到的最优参数设计而成，国标旋耕刀型号为 1T245，幅宽为 50mm，回转半径为 245mm。土槽中土壤（0～20cm 耕层）含水率为 15.8%，各层土壤平均坚实度为 0.60MPa。试验时，在台车前进速度为 0.5m/s、耕深为 14cm 不变的情况下，将刀片转速设为 5 种情况，试验结果如表 2-4 所示。

表 2-4 通用刀片与国标旋耕刀功率消耗（扭矩）对比试验结果

刀片转速/（r/min）	通用刀片		国标旋耕刀	
	扭矩/（N·m）	单位幅宽扭矩/（N·m/m）	扭矩/（N·m）	单位幅宽扭矩/（N·m/m）
180	31.94	491.4	27.95	559.0
200	33.21	510.9	29.62	592.4
220	34.43	529.7	32.60	652.0
240	36.28	558.6	35.12	702.4
260	39.41	606.3	37.65	753.0

从试验结果可知，各转速下通用刀片单位幅宽扭矩（功率消耗）均小于国标旋耕刀（降低 12.09%～20.47%），但由于刀片幅宽不同，旋耕作业时刀片正面及两个侧面均受力，而侧面受力并不随刀片幅宽增加而增加，即使刀片正面所受力随刀片作业幅宽变大而增大，平均到单位幅宽上的力就小，因此安排后续试验以在单刀幅宽相同条件下进行刀片功率消耗对比。

旋耕试验选用的刀片为正交试验设计的通用刀片 1（L=50mm）（表 2-2、表 2-3）及国标旋耕刀。试验条件为：台车前进速度为 0.5m/s，土槽中土壤（0～20cm 耕层）含水率为 19.7%，各层土壤平均坚实度为 0.87MPa，耕深为 14cm，不同转速条件下对比试验结果如表 2-5 所示。

表 2-5 作业幅宽为 50mm 的通用刀片与国标旋耕刀对比试验结果

刀片转速/（r/min）	通用刀片（正交试验序号 1）		国标旋耕刀	
	扭矩/（N·m）	单位幅宽扭矩/（N·m/m）	扭矩/（N·m）	单位幅宽扭矩/（N·m/m）
180	28.52	570.4	28.82	576.4
200	31.83	636.6	31.71	634.2
220	32.82	656.4	33.54	670.8
240	35.21	704.2	36.68	733.6
260	37.87	757.4	38.43	768.6

由表 2-5 可知，同样幅宽下，除转速为 200r/min 时国标旋耕刀单位幅宽功率消耗略小，其他转速条件下通用刀片（正交试验序号 1）功率消耗均小于国标旋耕刀。5 种转速下通用刀片平均功率消耗为国标旋耕刀的 98.3%，且本试验所选通用刀片正切刃滑切角（7°）与最优通用刀片不同，而由表 2-2 试验得出滑切角为 12°时功耗比 7°小，因此采用最优结构参数通用刀片在同幅宽条件下功率消耗低于国标旋耕刀。切断对比试验所选刀片为正交试验得出的最优通用刀片、四平市农丰乐收获机械有限公司生产及经再加工的碎茬刀（其他结构参数不变，幅宽由 70mm 变为 60mm）。试验时台车速度为 0.5m/s，土壤含水率为 19.1%，平均土壤坚实度为 0.91MPa，根茬含水率 33.7%～66.4%，秸秆含水率 49.1%～72.6%，作业耕深 12cm，刀辊转速选取大于或等于 380r/min，其试验结果如表 2-6 所示。

表 2-6　通用刀片与碎茬刀对比试验结果

刀片转速/（r/min）	通用刀片		宽幅 60mm 碎茬刀	
	扭矩/（N·m）	单位幅宽扭矩/（N·m/m）	扭矩/（N·m）	单位幅宽扭矩/（N·m/m）
380	52.69	878.2	53.27	887.8
400	54.34	905.7	54.67	911.2
420	55.47	924.5	55.96	932.7
440	55.91	931.8	56.77	946.2
460	57.73	962.2	58.22	970.3

由表 2-6 试验结果可知，当刀片幅宽同为 60mm 时，各转速条件下采用最优结构组合的通用刀片功率消耗均略低于碎茬刀。

2.2.3　田间耕作质量验证试验

将通过实验室土槽试验选出的最优结构参数的旋耕-碎茬通用刀片，安装在二行仿生智能耕整机（是旋耕-碎茬通用机的换代产品）上，于 2007 年 10 月 21～28 日在吉林农业大学农场进行大面积田间试验，并于 26 日进行了通用刀片性能测定。

碎茬作业用地为玉米茬垄作地，垄高 13.2cm，垄距 62cm，玉米茬株距 33cm，茬高 11.7cm，0～20cm 耕层土壤含水率 14.5%（垄上），坚实度 3.01MPa，取 3 种速度（3 个工况）——0.50m/s、0.59m/s、0.78m/s，每工况测 2 个行程，试验结果见表 2-7。

表 2-7　通用刀片碎茬性能试验结果

质量指标	工况	行程		平均值
		1	2	
碎茬深度/cm	1	12.09	13.55	12.82
	2	10.55	9.05	9.80
	3	13.23	11.77	12.50
稳定性系数/%	1	92.49	92.18	92.34
	2	93.28	93.53	93.41
	3	92.17	94.07	93.12

续表

质量指标	工况	行程		平均值
		1	2	
碎茬率/%	1	81.87	81.14	81.51
	2	82.14	83.29	82.72
	3	80.78	81.75	81.27
根茬覆盖率/%	1	87.94	86.84	87.39
	2	87.55	86.32	86.94
	3	86.83	87.72	87.28
机组前进速度/（m/s）	1	0.49	0.51	0.50
	2	0.59	0.59	0.59
	3	0.76	0.79	0.78

旋耕作业用地原为萝卜地，垄高不足 7cm，接近平作旱田，0～20cm 耕层土壤含水率为 15.1%，坚实度为 2.87MPa，取 2 种速度（2 个工况）——0.31m/s、1.08m/s，每工况测 3 个行程，试验结果见表 2-8。

表 2-8 通用刀片旋耕性能试验结果

作业项目	工况	行程			平均值
		1	2	3	
耕深/cm	1	12.60	12.50	10.50	11.87
	2	11.10	10.90	11.40	11.13
稳定性系数/%	1	94.99	92.79	94.94	94.24
	2	95.09	91.05	92.02	92.72
耕宽/cm	1	140.30	140.80	141.20	140.77
	2	140.10	140.60	141.10	140.60
稳定性系数/%	1	98.59	98.66	98.69	98.65
	2	98.30	98.15	98.53	98.33
碎土率/%	1	89.30	90.50	90.80	90.20
	2	83.00	87.40	86.50	85.63
机组前进速度/（m/s）	1	0.51	0.50	0.51	0.51
	2	0.98	1.08	1.18	1.08

碎茬作业中无漏茬、无缠草、无堵塞现象，作业平均耕深稳定性系数为 93%，稳定性好，平均碎茬率为 81.8%，覆盖率为 87.2%，均满足 JB/T 8401.3—2001 有关碎茬性能指标的要求。

旋耕作业中无漏耕，耕后地表平整，作业深度 10.5～12.6 cm，耕宽 140.1～141.2cm，平均耕深与耕宽稳定性系数分别为 93.5%及 98.5%，稳定性好，平均碎土率达到 87.9%，作业质量满足 GB/T 5668.3—1995 旋耕性能指标要求。

以最佳参数组合设计出的旋耕-碎茬通用刀片，具有较好的旋耕、碎茬作业质量，而且功耗小于同幅宽的国标旋耕刀及常用的碎茬刀，设计是成功的，将其安装在通用刀辊的通用刀盘上，从而实现了真正意义上的旋耕-碎茬通用：只要变换一下机具上变速箱的挡位，就迅速地实现了旋耕或碎茬两种基本作业状态的转换。

2.2.4　通用刀片功率消耗影响因素的研究

安装旋耕-碎茬通用刀片的机具在作业中影响功率消耗的主要因素有土壤、根茬的物理特性、通用刀片的型式和结构、刀片排列方式、作业深度、机组前进速度、刀辊转速等。在土壤和根茬物理特性、刀片结构参数及排列方式相同情况下，功率消耗主要与作业深度、机组前进速度及刀辊（刀片）转速等工作参数有关。

2.2.4.1　试验设备及方法

1. 试验设备

试验仍在吉林大学工程仿生教育部重点实验室的土槽中进行，试验设备及碎茬试验的玉米根茬秸秆处理方法与“2.2.2.1 试验设备与试验方法”中相同。

碎茬（切断）试验，0～15cm 土壤平均含水率 16.9%，平均坚实度 0.78MPa，根茬含水率 41.5%～75.8%，秸秆含水率 52.4%～79.1%。旋耕试验 0～20cm 土壤平均含水率 17.1%，平均坚实度 0.65MPa。

2. 试验方法

试验分碎茬（切断）与旋耕两种作业进行，前进速度及刀辊转速按相关国家或行业标准规定范围选取，耕深按农艺要求选取。选用 $L_9(3^4)$正交表进行部分正交试验，并且考虑刀辊转速和耕深之间的交互作用。试验目的在于考察工作参数对通用刀片单刀功率消耗的影响，从而最终建立单刀功率消耗模型，并分析工作参数对功率消耗影响的主次顺序。试验以单刀扭矩作为试验指标，重复 3 次。试验因素及水平如表 2-9 及表 2-10 所示。

表 2-9　通用刀片碎茬试验因素水平

水平	因素		
	转速 A/（r/min）	耕深 B/cm	前进速度 C/（m/s）
1	380	6	0.5
2	420	9	0.7
3	460	12	0.9

表 2-10　通用刀片旋耕试验因素水平

水平	因素		
	转速 a/（r/min）	耕深 b/cm	前进速度 c/（m/s）
1	180	10	0.35
2	220	13	0.50
3	260	16	0.65

2.2.4.2 单刀碎茬（切断）试验

利用部分正交回归设计，根据测取的试验数据可计算出各因素的多项式回归系数，试验数据及分析结果如表 2-11 和表 2-12 所示，得出单刀碎茬扭矩(M_c)与运动参数的回归方程，其置信度达 99%，其自然空间回归方程为

$$M_c = -38.554 + 0.31\,705A - 0.0261A^2 + 0.4362B + 0.026B^2 - 0.001AB + 0.55C \qquad (2\text{-}15)$$

表 2-11 碎茬试验结果

试验序号	A	B	$A\times B$	C	M_c/（N·m）
1	1	1	1	1	45.7
2	1	2	2	2	47.2
3	1	3	3	3	49.0
4	2	1	2	3	50.2
5	2	2	3	1	51.1
6	2	3	1	2	52.5
7	3	1	3	2	53.1
8	3	2	1	3	54.2
9	3	3	2	1	55.9
M_1	141.9	149.0	154.1	152.4	
M_2	153.8	152.5	152.8	153.3	
M_3	163.2	157.4	153.4	153.2	
R_j	7.1	2.8	0.2	0.27	
主次因素		A、B、C			
优化组合		$A_1B_1C_1$			

表 2-12 碎茬试验回归系数计算结果

计算项目	X_1（A）	X_2（A）	X_1（B）	X_2（B）	X_1（A）X_1（B）	X_1（C）	X_2（C）
B_j	21.3	–2.5	8.4	1.4	–0.5	0.7	18.0
b_j	3.550	–0.139	11.760	0.110	0.063	0.082	0.030
S_j	75.620	0.350	11.760	0.110	0.063	0.082	0.014
F_j	15 123.00	69.44	2 352.00	21.78	12.50	16.33	2.78
α_j	0.01	0.05	0.01	0.05	0.10	0.01	0.25

由表 2-11 可知，转速对扭矩影响显著，耕深次之，前进速度影响较小。根据式（2-15）可知，转速与耕深之间存在着二次效应，且它们之间有较为显著的交互作用。为了进一步分析各因素对扭矩的影响趋势，固定任意两个因素，可得扭矩随另外一个因素变化的曲线图，如图 2-12 所示。

由图 2-12a 可知，当机组前进速度和耕深固定时，单刀的扭矩随转速的增加而增大，当 340r/min≤n≤460r/min 时增加趋势较快，近似线性增加；当 n＞460r/min 时，增长的速度相对较慢。由图 2-12b 可知，当前进速度和转速固定时，单刀扭矩随耕深的增加而增大，在 6cm≤h≤10cm 范围内增加趋势较小，当 h＞10cm 时增加趋势明显加强，但整

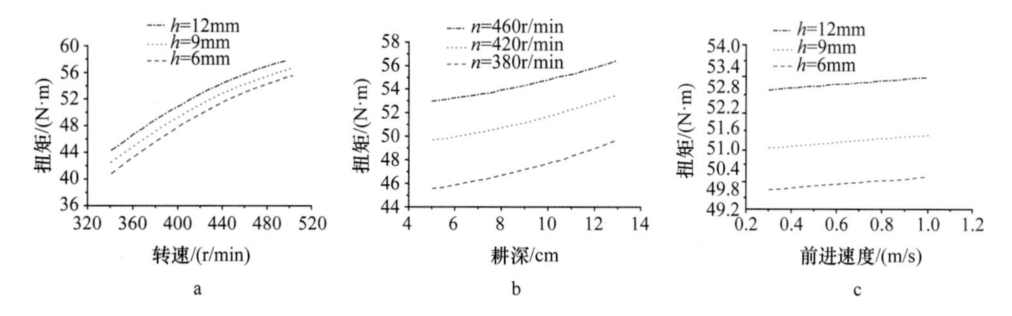

图 2-12　碎茬作业时工作参数对单刀扭矩的影响曲线

a. v=0.7m/s，转速-扭矩；b. v=0.7m/s，耕深-扭矩；c. n=420r/min，前进速度-扭矩

体增加趋势弱于单刀扭矩随转速（前进速度及作业耕深固定）的变化趋势。由图 2-12c 可知，当耕深和转速固定后，单刀扭矩随前进速度呈线性增加，但增加的幅度小于前两种情况。

将碎茬试验时转速（380～460r/min）、耕深（6～12cm）和前进速度（0.5～0.9m/s）代入式（2-15）中，得到单刀在碎茬试验中扭矩的范围为 45.79～56.01N·m。

2.2.4.3　单刀旋耕试验

模型建立方法同 2.2.4.2 节，试验数据记录及分析如表 2-13 和表 2-14 所示。根据试验及分析数据建立旋耕时刀片扭矩（M_r）与各工作参数之间的回归方程，显著性检验表明方程不失拟，表达式为

$$M_r=17.078+0.000\,41a^2-0.051a+0.873b-0.001\,88ab-8.533c^2+6.667c \qquad (2\text{-}16)$$

由表 2-13 可知，在指定的试验条件下刀辊转速对扭矩影响显著，耕深次之，前进速度最小。由式（2-16）可知，转速和耕深对单刀扭矩影响存在二次项效应。在任意两个因素固定不变时，可得单刀扭矩随另一因素变化的趋势图，如图 2-13 所示。

表 2-13　旋耕试验结果

试验序号	a	b	$a\times b$	c	M_r/（N·m）
1	1	1	1	1	28.8
2	1	2	2	2	31.19
3	1	3	3	3	32.3
4	2	1	2	3	33.4
5	2	2	3	1	34.0
6	2	3	1	2	35.6
7	3	1	3	2	37.9
8	3	2	1	3	39.3
9	3	3	2	1	40.5
M_1	92.2	100.1	104.9	103.7	
M_2	103.0	104.4	104.6	105.0	
M_3	117.7	108.4	105.0	104.2	
R_j	8.5	2.77	0.133	0.433	
主次因素		a、b、c			
优化组合		$a_1b_1c_1$			

表 2-14 旋耕试验回归系数计算结果

计算项目	X_1（a）	X_2（a）	X_1（b）	X_2（b）	X_1（a）X_1（b）	X_1（c）	X_2（c）
B_j	25.50	4.10	8.10	0.50	−1.10	1.60	−0.05
b_j	4.250	0.220	1.380	−0.017	−0.225	0.280	0.045
S_j	108.375	0.845	11.480	0.050	0.203	0.482	0.045
F_j	24 083.33	187.78	2 551.48	1.11	45.00	107.03	10.00
α_j	0.01	0.01	0.01		0.05	0.01	0.10

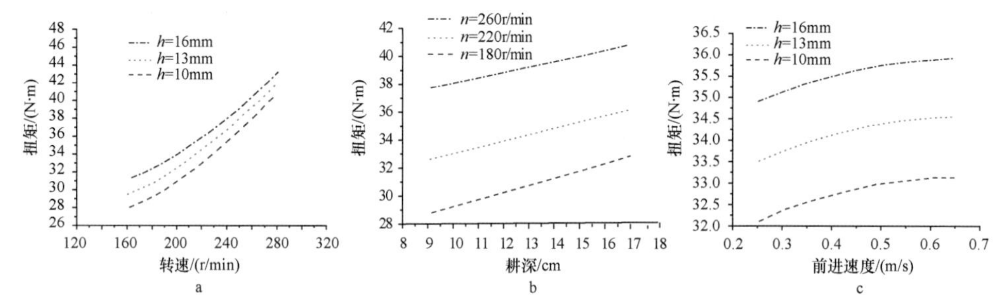

图 2-13 旋耕作业时工作参数对单刀扭矩的影响曲线

a. v=0.5m/s，速度-扭矩；b. v=0.5m/s，耕深-扭矩；c. n=220r/min，前进速度-扭矩

由图 2-13a 可知，当前进速度和作业耕深一定时，单刀的扭矩随转速的增加而增大，且转速越高扭矩增长越快，当转速 $n \geqslant 220$r/min 时，扭矩增加最快，近似线性增加。由图 2-13b 可知，当前进速度和转速一定时，单刀的扭矩随耕深的增加而增大，且呈线性增长，增长较快。由图 2-13c 可知，当作业耕深和转速一定时，单刀的扭矩与前进速度呈二次曲线形式，增加较缓慢。

将旋耕作业时刀辊转速（180～260r/min）、旋耕深度（8～16cm）和前进速度（0.35～0.65m/s）代入式（2-16）中，得到单刀扭矩的范围为 26.75～40.82N·m。

根据上述分析，实际进行田间作业时，在满足作业耕深与作业质量的前提下，比较理想的配合是选择较低的转速和较高的前进速度，即碎茬作业时刀辊转速 380r/min，前进速度 0.9m/s；旋耕作业时刀辊转速 180r/min，前进速度 0.65m/s，较之刀辊转速及前进速度的其他搭配，虽然此时扭矩有所增加，但增加的幅度较小，且提高前进速度可以提高生产率，降低单位面积能耗。

2.3 通用刀片在刀辊上的多头螺旋线对称排列法

刀片、刀盘结构参数确定之后，刀片在刀辊上的排列是影响其作业的另一个技术关键[12-15]。通用刀片在刀辊上的排列方法对刀辊的功率消耗、作业质量及机组的平衡等指标有很大影响，不亚于刀片结构参数对作业的影响。合理的弯刀排列应在满足耕整地要求的基础上，使其耕作能耗小，刀辊受力均匀，便于制造。

国内外旋耕机刀片大多数采用人字形排列或双头螺旋线排列方法。国外（如日本）多采用人字形排列，但刀片不完全是按刀辊转一定角度均匀入土，甚至有少数同向刀相继入土的情况。

1985 年，冯培忠提出了旋耕刀在卧式刀辊上总刀数等于 $4n+2$ 的最佳数列排列法，1998 年王多辉、陈翠英又提出了其应用程序设计，较好地解决了旋耕刀片在刀辊轴上的双头螺旋线排列。21 世纪以来，多人对秸秆还田刀在还田机刀轴上的排列及其动平衡问题进行了研究试验。但是在确保碎茬覆盖、旋耕碎土等各项作业质量的前提下，卧式刀辊上耕作刀片的多头（如 4 头、6 头等）螺旋线排列问题尚需解决。

卧式刀辊的旋耕-碎茬通用机研制过程中，在双刀辊和更换刀辊两种形式基础上，先后采用了通用刀辊、通用刀盘、更换刀片及通用刀辊、通用刀盘、通用刀片（即“三通型”）两种形式。在更换刀片形式中，旋耕刀在左右刀辊上分别按 4 条（头）螺旋线排列，碎茬刀则按传统的碎茬机上的刀片排列方法。采用通用刀片的“三通型”结构中，用同一组刀片，通过改变刀辊转速来分别完成碎茬或旋耕作业，为保证作业质量特别是碎茬质量，要减少切土节距 S，使其小于 5cm，刀辊转速达到 400r/min 左右，同时同一切削小区至少要有 3 把刀，刀片在刀辊上要采用 6 条螺旋线排列。这样 4 头、6 头等多头螺旋线排列问题就被提出来了。

2.3.1　排列的基本原则

近年来，国内以旋耕-碎茬为主的联合作业机具及大幅宽的旋耕机具增加得很快，多采用中间传动形式，耕作刀片分别安装在均等的右刀辊及左刀辊（从机具后面往前看）上，在实际设计工作中，我们采用了刀片在右、左刀辊上螺旋线对称排列的方法。其排列遵循以下原则。

1）刀片在右左刀辊上分别按多头螺旋线规则排列，两刀辊的螺旋线旋向相反，升角相同，两者初始位置相差角度数（称为初始相位差）为

$$\frac{\theta}{2}=\frac{180^\circ}{N} \tag{2-17}$$

式中，θ 为右（或左）刀辊上相继入土两个刀片之间的相位角，(°)；N 为右（或左）刀辊上刀片总数。

侧传动结构可分为右半刀辊及左半刀辊，其刀辊轴较长，应尽量减小轴向力对刀辊轴两端轴承的影响，再参照此法，两条螺旋线的初始位置不必错开，此时右、左两部分完全对称（达到完全抵消轴向力的目的），对于选用单刀幅宽较大的宽幅刀片也应充分考虑轴向力的作用，初始位置也不必错开；中央传动形式，右、左刀辊上刀片排列可近似按对称对待。

2）右左刀辊上相继入土刀片转角间隔相等（为 $\theta/2$），左、右刀辊上相对称的刀盘相应位置的刀片为反向刀片，使受力均匀，减少冲击振动。

3）同一刀辊（右刀辊或左刀辊）上全部左、右刀片交错顺序入土，避免同向刀片相继入土，以尽量平衡弯刀切土的侧向力，减少振动及轴向力。

4）在同一回转平面（切削小区）内，若配置 2 把或者 2 把以上的刀片，每把刀的切土比应该相等，以保证作业质量和刀片磨损均匀。

5）同一截面（如刀盘两侧）上布置左、右弯刀各 t 把，根据刀盘和刀柄的实际尺寸，相邻两把刀片的夹角应大于 24°，防止刀间夹土、堵塞和缠草。

2.3.2 刀片排列方法

将卧式刀辊分成相等的两部分，右刀辊和左刀辊上的刀片分别按前述原则排列。在刀辊展开图（图 2-14）上介绍此排列方法。展开图为卧式刀辊旋转一周时刀片在地面上留下的痕迹图，以右刀辊上任意一条螺旋线的起始位置为坐标原点 O，横坐标 X 为右刀辊上的刀盘数，其取值为 X=1,2,3,⋯,m（m 为刀盘数）；纵坐标的正向为机具的前进方向，纵坐标取值为 Y=0,1,2,3,⋯,N（N 为右刀辊上刀片总数）。以横纵坐标的取值绘制网格，纵坐标一格在圆周上代表右刀辊上相继入土的两把刀片之间的相位角 θ，刀辊旋转一周，纵坐标由 0 变化到 N，故直线 $Y=N$ 与横轴是相互重合的一条线。纵坐标由 0 到 N 的区域内，每相邻两个刀盘之间为一个切削小区。λ 为升角，β 为螺旋角，如图 2-14 所示。左刀辊上刀片的排列与右刀辊对称，只是坐标原点 O'与右刀辊坐标原点在纵坐标方向上相差 0.5，即在圆周上相差 $\theta/2$。

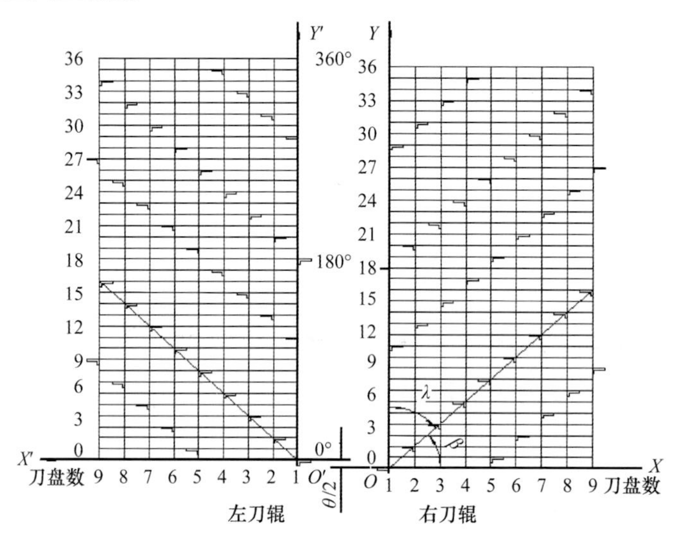

图 2-14 刀片在刀辊上排列的展开图

θ 为两把刀片之间的相位角；λ 为升角；β 为螺旋角，下同

右（或左）刀辊的同一条螺旋线上的刀片（弯刀）为同向刀片，相邻两条螺旋线上的刀片为反向刀片，每条螺旋线上排列刀片的数量与该刀辊上刀盘数量 m 相同。右（或左）刀辊上螺旋线的条数为 $2t$，t 为该刀辊每一刀盘上同向刀（左弯刀或右弯刀）的数量，其值等于切削小区需要的刀片数量 Z，即 $t=Z$。$2t$ 则为该刀辊每个刀盘上左、右刀的总数。右（或左）刀辊上刀片总数为 N，则

$$N=2t\cdot m \tag{2-18}$$

1）按给定的右（或左）刀辊的工作幅宽 B、刀盘间距 F 来确定此刀辊的刀盘数。刀盘间距应考虑刀片作用土壤范围和刀盘间不塞土，为适应垄台碎茬要求，建议取 $F=L/5$（L 为垄距，一般为 550～700mm，则 F=110～140mm）。

$$m=\frac{B}{F}=\frac{5B}{L} \tag{2-19}$$

根据切削小区内需要的刀片数量，可确定螺旋线的条数 $2t$。这样右（或左）刀辊上

刀片总数 N 即可确定[在每个刀盘与每条螺旋线交汇处安装一把弯刀（左刀或右刀）]。

坐标原点 O 的坐标为（1, 0），即（1, N），则第 i 条螺旋线上的第 j 把刀片的坐标为（$X_{i,j}$, $Y_{i,j}$），其中 $i=1,2,\cdots,2t-1,2t$；$j=1,2,\cdots,m$；同一条螺旋线上相邻 2 把刀片（同向）之间相位角为 2θ，即纵坐标两格。

2）当 $i=1$（从坐标原点开始）时，即第 1 条螺旋线上刀片的排列位置为

$$Y_{1,j}=2(X_{1,j}-1) \tag{2-20}$$

式中，$X_{1,j}=j=1,2,\cdots,m$。

3）当 $i=2t$ 时，即第 $2t$ 条螺旋线，在展开图上分成两段。后半段当 m 为奇数，则

$$X_{2t,j}=j=\frac{m+1}{2},\cdots,m,\quad Y_{2t,j}=2\left(X_{2t,j}-\frac{m+1}{2}\right)+1 \tag{2-21a}$$

当 m 为偶数时，则

$$X_{2t,j}=j=\frac{m}{2}+1,\cdots,m,\quad Y_{2t,j}=2\left[X_{2t,j}-\left(\frac{m}{2}+1\right)\right]+1 \tag{2-21b}$$

前半段

当 $X_{2t,j}=j=1,2,3,\cdots,\frac{m+1}{2}-1$（$m$ 为奇数时）或 $X_{2t,j}=j=1,2,3,\cdots,\frac{m}{2}+1-1$（$m$ 为偶数时）时，则均为

$$Y_{2t,j}=2(X_{2t,j}-1)+Y_{2t-2,m}+2 \tag{2-22}$$

式中，$X_{2t,j}$、$Y_{2t,j}$ 为第 $2t$ 条螺旋线上第 j 个刀盘上刀片的横坐标、纵坐标；$Y_{(2t-2,m)}$为第 $2t-2$ 条螺旋线上第 m 个刀盘上刀片的纵坐标。

4）当 $i=2$ 时，有

$$Y_{2,j}=2(X_{2,j}-1)+Y_{2t,m}+2 \tag{2-23}$$

式中，$X_{2,j}=j=1,2,\cdots,m$。

即用第 $2t$ 条螺旋线上第 m 刀盘上刀片的纵坐标，决定第 2 条螺旋线上第 1 个刀盘上刀片的纵坐标，该螺旋线上其他刀盘上的刀片的纵坐标可依次决定。

5）当 $3\leqslant i\leqslant 2t-1$ 时

$$Y_{i,j}=2(X_{i,j}-1)+Y_{i-2,m}+2 \tag{2-24}$$

式中，$X_{i,j}=j=1,2,\cdots,m$。

即用第 $i-2$ 条螺旋线上第 m 刀盘上刀片的纵坐标，决定第 i 条螺旋线上第 1 个刀盘上刀片的纵坐标，该螺旋线上其他刀盘上的刀片的纵坐标可依次决定。

为了方便、快捷地得到耕作刀片的螺旋线排列展开图，应用 Delphi7.0 语言，设计了自动排列程序。程序包括数据输入、数据计算和刀片排列三大模块。

2.3.3 排列方法在机具上的应用

2.3.3.1 通用刀片在 1GFZ-2 仿生智能耕整机刀辊上的排列

1GFZ-2 仿生智能耕整机是全幅旋耕与垄台碎茬通用的机具，采用“三通型”结构，旋耕幅宽为 1420mm，碎茬作业为 2 行，中间传动。

为了保证碎茬质量，要求打茬速度 $V_x \geqslant 5.5\text{m/s}$，如式（2-12b）给出：

$$V_x = \frac{\pi n}{30}(R-H) \geqslant V_{\mathrm{m}} + 5.5(\mathrm{m/s})$$

式中，V_{m} 为机组前进速度，m/s；n 为刀辊转速，r/min；R 为刀辊回转半径，m；H 为碎茬深度，m。

当 $V_{\mathrm{m}}=1$，$R=0.26$，$H\leqslant 0.1$，$n=410\text{r/min}$，可保证碎茬刀将粗硬的玉米根茬击碎，同时要求刀片切土节距 $S\leqslant 5\text{cm}$，保证株距为 20～30cm 的根茬都被切到，不漏耕。

由式（2-10）可知：

$$S = \frac{V_{\mathrm{m}} \cdot 60}{Z \cdot n}$$

式中，Z 为切削小区需要的刀片数，此时 $Z=3$，则 $2t=6$，即采用 6 头螺旋线。

为适应垄距 $L=600$～700mm 的垄台碎茬［左（或右）刀辊正好耕 1 行，其工作幅宽 $B=L$］，左（或右）刀辊刀盘间距 $p=130\text{mm}$，采用仿生通用刀片单刀幅宽 60mm，刀盘厚度为 10mm，两刀盘之间不漏耕。左（或右）刀辊刀盘数 $m=5$，刀数 $N=30$，$\theta=12°$。

1）做展开图（图 2-15），以右刀辊为例，横坐标值为 1,2,3,4,5，纵坐标值为 0,1,2,3,…,30。

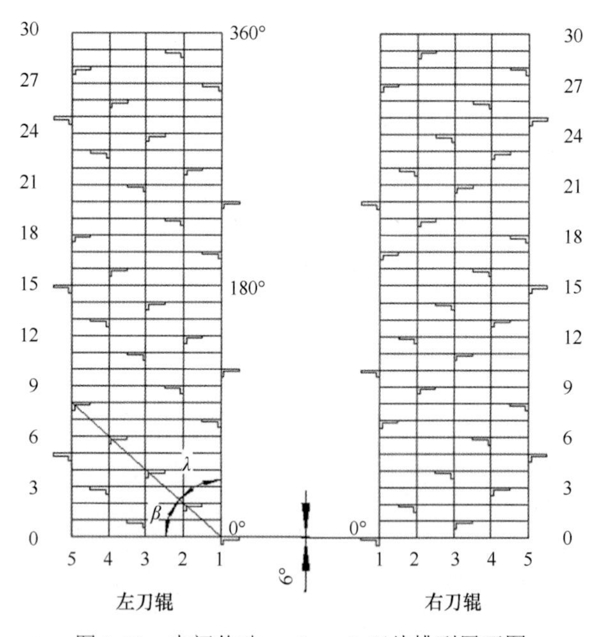

图 2-15　中间传动 $m=5$、$t=3$ 刀片排列展开图

2）从坐标原点（1, 0）开始做第 1 条螺旋线，此处排第 1 把刀的 $X_{1,1}$, $Y_{1,1}$，坐标为（1, 0），即（1, 30）；然后在第 2 个刀盘上，纵坐标向上移动两格（保证相位角为 2θ），在交点处排第 2 把刀，$X_{1,2}$，$Y_{1,2}$ 坐标为（2, 2）；同理可找到第 3 把刀的 $X_{1,3}$，$Y_{1,3}$ 为（3, 4），第 4 把刀（4, 6），第 5 把刀（5, 8），第 1 条螺旋线排完。排左刀。

从完成的第 1 条螺旋线可见，因为刀辊短，螺距大，每一条螺旋线在 1、5 刀盘之间没有走完一个螺距，故该螺旋线只有不足一个螺距的一部分。则

$$\tan\lambda = \frac{(m-1)p}{\frac{2\pi R}{2mt}\cdot(m-1)\cdot 2} = \frac{tmp}{2\pi R} \tag{2-25}$$

3）做第 $2t$ 条螺旋线（也就是第 6 条螺旋线）的后半段。因为 m 为奇数，后半段第 1 把刀由式（2-21a）可知其坐标应为（3, 1），下一把刀应在第 4 个刀盘上，该刀的坐标为（4, 3），第 5 个刀盘上的刀坐标为（5, 5）。此螺旋线上应排列与相邻的第 1 条螺旋线相反的刀片（右刀）。前半段起点应与第 4 条螺旋线相关。

4）第 2 条螺旋线与第 $2t$ 条（即第 6 条）有关，其初始点横坐标为 1，而纵坐标则为 $Y_{2,1}=2（X_{2,1}-1）+Y_{2t,5}+2=2（X_{2,1}-1）+Y_{6,5}+2=2\times（1-1）+5+2=7$，该刀的坐标为（1, 7），以此类推，该螺旋线上各刀的坐标分别为（2, 9）、（3, 11）、（4, 13）、（5, 15）。应排与第 1 条螺旋线上反向的刀片（右刀）。

5）同理，可通过第 1 条螺旋线的最后 1 把刀（第 m 刀盘上刀片）的位置确定第 3 条螺旋线上第 1 把刀的位置，从而确定第 3 条螺旋线上所有刀片的位置，也可以确定第 5 条螺旋线上各刀的位置，应排与第 1 条螺旋线同向刀片（左刀）。

6）同理，在第 2 条螺旋线的基础上，找到第 4 条螺旋线的初始点（1, 17），并做出该螺旋线，找出其上的刀片（右刀），在第 4 条螺旋线的基础上找出第 6 条螺旋线的初始点（1, 27），可将第 6 条螺旋线前半段画出。右刀辊上刀片排列已完成。

7）左、右刀辊相位角相差 $\theta/2=6°$，按左右刀辊上的螺旋线升角相同、旋向相反的原则，用 2）～6）同样的方法，可做出左刀辊上刀片的排列图，第 1 条螺旋线上排右刀。

2.3.3.2　排列方法在四行耕整联合作业机刀辊上的应用

为适应 600mm 垄距要求设计的四行旋耕-碎茬通用的耕整联合作业机，左（或右）刀辊上有 10 个刀盘（偶数），刀盘的间距为 120mm，通过更换旋耕刀和碎茬刀来实现通用。旋耕刀每个小区内有 2 把刀，即 $t=2$，按螺旋线规则排列（图 2-16），这样 $m=10$，$N=40$，$\theta=9°$，左、右刀辊初始位置相位差 $\theta/2=4.5°$。

2.3.3.3　排列方法在侧传动类型机具上的应用

三行行间耕整机是侧传动的机具，刀盘间距为 130mm，采用通用刀片，将 14 个刀盘分为左、右两组，每组 7 个，应保证左半刀辊最右侧刀盘上的左弯刀与右半刀辊最左侧刀盘上的右弯刀之间留不大于 5mm 的间隙，以防相对应位置两刀盘上左、右弯刀相互干涉，此处将刀盘间距定为 145mm，两刀之间有 4mm 间距。左、右半刀辊分别按多头螺旋线排列，旋向相反，升角相同，左、右半刀辊初始角相同（图 2-17）。$t=3$，$m=7$，$N=42$，$\theta=8.5°$。

2.3.3.4　应用此法的积极作用

从上面的实例可得出如下结论（以二行仿生智能耕整机为例，旋耕时刀辊转速为 237r/min，碎茬时刀辊转速为 445r/min）。

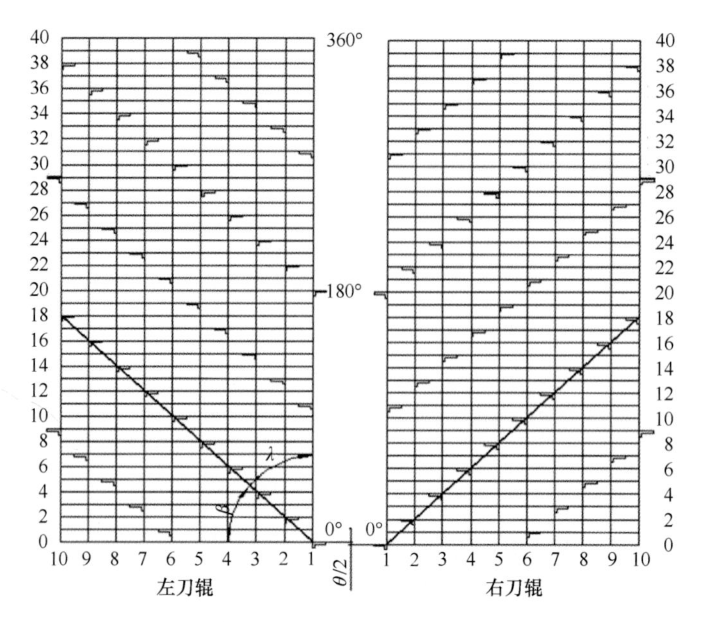

图 2-16　中间传动 m=10、t=2 刀片排列展开图

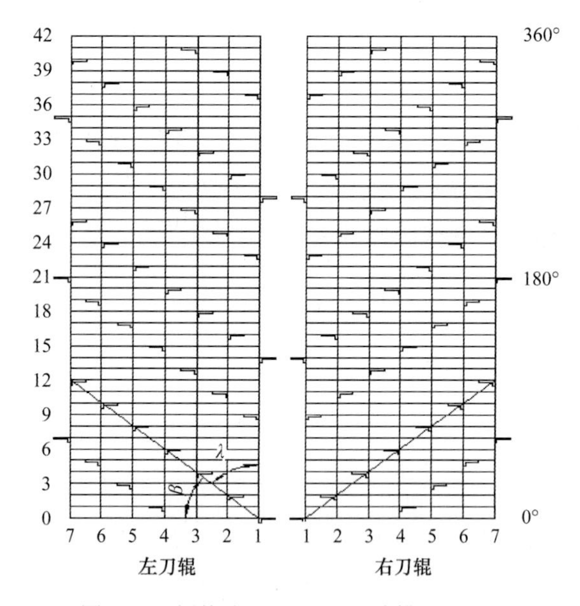

图 2-17　侧传动 m=7、t=3 刀片排列展开图

1）旋耕作业时，刀辊转一周需要 0.2526s，转一周左右刀辊上先后有 $2N=2\times30$ 把刀入土作业，则平均每 0.004 21s（千分之四秒）就有一把刀入土，而且是左刀辊与右刀辊上的刀片相继入土，在对称刀盘上先后入土，刀片为反向刀。

碎茬作业时，刀辊旋转一周需要 0.134 83s，则平均每 0.002 247s 就有一把刀入土。如果是在平作地全幅旋耕作业，刀片回转半径 R=260mm、耕深 H=100mm 的情况下，同时在耕层中作业的刀片所在的范围如图 2-18 所示，易知 cos（$\alpha/2$）=0.6152，则 α=104°，整机工作中，每隔 6°（$\theta/2$）就有一把刀入土，而 104°/6°=17.34，则有 18 把刀片同时在土中工作，左、右刀辊上各有近 2 条螺旋线上的刀片在工作，此瞬间如果是左刀辊上的第 1 条、第 6 条后半段及第 2 条上的第 1 把刀，那么右刀辊上也如此。

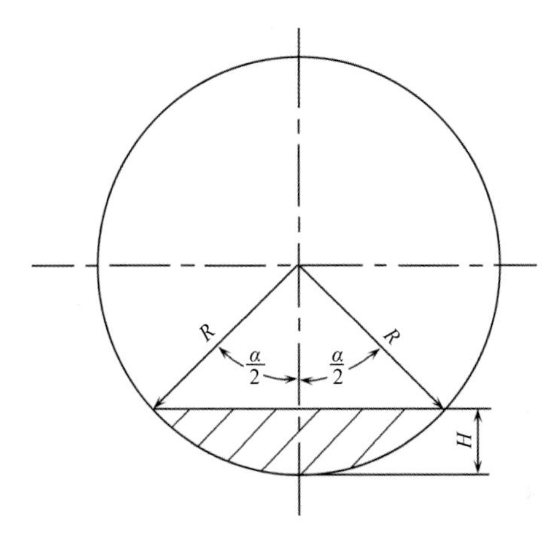

图 2-18　耕层示意图

R 为回转半径，*H* 为耕深

耕深越大，则 α 越大，同时参加作业的刀片越多，单位时间消耗的能量越多。当耕深分别为 80mm、120mm、160mm 时，α 角分别为 92.4°、114.8°、134.8°，同时参加工作的刀片为 16 把、20 把、23 把。

2）在垄台碎茬作业时，机组应对垄作业，这样一般情况下，左、右刀辊各有中间 3 个刀盘（2、3、4 刀盘）上的刀片作业阻力较大，而 1、5 两个刀盘上的刀片对垄沟处作业，阻力小，整个刀辊轴沿轴向受力差异较大，但与全幅旋耕同样耕深（碎茬深度以垄台处计算）情况下相比，总能耗应较小。

在同一个刀辊上（无论是左刀辊还是右刀辊），相继入土的两个刀片之间相差 θ=12°，而且相继入土的两个刀片均是反向刀片，无同向刀片相继入土的情况，这对保证刀辊工作的平稳性很有好处。

2.3.4　田间试验

1GFZ-2 仿生智能耕整机在吉林农业大学农场进行了性能试验，验证采用多头螺旋线对称排列法刀辊的机具，碎茬与旋耕作业时，其作业质量是否满足农艺要求，主要是通过刀辊转矩的测定检验其受到冲击振动的情况。

2.3.4.1　试验条件

碎茬试验地为玉米茬，平均茬高 12.4cm，0～20cm 耕层平均含水率为 14.02%，平均土壤坚实度 2.79MPa；旋耕试验地为稻茬，0～20cm 耕层平均含水率为 15.1%，平均土壤坚实度 2.42MPa。

刀辊转矩采用电测法测量，在耕整机动力输入轴上，即万向节后，每隔 90°均布贴上电阻应变片，并接成全桥电路与集流环相接，信号经放大后输入应变仪，根据标定曲线得出刀辊轴转矩。

2.3.4.2 试验结果及分析

旋耕及碎茬作业性能测定结果分别见表 2-15 及表 2-16。测得的切土阻力矩见图 2-19。

表 2-15 通用刀辊旋耕性能试验结果汇总表

作业项目	旋耕深度				旋耕幅宽				碎土率/%		植被覆盖率/%		机组前进速度/（m/s）	
	平均值/cm		稳定性系数/%		平均值/cm		稳定性系数/%							
工况	1	2	1	2	1	2	1	2	1	2	1	2	1	2
行程 1	12.6	11.1	94.99	95.09	140.3	140.1	98.59	98.3	89.3	83	83.4	80.3	0.51	0.98
行程 2	12.5	10.9	92.79	91.05	140.8	140.6	98.66	98.15	90.5	87.4	81.3	81.5	0.5	1.08
行程 3	10.5	11.4	94.94	9·2.02	141.2	141.1	98.69	98.53	90.8	86.5	82.4	81.4	0.51	1.18
平均	11.87	11.13	94.24	92.72	140.77	140.60	99.65	98.33	90.20	85.63	82.37	81.07	0.51	1.08

表 2-16 通用刀辊碎茬性能试验结果汇总表

作业项目	碎茬深度						碎茬率/%			植被覆盖率/%			机组前进速度/（m/s）		
	平均值/cm			稳定性系数/%											
工况	1	2	3	1	2	3	1	2	3	1	2	3	1	2	3
行程 1	12.09	10.55	13.23	92.49	93.28	92.17	81.87	82.14	80.87	87.94	87.5	86.83	0.49	0.59	0.76
行程 2	13.55	9.05	11.77	92.18	93.53	94.07	81.14	83.29	81.75	86.84	86.3	87.72	0.51	0.59	0.79
平均	12.82	9.80	12.50	92.34	93.41	93.12	81.51	82.72	81.31	87.39	86.9	87.28	0.50	0.59	0.78

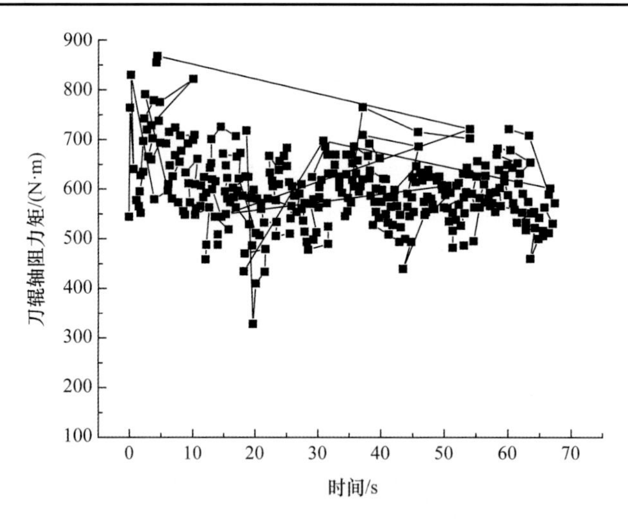

图 2-19 刀辊转矩图（刀辊转速为 445r/min，碎茬作业）

旋耕作业刀辊转速为 237r/min。选取拖拉机组的前进速度作为变量，变化两次（0.5m/s、1m/s），即 2 个工况，每一工况测 3 个行程。

由表 2-15 可知，这种排列的通用刀辊旋耕作业质量较好。试验中观察，无漏耕现象，耕后地表平整。作业耕深稳定，稳定性系数在 92%以上。每个工况作业的碎土率平均值达到 85.6%以上，符合国家标准的要求。

碎茬作业：刀辊的转速为 445r/min。选取机组的前进速度作为变量，变化 3 次（0.5m/s、0.6m/s、0.8m/s），即 3 个工况，每一工况测 2 个行程。

由表 2-16 可知，这种排列的通用刀辊在碎茬作业时，耕深稳定（达 93%），碎茬与覆盖质量均较好。试验中观察，作业过程无漏茬、缠草、堵塞现象，作业质量满足农艺要求。

由图 2-19 可见，刀辊轴阻力矩（转矩）的大致范围是 450～750N·m，无较大的冲击振动。

试验初步验证了刀片按多头螺旋线对称排列的通用刀辊，性能达到了旋耕和碎茬作业要求，刀辊轴负荷平稳，设计是合理的。

2.4　耕整联合作业机

2.4.1　引言

旋耕-碎茬通用机问世初期，一般将其用于垄地碎茬或平地旋耕的单项作业。在水旱田兼作地区，基本是秋后安装碎茬刀用其进行旱地灭茬，春天换装旋耕刀进行水田旱旋耕，然后泡田等候插秧。因为其动力配套比较合理（四行机配 29.4kW 以上拖拉机），作业质量好，生产率高，很受农户欢迎。

东北垄作区以旱田垄作为主，秋后碎茬同时还需要起垄镇压，小四轮拖拉机因动力不足，只能将碎茬与起垄镇压施肥分段作业，但在旋耕-碎茬通用机推广应用过程中，因动力允许，提出了将碎茬、施肥、起垄、镇压等环节同时进行复式作业的问题。

1999 年 12 月 22 日旋耕-碎茬通用机通过省级鉴定，在 2000 年春耕时几十台机具在吉林省及内蒙古东部推广使用，并且根据用户要求，将施肥装置安装在机具上。在此之前，有许多用户已经将起垄镇压装置安装在旋耕-碎茬通用机上。春耕后，吉林省农业机械研究院自列项目，完成了 47.8kW（65 马力①）拖拉机配套的四行耕整联合作业机的设计。

2000 年吉林省农业机械研究院承担了吉林省发展计划项目“耕整种植联合作业工艺及系列配套机具的研究”，将耕整联合作业机的研制作为其重要内容，并于 2002 年，吉林省农业机械研究院又承担了“十五”期间 863 计划项目“田间多功能蓄水保墒耕作机具与成套装备研制及产业化开发”，“多功能耕整联合作业机研制”为该项目的子项，使研制水平提高到了一个新高度。

旋耕-碎茬通用机，是耕整联合作业机的基础，耕整联合作业机是旋耕-碎茬通用机的扩展。旋耕-碎茬通用机获得了国家发明专利（授权专利号 ZL03128106.5，公开号 CN2349743Y），在此基础上研制的多种形式的耕整联合作业机具，不仅具有创新性，还具有自主知识产权[7-12,16-22]。

早期的耕整联合作业机，采用的是通用刀辊、通用刀盘、更换刀片的结构设计。在 863 计划项目进行的过程中，逐步形成了通用刀辊、通用刀盘、通用刀片的“三通型”设计思想，并在“十一五”期间取得了重大突破，研制成功了仿生旋耕-碎茬通用刀片，并获得了国家发明专利（授权专利号 ZL200610163206.1，公开号 CN1969599A），该成果应用在了吉林大学主持的“十一五”期间国家科技支撑计划课题“仿生智能作业机械

---

① 1 马力=735.5W

研究与开发”子项“仿生智能耕整机”上，并在机具上采用了智能控制技术——变量施肥，使机具研制水平又有了较大的提高。

为了满足东北地区其他模式保护性耕作的需求，如玉米留高茬行间直播模式［也称为玉米立茬覆盖等行距沟台（行间）互作交替休闲种植模式］，就是要求上一年玉米根茬留在地表不动，在两留茬行之间进行播种，为保证播种质量，播前需要对垄沟（行间）处浅旋，于是设计了行间耕整机，该机被列入了“十二五”期间国家支撑计划课题。该机具的特点将在 2.5 节中介绍。

耕整作业的作用，就是完成收后播前的土壤耕作，为播种作业创造条件。在实行保护性耕作最早、效果最好的美国，也有对播种条带进行必要土壤耕作的模式，如条耕、带耕等。在东北垄作区，气温低、无霜期短、耕作期短的地域，如何用最短的时间，在最适宜的土壤条件下完成播前的耕作（包括在秋后完成），具有十分现实的意义。这正是研究耕整联合作业的意义所在。

根据农业生产的实际需要，以垄台碎茬和全幅旋耕两种基本作业为基础，与分层深施化肥、扶垄或破垄、垄台或垄沟深松及镇压等各种不同作业进行组合，完成各种不同的联合作业。用一台机具完成收后播前各种所需作业，降低购机成本，最大限度提高机具的利用率。

垄台碎茬与其他作业的组合包括①碎茬；②碎茬+起垄（扶垄或破垄）+镇压；③碎茬+深松（垄台深松或垄沟深松）；④碎茬+深松起垄（垄台深松破垄或垄沟深松扶垄）+镇压；⑤施肥+上述 4 种作业。

施肥分为锐角或钝角开沟施肥、锐角深松施肥。

旋耕作业有时也可用于垄作地，亦可有以上多种组合。多数情况下是旋耕+拖平作业。

大量实践证明，联合作业优点如下。

1）作业效率高，利于抢农时，节本增效。

2）减少机具压实土壤次数，利于水分入渗和土壤保护，减轻土壤板结。

3）联合作业动土少，时间短，有利于蓄墒、保墒和合理利用墒情，有利于保持土壤团粒结构，避免水土流失和土壤荒漠化。

2.4.2 1DGZL 系列耕整联合作业机

2.4.2.1 整机结构特点

1DGZL 系列多功能耕整联合作业机（为 863 计划项目机具）与它的前身 1GZL 系列耕整联合作业机一样，都是采用框架梁结构，中间传动，通过变速箱变速，满足旋耕、碎茬作业的不同转速要求。在同一刀辊的刀盘上，可分别安装旋耕刀和碎茬刀，完成全幅旋耕和垄作地根茬粉碎作业，并可配置施肥、起垄、深松、镇压等不同工作部件，进行多种不同形式的联合作业。配播种机还可实现耕播联合作业，共有三种机型。

1. 1DGZL-140（2）型多功能耕整联合作业机

该机碎茬 2 行，旋耕耕幅为 1420mm，与 14.7～29.4kW（20～40 马力）拖拉机配套。

结构简图见图 2-20，照片见图 2-21。

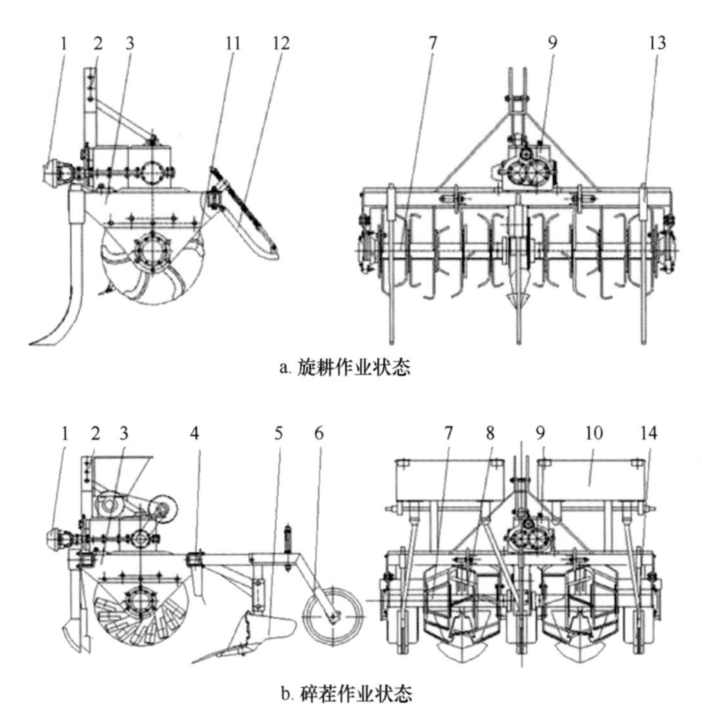

图 2-20　二行耕整联合作业机结构简图

1. 万向节；2. 连接架；3. 机架；4. 挡土板；5. 起垄铲；6. 镇压轮；7. 刀辊；8. 碎茬刀；9. 变速箱；10. 肥箱；11. 旋耕刀；12. 托土板；13. 深松铲；14. 施肥铲

图 2-21　二行耕整联合作业机

2. 1DGZL-240（4）型多功能耕整联合作业机（基本型）

该机碎茬 4 行，旋耕耕幅为 2400mm，与 36.8～58.8kW（50～80 马力）拖拉机配套。整机见图 2-22。

3. 1DGZL-240（4）J 加强型多功能耕整联合作业机

该机碎茬 4 行，旋耕耕幅 2400mm，与 58.8～88.2kW（80～120 马力）拖拉机配套。整机结构简图见图 2-23。

图 2-22　四行耕整联合作业机

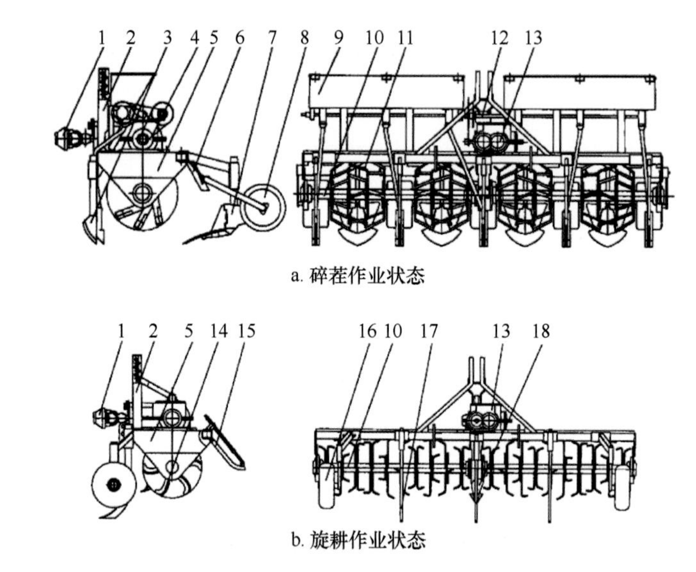

图 2-23　四行加强型耕整联合作业机结构简图

1. 万向节；2. 悬挂架；3. 施肥铲；4. 施肥传动；5. 机架；6. 挡土板；7. 起垄铧；8. 镇压轮；9. 肥箱；10. 刀辊；11. 碎茬刀；12. 连接方套；13. 变速箱；14. 旋耕刀；15. 拖板；16. 地轮；17. 深松铲；18. 小犁铧

4. 整机特点

1）整机采用中间传动，减速箱变速箱为一体，由拖拉机后动力输出轴带动，便于改变刀辊转速。

2）传动系统采用垂直布置，使机具重心前移，且工艺性好。

3）改变刀辊的刀座式结构为刀盘式结构，便于分别安装旋耕刀与碎茬刀，更便于增加同一切削小区内刀片的数量。

4）采用框架双梁结构（加强型为三梁式），便于施肥、深松、起垄、镇压等多种部件的连接安装。

5）机架罩板为平放式，便于将肥箱安装在机架上方。

各种机型均由机架、传动系统、驱动工作部件、牵引工作部件及辅助部件组成。牵引工作部件及辅助部件与仿生智能耕整机通用，将在 2.4.3 节中介绍。

2.4.2.2　传动系统

耕整联合作业机传动的工作原理是：拖拉机的动力经动力输出轴、万向节总成传至耕整联合作业机变速箱第一轴，经过一对锥齿轮变速并改变方向（转 90°），再通过圆柱齿轮变速，通过刀轴花键轴与左、右刀辊轴花键连接，把动力传至左、右刀辊，驱动刀片旋转，完成旋耕或碎茬作业。

四行基本型与加强型传动系统型式基本相同，只是齿轮模数不同，个别啮合齿轮传动比有变化。二行机比四行机多一级传动，使锥齿轮位置发生了变化。

1DGZL 型耕整联合作业传动系统如图 2-24（二行机）及图 2-25（四行机）所示，其齿轮、链轮齿数见表 2-17（二行机具）及表 2-18（四行机具）。其变速机构与传动箱

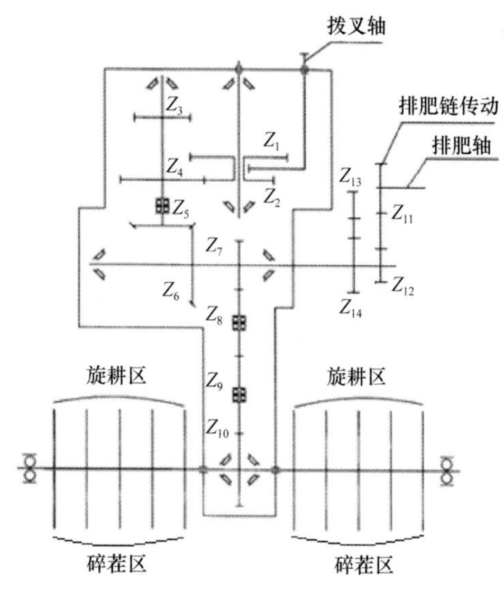

图 2-24　二行机传动系统简图

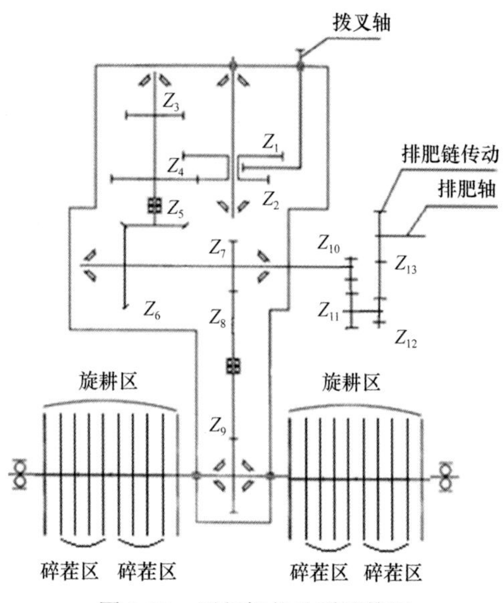

图 2-25　四行机传动系统简图

表 2-17 二行机具齿轮、链轮齿数表

代号	Z_1	Z_2	Z_3	Z_4	Z_5	Z_6	Z_7	Z_8	Z_9	Z_{10}	Z_{11}	Z_{12}	Z_{13}	Z_{14}
齿数	26	19	19	26	17	26	23	25	23	25	13	19	13	19

表 2-18 两种四行机具传动系统齿轮、链轮齿数表

代号	Z_1	Z_2	Z_3	Z_4	Z_5	Z_6	Z_7	Z_8	Z_9	Z_{10}	Z_{11}	Z_{12}	Z_{13}
基本型齿数	23	19	17	21	17	30	17	30	19	13	19	13	19
加强型齿数	22	17	19	24	17	24	17	30	19	13	19	13	19

为一体，通过拉动拨叉轴可使双联齿轮 Z_1-Z_2 分别与 Z_3（碎茬齿轮）或 Z_4（旋耕齿轮）啮合，或置于空挡位置，使机具处于碎茬状态、旋耕状态或空挡状态，满足不同作业转速要求。施肥传动的动力由变速箱传递，链轮经两级减速，传给排肥轴。

拖拉机动力输出轴转速为 540r/min，则

$$旋耕作业刀辊转速：n_{旋}=\frac{19}{26}\times\frac{17}{26}\times\frac{23}{25}\times 540 = 237.4\text{r}/\text{min}$$

$$碎茬作业刀辊转速：n_{碎}=\frac{26}{19}\times\frac{17}{26}\times\frac{23}{25}\times 540 = 444.5\text{r}/\text{min}$$

这样 1DGZL-240（4）基本型耕整联合作业机，其

$$n_{旋}=\frac{Z_2}{Z_4}\times\frac{Z_5}{Z_6}\times\frac{Z_7}{Z_9}\times 540=\frac{19}{21}\times\frac{17}{30}\times\frac{17}{19}\times 540 = 247.7\text{r}/\text{min}$$

$$n_{碎}=\frac{Z_1}{Z_3}\times\frac{Z_5}{Z_6}\times\frac{Z_7}{Z_9}\times 540=\frac{23}{17}\times\frac{17}{30}\times\frac{17}{19}\times 540 = 370.4\text{r}/\text{min}$$

而 1DGZL-240（J）加强型耕整联合作业机，其

$$n_{旋}=\frac{17}{24}\times\frac{17}{24}\times\frac{17}{19}\times 540 = 242.4\text{r}/\text{min}$$

$$n_{碎}=\frac{22}{19}\times\frac{17}{24}\times\frac{17}{19}\times 540 = 396.3\text{r}/\text{min}$$

传动装置由万向节总成和变速箱总成组成，万向节为外购件。传动齿轮均用合金结构钢 20CrMnTr 渗碳淬火制成，耐冲击，具有较高的强度及韧性。左、右刀辊的动力由变速箱末轴输出，刀辊呈左、右对称分布。在变速箱中灌注齿轮油以供润滑齿轮及轴承。箱盖上有供加油、通气用的加油螺塞，放油螺塞位于箱体下部。箱体为铸铁件，坚固耐用。

小犁铧（图 2-23 中 18）安装在箱体前，将箱体下部的土壤翻起，随即被旁边的耕作刀片打碎，用以解决中间传动机具箱体下部土壤耕不到的问题。

2.4.2.3 通用刀辊及相关零部件

2005 年之前大批生产的耕整联合作业机都采用通用刀辊、通用刀盘、更换刀片的结构型式。

刀辊为无缝钢管结构，两端焊有轴头，焊后加工。刀盘为 10mm 厚、直径 194mm

的钢板，焊在刀辊轴上，间距确定 2.3.2 节已经叙及，为 1/5 垄距。

1. 刀盘上耕作刀片安装孔的设计

旋耕刀和碎茬刀在刀盘上安装孔的设计十分重要。要保证各自的螺旋线排列，还要保证各孔位之间不发生干涉，否则要进行必要的调整。采用优化组合的方法，使碎茬刀安装孔和旋耕刀安装孔叠加在一个刀盘上时，通过调整初始角 β 来实现不发生干涉这一目的（图 2-26）。

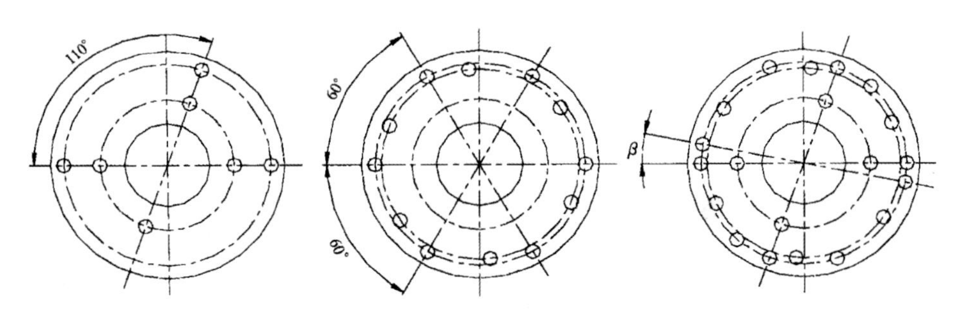

图 2-26　旋耕刀、碎茬刀安装孔

2. 刀片在刀辊上的复合排列

（1）二行耕整联合作业机刀片在刀辊上的复合排列

刀片在刀辊上的复合排列见图 2-27（左右刀辊刀盘 5 碎茬刀一般不装）。

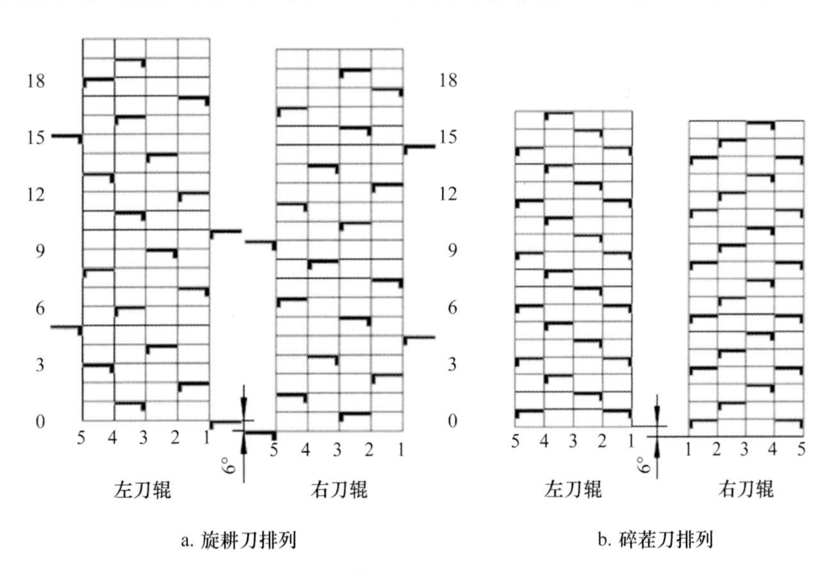

图 2-27　二行耕整机刀片在刀辊上的排列

（2）四行基本型耕整联合作业机刀片在刀辊上的复合排列

旋耕刀在刀辊上的排列见图 2-16，碎茬刀在刀辊上的排列见图 2-28。

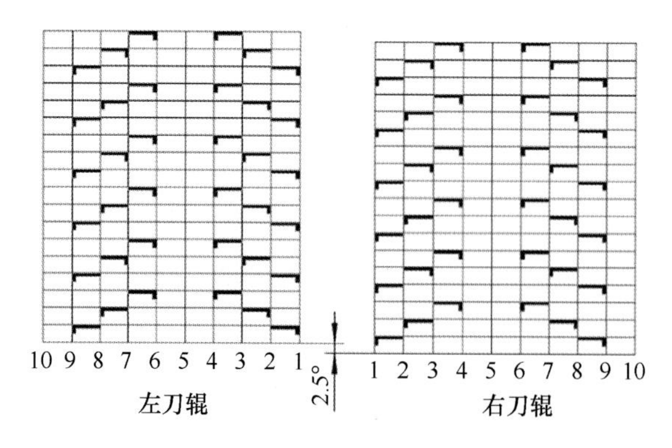

图 2-28 四行基本型碎茬刀在刀辊上的排列

（3）四行加强型耕整联合作业机刀片在刀辊上的复合排列

旋耕刀在刀辊上的排列见图 2-14，碎茬刀在刀辊上的排列见图 2-29。

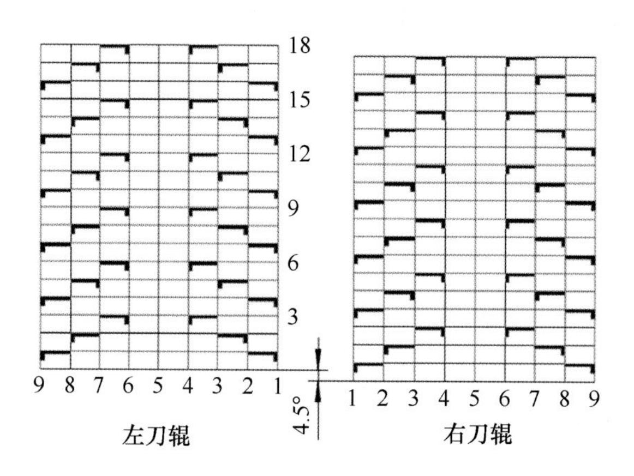

图 2-29 碎茬刀在刀辊上的排列（四行加强型）

图 2-30 为左刀辊刀盘 1 旋耕刀安装图，箭头为前进方向。

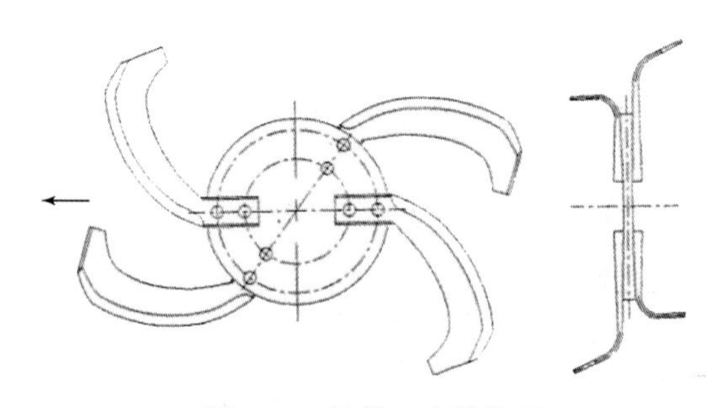

图 2-30 旋耕刀安装位置

图 2-31 为左刀辊刀盘 1 碎茬刀的安装图，视图为从机器后面向前看。

（4）排列的特点

尽管 3 种机型刀辊上刀盘数量不同，但有一些共同的特点。

1）旋耕刀在各切削小区中都是 2 把，而且每个刀盘两侧都各安装 2 把。

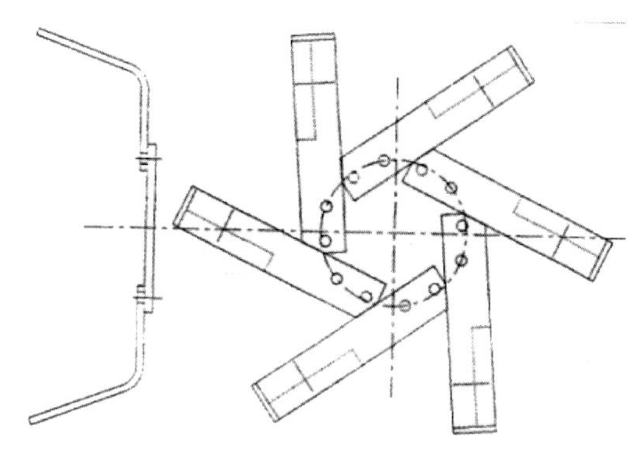

图 2-31　碎茬刀安装位置

2）碎茬刀在每个切削小区中都是 6 把刀，4 个刀盘为一个组合，如图 2-27～图 2-29 中的 1、2、3、4 刀盘及图 2-28、图 2-29 中的 6、7、8、9 刀盘，刀片均向内安装。1、4 及 6、9 各组合的外侧刀盘安装 6 把刀，中间两刀盘（2、3 及 7、8）各安装 3 把刀，仍保证 2、3（或 7、8）刀盘之间切削小区是 6 把刀。

当四行基本型与天津-60 配套、4 挡作业（V_{IV}=4.29km/h=1.192m/s），其切土节距为 3.22cm。

3）在刀盘上，2 个安装孔的连线为径线方向，是旋耕刀安装孔；2 个安装孔的连线为切线方向，是碎茬刀的安装孔。

4）旋耕刀与碎茬刀分别按各自的多头螺旋线排列，可使其分别安装在刀盘上，实现旋耕-碎茬作业的通用。

3. 旋耕刀与碎茬刀

旋耕刀：以国家标准旋耕刀（选 50mm 刀宽的旋耕刀）为基础改制而成，增加一个安装孔，为 2 个ϕ13 孔，用 2 个 M12 螺栓安装在刀盘上（图 2-32）。

碎茬刀：经过几轮设计与改进，反复试验后确定的参数如图 2-33 所示。

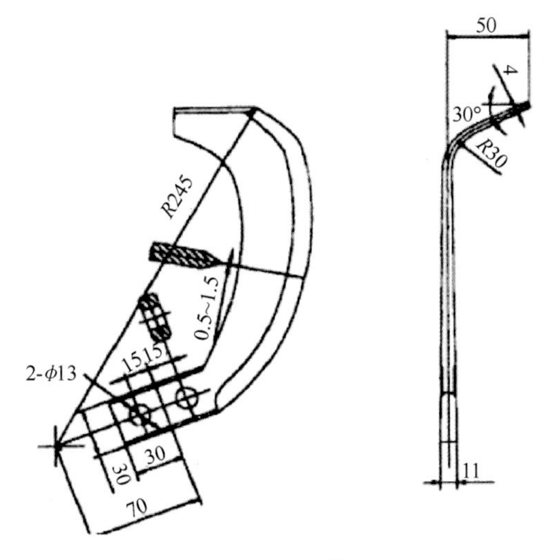

图 2-32　旋耕刀

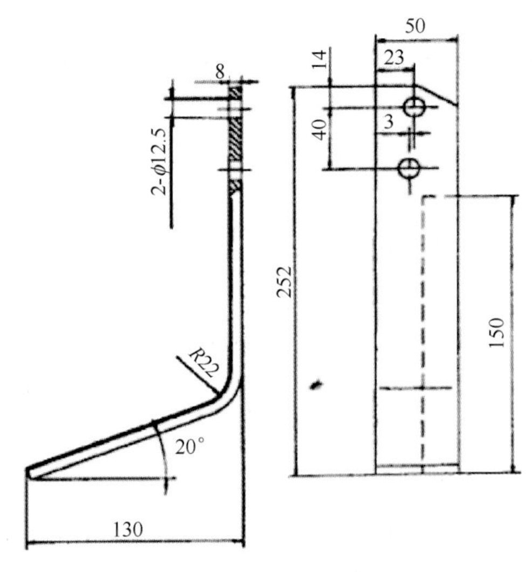

图 2-33 碎茬刀

2.4.2.4 1DGZL 系列耕整机的试验测试与推广应用

1. 1DGZL-140（2）多功能耕整联合作业机的试验测试

（1）旋耕试验

三种机具 2003 年春季旋耕试验均在长春市郊区新立城镇十里堡村进行，为稻茬地，茬高 7cm，杂草数量居中，0～15cm 土壤平均含水率 24.7%（d.b），平均坚实度 0.437MPa。测定结果见表 2-19。

表 2-19 二行耕整联合作业机旋耕性能试验结果汇总表

测试地点：新立城镇十里堡村　　　　测试时间：2003.4.23

项目		指标		行程 1	行程 2	平均值
耕深		平均值/cm	工况一	14.5	14.3	14.4
			工况二	12.0	12.4	12.2
		稳定性系数/%	工况一	89.36	94.08	91.72
			工况二	88.94	95.81	92.38
耕宽		平均值/cm	工况一	141.7	142.1	141.9
			工况二	142.4	141.8	142.1
		稳定性系数/%	工况一	88.52	95.2	91.86
			工况二	95.32	95.46	95.39
碎土率	工况一	耕层 10cm 内≤4cm/kg		70.8	65.6	68.2
		全耕层内≤8cm/kg		77.2	72.8	75
		全耕层内＞8cm/kg		6.99	8	7.5
		碎土率/%		91.7	90.1	90.9
	工况二	耕层 10cm 内≤4cm/kg		63.4	62	62.7
		全耕层内≤8cm/kg		69.6	68	68.8
		全耕层内＞8cm/kg		6.8	6.56	6.68
		碎土率/%		91.1	91.2	91.15

续表

项目	指标		行程 1	行程 2	平均值
根茬覆盖率/%		工况一	93.2	94	93.6
		工况二	92.6	92	92.3
土壤蓬松度/%		工况一	16	15	15.5
		工况二	20	19	19.5
沟底横向平整度/cm		工况一	2.493	0.969	1.731
		工况二	1.125	1.454	1.290
地面平整度	耕前/cm	工况一	0.18	0.26	0.22
		工况二	0.19	0.17	0.18
	耕后/cm	工况一	0.36	0.4	0.39
		工况二	0.45	0.33	0.39
机组打滑率/%		工况一	5.6	5.4	5.5
		工况二	6.3	5.9	6.1
机组前进速度/（km/h）		工况一	2.088	2.232	2.16
		工况二	3.420	3.348	3.384

检测人：于洪斌、黄东岩、孙明哲等　　　　填表人：于洪斌

（2）碎茬试验

碎茬试验在长春市郊区新立城镇大房李村于 2003 年秋后进行，为玉米茬地，茬高 10cm，杂草较多。0～20cm 土壤平均含水率为 15.05%（d.b），平均坚实度为 1.162MPa。测定结果见表 2-20。

表 2-20　二行耕整联合作业机碎茬试验结果汇总表

测试地点：新立城镇大房李村

配套动力：长春-25 拖拉机　　　　测试时间：2003.10.20

项目		指标		行程 1	行程 2	平均值
碎茬深度		平均值/cm	工况一	12.8	12	12.4
			工况二	10	10.6	10.3
		稳定性系数/%	工况一	94.6	95.8	95.2
			工况二	93.4	93.8	93.6
根茬粉碎率	工况一	≤5cm/g		421	398	409.5
		＞5cm/g		40	39	39.5
		粉碎率/%		91.3	91.1	91.2
	工况二	≤5cm/g		416	434	425
		＞5cm/g		39	35	37
		粉碎率/%		91.8	92.5	92.15
根茬覆盖率/%			工况一	92.5	88.7	90.6
			工况二	91.6	90.8	91.2
机组打滑率/%			工况一	4.9	5.7	5.3
			工况二	4.6	4.8	4.7
机组前进速度/（km/h）			工况一	2.196	2.124	2.16
			工况二	3.564	3.816	3.690

检测人：于洪斌、黄东岩、孙明哲等　　　　填表人：于洪斌

二行耕整机是 2003 年重点试验机型，因为当时正是中小马力拖拉机保有量迅速增加的时候，2004 年 10 月还做了用旋耕刀进行碎茬的试验，碎茬率仅 80%，远低于碎茬刀的碎茬率。以 2003 年测定数据作为吉林省农业机械试验鉴定站（简称吉林省农机鉴定站）判定的标准。

2. 1DGZL-240（4）基本型多功能耕整联合作业机的试验测试

（1）旋耕试验

2004 秋季，试验地为稻茬，茬高 5～10cm，土壤平均含水率 24.87%，平均坚实度 0.459MPa。试验结果见表 2-21。

表 2-21　四行耕整联合作业机旋耕作业试验结果汇总表

测试地点：新立城镇十里堡村

配套动力：天津迪尔 702 拖拉机　　　　测试时间：2004.10.8

项目		指标		行程 1	行程 2	平均值
耕深		平均值/cm	工况一	15.1	14.6	14.85
			工况二	14.9	14.1	14.5
		稳定性系数/%	工况一	93.5	95.7	94.6
			工况二	95.3	93.7	94.5
耕宽		平均值/cm	工况一	228	230.5	229.25
			工况二	230.5	218.3	224.4
		稳定性系数/%	工况一	94.1	93.6	93.85
			工况二	93.4	92.9	93.15
碎土率	工况一	耕层 10cm 内≤4cm/kg		44.8	49.2	47
		全耕层内≤8cm/kg		76.3	78.8	77.6
		全耕层内＞8cm/kg		6.8	7.7	7.25
		碎土率/%		91.8	91.1	91.45
	工况二	耕层 10cm 内≤4cm/kg		51.2	48.5	49.85
		全耕层内≤8cm/kg		82.1	79.3	80.7
		全耕层内＞8cm/kg		8.4	7.3	7.85
		碎土率/%		90.7	91.6	91.15
根茬覆盖率/%			工况一	82.4	86.1	84.25
			工况二	85.3	82.1	83.7
土壤蓬松度/%			工况一	15.26	14.46	14.86
			工况二	18.9	18.3	18.6
机组前进速度/（km/h）			工况一	2.21	2.17	2.19
			工况二	3.18	3.26	3.22

检测人：高晓辉、齐开山、杨海宽、贾洪雷、于洪斌　　　　填表人：杨海宽

此次为吉林省农机鉴定站进行的鉴定检测（检测人杨海宽研究员及高晓辉和齐开山均为吉林省农机鉴定站检测人员）。

（2）碎茬试验

2004 年秋在吉林农业大学农场进行碎茬试验，试验地为玉米茬，平均茬高 13.6cm，密度 5.2 株/m^2，垄距 63～70cm，垄高 10～15cm，垄沟内植物残株、残叶较多，并且垄

距差异大，土质硬且黏重，0～30cm 土壤平均含水率 17.67%(d.b)，平均坚实度 1.561MPa。该检测亦由吉林省农机鉴定站杨海宽研究员等进行。测定结果见表 2-22。

表 2-22　碎茬作业试验结果汇总表

测试地点：吉林农业大学试验站农场

配套动力：天津迪尔 702 拖拉机　　　　测试时间：2004.10.9～2004.10.10

项目	指标		行程 1	行程 2	平均值
碎茬深度	工况一	平均值/cm	11.6	11.3	11.45
		稳定性系数/%	85.6	86.3	85.95
	工况二	平均值/cm	12.1	12.5	12.3
		稳定性系数/%	85.8	87.6	86.7
根茬粉碎率/%	工况一		91.4	91.7	91.55
	工况二		91.5	91.9	91.7
根茬覆盖率/%	工况一		89.1	88.6	88.85
	工况二		88.7	89.3	89
机组前进速度/（km/h）	工况一		2.85	2.61	2.73
	工况二		2.14	2.06	2.1
打滑率/%	工况一		3.9	3.1	3.5
	工况二		4.91	4.96	4.935

检测人：高晓辉、齐开山、杨海宽、贾洪雷、于洪斌　　　　填表人：杨海宽

3. 1DGZL-240（4）J 加强型多功能耕整联合作业机的试验测试

（1）旋耕试验

2004 年秋在吉林农业大学农场稻茬地，由吉林省农机鉴定站杨海宽研究员等进行检测，地块与 1DGZL-240（4）基本相同。测定结果见表 2-23。

表 2-23　旋耕作业试验结果汇总表

测试地点：吉林农业大学试验站农场

配套动力：天津迪尔 702 拖拉机　　　　测试时间：2004.10.8

项目		指标	行程 1	行程 2	平均值
耕深	工况一	平均值/cm	15.34	14.75	15.05
		稳定性系数/%	96.05	93.14	94.6
	工况二	平均值/cm	15.3	14.2	14.75
		稳定性系数/%	96.8	92.36	94.58
耕宽	工况一	平均值/cm	248	240.5	244.25
		稳定性系数/%	94.56	94.35	94.455
	工况二	平均值/cm	242.9	219.4	231.15
		稳定性系数/%	94.24	93.84	94.04
碎土率/%	工况一	耕层 10cm 内≤4cm/kg	46.2	48.7	47.45
		全耕层内≤8cm/kg	75.5	79.3	77.4
		全耕层内＞8cm/kg	6.4	7.5	6.95
		碎土率/%	92.2	91.4	91.8

续表

项目		指标	行程 1	行程 2	平均值
碎土率/%	工况二	耕层 10cm 内≤4cm/kg	49.3	47.6	48.45
		全耕层内≤8cm/kg	81.2	78.6	79.9
		全耕层内＞8cm/kg	8.6	7.0	7.8
		碎土率/%	90.4	91.8	91.1
植被覆盖率/%		工况一	80.8	86.67	83.74
		工况二	84.44	81.4	82.92
土壤蓬松度/%		工况一	15.58	14.34	14.96
		工况二	19.3	18.15	18.73
机组前进速度/（km/h）		工况一	2.16	2.24	2.2
		工况二	3.24	3.15	3.2

检测人：高晓辉、齐开山、杨海宽、贾洪雷、于洪斌　　　　填表人：杨海宽

（2）碎茬深松联合作业试验

该试验与四行基本型多功能耕整联合作业机在吉林农业大学农场同地块进行，作业质量由吉林省农机鉴定站杨海宽研究员等检测，测定结果见表 2-24。

表 2-24　碎茬深松作业试验结果汇总表

测试地点：吉林农业大学试验站农场

配套动力：芬特 611LS 拖拉机　　　　测试时间：2004.10.9～2004.10.10

项目		指标	行程 1	行程 2	平均值
碎茬深度	工况一	平均值/cm	10.1	10.7	10.4
		稳定性系数/%	86.7	85.9	86.3
	工况二	平均值/cm	10.4	10.3	10.35
		稳定性系数/%	86.03	88.06	87.05
深松深度	工况一	平均值/cm	25.7	25.8	25.75
		稳定性系数/%	96.3	95.9	96.1
	工况二	平均值/cm	29.3	29.7	29.5
		稳定性系数/%	96.7	96.7	96.7
根茬粉碎率/%	工况一		91.9	91.57	91.74
	工况二		91.73	91.53	91.63
根茬覆盖率/%	工况一		88.9	88.4	88.65
	工况二		88.98	89.04	89.01
土壤蓬松度/%	工况一		29.8	21.2	25.5
	工况二		28.12	18.96	23.54
机组前进速度/（km/h）	工况一		2.56	2.63	2.6
	工况二		2.156	2.01	2.08
打滑率/%	工况一		3.7	2.98	3.34
	工况二		4.89	4.92	4.91

检测人：杨海宽、高晓辉、齐开山等　　　　填表人：杨海宽

四行加强型耕整联合作业机碎茬深松联合作业状态的照片见图 2-34。

图 2-34　四行加强型耕整联合作业机深松作业状态

4. 对测试结果的判定

此检测结论由吉林省农机鉴定站做出，如表 2-25 所示。

表 2-25　性能测试结果判定表

项目	技术要求	单位	实测值			判定结果
			1DGZL-二行	1DGZL-四行	1DGZL-J 四行加强型	
碎茬深度	≥7	cm	11.4	11.9	10.4	合格
旋耕深度	≥12	cm	13.3	15.0	14.9	合格
旋耕耕深稳定性系数	≥85%		92%	95%	95%	合格
深松深度	≥25	cm			28.0	合格
深松耕深稳定性系数	≥80%				96%	合格
根茬粉碎率	≥86%		92%	92%	92%	合格
碎土率	≥60%		91%	91%	91%	合格
植被覆盖率	≥55%		93%	84%	83%	合格
土壤蓬松度	≤40%		18%	17%	17%	合格
旋耕机组前进速度	0.5～1.4	m/s	0.8	0.8	0.8	合格
碎茬机组前进速度	0.5～1.4	m/s	0.8	0.7	0.7	合格
旋耕机组打滑率	≤20%		5.8%	5.2%	5.0%	合格
碎茬机组打滑率	≤20%		5.0%	4.2%	4.1%	合格
旋耕生产率	0.2～1.2	hm^2/h	0.37	0.75	0.69	合格
碎茬生产率	0.2～1.2	hm^2/h	0.37	1.12	0.66	合格

2002～2004 年春秋两季，在多地长时间进行性能试验及生产考核，并于 2004 年由吉林省农机鉴定站进行了鉴定检测，1DGZL 系列多功能耕整联合作业机三种机型的各项性能指标均达到了合同书及国家相关标准规定的技术指标要求，并于 2005 年 1 月 29

日通过了国家科技成果鉴定。

5. 推广应用

三种机具在课题进行期间（2002～2004年），就在吉林省榆树、九台、伊通、公主岭、白城、乾安、东丰、长春郊区、吉林农业大学农场等地进行了大面积试验推广，面积达2011.7hm²（二行198hm²、四行基本型1266.7hm²、四行加强型547hm²）。

课题组还与黑龙江省甘南及辽宁省阜新两个国家节水农业示范区签订了对接协议，将四行加强型及二行机发往上述地区进行试验示范。

三种机具研制时是在长春市建邦汽车零部件有限公司进行试制及生产，后又在长拖农业机械装备集团有限公司等企业生产，并在省内外大面积推广应用，到2006年底，耕整联合作业机及其变形产品新型深松旋耕-碎茬通用机共推广1200多台（套），作业面积达22万hm²，在吉林省广泛应用，增收节支效果显著。作为主要机具之一，2007年获得了吉林省科技进步二等奖。

2.4.3 1GFZ-4（2）仿生智能耕整机

1GFZ系列仿生智能耕整机是1DGZL系列多功能耕整联合作业机的换代产品，将旋耕-碎茬通用技术、机械仿生减阻脱附技术、智能控制技术等先进技术进行集成创新，使机具性能提高到了一个新高度，达到了新水平。

2.4.3.1 *有关参数及性能指标*

1. 主要技术参数

主要技术参数见表2-26。

表2-26 主要技术参数及特征

类别	项目		1GFZ-4	1GFZ-2
整机特征	配套动力/kW（马力）		58.8～88.2（80～120）	29.4～44.1（40～60）
	动力来源		拖拉机动力输出轴	拖拉机动力输出轴
	挂接形式		液压三点悬挂	液压三点悬挂
	工作幅宽（或行数）	旋耕/cm	246	142
		碎茬/行数	4	2
	运输通过间隙/mm		＞300	＞300
	外形尺寸	碎茬起垄 L×W×H/mm	2470×2950×1395	2450×1626×1395
		旋耕 L×W×H/mm	1323×2950×1125	1323×1626×1105
	整机质量	碎茬深松起垄等/kg	760	432
		旋耕/kg	590	330
部件结构特征	基本作业	刀轴型式	通用刀辊与刀盘	通用刀辊与刀盘
		耕作刀片型式	旋耕-碎茬通用刀片	旋耕-碎茬通用刀片
		刀片数量	108	60

续表

类别	项目			1GFZ-4	1GFZ-2
部件结构特征	基本作业所需	旋耕刀轴转速/（r/min）		242	237
		碎茬刀轴转速/（r/min）		396	410
		刀辊回转半径/mm		260	260
		刀盘间距/mm		130	130
	联合作业所需	深松	深松铲柄型式	仿生减阻深松铲柄	仿生减阻深松铲柄
			深松铲型式	双翼铲	双翼铲
		起垄	起垄器型式 规格/mm	三角铧 200	三角铧 200
		施肥	排肥轮型式	外槽轮式	外槽轮式
			肥量控制	根据处方图给的指令，改变液压马达的转速，从而改变外槽轮转速，控制排肥量	根据处方图给的指令，改变液压马达的转速，从而改变外槽轮转速，控制排肥量
			施肥铲型式	滑刀式	滑刀式
			肥箱容积/L	45	23
		镇压	镇压器型式	仿生柔性镇压辊	仿生柔性镇压辊

2. 主要性能指标

主要性能指标见表 2-27。

表 2-27　主要性能指标

序号	项目		1GFZ-4	1GFZ-2
1	碎茬深度/cm		≥6	≥6
2	旋耕	耕深/cm	≥12	≥12
		耕深稳定性系数/%	≥80	≥80
3	深松	耕深/cm	20～35	20～35
		耕深稳定性系数/%	≥80	≥80
4	起垄	垄高/cm	≥12	≥12
		垄高合格率/%	≥75	≥75
5	施肥	施肥量控制范围/（kg/hm^2）	150～700	150～700
		施肥部位/cm	表土下 5～15， 多层分布	表土下 5～15， 多层分布
		施肥控制方法	由客户集成电路管理决策控制，提供精确变量施肥	由客户集成电路管理决策控制，提供精确变量施肥
6	根茬粉碎率/%		≥70	≥70
7	植被残茬覆盖率/%		≥55	≥55
8	碎土率（耕层内 4cm 土块） （主要指旋耕、碎茬作业）/%		≥60	≥60
9	耕后地表平整度 （平作地旋耕后）/cm		≤5	≤5

续表

序号	项目		1GFZ-4	1GFZ-2
10	功率消耗/kW		85%配套动力的标定功率	85%配套动力的标定功率
11	纯工作小时生产率/[hm²/（h·m）]	碎茬（不带深松）	≥0.3	≥0.3
		旋耕	≥0.2	≥0.18
		碎茬（带深松）	≥0.15	≥0.13

2.4.3.2 整机结构

1GFZ 型耕整机结构见图 2-35。1GFZ 型耕整机主要由万向节（1）、变速箱（2）、三梁框架焊成的机架（17）、左右刀辊（11）组成碎茬与旋耕基本作业的主机部分，在后梁可固定（安装）深松（4）、起垄（5）、施肥（7）及镇压（6）等土壤耕作部件，前梁上安装支撑地轮（14）。

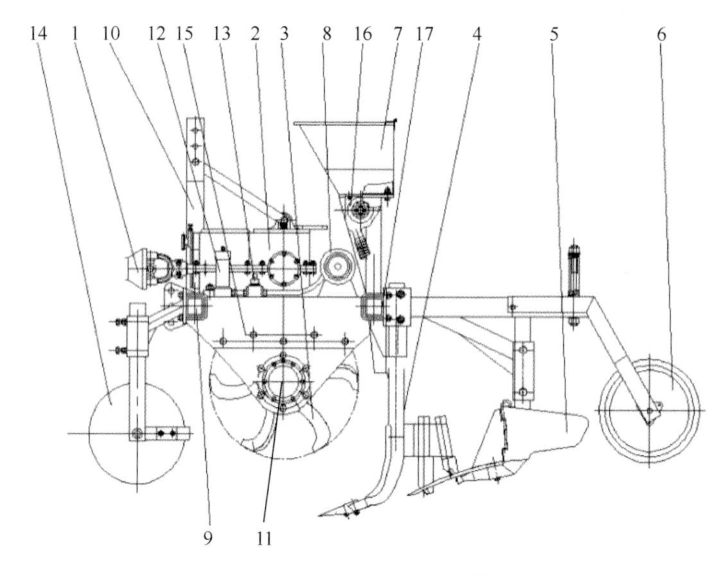

图 2-35 1GFZ 型仿生智能耕整机

1. 万向节；2. 变速箱；3. 通用刀片；4. 深松铲；5. 起垄铲（三角铧）；6. 镇压轮；7. 肥箱；8. 液压马达；9、10. 悬挂架；11. 刀辊；12. 过滤器；13. 液压比例调速阀；14. 地轮；15. 侧板；16. 排肥器；17. 机架（后梁）

该机传动系统基本工作原理及结构与 1DGZL 系列多功能耕整联合作业机相同，详见 2.4.2.2 节相关内容。

1GFZ-4 仿生智能耕整机的变速箱与 1DGZL-240（4）J 加强型多功能耕整联合作业机的变速箱相同，1GFZ-2 仿生智能耕整机的变速箱与 1DGZL-140（2）多功能耕整联合作业机的变速箱相同。

1GFZ 型耕整机是动力输出轴驱动和牵引复合机具，其特点及创新性表现在以下几个方面。

1）采用“三通型”旋耕-碎茬通用技术，在通用刀辊、通用刀盘、更换刀片结构基础上，研究成功了仿生旋耕-碎茬通用刀片，形成了通用刀辊、通用刀盘、通用刀片的

"三通型"结构型式，彻底解决了旋耕、碎茬两种基本作业的通用问题，提高了机具的通用化程度。

2）提出了耕作刀片在卧式刀辊上的多头螺旋线对称排列法。排列方法科学、实用，易于掌握及应用，同行专家认为具有创新性。

3）采用三根方钢管横梁的框架结构，强度好，利于在碎茬（或旋耕）工作部件之后配置消耗拖拉机牵引力最大的深松工作部件，即先碎茬（或旋耕）、后深松，减少了深松铲（柄）切割土壤的实际深度，从而降低了深松的工作阻力，合理地利用拖拉机的功率与牵引力，而且利于垄台深松。

4）采用三根横梁结构，利于施肥、深松、起垄、镇压等土壤工作部件及其他部件（如地轮）的优化配置，合理组合，在完成碎茬（或旋耕）作业同时，还可按当地农艺要求，完成其他多项复合作业，大大提高了机具的利用率。

5）发明了仿生旋耕-碎茬通用刀片，采用了仿生减阻深松铲柄及仿生柔性镇压辊等发明专利技术，使机械仿生减阻脱附技术在机具关键零部件上得到广泛应用，取得了减阻降耗的明显效果。

6）应用以液压马达为驱动力的变量施肥系统，对土壤按耕前做出的测土施肥方案按需施肥，真正做到了肥尽其用，科学种田，可减少因化肥过量使用造成对土壤、水源及作物的污染。

与其他碎茬、旋耕通用的机具相比，1GFZ 型仿生智能耕整机结构更简单，制造成本更低，操作使用更方便，因采用了仿生旋耕-碎茬通用刀片、仿生减阻深松铲柄、仿生柔性镇压辊等，使作业功耗更低、作业质量更好，深松部件位置配置更合理，加之采用变量施肥系统，是紧跟现代农艺技术的农业技术装备，获得了国家专利（专利名称为一种仿生智能耕整机，授权专利号 ZL200920093271.0，公开号 CN201450738U）。

1GFZ-4 仿生智能耕整机照片见图 2-36。

图 2-36　1GFZ-4 仿生智能耕整机

2.4.3.3　驱动工作部件

驱动工作部件主要由左、右刀辊组成，为了防止漏耕还在变速箱前方装有小犁铧。

左右刀辊对称分布，刀辊上焊有刀盘，刀盘上安装仿生旋耕-碎茬通用刀片，每切削小区安装 3 把，即每个刀盘左、右两侧各按一定规律安装 3 把。

1GFZ-2 仿生智能耕整机的刀片排列，在 2.3.3.1 小节已详细介绍，在此不再赘述。

1GFZ-4 仿生智能耕整机的刀片排列见图 2-37。

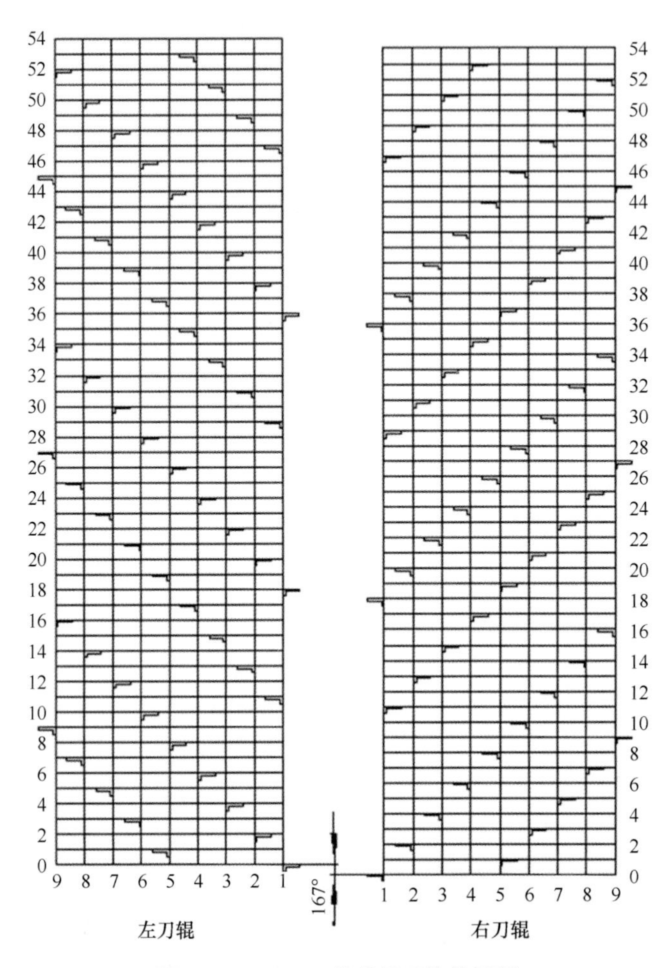

图 2-37 1GFZ-4 耕整机刀片排列图

因为每个切削小区有 3 把刀片，即 Z=3，所以碎茬作业时，只要保证机组前进速度 $V_m \leqslant 1$m/s，切土节距 S 就可控制在 5cm 以内，就能保证碎茬质量。

在保护性耕作中，碎茬的粉碎率及覆盖（埋）率不必要求过高。粉碎过细，消耗功率过大，对土壤保护作用也不好，只要保证不漏耕就可以了。

2.4.3.4 牵引工作部件

牵引工作部件是靠拖拉机牵引力作用进行作业的土壤耕作部件，主要由变量施肥系统、深松铲（或施肥铲）、起垄铲及镇压轮组成。除变量施肥系统外，其他牵引工作部件，1DGZL 系列耕整联合作业机与 1GFZ 仿生智能耕整机完全通用。

1. 变量施肥系统

变量施肥系统由施肥执行机构与智能控制系统两大部分组成（图 2-38）。

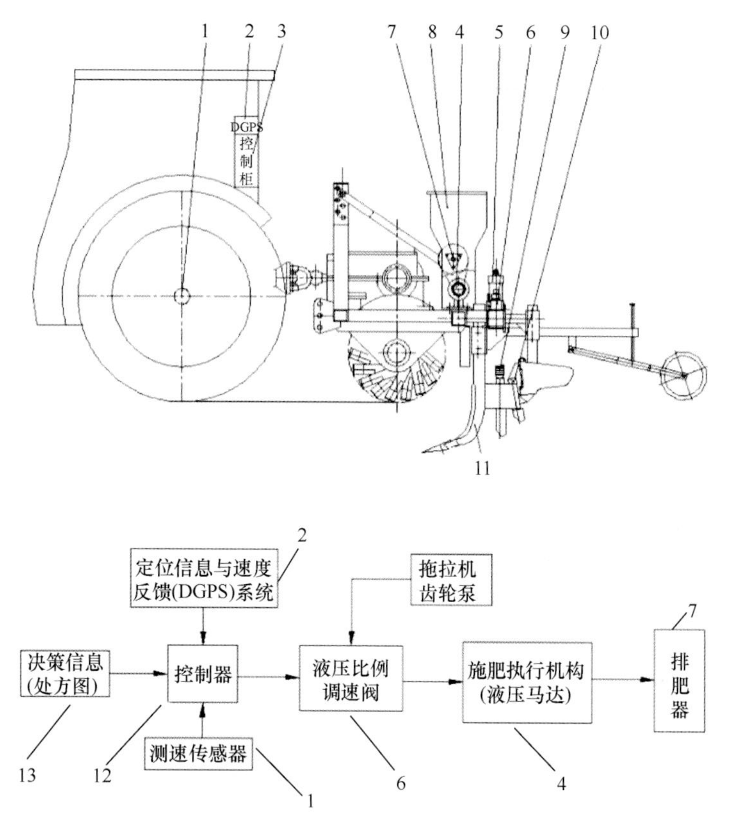

图 2-38　变量施肥系统原理简图

1. 测速传感器；2. DGPS 系统；3. 控制柜；4. 液压马达；5. 过滤器；6. 液压比例调速阀；7. 外槽轮排肥器；8. 肥箱；9. 排肥口；10. 起垄铲；11. 深松铲（或施肥铲）；12. 控制器；13. 处方图

施肥执行机构由液压马达（4）（其动力由拖拉机的齿轮泵带动）带动外槽轮排肥器（7）转动，将肥料排入深松铲（11）（或施肥铲）开出的沟内。排肥器与上方的肥箱（8）为一体，保证肥源的供应。这样，施肥量在作业过程中是基本固定不变的。

若想使施肥量按田地不同区域内对肥量的不同需求进行随机变化，就需要实时调整排肥器的转速，也就是实时调整液压马达的转速，就需要智能控制系统来完成这项工作，可用安装在拖拉机齿轮泵至液压马达之间的输油管上的液压比例调速阀（6）来控制，控制指令来自安装在拖拉机上的控制柜（3）。根据作业地块的处方图（即实际查定绘制出的该地块不同区域的肥量需求情况），又根据机组所在位置［由定位信息与速度反馈系统（DGPS）（2）来提供］及机组前进速度[由安装于拖拉机上的测速传感器（1）来提供］发出指令信号，实时控制液压比例调速阀，从而控制液压系统流量来实时改变液压马达转速（即排肥轴的转速），实时改变排肥量，达到精准变量施肥。

2. 施肥铲

从结构上分，有锐角施肥铲和钝角施肥铲。对于土壤比阻较大的地块，锐角施肥铲更有利于入土。在土壤比阻不大、杂草残叶较密集的地块，使用钝角施肥铲，可避免拖堆、缠草，并减少工作阻力。两种施肥铲的结构分别见图 2-39 及图 2-40。机具上不安装深松铲时，在该位置可装施肥铲。

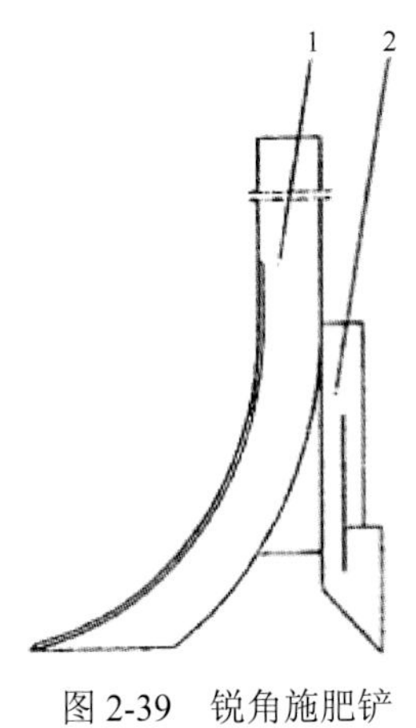

图 2-39 锐角施肥铲

1. 锐角施肥铲；2. 分层排肥管

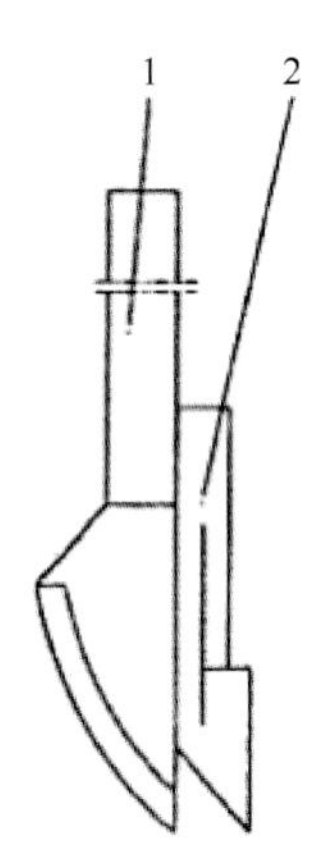

图 2-40 钝角施肥铲

1. 钝角施肥铲；2. 分层排肥管

有时在深松时进行施肥，深松同时完成分层施肥：将分层施肥管装在深松铲柄后面。

3. 深松铲

本机选用了吉林大学佟金教授发明的仿生减阻深松铲柄。其作用与构造详见本书第 4 章“深松整地机械”的相关内容，其结构简图见图 2-41。

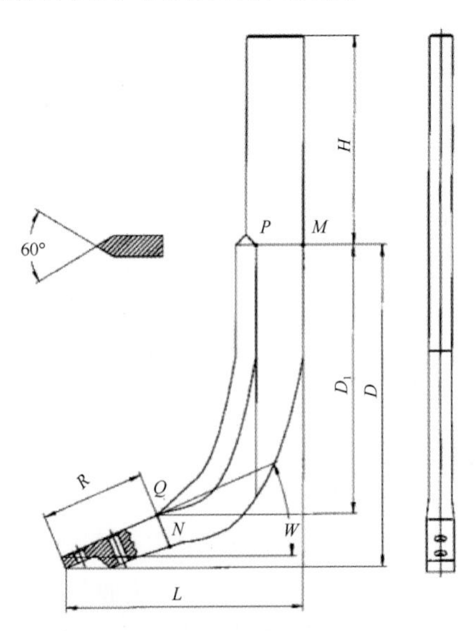

图 2-41 仿生减阻深松铲柄

H 为机架连接段，PQ、MN 为铲柄工作段，R 为铲尖连接段，W 为铲尖安装平面与水平面夹角，D_1 为 PQ 的垂直高度，L 为铲柄前伸量

4. 起垄铲

图 2-42 为普通中耕（起垄）机上常用的三角铧，为通用件，也称为起垄铲。根据农艺要求可选取 190mm、210mm、280mm 宽度不等的铧子。它安装在旋耕-碎茬刀辊后面，将碎茬作业后的田面直接起垄，为日后播种准备好种床。

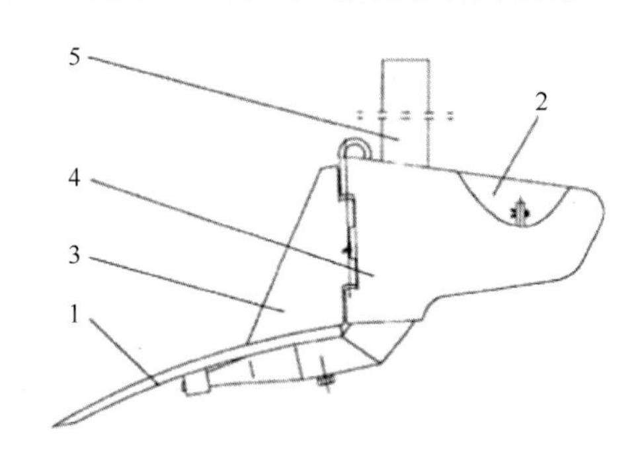

图 2-42　起垄铲

1. 犁铧；2. 左分土板；3. 鼻梁子；4. 右分土板；5. 犁辕

5. 镇压轮

耕整联合作业机在碎茬起垄同时要对垄台进行镇压，才能真正备好种床。

镇压轮选用的是吉林大学任露泉院士发明的仿生柔性镇压辊，见图 2-43。

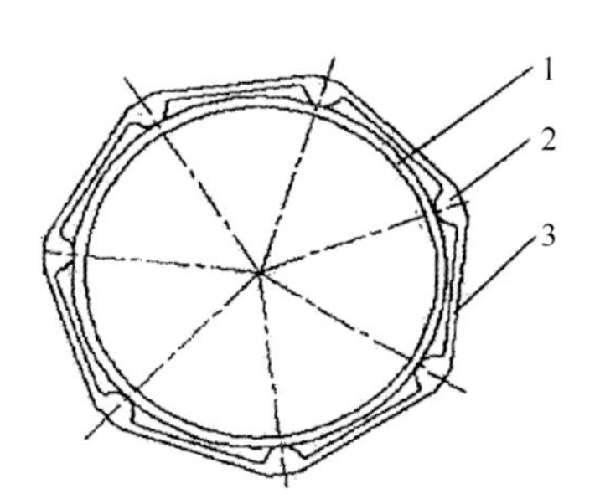

图 2-43　仿生柔性镇压辊

1. 辊体；2. 凸筋；3. 柔性外套

它由辊体（1）、凸筋（2）、柔性外套（3）形成柔性结构。柔性镇压辊运动时，柔性外套与土壤接触，对来自土壤的作用力具有缓冲作用，通过柔性外套的变形、振动，可使与其接触的土壤脱落。它的应用解决了普通镇压辊的土壤黏附问题，可使碾压后的土壤外形规整，硬度均匀，工作时不必再清理镇压辊表面黏附的土壤，可连续作业，从而提高作业质量，降低能耗。

此种镇压辊更多地被应用在播种机上。

2.4.3.5　辅助部件

辅助部件主要包括左右地轮及各种防护设备［左、右罩板，挡土板（碎茬时用），拖板（旋耕时用）等］。

2.4.3.6 牵引阻力与功率消耗计算

1. 传动效率与传动功率计算

1GFZ-4 的传动系统图见图 2-25：动力从拖拉机动力输出轴出来经过万向节（其传动效率 $\eta_{万}$=0.96）、3 级圆柱直齿轮（其传动效率 $\eta_{直}$=0.96）、1 级锥齿轮（其传动效率 $\eta_{锥}$=0.955）、5 根轴的滚动轴承（其传动效率 $\eta_{轴}$=0.98），传到刀辊，则传动效率为

$$\begin{aligned}\eta_{总4} &= \eta_{万}\cdot\eta_{1直}\cdot\eta_{锥}\cdot\eta_{2直}\cdot\eta_{3直}\cdot\eta_{1轴}\cdot\eta_{2轴}\cdot\eta_{3轴}\cdot\eta_{4轴}\cdot\eta_{5轴}\\ &= 0.96\times0.96\times0.955\times0.96\times0.96\times0.98\times0.98\times0.98\times0.98\times0.98\\ &= 0.733\end{aligned} \tag{2-26}$$

1GFZ-2 的传动系统（图 2-24）比四行机多一级直齿轮传动，也多一级轴承，所以传动效率在四行机基础上还要乘 0.96×0.98，则 $\eta_{总2}$=0.733×0.96×0.98=0.690。

刀辊输入功率为 $P_{入}=\eta_{总}P_{动}$，其中 $P_{动}$为拖拉机动力输出标定功率。

2. 驱动功率消耗计算

驱动工作部件的功率消耗（机具驱动功率消耗），除与其工作对象（土壤及作物根茬等）的自然状况有关外，还与土壤耕作部件（主要是刀片）的结构参数（刀片的结构尺寸及其在刀辊上的排列方法）及工作参数（主要是刀片的回转速度、耕作深度和机组前进速度等）有关。分别按碎茬与旋耕两种作业进行分析。

（1）碎茬作业功率消耗

吉林大学胡少兴等通过实验室试验等，得到了传统碎茬机单组碎茬刀（即对某行根茬作业的 1 组碎茬刀，4 个刀盘为 1 组）功耗经验公式：

$$\begin{aligned}P_{\mathrm{DH}} = (&-129.098+0.445n+0.00\,014n^2+7.873h-0.10h^2\\ &-0.009nh+98.237V_{\mathrm{m}}-29.808V_{\mathrm{m}}^{\ 2})n/9549\end{aligned} \tag{2-27}$$

式中，P_{DH} 为单组碎茬刀功率，kW；n 为刀辊转速，r/min；h 为碎茬深度，cm；V_{m} 为机组前进速度，m/s。

传统碎茬刀单刀宽度为 70mm，与通用刀片单刀宽度（60mm）接近，回转半径亦相同，在刀辊上均按螺旋线排列。碎茬机上 1 组碎茬刀作业宽度为 240mm，而在通用机上是 4 个切削小区为 1 组进行碎茬作业，宽度为 260mm。两种机具切削小区内作业情况十分接近，加之工作参数也基本相同，可用碎茬机 1 组碎茬刀的作业情况代替通用机上对 1 行根茬粉碎时通用刀片作业的情况。而且从“2.2.2.3 对比试验”小节中可知，同幅宽的通用刀片作业功耗比传统碎茬刀小，更增加了计算结果的可信度。

按 1GFZ-4 耕整机基本数据代入式（2-27）：

n=396.3r/min，　h=10cm，　V_{m}=1m/s，则 P_{DH4}=7.086kW

按 1GFZ-2 耕整机基本数据代入式（2-27）：

n=444.5r/min，　h=10cm，　V_{m}=1.1m/s，则 P_{DH2}=9.174kW

选择四行机作业时，相当于有 4 组碎茬刀作业，则

$$P_{H4总}=P_{DH4}\cdot 4=7.086\times 4=28.344\text{kW}$$

选择二行机作业时，相当于有 2 组碎茬刀作业，则

$$P_{H2总}=P_{DH2}\cdot 2=9.174\times 2=18.348\text{kW}$$

在垄地碎茬，根茬主要生长于垄台部，碎茬刀切割的土层断面是梯形顶部，部分切刀并没有切割土壤或仅部分切割土壤，比土槽的平作地全幅切割土壤能耗小。

（2）旋耕作业功率消耗

$$P_H = 0.1k_\lambda dV_m B \tag{2-28}$$

式中，P_H 为旋耕机功耗，kW；d 为耕深，cm；V_m 为机组前进速度，m/s；B 为耕幅，m；$k_\lambda = k_g \cdot k_1 \cdot k_2 \cdot k_3 \cdot k_4$，其中，$k_g$ 为旋耕比阻基础值（一般为黏土、麦茬、含水率 20%、耕深 15cm），它与切土节距有关，如表 2-28 所示[16]。

表 2-28　k_g 与切土节距的关系

切土节距 S	6～9	12～15	18～21
k_g	13～15	11～13	5～10

取耕深 d=14cm，切土节距 9～10，则 k_g=13，此时 V_m=0.8m/s。

k_1——耕深修正系数，耕深 12cm 时为 0.8～1，18cm 时为 1～1.2，取 k_1=0.95。

k_2——土壤含水率修正系数，k_2=1（含水率 30%时为 0.95，含水率 40%时为 0.92，此处为正常含水率）。

k_3——残茬植被修正系数，k_3=1（麦茬或秋后已干的稻田地）。

k_4——作业方式修正系数，k_4=1（传统旱耕方式）。

则 $k_\lambda = 13\times 0.95\times 1\times 1\times 1 = 12.35$。

按 1GFZ-4 耕整机基本数据代入式（2-28）：

$$P_{H4} = 0.1\times 12.35\times 14\times 0.8\times 2.46 = 34.03\text{kW}$$

按 1GFZ-2 耕整机基本数据代入式（2-28）：

$$P_{H2} = 0.1\times 12.35\times 14\times 0.8\times 1.42 = 19.64\text{kW}$$

从上述计算可见，全幅旋耕因耕深大、耕幅宽，其功率消耗比碎茬作业大。

3. 牵引阻力计算

耕整机进行碎茬（或旋耕）、深松、起垄、镇压及施肥联合作业时机器的牵引阻力可用车拉车的方法进行测定，即将挂接机具的拖拉机挂空挡，动力输出轴按要求转速驱动刀辊作业，各工作部件按要求耕深入土作业，这时牵引车与机组之间的测量仪器上显示出的数值，就是此时作业状态下机组受到的牵引阻力。这个阻力主要来自深松器，另外还有起垄铲等，其他如被测拖拉机的滚动阻力、镇压轮的滚动阻力等，这几项阻力很小，刀辊转动对机组起向前推进的作用。深松器的工作阻力是其中最主要的组成部分。

因为采用的是深松器配置在碎茬刀辊后面的方案，减少了深松铲的实际耕深，对减少牵引阻力有一定好处。四行机垄沟深松时需安装 5 组深松器，4 组起垄铧，每组起垄

铧牵引阻力为 0.8～1.2kN，则四行机整个机组牵引阻力为

$$F_Z = F_s + F_H = F_{s1} \times 5 + F_{H1} \times 4 \tag{2-29}$$

式中，F_Z 为机组牵引阻力，kN；F_s 与 F_{s1} 分别为机组上全部深松器及单个深松器的牵引阻力，kN；F_H 与 F_{H1} 分别为机组上全部起垄铧及单个起垄铧的牵引阻力，kN。

而二行机配 3 组深松器，2 组起垄铧：

$$F_{Z2} = F_{s1} \times 3 + F_{H1} \times 2$$

在实际作业时，需要深松破垄，则安装深松起垄铲，即在深松铲上安装分土板，将深松后土壤直接分到两侧成新垄，这样就不再安装另外的起垄铲。

4. 整机功率消耗计算

仿生智能耕整机是动力输出轴驱动刀片作业和牵引深松铲等土壤耕作部件同时进行复合作业的机具，应满足

$$P_{d\max} \geqslant P_{GH} = (1.1 \sim 1.2)\left[P_n + \frac{(F_n + m_s g f)V}{3600}\right] \tag{2-30}$$

式中，$P_{d\max}$ 为拖拉机最大动力输出轴功率，kW；P_{GH} 为机具功率消耗，kW；P_n 为机具平均驱动功率消耗，kW，本小节之“2”点已算出；F_n 为机具平均牵引阻力，N；m_s 为拖拉机使用质量，kg；g 为重力加速度，m/s^2，g=9.8m/s^2；f 为拖拉机滚动阻力系数，f=0.16～0.18；V 为实际作业速度，m/h，$V=V_L$（1–δ），δ 为拖拉机滑转系数，轮拖 δ=10%～15%，V_L 为理论速度。

式（2-30）中，如果将机具平均牵引阻力 F_n 测出，并将实际配套拖拉机各参数代入，就可估算出 P_{GH}，其小于 $P_{d\max}$，则说明配套合理。

2.4.3.7　GFZ 型仿生智能耕整机试验考核

新研制的机具在鉴定之前，都要进行大量的性能试验测定、大面积生产考核（生产查定）及可靠性考核，本书中介绍的各种机具都经历了这个过程，仅以 1GFZ-4 仿生智能耕整机为例做以系统介绍，其他机具从略。

1GFZ-2 仿生智能耕整机于 2007 年 10 月 26 日在吉林农业大学农场进行了性能试验，是作为旋耕-碎茬通用刀片田间耕作质量的验证试验而进行的，碎茬试验及旋耕试验的试验结果在本章表 2-7 及表 2-8 已列出，并对试验结果进行了分析，此处不再重复，仅对 1GFZ-4 仿生智能耕整机的试验考核叙述如下。

1. 性能试验测定

（1）旋耕试验

试验地为吉林农业大学农场稻茬地，平均留茬 7.8cm，0～15cm 土壤平均含水率为 23.93%（d.b），平均坚实度为 1.437MPa，测定时间为 2008 年 10 月 28 日，试验结果见表 2-29。

表 2-29　旋耕性能试验结果汇总表

测试地点：吉林农业大学农场　　测试时间：2008.10.28

测试机具：1GFZ-4 仿生智能耕整机　　配套动力：904 拖拉机

项目			行程 1	行程 2	行程 3
耕深	平均值/cm	工况一	16.1	15.9	16.6
		工况二	15.8	15.7	15.8
	稳定性系数/%	工况一	94.4	95.1	95.2
		工况二	93.9	94.2	94.6
碎土率/%		工况一	90.7	89.8	90.3
		工况二	90.3	91.1	90.4
植被覆盖率/%		工况一	84.2	82.5	83.2
		工况二	83.4	89	87.7
土壤蓬松度/%		工况一	16.1	14.5	15.3
		工况二	18.1	19.5	18.8
沟底横向平整度/cm		工况一	2.5	1.8	2.15
		工况二	2.1	2.3	2.2
地面平整度	耕前/cm	工况一	0.33	0.31	0.32
		工况二	0.23	0.20	0.215
	耕后/cm	工况一	0.39	0.38	0.385
		工况二	0.34	0.32	0.33
机组打滑率/%		工况一	5.1	5.2	5.15
		工况二	4.7	4.9	4.8
机组前进速度/（km/h）		工况一	2.54	2.48	2.51
		工况二	3.31	3.1	3.22

检测人：刘春喜、赵文罡、汲文峰、李冠楠、庄维林等　　填表人：黄东岩

（2）碎茬起垄试验

试验地为吉林农业大学农场玉米茬地，茬高 25.4cm，草多，结合垄相差较大，土壤平均含水率：0～10cm 为 17.7%（d.b），10～20cm 为 17.9%（d.b），20～30cm 为 18.3%（d.b），30～50cm 为 19.0%（d.b）。土壤坚实度平均值：10cm 为 1.99MPa，20cm 为 3.2MPa，30cm 为 3.7MPa。试验结果见表 2-30。

表 2-30　碎茬起垄性能试验结果汇总表

测试地点：吉林农业大学农场　　配套动力：芬特 611LS 拖拉机

测试人：刘春喜、赵文罡、汲文峰等　　测试时间：2008.10.29

项目			行程 1	行程 2	平均值
碎茬深度	平均值/cm	工况一	12.8	12.6	12.7
		工况二	11.9	11.2	11.55
	稳定性系数/%	工况一	90.5	89.8	90.15
		工况二	90.1	90.8	90.45
垄顶宽/cm		工况一	12.0	12.8	12.4
		工况二	11.4	12.3	11.85

续表

项目		行程 1	行程 2	平均值
垄距/cm	工况一	66.4	66.2	66.3
	工况二	66.8	67.1	67.0
垄高/cm	工况一	15.4	15.8	15.6
	工况二	14.3	14.9	14.6
根茬粉碎率/%	工况一	87.3	86.9	87.1
	工况二	86.4	86.6	86.5
根茬覆盖率/%	工况一	90.8	91.3	91.05
	工况二	89.6	90.4	90.0
机组打滑率/%	工况一	4.5	4.1	4.3
	工况二	4.8	5.2	5.0
机组前进速度/（km/h）	工况一	2.88	2.89	2.89
	工况二	4.18	4.32	4.25

填表人：黄东岩

（3）碎茬深松试验

在同一地块还进行了碎茬+深松试验，试验结果见表 2-31。

表 2-31　碎茬深松作业试验结果汇总表

测试地点：吉林农业大学农场　　　　测试时间：2008.10.30

检测人：刘春喜、赵文罡、汲文峰、贾洪雷等　　　　配套动力：芬特 611LS 拖拉机

项目	工况		行程 1	行程 2	平均值
碎茬深度/cm	工况一	平均值	10.1	10.7	10.4
		稳定性系数/%	86.7	85.9	86.3
	工况二	平均值	10.4	10.3	10.35
		稳定性系数/%	86.03	88.06	87.05
深松深度/cm	工况一	平均值	25.7	25.8	25.75
		稳定性系数%	91.3	90.9	91.1
	工况二	平均值	29.3	29.7	29.5
		稳定性系数%	90.2	90.4	90.3
根茬粉碎率/%	工况一		86.9	86.6	86.75
	工况二		87.1	87.3	87.2
根茬覆盖率/%	工况一		88.9	88.4	88.65
	工况二		88.9	89.2	89.1
机组前进速度/（km/h）	工况一		2.71	2.66	2.69
	工况二		2.48	2.46	2.47
打滑率/%	工况一		10.18	11.84	11.01
	工况二		20.13	18.47	19.30

填表人：黄东岩

（4）变量施肥部件测试

试验前对变量施肥部件进行调试及标定，调整排肥器，将各排肥轮（外槽轮）工作宽度调至 20mm，各排肥口大小一致。对各排肥器进行排量一致性测试和标定。试验用信丰复合肥，其标定曲线见图 2-44。

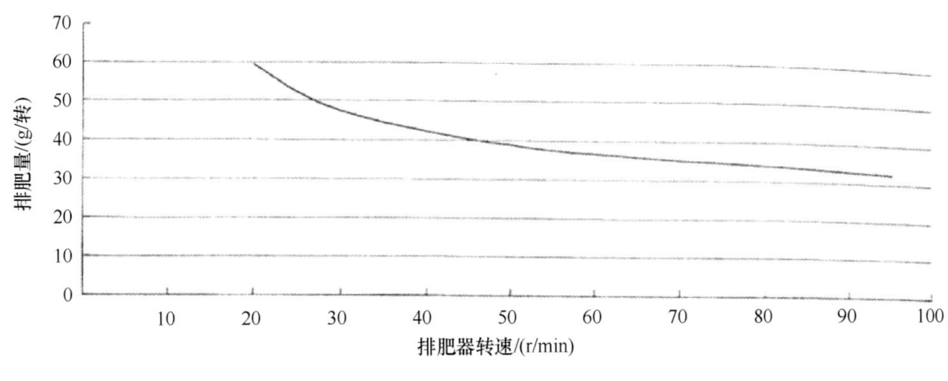

图 2-44　变量施肥标定曲线

本次试验采用 DGPS 定位，GIS 控制变量施肥作业，操作单元网格大小为 20m×40m，取 3 个单元测试，每一个单元取一个测点，测区长 20m。收集两排肥器的化肥称量，记录相应的排肥量，取平均值记入表 2-32。

表 2-32　施肥精度测试统计结果

操作单元	作业速度/（km/h）	开沟深度/cm	设定排量/（kg/hm^2）	实测平均排量/（kg/hm^2）	排肥精度/%
1	3.82	12	150	159	6
2	3.85	12	300	312	4
3	3.88	12	500	484	3.2
均值					4.40

测试人：黄东岩、汲文峰、于英杰、王利霞　　　　填表人：刘昭辰

变量施肥试验控制误差均值为 4.40%，满足项目技术指标要求。

（5）试验结果分析

从表 2-29～表 2-31 可见，该机的旋耕作业碎土质量好，耕深与耕宽稳定性好，耕后地表平整，作业平稳；该机的碎茬起垄施肥镇压联合作业性能较好，碎茬深度、耕深稳定性、根茬粉碎率、残茬覆盖率等性能指标均达到课题任务书和国家相关标准要求，垄形满足当地农艺要求；该机的碎茬深松联合作业性能较好，各项性能指标均达到课题任务书和国家相关标准要求。从表 2-32 可见其变量施肥满足任务书要求。

2. 生产考核（生产查定）

（1）旋耕作业

于 2008 年春耕季节在长春郊区稻田进行，生产查定记录表见表 2-33。

表 2-33 1GFZ-4 仿生智能耕整机旋耕作业生产查定记录表

配套动力：TN-600 拖拉机　　　　前茬作物：水稻

试验地点：长春郊区新立城镇　　　　试验日期：2008 年 4 月 24～26 日

项目				班次			平均
				1	2	3	
总延续时间	班次时间	作业时间	纯工作时间/s	24 968	25 143	24 861	24 991
			地头转弯空行时间/s	4 856	4 901	4 819	4 859
			工艺服务时间/s	0	0	0	0
		非作业时间	调整保养时间/s	364	312	298	324.7
			样机故障时间/s	761	702	541	668
			1km 以内空行转移时间/s	912	848	724	828
	非班次时间		拖拉机调整、保养和故障排除时间/s	1 172	1 206	1 096	1 158
			1km 以内空行转移时间/s	1 046	942	866	951.3
			自然条件造成停机时间/s	302	314	289	301.7
			组织不善造成停机时间/s	0	0	0	0
			其他原因造成停机时间/s	2 642	2 714	2 769	2 708.3
作业量/hm^2				4.92	5.08	4.93	4.98
主油料消耗/kg				36.51	37.39	35.98	36.60
纯工作小时生产率/（hm^2/h）				0.709	0.728	0.714	0.717
主油料消耗/（kg/hm^2）				7.42	7.36	7.28	7.35
班次生产率/（hm^2/h）				0.556	0.573	0.568	0.566

查定人：黄东岩、赵文罡

（2）碎茬起垄作业

于 2008 年秋后在吉林农业大学农场玉米茬地进行，生产查定记录表见表 2-34（仅列出后 3 天查定记录，10 月 15～17 日从略）。

表 2-34 1GFZ-4 仿生智能耕整机碎茬起垄作业生产查定记录表

配套动力：904 拖拉机　　　　前茬作物：玉米

试验地点：吉林农业大学农场　　　　试验日期：2008 年 10 月 18～20 日

项目				班次			平均
				1	2	3	
总延续时间	班次时间	作业时间	纯工作时间/s	23 824	24 125	24 098	24 016
			地头转弯空行时间/s	3 648	3 672	3 606	3 642
			工艺服务时间/s	1 212	1 267	1 254	1 244
		非作业时间	调整保养时间/s	268	301	312	294
			样机故障时间/s	712	684	672	689
			1km 以内空行转移时间/s	716	691	724	710
	非班次时间		拖拉机调整、保养和故障排除时间/s	1 260	1 106	1 096	1 154
			1km 以内空行转移时间/s	642	713	792	716
			自然条件造成停机时间/s	264	301	252	272
			组织不善造成停机时间/s	0	0	0	0
			其他原因造成停机时间/s	2 412	2 508	2 485	2 468

续表

项目	班次			平均
	1	2	3	
作业量/hm^2	6.677	6.728	6.968	6.791
主油料消耗/kg	48.28	48.17	49.40	48.62
纯工作小时生产率/（hm^2/h）	1.009	1.004	1.041	1.018
主油料消耗率/（kg/hm^2）	7.23	7.16	7.09	7.16
班次生产率/（hm^2/h）	0.791	0.788	0.818	0.799

查定人：黄东岩、赵文罡

从生产查定结果可见，1GFZ-4 耕整机旋耕作业纯工作小时生产率为 0.717hm^2/h，碎茬起垄作业纯工作小时生产率为 1.018hm^2/h。

3. 可靠性考核

此项考核与碎茬作业结合进行，因为垄台碎茬同时进行深松、起垄、施肥等作业（表 2-35、表 2-36），作业负荷大，同时考核的部件多，比较有代表性，因碎茬作业的班次时间不够 110 h，将旋耕作业最后两天（表 2-33 后两天）也加入其中，总计班次作业时间为：112.6h（碎茬起垄施肥 47.8h，碎茬深松施肥 48.2h，旋耕 16.6h）。

表 2-35　生产试验结果汇总表之一（碎茬、施肥、起垄）

机具型号名称：1GFZ-4 仿生智能耕整机　　配套动力：904 拖拉机
试验地点：吉林农业大学农场　　试验日期：2008.10.15～2008.10.20
作业条件：黑钙土、玉米茬地　　作业内容：碎茬、施肥、起垄

项目		测量值
时间/h	累计纯工作时间	39.7
	累计作业时间	47.8
	累计调整保养时间	0.5
	累计机具故障时间	4.2
	累计班次时间	53.6
时间/h	累计非班次时间	7.6
	累计总延续时间	61.2
	发生首次故障的累计工作时间	—
首次故障的产品个数/个		0
累计作业量（hm^2、t 或 t·km）		40.2hm^2
累计故障次数/次		0
生产率	纯工作小时生产率	1hm^2/h
	作业小时生产率/（hm^2/h、t/h 或 t·km/h）	0.84hm^2/h
	班次小时生产率	0.75hm^2/h
	工时生产率/（hm^2/h、t/h 或 t·km/h）	0.66hm^2/h
	标定单位功率生产率/[hm^2/(kW·h)或 t/(km·h)]	0.012hm^2/(kW·h)

续表

项目		测量值
能源消耗量	累计主能源消耗量/（kg 或 kW·h）	289.68kg
	累计副油料消耗量/（kg 或 kW·h）	16.89kg
	单位能源消耗量/[kg/hm²、km·h/t 或 kg/(t·kW)]	7.2kg/hm²
	单位副油料消耗量/（kg/hm²）	0.42
	油料消耗比/%	6
可靠性指标	可用度（使用有效度）/%	92
	平均故障间隔时间的观测值/h	8.2
	平均首次故障前工作时间/h	7.4
	平均修复时间的观测值/h	0.1
调整保养方便性/%		99
交班时间利用率/%		94
总延续时间利用率/%		87
作业成本/（元/hm² 或元/t）		216.8 元/hm²

整理人：黄东岩、刘春喜、赵文罡　　　　校核人：贾洪雷

表 2-36　生产试验结果汇总表之二（碎茬、施肥、深松）

机具型号名称：1GFZ-4 仿生智能耕整机　　　　试验日期：2008.10.21～2008.10.26

试验地点：吉林农业大学农场　　　　配套动力：芬特 611LS 拖拉机

项目		测量值
时间/h	累计纯工作时间	40.1
	累计作业时间	48.2
	累计调整保养时间	0.7
	累计机具故障时间	3.1
	累计班次时间	53.1
	累计非班次时间	7.6
	累计总延续时间	60.7
	发生首次故障的累计工作时间	19.7
首次故障的产品个数/个		1
累计作业量/（hm²、t 或 t·km）		13.2hm²
累计故障次数/次		1
生产率	纯工作小时生产率/（hm²/h、t/h 或 t·km/h）	0.33hm²/h
	作业小时生产率/（hm²/h、t/h 或 t·km/h）	0.27hm²/h
	班次小时生产率/（hm²/h、t/h 或 t·km/h）	0.25hm²/h
	工时生产率/（hm²/h、t/h 或 t·km/h）	0.22hm²/h
	标定单位功率生产率[hm²/(kW·h)、t/(km·h)]	0.004hm²/kW·h

续表

项目		测量值
能源消耗量	累计主能源消耗量/（kg 或 kW·h）	291.86kg
	累计副油料消耗量/（kg 或 kW·h）	17.02kg
	单位能源消耗量/[kg/hm²、km·h/t 或 kg/(t·kW)]	22.1kg/hm²
	单位副油料消耗量（kg/hm²）	1.29kg/hm²
	油料消耗比/%	6
可靠性指标	可用度（使用有效度）/%	94
	平均故障间隔时间的观测值/h	7.8
	平均首次故障前工作时间/h	5.1
	平均修复时间的观测值/h	0.2
调整保养方便性/%		99
交班时间利用率/%		91
总延续时间利用率/%		87
作业成本/（元/hm² 或元/t）		511.2 元/hm²

整理人：黄东岩、刘春喜、赵文罡　　　　校核人：贾洪雷

其间故障次数为 1 次（只是碎茬深松作业时，深松器固定支架开焊断裂后修复，而通用刀片作业中有折断、松动并更换修复，按规定不算故障，但我们统计为故障时间），累计机具故障时间为 7.8h（碎茬起垄施肥 4.2h，碎茬深松施肥 3.1h，旋耕 0.5h）。

1）有效度

$$k = \frac{\sum T_z}{\sum T_z + \sum T_g} \times 100\% = \frac{112.6}{112.6 + 7.8} = 93.52\% \tag{2-31}$$

2）平均故障间隔时间

$$\text{MTBE} = \frac{\sum T_z}{r} = \frac{112.6}{1} = 112.6\text{h} \tag{2-32}$$

式中，MTBE 为平均故障间隔时间，h；r 为可靠性考核期间机具发生的一般故障和严重故障次数；T_z 为作业时间，h；T_g 为故障时间，h。

4. 样机的性能检测

2008 年 10 月 21 日，国家农机具质量监督检验中心对两种机具的作业质量进行了现场检测，并出具了检验报告。当年 11 月 21 日签发的检验结论是：“根据吉林大学委托，依据国家科技支撑计划课题（2006BAD11A08）任务书对吉林大学研制的 1GFZ-4（2）型仿生智能耕整机碎茬深度等 7 项目进行了检验，所检项目均符合国家科技支撑计划课题（2006BAD11A08）任务书的要求。”

检验人员为陆庆惠、郑庆山，检验地点为吉林农业大学农场。

四行机配套动力为 JDT8041-ADM 拖拉机（58.8kW）。

二行机配套动力为长拖 504 拖拉机（36.8kW）。

检验结果汇总表见表 2-37。

表 2-37　检验结果汇总表

序号	检验项目	计量单位	技术要求	检验结果		项目判定	备注
				四行	二行		
1	碎茬深度	cm	6～10	9.3 （作业速度：4.1km/h） （碎茬率：92.6%）	10.2 （作业速度：4.3km/h） （碎茬率：90.7%）	符合	碎茬刀片
				5.8 （作业速度：5.8km/h） （碎茬率：94.5%）	6.6 （作业速度：5.7km/h） （碎茬率：93.3%）		
				10.1 （作业速度：4.2km/h） （碎茬率：86.6%）	9.9 （作业速度：4.2km/h） （碎茬率：85.7%）		仿生通用刀片
				6.1 （作业速度：5.8km/h） （碎茬率：80.6%）	6.2 （作业速度：5.7km/h） （碎茬率：82.7%）		
2	旋耕深度	cm	12～16	15.7 （作业速度：4.3km/h） （覆盖率：82.5%） （碎茬率：72.3%）	15.5 （作业速度：4.2km/h） （覆盖率：86.7%） （碎茬率：86.7%）	符合	仿生通用刀片
				15.5 （作业速度：4.1km/h） （覆盖率：81.3%） （碎土率：83.3%）	16.1 （作业速度：4.2km/h） （覆盖率：84.5%） （碎土率：84.1%）	符合	旋耕刀片
3	深松深度	cm	20～35	35.0 （3 深松铲） （作业速度：4.1km/h）	33.9 （2 深松铲） （作业速度：4.3km/h）	符合	与碎茬同时
4	起垄高度	cm	12～20	19.6 （作业速度：4.1km/h）	18.2 （作业速度：4.3km/h）	符合	与碎茬同时
5	施肥量	kg/h	150～700	140～710 连续可调（变量流畅，工作稳定）	140～710 连续可调（变量流畅，工作稳定）	符合	GIS 管理决策、虚拟 GPS 定位、变量施肥控制系统场地试验
6	施肥量误差	—	≤8%	2.0% （2.8%：设定 140kg/km^2） （1.7%：设定 500kg/km^2） （1.6%：设定 710kg/km^2）	2.0% （2.8%：设定 140kg/km^2） （1.7%：设定 500kg/km^2） （1.6%：设定 710kg/km^2）	符合	
7	施肥部位	cm	5～15 多层分布	10～13.5 混合土壤均匀分布	10～13.5 混合土壤均匀分布	符合	表土下

仿生智能耕整机由延吉插秧机制造有限公司等企业制造生产，在吉林省内外推广应用，作为主要机具之一，2011 年获得吉林省科技进步一等奖。

2.5　1GH-3 行间耕整机

2.5.1　引言

2.5.1.1　行间耕整的耕作工艺

在东北地区，还有一种保护性耕作模式：玉米留高茬行间直播模式（详见本书 1.2.4.3 小节之 6），就是要求上一年玉米茬留在地表不动，第二年春天在两留茬行之间进行播种，为保证播种质量，播种前需要对垄沟（行间）处浅旋（或浅耕），而保留在原垄台处的根茬起到防风固土的作用。

此种耕作方式耕后地表如图 2-45 所示。

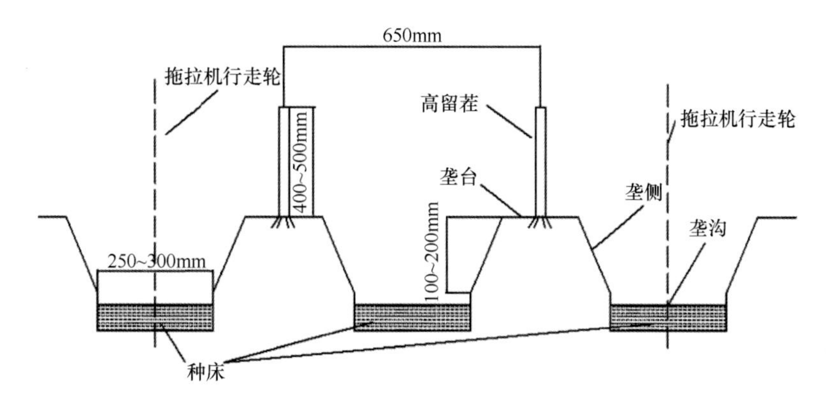

图 2-45　行间耕整后地表示意图

机具配套 29.4～47.8kW 的拖拉机跨两垄作业，作业时对 3 个垄沟进行浅旋，而垄台不耕，茬子保留不动。垄沟浅旋形成的种床宽度为 250～300mm，旋耕深度应保证达到沟底最低处，两侧垄侧的土耕到较多，能将种床铺满，供播种用。留茬垄台应尽量减少动土，减少失墒。如果是平作进行行间互作，耕深也要控制在 70mm 以内。即垄台留茬，垄沟浅耕。

垄沟（行间）种植年度，秋后收获也要留高茬，而垄台原有的根茬已自然风化腐烂还田，下年春天在垄台处耕作准备种床，这样周而复始地进行耕作，形成了新的耕作工艺。垄台逐渐消失，改垄作为平作。

2.5.1.2　整机结构特点

机具主要由机架（1）、主变速箱（2）、侧传动箱（4）、刀辊（5）等组成[23, 24]，如图 2-46 所示。

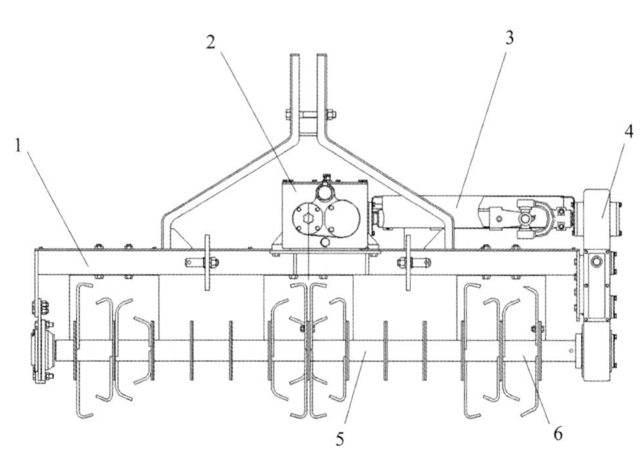

图 2-46　1GH-3 行间耕整机示意图

1. 机架；2. 主变速箱；3. 传动轴；4. 侧传动箱；5. 刀辊；6. 仿生通用刀片

为提高机具的通用性，机具除可完成行间耕整（浅旋）作业的特殊任务外，还可完成碎茬及全幅旋耕作业，这样机具仍要设有变速机构，以使刀辊满足碎茬及旋耕的不同转速要求。因需要对拖拉机中心线处的垄沟（行间）进行旋耕作业，所以该机具不能采用中间传动形式（该传动形式，刀辊中间位置断开无法安装刀片），而应采用侧传动的形式，使刀辊在所需的任何横向位置都可安装刀片。机具主要技术参数见表 2-38。

表 2-38　1GH-3 行间耕整机主要技术参数

参数	数值
配套动力/kW	29.4～47.8
行距/mm	650（600～700）
行间耕整作业行数	3
碎茬作业行数	2
全幅旋耕/mm	1835
动力来源	拖拉机后动力输出轴
传动形式	主变速+侧传动
刀辊形式	通用刀辊与刀盘
浅旋刀辊转速/（r/min）	237
旋耕刀辊转速/（r/min）	237
碎茬刀辊转速/（r/min）	445
耕作刀片形式	仿生通用刀片
刀辊回转半径/mm	260
刀盘间距/mm	130

2.5.1.3　传动系统特点

1GH-3 行间耕整机传动工作基本原理如下（图 2-47）。拖拉机动力输出轴动力经过万向节传入耕整机主变速箱 1 轴，双联变速齿轮 Z_1、Z_2，通过拉动拨叉，使其可与 Z_3（碎茬齿轮）或 Z_4（旋耕齿轮）啮合，满足不同作业对刀辊转速的要求。通过 2、3 轴之间锥齿轮 Z_5-Z_6 的传动，完成动力 90°换向，通过连接轴，使动力从主变速箱传入侧传动箱，在侧传动箱中经过 3 级直齿轮传动最后到齿轮 Z_{10}，并传给刀辊，带动通用刀片呈逆时针（在机具前进方向左侧看）旋转，进行碎茬或旋耕作业[23, 24]。齿轮参数见表 2-39。

耕整机旋耕状态时传动比是

$$i_g = i_{24} \times i_{56} \times i_{710} = \frac{Z_4}{Z_2} \times \frac{Z_6}{Z_5} \times \frac{Z_{10}}{Z_7} = 2.275$$

旋耕状态刀辊转速：

$$n_g = \frac{n_0}{i_g} = \frac{540}{2.275} = 237.8\text{r/min}$$

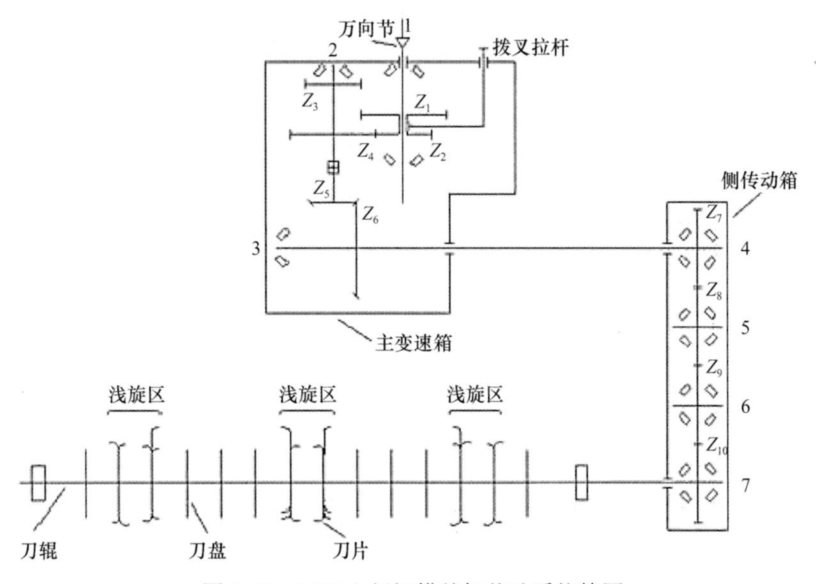

图 2-47　1GH-3 行间耕整机传动系统简图

表 2-39　1GH-3 行间耕整机传动系统齿轮参数表

项目	主变速箱						侧传动箱			
齿轮号	Z_1	Z_2	Z_3	Z_4	Z_5	Z_6	Z_7	Z_8	Z_9	Z_{10}
齿数	26	19	19	26	17	26	23	25	23	25
模数/mm	4	4	4	4	5	5	5	5	5	5
传动比	$i_{13}\approx0.73$		$i_{24}\approx1.37$		$i_{56}\approx1.53$		$i_{710}\approx1.09$			
齿轮类型	圆柱齿轮				圆锥齿轮		圆柱齿轮			

耕整机碎茬状态时传动比是

$$i_g = i_{13} \times i_{56} \times i_{710} = \frac{Z_3}{Z_1} \times \frac{Z_6}{Z_5} \times \frac{Z_{10}}{Z_7} = 1.215$$

碎茬状态刀辊转速：

$$n_g = \frac{n_0}{i_g} = \frac{540}{1.215} = 444.51\text{r/min}$$

2.5.2　通用刀辊的设计

2.5.2.1　3 种作业通用对刀片安装的要求

行间浅旋整地是全幅旋耕的一个特例：它在刀辊上分段安装刀片，耕深很浅(仅 40～70mm)，刀辊转速与全幅旋耕相同（均为 200r/min 左右)，耕作刀片亦可通用。这样 3 种作业通用的问题就可简化为旋耕-碎茬作业通用。行间浅旋时，只在对应垄沟作业处安装刀片，而其他处（特别是对应留茬的垄台处）不安装，而垄台碎茬时在垄台处必须安装刀片，且采用碎茬转速（400r/min 左右）作业；全幅旋耕时则各刀盘均安装刀片。

通用刀辊上采用刀盘结构，刀盘上安装通用刀片。因为行间浅旋与垄台碎茬均要考

虑对垄（行）作业，这样刀盘间距（F）为

$$F=E/5$$

式中，E 为垄距（行距），mm。

该设计选择 F=130mm，适应 650mm（600～700mm）垄距作业需要（图 2-48）。

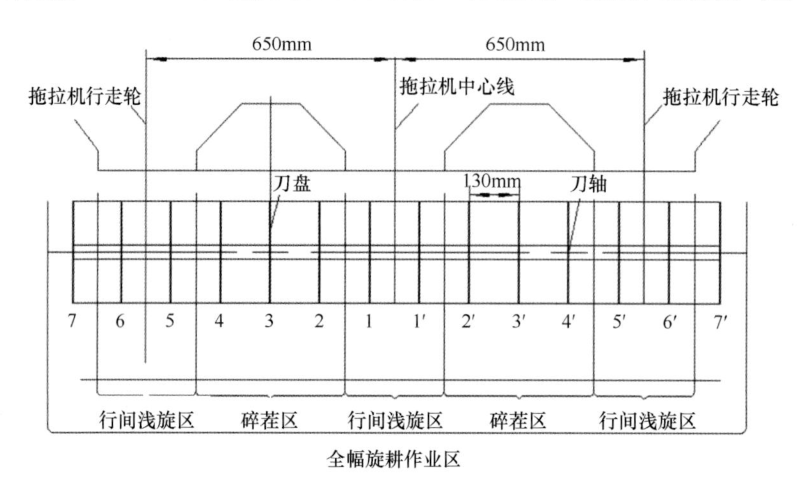

图 2-48　3 种作业区示意图

行间耕整（浅旋）作业时，仅在刀盘 1、1′，5、6，5′、6′上安装刀片（图 2-49）。垄台碎茬时在刀盘 2、3、4 及 2′、3′、4′上安装刀片即可；全幅旋耕时，14 个刀盘上应全部安装刀片。

以上分析可见，该机具采用 14 个刀盘，刀盘间距 130mm，在刀盘上安装仿生旋耕-碎茬通用刀片，通过变速箱变速实现行间浅旋、垄台（行上）碎茬和全幅旋耕。

2.5.2.2　刀片的排列

本章 2.3.3.3 节已详细介绍。

2.5.3　性能试验

机具的行间浅旋（耕整）试验测定于 2009 年 10 月 15～17 日，在吉林农业大学农场进行[23, 24]。

试验地状况：前茬作物为玉米，垄距为 660mm，土质为黑壤土，土壤含水率：0～10cm 为 13.77%（d.b），10～20cm 为 15.81%（d.b）。土壤坚实度：10cm 处 1.23MPa，20cm 处 3.31MPa。配套动力为 TN-650 型拖拉机。

2.5.3.1　试验方法

试验方案参照 GB/T 5668—2008 中有关方法进行，2 个工况（机组前进速度 0.50m/s、0.65m/s），每个工况 3 个行程。

1）耕深测定：采用垄沟处耕前、耕后差值法进行，如图 2-49 所示，耕前测得某处为 h_0，耕后扒开虚土测得为 h_1，耕深 $a=h_1-h_0$。每行程总测点数大于等于 20。

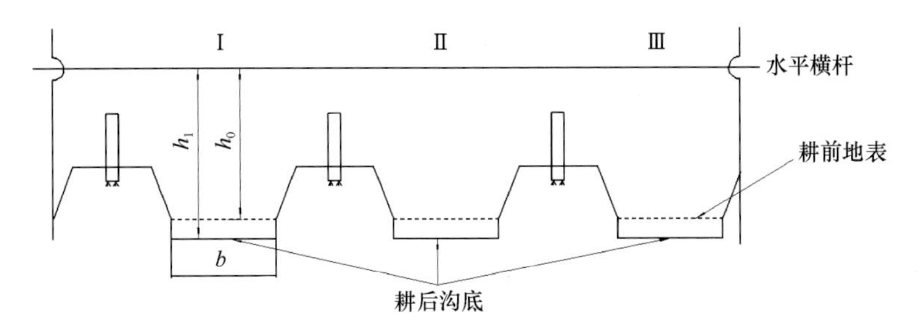

图 2-49　耕深、耕宽测定示意图

2）耕宽测定：如图 2-50 所示，测得耕后沟底宽度为 b，为该组刀片的耕宽，测点数与耕深相对应。

3)行间浅旋碎土率:取样范围在长度为 0.5m 区域内全耕层的土块最大长度小于 4cm 的土块质量与总质量的百分比。每行程在 3 个耕沟各测一点。

2.5.3.2　结果与分析

试验结果如表 2-40 所示。

表 2-40　行间浅旋性能测定试验结果汇总表

作业项目			行程 1	行程 2	行程 3	平均值
耕深	平均值/cm	工况 1	7.0	6.8	6.7	6.8
		工况 2	6.9	7.3	7.1	7.1
	稳定性系数/%	工况 1	92.34	91.63	91.71	91.89
		工况 2	91.45	90.58	90.25	90.76
单组耕宽	平均值/cm	工况 1	29.7	29.5	28.9	29.4
		工况 2	29.5	29.8	29.2	29.5
	稳定性系数/%	工况 1	97.78	98.32	98.17	98.09
		工况 2	97.42	97.56	98.02	97.67
碎土率/%	工况 1	压实	92.31	95.05	95.36	94.24
		未压实	90.66	88.39	90.15	89.73
	工况 2	压实	91.63	90.54	93.56	91.91
		未压实	87.53	85.43	88.76	87.24

留茬沟台交替保护性耕作模式要求尽量少动土，以减少失墒，1GH-3 型行间耕整机为满足上述要求，耕深应在 7cm 左右，耕深稳定性系数在 90%以上。耕宽为 29cm 左右（垄距 66cm），以避免旋耕时破坏垄台上保留的根茬。碎土率达到 87%以上。性能试验表明，各项指标满足国家标准 GB/T 5668—2008 的要求。

3 行行间旋耕作业，其中拖拉机轮胎压在边上两行，而中间一行未被压实，由碎土率数据可知，经过拖拉机轮胎压实后的旋耕碎土率反而高于未压实地带，这是因为作业耕深较浅，土块都集中在地表附近，拖拉机轮胎的压实直接将地表的一些土块碾碎，所以导致经拖拉机轮胎压实后的碎土质量更高。

按 JB/T 8401.3—2001 及 GB/T 5668—2008 标准要求，对机具进行碎茬与全幅旋耕试验及测定，性能均达到了相应的标准要求。

2.5.4 压实试验

试验于 2009 年 10 月下旬在吉林农业大学农场进行[23-25]。试验地为玉米茬垄地，垄距为 661mm，垄高为 113mm，土壤含水率：0～10cm 为 12.04%，10～20cm 为 14.10%。土壤坚实度：10cm 处 1.98MPa，20cm 处 2.53MPa。

2.5.4.1 试验方法

选择不同的机具前进速度 0.50m/s、0.65m/s、0.92m/s（分别为工况 1、工况 2、工况 3）测定土壤压实及不压实情况下，土壤容积密度的变化及刀片切削土壤时功率消耗的差异。每种情况的试验重复 5 次。

1. 压实对土壤容积密度的影响

机具不作业拖拉机空驶后，用环刀取样法进行测定。在拖拉机行走轮压过的Ⅰ、Ⅲ两垄沟内取压实后的土壤进行测定，再与Ⅱ垄沟处未压实取样的土壤进行比较（图 2-50）。土壤容积密度（R）为

$$R = \frac{W_{\mathrm{H}}}{V_{\mathrm{H}}(1 + h_1)} \tag{2-33}$$

式中，W_{H} 为取样时环刀内土壤质量（湿重），g；h_1 为土壤干基含水率，%；V_{H} 为环刀取样的容积，cm^3。

2. 压实对功耗的影响

机具作业时，发动机功率大部分用来驱动刀辊作业，因此功率消耗的测定可转化为直接测量拖拉机动力输出轴扭矩。扭矩测试采用电测法。将扭矩测试系统中扭矩传感器连接在拖拉机动力输出轴连接的万向节与耕整机变速箱动力输入轴之间，连接的方法是将粘贴有电阻应变片的待测轴（为测扭矩特殊加工的一根轴）安装在集流环内。

试验时，对应作业为 3 行。刀辊上工作刀片为 3 组（图 2-48、图 2-49），试验时先测 3 组刀片都装上时的扭矩 M_1，再测只装Ⅰ、Ⅲ组刀片时的扭矩 M_2，则 $M_2/2$ 为Ⅰ或Ⅲ组压过地表的扭矩，而 M_1-M_2 为Ⅱ组刀片（未压过地表）的扭矩，将 $M_2/2$ 与 M_1-M_2 值进行比较即得压实对功耗的影响。

2.5.4.2 压实对土壤容积密度影响试验结果

测得的 0～10cm 土层 4 组土壤容积密度及方差分析见表 2-41。

表 2-41 0～10cm 土层土壤容积密度测定数据及方差分析 （单位：$\mathrm{g/cm^3}$）

试验次数	对照（未压实）	工况 1（压实）	工况 2（压实）	工况 3（压实）
1	1.26	1.36	1.37	1.36
2	1.31	1.42	1.4	1.38
3	1.24	1.41	1.37	1.33
4	1.34	1.39	1.42	1.40
5	1.30	1.40	1.34	1.37

续表

试验次数	对照（未压实）		工况 1（压实）	工况 2（压实）		工况 3（压实）
Σ	6.45		6.98	6.9		6.84
$\bar{x}$	1.29		1.40	1.38		1.37
D（x）	0.001 6		0.000 53	0.000 95		0.000 67
差异源	SS	df	MS	F	P	F_{α}=0.01
组间	0.003 325 5	3	0.001 108 5	11.824	0.000 248	5.292 214
组内	0.015 000	16	0.000 937			
总计	0.048 255	19				

从表 2-41 可见，F=11.824，而 $F_{\alpha-0.01}(3,16)\approx 5.29$，$F > F_{\alpha-0.01}(3,16)$，表明经过拖拉机压实后，0～10cm 土层土壤容积密度变化是显著的，说明上述 4 组数据中至少有两个总体平均数之间有显著性差异，但为了检验不同处理，不同速度压实容积密度变化的相对显著性，需要进一步用 q 检验法[25]进行逐对检验。计算各不同处理土壤容积密度平均值之间的 q 值，与 q 临界值（括号中数值）进行比较，如表 2-42 所示。

表 2-42　不同处理土壤容积密度平均值之间的 q 值与其临界值比较结果

项目	$\bar{x}_0$	$\bar{x}_1$	$\bar{x}_2$
$\bar{x}_1$	8.04（5.19）		
$\bar{x}_2$	6.57（4.79）	1.46（4.13）	
$\bar{x}_3$	5.84（4.13）	2.19（4.79）	0.73（4.13）

4 种处理后容积密度分别用 X_0（对照）、X_1（工况 1 压实）、X_2（工况 2 压实）、X_3（工况 3 压实）表示。

由表 2-42 可知，X_0 与 X_1、X_2、X_3 之间有显著差异，而 X_1、X_2、X_3 之间无显著差异，即 3 种速度的压实均对 0～10cm 土壤容积密度产生了显著影响，而 3 种速度压实之间的差异不明显。

用同样的方法，对 10～20cm 土层压实情况进行方差分析，结果如表 2-43 所示。

表 2-43　10～20cm 土层土壤容积密度测定数据及方差分析　　（单位：g/cm^3）

试验次数	对照（未压实）		工况 1（压实）	工况 2（压实）		工况 3（压实）
1	1.38		1.39	1.38		1.4
2	1.34		1.43	1.45		1.39
3	1.42		1.45	1.4		1.44
4	1.37		1.41	1.44		1.40
5	1.39		1.52	1.39		1.47
Σ	6.9		7.2	7.06		7.1
$\bar{x}$	1.38		1.44	1.41		1.42
D（x）	0.000 85		0.002 5	0.000 97		0.001 15
差异源	SS	df	MS	F	P	F_{α}=0.01
组间	0.009 34	3	0.300 311 3	2.276 61	0.118 841	5.292 214
组内	0.021 88	16	0.300 136 8			
总计	0.031 22	19				

由表 2-43 可知，F=2.276 61，而 $F_{\alpha-0.01}(3,16)$=5.292 214，$F<F_{\alpha-0.01}(3,16)$，即经过拖拉机不同速度下对土壤压实后的土壤容积密度测定方差分析可知，其引起的 10～20cm 土层土壤容积密度的变化不显著。

在 0～10cm 土层内，0.50m/s、0.65m/s、0.92m/s 3 种速度下压实均对土壤容积密度产生了明显影响，分别使土壤容积密度增加了 8.5%、7.0%和 6.2%，这是因为 0～10cm 表层土壤较松软，初始容积密度较小，压实时与拖拉机轮胎直接接触，故受压实影响较显著。10～20cm 土层内，初始时容积密度就已达 1.38g/cm^3，土层已较坚实，因此压实对其影响较小。

2.5.4.3 压实对功率消耗影响试验结果

耕深为 7cm（正处于 0～10cm 土壤容积密度受压实影响较大的土层），测得 3 种工况下（3 种机组前进速度）压实与未压实扭矩的对比结果，见表 2-44。

表 2-44 压实对功率消耗（扭矩）影响对比试验数据 （单位：N·m）

工况	项目	试验序号				
		1	2	3	4	5
工况 1	未压实组扭矩	139.5	143.7	138.5	135.1	134.2
	压实组扭矩	141.8	140.3	147.2	146.7	154.5
工况 2	未压实组扭矩	162.8	157.4	166.5	152.1	159.7
	压实组扭矩	168.4	158.3	165.2	161.7	169.4
工况 3	未压实组扭矩	180.1	188.7	191.3	179.2	183.7
	压实组扭矩	193.2	185.9	190.4	193.8	191.2

由表 2-44 可知，压实后刀片组切削土壤的扭矩相对于未压实的刀片组有所增加（各种速度下分别增加 5.7%、3.07%、3.4%）。将每一工况下的对比数据进行平均值的或二样本 t 检验，以考察压实前后功率变化的显著性，如表 2-45 所示。

表 2-45 速度 0.50m/s、0.65m/s、0.92m/s 下压实对比 t 检验结果

速度/（m/s）	未压实			压实		
	0.50	0.65	0.92	0.50	0.65	0.92
平均值	138.2	159.7	184.6	146.1	164.6	190.9
方差	14.41	29.725	27.98	31.065	21.485	9.76
观测值	5	5	5	5	5	5
泊松相关系数	−0.858 080	0.518 274	−0.758 380			
假设平均差	0	0	0			
df	4	4	4			
T_{stat}	−1.953 33	−2.190 69	−1.777 58			
P（$T≤t$）单尾	0.061 244	0.046 81	0.075 054			
t 单尾临界	2.131 847	2.131 847	2.131 847			
P（$T≤t$）双尾	0.122 488	0.093 62	0.150 108			
T 双尾临界	2.776 445	2.776 445	2.776 445			

由 t 检验结果可知，P_1=0.122 488，P_2=0.093 62，P_3=0.150 108，均大于显著性水平（α=0.05），因此表明压实后扭矩增加不显著。

主要参考文献

[1] 贾洪雷, 陈忠亮, 郭红, 等. 旋耕碎茬工作机理研究和通用刀辊的设计. 农业机械学报, 2000, 31(4): 29-32.

[2] 贾洪雷. 东北垄作蓄水保墒耕作技术及其配套的联合少耕机具研究. 长春: 吉林大学博士学位论文, 2005.

[3] 李守仁, 林全天. 驱动型土壤耕作机械的理论与计算. 北京: 机械工业出版社, 1997.

[4] 镇江农业机械学院. 农业机械学(上册). 北京: 中国农业机械出版社, 1981.

[5] 北京农业工程大学. 农业机械学(上册). 2 版. 北京: 中国农业出版社, 1994.

[6] 贾洪雷, 陈忠亮. 新型旋耕碎茬通用机的研究与设计. 农业机械学报, 1998, 29(增刊): 26-30.

[7] 贾洪雷, 汲文峰, 韩伟峰, 等. 旋耕-碎茬通用刀片结构参数优化试验. 农业机械学报, 2009, 40(7): 45-50.

[8] 韩伟峰. 仿生智能整地通用刀辊设计与试验研究. 长春: 吉林大学硕士学位论文, 2008.

[9] 贾洪雷, 黄东岩, 马成林, 等. 仿生旋耕碎茬通用刀片: 中国, CN1969599A. 2007-05-30.

[10] 汲文峰, 贾洪雷, 佟金, 等. 通用刀片功率消耗影响因素分析与田间试验. 农业机械学报, 2010, 41(2): 35-41.

[11] 胡少兴, 马旭, 马成林, 等. 根茬粉碎还田除茬刀滚功耗模型的建立. 农业机械学报, 2000, 31(3): 35-38.

[12] 贾洪雷, 黄东岩, 刘晓亮, 等. 耕作刀片在刀辊上的多头螺旋线对称排列法. 农业工程学报, 2011, 27(4): 111-116.

[13] 冯培忠. 旋耕机刀片的最佳数列排列. 江苏工学院学报, 1985, 6(4): 40-49.

[14] 王多辉, 陈翠英. 旋转耕作机刀片排列专用程序设计. 农业机械学报, 1998, 29(增刊): 22-25.

[15] 涂建平, 徐雪红, 夏忠义. 秸秆还田机刀片及刀片优化排列的研究. 农机化研究, 2003, (4): 102-104.

[16] 中国农业机械化科学研究院. 农业机械设计手册(上册). 北京: 中国农业科学技术出版社, 2007.

[17] 贾洪雷, 陈忠亮, 刘昭辰, 等. 耕整联合作业工艺及配套机具的研究. 农业机械学报, 2001, 32(5): 40-43.

[18] 贾洪雷, 闫洪余, 黄东岩, 等. 一种新型旋耕碎茬通用机: 中国, CN1515136A. 2003-07-23.

[19] Jia H L, Ma C L, Tong J. Study on universal blade rotor for rototilling and stubble-breaking machine. Soil & Tillage Research, 2007, 94: 201-208.

[20] 贾洪雷, 马成林, 刘昭辰, 等. 东北垄作蓄水保墒耕作体系与配套机具. 农业机械学报, 2005, 36(7): 32-36.

[21] 任露泉, 刘庆平, 张桂兰, 等. 仿生柔性镇压辊: 中国, CN1430868A. 2004-10-13.

[22] 佟金, 郭志军, 任露泉, 等. 仿生减阻深松铲柄: 中国, CN1583371A. 2005-02-23.

[23] 贾洪雷, 王刚, 姜铁军, 等. 1GH-3 型行间耕整机设计与试验. 农业机械学报, 2012, 43(6): 35-41, 160.

[24] 庄维林. 行间耕整机通用刀辊设计与试验. 长春: 吉林大学硕士学位论文, 2011.

[25] 李发美. 分析化学. 北京: 人民卫生出版社, 1986.

第 3 章　秸秆-根茬粉碎还田联合作业机

保护性耕作能够有效保护土壤和水资源、节能降耗、减少温室气体排放、改善生态环境，目前已成为世界上主流的耕作方法之一[1]。秸秆粉碎还田覆盖作为保护性耕作的重要环节，通过秸秆与根茬还田增加土壤有机质，改善土壤结构，固定和保存氮素养料，培肥地力，促进土壤中植物养料的转化，抑制水分的蒸发，提高对自然降水的渗透率，提高土壤保、蓄水能力，达到提高作物产量的目的。

20 世纪 50 年代末，美国已全面实现收获机械化，新型秸秆还田机械应运而生。60 年代初，美国万国联合收割机公司（International Harvester Company）首先在联合收割机上加装切碎机构对秸秆进行粉碎作业，并在其后研制出了与 120 马力拖拉机配套的秸秆还田机。其后欧洲国家也研制出了不同类型的秸秆粉碎还田机或在收获机上安装秸秆还田机，在收获的同时完成秸秆粉碎还田，如意大利 CMARY 公司生产的与 18～130kW 拖拉机配套的系列还田机，以及丹麦生产的 SKT1500、SKTI1200 型还田机等。在碎茬方面，目前国外只有在免耕播种机上安装碎茬机构的例子，如美国 KINZE 公司生产的 KINZE3000 型播种机，并未见单独的碎茬作业机。

20 世纪 80 年代以来，秸秆和根茬还田技术在我国日益受到重视。秸秆和根茬还田机具的种类与样式不断发展、更新。秸秆还田机具主要分为玉米收获机配装还田机构和单独的还田机具。目前全国已有近百个厂家生产秸秆还田及根茬还田机具，生产规模较大的主要有河北省石家庄农业机械股份有限公司、河南省许昌县农机总厂、山东省德州宝丰农机制造有限公司、天津富康农业开发有限公司、吉林省四平市农丰乐收获机械有限公司等十余个厂家。其产品已有数百种，这些产品大致分为以下四类：秸秆还田机、碎茬作业机、碎茬起垄深松（深施肥）联合作业机、秸秆-根茬还田联合作业机[2]。

（1）秸秆还田机

秸秆还田机大体可分为高秆作物用和矮秆作物用两种。该机目前主要在华北、西北地区使用，其结构特点基本相同。

（2）碎茬作业机

此类机具为我国特有机具，目前在东北地区使用最广。其结构多为中央传动，以与中小拖拉机 13.2～22.1kW（18～30 马力）配套的居多，但近年来，随着大型拖拉机数量的持续增加，与之配套的大型碎茬作业机的需要量在不断增加。

（3）碎茬起垄深松（深施肥）联合作业机

此类机具为碎茬作业机上配装其他工作部件，其大体结构相似，功能多于单独的碎茬作业机。

（4）秸秆-根茬还田联合作业机

秸秆-根茬还田联合作业机为新一代还田机具。以往的秸秆及根茬还田多采用分段式作业，一般先由与中型拖拉机配套的秸秆还田机进行秸秆的切碎、抛撒作业，再由与小四轮配套的碎茬机进行碎茬和掩埋作业。虽然这种作业方式基本上满足了农艺上的要求，但由于其在作业过程中机具需要二次进地，这就带来了对土地的过度压实及作业效率低、损耗大等问题。而且当两次作业时间间隔过长或安排不合理时，就会造成大量碎秸秆被风刮走并且存留秸秆的养分也会散失很多，严重影响了秸秆还田的效果。因此，一些科研机构和生产厂家开始研制秸秆-根茬还田联合作业机，但多为两种机具的简单叠加，将两个机具固定在一起进行联合作业，重量大、结构复杂。

3.1　秸秆与根茬联合处理工艺

3.1.1　引言

秸秆、根茬机械化还田技术是利用机械将田间的秸秆、根茬粉碎直接还田的技术，秸秆、根茬粉碎还田技术由两项可以独立运用的技术组成，即秸秆粉碎还田技术和根茬粉碎还田技术，这两项技术无论是在还田工艺方面还是还田机具的工作原理方面都是不同的。但是，由于这两项技术有粉碎还田培肥地力的共同点，一般将其作为一项技术。

3.1.2　联合处理工艺

3.1.2.1　目前采用的秸秆与根茬处理模式

为了推广保护性耕作，从玉米（高粱）收获后到播种前，各地采用了多种不同的秸秆与根茬处理模式[3]，其中有：①播种模式，玉米收获-秸秆还田-免耕播种（同时施肥、喷洒除草剂，下同），此办法对机具性能、作业质量、种子质量、管理水平要求较高（美国等发达国家多采用此方式）；②深松模式，玉米收获-秸秆还田-深松处理残茬-耙-免耕播种；③旋耕模式，玉米收获-秸秆还田-旋耕灭茬（全面浅旋或苗带旋耕）-播种；④耙耕模式，玉米收获-秸秆还田-圆盘耙处理秸秆及残茬（2 次）-免耕播种。此外，有的地方推行高留茬（30cm 以上）的办法（玉米收获后高留茬、行间播种保留根茬），防风蚀效果较好，机具投入也较小，但由于秸秆只有部分（留茬部分不足秸秆 1/3）还田，保水、保肥、保土效果尚有差距。

上述各种模式中，除免耕播种模式之外，其余都是将秸秆与根茬分段处理，机具作业 2 或 3 次，有的研究者认为，影响保护性耕作大面积实施的主要障碍之一是缺乏与免耕播种机配套使用的秸秆根茬处理机具。适合粉碎长秸秆的机型，一般不能粉碎根茬或灭茬效果不好；能灭茬的机型一般又不适宜粉碎长秸秆。因此需多次配合作业才能保证出苗质量，增加成本，延误农时，农民不愿接受。

3.1.2.2　秸秆与根茬联合处理工艺

将秸秆与根茬的粉碎还田联合处理是农业生产提出的新的农艺要求。为了保证播种作业，秸秆、根茬能够自然腐烂，满足秸秆粉碎还田机作业质量标准（NY/T 500—2015）、根茬粉碎还田机作业质量标准（NY/T 985—2006），要求粉碎后长度小于或等于 10cm 的秸秆应在 85%以上，粉碎后长度小于或等于 5cm 的根茬（特别是茬管部分）应在 90%以上。

秸秆粉碎一般用锤爪式或切刀式工作部件，碎秸秆从切碎室抛向地面[4]。根茬粉碎则是用刀片击打埋在土壤中的根茬，刀片打击力与土壤支撑反力共同作用使茬管等坚硬部分被粉碎[4]。过深或过浅都不能保证碎茬质量，会影响播种作业，碎茬刀在碎茬的同时，也完成了对原来苗带部分的土壤耕作。

联合作业时，拖拉机和秸秆根茬处理机具的前梁将秸秆撞倒，撞倒后的秸秆与地面形成不同的空间角，再由秸秆粉碎部件抓入切碎室粉碎后抛回地面，而后碎茬刀将留在地里的根茬切碎。切碎的秸秆从切碎室后方抛向地面，碎秸秆具有较高速度和较高的动能，使其会直接射到或反射到碎茬刀辊上，对碎茬刀辊的运动形成较大阻力，且极容易产生缠草、堵塞等故障。可见，秸秆粉碎还田刀辊（简称还田刀辊）与根茬粉碎刀辊（简称碎茬刀辊）之间的距离是否合理是能否实现秸秆和根茬粉碎联合作业的关键。两辊垂直高度也不相同，还田刀辊工作部件最低点与地面（垄顶）距离应是割茬高度，碎茬刀辊工作部件最低点要在垄顶线以下（即碎茬深度）。只有解决了两辊的正确配置问题，才有可能将秸秆与根茬的粉碎作业放到一台机具上来处理，即实现联合作业，一次进地完成秸秆、根茬粉碎还田及部分覆埋等复合作业。

3.2 秸秆-根茬粉碎还田联合作业机的设计

1JGHL-140（2）型秸秆还田、根茬粉碎联合作业机（授权专利号 ZL200410010840.2，公开号 CN1326440C），能够一次完成秸秆粉碎、根茬粉碎、部分覆埋等复合作业，其拆分后可分别实现单独的秸秆还田作业或碎茬作业。

3.2.1 整机的结构特点

秸秆还田、根茬粉碎联合作业机（图 3-1），由安装有秸秆还田刀辊（7）的还田机架（3）及安装有碎茬刀辊（5）的碎茬机架（4）两部分固定连接而成，拖拉机动力输出轴的动力由变速箱经过皮带、链条分别带动两个刀辊工作：秸秆还田刀辊顺时针旋转，碎茬刀辊逆时针旋转（在机具前进方向左侧看）。作业时，秸秆被前进的机组撞倒后，被高速旋转的秸秆粉碎部件抓入秸秆粉碎室，并在粉碎刀的打击和切割作用下粉碎，粉碎后的秸秆从粉碎室后方的出口抛出，落在碎茬刀辊前方的田面上，而后碎茬刀辊将仍长在田面上的作物根茬粉碎，碎茬时耕起的土壤同时完成了对碎秸秆及残茬的部分掩埋，防止被风吹走。

本联合作业机主要功能是通过一台机具一次进地即可完成秸秆及根茬的粉碎还田作业，达到高效、节能、蓄水保墒、增产增收的目的。联合作业的优点主要体现在以下几方面。

1）采用了联合作业方式，减少了机具的进地次数，从而减少了拖拉机行走时消耗的动能，并大大提高了机具的工作效率。

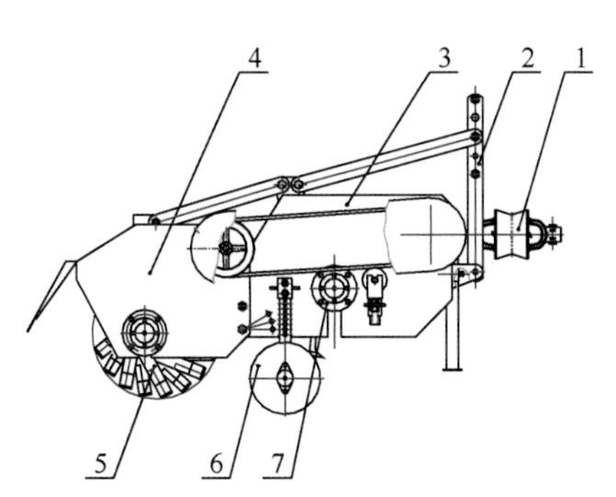

图 3-1　秸秆还田、根茬粉碎联合作业机

1. 万向节；2. 悬挂架；3. 还田机架；4. 碎茬机架；5. 碎茬刀辊；6. 地轮；7. 还田刀辊

2）本机通过一次进地即可完成秸秆粉碎、根茬粉碎、部分覆埋作业，达到以往两到三种机具分别作业才能实现的效果，并且由于采用了简单合理的传动路线设计，减少了因传动环节过多而引起的功率损失，因此可降低作业成本。

3）由于本机采用了前后工作部件平行布置的方式，因此在联合作业时提高了碎茬装置的利用率，提高了秸秆切碎质量。

4）由于采用了联合作业，通过碎茬装置的工作使粉碎后的秸秆得到初步掩埋，减少了因气候原因而造成的碎秸秆损失，从而提高秸秆与根茬的还田效果，增加土壤肥力。

此外，采用联合作业方式，减少了土壤压实对土壤透水性的影响。

图 3-1 为 1JGHL-140（2）秸秆还田、根茬粉碎联合作业机，其主要技术参数见表 3-1。整机采用模块式结构，秸秆粉碎部分和根茬粉碎部分各自形成前后相对独立的两个机架，分别安装还田刀辊和碎茬刀辊，两机架之间用螺栓固定连接。拖拉机的动力经万向节传入变速箱，换向后经过皮带分别带动两个刀辊工作。两刀辊位置的确定及传动系统的设计是整机设计的关键[5, 6]。

表 3-1　1JGHL-140（2）秸秆还田、根茬粉碎联合作业机主要技术参数

指标	参数	指标	参数
配套动力/kW	40.4～58.8（拖拉机）	两刀辊水平间距/mm	768
作业速度/（km/h）	2～6	秸秆粉碎合格率/%	长度 10cm 之内≥85
作业行数	2	根茬粉碎合格率/%	长度 5cm 之内≥90
还田刀辊转速/（r/min）	1420	碎茬深度/cm	6～12
碎茬刀辊转速/（r/min）	422	生产率/（hm^2/h）	0.2～0.6

因该机采用了分置式结构（图 3-2、图 3-3），既可联合作业，又可通过简单的拆分和换装（增加少量辅件），分解成独立的秸秆粉碎还田机和碎茬机，分别与 29.4kW 及 18.4kW 拖拉机配套，单独完成秸秆粉碎还田作业和碎茬作业，做到了一机三用。关于碎茬机，本书在第 2 章“旋耕-碎茬通用机”中已做了详细论述；关于秸秆粉碎还田机，将在本章 3.3 节中做以介绍，并且对新型工作部件 V-L 型秸秆粉碎刀片进行重点论述。

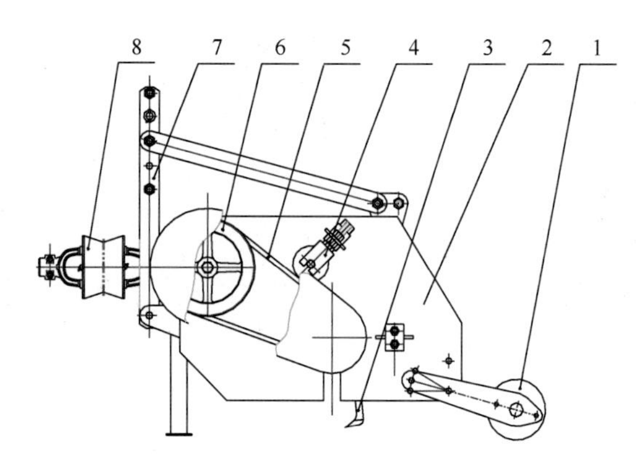

图 3-2　秸秆还田机单机状态

1. 尾轮；2. 还田机架；3. 还田刀辊；4. 皮带张紧轮；5. 皮带；6. 皮带轮；7. 悬挂架；8. 万向节

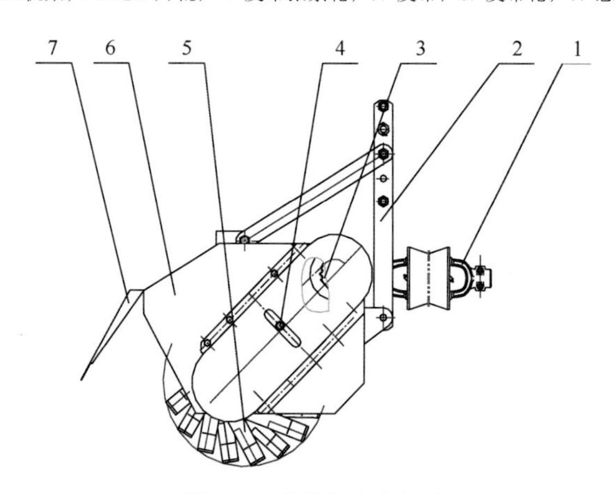

图 3-3　碎茬机单机状态

1. 万向节；2. 悬挂架；3. 双排小链轮；4. 张紧装置；5. 碎茬刀辊；6. 侧板；7. 挡土板

秸秆是在上罩板与地面之间形成的腔室上半部分粉碎室内进行粉碎的，然后通过还田刀辊的转动，从粉碎室的后面抛出粉碎室（图 3-4）。粉碎室抛出的碎秸秆绝对速度与地面夹角的大小决定粉碎后的秸秆抛送效果，如果 α 角过大，则会使粉碎刀辊对粉碎后的秸秆产生回带现象，这样容易造成粉碎室内堵塞。如果 α 角过小，又会将粉碎后的秸秆抛送入后面的根茬还田刀辊内，不利于碎茬刀切入土壤对根茬进行粉碎。同时 α 角还

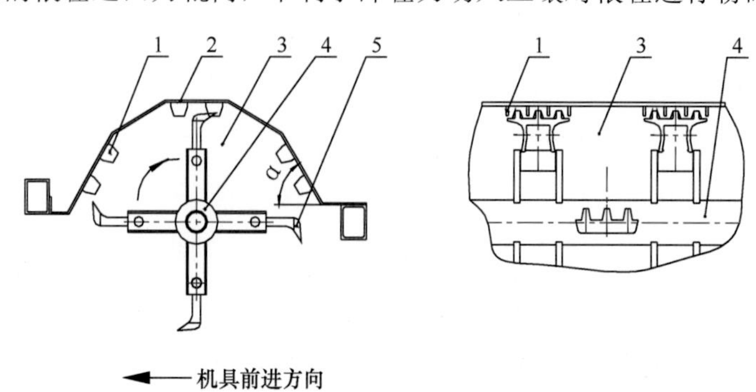

图 3-4　秸秆粉碎还田刀辊工作示意图

1. 定刀；2. 上罩板；3. 粉碎室；4. 还田刀辊；5. 动刀

影响着前后两刀辊的中心距，也就是整机的长度。对于 α 角的取值将在 3.2.2.3 节中进行讨论，并通过试验确定 α 角较为合理的取值。

机具在前进过程中，还田刀辊处于高速回转状态，高速运转使得粉碎室内压力下降，这有利于秸秆进入粉碎室内；同时还田刀辊上的动刀采用的是锤爪式结构，对秸秆具有捡拾功能。秸秆进入粉碎室后，由动刀带动秸秆通过定刀间隙以完成对秸秆的粉碎。

因为根茬粉碎还田作业要求刀辊的工作部件要与根茬行对应一致，而各个地区的垄行距由于采用的耕作方法不同又存在着差异。要想机具能够适应各个不同地区的需要，就要求碎茬刀辊的工作部件能够进行调整。所以在根茬粉碎还田作业机的刀辊设计上采用了分解式安装方法，将碎茬刀盘焊接在一个方管上，四个刀盘与一个方管组成一个工作刀辊，通过螺栓与碎茬机架上的方轴连接，可以满足各地区不同垄距的要求。

3.2.2　两刀辊相对位置的确定

如图 3-5 所示，还田刀辊与碎茬刀辊垂直方向的高度差 H 和两刀辊水平方向距离 L 是联合作业机设计的两个重要参数。

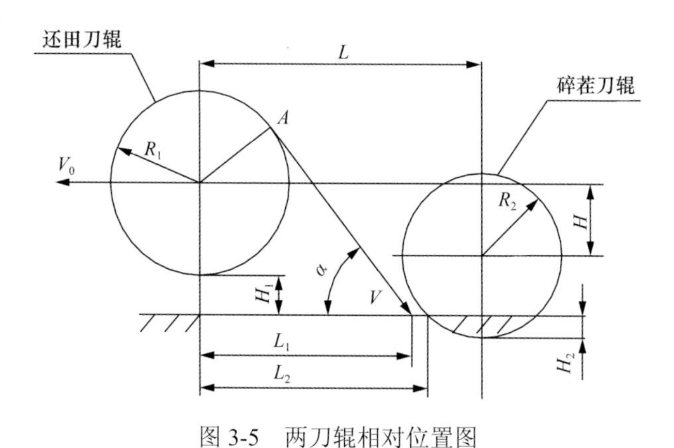

图 3-5　两刀辊相对位置图

3.2.2.1　H 的确定

H 与两个刀辊的回转半径、留茬高度和碎茬深度有关，可按式（3-1）确定：

$$H=(R_1-R_2)+(H_1+H_2) \tag{3-1}$$

式中，H 为两刀辊垂直方向高度差，mm；R_1 为还田刀辊回转半径，mm；R_2 为碎茬刀辊回转半径，mm；H_1 为留茬高度，mm；H_2 为碎茬深度，mm。

3.2.2.2　L 的确定

L 的选择对机器的结构和作业性能有重要影响。L 过大会使机具总体长度增加，因而要求增加机架的强度，并且会增加拖拉机悬挂装置的负荷；过小会使两刀辊工作相互影响，使秸秆缠绕、堵塞刀辊的可能性增加。所以应在满足工作性能要求的前提下，尽可能减小 L。L 与碎茬刀尖接地点到还田刀辊中心的水平距离 L_2 和碎秸秆的落地点到还田刀辊中心线的水平距离 L_1 密切相关。L 可按式（3-2）计算：

$$L = L_2 + \sqrt{R_2^2 - (R_2 - H_2)^2} \tag{3-2}$$

式中，L_2 为碎茬刀尖接地点到还田刀辊中心的水平距离，mm。

L_1 可按式（3-3）计算：

$$L_1 = R_1 \sin\alpha + \frac{H_1 + R_1(1+\cos\alpha)}{\tan\alpha} = R_1(\csc\alpha + \cot\alpha) + H_1\cot\alpha \tag{3-3}$$

式中，α 为碎秸秆从粉碎室出口抛出点的速度方向与地面的夹角。

3.2.2.3 α 角的确定

设还田刀辊粉碎室出口有一碎秸秆质量为 m 的质点 A（图 3-6），受刀片的作用被抛出时，其绝对速度为 V，它是 A 点的刀辊旋转切线速度 V_1 与机具前进速度 V_0 的合成速度，α 是 V 与地面的夹角，α_1 是 V_1 与地面的夹角。

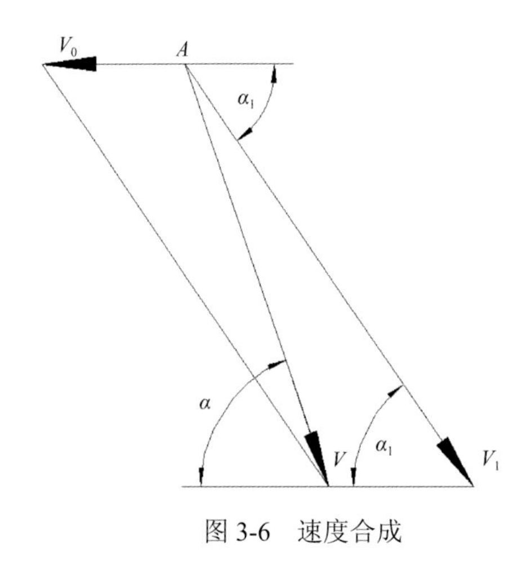

图 3-6 速度合成

根据试验，取 L_2=1.1L_1 时，两刀辊工作时基本互不影响，将 L_2 和式（3-3）的 L_1 代入式（3-2），可得

$$L = 1.1R_1(\csc\alpha + \cot\alpha) + 1.1H_1\cot\alpha + \sqrt{H_2(2R_2 - H_2)} \tag{3-4}$$

根据余弦定理，可求出 V_1 和 V_0 的合成速度为 V，即

$$V = \sqrt{V_1^2 + V_0^2 - 2V_1V_0\cos\alpha_1} \tag{3-5}$$

质点的动能为

$$E = \frac{1}{2}mV^2 \tag{3-6}$$

设计的还田刀辊转速 n=1420r/min，还田刀辊的回转半径 R_1=265mm，碎茬刀辊的回转半径 R_2=260mm，留茬高度 H_1=100mm，碎茬深度 H_2=100mm，机具的前进速度 V_0=0.7～1.7m/s，V_1 可以通过式（3-7）求得

$$V_1 = \frac{2\pi n \cdot R_1}{60\times1000} = 39.4\text{m/s} \tag{3-7}$$

可见 V_1 远大于 V_0，所以 $V\approx V_1$，$\alpha\approx\alpha_1$。为简化计算，α 角可视为等于 α_1 角。

将已知条件分别代入式（3-4）和式（3-7）中，即可得到不同 α 角所对应的 L 和 V^2 值。根据这些数值和式（3-6），可做出 L 和 V^2 随 α 角的变化曲线（图 3-7）。从图 3-7 可看出，α 角在 45°时，L 值已在 1m 左右。如果 α 角继续减少，则 L 值急剧变大，这将要求显著增强机具的结构和连接强度。因此选择 45°作为 α 角的下限。

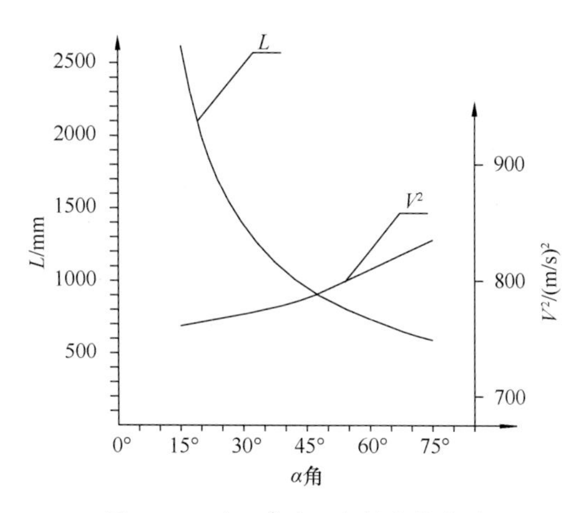

图 3-7　L 和 V^2 随 α 角的变化曲线

当 α 为 65°时，L 值为 678mm，已经接近结构设计的最小允许值。随着 α 角的进一步增大，机具的功率消耗随动能增大将显著增大，另外由于碎秸秆的水平抛射距离减小，秸秆回带和堵塞的概率增加。因此选择 65°为 α 角的上限。

如上所述，α 角的合理区间为（45°, 65°），考虑整机的结构强度与作业性能，选择 α 角为 60°。试验台上试验的结果也证明 α 角选择的区间是合理的。

3.2.3　传动系统的设计特点

无论农作物是垄作方式还是平作方式，碎茬作业时都要求碎茬机的刀辊要与作物行对正，所以碎茬作业机的刀辊相对位置应可以调整，以适应不同地区或不同农艺作物行距的要求。因此，与全幅旋耕作业机不同，传统的碎茬作业机具多为中间传动方式，即在配置于机具中央的变速箱内完成了动力的方向改变和转速改变，最后再由变速箱末端的动力输出轴将动力分别传递给两侧的碎茬刀辊进行作业，其中变速箱采用多级齿轮传动或采用齿轮与链轮相结合的传动。这种传动方式具有机具工作平稳性高、传动较可靠、传动过程中动力损耗小的特点，而且刀辊间距的调整方便，适应不同行距的能力较强，所以被认为是一种较好的结构方式。因此国内同类秸秆还田、根茬粉碎联合作业机的碎茬部件大都采用这种结构方式（图 3-8）。但经研究分析后，发现这种结构同样存在着一些不足。

1）由于变速箱内传动环节过多，结构过于复杂，因此对变速箱装配精度要求较高，这就造成箱体等零部件的制造和加工难度较大，大大增加了机具的制造成本和零部件更换的成本及难度。

2）当这种结构应用于联合作业机时，就造成了其传动系统的过度复杂和对前后工作部件之间相互位置关系的限制。

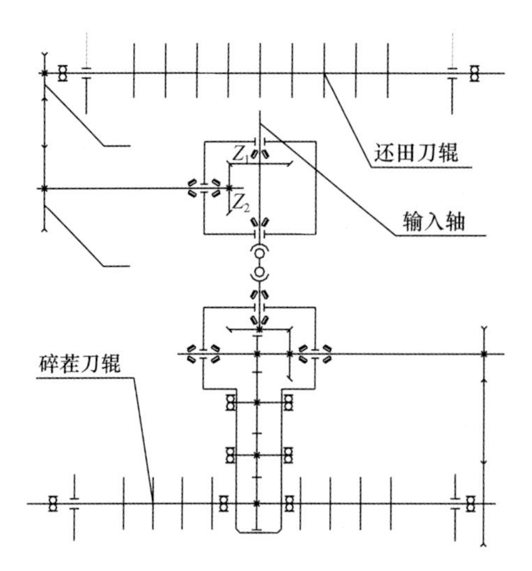

图 3-8　传统机具变速箱传动路线图

还田刀辊是反向旋转（在机器前进方向的左侧看是顺时针方向旋转），转速为1420r/min；碎茬刀辊是正向旋转，转速仅为 422r/min。两者相差近 1000r/min，这给传动系统设计带来了很大困难。

经过多方案对比，采用了具有创新性的对称式通用变速箱及两侧平衡的传动方案（图 3-9）。变速箱由一个大锥齿轮 Z_1 同时与相对配置的两个相同的小锥齿轮 Z_2、Z_3 啮合，这样 Z_2、Z_3 旋转方向相反，从而满足了两个刀辊旋向相反的要求，并完成一次升速。两个小锥齿轮向两侧输出的动力，分别再经过一次皮带变速，传给两个刀辊（传给还田刀辊的一侧要增速，传给碎茬刀辊的一侧要减速）带动其分别工作。此方案最大限度地简化了传动路线，降低了功耗，提高了传动的可靠性和平稳性。并且大锥齿轮和左右两个对称安装的小锥齿轮同时接触，使大锥齿轮受到的径向力在很大程度上相互抵消，从

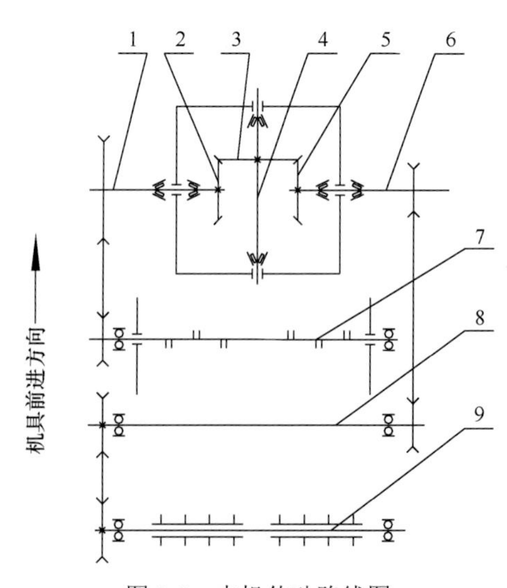

图 3-9　本机传动路线图

1. 左侧输出轴；2. 小锥齿轮 Z_2；3. 大锥齿轮 Z_1；4. 输入轴；5. 小锥齿轮 Z_3；6. 右侧输出轴；7. 还田刀辊；8. 中间传动轴；9. 碎茬刀辊

而减轻了大锥齿轮轴上轴承的径向载荷和变速箱体所受到的径向压力。采用这种结构后，可使齿轮副间隙的变化量减到最小，增加了传动的可靠性、平稳性，减少了齿轮间的相互磨损，延长了齿轮的使用寿命。其传动路线如图 3-9 所示。

当需要将联合作业机拆分使用时只需进行简单的拆装，如单独使用秸秆还田机可将图 3-9 中的小锥齿轮 Z_3（5）、右侧输出轴（6）、中间传动轴（8）、碎茬刀辊（9）拆除，就形成了单独的秸秆还田机的传动路线，见图 3-10。

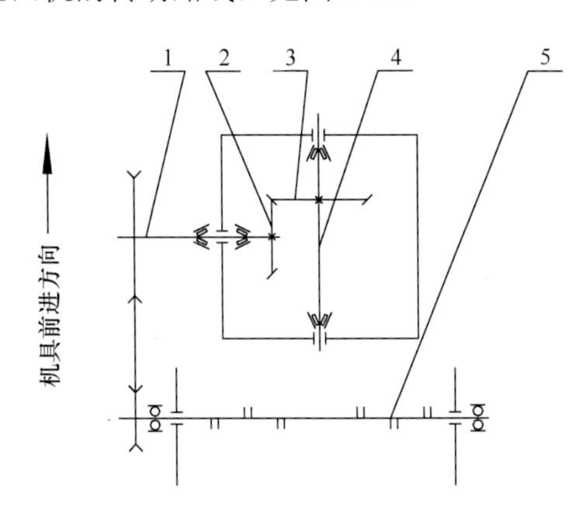

图 3-10　单独秸秆还田传动路线图

1. 左侧输出轴；2. 小锥齿轮 Z_2；3. 大锥齿轮 Z_1；4. 输入轴；5. 还田刀辊

单独使用根茬还田机时可将图 3-9 中左侧输出轴（1）、小锥齿轮 Z_2（2）、碎茬刀辊（9）、中间传动轴（8）拆除，然后将齿轮箱移到图 3-1 中还田机架（3）上，再将左侧的传动链拆下安在右侧即可，这样就形成了单独的根茬还田作业机传动路线，见图 3-11。

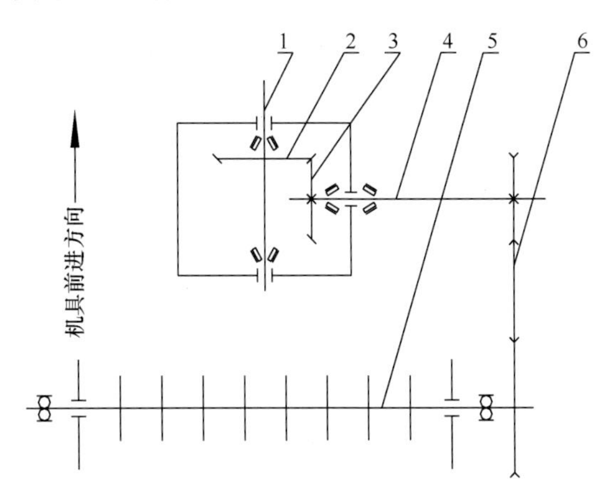

图 3-11　单独根茬还田作业机传动路线图

1. 输入轴；2. 大锥齿轮；3. 小锥齿轮 Z_3；4. 右侧输出轴；5. 还田刀辊；6. 传动链

3.3　V-L 型秸秆粉碎刀片

3.3.1　引言

正如碎茬（旋耕）机械核心工作部件是碎茬（旋耕）刀一样，秸秆粉碎还田机械核心工作部件是秸秆粉碎还田刀片。国内外各种类型的秸秆粉碎还田机具，不论是与拖拉机配套的秸秆粉碎还田机，还是和联合收获机配套使用的秸秆粉碎还田机，秸秆粉碎还田刀片主要有 3 种[7]：直刀型、甩刀型（L 型刀）和锤爪型，如图 3-12 所示。3 种刀片各有优缺点，分析如下。

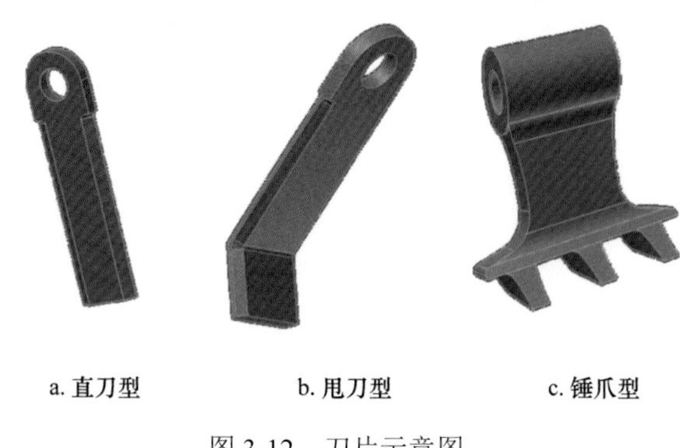

图 3-12　刀片示意图

（1）直刀型

直刀型如图 3-12a 所示，其刀形相对简单，制造加工成本相对较低。但是也存在一定的缺点，由于刀形简单，其刃线也比较短。因此，直刀型在工作时，为了达到良好的粉碎效果，必须加大刀片排列的密度，这样就增加了整机的制造成本和使用过程中换刀片的成本，此种类型刀片在粉碎秸秆时，受到秸秆的阻力，刀片沿安装轴向后转动，使得刀片的刃线与秸秆之间的滑切角增大，削弱了粉碎效果，增加了功耗。

（2）甩刀型

甩刀型如图 3-12b 所示，刀片在作业时线速度比直刀型稍高，可以在没有定刀配合的情况下对秸秆进行切割粉碎。刀片的“L”形结构能够在一定程度上延长刀片刃线的长度，提高粉碎效果。由于受到结构参数、制造材料和加工工艺的限制，现有的刀片工作时磨损较严重，刀片先接触秸秆的一角易磨损成圆弧形，削弱了刀片在接触秸秆时的切削能力，从而降低粉碎效果，这样的刀片使用寿命非常有限。

（3）锤爪型

锤爪型如图 3-12c 所示，其在粉碎作业中，靠高速旋转以实现抓起地上的秸秆，然后在定刀的配合下进行粉碎作业。在先期研制的秸秆还田、根茬粉碎联合作业机中，就是采用这种刀片。锤爪型相比其他粉碎方式的刀片有较大的质量，转动过程中具有很大的转动惯量。较大的转动惯量，既是优点也是缺点，优点是能够提高粉碎效果，特别是对硬质秸秆，如高粱、玉米等粉碎效果较好；缺点是加大了机器的振动，增大了动力消耗。锤爪型刀片为铸造成型，制造工艺复杂，成本较高，并且锤爪磨损较严重，刀片使用寿命有限。

3.3.2　V-L 型秸秆粉碎刀片工作原理及结构特点

3.3.2.1　秸秆粉碎还田作业运动分析

秸秆粉碎还田机可由拖拉机带动或者配套在收获机上进行秸秆粉碎还田作业，两者的机具运动形式及其机理相似，现以拖拉机带动为例，进行运动分析。

秸秆粉碎还田机，在拖拉机的带动下进行秸秆粉碎还田作业。在机具前进粉碎过程中，站立的秸秆首先是被拖拉机前横梁推斜，机组继续前行，秸秆被粉碎还田机机架横梁 A 点（图 3-13）阻挡推倒，粉碎刀片首先接触到的是秸秆的根部，由于拖拉机的机架高度比秸秆粉碎还田机的喂入口高，横梁能够起一定的支承作用，此时刀片对秸秆砍切比在纯无支承状态时的砍切效果稍好。秸秆根部被砍断后，如图 3-14 所示，秸秆被卷入秸秆粉碎还田机粉碎腔体内（罩壳与刀片旋转体之间的工作腔），通过刀片以砍、切、撞、搓、撕等方式将秸秆粉碎后，均匀地抛撒于地表。

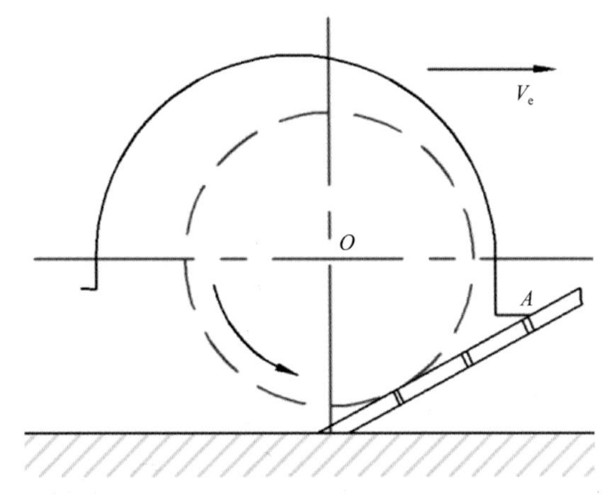

图 3-13　秸秆推倒示意图

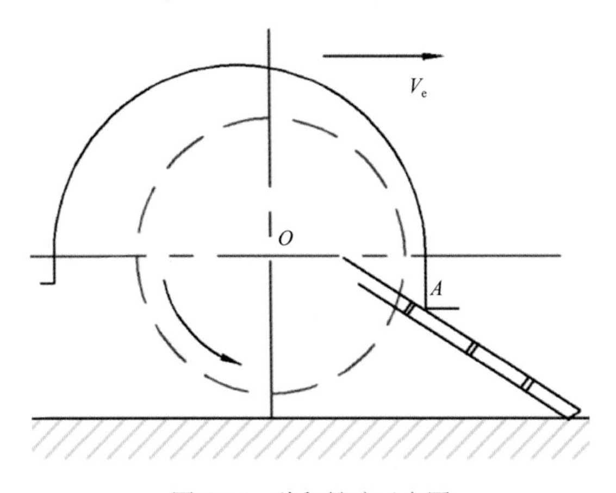

图 3-14　秸秆粉碎示意图

3.3.2.2 秸秆粉碎还田刀片运动方程

秸秆粉碎还田机是一种由拖拉机驱动粉碎刀辊旋转来完成不同作物秸秆粉碎作业的机具。它的刀轴采用反转（从机具的左侧看，转动方向为顺时针方向，与拖拉机行走轮旋转方向相反）的运动形式，是一种横轴卧式反向旋转机械。在进行田间粉碎作业时，其主要工作部件（秸秆粉碎还田刀片）的绝对运动是由两种简单运动合成而得到的，即回转运动和直线运动，回转运动为相对运动，直线运动为牵连运动[8]。回转运动是刀片工作过程中随刀轴转动时围绕刀轴轴心旋转所形成的运动，其运动是相对于刀轴轴心参考系的回转运动（记其速度为相对速度 V_r，即刀尖的线速度）；另一种运动是以刀轴轴心参考系随机组前进时具有的直线运动（记其速度为牵连速度 V_e，即机组的前进速度）。

因此，刀片刀尖的绝对速度 V_a 的运动矢量方程为

$$V_a=V_e+V_r \tag{3-8}$$

旋耕-碎茬通用机是一种横轴卧式正向旋转机械，其刀轴回转方向与秸秆粉碎还田机恰恰相反。因此，两种刀片运动轨迹坐标图 y 轴的方向相反。

若已知刀片的回转半径 R、旋转角速度 ω、机组的前进速度 V_e 时，通过计算，就能得到刀片的轨迹方程。刀片的运动轨迹是由刀尖 M 点连续运动形成的。以机组前进方向为 x 轴正方向，以垂直向上为 y 轴正方向（在旋耕-碎茬通用机中以垂直向下为 y 轴正方向），刀轴轴心 O 为原点（图 3-15），建立平面直角坐标系。

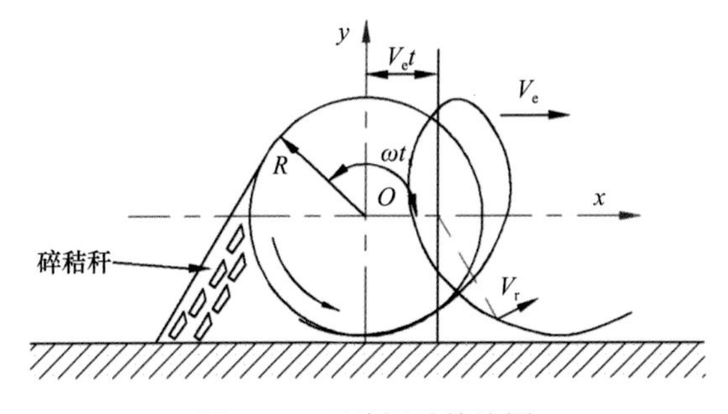

图 3-15 刀片运动轨迹图

以 M 点在 x 轴正半轴时，为时间 t 的起点，则在 t 瞬时，刀尖点 M（x，y）坐标可表示为

$$\begin{cases}x = V_e t + R\cos\omega t\\ y = R\sin\omega t\end{cases} \tag{3-9}$$

式中，ω 为刀轴（秸秆粉碎还田刀片）旋转角速度；R 为秸秆粉碎还田刀片回转半径；V_e 为机组前进的速度。

通过整理式（3-9），便可以得到 M 点的轨迹方程为

$$x = \frac{V_e}{\omega}\arcsin\frac{y}{R} + \sqrt{R^2 - y^2} \tag{3-10}$$

在旋耕-碎茬通用机研究中，通常引入速比（刀片刀尖的相对速度与牵连速度之比）λ，便于问题解决，借鉴于此。

用数学公式表示为

$$\lambda = \frac{V_{\mathrm{r}}}{V_{\mathrm{e}}} = \frac{R\omega}{V_{\mathrm{e}}} \tag{3-11}$$

将由式（3-11）所得 $\frac{V_{\mathrm{e}}}{\omega} = \frac{R}{\lambda}$ 代入式（3-10），整理后便可以得到刀尖 M 点的轨迹方程：

$$x = \frac{R}{\lambda}\arcsin\frac{y}{R} + \sqrt{R^2 - y^2} \tag{3-12}$$

式（3-12）所表示的曲线为摆线，由此说明，秸秆粉碎还田刀片在作业过程中运动轨迹是摆线。

3.3.2.3　秸秆粉碎还田刀片运动轨迹

通过对刀尖 M 点的运动轨迹进行分析，建立了轨迹方程，由轨迹方程可知，与秸秆粉碎还田刀片的运动轨迹的形状相关的参数为：机组前进速度 V_{e}、刀尖 M 点的回转半径 R、刀轴转动的角速度 ω。由式（3-11）可知，当 R、V_{e} 和 ω 变化时，即 λ 取值范围变化时，刀尖 M 点的轨迹曲线有以下特点。

当 $\lambda = \frac{V_{\mathrm{r}}}{V_{\mathrm{e}}} = \frac{R\omega}{V_{\mathrm{e}}} \leqslant 1$ 时，刀片工作轨迹如图 3-16a、图 3-16b 所示。刀片的运动方向在任何位置都与机具的前进方向相同，运动轨迹呈无扣短幅摆线状，刀片只能对秸秆进行一次粉碎，不能对秸秆进行反复的冲击揉搓。机组在进行秸秆还田作业时的速度为 0.7～2m/s，若刀片以小于 2m/s 的速度冲击砍切秸秆，则不能对秸秆进行粉碎，达不到秸秆粉碎还田的目的。

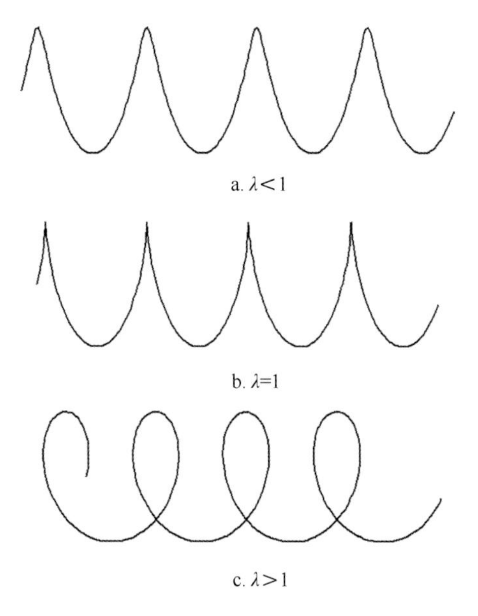

图 3-16　不同 λ 对应的通用刀片运动轨迹示意图

当$\lambda = \dfrac{V_r}{V_e} = \dfrac{R\omega}{V_e} > 1$时，刀片工作轨迹如图 3-16c 所示。由此可知，刀片在工作过程中，轨迹曲线是一条余摆线，其所包罗部分存在重合，当λ越大时，余摆线横弦也越大，重合部分面积越大。当机组前进速度为 0 时，即λ无穷大时，刀片的运动轨迹为一圆，此时横弦最大，等于 $2R$。

由以上分析可知，当λ越大时，刀片在工作过程中，能够对秸秆进行多次冲击揉搓，有助于提高机具的粉碎效果；刀片旋转到特定角度范围（一、四象限内）时，刀片刀尖的绝对水平运动速度为负值，此时刀尖的运动方向与机组前进方向相反，刀片对秸秆有向后抛撒的作用，有利于秸秆均匀地散布在地表。

3.3.2.4 秸秆粉碎还田刀片的速度分析

秸秆粉碎还田刀在作业时，刀片冲击揉搓秸秆过程中，所经各处的运动速度和加速度是不完全相同的[9]。刀片的绝对速度是一个随时间变化而不断变化的变量。通过式（3-9）对时间 t 进行求导，可得到刀片沿 x 轴和 y 轴的速度方程，见式（3-13）：

$$\begin{cases} V_x = \dfrac{\mathrm{d}x}{\mathrm{d}t} = V_e - R\omega \sin \omega t \\ V_y = \dfrac{\mathrm{d}y}{\mathrm{d}t} = R\omega \cos \omega t \end{cases} \tag{3-13}$$

由式（3-13）能够得到刀片的绝对速度 V_a（冲击秸秆的速度），表示为

$$V_a = \sqrt{V_x^2 + V_y^2} = \sqrt{V_e^2 - 2V_eV_r \sin \omega t + V_r^2} = V_e\sqrt{1 - \frac{2}{\lambda}\sin \omega t + \frac{1}{\lambda^2}} \tag{3-14}$$

由式（3-14）可知：当$\omega t = \dfrac{4n-3}{2}\pi$时，$V_a = V_r - V_e$；当$\omega t = \dfrac{4n-1}{2}\pi$时，$V_a = V_r - V_e$。

刀片转动到上述位置时，刀尖（刀片）绝对速度达到了极值点，分别为最小值和最大值。

为保证整机的粉碎效果，必须使刀尖的最小速度不小于粉碎秸秆所需要的最小速度 30m/s，即 $V_a = V_r - V_e \geqslant 30\text{m/s}$。刀尖速度的最小值如式（3-15）所示：

$$V_{a\min} = V_{r\min} - V_{e\max} \tag{3-15}$$

由于

$$V_r = R\omega = R\frac{2\pi n}{60} = R\frac{\pi n}{30} \tag{3-16}$$

故当刀尖的回转半径 R 确定时，刀尖的线速度（相对速度）V_r 只与刀轴的转速 n 相关，即

$$V_{r\min} = R\frac{\pi n_{\min}}{30} \tag{3-17}$$

$$V_{a\min} = R\frac{\pi n_{\min}}{30} - V_{e\max} \tag{3-18}$$

$$n_{\min} = \frac{30(V_{\mathrm{a\,min}} + V_{\mathrm{e\,max}})}{R\pi} \tag{3-19}$$

当 $V_{\mathrm{a\,min}}$=30m/s，$V_{\mathrm{e\,max}}$=2m/s（当秸秆粉碎还田机田间作业时，机组的前进速度在0.7～2m/s），R=250mm 时，刀轴的最小转速为 1223r/min。

因此，若想保证秸秆粉碎还田的作业质量，必须保证机具刀辊转速达到 1223r/min 以上。为了得到良好的秸秆粉碎质量和较高的整机作业效率，实际秸秆粉碎过程中刀辊转速应不低于 n=1400r/min。

当秸秆粉碎还田刀的刀轴以角速度 ω 匀速旋转，机组以恒定速度 V_{e} 前进时，刀片刀尖只存在指向刀轴中心的向心加速度 a_{n}。则对刀片的速度方程组（3-13）求导，就能够得到刀片的分加速度方程：

$$\begin{cases} a_x = \dfrac{\mathrm{d}V_x}{\mathrm{d}t} = R\omega^2 \cos\omega t \\ a_y = \dfrac{\mathrm{d}V_y}{\mathrm{d}t} = -R\omega^2 \sin\omega t \end{cases} \tag{3-20}$$

由此可知，刀片刀尖的绝对加速度为

$$a_{\mathrm{n}} = \sqrt{a_x^2 + a_y^2} = R\omega^2 \tag{3-21}$$

3.3.2.5　作业节距

作业节距 S_x 是指秸秆粉碎还田刀片在其旋转的平面内，两个刀片相继冲击揉搓秸秆的时间间隔内机具的行走距离，相当于旋耕-碎茬通用机中的切土节距[10]。节距的大小直接影响整机秸秆粉碎还田的效果及秸秆的留茬高度。如图 3-17 所示，S_x 的大小是由整机的结构参数和机具的运动参数共同确定的。

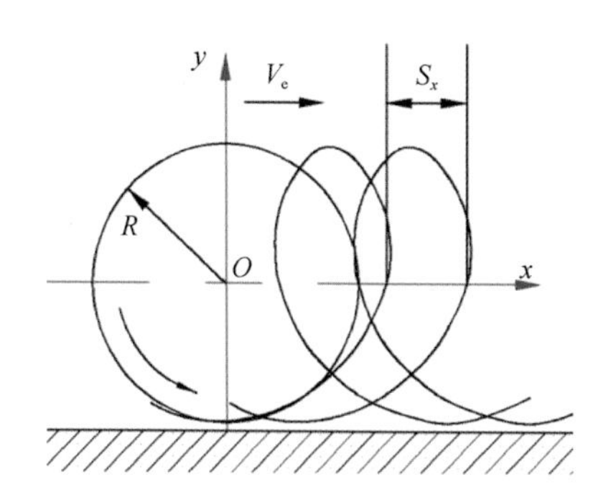

图 3-17　作业节距示意图

当刀轴旋转一周时，同一回转面上有 Z 把刀片相继参与秸秆粉碎还田作业，转动 2π/Z 角的时间 t 秒内，机具前进的距离，即通用刀片的作业节距 S_x，可表示为

$$S_x = V_{\mathrm{e}} t = V_{\mathrm{e}} \frac{2\pi}{Z\omega} = V_{\mathrm{e}} \frac{2\pi R}{Z V_{\mathrm{r}}} = \frac{2\pi R}{\lambda Z} = \frac{60 V_{\mathrm{e}}}{Z n} \tag{3-22}$$

式中，V_{e} 为机组的前进速度，m/s；t 为刀盘每转过一个刀片所需的时间，s；n 为刀轴转速，r/min；Z 为同一刀盘上安装的刀片数量，个；ω 为刀轴（秸秆粉碎还田刀片）回转

角速度；R 为秸秆粉碎还田刀片回转半径，mm；V_r 为刀尖的线速度；λ 为速比，m/s。

秸秆粉碎还田机的作业节距大小直接影响秸秆的粉碎质量[11]。在粉碎单位面积的秸秆时，秸秆粉碎次数与节距大小成反比，节距越小，粉碎次数越多，粉碎效果就越好，但整机的功耗也有所增加。所以合适节距的选择，不仅要考虑粉碎效果，还要考虑整机功耗问题。

由式（3-22）可知，节距的大小由机组前进速度、刀轴转速、同一回转面上安装刀片的数量 3 个因素共同控制。降低机组前进速度、提高刀轴转速、增加同一回转面上安装刀片的数量，均能够减小整机的作业节距，提高粉碎质量。但这些参数的调整，都伴随着另外矛盾问题的产生。例如，如果降低机组前进速度，则生产率随之下降；提高刀轴转速，则功率消耗增大[12]；增加同一回转面上安装刀片的数量，则减小刀与刀之间的间隙，容易造成刀轴缠草。因此节距不宜过小。在达到粉碎效果的前提下，若机具特定（指同一回转面上安装刀片的数量一定，刀轴转速一定），适当地提高机组前进速度，能够加大作业节距，提高整机的作业效率，促进农业生产的节能高效。

秸秆粉碎还田作业时，根据农艺要求和行业标准 DG/T 016—2016（现标准已变更为 DG/T 016—2019）对秸秆粉碎还田机的要求，秸秆粉碎后的长度应小于 100mm，在田间易于自然腐烂。因此，作业节距 S_x 应该根据粉碎效果进行控制，一般取值范围为 20～40mm。

3.3.2.6 留茬高度

秸秆粉碎还田机工作时，同一回转面上的刀片，其工作轨迹如图 3-18 所示。刀片在旋转粉碎秸秆时，形成波浪形凸起，其高度 α_1 除与速比 λ 和刀片的回转半径 R 有关外，还与每个回转面上安装的刀片数量 Z 有关，其关系为

$$\frac{\alpha_1}{R} = 1 - \cos\frac{\pi}{Z(\lambda - 1)} \tag{3-23}$$

$$\alpha_1 = R - R\cos\frac{\pi}{Z(\lambda - 1)} \tag{3-24}$$

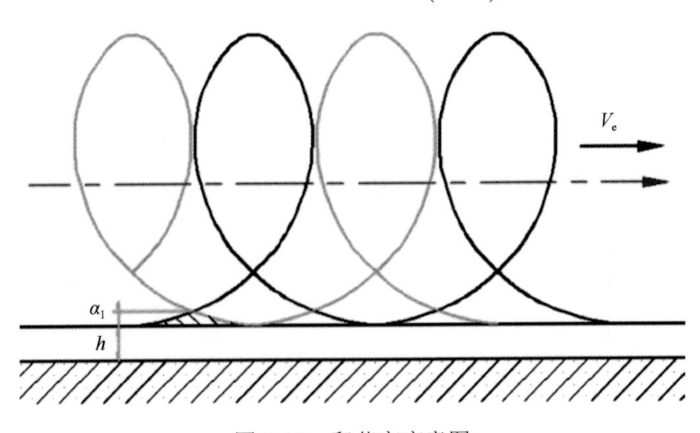

图 3-18 留茬高度意图

由图 3-18 可以看出，秸秆粉碎还田机留茬高度是由波浪凸起的高度（α_1）和刀片回转体离地面高度（h）共同控制的，即

$$H = h + \alpha_1 \tag{3-25}$$

将式（3-24）代入式（3-25）可得

$$H = h + R - R\cos\frac{\pi}{Z(\lambda - 1)} \tag{3-26}$$

当 h=50mm、R=300mm、V_e=2m/s、V_r=30m/s、Z=2 时，凸起高度 α_1=3mm，留茬高度 H=53mm。经计算可知，凸起高度远小于刀片回转体的离地面高度。故在设计秸秆粉碎还田机和实际田间作业调整时，对于留茬高度的控制，不必考虑刀片旋转形成波浪形凸起产生的留茬高度，仅考虑刀片回转体离地面的距离就能较好地控制留茬高度。

3.3.3　V-L 型刀片主要参数的确定

V-L 形秸秆粉碎还田刀片（授权专利号 ZL201110115590.9，公开号 CN102165882B）是在 L 型刀片的基础上进行创新设计，增加了“V”形折弯，形成 V-L 型结构，刀片的结构如图 3-19 所示。

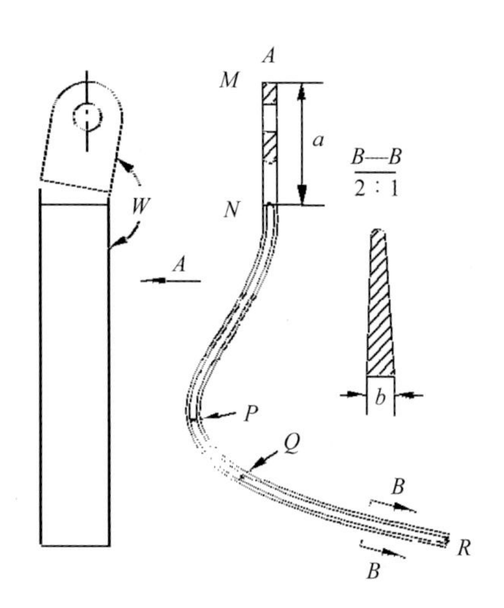

图 3-19　V-L 型秸秆粉碎还田刀片结构示意图

由于材料和加工工艺的限制，刀片先接触秸秆的一角容易磨损成圆弧，影响了刀片对秸秆的捡拾和粉碎能力，V-L 型结构的 N、P 两处折弯保证了刃线与地面的夹角，使刀片的整段刃线都参与工作，避免了磨损圆角的出现，同时刀片的刃口设计成自磨刃，以保持刀片良好的工作性能。Y 型和 L 型刀片由于其结构延长了刀片刃线的长度，作业效果要优于直刀型刀片，V-L 型结构则进一步延长了刀片刃线的长度，可以在降低刀片安装密度的同时不影响秸秆粉碎效果。通过对锤爪型刀片的分析可知，增大刀片的转动惯量有利于提高秸秆粉碎率，V-L 型结构可以使刀片的质心外移，增加刀片旋转时的转动惯量，同时保证刀片的质心与刀柄处于同一平面，提高刀片旋转时的稳定性[12]。

3.3.3.1 刀片厚度设计

由于 V-L 型秸秆粉碎还田刀片结构的特殊性，要求刀片应具有较高的强度以防止刀片在工作过程中产生变形[13]。利用 Inventor 软件进行设计，根据现有刀片参数确定了厚度为 4mm、6mm 和 8mm 的 3 种刀片。刀片的不同厚度将会影响刀片的质量、质心位置（质心与安装轴心的距离）和变形量，应用 Inventor 软件的有限元模块对刀片进行仿真分析，仿真结果见表 3-2。

表 3-2 不用厚度刀片的主要参数

厚度/mm	质量/g	质心位置/mm	变形量/mm
4	218.4	67.21	0.56
6	312.0	67.32	0.28
8	405.6	66.89	0.16

由表 3-2 可知，刀片质心的位置基本不受刀片厚度的影响；随着刀片厚度的增加，刀片质量增大、变形量减小。为了增大刀片的转动惯量，同时防止刀片变形、保证较高的安全系数，确定刀片厚度为 8mm。此时，刀片的最大变形量为 0.16mm，最小安全系数为 6.86。

3.3.3.2 刀片折弯角度设计

为了克服现有秸秆粉碎还田刀片容易出现磨损圆角和刃线过短的缺点，V-L 型刀片设计了 N、P 两处折弯，P 处折弯角度为 75°，通过改变 N 处折弯角度可以控制刃线与地面的夹角。分析直刀型、Y 型和 L 型刀片刃线与地面的夹角，直刀型刀片为 90°、Y 型刀片为 45°、L 型刀片为 0°，因此确定 V-L 型刀片刃线与地面的夹角为 0°～45°。较小的夹角可以使更长的刃线参与工作，避免局部的过快磨损，降低刀片排列的密度，同时延长刀片的使用寿命，节约成本。

3.3.3.3 刀片前倾角度设计

通过对现有刀片运动过程的分析可知，刀片在惯性力和秸秆阻力的作用下，会向后弯一定角度，使刀片刃线的滑切角增大，滑切角的存在影响刀片的砍切性能，造成能量损失。因此，V-L 型刀片设计有前倾角度，目的是抵消刀片向后偏转产生的滑切角，使刀片以砍切的方式接触秸秆。为了确定刀片的前倾角度，在室内土槽进行试验，通过高速摄像仪记录刀片与秸秆相互作用的过程。以直刀型刀片为试验对象，刀片的线速度为 30m/s，土槽车的前进速度为 0.5m/s。刀片在接触到秸秆的瞬间，刀片的刃线与旋转经线平行；随着刀片的转动，当刀片砍切入秸秆时，刀片向后发生偏转；当刀片砍断秸秆的瞬间，刀片向后偏转的角度达到了最大值，为 10°左右。

通过试验确定刀片的前倾角度在 10°左右，但上述试验中刀片对秸秆的砍切是间断的，而刀片在实际工作过程中需要连续不断地作用于秸秆。因此，刀片实际工作中向后偏转的角度应大于试验结果，故确定刀片的前倾角在 10°～15°。

3.3.3.4　刀片自磨刃设计

参考自磨刃犁铧的工作原理和设计参数，设计刀片的自磨刃。刀片材料选用 65Mn 钢板，刀片的刃口角度取 30°，并进行 0.5mm 的中频淬火，使刀片具有自磨刃的效果。刀片热处理后表面硬度为 48～56HRC，以保证刀片具有足够的耐磨性；芯部热处理后硬度为 33～40HRC，以获得足够的刚度，作业时不易变形。

3.3.4　工作参数与结构参数优化试验

3.3.4.1　试验条件与方法

根据《保护性耕作机械 秸秆粉碎还田机》（GB/T 24675.6—2009）标准的要求，试验在吉林农业大学试验田进行，试验地长度为 300m、宽度为 50m，土壤深度 5cm 处的含水率为 10.7%、温度为 12.3℃、坚实度为 2.05MPa，土壤深度 15cm 处的含水率为 13.9%、温度为 12.7℃、坚实度为 2.68MPa，秸秆含水率为 17.79%，秸秆量为 3.08kg/m^2。

试验采用约翰迪尔公司生产的 654 型拖拉机和吉林省农业机械研究院研制的 1JGHL-140（2）型秸秆还田、根茬粉碎联合作业机，拖拉机动力输出轴的转速为 540r/min，刀片的最小线速度为 30m/s，刀辊的最小转速为 1146.5r/min。

3.3.4.2　刀片工作参数试验

试验以秸秆粉碎率 F 为试验指标，目的在于考察拖拉机前进速度 A 和刀辊转速 B 及二者交互作用对秸秆粉碎率的影响。每组试验拖拉机正式工作距离为 25m，分 3 点测量秸秆粉碎率，取平均值，试验的因素水平见表 3-3，试验方案及结果见表 3-4。

表 3-3　刀片工作参数试验因素水平

水平	因素	
	前进速度 A/（m/s）	刀辊转速 B/（r/min）
1	0.5	1200
2	1	1400
3	1.5	1600

表 3-4　刀片工作参数试验方案及结果

试验编号	前进速度 A/（m/s）	刀辊转速 B/（r/min）	秸秆粉碎率 F/%
1	0.51	1247	92.37
2	0.48	1398	97.30
3	0.48	1576	99.40
4	1.05	1217	88.30
5	0.97	1473	93.43
6	0.98	1582	98.10
7	1.47	1254	83.20
8	1.53	1387	89.23
9	1.51	1631	92.30

由表 3-4 可知，秸秆粉碎率随拖拉机前进速度的升高而呈降低趋势，因为单位时间内进入秸秆粉碎还田机的秸秆量随拖拉机前进速度的升高而增加，这是导致秸秆粉碎率降低的原因。虽然拖拉机速度较低时，秸秆粉碎效果好，整机运行相对平稳，但作业生产效率相对较低；秸秆粉碎率随刀辊转速的升高而升高，因为在拖拉机前进速度为定值时，单位时间内进入秸秆粉碎还田机的秸秆量不变，刀辊转速的升高便提高了秸秆粉碎率。虽然刀辊转速较高时，秸秆粉碎效果好，但整机动力消耗较大。

应用 Origin 软件分析拖拉机前进速度 *A* 与刀辊转速 *B* 二者的交互作用对秸秆粉碎率的影响规律，拟合拖拉机前进速度-刀辊转速-秸秆粉碎率曲面，拖拉机前进速度和刀辊转速为自变量，秸秆粉碎率为因变量，结果如图 3-20 所示。

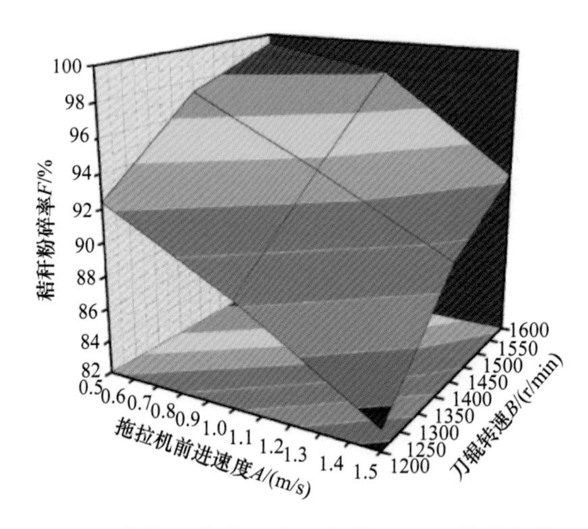

图 3-20　拖拉机前进速度-刀辊转速-秸秆粉碎率曲面

由图 3-20 可知，随着拖拉机前进速度的降低、刀辊转速的升高，秸秆粉碎率呈上升趋势。为了满足标准（秸秆粉碎还田机作业质量 NY/T 500—2015）规定的秸秆粉碎还田机整机粉碎率应大于 92%的要求，同时兼顾整机的纯生产率，确定拖拉机前进速度为 1m/s、刀辊转速为 1400r/min。

3.3.4.3　*刀片结构参数试验*

为了考察刀片前倾角度 *C* 和刃线与地面的夹角 *D* 对秸秆粉碎率 *F* 的影响规律，进行了 2 因素 3 水平正交试验，每次试验重复 3 次，取平均值，拖拉机前进速度为 1m/s，刀辊转速为 1400r/min。试验因素水平见表 3-5，试验方案及结果见表 3-6，方差分析见表 3-7。

表 3-5　刀片结构参数试验因素水平

水平	因素	
	刀片前倾角度 *C*/（°）	刃线与地面的夹角 *D*/（°）
1	8	10
2	9	12
3	10	14

表 3-6　刀片结构参数试验方案及结果

试验编号	刀片前倾角度 C/（°）	刃线与地面的夹角 D/（°）	秸秆粉碎率 F/%
1	8	10	85.90
2	8	12	88.40
3	8	14	88.05
4	9	10	88.15
5	9	12	89.70
6	9	14	91.39
7	10	10	90.95
8	10	12	91.40
9	10	14	93.39
$\bar{y}_{j1}$	87.45	88.33	
$\bar{y}_{j2}$	89.75	89.83	
$\bar{y}_{j3}$	91.91	90.94	
R	4.46	2.61	
最优水平	C_3	D_3	
主次因素	C、D		

表 3-7　方差分析

方差来源	偏差平方和	自由度	均方和	$F_{比}$	显著性水平 α
C	58.97	2	29.49	38.29	0.01
D	19.71	2	9.85	12.80	0.01
$C \times D$	3.77	4	0.94	1.22	>0.25
误差	6.95	9	0.77		
总和	89.40	17			

由表 3-6 和表 3-7 可知，影响秸秆粉碎率的主次因素为 C、D，且 C、D 均为显著因素，二者的交互作用不显著，最佳参数组合为 C_3D_3，即刀片前倾角度为 10°、刃线与地面夹角为 14°。此时可计算出 N 处的折弯角度为 151°，刀片的切削宽度为 89.8mm，回转半径为 170.6mm。

3.3.4.4　整机作业效果试验

通过刀片结构参数和工作参数的试验，确定了最优的刀片结构参数和工作参数组合，即刀片前倾角度为 10°、刃线与地面夹角为 14°、拖拉机前进速度为 1m/s、刀辊转速为 1400r/min。采用以上参数对秸秆粉碎还田机整机作业效果进行测试。正式作业距离为 25m，连续作业 3 个行程，在每个行程内取 1 个测试点（1m×1m）进行测试，然后取平均值。刀片实物及整机作业效果如图 3-21 所示。

1）留茬高度，机组在田间作业过程中，车轮行驶在垄沟内，即轮辙中没有根茬，只需测量轮辙间的留茬高度即可。3 个行程的留茬高度分别为 58mm、63mm、60mm，所以平均留茬高度为 60mm。

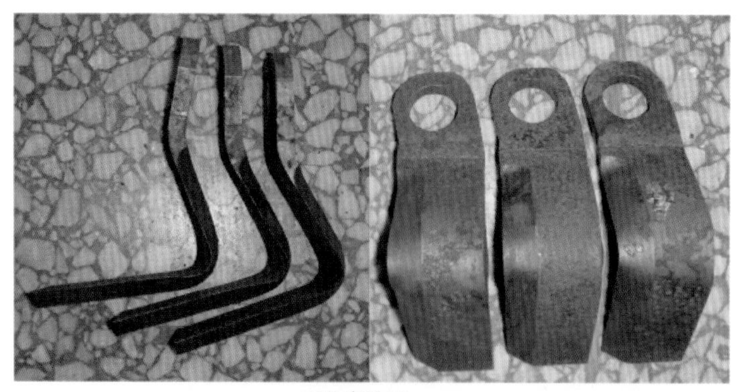

a. 刀片实物图

b. 刀片安装图

c. 整机作业效果图

图 3-21 刀片实物及整机作业效果图

2）秸秆粉碎长度合格率，需分别测量轮辙间和轮辙中的秸秆粉碎长度合格率，结果见表 3-8 和表 3-9。

表 3-8　轮辙间秸秆粉碎长度合格率

行程	秸秆总质量/g	不合格秸秆质量/g	合格率/%
1	1553	101	93.5
2	1756	121	93.1
3	1217	77	93.7

表 3-9　轮辙中秸秆粉碎长度合格率

行程	轮辙	秸秆总质量/g	不合格秸秆质量/g	合格率/%
1	左轮辙	1226	18	98.5
	右轮辙	1318	61	95.4
2	左轮辙	1257	31	97.5
	右轮辙	1171	185	84.2
3	左轮辙	1227	43	96.5
	右轮辙	1412	0	100

由表 3-8 和表 3-9 可知，轮辙间秸秆粉碎长度合格率的平均值为 93.43%，轮辙中秸秆粉碎长度合格率的平均值为 95.35%，由于车轮行驶在没有根茬的垄沟内，因此轮辙中的合格率略高于轮辙间的合格率。

3）秸秆抛撒不均匀度，其测定方法与秸秆粉碎长度合格率相同，可同时进行。

$$\overline{M}=\frac{\sum_{i=1}^{3}M_{zi}}{3}=1042\text{g} \tag{3-27}$$

$$F_{\mathrm{b}}=\frac{1}{\overline{M}}\sqrt{\frac{\sum_{i=1}^{3}(M_{zi}-\overline{M})^2}{3}}\times 100\%=14.7\% \tag{3-28}$$

式中，$\overline{M}$ 为测试区内各点秸秆的平均质量，g；M_{zi} 为 i 点秸秆的总质量，g；F_{b} 为抛撒不均匀度，%。

4）纯生产率，测定每个行程通过测试区的时间，计算纯生产率：

$$E_{\mathrm{ch}}=\frac{0.36L}{T}=0.48\,\text{hm}^2/（\text{m·h}） \tag{3-29}$$

式中，E_{ch} 为纯生产率，hm^2/（m·h）；L 为测试区的长度，m；T 为机组通过测试区的时间，s。

V-L 型秸秆粉碎还田刀片整机测试与 GB/T 24675.6—2009 对比结果见表 3-10。由表 3-10 可知，安装了 V-L 型刀片的秸秆粉碎还田机整机的多项工作指标均已达到国家相关标准的技术要求。

表 3-10　整机测试结果

序号	项目	指标	测试结果	完成情况
1	轮辙间留茬平均高度/mm	≤75	60	合格
2	轮辙中留茬平均高度/mm	≤85	—	—

续表

序号	项目	指标	测试结果	完成情况
3	轮辙间秸秆粉碎长度合格率/%	≥92	93.43	合格
4	轮辙中秸秆粉碎长度合格率/%	≥85	95.35	合格
5	秸秆抛撒不均匀度/%	≤20	14.7	合格
6	纯生产率/[hm^2/（m·h）]	≥0.33	0.48	合格

主要参考文献

[1] 高焕文, 李洪文, 李问盈. 保护性耕作的发展. 农业机械学报, 2008, 39(9): 43-48.

[2] 李春胜. 秸秆-根茬粉碎还田联合作业机的研究. 长春: 吉林大学硕士学位论文, 2009.

[3] 贾洪雷, 马成林, 刘枫, 等. 秸秆与根茬粉碎还田联合作业工艺及配套机具. 农业机械学报, 2006, 36(11): 46-49.

[4] 中国机械工业联合会. 秸秆(根茬)粉碎还田机: DG/T 016—2016. 北京: 机械工业出版社, 2016.

[5] 栾玉振, 侯季理, 田耘. JZH-2 型秸秆根茬还田通用机构与性能参数的选择. 农业机械学报, 1995, (1): 120-121.

[6] 毛罕平, 陈翠英. 秸秆还田机工作机理与参数分析. 农业工程学报, 1995, 11(4): 62-66.

[7] 刘晓亮. 秸秆粉碎还田新型刀片的设计与试验. 长春: 吉林大学硕士学位论文, 2012.

[8] Jia H L, Wang L C, Li C S, et al. Combined stalk-stubble breaking and mulching machine. Soil & Tillage Research, 2010, 107(1): 42-48.

[9] 贾洪雷, 王增辉, 马成林. 秸秆切碎抛送装置的试验研究. 农业机械学报, 2003, (6): 96-99.

[10] Zhang L J, Geng L X, Shi Q X. A study for performance of corn straw smashing device. Applied Mechanics and Materials, 2012, 184: 645-648.

[11] 刘宝, 宗力, 张东兴. 锤片式粉碎机空载运行中锤片的受力及运动状态. 农业工程学报, 2011, 27(7): 123-128.

[12] 张居敏, 贺小伟, 夏俊芳, 等. 高茬秸秆还田耕整机功耗检测系统设计与试验. 农业工程学报, 2014, 30(18): 38-46.

[13] 孟海波, 韩鲁佳, 刘向阳, 等. 秸秆揉切机用刀片断裂失效分析. 农业机械学报, 2004, 35(4): 51-54.

第4章　深松整地机械

4.1　引　　言

4.1.1　深松的作用

深松是实施保护性耕作技术的基础，在实行保护性耕作初期，更是必不可少的作业环节，主要利用深松铲疏松土壤，打破多年形成的犁底层，加深耕层而不翻转土壤。深松能够调节土壤三相比，改善土壤结构，提高土壤的蓄水能力，减少降雨径流，减轻土壤水蚀，深松作业可以消除机器进地作业造成的土壤压实（主要是深层压实）。在旱地保护性耕作体系中，深松技术被确定为一项基本的少耕作业[1, 2]。详细内容在本书第1章中已做阐述，此处不再重复。

4.1.2　深松技术选择的原则

1）深松作业时间：可选在秋收之后上冻之前，与秋季整地同时进行，或伏雨之前，与中耕同时进行。

2）深松深度：一般在25～35cm，秋后应深些，有些地区甚至要求达到40cm或更深，雨季前作物行间深松不能过深，一般在20～25cm。

3）适合深松的条件：土壤含水率在13%～22%。土壤含水率过大或过小，深松作业质量均较差，如出现大的深松沟、大的土块等，另外作业阻力也较大。

4）深松间距：在垄沟深松，间距就是其垄距；破垄作业，间距亦是垄距。

5）深松间隔年限：一般间隔2～3年深松一次。也有免耕种植模式，则不进行任何耕作，包括深松。

6）不适宜深松的土壤：耕层下有砂粒层的地块，土层薄的山地、水田等。灌区亦慎用。

4.1.3　深松机的种类及发展现状

4.1.3.1　国外深松机发展现状

20世纪30年代初，西方发达国家就开始了对深松耕作法的研究，并且开始使用和推广这项技术，取得了较好的效果。经过多年的实践检验，随着科技的迅速发展，美国、西欧等国家对于深松机具的研究已经相当完善，根据不同的需要研制和生产了多种深松机具，不同种类的深松机具已形成系列，其松土方式主要有挤压松土及振动松土两种形式。

随着大马力拖拉机的应用与普及，国外的农机具普遍向大型化和联合作业的方向发展。目前，国外深松机具主要与大马力拖拉机相配套，其特点是深松深度大、工作效率高、作业质量好。

为了适应保护性耕作的需要，国外也大力发展深松整地联合作业机，机具一次进地可以完成深松、施肥和镇压等多项功能，减少了农机具的进地次数，提高了深松机具的作业效率，保证了深松效果。与此同时，国外研究人员对深松部件作业时在土壤中的受力状态和理论模型的建立都已经相当完善，形成了一套比较完整的理论体系，并且将理论模型成功地运用在深松部件的设计和受力状态的分析上，取得了很好的效果，设计出不同类型的深松部件[3, 4]。

4.1.3.2 国内深松机的发展现状

国产深松机有多种形式，按不同的标准又可分为多种类型。按工作方式来分主要有机械式和振动式两种；按深松作业的项目多少来分，深松机可以分为单一深松机和深松整地联合作业机。根据深松范围，单一深松机又可以分为行间局部深松机和全方位深松机。对于深松技术的研究，我国起步稍晚。在研究美国保护性耕作模式的基础上，我国于 20 世纪 60 年代初才开始对深松技术进行研究。作为保护性耕作的关键技术之一，我国近年来开始逐渐重视深松部件及深松机具的研制与开发，在深松铲的设计优化和生产制造方面，有很多高校、科研院所、农机企业及农场等单位做了大量的研究开发工作，在吸收消化国外的先进技术基础上进行创新，制造出了多种不同结构的深松铲和形式多样的深松机具，并且经过试验优化后在实际生产中得到了应用，取得了较好的效果。研制的深松机主要有单柱凿铲式、倒梯形全方位式、可调翼铲式、旋耕式和振动式等[5, 6]。

但我国深松机和深松部件受到动力、材料、加工制造水平等因素的制约，整体性能与国际先进水平仍有一定差距，在降低作业阻力、减少能耗、延长寿命和作业质量等方面仍需做许多工作，且缺乏有效的作业监测技术和系统等。

4.2 深松整地联合作业机

针对东北玉米留高茬行间直播（行间互作）保护性耕作农艺的要求，提出了行间深松整地联合作业技术，研制了如图 4-1 所示的 1SZL-6（7）深松整地联合机，解决了现有机具仿形性能差、耕后行间地表平整度差、大土块多等问题[7, 8]。

它根据需要以适当的方式把多种工作部件按一定的层次和顺序组合在一起，能一次完成深松、碎土、整地、施肥、镇压等各项作业。设计一种能够减少土壤失墒、土壤扰动和耕作阻力小的新型深松铲是该机具的关键所在。空间曲面式深松铲借鉴了铧式犁犁体曲面的一部分，工作曲面对土壤的作用“只松不翻”，深松铲通过后，提升的土壤回落到原处，不会留下容易跑墒的沟缝。该机也可配置单柱式的仿生减阻深松铲柄，并安装耦合仿生深松铲尖。

图 4-1　1SZL-6（7）深松整地联合机

4.2.1　整机结构特点

4.2.1.1　基本工作原理及特点

1SZL-6（7）深松整地联合机采用三横梁框架式结构，通过液压系统来控制耕深和工作状态的转换，能够一次进地完成留茬地行间条带整地、深松、施肥、碎土、镇压等作业，亦可进行垄作地的垄沟深松、施肥、中耕作业。其主要创新性体现在以下几方面[7]。

（1）空间曲面式深松铲

空间曲面式深松铲的土壤工作曲面借鉴了铧式犁犁体曲面的一部分，但与犁体曲面不同，曲面深松铲不会对土垡产生翻转。空间曲面式深松铲与全方位深松铲相比耕作阻力小，与凿式深松铲相比松土系数高、土壤覆盖性好。

（2）表面白口化球墨铸铁耦合仿生深松铲尖

采用铸造方法，结合成分调控、表面非光滑结构、预置冷铁等方法生产的深松铲尖，表面仿生结构由高硬度耐磨白口铁制成，芯部由高韧性球墨铸铁制成，兼具良好的耐磨性和韧性，生产成本低[9]。

（3）斜置叶片式碎土镇压辊

采用叶片与辊中心呈一定角度的配置方式，在碎土辊向前滚动的过程中，碎土辊叶片从一端渐次入土，使叶片在逐渐入土的同时碾压破碎土块，实现细碎土块的作用[10]。

1. 深松机耕作部件布置和主要机构配置

1SZL-6（7）深松整地联合机应适应留茬行间互作模式的要求，所有的土壤耕作部件均能满足留茬地行间作业，所以本机整地部件均适应条带松土整地和条带碎土镇压的耕作方式；地轮布置在深松、整地部件耕作区间内。

机具采用框架式三横梁结构，便于深松、碎土等多种部件的安装、使用和调整。如图 4-2、图 4-3 所示，前梁上布置切茬+松土装置（双波纹圆盘松土装置）；中梁上布置地轮和 2 个（或 3 个）深松铲；后梁上布置 4 个深松铲和 6 个（或 7 个）碎土镇压辊，深松铲上均装有施肥管；耕作部件间距可在 580～720mm 任意调节。该布置能够实现从前到后一次完成切茬+松土、深松+施肥、碎土+镇压的联合作业。

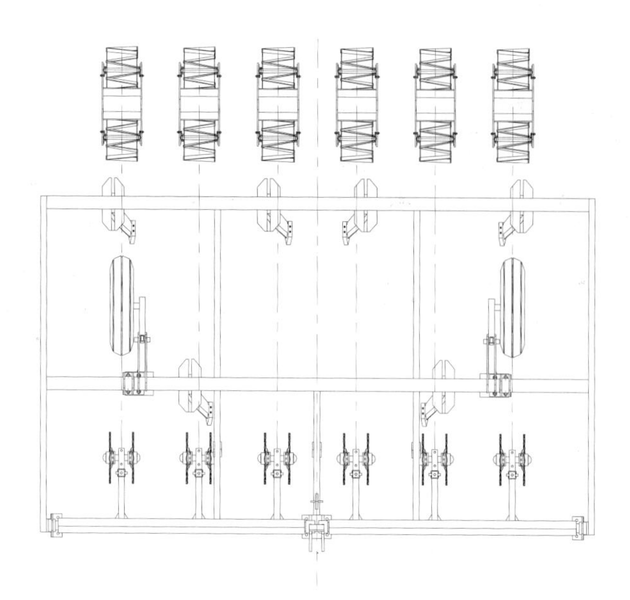

图 4-2　六行深松机部件排布图（拖拉机跨三垄作业）

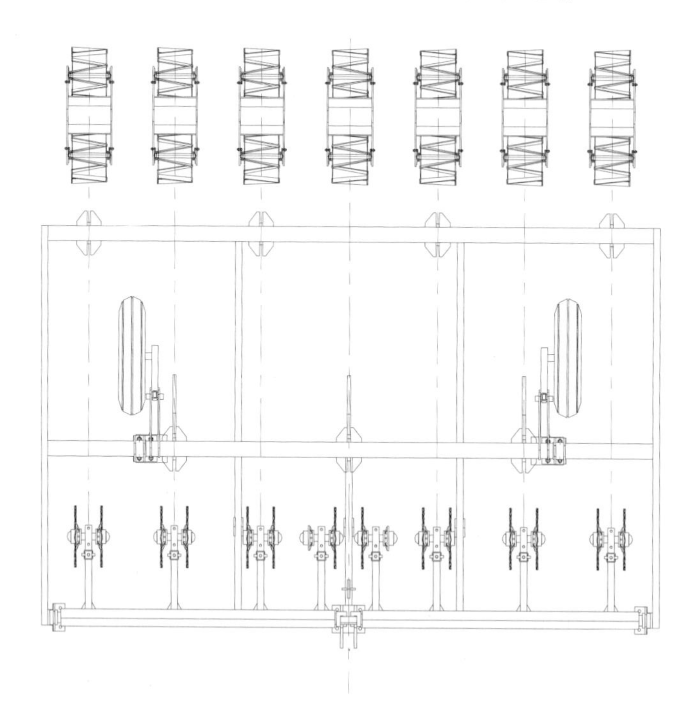

图 4-3　七行深松机部件排布图（拖拉机跨四垄作业）

图 4-4 所示为 1SZL-6（7）深松整地联合机与拖拉机采用牵引式挂接方式。作业时，通过外置的液压系统控制深松铲和其他松土、整地部件的耕作深度，深松深度为 20～40cm。该机主要由三角牵引架、三横梁框架式机架、橡胶支撑地轮、双波纹圆盘松土装置、液压缸Ⅰ、液压缸Ⅱ、肥箱、深松铲、碎土镇压辊等主要机构所组成。

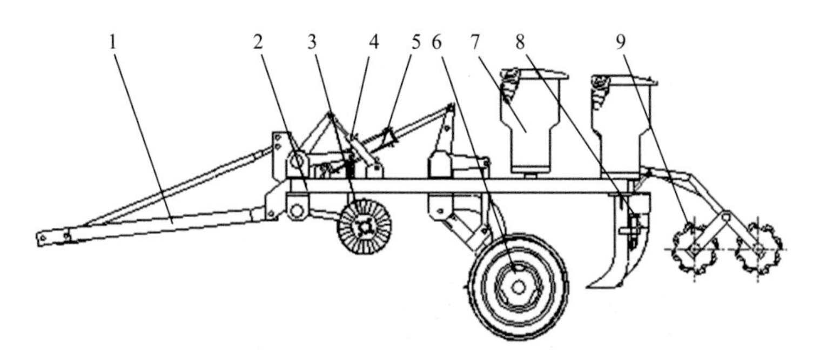

图 4-4　1SZL-6（7）深松整地联合机

1. 牵引架；2. 机架；3. 双波纹圆盘松土装置；4. 液压缸Ⅰ；5. 液压缸Ⅱ；6. 地轮；7. 肥箱；8. 深松铲；9. 碎土镇压辊

2. 深松机整机液压提升系统

1SZL-6（7）深松整地联合机整机的工作状态和运输状态的转换通过液压缸Ⅱ作用来实现。整机的升降应满足两个条件：运输状态时铲尖离地面间隙≥300mm；最大耕深时，铲尖在地表以下 400mm。图 4-5 所示为整机液压升降系统机动图，其中整机液压升降系统实线部分表示整机运输状态，此时，离地间隙最大，铲尖距离地面 350mm，液压缸Ⅱ处于最大行程；其中液压升降系统（含地轮）虚线部分表示机具的最大耕深状态。

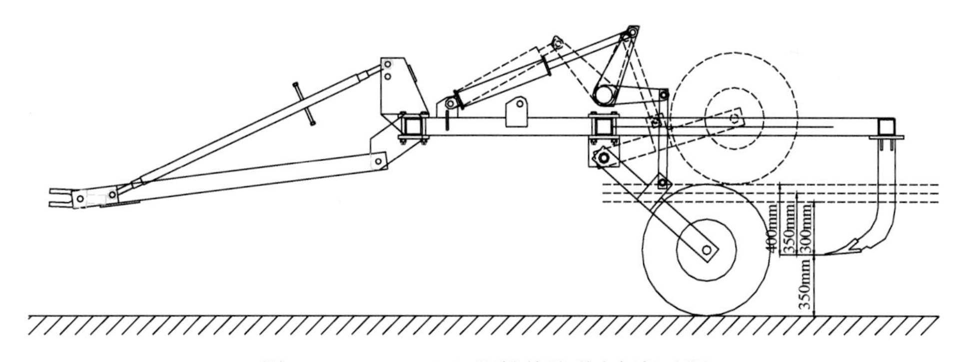

图 4-5　1SZL-6（7）深松整地联合机机动图

当液压缸Ⅱ缸杆收回时（如图 4-5 中虚线所示位置），牵引固接在后转轴（2）上的主转动支臂（3）做逆时针旋转，固接在后转轴（2）的提升转动支臂（5）也随之转动，从而通过提升拉臂（6）拉动地轮转动支臂（7）做逆时针旋转，地轮（8）提升，机架下降；反之，液压缸Ⅱ缸杆伸出时，地轮就会下降，机架提升直至液压缸最大行程（图 4-6 中所示位置）。

4.2.1.2　整机结构参数与性能指标

1SZL-6（7）深松整地联合机配套动力、连接方式等技术参数见表 4-1。

4.2.2　空间曲面深松铲

深松机的核心部件是深松铲，不同结构的深松铲具有不同的作业效果，需要针对不同的土壤条件、农艺要求进行合理深松铲结构和参数配置的选择。

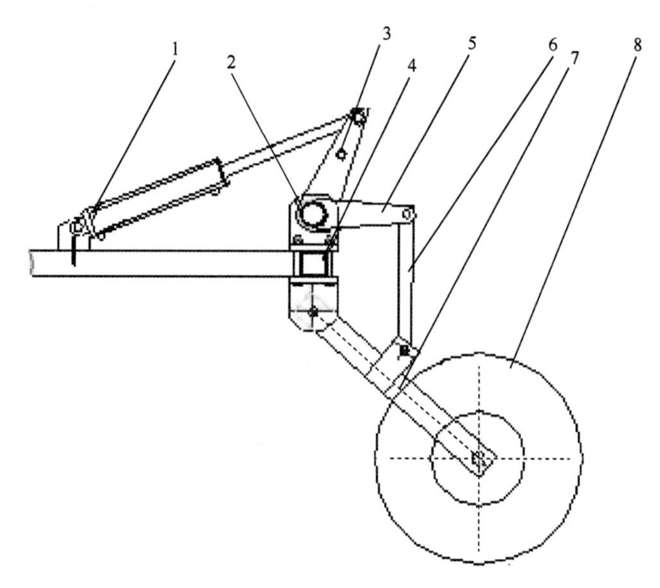

图 4-6 整机液压升降系统

1. 液压缸Ⅱ；2. 后转轴；3. 主转动支臂；4. 机架中梁；5. 提升转动支臂；6. 提升拉臂；7. 地轮转动支臂；8. 地轮

表 4-1 1SZL-6（7）深松整地联合机整机参数表

序号	项目	单位	参数
1	配套拖拉机	kW	88.2～132.3
2	适用范围	—	行间深松、施肥、整地联合作业
3	结构特点	—	①空间曲面深松铲；②仿生减阻深松铲柄及耦合仿生深松铲尖；③斜置叶片式碎土镇压辊；④双波纹圆盘松土装置
4	工作部件动力来源	—	拖拉机牵引
5	连接形式	—	牵引式
6	作业速度	km/h	3～5
7	作业效率	hm^2/h	1.4～2.3
8	机具提升控制系统	—	外置液压提升系统
9	施肥开沟部件	—	深松铲
10	外形尺寸（“L”形尺寸）	mm	5800（提升系统为深松整地联合作业状态）
11	整机质量	kg	1300
12	深松作业行数	行	7（6）
13	作业行距	cm	60～70
14	施肥作业行数	行	7（6）
15	施肥深度	cm	8～15
16	施肥箱体积	L	1010

4.2.2.1 土壤深松部件松土机理

图 4-7 所示为凿式深松铲，主要由两个部分组成：竖直安装的铲柄及安装在铲身最下端的铲尖。其可以安装不同结构的铲尖，但深松原理基本相同。深松作业时，铲尖首

先接触土壤，整个深松铲随铲尖斜向下插入土层内部，铲柄下端向前上方挤压土壤，深松部件随着深松机具不断地向前运动，这部分被挤压的土壤被推挤移向铲身及铲尖两侧并产生裂纹，这就使得位于深松部件前方的未深松土壤不断产生自下而上的剪切裂纹，从而使被深松区域的土壤发生破碎。

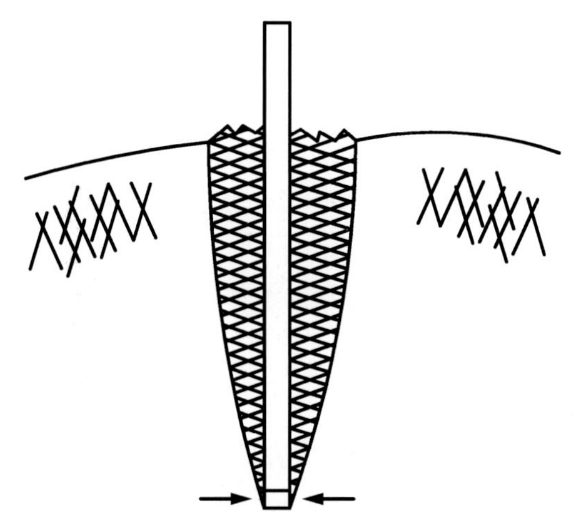

图 4-7　凿式深松铲松土机理

凿式深松铲的工作机理是：安装在深松铲底部的铲尖在深松机具本身重力的作用下压入土壤，在机具向前运动的过程中，深松铲对土壤施加无侧限挤压和剪切力的作用，使土壤得到松碎。但对于深层土壤，铲柄对两侧土壤产生强烈的挤压作用，只压紧土壤而达不到疏松土壤的效果，其结果是导致工作阻力剧增，而松土范围却非常有限。根据在田间的测量计算结果可知：此类深松铲深松土壤时，松土系数只有 0.3 左右，并在松后的土层中留下竖直的沟缝，此沟缝易造成土壤失墒与水分蒸发。

图 4-8 所示为斜柱式深松铲，它主要由两部分组成：在垂直面内向一侧偏置的斜置刀杆及位于深松部件最下端的铲尖。工作时，由倾斜配置刀杆上的水平刀将土壤向前与上方挤压；同时，斜置刀杆与水平刀组合在一起切割土壤产生土垡并使土垡产生抬升运动，土壤承受拉伸应力而被破坏。

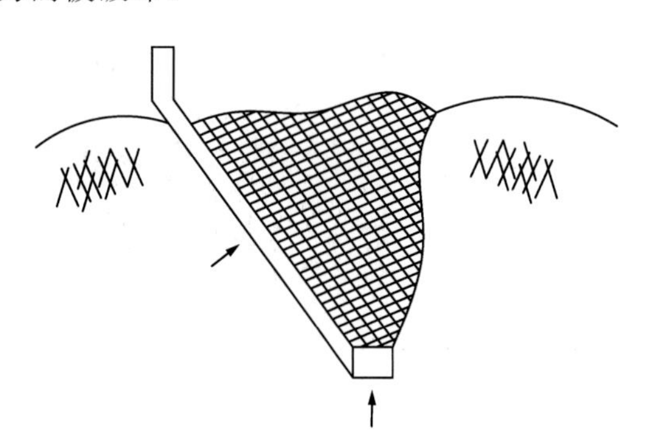

图 4-8　斜柱式深松铲松土示意图

由于刀杆的倾斜配置，该部件扩大了对土壤施加无侧限挤压作用的范围，因而松土范围增大，松土系数得到了提高。从土垡破坏的过程和现象分析可知，土垡不仅受到水平刀对其施加的无侧限挤压作用，还受到拉伸应力的作用而被破坏，该部件深松土壤的机理与凿式深松铲相比有实质性的进步。但其设计的结构不能圆滑过渡，会导致局部尖角处应力集中和过度磨损，其重心位置偏向铲柄的倾斜方向，导致铲柄所受阻力合力的位置偏移，产生铲柄扭曲的现象。

铧式犁是最古老的耕地机具之一，它对土壤进行挤压翻转，达到对土壤破碎疏松的效果，其作业目的与深松作业的目的基本吻合，其松土范围大的优点是现有深松部件所无法比拟的。但它对土壤扰动过大，而且消除了地表覆盖物，使地表裸露休闲，易造成土壤风蚀水蚀，在大力推行保护性耕作的国家和地区，已基本取消了铧式犁作业。如果我们对铧式犁的工作机理进行分析，将其优点与深松部件的长处相结合，将会创造出新型深松工作部件。这样，作者团队研制成功了空间曲面深松铲。其土壤工作曲面借鉴了铧式犁犁体曲面的一部分，但曲面深松铲不会使土垡产生翻转。空间曲面式深松铲与全方位深松铲相比耕作阻力小，与凿式深松铲相比松土系数高、土壤覆盖性好，其结构如图 4-9 所示。

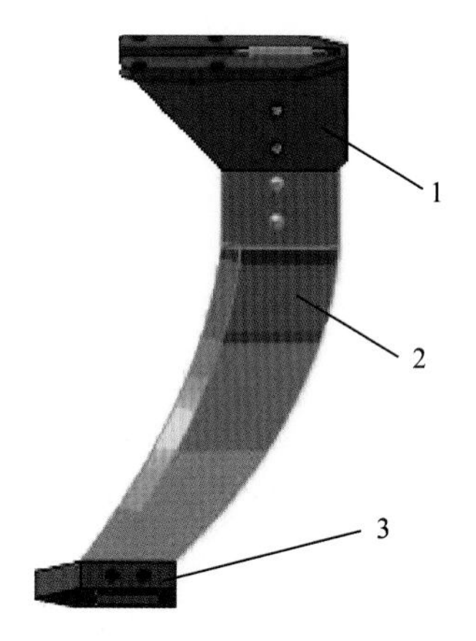

图 4-9 深松部件三维模型

1. 铲库；2. 铲柄；3. 铲尖

所设计的空间曲面深松铲外形轮廓与铧式犁的外形轮廓相类似，不同点是空间曲面深松铲的后端不像铧式犁那样翘起，工作曲面始终与深松铲的前进方向平行，不会对土垡产生翻转，可减少对土壤的扰动。该深松部件由铲库（1）、铲柄（2）、铲尖（3）三部分组成。其核心部分是铲柄（2），其形状对作业质量及牵引阻力有决定性影响，其尺寸取决于农艺要求。东北垄作区（以吉林省中部平原区为例），玉米垄作垄距平均为 650mm，根系根幅范围为 376mm，根深平均为 275mm。为满足中耕深松的要求（不伤苗），可将深松宽度定为 200～250mm，对土壤深松宽度可达 250～300mm，深度为 200～250mm。可通过对深松部件间距和液压系统的调节，满足秋后深松不同的深度（300～400mm）与宽度要求。

4.2.2.2 深松铲工作曲线的绘制

空间曲面深松铲的设计，关键是铲柄曲线的设计，特别是铲刃线（深松铲工作曲线）

的绘制。空间曲面式深松铲铲柄曲面的工作曲线是由位于相互垂直的两个平面内两条曲线拉伸出来的曲面在空间叠加而成的。图 4-10 所示为空间曲面式深松铲铲柄空间曲线构成示意图，曲线空间的这两条曲线分别位于 *ZOY* 平面上的前侧切土曲线 *MN* 及 *ZOX* 平面上的侧倾抬土曲线 *PQ*，其中前倾切土曲线 *MN* 是在仿生减阻深松铲柄铲刃线的基础上确定的，侧倾抬土曲线 *PQ* 是由熟地型犁体曲面曲导线来确定的。

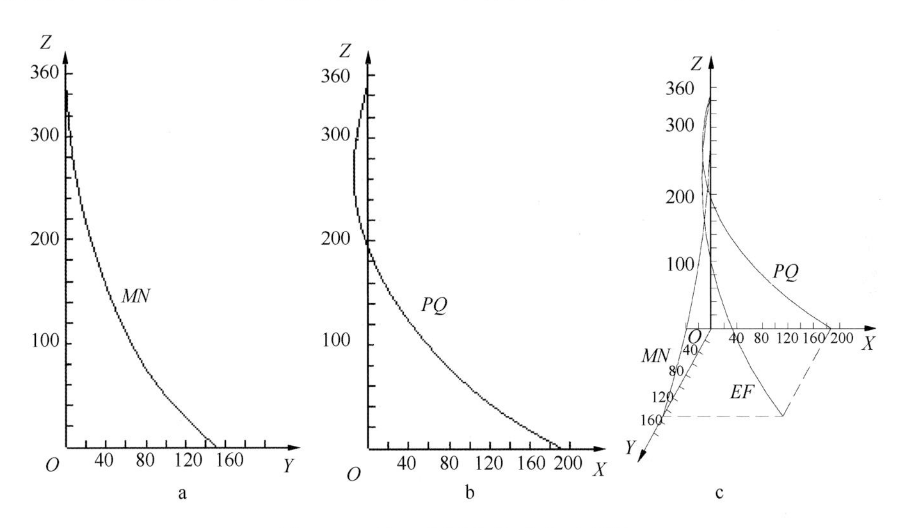

图 4-10　铲刃空间曲线形成示意图

MN 沿 *X* 轴正向拉伸出来的曲面与 *PQ* 沿 *Y* 轴正向拉伸出的曲面在空间相交于曲线 *EF*，即深松铲的铲刃线。铲刃线 *EF* 沿 *Y* 轴负向延伸一定的宽度，即可得到深松铲的工作曲面。前倾切土曲线 *MN* 和侧倾抬土曲线 *PQ* 在三维坐标系中满足如下方程。

前倾切土曲线 *MN*：$Z = 4E - 0.7X^4 - 0.0002X^3 + 0.0225X^2 - 0.573X + 16.731$　（4-1）

侧倾抬土曲线 *PQ*：$Z = 1E - 0.5Y^4 - 0.0031Y^3 + 0.3223Y^2 - 12.357Y + 159.19$　（4-2）

两条工作曲线所属的三维空间直角坐标系中 *Z* 轴为铲柄的里侧边线，*X* 轴为沿前进方向上的铲尖顶点所在的与 *Z* 轴垂直的水平线，原点为 *Z* 轴与 *X* 轴的交点，*Y* 轴为垂直于前进方向上过原点的水平线[6]。

4.2.2.3　深松铲部件的结构

图 4-9 所示为深松部件三维模型图。在了解空间曲面式深松部件的外形尺寸和形成原理后，即可在三维设计软件中建立深松部件的三维模型。本设计选用 CATIA V5 软件作为三维绘图软件。CATIA 软件具有非常完善的曲面设计模块功能。

本书的空间曲面式深松部件主要用到 CATIA 软件的创成式外形设计（Generative Shape Design，GSD）模块和零部件模块，首先建立空间三维直角坐标系，整个绘图尺寸遵循深松部件的真实外形尺寸，应用 GSD 模块建立深松部件的外形模型，再应用零件设计模块对创建的深松部件的曲面进行模型填充，即可得到深松部件的三维模型，如图 4-9 所示。

根据前面所述，整个深松部件主要由三部分组成，分别为铲库、铲柄和铲尖。铲柄通过铲库与深松机具的主梁（前梁）相连，承载深松部件所受的主要载荷，是深松部件的最关键部分，直接与土壤接触，它的合理设计对深松部件的工作性能有较大的影响；铲尖是深松部件的入土机构，容易磨损，因此，合理设计铲尖结构也是很有必要的。

图 4-11 为深松部件整体结构示意图。

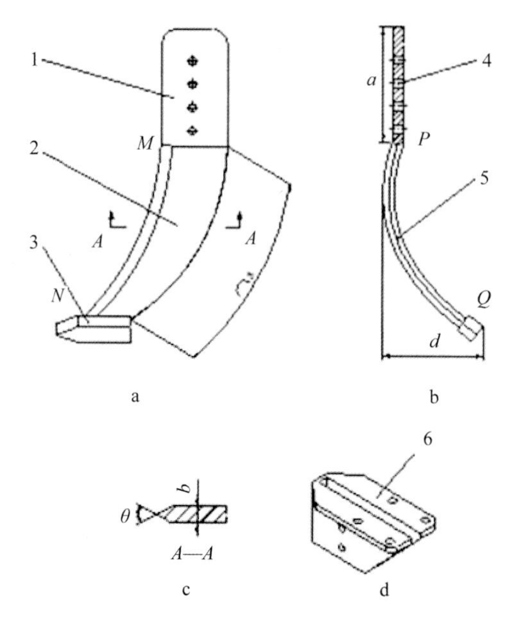

图 4-11　深松部件整体结构示意图

1. 刀柄部分；2. 刀片部分；3. 铲尖；4. 调节定位孔；5. 抬土曲线段；6. 铲库

图 4-11a 为空间曲面式深松铲（铲柄+铲尖）的结构示意图，深松铲的铲柄呈空间曲面结构，由平行于深松铲前进方向平面内的前倾切土曲线 *MN* 和垂直于深松铲前进方向平面内的侧倾抬土曲线 *PQ* 在空间复合叠加而成。图 4-11a 及图 4-11b 显示了空间曲面深松铲的两条工作曲线。铲柄由上部固定安装用的刀柄部分（1）及下部切割土壤的刀片部分（2）组成。

图 4-11c 的 *A*—*A* 剖视图显示刀片的断面结构，刀片刃口进行高频淬火，可提高刀片的耐磨性，延长其使用寿命。刀柄长度 a=250～300mm，刀片厚度 b=25～30mm。深松铲可以由 65Mn、25～30mm 厚的钢板冲压制成，或者开模浇铸制成。

为将深松铲安装在机架上，铲柄的刀柄（1）上设有直径为 ϕ20mm 的调节定位孔（4），用螺栓将深松铲（包括铲柄与铲尖）与铲库（图 4-11d）固定，由调节定位孔（4）的安装位置来调节深松深度。将深松铲与铲库（6）连接后，通过 U 形螺栓将其与主梁相连，每个深松铲可沿主梁横向滑动，以此来调节深松铲的间距。通过深松铲间距的调节，可以实现不同行距间隔深松和全幅深松两种作业方式。

良好的切土、碎土曲线使深松部件工作阻力减小，同时保证工作时的滑切角度，增强机具的通过性；侧倾抬土曲线增加了土壤的有效深松体积，中耕深松作业过程中深松铲可以斜向下插入根苗的正下方，可有效减少深松后的水分流失，增强水分的有效利用率；经过不同的排列配置，此种深松铲可以满足不同行距间隔深松和全幅深松两种不同方式的作业要求；铲尖设计一种锥柱式结构，采用螺栓与深松铲柄相连，此种结构有利于保持铲尖的锋利并易于更换，可以有效延长深松部件的使用寿命，提高深松效果和作业效率[7]。

4.2.3　单柱凿式深松铲

1SZL-6（7）深松整地联合机安装单柱凿式深松铲，它是在仿生减阻深松铲柄上安装耦合仿生深松铲尖组成的。

4.2.3.1　仿生减阻深松铲柄

仿生减阻深松铲柄是吉林大学佟金教授等获国家发明专利的成果[11]，他们借助仿生学研究的成果，仿照达乌尔黄鼠爪趾轮廓形状，着眼于深松铲柄的形态设计，借助黄鼠爪趾弯曲轮廓形状的测定结果，设计、制作了如图 4-12 所示的仿生减阻深松铲柄结构：它由自上而下的机架连接段 H、铲柄工作段 PQ 和 MN 与铲尖连接段 R 组成。在内准线 PQ 的前部设有具有 60°刃角的刃口，刃口前轮廓线与铲柄工作段内准线 PQ 平行，铲尖连接段 R 的铲尖安装平面与水平面夹角 W 为 20°。其特征在于：铲柄前伸量 L 与耕深 D 的比值 $\frac{L}{D}=0.68\sim0.95$；铲柄工作段的内准线 PQ 和铲柄工作段的外准线 MN 是分别按如下两个曲线方程式制得的曲线：

$$\begin{aligned} y_1 &= \frac{5.3074x_1^4}{D_1^3} - \frac{14.4421x_1^3}{D_1^2} + \frac{13.8507x_1^2}{D_1} - 5.8984x_1 \\ y_2 &= \frac{-4.136\,212x_2^2}{D_1^2} - \frac{5.538\,781x_2^2}{D_1} - 2.519\,441x_2 - 0.701\,217D_1 \end{aligned} \tag{4-3}$$

式中，D_1 为内准线 PQ 的垂向高度；以内准线 PQ 的上端点 P 为坐标原点，x 轴正向为 PQ 曲线的凹向水平向前、y 轴正向为铅垂向上，x 取值范围满足 $0\leqslant x_1\leqslant 0.647\,831D_1$ 和 $-0.188\,855D_1\leqslant x_2\leqslant 0.606\,158D_1$。

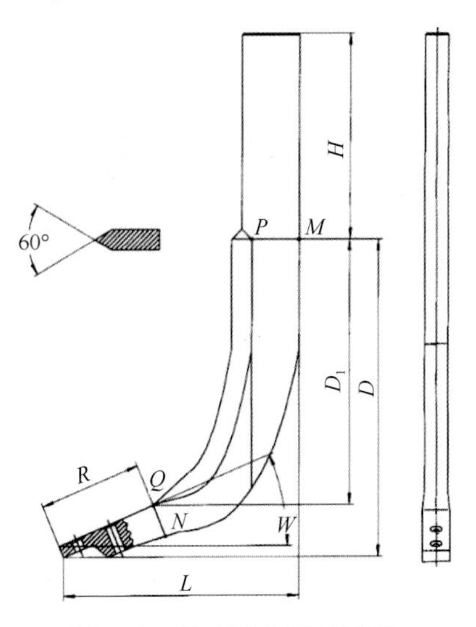

图 4-12　仿生减阻深松铲柄

4.2.3.2 耦合仿生深松铲尖

深松铲在作业过程中对深层土壤进行挤压、抬升、破碎，以达到作业效果，为此，深松铲需要承受较大的作业阻力和土壤颗粒造成的严重磨损，而为了提高深松机的作业效率，降低生产成本，就需要深松铲尤其是深松铲尖材料兼具良好的机械强度、韧性和表面硬度，但在实际生产中，材料的韧性与强度是一对矛盾体，难以兼顾，因此，同步保证深松铲材料的硬度与韧性成为深松铲研究领域的重要方向之一[12-14]。

目前，深松铲一般采用 65Mn 合金钢生产，通过合理的热处理制度，可有效提高材料的应变硬化系数，在受到土壤颗粒磨损后，会通过屈服硬化效应提高表面硬度和耐磨性，同时保证了部件的结构强度和韧性。但热处理、表面合金化等技术方法加工生产成本高、作业环节复杂，限制了其在农业机械领域的应用和推广，采用直接铸造方法生产农机耕作部件正在成为农机部件开发技术领域中的重要趋势。球墨铸铁是钢的重要替代材料，但其耐磨性较差；白口铁是铸铁中硬度最高的材料，具有良好的耐磨性和脱附减粘性能，但其高脆性和低韧性导致其在现代农机耕作部件上的应用受到限制。在铸造过程中，球墨铸铁与白口铁具有一定的可转化性，如球墨铸铁生产中常见的白口化现象，是指球铁铸件表面或芯部产生白口铁组织，对部件的强度和韧性产生不利影响的一种缺陷[15-17]，但作者所在团队受到耕作部件表面硬化耐磨技术方法的启发，在国家科技支撑计划和国家自然科学基金等项目资助下，通过成分调控、表面非光滑结构构建及预置冷铁等方法，形成了表面白口化球墨铸铁耦合仿生耐磨表面的加工技术，并生产了具有良好耐磨和脱附减粘性能的深松铲尖。铲尖的成分如表 4-2 所示，铸造工艺流程如图 4-13 所示。

表 4-2 表面非光滑结构化学成分含量

原料成分	生铁	钢料	硅铁	球化剂
质量分数/%	88.0	7.7	3.1	1.2

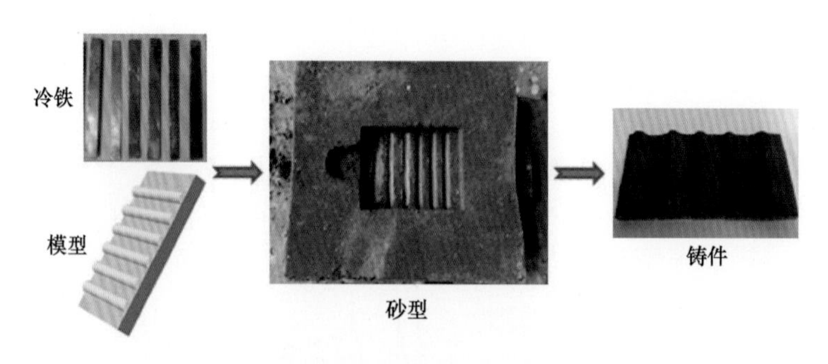

图 4-13 结构/材料耦合表面非光滑结构的铸造过程

在样品的浇铸过程中，由于表面非光滑结构处对熔体的流动具有一定的限制和阻碍作用，同时较大的局部曲率会导致耦合表面非光滑结构处熔体加速放热，导致过冷度的增加。图 4-14 为构建表面非光滑结构和设置冷铁等工艺对样品表面熔体流场和热场的影响的示意图。

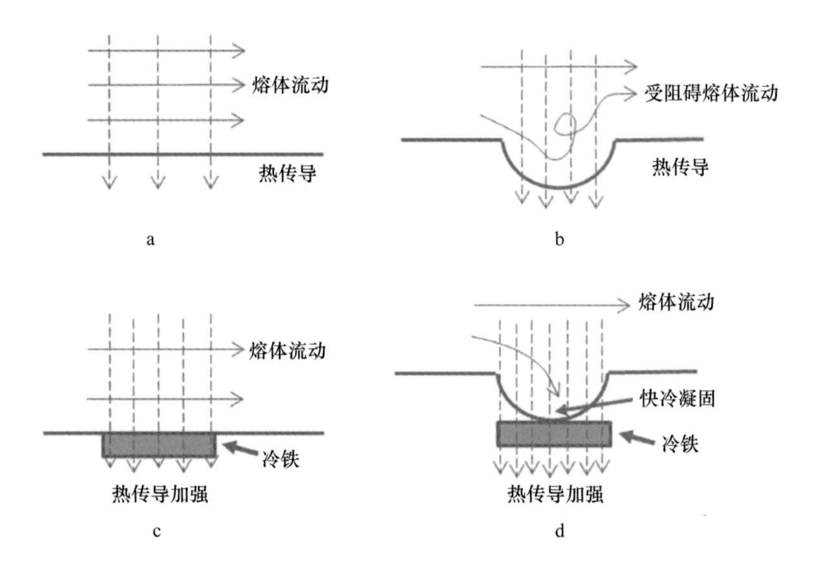

图 4-14　热传导示意图

从图 4-14 可以看出，与正常表面相比，有表面非光滑结构的熔体流动时会受一定的影响，产生局部的湍流，降低熔体流动速度，同时较大的局部曲率会影响熔体的放热速度，从而仅使表面非光滑结构样品显微组织出现了石墨变大开花的现象，但不足以使表面非光滑结构处发生白口化；在表面设置小型冷铁会提高表面局部过冷度，虽然平滑表面并不会对熔体的流动起到阻碍作用，热传导也不会产生明显的限制，但小型冷铁能使表面结构局部过冷度进一步提高，会对石墨的球化产生显著的影响，使仅设置冷铁样品的显微组织形成局部的石墨蠕化；有表面非光滑结构和设置冷铁样品在铸造过程中，表面非光滑结构会限制熔体的流动和热交换，同时冷铁会提供过冷度，使表面非光滑结构局部产生更高的过冷度，使该单元体表面发生局部的白口化，形成高硬度耐磨的白口铁。

图 4-15 为各单元体样品横截面各部分的显微硬度分布，由此可见，显微硬度值呈梯度变化，随着与表面距离的增加，显微硬度总体上逐渐变小。根据显微硬度变化规律，横截面可以分为 3 个区域：表层区（0～2000μm）、过渡区（2000～4000μm）、芯部基体区（大于 4000μm）。

样品 T_0（芯部基体）的显微硬度约为 280HV，而样品 T_3（正常表面结构）所对应的显微硬度变化值很接近样品 T_0（芯部基体）。样品 T_1（仅仿生表面结构）在表面有一个过渡层，紧接着硬度达到最大值，然后随着与表面距离的增加硬度逐渐下降到稳定值。样品 T_4（仅设置冷铁）在表面有较高的硬度，然后随着与表面距离的增加硬度逐渐下降到稳定值。样品 T_2（结构/材料耦合仿生表面结构）在表层区的硬度最高，比样品 T_1（仅仿生表面结构）平均提高了 35.71%，随着与表面距离的增加硬度逐渐下降到稳定值。

试验结果表明，通过构建表面非光滑结构和设置冷铁制备的结构/材料耦合仿生表面结构样品（T_2），由于生成了白口铁组织，其表面硬度最高，硬度值达到了 400HV；而仅仿生表面结构（T_1）或仅设置冷铁（T_4）的样品的表面局部过冷度也提高了，表面硬度较基体也有所变化，其硬度值提高不明显。正常表面结构样品（T_3）及芯部基体样品（T_0）的表面硬度较低。

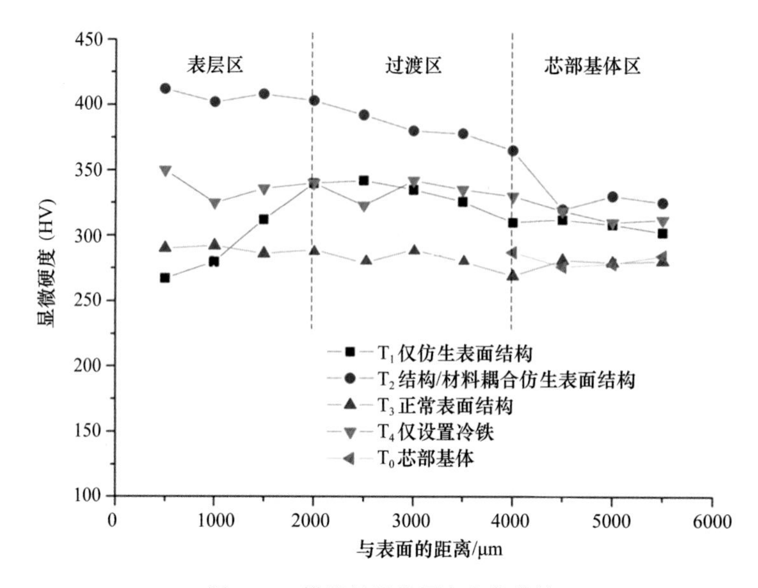

图 4-15　样品的显微硬度变化曲线

作者团队基于上述研究，根据 JB/T 9788—1999 标准，采用双翼型深松铲尖进行设计。图 4-16 为传统双翼型深松铲尖结构示意图，其中 α=17°20′、β=39°、γ=30°。

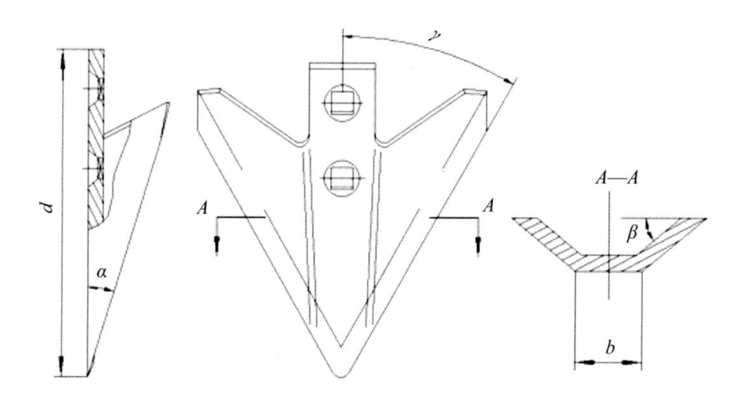

图 4-16　传统双翼型深松铲尖结构示意图

深松铲在工作过程中，铲尖以一定的入土倾角犁削土壤，同时土壤颗粒对铲尖的触土面产生冲击磨损，因此本书将表面非光滑结构分布于触土面上。如图 4-17 所示，采用 CATIA 三维建模软件设计深松铲尖结构，并且在铲尖触土面上以相邻间距为 8mm 构建表面非光滑结构单元体，单元体布置的方向与对应翼的刃口平行；如图 4-17 所示，单元体半径 R 为 5mm，凸起高度 H 为 4mm。

耦合仿生深松铲尖试样采用球墨铸铁材料进行砂型铸造，材料成分选择工业生产中的 QT450-10 球墨铸铁成分，球化剂为稀土镁合金，采用电磁感应炉进行熔炼。

图 4-18 所示为耦合仿生深松铲尖的加工流程，其制备过程主要包括砂型模制备、熔炼金属液、铁水浇注、脱模及清理等。

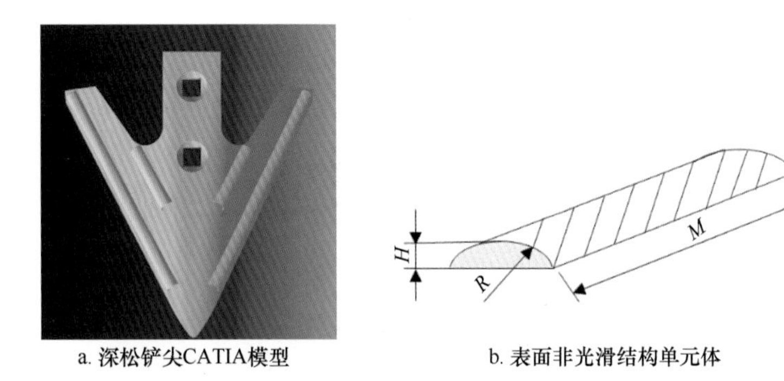

a. 深松铲尖CATIA模型　　b. 表面非光滑结构单元体

图 4-17　耦合仿生深松铲尖结构示意图

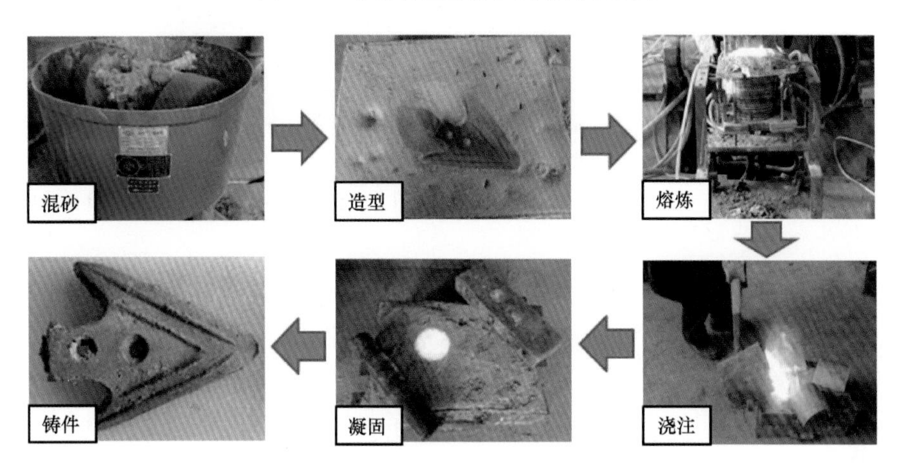

图 4-18　耦合仿生深松铲尖加工流程

1）砂型模制备：包括混砂、冲模、仿生结构构建、浇冒口建立等，混砂过程注意调节型砂的湿度以保证冲模质量。先用传统双翼型深松铲尖进行基本造型，然后进行挖砂构建表面非光滑结构，其中表面非光滑结构单元体半径 R 为 5mm，相邻间距 B 为 8mm，凸起高度 H 为 4mm，单元体布置的方向与对应翼的刃口平行，且造型时在单元体的对应型砂中设置冷铁（铜片），铜片尺寸与单元体相对应，长×宽×厚为 120mm×10mm×5mm。

2）熔炼金属液：采用容量为 5kg 的电磁感应炉进行熔炼，熔炼时先放入生铁块再加入钢料进行熔化。

3）铁水浇注：浇注温度为 1470℃。在电磁感应炉口搁置小半分量硅铁，将金属液从电磁感应炉中转移到已搁置小半分量球化剂的石墨坩埚中，并加入剩下的稀土镁合金球化剂及硅铁，除渣后从浇口浇注。

4）脱模及清理：冷却后将砂型去除，并采用水洗和喷砂的方法进行表面的清理以获得铸件。

4.2.4　斜置叶片式碎土辊

斜置叶片式碎土辊采用叶片与辊中心呈一定角度配置方式，在碎土辊向前滚动过程中，碎土辊叶片从一端渐次入土，使叶片在逐渐入土的同时碾压破碎土块，实现细碎土块的作用，如图 4-19 所示。

图 4-19　斜置叶片式碎土辊

4.2.4.1　碎土辊结构形式的选择

碎土辊的功能是对深松后的表土进一步加工，破碎土块，对下层土壤进行压实，使表层土壤细碎[18]。目前碎土辊结构根据辊子是否封闭可分为辊筒式和鼠笼式，辊筒式碎土辊又可分为锯齿式和筋条式，即在辊筒外壁固定一定数目的轮齿或筋条，利于碎土，加之辊筒对土块也具有碾压作用，所以碎土效果较好，但由于其辊筒外壁易粘土，因此辊筒式碎土辊不适于在含水率较大的土壤作业；鼠笼式碎土辊由于其为中空笼式结构，因此脱土性较好，根据其辊子叶片的固定角度是否与轮轴平行又可分为直齿式和斜置叶片式，直齿式碎土辊在整地过程中由于其多边形效应，撞击力较大，对干硬土块的破碎效果较好，但该结构易造成遗漏，而且振动较大，一般不单独使用。深松整地联合作业机采用斜置叶片式碎土辊，滚动过程中，斜置的叶片从一端渐次入土，逐渐碾压土块，由于与土块的接触面积较直齿式小，因此更易破碎土块；倾斜的叶片对土壤具有轴向推力作用，可侧推铲沟一侧土壤，将深松铲沟弥合，利于保墒；倾斜的叶片相对直叶片的作用范围更大，不易产生漏耕。斜置叶片式碎土辊按照其叶片倾斜方向可分为“左旋式”和“右旋式”两种，如图 4-20 所示，把“左旋式”和“右旋式”一对碎土辊组合成一组碎土整地装置，可进一步对土壤进行破碎、镇压，成对使用可使轴向受力平衡，地表更加平整。

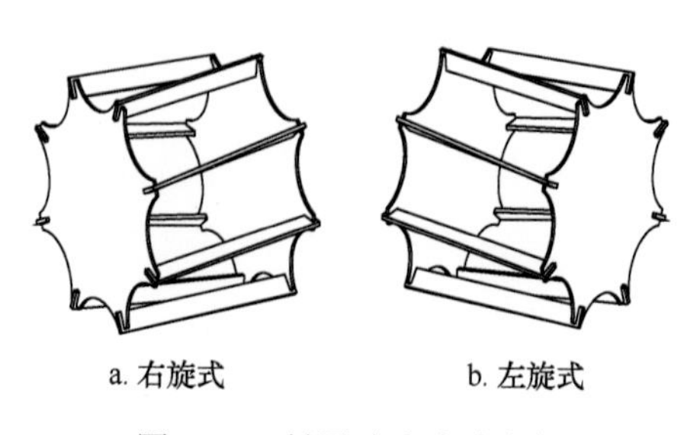

a. 右旋式　　b. 左旋式

图 4-20　斜置叶片式碎土辊

4.2.4.2　碎土辊主要结构尺寸的确定

1. 碎土辊宽度

1SZL-6（7）深松整地联合机是为满足留茬行间互作保护性耕作模式的技术要求而研制的，该耕作方式属于少耕模式，所以该机的土壤整地部件均为条带松土整地和条带碎土镇压的耕作方式。碎土辊为机具的最后一道作业环节，其作用是将深松铲翻起的大土块打碎并弥合铲沟，由于双波纹圆盘松土装置安装在机具前端，其对留茬行行间的土壤切出一条条带状区域，因此深松铲在地表的松动范围在该条带区间内，碎土辊的作业宽度 B（图 4-21）应满足式（4-4）：

$$B = 2A + L \tag{4-4}$$

式中，A 为波纹圆盘刀波纹峰值，mm；L 为双波纹圆盘中心距，mm。

式（4-4）中，A 取 25mm，L 取 230mm，则碎土辊宽度 B 为 280mm。

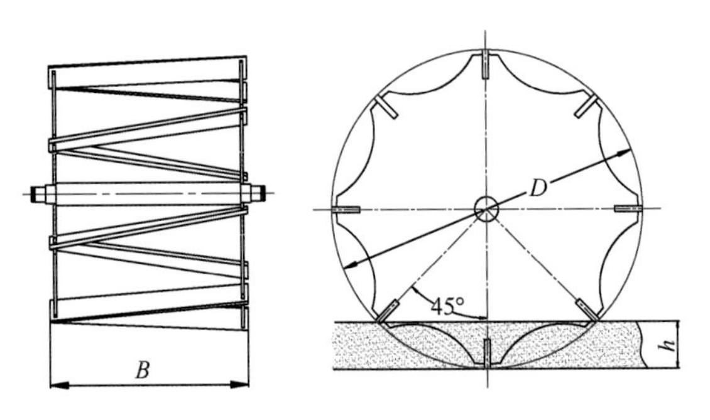

图 4-21　碎土辊结构示意图

2. 碎土辊直径

碎土辊作业深度以能破开深松铲钩出的土垡为原则，所以根据实际情况，h 一般为 35～45mm，这里设定碎土辊作业深度 h=45mm。为了保证碎土辊叶片能连续作业，在土层内作业的叶片以至少两片为宜，本碎土辊取 8 片，如图 4-22 所示，其直径（D）计算公式如下：

$$\cos 45° = \frac{D - 2h}{D} \tag{4-5}$$

经计算，碎土辊的直径取 307mm。

3. 碎土装置仿形结构的设计

通常深松铲作业后，会在地表产生大量土垡，使地表凸凹不平，为了能更好地破碎、平整地表，需要碎土装置具有较强的仿形能力，为此，在考虑到整体仿形的同时，应兼顾局部仿形。如图 4-22 所示，碎土架纵梁（7）铰接在横梁固定座（5）上 O_1 点处，碎土装置可绕 O_1 整体转动，实现不同耕深的整体仿形作业。下限位销（4）的作用在于防止整机提升后碎土装置下仿形着地，并保证一定的离地间隙。碎土装置人字框架（8）可绕 O_2 点转动，可实现前后碎土辊局部仿形。碎土装置作业时，受到向后的土壤阻力作用，当前碎土辊遇到较大土块时，人字框架整体容易绕 O_2 点向后翻转，为防止翻转，在固定架上固定有防翻转挡块（10），设定其仿形能力（前后碎土辊仿形高度差）C 为 150mm。

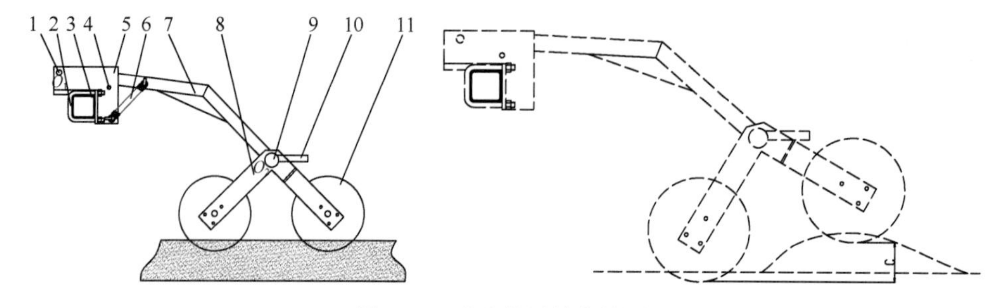

图 4-22　碎土装置结构简图

1. 转轴 O_1；2. U 形螺栓；3. 机架后梁；4. 下限位销；5. 横梁固定座；6. 拉簧；7. 碎土架纵梁；8. 碎土装置人字框架；9. 转轴 O_2；10. 防翻转挡块；11. 碎土辊

4.2.4.3　碎土辊田间试验效果

采用安装和拆除碎土辊两种耕作方式对深松整地机进行田间试验，观察其作业效果并测量耕作区内的碎土率。试验地地表留有玉米根茬和少量秸秆，试验地为黑壤土，含水率 13.5%，垄高 120mm。测试点在宽 200mm、长 500mm 的留茬行间条带耕作区内选取，每行随机选取 1 段，共计 6 段，在 200mm 耕层内，分别称量最长边小于 40mm 的土块质量和 200mm 耕层内土壤总质量，两者之比则为该测试点的碎土率。从图 4-23a、b 中可以明显看出未安装碎土辊的深松机作业后地表大土块明显较多，其留有深松铲沟；而安装碎土辊的深松机作业后，地表土壤变得细碎、平整、无明显铲沟。试验测得碎土率平均值为 81.6%，满足深松整地作业质量要求。

a. 安装碎土辊

b. 未安装碎土辊

图 4-23　深松整地机作业效果

4.2.5　其他主要部件的设计

4.2.5.1　双波纹圆盘松土装置

1. 双波纹圆盘松土装置的作用及工作原理

在保护性耕作条件下，地表会有大量残茬覆盖，免耕条件下直接进行深松作业，容易造成残茬和杂草拖堆的现象，影响作业质量，增加机具牵引阻力。为避免这种现象的发生，需要对深松铲作业路径的地表进行局部处理，将长度较长的秸秆和杂草切断，还可对坚硬的表土进行初步的切割，起到行间切土松土的作用，防止表层土壤板结大土块的形成。双波纹圆盘松土装置如图 4-24 所示，本装置由波纹圆盘刀（1）、弹簧压杆（2）、压力弹簧（3）、压杆座管（4）、转臂（5）等组成。

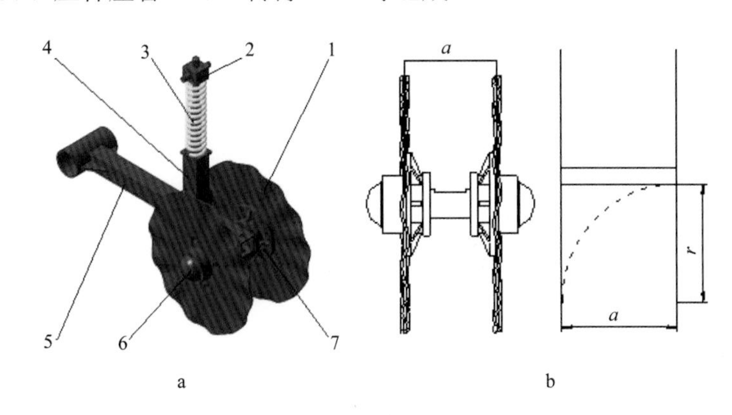

图 4-24　双波纹圆盘松土装置结构图

1. 波纹圆盘刀；2. 弹簧压杆；3. 压力弹簧；4. 压杆座管；5. 转臂；6. 防尘帽；7. 轴承座

双波纹圆盘松土装置铰接在机具主梁下方的旋转轴上，它包括两片能够独立转动的波纹圆盘刀，其间距 a 为 230mm，两片波纹圆盘刀对 a 区间内的秸秆和土壤进行切断与松动，属于条带表土整地。装置升降由液压缸控制。整个装置在工作过程中可以绕旋转轴上下浮动，压力弹簧可以保持波纹圆盘刀的切茬和碎土压力，在波纹圆盘刀遇到较坚硬的秸秆或者土块时，对波纹圆盘刀的向上反力增大，圆盘整体有向上浮动的趋势，此时弹簧的压力逐渐增大，直到将秸秆或者硬土块切碎，压力弹簧的压力始终随波纹圆盘的受力变化而变化，同时也使整个装置随地表的起伏而浮动，起到仿形的作用。

2. 双波纹圆盘松土装置的结构尺寸

双波纹圆盘松土装置由两个波纹圆盘通过连接轴相连接，分别装有轴承和轴承端盖。双波纹圆盘松土装置在作业过程中切断覆盖在地表的秸秆、残茬和杂草，但是为了防止切断的秸秆或者杂草过长，在波纹圆盘的旋转过程中，造成与中间的连接轴相互缠绕，导致连接轴与轴承之间的杂草过多而使旋转失效，严重情况下可以造成波纹圆盘的支撑机架扭曲变形以至损坏。这就需要对波纹圆盘的结构做出合理的设计，避免上述情况的发生。

本机选择市面上较为常见的大波纹圆盘刀，大波纹圆盘刀刃厚度为 1.5mm，刃口到刀刃末端的距离为 17mm，共有 8 个波纹，大波纹圆盘的盘身厚度为 4mm，圆盘半径 r 为 215mm。大波纹圆盘对秸秆、根茬和杂草的切断效果较好，其松土幅宽比小波纹圆盘大，能保证松土作业质量。

根据图 4-24，双圆盘间距为 a，在双圆盘切土装置作业过程中，如果秸秆或者杂草的平铺方向与双波纹圆盘松土装置的轴向方向平行，则切断的秸秆或者杂草长度与波纹圆盘的间距相同，即 $L=a$。如果秸秆或者杂草的倒置方向不与切茬装置的轴向平行，则会造成切断的秸秆或者杂草的长度大于波纹圆盘间距，即 $L>a$。这时切断的秸秆或者杂草在单面圆盘向下的压力作用下，另一端可能会向上翘起，在向上立起的过程中，如果其长度 $L\geqslant r$，就会导致切断的秸秆或者杂草与中间的连接轴缠绕，造成切茬装置的阻塞。

3. 双波纹圆盘松土装置的液压控制

图 4-25 所示为双波纹圆盘松土装置的耕作深度液压控制系统，当液压缸 I 缸杆伸出时，推动固接在前转轴（1）上的主转臂（2）做逆时针旋转，固接在前转轴的提升转臂（4）也随之转动，从而通过提升杆（6）拉动刀盘转动支臂做逆时针旋转，使其耕深变浅，反之亦然。

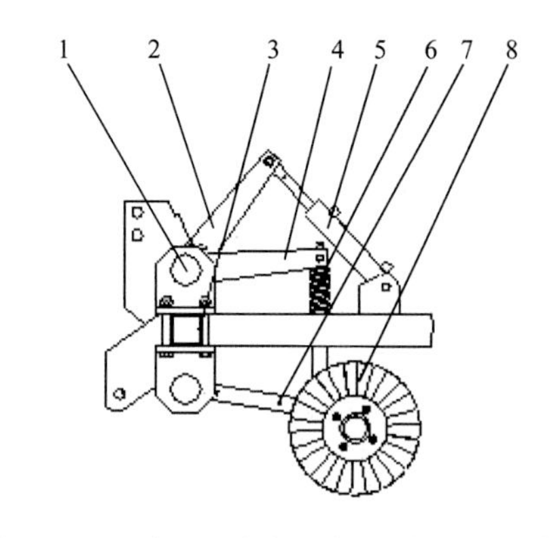

图 4-25　双波纹圆盘松土装置液压控制系统

1. 前转轴；2. 主转臂；3. 机架前梁；4. 提升转臂；5. 液压缸 I；6. 提升杆和压簧；7. 刀盘转动支臂；8. 波纹圆盘

4.2.5.2　机架设计

机架是深松机的主要基础部件，设计时结构合理，坚固耐用，还要考虑深松铲等各个部件在机架上的安装问题，以保证每个作业模块的正常工作。机架的整体结构如图 4-26 所示。

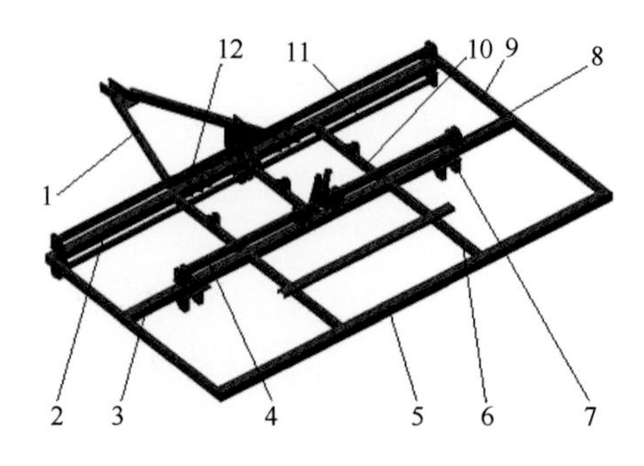

图 4-26　机架结构示意图

1. 牵引架；2. 主梁（前梁）；3. 中间梁；4. 中旋转轴；5. 后梁；6. 后加强梁；7. 下衬套；8. 上轴套；9. 纵梁；10. 前加强梁；11. 上旋转轴；12. 下旋转轴

机架采用三梁框架结构，由牵引架（1）、主梁（前梁）（2）、中间梁（3）、后梁（5）及纵梁（侧梁、前后加强梁）等组成，由于本机属于大马力作业机械，进地的作业行数为 6 行（或 7 行），同时完成松表土、深松、施肥和整地等多种作业，故机架上安装的装置较多，机架纵向尺寸较长，机体质量较大，质心位置比较靠后，为保证作业效果和拖拉机的行驶安全，提高机具的纵向稳定性，故拖拉机与机具之间的挂接方式选择牵引式。牵引装置采用固定式，牵引架用插销与固定在拖拉机后桥的牵引托架连接。上部采用丝杠将拖拉机与机体上方的连接板相连接，提高机具作业的稳定性，同时增加主梁的连接强度。

主梁上下方各安装一个旋转轴，旋转轴为圆钢管，轴的两段分别插入固定的衬套中，上面两个衬套通过 U 形螺栓固定在主梁上，双波纹圆盘松土装置与上下旋转轴相连接，波纹圆盘的作业深度可以通过液压装置来控制。中梁上方同样安装一个旋转轴，通过液压装置来控制行走轮的升降，以此来控制机具作业状态和行走状态的切换。各横梁为 100mm×100mm 方钢管，各纵梁为 100mm×50mm 矩形钢管。

4.2.5.3　肥箱内衬的设计

在肥箱装有仿生减粘耐腐蚀肥箱内衬。其仿生减粘结构型式取自蜣螂头部前端的凸包型非光滑表面并用超高分子量聚乙烯（ultrahigh molecular weight polyethylene，UHMWPE）加工而成。目的在于解决现有的固体颗粒状或粉状肥料对肥箱内壁的腐蚀，以及在肥箱内的堆积而导致的排肥不畅问题。该仿生减粘耐腐蚀肥箱内衬是在原有的肥箱内壁上附衬一层薄板，薄板上增设具有一定几何参数和分布间距的仿生减粘耐腐蚀结构。根据对蜣螂头部前端具有减粘效应的凸包型表面的微观分析和优化设计，并充分考虑肥箱的自身尺寸，确定凸包球冠的高度 H=3mm，凸包的圆球半径为 8mm，所在的底圆直径 X=12.49mm，凸包球冠高度与底圆直径之比为 3∶12.49，凸包型仿生减粘耐腐蚀结构单体为球形凸起，任意两凸包的间距 L=16.49mm（图 4-27）。

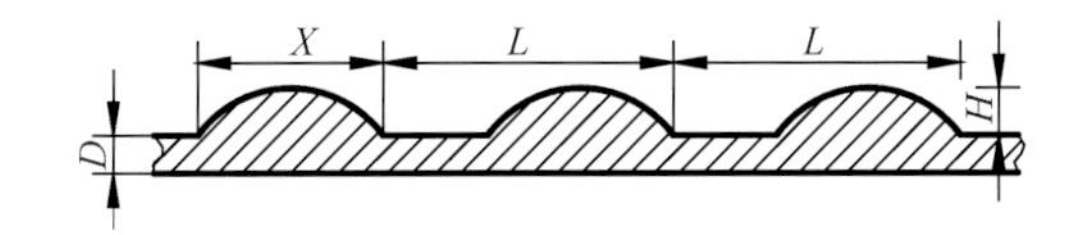

图 4-27　凸包型仿生减粘耐腐蚀肥箱内衬结构示意图

4.2.6　深松整地联合作业机的试验与检测

4.2.6.1　田间试验

1. 试验条件

试验地为黑壤土，土壤平均含水率为 13.5%，前茬作物为玉米，垄高平均 120mm，垄距 670mm，垄长为 100m。配套拖拉机为约翰迪尔 1204 拖拉机（120 马力），主要测试仪器为 SZ-3 型土壤硬度计、T-300 型土壤水分温度检测仪等。主要测试项目：深松深度、深松深度稳定性、深松前后土壤坚实度变化情况。

2. 试验结果及分析

（1）深松深度及深度稳定性

按国家标准《保护性耕作机械 深松机》（GB/T 24675.2—2009）要求进行。

对每对空间曲面式深松部件的左倾深松部件和右倾深松部件分别取点测得一组数据，取均值，即为该点的深松深度平均值。先后测定 4 个行程，每个行程分别进行测量及计算，计算后统计表见表 4-3。

表 4-3 深松深度标准差、变异系数、稳定性系数统计表

行程	深松深度/mm	深松深度标准差/mm	深松深度变异系数/%	深松深度稳定性系数/%
1	362	4.03	1.11	98.89
2	359	1.67	0.43	99.57
3	362.5	1.98	0.55	99.45
4	368.5	3.81	1.03	98.97

从表 4-3 中的数据可以看出，4 个行程的深松深度稳定性系数均符合国家标准 GB/T 24675.2—2009 对于深松深度稳定性系数≥85%的规定，证明本书所设计的多功能深松整地机工作性能较好，深松部件结构设计较为合理。

（2）深松前后土壤坚实度变化情况

在测区内取 10 个测量点（30m 测区，每隔 3m 取一个测点），分别对该测点深松后的土壤坚实度进行测量，记录下 150mm 深度、250mm 深度及 350mm 深度处的土壤坚实度数值，填入表 4-4，并计算出平均值。3 个深度土壤坚实度分别下降了 65%、48%及 46%，空间曲面式深松部件深松性能较好。

表 4-4 深松前后土壤坚实度测试结果 （单位：MPa）

深度		1	2	3	4	5	6	7	8	9	10	均值
150mm	深松前	1.570	1.610	1.530	1.720	1.680	1.420	1.330	1.660	1.710	1.300	1.553
	深松后	0.560	0.530	0.610	0.605	0.570	0.560	0.520	0.480	0.490	0.550	0.548
250mm	深松前	1.860	1.920	2.037	1.960	2.380	1.860	1.930	1.790	2.440	1.800	1.998
	深松后	0.950	0.980	1.020	0.960	0.970	1.030	1.100	1.120	1.200	1.150	1.048
350mm	深松前	2.240	3.110	2.670	3.210	3.260	2.770	2.380	3.230	3.020	2.460	2.835
	深松后	1.430	1.560	1.510	1.420	1.610	1.530	1.570	1.600	1.540	1.550	1.532

4.2.6.2 性能检测

1SZL-6（7）深松整地联合机通过了国家农机具质量监督检验中心的性能检测，各项性能指标均达到国家及行业标准要求，检测结果见表 4-5。检验地为黑壤土玉米留茬地，垄高 4～5cm，茬高 18～30cm。土壤含水率在 0～40cm 耕层平均值为 22.7%；土壤坚实度在 0～10cm 为 0.87MPa，10～20cm 为 1.67 MPa，20～30cm 为 2.13 MPa，30～40cm 为 2.8 MPa。

表 4-5　1SZL-6（7）深松整地联合机检验结果汇总表

序号	检验项目	计量单位	技术要求	检验结果	项目判定	备注
1	深松深度	cm	20～40	深松深度可调：平均深度 36cm 时工作正常（平均速度为 3.9km/h，稳定性系数为 91%）	合格	
2	作业速度	km/h	3～5	3～5	合格	
3	作业速度控制误差	—	≤6%	5.7（5.2km/h 时 6.6%；4.2km/h 时 5.7%；3.2km/h 时 4.8%）	合格	
4	施肥量	kg/hm^2	150～700	施肥量在 150～800 可调； 139kg/hm^2时，各行一致性变异系数为 12.7%，总排量稳定性变异系数为 1.5%（作业速度 5.0km/h）； 858kg/hm^2 时，各行一致性变异系数为 4.1%，总排量稳定性变异系数为 3.3%（作业速度 3.0km/h）； 417kg/hm^2 时，各行一致性变异系数为 7.6%，总排量稳定性变异系数为 3.2%（作业速度 4.0km/h）	合格	
5	施肥量控制误差	—	≤8%	139 kg/hm^2时，施肥量控制误差为–7%（作业速度 5.0 km/h）； 417 kg/hm^2 时，施肥量控制误差为 7%（作业速度 4.0 km/h）； 858 kg/hm^2 时，施肥量控制误差为 7%（作业速度 3.0 km/h）	合格	

检验人：吕树盛、郑庆山

4.3　仿生深松变量施肥机

作者所在团队先后研制成功了仿生减阻深松机和 1SFB-5 仿生深松变量施肥机，图 4-28 为 1SFB-5 仿生深松变量施肥机，以液压马达为驱动力，基于 GPS 的自动变量施肥系统，一次可完成深松、深施肥、起垄、镇压等作业。

图 4-28　1SFB-5 仿生深松变量施肥机

4.3.1　整机结构

4.3.1.1　整机结构特点

1. 实现多种联合作业方案

根据农业生产要求，在完成垄台或垄沟深松基本作业状态下，增加和更换施肥装置、起垄铧、镇压轮等一种或几种工作部件，可再实现分层深施化肥、扶垄或破垄、镇压等各种不同的作业组合。

2. 采用仿生减阻深松铲柄和耦合仿生深松铲尖（与 4.2.3 节同）

3. 采用仿生柔性镇压辊

仿生柔性镇压辊是吉林大学任露泉院士发明的一种新型镇压装置，较好地解决了镇压辊黏土的问题，使压后地表平整[12]。

4. 基于 GPS 的自动变量施肥系统

采用可编程逻辑控制器（programmable logic controller，PLC）采集 GPS 信号得出当前位置和机具行进速度，判断施肥机所在的操作单元，再根据处方图得出当前施肥量，结合机具速度计算出液压马达转速，调节电液比例调速阀开度，控制施肥机的排肥轴转速，从而达到根据位置及其相应土壤条件进行自动变量施肥的目的。

4.3.1.2 仿生深松变量施肥机整机结构

1SFB-5（3）仿生深松变量施肥机，作业行数为 5 行（或 3 行），垄距 550～750mm 可调，可配置深松、施肥、起垄、镇压等不同工作部件，完成多种不同形式的联合作业。整机结构见图 4-29。

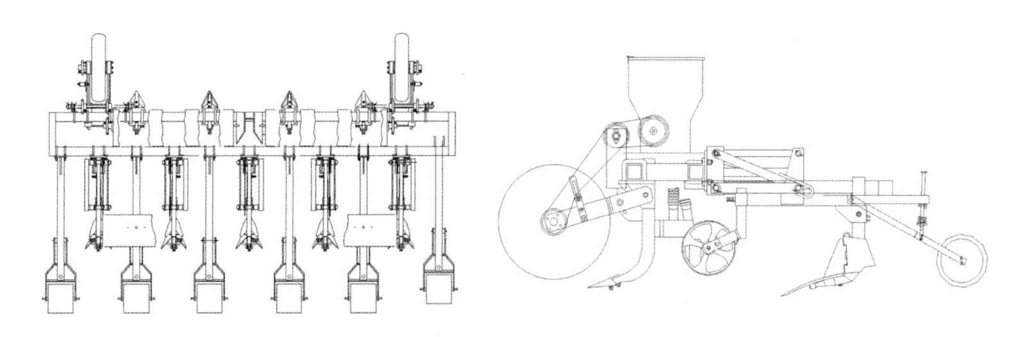

图 4-29 1SFB-5（3）仿生深松变量施肥机整机结构简图

该机机架（3）为双横梁框架结构，地轮与深松铲固定在前梁上，排肥部件亦安装在前梁上，起垄部件与镇压器组合安装在后梁上。机具与拖拉机之间挂接为悬挂式。

该机的深松、起垄、镇压等主要工作部件，与同为“仿生智能作业机具研究与开发”系列机具之一的 1GFZ-4（2）仿生智能耕整机完全通用（见本书 2.4.3.4 小节），两者采用的以液压马达为驱动力的变量施肥系统也基本相同。

4.3.1.3 整机结构参数

表 4-6 为 1SFB-5（3）仿生深松变量施肥机参数表。

表 4-6　1SFB-5（3）仿生深松变量施肥机参数表

序号	项目	单位	规格
1	配套动力	kW	44.1～88.2（5 行） 29.4～44.1（3 行）
2	整机质量	kg	760（5 行） 456（3 行）
3	配件质量	kg	250（5 行） 150（3 行）
4	适应行距	cm	55～75
5	工作深度	cm	深松 20～35
6	起垄高度	cm	14～20
7	作业行数	行	5 3
8	施肥分层	cm	12～18
9	工作效率	hm^2/h	1.5～1.8（5 行） 0.75～0.9（3 行）
10	作业速度	km/h	4～6
11	作业速度控制误差	%	6
12	施肥量	kg/hm^2	150～700 可调
13	施肥量控制误差	%	8
14	适用范围	—	深松及变量施肥联合作业

4.3.1.4　深松机组入土性能分析

深松机组入土性能主要取决于纵垂面内的悬挂参数、入土隙角 γ 和入土力矩。悬挂位置、入土角对深度的影响都反映在入土隙角和入土力矩上。

1. 入土隙角

如图 4-30 所示，随着拖拉机的前进，入土隙角 γ 使深松铲保持入土趋势，在无深度限制的情况下，直至入土隙角为零时，由于牵引线变陡，拖拉机对农具的提升力 P_y 和铲底反力 Q 的加大，将平衡重力 G 和入土压力 R_z，深度不再加深，此时深度为 h。可以通过改变入土隙角来改变松土深度 h 和入土行程，作业时入土隙角可通过改变中央拉杆长度 AB 或挂接点 B 与 C 的距离来实现（图 4-31）。图 4-31 说明，当 C 点低于 D 点时，若再下移 C，将使入土隙角减小，牵引线更陡。

2. 入土力矩

除了要有一定的入土隙角，还必须有一定的入土力矩，才能保证良好的入土性能。深松机组受力简图参见图 4-30 和图 4-31。

G 为深松机质量；e 为瞬心 π 至深松机质心的距离；Q 为 π 至 Q 的受力集中点距离；L 为 π 至 Q 的距离；R_y 为深松铲在纵垂面内的土壤分阻力；P_y 为牵引力在纵垂面内的分力。

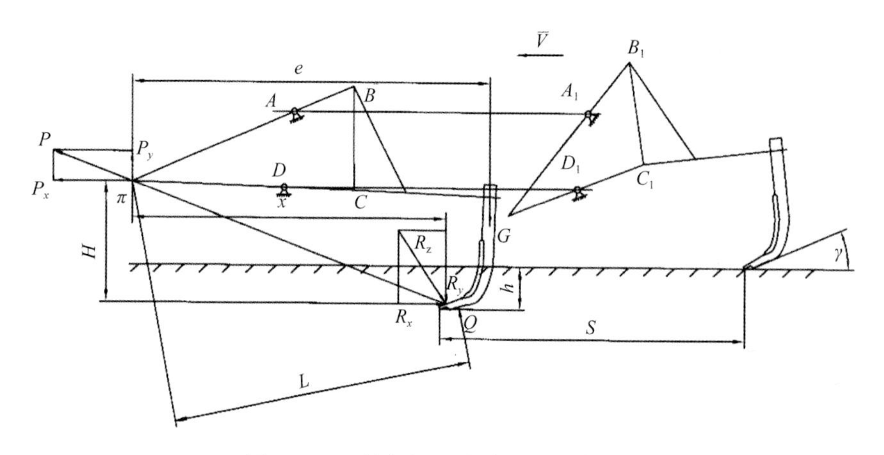

图 4-30　深松机组入土过程及受力分析

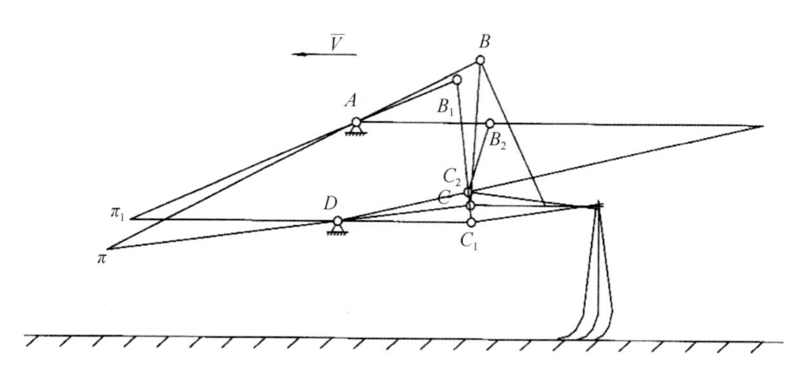

图 4-31　深松机组瞬心变化过程示意图

入土力矩 $M=G\times e+R_z\times m$，入土阻力矩 $M'=R_x\times H+Q\times L$。只有当 $M>M'$时，铲才能入土；当 $M=M'$时，处于稳定工作状态。

中央拉杆缩短，使入土隙角加大时，π 也随之上升，M 减小；随着深度加大，瞬心也随之上升，至某一位置时 $M=M'$，深度不再加大。这正是过度缩短中央拉杆时，入土性能反而不一定好的原因。

悬挂装置对松土深度有显著影响，配重对松土深度的影响不显著。因此，在深松机的研制中，主要应从挂结方式、深松铲结构上考虑加大入土力矩。

作业时，应根据不同土壤条件，改变挂结点和入土角，以达到满意的深松效果。

4.3.2　深松工作部件

用单柱凿式深松铲，包括仿生减阻深松铲柄与耦合仿生深松铲尖（详见本章 4.2.3 节，此处略）。

4.3.3　液压马达变量施肥系统

与 1GFZ-4（2）仿生智能耕整机一样，1SFB-5（3）仿生深松变量施肥机另一个主要创新点体现在采用了变量施肥系统，就是机具在田间作业中，根据其所在的位置及其相应土壤条件而自动调整施肥量，从而达到肥尽其施，地尽其力。

变量施肥系统主要由施肥执行机构与变量控制系统两部分组成。

4.3.3.1　液压马达施肥系统施肥执行机构

该机可进行分层深施化肥（化肥作为种肥，施肥深度要达到种下 5～6cm；化肥作为底肥，施肥深度要达到种下 10～15cm 处），即同时可将种肥和底肥施在土壤不同深度上，这可由该机构的施肥执行机构来完成。它由肥箱、链轮带动的外槽轮排肥器、施肥管、排肥道等组成。进行深松时，由深松铲进行深施肥的开沟作业。排肥动力来自受变量控制系统调控转速的液压马达，排肥器转动时，将装在肥箱中的肥料排除，肥料进入接肥漏斗经排肥管进入深松铲柄背面排肥道，从分肥口分层深施入土壤。不进行深松作业，在深松铲位置装施肥铲，同样可完成上述作业。

1. 变量施肥驱动装置的设计

变量施肥的执行机构与传统施肥的执行机构最大的差别在其排肥轴的驱动力来源不同，传统施肥装置排肥器的驱动力来自机具的地轮或拖拉机的动力输出轴，本设计中采用液压马达作为驱动装置。而液压系统的能量输入装置即动力源是拖拉机自带的液压泵（1），能量控制装置是电液比例调速阀（3），能量输出装置即执行机构是液压马达（4），需要用合理的管路连接液压泵（1）、滤油器（2）、电液比例调速阀（3）、液压马达（4），使它们形成一个液压回路，如图 4-32 所示。根据试验情况确定是否需要在系统中加入蓄能器、加热器等配件，使系统完成机械能—液压能—机械能的转换，驱动施肥轴转动，实施变量施肥。

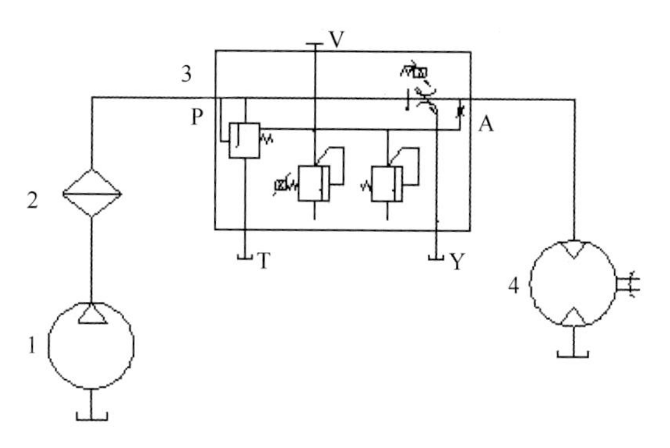

图 4-32　变量施肥驱动装置控制系统元件组成图

1. 液压泵；2. 滤油器；3. 电液比例调速阀；4. 液压马达

如图 4-32 所示，油液由液压泵经过滤油器过滤后在调速阀处根据控制要求分为两路，两路流量的大小由比例阀放大器控制，一路由 P 口通往液压马达用于驱动马达，另一路由 T 口流回油箱。其中第一路油液流量与 PLC 供给电信号成比例，供给信号越大，P 口开度也越大，油液流量也越大，马达转速也越快，相应的 T 口开度便越小，回流油液流量也越小，反之亦然。

液压泵输出压力为 15MPa、液压马达允许承受的尖峰压力为 10MPa。系统压力由负载决定，负载越大系统压力越大，如果不考虑液压元件承受压力，系统压力跟随负载变化系统压力可达到无限大。本系统压力由比例调速阀和手控溢流阀共同调定，形成二级压力保护体制，通过设定比例调速阀中压力阀溢流压力由先导阀顶端弹簧压力和电磁线圈输入电流共同调定。为了保护液压马达和液压泵，使先导阀弹簧处于适度紧张的条件下设定压力阀输入电流为 0.69A，系统压力在达到 10MPa 时调速阀便完全溢流回油使系统压力为零。

2. 液压马达

液压马达是把液压能转换为机械能的部件，有齿轮式、叶片式、柱塞式等。液压马达按转速可以分为高速液压马达和低速液压马达，额定转速高于 500r/min 的属于高速液压马达，低于 500r/min 的属于低速液压马达。高速液压马达的基本型式有齿轮式、螺杆式、叶片式和轴向柱塞式等。它们的主要特点是转速较高、转动惯量小，便于启动和制动，调节（调速及换向）灵敏度高。通常高速液压马达输出转矩不大所以又称为高速小转矩液压马达。低速液压马达的基本型式是径向柱塞式，此外在轴向柱塞式、叶片式和齿轮式中也有低速的结构型式，低速液压马达的主要特点是排量大、体积大、转速低（有时可达每分钟几转甚至零点几转），因此可直接与工作机构连接，不需要减速装置，使传动机构大为简化，通常低速液压马达输出转矩较大，所以又称为低速大转矩液压马达。

在选择液压马达时主要考虑的是其排量、压力和扭矩与系统的匹配。本系统中液压马达用于驱动排肥轴，配套动力为天拖约翰迪尔 TN804 型拖拉机，其液压泵额定压力为 15MPa，施肥机扭矩为 20N·m，大小链轮半径比为 3∶1，故扭矩比为 1∶3，所以液压系统建立的压力为 20/3N·m。

本设计选择宁波市甬源液压马达有限公司的 QJM 型定量液压马达，它能与各种油泵、阀及液压附件配套组成液压传动装置，可以适应各种机器的工况，其型号为 1QJM001-0.063，表 4-7 为液压马达的主要技术参数。

表 4-7 1QJM001-0.063 定量液压马达的主要技术参数

型号	排量/（ml/r）	压力/MPa		转速范围/（r/min）	额定输出扭矩/（N·m）
		额定	尖峰		
1QJM001-0.063	0.064	10	16	8～800	95

3. 调速阀

阀控系统中液压阀主要有普通液压阀、比例电液压力流控制阀和电液伺服阀。电液伺服阀控制的液压马达速度控制系统具有动态响应快的特点，但成本相对较高。电液比例阀是介于普通液压阀和电液伺服阀之间的一种液压阀，它可以接受电信号的指令，连续地控制液压系统的压力、流量等参数，使之与输入电信号成比例地变化，它既可以用于开环系统中实现对液压参数的控制，也可以作为信号转换与放大元件用于闭环控制系统。与手动调节和通断控制的普通液压阀相比，它能大大提高液压系统的控制水平；与电液伺服阀相比，它结构较简单，成本低，因而在一般工业控制中广泛采用。

根据实际需要，本设计选择 BYLZ-02 比例电液压力流量控制阀。BYLZ 型比例电液压力流量控制阀如图 4-33 所示，是用两路电信号分别控制液压系统的压力和流量的比例阀，它以很小的压差追踪负载压力，控制泵压力，是一种节能型阀。

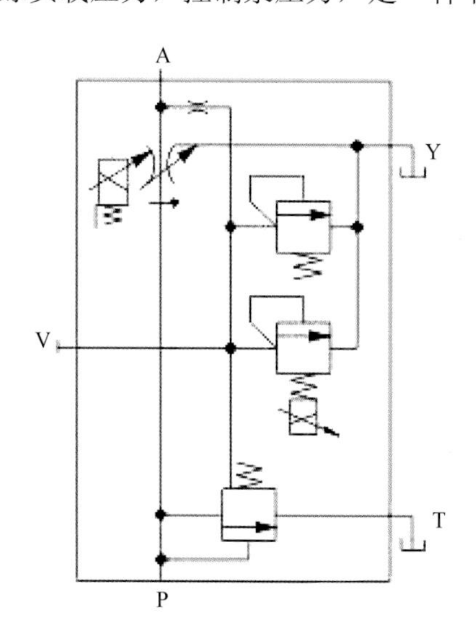

图 4-33　比例电液压力流量控制阀原理

当系统处于调节流量工况时，首先给比例压力先导阀输入一恒定的额定电信号，系统压力在低于比例压力先导阀的额定压力范围内变化时，比例压力先导阀关闭。显然，复合阀的压力阀在此工况中只起限压阀作用。比例节流阀阀口的恒定压差，由溢流阀主级来保证。因此，通过比例节流阀阀口的流量与输入电信号（在图 4-33 中用比例减压阀来调节节流阀的过流面积，所以输入电信号是指输给比例减压阀的电流信号）成比例。该工况中的复合阀实现了溢流节流型三通比例流量阀的控制功能。

当系统进入保压工况时，一方面，给比例节流阀输入一个保证它有一固定阀口开度的电信号；另一方面，若在此时调节比例压力先导阀的输入电信号，就可得到与之成比例的系统保压压力。在此工况，复合阀具有比例溢流阀的控制功能。若以手调压力先导阀取代比例压力先导阀，就可构成带手调压力先导级的比例复合阀。

比例压力流量复合阀同时具有压力阀和流量阀的功能。应用中须注意以下几点。

1）进行压力调节时，溢流量太少会导致系统压力不稳定。因此，阀工作时要保证适量的溢流量。

2）与三通比例流量阀类似，复合阀的回油 T 口必须直接与油箱相连，以获得最低的背压，否则会引起最小调节压力值的提高。

3）在工程实用上，阀中一般都配置有手调限压先导阀，当系统压力达到限压压力时，先导阀就与定差溢流阀 M 构成先导式溢流阀，限制了系统最高压力，起到保护系统的作用。这种功能就使得在含有各种三通型流量阀或 PQ 阀的系统中，可不用单独设置大规格的系统溢流阀。

4.3.3.2 液压马达施肥变量控制系统

自动变量施肥技术分为基于传感器和基于处方信息两种。在基于传感器的方式中，通过传感器实时得到田间土壤养分、水分、种子等方面的数据后，实时自动控制变量操作；在基于处方信息的工作方式中，数据被收集和存储后，经过分析处理做出变量决策，然后进行控制变量操作。本研究采用处方信息控制变量施肥。施肥量根据处方图要求随机改变，靠变量控制系统随机改变施肥器的转速来达到。

图 4-32 采用电液比例调速阀和液压马达的组合。结合 PLC 高速、安全、稳定、能适应恶劣工作环境的优点构建液压传动调速系统并进行硬件设计和软件开发，开发出适合我国国情和农田作业环境的变量施肥机液压无级调速及 PLC 控制系统。

采用 PLC 采集 GPS 信号得出当前位置和机具行进速度（来自速度传感器），判断施肥机所在的操作单元，再根据处方图得出当前施肥量，结合机具速度计算出液压马达转速，调节电液比例调速阀开度，控制施肥机的排肥轴转速，从而达到根据位置及其相应土壤条件进行自动变量施肥的目的。

本设计重点研究了驱动装置（液压马达）的控制系统，变量施肥控制系统主要由比例放大器、电液比例调速阀、液压马达、滤油器组成。其原理如图 4-34 所示。

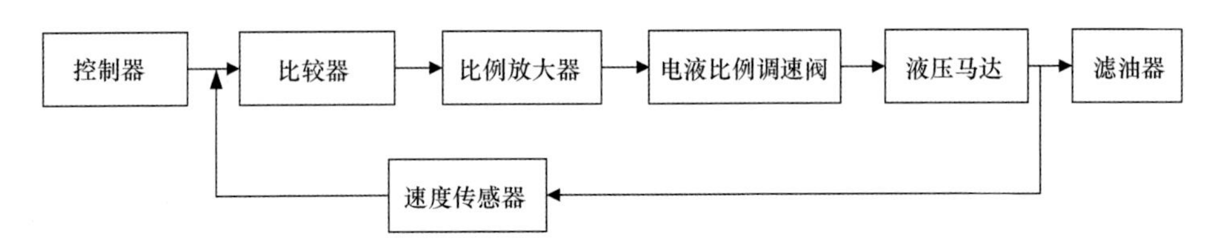

图 4-34　电液比例阀马达速度控制系统职能图

系统调速通过改变电液比例调速阀回油和出油的比例关系来改变通过马达的流量，进而改变马达转速，从而控制施肥执行机构。

控制器输入的速度指令由电压给出。比较器用来测量输入速度和输出速度间的速度差。输出速度由反馈转速传感器测得，再反馈至主信道。

系统输入速度指令电压与输出速度反馈电压之间的电压差即速度差通过比例放大器放大，经电液比例调速阀转换并输出液压能，带动液压马达，从而驱动负载向着消除速度偏差的方向偏转。当转速传感器的速度信号与输入指令一致时，始终按输入电压指令给定的规律变化。

基本过程：控制系统根据 GPS 的位置信号，判断施肥机所在的操作单元与当前机具行进速度，由此调用所在操作单元的施肥决策信息，控制施肥部件的转速，达到根据位置及其相应土壤条件进行自动变量施肥的目的。如图 4-35 所示，PLC 采集 GPS 得出当前位置和机具行进速度，再根据处方图得出当前施肥量，进而计算出液压马达转速，通过 PLC 的高速计数器读取速度传感器信号得出马达转速形成反馈速度和反馈信号，控制电液比例调速阀开度。

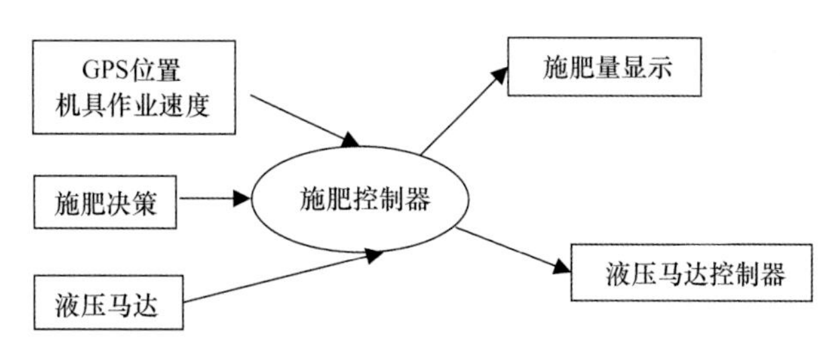

图 4-35　变量施肥实施过程简图

4.3.4　仿生深松变量施肥机的性能检测

1SFB-5（3）仿生深松变量施肥机的田间试验，多是结合“三年轮耕法”试验进行的，在本书第 1 章相关内容中有详尽介绍，此处不再赘述。

该机通过了国家农机具质量监督检验中心的性能检测，按课题任务书规定的检测项目（深松深度等 4 项）逐一进行了检验，各项性能指标均达到要求，检验结果见表 4-8。试验地为黑壤土玉米留茬地，垄高 8～12cm，茬高 15～21cm。对五行机及三行机分别进行了检验检测，配套拖拉机为长拖 904 及长拖 504。

表 4-8　1SFB-5（3）仿生深松变量施肥机检验结果汇总表

序号	检验项目	计量单位	技术要求	检验结果		判定	备注
				五行	三行		
1	深松深度	cm	20～35	36.2 （作业速度 5.1km/h）	37.6 （作业速度 4.4km/h）	符合	
2	起垄高度	cm	12～20	21.8 （作业速度 5.1km/h）	20.4 （作业速度 4.4km/h）	符合	与深松同时进行检验
3	施肥量	kg/hm^2	150～700	140～710 连续可调 （变量流畅，工作稳定）	140～710 连续可调 （变量流畅，工作稳定）	符合	GIS 管理决策、虚拟 GPS 定位、变量控制系统场地试验
4	施肥量误差	/	≤8%	2.0% （施肥量 140 时 2.8%， 施肥量 500 时 1.7%， 施肥量 710 时 1.6%）	2.0% （施肥量 140 时 2.8%， 施肥量 500 时 1.7%， 施肥量 710 时 1.6%）	符合	

4.4　深松阻力测试装置

深松是农业耕作机械作业阻力最大、能耗最高的作业环节，尤其在实际生产作业过程中，作业阻力和能耗的波动较大，易造成机架变形、部件断裂等问题，这就需要对作业阻力进行实时监测，同时农业管理部门的作业补贴发放与效果检测等也需要了解机具进行深松作业时的阻力和功耗，而对深松阻力进行实时监测的系统和方法就成为其中的关键。现有的农业机械阻力测试装置一般是基于力学传感器，如八角环、拉压传感器等的测试装置。这些测试装置与测试技术的优点是通过直接测量，可以及时、准确地测试作业阻力，不需要繁复的计算过程；缺点是传感器价格昂贵、作业前需要专业人员进行标定、缺乏过载保护等，尤其对于深松作业来说，较大的作业阻力和严重的阻力波动，极易导致力学传感器发生过载而损坏，因此需要研发适应深松作业特点的阻力测试装置和计算方法。

4.4.1 深松阻力测试装置总体结构设计

作者团队所设计的阻力测试装置突破了传统阻力基于力学传感器进行测量的途径，采用角位移传感器测量系统扭转角并进行换算的方法，实现了对深松阻力的测量，同时实现了对阻力测试装置的过载保护。

耕作部件作业阻力测试装置的结构如图 4-36 所示，主要由部件安装库（11）、扭转弹簧（简称扭簧）（4）、旋转主轴（8）、定位盘和编码器（9）等部分组成。测试装置通过 U 形螺栓与作业机具的机架连接，耕作部件固定在部件安装库内，部件安装库固定设置在旋转主轴上，固定定位盘卡在部件安装库的方管内，扭转弹簧设置在固定定位盘（6）和旋转定位盘（7）之间，旋转主轴的一端通过联轴器连接编码器。测试装置通过对称设置扭转弹簧，采用绝对式角位移编码器进行主轴旋转时角度变化量的测量，通过扭转弹簧转矩与转角的关系，结合力学平衡公式，换算出耕作部件作业时水平耕作阻力的大小。

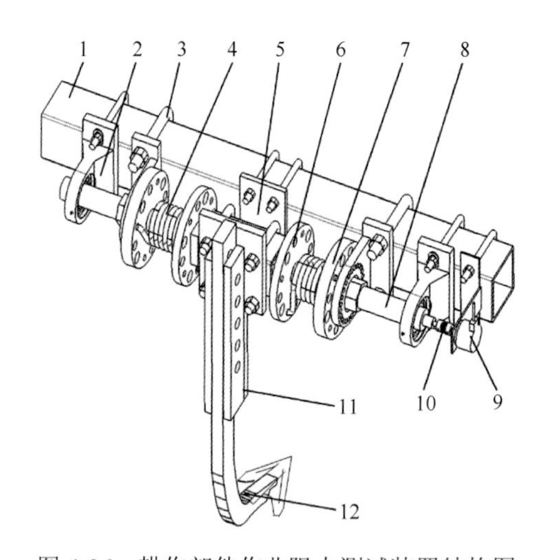

图 4-36 耕作部件作业阻力测试装置结构图

1. 机架；2. 带座轴承；3. U 形螺栓；4. 扭转弹簧；5. 丝杠座；6. 固定定位盘；7. 旋转定位盘；8. 旋转主轴；9. 编码器；10. 联轴器；11. 部件安装库；12. 耕作部件

阻力测试装置的结构参数会对其工作性能产生显著影响，因此需要合理设计其结构参数。测试装置的设计，需要确定扭簧、定位盘、编码器等主要结构的参数。

4.4.1.1 扭转弹簧的设计

测试装置的扭簧参数是由耕作部件的作业阻力大小决定的。耕整地作业时，不同耕作部件具有不同的耕作阻力。同一耕作部件在不同耕深耕速、不同地块条件下，耕作阻力也有明显的差异。耕作阻力测量时，扭簧刚度系数太小，容易造成扭簧疲软，导致耕作部件无法正常工作；而扭簧刚度系数过大，会造成弹簧结构太大使测量精度下降。本设计的阻力测试装置用来测量耕作部件的水平耕作阻力，扭簧参数应与耕作部件的作业阻力相匹配。因此，可通过耕作部件受力分析确定扭转弹簧的最大工作状态。

本节以深松铲的结构、作业形式与阻力特性为例，进行测试装置测试性能的分析，并确定在进行深松作业阻力测试时系统弹簧元件的参数。

深松铲工作时的示意图如图 4-37 所示。R_H 为水平耕作阻力，L_0 为主轴轴心到深松铲尖的垂直距离，$N(\theta)_2$ 为弹簧的最大工作扭矩，因耕作水平阻力的作用点到主轴轴心的垂直距离应小于 L_0，通过受力分析得到：

$$R_H L=2N(\theta)_2 \tag{4-6}$$

式中，$L<L_0$，$N(\theta)_2 \leqslant R_H L_0/2$。

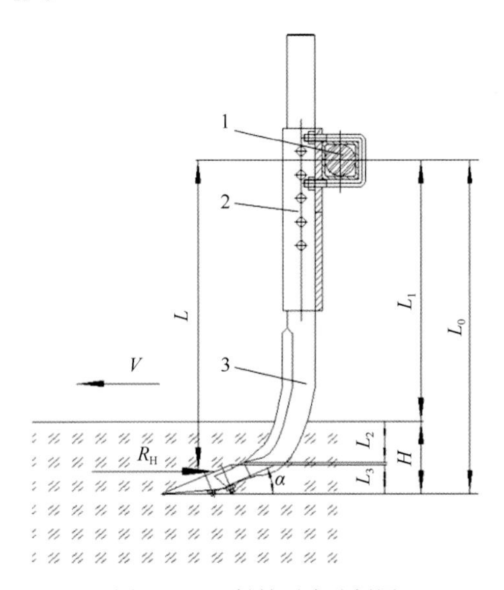

图 4-37　深松铲受力分析图

1. 旋转主轴；2. 部件安装库；3. 耕作部件

根据东北地区农艺要求，基本农田进行深松作业时，深松深度一般为 250～400mm，本节设计深松铲最大安装高度（主轴轴心到深松铲尖的垂直距离）L_0 为 500mm，设计最大耕作阻力为 8kN。在此基础上确定扭转弹簧最大工作状态下的扭矩：

$$N(\theta)_2 = R_H \times 0.5L= 2000\text{N}\cdot\text{m} \tag{4-7}$$

设计扭转弹簧的最小工作扭矩 $N(\theta)_0=0$，最大工作扭矩 $N(\theta)_2=2000\text{N·m}$，工作扭转变形角 $\theta=30°$，自由角度为 180°，端部为外臂扭转结构。

根据设计要求选用Ⅲ类载荷弹簧，材料为弹簧钢，钢牌号为 60Si2MnA，其钢丝代号为 TDSiMn。初步假设钢丝直径为 20～25mm。弹性模量 E=206GPa，查得材料抗拉强度 σ_b=1500～1650MPa，取 σ_b=1650MPa，按Ⅲ类载荷取许用弯曲应力 $\sigma_{Bp}=0.8\sigma_b=0.8\times 1650\text{MPa}=1320\text{MPa}$。

因扭矩旋向和弹簧旋向相同，取曲度系数 K_1=1，计算弹簧钢丝线径 d 如下：

$$d=\sqrt[3]{\frac{10.2K_1N(\theta)_2}{\sigma_{\mathrm{Bp}}}}=24.90\mathrm{mm} \tag{4-8}$$

线径取整，d=25mm，与假设基本符合。为使弹簧结构紧凑，选取弹簧旋绕比 C=3.6，则弹簧中径 $D=C\times d=3.6\times25=90$mm，取 D=90mm，弹簧内径 $D_1=D-d=90-25=65$mm，弹簧外径 $D_2=D+d=90+25=115$mm。弹簧的有效圈数 n 计算方法如下：

$$n=\frac{E\times d^4\times\theta}{3667\times D\times N(\theta)_2}=\frac{206\times10^3\times25^4\times30}{3667\times90\times2\ 000\ 000}=3.66 \tag{4-9}$$

考虑到自由角度为 180°，弹簧的有效圈数取 n=3.5 圈。弹簧刚度 T 如下：

$$T=\frac{E\times d^4}{3667\times D\times n}=\frac{206\times10^3\times25^4}{3667\times90\times3.5}=69\ 663.6\mathrm{N\cdot mm/(^\circ)} \tag{4-10}$$

4.4.1.2 定位盘的设计

测试装置通过固定定位盘固定扭簧的一端支出臂，通过旋转定位盘定位扭簧的另一端支出臂。图 4-38a 为固定定位盘结构示意图，圆盘外圆周均匀分布 12 个定位孔，孔径大小和扭簧线径大小相配合，圆盘一端面固定设置有方钢，可通过方钢卡在部件安装库的矩形方钢内，对固定定位盘进行定位。图 4-38b 为旋转定位盘结构示意图，圆盘外圆周均匀分布 12 个定位孔，圆周分布角度为 30°，孔径大小和扭簧线径大小相配合；圆盘内圆周均匀分布 24 个销孔，圆周分布角度为 15°，用来固定定位；圆盘一端面固定设置有空心六角钢，可通过转动六角钢进行旋转定位盘的定位，从而满足扭转弹簧一端的安装和预紧。测试装置可通过扭簧受力转动至预紧、工作和过载 3 种状态（图 4-39）。

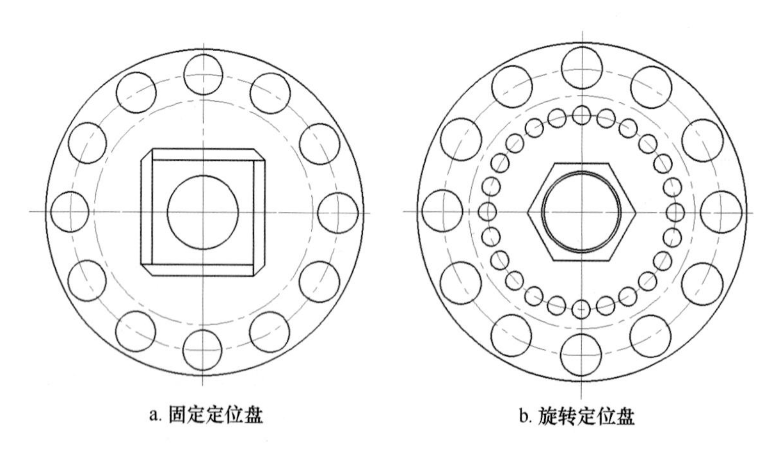

a. 固定定位盘　　b. 旋转定位盘

图 4-38　定位盘

4.4.1.3 信号采集系统的设计

信号采集系统框图如图 4-40 所示，包括角位移编码器、PCI-1714U 数据采集仪、计算机和电源系统。测试装置通过扭转弹簧转矩与转角的关系进行部件耕作阻力大小的受力分析，在作业工作中对转角的精确测量至关重要。本节选用光洋电子（无锡）有限公司

图 4-39　3 种状态

生产的 TDR-NA1024NW 型绝对式角位移编码器，该编码器转轴的每个转角都对应有唯一的编码，角度精度为 0.176°，对应的输出转矩精度为 12.26N·m。

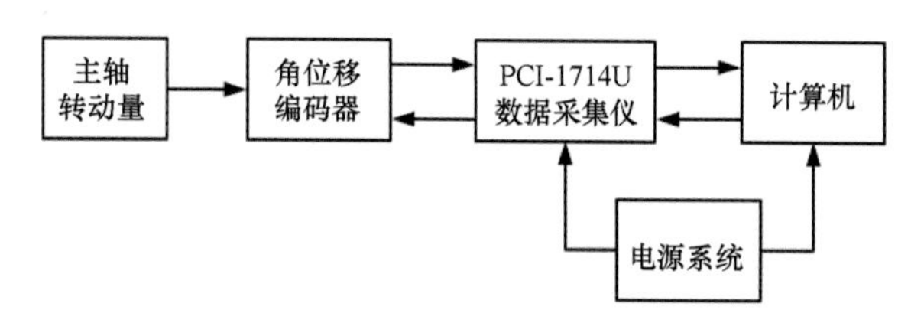

图 4-40　信号采集电路框图

4.4.2　深松阻力测试计算方法

4.4.2.1　深松铲受力分析

双翼型深松铲是应用较为广泛的一种深松铲，研究者对此型深松铲的作业阻力构成和运动学行为进行过深入的分析，因此，以双翼型深松铲为例，进行测试装置测试过程中受力分析及测试方法的确定[19, 20]。

我国机械行业标准 JB/T 9788—1999 规定了双翼型深松铲结构。如图 4-16 所示，为双翼型深松铲尖，其中 α=17°20′、β=39°、γ=30°。

深松铲由铲尖和铲柄两部分组成，其在深松工作时，耕作阻力也是来自铲尖和铲柄抵抗土壤颗粒的作用力。深松铲工作中所受土壤颗粒的阻力，一方面是来自土壤黏附和摩擦的水平作用力，另一方面是来自竖直方向只对土壤产生压实作用的垂直作用力。因此，双翼型深松铲的水平耕作阻力 R_H 由以下 3 个部分组成：铲尖正表面作业阻力 R_{H1}，铲尖侧翼面作业阻力 R_{H2}，铲柄刃表面作业阻力 R_{H3}。

李范哲等[21]提出了土壤工作部件工作阻力的数学模型，其中介绍了二面楔受力的数学模型，如图 4-41 所示，二面楔在土壤中沿 X 轴方向前进时，二面楔上任一点 M 受到的楔子表面作用力可以分解为一对正交作用力 R_H 和 R_V。

楔面上任一质量为 m 的土壤颗粒质点 M 的水平作用力 R_H 可以用该质点在相互作用时间 Δt 内水平方向的动量变化来确定，应用动量定理得

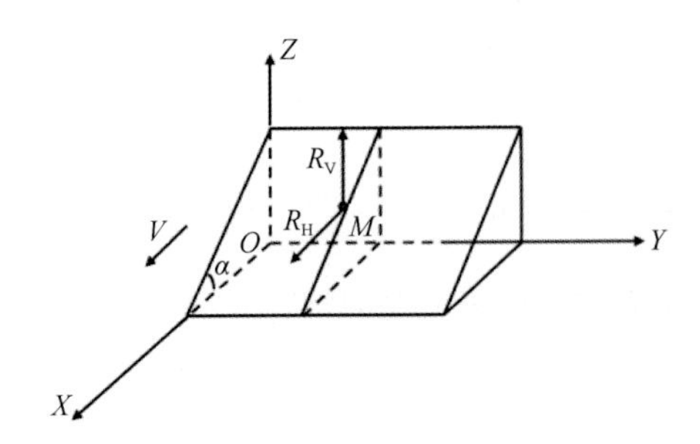

图 4-41　二面楔上土壤颗粒 M 受力示意图

$$R_{H}=\frac{m(V_{t}-V_{0})}{\Delta t} \tag{4-11}$$

式中，Δt 为土壤颗粒质点速度从 V_0 到 V_t 的时间；m 为土壤颗粒质点 M 的质量；V_0 为土壤颗粒质点初速度；V_t 为土壤颗粒质点末速度，与部件的移动速度 V 呈正相关，$V_t \propto V$。

根据作用力与反作用力定律，楔面受到来自土壤颗粒质点 M 的水平作用阻力与 R_H 大小相等。在 Δt 时间内，整个楔面受到土壤颗粒作用的水平作用力 R_H 如下：

$$R_{H}=\frac{m_{Z}(V_{t}-V_{0})}{\Delta t} \tag{4-12}$$

式中，m_Z 为 Δt 时间内通过楔面的土壤颗粒质点的总质量。

双翼型深松铲工作时，铲尖正表面是一个典型的二面楔。根据二面楔受力模型，得到铲尖正表面所受的水平作用阻力：

$$R_{H1}=\frac{m_{1}(V_{t}-V_{0})}{\Delta t} \tag{4-13}$$

式中，m_1 为 Δt 时间内通过铲尖正表面的土壤颗粒质点总质量。

而复合楔受力的数学模型，如图 4-42 所示，三面楔在土壤中沿 X 轴方向前进时，得到三面楔楔面前进方向所受的水平作用力：

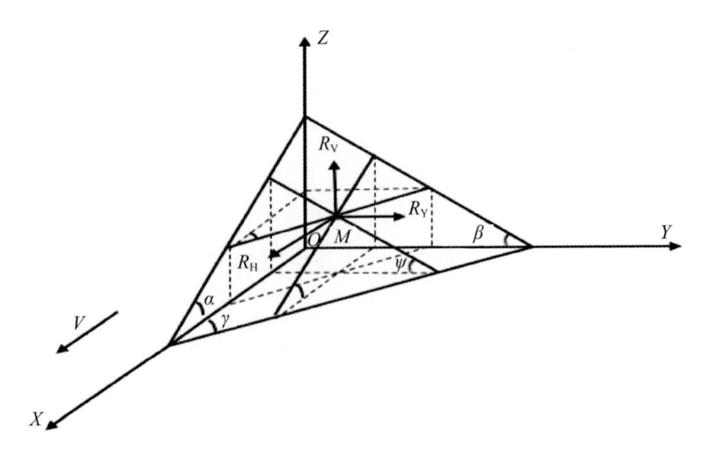

图 4-42　三面楔上土壤颗粒 M 受力示意图

$$R_{\mathrm{H}} = (N\sin\alpha + N\tan\psi\cos\alpha)\left[\sin^2\gamma + \frac{\sin(2\gamma)}{2}\tan\psi\right] = \frac{m_{\mathrm{Z}}(V_{\mathrm{t}} - V_0)}{\Delta t}\left[\sin^2\gamma + \frac{\sin(2\gamma)}{2}\tan\psi\right] \quad (4\text{-}14)$$

双翼型深松铲尖单个侧翼面工作表面形态接近三面楔表面形态，在分析铲尖侧翼面作业阻力时，通过引入三面楔受力模型进行分析。得到整个侧翼面工作表面上的水平作用力：

$$R_{\mathrm{H2}} = \frac{2m_2(V_{\mathrm{t}} - V_0)}{\Delta t}\left[\sin^2\gamma + \frac{\sin(2\gamma)}{2}\tan\psi\right] \quad (4\text{-}15)$$

式中，m_2 为 Δt 时间内通过单个铲尖侧翼面的土壤颗粒质点总质量。

图 4-43，为铲柄上任一土壤颗粒质点 M 的受力示意图。深松铲工作时，铲柄两侧刃表面的水平受力相同。铲柄单侧可看作一个二面楔，根据上述二面楔受力模型，可以得到铲柄刃表面所受水平作用阻力：

$$R_{\mathrm{H3}} = \frac{2m_3(V_{\mathrm{t}} - V_0)}{\Delta t} \quad (4\text{-}16)$$

式中，m_3 为 Δt 时间内通过铲柄单侧刃表面的土壤颗粒质点总质量。

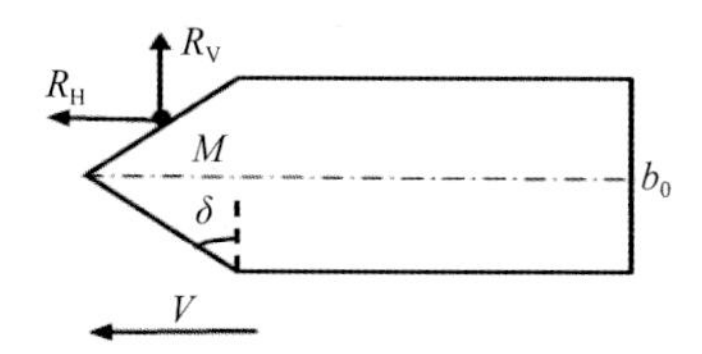

图 4-43　铲柄上土壤颗粒 M 受力示意图

Δt 时间内通过楔子表面有效面积 A 的土壤颗粒体积 $Q=V_{\mathrm{t}}\Delta tA$，因此 Δt 时间内通过某表面的土壤颗粒质点总质量如下：

$$m_{\mathrm{Z}} = \rho Q = \rho V_{\mathrm{t}}\Delta tA \quad (4\text{-}17)$$

式中，ρ 为土壤容积密度；A 为土壤颗粒质点通过的有效面积。

4.4.2.2　耕作阻力测试计算分析

通过上述工作，得知双翼型深松铲的受力基本情况。可得到双翼型深松铲的耕作阻力 R_{H} 为 R_{H1}、R_{H2} 和 R_{H3} 的合力，如下所示：

$$R_{\mathrm{H}} = R_{\mathrm{H1}} + R_{\mathrm{H2}} + R_{\mathrm{H3}} \quad (4\text{-}18)$$

测试装置通过绝对式角位移编码器采集扭转弹簧转动的角度，根据扭转弹簧转矩 N 与转角 θ 的关系，得出总转矩的大小。根据图 4-37 所示的深松铲受力分析图，可得到以下等式：

$$\left(R_{\mathrm{H1}} + R_{\mathrm{H2}}\right)\left(L_0 - \frac{L_3}{2}\right) + R_{\mathrm{H3}}\left(L_1 + \frac{L_2}{2}\right) = 2N(\theta) \quad (4\text{-}19)$$

式中，$L_1=L_0-H$，$L_2=H-L_3$。

联立式（4-13）、式（4-15）、式（4-17）、式（4-19）得到：

$$\left\{\rho_1 V_t^2 bd\sin(\alpha_0+\Delta\theta)+\frac{\rho_2 V_t^2 d^2\sin(\alpha_0+\Delta\theta)\tan\gamma}{\cos\beta}\left[\sin^2\gamma+\frac{\sin(2\gamma)}{2}\tan\psi\right]\right\}\times\left(L_0-\frac{L_3}{2}\right)+\rho_3 V_t^2 b_0(H-L_3)\left(L_0-\frac{H+L_3}{2}\right)=2N(\theta) \tag{4-20}$$

式中，b_0 为铲柄宽度，ρ_1 为通过铲尖正表面的土壤颗粒质点密度，ρ_2 为单个铲尖侧翼面的土壤颗粒质点密度，ρ_3 为通过铲柄单侧刃表面的土壤颗粒质点密度；b 为深松铲正表面宽度；d 为深松铲正表面长度；α_0 为深松铲侧翼面和正表面夹角。

土壤颗粒质点 M 的末速度 V_t 与部件的移动速度 V 呈正相关，$V_t\propto V$。田间未耕作的土壤容积密度一般随深度增加而增加，所以土壤容积密度 ρ 与耕深 H 呈正相关，$\rho=\rho(H)$。因此，通过增加修正系数 k 修正式（4-20），得到以下公式：

$$k\left\{\rho(H)V^2 bd\sin(\alpha_0+\Delta\theta)+\frac{\rho(H)V^2 d^2\sin(\alpha_0+\Delta\theta)\tan\gamma}{\cos\beta}\left[\sin^2\gamma+\frac{\sin(2\gamma)}{2}\tan\psi\right]\right\}\times\left(L_0-\frac{L_3}{2}\right)+\rho(H)V^2 b_0(H-L_3)\left(L_0-\frac{H+L_3}{2}\right)=2N(\theta) \tag{4-21}$$

通过扭簧转角与转矩之间的关系得到修正系数：

$$k=\frac{2T\theta}{\left\{\rho(H)\times V^2 bd\sin(\alpha_0+\Delta\theta)+\frac{\rho(H)V^2 d^2\sin(\alpha_0+\Delta\theta)\tan\gamma}{\cos\beta}\left[\sin^2\gamma+\frac{\sin(2\gamma)}{2}\tan\psi\right]\right\}\times\left(L_0-\frac{L_3}{2}\right)+\rho(H)V^2 b_0(H-L_3)\left(L_0-\frac{H+L_3}{2}\right)} \tag{4-22}$$

从式（4-22）可以看出，修正系数 k 是关于扭簧设计参数（T、θ 等）、部件结构参数（α、β、γ、b、d 等）、土壤类型参数（ρ、ψ 等）、部件安装位置参数（θ、L 等）、作业深度 H、作业速度 V 等因素的函数：

$$R_{H1}=k\rho(H)V^2 bd\sin(\alpha_0+\Delta\theta) \tag{4-23}$$

$$R_{H2}=k\frac{\rho(H)V^2 d^2\sin(\alpha_0+\Delta\theta)\tan\gamma}{\cos\beta}\left[\sin^2\gamma+\frac{\sin(2\gamma)}{2}\tan\psi\right] \tag{4-24}$$

$$R_{H3}=k\rho(H)V^2 b_0(H-L_3) \tag{4-25}$$

联立式（4-23）～式（4-25）得到水平耕作阻力 R_H 如下：

$$R_H=R_{H1}+R_{H2}+R_{H3}=k\left\{\begin{array}{l}(\rho(H)V^2 bd\sin(\alpha_0+\Delta\theta)+\frac{\rho(H)V^2 d^2\sin(\alpha_0+\Delta\theta)\tan\gamma}{\cos\beta}\left[\sin^2\gamma+\frac{\sin(2\gamma)}{2}\tan\psi\right]\\+\rho(H)V^2 b_0(H-L_3)\end{array}\right. \tag{4-26}$$

综上所述，测试装置通过获取扭簧的转动角度 θ，结合式（4-26）即可对修正系数 k 进行求解，针对不同的部件结构（α、β、γ、b、d 等）、作业深度 H、作业速度 V、土壤类型（ρ、ψ 等）等因素，均可通过更换扭转弹簧和调试部件安装位置（角度 θ 和高度 L）调节计算公式中的 k 值，实现对水平耕作阻力 R_H 的准确测量。

4.4.3 深松阻力测试装置可靠性验证试验

4.4.3.1 试验目的

土槽试验有两个目的，一是将扭转式测试装置（TRTD）与传统的三点式作业阻力测试装置（TTD）进行串联测量阻力，考察本设计的耕作部件作业阻力测试装置的测量准确性和可靠性；二是在上述阻力装置测试阻力时，采用耦合仿生深松铲尖（图 4-17）和传统深松铲尖（图 4-16）作为被测件，考察耦合仿生深松铲尖的耕作受力情况。

4.4.3.2 试验方案

通过控制变量法，在同等耕作条件下，通过两阻力测试装置分别测得深松铲的水平耕作阻力，探讨 TRTD 测试装置与 TTD 测试装置所测耕作阻力值的差异是否显著，以及 TRTD 阻力测试的稳定性和精度。在上述测量深松铲水平耕作阻力时采用耦合仿生深松铲尖和传统深松铲尖，探讨两者的耕作阻力受力情况。

试验还选择了影响耕作阻力大小的两个主要因素：耕深 H、耕速 V。耕深 H 选取 250mm、300mm、350mm 3 个水平，耕速 V 选取 0.5m/s、0.8m/s 2 个水平。表 4-9 为耕作阻力测试对比试验因素水平表。

表 4-9　对比试验因素水平表

水平	耕深 H/mm	耕速 V/（m/s）	测试装置	铲尖类型
1	250	0.5	TRTD	耦合仿生深松铲尖
2	300	0.8	TTD	传统深松铲尖
3	350	—	—	—

4.4.3.3 试验条件

试验在吉林大学生物与农业工程学院土槽实验室的室内土槽进行，土槽长 30m，宽 2m，深 1m，土槽土壤为典型东北地区黑壤土，其粒度均匀，透气和透水性能良好。试验前一周对土槽试验区进行旋耕机耕翻、镇压辊平整，适量浇水渗透，并用塑料薄膜覆盖。试验前，测得土壤体积含水率为 21%，各深度的土壤容积密度如表 4-10 所示，土壤温度为 21℃。图 4-44 为土槽台车测试系统，自带液压悬挂系统，最高速度为 3m/s，单程运行距离为 30m。

试验中用到的仪器设备：土槽台车测试系统、土壤坚实度测试仪（SC-900 Soil Compaction Meter）、土壤水分测试仪（TDR-300 Soil Moisture Meter）、容积 100cm^3 的环刀组件、电子秤、卷尺、标杆等。

表 4-10 不同深度的土壤容积密度

深度/mm	土壤容积密度/（g/cm³）
0～100	1.05
100～200	1.13
200～300	1.25
300～400	1.32

图 4-44 电力变频四轮驱动土槽台车测试系统

为减少对比试验土壤参数变化带来的系统误差，采用同一次试验采集两种阻力测试装置数据的测试方法。如图 4-45 所示，传统三点式作业阻力测试装置（TTD）通过压力和扭力传感器与台车的三点液压悬挂装置相连，设计的测试装置串联安装在 TTD 装置的测力架上。三点式作业阻力测试装置主要由三点悬挂系统、压力传感器、扭力传感器、信号采集系统和安装机架构成，如图 4-45 所示，其主要工作机理为利用试验台车前进时由于深松铲耕作阻力的存在对传感器产生应变，传感器将应变信号转换为电信号传给位于台车上的数据采集接收系统，其测量精度可达 0.25%FS。扭转式测试装置（TRTD）安装图见图 4-45b。

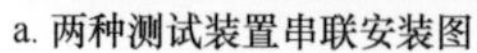

b. TRTD安装图

图 4-45 阻力测试装置连接图

每组试验重复 3 次，每次试验在阻力值稳定段每隔 0.5s 取一观测值，每次试验共取 5 个，每组试验共 15 个。为保证试验的可靠性，每次试验后对土槽内土壤进行旋耕机耕翻、镇压辊平整。用 SC-900 型土壤坚实度测试仪测试土壤坚实度是否达到试验要求，同时保证每次试验前的各土壤参数误差在 10%以内。

4.4.3.4　试验结果与分析

1. TRTD 阻力测试装置的精度分析

采用 TRTD 和 TTD 两种测试装置进行土槽对比试验，图 4-46 为两种测试装置在 6 组耕作条件下得到的阻力测试试验结果。从图 4-46 中可以看出，两种测试装置在 6 组相同条件下测得的水平耕作阻力基本接近；在同一耕深下，随着耕速从 0.5m/s（V_1）增加到 0.8m/s（V_2）时，水平耕作阻力略微增加；在同一耕速下，随着耕深从 250mm（H_1）增加到 350mm（H_3）时，水平耕作阻力显著增加。

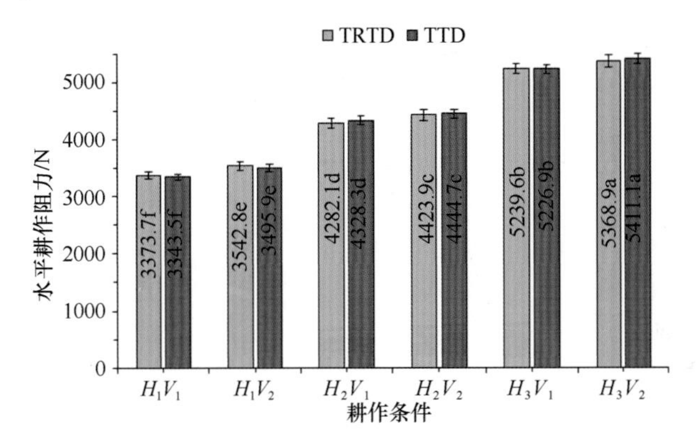

图 4-46　水平耕作阻力测试的试验结果

不同小写字母表示不同处理间差异显著（$P<0.05$）

通过相对误差的计算对 TRTD 的测量精度进行分析。其相对误差公式为

$$E=\frac{\left|F_{\mathrm{A}}-F_{\mathrm{O}}\right|}{F_{\mathrm{O}}}\times 100\% \tag{4-27}$$

式中，E 为相对误差，%；F_{A} 为 TRTD 阻力测试值，N；F_{O} 为 TTD 阻力测试值，N。

表 4-11 为 6 组不同耕作条件下相对误差统计表。从中可以看出，在 6 组不同耕作条件下，TRTD 相对于 TTD 的最大相对误差为 1.34%，最小相对误差为 0.24%，说明 TRTD 与 TTD 具有相近的测量精度。

表 4-11　TRTD 相对误差统计结果

耕作条件		相对误差/ %
耕深 H/mm	耕速 V/(m/s)	
250	0.5	0.91
	0.8	1.34
300	0.5	1.01
	0.8	0.47
350	0.5	0.24
	0.8	0.78

2. TRTD 阻力测试装置的波动性分析

通过相对偏差衡量各取样点阻力测量值对该样本平均值的偏离程度，对 TRTD 测试装置和 TTD 测试装置的测量波动性进行对比分析。相对偏差公式为

$$T = \frac{\left|F_{\mathrm{i}} - \bar{F}\right|}{\bar{F}} \times 100\% \tag{4-28}$$

式中，T 为相对偏差，%；F_{i} 为测量值，N；$\bar{F}$ 为平均值，N。

图 4-47 为两种测试装置在 4 组不同耕作条件下的相对偏差结果。可以明显看出两种测试装置在 4 组耕作条件下的相对偏差最大都不超过 5%，多数测量点低于 3%，说明两者的单项阻力测量值分别相对其平均值的偏离程度较小；且同一耕作条件下相对偏差值范围基本相近，说明两种测试装置的波动幅值接近，具有较高的一致性。

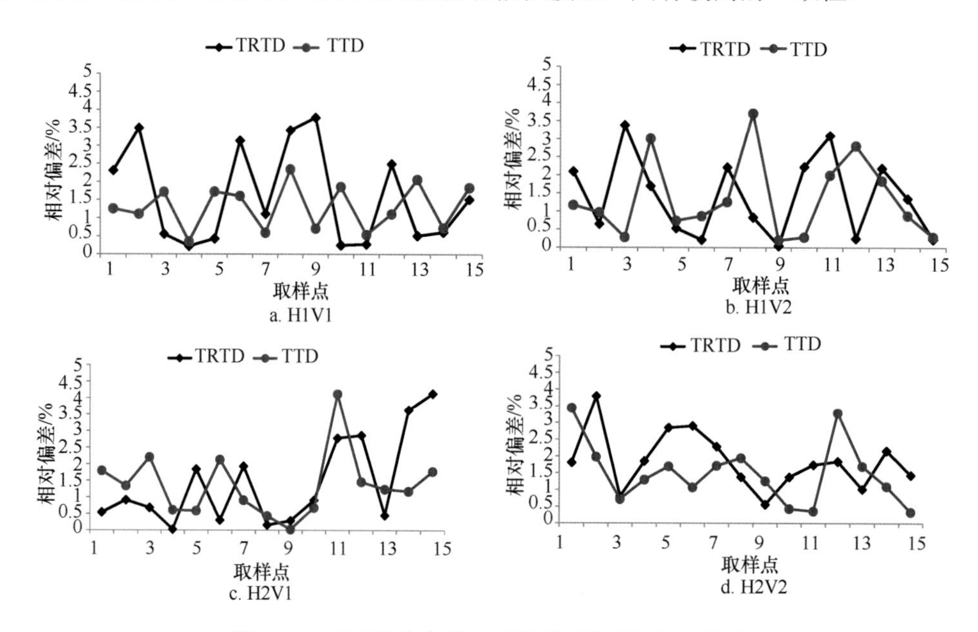

图 4-47　不同耕作条件下两种测试装置的相对偏差

3. TRTD 与 TTD 阻力测试装置的方差齐性和均值一致性分析

通过应用 F 检验对两种测试装置试验结果样本的方差齐性进行分析，表 4-12 为本试验结果的 F 检验分析表。从表 4-12 中可以得出 6 组耕作条件下的阻力测试数据 $F < F_{0.05}$（14,14），$P_{0.05} > 0.05$，说明两种测试装置在各组耕作条件下阻力测量值的样本方差没有显著性差异。

表 4-12　试验结果的 F 检验

耕深/mm	耕速/(m/s)	TRTD			TTD			df	F	$P_{0.05}$
		平均值	方差	标准差	平均值	方差	标准差			
250	0.5	3 373.7	5 266.8	72.6	3 343.5	2 525.6	50.3	14	2.08	0.09
	0.8	3 542.8	5 469.0	73.9	3 495.9	3 851.9	62.1	14	1.41	0.26

续表

耕深/mm	耕速/(m/s)	TRTD			TTD			df	F	$P_{0.05}$
		平均值	方差	标准差	平均值	方差	标准差			
300	0.5	4 282.1	7 416.1	86.1	4 328.3	5 613.1	74.9	14	1.32	0.30
	0.8	4 423.9	10 911.9	104.5	4 444.7	6 547.1	80.9	14	1.66	0.17
350	0.5	5 239.6	7 189.1	84.5	5 226.9	5 870.4	76.6	14	1.22	0.35
	0.8	5 368.9	10 343.2	101.7	5 411.1	6 569.4	81.1	14	1.57	0.20

将两种测试装置在同一耕作条件下的对比数据进行两样本 t 检验，以考察两种装置所测样本的均值是否具有一致性。从上述 F 检验得知两种测试方法所测数据的样本方差没有显著性差异，即等方差，因此，应用两样本等方差 t 检验。表 4-13 为试验结果的 t 检验分析表。由 t 检验结果得出各组样本对比数据的 $P_{0.05}$ 均大于显著性水平 α=0.05，说明两种方法在同一耕作条件下所测的阻力值没有显著性差异，由此进一步说明了两种测试方法测试结果的一致性。

表 4-13　试验结果的 t 检验

耕深/mm	耕速/(m/s)	TRTD		TTD		df	T_{stat}	$P_{0.05}$（双尾）
		平均值	方差	平均值	方差			
250	0.5	3 373.7	5 266.8	3 343.5	2 525.6	14	1.33	0.19
	0.8	3 542.8	5 469.0	3 495.9	3 851.9	14	1.88	0.07
300	0.5	4 282.1	7 416.1	4 328.3	5 613.1	14	–1.57	0.13
	0.8	4 423.9	10 911.9	4 444.7	6 547.1	14	–0.6	0.55
350	0.5	5 239.6	7 189.1	5 226.9	5 870.4	14	0.43	0.67
	0.8	5 368.9	10 343.2	5 411.1	6 569.4	14	–1.25	0.22

4. 深松铲尖耕作阻力对比分析

表 4-14 为仿生双翼型铲尖和传统双翼型铲尖在 6 组不同试验条件下的水平耕作阻力平均值；图 4-48 为两种类型的深松铲尖在 6 组不同试验条件下的水平耕作阻力对比分析图。

表 4-14　两种类型深松铲尖耕作阻力试验结果

铲尖类型	耕深 H/mm	耕速 V/（m/s）	水平耕作阻力 R_H/N
仿生双翼型	250	0.5	3102.5
		0.8	3212.6
	300	0.5	3845.2
		0.8	4201.5
	350	0.5	4831.5
		0.8	5120.6
传统双翼型	250	0.5	3373.7
		0.8	3542.8
	300	0.5	4282.1
		0.8	4423.9
	350	0.5	5239.6
		0.8	5368.9

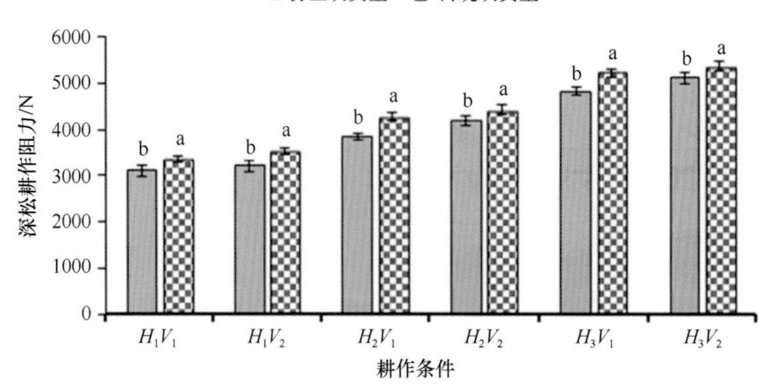

图 4-48 不同耕作条件下的耕作阻力对比分析图

不同小写字母表示不同处理间差异显著（$P<0.05$）

从试验分析结果可以看出，在相同试验条件下，相比于传统双翼型铲尖，仿生双翼型铲尖的耕作阻力均较小。在耕作速度 V_1 为 0.5m/s，耕作深度 H_1 为 250mm、H_2 为 300mm、H_3 为 350mm 时，相比于传统双翼型铲尖，仿生双翼型铲尖的耕作阻力分别减小了 8.0%、10.2%、7.8%。在耕作速度 V_2 为 0.8m/s，耕作深度 H_1 为 250mm、H_2 为 300mm、H_3 为 350mm 时，相比于传统双翼型铲尖，仿生双翼型铲尖的耕作阻力分别减小了 9.3%、5.0%、4.6%。试验结果分析表明，仿生双翼型铲尖一定程度上减小了铲的耕作阻力。

主要参考文献

[1] 王庆杰，何进. 垄作保护性耕作. 北京：中国农业科学技术出版社, 2013.
[2] 李问盈，李洪文，陈实. 保护性耕作技术. 哈尔滨：黑龙江科学技术出版社, 2009.
[3] 郭志军，杜干，周志立，等. 土壤耕作部件宏观触土曲面减阻性能研究现状分析. 农业机械学报, 2011, 42(6): 47-52.
[4] Nidal H A, Randall C R. A nonlinear 3D finite element analysis of the soil forces acting on a disk plow. Soil & Tillage Research, 2003, 74(2): 115-124.
[5] Lipiec J, Hatano R. Quantification of compaction effects on soil physical properties and crop growth. Geoderma, 2003, 116(1-2): 107-136.
[6] Sefa A, Ahmet C. The effects of tillage and intra—row compaction on seedbed properties and red lentil emergence under dry land conditions. Soil & Tillage Research, 2011, 114(1): 1-8.
[7] 贾洪雷，范旭辉，庄健，等. 一种行间深松整地联合作业机：中国, CN202958115U, 2013-06-05.
[8] 吕振邦. 多功能深松机及其关键部件的设计与试验研究. 长春：吉林大学硕士学位论文, 2013.
[9] 贾洪雷，王刚，范旭辉，等. 辐射叶片式碎土辊：中国, CN103039144A, 2013-04-17.
[10] 贾洪雷，姜鑫铭，吕振邦，等. 一种空间曲面式深松铲：中国， CN103141169A, 2013-06-12.
[11] 佟金，郭志军，任露泉. 仿生减阻深松铲柄：中国， CN1583371A, 2005-02-23.
[12] 任露泉，刘庆平，张桂兰，等. 仿生柔性镇压辊：中国， CN1430868A, 2003-07-23.
[13] Ibrahmi A, Bentaher H, Maalej A, et al. Study the effect of tool geometry and operational conditions on mouldboard plough forces and energy requirement: part 1. Finite element simulation. Computers and Electronics in Agriculture, 2015, 117: 258-267.
[14] 任露泉，杨卓娟，韩志武. 生物非光滑耐磨表面仿生应用研究展望. 农业机械学报, 2005, 36(7): 144-147.

[15] 李建桥, 任露泉, 陈秉聪, 等. 犁壁材料表面特性与土壤粘附间的关系. 农业工程学报, 1996, 12(2): 45-48.
[16] Larson W E, Gupta S C, Useche R A. Compression of agricultural soils from eight soil orders. Soil Science Society of America, 1980, 44(3): 450-457.
[17] Bailey A C, Johnson C E, Schafer R L. A model for agricultural soil compaction. Journal of Agricultural Engineering Research, 1986, 33(4): 257-262.
[18] 王序俭, 黄玉芳, 秦朝民, 等. 1LZ-5.4 联合整地机的试验与研究.农业机械学报, 1996, 27(S1): 19-22.
[19] 贾洪雷, 罗晓峰, 王文君, 等. 滑动耕作部件作业阻力测试装置设计与试验. 2017, 48(3): 53-61.
[20] Jia H L, Wang W J, Luo X F, et al. Effects of profiling elastic press roller on seedbed properties and soybean emergence under double row ridge cultivation. Soil & Tillage Research, 2016, 162: 34-40.
[21] 李范哲, 朴今淑. 评价土壤工作部件工作阻力的数学模型. 延边农学院学报, 1996, (3): 159-163.

第 5 章　精密播种机械

北方旱作农业区主要旱田作物为玉米、小麦、大豆，目前其播种方式为：小麦均采用条播，玉米、大豆等中耕作物基本采用精密点播。东北垄作区主要作物为玉米和大豆，研制精密播种机械为该区域机械化生产提供了技术支撑。

5.1　引　　言

精密播种概念是在 1984 年形成共识的，由国际标准 ISO 07256/1-84 对精密播种进行了严格的定义与规范。精密播种技术基本含义是将预定数量的合格种子播种到符合要求的土壤预定部位，由行距、粒距（株距）和播种深度组成三维空间坐标位置，以达到节约良种、保持地力、减少工时和田间出苗均匀的目的[1]。该技术是一项涉及农机、农艺、土肥、种子、植保等多学科的综合性先进技术，目前在发达国家已经形成相当完善的体系，被广泛地用来精密点播玉米、大豆、高粱、甜菜等中耕作物。

5.1.1　国外精密播种技术研究和发展状况

玉米、大豆是适合精密播种的典型中耕作物，合理地推广应用精密播种机械已成为实现增产增收的关键。排种器作为精密播种机械的核心工作部件，其性能体现了精密播种技术的发展水平。国外从 20 世纪 40 年代开始玉米精密排种器的研究，先后经历了机械式精密排种和气力式精密排种阶段，每一类排种器又可根据其工作原理分为多种形式[2]。

机械式排种器根据其取种工作原理可大致分为：型孔盘（轮）式、指夹式、勺式、带夹式等几种形式。水平圆盘式排种器是最早研究的精密排种装置，它的工作原理是：在排种圆盘外缘上均匀地开有若干个型孔缺口，缺口与圆筒形种箱内壁合成圆形或椭圆形的型孔；当排种盘水平旋转时，型孔在充种区囊种；而后转至刮种区时，由刮种器刮去多余的种子，型孔内保留一粒种子；当转到落种孔时，具有弹性的推种器将型孔内种子按入落种孔中，实现投种。该排种器有大量不同型号（主要指型孔尺寸、形状及数量等）的排种盘附件可供选用，通过更换排种盘来满足实际播种要求。虽然水平圆盘排种器得到了广泛的应用，但由此也带来重播率、漏播率和伤种率高的问题，为了解决这些问题而引入倾斜圆盘和垂直圆盘排种装置。

倾斜圆盘式排种器其排种盘是凹槽式的，排种盘与水平呈 45°倾斜角，盘径 7in①（178mm）。作业时种子落到排种盘边缘的凹槽里。当槽盘转动时，盘上的每一凹槽带走盛在种子箱底中央种子堆中的一粒种子（有一个小的刷子，用来刷去重叠的种子）。倾

① 1in=2.54cm

斜槽盘式点播方法综合了水平圆盘式排种器囊种和垂直圆盘式排种器落种的特点。这种排种器槽盘的最大转速为 20r/min，在实际使用中采用稍低于此数值效果最好。

垂直圆盘排种器的优点是：①便于应用在窄行播种机上，有利于减少播种机的宽度；②可由镇压轮直接驱动，无须应用锥齿轮来改变传动方向；③便于排出种子，可以省掉投种器；④垂直的大直径排种盘可将种子直接送入开沟器，可以省去输种管；⑤便于和回转阀并联使用，有利于穴播种子。总之，这种排种器装置的主要优点在于能简化播种机的结构[3]。

20 世纪 70 年代，英国斯坦赫公司（Stanhay Webb）研制了带夹式排种器（图 5-1），在环状排种橡胶带上冲有一定间隔的圆形孔，孔径根据种子尺寸规格设定，一般对包衣玉米种子能达到较高的排种均匀性，对非圆形种子很难达到单粒排种要求。目前，该排种器主要用来播种豆类和蔬菜等作物。

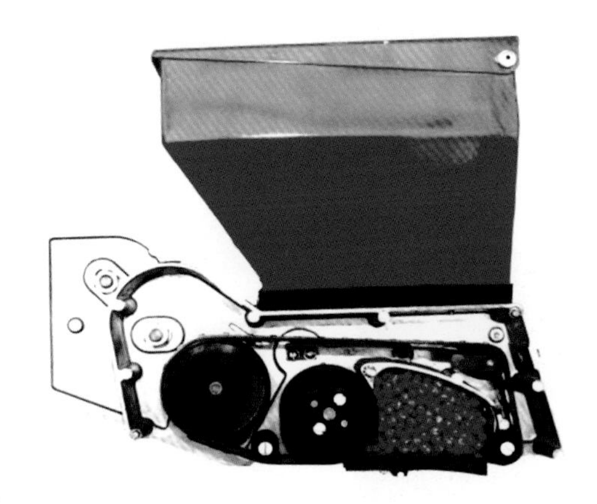

图 5-1　带夹式排种器

1970 年，德国弗朗兹·克莱因公司（Franz Kleine）研制的 Maxicorn 型精密播种机应用一种勺轮式排种器，其排种盘倾斜安置，排种盘上均匀分布 15～30 个小勺，排种盘旋转时，排种小勺通过充种区，勺内舀取 1 或 2 粒种子；在排种小勺向上旋转到上方过程中，多余种子靠自重滑落下来，自行清种，使勺内仅保留一粒种子；当排种小勺转到上方，勺内种子靠自重作用，通过隔板开口落入与排种勺盘同步旋转的导种叶轮上相应的槽内，种子随叶轮转到下方，通过底座排出口落入种沟内[4]。

机械式精密排种器对种子外形尺寸要求严格，一般需要对种子进行分级处理，清种过程容易对种子造成损伤，多数不适合高速作业。鉴于此，美国约翰迪尔公司 1969 年发明了一款适应性较高的高速机械式排种器——指夹式排种器。其工作过程为：当动力传递给排种器轴时，使装有指夹器的固定盘转动，依靠凸轮使指夹器在转动过程中定时开启与关闭。开启阶段指夹器进入种子层充种，指夹器关闭后夹持种子运往颠簸器清种，除去多余种子，使指夹内只保留一粒种子，经卸种口将种子投入背面的排种室，被排种带送到下方，通过排种口投入种床[5]。该排种器最大的优点在于其指夹器的开启和关闭由弹簧力控制，能够柔性夹持种子，可自适应种子尺寸和形状，对种子的损伤很小。目前，在美国除约翰迪尔公司外，还有肯兹公司（Kinze Manufacturing Inc.）和精密播种公司（Precision Planting LLC）仍然生产这种排种器，主要应用于四行或六行等中小型播种机上。其中，精密播种公司生产的指夹式排种器（图 5-2）性能较为优异，主要表现为：清种毛刷（图 5-2 中左下图）具有 5 个调节位置，可适应不同尺寸、形状的玉米种子；排种承载盘（plate）基体采用工程塑料，工作表面采用嵌入式耐磨钢衬（图 5-2 中左上图），磨损后可更换，降低维护成本；排种腔装有种子防反弹装置（图 5-2 中右上图），防止种子因撞击被反弹回排种盘内，减少漏播；排种输送带叶片设计成凹坑型（图 5-2 中右下图），使种子保持在叶片中间位置，提高投种一致性，减小投种变异。该排种器以 8km/h 的作业速度进行台架检测，其排种合格指数最高可达 97%。该排种器通过更换指夹、小弹簧等零件还可以实现播种葵花子。

由于大豆形状近似球形，相对玉米较为规则，因此采用型孔轮式排种器即能满足低速（3～5km/h）精密播种要求，通过适当地增大型孔轮直径还可略提升播种作业速度，但仍无法满足 8km/h 以上的高速播种要求。美国肯兹公司 1990 年发明了一种刷式排种器（图 5-3），其采用盘式侧面充种，减少种子架空概率；采用导种槽与型孔组合，增加了充种的空间和概率。该排种器在机具作业速度为 8～10km/h 下仍能保证种子获得较好的田间分布。

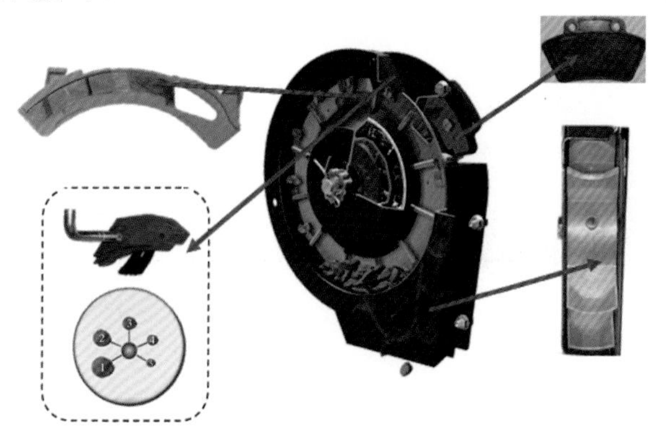

图 5-2　指夹式排种器

图 5-3　刷式大豆排种盘

对气力排种器理论研究较早的是苏联人，如古拉夫廖夫[6]。稍后，美、日、德、英均有较多的相关论文。其所研究的内容主要集中在种子与孔型的关系、种子与气压的关系、清种和投种方式、气流系统等方面。气力播种具有高速、精确、不要求种子分级的优点，1979 年美国先锋良种国际有限公司的统计资料表明，当时美国生产的播种机有 60%是气力式的[7]。目前，国外发达国家已基本淘汰了机械式排种器，而普遍采用气力式排种器。气力式排种器根据工作原理又分为气吸式、气吹式和气压式。

1）气吸式排种器从结构形式上分有垂直圆盘式和滚筒式，其工作原理大致相同，其中，垂直圆盘式排种器应用更为普遍。该类型排种器（图 5-4）的工作原理是利用风机通过排种器的吸气口（5）使气吸腔内产生负压，储种室（7）中的种子在负压的作用下被吸附在排种盘（2）的吸孔上，在排种轴（4）的驱动下，种子随排种盘旋转到剔种区域时，剔种刀（1）将吸在排种盘上多余的种子除掉，被除掉的种子落回储种室（7）内，排种盘上只留一粒种子继续随排种盘旋转至无负压的排种区，种子靠自身重力的作用通过导种管落入种沟，完成播种。搅种轮（3）的作用在于搅拌储种室（7）内的种子，防止种子架空，无法吸附到排种盘（2）上，造成漏播。这种排种盘可根据作物种子形状大小确定吸孔的尺寸，通过更换排种盘，以满足不同作物单粒点播的需要。气吸式排种器能适应高速播种作业，种子的破损率也明显较低。目前，国外气力式播种机绝大多数采用气吸式排种器，如美国的约翰迪尔、凯斯纽荷兰、肯兹等公司，德国的阿玛松（Amazone）、豪狮（Horsch）等公司，瑞典的 Väderstad 公司，法国的 Kuhn、Monosem 等公司，意大利的马斯奇奥（Maschio）、马特马克（Mater Macc）等公司，以及挪威的格兰（Kverneland）等公司。

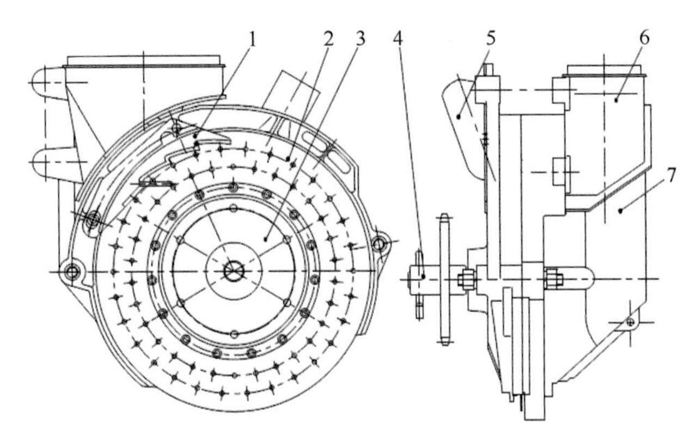

图 5-4　气吸式排种器结构简图

1. 剔种刀；2. 排种盘；3. 搅种轮；4. 排种轴；5. 吸气口；6. 储种室入口；7. 储种室

2）气吹式排种器其排种装置为型孔轮（盘），通过气流清种，使每个型孔只保留一粒种子而实现精密播种。其工作过程为：当充满种子的型孔通过气流喷嘴时，气流通过锥形型孔底部的小孔进入型孔轮内腔再排入大气。因气流通过种子与小孔的缝隙时速度较高，压差使一粒种子贴紧在锥形型孔的底部，多余的种子则被喷嘴喷出的高速气流吹出型孔。充有一粒种子的型孔进入护种器后卸压，靠重力或用排种板将种子排入种沟。目前，德国 Becker 公司生产的 Acromat Ⅱ播种机和美国大平原制造有限公司（Great Plains Manufacturing Inc.）生产的 Yield-Pro®播种机均采用气吹式排种器（图 5-5）。

图 5-5　Acromat Ⅱ播种机气吹式排种器

3）气压式排种器（图 5-6）作业时，风机将气流吹入排种器内，高速气流将种子压附在排种盘通孔的窝眼内以实现囊种，并随排种型孔盘转动；转至清种区，多余的种子被清种毛刷刮落，窝眼内仅留下一粒种子；转至排种口，气流被隔断，种子靠重力滑出排种口，完成投种。目前，美国爱科集团（AGCO Corporation）旗下的 White 播种机采用该技术。

图 5-6　White 播种机气压式排种器

目前，各国精密播种技术正朝着高效化、精准化和智能化的方向发展。在欧美，作业行数为二三十行的播种机已普遍应用于各大、中型农场，世界上幅宽最大的精密播种机为美国约翰迪尔公司生产的 DB 系列播种机（图 5-7），一次播种 48 行（行距 30in），其作业幅宽可达 120ft[①]（约 36.6m）；该机采用中央种肥气力输送系统，能节省种肥箱占比空间，提高种肥添加效率；搭载了“ExactEmerge™”排种系统，使其最大作业速度可达 16km/h。国外精密播种机械现绝大多数采用气吸式排种器，其播种性能也近乎完美，进一步提升空间很小，因此，各国企业都把高速精密播种技术作为目前的主要研究方向。其中，美国的约翰迪尔公司、精密播种公司和德国的阿玛松公司在高速精密播种技术方面处于领先地位。2014 年约翰迪尔公司在“MaxEmerge5”播种单体（图 5-8）上搭载了“ExactEmerge™”排种系统，在 16km/h 的工作速度下，其播种合格率仍然能达到 99%。该排种系统提高播种作业速度的原理在于：倾斜扣置的“碗”型气吸排种盘，可增强种子吸附能力，能够适应高转速，减少漏播；充种型孔一侧开有尾槽，提高了高速作业时的充种概率；其排种盘出口装有毛刷式输种带，输种带毛刷可柔性夹持从排种盘出口排出的种子；毛刷输种带由工作电压为 56V 的步进电机独立驱动，可将种子输送到播种单体的底端“零速”（是指投种速度和机具行驶速度大小相等、方向相反）投入种沟内（图 5-9），减小投种变异。“ExactEmerge™”排种系统取消了传统地轮传动方式，采用基于 GPS 导航的电力驱动排种系统，大大地简化了整机结构，使行距和播种粒距调节更为简便，提高了农业播种的自动化和信息化水平。美国精密播种公司 2014 年推出一款步进电机驱动的“SpeedTube”输种系统（图 5-10），可安装在该公司生产的“vSet”

① 1ft=0.3048m

气吸式排种器上，其工作原理如图 5-11 所示，一对齿形喂入轮相对旋转将排种盘吸孔上的种子“摘”下，送入输种带的叶片隔腔中，种子在输种带叶片高速推压下从播种单体的上端输送到接近种沟的位置，然后被叶片抛出，“零速”落入种沟，该输种系统可将播种机作业速度提高至 16～19km/h。

图 5-7　DB 系列 48 行播种机

图 5-8　MaxEmerge5 播种单体

图 5-9　ExactEmerge^{TM} 排种系统中输种装置

图 5-10　SpeedTube 输种系统+ vSet 排种器

图 5-11　SpeedTube 工作原理图

2013 年，世界上第一台电驱动混合播种概念的播种机（electric multi-hybrid concept planter，MH 播种机）（图 5-12）由美国肯兹公司宣布诞生。该播种机在每个播种单体上安装两个排种器，均由步进电机单独驱动（图 5-13）。作业时，根据播种规划图进行实时切换，满足农场主在同一块地块不同区域播种不同作物或品种的需求（图 5-14）。2007 年，德国阿玛松公司研发了 Xpress grain singling and planting system 精密排种系统，该系统采用中央集排式精量排种和气力投种两项关键技术，可将播种作业速度提高至 15km/h。其工作原理如图 5-15 所示，种箱（1）下面安装单个滚筒式吸鼓（2），吸鼓周向上排列多行吸孔，每个吸孔吸附种子随吸鼓顺时针转动，当吸孔转到种子输送管（4）排种口附近，堵塞轮（3）堵住吸孔，切断气源，单粒种子滑入种子输送管（4）内，通过高压气流将种子射到种沟内，压种轮（5）将种子压入沟内土壤，完成播种作业。德国汉诺威农业机械展览会（Agritechnica）组织委员会在同年为该精密排种系统授予金奖；2008 年，阿玛松公司生产的 EDX 6000 系列播种机（图 5-16）均采用了该精密排种系统。

图 5-12　美国肯兹公司 MH 播种机

图 5-13　MH 播种机单体

图 5-14　MH 播种机作业示意图

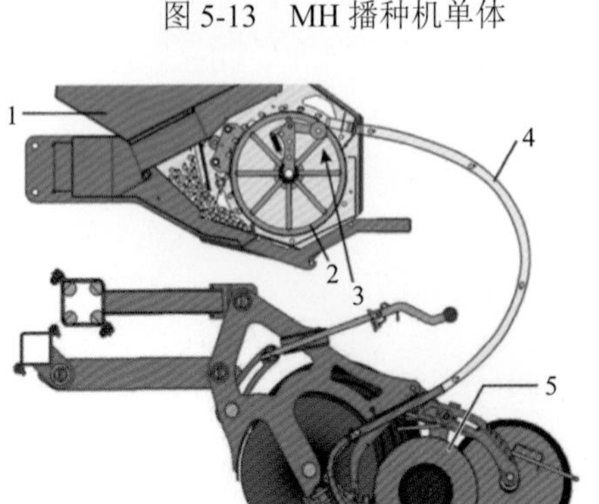

图 5-15　EDX 6000-TC 播种机工作原理

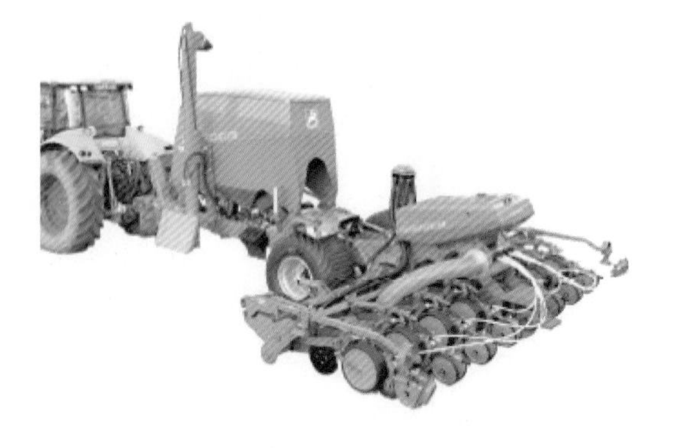

图 5-16　EDX 6000-TC 播种机

5.1.2　国内精密播种技术研究和发展状况

20 世纪 50 年代末，我国从国外引进了精密播种机。60 年代，辽宁、吉林、新疆、河北等研制并生产了一小批精密播种机，但是由于当时农业生产条件限制没有大量推广应用。70 年代末期，国内农机科研院所和高校掀起了研究精密播种机械的热潮，该阶段大量引进国外气吹式、气压式、气吸式等先进播种技术，至 80 年代，国内先后研制出一大批定型样机，并批量生产，主要有：由中国农业机械化研究院、河北省石家庄市农业机械厂、吉林省农业机械研究所等 6 家单位联合研制的 2BJ-6（4）气力精密播种机，友谊农场研制的 2BJQ-12 播种机，辽宁省农业机械化研究所研制的 2BQ-6 气吸式播种中耕通用机，大连市农业机械化研究所研制的 2BJQ-4 气力式播种机，以及黑龙江省农业机械运用研究所研制的 2BY-6 玉米精播机等。

国外先进技术的引进，为研制新一代播种机提供了依据。其中，中国农业机械化研究院等联合研制的 2BJ-6（4）气力精密播种机于 1982 年 6 月通过鉴定，其排种器仿制德国 Becker 公司生产的气吹式排种器，采用气吹清种原理。该机可以满足华北、西北、东北等地区的玉米、大豆、高粱、甜菜和脱绒棉花等作物的单粒精播要求，适于高速作业，能一次完成开沟、下种、覆土、镇压、起垄、施肥等作业，具有播深一致、株距均匀、节约种子等优点。原吉林工业大学马成林等研制的 PQ-4 型气力轮式排种器（1985 年通过鉴定）精播大豆时采用气压充填原理，台架试验检测结果如下，粒距 49mm，工作速度 8km/h，粒距合格指数为 96.9%，变异系数为 22%，实现了小粒距作物高速精量播种；精播玉米时采用气吹原理，台架试验检测结果如下，粒距 149mm，工作速度 10km/h，粒距合格指数为 96.2%，变异系数为 21.3%。马成林等又在 PQ-4 型气力轮式排种器研究成果上于 1989 年开发了 2BQ-6 型气力精密播种机，该机不但能实现大豆和玉米的精密播种，还能穴播高粱、甜菜。田间测试结果表明，该机在 8km/h 左右精播大豆，粒距设定为 54mm，其粒距合格指数＞75%，变异系数＜41%；在该速度下精播玉米，粒距设定为 176mm，其粒距合格指数＞89%，变异系数＜33%。

玉米精播是一个先进的播种体系，必须配合现代化综合技术措施才能实现。20 世纪八九十年代，大面积推广玉米精播的条件还不成熟，从而产生了玉米半精量播种［(2±1)粒/穴］的过渡型播种技术。80 年代中期以来，面对家庭联产承包责任制的一家一户小面积作业模式，大中型机具难以适用，小型半精量播种机具占据主导地位。先是属于应急产品的人力播种机问世，继之畜力播种机大量投产，1984 年以后则重点发展与小四轮配套的播种机，后来又推广了半株距精量播种技术。

“十五”期间，吉林省农业机械研究院结合 863 计划课题研制了“2BM-4 免耕精密播种机”；“十一五”期间，吉林省农业机械研究院和吉林大学结合国家科技支撑计划课题共同研制了“2BDM-4 多功能免耕播种机”（图 5-17），上述成果在吉林省康达农业机械有限公司转化投产（图 5-18），获得了巨大成功。自 2010 年批量生产以来，至 2017 年底，各种型号免耕播种机（二、四、六行，以二行机为主）共计生产销售 10 158 台，产值共计 4.26 亿元。

图 5-17　2BDM-4 多功能免耕播种机

图 5-18　吉林省康达农业机械有限公司生产的免耕播种机

5.2　2BHJ-6 行间精密播种机

东北旱作区耕作模式多为均匀垄垄上种植，近年来，为了满足循环农业和保护性耕作要求，东北部分地区实施玉米留高茬行间直播模式。如图 5-19 所示，该模式农艺要求保留上年作物根茬越冬，春季在两留茬行之间种植，种植行与留茬行实现每年一次交替作业（详见本书第 1 章 1.2.4.3 小节之 6），因此，由吉林大学主持“十二五”国家科技支撑计划项目“玉米种植机械关键技术和装备研究与示范”，吉林省农业机械研究院承担了其子项目“2BHJ-6 玉米行间精密播种机研制”。

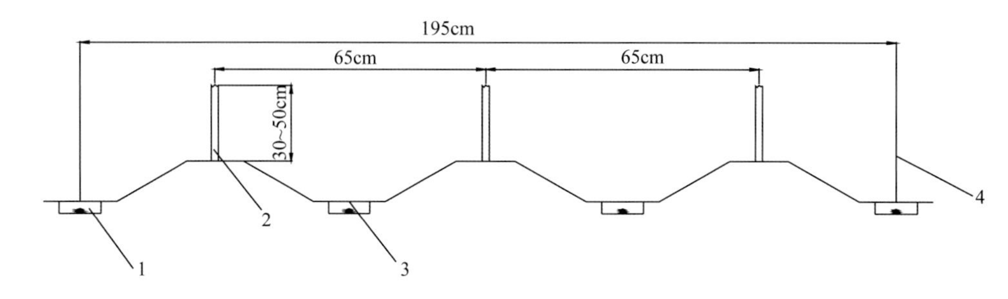

图 5-19　玉米留高茬行间直播模式示意图

1. 种床；2. 行上留茬；3. 行间；4. 拖拉机轮胎行走位置

5.2.1　总体方案设计

行间精密播种机是通过一次作业完成玉米留茬行间施肥、播种、覆土、镇压等农艺的保护性耕作机具，其配套动力为 100 马力以上的大型拖拉机。该类型拖拉机通常跨三垄作业（图 5-19），因此行间播种要求配套偶数行机具。根据配套动力，本机工作行数设定为 6 行，在拖拉机轮胎压过的 2 行中，需加装波纹松土器。各行作业工序为：（松土→）开沟→施肥→播种→覆土→镇压。具体结构如图 5-20 所示。

整机由机架（1）、地轮（2）、波纹松土器（3）、施肥开沟器（4）、播种单体［包括平行四连杆（6）、播种开沟器（7）、覆土器（8）、镇压轮（9）、排种部件（10）等］、传动机构等组成。以地轮为排种施肥动力来源，采用单向逆止的多级传动方式，各播种单体以平行四连杆为仿形机构，以镇压轮为仿形轮。为提高播种质量，设计了聚偏氟乙烯（polyvinylidene fluoride，PVDF）压电薄膜式排种监测系统。整机实物图见图 5-21。

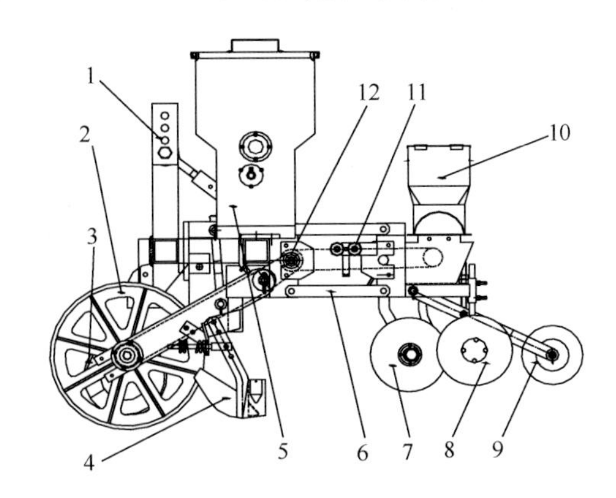

图 5-20　行间播种机结构简图

1. 机架；2. 地轮；3. 波纹松土器；4. 施肥开沟器；5. 肥箱；6. 平行四连杆；7. 播种开沟器；8. 覆土器；9. 镇压轮；10. 排种部件；11. 双张紧链轮装置；12. 中间传动装置

图 5-21　2BHJ-6 行间精密播种机样机

5.2.2　传动系统设计

5.2.2.1　地轮传动结构设计

一般播种机械中，地轮既是排肥、排种的动力来源，又对机架起到支撑和仿形的作用，所以要求其转动平稳、连续，本机是在留茬地进行行间播种作业，地轮行走位置应设计在留茬行间。为了保证地轮传动平稳可靠，将其结构设计为锥形轮分体式结构（图 5-22）。锥形轮锥面“骑”在行间两侧垄侧，有利于垄向仿形；分体结构能够避开行间残留秸秆，使传动平稳。为便于配置且保证机具横向稳定，将地轮布置在拖拉机轮胎外侧留茬行间位置；为了安装和调节方便，地轮安装在机架前端，并可在设计工作位置上、下各 10cm 范围内浮动，这样既保留了地轮的支撑功能，又具有一定的仿形能力，使其传动更加可靠。本机在地轮动力输出链轮内设置有超越离合器，防止两地轮转动不同步对传动带来影响，同时可避免地轮反转时给相关传动部件带来损害。

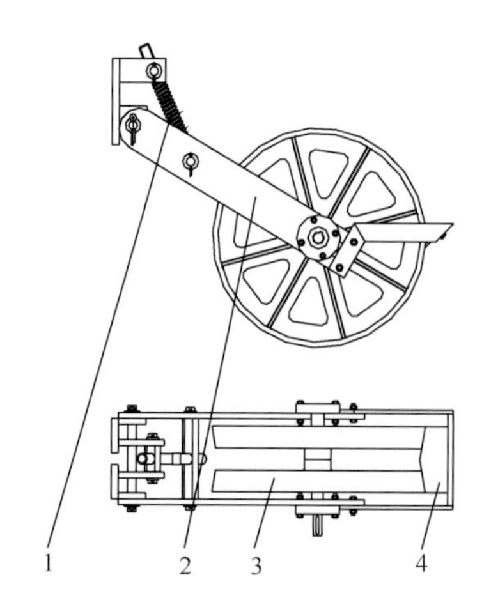

图 5-22　地轮装配图

1. 弹簧支杆；2. 地轮支臂；3. 地轮；4. 刮土板

5.2.2.2　传动方案的确定

作业时地轮及播种单体均上下浮动，造成链轮中心距不断变化，直接传动困难，所以排种器及排肥器均采用链轮三级传动，如图 5-23 所示。一级传动是链轮 Z_1 将地轮产生的动力传到设在地轮支臂铰接处的链轮 Z_2，第二级传动通过链轮 Z_{21} 传到中间轴链轮 Z_3，第三级传动分为排种传动和排肥传动，通过链轮 Z_{31} 传到排种器链轮 Z_6 为排种传动；通过链轮 Z_{32} 传到排肥器链轮 Z_4 为排肥传动；同时 Z_{32} 又把动力传给排肥绞龙链轮 Z_5，其中 Z_3 可更换，以满足不同株距的播种要求。

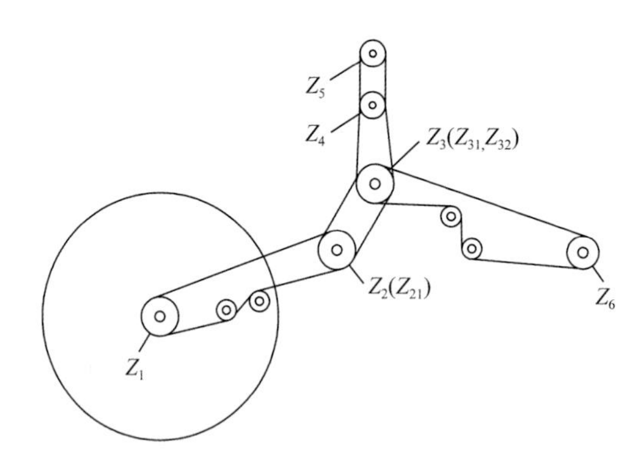

图 5-23　传动系统简图

5.2.3　电力气吸式排种器的设计

本机除采用机械式指夹排种器（在第 6 章详细介绍）外，还可安装电力气吸式排种器。

气吸式排种器由于不伤种、适应种子范围广、作业可靠，越来越得到用户的青睐，但传统气吸式排种器仍存在以下缺点。

1）以拖拉机动力输出轴作为风机动力源，风机转速随油门大小变化，风压不稳定，影响排种性能。

2）风机到各排种器之间的风压输送管路复杂，距离越远，风压损失越大，影响排种质量。

3）吸盘式结构在排出种子环节，需要摩擦平面与吸盘相贴卸去风压，转动阻力大。

4）风机体积大，工作时噪声较大。

针对目前市场广泛使用的气吸式排种器存在的不足，电力气吸式排种器的设计应从以下几个方面进行考虑。

1）选择小动力（工作电压 12V）风机为排种器风机，使用拖拉机电瓶作为风机动力来源，拖拉机作业时，电瓶始终处于被充电状态，输出电压稳定、可靠，且风机工作时振动小。

2）研究内置式风机结构，省去管路输送。

3）设计密闭轮式结构排种轮，降低转动阻力，通过试验确定吸种型孔直径，实现不用更换排种轮的前提下，满足大、小种子通用。

图 5-24 为电力气吸式排种器的结构简图，其工作原理如图 5-25 所示，由充种、清种、护种和剔种四部分连续完成。本排种器利用拖拉机电瓶驱动微型直流电机，并带动微型风机作为气源。12 个吸孔均匀分布在滚筒（滚筒直径为 160mm）圆周上，在滚筒内部排种轮轴上焊有封闭圆筒，缩小滚筒密封空间，减小吸气量，提高吸附能力。作业时，通过滚筒轮轴上的链轮带动滚筒转动，当滚筒转过充种区时，由于微型风机产生的负压作用，种子被吸附到吸孔上，转到剔种区，剔种装置使种子刮落，完成播种工作。

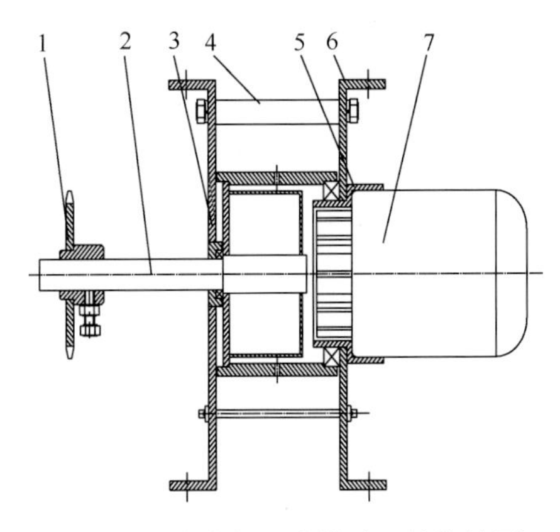

图 5-24　电力气吸式排种器结构简图

1. 链轮；2. 排种轮焊合；3. 左侧板焊合；4. 调节架；5. 风机座；6. 右侧板焊合；7. 电力风机

5.2.4　滑刀式施肥开沟器

施肥开沟器是播种机的关键入土部件，按入土角不同可分为锐角开沟器和钝角开沟器。锐角开沟器虽然入土性好，但动土量大，干湿土易混合，不利于保墒，所以本机选用了钝角施肥开沟器。滑刀式施肥开沟器能切断杂草，不易堵塞，且动土量较小，能够满足玉米留高茬行间直播模式下施肥的要求[8]。

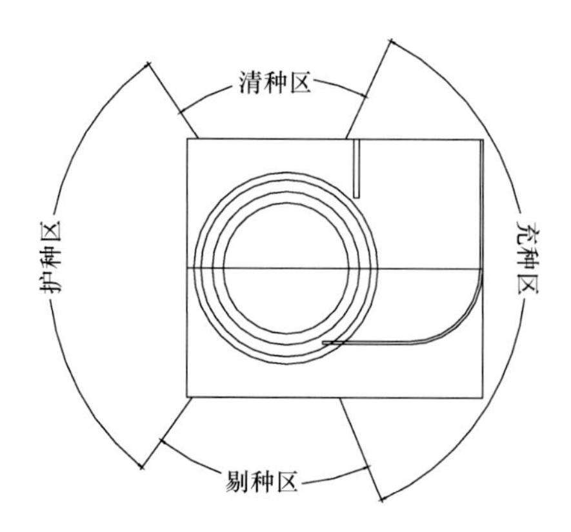

图 5-25　电力气吸式排种器工作原理图

5.2.4.1　刃口曲线设计

文献[9-11]表明，滑切比砍切省力，滑刀式开沟器对土壤的作用是滑切，影响这种滑切作用的结构因素主要有刃口曲线、滑切角 θ 和滑刀厚度 δ。而且切割阻力随着滑切角的增大而减小，随着摩擦角的增大而增大。因此，对于滑刀式开沟器来说，刃口为曲线比直线更省力。设计中，选用指数函数曲线，并建立坐标系，如图 5-26 所示。令 $L_{AC}=b$，A 点坐标为（x_A, y_A），则 B、C 两点坐标分别为 B（x_A+L_{BC}, y_A+b），C（x_A, y_A+b）。分别过 A、B 两点作刃口曲线 AB 的切线，设开沟器运动方向沿 x 轴正向，则图 5-26 中 θ_A、θ_B 为 A、B 两点的滑切角。为叙述方便，记 B 点为刃口曲线的最高点，θ_B 为起始滑切角。

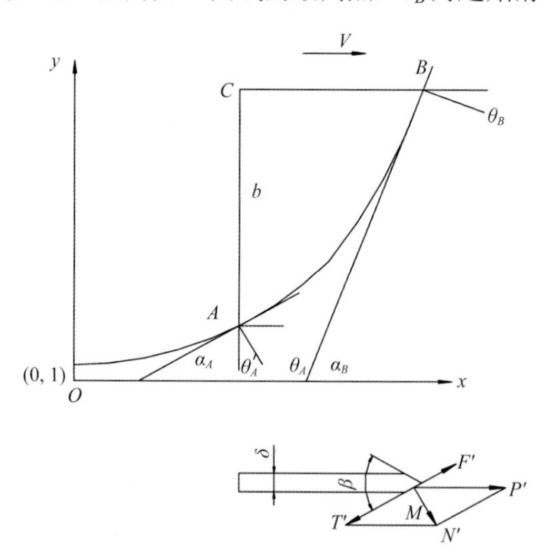

图 5-26　滑刀设计示意图

V，前进速度；M，刃口上任一点；P'，牵引力；F'，刃口对土壤摩擦力；T'，土壤对刃口摩擦力；N'，P'与 T'合力

曲线 AB 的方程为

$$y = a^x \ (a>1)$$

求导数得

$$y' = y\ln a \tag{5-1}$$

因为 $\alpha_A=\frac{\pi}{2}-\theta_A$，$\alpha_B=\frac{\pi}{2}-\theta_B$，所以 A、B 两点处的导数分别为

$$y'_A=y_A\ln a=\tan\alpha_A=\tan\left(\frac{\pi}{2}-\theta_A\right)$$
$$y'_B=y_B\ln a=\tan\alpha_B=\tan\left(\frac{\pi}{2}-\theta_B\right) \tag{5-2}$$

又因 $y_B=y_A+b$，联立上式整理得

$$a=\mathrm{e}^{\frac{\cot\theta_B-\cot\theta_A}{b}} \tag{5-3}$$

所以可得曲线 AB 的方程为

$$y=\left(\mathrm{e}^{\frac{\cot\theta_B-\cot\theta_A}{b}}\right)^x \tag{5-4}$$

为使开沟器具有较好的通用性，既能用于播种又能用于施肥，方程中参数 b 应根据最大施肥深度确定。以玉米为例，其最大施肥深度一般为 100mm 左右，开沟深度应适当大于施肥深度，故取参数 b=150mm。若起始滑切角 θ_B 过小，则滑切的动作不能顺利完成，滑刀对土壤的扰动增大，土壤容易向上翻动，造成干湿土混合，只有当 $\theta_B>\varphi$ 时才能产生滑切作用[12, 13]。在田间试验地实际测得摩擦角 $\varphi=23°$，故取 $\theta_B=23°$。很明显，从 B 点开始，沿刃口曲线 B 向 A，各点的滑切角逐渐增加，参数 θ_A 是影响牵引阻力，尤其是入土阻力的重要因素。在垂直入土的过程中滑刀与土壤的作用机理也是滑切，只是运动方向垂直向下，此时 A 点的滑切角为 θ_A'（图 5-26），为满足滑切条件，同样需要 $\theta_A'>\varphi$，又 $\theta_A+\theta_A'=90°$，所以有 $\theta_A<90°-\varphi$，即 $\theta_A<67°$。为结合试验，确定最优滑切角，在 25°～75°范围内取 6 个 θ_A 值，设计并制造了 6 种不同滑切角的滑刀（表 5-1 及图 5-27），编号依次为 1～6 号。

表 5-1　开沟器结构特性参数

性能参数	1	2	3	4	5	6
θ_A/（°）	25	35	45	55	65	75
L_{BC}/mm	67	81	94	111	129	157

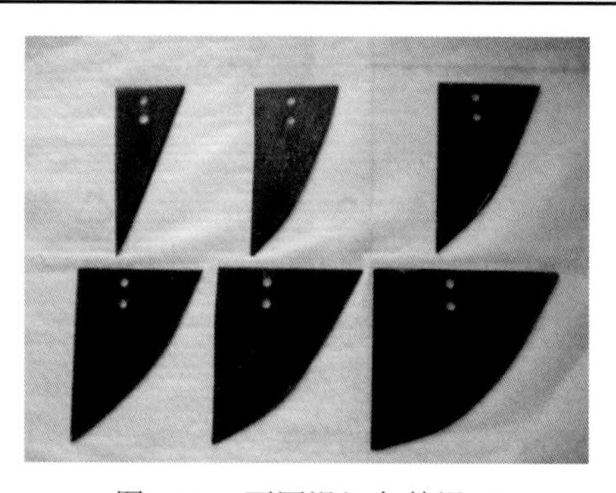

图 5-27　不同滑切角的滑刀

5.2.4.2　刃口角 β

被分离的土壤颗粒沿着刃口的两楔面向后滑移，如果楔角或刃口角过大，则滑切角

θ减小，滑刀的切削阻力随之增加。取刃口楔面上一土壤颗粒为研究对象，进行受力分析（图 5-26），颗粒沿刃口楔面向后滑移的条件是：$T'>F'$，即 $N\tan\theta>N\tan\varphi$，所以有 $\theta>\varphi$，因为 $\theta+\beta/2=90°$，所以 $\beta<180°-2\varphi$，即 $\beta<134°$。根据前人的研究成果[14]，不论土壤与土壤之间的摩擦角 β 和土壤与金属之间的摩擦角 φ 的数值如何，最小切削阻力总是在楔角接近 45°时出现，所以取 $\beta=45°$。

滑刀式开沟器的整体结构中除滑刀以外，还要有开沟器柄和输肥（种）装置（图 5-28）。为尽量减小这两部分对开沟器作业性能的不利影响，开沟器柄底端刃口角取 45°，入土隙角应满足 $\gamma>\varphi$，实际取 $\gamma=30°$，压缩弹簧起安全保护作用，防止遇到石块等硬物时损坏滑刀。

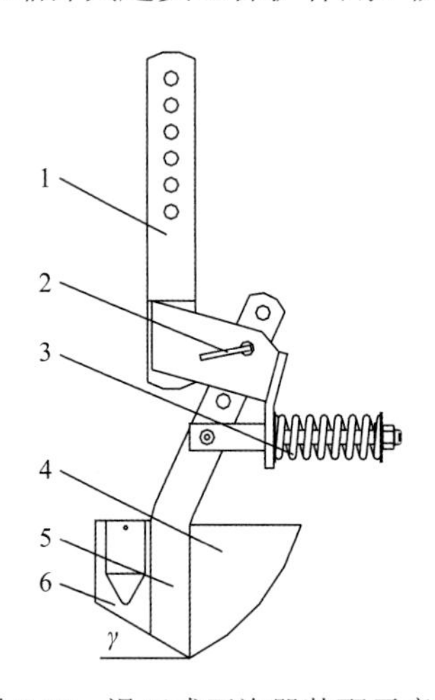

图 5-28 滑刀式开沟器装配示意图

1. 固定柄；2. 圆柱销；3. 压缩弹簧；4. 滑刀；5. 开沟器柄；6. 输肥（种）口侧板

5.2.4.3 滑刀式施肥开沟器的试验研究

1. 试验目的与方法

影响滑刀式开沟器作业性能的因素有土壤条件、滑切角、机具前进速度、开沟深度及滑刀厚度等，本试验主要是考察滑切角 θ_A 和滑刀厚度 δ 及土壤坚实度对开沟器综合作业性能的影响，试验指标为牵引阻力和正压力，地点在吉林大学生物与农业工程学院土槽实验室。

将表 5-2 列出的 6 种不同滑切角的滑刀，分别按厚度为 3mm 和 6mm 各制作一把，总计 12 把，材料选用 65Mn 钢。试验采用正交试验方法，选用 $L_{12}(6\times22)$混合型正交表，其中滑切角是需要重点考察的因素，取六水平，其他相应的因素及水平如表 5-2 所示。为排除其他因素的干扰，便于所取得的试验数据能进一步与其他开沟器进行对比研究，试验用开沟器由两部分组成，即固定柄和滑刀。

田间试验主要对实验室试验进行验证和补充，是定性试验。试验在两个地块进行，一个地块用灭茬机灭茬起垄，另一个地块保持留茬状态，无秸秆覆盖，实际测得两地的含水率和坚实度值分别为 13.85%、17.67%及 7.56kg/cm^2、15.61kg/cm^2。

表 5-2　试验因素及水平表

水平	因素		
	滑切角 A θ_A/（°）	滑刀厚度 B δ/mm	土壤坚实度 C/（kg/cm^2）
1	25	3	7.56
2	35	6	15.61
3	45		
4	55		
5	65		
6	75		

2. 试验装置与结果

（1）牵引阻力试验

试验在实验室土槽进行，土槽长 50m、宽 3m，试验台自带计算机控制系统和数据采集与传输系统。试验前将土壤中的石块等硬物清除，沿土槽长度方向将土壤分成两个区段，分别进行淋水、夯实等处理，并用土壤坚实度测试仪和土壤水分测试仪实时监测，直至接近在田间测得的灭茬起垄和免耕播种两种典型土壤条件为止。试验用开沟器连接在台车前部连接架上（图 5-29），并与力传感器相连，开沟器的耕深均调为 100mm，台车行进速度为 1.1m/s。台车启动后计算机实时记录牵引阻力数据，到达第一区段终点处，停车并保存数据，然后重新启动进行第二区段测试。试验结果如表 5-3 所示，并绘制牵引阻力 Q 与滑切角 θ_A 关系曲线，如图 5-30 所示。

图 5-29　牵引阻力试验

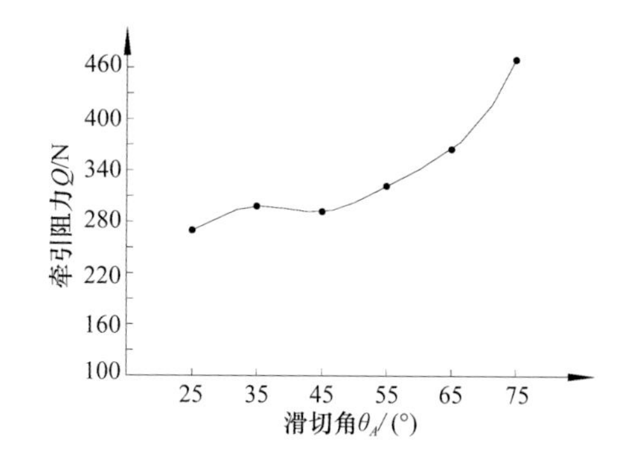

图 5-30　牵引阻力与滑切角关系曲线

表 5-3　牵引阻力与正压力试验结果

试验编号	A	B	C	牵引阻力 Q/N	正压力 P/N
1	2	1	1	138.1	80.0
2	5	1	2	384.5	348.9
3	5	2	1	345.8	311.7
4	2	2	2	458.2	259.3
5	4	1	1	135.8	107.9

续表

试验编号		A	B	C	牵引阻力 Q/N	正压力 P/N
6		1	1	2	381.5	174.9
7		1	2	1	158.7	96.4
8		4	2	2	508.6	362.5
9		3	1	1	145.4	97.4
10		6	1	2	485.1	476.4
11		6	2	1	455.6	422.2
12		3	2	2	438.4	283.3
牵引阻力	K_1	540.2	1690.4	1429.4		
	K_2	596.3	2345.3	2606.3		
	K_3	583.8				
	K_4	644.4				
	K_5	730.3				
	K_6	940.7				
	k_1	270.1	281.7	238.2		
	k_2	298.2	390.9	434.4		
	k_3	291.9				
	k_4	322.2				
	k_5	365.2				
	k_6	470.4				
	极差	200.3	109.2	196.2		
正压力	K_1	271.3	1285.5	1115.6		
	K_2	339.3	1765.4	1905.3		
	K_3	380.7				
	K_4	470.4				
	K_5	660.6				
	K_6	898.6				
	k_1	135.7	214.3	185.9		
	k_2	169.6	294.2	317.6		
	k_3	190.1				
	k_4	235.2				
	k_5	330.3				
	k_6	449.3				
	极差	313.6	79.9	131.7		

（2）正压力试验

把从田间取来的试验用土壤分别装于两个木箱内，用前述方法对土壤进行处理直到满足要求。将开沟器装在万能试验机的卡头上，盛放土样的木箱放置在开沟器下方（图 5-31）。打开主机电源及 DOLI 控制器开关，待启动后进入测试系统，设定垂直进深为 100mm，速度为 1mm/s，当开沟器尖部接触箱体中的土壤时为其起始位置，计算机开始实时记录所施正压力数据，每把开沟器试验 2 次，取其平均值，试验结果见表 5-3，

并绘制正压力 P 与滑切角 θ_A 关系曲线，如图 5-32 所示。

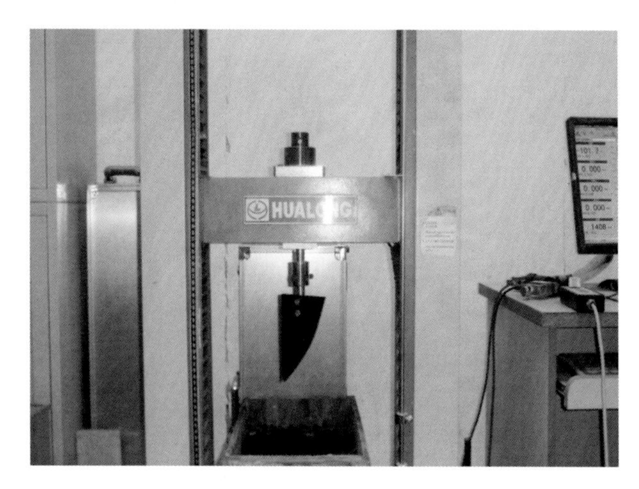

图 5-31　正压力试验

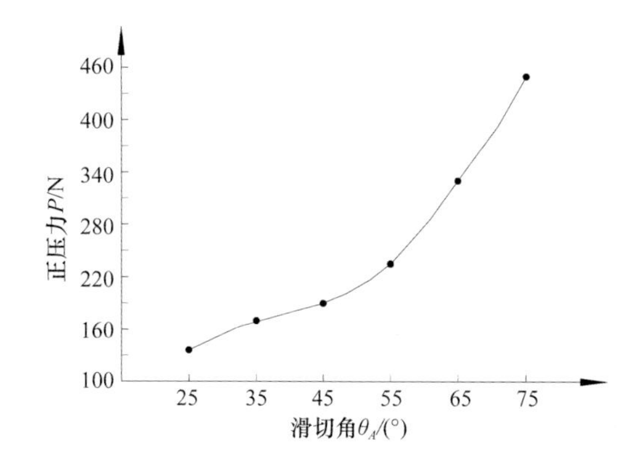

图 5-32　正压力与滑切角关系曲线

（3）田间试验

将滑刀式开沟器作为施肥开沟器安装在两行免耕播种机和行间播种机上，在灭茬起垄和留茬地分别进行田间试验。动力为福田雷沃 18.4kW 拖拉机，前进速度 3～5km/h。两台机具结构质量为 137kg 和 152kg，试验时加适量种子和化肥，分别在垄侧和垄沟开沟。

3. 试验结果分析

由试验结果可知如下结论。

1）3 个因素对试验指标影响大小顺序依次为 A、C、B。对于牵引阻力和正压力，滑切角 θ_A 极差最大，是影响最大的因素；土壤坚实度的极差较大，是次要影响因素；厚度 δ 的极差都是最小的，是影响最小的因素，设计时取 3mm 或 4mm 均可。

2）对于 Q 与 P 两个指标，滑切角 θ_A 的极差都是最大的，即影响最大的因素，且对于正压力的影响明显大于牵引阻力。P 或 Q 与滑切角 θ_A 不是简单的线性关系。P 或 Q 随 θ_A 的变化趋势基本相同，在 25°～55°范围内，波动不大；当 θ_A＞55°时，两个指标均有明显上升。原因在于滑切角过大，使入土时压实的土壤聚集在较钝的滑刀尖部，形成坚硬的土核，这时土壤与土壤之间的摩擦是主要的，入土阻力自然增加，而且，土层越硬这种情况越明显；另外牵引阻力的增大可能是因为滑刀的表面积明显增大，导致摩擦阻力增加。可见滑切角过大，滑刀式开沟器的性能有变差的趋势，尤其是入土阻力增加更为明显。综合来看，滑切角在25°～55°时，P 与 Q 的变化均较平缓，综合性能指标比较理想，这也同前面所论述的滑切角范围基本相符，可以认为此区间是 θ_A 的最优取值范围。对于1号滑刀，θ_A 为25°，与 θ_B 近似相等，刃口接近直线，强度也不符合要求，实用意义不大，所以具体应用时 θ_A 在35°～55°范围内较好。

3）田间试验结果显示，在灭茬起垄后的地块，1～6号开沟器均能正常作业，开沟窄而平整，土壤扰动小，无推土和向上翻土现象，表明滑刀对土壤的滑切正常。而在留茬地，6号开沟器入土不充分，达不到作业要求，其余开沟器入土和作业效果都较理想，这也验证了上述滑切角范围是合理的。

5.2.5 排种监测系统

播种机在播种作业时，其播种过程全封闭，仅凭裸眼直接观测，很难及时发现播种作业时机械传动故障、种箱排空等造成的漏播现象，尤其是使用大型播种机作业时，由于其速度高、播幅宽，一旦出现上述问题而未及时发现，就会大面积漏播，影响播种质量。目前国内外播种机普遍采用光电式监测技术，但光电传感器受环境光和粉尘的影响很大，长时间田间作业，其精度和灵敏度会下降。所以，需要研制出一种新型的排种监测系统[15-17]。

PVDF压电薄膜是一种动态敏感材料，能显现出正比于机械应力变化的电荷，而不是在静态条件下工作。PVDF压电薄膜具有如下优点：①压电常数 d 和压电系数 g 比一般的压电陶瓷材料高，有明显的压电效应；②柔性和加工性能好，可弯曲且不易破碎，可任意剪裁；③频率响应宽；④机械强度高，化学稳定性和耐疲劳性高；⑤密度小，制成传感器对被测量结构的影响小。基于PVDF压电薄膜的上述特性，设计一种适用于玉米播种的漏播监测系统（设计内容详见第6章），该系统结构简单，适用性强，能够在恶劣的环境中正常工作，并能实时自动监测播种机的各项性能指标，如排种量、排种速度、播种面积、重播率、漏播率等，如出现漏播，可通过声光报警系统进行报警，提示驾驶员停车排除故障。本系统被安装到2BHJ-6行间精密播种机上进行了大量的试验和作业检测，结果表明，系统对播种量的监测精度>96%，对漏播的监测精度大于98%，满足对排种器工作过程的实时监测要求（表5-4为某次试验检测结果）。

表5-4 漏播报警准确率测定记录表

序号	测定播种粒数	漏播次数	报警次数	合格率
1	180	4	4	100%
2	150	2	2	100%
3	200	6	6	100%
4	240	6	6	100%
5	160	3	3	100%

5.2.6　田间检测试验

2BHJ-6 行间精密播种机是“十二五”国家科技支撑计划项目“玉米种植机械关键技术和装备研究与示范”课题中所研制机具之一，该课题起止时间为 2011 年 1 月 1 日至 2013 年 12 月 31 日，试制样机 3 台，分别在吉林大学农业试验基地、吉林农业大学教学试验场、双阳区试验基地、梨树县试验基地进行田间检测和生产考核，累计作业面积达 154hm^2。2013 年 5 月，国家农机具质量监督检验中心检测考核员在吉林大学农业试验基地对该机进行了性能检测，各项指标均达到课题任务书的要求，检测结果见表 5-5。

表 5-5　2BHJ-6 行间精密播种机检测结果

序号	检验项目	计量单位	技术要求	检验结果	项目判定	备注
1	适应行距	cm	60～70	58～73 范围内机械可调	合格	—
2	籽粒破碎率	—	≤1.5%	0.8%	合格	—
3	粒距合格指数	—	≥85%	93%	合格	玉米精播
4	重播指数	—	≤8%	4%	合格	玉米精播
5	漏播指数	—	≤5%	3%	合格	玉米精播
6	施肥量	kg/hm^2	≤600	596（各行施肥量一致性变异系数为 7%；总排肥量变异系数为 3%）	合格	玉米精播
7	漏播报警准确率	—	≥95%	100%（试验 30 次，均能发出声光报警信号）	合格	—

5.3　2BH-3 行间播种机

2BHJ-6 行间精密播种机为 6 行大型播种机械，适合与 100 马力以上的拖拉机配套，但东北垄作区今后一段时期配套动力仍有大量小马力拖拉机（15～30 马力），为此，设计了 2BH-3 行间播种机[18]。

5.3.1　整机结构设计

2BH-3 行间播种机配套中小马力拖拉机跨两垄（1300mm）作业，机具横梁上有 3 组播种单体，行间播种机结构如图 5-33 所示，主要技术参数见表 5-6。

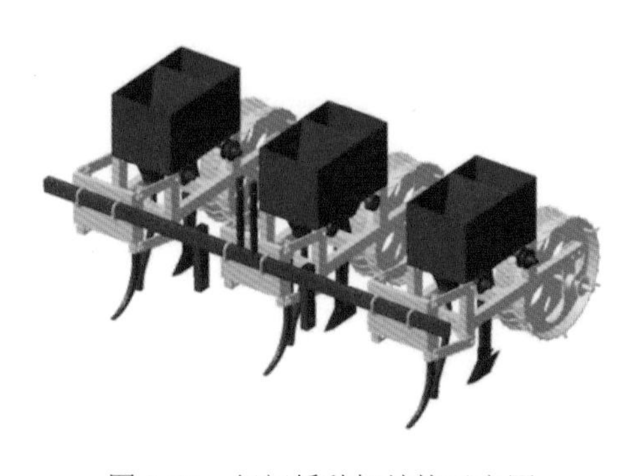

图 5-33　行间播种机结构示意图

表 5-6 行间播种机主要技术参数

参数	数值
整机质量/kg	160
配套动力/kW	14.7～22.1
作业行数	3
行距/mm	600～700（可调）
最大播种量/（kg/hm^2）	40
最大施肥量/（kg/hm^2）	600
施肥深度/mm	30～50（种下）
播种深度/mm	30～50
作业速度/（km/h）	2～6

5.3.1.1 机具横向配置

为保留上一年的根茬，对于跨两垄（轮距 1200～1400mm）作业的中小功率拖拉机，行间播种需配置奇数行作业的机具，即行数为 $2n+1$（$n=1,2,3,\cdots$），如 3 行、5 行、7 行等。

5.3.1.2 机具纵向配置

传统播种作业不保留根茬，地轮可布置在两个播种单体之间，但行间播种的农艺要求地轮需要与播种单体纵向排列在一条直线上，实现保留根茬的行间播种。

多个专用工作部件（如地轮、施肥开沟器、播种开沟器、覆土器、仿形轮、镇压轮等）沿机具纵向排列，造成机身过长，转弯半径大，地头浪费严重；机具重心靠后，加大了对拖拉机悬挂装置的负荷；机具结构复杂、成本高。因此，本机设计了一种多功能行走轮，可同时实现仿形、限深、传动、覆土、镇压和碎土等功能，解决了上述难题。

5.3.2 行走装置设计

5.3.2.1 行走装置的主要功能

播种单体主要由施肥开沟器、播种开沟器、种肥箱和行走装置等组成，其中最主要的工作部件是行走装置，如图 5-34 所示。

2BH-3 行间播种机作业时，行走轮受到土壤的摩擦阻力而产生转动，固定在轮轴上的链轮通过链条带动排种链轮和排肥链轮转动，实现排种和排肥，为保证排种、排肥的可靠性，行走轮的外缘焊有防滑刺；行走轮与开沟器底部有一定高度差并可调，可实现限深功能；行走轮通过轮轴上的连接板与平行四连杆连接，使其具有仿形功能；行走轮采用内倾结构，实现覆土和镇压；行走轮的内倾面上设计有“V”形凸起，增强了对土壤的劈裂、撞击与切割作用，实现碎土。

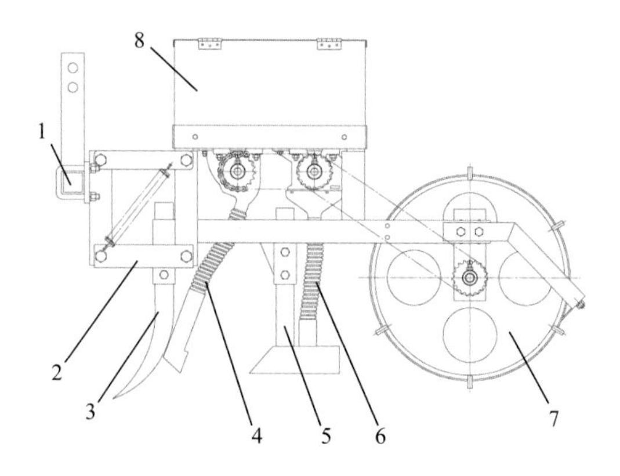

图 5-34　播种单体结构示意图

1. 机架；2. 平行四连杆；3. 施肥开沟器；4. 导肥管；5. 播种开沟器；6. 导种管；7. 多功能行走轮；8. 种肥箱

行走装置集仿形、限深、传动、覆土、镇压和碎土等 6 种功能于一体，代替地轮、仿形轮、覆土器、镇压轮等诸多工作部件，极大简化了整机结构，较好地解决了行间播种机纵向尺寸过大的问题。

5.3.2.2　行走轮直径的确定

行走装置主要由行走轮、连接机构（平行四连杆）、固定机构和压力调节机构等组成，如图 5-35 所示。

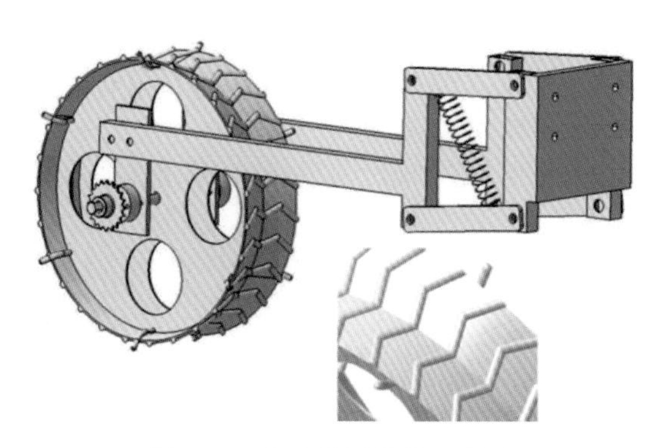

图 5-35　行走装置结构示意图

行走轮直径对滑移率及镇压效果有很大影响，直径过小、滑移率大易造成壅土，同时镇压效果不好，根据经验及机具大小、安装位置的限制，设计行走轮直径 D=550mm。

5.3.2.3　行走轮宽度及轮缘内倾角的确定

行走轮宽度及轮缘内倾角的确定主要从保证行走轮的覆土功能来考虑，这与播种开沟器开出的沟型和覆土厚度密切相关。本机采用窄形开沟器，开出的种沟剖面如图 5-36 所示。

种沟开出后会有一部分回土（图 5-36 中 HI 下面阴影部分），另有一部分土壤堆于种沟两侧，形成土堆。土堆最边缘堆土与地面的夹角为ϕ。图 5-36 中 AO 及 BO 相交于

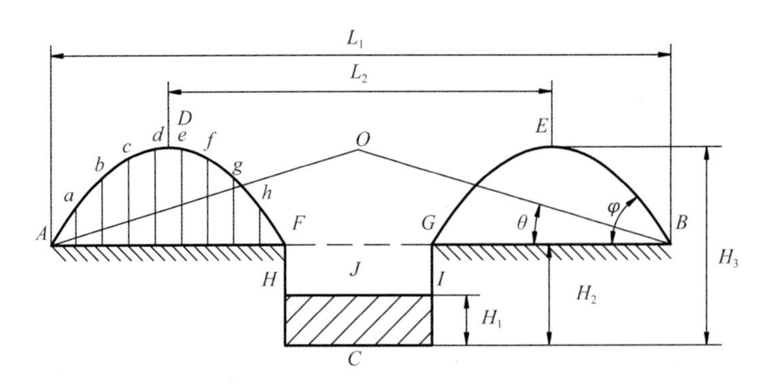

图 5-36　种沟剖面图

O 点，O 点为行走轮内倾面的交点，则 AO（或 BO）与地面夹角 θ 为内倾角。为保证一定的覆土厚度，内倾角 θ 应满足 $0<\theta<\phi$。

在图 5-36 中，以 A 点为坐标原点，水平方向为 x 轴，垂直方向为 y 轴，在沟型图上选取 $A, B, \cdots, H, I$ 共 9 个点，得到各点坐标依次为（x_A, y_A）、（x_B, y_B）、…、（x_H, y_H）、（x_I, y_I）。在曲线 ADF 上等节距选取 $a, b, \cdots, g, h$ 共 8 个点，得到各点坐标依次为（x_a, y_a），（x_b, y_b），…，（x_g, y_g），（x_h, y_h）。

$$\text{幅宽 } L_1=\sqrt{(x_B-x_A)^2+(y_B-y_A)^2}\approx x_B-x_A \tag{5-5}$$

$$\text{垄距 } L_2=\sqrt{(x_E-x_D)^2+(y_E-y_D)^2}\approx x_E-x_D \tag{5-6}$$

$$\text{入土深度 } H_1=\left|y_C-y_H\right| \tag{5-7}$$

$$\text{沟深 } H_2=\left|y_C\right| \tag{5-8}$$

要确定行走轮内倾角 θ 的大小，应先确定曲线 ADF（或 BEG）的方程。通过土槽试验来确定沟形的相关数据。试验在吉林大学工程仿生教育部重点实验室土槽进行。开沟深度为 5cm，0～15cm 土壤含水率为 21.52%，坚实度为 1.23MPa。开沟器开沟后，在沟形较好处挖出断面进行测量，结果见表 5-7。

表 5-7　沟形上参考点坐标值　　（单位：cm）

参考点	样本 1 坐标值	样本 2 坐标值	样本 3 坐标值	平均值
A	(0, 0)	(0, 0)	(0, 0)	(0, 0)
B	(23.5, −1.6)	(23.3, −1.7)	(22.1, −1.2)	(23, −1.5)
C	(12.7, −5.2)	(12.9, −4.9)	(11.4, −5.5)	(12.33, −5.2)
D	(4.4, 2.2)	(4.9, 1.8)	(3.5, 2.9)	(4.27, 2.3)
E	(19.7, 2.0)	(19.2, 2.7)	(20.1, 1.8)	(19.67, 2.17)
F	(8.0, −0.2)	(7.7, −0.3)	(8.5, −0.3)	(8.07, −0.27)
G	(14.4, −0.8)	(13.8, −0.9)	(14.7, −0.8)	(14.3, −0.83)
H	(9.1, −2.9)	(9.6, −3.1)	(8.9, −2.8)	(9.2, −2.93)
I	(14, −2.9)	(12.5, −3.1)	(13.6, −2.8)	(13.37, −2.93)
a	(1, 1.6)	(1, 0.9)	(1, 1.4)	(1, 1.3)
b	(2, 1.9)	(2, 2.3)	(2, 1.5)	(2, 1.9)
c	(3, 2.1)	(3, 1.9)	(3, 2.5)	(3, 2.17)

续表

参考点	样本 1 坐标值	样本 2 坐标值	样本 3 坐标值	平均值
d	(4, 2.7)	(4, 2.3)	(4, 2.3)	(4, 2.43)
e	(5, 2.2)	(5, 2.1)	(5, 1.8)	(5, 2.03)
f	(6, 1.7)	(6, 2.1)	(6, 2.1)	(6, 1.97)
g	(7, 1.8)	(7, 1.4)	(7, 1.9)	(7, 1.7)
h	(8, 1.4)	(8, 1.7)	(8, 1.2)	(8, 1.43)

根据表 5-7 数据计算得出，L_1=23cm，L_2=15.4cm，H_1=2.27cm，H_2=5.2cm。

行走轮的宽度过宽会导致镇压强度不能满足农艺要求，过窄会造成镇压力过大，导致下陷。其宽度要大于开沟宽度而小于播种行距，根据开沟试验及其他镇压轮参数，确定其宽度为 23cm。

根据表 5-7 中的试验数据，求出曲线 *ADF* 的拟合曲线，如图 5-37 所示，曲线方程为

$$y_{ADF} = -0.126x^2 + 1.508x + 0.166(0 < x < 8.5) \tag{5-9}$$

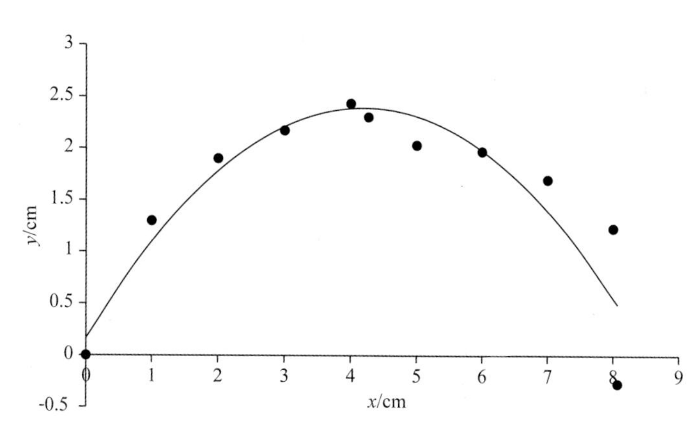

图 5-37　*ADF* 的拟合曲线

行走轮作业时沟形两侧的堆土，最终将被挤压到 *J* 区域和△*AOB* 区域内。由于这两个区域内的土壤坚实度要大于两侧堆土的土壤坚实度，因此两侧堆土的剖面积要大于 *J* 区域和△*AOB* 区域的剖面积，即

$$2S_{ADF} > S_{\triangle AOB} + S_J \tag{5-10}$$

$$S_{ADF} = \int_0^8 \left(-0.126x^2 + 1.508x + 0.166\right) \mathrm{d}x = 28.08\text{cm}^2 \tag{5-11}$$

$$S_{\triangle AOB} = \frac{1}{2} \times 23 \times 11.5 \tan\theta = 132.25 \tan\theta \tag{5-12}$$

$$S_J = \left(H_2 - H_1\right)\left(X_I - X_H\right) = 24.44\text{cm}^2 \tag{5-13}$$

从式（5-10）～式（5-13）可得 $\theta < 20°$。土槽开沟试验时，0～15cm 土层含水率为 21.52%，春播时土壤含水率要低于此值，开沟器回土量会更大，根据实际要求，将行走轮内倾面的倾斜角确定为 13°。

为了减少行走轮打滑并保证其具有碎土作用，在内倾面上设计了“V”形凸起，高度为 10mm。凸起尖端在周围方向形成了锯齿状的刃部，在碾压土壤时会产生应力集中从而压碎土壤。

5.3.2.4　传动系统

本机采用行走轮传动，排种器轴上的链轮由固定在行走轮轴上的链轮直接带动（为一级传动），排肥器轴上的链轮由排种器轴上的链轮带动。行走轮通过弹簧加压，保证行走轮与地面的紧密接触，行走轮边缘采用防滑刺和触土表面上的凸起加大行走轮与地面的附着力，提高行走轮传动的可靠性。

5.3.3　行走轮镇压效果离散元仿真

本机设计的多功能行走轮内倾面有“V”形凸起，为了验证其良好的镇压效果，采用离散元法建立行走轮与地面的系统力学模型，研究行走轮内倾面表面与土壤之间相互作用引起的土壤形态变化，分析比较内倾面光滑和有“V”形凸起的行走轮的工作性能。

首先建立松散土壤状态下的土槽模型和行走轮模型，如图 5-38 所示；根据行走轮的受力、转速等参数进行过程模拟；从土壤间的接触力、位移场和孔隙率三方面分析比较这两种行走轮的镇压效果。参数选择如下：轮宽 b=230mm，轮半径 r=275mm，前进速度为 1.7m/s，两种行走轮除触土表面有差异外，其他参数均相同。

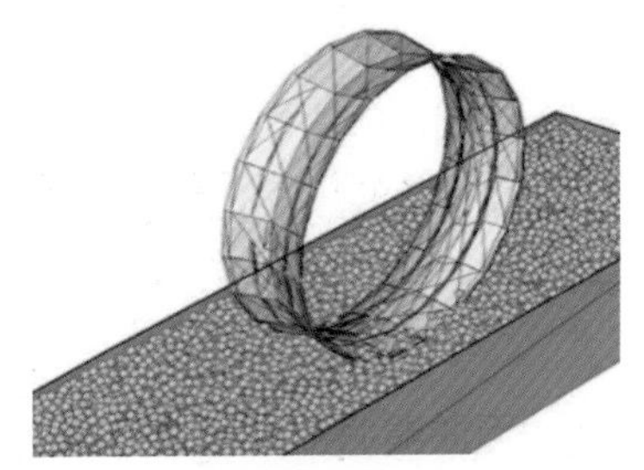

a. 光滑表面行走轮

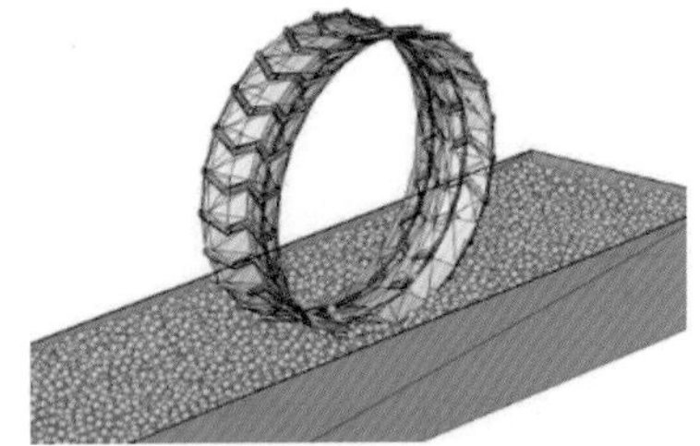

b. 凸起表面行走轮

图 5-38　行走轮与土壤模型

图 5-39 为两种行走轮与土壤颗粒作用过程接触力场示意图。从图 5-39 中可以看出，随深度的增加，行走轮与土壤颗粒的接触力分布范围变大，接触力值变小。阴影较浓的位置，表示该处的接触应力较大。其中光滑表面行走轮与土壤颗粒的接触力随深度的增加，衰减缓慢；凸起表面行走轮与土壤颗粒的接触力主要集中在颗粒表层，随深度增加，其衰减较快。

图 5-40 为两种行走轮与土壤颗粒作用过程位移场示意图。图 5-40 中线条的长度代表土壤颗粒位移的大小，箭头的方向代表土壤颗粒的位移方向。中间部分即种子上方土壤颗粒流动位移较大，两侧土壤颗粒流动位移相对比较小，其中凸起表面行走轮对土壤颗粒的位移影响明显比光滑表面行走轮要大。

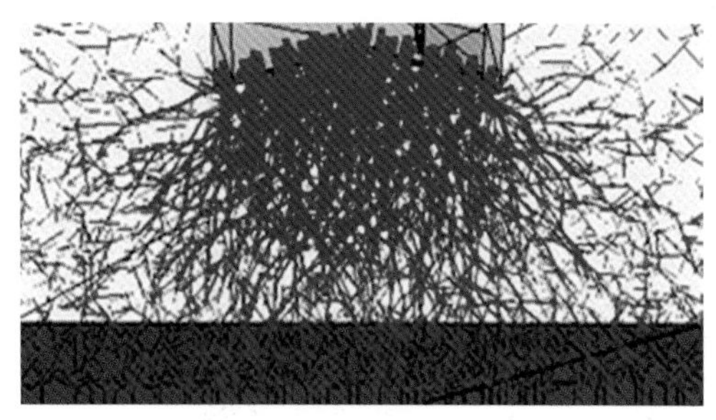

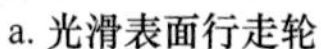

a. 光滑表面行走轮

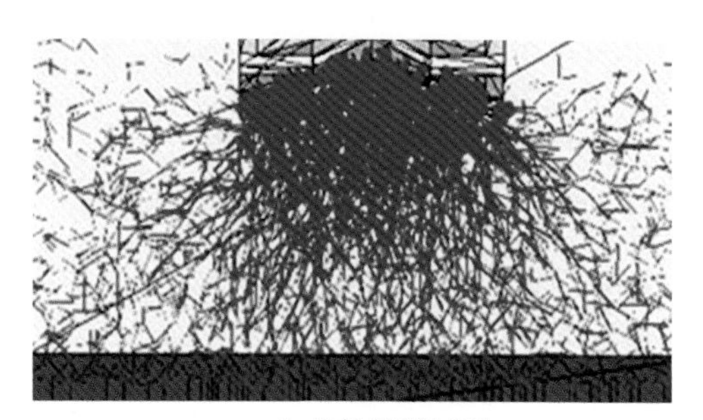

b. 凸起表面行走轮

图 5-39 接触力场示意图

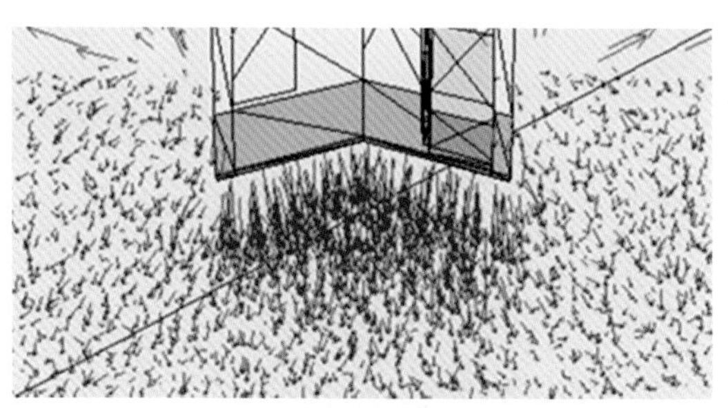

a. 光滑表面行走轮

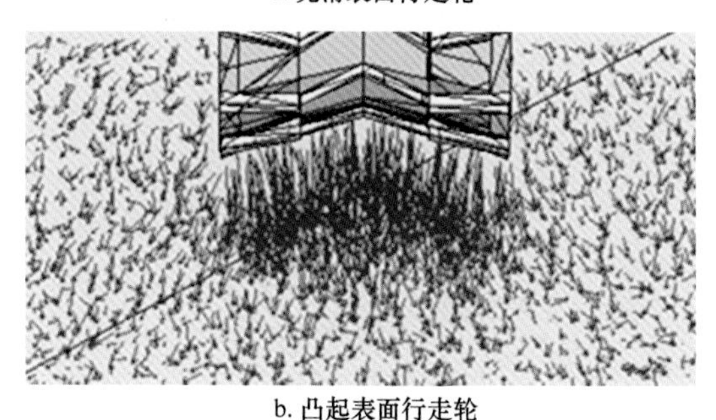

b. 凸起表面行走轮

图 5-40 位移场示意图

两种行走轮镇压过的同一位置，土壤孔隙率有明显不同，如图 5-41 所示。在同一位置，凸起表面行走轮镇压过的土壤孔隙率明显小于光滑表面行走轮镇压过的土壤孔隙率，相对缩小了 6.38%～6.93%，满足东北地区对播种后重镇压的农艺要求。

5.3.4 整机田间试验

2BH-3 行间播种机田间试验于 2012 年 5 月 13 日在吉林农业大学农场进行。试验地前茬作物为玉米，平均垄距 66cm，土壤含水率在 5cm 处为 12.74%、在 10cm 处为 14.37%、在 15cm 处为 17.26%，土壤坚实度在 5cm 处为 0.82MPa、在 10cm 处为 1.06MPa、在 15cm 处为 1.16MPa，作业速度为 1.7m/s。试验结果见表 5-8～表 5-11。

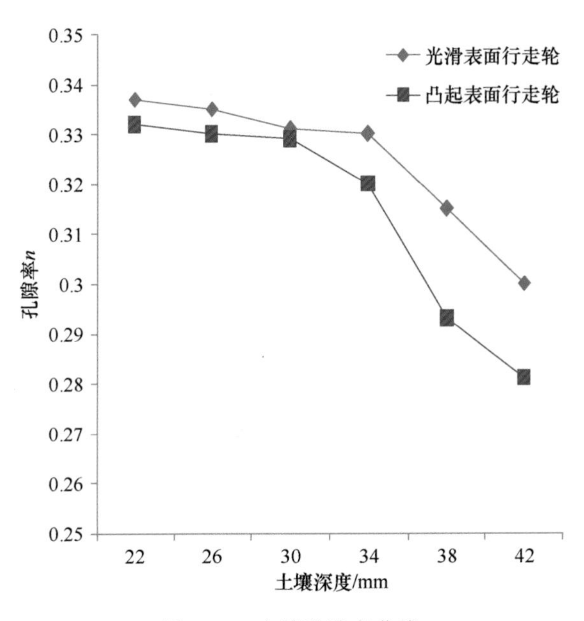

图 5-41　土壤孔隙率曲线

表 5-8　播种性能测定结果

行次	播种方式	滑移率/%	要求粒距/cm	播种性能						
				粒距平均值/cm	标准差/cm	变异系数/%	漏播率/%	重播率/%	合格率/%	种子破碎率/%
1	点播	7.6	20.0	21.7	2.45	11.3	2.1	8.1	89.8	1.1
2	点播	7.6	20.0	20.4	2.61	12.8	2.5	7.4	90.1	0.7
3	点播	7.6	20.0	21.2	2.34	11.0	2.2	8.3	89.5	0.8
平均值				21.1	2.47	11.7	2.3	7.9	89.8	0.87

表 5-9　播种深度测定结果

行次	深度/cm										要求深度/cm	平均值/cm	标准差/cm	变异系数/%
	1	2	3	4	5	6	7	8	9	10				
1	5.3	5.2	5.1	5.0	5.3	4.8	5.9	4.5	5.2	5.2	5	5.15	0.37	7.2
2	4.7	5.2	4.8	5.3	5.7	5.4	5.2	5.6	5.0	5.7	5	5.26	0.35	6.7
3	5.4	4.9	5.2	4.7	5.2	5.5	5.0	5.5	5.8	4.7	5	5.19	0.37	7.1
平均值											5	5.20	0.36	6.9

表 5-10　种肥距离测定结果

行次	距离/cm										要求距离/cm	平均值/cm	标准差/cm	变异系数/%
	1	2	3	4	5	6	7	8	9	10				
1	3.9	3.7	4.4	4.3	3.5	3.6	4.8	3.6	4.3	3.9	4	4.00	0.43	10.8
2	3.8	4.0	3.7	4.2	3.9	3.5	4.3	3.9	3.9	4.0	4	3.92	0.23	5.9
3	4.1	4.0	3.8	3.6	4.4	4.2	4.1	3.9	3.9	4.4	4	4.04	0.25	6.2
平均值											4	3.99	0.30	7.6

表 5-11　排肥性能测定结果

次数	排种量/g			不稳定性/%			各行不一致性/%
	1	2	3	1	2	3	
1	656	670	647	2.59	1.82	2.65	1.75
2	649	665	658				1.22
3	644	682	643				3.38
4	679	693	683				1.05
5	681	691	687				0.73
平均值					2.35		1.63

5.4　变曲率轮齿式破茬松土器

5.4.1　工作原理

玉米留茬行间直播模式要求在未清理的留茬行之间采用直播方式，由于行间存在上季作物残留秸秆，易造成土壤工作部件堵塞；拖拉机轮胎行走行间位置容易造成种床土壤压实，因此，设计一种适用于行间播种机的滚动式切茬松土机构——变曲率轮齿式破茬松土器（授权专利号 ZL201210453844.2，公开号 CN102918945B），以下简称为“轮齿式松土器”（图 5-42）。

图 5-42　变曲率轮齿式破茬松土器

轮齿式松土器采用组合刀片式结构，将传统刀盘整体切茬功能单元化，改善其入土性能，提高可维护性；刀片单元化对秸秆具有砍切作用（兼具滑切作用），增强其切断秸秆的性能，提高秸秆切断率，防止后续土壤部件产生缠绕、堵塞，提高机具通过性能。其结构如图 5-43 所示，具有弹性的左破茬刀（8）和右破茬刀（9）周向交错地安装在左右两个刀盘（10）上，左右刀片的安装，在前进方向上看向内侧倾斜（图 5-43b），当该机构向前滚动时，刀片切入土壤，随着入土深度的增加，土壤阻力增大，作用于刀面上的向内弯矩也随之增加，刀面弯曲的曲率增大，对土壤产生撬动、抬升的作用；出土时，弯矩减小，刀面的弯曲程度减小，松动的土壤逐渐回落，整个松土过程对土壤不产生翻动，减小土壤失墒。

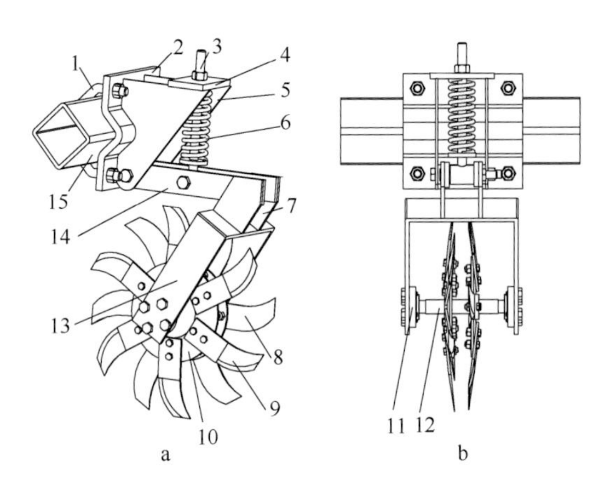

图 5-43　轮齿式松土器装配图

1. U 形螺栓；2. 连接板；3. 弹簧固定轴；4. 固定板；5. 上支架板；6. 加压弹簧；7. 下支架板；8. 左破茬刀；9. 右破茬刀；10. 刀盘；11. 轴承座总成；12. 刀轴；13. 支架；14. 中支架板；15. 横梁

5.4.2　刀片工作参数

刀片是轮齿式松土器的核心组成部分，为使其具有良好的切秸秆和松土效果，应对刀片的内、外刃口曲线进行优化，使其具有良好的滑切性能。

5.4.2.1　刀片工作半径确定

为了防止刀片砍切玉米秸秆时玉米秸秆容易在地表滑动而起不到切断的作用，应对刀片的回转半径等参数进行分析。图 5-44 为刀片外刃砍切玉米秸秆时的秸秆受力图。设刀片工作半径为 R，地表秸秆半径为 r，刀片耕作深度为 h。计算过程中忽略秸秆自重，其中 F_1 与 N_1 为秸秆受到地面作用的摩擦力和支持力，F_2 与 N_2 为秸秆受到刀片作用的摩擦力和正压力。

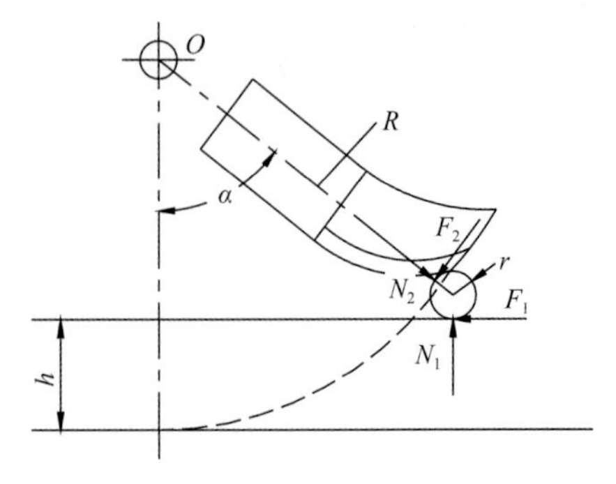

图 5-44　刀片外刃砍切秸秆示意图

竖直方向力的平衡条件为

$$N_1 = N_2 \cos\alpha + F_2 \sin\alpha \tag{5-14}$$

秸秆被刀片切断，并且不沿地面被推走需满足

$$F_1 + F_2 \cos\alpha \geqslant N_2 \sin\alpha \tag{5-15}$$

当物体处于滑动的临界状态时，静摩擦力达到最大值 F_{max}，此时合力与支撑力的夹角最大，此时的 φ_{max} 称为摩擦角，摩擦角的正切等于静摩擦系数。

$$\begin{aligned} F_1 &= N_1 \tan\varphi_1 \\ F_2 &= N_2 \tan\varphi_2 \end{aligned} \tag{5-16}$$

式中，φ_1 为秸秆与地面的摩擦角；φ_2 为秸秆与刀片的摩擦角。

将 $F_1 = N_1 \tan\varphi_1$，$F_2 = N_2 \tan\varphi_2$，代入式（5-15）可得

$$N_1 \tan\varphi_1 + N_2 \tan\varphi_2 \cos\alpha \geqslant N_2 \sin\alpha \tag{5-17}$$

将式（5-14）代入式（5-17）可得

$$\left(N_2 \cos\alpha + N_2 \tan\varphi_2 \sin\alpha\right)\tan\varphi_1 + N_2 \tan\varphi_2 \cos\alpha \geqslant N_2 \sin\alpha \tag{5-18}$$

整理后得

$$\alpha \leqslant \varphi_1 + \varphi_2 \tag{5-19}$$

由图 5-44 可得 $\cos\alpha = \dfrac{R-h-r}{R+r}$，代入式（5-19）计算可得

$$\arccos\left(\frac{R-h-r}{R+r}\right) \leqslant \varphi_1 + \varphi_2 \tag{5-20}$$

在式（5-20）中，设 r 为常数。当刀片的工作半径 R 一定时，耕作深度 h 越大，则 α 越大。为满足式（5-19），刀片的耕作深度 h 值越小越好，但耕作深度太小不能切断地表下根茬，所以耕作深度应满足切断一年半之前留在地下尚未完全腐烂的秸秆或根茬。而当 h 值选定以后，刀片的工作半径 R 越大，则 α 越小，因此增大刀片的工作半径 R 有利于切断地表覆盖的秸秆。在式（5-20）中，只要确定东北地区玉米秸秆平均半径 r、耕作深度 h、秸秆与地面的摩擦角 φ_1 及秸秆与刀片的摩擦角 φ_2，即可确定 R 值。

采集的东北主产区玉米秸秆，玉米秸秆横切面并不是规则的圆形，而是近似于椭圆，如图 5-45 所示，测得短轴平均值为 24.027mm，长轴平均值为 24.996mm。刀片砍切玉米秸秆时，接触点玉米秸秆位置是变化的，取长、短轴平均值 24.5115mm 为东北地区玉米秸秆平均直径，所以 $r\approx12.3$mm。考虑到消除拖拉机轮胎压实影响和有效切断韧性较大的秸秆，取刀片入土深度为 90mm。玉米秸秆与钢板的摩擦角在 23°～33°，计算过程中取最大值 33°，行间播种机工作过程中土壤湿度较低，秸秆与地面的摩擦角平均为 30°。由式（5-20）可得 $R\geqslant197$mm，考虑到行间播种机结构和防止刀轴缠草，取刀片工作半径 R 为 210mm。

5.4.2.2　刀片长度设定

刀片通过两个安装孔固定在刀盘上，为了保证刀片的强度和稳固性，设计刀片长度为 160mm，固定端长度为 50mm，通过螺栓固定在刀盘上，如图 5-46 所示。

图 5-45　玉米秸秆横切面图

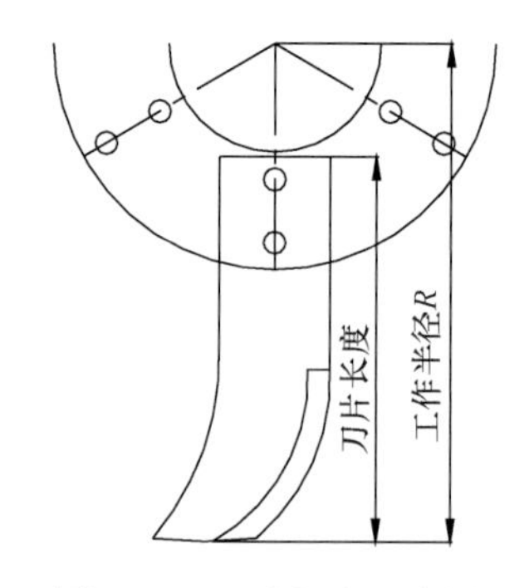

图 5-46　刀片长度示意图

5.4.2.3　刀片安装结构

如图 5-47 所示，刀盘设计为双圆盘结构，焊合在同一刀轴上，左、右刀盘安装孔呈周向交错分布。交错安装的刀片可实现切割互补，防止漏切，保证了切割效果，同时又防止左、右相邻刀片夹塞残茬。

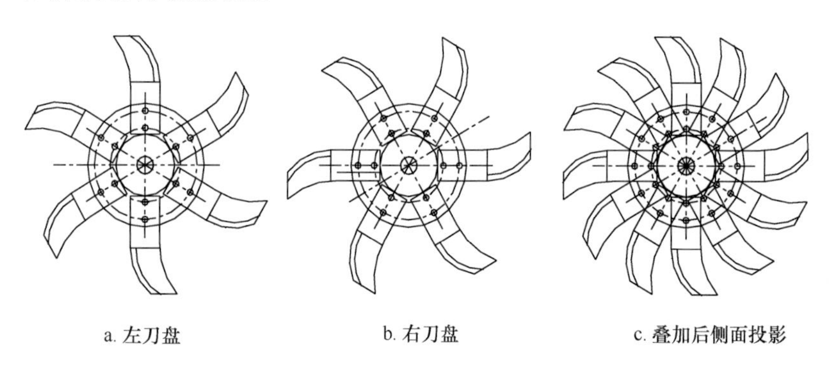

图 5-47　左右刀盘示意图

5.4.2.4　刀片外刃口曲线设计

在砍切根茬工作过程中，刀片沿着拖拉机前进方向砍切土壤或根茬。如果刀片距回转中心远刀端先入土，会导致机具振动，同时很难将地面残茬切断。若距刀片回转中心近的外刃口开始入切，然后滑切入土，既可以减少整机振动，又可提高破茬质量，如图 5-48 所示。

以拖拉机前进方向为 x 轴，以回转中心到地面的方向为 y 轴建立坐标系，刀片外刃采用切割功耗最小的等进螺线（阿基米德螺线），其极坐标方程：

$$\rho = \rho_0 + K\theta \tag{5-21}$$

式中，ρ_0 为螺线起点的极径，mm；K 为螺线极角每增加 1rad，极径的增量，mm；θ 为螺线上任意点的极角，rad。

M 点为刀片入切点，θ_0 为刀片初始切角，ρ_0 为刀片刃口入切半径，ρ_{n} 为刀片刃口终点极径，G 为刀片刃口上任意点，则入切点不是刀片刀端的条件如下。

当 $\theta > \theta_0$ 时，$\rho\cos\theta < \rho_0\cos\theta_0$，即 $(\rho_0 + K\theta)\cos\theta < (\rho_0 + K\theta_0)\cos\theta_0$，则余弦函数

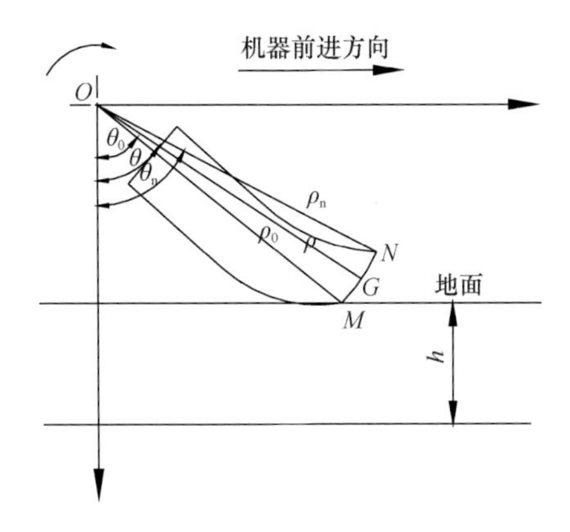

图 5-48　分别以前进方向和耕作深度方向建立坐标系

$$\rho_0(\cos\theta-\cos\theta_0)<K(\theta_0\cos\theta_0-\theta\cos\theta) \tag{5-22}$$

是减函数，所以 $\cos\theta-\cos\theta_0<0$ 。需分析 $\theta\cos\theta$ 的增减性。

令 $f(\theta)=\theta\cos\theta$，$\theta\in(0,0.5\pi)$，则 $f'(\theta)=\cos\theta-\theta\sin\theta,\theta\in(0,\pi/2)$ 。

令 $f'(\theta)=0$ ，得 $\theta=\cot\theta,\theta=0.274\pi$ 。

所以当 $\theta\in(0,0.274\pi)$ 时，$f'(\theta)>0$，$f(\theta)=\theta\cos\theta$ 为增函数

$$K<\frac{\rho_0(\cos\theta_0-\cos\theta)}{\theta\cos\theta-\theta_0\cos\theta_0} \tag{5-23}$$

当 $\theta\in(0.274\pi,0.5\pi)$ 时，$f'(\theta)<0$，$f(\theta)=\theta\cos\theta$ 为减函数

$$K>\frac{\rho_0(\cos\theta-\cos\theta_0)}{\theta_0\cos\theta_0-\theta\cos\theta} \tag{5-24}$$

当刀片刃口曲线方程 $\rho=\rho_0+K\theta$，K 满足式（5-23）、式（5-24）要求时，可以实现刀片在离回转中心较近的刃口先入土，然后由近及远滑切入土。

刀片工作半径 R 为 210mm，刀片耕作深度为 90mm，满足区间 $\theta\in(0.274\pi,0.5\pi)$，为便于计算，取 M 点初始切角 $\theta_0=0.28\pi$，$\rho_0=205\text{mm}$，刀片工作半径 ρ_n 为 210mm，$\theta_n=0.35\pi$ 。

根据螺线终点的极角公式

$$\theta_n=\frac{\rho_n-\rho_0}{\rho_n}\tan\tau_n \tag{5-25}$$

求得螺线终点处的滑切角 $\tau_n=0.344\pi$ 。

根据螺线终极径增量公式［式（5-21）］，代入 ρ_0、ρ_n 及 θ_n 值后，由

$$K=\frac{\rho_n-\rho_0}{\theta_n} \tag{5-26}$$

求得 K=4.55mm，满足式（5-24）。

所以设计的刀片外刃口曲线可以从近刀端开始滑切入土。

5.4.3 刀片运动分析

轮齿式松土器将圆盘刀盘单元化，分成 6 个均布的切刀，刀端的运动轨迹是一条摆线。它的绝对运动是两种运动的合成：刀片绕刀轴中心的旋转运动和刀轴中心的直线运动，这与本书第 2 章 2.1 节中论述的旋耕-碎茬刀运动方式类似，此处不再详述。两者不同之处在于：旋耕-碎茬刀是驱动工作部件（主动运动），切茬作业瞬间，刀片最低点绝对速度水平向后（与前进方向相反）；而轮齿式松土器的刀片是随动工作部件，若为纯滚动，刀片入土最低点绝对速度为 0；若存在滑移则其最低点绝对速度水平向前。若进一步分析，则可认为：两者运动轨迹方程相同，但其速比 λ 的取值范围不同。轮齿式松土器刀片刀端运动轨迹如图 5-49 所示，其 $\lambda \leqslant 1$，即 $V_x \geqslant 0$。

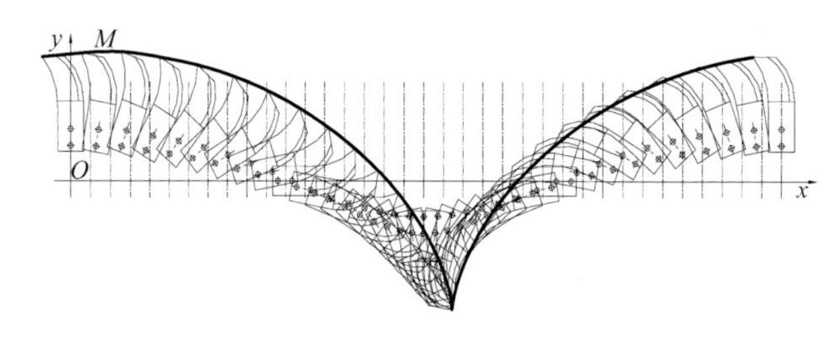

图 5-49 刀片端点运动轨迹图

5.5 2BJ-4 播种机

与行间播种不同，传统垄上播种机其工作行数应和配套拖拉机所跨垄数（或轮距除以垄距的得数）的奇偶性相同，2BJ-4 播种机为四行垄上播种机械，所以其配套拖拉机轮距应调节为跨 2 垄。

2BJ-4 播种机是 1GBL-4 耕播联合作业机及 2BGZ-4 多功能智能耕播机（详见第 7 章内容）中的播种部分，可单独使用。如图 5-50 所示，2BJ-4 播种机主要由机架（2）、肥箱（1）、施肥铲（7）、地轮（6）、传动系统、播种单体等主要机构组成。施肥位置为种下深施肥，施肥开沟器采用凿式施肥铲，用顶丝固定在机架上，深度可调；播种单体主要由平行四连杆（5）、排种器（10）、排种开沟器（9）和镇压轮（12）等组成，播种开沟器采用滑刀式开沟器，镇压轮采用零压橡胶轮。

5.5.1 传动机构的设计

5.5.1.1 传动方案

为保证联合作业时整机运输和工作的稳定，减轻拖拉机的悬挂机构负荷，使播种机质心尽量靠前，要求播种机设计尽量结构紧凑，因此 2BJ-4 播种机采用一级传动方式(图 5-51)。一级传动是指依靠地轮（5）在地面行走产生转动并将动力由链条（3 和 6）直接传递到排肥器与排种器上的传动方式。该传动方案中，地轮（5）为机架的仿形机构，平行四连杆

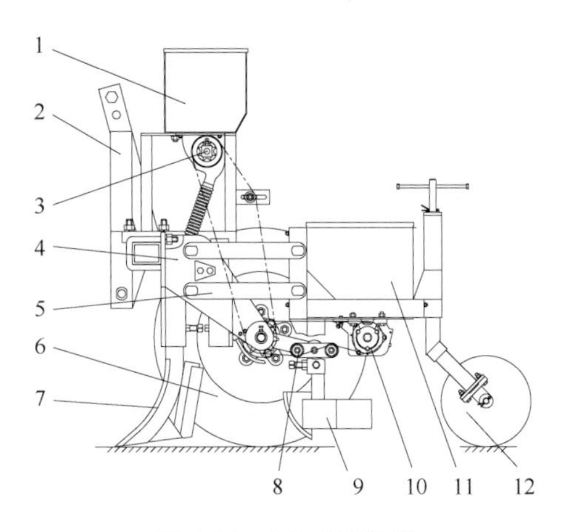

图 5-50 2BJ-4 播种机

1. 肥箱；2. 机架；3. 排肥器；4. 地轮支架；5. 平行四连杆；6. 地轮；7. 施肥铲；8. 张紧装置；
9. 排种开沟器；10. 排种器；11. 种箱；12. 镇压轮

（4）和镇压轮（9）为播种单体的仿形机构。由于排种器在作业中始终随平行四连杆仿形机构上下运动，因此在地轮与排种器之间采用双张紧轮机构，来防止链传动中跳齿或脱落现象发生。

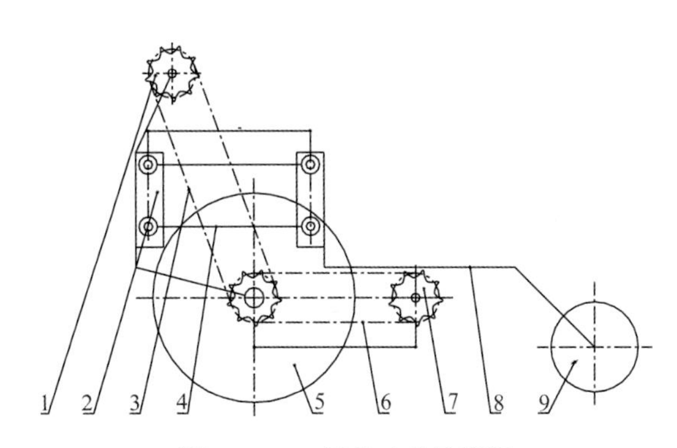

图 5-51 一级传动结构简图

1. 排肥链轮；2. 地轮刚性支架；3. 排肥链；4. 平行四连杆；5. 地轮；6. 排种链；
7. 排种链轮；8. 种箱刚性支架；9. 镇压轮

5.5.1.2 地轮机构设计

由于本机采用以地轮为动力源的一级传动方式，地轮的工作情况直接关系到排种、排肥的稳定性，因此提出如下设计方案：如图 5-52 所示，将地轮轴（3）固定在两地轮支架（1）、（9）之间不动，轮毂（6）上安装轴承（5）使地轮与地轮轴之间相对转动；链轮（4、7）与轴承盖铸为一体，通过螺栓与轮毂固接，随地轮同时转动。这样做的好处是：利用轴承转动灵活的特点使地轮转动自如，同时也大大降低了地轮轴的安装精度和调节难度。

5.5.1.3 地轮与机架配置

2BJ-4 播种机的设计既能满足单独作业，也能兼顾联合作业时的技术要求。如图 5-53

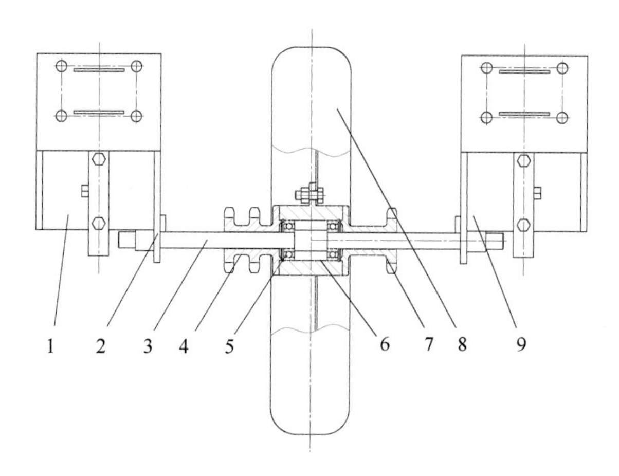

图 5-52　地轮装配简图

1. 地轮左支架；2. 地轮轴限制板；3. 地轮轴；4. 双排链轮；5. 双面密封轴承；6. 地轮轮毂；7. 单排链轮；8. 地轮；9. 地轮右支架

所示，播种机的机架选用单梁结构，上方安装肥箱装配，后方用 U 形螺栓（1）固定 4 组播种单体（5）和两个地轮（4），可分别按所需行距进行调整。考虑到与耕整机的连接、地轮安装及排肥装置和播种单体的固定等因素，播种机架设计基准高度与耕整机的机架相同，地轮上下位置按照播种机架基准高度设定，保证地轮与地面接触；地轮对称布置在两侧播种单体之间，行走在垄沟位置（或在平播播种行行间位置），播种机机架相对耕整机机架高度位置上下可调，保证地轮能够适应不同的垄沟深度；地轮的前后配置还要考虑到在耕播联合作业时，不能与前部的耕作部件相干扰，而且能作为后部播种机的可靠动力，使其结构紧凑、合理、方便。

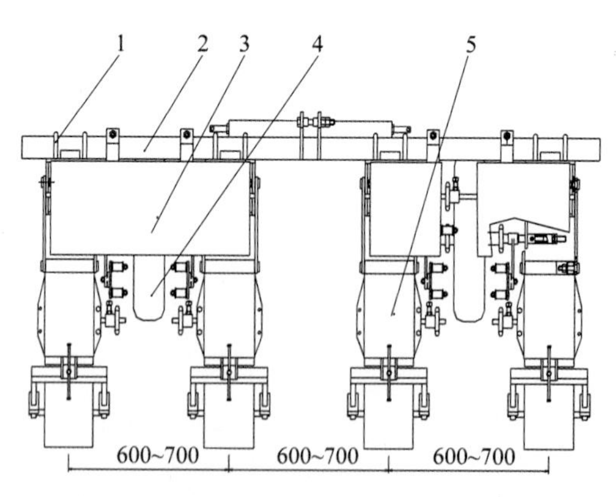

图 5-53　2BJ-4 播种机俯视图

1. U 形螺栓；2. 机架；3. 肥箱；4. 地轮；5. 播种单体

5.5.1.4　张紧装置设计

由于播种单体在工作时随地表轮廓上下仿形，因此地轮轴心到排种器轴心的传动中心距是变化的，需要采用张紧机构，以防止发生跳齿或脱落故障。为此，设计了一种双张紧轮机构（图 5-54），该机构在拉簧作用下可实现自动张紧，且能够适应传动中心距有较大的变化范围。张紧装置由两部分构成，一部分是焊有齿盘的张紧连接板（2），它前端套在地轮轴上，工作时可以绕轴转动；另一部分是张紧链轮部分，由两个张紧轮和齿盘构成，包括图 5-54 中件 3～6。安装时旋转两张紧轮将链条张紧，再将活动齿盘与固定板上的齿盘啮合，用螺母锁死。该张紧装置在工作中旋转中心与排种轴的旋转中心一致，所以可以保持张紧位置不变，可以随链条转动而转动，同时齿盘间的径向啮合力保证了张紧链轮的张紧状态不变，这样可以有效地防止链条跳齿和脱落的发生。

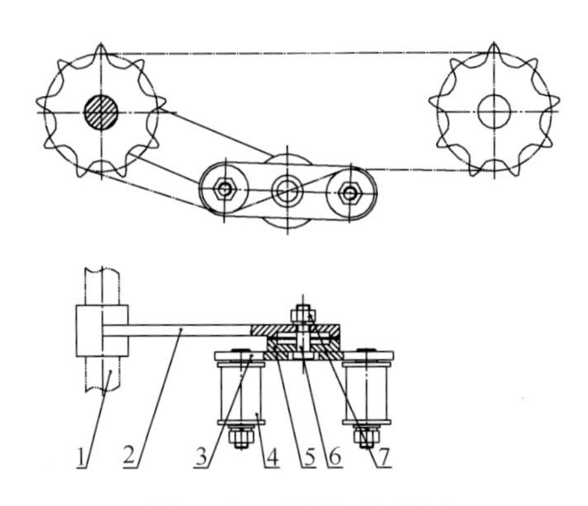

图 5-54　张紧机构简图

1. 地轮轴；2. 张紧连接板；3. 张紧轮固定板；4. 张紧轮；5. 齿盘；6. 固定螺杆；7. 螺母

5.5.2　排种器的设计

本排种器属于机械型孔式轮排种器，基本结构型式如图 5-55 所示。由设置在排种壳体（5）中的型孔轮（4）（直径为 80mm）和抵靠在型孔轮周壁上的浮动刮种片（1）、浮动护种片（2）及剔种片（3）组成。型孔轮由压盖固定在壳体内。刮种部件由刮种座板、刮种片、扭簧、销轴组成。护种部件包括一刚性弧形护种片、扭簧、销轴。销轴固定在壳体侧壁上，护种片的上端孔套置在销轴上，间隙为 2mm。扭转弹簧也通过销轴设置在护种片的外壁上，将其下部紧抵在型孔轮的周壁上。护种片根部与型孔轮外缘间隙为 3～4mm。

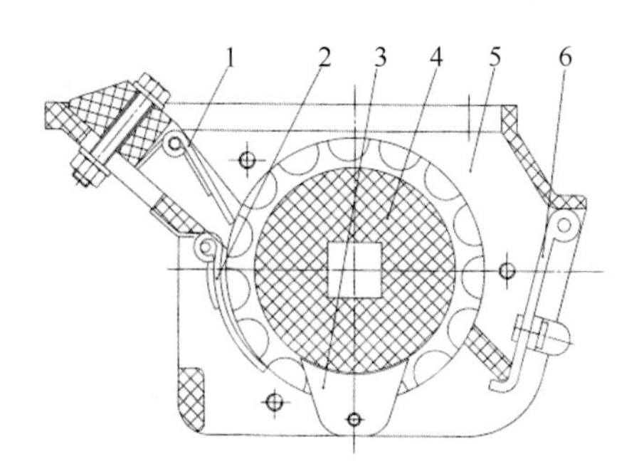

图 5-55　型孔轮式排种器

1. 刮种片；2. 护种片；3. 剔种片；4. 型孔轮；5. 排种壳体；6. 放种挡片

在排种过程中，每个型孔充一粒种子，多余种子经过刮种片时被刮掉，仅留一粒种子，排到输种管落入种沟内。换上大豆型孔轮，安装上双曲线导种管，即可用来播大豆（图 5-56）。

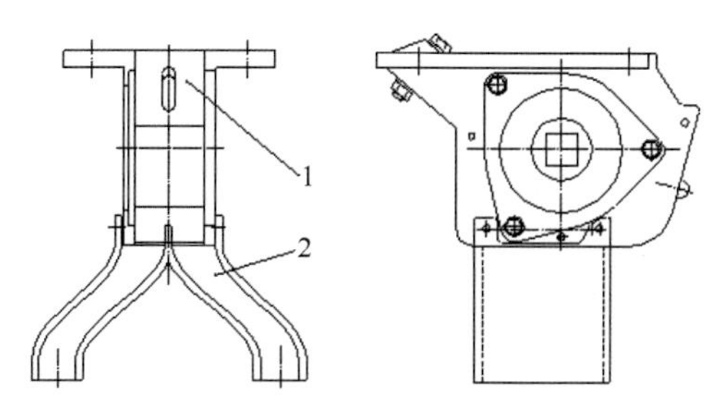

图 5-56　型孔轮式大豆排种器

1. 刮种舌部件；2. 双曲线导种管

5.6　大豆变量施肥精密播种机

大豆是东北垄作区除玉米之外种植面积最大的旱田作物。根据东北传统垄距（60～70cm）垄上双行播种大豆的种植农艺要求，综合国内外大豆播种机械关键技术特点，吉林大学贾洪雷团队研制了 2BDB-6 大豆变量施肥播种机（图 5-57），其主要技术参数如表 5-12 所示；在此基础上，又根据部分地区实施大垄种植模式（垄距 110cm，垄上播种 4 行）开发了 2BDB-6（110）大垄大豆变量施肥播种机（见 5.6.7 节）。该播种机通过更换排种盘和施肥、播种开沟等少量部件还能实现玉米精密播种。

图 5-57　2BDB-6 大豆变量施肥播种机

表 5-12　2BDB-6 大豆变量施肥播种机主要技术参数

技术参数	数值	技术参数	数值
配套动力	58.8～88.2kW	适应行距	600～700mm
作业速度	5～8km/h	作业垄数	6 垄
播种行数	12 行	粒距合格指数	≥70%
漏播指数	≤10%	重播指数	≤25%
籽粒破碎率	≤1.5%	播种深度合格率	≥85%
各行排肥量一致性变异系数	≤10%	变量施肥控制精度	≥94%
漏播报警监测精度	≥95%	施肥开沟器	滑刀式
播种开沟器	双 V 型筑沟器	排种器	双腔气吸盘式
排肥器	外槽轮式	镇压辊	仿生仿形弹性镇压辊

5.6.1　2BDB-6 大豆变量施肥播种机整机结构

5.6.1.1　大豆垄上双行种植技术

目前，垄上双行种植技术是中国东北垄作区普遍采用的大豆种植技术，是指在常规垄（垄距 60～70cm）垄上种植双行大豆，行距为 10～15cm，此栽培技术能够使植株在空间上合理分布，既保证合理密植、确保水肥得到充分利用，又能提供适宜的透光和通风环境。与垄上单行种植方式相比，垄上双行种植能够使作物产量增加 15%～20%[19]，使水分和肥料利用率提高 10%以上[20]。垄上双行种植技术示意图如图 5-58 所示，由垄上双行种植技术确定机器作业工艺方案：常规垄（垄距范围 60～70cm）深施肥（施在双行中间）→垄上双行精量播种（行距 12cm）→覆土→镇压。本方案用于春播期，适用于灭茬整地起垄后垄上作业。

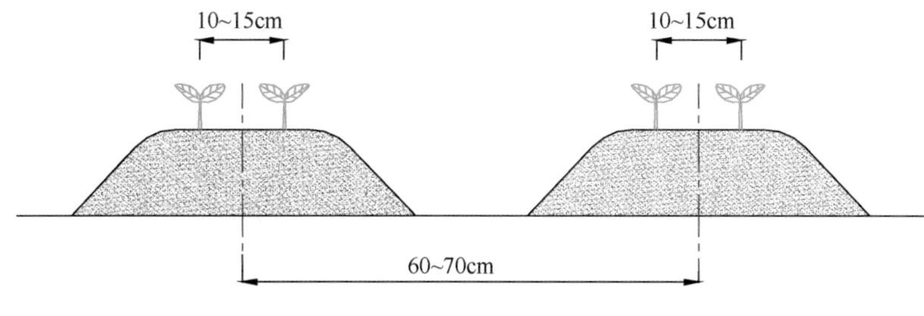

图 5-58　垄上双行种植技术示意图

5.6.1.2　总体配置方案的确定

1. 机具的纵向结构布局

根据大豆播种的作业工艺方案，依次布置排列土壤工作部件。如图 5-59 所示，从前到后依次为：施肥开沟器（2）、碎土辊（6）、筑沟器（7）、覆土器（9）、镇压辊（10）。

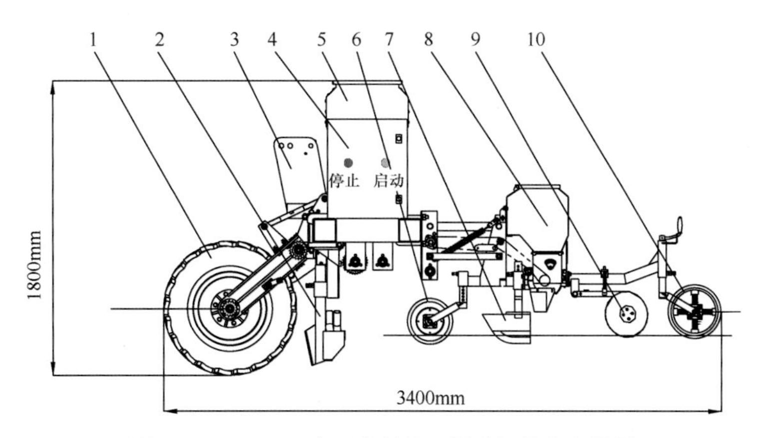

图 5-59　2BDB-6 大豆变量施肥播种机纵向布置图

1. 地轮；2. 施肥开沟器；3. 机架；4. 变量施肥电控柜；5. 肥箱；6. V 型棱碎土辊；7. V 型筑沟器；8. 种箱；9. 覆土器；10. 弹性仿形镇压辊

播种机通常设计两套仿形机构——整机仿形机构和播种单体仿形机构。一般地轮刚性安装在机架上作为整机仿形机构，仿形限深轮作为播种单体仿形机构。为了防止超静定问题的发生，施肥开沟器安装在机架上，依靠地轮仿形限深；本机播种单体的仿形限深机构为V型筑沟器，该机构除具有开沟作用外还具有仿形限深功能；覆土器通过弹簧铰接在播种单体上；镇压轮连接机构刚性连接在播种单体后侧，轮体内置弹簧辐条使其自身兼具仿形功能。

为了调节方便、保证机具运输和作业时的纵向稳定性，支撑地轮、施肥开沟器安装在机架前端，位置可在规定范围内上下左右调整，以适合不同垄距和工作深度的需求。

肥箱与种箱高度应配置合理，便于加种、加肥。肥箱应尽量靠前，减轻拖拉机提升负荷（加肥后），且靠近施肥开沟部件，以减少肥管的长度和倾斜角度，使排肥顺畅。种箱应靠近排种系统，且尽量降低排种器安装位置，降低投种高度，减少种子粒距变异。

2. 机具的横向结构布局

机架采用双梁框架式结构，前后梁均可连接和安装工作部件，既可方便横向布局和调节，又具有足够的强度与刚度，如图5-60所示。

地轮和施肥开沟器左右对称地布置在前梁上，地轮行走在垄沟内，轮距为4倍垄距；播种单体布置在后梁上，相邻两组单体中心线间距等于垄距（600～700mm），V型筑沟器的中心线在垄中间位置，V型挤土刀间距120mm；施肥开沟器布置在垄中心线上，V型挤土刀位于其两侧，实现种侧施肥；风机布置在两块上悬挂板之间，方便拖拉机后输出轴连接传动；肥箱左右对称地安装在前后梁之间的纵梁上，不应干涉前后梁连接部件。

3. 播种单体结构特点

播种单体是播种机的功能性核心工作系统，决定着播种机的播种性能。如图5-61所示，播种单体主要由碎土辊（1）、V型筑沟器（3）、四连杆仿形机构（2）、排种器（5）、覆土器（6）和弹性仿形镇压辊（7）等主要部件组成。通过加长连杆长度（连杆长度为420mm，一般播种机为300～350mm）使开沟器开沟深度和受力更加稳定；播种开沟采用V型筑沟器，兼具开沟与仿形功能，保证播种深度的一致性；V型筑沟器前面安装了碎土辊用来碾碎土块，平整种床；为了使垄上双条种植行镇压均匀，设计了弹性仿形镇压辊。

5.6.2 V型筑沟器

根据大豆垄上双行精密播种农艺要求，设计带有筑沟刀片的双V型筑沟器，主要由铲柄连接架（1）、两个对称仿形压土板（3）和两个对称V型挤土刀（2）组成（图5-62a）。铲柄连接架的中心压板两侧镶嵌于V型挤土刀内侧的凹槽中，用螺栓将仿形压土板的侧板与V型挤土刀的外侧固定，仿形压土板的顶板用螺栓与铲柄连接架连接。该筑沟器根据实际需求，可单独使用进行开沟作业，亦可与圆盘开沟器配合作业，可以开出两条截面呈“V”形的种沟，种子落入后滚落在种沟底部被夹持，保证了种子分布的直线性。种沟行距H根据农艺要求（100～150mm）设计为120mm，最大开沟宽度为35mm，开

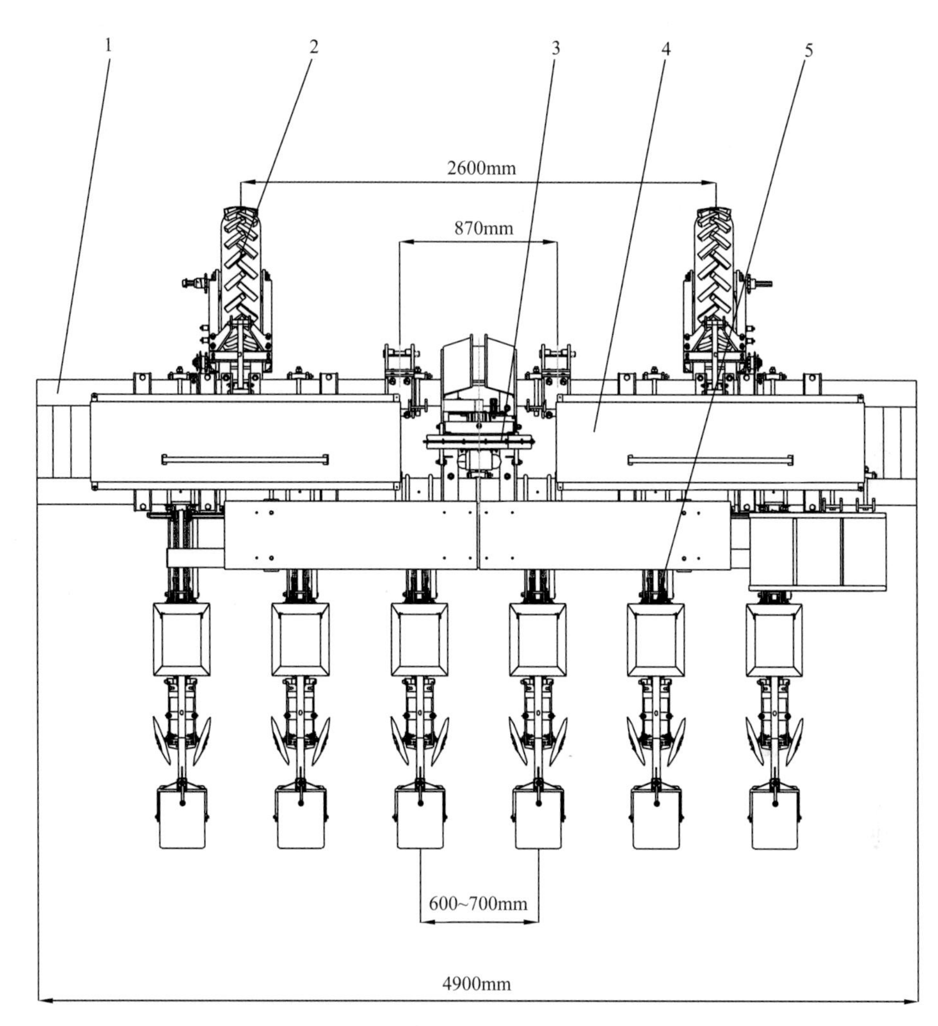

图 5-60　2BDB-6 大豆变量施肥播种机横向布置图

1. 机架；2. 地轮；3. 风机；4. 肥箱；5. 播种单体

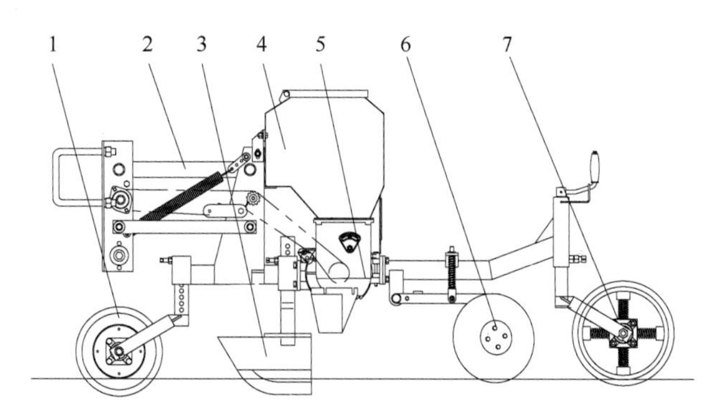

图 5-61　播种单体结构图

1. 碎土辊；2. 四连杆仿形机构；3. V 型筑沟器；4. 种箱；5. 排种器；6. 覆土器；7. 弹性仿形镇压辊

沟深度 D 可调整为 40mm、50mm、60mm（图 5-62b）。种沟壁平滑、土壤紧实，沟形均匀、深度一致，可以保证播种深度一致性，提高播种质量，保墒土壤，减少水分散失。

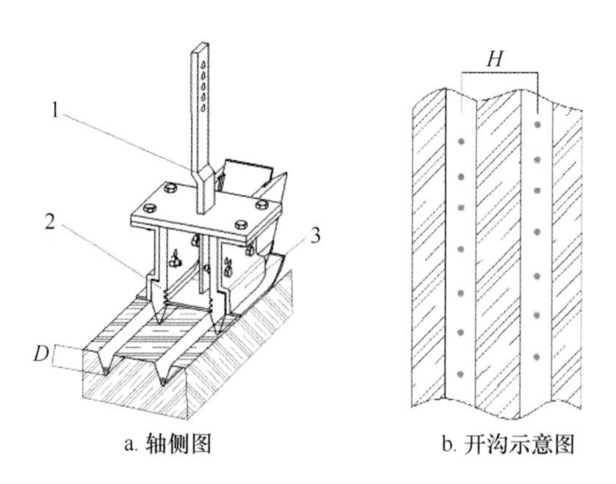

图 5-62 V 型筑沟器结构与开沟示意图

1. 铲柄连接架；2. V 型挤土刀；3. 仿形压土板

5.6.2.1 铲柄连接架与仿形压土板设计

为解决现有大豆播种过程中开沟深度不易控制这一问题，在筑沟器上设置了仿形压土板用于开沟深度定位。仿形压土板用螺丝固定在铲柄连接架上，其结构如图 5-63b 所示。为保证深度定位一致，铲柄连接架的中心压板（1）与两侧仿形压土板的仿形底板（2）的纵截面中轴线曲线相同且等高，中心压板纵截面中轴线分别由直线 A_1、曲线 A_2 和直线 A_3 3 段组成，如图 5-63a 所示，直线 A_1 和直线 A_3 分别与曲线 A_2 相切。

直线 A_1 的方程为

$$y=-R \tag{5-27}$$

曲线 A_2 的方程为

$$x^2+y^2=R^2 \tag{5-28}$$

直线 A_3 的方程为

$$\sqrt{3}x+y+2R=0 \tag{5-29}$$

式中，R 为曲线 A_2 的半径，$R\in(100,200)\text{mm}$。

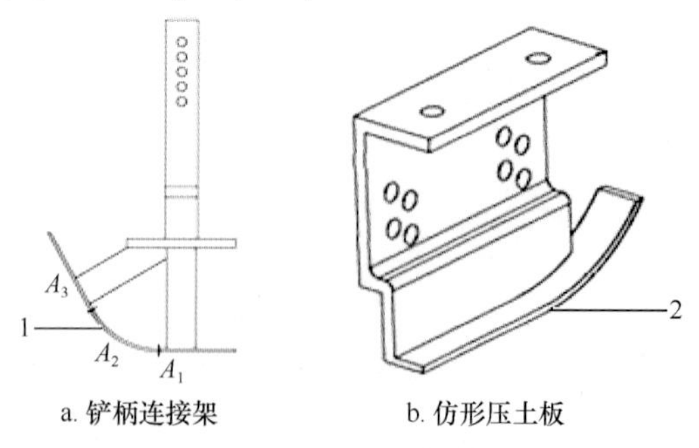

图 5-63 铲柄连接架与仿形压土板结构示意图

1. 中心压板；2. 仿形底板

仿形底板的最高点与 V 型挤土刀的限位凸台平齐，两个 V 型挤土刀刀刃间距为 80～150mm。中心压板和仿形压土板的曲线设计可防止杂草拥堵，保证了开沟过程中良好的通过性能。

5.6.2.2　V 型挤土刀

如图 5-64 所示，V 型挤土刀的内侧设有 L_1、L_2、L_3 3 条凹槽，3 条曲线的中间截面线形与中心压板纵截面中轴线相同，铲柄连接架能够分别与其配合。L_1、L_2、L_3 3 条曲线到挤土刀对应螺栓孔的纵向距离相同，通过改变铲柄连接架插入凹槽的位置，选择凹槽及对应螺栓孔，改变挤土刀底部刃口与仿形压土板底面的相对高度，从而对开沟限深进行调节。本节设计筑沟器的开沟深度为大豆农艺常用的 40mm、50mm 和 60mm 3 种播深。

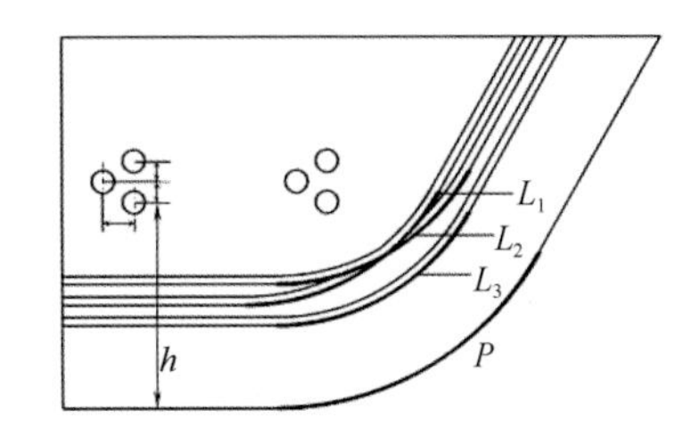

图 5-64　V 型挤土刀结构示意图

V 型挤土刀的刃口曲线设计为蔓叶线，其触土处滑切角范围为 40°～50°，符合触土处滑切角在 35°～55°时有最小切削阻力的要求，且蔓叶线在零点处与 x 轴始终相切，可减小筑沟刀片入土阻力和耕作阻力，有效避免入土性能不好、易堵塞的问题。

设定圆的直径 $OE=d$，Z 是定圆圆周上一点，过 E 点作定圆的切线交射线 OZ 于 Q 点，在 OQ 上截取 $OM=ZQ$，当点 Z 在定圆上变动时，点 M 的轨迹即为所需刀刃曲线，如图 5-65 所示。建立直角坐标系，取 $\angle EOZ=\theta$ 为参数，则刀刃曲线的参数方程为

$$y^2(d-x)=x^3 \tag{5-30}$$

式中，$d=100$～210mm。将式（5-30）求导并消去方程中 y 得出

$$y'=\frac{y^2+3x^2}{2y(d-x)}=\frac{\dfrac{x^{\frac{3}{2}}}{d-x}+3x^{\frac{1}{2}}}{2\sqrt{(d-x)}} \tag{5-31}$$

当 x=0 时，y'=0，则曲线在零点处与 x 轴相切。

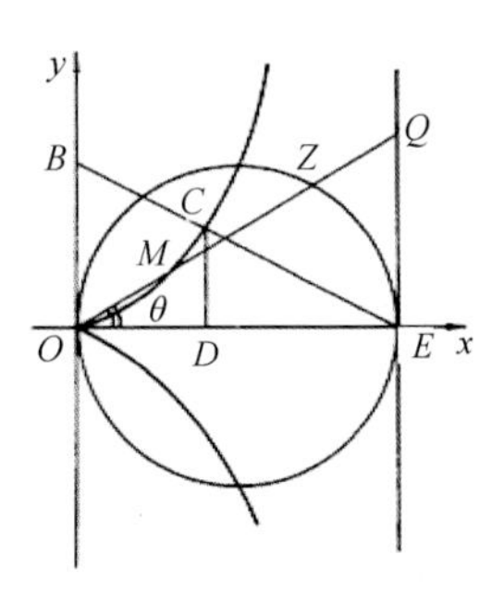

图 5-65　V 型挤土刀刀刃蔓叶线绘制示意图

仿形压土板、铲柄连接架的中心压板与V型挤土刀侧壁共同作用，能够对种沟侧壁施加压力，从而紧固沟形，筑出平滑的种沟。种沟紧实度高有利于减小水分散失，防止沟壁土壤下滑，减少沟壁“橘皮”组织，降低种子滞留在沟壁或被土壤带出种沟的概率。开出的种沟表面平整，沟形均匀，开沟深度一致，有利于保证播种深度一致性。

5.6.3 镇压辊设计

镇压作业是播种机的最后一道工序，对保证出苗、提高作物产量具有重要意义[21-23]。因机具需满足垄上双行播种种植模式，故要求一个镇压辊要同时镇压两行。传统镇压辊在作业过程中不能横向仿形，易造成横向镇压不均匀，导致种床土壤物理特性不均匀，影响大豆出苗一致性，从而影响产量；传统镇压辊还存在粘土壅土现象，镇压质量不高，因此，我们研究了适用于东北垄上双行种植技术条件下的仿形弹性镇压辊[24-27]（授权专利号ZL201410177756.3，公开号CN103918362B）。

5.6.3.1 镇压辊仿形结构的总体设计

镇压辊的仿形结构如图5-66所示，主要由弹性辐条（1）、轴筒焊合（2）、内筒焊合（3）和外筒壁（4）组成，其主要特点是采用了内置对称双排弹性辐条结构。中心轴与辊架通过轴承连接，外筒壁与内筒焊合通过螺栓连接，内筒焊合与轴筒焊合通过弹性辐条连接。

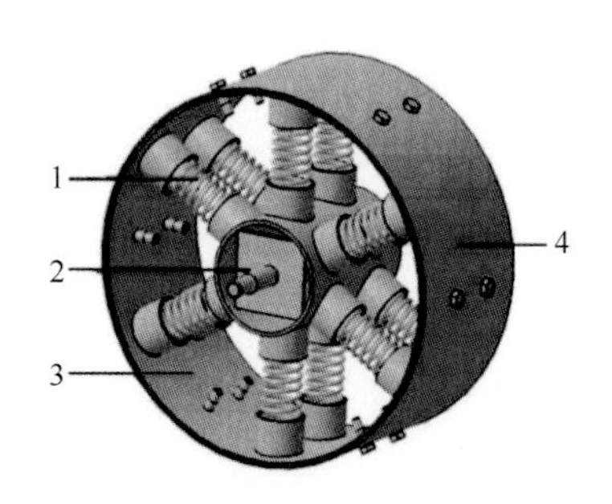

图5-66 镇压辊仿形结构示意图

1. 弹性辐条；2. 轴筒焊合；3. 内筒焊合；4. 外筒壁

当镇压辊处于闲置状态时，各个弹性辐条处于自由长度，此时，轴筒焊合的轴线与内筒焊合的轴线重合，其状态如图5-67a所示。当镇压辊处于工作状态时，外筒壁会与地面接触，在地面反力的作用下，轴筒焊合的轴线与内筒焊合的轴线会发生偏心，其状

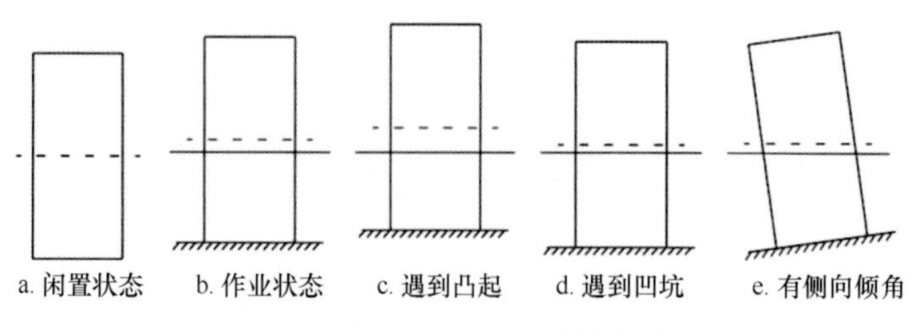

图5-67 仿形镇压辊工作原理图

态如图 5-67b 所示。在工作过程中，由于其特有的内置对称双排弹性辐条结构，镇压辊可以通过每根弹性辐条的伸缩变形和恢复实现纵向仿形与横向仿形。

纵向仿形原理：当仿形结构遇到凸起时，镇压辊表面与地面之间的相互作用力会增加，此时位于底部的弹性辐条将被压缩，造成镇压辊表面相对于轴筒焊合向上移动，其状态如图 5-67c 所示。反之，当仿形结构遇到凹坑时，镇压辊表面相对于轴筒焊合向下移动，其状态如图 5-67d 所示。

横向仿形原理：当仿形结构通过有侧向倾角的垄台时，仿形结构一侧的弹性辐条压缩量较大，而另一侧的弹性辐条压缩量较小，两侧弹性辐条压缩量的差异能使两侧的镇压力相对均衡，其状态如图 5-67e 所示。

5.6.3.2　镇压辊仿形结构参数的确定

1. 镇压辊宽度

播种机筑沟器的开沟宽度和垄上两行行距决定了镇压辊的宽度。仿形镇压辊是针对东北垄作区垄上双行种植技术而设计的，每个播种单体都配套了一个双“V”形筑沟器，每个挤土刀各开出一条“V”形种沟，两条“V”形种沟中心距为 120mm，种沟上面宽度为 35mm，镇压辊的设计宽度应大于垄上行距与开沟宽度之和，同时小于常规垄垄台宽度为 200～300mm 的要求，在满足以上要求的条件下，参考市场上通用镇压轮尺寸确定镇压辊宽度 $B = 210\text{mm}$ 。

2. 镇压辊直径

镇压辊直径过小会造成较大的滑移，并且会产生壅土现象。镇压辊运动过程中，所受阻力与其直径成反比，因此在设计镇压辊尺寸时应适当增加镇压辊的直径。

为确定镇压辊直径，需要对镇压辊仿形结构进行受力分析，图 5-68 为镇压辊仿形结构的受力分析示意图。由于镇压辊仿形结构为弹性辐条结构，因此在运动过程中，中心轴

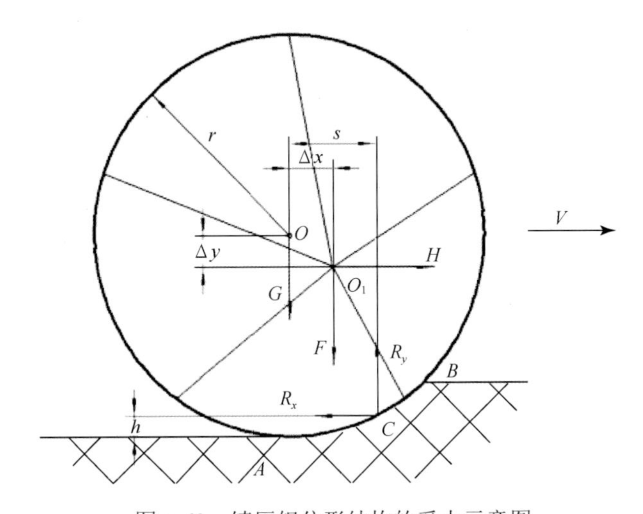

图 5-68　镇压辊仿形结构的受力示意图

会在牵引力 H 和载荷 F 作用下在前进方向、竖直方向分别产生一定偏心量，即由图 5-68 中 O 点运动到 O_1 点。

力矩：

$$\sum A = H(r-\Delta y) - F\cdot\Delta x + R_x h + R_y s = 0 \tag{5-32}$$

$$\sum C = G\cdot s - F(s-\Delta x) - H(r-\Delta y) = 0 \tag{5-33}$$

将式（5-32）和式（5-33）联立，整理得到：

$$H(r-\Delta y) = F\cdot\Delta x - R_x h - R_y s = G\cdot s - F(s-\Delta x) \tag{5-34}$$

式中，H 为牵引力，N；G 为镇压辊辊筒重力，N；r 为镇压辊半径，mm；s 为下陷量为 h 时，镇压辊的前进距离，mm；R_x 为地面在前进方向的反作用力，N；R_y 为地面在竖直方向的反作用力，N；V 为镇压辊的前进速度，mm/s；Δx 为中心轴前进偏离量，mm；Δy 为中心轴竖直偏离量，mm。

由式（5-34）可得到，若忽略弹性辐条自身振动的影响，在某一固定速度条件下，当作用在镇压辊上的牵引力 H 和载荷 F 不变时，镇压辊中心轴在前进方向的偏心量 Δx 和竖直方向的偏心量 Δy 是不变的。在此情况下，镇压辊的半径 r 越小，其前进距离 s 就越小，则镇压辊与土壤的接触时间 $t = s/V$ 就越短，其镇压效果越不理想，同时也会使镇压辊在运动过程中的打滑和壅土现象严重。

由以上分析可知，选择的镇压辊直径不宜过小，但是镇压辊直径太大又不方便安装和运输。根据经验，镇压辊直径一般选择 200～500mm，而内置对称双排弹性辐条结构装配时需要留出充足空间，综上所述，初步选择镇压辊直径 $D = 450\text{mm}$ 。

3. 镇压辊载荷

仿形镇压辊在松软地面上运动，地面承受镇压辊施加的载荷。运动过程中，当镇压辊的下陷量不大时，其下陷量 Z_0 的值为

$$Z_0 = \frac{6Q}{5KBD^{\frac{1}{2}}} \tag{5-35}$$

$$K = \alpha_0(1+0.27B) \tag{5-36}$$

式中，Z_0 为下陷量，cm；B 为镇压辊的宽度，cm；D 为镇压辊的直径，cm；Q 为总载荷（包括自身重力），N；K 为土壤特性系数；α_0 为与土壤性质有关的参数。

对于刚经过耕翻处理的土壤，取 α_0=1.01。镇压辊作业时的下陷量取 Z_0=8mm，将前文计算得到的镇压辊宽度 B=210mm 和直径 D=450mm 代入式（5-35）和式（5-36）中，得到作用总载荷 Q≈632.7N。

图 5-69 为仿形镇压辊的接地情况，其接地面积的计算公式为

$$S = B\cdot\overset{\frown}{AB} = B\cdot\beta\cdot\frac{D}{2} \tag{5-37}$$

其中

$$\cos\beta = \frac{D-2Z_0}{D} \tag{5-38}$$

式中，β 为接触角，rad；$\overset{\frown}{AB}$ 为 AB 所在圆弧的弧长，cm。

经过计算得到镇压辊的接地面积 S=126.4cm^2。

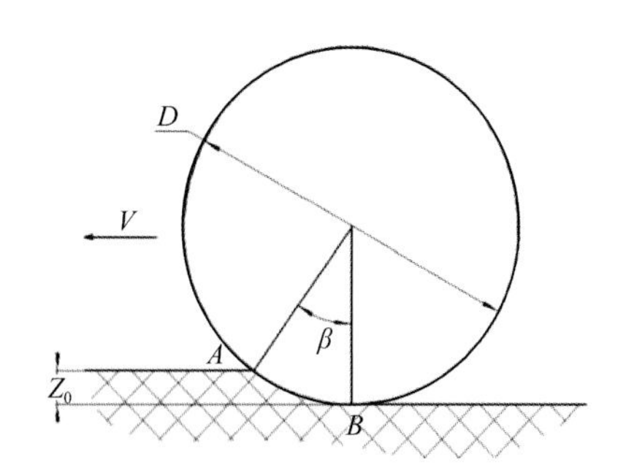

图 5-69　仿形镇压辊的接地情况

作业过程中，镇压辊外筒壁的变形很小，可以视为刚体；不考虑镇压辊与土壤接触面下方土壤的侧向流动，接触面上中心和两侧的土壤受力可视为均匀分布。则计算得到接地压强 P 为

$$P=\frac{Q}{S}=\frac{632.7\text{N}}{126.4\text{cm}^2}=50\text{kPa} \tag{5-39}$$

根据东北的土壤性质，大豆种植农艺要求的镇压强度为 45kPa 以上，而仿形镇压辊的接地压强 $P=50\text{kPa}$，满足东北垄作区大豆种植的农艺要求。

4. 镇压辊辐条数量

内置对称双排弹性辐条结构是该镇压辊最主要的结构和功能特点，弹性辐条的数量和对应的刚度系数则决定了镇压辊的仿形能力。若弹性辐条的数量过多，会导致镇压辊整体结构复杂、仿形效果不理想、生产加工成本高等问题；但弹性辐条数量太少，又会缩短弹性辐条的寿命、增加镇压辊作业过程中的振动等，综合考虑选择 12 根弹性辐条，对称双排均匀分布[28]。

仿形镇压辊在工作过程中，每根弹性辐条的长度和受力方向均处于不断变化之中，给计算带来困难。为方便计算，将 12 根各个方向的弹性辐条简单地等效为作用在竖直方向的 5～7 根弹性辐条。简化后，每根弹性辐条上的载荷为

$$q=\frac{Q}{n}=90.4\sim126.5\text{N} \tag{5-40}$$

根据胡克定律得

$$F=K\cdot\Delta l \tag{5-41}$$

式中，F 为弹簧的拉力，N；Δl 为弹簧变形量，mm。

若仿形镇压辊的纵向仿形伸缩量 Δl =30mm，则弹性辐条的拉力 F_1=q=90.4～126.5N，经计算得到最小弹簧刚度系数 K=3.01～4.22N/mm。

5.6.3.3　镇压辊仿形量计算

纵向和横向仿形能力作为仿形镇压辊仿形结构的重要功能特点，需要计算其最大纵

向和横向仿形量。根据上面的计算得到作业状况下的最小弹簧刚度系数 K=3.01～4.22N/mm，这里取弹簧刚度系数 K=5.0N/mm 进行计算。同时，假定作业过程中弹簧受到的瞬时最大外力为最小载荷的 3 倍，则最大设计外力 $P_2=3q$=379.5N。

纵向仿形量：当镇压辊辊筒受到最大外力时，可以得到纵向仿形量的最大值。根据弹簧的刚度系数，选择的弹簧尺寸为：线径 d=4mm，中径 D=45mm，自然长度 H_0=150mm，节距 t=17mm，根据胡克定律，当弹簧受到外力达到 P_2 时，得到弹簧的最大纵向仿形量为 75.9mm。

横向仿形量：在理想情况下，当一侧弹簧受到最大设计外力 P_2，而另一侧弹簧不受力时，可以得到镇压辊横向仿形的极限值。受到最大外力的弹簧其压缩量为镇压辊最大纵向仿形量，即为 75.9mm。忽略弹簧的直径和弹簧运动过程中的弯曲、扭转等，镇压辊仿形结构在倾斜地面上的作业状态如图 5-70 所示，其中，L_1 为不受力弹簧远端距中心轴的长度，L_2 为受最大外力弹簧远端距中心轴的长度。根据相似三角形定理可得

$$\frac{L_{OB}}{L_{OA}}=\frac{L_2}{L_1} \tag{5-42}$$

$$L_{OA}=L_{OB}+L_{AB} \tag{5-43}$$

$$\tan\alpha=\frac{L_2}{L_{OB}} \tag{5-44}$$

将 L_{AB}=100mm、L_1=225mm、L_2=149.1mm 代入式（5-42）～式（5-44），得到理想情况下的横向最大仿形角度 $\alpha=37.2°$。

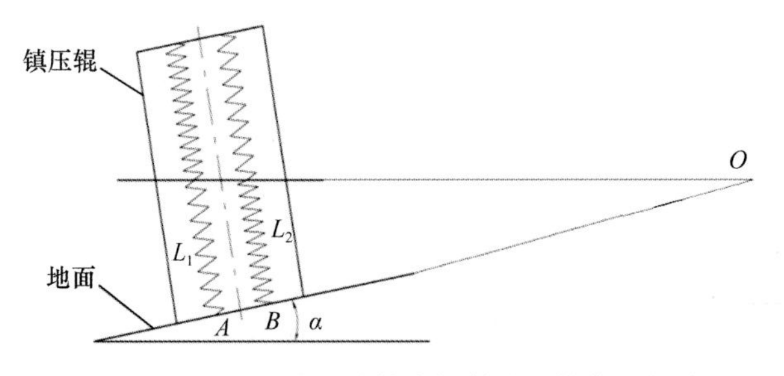

图 5-70　镇压辊仿形结构在倾斜地面的作业状态

5.6.3.4　基于 ADAMS 的镇压辊仿形结构运动仿真

1. 镇压辊仿形结构虚拟样机的建立

镇压辊仿形结构的三维模型如图 5-71 和图 5-72 所示，两种不同类型的地面分别为地面 A 和地面 B。地面 A 为起伏地面，表面有若干个凸起；地面 B 为倾斜地面，其表面与镇压辊中心轴有一定夹角。

仿形弹性镇压辊和传统镇压辊虚拟样机[29, 30]如图 5-73 和图 5-74 所示。

2. 参数最优组合的确定

为了探究弹性辐条刚度系数、作用载荷和作业速度 3 个影响因素对仿形镇压辊镇压

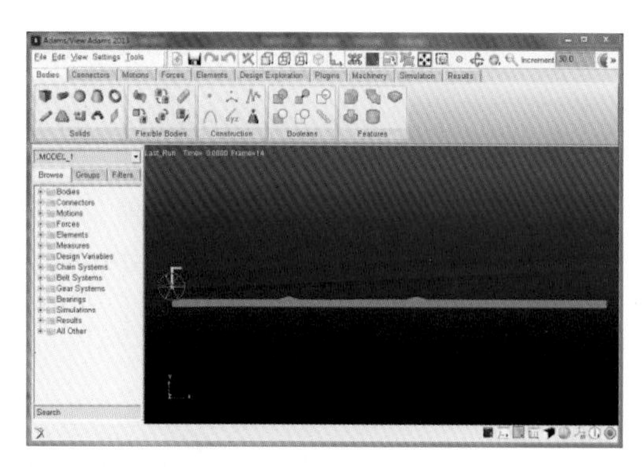

图 5-71 地面 A 模型

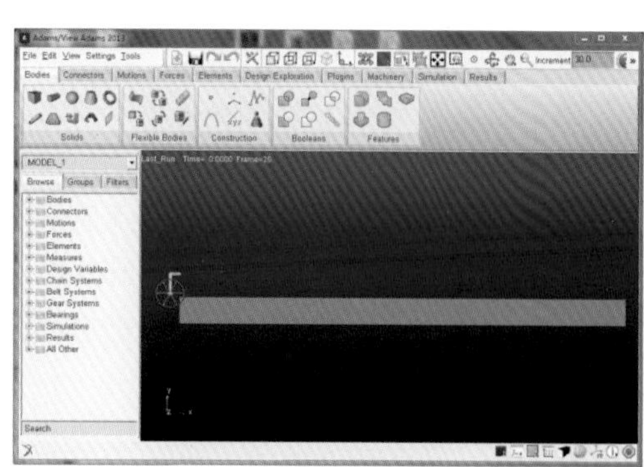

图 5-72 地面 B 模型

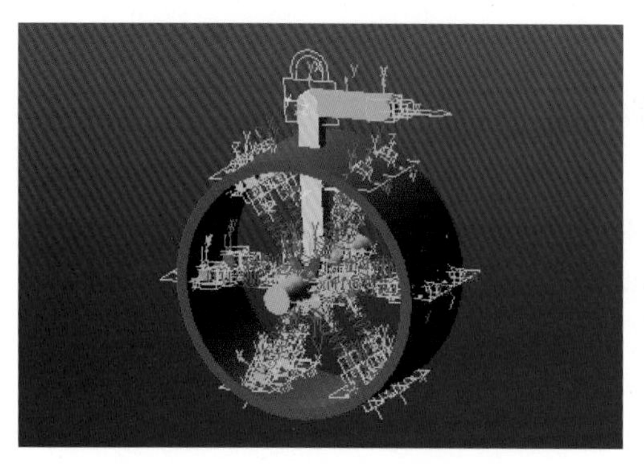

图 5-73 仿形弹性镇压辊虚拟样机

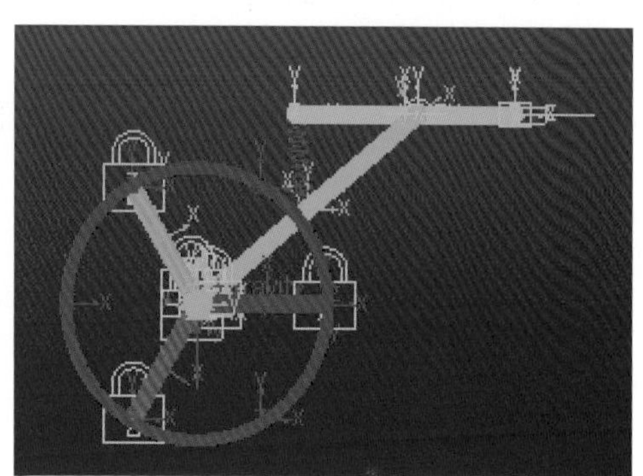

图 5-74 传统镇压辊虚拟样机

力的影响，每个因素取 3 个水平，其中，弹簧刚度系数 K 的取值为 3N/mm、5N/mm、7N/mm，作用载荷 F 的取值为 600N、700N、800N，作业速度 V 的取值为 0.5m/s、1.0m/s、1.5m/s。仿真结果如表 5-13 所示。

表 5-13 各影响因素对镇压力波动的影响

镇压力	刚度系数 K/（N/mm）			作用载荷 F/N			作业速度 V/（m/s）		
	3	5	7	600	700	800	0.5	1.0	1.5
平均值 F_a/N	714.3	693.5	709.8	640.1	693.5	820.3	715.4	693.5	701.0
波动量 F_f/N	153.2	126.7	128.1	145.7	126.7	109.9	129.7	126.7	131.3
波动率 T/%	21.4	18.3	18.0	22.8	18.3	13.4	18.1	18.3	18.7

注：波动量 F_f 指镇压力的实际变化曲线与过滤后的镇压力曲线之间各点的标准差；波动率 T 指波动量与镇压力平均值 F_a 的比值，即 $T=F_f/F_a$

由表 5-13 得出，弹簧刚度系数 K 增加，镇压力平均值变化很小（变化幅度只有 2.9%），而镇压力波动率减小。在刚度系数 K=3N/mm 的条件下，镇压力波动率较大（21.4%）；而在刚度系数 K=5N/mm 和 K=7N/mm 的条件下，镇压力波动率较小（分别为 18.3%和 18.0%），且大小非常接近。

作用载荷增加，镇压力平均值也增加，与对应的作用载荷的数值近似相等，而镇压力波动率减小，且减小幅度较大。作业速度增加，镇压力平均值变化很小（变化幅度只有 3.1%），而镇压力波动率增加，但增加幅度较小（变化幅度只有 3.3%），说明作业速度对镇压力波动率的影响较小（不显著）。

通过对仿真结果进行分析得到，弹簧刚度系数 K 和作用载荷 F 两个因素对镇压力波动率均有显著性影响，而作业速度 V 对镇压力波动率没有显著性影响。3 个因素的最优取值为：刚度系数 K=5～7N/mm，作用载荷 F=800N，作业速度 V=0.5m/s，其中，作业速度影响不显著，可根据实际作业的农艺要求来确定。

3. 纵向仿形及其运动特点

选择地面 A（起伏地面），在各因素均取 3 个水平的中间值。

镇压辊辊筒中心点在地面上的运动轨迹如图 5-75 所示，从图中可以看出，正常工作条件下，纵向仿形量可以达到理论计算的最大仿形量 75.9mm。

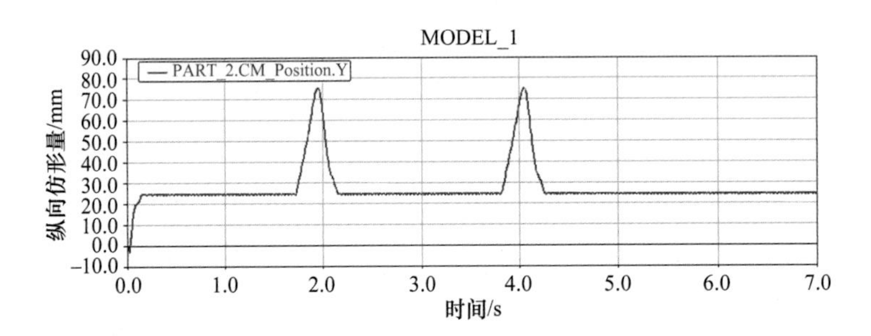

图 5-75 辊筒中心点的运动轨迹曲线

4. 横向仿形及其运动特点

选择地面 B（倾斜地面），仿真中各因素同样均取 3 个水平的中间值。

在理想情况下，仿形镇压辊的横向最大仿形量为 37.2°，但实际情况下弹簧有一定直径，运动过程中弹簧会发生弯曲、侧偏等，当一侧弹簧受到最大设计外力而压缩时，另一侧弹簧也会被压缩，因此实际最大横向仿形量小于 37.2°。

在镇压辊横向仿形能力的仿真中，地面倾斜角度在 32°以下时，镇压辊仿形结构可以正常工作。当地面倾斜角度大于 32°时，镇压辊辊筒开始出现振动强烈、侧偏严重、运动不稳定等现象。当地面倾斜角度达到 34°左右时，由于侧向摩擦力小于重力沿斜面的分力，运动过程中出现了辊筒侧翻的现象，无法正常工作。

图 5-76 是地面倾斜角度为 32°时，并排两弹簧的变形量曲线。从图中可以看出弹簧 1（SPRING_1）一直处于压缩状态，变形量在 12.1～20.8mm 变化，弹簧 2（SPRING_2）的变形量在−41.6～65.2mm 变化（负数代表拉伸，正数代表压缩），两弹簧的变形量之差为−55.3～45.1mm，通过计算可知理想情况下镇压辊辊筒最大偏转角度为 28.9°，小于设置的角度 32°，原因是弹簧在运动过程中发生了沿倾斜地面的侧偏，两弹簧的变形量之差变小。

根据仿真可知，镇压辊仿形结构在倾斜角度较小（小于 32°）的情况下可以正常工作，其最大横向仿形能力为 32°。

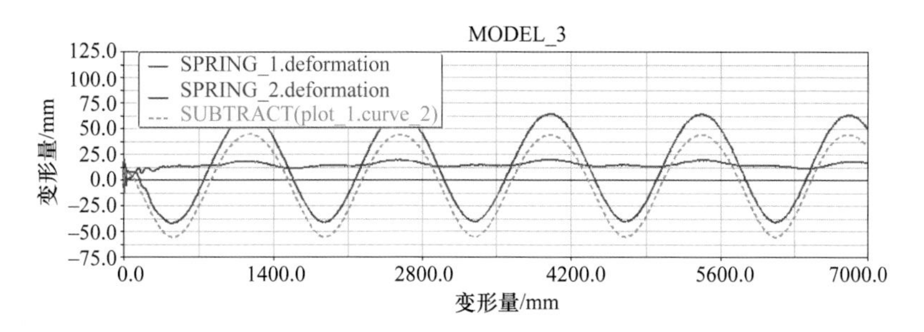

图 5-76　并排两弹簧的变形量曲线（倾斜角度为 32°）

5.6.4　双腔气吸式排种器

气吸式排种器结构相对复杂，需要增设风力系统，但其具有精度高、通用性好、不伤种子的优点，且适用于高速作业，有利于提高机具的工作效率。为了满足大豆垄上双行种植模式，设计了双腔气吸式排种器，其壳体如图 5-77 所示采用对称式结构，种子室（3）和大豆排种盘（2）对称分布，排种盘和排种壳体内壁组成两个气吸室腔体，两个气吸室通过吸风口（6）与风机相连，风机工作时使气吸室产生真空度，因而排种盘两侧产生气压差，在气压差的作用下，种子（9）吸附在排种盘吸种孔上随盘转动，多余的种子被清种器（4）刮掉；当排种盘转过吸气区，种子失去气吸作用靠自重落下，种子经过输种管进入种沟，完成排种；排种盘继续旋转，由清杂毛刷（10）刷净吸种孔，吸种孔再次进入气吸室吸种、排种；排种盘上装有搅种轮（8），以防止种子架空，并压紧排种盘减少漏气。

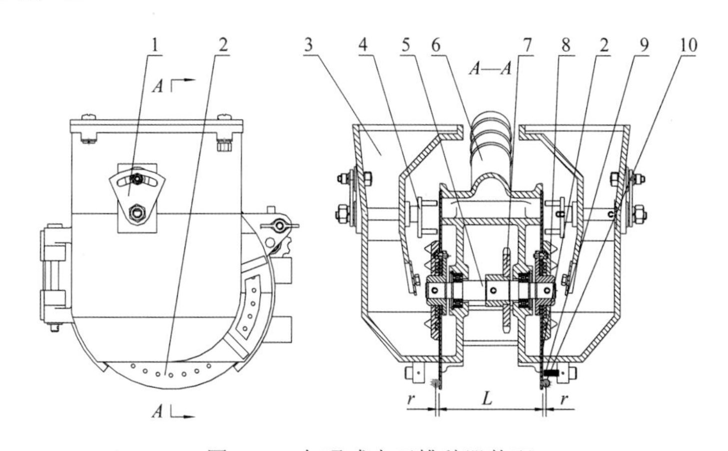

图 5-77　气吸式大豆排种器装配

1. 清种调节板；2. 大豆排种盘；3. 种子室；4. 清种器；5. 排种轴；6. 吸风口；
7. 排种链轮；8. 搅种轮；9. 种子；10. 清杂毛刷

为了保证种子能顺利落入种沟，左右排种盘上种子中心距应等于筑沟器种沟的中心距：

$$2r + L = 120\text{mm} \tag{5-45}$$

式中，r 为种子半径，mm；L 为排种盘外侧间距，mm。

大豆种子选用百粒重 20g 左右，测得外径在 7.2～8.4mm，r 取 4mm，则 L=112mm。

5.6.5 智能控制技术在大豆播种机上的应用（详细内容见第 12 章）

5.6.5.1 变量施肥系统

变量施肥技术在提高农业生产的经济性和环境的生态效益方面的作用已得到试验的证实，因此，有必要在大豆播种机上采用变量施肥技术，进一步提升整机的先进性和实用性。本系统设计的功能节点由 DGPS、处方数据库、微控制器、速度传感器、CAN 通信电路、电机驱动器和步进电机等组成（图 5-78），采用步进电机作为变量施肥的执行机构。工作时，控制器基于航位推算的方法获得地块位置的识别信息，读取预先存储的对应地块的处方信息，控制器同时接收测速传感器的速度信息，根据施肥量控制公式，输出脉冲给电机驱动器，电机驱动器驱动步进电机运转。步进电机通过链条带动排肥轴转动，实现变量施肥。与此同时，微控制器将机具作业速度、地块编号和施肥量等信息通过 CAN 通信网络发送给监控终端。

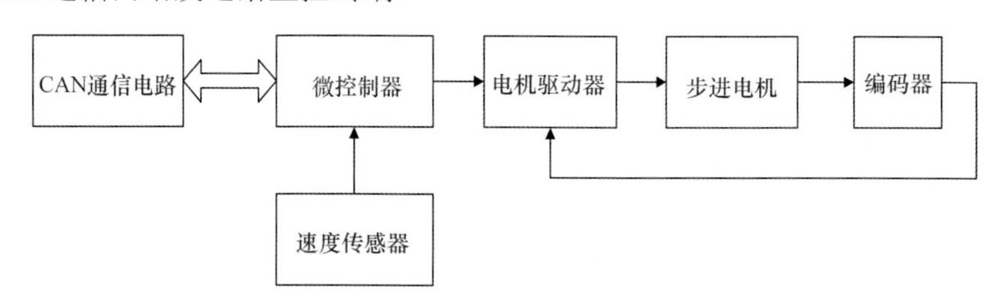

图 5-78 变量施肥功能节点结构

5.6.5.2 播种监测系统

本监测系统对播种作业中易出现问题的环节进行全方位监测（图 5-79），及早发现问题，消除故障，提高播种作业质量。本系统具有如下功能。

1）排种机构故障部位监测，包括种箱料位监测、输种管种子流监测、开沟器堵塞监测等。当播种机构上述部位出现故障时，系统会发出故障信号并判断出故障形式及所在部位，同时存储故障信息为后续处理做准备。

2）播种机工作参数监测：主要监测的播种参数包括粒距合格数、漏播数、重播数、播种总数、作业速度、作业面积等。

3）声光报警：播种机在播种过程中出现故障时，主控制器会通过声光报警提醒驾驶员。

4）人机交互：人机交互界面的设计，可实现操作人员与系统之间的信息交换，以便掌握播种情况及控制精密播种，主要包括键盘和液晶显示屏。

5.6.6 2BDB-6（110）大垄大豆变量施肥播种机

5.6.6.1 种植模式及整机结构

目前，东北部分地区实施大垄密植栽培技术，其核心是选择耐密大豆品种，适当增

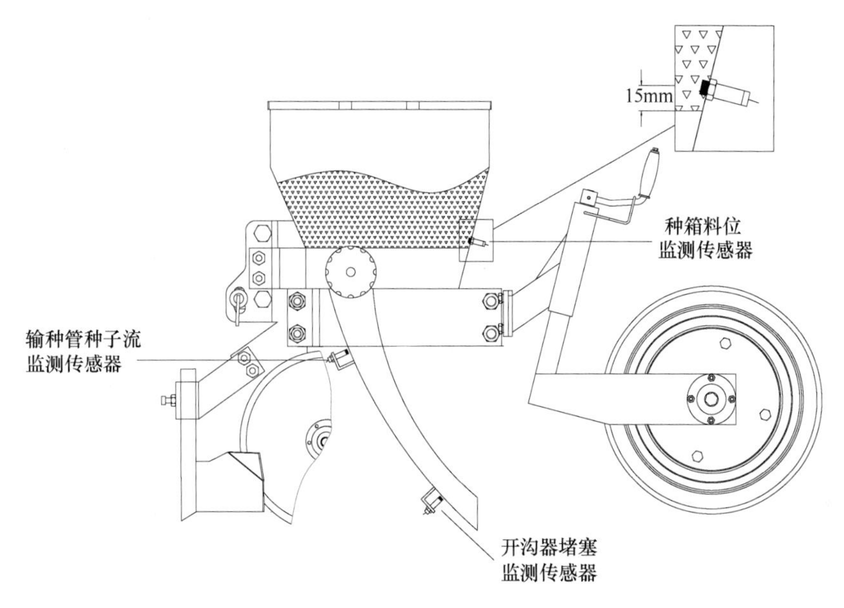

图 5-79　监测原理图

加群体密度，从而建立合理的群体结构，增大植株叶面积指数，改善田间通风、透光条件，提高光能利用率，实现增产目的。该栽培技术示意图如图 5-80 所示，在垄距为 110cm、垄高为 20cm 的大垄上播种四行大豆，垄台上表面宽度为 70cm 左右，垄上大行距为 20～21cm，小行距为 9～10cm。根据大垄密植栽培技术开发了 2BDB-6（110）大垄大豆变量施肥播种机（图 5-81）。

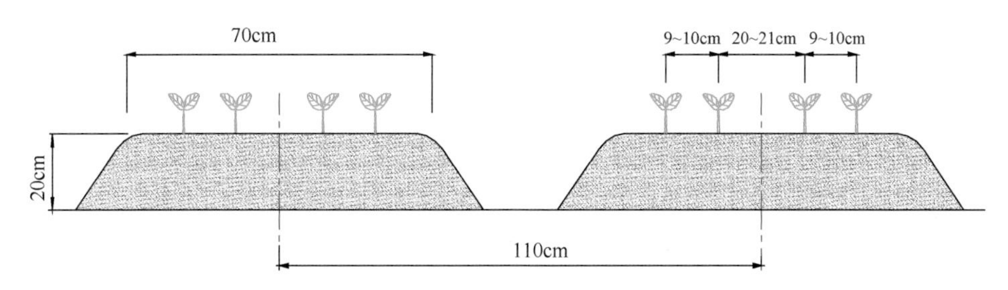

图 5-80　大垄密植栽培技术示意图

图 5-81　2BDB-6（110）大垄大豆变量施肥播种机

2BDB-6（110）大垄大豆变量施肥播种机是在 2BDB-6 大豆变量施肥播种机的基础上开发的，两者通用化率在 95%以上，这样加强了生产的继承性，也给生产、使用和维修提供了方便。2BDB-6（110）大垄大豆变量施肥播种机在保证通用化率和能够正常播种作业的情况下对大垄密植栽培模式做了适当的变动，将垄上播种四行中小行距 9～10cm 改为 12cm，垄上大行距改为 33cm，其他参数保持不变。为了防止播种单体覆土机构在作业中由于横向间距较小而产生干涉或壅土，将相邻播种单体设计成纵向交错的形式，其方法为：保留原播种单体四连杆长度不变，其相邻播种单体四连杆长度增加 120mm，如图 5-82 所示。

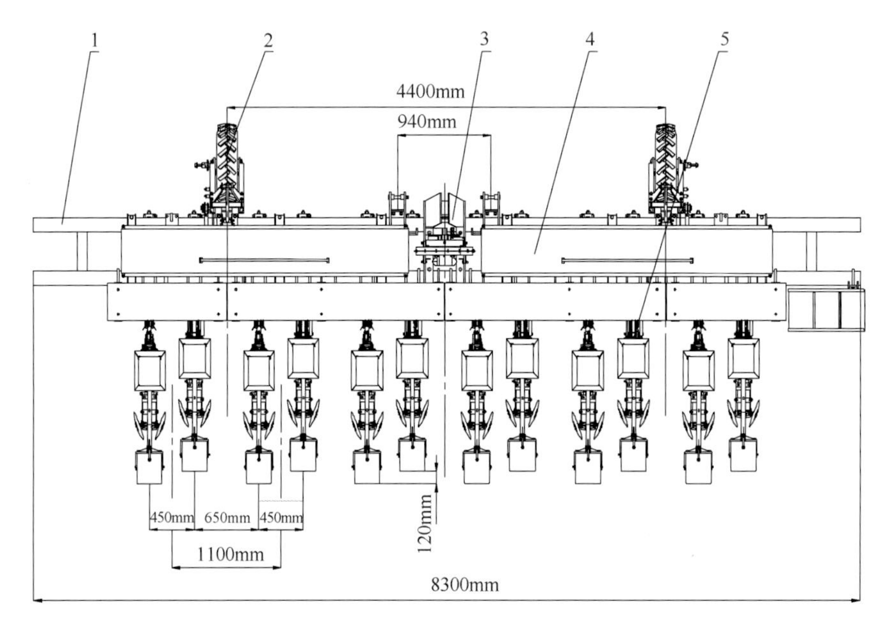

图 5-82　2BDB-6（110）大垄大豆变量施肥播种机横向布置图

1. 机架；2. 地轮；3. 风机；4. 肥箱；5. 播种单体

5.6.6.2　主要技术参数

2BDB-6（110）大垄大豆变量施肥播种机的主要技术参数如表 5-14 所示。

表 5-14　2BDB-6（110）大垄大豆变量施肥播种机主要技术参数

技术参数	数值	技术参数	数值
配套动力	73.5～110.3kW	适应垄距	1100mm
作业垄数	6 垄	播种行数	24 行

注：与 2BDB-6 大豆变量施肥播种机相同参数略

5.6.7　试验及检测

大豆变量施肥播种机研制工作始于 2014 年，于 2016 年结束，共研制 8 台样机，分别在黑龙江勃利县试验基地、吉林省吉林农业大学试验基地、黑龙江省北安市建设农场试验基地进行了测试和考核试验，总作业面积 464hm^2。2016 年 5 月 21 日，国家农机具质量监督检验中心检测员在黑龙江勃利县试验基地分别对两种型号的大豆变量施肥播种机进行了性能检测，各项指标均达到课题任务书的要求，检测结果见表 5-15、表 5-16。

表 5-15　2BDB-6 大豆变量施肥播种机检测结果

序号	检验项目	计量单位	技术要求	检验结果	判定	备注
1	粒距合格指数	—	≥70%	94%	符合	大豆精播；设定单行粒距：90mm
2	漏播指数	—	≤10%	3%	符合	大豆精播；设定单行粒距：90mm
3	重播指数	—	≤25%	3%	符合	大豆精播；设定单行粒距：90mm
4	播种深度合格率	—	≥85%	93%	符合	大豆精播；设定深度：（30±5）mm
5	种子破损率	—	≤0.5%	0.3%	符合	大豆种子
6	施肥量	kg/hm^2	100～500 可调	85～270 可调	符合	外槽轮为最大开度，垄距：650mm
7	各行排肥量一致性变异系数	—	≤10%	4%	符合	—
8	变量施肥控制精度	—	≥94%	98%～103%	符合	施肥量分别设定为：90kg/hm^2、300kg/hm^2、510kg/hm^2
9	漏播报警检测精度	—	≥95%	100%	符合	人工设置漏播、共设置 32 个漏播状况

表 5-16　2BDB-6（110）大垄大豆变量施肥播种机检测结果

序号	检验项目	计量单位	技术要求	检验结果	判定	备注
1	粒距合格指数	—	≥70%	94%	符合	大豆精播；设定单行粒距：90mm
2	漏播指数	—	≤10%	3%	符合	大豆精播；设定单行粒距：90mm
3	重播指数	—	≤25%	3%	符合	大豆精播；设定单行粒距：90mm
4	播种深度合格率	—	≥85%	92%	符合	大豆精播；设定深度：（30±5）mm
5	种子破损率	—	≤0.5%	0.2%	符合	大豆种子
6	施肥量	kg/hm^2	100～500 可调	85～720 可调	符合	外槽轮为最大开度，垄距：650mm
7	各行排肥量一致性变异系数	—	≤10%	4%	符合	—
8	变量施肥控制精度	—	≥94%	97%～103%	符合	施肥量分别设定为：90kg/hm^2、300kg/hm^2、510kg/hm^2
9	漏播报警检测精度	—	≥95%	100%	符合	人工设置漏播、共设置 32 个漏播状况

主要参考文献

[1] 张波屏, 刘格兰. 万能通用精准播种机的研究与试验. 农业机械学报, 2001, 32(2): 34-37.

[2] R. A. 凯普纳, 等. 农业机械原理. 崔引安, 张德骏, 等译. 北京: 机械工业出版社, 1978.

[3] 吉林工业大学农机系. 国外播种机具资料综述. 1977.

[4] 刘立晶, 刘忠军, 李长荣, 等. 玉米精密排种器性能对比试验. 农机化研究, 2011, 33(4): 155-157.

[5] 周祖良, 钱简可. 指夹式玉米精密播种排种器. 农业机械学报, 1986, (1): 47-53.

[6] 马成林. 现代农业工程理论与技术. 长春: 吉林科学技术出版社, 1999.

[7] 马成林. 精密播种理论. 长春: 吉林科学技术出版社, 1998.

[8] Murray J R, Tullberg J N, Basnet B B. Planters and their components. Canberra: Australian Centre for International Agricultural Research, 2006.

[9] W. R. 吉尔, G. E. 范德伯奇. 耕作和牵引土壤动力学. 耕作和牵引土壤动力学翻译组译. 北京: 中国农业机械出版社, 1983.

[10] Damora D, Pandey K P. Evaluation of performance of furrow openers of combined seed and fertilizer drills. Soil & Tillage Research, 1995, 34(1): 127-139.

[11] Tessier S, Saxton K E, Papendick R I. Zero tillage furrow opener effects on seed environment and wheat emergence. Soil & Tillage Research, 1991, 21(34): 347-360.

[12] 寻怀义. 滑切理论探讨. 农业机械学报, 1979, 10(4): 107-111.

[13] 庞声海. 关于滑切理论与滑切角的选用. 华中农学院学报, 1982, 6(1): 64-69.

[14] 西涅阿科夫, 潘诺夫. 土壤耕作机械的理论和计算. 李清桂, 高尔光, 张先达, 等译. 北京: 中国农业机械出版社, 1981.

[15] 史智兴, 高焕文. 排种监测传感器的试验研究. 农业机械学报, 2002, 33(2): 41-43.

[16] 张锡志, 李敏, 孟臣. 精密播种智能监测仪的研制. 农业工程学报, 2004, 10(2): 136-139.

[17] 赵斌, 匡丽红, 张伟. 气吸式精播机种、肥作业智能计量监测系统. 农业工程学报, 2010, 26(2): 147-153.

[18] 贾洪雷, 姜鑫铭, 郭明卓, 等. 2BH-3 型玉米行间播种机设计与试验. 农业机械学报, 2015, 46(3): 83-89.

[19] 李文献, 邹玉兰. 大豆垄上双行机械化精量播种技术. 农村科学实验, 2008, (4): 10.

[20] 夏丽娟. 大豆垄上三行窄沟密植栽培技术. 农村实用科技信息, 2012, (1): 9.

[21] 张兴义, 隋跃宇. 土壤压实对农作物影响概述. 农业机械学报, 2005, 36(10): 161-164.

[22] Ichiro I, Hiroshi M, Takeshi S, et al. Study on improving the emergence of direct sowing sugar beets (part 1)—Improving emergence rate by press roller attached to seeder. Journal of the Japanese Society of Agricultural Machinery, 2006, 68(6): 75-82.

[23] Ichiro I, Masatoshi O, Takeshi S. Study on improving the emergence of direct sowing sugar beets (part 2)—The soil compaction to middle—layer for increasing emergence. Journal of the Japanese Society of Agricultural Machinery, 2006, 68(6): 83-90.

[24] 贾洪雷, 王文君, 庄健, 等. 仿形弹性镇压辊设计与试验. 农业机械学报, 2015, 46(6): 28-34.

[25] 胡鸿烈, 孙福辉. 单体仿形压轮式播种单组的设计与试验研究. 农业机械学报, 1996, (27): 53-57.

[26] 李宝筏. 农业机械学. 北京: 中国农业出版社, 2003.

[27] 贾铭钰. 免耕播种机镇压装置的试验研究及计算机辅助设计. 北京: 中国农业大学硕士学位论文, 2000.

[28] 成大先. 机械设计手册(单行本): 弹簧·起重运输件·五金件. 北京: 化学工业出版社, 2004.

[29] 常春阳, 李航, 杨丙乾, 等. 虚拟样机技术的两轮机器人动力学仿真. 机械制造与自动化, 2005, 34(4): 117-120.

[30] 陈德民, 槐创锋, 张克涛, 等. 精通 ADAMS 2005/2007 虚拟样机技术. 北京: 化学工业出版社, 2010.

第 6 章　免耕播种机

6.1　免耕播种机国内外研究现状

目前，国内外播种机可分为如下几类：①按悬挂方式可分为牵引式播种机、悬挂式播种机、半悬挂式播种机等；②按播种方式可分为条播机、精密播种机等；③按作业功能可分为播种机、播种施肥机、耕播联合作业机等；④按耕作方式可分为免耕播种机、行间播种机、宽窄行播种机、均匀垄播种机等。

随着农业装备技术的不断发展完善，播种机具也发生着巨大的转变，为适应现代农业生产的要求，现代播种机具应具备如下功能：①具有更快的作业速度，一般要求达到6km/h 以上；②具有联合作业功能，一次进地即可同时进行破茬、松土、播种、施肥、镇压等作业；③通过采用高频率、高精度排种器，达到精密播种的目的；④运用破茬装置，防止开沟装置堵塞，减少触土部件动土量[1-3]。

播种机具是任何耕作方式的核心农业装备，其作业质量对粮食产量和质量均具有显著影响，因而结合我国实际情况设计出合理、高效的播种机具具有重要的现实意义。

6.1.1　国外免耕播种机发展现状

欧美发达国家由于科技水平较高，耕地多为大地块，因而其播种机作业幅宽较大，机具质量较大，悬挂方式多为牵引式，采取多横梁结构设计，并配合大马力拖拉机，一次进地即可同时进行破茬、松土、播种、施肥、镇压等作业，且不易发生堵塞问题，具有良好的田间通过性，开沟深度稳定，镇压效果好[4, 5]。

美国 John Deere 1890 型免耕气吸式条播机采用被动旋转倾斜式圆盘开沟器，依靠机具自身较大的重力切断秸秆和残茬，通过自身携带的液压系统控制触土部件压力，进而调节开沟深度，如图 6-1 所示，机具主要参数如表 6-1 所示。

图 6-1　John Deere 1890 型免耕气吸式条播机

表 6-1 John Deere 1890 型免耕气吸式条播机主要参数

作业指标	参数值	单位
圆盘开沟直径	460	mm
开沟深度	6.35～90	mm
镇压力	22～118	N
作业幅宽	9、11、12、13	m
质量	7 711～18 143	kg

美国 Great Plains 3P605NT 型免耕播种机采用三点悬挂，安有双圆盘开沟器、波纹圆盘破茬装置、松土装置等部件，如图 6-2 所示，其主要参数如表 6-2 所示。

图 6-2 Great Plains 3P605NT 型免耕播种机

表 6-2 Great Plains 3P605NT 型免耕播种机主要参数

作业指标	参数值	单位
配套功率	44	kW
悬挂方式	三点悬挂	—
行间距	19.05	cm
作业幅宽	1.83	m
开沟深度	89	mm
质量	1034	kg

美国 SDX30 型免耕播种机采用开放式结构设计，安有气吸式排种器和单圆盘开沟器等机构，如图 6-3 所示，其主要参数如表 6-3 所示。

巴西 SPD3000 玉米秸秆覆盖地播种机采用牵引式设计，安有气吸式排种器和双圆盘开沟器等机构，如图 6-4 所示，其主要参数如表 6-4 所示。

6.1.2 国内免耕播种机发展现状

中国 6115 型免耕播种机采用牵引式结构，安有波纹圆盘犁刀、双圆盘开沟器、橡胶空心镇压轮等机构，如图 6-5 所示，其主要参数如表 6-5 所示。

图 6-3　SDX30 型免耕播种机

表 6-3　SDX30 型免耕播种机主要参数

作业指标	参数值	单位
配套功率	44	kW
作业幅宽	10	m
开沟深度	70	mm
质量	1190	kg

图 6-4　SPD3000 玉米秸秆覆盖地播种机

表 6-4　SPD3000 玉米秸秆覆盖地播种机主要参数

作业指标	参数值	单位
配套功率	44	kW
作业幅宽	5	m
开沟深度	120	mm
质量	530	kg

图 6-5　6115 型免耕播种机

表 6-5　6115 型免耕播种机主要参数

作业指标	参数值	单位
配套功率	55	kW
作业幅宽	2.85	m
行距	285	mm
作业速度	10	km/h

中国 2BMG-18 免耕施肥精少量播种机采用三点悬挂式结构，安有大直面圆盘开沟器等机构，如图 6-6 所示，其主要参数如表 6-6 所示。

图 6-6　2BMG-18 免耕施肥精少量播种机

表 6-6　2BMG-18 免耕施肥精少量播种机主要参数

作业指标	参数值	单位
质量	3500	kg
作业幅宽	3.6	m
行距	200	mm
作业速度	6～9	km/h
配套动力	48～73	kW
生产率	1.2～1.5	hm^2/h

中国 2BJM-6 型免耕精量播种机采用三点悬挂式结构，如图 6-7 所示，其主要参数如表 6-7 所示。

图 6-7　2BJM-6 型免耕精量播种机

表 6-7　2BJM-6 型免耕精量播种机主要参数

作业指标	参数值	单位
质量	1650	kg
作业幅宽	6	行
作业速度	6～9	km/h
配套动力	58.8～73.5	kW
生产率	1.5～2.5	hm^2/h

6.1.3　东北垄作区自行研制配套免耕播种机具的必要性

东北垄作区涵盖黑土区及黄金玉米带，玉米种植面积近 2 亿亩，是我国最重要的商品粮基地。传统耕作频繁耕翻，土壤退化加剧，有机质含量由开垦初期的 5%降至 2%，已严重威胁国家粮食安全和生态环境。推行以秸秆还田和少耕免耕为核心的保护性耕作可有效保护土壤，但冷凉区低温易旱、土壤板结、玉米秸秆粗壮量大不易腐烂，种植农艺技术与美国等发达国家亦存有较大差异，因此应研制适应东北垄作区特点的新型免耕播种机，否则将制约我国东北地区保护性耕作的实施与发展。

6.2　2BDM-4 多功能免耕播种机整机结构

6.2.1　研究目的

中国是一个干旱缺水的国家，过度开垦、乱砍滥伐和不合理的土壤耕作方式造成了我国北方旱区降水减少，蒸发量大，水土流失严重，作物大面积受旱减产。因此，为保护生态环境、控制水土流失，在大力推行退耕还林、还草的同时，需要大力发展能减少水蚀、风蚀的耕作方式[6]。

近十几年来，经过我国政府和广大农业科研人员的不懈努力，在吸取国外先进耕作技术的基础上已经形成了一套较为有效的机械化保护性耕作技术。其核心为秸秆覆盖、少耕、免耕，取消铧式犁，解决焚烧秸秆问题，达到“保水、保土、保肥、保护环境、提高产量”的目的。然而，保护性耕作方式的推广应用环节却因现有机具难以适用而受到极大制约，其中最为缺少的就是免耕播种机[7, 8]。

为克服在我国东北地区推行保护性耕作的诸多难题，并配合三年轮耕法的推行，吉林大学、吉林省农业机械研究院与吉林省康达农业机械有限公司历经 10 余年攻关，在少耕免耕播种环节取得了一系列原创性突破，联合研制了 2BDM-4 多功能免耕播种机，该机具是保护性耕作的最关键配套机具之一。该机具可解决秸秆还田覆盖地及（高）留茬地的直接播种作业，该机采用条带免耕精播技术与仿形清茬（草）及破茬技术，一次进地即可在上述地块完成深施肥、清理苗带、开沟、播种、覆土、镇压等作业。通过多年的改进推广，该机具已在东北垄作区占据 80%以上的市场份额，作为主要成果，获 2011 年吉林省科技进步一等奖。

6.2.2 整机结构与作业参数

2BDM-4 多功能免耕播种机优化组合了先进的蓄水保墒农艺技术，采用了合理的作业工艺，在吸取国外同类及相近机具先进技术的基础上，研制了新型模块式组合结构。2BDM-4 多功能免耕播种机由机架、牵引架、地轮、液压控制系统、施肥机构、智能监控系统和四组播种单体模块等组成。整机满足在秸秆覆盖状态下，一次进地即可完成开沟、施肥、播种、覆土、镇压等联合作业的要求，并且具有高效低耗、使用简单、故障率低、适用范围广等特点（图 6-8）。

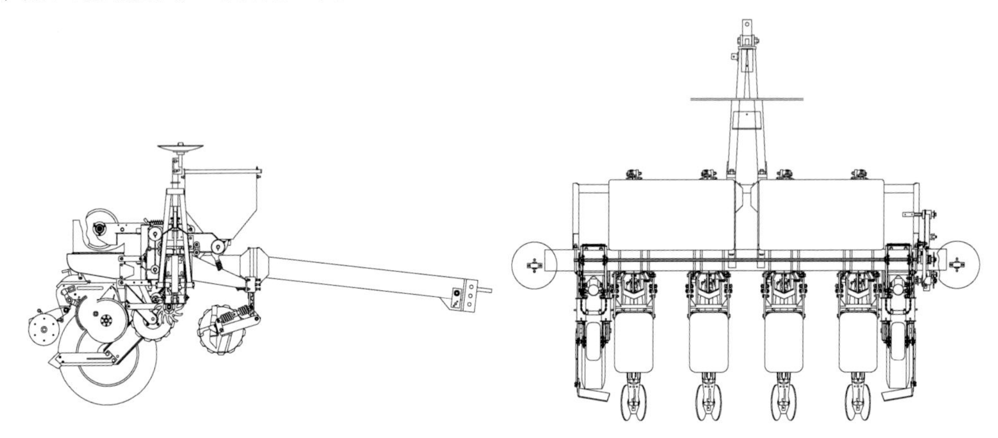

图 6-8　2BDM-4 多功能免耕播种机整机结构图

6.2.2.1　播种单体设计

播种单体是完成播种作业的主要工作部件，如图 6-9 所示，播种单体主要由平行四连杆仿形机构、双圆盘播种开沟器、限深轮、覆土镇压轮及清茬草机构、排种机构等组成。

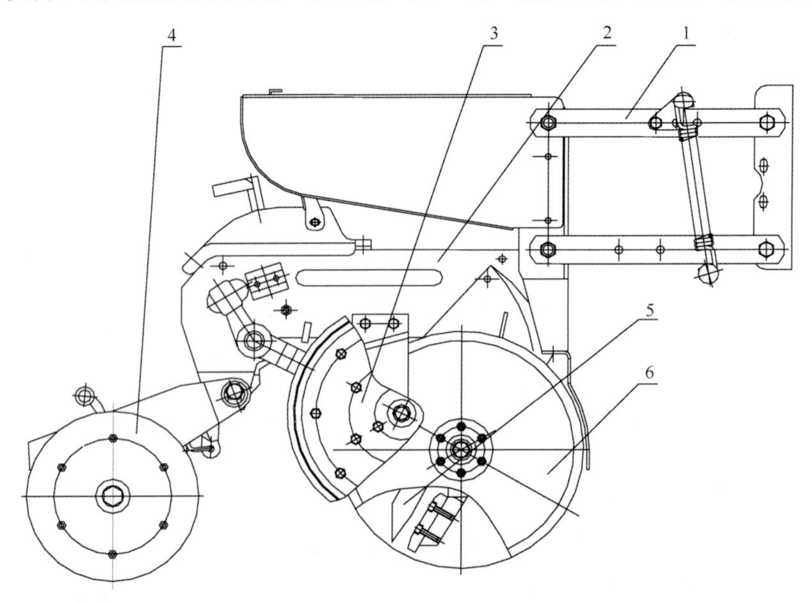

图 6-9　播种单体

1. 平行四连杆仿形机构；2. 播种单体架；3. 限深轮；4. 覆土镇压轮；5. 抛物线输种管；6. 双圆盘播种开沟器

1. 平行四连杆仿形机构的设计

每一个单组都通过平行四连杆机构连接在机具的主梁上，平行四连杆机构可随地面垂直上下仿形，保持工作时入土工作部件的入土角不变，且能保持在起伏不平的地块上作业，播深基本保持稳定。

（1）仿形量的确定

该机由于是四行作业，对播种的四行一致性有一定的要求，因此上、下仿形范围确定为 9cm，设计播种深度为 2～8cm。

（2）四连杆长度的确定

考虑到上仿形角度应不超过 15°，下仿形角度不超过 30°，以保证开沟器的入土性能，且传动可靠，此时可算出上、下杆的长度分别为 $\dfrac{9}{\sin 15°}=34.8$、$\dfrac{18}{\sin 30°}=36$。

在保证机具仿形效果的前提下，取上、下杆长度为 34cm，试验证明不影响播种效果。前后杆的长度，以不干涉传动和运动为宜选取。由于四连杆长度较大，为了防止机具在工作中的横向摆动，下杆分别用圆管和支撑筋横向连接，以增强播种的稳定性。试验中发现在地块较硬的情况下，各刀盘有入土不深的情况，针对这种现象，在四连杆上、下杆之间安装了加力弹簧，保证了在地表起伏较大和地块较硬时候的播种深度及开沟深度一致性。

2. 双圆盘播种开沟器的设计

免耕播种机对通过性的要求比较高，因此开沟器的选择非常重要。传统的播种机多采用芯铧式、凿式、滑刀式等开沟器型式，它们基本的工作方式都是在土壤内拖动，易造成拖堆、堵塞等现象。免耕播种的地面有较多的秸秆和根茬，采用上述结构的开沟器不能满足工作的要求，因此采用了双圆盘播种开沟器。这种开沟器的两个圆盘刃口在前下方相交于一点，形成一夹角。工作时，靠播种单体的自重入土。两圆盘滚动前进时，将土壤切开和推向两侧，形成种沟。由于圆盘周边有刃口，滚动时，可以切割土块、草根和残茬。因此，在整地条件较差和土壤湿度较大时，也能正常工作，而且工作稳定，能适用于高速作业。开沟过程中，不易粘土、拖堆和堵塞，上下土层相混现象较少。

双圆盘播种开沟器由开沟器体、圆盘、圆盘毂、开沟器轴、防尘盖等组成。圆盘的直径设计为 D_p=380mm，厚度为 4mm，刃口为 0.5mm，用 65Mn 钢板制作。圆盘的夹角 $\psi=14°$，相交点的位置夹角 $\beta=70°$，则开沟的宽度 b 应为 30.5mm。

双圆盘开沟器的结构如图 6-10 所示。

3. 抛物线输种管的设计

输种管可将种子直接送到沟内，2BDM-4 多功能免耕播种机的输种管是配合双圆盘开沟器使用的末端带抛物线形式的输种管。它可在种子沿抛物线下滑时，改变种子的运动方向，使它向后滑动，在种子离开输种管下口时，具有向后的速度。此速度的水平分

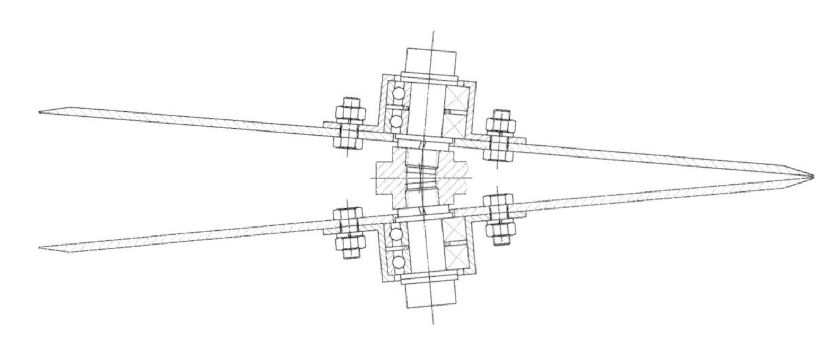

图 6-10　双圆盘开沟器

速度能减小种子下落时相对地面的水平速度，可以改善播种机前进速度所造成的种子落入种沟时的弹跳和滚动，从而提高株距均匀性。本机采用的输种管上部为直线段，下部为抛物线段，抛物线段的方程为：$y=-0.01x^2+2.7x$。

当种子沿输种管向后滑动时，离开管口时得到的水平速度 $v_s=7.4$km/h。因此，播种机作业速度为 7～8km/h 时，接近于零速播种，能很好地提高播种的均匀性。

4. 限深轮的设计

限深轮采用钢板卷制焊接轮圈，薄钢板为双辐板结构，轮圈外包橡胶防止粘土。每个播种单组安装两个限深轮，两个限深轮独立安装在曲形拐臂上，拐臂左右对称地安装在双圆盘开沟器的后外侧。曲形拐臂的后部有限制凹孔，限制柄连接两个拐臂。调节手柄的下部铰接在播种单体上，中部与限制柄相连，上部有凸榫，可以调节到不同的位置。通过手柄位置的不同，可以限制限深轮向上摆动的高度，从而达到限制播种单体工作深度的作用。

5. 覆土镇压轮的设计

本机由于开沟器开沟较窄，故未设专门的覆土器，而是通过镇压轮的挤压作用将开沟器分出的土挤回沟内完成覆土。播种以后，要通过镇压来减少土壤中的大空隙，减少水分蒸发，使土壤保墒；可加强土壤毛细管作用，使水分沿毛细管上升，起到“调水”和保墒的作用；可使种子与土壤紧密接触，有利于种子发芽和生长；春播镇压还可适当提高地温。因此，播种同时镇压对于干旱地区的播种是非常必要的。播种同时镇压主要是在苗带内镇压，而行间土壤仍保持疏松，因而通气性好，还有利于接纳雨水。

本机的镇压轮采用铸造轮体，外挂橡胶，防止粘土。每个播种单组安装两个轮，两个轮呈 45°夹角，上宽下窄，在镇压的同时也可将两侧的土壤压入播种沟内。镇压轮架前端铰接在播种单体的后端，通过弹簧调节镇压轮的镇压力，调节手柄向后拉，镇压力增大；手柄前推，镇压力减小。

6.2.2.2　整机先进性和创新性

在研究设计、试制、试验、改进设计、样机的制造和生产考核的基础上，对机具的作业性能、结构的合理性，以及机具在实用、先进、可行等几个方面的技术指标所达到的科学技术水平做如下评价。

1. 机具的特点及先进性

1）机具前端为施肥部件，整体仿形，采用缺口圆盘刀式施肥开沟器，作用为切开地表覆盖的秸秆和根茬，并进行施肥，以避免施肥过程中产生拖堆现象。

2）机具的播种单体采用单体仿形，保证播种深度均匀性。播种机构分为两个部分，前面部分采用先进的仿形爪式清茬（草）部件及曲面圆盘破茬机构，主要作用为切开地面覆盖的秸秆和根茬，并清理疏松预播条带；后面部分由播种双圆盘开沟器、浮动限深轮和覆土镇压轮等组成。覆土镇压轮采用内倾斜结构，既可覆土又能镇压，缩短了机具长度。

2. 机具的创新点

1）整机采用模块式组合结构，施肥部件、播种单体、除茬部件、种箱、排种器、划印器等均为模块式部件，可根据作业地情况及作业要求的不同，进行多种方式的不同组合，提高了整机的适应性。

2）研制的仿形爪式清茬（草）部件及曲面圆盘破茬机构，可有效切割根茬、秸秆，清理出苗带，为高质量播种做好准备。

3）研制的播种智能监控系统，可实时监测播种机田间作业参数，控制播种深度和镇压强度，及时反馈漏播、堵塞、缺种、缺肥等故障情况，同时对播种机进行精准定位，准确获取区域内播种质量信息，通过通用分组无线业务数据传输单元（general packet radio service data transfer unit，GPRS DTU）模块实现数据的远程传输，远程服务器程序可实现数据接收、存储、统计和分析等功能，为农业生产大数据解决方案提供基础数据支撑。

4）指夹式排种器，已获实用新型专利（授权专利号 ZL200720094607.6，公开号 201142836Y），可实现玉米精量播种。

3. 机具的技术关键

1）研究整机的模块式组合结构，以满足我国农村不同农艺的要求和当动力情况适合时增加整机作业行数的需求。

2）整机的配套动力在满足作业的前提下，应以中型拖拉机如 40.4kW（55 马力）为主要配套动力，以适应我国农村的动力现状。

3）研究试验并完善仿形爪式清茬（草）部件及曲面圆盘破茬机构。

4）研制秸秆切碎效果好、动力消耗小的施肥开沟器。

5）研制的播种智能监控系统集成应用光电、压电、电容等新型传感器件，实时监测播种机田间作业参数。

4. 多功能免耕播种机的主要参数及性能指标

1）配套动力：40.4kW（55 马力）以上拖拉机。

2）播种行数：4 行。

3）播种作物：玉米、大豆精量点播。

4）适合行距：60～70cm。

5）播种质量：玉米粒距合格率≥85%、重播率≤20%、漏播率≤3%。

6）适用范围：秸秆粉碎还田（覆盖）地免耕播种。

5. 与国内外同类技术对比

美国、加拿大、澳大利亚等农业发达国家，由于经过了半个多世纪的研究，机械化免耕播种技术已经成熟，其免耕播种机已形成系列产品。但是，国外机具高昂的价格（十几万元到几十万元），是国内广大农民用户难以接受的。

国内免耕播种机的种类、功能、技术性能与国外同类产品相比尚有较大差距，其不足主要体现在以下几个方面：不能有效地防止前茬作物秸秆和其他植被对机具的堵塞。国内现有的机具多将双圆盘开沟器直接作为切割工具使用，这使机具的开沟能力被大大减弱，而且双圆盘开沟器的切割作用十分有限，并没有真正的免耕能力；机具均为单行或双行的小型机，与小型拖拉机配套，不仅效率低，而且由于自身重量轻，严重影响了机具开沟的效果及深度；国内现有机具均采用开式传动系统，由于离地间隙小，经常出现粘土、缠草现象，因此故障率很高[9-11]。

作者团队研制的多功能免耕播种机采用适合秸秆覆盖地和留茬地免耕播种的整机配置结构，缺口圆盘式施肥部件、播种单体、仿形爪式清茬（草）部件及曲面圆盘破茬机构、种箱、排种器、划印器等均为模块式部件，可根据作业地情况及作业要求的不同，进行不同方式的组合，提高了整机的适应性，适合中国国情（图 6-11、图 6-12）。

图 6-11　系列多功能免耕播种机

图 6-12　试验田作业效果

6.3　关键技术与核心部件

6.3.1　仿形爪式清茬（草）部件

秸秆粉碎还田是保护性耕作体系中的核心技术之一。它将前茬作物秸秆（含根茬）粉碎均匀地铺撒在地表上，防止地表裸露，提高土壤抗水蚀和风蚀的能力；减少土壤水分蒸发，提高农田蓄水保墒能力；提高土壤的有机质含量，培肥地力。但是秸秆覆盖对土壤提温有所影响，可能会延缓农作物的出苗和生长发育；播种机在秸秆覆盖的土壤工作时容易堵塞，影响播种质量；播种时种子可能落在残茬上，不能与土壤良好地接触，影响种子发芽；秸秆与土壤的混杂会减弱镇压作用效果。为了克服上述弊端，应有效地清除种床上秸秆、残茬及大的土块，保证免耕播种及出苗质量。为此，设计了仿形爪式清茬机构（它与波纹圆盘刀破茬松土机构联合作业），将它安装在播种单体前端，可以有效地扫除种床上的秸秆和残茬，提高种床土壤温度和播种机的通过性。本节将从其工作原理、运动学分析及结构参数等几个方面进行研究和探讨[12-15]。

清茬机构在借鉴拨禾星轮原理和形状的基础上，又结合了双圆盘开沟器的结构形式，使它对残茬同时具有拨动和侧分两项功能。该机构主要由一对与地面相接触的轮爪式拨草轮（以下简称为爪轮）、收敛支臂架、调节深浅的凸轮及下限位支臂等主要工作部件组成，如图 6-13 所示。一对爪轮呈“八”字形安装在收敛支臂架上，其前端彼此收敛到一点而互不干涉；爪轮中间为圆盘区，沿着圆盘区的圆周均匀地分布着多个相同的指形轮爪（通常为 8～14 个）；一对爪轮安装在收敛支臂架上，可以随收敛支臂架绕转轴整体转动，从而实现爪轮对地面的仿形。

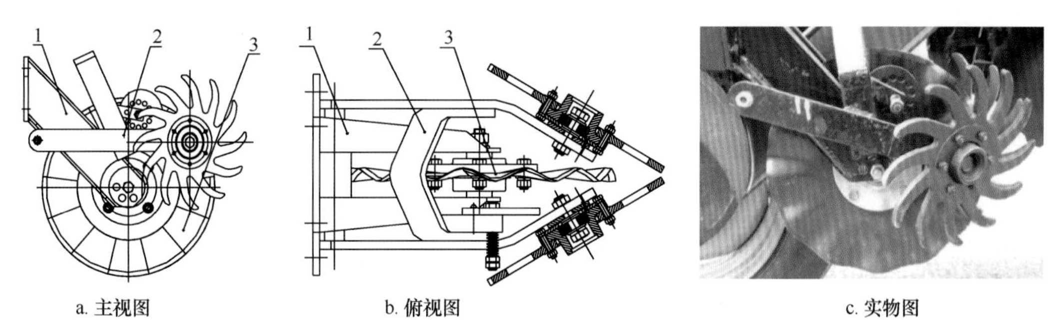

图 6-13　仿形爪式清茬（草）部件及波纹圆盘刀

1. 下限位支臂；2. 收敛支臂架；3. 波纹圆盘刀

工作时，如图 6-14 所示，爪轮上轮爪插入秸秆残茬层与土壤接触，在收敛支臂架推力和土壤反力、秸秆残茬阻力形成的力偶作用下爪轮转动。旋转的轮爪将其下方秸秆拾起向侧后方抛出，其余残茬随爪轮前进分置两侧，形成一条土壤裸露的区域。

6.3.1.1　爪轮顶点的速度和加速度方程

爪轮上任一顶点的运动轨迹，如图 6-15 所示。取坐标系 $oxyz$，坐标原点 o 为轮爪

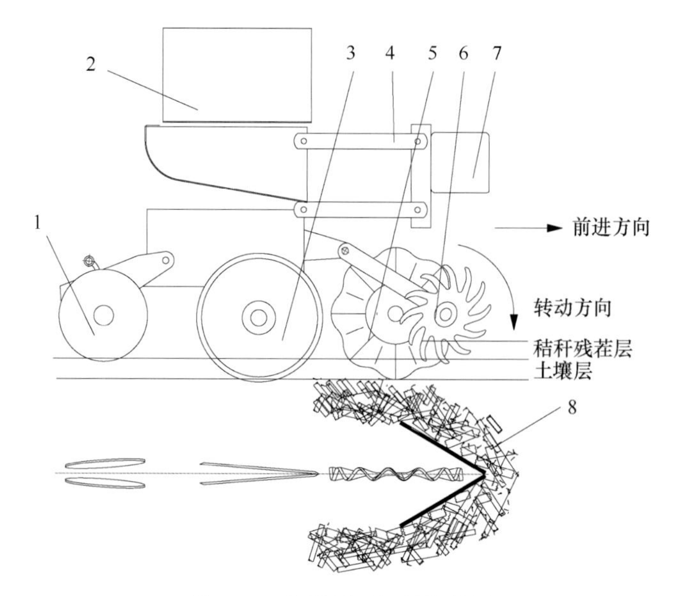

图 6-14　免耕播种机结构简图

1. V 型镇压轮；2. 种肥箱；3. 双圆盘开沟器；4. 四连杆；5. 波纹圆盘；6. 清茬机构；7. 播种机主梁；8. 秸秆和残茬

与土壤接触点，x、y 轴分别平行和垂直于爪轮平面，z 轴为垂直于地面方向。图 6-15 中，H 为残茬层厚度，h 为啮合点高度。以 o 点为起点，爪轮上任一顶点的运动轨迹坐标方程为

$$\begin{cases} x = vt\cos\delta + R\sin\omega t \\ y = vt\sin\delta \\ z = R\left(1-\cos\omega t\right) \end{cases} \tag{6-1}$$

式中，v 为清茬机构前进速度；R 为爪轮半径；δ 为爪轮运动偏角；ω 为爪轮转动角速度；t 为时间。

轮爪的有效工作区间，即轮爪对残茬层产生作用的区间，其相位角如式（6-1）所求得，相位角范围为 $2k\pi - \arccos\dfrac{R-H}{R} \leqslant \omega t \leqslant 2k\pi + \arccos\dfrac{R-H}{R}$。由图 6-16 可知，爪轮从 a 点到 c 点回转一周的运动是一个复合运动，可以看作由从 a 点到 b 点的纯滚动和从 b 点到 c 点的无转动的平移运动所合成，该点的运动轨迹是一条空间螺旋线。从 xoy 平面上看，在有效工作区间内爪轮顶点横向移动明显，这说明轮爪对残茬具有侧向推移功能。在一定范围内，若运动偏角 δ 增加，则 bc 变大，滑移作用就强，对覆盖物的侧推作用也就变强；反之，侧推作用变弱。但运动偏角 δ 过大，会影响爪轮的转动，增大前进阻力。

对式（6-1）求导，得轮爪顶点的绝对速度在各坐标轴上的分量为

$$\begin{cases} v_{ax} = \dfrac{\mathrm{d}x}{\mathrm{d}t} = v\cos\delta + \omega R\cos\omega t \\ v_{ay} = \dfrac{\mathrm{d}y}{\mathrm{d}t} = v\sin\delta \\ v_{az} = \dfrac{\mathrm{d}z}{\mathrm{d}t} = \omega R\sin\omega t \end{cases} \tag{6-2}$$

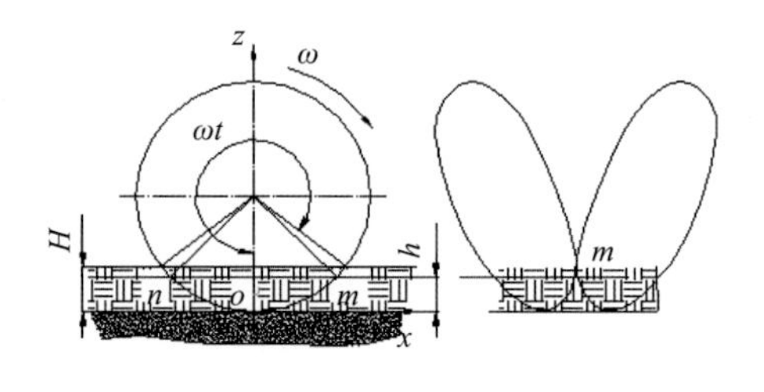

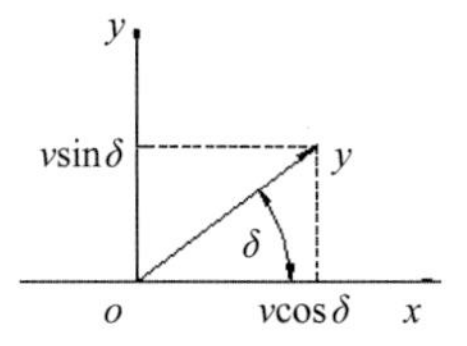

图 6-15　爪轮运动分析简图

m，n. 轮爪与残茬的接触点

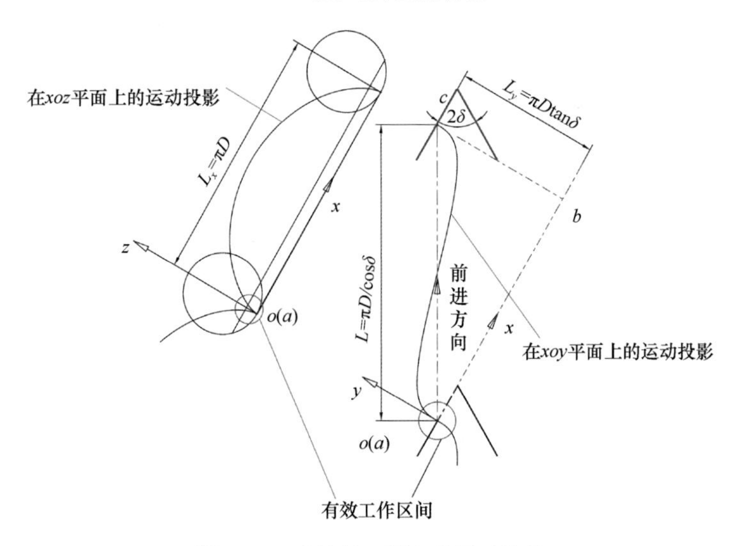

图 6-16　爪轮任一顶点的运动轨迹

对式（6-2）求导，得轮爪顶点加速度在各坐标轴上的分量为

$$\begin{cases} a_x = \dfrac{\mathrm{d}^2 x}{\mathrm{d}t^2} = -\omega^2 R \sin \omega t \\ a_y = \dfrac{\mathrm{d}^2 y}{\mathrm{d}t^2} = 0 \\ a_z = \dfrac{\mathrm{d}^2 z}{\mathrm{d}t^2} = \omega^2 R \cos \omega t \end{cases} \tag{6-3}$$

爪轮角速度为

$$\omega = -\frac{v \cos \delta}{R(1+\eta)} \tag{6-4}$$

$$v_a = \sqrt{v_{az}^2 + v_{ay}^2 + v_{ax}^2} = \sqrt{\omega^2 R^2 + v^2 + 2v\omega R \cos \delta \cos \omega t} \tag{6-5}$$

假设滑移是均匀的，爪轮可看成以等角速度 ω 旋转，其顶点线速度可代入式（6-5）中，轮爪的绝对速度可整理成

$$v_a = v\sqrt{1+\lambda^2+2\lambda\cos\omega t\cos\delta} \tag{6-6}$$

根据式（6-6），作出爪轮任一顶点在一个周期内的绝对速度曲线，如图 6-17 所示（使用函数绘图软件 Origin 生成）。图 6-17 中，横坐标表示爪轮顶点的相位角（ωt），纵坐标表示该点在不同相位角所对应的绝对速度（v_a）。由图 6-17 可见，所有速度曲线的最小值均出现在 ωt 为 0°、360°、720°…附近，即爪轮的最低点、土壤层附近。速度的最大值出现在 ωt 为 180°、540°…附近，即该顶点运动到距地表最高位置。相位角 ωt 为 0°～180°时，该顶点的绝对速度逐渐增大；ωt 为 180°～360°时，绝对速度逐渐减少。从图 6-17 中还可以看出，爪轮顶点的绝对速度与 η、v、δ 等参数有关。爪轮前进速度 v 相同时，各速度曲线相交在相位角 60°和 300°附近，轮爪在该点的绝对速度相同。当爪轮半径 R 设计为残茬层厚度 H 的 2 倍时，爪轮顶点进入残茬层和离开残茬层界面的相位角分别为 300°和 60°，其绝对速度大小接近，受运动偏角 δ 和滑移率 η 的影响较小。在轮爪的有效工作区间内，运动偏角 δ 相对滑移率 η 对爪端的绝对速度影响较大。当运动偏角 δ 增大时，轮爪的角速度减小，在＞300°和＜60°内的绝对速度增大，轮爪对残茬层推移作用较强，对残茬的拨动作用较弱。

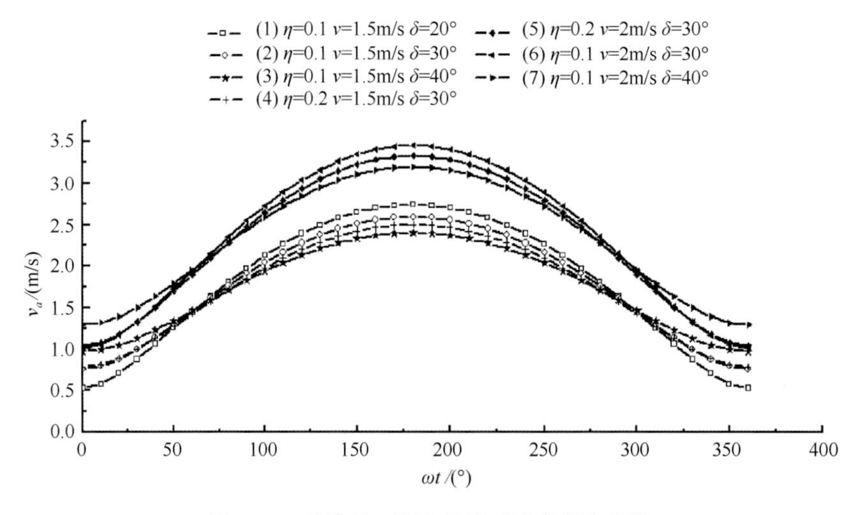

图 6-17　爪轮任一顶点的绝对速度变化曲线

6.3.1.2　爪轮啮合的结构参数

（1）啮合点高度

爪轮啮合的结构参数如图 6-18 所示，啮合点高度 h 是影响拨草质量的主要参数之一。为使清茬干净，要求 h 值应略小于或等于秸秆残茬层厚度 H，即 $h \leqslant H$。在设计中，若 h 值取值过大，啮合点高于 H，将使轮爪在秸秆层中啮合不严，造成中间的残茬遗漏；但 h 值太小，又会使秸秆从聚点上面进入双轮盘之间，造成轮爪夹秆堵塞。

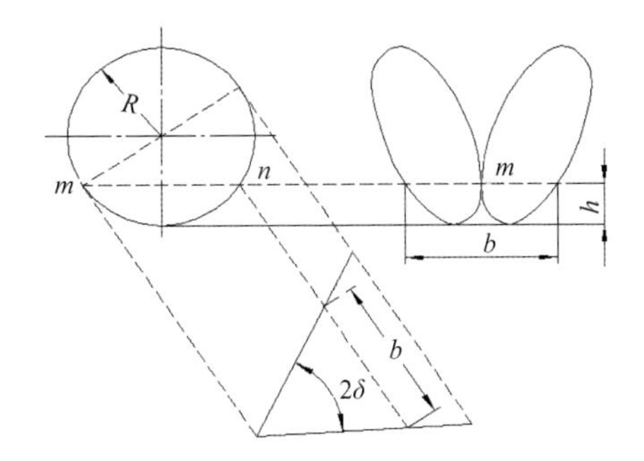

图 6-18 爪轮啮合结构示意图

（2）工作幅宽

清茬机构的工作幅宽 b 可参考条耕或带耕的耕作幅宽，一般在 15～25cm。影响清茬宽度的参数主要为爪轮半径 R 和两爪轮的夹角 2δ。工作幅宽计算方法如下：

$$b = 4\sin\delta\sqrt{R^2 - (R-h)^2} = 4\sin\delta\sqrt{2Rh - h^2} \tag{6-7}$$

h 应根据实际残茬厚度 H 选择，运动偏角 δ 应在 20°～40°，根据 b、h 和 δ 等参数的取值范围可确定爪轮半径 R 在 150～200mm。由式（6-7）可知，b 随着 R 和 δ 的增大而增大，分别把 R 和 δ 看作常数，对式（6-7）求偏导得

$$\frac{\partial b}{\partial \delta} = 4\cos\delta\left(2Rh - h^2\right)^{\frac{1}{2}} \quad \left(0 < \delta < \frac{\pi}{4}\right) \tag{6-8}$$

$$\frac{\partial b}{\partial R} = 4h\sin\delta\left(2Rh - h^2\right)^{-\frac{1}{2}} \quad \left(0 < \delta < \frac{\pi}{4}\right) \tag{6-9}$$

将式（6-8）除以式（6-9）得

$$\frac{\dfrac{\partial b}{\partial \delta}}{\dfrac{\partial b}{\partial R}} = \frac{4\cos\delta\left(2Rh - h^2\right)^{\frac{1}{2}}}{4h\sin\delta\left(2Rh - h^2\right)^{-\frac{1}{2}}} = (2R - h)\cot\delta \tag{6-10}$$

式（6-10）中，$\delta < 45°$，所以 $\cot\delta > 1$；同时 $2R-h \geqslant 1$，所以式（6-10）的值也远大于 1，即运动偏角 δ 比爪轮半径 R 对清茬机构工作幅宽的影响要大。所以，设计清茬机构时，由结构因素来确定爪轮的半径，而采取加大运动偏角 δ 来加宽清茬幅宽。

6.3.1.3 轮爪安装倾角

轮爪按安装角度可分为径向、后倾和前倾 3 种布置形式，如图 6-19 所示。

轮爪在 xoy 平面上工作时起拨茬作用，对残茬有向侧后方的拨动和脱茬作用，轮爪能从残茬层中顺利脱出，没有秸秆缠绕。拨茬和脱茬，二者是相互矛盾着的对立面。拨茬是秸秆受轮爪拨动，不沿着轮爪面滑移，能随爪轮转动而运动；脱茬是秸秆与轮爪工作面有相对位移。试验中发现脱茬问题较拨茬问题更为突出，一旦轮爪缠秆，立即影响爪轮的转动，从而影响轮爪拨动残茬的效果，引起清茬机构堵塞和种床秸秆的拖堆。因此，处理拨茬和脱茬的关系，首先是保证脱茬，而后尽量兼顾拨茬。径向布置的轮爪在工作区间内易于满足拨茬，但不利于脱茬。当爪轮在高速作业时，秸秆易被轮爪拨动、挑起，随轮爪旋

转一周后又抛到清茬机构的前方。轮爪为后倾布置时，只要后倾角度适当，不但不影响轮爪的拨茬，而且有利于秸秆的排放，防止了秸秆的缠绕；前倾布置的轮爪容易挑秆，清垄效果不好。从径向和后倾布置的轮爪运动轨迹可以看出（图 6-20），在有效工作区间内，后倾布置的轮爪对秸秆的作用是：先压制，再拨动，最后挑起、排放，这样清扫秸秆的作用效果好，作用范围也更大。综上所述，轮爪布置形式宜选择后倾。

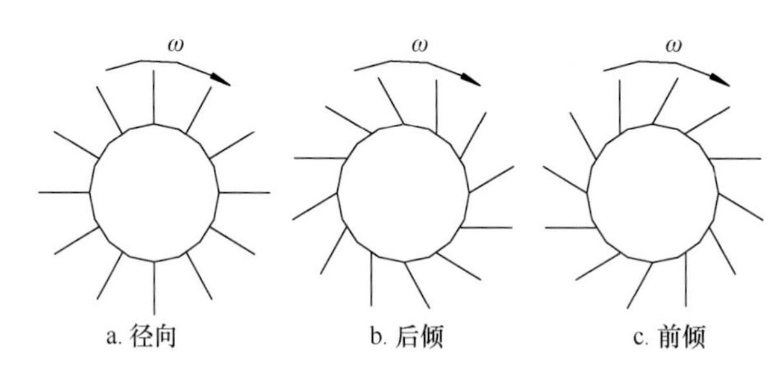

图 6-19　轮爪的布置形式

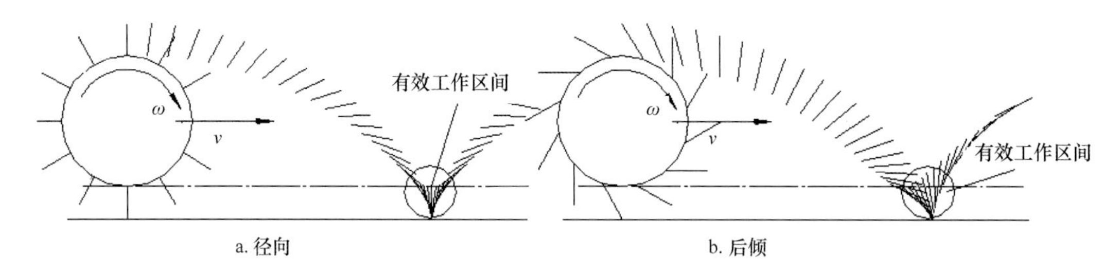

图 6-20　轮爪的运动轨迹图

6.3.1.4　轮爪形状和数量

参照拨禾星轮的形状，对轮爪爪形进一步优化设计，如图 6-21 所示。将爪端用圆弧 R_2 延展到外圆上，圆弧与轮爪的直线部分相切。这样可以进一步提高轮爪爪端的脱茬能力；同时能够降低轮爪和土壤之间的压强，从而减小轮爪对土壤的搅动，减少种床土壤流失。另外，将相邻轮爪根部用圆弧 R_1 过渡连接（R_1 应大于秸秆直径），防止爪根夹秆，有利于秸秆的排放。

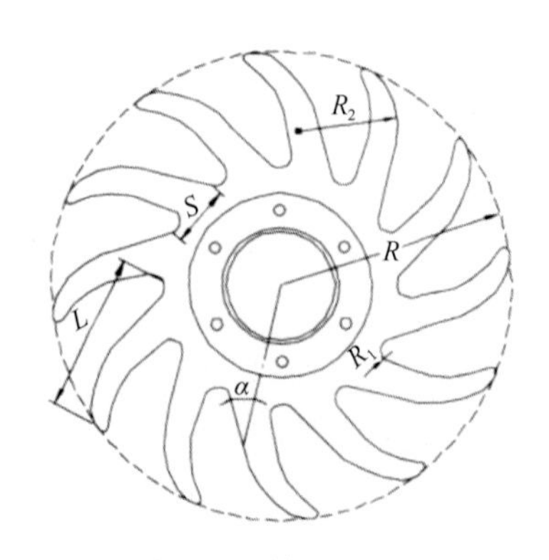

图 6-21　轮爪爪形图

R_2. 爪端圆弧；R_1. 爪根部过渡圆弧；S. 相邻齿根弦长；L. 轮爪长度；R. 轮爪半径；α. 相邻爪角度

为保证轮爪能连续拨动残茬，爪轮上要设有一定数量的轮爪。轮爪数量在保证齿根空间不夹秆的情况下尽量多取。轮齿数量为

$$q=\frac{2\pi\left(R-L\right)}{S} \tag{6-11}$$

小结如下。

1）通过建立清茬机构爪轮顶点的运动轨迹方程，绘制出爪轮顶点的运动轨迹图，模拟了清茬机构在工作区间内对秸秆的清理过程。通过建立速度和加速度方程，绘制不同参数下轮爪上任一顶点的绝对速度变化曲线。当运动偏角 δ 增大时，轮爪的角速度减小，在有效工作区间内爪轮顶点的绝对速度增大，轮爪对残茬层侧推作用较强，对残茬的拨动作用较弱。通过试验比较，运动偏角 δ 宜在 20°～40°选取。

2）运动偏角 δ 比爪轮半径 R 对清茬机构工作幅宽的影响大。设计该类清茬机构时，由结构因素来确定爪轮的半径，适当加大运动偏角 δ 来加宽清茬幅宽。

3）轮爪采用后倾的布置形式，有利于提高轮爪的脱茬能力，减少对土壤的扰动。

4）轮爪数量在保证齿根空间不夹秆的情况下尽量多取。

6.3.2　指夹式排种器

排种，就是在存有种子的空间内获取一定数量的种子，按照固定的规律将其投送至特定位置的过程。排种器就是用来完成这个过程的装置，一般由取种部件（获取种子）、转动推送装置、刮种部件（使获取的超过理论排种数量部分的种子脱离取种部件）、投种装置 4 个主要部分构成。传统的玉米排种器一般由种盒、取种部件、刮种部件、护种装置和清种部件组成，其工作过程是取种部件在种盒内按照固定的方向旋转经过种子区域时获取种子后，经过刮种部件的处理使得取种部件含有的种子数量尽量满足理论数值，之后在护种装置的保护下取种部件转动至清种部件处，使种子脱离排种器，实现排种[16, 17]。

两种常用排种器的结构和特点如下。

1）窝眼轮式排种器（图 6-22），该排种器结构简单，更换拆卸方便，无易损件，配有大型孔玉米精密播种轮、小型孔玉米精密播种轮、玉米穴播轮和大豆播种轮，可根据需要进行更换，通过改变排种传动链轮的齿数调节播种的穴距，能够完成一般要求的玉

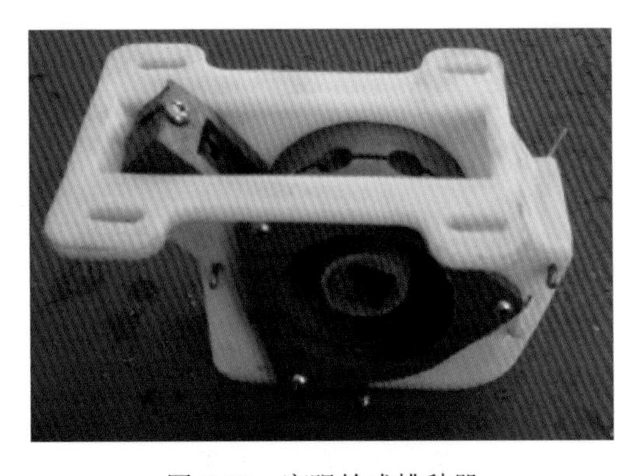

图 6-22　窝眼轮式排种器

米精量播种或穴播，在排种过程中存在因刮擦或挤压造成种子破损的可能，窝眼轮的型孔只有固定的几种尺寸，同一品种玉米种子的形状和大小存在差异，又可能导致断穴或者重播。此种排种器结构简单，价格低廉，配套零部件易于加工和更换，所以仍是目前我国播种机械中应用最广泛的排种器之一。

2）气吸式排种器（图 6-23），与窝眼轮式排种器相比，该排种器结构复杂，对种子尺寸形状要求不严格、通用性好，易损件少，可靠性较高，但风机与传动系统较复杂，故障点较多，随着新技术的不断研发和完善，气吸式排种器在我国现有播种机械上也逐渐被大量应用。

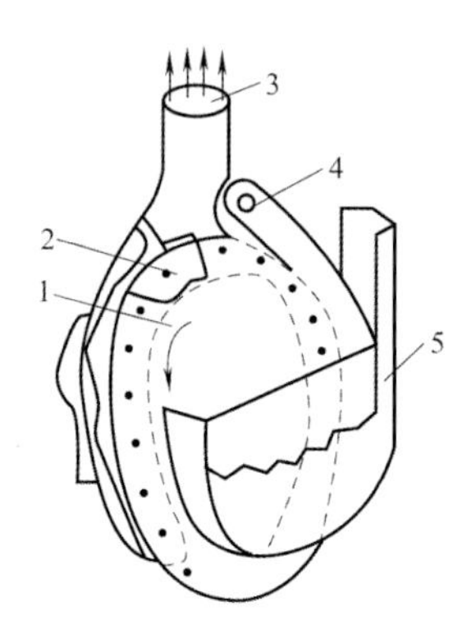

图 6-23 气吸式排种器

1. 排种圆盘；2. 真空室；3. 吸气管；4. 刮种片；5. 种子室

本机使用的是仿生指夹式排种器（图 6-24），主要由指夹盘、排种盘、叶片式导种带、导种轮、张紧轮等构成。

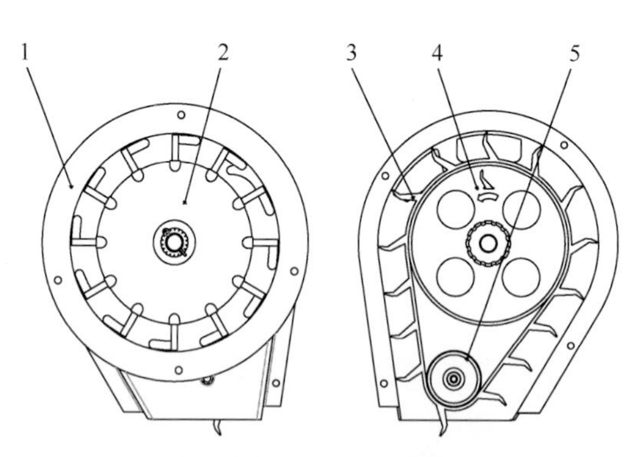

图 6-24 仿生指夹式排种器

1. 排种盘；2. 指夹盘；3. 叶片式导种带；4. 导种轮；5. 张紧轮

如图 6-25 所示，指夹盘是组合部件，由仿生指夹、指夹压盖、凸轮和弹簧组装而构成。仿生指夹（图 6-26）是排种器最主要的工作部件，也是采用工程仿生学原理研究设计的核心对象，模仿人的食指在一个放有玉米种子的平面上压住一粒或几粒种子并推动的过程，当食指指尖压住种子的时候指尖的肌肉发生变形，将种子部分包围，与种子之间产生一定的摩擦力，而种子既不会因指尖肌肉的压力发生变形或破损，又能跟随指尖的动作移动到指定的位置，仿生指夹的指夹压片就如同食指的指尖实现包裹种子并依靠弹簧拉动指夹杆旋转给种子施加压力；指夹杆就像食指的骨骼一样起着仿生指夹的整体连接和动作过程的支撑作用，并限制了种子因摩擦而滑过指夹压片导致取种失败的发生；弹簧挂耳和指夹头如同食指指根部位，在安装时定位仿生指夹整体，弹簧挂耳是指夹与指夹之间连接的桥梁，指夹头是整个仿生指夹的尾端，相当于食指骨骼的根部，与弹簧和凸轮之间相互配合完成制动系统的预定动作。

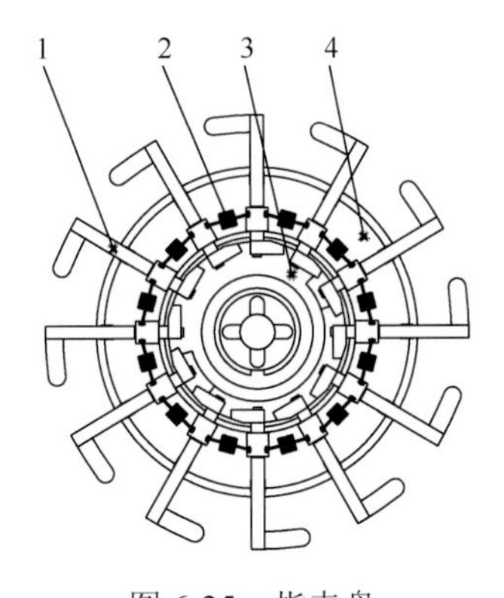

图 6-25　指夹盘

1. 仿生指夹；2. 弹簧；3. 凸轮；4. 指夹压盖

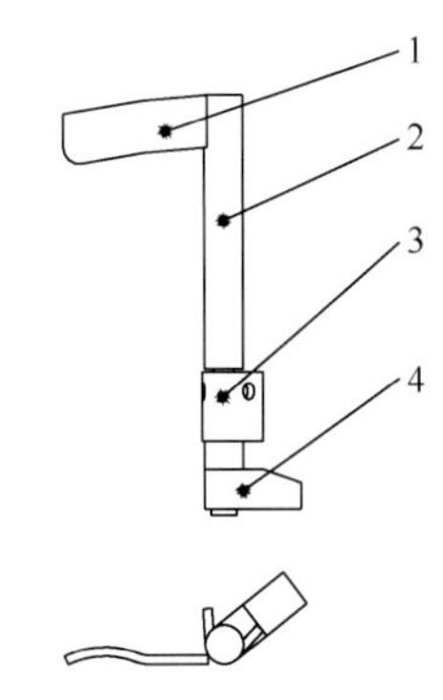

图 6-26　仿生指夹

1. 指夹压片；2. 指夹杆；3. 弹簧挂耳；4. 指夹头

本机设计的仿生指夹式排种器为 12 个指夹，把这些仿生指夹按要求和指夹压盖（图 6-27）安装在一起构成一个指夹盘（图 6-25），在指夹与指夹压盖之间装配有凸轮（图 6-28），凸轮上的止动键台与排种盘（图 6-29）上的键槽形成配合，以实现控制指夹盘在工作时指夹的指定动作。

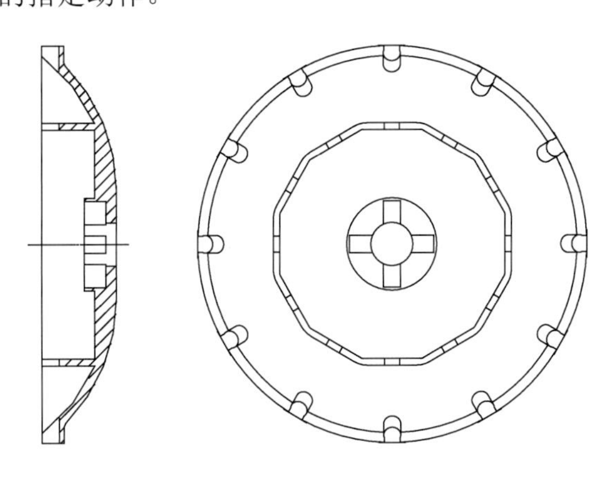

图 6-27　指夹压盖

玉米播种一般分充种、推送、清种、护（导）种和投种 5 个运动过程。把完整的指夹盘装配到组合好的排种盘（图 6-29）上，形成了仿生指夹式排种器。

指夹式排种器工作原理如图 6-30 所示，指夹盘在排种盘内转动时，指夹压片前端一进入排种口，指夹头便与凸轮渐开斜面接触，使指夹克服一侧弹簧拉力发生旋转，指夹压片迅速张开，指夹头进入凸轮指夹张开区间，指夹压片张角最大。张开的指夹压片

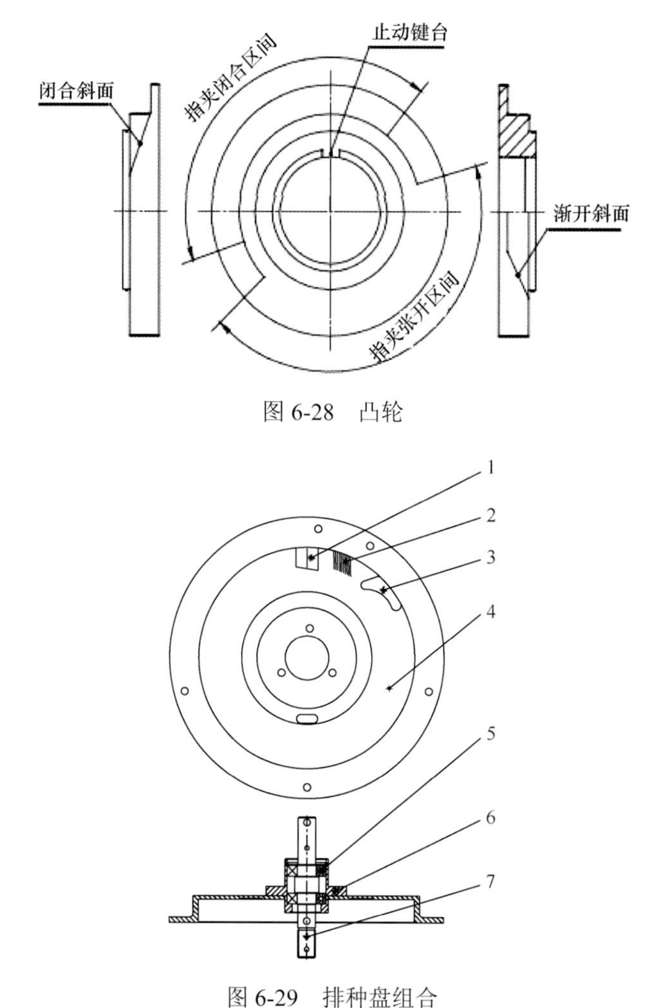

图 6-28 凸轮

图 6-29 排种盘组合

1. 颠簸凹面；2. 毛刷；3. 排种口；4. 工作面；5. 轴承；6. 轴承座；7. 传动轴

继续转动进入排种盘下半部分的种堆中，推动排种盘壳底部种子运动冲出种堆，随后指夹头进入闭合斜面，在另一侧弹簧拉力的作用下，指夹压回转，指夹压片压住几粒种子（一般 1～3 粒，数量多少由种子大小决定），其余未压住种子受重力作用落回种堆；当指夹压片夹持种子运动到排种盘颠簸凹面处时，随种子会产生两次起伏运动，使夹持力较小的种子被振落，再经过毛刷清理，使指夹压片内只保留一粒种子；指夹压片继续运动将种子压入排种口内，完成第一次排种；由于弹力作用，种子被指夹压片从排种口“射击”到导种室缓冲挡板上，经缓冲后，种子落入导种带相邻两个叶片形成的空间内，最后种子停留在下面叶片上，随导种带转动从投种口排出，完成第二次投种。

6.3.3 基于 Flex 弯曲传感器的玉米免耕播种机播深自动控制系统

6.3.3.1 Flex 弯曲传感器

Flex 弯曲传感器是一款测量弯曲强度的传感器，属于一款机电特性传感器，由导电

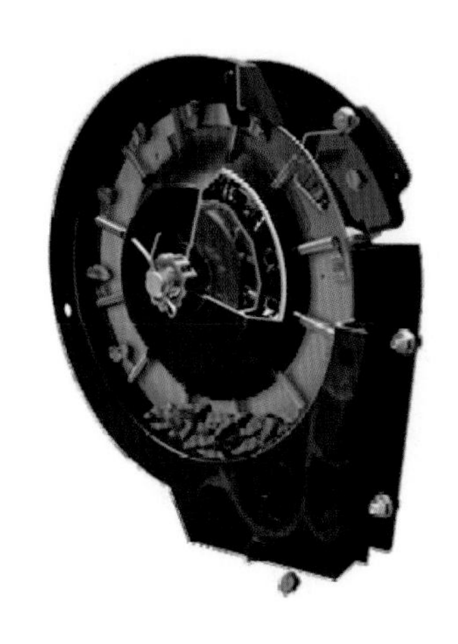

图 6-30　仿生指夹式排种器的排种过程

高分子聚合物聚 3,4-乙烯二氧噻吩: 聚苯乙烯磺酸（PEDOT: PSS）薄膜制作而成，具有使用周期长、应用温度范围广等特点，其应用电路简单、输出信号易于处理，在手指弯曲度检测、机器人、医疗器械和乐器等方面有广泛应用。

本机所用 Flex 弯曲传感器型号为 Flex2.2，其制作过程是将导电高分子聚合物 PEDOT:PSS 薄膜黏合在一片可弯曲的基板（由高分子聚酰亚胺制作而成）上，并将正负电极通过导线引出，如图 6-31 所示。其结构参数如表 6-8 所示。

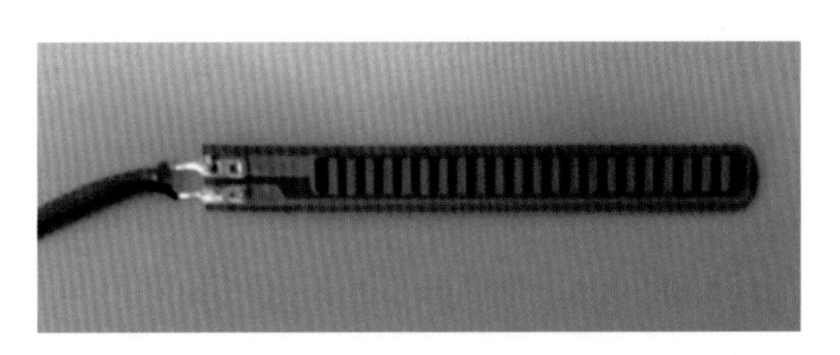

图 6-31　Flex 2.2 弯曲传感器

表 6-8　Flex 2.2 弯曲传感器结构参数

总长度/mm	测量长度/mm	宽度/mm	厚度/mm	平面电阻/kΩ
73.66	55.37	6.35	≤0.43	25

Flex 弯曲传感器是一款基于电阻变化的传感器，当受到弯曲作用时，其电阻将会产生变化。存在如下关系式：

$$\mathrm{GF} = \frac{\Delta R / R}{\varepsilon} \tag{6-12}$$

式中，GF 表示应变因素，其值取决于传感器的制作材料和机械特性；ΔR 表示电阻变化值；R 表示初始状态的电阻值；ε 表示机械应变。

6.3.3.2　传感器模型

为了建立 Flex 弯曲传感器的仿形数学模型，将 Flex 弯曲传感器安装在免耕播种单体的橡胶限深轮内壁上。具体安装方法是通过使用聚氨酯胶水将 Flex 弯曲传感器无缝粘贴在限深轮内壁上，如图 6-32 所示。

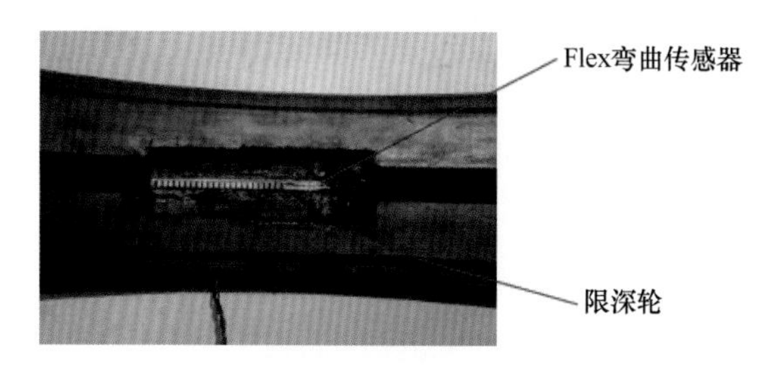

图 6-32 Flex 弯曲传感器安装模式

Flex 弯曲传感器进入限深轮印痕区产生变形示意图如图 6-33 所示。其中，r 为橡胶限深轮的半径，V 为限深轮的前进速度方向，ω 为限深轮旋转方向，l_x 为传感器进入印痕区的长度，L 为印痕区长度，即橡胶限深轮与地面相接触部分的长度，θ 为变形区域角度。

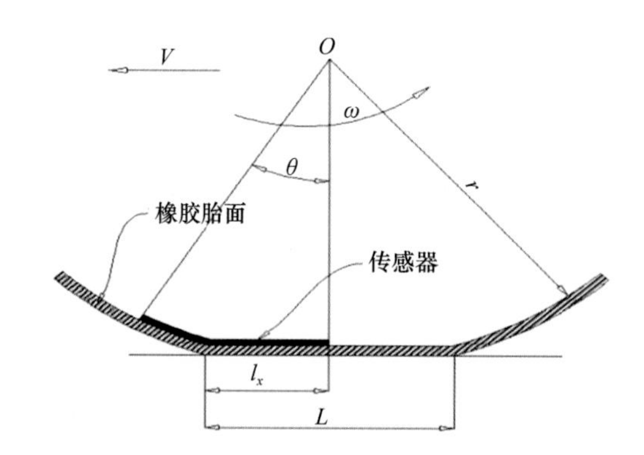

图 6-33 限深轮胎面与 Flex 弯曲传感器形变示意图

胎面及 Flex 弯曲传感器微元受力分析如图 6-34 所示。

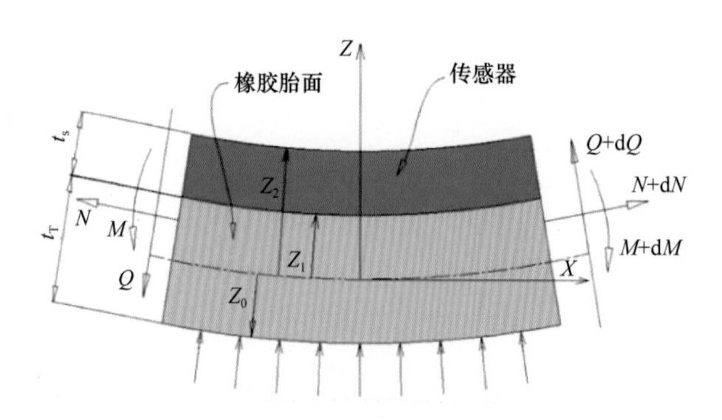

图 6-34 胎面及 Flex 弯曲传感器微元受力分析图

图 6-34 中，沿中性轴方向建立 X-Z 坐标系，定义沿 X 轴和 Z 轴的变形量分别为 $\mu(x,t)$ 及 $\omega(x,t)$。N、M 和 Q 分别表示微元所受压力、力矩和垂直于 X 轴的切向力，中心 Z

轴距离 Flex 弯曲传感器下表面的距离为 Z_1，t_T 和 t_s 为轮胎厚度和 Flex 弯曲传感器的厚度，并且：$Z_2=Z_1+t_s$，$t_T=Z_0+Z_1$。

定义 Flex 弯曲传感器与轮胎胎面之间的应变为 $\varphi(x,z)$，假设该应变是各项同性分布的，则有

$$\varphi(x,z)=\varphi_0(x)+z\kappa(x) \tag{6-13}$$

式中，$\varphi_0(x)$ 表示沿中性面的应变，$\kappa(x)$ 表示弯曲应变，即由形变造成的中性面弯曲变化。因此，可以得出如下的关系表达式：

$$\varphi_0(x)=\frac{\partial\mu}{\partial x}+\frac{\omega}{r}\quad ,\quad \kappa(x)\approx-\frac{\partial^2\omega}{\partial x^2} \tag{6-14}$$

根据力与力矩平衡，Flex 弯曲传感器与胎面的运动方程为

$$\begin{bmatrix} L_{11} & L_{13} \\ L_{31} & L_{33} \end{bmatrix}\begin{bmatrix} \mu \\ \omega \end{bmatrix}=\begin{bmatrix} \rho & 0 \\ 0 & \rho \end{bmatrix}\frac{\partial^2}{\partial t^2}\begin{bmatrix} \mu \\ \omega \end{bmatrix}+\begin{bmatrix} 0 \\ p_0 \end{bmatrix} \tag{6-15}$$

式中，ρ 为质量密度；p_0 为地面对轮胎所产生的单位长度压力，L 为轮胎运动发生的形变长度，且

$$L_{11}=A_1\frac{\partial^2}{\partial x^2}$$

$$L_{13}=L_{31}=\frac{A_1}{r}\cdot\frac{\partial}{\partial x}-A_2\frac{\partial^3}{\partial x^3}$$

$$L_{33}=\frac{A_1}{r^2}-\frac{2A_2}{r}\cdot\frac{\partial^2}{\partial x^2}+A_3\frac{\partial^4}{\partial x^4}$$

此外，有

$$A_k=\frac{1}{k}b\sum_{i=1}^{2}c_{i11}\left(Z_i^k-Z_{i-1}^k\right)(k=1,2,3)$$

式中，A 表示刚度系数，b 表示光束宽度，$c_{i11}(i=1,2)$ 表示沿着 X（1）方向的第 i 层的刚度矩阵分量。对于第 i 层存在应力 σ_1 和应变 φ_1 的线性关系，即 $\sigma_1=c_{i11}\varphi_1$。

由于 t_s 远远小于 t_T，故可以忽略，因此有

$$Z_1=-Z_0=\frac{1}{2}t_T,\ Z_2-Z_1=t_s,\ Z_2=\frac{1}{2}t_T \tag{6-16}$$

另外，有

$$A_1=b\left(c_{111}t_T+c_{211}t_s\right)$$

$$A_2=\frac{1}{2}bc_{211}t_st_T$$

$$A_3=\frac{1}{12}b\left(c_{111}t_T+3c_{211}t_s\right)t_T^2 \tag{6-17}$$

假设在中性轴上的应变为 0，即 $\varphi_0=0$，根据边界条件：

$$\omega(0)=\omega(l_x)=0$$

$$M(0)=M(l_x)=0$$

对于式（6-15），可以计算出一个准静态解：

$$\omega(x)=\frac{p_0 r}{A_2}\left[\frac{1}{\alpha}\cosh(\alpha x)-\frac{1}{\alpha^2}\frac{\cosh(\alpha l_x)-1}{\sinh(\alpha l_x)}\sinh(\alpha x)-\frac{1}{\alpha^2}+\frac{l_x}{2}x-\frac{1}{2}x^2\right] \tag{6-18}$$

式中，$\alpha=\sqrt{A_2/rA_3}$ 。

假设 Flex 弯曲传感器的应变 $\varepsilon(x,z)$ 是各项同性的，且存在

$$\varepsilon(x,z)=\varphi(x,\mathrm{z}) \tag{6-19}$$

那么，根据式（6-12）和（6-19），有如下关系存在：

$$\frac{\Delta R}{R}=\mathrm{GF}\int_0^{l_x}\varphi(x,z)\mathrm{d}x \tag{6-20}$$

再结合式（6-14），可进一步得出：

$$\frac{\Delta R}{R}=\mathrm{GF}\int_0^{l_x}\kappa(x)\mathrm{d}x=-\mathrm{GF}\int_0^{l_x}\frac{\partial^2\omega}{\partial x^2}\mathrm{d}x$$

最后，将式（6-17）、式（6-18）代入式（6-20），得

$$\frac{\Delta R}{R}=z\mathrm{GF}\frac{2p_0 r}{bc_{211}t_{\mathrm{s}}t_{\mathrm{T}}}\left[l_x-\frac{2}{\alpha}\cdot\frac{\cosh(\alpha l_x)-1}{\sinh(\alpha l_x)}\right] \tag{6-21}$$

式（6-21）表示的是 Flex 弯曲传感器的输出电阻变化率 $\Delta R/R$ 随传感器在印痕区长度 l_x 的变化关系。为了分析 Flex 弯曲传感器输出电阻变化 $\Delta R/R$ 与限深轮前进位移的关系，可将式（6-21）转换为

$$\frac{\Delta R}{R}=\begin{cases}x-\dfrac{2}{\alpha}\cdot\dfrac{\cosh(\alpha x)-1}{\sinh(\alpha x)}, & 0<x\leqslant L\\[2ex] 2L-x-\dfrac{2}{\alpha}\cdot\dfrac{\cosh(2\alpha L-\alpha x)-1}{\sinh(2\alpha L-\alpha x)}, & L<x\leqslant 2L\end{cases} \tag{6-22}$$

式（6-22）中，x 表示传感器即将进入印痕区到完全离开印痕区的位移变量，并设传感器刚进入印痕区时 x 的值为 0，传感器离开时 x 的值为 $2L$。

采用 MATLAB 软件绘制 $\Delta R/R$ 与 x 的函数图形，设印痕区长度 L=3cm，并根据 Flex 弯曲传感器的材料特性，取常数 α =1.1，则 $\Delta R/R$ 与 x 的函数曲线如图 6-35 所示。

考虑到 Flex 弯曲传感器输出的信号为电阻信号，不便于采集处理，因此需要将其转变成电压信号，如图 6-36 所示，将 Flex 弯曲传感器与一个大电阻串联构成分压电路。图 6-36 中运算放大器 LM358 用作电压跟随器，起到隔离作用。

为进一步验证模型分析结果，如图 6-37 所示，使限深轮在平坦的地面来回滚动，并采用数据卡在信号处理电路的输出端读取粘贴在限深轮内 Flex 弯曲传感器的输出值，得到的 Flex 弯曲传感器输出曲线如图 6-38 所示。

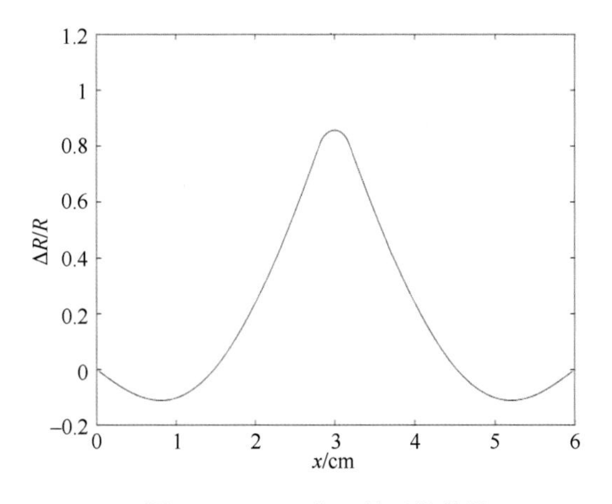

图 6-35　$\Delta R/R$ 与 x 的函数曲线

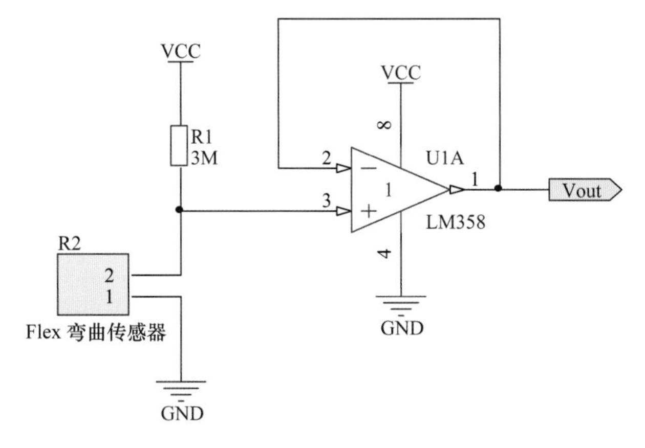

图 6-36　信号处理电路

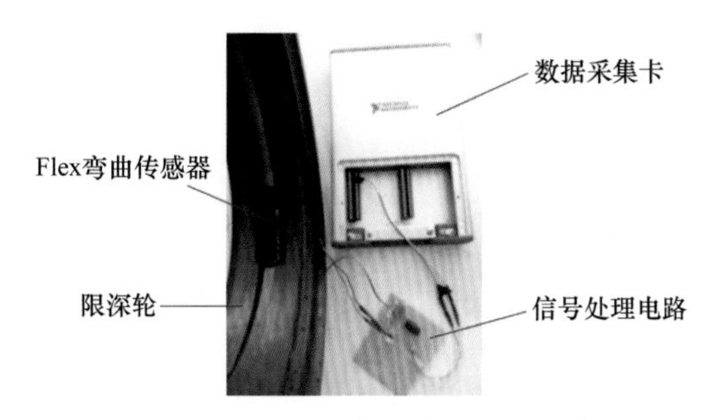

图 6-37　Flex 弯曲传感器输出曲线

由图 6-38 中可以看出，Flex 弯曲传感器输出电压的变化规律与式（6-22）的曲线相符合。基于 Flex 弯曲传感器的输出电压模型，我们设计了免耕播种机播种深度自动控制系统。

6.3.3.3　系统工作原理

免耕播种机的播种单体可以上下浮动以适应土壤表面的起伏变化，其主要由四连杆机构、爪轮、开沟波纹刀、橡胶限深轮和开沟圆盘等组成。橡胶限深轮在播种单体上以左右对称的形式安装在开沟圆盘两侧稍微靠后的位置。在免耕播种机工作过程中，播种

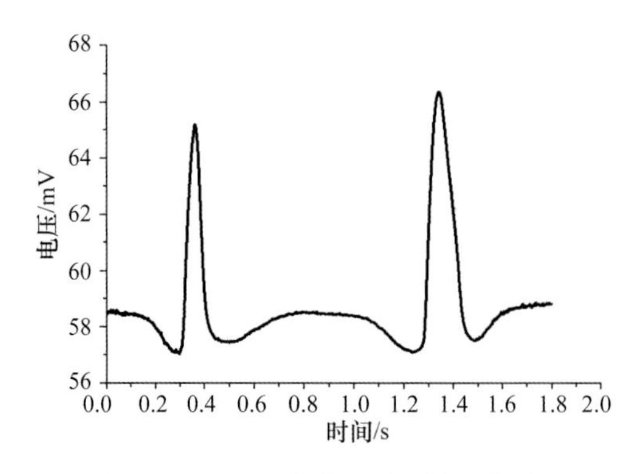

图 6-38　Flex 弯曲传感器输出曲线

单体对地有压力，使得开沟圆盘的下部可以嵌入土壤中，而两个限深轮则压在地表上，限深轮与开沟圆盘之间存在一个固定的高度差，该高度差即为播种深度。

在免耕作业中，播种单体的自重会随着播种种子、肥料的减少而减小，且播种土壤存在凹凸不平、坚实度不一致等状况，当播种单体对地表压力不足时，将会使得橡胶限深轮对地压力减小，甚至可能使得限深轮悬空，这时将导致开沟圆盘深入土壤的程度不够，即播种深度减少。因此，为播种单体提供一个向下的压力是非常有必要的。系统采用气压弹簧作为下压力产生机构，其输出下压力可以由电-气比例阀调节，如图 6-39 所示，将气压弹簧安装在平行四连杆上。仿形传感器粘贴在限深轮内壁上，信号采集器安装在限深轮上。信号采集器采集到传感器输出信号时，通过无线传输方式将该信号传输到播深控制器，再由播深控制器输出控制信号进而驱动电-气比例阀，调节气压弹簧的输出压力。

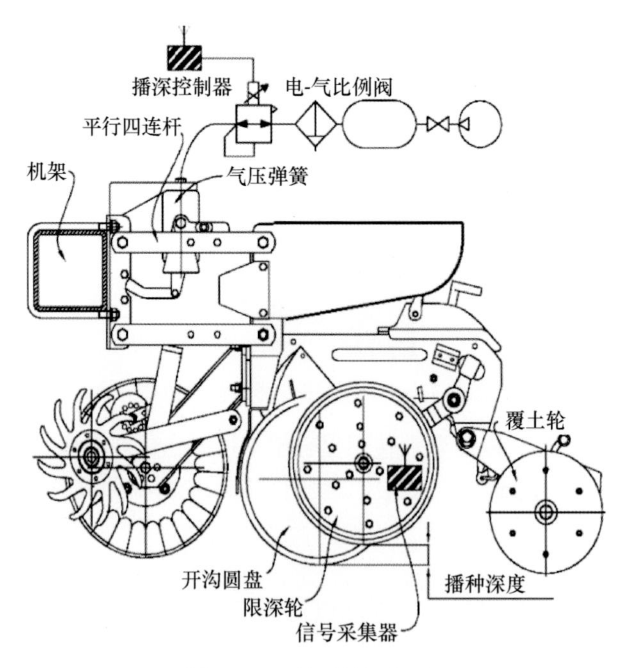

图 6-39　系统结构原理图

6.3.3.4　系统硬件设计

系统硬件主要包括信号采集器和播深控制器两部分，其原理如图 6-40 所示。图 6-40a 中，U2 为磁隔离线性放大器 ISOEM，用于将信号调理电路输出的电压信号放大至 0～5V，以便 A/D 转换器能将其采集。U3 为 10 位 A/D 转换器 TLC1543，用于采集放大后的 Flex 传感电压信号，其通过 DATAOUT 引脚（与单片机的 P0.3 引脚相连接）将

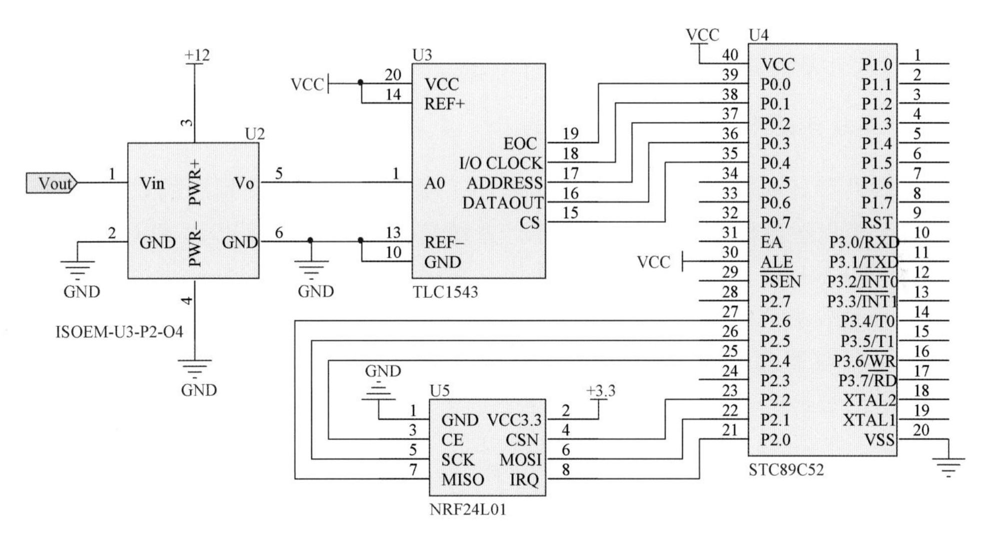

a. 信号采集器

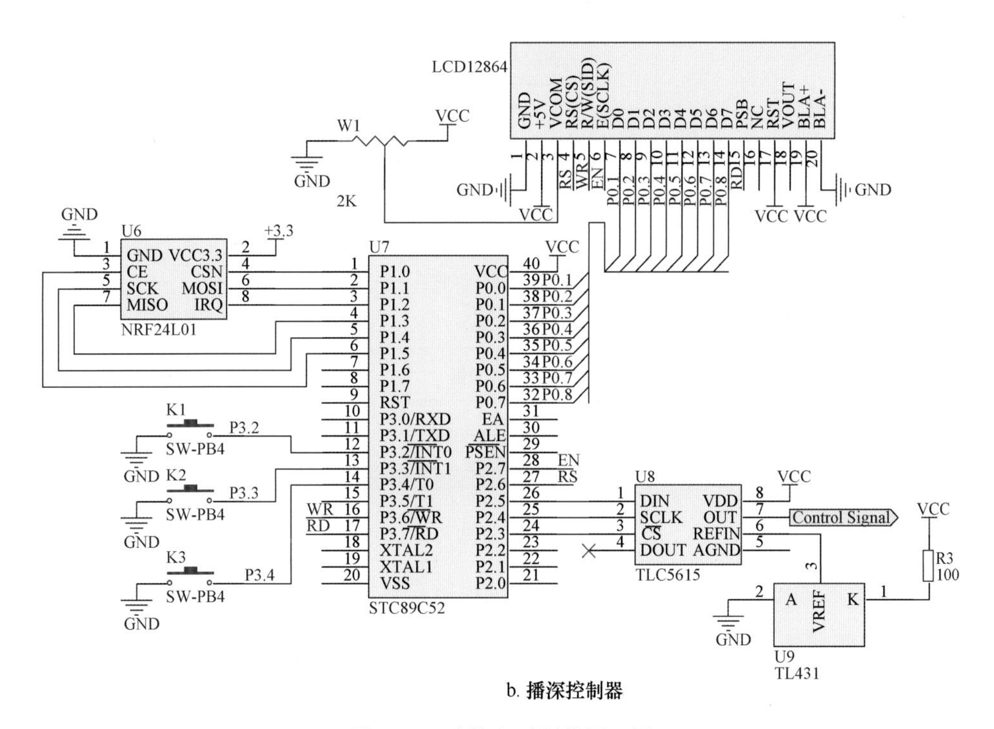

b. 播深控制器

图 6-40　系统主要硬件原理图

转换后的传感数据输入 STC89C52 单片机。芯片 TLC1543 的其他功能引脚 EOC、I/O CLOCK、ADDRESS 和 CS 分别与单片机的 I/O 引脚 P0.0、P0.1、P0.2 和 P0.4 相连。无线发射模块采用 NRF24L01，主要负责将 STC89C52 单片机处理后的 Flex 传感信号发射至播深控制器。

播深控制器通过采用无线接收模块 NRF24L01 接收 Flex 传感信号。信号经单片机分析、计算后，单片机通过 I/O 引脚 P2.5 输出一个执行控制信号，该控制信号经 10 位 D/A 转换芯片 TLC5615 处理后转换成模拟信号，之后经功率放大后，可作为电-气比例阀的驱动信号，从而起到调节播种深度的效果。

6.3.3.5 系统软件设计

系统软件设计包括信号采集器驱动程序、播深控制器驱动程序的设计。对于信号采集器，其程序流程图如图 6-41 所示。系统首先对 A/D 转换芯片 TLC1543、无线发射模块 NRF24L01 和定时器进行初始化，并设置 A/D 转换的采样频率。之后，读取 A/D 转换值，并在设定时间内采用类似爬山算法的方法比较相邻两个 A/D 采样值的大小，以获取最大传感信号值。之后，将采集的最大传感信号值放入数据包中，并将之发送出去。

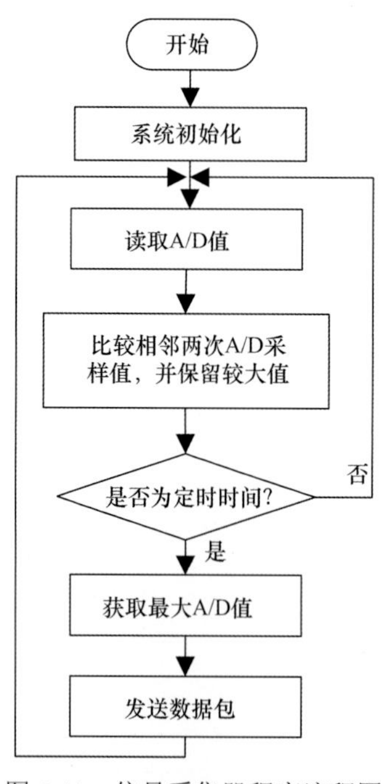

图 6-41 信号采集器程序流程图

播深控制器的程序设计流程图如图 6-42 所示，首先，系统完成 D/A 转换芯片 TLC5615、液晶显示模块等相关工作模块和寄存器的初始化，接着，设置理想播深值 V。之后，将所接收的数据包进行处理以获取信号采集器所发送的最大传感信号值 V_{max}，然后比较预设理想播深值 V 与最大传感信号值 V_{max} 的大小。若 V_{max} 大于或等于 V，则说明播种单体对地压力充足，无须气压弹簧提供额外的下压力；若 V_{max} 小于 V，则说明单体对地表压力不足，此时由 $\Delta V=V-V_{max}$ 来决定气压弹簧的输出附加下压力大小。最后，ΔV 经 D/A 转换后，可作为下压力调节信号。

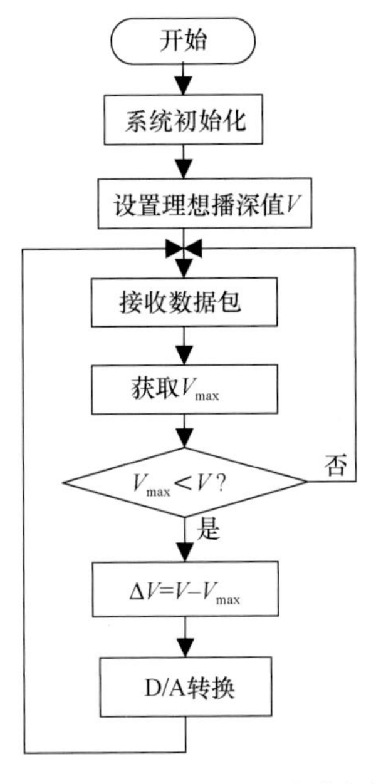

图 6-42　播深控制器程序流程图

6.3.4　基于 GPS 和 GPRS 的远程排种监测系统

6.3.4.1　系统设计

1. 系统总体结构

基于 GPS 和 GPRS 的远程排种监测系统主要包括传感信号采集单元、主控制单元、报警单元、GPS 移动站、GPS 基准站、GPRS DTU 模块和远程服务器等部分，如图 6-43 所示。其中，传感信号采集单元包括排种监测传感器和车轮速度传感器；GPS 基准站包括基准站 GPS 接收器、GPRS DTU 模块 2 和 STC12C5A60S2 单片机。

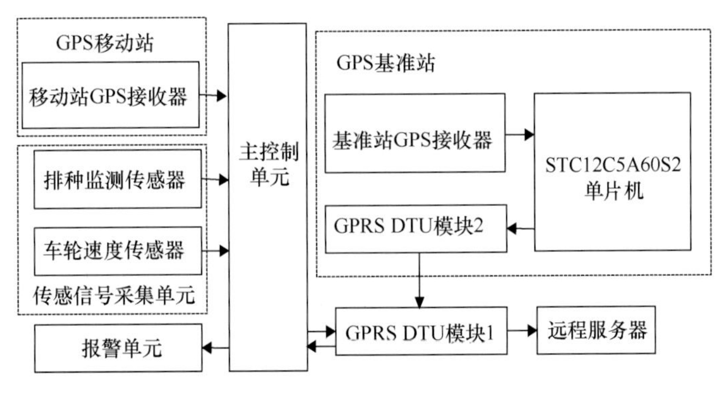

图 6-43　系统结构框图

2. 排种器排种检测工作原理

指夹式排种器是免耕播种机的关键部件，其性能直接决定了播种机的播种质量。图 6-44 为指夹式排种器实物及 PVDF 压电传感器安装位置图。

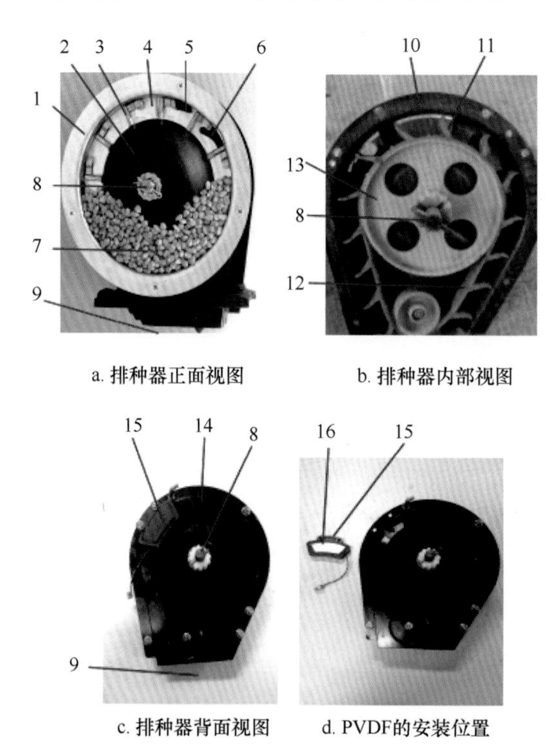

图 6-44 指夹式排种器结构与 PVDF 压电传感器安装位置

1. 排种盘；2. 指夹盘；3. 指夹；4. 清种区；5. 毛刷；6. 卸种口；7. 夹种区；8. 排种轴；9. 投种口；10. 排种室；11. 排种叶片；12. 叶片盘；13. 排种轮；14. 排种室挡板；15. 缓冲挡板；16. PVDF 压电传感器

排种器工作时，种子从种箱流入夹种区，当装有 12 个指夹的指夹盘旋转时，每个指夹经过夹种区，在弹簧的作用下，指夹夹住一粒或几粒种子。指夹在转动过程中定时开启和关闭是依靠凸轮完成的。开启阶段指夹进入夹种区充种，指夹关闭后将种子运往颠簸带清种，由于颠簸带底面是凹凸不平的表面，被指夹夹住的种子经过颠簸带时，受压力的变化，引起颠动，因此清种后指夹腔通常会剩下 1 或 2 粒种子，指夹盘继续转动至水平方向，经毛刷二次清种使夹指腔中通常只留一粒种子，然后经卸种口投入排种室。同时，排种器具有二次投种功能。在排种器轴上指夹盘和叶片盘同步转动，叶片数与指夹数相对应。工作时，指夹携带种子到达上部卸种口时，种子在弹簧作用下被指夹射击到缓冲挡板上，经缓冲后，种子落入排种叶片对应的叶腔中，完成一次投种。落入排种叶腔中的玉米种子，随排种轮同步旋转到下部的投种口投出，完成二次投种。每个排种叶片对应运载一粒种子。二次投种相应地降低了投种高度，调整了种子的落出姿态，使得排种的均匀性有所提高。

为了实时监测排种器的工作状况，获取整个作业区域的播种质量信息，本设计采用

PVDF 压电传感器作为指夹式排种器的排种监测传感器。该压电传感器由新型高分子压电材料聚偏氟乙烯（PVDF）薄膜制作而成，其压电特性强、密度小、质地柔软、灵敏度高、频率响应宽、质量轻、化学稳定性高，并且其热稳定性高、抗紫外线辐射能力强，同时具有较高的耐冲击和耐疲劳能力。本设计使用的 PVDF 压电传感器由 PVDF 薄膜经裁剪制作而成，形状为扇形，厚度为 0.064mm，上、下弧长分别为 67mm 和 45mm，上、下弧之间的距离为 23mm，被安装在缓冲挡板上，如图 6-44 所示。该传感器质地柔软，使得其对缓冲挡板的缓冲效果几乎没有影响。指夹式排种器一次投种过程中，种子碰触到 PVDF 压电传感器时会使得压电传感器的 2 个上下表面产生极性相反的正负电荷，从而形成电压信号。正是这种因碰触而产生电信号的压电特性，使得 PVDF 压电传感器在监测排种器工作时不受积尘的影响。

为测试 PVDF 压电传感器安装位置的有效性，我们用示波器观察 PVDF 压电传感器的输出电压信号，如图 6-45 所示。其中第 2 个和第 3 个脉冲波形是由一个指夹同时携带 2 粒种子与 PVDF 压电传感器碰触产生的波形，而第 1 个和第 4 个脉冲波形则是由不同的 2 个指夹各携带一粒种子与 PVDF 压电传感器碰触产生的波形。一个指夹同时携带 2 粒种子经卸种口投入排种室，将会造成重播现象。从 4 个脉冲波形在时间轴之上的位置可以看出，重播的 2 粒种子碰触 PVDF 压电传感器产生脉冲的时间间隔相对比较短。因此，将 PVDF 压电传感器安装在排种器的缓冲挡板上能够精确地对重播现象进行监测。

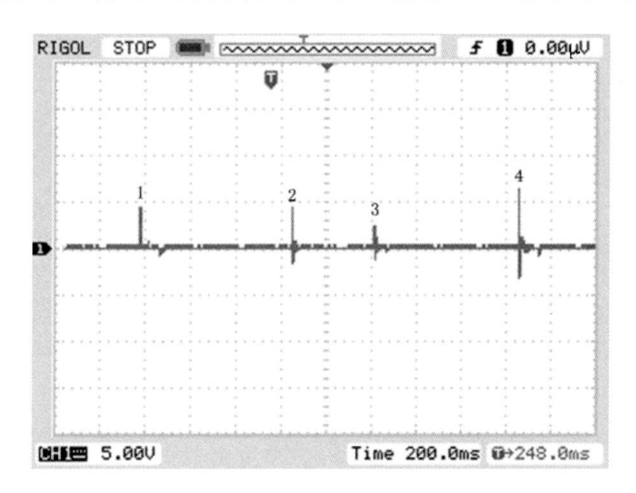

图 6-45　压电传感器输出效果图

Time，横坐标每格表示 200ms；CH1，纵坐标每格表示 5V；1～4 表示脉冲

在实际应用当中，PVDF 压电传感器输出的电压信号通过信号调理电路调理后，经主控制单元进行相关处理并判断是否出现漏播或重播现象，再由报警单元实现对应的漏播或重播报警。根据《单粒（精密）播种机试验方法》（GB/T 6973—2005），具体判断依据为

$$0.5\bar{d} \leqslant v\Delta t \leqslant 1.5\bar{d} \quad （正常）$$

$$v\Delta t > 1.5\bar{d} \quad （漏播）$$

$$v\Delta t < 0.5\bar{d} \quad （重播）$$

式中，$\bar{d}$ 为理论株距，m；Δt 为相邻两种子下落时间间隔，s；v 为播种机前进速度，m/s，

该速度可由播种机速度传感器获得，本设计使用霍尔传感器作为播种机速度传感器。

3. GPS 定位策略

本设计采用差分全球定位系统获取播种质量位置信息，上述的 GPS 移动站和 GPS 基准站组成了差分全球定位系统。GPS 基准站通过基站 GPS 接收器获取差分改正量信息，经 STC12C5A60S2 单片机处理后，由 GPS DTU 模块发送至主控制单元，以便主控制单元根据差分改正量和 GPS 移动站的输出量，结算出差分定位结果。在实际应用中，将 GPS 移动站固定在拖拉机驾驶室顶部，通过屏蔽导线与安装在驾驶室内的主控制单元相连。GPS 基准站放置在距离作业地块 10km 以内的任意位置，且作业过程中 GPS 基准站的位置不允许变动。之后，选定作业地块的基点 0，以基点 0 为原点，在远程服务器软件系统中建立二维坐标系，将垄长延长的方向定义为纵轴 *Y*，垂直于垄长的方向定义为横轴 *X*。利用差分全球定位系统确定基点 0 的经纬度，并将基点 0 的经纬度信息上传至远程服务器进行存储。开始作业时，播种机首先沿着 *Y* 轴的方向作业，并在到达对面地头时调转方向，反向作业，如此往复直至作业结束。

在整个作业过程中，远程服务器软件系统根据差分全球定位系统提供的经纬度信息，确定播种单体的实时经纬度信息并在上述坐标系中绘制播种单体的播种质量信息图。图 6-46 为播种机沿着 *Y* 轴行进的轨迹示意图。图中 1、2、3 为行号，随着播种机作业的进行，远程服务器软件系统会沿着 *X* 轴方向顺序标记行号 1,2,3,…,*N*；a、b、c 为 3 个播种单体；d 为拖拉机。

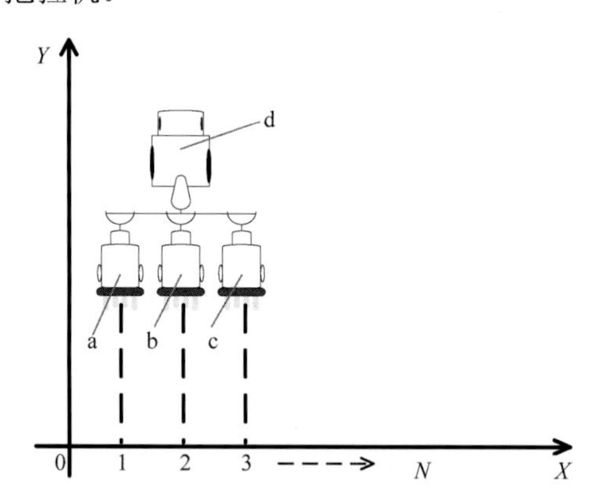

图 6-46　播种机行进轨迹示意图

a、b、c 表示播种单体；d 表示拖拉机；*N* 表示行序号

4. GPRS DTU 模块通信

系统需要实现无线传输的地方有 2 处：GPS 基准站和 GPS 移动站之间差分改正量信息的传输；主控制单元与远程服务器之间的通信。为实现整个系统数据之间的有效传输，本设计采用 GPRS DTU 模块作为数据传输通信模块。GPRS DTU 模块是一种基于物联网的无线数据传输模块，内嵌 TCP/IP 协议栈，使不具备 TCP/IP 协议栈的设备可以使用 GPRS 网络通信，提供 RS232/RS485、USB 等连接接口，能够与串口设备通过相应的数据线进行连接，从而完成数据的有效传输。

差分改正量信息是通过 GPS 基准站中的 GPRS DTU 模块 2 与 GPRS DTU 模块 1 之间的通信传递到主控制单元的，并由主控制单元进行进一步处理。

主控制单元与远程服务器之间的通信，则是通过 GPRS DTU 模块 1 来实现的。图 6-47 为主控制单元与远程服务器通信的传输原理图，GPRS DTU 模块 1 通过标准串行接口接收主控制单元所传输的数据，并将处理后的 GPRS 分组数据发送至 GSM 基站，分组数据经 SGSN 封装后被传至 GPRS 网络，之后，网关支持节点 GGSN 从 GPRS 网络获取被封装的数据并对数据进行相应的处理，然后再通过 Internet 网络将数据发送至远程服务器上。

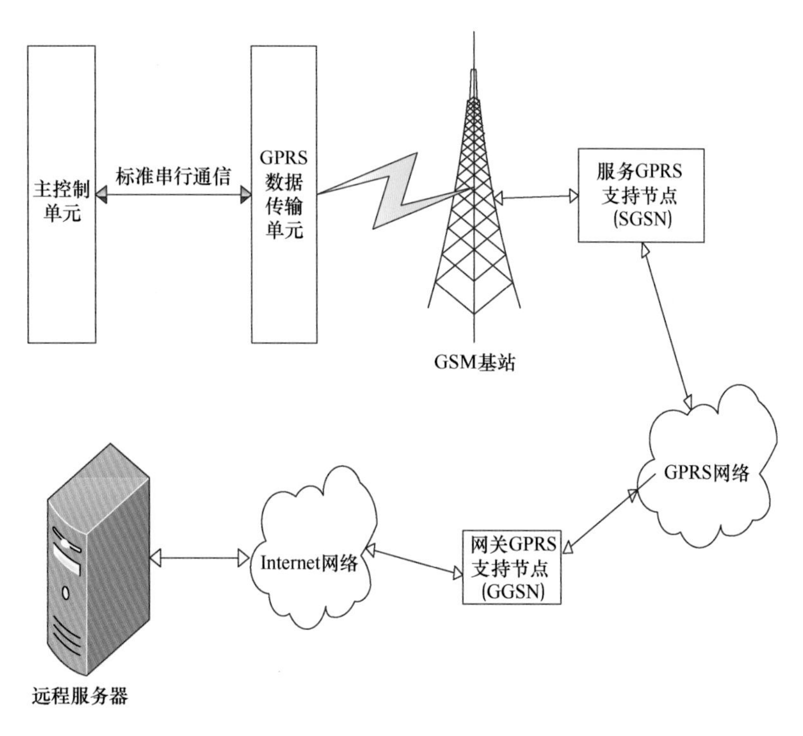

图 6-47　GPRS 传输原理图

6.3.4.2　系统硬件设计

本设计中，主控制单元采用 STM32F103C8T6 单片机作为核心处理器，该处理器采用了先进的 ARM cortex-M3 内核，不仅运行速度高、处理能力强，其自带的 12 位逐次逼近型 ADC 模数转换器，完全满足设计的要求。系统采用 PVDF 压电传感器作为排种监测传感器，采用霍尔传感器作为播种机速度传感器，系统的主要硬件电路如图 6-48 所示。

图 6-48 中，电容 C1、C2 和 C3，电阻 R1 和 R2，以及 AD620 构成了信号放大器，用于放大 PVDF 压电传感器所产生的电压信号；由电阻 R3、R4 和 R5，电容 C5，以及 LM324 所组成的低通滤波器用于滤除信号中的高频信号；OP07 被用作电压跟随器，以便其能更好地实现与 STM32 的 A/D 采集接口之间的阻抗匹配；电容 C4 和 C6 起交流耦

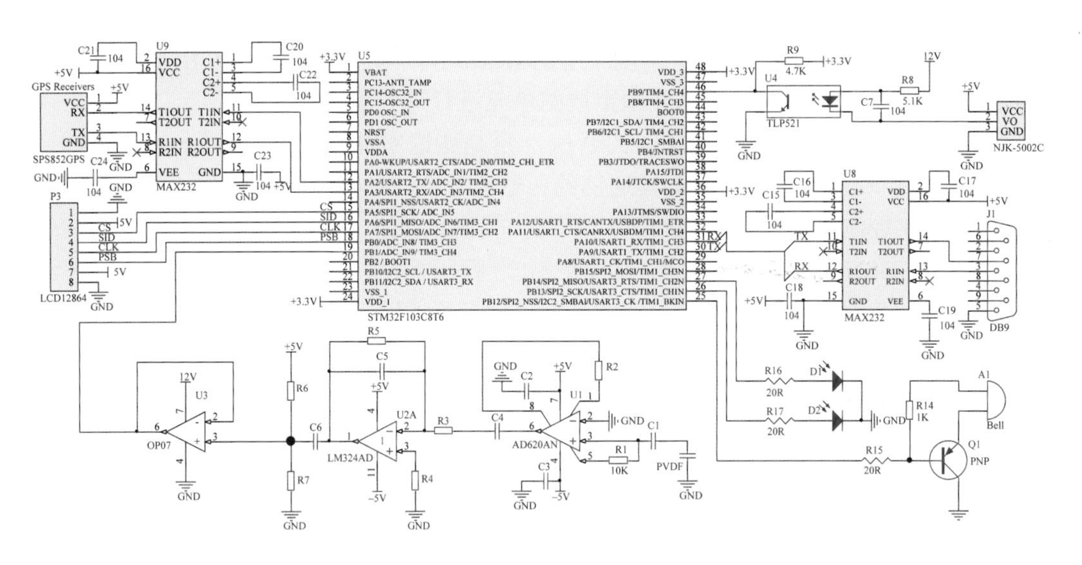

图 6-48　系统硬件电路原理图

合作用。图 6-48 中 NJK-5002C 为霍尔传感器，用于测量免耕播种机的前进速度，但由于其输出量为 NPN 型开关量，因此需要使用光耦合器 TLP521 来实现现场开关量与 STM32 单片机间的电气隔离，从而提高系统的电绝缘和抗干扰能力；MAX232 是一款可以同时完成发送转换和接收转换双重功能的专用芯片。图 6-48 中 DB9 为串口接口，用于连接 GPRS DTU 模块 1。系统采用液晶显示屏 LCD12864 来完成数据信息的显示功能；选用美国型号为 Trimble SPS852GPS 的 GPS 接收器作为 GPS 移动站，其 RTK 水平定位精度可达 8mm，速度进度为 0.1km/h，定向精度为 0.1°，更新频率最大可达到 20Hz。图 6-48 中，R14、R15、Q1、A1、R16、R17、D1 和 D2 构成报警单元，用于声光报警，其中 A1 为蜂鸣器，D1、D2 为发光二极管。

6.3.4.3　系统软件设计

本监测系统的软件包括两部分：系统硬件驱动程序和远程服务器程序。系统硬件驱动程序采用 C 语言编写，易于移植，可读性强；远程服务器程序主要用于管理播种机排种监测状况，具有数据接收、存储、查询、统计、分析、处理和报警等功能，其图形化界面能够达到人机交互及远程监测的目的。

1. 系统硬件驱动程序

系统硬件驱动程序主要完成整个信息采集处理工作和处理后信息的远程传输控制，其程序流程图如图 6-49 所示。首先，程序对相关硬件模块进行初始化设置，包括定时器的初始化和启动、A/D 转换器的初始化、液晶显示屏的初始化和串口初始化等。程序通过读取 A/D 值、计算相连两粒种子落下的时间间隔、计算播种机前进速度，并结合理论播种株距 d 判断是否出现漏播或重播现象。若出现重播或漏播现象，则读取移动站 GPS 接收器的输出信息，并根据基准站所发送的差分改正量信息，解算出此时的漏播或重播位置，之后，将进行漏播或重播报警，并显示相关的播种量、漏播量、重播量、漏播或重播位置等信息，同时将上述相关信息发送至远程服务器；反之，则继续进行播种状况监测。

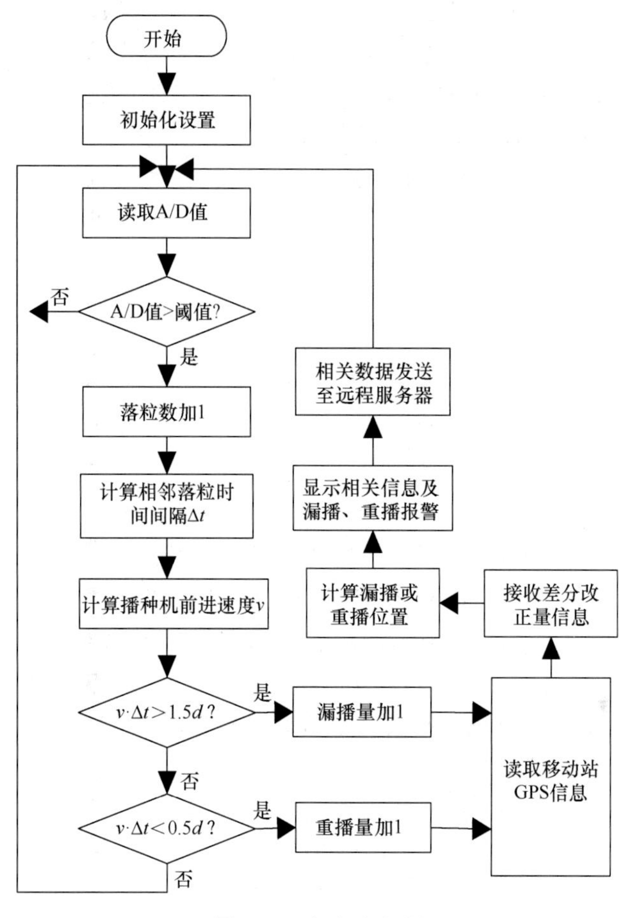

图 6-49 程序流程图

2. 远程服务器程序

远程服务器程序即监控中心管理软件，主要包括两大平台，前台是监测管理程序，后台是数据库。监测管理程序要求提供功能强大的应用程序和友好的人工交互界面，且易于操作。本程序前台设计采用微软的 Visual Basic 6.0 编程环境进行开发。Visual Basic 6.0 开发环境具有成熟、稳定、操作简单和实用的特点，并且提供了多种数据库的连接，如 ActiveX 数据对象（ActiveX data object，ADO）、数据访问对象（data access object，DAO）和远程数据对象（remote data object，RDO）等接口连接，同时提供了一系列的网络编程控件，如 Winsock、Internet Transfer 和 WebBrowser 等，满足设计需求。鉴于该系统的数据量不是很大，但对数据的一致性、完整性和安全性要求较高，所以后台数据库采用 Access 2003。

远程服务器程序采用 Winsock 接口与主控制单元进行数据交换，使用 ADO 接口连接 Access 2003 数据库，从而实现播种机排种状况的远程监测和管理。远程服务器软件具有显示、查询、统计分析和报表打印等功能，同时能够对排种状况信息进行判断分析并提供重播、漏播报警提示，图 6-50 为远程排种监测管理系统登录界面。

图 6-50 登录界面

6.3.5 少免耕防堵塞技术理论构建

东北地区玉米秸秆粗壮量大，且气温较低不易腐烂，极易造成少免耕播种时秸秆堵塞开沟装置，严重影响作业质量。目前，相关学者研制了大量的防堵机构及相关技术，主要分为主动式和被动式两种，其中主动式防堵机构作业功耗较大，被动式防堵机构存在切割力不足的难题。因此，通过动力学分析与数学建模等研究方法，针对高效防堵机构切割作业减阻降耗机理，以及结构作业参数对切割阻力与功耗的影响规律展开研究，具有重要的实际应用价值。

6.3.5.1 基于数学建模对最大切割阻力的讨论

刀具以速度 V 对秸秆进行匀速切割作业，刀具构造刃角为 $\angle JBP$，其值为 2α。如图 6-51 所示，刀具可等效为无数个刀面与刀具切割速度方向平行的薄刀片相连接而成，每一个薄刀片可看作一个切割平面，每一个薄刀片的刀刃均可看作一个点，刀具的刀刃即可看作由这些点相连接而成，即刀具的刀刃上任一点均对应一个薄刀片（切割平面），刀具对秸秆的切割作业可看作所有薄刀片对秸秆进行砍切作业。任取刀具刀刃上一点 B，当 B 点的速度方向与 B 点的法线方向相同即滑切角 τ_B 为 0 时，B 点对应的切割平面为 JBP，此时刀具对秸秆的切割可看作由无数个薄刀片 JBP 对秸秆进行砍切作业，薄刀片 JBP 的切割刃角为刀具构造刃角 $\angle JBP$；当滑切角 τ_B 大于零时，刀刃在 B 点对应的切割平面为 BUQ，因而此时刀具对秸秆的切割可看作由无数个薄刀片 BUQ 对秸秆进行砍切作业，薄刀片 JBP 的切割刃角为 $\angle UBQ$，其值为 $2\alpha_{\mathrm{d}}$，α_{d} 可由式（6-27）得出。

由图 6-51 可得出

$$\overline{QU} = 2\overline{UB}\sin\alpha \tag{6-23}$$

$$\overline{PJ} = 2\overline{JB}\sin\alpha \tag{6-24}$$

$$\overline{JB}\cos\alpha = \overline{UB}\cos\alpha_{\mathrm{d}}\cos\tau_B \tag{6-25}$$

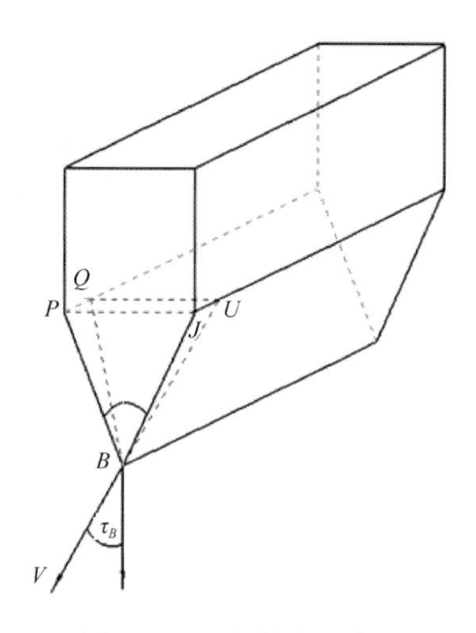

图 6-51　刃角转变示意图

$$\overline{QU} = \overline{PJ} \tag{6-26}$$

由式（6-23）～式（6-26）联立可得出

$$\tan \alpha_{\mathrm{d}} = \tan \alpha \cos \tau_B \tag{6-27}$$

式中，τ_B 为刀刃在 B 点处的滑切角，rad；$\overline{QU}$ 为线段 QU 的长度，m；$\overline{UB}$ 为线段 UB 的长度，m；$\overline{JB}$ 为线段 JB 的长度，m；$\overline{PJ}$ 为线段 PJ 的长度，m。

1. 当秸秆被固定时最大切割阻力

当秸秆被固定时，刀具以滑切角 τ_B、速度 V 匀速切割秸秆，此时刀具对秸秆的切割可看作由无数个薄刀片 BUQ 对秸秆进行砍切作业，因而刀具切割阻力应为所有薄刀片 BUQ 所受切割阻力 F_{d} 之和。薄刀片 BUQ 在驱动力 F、秸秆对薄刀片的支持力 N、薄刀片与物体之间的摩擦力 $N\tan\mu$ 和秸秆左右两部分抗剪切力 $2\gamma\Delta S$ 的共同作用下达到受力平衡。秸秆左、右两部分分别在薄刀片对秸秆的压力 N、薄刀片与物体之间的摩擦力 $N\tan\mu$、地面支持力、秸秆右半部分对左半部分的剪切应力 $\gamma\Delta S$ 和正应力 $\sigma\Delta S$ 共同作用下达到受力平衡，此时秸秆的横切面几乎与 Y 轴平行，因而剪切应力与 Y 轴平行，正应力与 X 轴平行，薄刀片 BUQ 的切割阻力 F_{d} 与其驱动力大小相等，方向相反。由于薄刀片对秸秆进行的是砍切作业，因而驱动力 F 的方向与 B 点速度方向相同。以薄刀片 BUQ 和秸秆左半部分为研究对象，如图 6-52 所示，平面直角坐标系建立在切割平面 UBQ 上，Y 轴为 B 点速度方向，可由薄刀片 BUQ 在 Y 轴上与 X 轴上的受力关系得出式(6-28)～式（6-30）：

$$N\tan\mu\cos\alpha_{\mathrm{d}} + N\sin\alpha_{\mathrm{d}} = \frac{F}{2} - \gamma\Delta S \tag{6-28}$$

$$N\cos\alpha_{\mathrm{d}} - N\tan\mu\sin\alpha_{\mathrm{d}} = \sigma\Delta S \tag{6-29}$$

$$F = F_{\mathrm{d}} \tag{6-30}$$

式中，μ 为刀刃与秸秆的摩擦角，rad；N 为 B 点在接触被切秸秆上 A 点时，切割断面内对刀面的支持力，N；σ 为 A 点的正应力，N/m²；γ 为 A 点的剪切应力，N/m²；ΔS 为 A 点的横切面积，m²；F 为 B 点在切割断面上的切割力，N。

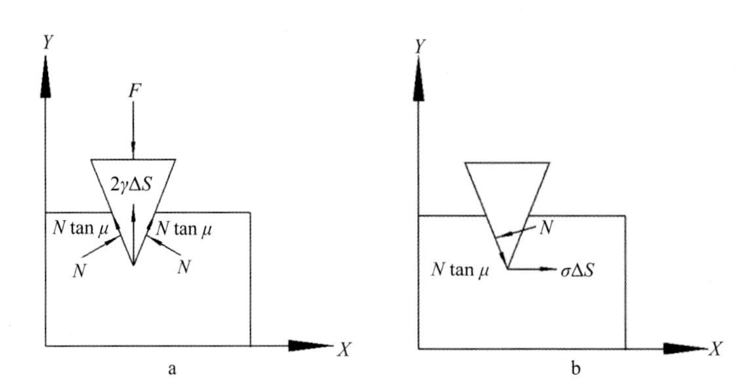

图 6-52 刀具砍切物体示意图

由式（6-28）～式（6-30）可得出

$$F_{\mathrm{d}}=\frac{2\sigma\Delta S\left(\tan\mu\cos\alpha_{\mathrm{d}}-\sin\alpha_{\mathrm{d}}\right)}{\cos\alpha_{\mathrm{d}}-\tan\mu\sin\alpha_{\mathrm{d}}}+\gamma\Delta S \tag{6-31}$$

由式（6-27）、式（6-31）可得出

$$F_{\mathrm{d}}=\frac{2\sigma\Delta S(\tan\mu+\tan\alpha\cos\tau_B)}{1-\tan\mu\tan\alpha\cos\tau_B}+\gamma\Delta S \tag{6-32}$$

刀具的切割阻力 F_{z} 为

$$F_{\mathrm{z}}=\sum F_{\mathrm{d}}=\sum\frac{2\sigma\Delta S\left(\tan\mu\cos\alpha_{\mathrm{d}}-\sin\alpha_{\mathrm{d}}\right)}{\cos\alpha_{\mathrm{d}}-\tan\mu\sin\alpha_{\mathrm{d}}}+\gamma\Delta S \tag{6-33}$$

由式（6-33）可得出

$$\frac{\mathrm{d}F_{\mathrm{z}}}{\mathrm{d}\tau_B}\leqslant 0 \tag{6-34}$$

由式（6-33）可知，切割阻力 F_{d} 值与秸秆直径、秸秆内部应力、秸秆与刀片摩擦角、刀刃构造刃角和滑切角有关，与刀片切割速度无关。又由式（6-34）可知，切割阻力 F_{d} 随着滑切角的增大而减小。

2. 当秸秆未被固定时最大切割阻力

当秸秆未被固定时，刀具以滑切角 τ_B、速度 V 匀速切割秸秆，秸秆在地面会发生滑动，从而使刀具在水平方向上相对于秸秆不再是匀速运动，因而此时刀具实际滑切角变为刀具动态滑切角，刀具动态滑切角可由式（6-35）得出：

$$\tan\tau_B'=\frac{V\sin\tau_B-V_X}{V\cos\tau_B} \tag{6-35}$$

式中，V_X 为秸秆在水平方向上的移动速度。

由式（6-35）可得出

$$\frac{\tau_B'}{V} \geqslant 0 \tag{6-36}$$

由式（6-35）可知，当秸秆未被固定时，刀具切割秸秆的滑切角与刀具切割速度有关。又由式（6-34）和式（6-36）可知，当秸秆未被固定时，最大切割阻力随着刀具切割速度的增加而降低，且秸秆未被固定时最大切割阻力大于秸秆被固定时最大切割阻力，数学建模所得结果与单因素多水平试验结果相印证。

6.3.5.2　基于数学建模对切割功耗的讨论

1. 秸秆被固定时切割功耗

如图 6-52a 所示，秸秆被固定住时，刀具以滑切角 τ_B、速度 V 匀速切割秸秆，此时刀具对秸秆的切割可看作由无数个薄刀片 BUQ 对秸秆进行砍切作业。薄刀片 BUQ 在刀刃上所对应的点 B 将秸秆完全切断的位移为 S_d，其方向与 B 点的速度方向相同。薄刀片 BUQ 所受的切割阻力 F_d 方向与 B 点速度方向相反。由此得出此时薄刀片 BUQ 的切割功耗 W_B 为

$$W_B = F_d S_d = \frac{F_d D}{\cos\tau_B} \tag{6-37}$$

式中，S_d 为刀片切割秸秆过程中 B 点的位移，m；D 为秸秆直径，m。

由式（6-32）和式（6-37）可得出

$$W_B = \sum \frac{2\sigma\Delta SD\left(\tan\mu + \tan\alpha\cos\tau_B\right)}{\cos\tau_B - \tan\mu\tan\alpha\cos^2\tau_B} + \frac{\gamma\Delta S}{\cos\tau_B} \tag{6-38}$$

在秸秆被固定住时，刀具切割功耗 W_Z 为

$$W_Z = \sum W_B = \sum \frac{2\sigma\Delta SD\left(\tan\mu + \tan\alpha\cos\tau_B\right)}{\cos\tau_B - \tan\mu\tan\alpha\cos^2\tau_B} + \frac{\gamma\Delta S}{\cos\tau_B} \tag{6-39}$$

由式（6-39）可知，在秸秆被固定住时，刀片切割功耗与刀片构造刃角、刀片和秸秆的摩擦角、秸秆内部应力及滑切角有关，与刀片切割速度无关，刀片切割功耗随滑切角的增大先减小后增大。

2. 秸秆未被固定住时切割功耗

如图 6-53a 所示，在秸秆未被固定住时，薄刀片 BUQ 在刀刃上所对应的点 B 与秸秆上点 A 相接触；刀具以速度 V 作匀速运动，如图 6-53b 所示；秸秆在刀具的砍切力 F、刀具与秸秆的摩擦力 f 和秸秆与地面的摩擦力 f_s 的共同作用下产生运动，受力状态如图 6-53c 所示。当刀片完全切开秸秆后，刀具由 B 处移动至 B_2 处，秸秆由 B 处运动至 A_1 处。

秸秆在 X 轴上的位移 S_{XA} 为

$$S_{XA} = \frac{F\sin\tau_B + f - f_s}{2m} t^2 \tag{6-40}$$

式中，$F = F_d$，则

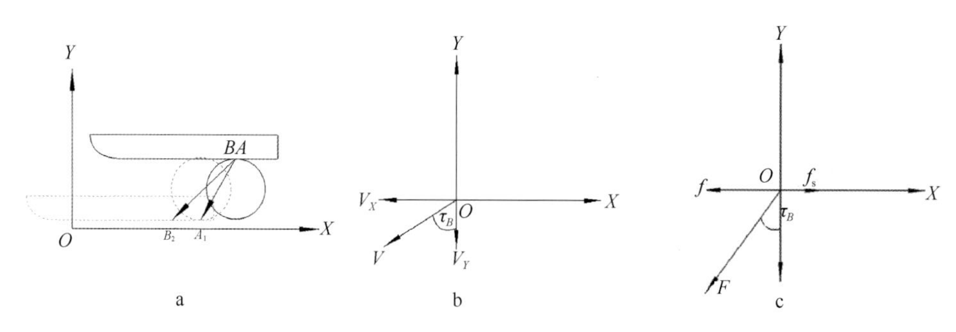

图 6-53 秸秆滑移示意图

$$f = \frac{F\tan\mu}{2\tan\mu\cos\alpha_{\rm d} + \sin\alpha_{\rm d}}$$

$$f_{\rm s} = F\cos\tau_B\tan\mu_{\rm s}$$

刀具在 Y 轴上的位移 S_{YB} 为

$$S_{YB} = Vt\cos\tau_B = D \tag{6-41}$$

式中，$\mu_{\rm s}$ 为秸秆与地面摩擦角，rad；m 为秸秆在 A 点的质量，kg；D 为秸秆直径，m。

如图 6-53a 所示，刀具在切割秸秆作业中，经过 $D/V\cos\tau_B$ 秒后，刀具在 Y 轴上的位移 $S_{YB}=D$ 时，刀片将完全切断秸秆，由式（6-40）和式（6-41）可得出此时秸秆在 X 轴上的位移为

$$S_{XA} = \frac{F\sin\tau_B + f - f_{\rm s}}{2m}\left(\frac{D}{V\cos\tau_B}\right)^2 \tag{6-42}$$

因而在秸秆未被固定住时，刀具切断秸秆的切割功耗 $W_{\rm Z}'$ 由 $W_{\rm Z}$ 和秸秆沿地面滑动因地面摩擦力所产生的功耗两部分组成。此时刀具的切割功耗 $W_{\rm Z}'$ 为

$$W_{\rm Z}' = \left[\sum\frac{2\sigma\Delta SD(\tan\mu + \tan\alpha\cos\tau_B)}{\cos\tau_B - \tan\mu\tan\alpha\cos^2\tau_B} + \frac{\gamma\Delta S}{\cos\tau_B}\right] + M_A g\frac{F\sin\tau_B + f - f_{\rm s}}{2m}\left(\frac{D}{V\cos\tau_B}\right)^2 \tag{6-43}$$

式中，M_A 为作业时机具对秸秆施加的配重，kg。

由式（6-43）可知，秸秆未被固定住时，刀片的切割功耗与刀片和秸秆的摩擦角、刀片构造刃角、秸秆内部应力、秸秆直径、机具配重、秸秆和土壤的摩擦角、滑切角及刀片切割速度有关，相同条件下秸秆被固定住时的刀片切割功耗小于秸秆未被固定住时的切割功耗，此处所建立的数学模型与诸多试验性学术论文结果相印证。

主要参考文献

[1] Pingali P, Bigot Y, Binswanger H P. Agricultural mechanization and the evolution of farming systems in Sub-Saharan Africa. Baltimore: Johns Hopkins University Press, 1987.

[2] Martin P L, Olmstead A L. The agricultural mechanization controversy. Science, 1985, 227(4687): 601-606.

[3] Rijk A G. Agricultural mechanization policy and strategy: The case of Thailand. Tokyo: Asian

Productivity Organization, 1989.

[4] Binswanger H. Agricultural mechanization a comparative historical perspective. The World Bank Research Observer, 1986, 1(1): 27-56.

[5] Pingali P. Agricultural mechanization: Adoption patterns and economic impact. Handbook of Agricultural Economics, 2007, 3: 2779-2805.

[6] 杨邦杰, 洪仁彪, 贾栓祥. 农业机械化对农业贡献率测算方法研究. 农业工程学报, 2000, 16(3): 50-53.

[7] 杨敏丽, 白人朴, 刘敏, 等. 建设现代农业与农业机械化发展研究. 农业机械学报, 2005, 36(7): 68-72.

[8] 贾延明, 张振国. 保护性耕作适应性试验及关键技术研究. 农业工程学报, 2002, 18(1): 78-81.

[9] 康轩, 黄景, 吕巨智, 等. 保护性耕作对土壤养分及有机碳库的影响. 生态环境学报, 2009, (6): 2339-2343.

[10] 张海林, 高旺盛, 陈阜, 等. 保护性耕作研究现状、发展趋势及对策. 中国农业大学学报, 2005, (1): 16-20.

[11] Stavis B. The politics of agricultural mechanization in China. Ithaca: Cornell University Press, 1978.

[12] Curfs H P F. Systems development in agricultural mechanization with special reference to soil tillage and weed control: a case study for West Africa. Wageningen: Veenman & Zonen B.V., 1976.

[13] Feder G, Just R E, Zilberman D. Adoption of agricultural innovations in developing countries: A survey. Economic Development and Cultural Change, 1985, 33(2): 255-298.

[14] Houssou N, Diao X, Cossar F, et al. Agricultural mechanization in Ghana: is specialized agricultural mechanization service provision a viable business model?[J]. American Journal of Agricultural Economics, 2013, 95(5): 1237-1244.

[15] Olmstead A L, Rhode P. An overview of California agricultural mechanization, 1870-1930. Agricultural History, 1988, 62(3): 86-112.

[16] 王金武, 唐汉, 周文琪, 等. 指夹式精量玉米排种器改进设计与试验. 农业机械学报, 2015, 46(9): 68-76.

[17] 于建群, 申燕芳, 牛序堂, 等. 组合内窝孔精密排种器清种过程的离散元法仿真分析. 农业工程学报, 2008, 24(5): 105-109.

第 7 章　耕播联合作业机

7.1　引　　言

条带少耕技术是 20 世纪在美国兴起的保护性耕作模式之一，条带少耕就是播前（或播种同时）只对种床（垄台）部分进行耕作，减轻对土壤结构的破坏，减少了耕作量，有利于蓄水保墒。在未除茬的地表上直接进行硬茬播种或耕播联合作业属于比较典型的条带少耕技术，相比碎茬、起垄、施肥、播种的分段作业，条带少耕技术能够减少土壤水分散失，进而提高天然降水的利用率[1]。

7.1.1　耕播联合作业工艺

7.1.1.1　耕播联合作业的工艺方案

耕播联合作业工艺方案，应使耕整作业满足玉米等硬茬作物的根茬还田，并通过垄上作业形成待播种床的要求，播种作业应满足种肥分离、底肥和口肥分层施肥要求，即保证碎茬（旋耕）、分层深施肥、窄开沟、精密播种、重镇压、喷洒农药等作业质量，满足不同土壤条件和不同农艺的要求。作者团队制定的耕播联合工艺方案如下。

1）垄台碎茬、多层施肥、窄开沟、精（少）量播种、重镇压、起小垄、喷洒农药。

2）全幅旋耕、多层深施化肥、开沟播种、重镇压、喷洒农药。

7.1.1.2　耕播联合作业的工艺特点

我国原有耕、播机具（如犁、耙、旋耕机、碎茬机、播种机等），多数只能完成单一作业，或进行简单的组合作业，工作效率较低，且配套动力较小，不适合联合作业。随着农业产业化、集约化和规模化的发展，中大马力拖拉机的广泛使用，为联合作业机具综合性能的提高和机械化水平的发展奠定了基础。

早在 20 世纪 60 年代以前，东北垄作区广泛采用马拉农具和手工操作的扣种形式，即在原玉米茬地上“浅破茬，点籽，再深掏墒，最后压磙子”。此耕法由于是分段作业，动土次数多，掏墒时将下面大量湿土翻上来，失墒严重，因此后来被逐渐淘汰。耕播联合作业能够做到抢“墒”播种，其特点是：首先，碎茬与播种同时进行，随后镇压，这种“瞬时失墒”水分散失很少；其次，碎茬时，只动苗带玉米或高粱根茬部位的土壤，其他部位的土壤未动；最后，采用窄开沟技术，无覆土器，动土量少，且采取重镇压，失墒少，同时利于提墒[2]。

对比试验证明：与现有机耕机播分段作业地块相比，由于耕播联合作业减少动土，有利于蓄水保墒，为种子发芽、幼苗生长提供了充足的水分，因此出苗齐，并且作业成本降低 30%以上。

耕播联合作业的优点主要表现在以下几方面。

1）缩短工序间隔和作业周期，利于适时耕种，利于土壤保墒和减少不利气候的影响，因而可以提高作业质量。例如，整地同时播种、施肥，其种子的出苗时间要比单项作业早 3～4 天。特别是夏玉米播种，抢种、保墒是关键，每迟播一天，减产 3%～5%。

2）在未耕作过的土壤上进行联合作业，不会重复压实已耕作的土壤，减少了有害的压实。用现有的单项作业机进行播前整地和播种、施肥、镇压等作业，会造成拖拉机压实耕地有用面积的 70%左右。随着拖拉机轮压实次数的增加，田间土壤的坚实度和大土块的含量均增加，影响作物产量。

3）拖拉机进行单项作业，如播种或喷药时，其功率利用系数很低，仅 10%～15%，达不到合理负荷。在提高作业速度和增加机具幅宽受到限制的情况下，联合作业可充分利用拖拉机的功率。

4）耕播联合作业，拖拉机可以在未耕地或非新耕作地上行驶，打滑少，功率利用系数高，省油；采用少耕新技术，使机组结构简化，节省总的金属用量，联合作业还可以使劳动力消耗和作业成本降低。与单项分段作业相比，油耗降低 20%～30%，金属用量减少 20%～25%，劳动力消耗下降 30%～50%，产量平均提高 10%～15%[3]。

7.1.1.3　耕播联合作业的农业技术要求

1）一次作业完成原垄破茬、清垄、播种、施肥、镇压和覆土 6 项功能，实现耕种结合。还可同时喷洒除草剂。

2）防止残茬秸秆对机器的堵塞（当秸秆覆盖量≥0.8kg/m^2 时）。

3）破茬深度 70～100mm，要求打碎玉米根茬的“五股叉”。

4）播种行距 600～700mm，玉米株距 220～340mm，大豆株距 100～170mm（垄上双行的单行株距），播种深度 40～70mm。

5）要求侧深施肥，肥料在种侧 50～100mm，种下 30～50mm（按施肥量选定），最大排肥量不低于 600kg/hm^2。

6）作业后覆土镇压，压强＞40kPa[4]。

7.1.2　国内外耕播联合作业机具发展现状

7.1.2.1　国外耕播联合作业机具发展现状

国外联合作业机具的发展始于 20 世纪 50 年代，在西欧各地气候条件较复杂，适播期短，抢农时、适时耕种成为十分突出的问题。因此，在德、法、英等国家生产和使用整体型联合作业机比较普遍。由于北美洲一带气候条件好，土地面积大、适播期长，仍使用宽幅单项作业机进行作业。初级的联合形式，大多是把单项作业机具简单地串联组合，因此机组较庞大，机动性差，主要局限于耕整地联合和整地播种联合。60 年代，随着免耕、少耕等新耕种技术的发展，以及大功率拖拉机的生产使用，联合作业机具已不限于单项作业机具的组合，而是由专门的连接架和悬挂架将各种部件与机构组成一个有机的整体，使机组长度缩短，结构紧凑，机动性和操纵性大为提高，联合作业的内容和形式也十分多样，优越性更为明显。总体上看，国外驱动型耕作机在近几年发展很快。其趋势是：①整机和工作部件多系列、多品种化，生产批量趋小；②适应少免耕法新农艺，以旋耕机为主体的整地、施肥、播种联合作业机得以优先发展；③向宽幅、大功率、高效能发展；④采用新结构、新部件和增加附件，如快速挂卸装置、动力输出轴离合器、保护器等；⑤由机械传动向液压传动、气力传动方向发展；⑥将机电一体化、微电子技术用于作业机组的自动监测、显示和控制，自动调节耕深、机组水平、作业速度等[5]。

约翰迪尔（美国）1560 型免耕、少耕条播机（图 7-1），适用于任何需要条播的耕地。机身质量 2917～5969kg；机架地隙 61cm，秸秆通过性能好，不易堵塞；排种管直径大，便于种子排出，排种靴为铸铁上下两段式，可单独更换底部易磨损部分；开沟器入土压力大（可液压调节），破土角度小，对土壤扰动小，对作物生长有利，同时易切割秸秆，不易堵塞；开沟器带有限深轮，可保持播深一致，深度可通过“T”形手柄快速调节；此外，苗带压实轮可使种子与土壤充分接触，出苗更快、更好；前排开沟器可以锁定，相应增加行距；种箱可选配单种箱、种肥混合箱或加配草种箱，可选配种子搅拌器，新设计的种箱易于清空；此外，还可选装草籽播种附加装置，高位安装，有助于种子顺利流入排种管；种箱容积大，可减少加种次数。

图 7-1　约翰迪尔 1560 型免耕、少耕条播机

阿玛松公司（德国）研制的悬挂式整地播种联合作业机（图 7-2），可以单独使用该机或联合其他耕整地部件以满足传统耕作模式或秸秆覆盖地条件下的播种作业和耕整地播种联合作业需求。适用于在秸秆或根茬覆盖地下进行整地碎土、播种、施肥、覆土等作业。该机由四部分组成：①两排立式往复钉齿耙，由拖拉机动力输出轴驱动，钉齿将耕层上部的土垡捣碎；②星齿碎土轮，随机组前进而滚动，进一步将种床深度内的土壤整细整平；③D9 系列悬挂式机械播种机，通过快速挂接机构与整地机机架连接，在种床上施肥和播种；④弹簧钢丝覆土器进行播后覆土和整平地表。

RAU 公司（德国）研制的整地播种联合作业机（图 7-3），通过 RAU-旋耕机组和 HASSIA-条播机采用双级三点悬挂机构组合成联合机组（HASSIA-条播机和 RAU-旋耕机组的碎土器可用双向油缸单独液压升降），可一次完成原茬地深松、旋耕、整地、播种等作业，并可根据土壤情况和农业技术要求，组合成几种不同的联合机组。

1）原茬地或开荒地配置：深松铲+旋耕机+碎土器+条播机。

2）犁或深松机耕作地配置：平地装置+旋耕机+碎土器+条播机。

3）播前整地质量达到要求的土壤，只悬挂条播机直接高速播种。

图 7-2　悬挂式整地播种联合作业机

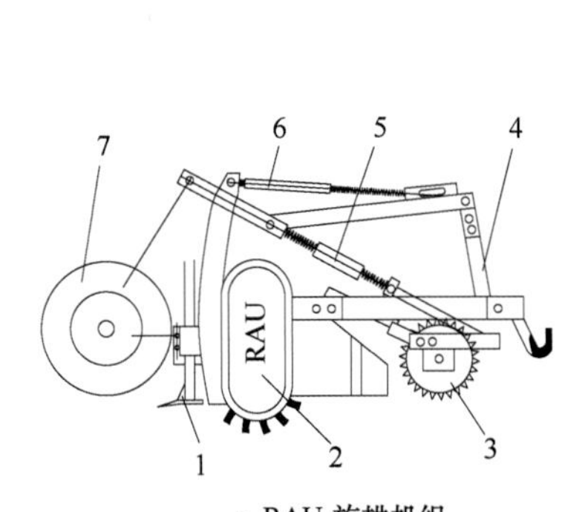

a. RAU-旋耕机组

1. 深松铲；2. 旋耕机；3. 碎土器；
4. 二级悬挂机构；5、6. 油缸；7. 拖拉机后轮

b. HASSLA-条播机

1. 种肥箱；2. 油浴减速器；3. 机械式圆盘划印器；
4. 连接调节丝杠；5. 三点悬挂架；6. 拖拉机轮子压印松土铲；
7. 行走胶轮；8. 单圆盘开沟器；9. 钢丝覆土装置

图 7-3　牵引式整地播种联合作业机

7.1.2.2　国内耕播联合作业机具发展现状

我国由于播种地块普遍较小，复种指数较高，许多地区一年两熟，适宜作业的时间较短，如“三夏”“三秋”农田作业异常紧张，要求尽量缩短作业时间，适时耕种。而在旱作农业地区的北方，蓄水保墒是土壤耕作中极为重要的问题。因此，20 世纪 60 年代在华北、西北地区有采用硬茬播种和耕整地播种联合作业的机具，如犁播机、耙播机、耕耙播一条龙，已在农业生产中发挥作用[6]。

多年来，我国同国际发展趋势一样，受作业成本增加、地块缩小等因素的影响，联合作业机的研制和推广迅速崛起。全国各地结合当地的农艺要求研制了以旋耕机、灭茬机为主体的联合作业机，品种繁多、功能各异。如浅旋耕条播机、少耕条播机、旋耕施肥播种机、硬（铁）茬播种机、耕整播种联合作业机及多种耕整联合机具等，已有 60 多种规格型号，年产量在 1.5 万～2 万台。

北京木林镇农业技术推广站研制的耕播一条龙作业机（图 7-4），在机引七铧犁后部的机架上，增设几个杆件，以串联牵引环形镇压器、铁耱、条播机和鼓形镇压轮。该联

合作业机，可一次完成耕翻地、镇压碎土、耙耢整地、播种和种行镇压等多项作业。该机组由东方红-54（75）拖拉机牵引，机引轻型七铧犁，适宜沙壤土浅耕（18～20cm）。环形镇压器和铁耱将耕翻后地表的土块压碎和整平，达到种床要求。根据犁工作幅宽，条播玉米 8 行，行距 60cm，播深可调。播后在种行上进行镇压，以利于种子发芽出苗。

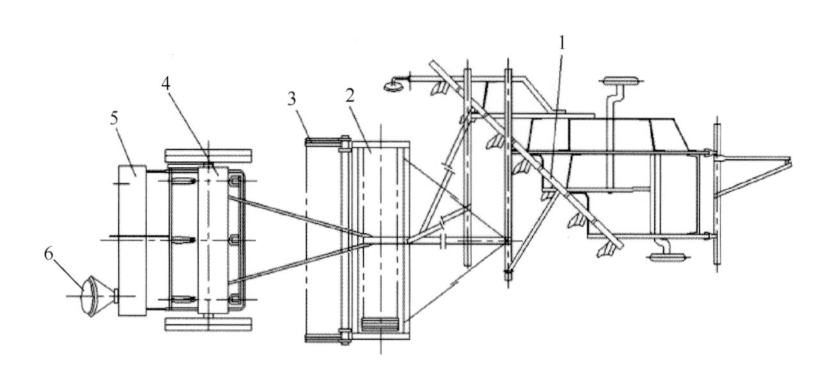

图 7-4　耕播一条龙作业机

1. 铧式犁；2. 镇压器；3. 铁耱；4. 条播机；5. 镇压轮；6. 机手座

由于机组较长，转弯半径大，因此机动性较差。后部的播种机上还需一名农具手照看和操作。在不需要联合作业时，各单机仍可独立单项作业，组合分开比较方便。

西安农业机械厂研制的旋耕播种机（图 7-5），可一次完成旋耕、播种、施肥、覆土、镇压等多项作业。既能条带旋耕（分组旋耕），播种玉米，也可全面旋耕，播种小麦。配套动力为铁牛-55 拖拉机。该机旋耕部件为左右弯刀，工作幅宽为 1500mm（条带旋耕时为 3 组，每组宽 200mm）。在收割后硬茬地上旋耕碎土，耕深 100～160mm。旋耕刀由拖拉机动力输出轴驱动，并通过链传动使排种器、排肥器工作。排种器和排肥器排出的种子、肥料，经输种（肥）管落入已耕地上，利用旋耕抛起的碎土覆盖种子和肥料，再经覆土铲、镇压轮进行覆土、镇压，完成作业全过程。

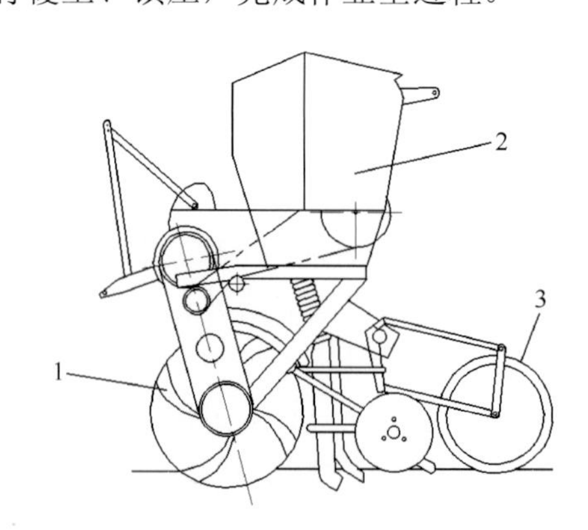

图 7-5　旋耕播种机

1. 旋耕刀；2. 播种、施肥部件；3. 镇压轮

从整体技术水平看，国产旋耕播种机与国际先进水平相比差距还是很大的，主要表现在以下几方面。

1）结构及运行性能水平低。因受拖拉机技术的制约和配套农具本身研究开发水平的限制，一些国际上已采用的先进结构尚未被采用，如快速挂接、短尺寸广角万向节传动轴、可调机罩、耕深和水平自控调节、漏播报警补种、快速换刀结构及安全减振装置等。

2）可靠性差。国产旋耕机无故障使用时间最长为 370h，仅为国外的 2/3。

3）材料和制造工艺水平低。材料以市场供应为标准，但满足不了设计要求；而国际上已普遍采用新材料、新工艺，如高强铸铁、低合金钢模锻、箱形零件薄壁铸造新工艺、热处理新工艺、多刀加工中心和柔性加工自动线等。

4）机型杂乱，“三化”水平低，重复低水平设计，缺乏科学严密的试验。

近年来，寻求更合理的以节省能源、降低投入、增加产量为统一目标的耕作技术与配套设备，已成为现阶段共同需要解决的难题。因此，研制耕作施肥播种为一体的联合作业机，成为当今国内外共同的发展方向。

7.1.3 耕播联合作业机两种主要形式

耕播联合作业机主要由耕整部分及播种部分两部分组成，这样就逐渐产生了分置组合式和整体式两种不同形式的耕播联合作业机。前者是将独立的耕整机与播种机通过连接机构连成一体，一次完成碎茬整地播种作业，也可拆分成单独的耕整机及播种机；后者是将播种单体直接挂在碎茬部件后面，两者成为一个整体，完成耕播联合作业[7]。

经过十几年探索，在“十五”期间，由于 863 计划项目大力资助，吉林省农业机械研究院、吉林大学联合研制成功了分置组合式 1GBL 耕播联合作业机（用补偿式三点悬挂连接机构将 1DFZL 耕整联合作业机与 2BJ 播种机联合起来）及整体式耕播联合作业机：2BY-2 硬茬播种机。“十一五”期间，吉林大学、吉林省农业机械研究院在国家科技支撑计划资助下，进一步研制了 2GBL 耕播联合作业机，耕整机部分为 1GFZ 仿生智能耕整机，开发了变量喷药系统，连接机构及播种机与 1GBL 耕播联合作业机相同[8-10]。1DFZL 耕整联合作业机与 1GFZ 仿生智能耕整机在第 2 章中已介绍，2BJ 播种机在第 5 章中也有说明。

“十二五”期间，为了适应玉米留高茬行间直播保护性耕作技术的需要，吉林大学又研制了 2BGH-6 行间耕播机。它与跨三垄（行）作业行走的大马力拖拉机配套，进行行间整地播种。

长期以来，作者团队坚持对分置式耕播联合作业机的研究，并兼顾对整体式耕播联合作业机的研究。在分置式耕播联合作业机研究过程中，侧重研究解决了连接机构、耕整机与播种机的间距及耕播机仿形等关键技术问题，这将是本章阐述的重点。

7.2 补偿式三点悬挂连接机构

分置式耕播联合作业机耕播联合作业的实现主要依靠采用合理的连接机构将耕整部分和播种部分有效地连接起来。

7.2.1 连接机构的设计原则

大田耕种时，地势起伏，坡度角不断变化，使作业机具不断地在平地、上坡和下坡3种情况下交替工作。为满足耕种的要求，耕播联合作业机必须适应地表的起伏变化，使碎茬深度和播种深度保持良好的稳定性与一致性。耕整机的耕深可以通过拖拉机悬挂装置及限深轮来调节，播种深度可以通过播种机各播种单体的连接机构和限深装置来调节。因为没有直接与拖拉机相连，故播种机整机的稳定性则由连接机构来调节[11, 12]。因此连接机构必须能够保证在坡度角变化时，时刻保持地轮与地表的有效接触，以实现滚动前进，并能带动排种/排肥等部件运行。所以，连接机构必须具有能使播种机随地表起伏的仿形能力。

此外，考虑到整机的地头转弯和运输的稳定性，以及耕播机碎茬过程中对土块、碎茬的抛扔可能引发的壅土、堵塞和施肥深度或播种深度不稳定的问题，合理确定两个单机之间的距离也是非常有必要的。因此，连接机构的设计应遵循以下几项原则[11]。

1）两个单机有效间距适中。所谓有效间距，是指在不考虑连接机构的结构和形态下，耕整机后梁后端面与播种机前梁前端面之间的水平距离。若间距过长，地头转弯和运输时，整机重心后移，尤其是在坡路面上，整机的纵向稳定性差；若间距过短，碎茬作业形成的抛土流则会对施肥深度、播种深度及覆土量造成影响，从而影响种子的萌发和出苗情况，尤其是在碎茬机抛土口的位置和大小不易调节的情况下。此外，碎茬中产生的残茬也会被刀片向后抛出，间距过小容易造成阻塞，影响整机的工作。

2）具有仿形功能。在地形坡角变化或地表不平时，始终保证地轮与地面的有效接触和稳定的滚动状态，具有一定的仿形量，且可随地形的不同调节仿形量大小。

3）结构简单，便于安装、调节和拆卸，具有较高的安全性。

7.2.2 连接机构的主要形式

7.2.2.1 刚性连接机构

刚性连接，就是利用刚性连接件将耕整机的后梁和播种机的前梁相连接，并用螺栓加以固定，见图 7-6，在作业过程中，可将两个单机看作一个整体，二者间不存在相对运动。该种连接形式的优点是结构简单，便于安装和拆卸，运输状态时整机中心位置靠近拖拉机一侧，在平整地面时，可满足作业要求。缺点是在地面起伏较大的情况下，耕整机、播种机均无法实现单独仿形，在坡度变化较大的作业地段甚至无法工作，从而造成耕整机耕深过浅或播种机传动地轮悬空等现象[11]。

7.2.2.2 挠性连接机构

针对刚性连接机构存在的问题，进行了挠性连接机构设计。挠性连接，主要是根据单铰接仿形原理，由铰接件和调整弹簧组成（图 7-7）。该种连接形式可以在一定程度上弥补刚性连接形式仿形效果差的缺陷，作业中当地面起伏时，播种机前部分（含传动

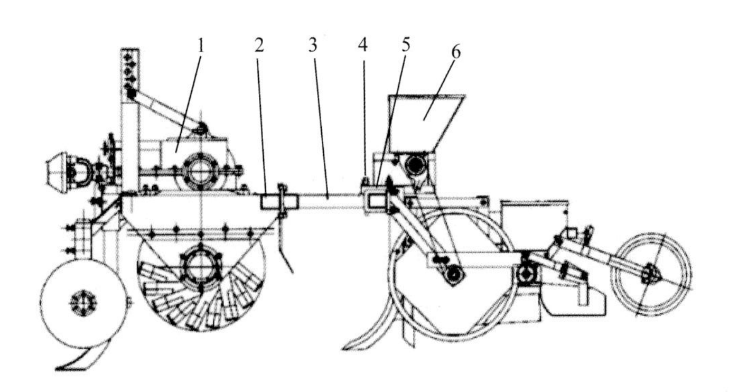

图 7-6　刚性连接机构在耕播联合作业机中的应用

1. 耕整机；2. 耕整机后梁；3. 刚性连接件；4. 固定螺栓；5. 播种机前梁；6. 播种机

地轮）可绕前后连接件的铰接点上下运动（上仿形可压缩弹簧，反之亦然），保证了地轮与地面的紧密接触，从而保证了播种机的正常作业。但当整机在作业及运输过程中，因耕整机后梁为主要受力件，对其强度要求很高，且运输时整机重心位置不稳定，另外由于弹簧压紧力大，安装调整十分困难[11]。

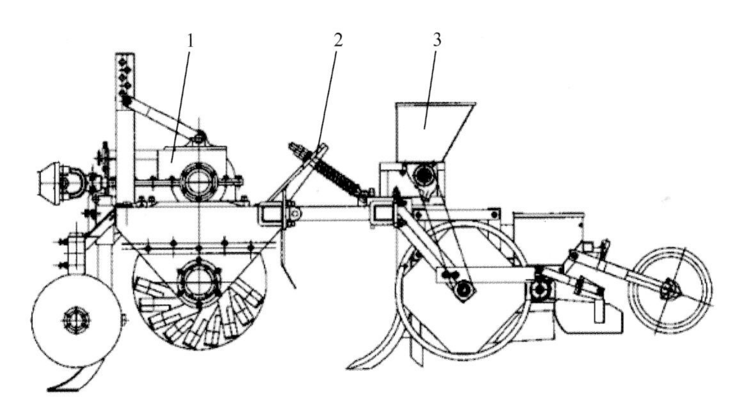

图 7-7　挠性连接机构在耕播联合作业机中的应用

1. 耕整机；2. 挠性连接机构；3. 播种机

7.2.2.3　补偿式三点悬挂连接机构结构

在挠性连接机构研究的基础上，经过反复研究试验与改进，作者团队完成了补偿式三点悬挂连接机构的设计，1GBL 耕播联合作业机及 2BGZ-4 多功能智能耕播机就采用这种连接机构，以 2BGZ-4 多功能智能耕播机为例，见图 7-8a，该连接机构由拉杆（3）及左右对称安装的一对铰接件（8）组成，它将 1GFZ 仿生智能耕整机（2）及 2BJ 播种机（9）连接成分置组合式耕播机。

补偿式三点悬挂连接机构基本结构见图 7-8b。

铰接件由前铰接板（5）及后铰接板（7）组成，两件之间用连接销轴（6）铰接，其前端（件 5）与耕整机后梁（4）固连，后端（件 7）与播种机前梁（10）固连。拉杆（2）前端与耕整机悬挂架（1）通过销轴（12）铰接，播种机悬挂架（8）的销轴（11）可在拉杆另一端长孔中滑动。拉杆对销轴的作用力补偿了平衡力系中某些力的变化。从

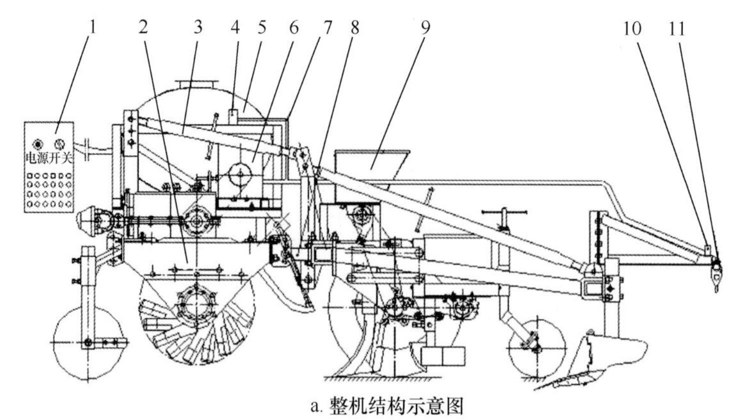

a. 整机结构示意图

1. 智能变量喷药控制系统；2. 耕整机；3. 拉杆；4. 电动调节阀；5. 植保药箱；
6. 植保药泵；7. 植保管路；8. 铰接件；9. 播种机；10. 电磁阀；11. 植保喷头

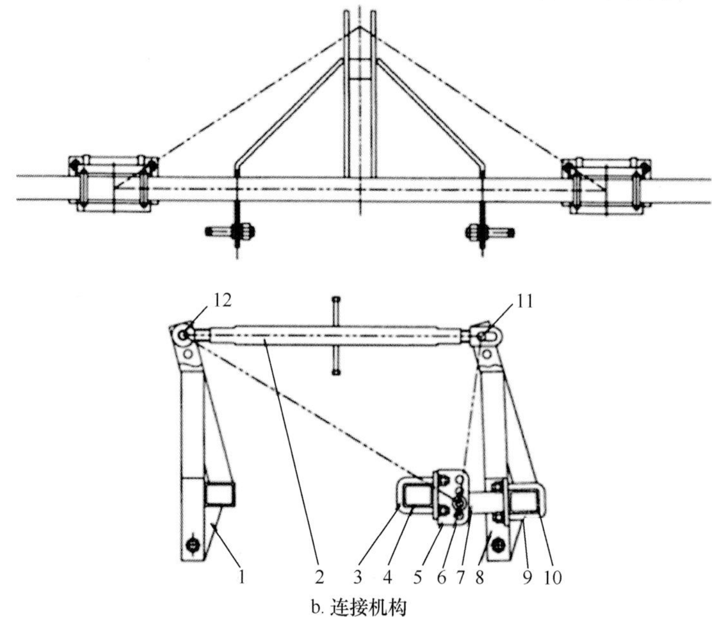

b. 连接机构

1. 耕整机悬挂架；2. 拉杆；3. U形螺栓；4. 耕整机后梁；
5. 前铰接板；6. 连接销轴；7. 后铰接板；8. 播种机悬挂架；
9. U形螺栓；10. 播种机前梁；11. 拉杆后销轴；12. 拉杆前销轴

图 7-8　2BGZ-4 多功能智能耕播机整机及补偿式三点悬挂连接机构

图 7-8b 中上图可见，双点划线组成一个三点悬挂机构的三角形，当销轴（11）与长孔前端靠住时，双点划线形成刚性的三角形（图 7-8b），保证运输时的稳定性，两个三角形在相互垂直的两个平面内。

该连接机构较好地解决了以下问题。

1）耕播联合作业机作业时播种机部分整机仿形问题（保证传动地轮与地面稳定接触，从而保证传动的可靠性）和施肥铲的耕深稳定性问题。

2）作业时，保证耕整机部分的碎茬（或旋耕）深度的稳定性。

3）耕播联合作业机组地头转弯和运输过程中，拖拉机悬挂系统将整机吊起时整机的刚度及稳定性。

7.2.3　补偿式三点悬挂连接机构的分析

补偿式三点悬挂连接机构的简图见图 7-9。从图 7-9 中可见，耕整机的耕深稳定可通过其限深轮（3）和拖拉机悬挂装置（1、2）来实现。每个播种单体（11）可通过平行四连杆机构（10）单独完成仿形。而为保证播种机地轮（9）传动稳定（地轮始终与地面接触），就要依靠连接机构实现仿形。为了更好地研究连接机构实现仿形运动的过程，可以把耕整机、连接机构组件和播种机前部（去掉各仿形单体）看作一个独立的仿形机构进行研究，从中找出播种机前部（主要是传动地轮）相对耕整机仿形的运动规律（图 7-10）。该机构中将耕整机（2）视为固定件，将播种机前部（3）和拉杆（1）视为运动件，将铰接件的销轴视为单铰接点，将播种机传动地轮（4）视为仿形轮[11-14]。

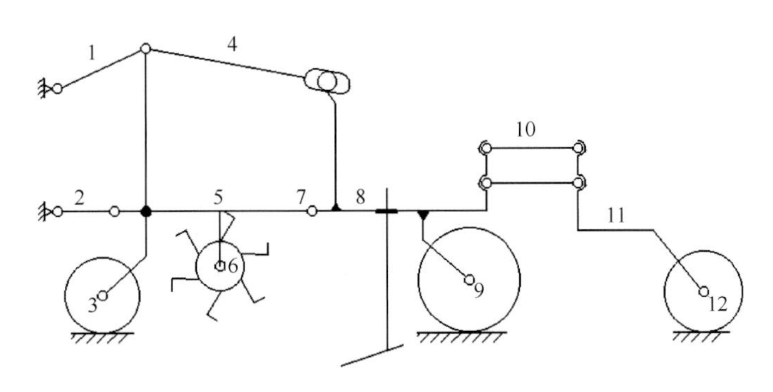

图 7-9　补偿式三点悬挂连接机构示意图

1. 拖拉机上拉杆；2. 拖拉机下拉杆；3. 耕整机限深轮；4. 拉杆；5. 耕整机机架；6. 碎茬（或旋耕）部件；7. 铰接件铰接点；8. 播种机机架；9. 播种机传动地轮；10. 四连杆；11. 播种单体；12. 镇压轮

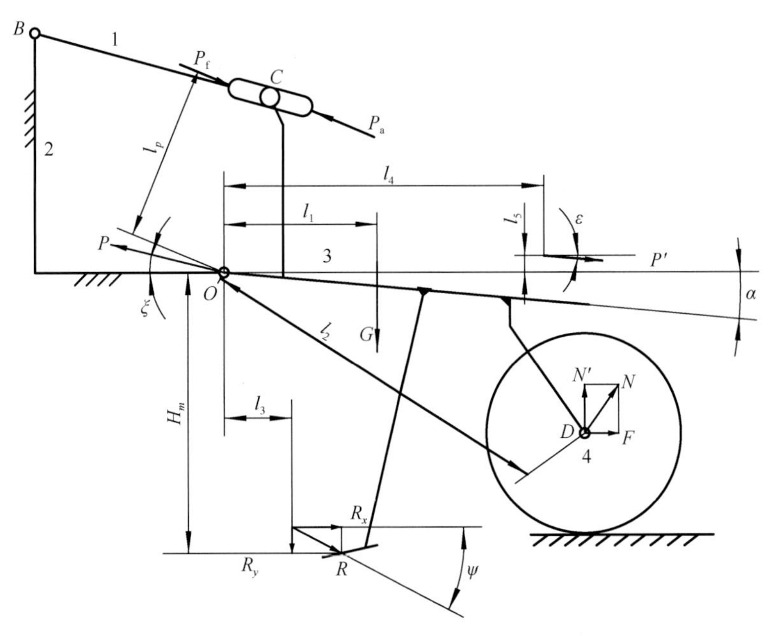

图 7-10　连接机构构成的仿形机构结构简图

1. 拉杆；2. 耕整机；3. 播种机前部；4. 播种机传动地轮

7.2.3.1 补偿式三点悬挂连接机构自由度的计算

如图 7-10 所示，通过对仿形机构自由度的计算，研究播种机前部相对于耕整机的仿形运动，其自由度数量计算公式为

$$F_{自由度}=3n-2P_1-P_h \tag{7-1}$$

式中，$F_{自由度}$为自由度数量；n 为活动构件数量；P_l 为低副数量；P_h 为高副数量。

1）当 C 点在长孔中部（销轴不与孔端靠死的任一位置）时，C 点为高副。因此 n=2，P_l=2，P_h=1，此时自由度为

$$F_{自由度}=3\times2-2\times2-1=1 \tag{7-2}$$

此时该机构为单铰接仿形机构，播种机可绕 O 点相对耕整机转动仿形。

2）当 C 点位于长孔的最前端时，件 1 长度最短，仿形机构不可能向上运动；反之则不可能向下运动。这样件 2 与件 3 的相对位置也固定不变，此时 C 点为低副。因此 n=2，P_l=3，P_h=0，此时自由度为

$$F_{自由度}=3\times2-2\times3-0=0 \tag{7-3}$$

此时该机构为刚性机构，耕整机和播种机相对位置固定。

7.2.3.2 补偿式三点悬挂连接机构的运动分析及主要参数确定

如图 7-11 所示，虚线图形表示机构下仿形最低位置，双点划线图形表示机构上仿形最高位置。从图中可以看出连接机构仿形时播种机部分绕 O 点旋转仿形，同时带动拉杆绕 B 点旋转。通过三角函数关系可以得出长孔距离 L 和最大仿形量 H 之间的方程[13]：

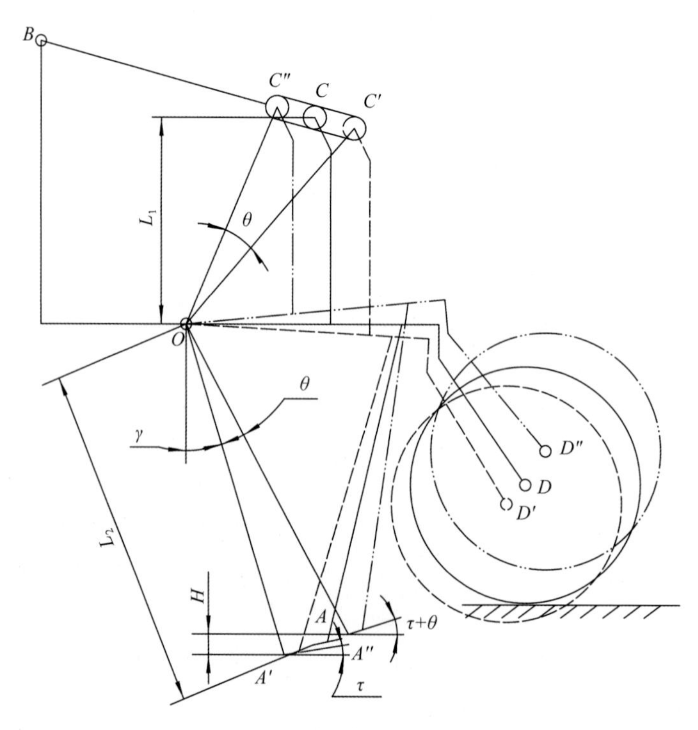

图 7-11 连接机构运动简图

$$H = \frac{L_2 L \sin\left(\frac{\theta}{2} + \gamma\right)}{L_1} \tag{7-4}$$

$$\theta = \frac{180L}{\pi L_1} \tag{7-5}$$

式中，H 为机构最大仿形量，mm；L 为拉杆长孔长度，与 $C'C''$的弧长相等，mm；L_1为销轴中心到 O 点的垂直距离，mm；L_2 为施肥铲尖到 O 点的距离，mm；θ 为机构最大仿形角，(°)；γ 为 OA'与垂直方向的夹角，(°)；τ 为施肥铲最小入土后角，(°)。

可以看出 H 和 L 的对应关系与播种机的基本几何尺寸有关，设计中还要注意，该机构处于下仿形最低位置时，施肥铲最小入土后角应不小于 3°。另外试验表明，耕整机飞溅碎土对施肥及播种质量影响很大，要求两台机具之间保持一个合理的间距，经过反复试验，耕整机后梁到施肥铲前尖的水平间距在 300～400mm 时作业质量较为理想。拉杆设计为长度可调形式，通过对它的调节可以改变下仿形极值位置对应的 γ 角和 τ 角值，从而根据不同地块特点使整机仿形稳定。

7.2.3.3　用图解方法对补偿式三点悬挂连接机构进行分析

图解分析法可使十分复杂的受力平衡问题简单地得到解决，可一目了然地看出各力变化时对该机构平衡产生的影响。由于构成该仿形机构的部件均为对称工作部件，因此其受力可投影到一个平面内进行研究。

该机构共受 7 个力作用（图 7-10，图 7-12）：播种机前部部件（因为播种单体单独仿形，四连杆和销轴间的摩擦力可忽略不计）重力 G、土壤对施肥开沟器的阻力 R、播种机地轮所受垂直支反力 N'、播种机地轮所受滚动摩擦力 F、牵引力 P、播种机后部对播种机前部的拉力 P'，以及当 C 点销轴与长孔前端接触时受到的推力 P_{f}或当 C 点销轴与长孔后端接触时受到的拉力 P_{a}。垂直平面内受力平衡时，力多边形封闭。牵引力 P 或牵引力合力 P_{t}通过挂接点 O[14]。

$$G + R + N' + F + P + P' = 0$$
$$或 G + R + N' + F + P + P_{\mathrm{f}} + P' = 0$$
$$或 G + R + N' + F + P + P_{\mathrm{a}} + P' = 0 \tag{7-6}$$

下面对几种假设情况进行分析。

1）假设地表平坦（图 7-12 中所示 I 状态），因土质疏密不同等因素，同一耕深土壤阻力 R 会发生变化（只考虑 R 方向向下的情况）。当土壤阻力 R 增加时，R 与 G 的合力 R_{G} 的方向变平（与水平方向夹角变小），使播种机地轮支反力 N（为 N'与 F 的合力）减小，播种机后部对播种机前部的拉力 P'方向始终与四连杆仿形机构的上下拉杆平行，且其大小小于土壤阻力 R；反之播种机地轮支反力 N 增加，但力多边形依然可以封闭。土壤阻力 R 值在这种情况下一般变化范围并不很大，使支反力 N 稍许调整即可保持系统平衡。当忽略因播种机地轮支反力 N 增加而使仿形轮下陷引起的耕深变化，则可以认为耕深基本保持稳定。

2）假设地表有起伏，单铰接仿形机构在相对耕整机位置上、下仿形过程中，播种

机前部绕挂接点 O（铰接件铰接点）回转。

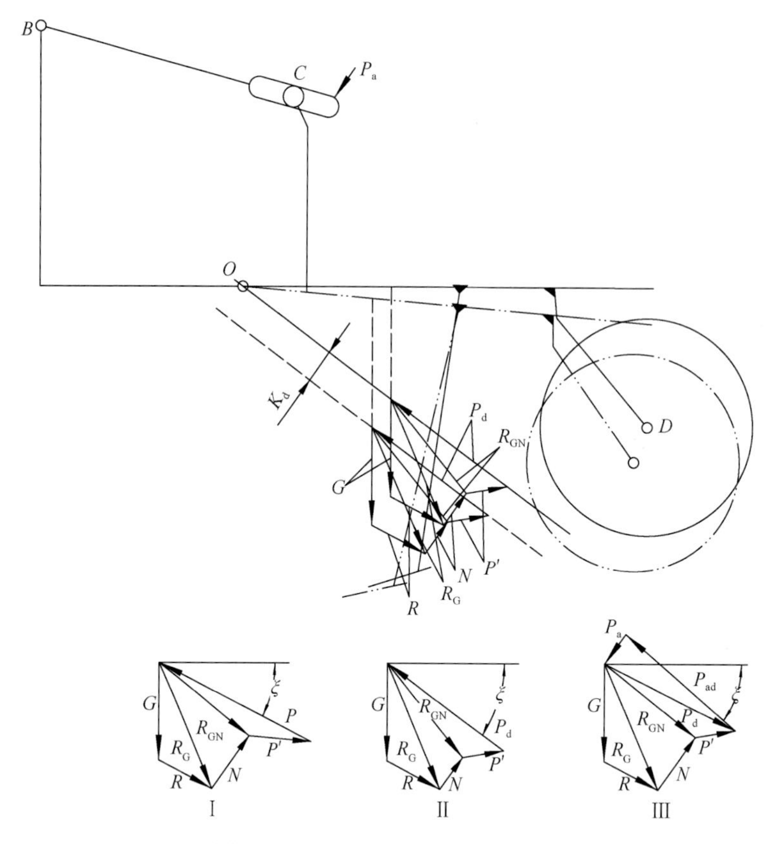

图 7-12 播种机下仿形时机构受力分析

下仿形时（图 7-12 中所示Ⅱ状态）播种机前部重力 G 前移，假如土壤阻力 R 和播种机仿形轮支反力 N 同仿形前大小、方向相同，则牵引力 P_d 不通过挂接点 O，而是位于挂接点 O 的下方，其垂直距离为 K_d，播种机后部对播种机前部的拉力 P' 与水平方向的夹角和力值均有减小的趋势。因为牵引力 P 或牵引力的合力 P_d 总是通过挂接点 O（当上、下仿形到极点时除外），所以此时 P_d 的方向会陡变并指向 O 点，牵引力 P_d 与水平方向的夹角将增大。通过力多边形可以看出，为使力多边形封闭，支反力 N 将减小，施肥开沟器耕深有变浅的趋势。下仿形量越大，N 越小，当 $N \leqslant 0$ 时，播种机地轮将失去摩擦力停止转动或离开地面，排肥和排种工作将停止，施肥铲将离土而出。实际上根据设计和调整，当下仿形量达到一定值时，C 点销轴与长孔后端接触产生拉力 P_a（图 7-12 中所示Ⅲ状态），P_a 与 P_d 的合力为牵引力 P_{ad}，P_{ad} 与水平方向的夹角将减小，支反力 N 将增大，施肥开沟器耕深变浅的趋势将减缓。

上仿形与下仿形的情况正好相反，当 P_u 的方向陡变时，牵引力 P_u 与水平方向的夹角将减小。通过对封闭力多边形的研究可以看出，支反力 N 将增大，施肥开沟器耕深有变深的趋势。上仿形量越大，N 越大，播种机地轮变形量越大，当 N 达到一定程度时将影响地轮的转动，容易产生拖堆或停转现象。当上仿形量达到一定值时，C 点销轴与长孔前端接触产生推力 P_f，P_f 与 P_u 的合力为牵引力 P_{fu}，P_{fu} 与水平方向的夹角 ξ 将增大，支反力 N 将减小，施肥开沟器耕深变深的趋势将减缓。

补偿式三点悬挂连接机构可以保证播种机在一定仿形范围内传动稳定。当地表起伏时，播种机前端的施肥开沟器耕深变化因连接机构的作用而减缓，施肥开沟器不致跳动，使整个仿形过程可以缓慢平稳进行。仿形量由拉杆长孔长度确定，对拉杆长度的调节可控制仿形的极限位置，使机具可以适应不同地块作业。运输时，保证了整机的刚性和稳定性。

7.3　耕整机与播种机之间有效间距的确定

耕播联合作业机通过连接机构将耕整部分和播种部分有效连接起来，连接机构除应满足结构简单，仿形可靠，可保证作业过程中播种机在一定范围内传动稳定等基本要求外，还需保证两个单机有效间距适中。

7.3.1　单机有效间距的含义

如 7.2.1 中 1）所述，有效间距是指在不考虑连接机构结构和形态的情况下，耕整机后梁后端面与播种机前梁前端面之间的水平距离。因此，连接机构设计时必须确定最大和最小有效间距。

7.3.2　最大有效间距确定

7.3.2.1　机组纵向稳定性储备利用系数

拖拉机机组的纵向稳定性是确定组成耕播机两个单机最大间距的重要依据。所谓机组，就是拖拉机与作业机具连接而成的整个系统。拖拉机对农机具的牵引方式主要有牵引式、半悬挂式和悬挂式 3 种。当拖拉机采用悬挂的方式挂接农机具时，后悬挂农机具大大降低了拖拉机工作的纵向稳定性，尤其在地头转弯及运输状态中最为危险。整机的纵向稳定性是影响整机的行走安全、作业性能和运输稳定的重要技术指标之一。大、中型机组或复式作业机的质量重、纵向尺寸大，重心后移，在运输过程中的整机纵向稳定性相对小型机具或单项作业机具较差，更容易发生纵向失稳。

分置组合式耕播联合作业机由单独的耕整机和播种机连接而成，使拖拉机悬挂机具质量及机具的纵向尺寸均大幅度增加，整机重心后移，在运输过程中尤其是上坡行驶时极易发生倾翻。组成耕播联合作业机的两个单机的间距直接影响整机的重心位置和纵向稳定性。机组的抗倾翻能力主要从机组纵向稳定性储备利用系数和爬坡稳定性系数两方面来考察，也可以此确定有效间距。

拖拉机组纵向稳定性储备利用系数，表示拖拉机悬挂机具后的前轮减重幅度，见图 7-13。利用如下公式对其进行计算：

$$C = \frac{G'b}{G_s a} \tag{7-7}$$

式中，C 为机组纵向稳定性储备利用系数；G'为拖拉机后悬挂机具的总重量，N；G_s 为拖拉机实际使用重量，N；a 为拖拉机重心与驱动轮支撑点之间的水平距离，mm；b 为拖拉机后悬挂机具的重心与驱动轮支撑点之间的水平距离，mm。

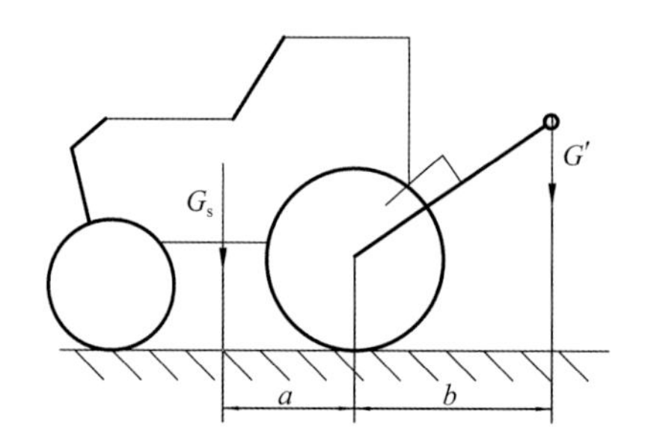

图 7-13　拖拉机组纵向稳定性储备利用系数计算图

当 $C \leqslant 0.4$ 时，满足机组配置的基本要求。

如图 7-14 所示，以耕播联合作业机为例，对整个机组纵向稳定性储备利用系数进行分析。可知应满足：$C = \frac{(G_1 + G_2)b' + G_2 L_1' \cos\alpha}{G_s a} \leqslant 0.4$，则有

$$L_1' \leqslant \frac{2G_s a - 5(G_1 + G_2)b'}{5G_2 \cos\alpha'} \tag{7-8}$$

$$L_1' = l_1 + l_2 + l' \tag{7-9}$$

式中，l_1 为耕整机重心到该机后梁后端面的距离，mm；l_2 为播种机重心到该机前梁前端面的距离，mm；l'为两单机的最大有效间距，mm；G_s 为拖拉机的使用重量，N；G_1 为耕整机重量，N；G_2 为播种机重量，N；α'为运输挂起时连接机构与水平方向的夹角，(°)；a 为拖拉机重心与后轮支撑点之间的水平距离，mm；b'为耕整机重心与拖拉机后轮支撑点之间的水平距离，mm；L_1' 为 G_1 和 G_2 间距，mm。

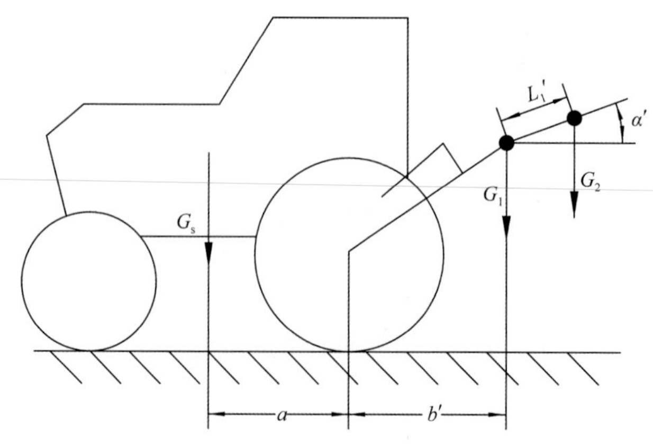

图 7-14　耕播联合作业机纵向稳定性储备利用系数计算图

7.3.2.2　整机纵向稳定性校核

整机在坡路上行驶时会发生向前或向后倾翻的可能。尤其在上坡过程中，拖拉机重心作用线与拖拉机后轮的水平间距减小，且坡度越大，该值越小。拖拉机前轴垂直地面的载荷随坡度增大不断减小，极易造成整机向后倾翻。

一般道路规定最大的爬坡角为 20°，且绝大部分坡耕地的坡角均小于 20°，机组的纵向稳定性水平由爬坡稳定性指数来表征，且该指数越大越好，所以规定大于 20，以 C_{upgrade} 表示[15]：

$$C_{\text{upgrade}} = \frac{R_{1\text{Z}}}{R_{1\text{Z}\max}} \times 100 > 20 \tag{7-10}$$

式中，$R_{1\text{Z}\max}$ 为爬坡状态下，拖拉机不悬挂农具时前轴垂直地面的载荷，N；$R_{1\text{Z}}$ 为爬坡行驶状态下，拖拉机悬挂农具时前轴垂直地面的载荷，N。

图 7-15 为耕播联合作业机爬坡时整机的受力分析，由此可以得出

$$R_{1\text{Z}\max} = \frac{G_{\text{s}} a \cos\beta - G_{\text{s}} h_{\text{s}} \sin\beta}{L'} \tag{7-11}$$

$$R_{1\text{Z}} = \frac{(G_{\text{s}} a - G_1 b' - G_2 b')\cos\beta - (G_{\text{s}} h_{\text{s}} + G_1 h_1 + G_2 h_2)\sin\beta - G_2 L_2' \cos\alpha' \cos\beta}{L'} \tag{7-12}$$

可得

$$L_2' < \frac{(4G_{\text{s}} a - 5G_1 b' - 5G_2 b')\cos\beta - (4G_{\text{s}} h_{\text{s}} + 5G_1 h_1 + 5G_2 h_2)\sin\beta}{5G_2 \cos\alpha' \cos\beta} \tag{7-13}$$

$$L_2' < l_1 + l_2 + l'' \tag{7-14}$$

式中，l_1 为耕整机重心到该机后梁后端面的距离（与坡面平行方向），mm；l_2 为播种机重心到该机前梁前端面的距离（与坡面平行方向），mm；l''为两单机的最大有效间距（与坡面平行方向），mm；β 为最大坡度角，20°；h_{s} 为拖拉机重心到斜坡面的垂直距离，mm；h_1 为耕整机重心到斜坡面的垂直距离，mm；h_2 为播种机重心到斜坡面的垂直距离，mm；L'为拖拉机两轮中心距离，mm；L_2'为 G_1 和 G_2 与地面平行方向距离，mm。

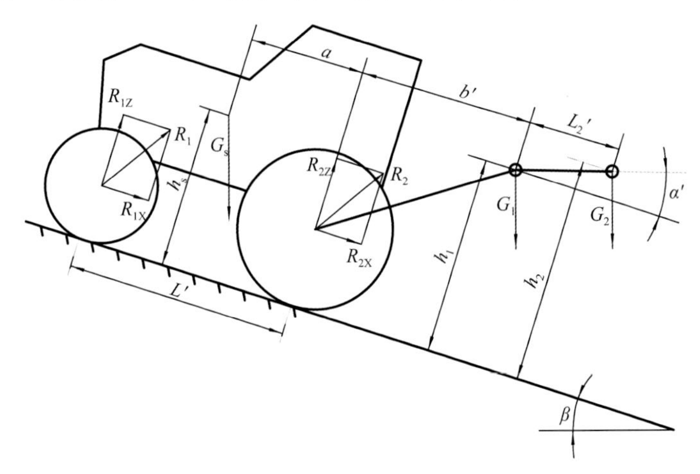

图 7-15　整机爬坡时的受力分析

7.3.2.3 最大有效间距的确定方法

综合考虑整个机组的纵向稳定性储备利用系数及爬坡稳定性指数，耕播机连接机构的最大有效间距应为 l_{max}=min{l'，l''}，耕播机两个单项作业机重心的最大有效间距应为 min{l_1+l_2+l'，l_1+l_2+l''}。

现以 1DGIL-4 耕整机和 2BJ-4 播种机组合成的 1GBL-4 耕播联合作业机为例进行说明与计算。G_s=41 513N、G_1=5292N、G_2=4018N、a=1020mm、b'=1330mm，l_1=362mm，l_2=363mm，根据式（7-8）和式（7-9）计算 l'，当 α'=0°时取最大值，l'最大为 40.86cm；β=20°、h_s=1240mm、h_1=810mm、h_2=850mm，根据式（7-13）和式（7-14）计算 l''，当 α'=0°时取最大值，l''最大为 50.53cm。所以 1GBL-240（4）型耕播联合作业机两个单项作业机的最大有效间距确定为 41cm。

7.3.3 最小有效间距确定

刀辊将土壤或秸秆切碎并从半封闭罩壳后缘与耕后地表之间的开口抛出，形成连续的土流，这是一个连续的动态过程。从连接机构的设计原则可知，连接机构在水平方向的有效几何尺寸，即耕整机后梁后端面到播种机前梁前端面的最小间距，取决于刀片的抛土或抛茬距离。

土块和残茬的性质不同，被抛扔的距离也不同。在自身重力和空气阻力的影响下，残茬的抛扔距离小于土块，且残茬的覆盖对播种机施肥深度影响较小。所以以抛土的距离来限定最小有效间距，只分析卧式耕整机刀辊正转的抛土情况。

刀片切土和抛土的过程是非常复杂的，刀片、土块、机具罩壳或罩板之间存在着复杂的相互作用，这些都对土块的抛扔距离有很大影响。因此，在确定抛扔距离之前，应首先确定以下几个问题。

1）刀片切土后到抛土前，被切削土块的运动状态。

2）土块被抛扔的位置和速度。

3）土块脱离刀片后的运动状态。

7.3.3.1 正转旋耕抛土距离的确定

本节以 1GFZ-4 耕整机为例进行分析，该机为刀辊正转旋耕-碎茬，所谓正转，即刀辊轴旋转方向与拖拉机轮子的旋转方向一致。刀片由地表往下切削土壤，切削下的土块随刀片运动，而后从抛土口抛出。

资料显示，日本学者坂井纯提出一种理想的抛土模型（图 7-16），认为土壤上层土块沿水平向后抛出，下方土块则向后上方抛出[16]。

陈钧等[17]采用高速摄影法分析三维抛土特性，得出土块被抛过程相互碰撞，且土块存在侧向的运动分量，土块脱离刀片以后，运动轨迹接近于抛物线（图 7-17）。

土块在抛扔过程中所发生的侧向位移对于确定两单机间有效间距的影响不大，所以在综合前人的研究结论和实际分析计算的要求后，在分析和计算时，做如下几点假设[18, 19]。

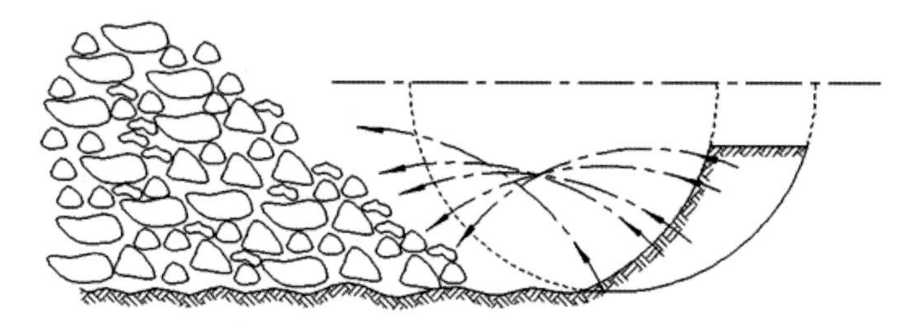

图 7-16　理想抛土模型

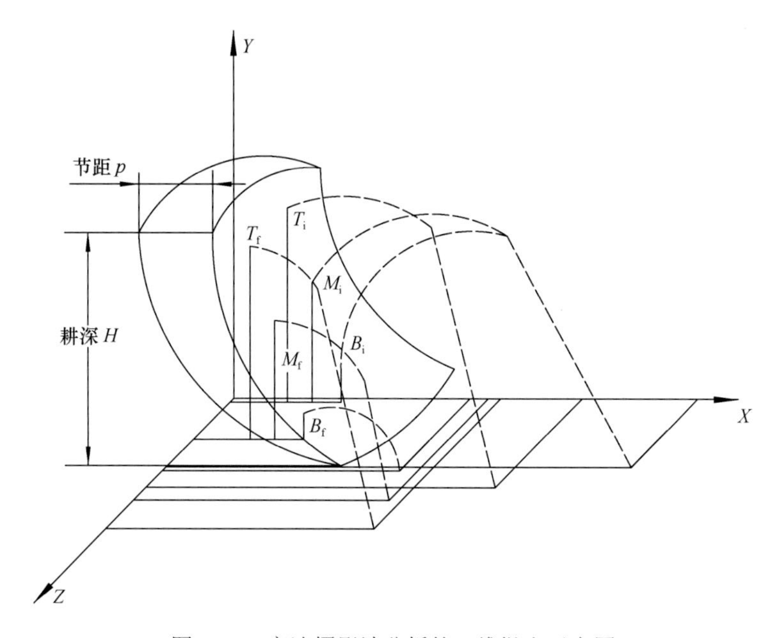

图 7-17　高速摄影法分析的三维抛土示意图

1）土块被刀片切下的瞬间速度为零。未抛土之前，土块在刀片正切面上加速，直至被抛出。

2）被抛土块分散为若干小土块，各小土块的起抛位置和起抛速度均不同，忽略各土块间的相互作用。

3）土块被抛出后的运动轨迹完全按照斜抛运动分析，忽略土块的侧向位移，不考虑土块间碰撞导致的运动轨迹的改变。

7.3.3.2　刀片运动状态分析

在第 2 章中已对旋转刀片刀端（尖）运动状态进行了详尽论述，此处仅对与抛土相关的部分进行引用。图 7-18 是作业时刀片的绝对运动轨迹，刀轴旋转中心为坐标原点 O，X 轴与旋耕机前进方向相同，Y 轴向下为正。

刀端方程为

$$\begin{aligned} x &= R\cos\omega t + v_{\mathrm{m}}t \\ y &= R\sin\omega t \end{aligned} \tag{7-15}$$

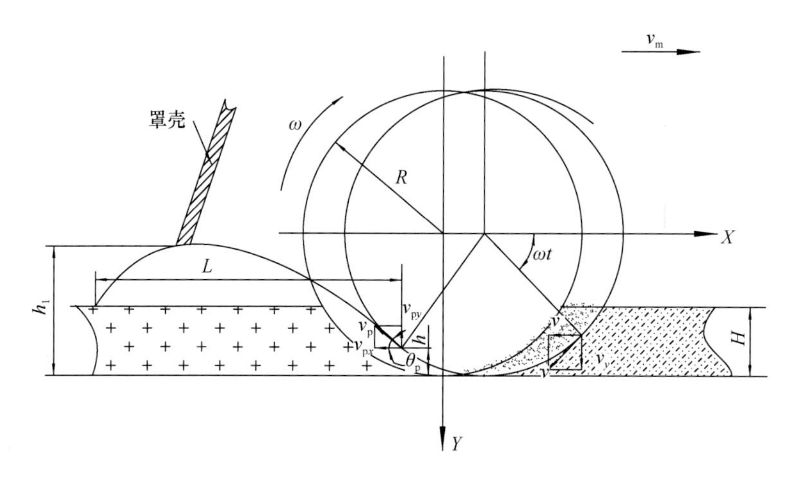

图 7-18 正转旋耕刀抛土运动分析

式中，R 为刀端的回转半径，m；ω 为刀辊转速，rad/s；v_m 为机组前进速度，m/s；t 为时间，s。

刀端在 X、Y 方向的速度方程为

$$\begin{aligned} v_x &= \frac{\mathrm{d}x}{\mathrm{d}t} = v_m - R\omega\sin\omega t \\ v_y &= \frac{\mathrm{d}y}{\mathrm{d}t} = R\omega\cos\omega t \end{aligned} \tag{7-16}$$

刀端绝对速度 v 为

$$v = \sqrt{{v_x}^2 + {v_y}^2} = \sqrt{{v_m}^2 + R^2\omega^2 - 2v_m R\sin\omega t} \tag{7-17}$$

速比 λ 是指刀片刀端的线速度与机组前进速度之比，即 $\lambda=R\omega/v_m$，可得

$$v = \sqrt{{v_m}^2 + R^2\omega^2 - 2v_m R\omega\sin\omega t} = R\omega\sqrt{1 - \frac{2}{\lambda}\sin\omega t + \frac{1}{\lambda^2}} \tag{7-18}$$

7.3.3.3 土块被抛位置和初速度的确定

刀端的运动轨迹是余摆线，各点切线方向即为速度方向，由图 7-18 可以看出刀片切削土壤时旋转角度的范围是 $0<\omega t<\pi/2$。当 $v_x\leqslant 0$ 时，水平分速度与机组前进方向相反，旋转刀片触地瞬间开始切土，直至 X 方向速度达到最大，土块被完全切下。

土块被切掉后，刀尖在水平方向的分速度仍与机具前进方向相反，但不断减小，直至减小为零。起抛位置必在 v_x 减小到零之前，即抛土时，刀片旋转角度的范围是 $\frac{\pi}{2}<\omega t<\pi$。土块随刀片运动，在正切面发生滑移和加速，当土块速度等于刀片速度时，二者不再具有相对运动趋势，此时土块被抛出。因为该过程很复杂，在确定土块的抛扔距离时，只考虑单刀的工作情况。设土块加速到 v_p 时，被刀片抛出，v_p 即为土块被抛出的初速度，此时 $v_{刀x}=v_{px}$，$v_{刀y}=v_{py}$。因为刀片此时的工作范围是 $\frac{\pi}{2}<\omega t<\pi$，刀片水平方向的速度变化是负向，所以绝对值逐渐减小至零后，正向速度逐渐增大。

由于土块脱离刀片以后做斜抛运动，利用斜抛过程中射程达到最远时的极限状态作为起抛位置。斜抛运动的射程和抛出速度与水平方向的夹角（即抛射角）有密切关系，在一定范围内，抛射速度越大，抛射角越大，射程越大，见图 7-19。

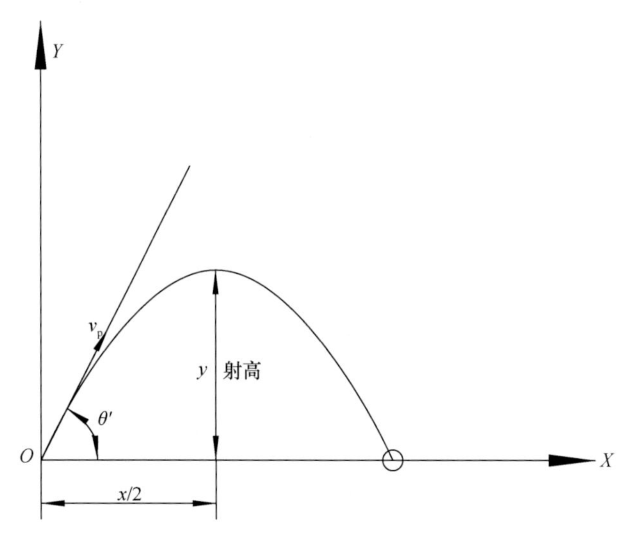

图 7-19　斜抛运动分析

土块到达最高点的时间为

$$t = \frac{v_p \sin\theta'}{g} \tag{7-19}$$

射程为

$$x = 2tv_p \cos\theta' = \frac{{v_p}^2 \sin 2\theta'}{g} \tag{7-20}$$

射高为

$$y = v_p t \sin\theta' - \frac{1}{2}gt^2 = \frac{{v_p}^2 \sin^2\theta'}{2g} \tag{7-21}$$

式中，v_p 为起抛速度，m/s；θ'为抛射角，(°)。

由式（7-20）可知，抛射角为 45°时的射程达到最远。

但是耕整机抛出土流的射程受罩壳的限制，罩壳的开口位置和大小决定了抛土流的大小。抛射角过大，土块会被罩壳阻拦，只有部分土块会被抛到罩壳外。假设旋耕前、后地表等高，根据斜抛公式和整机结构尺寸的计算可知，当抛射角等于 45°时，土块会被罩壳阻拦，所以抛射角的范围应为 $0<\theta'<\pi/4$。结合旋耕刀运动分析，可知起抛速度为

$$R\omega\sqrt{1-\frac{1}{2}\sin\omega t+\frac{1}{\lambda^2}}，\quad \theta' = \omega t - \frac{\pi}{2}$$

由数学关系可知，随着 θ'的增大，起抛速度和起抛角均不断增大，即射程越远。考虑极限位置，当土块的射高等于罩壳底端到旋耕沟底的距离时，射程达到最远。

7.3.3.4 抛扔距离计算

设定射程达到最远时的起抛角为 θ_p，起抛速度为

$$R\omega\sqrt{1-\frac{2}{\lambda}\sin\left(\theta_p+\frac{\pi}{2}\right)+\frac{1}{\lambda^2}} \tag{7-22}$$

当 $\theta'=\theta_p$ 时，$y=H_1$ （H_1 为射程达到最远时罩壳底端到旋耕沟底的距离），H' 为耕深，联立方程

$$\begin{cases} H_1-H'=\dfrac{v_p{}^2\sin^2\theta_p}{2g} \\ H'=R-R\cos\theta_p \\ v_p=R\omega\sqrt{1-\dfrac{2}{\lambda}\cos\theta_p+\dfrac{1}{\lambda^2}} \end{cases} \tag{7-23}$$

可求出 θ_p、v_p。

根据斜抛的运算公式［式（7-19）～式（7-23）］，即可得到土块被抛的水平距离 A。抛出土块的运动方程为

$$\begin{cases} x=v_p t\cos\theta_p \\ y=H'+v_p t\sin\theta_p-\dfrac{1}{2}gt^2 \end{cases} \tag{7-24}$$

当 $y=H'$ 时，联立方程［式（7-24）］即可得土块被水平抛扔的距离。最小两单机间距是土块抛扔距离与起抛点到耕整机后梁后端面的距离，以及播种机施肥铲尖端到播种机前梁前端面的距离的差值。

以 1GFZ-4 耕整机为例，已知：刀片回转半径 R 为 260mm，碎茬深度为 100mm，刀辊转速为 400r/min，机组前进速度为 5km/h，罩壳底端到旋耕沟底地表的距离为 178mm。则计算得出耕整机两单机最小有效间距 l_{min}=190.32mm≈19cm。

7.3.4 田间试验验证

为验证最大和最小有效间距是否满足设计要求，对由该种方法确定的最大和最小有效间距所设计的连接机构在 1GBL-240（4）型耕播联合作业机上进行了田间试验。使两个单机有效间距分别为 41cm 和 19cm。

试验区域坡度分别为 2.3°、2.5°、6.2°、8.2°，15cm 处土壤平均坚实度为 1.08MPa，15cm 处土壤平均含水率为 26.2%。

1）当单机间距为 41cm 时，机组在该地块往复行驶进行试验，整个机组在行驶过程中工作平稳。试验证明单机间距不大于 41cm 时可以保证作业机组在不大于 8.2°的坡度范围内不发生倾翻。

2）当单机间距为 19cm 时，碎茬作业形成的抛土流均落在播种开沟器前端，未对播种深度和覆土量造成影响，并且碎茬过程中产生的土块碎茬未产生堵塞现象。证明当两单机间距大于或等于 19cm 时可以保证连接机构的工作可靠性。

7.4　耕播机机组仿形分析

播种深度精确与否将决定出苗率、出苗整齐度、幼苗状况及随后的发育和生长，并与作物产量直接相关。人们一直希望能设计出性能良好的仿形机构，以便更好地控制开沟深度。分置组合式耕播联合作业机的纵向尺寸较长，因此对整机仿形提出了更高的要求，耕整机和播种机之间仿形性能的好坏直接关系到后续播种作业质量。

7.4.1　补偿式三点悬挂连接机构仿形原理

连接机构的作用是使整机在地形坡角变化时不会出现开沟深度过大或过小的情况，保证开沟深度的稳定性，同时播种地轮有可靠的接地压力。如图 7-20 所示，若为刚性连接，整机易在 1、4 位置出现开沟深度过小的情况，在 2、3 位置出现开沟深度过大的情况。本节主要分析补偿式三点悬挂连接机构的耕播机通过图 7-20 中 4 个位置时对开沟深度的调整情况，3、4 位置的仿形原理与 1、2 位置相同，所以本节只分析 1、2 位置上的仿形原理[11]。

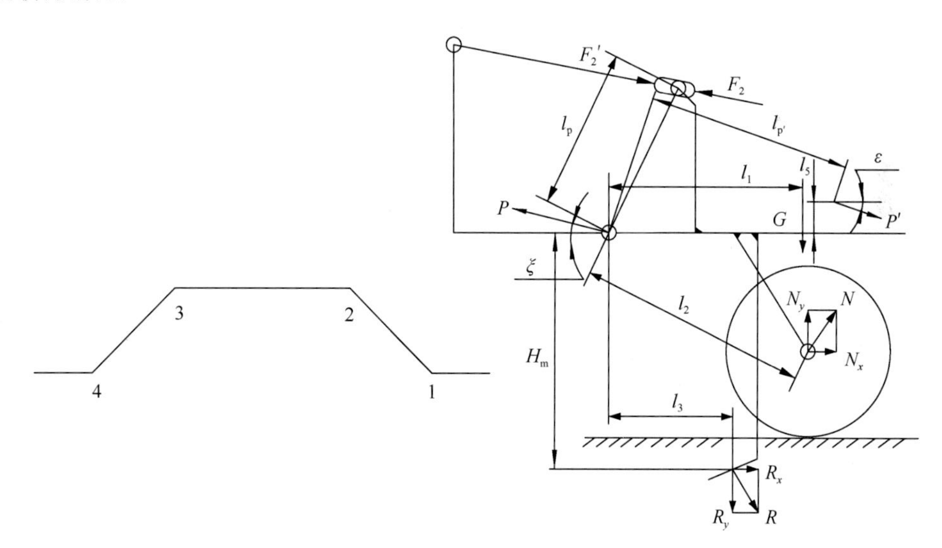

图 7-20　仿形受力简图

当整机在平整地面上以某一开沟深度稳定工作时，播种机连接销轴位于长拉杆右端长孔的中部，此时不受力的作用，分析播种机整体受力，并对 O 点取矩，可得

$$Gl_1 + R_y l_3 + P'l_{p'} = R_x H_m + Nl_2 \tag{7-25}$$

式中，$Gl_1+R_yl_3+P'l_{p'}$为入土力矩，N·mm；$R_xH_m+Nl_2$ 为出土力矩，N·mm；G 为播种机自重，N；R_x 与 R_y 为施肥开沟器所受到阻力 R 的水平分力和垂直分力，N；H_m 为施肥开沟的沟底到 O 点的距离（代表开沟深度），mm；l_1、l_2、l_3、$l_{p'}$为各力臂，mm。

分析连接机构在位置 1 处的仿形原理。从平地到上坡路，坡度增大。耕整机已开始在坡路工作，而播种机仍在平地上工作。耕整机上坡，导致 O 点位置略提升，开沟深度减小，力矩失衡。但是在上坡的同时，耕整机绕 O 点发生一定角度的旋转，播种机上悬挂销向长孔左端滑动，产生力的作用，使得入土力矩增加，当悬挂销滑到最左端时，力矩达到最大，此时欲达到新的力矩平衡，需增大开沟深度。如下述平衡方程所述：

$$Gl_1 + R_y l_3 + P'l_{p'} + F_2' l_p = R_x H_m \uparrow + Nl_2 \tag{7-26}$$

所以，三点悬挂机构在整机上坡过程中，能有效保持施肥开沟的合理深度。

同理，可分析连接机构在位置 2 处的仿形原理。上坡路到平地，坡度变小。耕整机已开始在平地工作，播种机仍在坡路上工作。坡度的减小，使得 O 点位置降低，开沟深度增大，力矩失衡。同时，两单机相对 O 点发生旋转，播种机上悬挂销向长孔右端滑动，产生力的作用，增大了出土力矩，当悬挂销滑到最右端时，力矩达到最大。此时欲达到新的力矩平衡，需减小开沟深度。如下述平衡方程所述：

$$Gl_1 + R_y l_3 + P'l_{p'} = R_x H_m \downarrow + Nl_2 + F_2 l_p \tag{7-27}$$

式中，F_2 和 F_2'为挂销向长孔右端滑动时产生的作用力与反作用力。

所以，三点悬挂机构能在位置 2 处有效保持施肥开沟的合理深度。

7.4.2 补偿式三点悬挂连接机构仿形量计算

补偿式三点悬挂连接机构在仿形过程中，播种机存在 3 种状态：水平状态、上仿形极限和下仿形极限。

如图 7-21 所示，机组正常工作，地面起伏较小时，连接销轴在上拉杆后连接板长孔

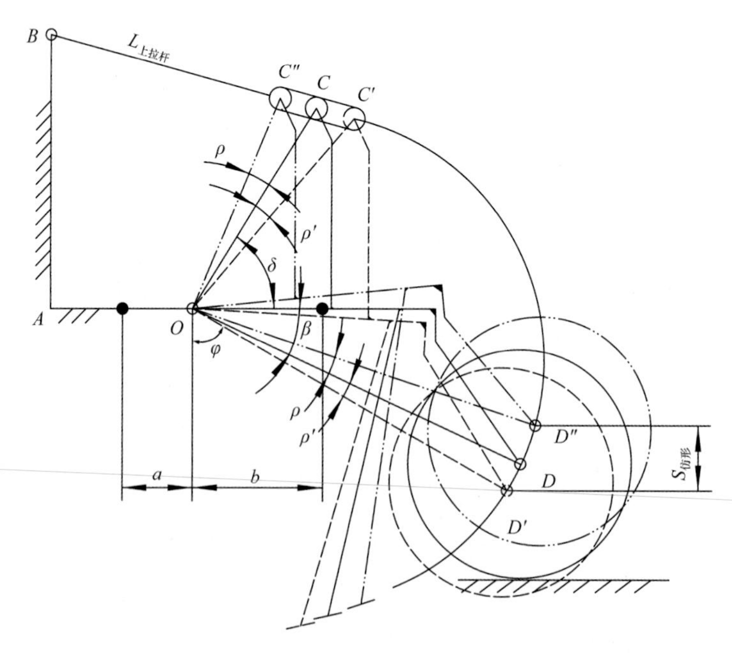

图 7-21　连接机构工作中的极限状态

中左右滑动，处于“浮动”状态。当地面绝对水平时，上拉杆后连接板长孔中连接销轴与中间连接机构的前后铰接板间铰接点 O 的连线 OC 与水平方向所成的夹角为δ。

上仿形到极限位置，连接销轴处于长孔最前端 C''点。此时，OC''与水平方向夹角为$\delta+\rho$，ρ为上仿形偏转极限角。根据图 7-21 中几何关系可知

$$\rho = \pi - \delta - \angle BOC'' - \angle AOB \tag{7-28}$$

下仿形状态时，播种机地轮因地面凹陷而下移，长孔中连接销轴向与机组前进方向相反方向滑动。连接销轴位于长孔最后端 C'点。此时，OC'与水平方向夹角为$\delta-\rho'$，ρ'为下仿形偏转极限角。根据图 7-21 中几何关系可知

$$\rho' = \delta + \angle BOC' + \angle AOB - \pi \tag{7-29}$$

从图 7-21 中可以看出，上下仿形过程中地轮支架的偏转角等于上下偏转极限角之和，即

$$\rho + \rho' = \angle BOC' - \angle BOC'' \approx \frac{180 \cdot l}{\pi \cdot \overline{OC}} \tag{7-30}$$

连接机构的仿形量为

$$S_{仿形} = \frac{l \cdot \overline{OD}}{\overline{OC}} \sin\left(\varphi + \frac{\rho + \rho'}{2}\right) \tag{7-31}$$

式中，l 为补偿式机构上拉杆后连接板长孔长度，mm；φ 为整机下仿形极限时地轮支架与竖直方向的夹角，(°)；$\overline{OD}$ 为地轮支架到中间连接机构铰接点的距离，mm；$\overline{OC}$ 为播种机上悬挂销到中间连接机构铰接点的距离，mm。

从上述分析中可以看出，“三点悬挂”连接机构的上下仿形极限偏转角和最大仿形量由耕整机与播种机的结构尺寸决定，且与上拉杆长度 $L_{上拉杆}$、耕整机后梁后端面到连接销中心的距离 a、播种机前梁前端面到连接销中心的距离 b、上拉杆后连接板长孔长度 l 密切相关。根据几何关系，即可得出仿形量与连接机构间的函数关系式：$S_{仿形}=f(L_{上拉杆},l,a,b)$。选定要组配的单项作业机时，连接机构仿形量即可通过改变上拉杆和前后铰接板的长度来调节。

以 1GBL-240（4）型耕播联合作业机为例，对耕播机的仿形量进行计算。因所选单项作业机已确定，故函数中涉及的耕整机和播种机的结构尺寸均为常数，因此可确定连接机构的几何尺寸为：长拉杆 $L_{上拉杆}$=850mm，右端长孔 l=40mm，a=70mm，b=132mm，耕整机和播种机的尺寸由机械制图得出。所以可得如下结果。

上仿形极限偏角：$\rho = \pi - \delta - \angle BOC'' - \angle AOB$ =4.02°。

下仿形极限偏角：$\rho' = \delta + \angle BOC' + \angle AOB - \pi$ =6.42°。

连接机构的仿形量：$S_{仿形} = \dfrac{l \cdot \overline{OD}}{\overline{OC}} \sin\left(\varphi + \dfrac{\rho + \rho'}{2}\right)$=73.4mm。

7.4.3　连接机构仿形性能评价标准

7.4.3.1　从地形起伏方面进行分析

耕播机的连接机构应保证单独作业的耕整机和播种机串接使用的可行性，还应保

证耕播机在不同起伏程度的地面上工作时都能达到两个单机工作的性能要求。在平整地面工作时，由于地形的起伏较小，施肥深度和播种深度很容易保持在一个合理的范围内。但是在地面起伏较大的耕地上作业时，整机需要对地形的起伏有很强的适应能力，所以对耕地坡角变化的适应情况是衡量连接机构仿形性能好坏的重要标准之一。

坡耕地的等级和分布对研究地形起伏变化具有很大意义，地面坡度是地形定量的重要指标之一。

表 7-1 为耕地坡度的划分等级。根据第二次全国农业普查的主要数据可知，从坡度等级来看，我国 0°～15°的坡耕地占耕地比例的 87.5%，15°～25°和 25°以上的坡耕地分别仅占 9.2%和 3.3%，且主要分布于南方。东北平原耕地坡度多为Ⅱ级和Ⅲ级，Ⅱ级所占比例较大[20]。

表 7-1　地面坡度分级

坡度等级	Ⅰ	Ⅱ	Ⅲ	Ⅳ	Ⅴ
角度/（°）	≤2（平地）	2～6	6～15	15～25	＞25

7.4.3.2　从地轮传动的稳定性和开沟器开沟深度的平稳性方面进行分析

补偿式三点悬挂连接机构作为耕播机的核心部件之一，其主要作用是牵引播种机正常地进行施肥和播种作业，即实现播种机地轮运动的稳定性和施肥开沟器开沟深度的平稳性。因此，可以从播种机地轮运动、施肥开沟器的开沟稳定性来衡量和评价连接机构整体性能的好坏。

1. 地轮运动状态分析

地轮运动的稳定性直接影响播种机施肥和播种的效果，它是衡量连接机构仿形性能好坏的最重要的指标。地轮的受力情况决定其运动状态，研究整机在平地工作，拖拉机匀速行驶，播种机在补偿式三点悬挂连接机构的牵引下匀速前进时地轮的运动情况，并分析受力（图 7-22）。

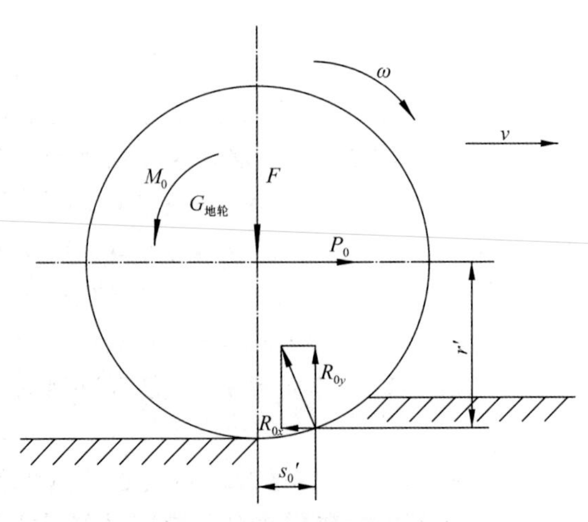

图 7-22　地轮受力分析图示

根据图 7-22 可列如下平衡方程[21]：

$$\begin{cases} P_0 = R_{0x} \\ G_{地轮} + F = R_{0y} \\ R_{0x} r' = M_0 + R_{0y} s_0' \end{cases} \tag{7-32}$$

式中，P_0 为牵引力，N；$G_{地轮}$ 为地轮自身重力，N；R_{0x} 为行走阻力，N；R_{0y} 为地面垂直反力，N；F 为来自机具的轮轴载荷，N；M_0 为工作阻力矩，N·m；r' 为地轮中心到地面反力作用点的垂直距离，mm；s_0' 为地轮中心到地面反力作用点的水平距离，mm；r 为地轮半径，mm。

经分析可得，$r'=r$ 为地轮运动的极限条件，平衡状态下则有 $R_{0x}r = M_0+(G_{地轮}+F)s_0'$。地轮运动的运动状态是不断变化的，因此有如下规律。

1）当 $R_{0x}r < M_0+(G_{地轮}+F)s_0'$ 时，$P_0 \leqslant R_{0x}$，地轮既不能滚动，又不能滑动。

2）当 $R_{0x}r < M_0+(G_{地轮}+F)s_0'$ 时，$P_0 > R_{0x}$，地轮不能滚动，能在地面上滑动。

3）当 $R_{0x}r > M_0+(G_{地轮}+F)s_0'$ 时，$P_0 \leqslant R_{0x}$，地轮只能滚动，不能滑动。

4）当 $R_{0x}r > M_0+(G_{地轮}+F)s_0'$ 时，$P_0 > R_{0x}$，地轮既能滚动，又能滑动。

将机组在上坡和下坡时的运行情况进行分析。上下坡时，受力情况见图 7-23。根据平衡原理可知

$$上坡：\begin{cases} P_1 = G_{地轮}\sin\delta' + R_{1x} \\ G_{地轮}\cos\delta' + F_1 = R_{1y} \\ R_{1x} r' = M_1 + R_{1y} s_1 \end{cases} \tag{7-33}$$

$$下坡：\begin{cases} P_2 + G_{地轮}\sin\delta' = R_{2x} \\ G_{地轮}\cos\delta' + F_2 = R_{2y} \\ R_{2x} r' = M_2 + R_{2y} s_2 \end{cases} \tag{7-34}$$

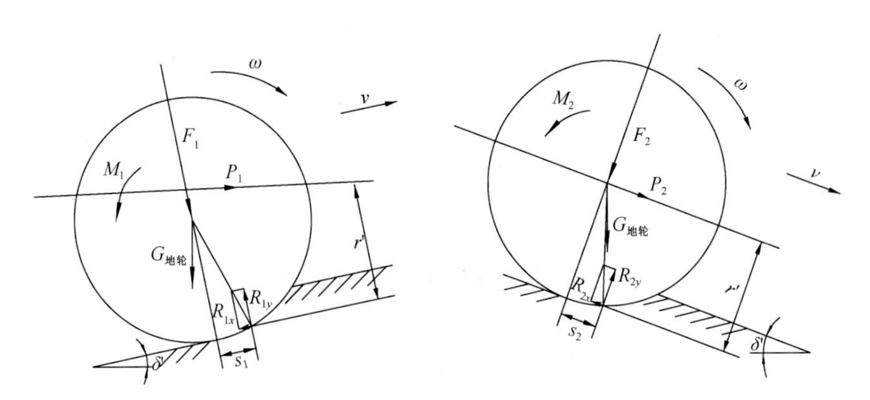

图 7-23　地轮在坡耕地上的受力分析图

极限条件下，当 $r'=r$ 时，则有

$$上坡：R_{1x}r = M_1+(G_{地轮}\cos\delta'+F_1)s_1 \tag{7-35}$$

$$下坡：R_{2x}r=M_2+(G_{地轮}\cos\delta'+F_2)s_2 \tag{7-36}$$

行走阻力 R_x 的大小由土壤的变形和地轮与轴承间的内摩擦力决定；地面垂直反力 R_y 的大小由土壤参数、地轮的直径、地轮宽度和轮毂陷入土壤的深度决定，而轮毂陷入土壤的深度与轮轴的载荷有关。经分析，地轮在坡耕地上所承受的轮轴载荷小于在平地工作中的载荷，所以地面垂直反力减小；土壤变形与所承受的压力有着直接关系，在坡面上的压力小于平地上的压力，所以行走阻力也减小。

机具在上下坡过程中，为了保持一定的工作速度，需要增大或减小牵引力。上述 3 种状态下，地轮所受牵引力的大小顺序应为 $P_1 \geqslant P_0 \geqslant P_2$。平衡状态不是永远存在的。所以无法判断 R_xr 与 $M+(G_{地轮}\cos\delta'+F)s$ 的大小关系。机组以恒定速度前进近似看成该系统处于平衡状态。所以，上坡平衡状态时

$$P_1 = G_{地轮}\sin\delta' + R_{1x}，有 P_1 > R_{1x} \tag{7-37}$$

此时，当 $R_{1x}r < M_1+(G_{地轮}\cos\delta'+F_1)s_1$ 时，地轮滑动前进；

当 $R_{1x}r > M_1+(G_{地轮}\cos\delta'+F_1)s_1$ 时，地轮既滚动又滑动；

上坡时地轮一定会有滑移现象。

下坡平衡状态时

$$P_2 + G_{地轮}\sin\delta' = R_{2x}，有 P_2 < R_{2x} \tag{7-38}$$

所以，当 $R_{2x}r < M_2+(G_{地轮}\cos\delta'+F_2)s_2$ 时，地轮静止不动；

当 $R_{2x}r > M_2+(G_{地轮}\cos\delta'+F_2)s_2$ 时，地轮纯滚动前进；

下坡时地轮出现滑移现象的概率较小。

上述讨论是在机组前进受力平衡下进行的。当整机从坡路状态转换成平地行驶时，会出现 $P_1 < R_{1x}$ 和 $P_2 < R_{2x}$ 的情况。此时地轮是否出现滑移应重新判断。所以，滑移现象是不可避免的。

滑移严重影响播种的均匀性。经上述分析可知，最为理想的状态是地轮做纯滚动，不发生滑移现象。在此情况下，研究地轮边缘一点的运动轨迹。

如图 7-24 所示，整机以速度 v_0 匀速前进，原点为地轮着地点，地轮边缘一点 T 的运动轨迹如下：

$$\begin{cases} x = v_0t - r\sin\omega t \\ y = r - r\cos\omega t \end{cases} \tag{7-39}$$

式中，r 为地轮半径，mm；ω为地轮转动角速度，rad/s；T 点速度方程如下：

$$\begin{cases} v_x = v_0 - r\omega\cos\omega t \\ v_y = r\omega\sin\omega t \end{cases} \tag{7-40}$$

地轮纯滚动前进，即 $v_0=r\omega$，速比 $\lambda=r\omega/v_0=1$，边缘一点 T 的绝对速度为 $v = v_0\sqrt{2-2\cos\omega t}$。地轮边缘 T 点在前进方向的运动轨迹是一条滚摆线，见图 7-24。

但是，地轮在运动过程中是存在滑移的，边缘一点的运动轨迹是不规则的，通过观察其运动轨迹的变化即能反映出地轮传动稳定性的好坏。

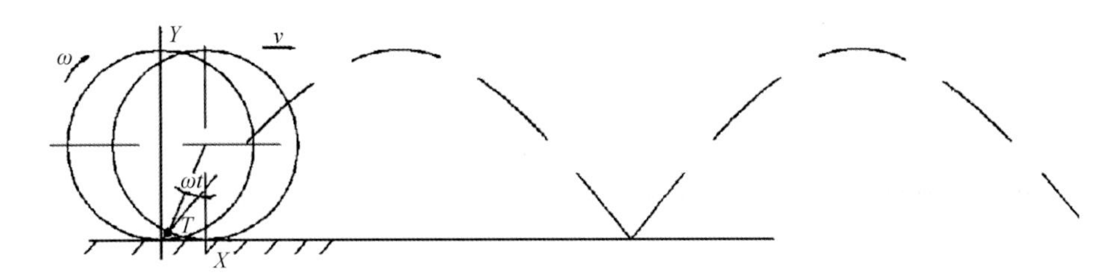

图 7-24　纯滚动状态下地轮边缘一点的运动轨迹

考虑地轮向前滚动一周的情况。当地轮做纯滚动时，其实际行驶距离等于理论行驶距离，即 $S_{理论}=S_{实际}=2\pi r=v_0T$，$T$ 为纯滚动一周的时间。假设滑移是均匀的，地轮等角速度旋转，此时地轮边缘一点的绝对速度为 v'，地轮实际行驶距离 $S_{实际}=v'T$。根据滑移率定义，即

$$\eta=\frac{S_{实际}-S_{理论}}{S_{实际}} \tag{7-41}$$

有 $\eta=\dfrac{v'-v_0}{v'}$，即 $v'=\dfrac{v_0}{1-\eta}=\dfrac{r\omega}{1-\eta}$，此时的速比为

$$\lambda=\frac{r\omega}{v'}=1-\eta<1 \tag{7-42}$$

此时地轮边缘一点的运动轨迹为短摆线，见图 7-25。滑移率η越小，运动轨迹越接近滚摆线。此外，地轮边缘一点的运动轨迹与地轮的半径和线速度有关，半径越大，线速度越小，轨迹曲线会越“矮”。

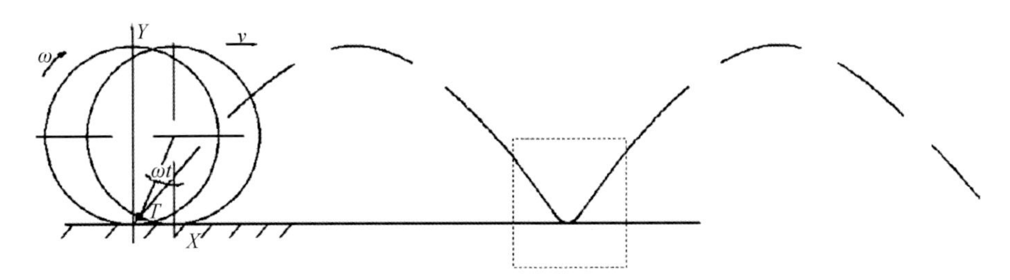

图 7-25　存在滑移时地轮边缘一点的轨迹

2. 施肥开沟器运动轨迹分析

施肥可分为施种肥、追肥及底肥，根据农艺要求，三者均有其最佳的施肥深度。根据施加种肥的最佳深度来衡量施肥开沟器尖端运动轨迹的合理性，以此来分析连接机构的仿形效果。

种肥应施在种子的下方和侧下方，化肥与种子间应保持一定距离，3～5cm 即可。该距离是由施肥开沟器与播种开沟器尖端在垂直方向的距离差所决定的。机具在平地作业时，施肥的合理性及正确性较容易实现，但是在坡耕地工作中，若播种机不能很好地随地面起伏调整施肥开沟器的高度，则会出现施肥过深或过浅的现象，影响种子的萌发和生长，造成化肥和种子的损失，继而带来缺苗、减产等后果。

以玉米播种的要求为基准进行检验。玉米的最佳播种深度是地表以下 4～6cm。见图 7-26，根据施肥最佳深度的要求，可以得出施肥的合理区间为 7～11cm。若施肥开沟器的尖端轨迹在施肥的合理区间范围内，则可以认为连接机构能够使施肥开沟器正常仿形。

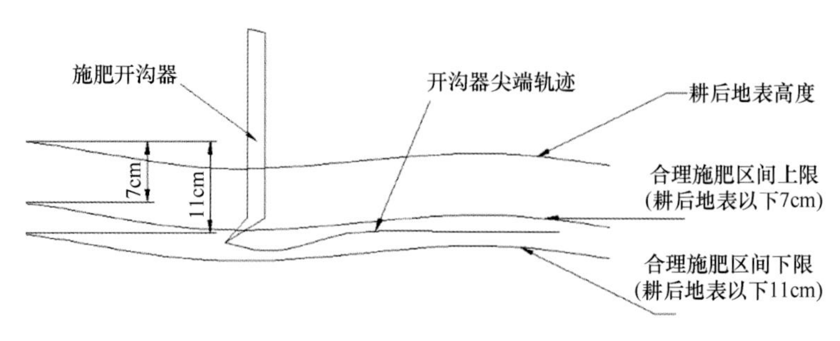

图 7-26　施肥效果判定标准

7.4.3.3　连接机构仿形性能的评价标准

通过对地轮和施肥开沟器尖端的运动轨迹分析，可以将不同地表起伏情况下地轮传动的稳定性与开沟器开沟深度的平稳性两方面作为判断补偿式三点悬挂连接机构仿形性能好坏的标准。

1）判断播种地轮中心在竖直方向的运动轨迹与地面起伏走势的差异性，从整体上判断连接机构的仿形性能。

2）判断地轮边缘一点在机组前进方向的轨迹，考察地轮与地面的接触情况，并判断是否出现地轮腾空、滑移现象或无法带动排种/排肥器正常转动。

3）判断施肥铲尖端的运动轨迹是否在合理的施肥深度范围内，以此考察连接机构作用下施肥深度的合理性问题，从侧面反映仿形性能的好坏。

7.4.4　与刚性连接机构仿形性能的仿真对比分析

7.4.4.1　虚拟样机技术的应用与仿真模型的建立

虚拟样机技术是一种数字化设计的方法，其核心内容是系统建模和仿真技术，主要应用于 CAD/CAE/CAM 和 DFA/DFM 领域。通过 Pro/E 三维建模软件与 ADAMS 动态仿真分析软件的联合使用，建立耕播机模型，并模拟机具的实际工作状态，研究地轮的滚动及施肥开沟器的运动轨迹，为连接机构的合理设计与改进提供依据。参照耕播机的实际情况在 Pro/E 中构建耕整机、播种机及连接机构的模型，并将所建立的模型导入 ADAMS 软件中进行动态仿真分析，设置作业速度为 4km/h 和 6km/h[22, 23]。

由于吉林省乃至东北地区的耕地在地表起伏发生变化时，地面坡角的最大变化在 15°左右。因此，为了验证耕播机在起伏地面上的工作情况，需设定坡角变化的模拟地形。因为主要分析Ⅱ级和Ⅲ级坡耕地坡角变化的情况，所以设定坡角变化分别为 4°、8°、12°和 16°。模拟地形表示的是平整地与坡耕地相互变化时，整机可能会遇到的地面起伏的角度变化，分别为±4°和±8°、±12°和±16°。

7.4.4.2　仿真结果分析

由于耕整机限深轮始终与地面接触，因此本书以耕整机限深轮的中心轨迹作为地势起伏的标志，通过对限深轮和地轮中心轨迹走势相似程度的分析来判断工作中地轮的运动状态。在地轮中心垂直方向创建与限深轮中心等高的一点来代替地轮中心的轨迹。

1）图 7-27 和图 7-28 是根据两轮通过地面相同一点的时间差，平移耕整机限深轮中心轨迹曲线所得。通过将两曲线轨迹作差的方式判断两轮中心轨迹走势的一致性问题。理想状态下，作差线的方程应为

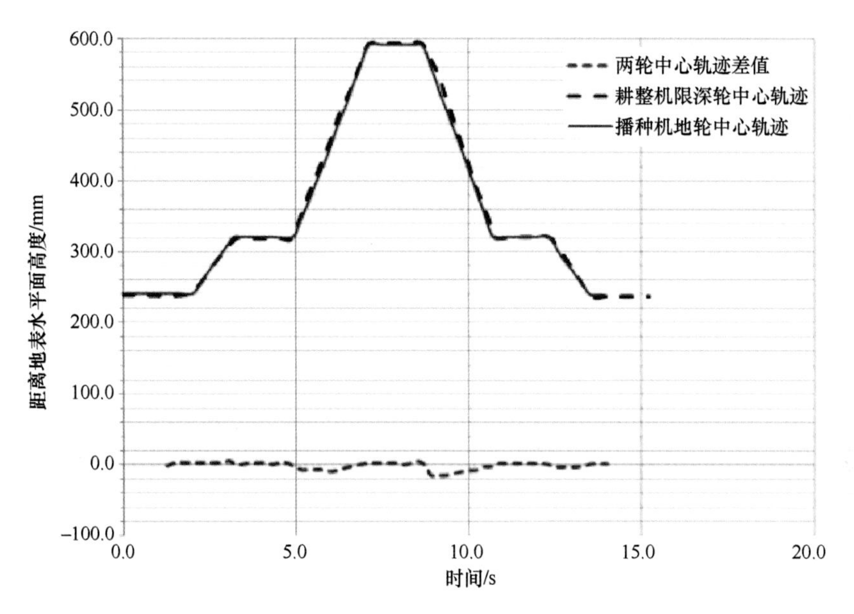

图 7-27　作业速度为 4km/h 时在±4°和±8°模拟地形的限深轮与地轮中心轨迹曲线

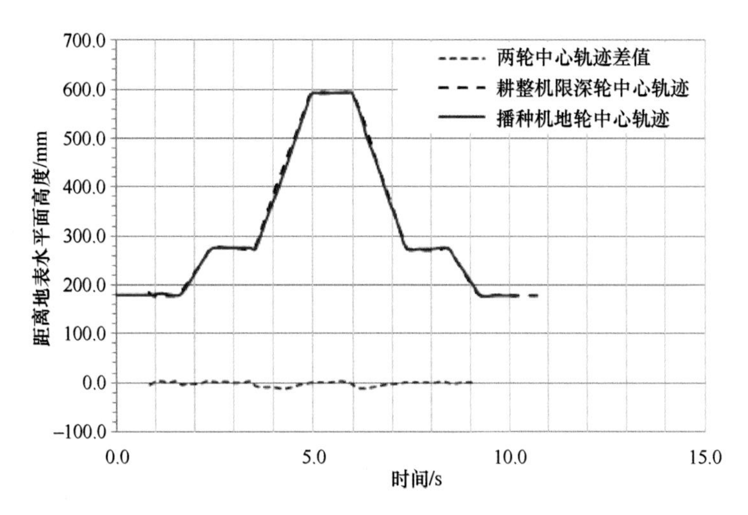

图 7-28　作业速度为 6km/h 时在±4°和±8°模拟地形的限深轮与地轮中心轨迹曲线

$$y = y_{等高点} - R_{限深轮} = 0\text{mm} \tag{7-43}$$

式中，$y_{等高点}$ 为地轮中心垂直方向与限深轮中心等高点距离地面的高度，mm；$R_{限深轮}$ 为限深轮中心距离地面的高度，mm；y 为等高点与限深轮中心距离地面高度的差值，mm。

对作差线进行统计运算可得：作业速度为 4km/h 时，作差线数组最大值为 2.9704mm，最小值为−15.7244mm，平均值为−2.8564mm；作业速度为 6km/h 时，作差线数组最大值为 2.6848mm，最小值为−11.0391mm，平均值为−1.8942mm。

由上述两图中曲线和数据可以得出：①坡角变化为±4°时，限深轮与地轮的中心轨迹基本完全吻合，作差线近似直线，地轮没有受到地面起伏的影响。②坡角变化为±8°时，作差线呈现出“凹凸不平”状态，两轮中心轨迹走势出现偏差，等高点在垂直方向的位置与限深轮中心位置相比较低。这是由于当地面出现坡度时，耕整机限深轮所受正压力减小，下陷量减少，中心位置略有升高。虽然播种机地轮所受正压力也略有减少，但是通过播种机上悬挂销在上拉杆长孔中的滑动，可很快将开沟深度调节到适当的位置，地轮与施肥铲的装配位置决定了地轮中心不可能有大幅度的提升。③通过对比两作差线的统计分析结果，坡角变化为±4°和±8°时，两轮中心轨迹比理想状态最大偏移约 1.6cm，对实际作业中整机的作业效果不会构成很大影响。④在两个单机正常工作速度 4km/h 和 6km/h 下，两轮中心轨迹的走势基本相同，且与理想的效果相差不大。

仿真分析可以得出如下结论：在坡角变化为±8°的地形上，在两个单机正常工作的速度下，地轮中心轨迹的趋势与地面起伏基本一致，连接机构可保证整机的正常工作。

2）图 7-29 和图 7-30 是模型分别以 4km/h、6km/h 的作业速度在坡角变化为±4°和±8°地面模型上通过时，播种机地轮边缘一点在前进方向的位移曲线，并对边缘一点的轨迹曲线与地轮中心轨迹作差线。

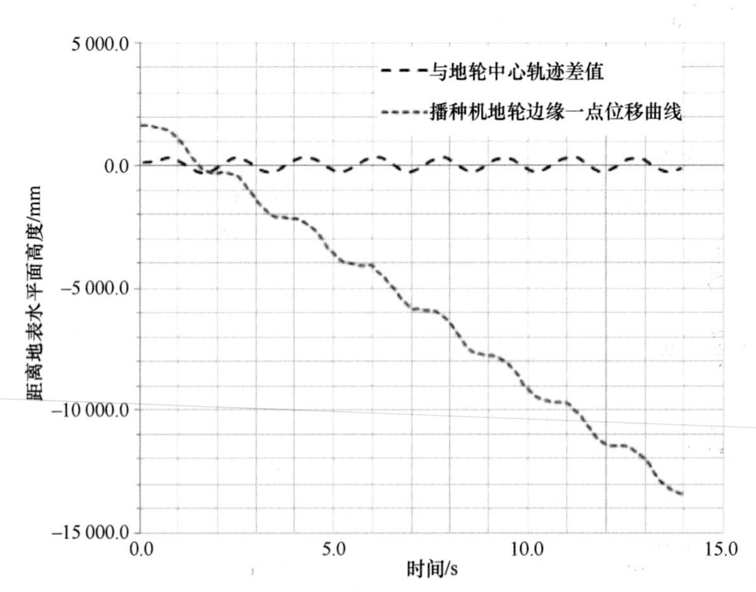

图 7-29　作业速度为 4km/h 时在±4°和±8°模拟地形的播种机地轮边缘一点的轨迹

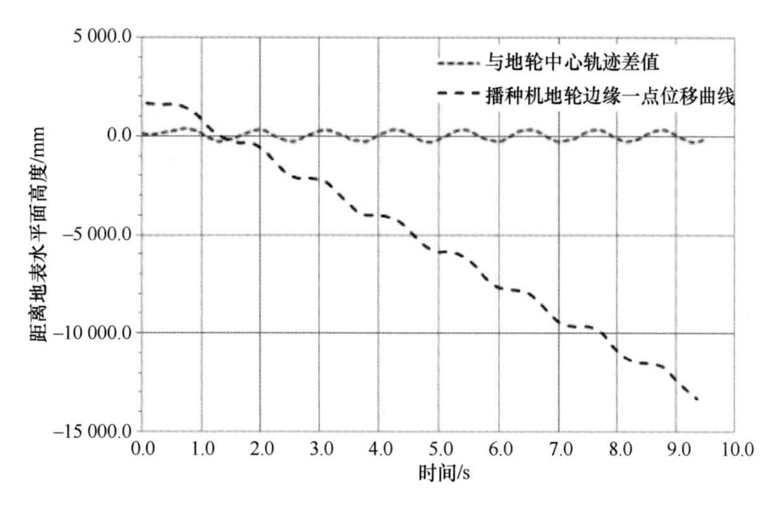

图 7-30　6km/h 速度时在±4°和±8°模拟地形的播种机地轮边缘一点的轨迹

由上述两图中曲线可以得出：①根据前文可知，地轮纯滚动，其边缘一点的运动轨迹为滚摆线，但从上述两图中可以看出地轮边缘一点的轨迹为短摆线。这说明在滚动前进的过程中存在滑移现象，且滑移是均匀的。由于运行速度较小而地轮直径较大，轨迹较为“扁平”，加之边缘一点所在处的轮胎接触地面时，会发生变形，因此短摆线的底部比较“圆滑”。②作差线表示当地轮前进速度为零时，边缘一点的圆周运动，当曲线出现较大幅度时，即可认为此时地轮悬空或出现较大滑移现象。可以看出，在运行时间范围内，地轮没有出现较大的滑动，它的转动是连续而均匀的。③在速度较大的情况下，边缘一点的轨迹较为密集，但是从上述两图中不能直接得出速度大小与滑移率大小的关系。该点需在试验中验证。

仿真分析可以得出如下结论：在坡角变化为±8°的地形上，在两个单机正常工作的速度下，地轮边缘一点具有相同的运动规律；地轮均存在滑移，且滑移均匀稳定；地形坡度的变化没有对地轮的运动造成较大影响。

3）图 7-31 和图 7-32 是模型分别以 4km/h、6km/h 的作业速度在坡角变化为±4°和±8°地面模型上通过时，播种机施肥开沟器尖端在垂直地面方向上的位移曲线，表示的是连接机构牵引下播种机施肥深度的合格与否。根据前文分析，施肥开沟器尖端的运动轨迹是判断连接机构仿形性能的最重要的标准。根据耕整机限深轮与施肥开沟器到达地面相同一点的时间差，平移限深轮中心曲线。因为 $R_{限深轮}$=180mm，故以向下平移 180mm 的曲线作为地形起伏曲线。根据前面分析所得的合理施肥区间，分别平移地形起伏曲线作为合理施肥的上限和下限，由此判断施肥深度的合理性。

由上述两图中曲线可以得出：①在两个单机正常工作的速度下，坡角变化为±4°时，施肥开沟器开沟深度都位于合理施肥区间范围内，满足施肥要求。坡角变化为±8°时，施肥铲的开沟深度不均匀，变化范围比在±4°的地形上大。②在平地作业和上下坡过程中，开沟深度数值稳定，但是在坡角发生变化后的短暂时间内，施肥深度均出现了过大和过小的现象。这是因为播种机上悬挂销在长孔中滑动所需的时间使得仿形出现了“滞后性”，连接机构需要一段时间来调整施肥开沟器的入土深度。当整机的力矩再次达到

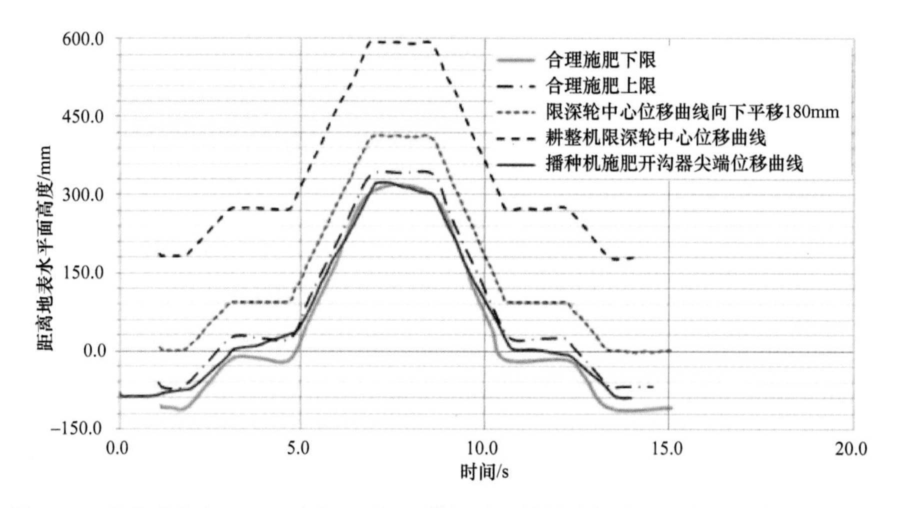

图 7-31 作业速度为 4km/h 时在±4°和±8°模拟地形的播种机施肥开沟器尖端的位移曲线

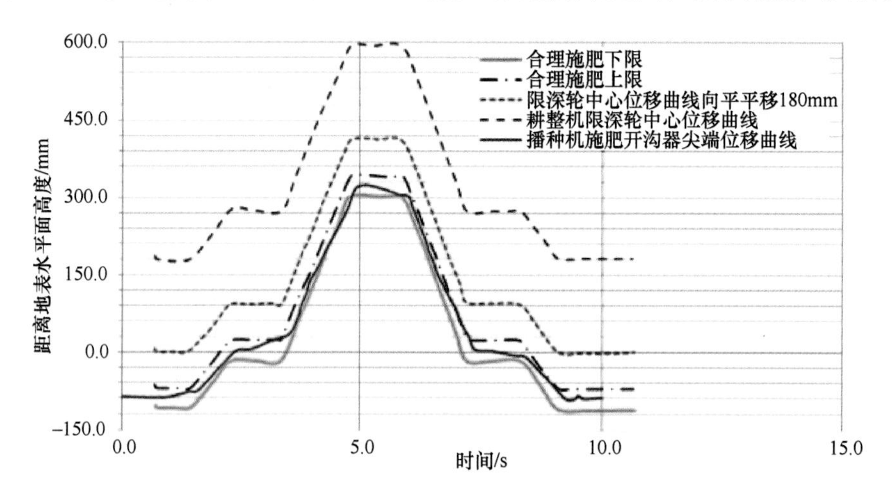

图 7-32 作业速度为 6km/h 时在±4°和±8°模拟地形的播种机施肥开沟器尖端的位移曲线

平衡时，施肥开沟器的深度就能保持在一个较为稳定的数值范围内。

仿真分析可以得出如下结论：在坡角变化为±8°的地形上，在两个单机正常工作的速度下，模型在地面模型上通过时，施肥铲尖端的轨迹均位于合理施肥的区间范围内，整机能够有效保证施肥深度的稳定性，保证机组正常工作。

4）采用上述相同的方法分析地轮及施肥铲的运动轨迹，见图 7-33 和图 7-34，两图分别模拟以 4km/h、6km/h 的速度在±12°和±16°地面模型上通过时，耕整机限深轮和播种机地轮的中心轨迹。对作差线进行统计运算可得，速度为 4km/h 时，作差线数组最大值为 17.4989mm，最小值为−41.8084mm，平均值为−3.6515；单独观察±12°地形上的统计结果，最大值为 13.3437mm，最小值为−15.7725mm，平均值为−2.5658mm。速度为 6km/h 时，作差线数组最大值为 18.1882mm，最小值为−43.2379mm，平均值为−3.525mm；单独观察±16°地形上的统计结果，最大值为 10.8855mm，最小值为−14.2364mm，平均值为−0.3904mm。

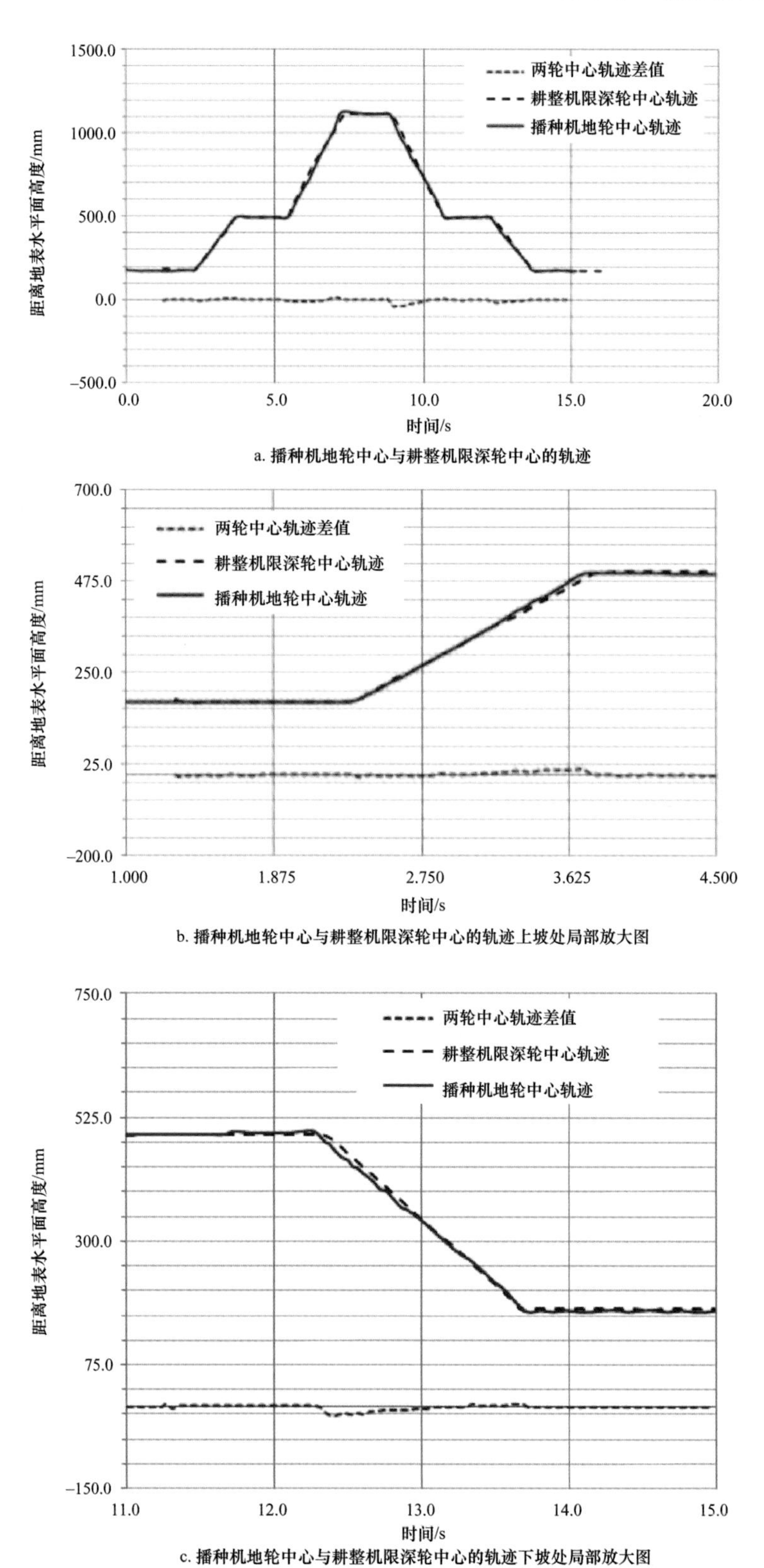

a. 播种机地轮中心与耕整机限深轮中心的轨迹

b. 播种机地轮中心与耕整机限深轮中心的轨迹上坡处局部放大图

c. 播种机地轮中心与耕整机限深轮中心的轨迹下坡处局部放大图

图 7-33　作业速度为 4km/h 时在±12°和±16°模拟地形的播种机地轮中心与耕整机限深轮中心的轨迹

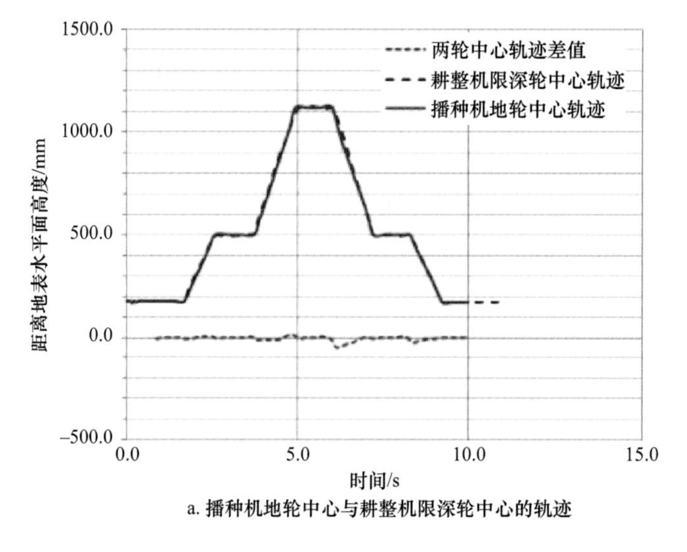

a. 播种机地轮中心与耕整机限深轮中心的轨迹

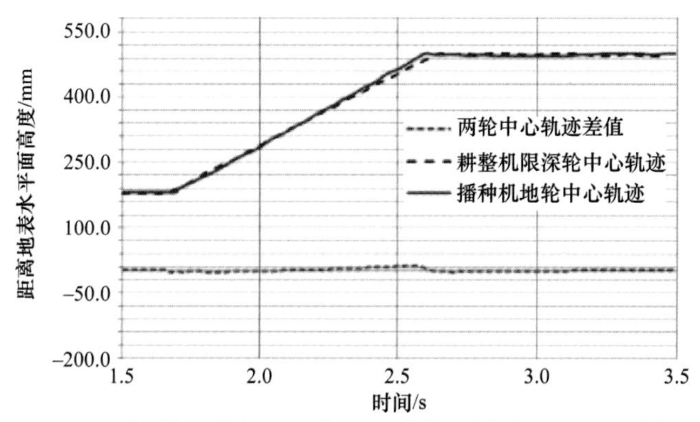

b. 播种机地轮中心与耕整机限深轮中心的轨迹上坡处局部放大图

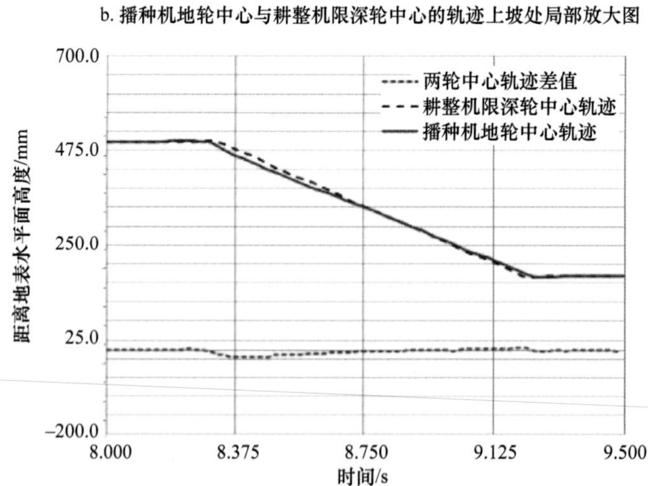

c. 播种机地轮中心与耕整机限深轮中心的轨迹下坡处局部放大图

图 7-34 作业速度为 6km/h 时在±12°和±16°模拟地形的播种机地轮中心与耕整机限深轮中心的轨迹

由上述两图中曲线和数据可以得出：作业速度为 4km/h 和 6km/h 时，在坡角变化为±12°时，限深轮与地轮中心轨迹作差线的统计结果与坡角变化为±8°类似，耕整机限深轮与播种机地轮中心轨迹的走势在一定程度上是相同的，最大差值为 1.5cm；在坡角变化为±16°时，则呈现出明显的凹凸不平，最大差值为 4.2cm。

仿真分析可以得出如下结论：在坡角变化为±12°时，在两个单机的正常工作速度下，两轮中心轨迹曲线走势中出现的偏差仍在可以接受的范围之内；在坡角变化为±16°时，两轮中心轨迹出现了很大偏差，表明在坡角变化为±16°的地形上，连接结构的仿形效果不好，整机不能正常工作。

5）图 7-35 和图 7-36 是模型分别以 4km/h、6km/h 的作业速度在坡角变化为±12°和±16°的地面上通过时，播种机地轮中心及边缘一点在前进方向的位移曲线。两图中曲线表明了滑移现象的存在，且地面坡角的变化对地轮的运转状态影响较小。

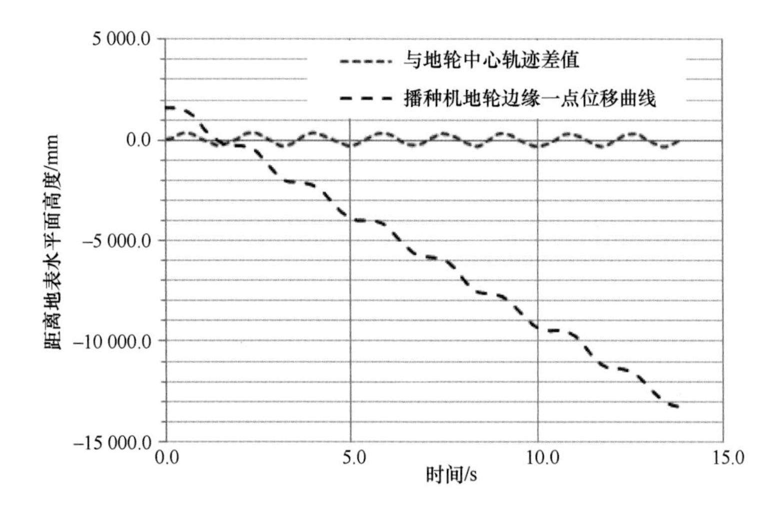

图 7-35　作业速度为 4km/h 时在±12°和±16°模拟地形的播种机地轮边缘一点的轨迹

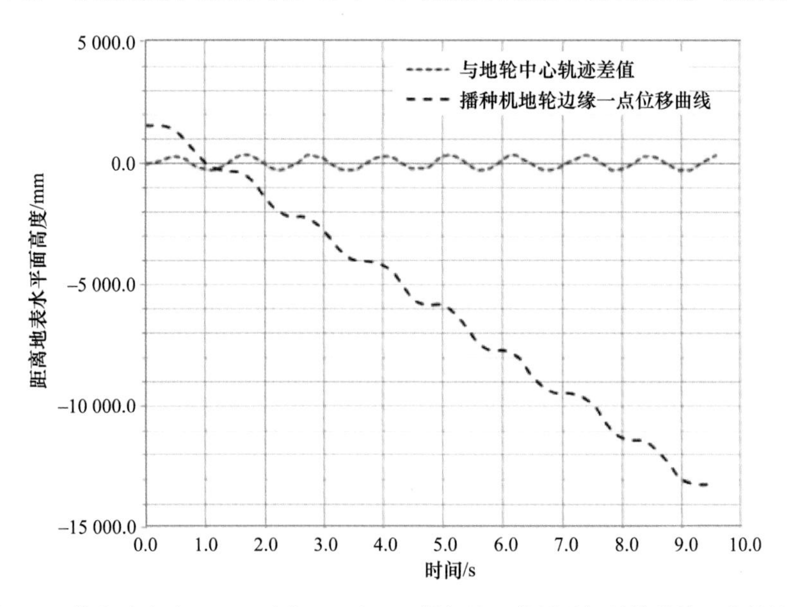

图 7-36　作业速度为 6km/h 时在±12°和±16°模拟地形的播种机地轮边缘一点的轨迹

6）图 7-37 和图 7-38 是模型分别以 4km/h、6km/h 的作业速度在坡角变化为±12°和±16°的地面上通过时，播种机施肥开沟器尖端的位移曲线。

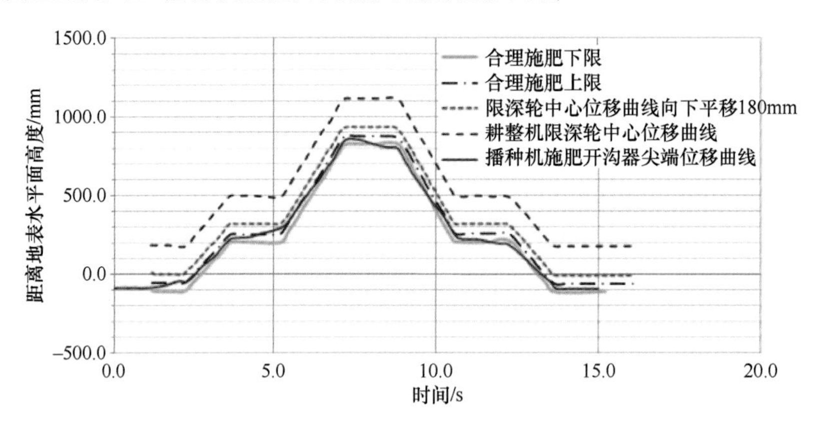

图 7-37　作业速度为 4km/h 时在±12°和±16°模拟地形的播种机施肥铲尖端位移曲线

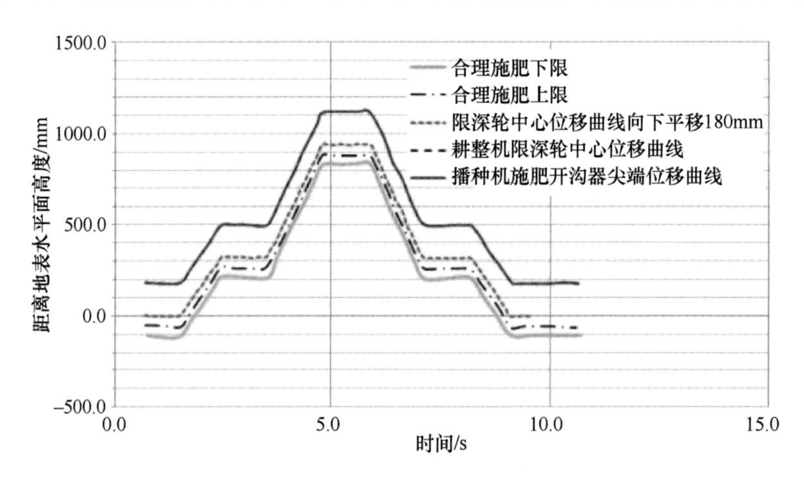

图 7-38　作业速度为 6km/h 时在±12°和±16°模拟地形的播种机施肥铲尖端位移曲线

由上述两图中可得，两种速度下，耕播机在坡角变化为±12°时，施肥开沟器开沟深度在机组与上坡或下坡时出现偏大或偏小的情况，但均位于合理施肥区间范围内。耕播机在坡角变化为±16°时，施肥铲尖端轨迹完全不受合理区间的约束，在坡角变化时出现运动轨迹高于合理施肥上限或低于合理施肥下限的情况。也就是说，在坡角变化为±16°时，连接机构不能保证播种机的播种要求，不能保证整机的正常工作。

通过对比不同速度下，模型分别通过坡角变化为±4°、±8°、±12°和±16°的起伏地面时，以耕整机限深轮中心轨迹作为参考标准，详细分析了地轮中心、地轮边缘一点及施肥开沟器尖端的运动轨迹，并阐述了变化特征和变化趋势，以此来反映连接机构在不同速度、不同地形下仿形性能的好坏。仿真分析可以得出如下结论。

1）在 4～6km/h 范围内，机具行驶速度对模拟分析各项指标的影响都很小，连接机构仿形性能良好，在两个单机正常作业速度下耕播机可正常工作。地轮均能适应不同坡度变化的地形，保持良好的运动稳定性；施肥开沟器的开沟深度均保持在合理施肥范围内，且保持了开沟深度的合理性和一致性。

2）整机可在坡地上正常工作，坡角变化对仿形性能的影响各异。坡角变化越小，地轮和施肥开沟器的工作稳定性越好。当坡角变化为±12°或小于 12°时，“三点悬挂”连接机构可保证耕播机的正常工作。当坡角变化为±16°或大于 16°时，三点悬挂连接机构不能有效仿形，不能使播种机正常工作。

7.4.5　补偿式三点悬挂连接机构田间试验分析

补偿式三点悬挂连接机构连接耕整机和播种机同时作业，一次进地就可完成碎茬（旋耕）、播种、镇压等作业。连接机构仿形性能的好坏直接影响播种机对起伏地面的适应能力和播种效果，即排肥和排种的稳定性与均匀性、施肥开沟器开沟深度的一致性。为了验证连接机构实际作业效果，结合补偿式三点悬挂连接机构仿形性能评价标准分析，主要通过测试并分析整机以不同速度通过不同坡角变化的地表时播种机的施肥深度和播种深度，统计数据的离散程度，对施肥的一致性和播种的均匀性几方面进行田间试验考核。

7.4.5.1　试验内容和方法

试验采用吉林大学研制的 2BGZ-4 耕播机，并于 2011 年春季在吉林农业大学试验田进行了田间试验，该试验田前茬作物为玉米，地表有少许玉米碎秸秆，满足试验及耕播机作业的基本要求。但是试验田中坡耕地较少，且坡角变化相对较小，所以试验中只检验了整机通过坡角变化小于 8°的耕地的作业效果，即只验证了该机对 II 级坡角的适应能力。由于条件所限，未能验证该机在坡角变化较大的耕地上的作业情况。试验用拖拉机采用约翰迪尔 Apollo904 型拖拉机。

通过对播种机施肥、播种性能的测试来侧面反映连接机构的仿形功能。整机能够在不同速度、不同坡角变化的地形上保证施肥深度的一致性和播种的均匀性，则可以说明连接机构具有很好的仿形效果。因此试验主要考察行驶速度、地面坡角等对地轮的滑移率、施肥深度、播种深度和播种质量的影响。

图 7-39 表示测量并绘制耕前坡耕地的起伏曲线。试验前，先测定试验地块的坡角起伏趋势。以标杆固定 20m 范围，选取一端距离耕前地表 20cm 处，确定水平基准线，每隔 2m 测量地面到水平线的距离，测试两次取平均值，得到地表起伏曲线并计算坡角变化。在拖拉机的牵引下，整机分别以不同的速度通过测区，以种子和化肥为参照标准，测量种子和化肥播种后距地表的距离。根据耕播机排肥和播种性能的指标，通过对施肥深度的平均值、标准差、变异系数的统计分析，以及对地轮滑移率、株距、重播率、漏播率的计算，验证连接机构的仿形效果。

选取试验地上两处坡角变化较大的地块来测定地形起伏曲线。对所选试验地块各测试点到基准线的距离进行测量，绘制两地块的地形起伏曲线，并算出坡角，如图 7-40 和图 7-41 所示。在此基础上，对两种作业工况下（作业速度分别为 3.74km/h 和 4.69km/h）的地轮滑移率、施肥深度、播种深度和播种均匀性指标（株距合格指数、重播率、漏播率、合格株距的平均值、标准差和变异系数）进行测量。

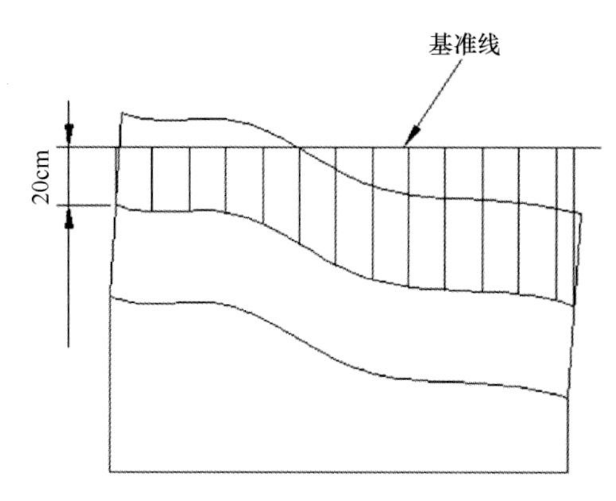

图 7-39　连接机构仿形性能试验方案图示

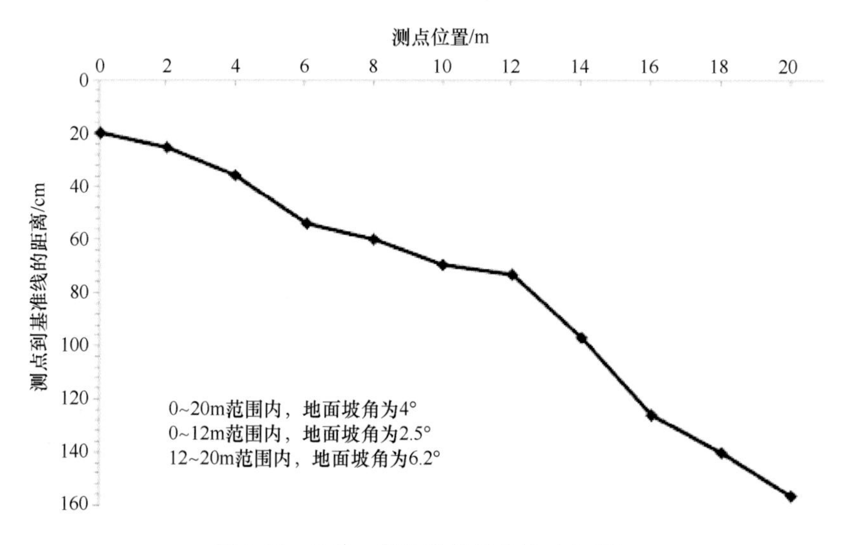

图 7-40　地块一的地形起伏曲线（上坡）

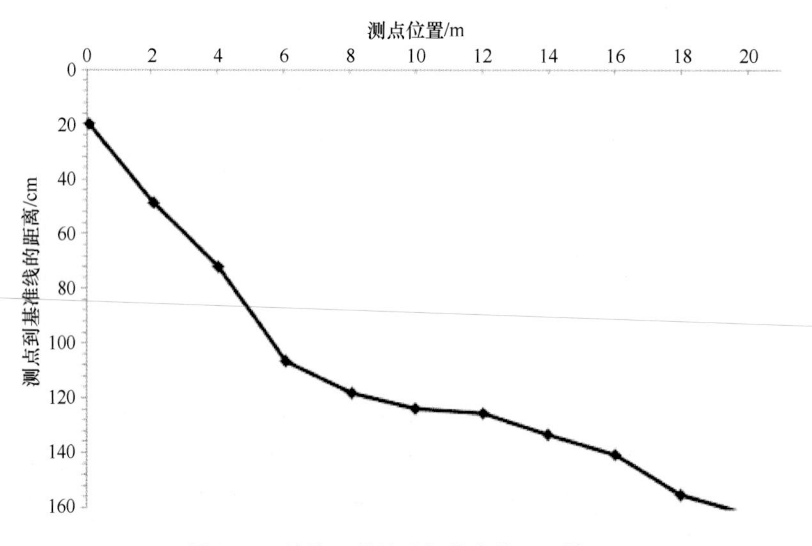

图 7-41　地块二的地形起伏曲线（下坡）

7.4.5.2 试验结果分析

1. 滑移率的测试结果

机具田间试验见图 7-42，技术要求表明滑移率小于 20%即为合格。本研究所选播种机的地轮直径为 60cm，经计算可得两种工况下，地轮的滑移率均在合理范围内。这表明整机在工作过程中，连接机构保证地轮始终贴地滚动前进，进而可以说明连接机构具有很好的仿形功能。

图 7-42 分置式耕播机试验照片

2. 播种和施肥深度结果处理及分析

本研究所选的单项作业机均为四行作业，为综合验证连接机构对播种机各行工作质量的影响，试验中对播种机各行的播种和施肥深度情况进行测定。

根据玉米播种和施肥深度的要求可知：播种深度的合理范围是表土下 4～6cm，种肥位于种子斜下方 3～5cm 处。技术要求表明，精播播深合格率大于等于 75%，穴播播深合格率大于等于 85%，可视作播种深度合格，具有较强的一致性。试验中所测各数据均满足玉米播种和施肥的深度要求。在两种工况下，播种开沟器开沟深度的平均值分别为 4.675cm 和 4.975cm，变异系数的平均值分别为 7.68%和 7.31%，完全符合玉米播种的要求。施肥开沟器开沟深度的平均值分别为 8.9cm 和 8.475cm，变异系数的平均值分别为 7.73%和 7.55%。各行种子和肥料的深度均合格。由此可见，播种机在连接机构的牵引下工作仍能保证播种和施肥深度的要求，且播种机各行的播种施肥深度具有很强的一致性，所以连接机构的仿形效果很好。

3. 播种均匀性测定及分析

资料显示，玉米播种的作业质量标准是：种子分布均匀，粒距合格指数大于 80%，漏播率小于 8%，重播率小于 15%，精密播种合格粒距的变异系数小于 35%，穴播播种合格粒距的变异系数小于 30%。2BGZ-4 耕播机作业结果为：精播粒距合格指数大于等于 85%，穴播粒距合格指数大于 90%，两种工况下，穴播重播率分别为 6.34%和 6.85%，漏播率分别为 1.86%和 2.93%，合格粒距变异系数分别为 19.84%和 25.63%，满足相关技术要求。

7.5 2BGH-6 行间耕播机

7.5.1 玉米留高茬行间直播种植保护性耕作模式

目前，东北大力开展的保护性耕作模式主要有：东北垄作蓄水保墒三年轮耕保护性耕作模式、玉米宽窄行平作保护性耕作模式和玉米留高茬行间直播种植保护性耕作模式等，在此基础上还派生出了多种各具特色的保护性耕作模式。

玉米留高茬行间直播种植保护性耕作模式是以行间交替种植代替连年垄上种植，第一年秋季收获结束，玉米留高茬于地表不动；第二年春天不整地直接在第一年留茬行间一次性完成（浅旋）播种、施肥、镇压等作业，秋季收获后留高茬；第三年春天不整地直接在第二年留茬行间（即第一年的留茬行处，原来玉米茬已自然腐解）一次性完成（浅旋）播种、施肥、镇压等作业，如此循环进行，如图 7-43 所示。

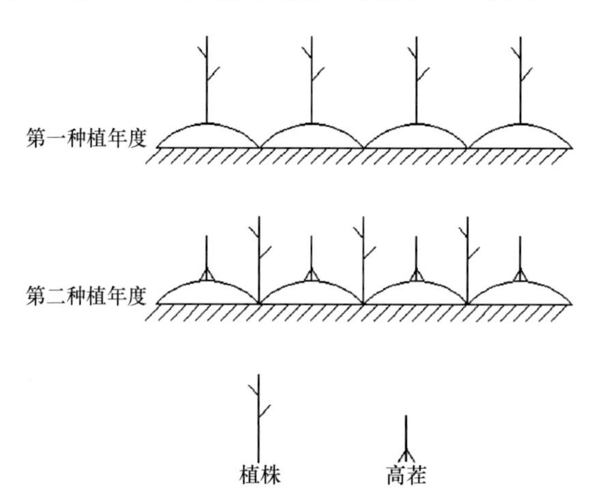

图 7-43 玉米留高茬行间直播种植保护性耕作模式

7.5.2 行间耕播机的总体方案

吉林大学研制的 2BGH-6 行间耕播机为玉米留高茬行间直播种植保护性耕作模式提供了配套机具，如图 7-44 所示。它可在留茬行间地上一次完成行间浅旋、播种、施肥、镇压、喷洒药剂等多项作业，从而减少失墒、提高天然降水利用率、培肥地力、降低生产成本、提高工作效率。

该机具通过组合及拆分，可组合成为行间耕播机，也可拆分成独立的行间耕整机和行间播种机。行间耕播机可在玉米（大豆）留茬行间一次完成整地、施肥、播种、镇压、喷洒药剂作业；单独的通用型耕整机可进行（行间）旋耕（碎茬）、起垄、镇压等作业；单独的播种机可在未耕地或已耕地上完成玉米（或大豆）行间播种作业。这种一机三用的特点，几乎可完成从收获之后到播种结束的全部农田作业，适用范围广泛。

该机具有以下特点。

1）播种机采用一级链传动：动力由镇压轮直接传给排种轴。为保证排种机构作业

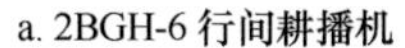

a. 2BGH-6 行间耕播机　　　　b. 2BGH-6 行间耕播机作业图

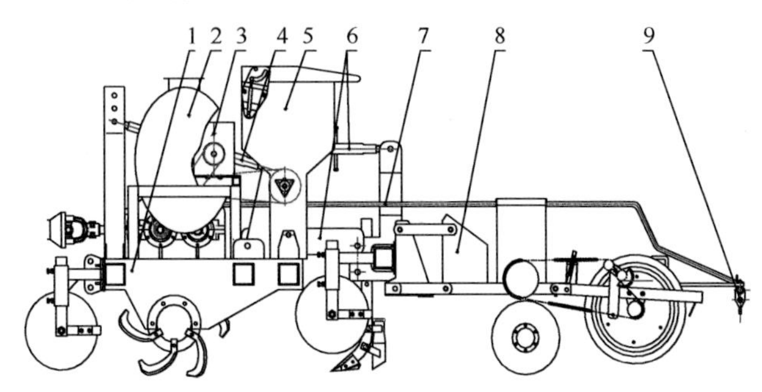

c. 2BGH-6 行间耕播机结构示意图

1. 通用型耕整机；2. 植保药箱；3. 植保药泵；4. 拉杆；5. 肥箱；
6. 中间连接件；7. 植保管路；8. 行间播种机；9. 植保喷头

图 7-44　2BGH-6 行间耕播机

时单独仿形，采用平行四连杆仿形机构。针对一级链传动的结构特点，设计了浮动张紧装置，保证排种机构上下浮动时，张紧机构随之浮动，保证一级链传动稳定可靠。

2）采用补偿式三点悬挂连接机构：该机构能够实现行间耕整机和行间播种机的联合作业，保证机具联合作业时对地仿形，能快速拆分、挂接，实现机具一机三用。该机构在 7.2 节已详细介绍，此节略去。

3）采用多位一体覆土镇压技术：双腔结构橡胶镇压轮具有传动、仿形、限深、覆土、镇压等多种功能，使整机结构更为紧凑，重心前移，可以很好地解决留茬地行间播种问题。

该机耕整部分为 1GT-6 通用型耕整机，将机具调整为行间浅旋整地状态。1GT-6 通用型耕整机与 1GH-3 型行间耕整机（已在本书第 2 章 2.5 节介绍）一样，为侧传动方式，以保证行间耕作（浅旋）、垄台碎茬及全幅旋耕通用。行间浅旋，刀辊转速为 200r/min 左右，浅旋深度为 40～70mm，单行幅宽为 200～300mm，旋耕时保留垄台上根茬。拖拉机跨三垄作业，耕整机为 6 行。

该机采用的多项创新技术与结构，与作者团队研制的多种保护性耕作机具采用的多项创新技术及结构于 2015 年获得了吉林省技术发明一等奖。

7.5.3　播种机总体结构

播种机部分既能与耕整机组装在一起联合作业，又能与拖拉机配套单独作业，主要由机架、仿形机构、排种机构、传动机构、镇压轮等组成。播种单体见图 7-45。

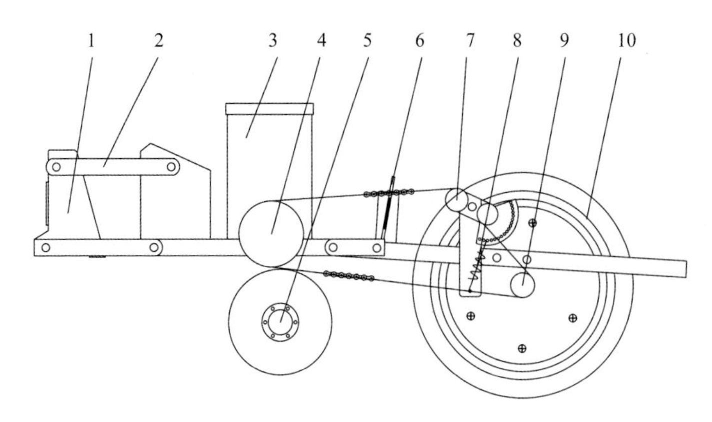

图 7-45 播种单体结构图

1. 主梁连接架；2. 四连杆仿形机构；3. 排种总成；4. 链轮 B；5. 双圆盘开沟器；6. 调整支杆；7. 张紧链轮；8. 张紧弹簧；9. 链轮 A；10. 镇压轮

7.5.3.1 行数与工作幅宽

依据行间耕播机的整体要求，考虑到与大马力拖拉机配套，拖拉机行走轮跨三垄行走，播种单体在留茬行间作业，确定机组行数为 6 行，工作幅宽（满足 60～70cm 的行距时）为 4.2m。

7.5.3.2 机架与播种机地轮配置

播种机的机架选用单梁结构，单梁固定 6 组播种单体和两个播种机架仿形轮，可分别按所需行距进行调整。机架高度设计成与耕作机的机架高度相同，且中间连接件有 4 个位置，高度可调。如需独立作业，拿掉中间连接机构即可。

机架仿形轮主要对机架起到仿形、支撑作用。其配置要考虑到在耕播联合作业时，不能与前部的耕作部件相互干扰，而且不能受到根茬的影响，为此，机架仿形轮设计在中间连接机构之后、播种机主梁下部最外面两侧播种单体的前方。

由于传统播种作业并不保留根茬，因此仿形轮可以布置在两个播种单体之间。行间交替种植保护性耕作种植模式会保留根茬，使得传统播种机的仿形轮受到根茬的干扰而不能正常工作。另外，耕播联合作业机由两种机具组成，其纵向尺寸较大，重心靠后，这对拖拉机提升力和连接机构强度的要求都较高。因此设计一种能够集多种功能于一身且能传动的仿形轮，对简化机具结构可起到重要作用。

7.5.3.3 多功能镇压轮结构与配置

为了实现留茬地行间播种，作者团队设计了一种集限深、仿形、传动、覆土及镇压等 5 种功能为一体的镇压轮，它对简化机具结构、降低机具质量、缩短播种单体纵向尺寸、提高播种质量和工作效率都起到重要作用。该镇压轮位于播种单体的后面，与施肥和播种开沟器在同一纵向排列，可以有效地避免前期作物根茬的干扰，使行间播种机能够实现留茬地沟台交替行间种植，是行间播种机的核心部件。

1. 传动比 i 的计算

本机设计的传动比可按式（7-44）计算[24]：

$$i = \frac{(1+\sigma)\pi D}{Za_{株距}} \tag{7-44}$$

式中，D 为镇压轮直径；σ 为镇压轮的滑移率；Z 为型孔数；$a_{株距}$为株距。

如图 7-46 所示，镇压轮滚动时，固定在镇压轮轴上的右侧主动链轮 A 将动力通过链条传至位于机架后上方的排种轮轴上链轮 B，并经排种轮轴上的小锥齿轮 C 带动水平圆盘排种器轴上的大圆锥齿轮 D 转动，达到排种的目的。与此同时，开沟器开出合适的种沟，种子落于沟底，接着覆土镇压，完成整个作业过程。

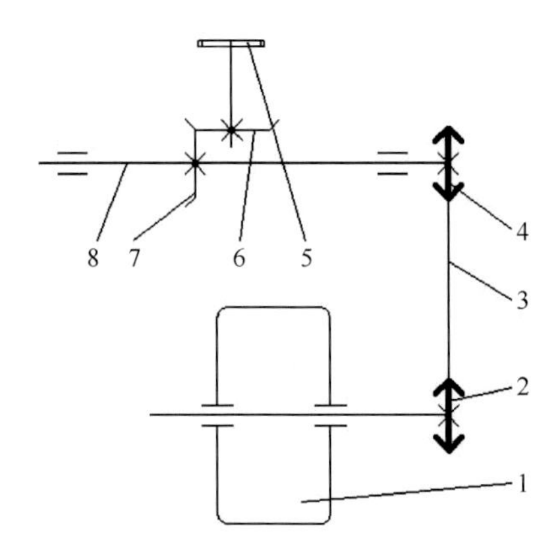

图 7-46　传动系统示意图

1. 镇压轮；2. 链轮 A；3. 链条；4. 链轮 B；5. 排种器；6. 大锥齿轮 D；7. 小锥齿轮 C；8. 排种轮轴

具体计算过程如下：镇压轮在作业过程中受自身重量及外加载荷的影响，镇压轮与地面接触处会产生变形，使得镇压轮的实际作业直径相比于设计直径有所减小。在打滑率为 η 时，可以计算出镇压轮旋转 n 圈的作业行程 S 为

$$S = (1+\eta)n\pi D' \tag{7-45}$$

式中，η 为打滑率；n 为镇压轮理论转动圈数；D'为镇压轮实际作业时的直径，mm。

经链条、锥齿轮传动排种器转动圈数 n_2 为

$$n_2 = n\frac{Z_A}{Z_B}\cdot\frac{Z_C}{Z_D} \tag{7-46}$$

式中，Z_A 为链轮 A 的齿数；Z_B 为链轮 B 的齿数；Z_C 为小锥齿轮 C 的齿数；Z_D 为大锥齿轮 D 的齿数。

由于排种圆盘上有 26 个窝眼，即排种圆盘每转动一圈可以排出 26 个籽粒，结合式（7-45）、式（7-46）得出，当镇压轮旋转 n 圈时的播种株距 $b_{播种株距}$为

$$b_{播种株距} = \frac{S}{26\times n_2} = \frac{(1+\eta)n\pi D'}{26\times n\dfrac{Z_A}{Z_B}\cdot\dfrac{Z_C}{Z_D}} = \frac{(1+\eta)\pi D' Z_B Z_D}{26 Z_A Z_C} \tag{7-47}$$

播种时针对种子不同株距的农艺要求，排种两链轮齿数的选择见表 7-2。

2. 镇压轮结构

该镇压轮除了具有上述传动和仿形作用，还兼具覆土、镇压的作用，为此作者团队研

制了双腔结构橡胶镇压轮（授权专利号 ZL201310072981.6，公开号 CN103125179A）[25]。

表 7-2　链轮齿数与株距对照表（型孔数为 26）

主动链轮 A 齿数	被动链轮 B 齿数	株距/cm	主动链轮 A 齿数	被动链轮 B 齿数	株距/cm
14	31	28.2	19	31	20.8
15	31	26.4	20	31	19.8
16	31	24.7	21	31	18.8
17	31	23.3	22	31	18.0
18	31	21.9	23	31	17.2

如图 7-47 和图 7-48 所示，该镇压轮采用双腔结构，以使腔体与种沟土壤接触面对种沟土壤颗粒作用合力的方向有指向种沟沟底的趋势，从而实现同时覆土及镇压操作。

图 7-47　双腔结构胶镇压轮

镇压轮直径的确定要符合能使其正常转动的条件，同时保证镇压轮能作为排种/排肥的传动轮，且作业过程中不产生滑移现象，根据实践经验和农艺要求，结合吉林大学研制的 2BGH-6 行间耕播机相关参数，最终确定镇压轮的直径为 500mm，宽度为 180mm。

根据农艺要求，取播种深度为 50mm，以作业过程中的外载荷 F_e 为 475N 为例，镇压轮单侧腔室的宽度取 70mm，镇压轮内压取 500Pa。

所选取镇压轮的材料为丁苯橡胶（styrene butadiene rubber），基本参数如下：硬度为（60±5）HA，密度为 1.3g/cm^3，弹性模量为 4.9MPa，泊松比为 0.49。

根据所选材料属性，采用分段设计法，并结合种沟沟型对镇压轮侧缘断面尺寸中心线进行设计。取 ρ_1=30mm，ρ_2=135mm，ρ_3=60mm，m=50mm，且取厚度为 8mm，镇压轮断面尺寸见图 7-49。

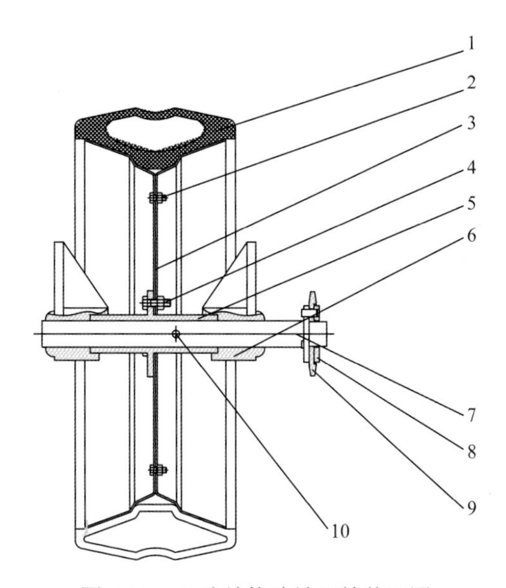

图 7-48　双腔结构胶镇压轮装配图

1. 镇压轮；2. 螺栓螺母垫圈Ⅰ；3. 轮辋；4. 螺栓螺母垫圈Ⅱ；5. 轮轴固定套；6. 轴承座；
7. 轮轴焊合；8. 连轴插头焊合；9. 链轮；10. 开口销

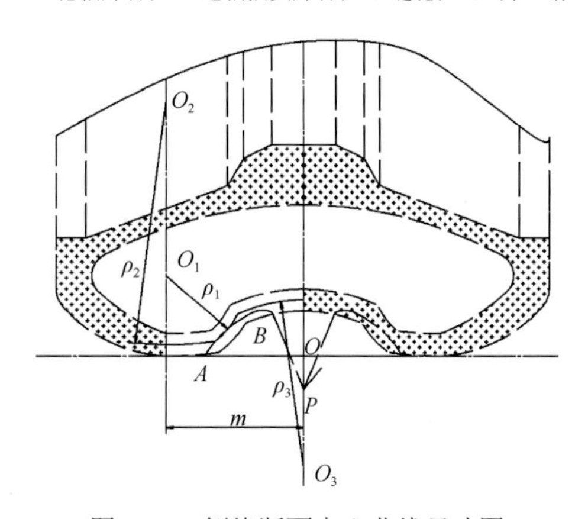

图 7-49　侧缘断面中心曲线尺寸图

7.5.4　植保部分（喷药系统）

2BGH-6 行间耕播机与 1GBL 耕播联合作业机一样，安装了植保系统，主要用于播种同时喷洒除草剂用以防治杂草等；喷施杀虫剂以防治植物虫害；喷施杀菌剂以防治植物病害；喷施防治病虫害用的病原体与细菌等生物制剂。该装置结构简单，操作方便，设有防腐、防滴漏、过滤和自动搅拌装置，作业范围广，经济效益高，见图 7-50。

7.5.4.1　喷头选择

由于越来越多的人对农药的使用加以关心，减少农药的飘失已成为一个重要课题，特别是减少气候条件变化因素的影响，充分发挥机械化除草的功能，减少飘失，减少污染。该装置采用德国 Lechler 公司生产的反飘扇形雾喷头 AD120 中的 7 号喷头、8 号喷

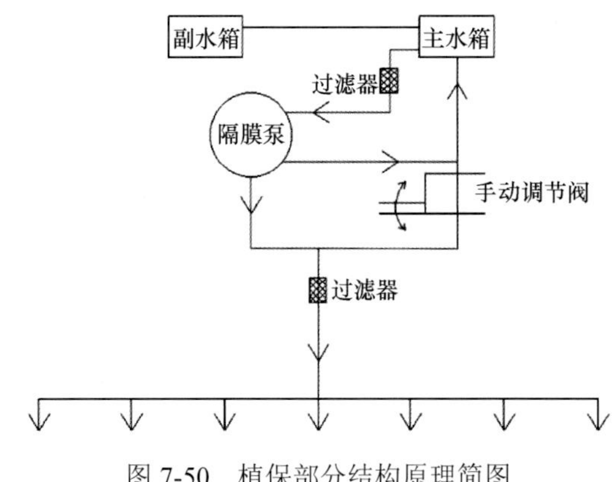

图 7-50　植保部分结构原理简图

头和 NP 系列喷头中的 NP-1.3 喷片。NP-1.3 喷片圆孔直径为 1.3mm，7 号喷头和 8 号喷头为瓷狭缝式喷头，NP 系列喷头为圆锥雾喷头。

德国 Lechler 公司的反飘扇形雾喷头 AD120 中的 7 号喷头、8 号喷头内采用膜片式防滴阀，开启压力为 0.07MPa，关闭压力为 0.05MPa，关闭时间为 1～2s，滴漏率为 0。其工作原理是当喷雾机截止阀开启后管路压力升高，作用在膜片上的压力也增加，当压力大于弹簧的紧力时，膜片就开始移动，膜片与阀座之间就产生间隙。随着压力的增高，此间隙不断增大，药液通过这一间隙流往喷嘴。当截止阀关闭时，管路中压力迅速下降，当压力下降到某一值时，弹簧压缩力大于作用在膜片圆面积上的力，这时膜片关闭，切断了喷嘴与管路之间的通路，从而起到防滴漏的效果。

这样克服了喷机管路长，每当停机管内压力较高、残余药液较多和在喷嘴处产生明显滴漏时，既浪费农药又污染田地的缺点。而装上膜片式防滴阀，就能有效地防止药液泄漏，拖拉机手可根据作业情况想停就停，全部喷嘴处要关就关而毫无滴漏现象，大大改善了作业条件。

7.5.4.2　药箱选择

考虑到拖拉机悬挂能力，可将药桶配置在拖拉机前配重铁的位置上。药箱容积为 800L。采用增大药箱横向尺寸的方法，尽可能不增加药箱的高度及纵向尺寸。药液箱口能安装过滤网。药液箱上设置了清晰的液位指示标记。选用性能优良的高分子聚合物为原料，应用新科技滚塑成型技术，一次加工成整体无接缝的大型塑料容器。

7.5.4.3　药泵选择

MB40/2.5 型活塞式隔膜泵具有流量较大、压力较高、体积小、结构紧凑、耐腐蚀能力较强、操作和维修方便、能经受短时脱水运转及适用范围广等特点。隔膜是此泵的关键零件，隔膜采用耐农药腐蚀、抗疲劳性强的合成橡胶制造。此泵采用充气式空气室，可以改善泵的工作脉动性，减轻泵的结构重量。

MB40/2.5 型活塞式隔膜泵的主要技术性能参数如下：转速为 600r/min；流量为 40L/min；常用工作压力为 1.5～2.5MPa；最高工作压力为 3MPa；配套功率为 2.2kW；

最高功率为 2.6kW。

7.5.4.4　药液搅拌装置

搅拌装置用于搅拌药箱中的药液，防止溶解性较差或完全不溶解的药剂沉淀，以及不使乳化剂悬浮到液面上来，保证进入喷雾系统的药液具有相同的浓度。本机采用液力搅拌装置，利用喷雾泵返回药液箱的一部分流量，通过装在药液箱底部的搅拌器，产生液体扰动使药液混合均匀，从而增加本机搅拌流量，提高搅拌均匀性。

采用 MB40/2.5 型活塞式隔膜泵，流量大（40L/min 左右）、压力高（1.5～2.5MPa）、雾化好、始终回水、搅拌好，提高了药液均匀度，回水不断搅拌药液，使药液不沉淀，保证作业效果。采用德国 Lechler 公司的反飘扇形雾喷头 AD120°中的 11048（8 号）喷头，其流量为 3～4L/min，7 个喷头最大流量为 20L/min，而 MB40/2.5 型活塞式隔膜泵的流量为 40L/min，每分钟可以提供 20L 回水搅拌。

7.5.4.5　过滤装置

过滤装置对于各种喷雾机都是不可缺少的零部件，它在防止喷雾系统阻塞、延长液泵和喷嘴等工作部件的使用寿命上发挥重要作用。

过滤装置分为四部分：加液过滤器、出液过滤器、泵后过滤器和喷嘴过滤器。加液过滤器安装在药液箱加液口处，防止药液中的杂质进入药液箱，滤网规格采用 60 目。出液过滤器安装在桶的最下端，防止药液箱的杂质进入药液泵，滤网规格采用 40 目。泵后过滤器安装在泵出口处，防止杂质进入喷杆，滤网规格采用 40 目。喷嘴过滤器安装在喷头内，防止药液中的杂质阻塞喷孔，滤网规格采用 50 目。

四级过滤，药箱加液口、压力管路和喷头处均装有过滤装置，以防堵塞而产生漏喷，并保护操作者，以防因频频排堵，导致人体药害。在四级过滤器的设计时考虑了如下几个原则。

1）在结构上药液从滤网外部通过网径，流向滤网内部，使药液中所含杂质沉积在滤网外部过滤器的壳体下部，避免堵塞滤网。

2）滤网面积足够大，以减少过滤器对液流的阻力。

3）在结构上应使过滤网清洗方便，装拆迅速。

7.6　2BY-2 硬茬播种机

分置组合式耕播联合作业机虽然具有组合拆分方便快捷、一机三用的优点，但是纵向尺寸长，重心靠后，悬挂运输时对拖拉机液压系统负荷过大却是其致命的弱点。它的纵向尺寸，至少要大于耕整机与播种机长度之和，这是无法改变的事实，所以与中小马力拖拉机配套十分困难。于是产生了将播种单体直接挂在碎茬机壳体上的整体式结构，则可克服这一弊端，2BY-2 硬茬播种机就是与小四轮拖拉机（12～25 马力）配套的耕播一体式的机具，这也是耕播联合作业机的一种形式。

在 21 世纪初（2005 年以前），东北农村小四轮拖拉机保有量很大，多为 25 马力以下的拖拉机，它们是农业生产的主力军。为这些小动力拖拉机提供可实现耕整播施联合作业的小型机具，成为当时急需解决的问题。

7.6.1 2BY-2 硬茬播种机结构特点

7.6.1.1 功能及工作原理

该机具可在玉米（高粱等）留茬地原垄上一次完成窄条带碎茬、开沟、施肥、播种、覆土、镇压等联合作业。特别适宜在秋季干燥、冬季降水少、春季风大的干旱地区作业，免去秋季作业，减少水分蒸发，使春季土壤保持较好的墒情，利于播后种子发芽。

通过更换排种轮，可播玉米或大豆。该机为 2 行，适应垄距为 60～70cm。

2BY-2 硬茬播种机获得了实用新型专利，授权专利号 ZL200320112884.7，公开号 CN2662604Y，2005 年 10 月通过吉林省农业机械试验鉴定站检测鉴定。

该机主要由机架（4）、提升装置（6）、碎茬部件（5）、播种部件（8）等组成（图 7-51b）。

其工作原理为，拖拉机启动，皮带轮传动带动减速箱，刀盘轴转动开始碎茬开沟，随着机组前进，此时镇压轮转动，通过链条带动使施肥轴与排种轴转动，完成碎茬开沟、深施肥、播种与覆土镇压等一系列作业。播种深度与施肥深度可通过调节排种铲与施肥铲柄上的顶丝来调节。镇压轮既起传动作用又起到覆土镇压作用。防滑刺可有效降低滑移量，提高播种精度[26, 27]。

该成果当时属于国内首创：将安装有窄幅碎茬刀的碎茬播种联合作业机具与小四轮的有限功率进行配套，在玉米（或高粱等）硬茬的留茬地上进行直接播种作业，从而使条带少耕精播技术在小型农机具上得到实现。

7.6.1.2 结构特点

小四轮拖拉机功率小，悬挂系统提升能力低，悬挂农机具时机组纵向稳定性差，而且要实现条带少耕精密播种的联合作业，对配套农机具就提出了较高的要求：机具质量要轻，纵向尺寸要紧凑，结构要简单。性能要满足窄条带碎茬、深施化肥、精密播种的要求。硬茬播种机在结构上有如下特点。

1）采用改进的窄幅碎茬刀，使耕后条带宽度只有 8cm 左右，使动土范围降到最小，而且碎茬部件质量轻，使碎茬部件与拖拉机的距离减至最小，采用碎茬机壳体取代拖拉机下吊挂板的创新设计，长距离运输时另加支撑轮，这样由于机具重心前移，巧妙地解决了机具质量相对较大而拖拉机悬挂系统提升能力较低的矛盾。

2）在保证仿形性能的前提下，尽量减小平行四连杆的尺寸，同时采用了种肥箱中间加隔板的设计方案，减少了箱体质量及两个箱体到拖拉机的距离。

3）采用传动（动力传给排种轮、排肥轮）、限深（控制播深）、仿形（播种单体仿形）、镇压（播后镇压）四位一体的镇压轮，它还具有覆土功能，从而充分体现了质量轻、结构简单、尺寸紧凑的设计思想。

a. 2BY-2 硬茬播种机样机

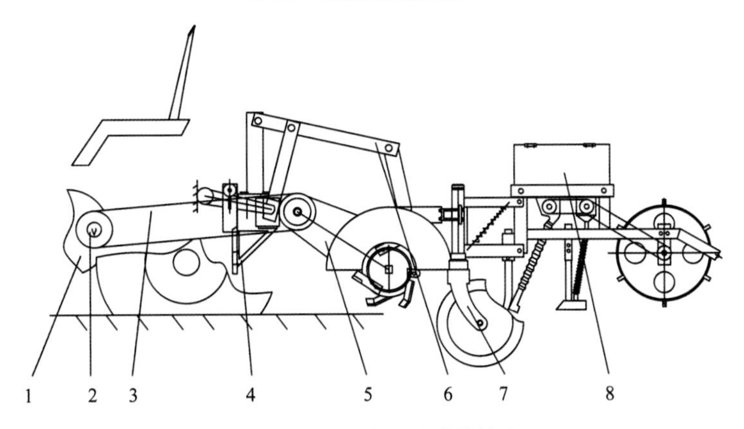

b. 2BY-2 硬茬播种机整机结构简图

1. 小四轮拖拉机；2. 离合器；3. 皮带；4. 机架；
5. 碎茬部件；6. 提升装置；7. 支撑轮；8. 播种部件

图 7-51　2BY-2 硬茬播种机

4）采用了改进的窝眼轮式精密排种器，该部件在保证精密播种要求的前提下，做到了结构简单、成本低、质量轻、尺寸紧凑。

5）采用了窄开沟器，从而可不加专门的覆土器，又起到了保墒的效果。

推广应用初期该机主要与 12～18 马力拖拉机配套，后来主要与 15～25 马力拖拉机配套。

7.6.1.3　主要技术参数

机具主要技术参数见表 7-3。

7.6.2　2BY-2 硬茬播种机主要零部件设计

7.6.2.1　碎茬部件

机具前端为碎茬部件，它是在原小四轮配套的碎茬机基础上，针对硬茬播种机要求

表 7-3 2BY-2 硬茬播种机技术参数表

序号	项目	数值或形式
1	外形尺寸/mm（长×宽×高）	2030×1500×1200
2	整机结构质量/kg	260
3	作业行数	2
4	适应行（垄）距/cm	60～70
5	碎茬刀辊转速/（r/min）	400 左右
6	播种粒距合格率/%	≥85
7	重播率/%	≤10
8	漏播率/%	≤3
9	施肥量/（kg/hm^2）	≤600
10	施肥深度/cm	种下 3～5
11	配套动力/kW	8.8～18.4

改进而成的。为了使机具重心尽量靠近拖拉机，用碎茬机减速箱壳体取代拖拉机下吊挂板，壳体直接与提升机构的后支臂铰接，碎茬部件既是拖拉机与硬茬播种机连接的过渡部分，又是机具的土壤工作部件（图 7-51）。

碎茬部件由离合器、皮带、减速箱、刀辊、刀盘及刀辊罩等组成，减速箱与刀辊罩组成了碎茬机壳体，形成骨架。

离合器安装在拖拉机的侧动力输出轴上，其额定输出转速为 1130r/min，通过皮带将动力传给碎茬部件的减速箱。减速箱为两级传动：第一级齿轮传动，第二级双排链传动。传动比为

$$i = i_{12} \cdot i_{34} = \frac{Z_2}{Z_1} \cdot \frac{Z_4}{Z_3} = \frac{24}{17} \cdot \frac{27}{15} = 2.54 \tag{7-48}$$

式中，Z_2、Z_1 为大、小齿轮齿数；Z_3、Z_4 为大、小链轮齿数。

则刀辊转速为

$$n = \frac{1130}{2.54} = 444.9\text{r / min} \tag{7-49}$$

刀辊转速 n 在合理碎茬转速范围之内。

该机作业行数为两行，刀辊上安装两组刀盘，对垄作业。每组刀盘为双联结构，即每行为双刀盘，共 6 把刀，左、右碎茬刀各 3 把，均向内安装，为改进的窄幅碎茬刀，刀宽 6cm（常用碎茬刀宽 7cm），开出沟宽在 8cm 之内，保证少动土，减少对垄形的破坏。

7.6.2.2 播种部件

播种机方横梁（1）固定在刀辊罩上，两组播种单体通过平行四连杆仿形机构（2）与方横梁（1）连接，保证播种部分相对地面仿形（图 7-52）。

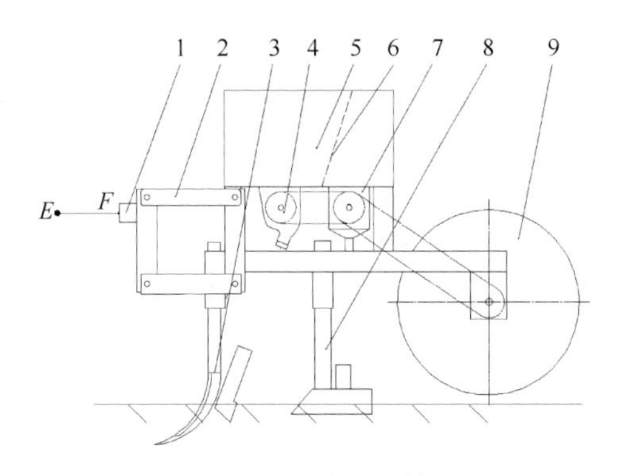

图 7-52　播种部分简图

1. 方横梁；2. 平行四连杆仿形机构；3. 施肥开沟器；4. 排肥部件；
5. 种肥箱；6. 种肥箱隔板；7. 排种部件；8. 播种开沟器；9. 镇压轮

播种单体主要由平行四连杆仿形机构（2）、排肥部件（4）、排种部件（7）、施肥开沟器（3）、播种开沟器（8）、镇压轮（9）等组成。

1. 平行四连杆仿形机构

该机前部进行碎茬作业，对种床平整起到一定作用，因此上、下最大仿形量均确定为 6cm，设计播深为 2～8cm，这样最小播深的上仿形量与最大播深的下仿形量之和为 18cm。上仿形角度不超过 15°，下仿形角度不超过 30°，为保证开沟器的入土性能且传动可靠，可计算上、下杆长度，分别为 23.2cm 及 24cm，为缩短机具长度，取上、下杆长度为 22cm，大量试验证明，播种效果较好。前、后杆以不干涉传动及运动为宜。

2. 施肥、播种部件

为简化结构，该机采用种、肥同箱（5），且中间加隔板（6）的结构，肥箱容积大，种箱容积小。排肥器（4）为外槽轮式，排种器（7）为型孔轮式。施肥开沟器（3）和播种开沟器（8）采用窄形设计，最大宽度处为 6cm，阻力小，不破坏垄形。

3. 镇压轮

镇压轮采用双轮内倾式结构（图 7-53），通过两侧倾斜结构将种沟两侧土压入沟内，即可完成覆土及镇压，效果较好。

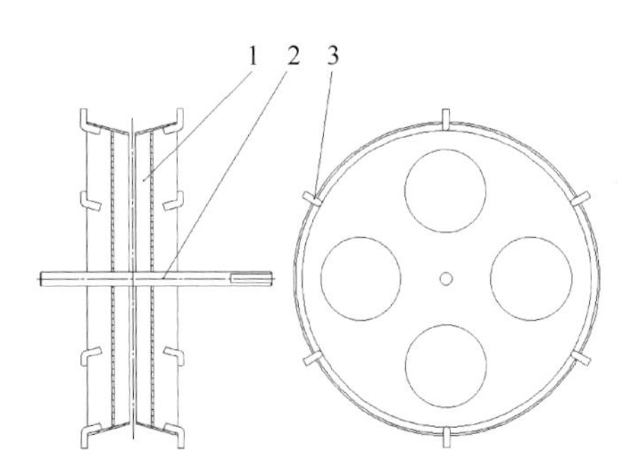

图 7-53　镇压轮结构示意图

1. 镇压轮体；2. 镇压轮轴；3. 轮刺（防滑刺）

为简化机具结构，该镇压轮还将动力直接传给排种轮及排肥轮，同时它还是平行四连杆机构的仿形轮，亦用来控制播种深度。它是早期设计出来的多位一体镇压轮[24]。

为了降低镇压轮的滑移率，提高播种精度，在镇压轮体外侧焊有防滑刺。

7.6.2.3 提升机构

硬茬播种机研制初期（20 世纪末至 21 世纪初），农村小四轮拖拉机以 12 马力及 15 马力为主，其液压悬挂的提升能力较低，许多小拖拉机配套的碎茬机和播种机采用手摇式（钢丝绳缠绕）提升方式，一个人很难完成。本机质量较大，用手摇方式无法完成提升，必须依靠拖拉机液压提升装置来完成机具提升。提升机构是小四轮配套的硬茬播种机的关键部分。

如图 7-54 所示，本机采用连接座支柱、碎茬机（减速箱壳体）及上拉杆、后拉杆（即 OO_2、OK、O_2C、CK 四杆）组成了梯形四杆机构。连接座支柱为固定件，其他三杆为运动件。

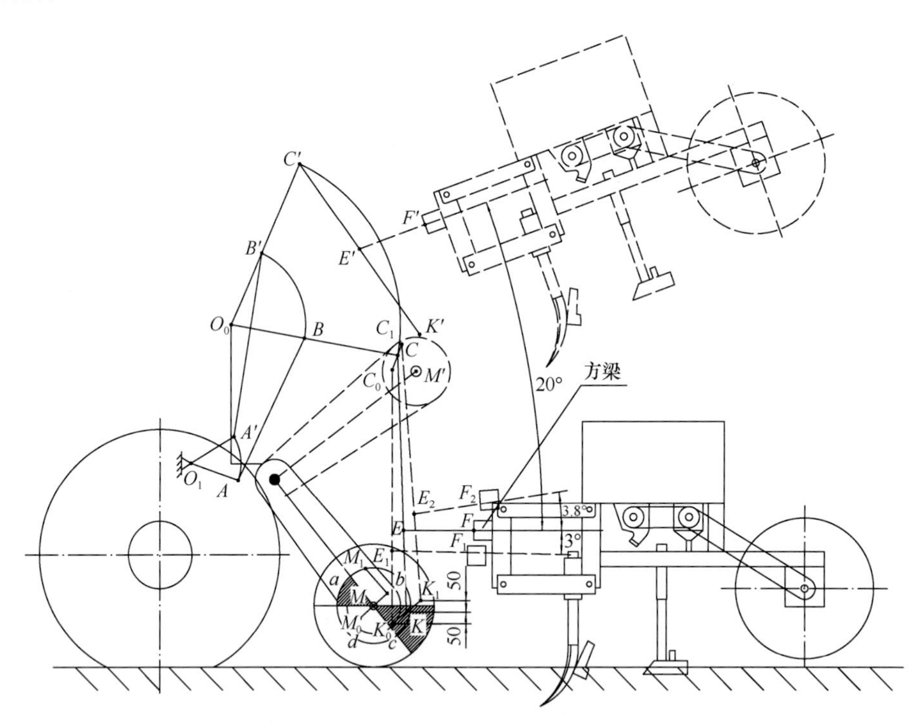

图 7-54 提升机构示意图

机具的提升关键在于减速箱的提升，减速箱的末端是刀辊（上面安装刀盘及碎茬刀），将减速箱提升起来，就是将碎茬部件提升起来。该机采用碎茬机减速箱壳体取代拖拉机下吊挂板的创新设计，可以用拖拉机液压提升臂直接提升碎茬机减速箱壳体，完成地头转弯。在运输状态，可用限位销将平行四杆上拉杆卡住。保证机具的播种部分基本处于图 7-54 的虚线位置，有较高的离地间隙。长距离运输，也可用支撑轮。

播种部分的方梁固定在碎茬减速箱壳体上（图 7-54 中之 EF，F 点为方梁中心），这样将碎茬部分提起来之后，同时方梁与其刚性连接，也将播种部分提升起来。选择适合的支臂（*AB*）长度，可以保证机具在提升状态下（从原来的 *EF* 位置，运动至 *E′F′* 位置），播种部分的方梁转动了 20°（方梁中心从 *F* 点到了 *F′* 点，方梁绕中心转了 20°），从而增加了机具的离地高度。在工作过程中，如果碎茬刀辊上升或下降了 50mm，方梁的位置亦降至 E_1F_1 位置或上升至 E_2F_2 位置，这时方梁也会绕中心转动，但仅转动了 3°和 3.8°，即仍处于近似水平状态，不会影响播种部分的正常作业。

在提升机构设计时，使液压提升臂的最低点和初始位置留有一定余量。

用梯形四杆机构作为提升机构，使方梁转动了 20°，使其提升时播种部分能有足够的离地间隙；而在碎茬部分（刀辊）上升或下降时转动角度又很小（仅 3°），保证其正常作业；利用拖拉机的液压提升装置作为提升的动力源，省力可靠，操作简单；用碎茬部分传动箱壳体取代拖拉机的下吊挂板，使整机质心尽量靠近拖拉机，减少其提升所需力矩，这一切都说明该提升机构的设计是合理的、先进的，也成为该机具结构上的一个亮点。

7.6.3　2BY-2 硬茬播种机的田间试验及鉴定检测

7.6.3.1　田间试验

2003 年 4 月，在吉林省农业机械研究院试验基地（地处长春郊区兴隆山镇）进行了田间试验，配套拖拉机为长春-15。主要试验内容包括碎茬、排肥、排种性能。试验地为垄作玉米茬地，茬高平均为 18.8cm，土壤含水率为 18%，地势平坦，土质为黑土。

1. 碎茬性能测定

（1）碎茬宽度与深度测定

样机首先对碎茬情况进行了测定。种、肥箱不添加种子与肥料，开沟器调起，不开沟，镇压轮升起处于不工作状态，将碎茬刀深度调至 8cm，机速按 4km/h 进行试验，每行测 10 点，测定 2 行，对碎茬宽度、深度进行测定。经测量，该种作业条件下，碎茬深度平均值为 83.75mm，标准差为 3.98%，变异系数为 4.74%；碎茬宽度平均值为 91.85mm，标准差为 15.65%，变异系数为 17.05%。

（2）碎茬率测定

根茬粉碎质量的测定：以 $1m^2$（1m×1m）为一个点，间隔 5m，每行测 10 个点，测定 2 行。测定＞5cm 每个点的根茬质量。试验测得，测定区内每个点的根茬质量平均值为 837.5g，＞5cm 每个点的根茬质量平均值为 91.85g，每行的切碎合格率平均值为 88.81%，整机的切碎合格率为 89.03%。

2. 排种排肥性能测定

排种性能的测定（玉米种子）：为方便测定，试验时将开沟器调至 1.5cm 的开沟深度，每行测定 250 粒。将株距调至 20cm。

测完种子分布情况后，将整机调至正常工作状态，排种开沟深度调至 4cm，施肥开沟深度调至 9cm，然后测量播种深度及施肥深度。每行测 10 点，测区长度为 55m，测定并计算出机速和滑移率。

排肥性能测定：主要测定最大排肥能力、排肥稳定性、排肥一致性。采用将机具悬起，转动传动轮带动排肥轮测其排肥量的方法。

试验结果显示：作业速度为 3.9km/h，播种方式为点播，整机播种漏播率为 3%，播种重播率为 8%，播种合格率为 89%，株距平均值为 21.7cm，株距标准差为 5.95cm，株距变异系数为 27.42%，籽粒破碎率为 0.8%；作业速度为 4.1km/h，播种方式为穴播，整机播种合格率为 92.95%，播种漏播率为 0，（2±1）粒穴占总穴数的 90.4%，4 粒以上穴占总穴数的 9.6%，籽粒破碎率为 0；作业速度为 3.9km/h，播种深度以 4cm 为标准值，播种深度平均值为 4.28cm，标准差为 0.345cm，变异系数为 7.91%；作业速度为 3.9km/h，施肥深度以 8cm 为标准值，施肥深度平均值为 8.59cm，标准差为 0.42cm，变异系数为 9.165%；试验肥料为磷酸二铵，排肥量不稳定性系数为 1.58%，各行不一致性系数为 1.37%。

7.6.3.2 鉴定检测

2004 年 4 月 17～20 日，由吉林省农业机械试验鉴定站对 2BY-2 硬茬播种机进行了鉴定检测。测试地点仍在吉林省农业机械研究院兴隆山试验基地，玉米留茬地，检测结果见表 7-4。

表 7-4 检测结果

项目	技术要求	单位	实测值	判定
碎茬深度	≥70	mm	84	合格
耕深稳定性系数	≥80%	—	95%	合格
破碎率	≤1.5%	—	0.8%	合格
粒距合格指数	≥75%	—	89%	合格
重播率	≤20%	—	8%	合格
漏播率	≤10%	—	3%	合格
排肥量一致性变异系数	≤7.8%	—	1.4%	合格
机组速度	1.1～1.4	m/s	1.4	合格
生产率	0.2～0.8	hm^2/h	0.5	合格

主要参考文献

[1] 贾洪雷, 马成林, 李慧珍, 等. 基于美国保护性耕作分析的东北黑土区耕地保护. 农业机械学报, 2010, (10): 28-34.

[2] 孙明哲. 两行耕播联合作业机的研究. 长春: 吉林大学硕士学位论文, 2009.

[3] Martina S W, Hanksb J. Economic analysis of no tillage and minimum tillage cotton-corn rotations in the Mississippi Delta. Soil & Tillage Research, 2009, 102(1): 135-137.

[4] 李宝筏, 刘安东, 包文育, 等. 适用于我国东北地区的垄作耕播机. 农业机械, 2005, (11): 100-102.

[5] 张德文. 国内外耕种联合作业机的发展概况(续). 粮油加工与食品机械, 1987, (3): 3-6.

[6] 孙德文. RAU-旋耕机组和 HASSIA-条播机. 现代化农业, 1986, (3): 16-17.

[7] 贾洪雷, 陈忠亮, 刘昭辰, 等. 耕整联合作业工艺及配套机具的研究. 农业机械学报, 2001, 32(5): 40-43.
[8] 贾洪雷, 马成林, 刘昭辰, 等. 东北垄作蓄水保墒耕作体系与配套机具. 农业机械学报, 2005, 36(7): 32-36.
[9] 贾洪雷, 陈忠亮, 马成林, 等. 北方旱作区蓄水保墒耕作模式配套装备应用分析. 农业机械学报, 2008, 39(5): 197-200.
[10] 贾洪雷. 东北垄作蓄水保墒技术及其配套的联合少耕机具研究. 长春: 吉林大学博士学位论文, 2005.
[11] 刘丹丹. 分置式耕播机"三点悬挂"连接机构的设计、仿真和试验研究. 长春: 吉林大学硕士学位论文, 2012.
[12] 李广宇, 齐瑞锋, 贾洪雷, 等. 耕播联合作业机关键部件的研究与试验. 农业机械, 2005, (11): 106-108.
[13] 齐江涛, 贾洪雷, 庄健, 等. 耕播机三点悬挂连接机构有效间距确定方法. 农业机械学报, 2012, 42(S1): 24-28.
[14] 贾洪雷, 李广宇, 马成林, 等. 分置式耕播联合作业机连接机构的研究. 农业机械学报, 2006, 37(12): 54-57.
[15] 中国农业机械化科学研究院. 农业机械设计手册(上册). 北京: 机械工业出版社, 1988.
[16] 孔令德, 王国林. 旋耕抛土模型研究综述. 江苏理工大学学报, 1997, 18(5): 32-36.
[17] 陈钧, 近江谷和彦, 寺尾日出男. 高速摄影法研究旋耕刀抛土特性. 农业机械学报, 1994, 25(3): 56-60.
[18] 陈翠英, 石耀东. 潜土逆转旋耕向后抛土率的计算. 农业机械学报, 1999, 30(3): 25-29.
[19] 李伯全, 陈翠英. 抛土率估算的模糊动态聚类分析方法. 农业机械学报, 2002, 33(6): 38-41.
[20] 董丽. 双辽市坡耕地调查的技术方法及成果分析. 吉林农业: 学术版, 2011, (9): 12.
[21] 高玉路. 免耕播种机地轮滑移现象的研究. 北京: 中国农业大学硕士学位论文, 2001.
[22] 马斌强, 顿文涛, 郭延廷, 等. 虚拟样机技术及其在农业机械设计系统中的应用. 科技信息, 2011, (1): 38-42.
[23] Randal H. Visintainer. CAE methods and their application to truck design. Warrendate, PA: Society of Automotive Engineers Inc., 1997.
[24] 贾洪雷, 姜鑫铭, 郭明卓, 等. 2BH-3 型玉米行间播种机设计与试验. 农业机械学报, 2015, 46(3): 83-89.
[25] 贾洪雷, 郭慧, 郭明卓, 等. 行间耕播机弹性可覆土镇压轮性能有限元仿真分析及试验. 农业工程学报, 2015, 31(32): 9-16.
[26] 韩国靖. 2BY-2 硬茬播种机的研究. 长春: 吉林大学硕士学位论文, 2007.
[27] 范旭辉, 杨海天, 郭红, 等. 硬茬播种机提升机构的研究与设计. 种植机械专辑, 2005, (2): 45-48.

第 8 章　智能变量植物保护机械

8.1　概　　述

8.1.1　研究植物保护机械的意义

病虫草害防治是一项确保丰产丰收、提升农产品质量的重要措施，能否成功防治病虫草害，更是保护性耕作技术成功与否的关键。现代农业生产的发展，不仅仅是产量的增长、成本的降低，更重要的是其承载着保证农产品品质安全、生态环境持续发展的重任，精量植保机已成为农业机械的重要组成部分。以最少的农药剂量合理精确地喷洒于靶标，减少农产品农药残留，节约资源，降低污染，是农业可持续绿色发展的必然。

在玉米全程机械化生产过程中，玉米生长中后期植株高大、易折断，其病虫草害防治与中耕追肥是制约全程机械化生产的主要“瓶颈”。近 10 年来，玉米的病虫草害发生呈上升趋势，造成粮食损失十分严重，而且玉米中后期追肥可使产量提高 10%以上[1]，目前我国还缺少适合承担此项作业的机具，靠人工作业劳动强度太大，甚至无法完成。为解决这一问题，急需研制高秆作物喷药施肥机。

因此，提高我国植保机械技术水平，进行高效、低污染施药技术的研究及机具开发是一项迫切的工作，对我国的农业机械发展有重要的意义。

8.1.2　国内外发展概况

国内外植保机械发展的总趋势是向着高效、经济安全方向发展，随着计算机技术的发展，各种自动化产品也纷纷出现。因此可以说在未来几年中将计算机控制技术、计算机视觉技术及模糊控制理论应用到精准植保机械设计研究是必然的趋势，将植株病虫害程度、杂草泛滥趋势等引入喷药机设计研究中可以进一步提高作业效率和改善劳动条件，也是植保机械与精准施药技术发展的时代要求。

8.1.2.1　国外喷药机的发展

国外精确植保机械主要应用了精确对靶喷雾技术、施药防漂移技术、变量喷雾技术，并结合光机电一体化、自动化控制等技术。精确植保机械的发展应紧紧围绕“适用、先进、节能、高效、安全、低喷量、低污染”的“十六字”目标。国外植保机械已实现系列化、多样化、环保化、智能化。普遍采用全球定位系统（GPS）技术和地理信息系统（GIS）技术，形成以大型植保机械和航空植保为主的防治体系[2, 3]。

国外玉米中后期喷药施肥机的研究与生产技术已经基本成熟[4]，目前在美国、德国、乌克兰、俄罗斯等国家[5]，玉米已基本实现了全部机械化作业，其病虫害的防治，从种子抓起，玉米整个生长期都在利用大型高地隙的喷药机进行病虫草害的防治，设有宽敞的机耕路作为作业平台；玉米生长中后期利用大型高地隙施用液态肥来增加产量，农艺技术先进，设备智能化程度高[6, 7]。图 8-1、图 8-2 为国外喷药机的实物图。

图 8-1　国外喷药机（一）

图 8-2　国外喷药机（二）

8.1.2.2　国内喷药机的发展情况

目前我国植保机械和施药技术与发达国家相比还很落后，许多产品仅相当于发达国家 20 世纪中期水平。我国植保机械的产品结构组成包括手动背负式喷雾器、手动压缩式喷雾器、手动踏板式喷雾器、背负式喷粉喷雾机、担架式机动喷雾机、小型机动喷烟机、拖拉机悬挂或牵引的喷杆式及风送式喷雾机、航空喷雾喷粉设备等。其中，各种手动喷雾器的年生产能力约 1400 万架，年生产量 800 万～1000 万架；背负式喷粉喷雾机的年生产量为 1500 万～2000 万台[8, 9]。各种手动喷雾机由于其结构简单，价格便宜，适合我国广大农村的购买力，目前市场覆盖面很大，占整个植保机械市场的 80%左右，担负着全国农作物病虫草害施药防治面积的 70%以上[10]。

喷药机械在我国发展的总趋势是由小型化向大中型逐步发展，并不断推出围绕“十六字”目标的精确植保机械系列产品[11]，力求达到植物病虫草害防治的高度机械化和“四化”（统一防治专业化、施药行为规范法律化、施药机械现代化和防治指标国际化）。在精准植保机械方面，研究植保机专用流量传感器、压力传感器、电子分配阀、电子显示系统及变量喷药系统，这些都是我国植保机械研究方面迫切需要解决的问题。

本章主要就基于处方图控制及基于电荷耦合器件（charge-coupled device，CCD）摄像机和图像处理技术的两种变量喷药系统的研制情况做以介绍。

8.1.3　智能变量喷药系统

我国传统的农田管理理念认为，农田杂草是以“块”为单位进行分布的。在杂草防治过程中，传统的农田管理理念完全忽略了杂草分布的空间差异性，无论作业地块如何变化均制定统一的除草剂使用方案，采用均匀投放方式进行除草，这使得植保机械喷洒出的除草剂只有20%～30%的量（发达国家50%）起到除草作用，而大部分除草剂流失到周围环境中，增加了农产品生产成本的同时，还引发了“3R”危害（residue，残留物；resurgence，再猖獗；resistance，抗药性）。变量喷药技术是精确农业的重要组成部分，其核心是采用全球定位系统（GPS）、地理信息系统（GIS）或实时传感器技术获取农田小区域内病虫草害分布的差异性信息，采用压力控制方式、流量控制方式或药液浓度调节控制方式控制植保机械喷头喷药量，使其按照农田病虫草害分布的差异性，精确、快速地进行喷药作业。目前，现有的变量喷药系统大致可以分为两种类型：一类是基于处方图控制的变量喷药系统[12]，另外一类是基于CCD摄像机和图像处理技术的变量喷药系统[13]。

有许多学者在喷药控制系统的研制方面做了一些工作，他们对压力式、脉宽调制（pulse width modulation，PWM）式[14]、药液注入式等流量控制方式，以及各种喷药系统建模和控制算法进行了较为深入的研究。虽然压力式变量喷雾的喷药量调节范围小、雾化特性随喷头压力变化较大，但是其原理简单、构建成本较低，因此在许多变量喷药系统中仍采用该方法。邓巍等[15]和陈树人等[16]设计了基于PWM的变量喷施控制系统和基于自适应神经模糊推理的双入单出的控制器，并进行了仿真。史万苹等[17]利用压力式变量喷头构建了压力式变量喷药系统，建立了其机理模型，并进行了仿真，但模型过于复杂，未知参数过多，无法应用于控制算法设计。魏新华等[18]设计了一套PWM间歇喷雾式变量喷施系统，忽略PWM频率的影响，采用单因素线性拟合法建立占空比与不同频率所对应的喷头喷雾流量的平均值之间的模型，并用于变量作业控制。翟长远等[10]和王浩等[19]利用二次回归正交试验建立了3个不同型号喷头的流量与喷雾压力、PWM频率和占空比的喷头流量模型，上述基于试验的拟合模型只针对同型号的喷头适用，具有一定的局限性。郭娜等[20]分别对施药量的比例积分微分（proportion integration differentiation，PID）控制和模糊控制进行了仿真。尹东富等[21]构建了由小型针阀、直流电动机及减速器构成的机电流量控制阀的传递函数模型，设计了变论域自适应模糊PID控制算法，并进行了仿真，验证了上述算法的优越性。葛玉峰等[22]利用电动控制阀直接调节喷药主管路流量，将系统用一阶延时环节描述，采用PID控制在线调整流量，并进行了Simulink仿真。

植保机械进行喷药作业时，实现变量喷药可采用如下3种控制方式。

（1）压力控制式

压力控制式变量喷药是通过卸压管路或电动阀调节供液管路压力完成变量喷药作业的。此控制方式工作原理简单，系统构建成本价较低，变量控制指令响应速度快。但由于系统喷头喷孔截面积固定，在调节系统供液管路压力改变喷头喷药量时，供液管路压力的改变不仅会改变喷头喷药量，同时会改变喷头喷洒药液的雾滴粒径和雾形，影响喷药作业效果。因此，采用压力控制式实现变量喷药作业时，要求供液管路压力变化不能太大，系统对喷头喷药量控制范围有限。

（2）流量控制式

流量控制式变量喷药有4种实施方式，分别为脉宽调制PWM流量调节方式、药泵变频控制方式、变量喷头控制方式和组合喷头控制方式[23]。

PWM 流量调节方式，利用 PWM 控制喷药管路中电磁阀的启闭时间和动作频率来控制喷头喷药量实现变量喷药作业。PWM 流量调节方式对喷头喷药压力的影响较小，因此对喷雾效果影响也较小。但在低频调节下存在喷雾状态不连续的现象，而高频调节时对电磁阀的寿命与可靠性则提出了更高要求，成本也相应提高。此外，相对于压力控制式变量喷药而言，PWM 流量调节式变量喷药系统接线复杂，智能控制难度大。

药泵变频控制方式，利用变频器调节电机的频率和转速控制药泵泵入喷药管路中的药液量，达到调节喷头喷药量的目的[24]。药泵变频控制方式可以任意改变喷头喷药量，但是喷头喷药量控制过程与雾滴粒径调节未独立开，电机的频率和转速直接影响着喷头喷洒药液的雾化效果。

变量喷头控制方式，是指喷头可根据喷药管路的压力自动调节喷头出口截面积，实现喷头喷药量调节的方式。变量喷头控制方式增大了喷头喷药量调节范围，但喷头价格较高，且目前国内植保机械零部件销售市场上没有成型产品出售。

组合喷头控制方式，是通过搭配不同喷药量的喷头，实现喷头喷药量多级可调的控制方式。组合喷头控制方式构建的喷药系统体积较大，接线复杂，调换喷头组合时智能控制实现难度较大，成本较高。

（3）药液浓度调节控制式

药液浓度调节控制式实现变量喷药的具体实施方式有两种，分别为药剂注入式变量喷药与药剂和水溶剂并列注入式变量喷药。

药剂注入式变量喷药是在喷药管路中水溶剂流量恒定的条件下，通过药泵或调节阀控制药剂的注入量，改变喷药管路中药液的浓度，实现变量喷药作业[25]。该系统不需要对剩余药液进行处理，减少了操作人员与农药直接接触的机会，而且由于喷头喷药压力始终保持不变，可保证良好的喷雾效果。但从药液注入喷药管路，到喷头喷出相应浓度药液时，耗时较长。整个喷药作业过程中，水资源需求量大。

药剂和水溶剂并列注入式变量喷药是指同时改变喷药管路中药剂的注入量与水溶剂的注入量，实现变量喷药作业。药剂和水溶剂并列注入式变量喷药在一定程度上提高了变量喷药的响应速度，减少了水资源的消耗量，但需要使用两套变量喷药控制系统，整机结构复杂，制造成本增加。

总体来说，变量喷药系统控制算法较为简单，未考虑对于变量喷药系统固有的非线性及滞后性对控制效果的影响。

8.2　基于处方图的压力控制式变量喷药系统

本书介绍的变量控制系统设计已用于吉林大学承担的“十一五”国家科技支撑计划项目“仿生智能作业机械研究与开发”课题（2006BAD11A08）中的子项——2BGZ-4 多功能智能耕播机上，见本书第 7 章。

8.2.1　压力式变量喷药控制系统

基于处方图的压力控制式变量喷药控制系统由系统硬件和控制软件两部分组成。其中，变量喷药控制系统硬件部分包括变量喷药控制器、变量执行器、实时信号采集系统和车载电源配电系统四部分，系统组成框图见图 8-3。系统软件部分包括信号采集处理模块、处方图读取及网格识别模块、电动调节阀驱动模块、作业参数实时保存模块和触摸屏输入信号识别模块等。

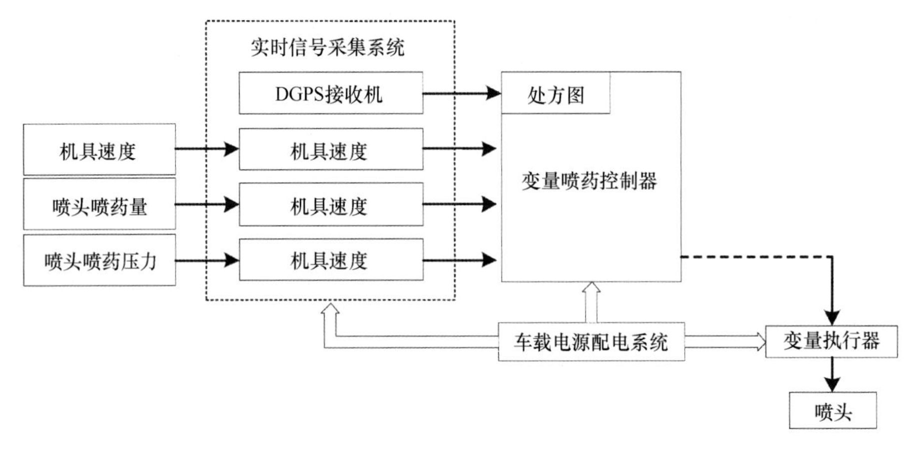

图 8-3 变量喷药控制系统硬件组成

1）变量喷药控制器：以 ARM7 系列的 S3C44B0X 微处理器为核心，在 UCOS-Ⅱ操作系统上使用 C 语言和 ARM 汇编语言开发设计，用于完成系统作业位置、行进速度、喷头喷药量等信号处理、压力反馈信号的比较计算及变量执行器控制信号的输出。

2）变量执行器：即电动调节阀。变量喷药控制器通过输出电压信号控制电动调节阀阀门开启度，调节系统喷头喷药量。

3）实时信号采集系统：包括 DGPS 接收机、速度传感器、压力传感器、流量传感器，用于采集系统作业位置、行进速度、喷头喷药压力、喷头喷药量等信息。

4）车载电源配电系统：由 12V DC～220V AC 逆变电源、24～220V AC 变压器、5V DC 电源模块和 24V DC 电源模块组成。解决了田间作业时，变量喷药控制系统各组成器件对电源电压的需求。

变量喷药控制系统工作原理：基于处方图变量喷药系统，其喷药处方图或在系统作业前以*.txt 文件形式通过 PC 机载入变量喷药控制器的数据存储器（Nand flash）中，或在作业中由操作人员通过触摸屏手动设定。变量喷药控制器通电复位后，CPU S3C44B0X 微处理器通过获取喷药处方量和机具行进速度，计算输出电压信号，驱动变量执行器动作完成变量喷药作业。

本系统安装的压力传感器用于检测喷头喷药压力，该压力信号是本系统闭环控制的反馈信号，变量喷药控制器通过比较喷头喷药压力设定值与检测值间的偏差，对变量执行器控制电压进行修正。系统中的流量传感器用于实时检测喷头喷药量。

8.2.2 变量喷药控制系统工作模式

为解决基于处方图控制的变量喷药系统工作模式单一的问题，设计了 GPS 定位自动控制、推算定位自动控制和手动控制 3 种工作模式。系统作业时，操作人员可根据田间实际情况选择适当的工作模式完成变量喷药作业。

（1）DGPS 定位自动控制

应用 DGPS 定位进行自动变量喷药作业时，喷药处方图通过 PC 机载入变量喷药控制器扩展的 Nand flash 内。变量喷药控制器接收 DGPS 定位信息识别机具作业位置网格标号，获取 Nand flash 内存放的喷药处方量，结合 DGPS 测得的机具行进速度，计算输出电压信号驱动变量执行器动作，完成变量喷药作业。与此同时，变量喷药控制器实时检测喷头喷药压力，比较该压力理论值与检测值间的偏差，采用欠松弛法修正变量执行器控制电压。采用流量传感器实时检测修正后系统喷头喷药量，检测结果记录于 Nand flash 内存放的“GPSzd.txt”文件中。

（2）推算定位自动控制

当以推算定位代替 DGPS 定位进行自动变量喷药作业时，变量喷药控制器采集机具安装的速度传感器信号，测量机具行进速度，计算机具作业距离，推算机具所处位置网格标号，并依据此标号读取 Nand flash 内存放的喷药处方量，计算输出控制电压驱动变量执行器动作。变量喷药控制器同步采集喷头喷药压力信号修正变量执行器控制电压，采用流量传感器信号检测喷头喷药量。系统作业参数检测结果记录于 Nand flash 内存放的“XNzd.txt”文件中。

（3）手动控制

手动控制变量喷药作业时，变量喷药控制器识别人工输入的喷药处方量，采集速度传感器信号测量机具行进速度，计算输出控制电压驱动变量执行器动作。压力传感器信号同步输入变量喷药控制器，用于修正变量执行器控制电压。速度传感器、压力传感器和流量传感器检测结果记录于 Nand flash 内的“Shou Dong.txt”文件中。

8.2.3　喷药管路构建

8.2.3.1　喷药管路组成结构

压力控制式变量喷药控制系统要求喷药管路构建时，药液从药泵到喷头输送过程中，必须有卸压管路存在。此外，为保证药泵工作压力不超过泵压额定值，药泵出口处必须设有安全阀回路进行调节。根据分支管路中不可压缩流体会向流体机械能减小方向流动的特点，以及分支管路中流体流动的质量流量守恒定理构建的喷药管路由主喷药管路、出水管、旁路回流管（即卸压管路）和安全阀回路四部分组成（图 8-4），其中出水管和旁路回流管中均设有变量执行器安装位置，以便进行变量执行器最佳安装位置选择[26]。

当进行喷药作业时，拖拉机动力输出轴通过 V 型皮带轮带动药泵工作。药泵有一个进水口、一个出水口和一个安全阀回水口。药液在药泵作用下由药箱吸出，在泵体出口处分为两路，一路流经安全阀回水口流回药箱，一路流经出水口注入主喷药管路。主喷药管路中装有过滤器（1）和蓄能器（3），用于保证喷药管路不堵塞和稳定管路工作压力[9, 27]。药液经主喷药管路分支成出水管支路和旁路回流管支路。出水管支路连接喷杆喷头（13），途中串接压力表（5）、压力传感器（6）和流量传感器（8）；回水管支路连接药箱，起分流、搅拌作用[28, 29]。

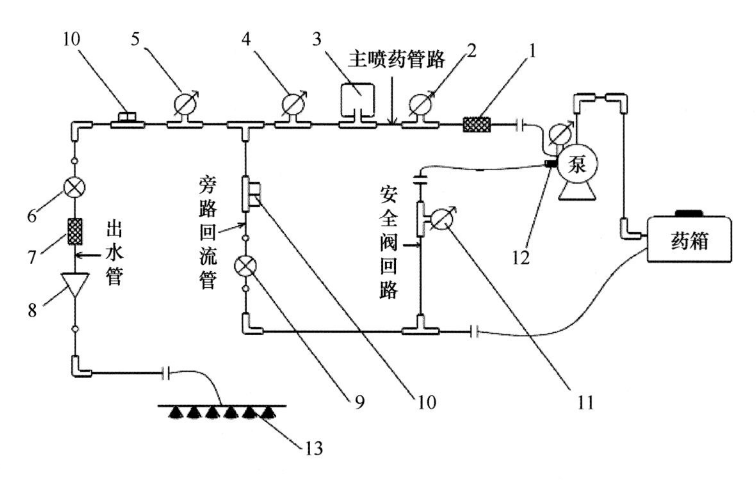

图 8-4　变量喷药控制系统喷药管路结构

1. 过滤器；2. 1 号压力表；3. 蓄能器；4. 2 号压力表；5. 3 号压力表；6. 1 号压力传感器；7. 过滤器；8. 流量传感器；9. 2 号压力传感器；10. 变量控制执行器安装位置；11. 4 号压力表；12. 安全阀；13. 喷杆喷头

8.2.3.2　变量执行器安装位置试验研究

变量执行器在喷药管路中的安装位置影响着压力控制式变量喷药系统对喷头喷药量的控制精度。为确定变量执行器最佳安装位置，在实验室制作喷药管路试验台（图 8-5），并以两通球阀作为研究对象，对变量执行器安装位置进行了台架试验研究。

图 8-5　喷药管路试验台

1. 试验地点及设备

试验地点：吉林大学生物与农业工程学院农业工程实验室室内。

试验设备：土槽拖车、拖车启停控制柜、直流电机、药泵、药箱、装有 2 个喷头的喷药管路（图 8-5）、台秤等，其主要设备性能参数及用途见表 8-1。

表 8-1　主要设备性能参数及用途

设备名称	性能参数	用途
直流电机	转速：1420r/min	为药泵工作提供动力源
药泵	额定工作量：1.2～2.4m^3/h 额定工作压力：0.5～2.5MPa	将药箱中药液泵入喷药管路中
药箱	容量：260L	承载药液

2. 试验方法

在出水管、旁路回流管安装变量执行器的位置上各安装一个两通球阀。球阀安装于出水管管路中，球阀阀门全开时，阀柄与出水管间夹角为 90°；全关时，阀柄与出水管间夹角为 0°。球阀安装于旁路回流管中，球阀阀门全开时，阀柄与旁路回流管间夹角为 90°；全关时，阀柄与旁路回流管间夹角为 0°。

启动拖车，药泵在电机带动下吸出药箱内药液注入喷药管路中。在旁路回流管球阀阀门全关、出水管球阀阀门全开的状态下，调节安全阀阀门开启压力，在保证药泵不空转、皮带不打滑的前提下，增大系统喷头喷药压力和喷头喷药量[30]。随后在旁路回流管球阀阀门全开、安全阀阀门开启压力不变的状态下，单独调节出水管球阀阀门的开启度，使其由 0°向 90°转变，改变出水管管路截面积开启度，控制出水管中药液的注入量，以“差、中、良、好、优”5 个等级模糊评价喷头喷洒药液的雾化效果。使用 3 号压力表检测喷头喷药压力，用台秤称量单位时间内水桶中收集的喷头喷药量，研究出水管球阀阀门开启度与喷头喷药压力及喷头喷药量间关系，试验数据见表 8-2。

表 8-2　出水管控制实现变量喷药作业的试验数据

球阀阀门开度/（°）	雾化效果	喷头喷药压力/MPa	喷头喷药量/（kg/min）
0	—	0	0
15	差	0.16	2.7
30	好	0.56	5.04
45	好	0.57	5.27
60	好	0.57	5.15
75	好	0.58	5.30
90	好	0.58	5.26

注：表中“—”表示无效值

同理，在出水管球阀阀门全开、安全阀阀门开启压力不变的状态下，单独调节旁路回流管球阀阀门的开启度（由 90°向 0°转变）改变旁路回流管中药液的注入量，以喷头喷洒药液的雾化效果为指标，同样采用模糊评价的方法研究旁路回流管球阀阀门开启度与喷头药压力及喷头喷药量间的关系，试验数据见表 8-3。

表 8-3　旁路回流管控制实现变量喷药作业的试验数据

球阀阀门开度/（°）	雾化效果	喷头喷药压力/MPa	喷头喷药量/（kg/min）
90	差	0.04	1.83
72.36	差	0.08	1.97
60.63	差	0.10	2.29
54.43	差	0.14	2.64
45.09	中	0.21	3.13
37.77	中	0.29	3.61
32.52	良	0.40	4.17
30.67	良	0.42	4.36
29.72	良	0.45	4.48
29.19	良	0.49	4.62
28.23	好	0.53	4.78
27.06	好	0.55	4.91
26.45	好	0.57	5.00
23.58	优	0.61	5.48
21.60	优	0.67	5.76

3. 结果与分析

1）出水管球阀阀门开启度与喷头喷药压力、喷头喷药量关系从表 8-2 试验数据可以看出：当喷头喷药压力到达 0.16MPa，亦即出水管球阀阀门开启 15°时，喷头喷洒药液开始呈雾滴状态，但雾化效果差。当出水管球阀阀门开启度在 15°～30°变化时，喷头喷药压力、喷头喷药量及喷头喷洒药液的雾化效果变化显著，三者均随出水管球阀阀门开启度的增加显著增加；当出水管球阀阀门开启度在 30°～90°变化时，喷头喷药压力和喷头喷药量增加趋势缓慢，喷头喷洒药液的雾化效果基本保持不变。由此得出结论：通过改变出水管球阀阀门的开启度，可以改变喷头喷药量，但出水管控制可取有效范围较小（15°～30°）。当喷药管路采用出水管控制实施变量喷药作业时，系统喷头喷药压力变化范围为 0.16～0.56MPa，喷头喷药量变化范围为 2.7～5.04kg/min。

2）旁路回流管球阀阀门开启度与喷头喷药压力、喷头喷药量有关，喷头喷药压力及喷头喷药量随旁路回流管球阀阀门开启度变化而变化时测得的试验数据见表 8-3。

从表 8-3 试验数据可以看出：采用旁路回流管控制实现变量喷药作业时，当喷头喷药压力到达 0.14MPa，即旁路回流管球阀阀门开启度为 54.43°时，喷头喷洒药液开始呈现雾滴状态，但雾化效果差。随着旁路回流管球阀阀门开启度减小，喷头喷药压力、喷头喷药量及喷头喷洒药液的雾化效果递增趋势显著，且喷头喷药压力、喷头喷药量递增趋势在旁路回流管球阀可调范围内变化均匀。

当旁路回流管球阀阀门开启度减小到 21.60°时，旁路回流管已全部关闭，此时喷头喷药压力、喷头喷药量及喷头喷洒药液的雾化效果均达到当前系统工作状态的最大值，即喷头喷药压力为 0.67MPa，喷头喷药量为 5.76kg/min。

3）结论：从变量控制灵敏度考虑，分析两种球阀安装位置对喷头喷药压力、喷头喷药量的影响知，球阀安装于出水管上时，阀门开启度有效控制范围为 15°～30°，喷头喷药压力变化范围为 0.16～0.56MPa，喷头喷药量变化范围为 2.7～5.04kg/min。当球阀安装于旁路回流管上时，阀门开启度有效控制范围为 54.43°～21.60°，喷头喷药压力变化范围为 0.14～0.67MPa，喷头喷药量变化范围为 2.64～5.76kg/min。由此可见，将球阀安装于旁路回流管时，球阀对喷头喷药量的调节作用明显，更符合压力式变量喷药系统设计要求。因此将变量执行器安装在旁路回流管上[30]。

8.2.3.3　变量喷药控制函数生成

为了能够更加准确地测量喷药系统作业参数的变化情况，在出水管和旁路回流管中添加压力、流量实时信号采集模块和电动调节阀，构建变量喷药系统（图 8-6）。

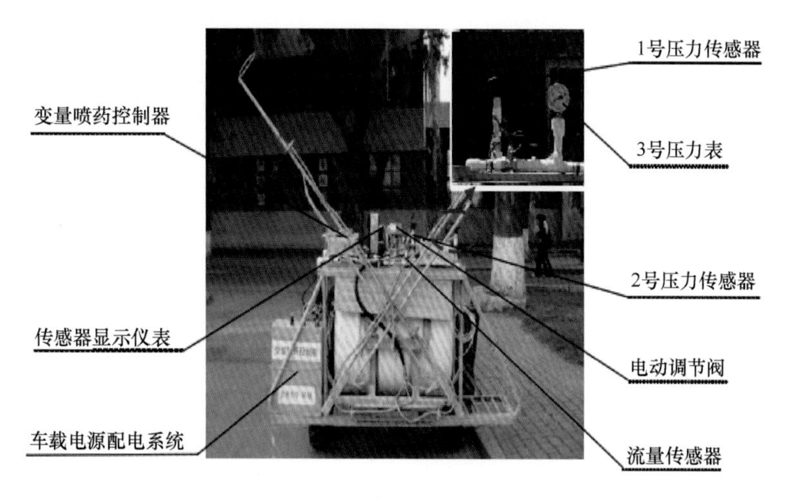

图 8-6　变量喷药系统

1. 试验地点与设备

试验地点：变量喷药控制函数拟合试验在吉林大学南岭校区校园内进行。试验设备：拖拉机、装有 10 个喷头的喷药管路（图 8-6）、药箱、药泵、压力传感器及显示仪表、流量传感器及显示仪表、电动调节阀、车载电源配电系统、变量喷药控制器等。部分设备技术指标及用途见表 8-4。

表 8-4　主要设备技术指标及用途

设备名称	技术指标	用途
小四轮拖拉机	动力输出轴转速：1420r/min	为药泵工作提供动力源
压力传感器及显示仪表	最大工作压力：1.6MPa；测量精度：0.5%	测量喷头喷药压力
流量传感器及显示仪表	流量监测范围：0.6～6m^3/h；检测精度：0.5%	测量喷头喷药量
电动调节阀	供电电压：24V AC；控制电压：0～10V DC；	控制旁路回流管路开启度
变量喷药控制器	ARM7 系列 S3C44B0X 微处理器	输出电动调节阀控制电压

2. 试验方法与结果分析

（1）流量传感器标定试验

试验方法：启动变量喷药系统，重新调节安全阀阀门开启压力，在保证药泵工作不空转、皮带不打滑的状态下，增加系统喷头喷药压力和喷头喷药量。

系统作业过程中，变量喷药控制器输出控制电压驱动电动调节阀动作，改变旁路回流管管路截面积，采用流量传感器检测喷头喷药量，记录流量传感器仪表显示数值，同时，用水桶收集相同时间段内系统喷头喷药量，台秤称量后，建立流量传感器检测值与喷头喷药量间的函数关系，对流量传感器的检测值进行标定[31]。流量传感器标定试验数据见表 8-5。

表 8-5 流量传感器标定试验数据

电动调节阀控制电压/V	台秤称量值/（kg/min）	流量传感器仪表显示值/（m^3/h）	换算后的流量传感器检测值/（kg/min）	两种测量工具测量值的相对偏差/（kg/min）
0.0	28.90	1.65	27.50	1.40
0.4	20.45	1.20	20.00	0.45
0.8	17.65	1.00	16.65	1.00
1.2	14.30	0.85	14.15	0.15
1.6	13.70	0.80	13.35	0.35

结果分析：将表 8-5 中流量传感器仪表显示数值的单位换算成“kg/min”后，得知流量传感器检测值比台秤称量值偏小，其相对偏差范围为 0.15～1.40kg/min。分析造成这一偏差的原因是：用水桶收集喷头喷药量时，会受人为因素影响（如“停止收集动作”的滞后），致使台秤称量结果中不可避免地混入一些人为操作误差。经多次试验标定后发现，流量传感器的检测值更接近于系统实际的喷头喷药量，因此后期控制系统设计中，直接将流量传感器检测值作为系统标准流量参数使用。

（2）喷药管路弯头压力损耗研究

试验方法：在喷药管路的出水管弯头前后分别安装 1 号压力传感器和 3 号压力表（图 8-6），启动变量喷药系统，变量喷药控制器输出 0.0～10V 电压信号驱动电动调节阀动作实现变量喷药。作业过程中，人工记录两种压力检测工具测得的压力值，得到弯头前后压力检测值比较图（图 8-7）。

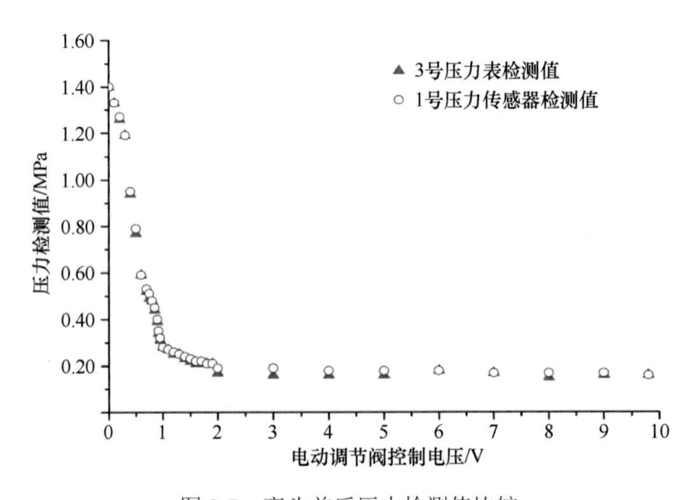

图 8-7 弯头前后压力检测值比较

结果分析：从图 8-7 可以看出，3 号压力表和 1 号压力传感器检测结果存在较小的偏差。分析产生该偏差值的原因主要是操作人员记录试验数据时混入人为读数误差。由此可知，本系统喷药管路中因使用弯头所造成的压力损耗可忽略不计，压力传感器检测值也可直接用作系统标准压力参数[32]。

（3）变量喷药控制函数生成

启动变量喷药系统，在药泵工作不空转、皮带不打滑、系统工作性能稳定的条件下，变量喷药控制器输出 0.0～10V 电压信号驱动电动调节阀动作，完成变量喷药作业的同时，采用流量传感器实时检测喷头喷药量，采用压力传感器实时检测喷头喷药压力，检测数据见表 8-6。

表 8-6　喷头喷药量、喷头喷药压力检测值

电动调节阀控制电压/V	喷头喷药压力仪表显示值/MPa	喷头喷药量仪表显示值/（m^3/h）	换算后的喷头喷药量/（kg/min）
10.0	0.01	0.527	8.79
9.0	0.11	0.528	8.80
8.0	0.11	0.526	8.77
7.0	0.12	0.534	8.89
6.0	0.12	0.545	9.08
5.0	0.14	0.570	9.50
4.0	0.18	0.655	10.92
3.0	0.22	0.716	11.93
2.0	0.26	0.767	12.78
1.6	0.29	0.810	13.50
1.5	0.29	0.802	13.37
1.4	0.30	0.822	13.70
1.3	0.31	0.833	13.88
1.2	0.32	0.845	14.08
1.1	0.33	0.856	14.27
1.0	0.33	0.861	14.36
0.9	0.38	0.910	15.17
0.8	0.40	0.939	15.65
0.7	0.50	1.038	17.30
0.6	0.58	1.107	18.45
0.5	0.75	1.247	20.79
0.4	0.92	1.368	22.81
0.3	1.12	1.503	25.05
0.2	1.19	1.541	25.68
0.1	1.27	1.594	26.57
0.0	1.38	1.649	27.48

从表 8-6 检测数据可以看出，当电动调节阀控制电压在 0.0～2.0V 变化时，喷头喷药压力、喷头喷药量随电动调节阀控制电压的增加而递减，且递减趋势显著；电动调节阀控制电压变化 2.0V，喷头喷药压力变化 1.12MPa，喷头喷药量变化 14.70kg/min，符合系统变量控制设计要求。当电动调节阀控制电压在 2.0～10.0V 变化时，喷头喷药压力、喷头喷药量随电动调节阀控制电压的增加虽有变化，但变化趋势缓慢；电动调节阀控制

电压变化 8.0V，喷头喷药压力变化 0.25MPa，喷头喷药量变化 3.99kg/min。由此得出本系统中电动调节阀阀门开启度越小，对喷头喷药量的调节作用越强[33]。

此外，电动调节阀阀门从 2.0V 开启度变化到 10.0V 开启度需时较长，致使变量喷药系统变量控制指令响应时间延长，影响本系统对喷头喷药量的控制精度。因此，选用 0.0～2.0V 电压作为电动调节阀有效控制范围。通过对电动调节阀控制电压（0.0～2.0V）、喷头喷药压力和喷头喷药量间关系（试验数据见表 8-6）进行拟合，得喷头喷药量与电动调节阀控制电压、电动调节阀控制电压与喷头喷药压力间函数关系（即变量控制曲线），见式（8-1）：

$$\begin{cases} V = 0.0139q^{-3.226} \\ P = 0.3865V^{-0.6646} \end{cases} \tag{8-1}$$

式中，q 为喷头喷药量，kg/s；V 为电动调节阀控制电压，V；P 为喷头喷药压力，MPa。

此外，变量喷药作业过程中，为保证单位面积上喷头喷药量的一致性，要求喷头喷药量随机具作业速度改变而改变，二者之间存在函数关系：

$$q = 10\,000Qvd \tag{8-2}$$

式中，q 为喷头喷药量，kg/s；Q 为喷药处方量，kg/hm^2；v 为机具作业速度，m/s；d 为机具作业幅宽，m。

综上所述得本系统变量喷药控制函数，见式（8-3）：

$$\begin{cases} V = 0.0139 \times \left(10\,000Qvd\right)^{-3.226} \\ P = 0.3865V^{-0.6646} \end{cases} \tag{8-3}$$

8.3 基于图像采集的多喷头组合变量喷药系统

8.2 节所述基于处方图控制的变量喷药系统的优点是整机构造简单，响应速度快。但是，这种喷药系统普遍采用提前获取喷药量信息处方图的方法，因此实用性及准确性较差。

针对目前变量喷药控制算法较为简单，未考虑对于变量喷药系统固有的非线性及滞后性对控制效果影响较大的情况，面向苗期农田作物，研制了基于图像采集的多喷头组合变量喷药系统，该系统采用摄像机采集农田图像，上位机通过快速算法得到杂草分布信息图，依据杂草分布信息决策喷药量，下位机根据喷药量决策信息精准控制多喷头开闭进行变量喷药，为整套自走式变量喷药机的研制提供充分的理论和技术支持[34, 35]。

8.3.1 变量喷药决策信息系统

对于变量喷药技术来说，快速、准确地获取田间杂草的分布信息是需要解决的重要问题，根据得到的杂草识别结果确定喷洒农药的方案，从而达到变量喷洒的目的。因此，杂草的有效识别不仅是实现变量喷药的关键点，更是重要前提。

田间杂草分布不均匀，具有较强的随机性和簇生特征。针对田间杂草的位置特征，其分布形态包括行间杂草与行内杂草。苗期玉米杂草主要分布于行间，Lamm 等[5]和 Tian[6]

研究表明行间杂草密度与总杂草密度基本呈线性相关。因此，通过识别行间杂草可以对田间总杂草密度进行合理估算。

8.3.1.1　杂草分布

玉米在种植的时候主要是采用条形点播的方式，具有固定的作物行距，相对作物而言，杂草是随意分布的且具有簇生性，如图 8-8 所示。行间杂草就是指生长在玉米行与行之间的垄沟里的杂草，这类杂草的数量占总杂草数量的大部分。变量喷药决策信息系统主要对这类杂草进行识别，这里的识别并不是指辨别出每一种杂草，而是把杂草从作物行间提取出来，得到它的分布密度，在喷药决策部分，根据杂草分布的密度控制喷嘴的开闭组合，达到变量喷药的目的。

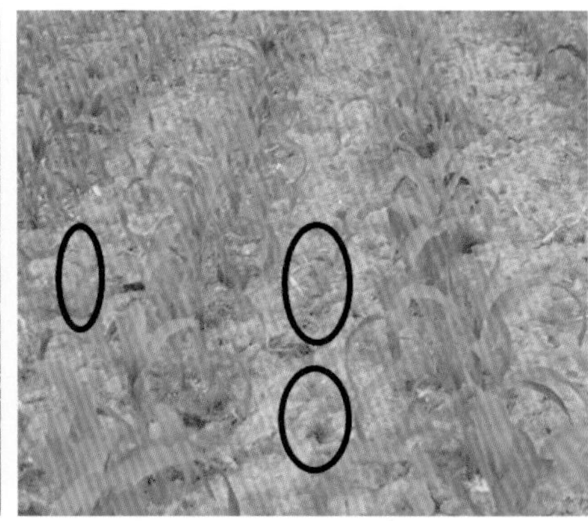

图 8-8　杂草分布图
黑色圆圈中为杂草

基于位置特征法，简而言之就是根据杂草和玉米所处的位置不同来进行识别，即利用作物成行种植而杂草无规律分布的特点。因此，采用位置特征法分离行间杂草的方法，第一步是找出玉米行的中心线，确定作物的中心线之后，因为苗期的玉米叶处于伸展状态，需要估计整行作物的大致区域，把作物所占的空间去掉，得到杂草区域。

8.3.1.2　作物中间行的识别方法

以玉米苗期图像为研究对象，将彩色的图像经过背景分割和二值化处理后，如图 8-9 所示，目标部分（植物）为白色，背景部分（土）为黑色。

图 8-9　灰度图像

设二值化图像的大小为 $M \times N$，各点像素值为 $f(i,j)$，其中 $i=1,2,3,\cdots,M$；$j=1,2,3,\cdots,N$，则各列的像素值和见式（8-4）：

$$F = \sum_{i=1}^{M} f(i,j), \quad j=1,2,3,\cdots,N \tag{8-4}$$

统计各列的总像素值并绘制曲线，运用 MATLAB 编程环境，根据式（8-4）绘制各列像素值分布曲线图。在图像处理理论中，白色像素值为 255，黑色像素值为 0，所以在各列像素值曲线中，峰值处为作物中心行，其中横轴表示图像的列数，纵轴表示每列像素值的和。方便中心位置的计算和标定，将图进行平滑处理，处理后的直方图见图 8-10。图 8-10 中出现了 3 个峰值，即为玉米苗期图像中有 3 列作物行。

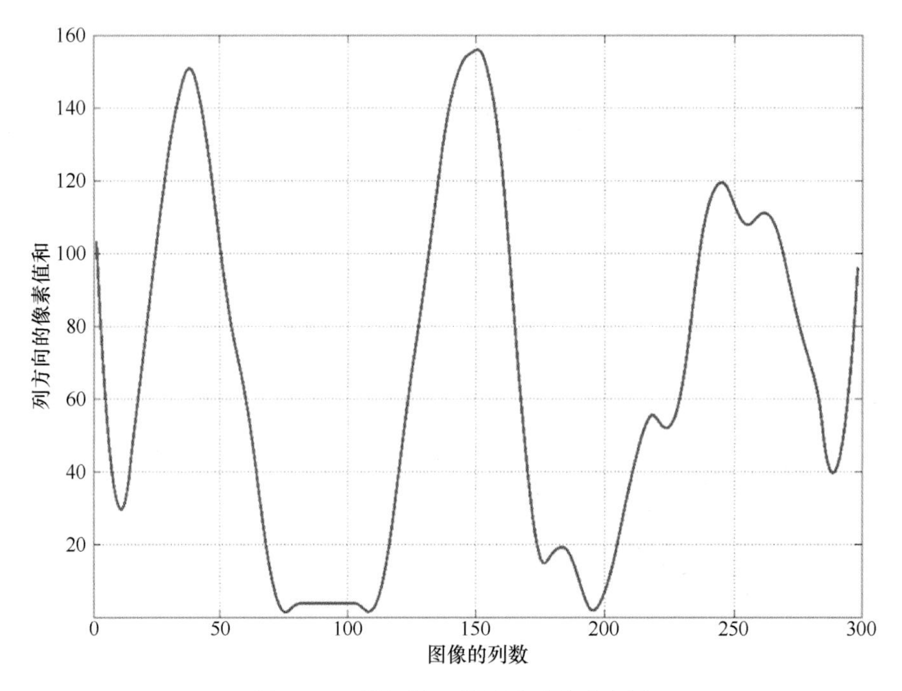

图 8-10　平滑后各列像素值分布直方图

8.3.1.3　作物中心行标定方法

根据以上分析，玉米苗期图像中有 3 列作物行，根据式（8-5）～式（8-7）将二值化图像纵向分为三部分，即为 P_1、P_2 和 P_3，见图 8-11。

$$P_1 = \left\{ f(i,j) \middle| i=1,2,\cdots,M;\quad j=1,2,\cdots,\frac{N}{3} \right\} \tag{8-5}$$

$$P_2 = \left\{ f(i,j) \middle| i=1,2,\cdots,M;\quad j=\frac{N}{3}+1,\frac{N}{3}+2,\cdots,\frac{2N}{3} \right\} \tag{8-6}$$

$$P_3 = \left\{ f(i,j) \middle| i=1,2,\cdots,M;\quad j=\frac{2N}{3}+1,\frac{2N}{3}+2,\cdots,N \right\} \tag{8-7}$$

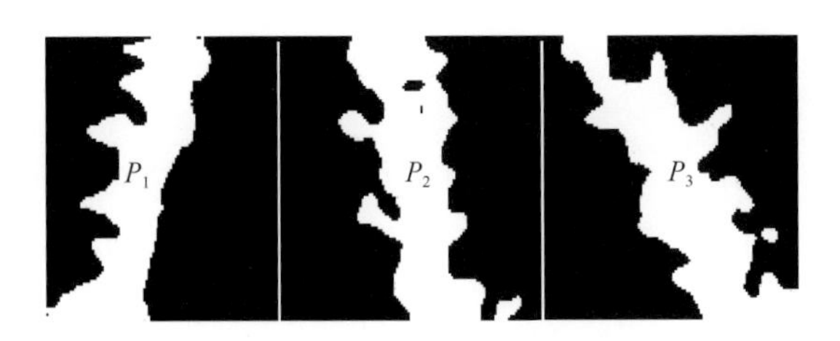

图 8-11　图像垂直分块示意图

根据式（8-5）～式（8-7），分别计算区域 P_1、P_2 和 P_3 的各列像素值和，在各区域内比较各列像素值和得到最大像素值，并计算最大像素值所在的列位置，最后标定其位置。具体算法如下。

1）输入二值图像，计算其行和列。

2）按照区域 P_1、P_2、P_3 划分公式与各列的像素值和计算公式，计算各列像素值和。

3）确定各区域的像素值和最大列：设定阈值 T，当 $F(i,j)>T$，$F(i,j)>F(i,j-1)$ 且 $F(i,j)>F(i,j+1)$ 时，列像素值和 $F(i,j)$ 所在为最大像素值和列，即为作物中心行。

考虑到在实际的农业生产中，图像的采集角度问题，作物行分布的垂直度比较低，所以有必要对上述算法进行改进，在把二值化图像纵向划分的基础上再水平划分若干幅子图。根据图 8-11 作物行的分布情况，水平划分的子块越多，中心行标定线越平滑。本研究结合采集图像，将图像水平划分为 4 块，垂直划分为 3 块，将二值化图像进行划分，见图 8-12。每子块表示为 P_m，其中 m=1,2,3,4；n=1,2,3。

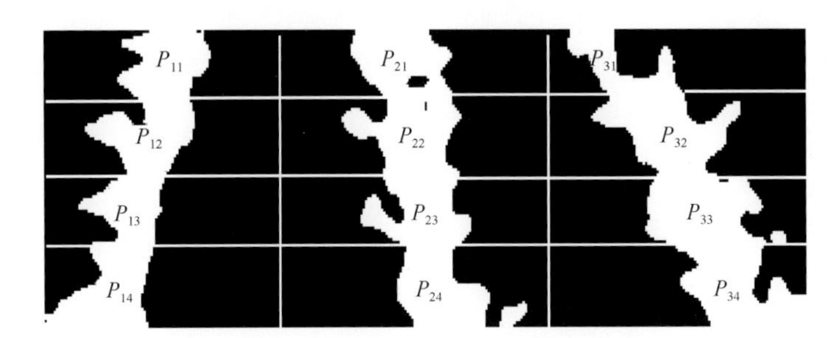

图 8-12　水平垂直分块示意图

根据以上算法，对二值化图像处理，得到如图 8-13 所示的作物中心行标定图像，然后计算各区域作物中心行所在的列。

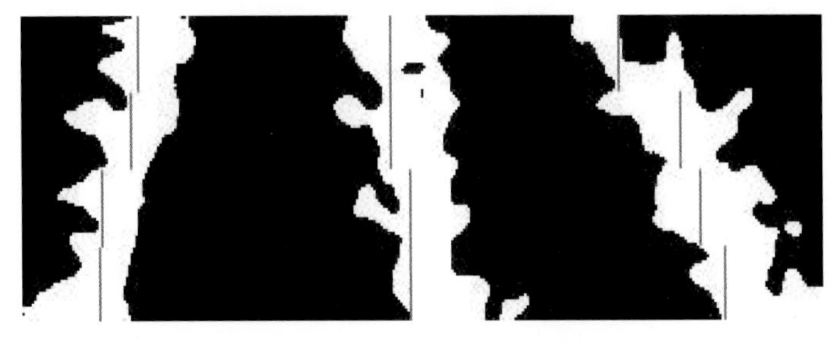

图 8-13　作物行识别结果图像

8.3.1.4 杂草分布信息获取

采用快速的基于位置直方图的图像处理算法，直接确定杂草分布信息。具体的方法如下：对采集到的图像进行二值化处理，也就是背景的像素值为 0，而农田绿色植物像素值为 1；然后统计图像每一列上像素值为 1 的像素点的个数，得到图 8-14。

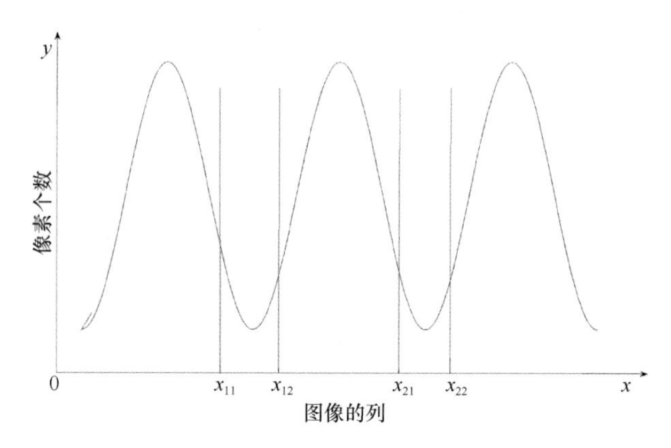

图 8-14 行间杂草分布信息示意图

如图 8-14 所示，横坐标 x 表示图像的列，纵坐标 y 表示对应列上像素值为 1 的像素点的个数，根据 8.3.1.3 节中的方法确定作物中心行，通过分析测量数据得到，玉米的行宽平均为 25cm 左右，以 25cm 为玉米行宽进行试验。确定了作物行，根据作物行宽可以得到多个 x 值的区间，$[x_{11}, x_{12}]$，$[x_{21}, x_{22}]$，…，$[x_{n1}, x_{n2}]$，这些区间则表示实际的作物行间，每个区间中累加区间（$[x_{n1}, x_{n2}]$）内所有 x 值对应的 y 值可以得到区间内像素值的个数总和，记作 sum(1), sum(2), sum(3), …, sum(n)，定义：

$$p(n) = \mathrm{sum}(n)/\mathrm{size} \tag{8-8}$$

size 表示这个图像的大小，也就是总的像素点数，$p(n)$则表示每个行间像素点所占整个图像的比率，即行间杂草占地的比率，从而确定杂草分布的多少，决策最终喷药量。在本系统中，依据农学知识杂草分布程度分为 5 档，分别为无、较少、中等、较多、严重。根据杂草覆盖密度发出相应的决策信息，同时通过无线 WiFi 模块将决策信息传递给下位机进行相应的变量喷药控制。

上位机安装在驾驶室内，摄像头安置在机架上，摄像头垂直于地面实时采集图像，而喷头安装在拖拉机的尾部。按照以上上位机处理图像的方法，经试验可以测得上位机处理一帧图像并发出决策信息的时间为 0.5s，按照拖拉机的行驶速度及上位机与喷头之间的距离推算，完全可以实现实时喷药控制。

8.3.2 多喷头组合变量喷药控制系统

变量喷药控制系统是变量喷药机的关键部分，目前变量喷药机上普遍采用压力式变量喷嘴，通过调节喷嘴的压力实现变量喷药，但这种方式会严重改变喷嘴原有的雾化特性，且流量调节范围窄，而农药喷施质量的好坏与雾化特性密切相关。

多喷头组合变量喷药控制系统面向苗期农田，采用摄像机采集农田图像，上位机通过快速算法得到杂草分布信息图，依据杂草分布信息决策喷药量，下位机根据喷药量决策信息控制喷药机的多喷头开闭组合进行变量喷药。同时还能完成喷药状态的监测。

8.3.2.1　喷药管路的设计

喷药管路主要包括药箱、过滤器、隔膜泵、安全阀、分配器、防滴喷头、管道[27, 28]等，见图 8-15。喷药作业时，首先将农药与水在药箱中进行混合，配成一定比例的药液，隔膜泵由拖拉机的输出轴经过传动带带动，隔膜泵输出分为两路，一路经过安全阀回路流回药箱；另一路通过过滤器和安全阀注入主喷药管路。主喷药管路分支成出水管和旁路回流管，旁路回流管通过安全阀回路与药箱连接，出水管连接分配器，每个分配器上连接 3 个防滴喷头。这样，当拖拉机启动运行时，带动药泵开始工作，能够把药液通过喷头喷洒到作物上，完成基本的喷药功能。由于试验对象是大田苗期杂草，且喷洒的除草剂为触杀型除草剂，所以本研究选用的喷头为 Teejet 公司生产的延长范围扇形喷嘴 XR 系列的 XR11001VS、XR11002VS、XR11003VS 3 种喷头。选用这 3 种喷头的原因是这 3 种喷头在系统全面覆盖喷雾状态下喷头的雾锥角均为 110°，并且各喷嘴口径不同，在相同压力下单位时间内喷药系统能够实现 7 种不同瞬时喷药量的喷药组合方式。同时，系统在执行每种喷药组合方式的过程中均具有良好的雾化效果。

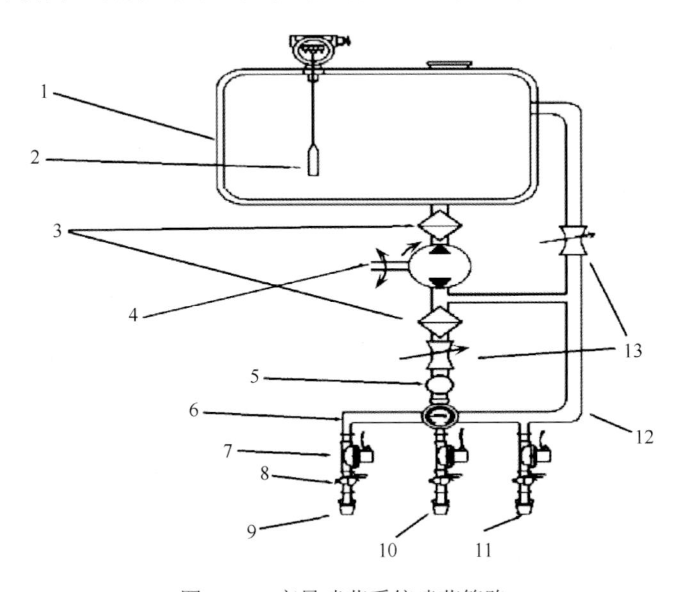

图 8-15　变量喷药系统喷药管路

1. 药箱；2. 液位传感器；3. 过滤器；4. 隔膜泵；5. 压力传感器；6. 分配器；7. 电磁阀；8. 流量传感器；9. 防滴喷头 1；10. 防滴喷头 2；11. 防滴喷头 3；12. 回流管；13. 安全阀

8.3.2.2　监测系统设计

在喷药管路中加装霍尔流量传感器（8）、液位传感器（2）、压力传感器（5），如图 8-15 所示。在电磁阀开闭组合执行变量喷药任务的过程中，通过单片机电路板上的 12864 液晶显示屏实时监测当前喷药系统的喷药状态。

在药箱中加入液位传感器实时检测药箱内药量是否充足；在分配器前端安装压力传感器，由于分配器为定压分配器，这样，压力传感器上传出的压力信息应与分配器上压力表显示的压力值几乎一致，通过这两者的比较可以实时检测管路是否堵塞，以及分配器是否出现故障；3 个霍尔传感器分别装在 3 个电磁阀的下端，实时监测三路喷药管路的喷药流量。

8.3.2.3 变量喷药控制器的设计

变量喷药控制器主要由无线通信模块、单片机控制器、电磁阀控制电路、显示模块和报警电路等组成，整体框图见图 8-16。

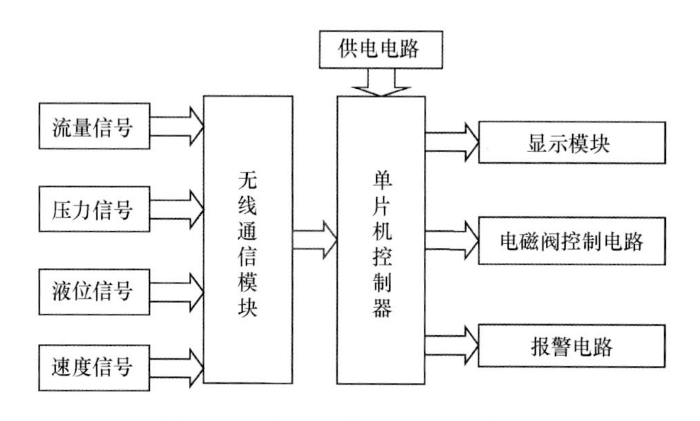

图 8-16 变量喷药控制器整体框图

无线通信模块由 USR-C322WiFi 通信模块、电平转换电路及复位重置电路构成，该模块可以完成上位机和单片机之间的数据传输，还可以实现单片机与单片机之间的数据传输；电磁阀控制电路由继电器 HT4100F 及继电器驱动电路组成，由单片机控制继电器的通断，进而控制电磁阀的开闭实现变量喷药作业；单片机控制器的系统电路由单片机芯片及其外围电路组成，单片机控制器接收并处理上位机发出的喷药量决策信息后执行变量喷药任务。同时，单片机接收并处理各传感器传来的实时信息后在显示模块显示系统工作状态；显示模块使用 12864 液晶显示屏，能够实时显示喷药系统当前状态下的运行速度、各管路瞬时喷药量及喷药主管路的喷药压力和药箱液位等信息，能够实时监测喷药系统的工作状态；供电电路可以为所有模块电路提供稳定的直流电源；报警电路可在喷药系统喷药管路发生堵塞或喷药压力超出正常范围抑或药箱内的药液过低时及时触发对应的蜂鸣器、LED 灯电路，以通知工作人员及时检修，避免损失。此变量喷药系统控制喷药量程范围广，系统响应速度快，成本低。

进入工作状态后，喷药量决策系统首先采集并处理杂草信息，如果没有检测到杂草或者检测到的杂草量没有达到上位机发出最低级决策信息的标准时，上位机返回上一次循环，同时不发出任何决策信息，单片机在一个周期内未检测到上位机传来的信息时，将继电器电路断开，进而控制关闭所有电磁阀。当喷药量决策系统检测到的杂草量足以触发上位机发出决策信息后，上位机处理并发出 1～7 的决策信息通过无线 WiFi 模块传递给单片机，单片机处理决策信息并控制相应电磁阀开闭进而执行相应的变量喷药任务。

8.3.2.4　系统试验验证

为了验证多喷头组合变量喷药控制系统的可行性和有效性，在 WFS-Ⅱ喷雾性能综合试验台上搭建多喷头组合的变量喷药系统试验平台，见图 8-17。

a. 系统整体部分

b. 喷药管路部分

图 8-17　WFS-Ⅱ喷雾性能综合试验台

1. 变量喷药试验

将上述设计的变量喷药控制系统搭载到 WFS-Ⅱ喷雾性能综合试验台上，在 200～400kPa 的压力范围内进行变量喷药试验。试验在 5 个压力值下进行，分别为 200kPa、250kPa、300kPa、350kPa、400kPa。根据选用喷头喷药量参数及流体网络模型分析可以得出喷药系统在 5 种压力下 7 种喷药组合方式时的理论喷药量。通过对式（8-9）中的 Q 值计算可知，喷药方式 3 和喷药方式 4 在相同压力下的喷药量几乎一致，因此在后续试验数据采集及分析的过程中，只需记录分析喷药方式 3 一种情况即可，因此 7 种组合方式可以整合为 6 种，见表 8-7。

表 8-7　每种喷药方式的实际与理论瞬时喷药量　（单位：L/min）

方式组合	方式 1	方式 2	方式 3	方式 4	方式 5	方式 6	方式 7
喷头开闭情况	喷头 1 开	喷头 2 开	喷头 3 开	喷头 1、2 开	喷头 1、3 开	喷头 2、3 开	喷头 1、2、3 开
理论瞬时喷药总量（200kPa）	0.32	0.65	0.96	0.97	1.28	1.61	1.93
实际瞬时喷药总量（200kPa）	0	0.64	0.92	—	1.24	1.50	1.93
理论瞬时喷药总量（250kPa）	0.36	0.73	1.08	1.09	1.44	1.81	2.17
实际瞬时喷药总量（250kPa）	0.36	0.72	1.09	—	1.43	1.87	2.15
理论瞬时喷药总量（300kPa）	0.39	0.79	1.18	1.18	1.57	1.97	2.36
实际瞬时喷药总量（300kPa）	0.35	0.83	1.18	—	1.54	1.99	2.35
理论瞬时喷药总量（350kPa）	0.42	0.85	1.28	1.27	1.70	2.13	2.55
实际瞬时喷药总量（350kPa）	0.40	0.90	1.27	—	1.73	2.15	2.55
理论瞬时喷药总量（400kPa）	0.45	0.91	1.36	1.36	1.81	2.27	2.72
实际瞬时喷药总量（400kPa）	0.44	0.99	1.41	—	1.81	2.31	2.81

试验过程中，所搭载的 WFS-Ⅱ喷雾性能综合试验台能够自动采集并显示总管路的瞬时喷药流量，而装在每个喷头前的流量传感器可以实时采集每一路喷头的瞬时喷药流量并通过 12864 液晶显示屏实时显示每一路的流量信息，通过简单的加和也可以得到实时的总瞬时喷药流量。通过多次测试，测得两种数据几乎一致，说明了本试验的准确性。

通过多次试验测试，选取每种压力下对应 6 种喷药方式各 10 组数值，10 组数值通过取平均值方式，得出 6 种方式下的喷药量数据，见表 8-7。

在实际喷药作业过程中，设定自走式喷药机保持 5km/h 的速度匀速行驶，因此根据式（8-9）进行每种方式下单位面积内总喷药量的计算，可以得出在压力不同的情况下每种喷药方式在全面覆盖喷雾工作状态时单位面积内实际喷药的总量。

$$R = \frac{60\,000 \times Q}{V \times W} \tag{8-9}$$

式中，R 为每公顷喷药量，L/hm^2；Q 为喷头流量，L/min；V 为喷药机行驶速度，km/h；W 为喷头间距，cm。

2. 试验数据的分析

（1）喷药系统喷药量误差分析

由表 8-7 可以看出，当喷药系统工作在方式 1 的时候，由于 200kPa 的情况下喷药压力较小、喷头喷药口径较小加之流量传感器不足够灵敏，无法检测到该情况下的瞬时喷药流量（后续改进过程中将通过更换流量传感器解决这个问题）。

根据表 8-7 中的数据计算实际喷药量与理论值的误差，以压力为横坐标，误差的绝对值为纵坐标，绘制方式 2、方式 5、方式 7 时的喷药量误差图，见图 8-18。每种喷药压力下（除 200kPa，工作方式 1 的情况下）的实际喷药量与理论喷药量的误差均小于 10%。而当喷药系统处于喷药方式 5～方式 7 三种方式下，且喷药压力在 200～300kPa 的情况下，虽然实际值与理论值的误差依旧小于 10%，但实际喷药量普遍小于理论值，经多次重复试验分析，得出如下结论：当喷头开启多路组合喷药时，由于同时开启两路以上的喷药管路，分配器分配到每个管路的压力有一定的代偿，因此实际每个管路的喷药压力小于理论喷药压力，当 3 个管路同时打开时，分配器最远端管路压力代偿最为严重，通过流量传感器的压力和流速减小，导致喷药总量的实际值普遍稍小于理论值。但当分配器上的压力达到 300kPa 以上时，分配器的回流管不再有液体回流，从而使系统压力全部集中在分配器的出水口，这样喷头处的实际压力稍大于显示压力，实际喷药量也稍大于理论喷药量。

（2）喷药量调节范围更广

在近些年研究的变量喷药系统中，多是采用电动阀控制喷药出口压力，单路喷头对应单垄作物进行喷药作业。这样单位面积的施药量程（针对上述 3 种喷头）只能为 84～105.6L/dm^2、153.6～237.6L/dm^2 或 220.8～338.4L/dm^2。其调整范围具有很大的局限性，难以适用于杂草分布极其不均情况下的喷药需求。而本系统设计的多路组合式喷药方法其喷药量程可以从 84L/dm^2 到 674.4L/dm^2，控制变量范围更广，完全可以满足各种情况下的喷药需求，优越性明显。

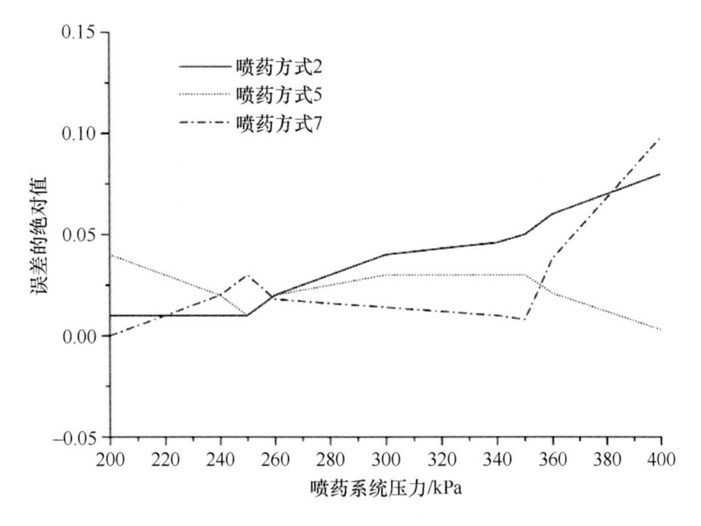

图 8-18　喷药量理论值和实际喷药量误差

（3）节省农药量分析

本系统只对垄间进行变量喷药任务，而且当垄间的杂草量极少，不足以触发上位机发出决策信息时，喷药系统执行不喷药任务即可以节省 100%的喷药量。综上，此变量喷药系统对比传统大面积全覆盖喷药系统可以节省 50%～100%的喷药量。

8.4　自走式高秆作物变量喷药机

东北玉米种植局限于玉米封垄前期利用低地隙机械进行病虫草害的防治，玉米中后期病虫害的防治与施肥则无法进行，靠人工经常发生中毒伤亡事件，高构架的喷药机研制处于初级阶段。

（1）低构架喷药机

除人工防治外，在国内普遍使用四轮拖拉机牵引或悬挂喷药装置进行玉米田间的病虫草害防治，其特点是低构架、固定地隙，这些装备在玉米封垄前比较适用，但对玉米中后期的病虫害防治就起不到作用了。

（2）高构架喷药机

近几年相继出现高构架玉米喷药机进行玉米中后期的病虫草害防治作业，在适宜的地块里能够解决上述病虫草害防治问题。该种机具有三轮与四轮之分，三轮的缺点是动力显现不足，在田间作业时易误车，窄轮距的机具转弯时易侧翻；四轮机具的相对地隙低，易刮苗，转弯半径大，不适合目前的机耕路要求[28, 29]。其结构形式见图 8-19。

吉林省农业科学院研制成功的 3WFZ-12 型自走式高秆作物喷药机，重点解决了玉米生长中后期进行病虫草害防治及中耕追肥作业的问题。其结构及试验见图 8-20。

3WFZ-12 型自走式高秆作物喷药机为液压折腰转向自走式喷药机，适用于 600～700mm 垄距或 400～900mm（宽窄行）的各种高度玉米、高粱、豆类等中耕作物的喷药施肥作业。

图 8-19 高构架喷药机

图 8-20 高构架自走式喷药机

（3）高构架自走式变量喷药机

在 3WFZ-12 型自走式高秆作物喷药机上安装变量喷药系统，对相关的喷药管路进行设计，本书作者设计了新型高构架自走式变量喷药机。此机型设计来源于吉林省科学技术厅的重点科技攻关项目“基于图像采集的自走式变量喷药机的研制”，由吉林农业大学、吉林大学及吉林省农业科学院联合研制开发。已通过科技成果鉴定。

8.4.1 新型高构架自走式变量喷药机结构特点

8.4.1.1 总体方案确定

喷药机主要由牵引机头和后机架等组成，液压折腰转向，三轮“品”字形布置，前轮纵排双驱，液压抬起一驱动轮用于转向，喷药翼架设在机架后上方，可在 0.5～3m 范围无级调节，施肥开沟器设在机架后下方，液压刹车制动，喷药泵和液压泵及发电机系统设在发电机前后，总的操控系统设在驾驶室内，工作部件的运动均由液压系统控制，另外还设有照明系统、安全防护系统等，主要结构见图 8-21。

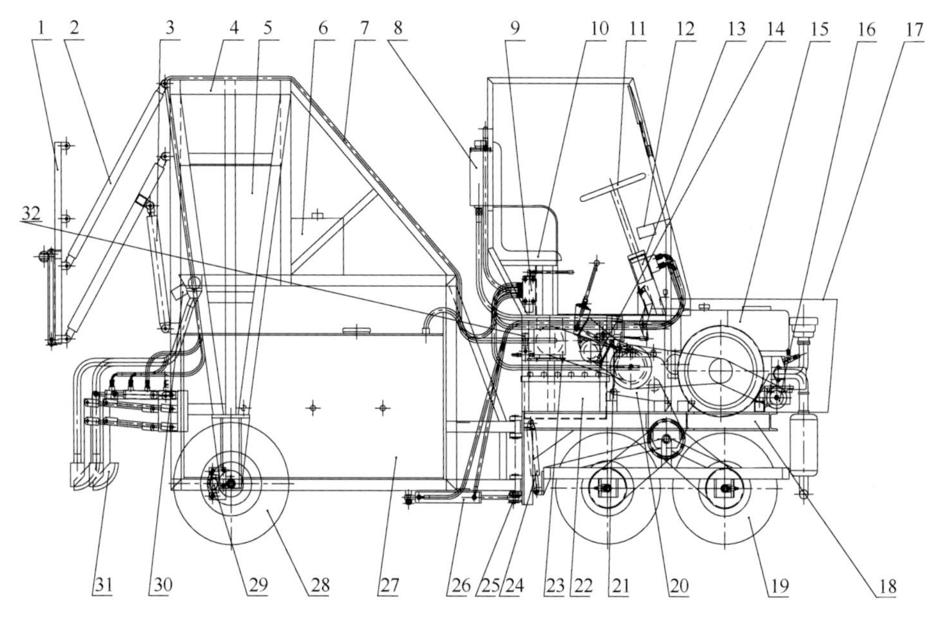

图 8-21　整机结构示意图

1. 升降架总成（变量喷药系统）；2. 连杆总成；3. 升降油缸；4. 主架总成；5. 肥箱；6. 清水箱；7. 液压油管总成；8. 液压油箱总成；9. 手动换向阀；10. 座椅；11. 方向盘；12. 控制板总成；13. 全液压转向机；14. 发电机；15. 柴油机；16. 液压油泵；17. 罩板总成；18. 牵引机架总成；19. 驱动轮总成；20. 变速箱；21. 刹车泵总成；22. 蓄电池；23. 喷药泵；24. 抬前轮油缸；25. 销轴；26. 转向油缸；27. 药箱总成；28. 后轮总成；29. 刹车制动总成；30. 电动施肥器；31. 开沟器；32. 安全阀

8.4.1.2　主要工作部件基本工作原理

新型自走式高秆作物变量喷药机由行走、喷药、液压、电气等部分组成（图 8-21）。

1. 行走部分

新型自走式高秆作物变量喷药机在作业时，柴油机（15）的动力通过皮带传动到变速箱，变速箱（20）在变速手柄的控制下实现输出轴带动前驱动轮（19）使机器以不同速度行走。

2. 喷药部分

变速箱（20）离合器轮带动喷药泵（23）皮带轮，通过喷药泵离合器使喷药泵将药箱（27）的药液吸出，形成一定压力通过喷头将药液雾化喷出，喷药高度在驾驶员手动换向阀（9）操作下可进行调整，喷药量由喷药量决策系统控制，多喷头组合进行变量喷药，也可人工控制喷头阀门手柄进行调整。药箱（27）由聚乙烯材料热熔焊接成型，板材厚度为 10mm，容积为 430L，质量为 43kg。药箱设置 ϕ135mm 加药口、过滤网、密封垫和螺旋密封盖，底部设置排污阀，上盖设有进出药管口。清水箱（6）为聚乙烯材料热熔焊接成型，板材厚度为 5mm，容积为 20L，质量为 2kg，可为使用者提供应急用清水。

3. 施肥部分

电动施肥器（30）由电动控制器控制电机转速将肥箱（5）中的化肥排向开沟器（31）。

肥箱（5）由聚乙烯材料热熔焊接成型，板材厚度为5mm，容积为45L，质量为4.5kg。

4. 液压系统

液压油泵（16）在柴油机（15）皮带轮通过皮带带动下使液压系统产生压力，通过全液压转向机（13）实现转向，通过手动换向阀（9）手柄分别控制喷药升降机构（1）调整喷药高度和开沟器（31）深度调整开沟深度。

5. 电气系统

柴油机（15）皮带轮通过皮带使发电机（14）给蓄电池（22）补充电量，保证电气系统工作。

8.4.1.3 整机主要技术参数

整机主要技术参数见表8-8。

表8-8 主要技术参数

<table>
<tr><th>序号</th><th colspan="2">项目</th><th>单位</th><th>参数</th></tr>
<tr><td>1</td><td colspan="2">规格型号</td><td>—</td><td>3WFZ-12型</td></tr>
<tr><td>2</td><td colspan="2">结构型式</td><td>—</td><td>自走式</td></tr>
<tr><td rowspan="2">3</td><td rowspan="2">外形尺寸（长×宽×高）</td><td>运输状态</td><td rowspan="2">mm</td><td>4750×2820×2550</td></tr>
<tr><td>工作状态</td><td>5220×7800×3600</td></tr>
<tr><td>4</td><td colspan="2">结构质量</td><td>kg</td><td>1400</td></tr>
<tr><td>5</td><td colspan="2">作业行驶速度</td><td>m/s</td><td>1.0～1.5</td></tr>
<tr><td>6</td><td colspan="2">作业高度范围</td><td>cm</td><td>50～300</td></tr>
<tr><td>7</td><td colspan="2">施肥作业幅宽</td><td>m</td><td>2.5</td></tr>
<tr><td>8</td><td colspan="2">喷头数量</td><td>个</td><td>12</td></tr>
<tr><td>9</td><td colspan="2">喷药作业幅宽</td><td>m</td><td>7.8</td></tr>
<tr><td>10</td><td colspan="2">肥箱容积</td><td>L</td><td>45</td></tr>
<tr><td>11</td><td colspan="2">药箱容积</td><td>L</td><td>430</td></tr>
<tr><td>12</td><td colspan="2">转向方式</td><td>—</td><td>液压折腰转向</td></tr>
<tr><td>13</td><td colspan="2">制动方式</td><td>—</td><td>液压碟刹</td></tr>
<tr><td>14</td><td colspan="2">施肥效率</td><td>hm^2/h</td><td>0.8～1.0</td></tr>
<tr><td>15</td><td colspan="2">喷药效率</td><td>hm^2/h</td><td>2.5～2.9</td></tr>
<tr><td rowspan="2">16</td><td rowspan="2">轮胎规格</td><td>驱动轮</td><td>—</td><td>6.00-12</td></tr>
<tr><td>从动轮</td><td>—</td><td>6.00-14</td></tr>
<tr><td rowspan="3">17</td><td rowspan="3">排肥器</td><td>型式</td><td>—</td><td>外槽轮式</td></tr>
<tr><td>数量</td><td>个</td><td>3</td></tr>
<tr><td>排量调节方式</td><td>—</td><td>电机转数与槽口宽度</td></tr>
<tr><td rowspan="3">18</td><td rowspan="3">开沟器</td><td>型式</td><td>—</td><td>滑刀式</td></tr>
<tr><td>数量</td><td>个</td><td>3</td></tr>
<tr><td>深度调节范围</td><td>cm</td><td>0～10</td></tr>
<tr><td rowspan="2">19</td><td rowspan="2">液泵</td><td>型式</td><td>—</td><td>MB-70/2.5隔膜泵</td></tr>
<tr><td>工作压力</td><td>MPa</td><td>1.0～2.5</td></tr>
<tr><td rowspan="3">20</td><td rowspan="3">配套动力</td><td>发动机型号</td><td>—</td><td>ZS1100M柴油机</td></tr>
<tr><td>标定功率</td><td>kW</td><td>11</td></tr>
<tr><td>额定转速</td><td>r/min</td><td>2200</td></tr>
</table>

8.4.2　关键工作部件的研究与设计

8.4.2.1　自走式牵引机头配置

1）双轮牵引机头设计依据：主要针对垄作区玉米生长中后期施肥喷药的需要，在动力不变的情况下，研制出牵引力大的机头，解决在垄作区施肥喷药机动力不足的问题，使施肥喷药机能够在玉米行间顺利行驶，使这项技术达到在 3m 左右高的玉米田里行走施肥与喷药作业不伤植株。

2）配置：如图 8-21 所示，自走式牵引机头上配置有电启动 ZS1100M 柴油机（15）作为动力源，配置机械式 3+R 变速箱（20）以适应前进和后退所需的速度要求；配置 MB-70/2.5 活塞式隔膜泵（23），作为喷药系统的动力源；为保证喷药系统安全，配置 Y-10 安全阀；配置 CB-FA25FL（C）齿轮油泵（16）作为液压转向和喷药与施肥等作业中升降的液压驱动源；另外还配置有作为蓄电池 6-Q-120（22）电量补充的发电机 JF11（14），以及照明与信号等各种必备附件。

8.4.2.2　液压系统原理设计

采用全液压控制系统，其中包括转向、喷药和施肥过程中的全部动作，驱动轮前轮升降由单作用液压缸控制，旨在机具作业时让油缸处于浮动状态，既能增大驱动轮对土壤的附着力从而增大牵引力，又能起到一定的仿形功能；左右排肥器控制油缸选用并联式；喷药臂展臂伸缩由双向油缸控制。液压系统由油箱、液压泵、转向机构、分配器、喷药升降油缸、开沟器升降油缸、液压管路等组成，液压系统示意图见图 8-22。

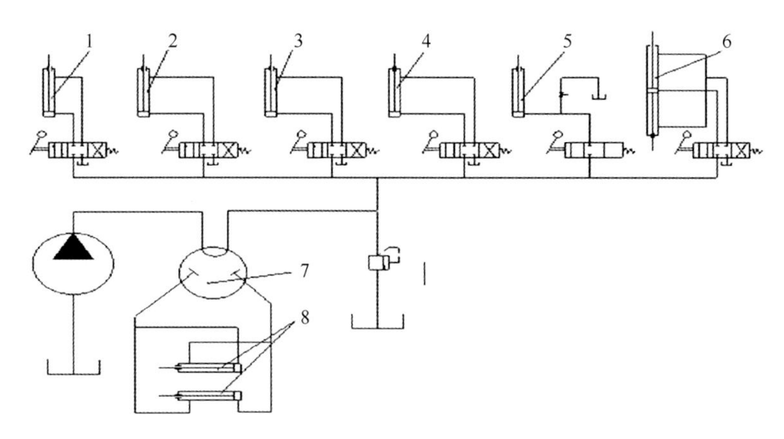

图 8-22　液压系统示意图

1. 升降油缸；2. 施肥油缸；3. 开沟器油缸；4. 施肥油缸；5. 抬前轮油缸；6. 翼架开合油缸；7. 全液压转向机油缸；8. 转向油缸

8.4.2.3　驱动机构设计

为了增加驱动轮的地面附着力，该机设计两个驱动轮，呈前后布置。作业时两个驱动轮同时驱动，行走转向时在支撑油缸作用下使前轮抬起脱离地面，使行走转向方便。前后轮胎（4）与轮架（1）组成整体，通过铰接轴（3）与驱动机架（2）铰接，形成驱动机构，见图 8-23。

图 8-23　驱动机构

1. 轮架；2. 驱动机架；3. 铰接轴；4. 轮胎

喷药机进行田间作业时，受垄距的影响，发动机功率不变时，所发出的牵引力的大小直接影响作业机组的作业能力、作业质量和生产效率，进而影响农机具的实用价值，相应产生的经济效益也必然受其影响。从机具性能角度分析，在耗油量相同的条件下，机具产生的牵引力越大，其牵引力性能越好，作业质量和生产效益越高，经济效益也越好。因此，如何改善机具牵引性能，提高牵引力，就成为研制人员必须深入探讨和研究的重要问题。

当前吉林省及其他地区玉米多以 600～650mm 垄距为主，本研究选择 600mm 垄距种植模式旨在解决东北地区垄作玉米中后期喷药问题，因此驱动装置既需要满足 600mm 垄距的实际作业要求，又要保证其作业的可靠性和安全性。

1. 驱动轮牵引力分析

驱动轮的设计首先应考虑牵引力的形成及影响因素，根据力学分析喷药机牵引力的静力学平衡由 3 个力组合形成，见图 8-24。一是驱动力 F_q，该力由发动机传递到驱动轮的扭矩与地面作用产生；二是阻力 F_f，是驱动轮、从动轮在地面滚动受到地面的阻力，$F_f=F_{f1}+F_{f2}$；三是驱动轮对农机具的牵引力 F。以上三力在机具匀速行驶时形成平衡，平衡方程为

$$F_q=F_f+F \tag{8-10}$$

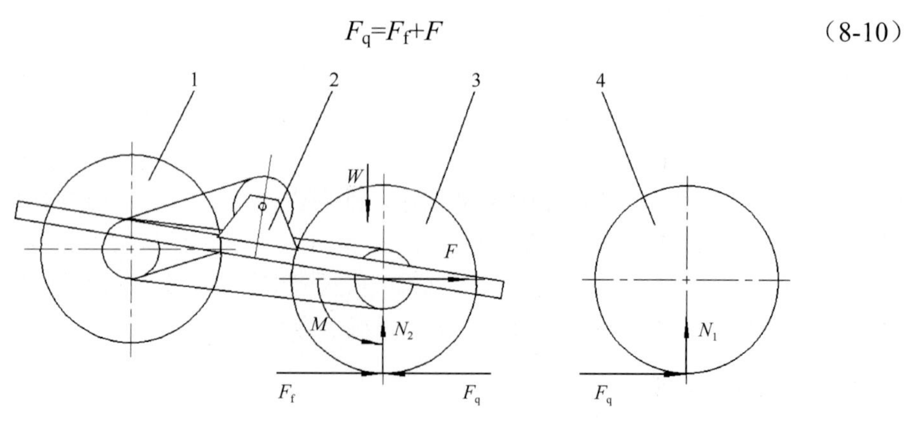

图 8-24　牵引力分析

1. 前驱动轮；2. 驱动轮架；3. 后驱动轮；4. 从动轮

由式（8-10）可知，牵引力 $F=F_q-F_f$，因此牵引力是机具驱动轮接受发动机传递的扭矩主动旋转时对土壤施加作用力所产生的土壤对驱动轮的切向反作用力（即驱动力）F_q 和驱动轮、从动轮滚动时受到的土壤摩擦阻力 F_f 之差，从牵引力的这一形成过程来看，要提高牵引力 F，其可行的途径是提高 F_q 和减小 F_f。

2. 驱动力影响因素分析

考虑农业机具大多数情况下在田间松软土壤上行驶作业，通过发动机传递扭矩使驱动轮旋转，使得驱动轮接地部分对土壤施加向后的水平力，地面随之发生剪切摩擦变形，相应的剪切力便构成土壤对拖拉机的推力。在接地面积 S 的范围内，轮胎花纹间的空隙里会充满泥土，当机具发挥最大驱动力时，土壤的剪切就沿着这一接地面积产生并达到最大。

最大剪切力的形成是随着不同类型的土壤而变化的。通过实验发现，黏性土壤最大剪切力仅与轮胎的接地面积及土壤的黏聚性有关，驱动力 F_q 计算公式为

$$F_q=S\cdot C \tag{8-11}$$

式中，S 为驱动轮胎的接地面积；C 为土壤的黏聚系数。

摩擦性土壤，由于土壤颗粒之间没有黏聚力，而呈松散状态，但由于颗粒相互挤压，颗粒之间会产生摩擦，因此它们难以相对移动。静止的砂体发生剪切时，剪切的砂粒间便产生摩擦力。按照库仑摩擦定律，最大土壤推力与负荷 W 成正比，即摩擦性土壤，在法向力作用下，轮胎花纹间的砂子与相对于地面驱动力 $F_{q'}$ 的计算公式为

$$F_{q'}=W\cdot\tan\varphi \tag{8-12}$$

式中，W 为驱动轮对地面的垂直负荷；φ 为摩擦角。

由于田间土壤既不是纯摩擦性的也不是纯黏性的，而是这两种性质的混合状态。因此，田间行驶机具驱动轮所受到的最大驱动力 $F_{q''}$ 的计算公式为

$$F_{q''}=S\cdot C+W\cdot\tan\varphi \tag{8-13}$$

从式（8-13）可以看出，在相同地块，土壤的物理性状相同的前提下，C 与 φ 保持不变，要提高 $F_{q''}$，就要从增大驱动轮接地面积 S 和驱动轮垂直负荷 W 来入手。

3. 驱动轮结构设计

根据以上影响牵引力的因素分析可以得出，要在发动机功率及机具外形不变的条件下提高牵引力：一是增加配重以此来增大垂直负荷 W，二是增大驱动轮接地面积 S。结合农艺要求，在 600mm 垄距种植模式下，为保证机具在作业行走时的稳定性及可靠性选取前后并置双轮驱动方式，如图 8-24 所示。前后驱动轮（1、3）通过驱动轮架（2）连接，由单作用油缸控制驱动轮架高度，在作业时前驱动轮着地以增大驱动轮接地面积 S，前轮位置可根据实际作业情况进行调节，通过控制油路球阀可使前轮定位行走或保持浮动状态行走；非作业时驱动前轮抬起，以保证最小转弯半径。

4. 支撑油缸的设计

在机器行走转向过程中，需要将前轮抬起离开地面。如图 8-25 所示，油缸（3）一

端与驱动轮架（2）连接，另一端与轮架（1）连接。在驾驶员操纵下使油缸（3）伸长，使轮架（1）以铰接轴为中心向下，促使前轮抬起，关闭阀门（4）实现行走转向。

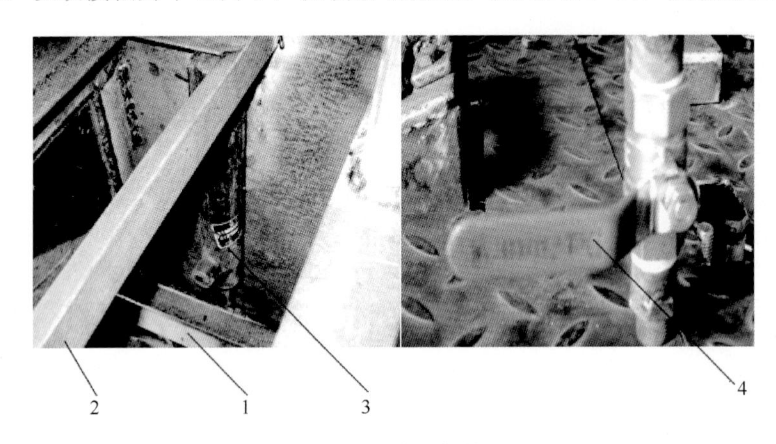

图 8-25　支撑机构

1. 轮架；2. 驱动轮架；3. 油缸；4. 阀门

8.4.2.4　*液压折腰转向机构设计*

农业机械田间作业要求机具机动性好、转弯半径小。液压折腰转向技术在喷药机上的应用，使得该机具有总体布局方便、结构简单、稳定性好和转弯半径小等优点，其工作原理是转向油缸的伸长与收缩支撑自走底盘架和通用底盘架绕回转轴相互转动，实现整机折腰转向；转向油缸行程为255mm，取行程中点位置为转向起始点，左右转向各走油缸行程的1/2，转弯角可达47°，最小转弯半径为2.3m，其结构见图8-26。

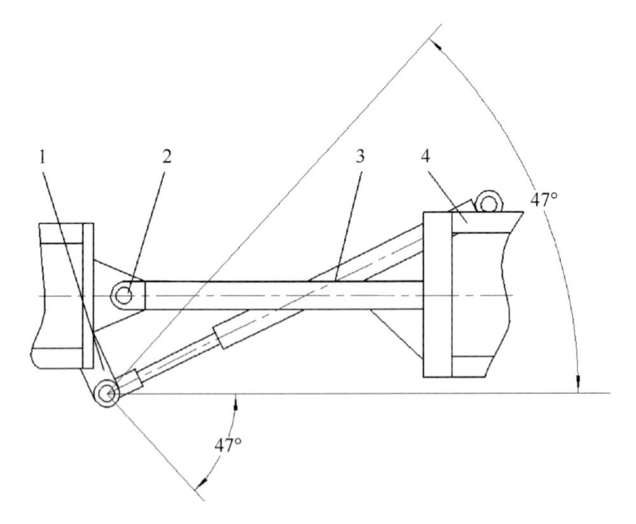

图 8-26　液压折腰转向机构示意图

1. 自走底盘架；2. 回转轴；3. 转向油缸；4. 通用底盘架

主要参考文献

[1] 马景宇, 潘瑜春, 赵春江, 等. 基于GPS和GIS的农田变量喷药控制系统. 微计算机信息: 嵌入式

与 SOC, 2006, 22(4): 85-87.
[2] Astrand B, Baerveldt A J. A vision based row-following system for agricultural field machinery. Mechatronics, 2005, 15(2): 251-269.
[3] Gil E, Escola A, Rosell J R, et al. Variable rate application of plant products in vineyard using ultrasonic sensors. Crop Protection, 2007, 26(8): 1287-1297.
[4] Bakker T, Asselt K, Bontsema J, et al. Systematic design of an autonomous platform for robotic weeding. Journal of Terramechanics, 2010, 47(2): 63-73.
[5] Lamm R D, Slaughter D C, Giles D K. Precision weed control system for cotton. Transactions of the ASAE, 2002, 45(1): 231-238.
[6] Tian L. Development of a sensor-based precision herbicide application system. Computers and Electronics in Agriculture, 2002, 36(2-3): 133-149.
[7] Torii T. Research in autonomous agriculture vehicles in Japan. Computers and Electronics in Agriculture, 2000, 25(1-2): 133-153.
[8] 薛飞, 卢景忠, 赵佳, 等. 3WFZ-12 型自走式高秆作物施肥喷药机的研究. 农机化研究, 2012, 34(11): 73-75.
[9] 翁家昌. 拖拉机理论. 北京: 农业出版社, 1980: 33-65.
[10] 翟长远, 朱瑞祥, 随顺涛, 等. 车载式变量施药机控制系统设计与试验. 农业工程学报, 2009, 25(8): 105-109.
[11] 史万苹, 王熙, 王新忠, 等. 基于 GPS 和 GIS 的变量喷药技术研究. 农机化研究, 2007, (2): 19-21.
[12] 孟志军, 赵春江, 刘卉, 等. 基于处方图的变量施肥作业系统设计与实现. 江苏大学学报: 自然科学版, 2009, 30(4): 38-42.
[13] 王利霞, 张书慧, 马成林, 等. 基于 ARM 的变量喷药控制系统设计. 农业工程学报, 2010, 26(4): 113-118.
[14] Sogaard H T, Lund I. Application accuracy of a machine vision-controlled robotic micro-dosing system. Biosystems Engineering, 2007, 96(3): 315-322.
[15] 邓巍, 丁为民, 何雄奎. PWM 连续变量喷雾的雾滴速度和能量特性. 农业工程学报, 2009, 25(S2): 66-69.
[16] 陈树人, 尹东富, 魏新华, 等. 变量喷药自适应神经模糊控制器设计与仿真. 排灌机械工程学报, 2011, 29(3): 272-276.
[17] 史万苹, 王熙, 王新忠, 等. 基于 PWM 控制的变量喷药技术体系及流量控制试验研究. 农机化研究, 2007, (10): 125-127.
[18] 魏新华, 蒋杉, 孙宏伟, 等. PWM 间歇喷雾式变量喷施控制器设计与测试. 农业机械学报, 2012, 43(12): 87-93.
[19] 王浩, 陈树人. 基于 PWM 的变量喷施控制系统设计及实验研究. 农机化研究, 2012, (12): 159-161.
[20] 郭娜, 胡静涛. 基于 Smith-模糊 PID 控制的变量喷药系统设计及试验. 农业工程学报, 2014, 30(8): 56-64.
[21] 尹东富, 陈树人, 毛罕平, 等. 基于模糊控制的棉田变量对靶喷药除草系统设计. 农业机械学报, 2011, 42(4): 179-183.
[22] 葛玉峰, 周宏平, 郑加强, 等. 基于机器视觉的室内农药自动精确喷雾系统. 农业机械学报, 2005, 36(3): 86-89.
[23] 随顺涛, 朱瑞祥, 王丽丽. 基于脉宽调制的变量喷药技术控制系统. 农机化研究, 2009, (4): 143-145.
[24] 张文昭, 刘志壮. 3WY-A3 型喷雾机变量喷雾实时混药控制试验. 农业工程学报, 2011, 27(11): 130-133.
[25] 张继成. 2013. 基于处方图的变量施肥系统关键技术研究[D]. 哈尔滨: 东北农业大学博士学位论文.

[26] 刘春光, 薛飞, 于雷, 等. 液压驱动喷药施肥机的设计. 农业装备与车辆工程, 2016, 54(1): 6-9.

[27] 贾洪雷. 东北垄作蓄水保墒耕作技术及其配套的联合少耕机具研究. 长春: 吉林大学博士学位论文, 2005.

[28] 吴相宪. 实用机械设计手册. 北京: 机械工业出版社, 1994.

[29] 中国农业机械化科学研究院. 农业机械设计手册(上册). 北京: 机械工业出版社, 1988.

[30] 付祥钊. 流体输配管网. 北京: 中国建筑工业出版社, 2001.

[31] 罗志昌. 流体网络理论. 北京: 机械工业出版社, 1988.

[32] 陈凤, 余汉成, 孙在蓉. 管道内壁粗糙度的确定. 天然气与石油, 2007, 25(6): 8-10.

[33] 刘永鑫. 2011. 基于矩阵论的供热管网阻力系数辨识研究. 哈尔滨: 哈尔滨工业大学博士学位论文.

[34] 王俊红, 傅泽田, 王秀, 等. 基于 AT89C52 单片机的变量喷雾控制器设计. 微计算机信息: 测控自动化, 2006, 22(8): 8-10.

[35] 耿向宇, 李彦明, 苗玉彬, 等. 基于 GPRS 的变量施肥机系统研究. 农业工程学报, 2007, 23(11): 164-167.

第9章　留高茬式玉米收获机

9.1　引　　言

9.1.1　玉米机械化收获的形式

玉米收获机是在玉米成熟时，根据其种植方式、农艺要求，用来完成对玉米的秸秆切割、摘穗、剥皮、秸秆处理等生产环节的作业机具。

9.1.1.1　联合收获

用玉米联合收获机，或者使用谷物联合收获机换装玉米割台，一次完成摘穗、剥皮、集穗，同时进行秸秆切断青贮或粉碎还田等项作业，然后将不带苞叶的果穗运到场上，经晾晒后脱粒（根据安徽科技学院与农业部南京农业机械化研究所易克传等[1]的研究结论，玉米籽粒含水率低于28%，玉米籽粒机械化收获时，其破损率可控制在3%以下）。其工艺流程为摘穗—剥皮—秸秆处理等3个连续的环节。

9.1.1.2　分段收获

分段收获的其中一种方式为用割晒机将玉米割倒、放铺在地上，经几天晾晒后，籽粒含水率降到20%～22%，用机械或人工摘穗、剥皮，然后运至场上经晾晒后脱粒；秸秆捡拾切段青贮或粉碎还田。另一种方式为用摘穗机在玉米生长状态下进行摘穗，然后将果穗运到场上，用剥皮机进行剥皮，经晾晒后脱粒；秸秆切段青贮或粉碎还田。

9.1.2　玉米收获机的主要形式

9.1.2.1　按动力配置形式分类

1. 自走式玉米收获机

自走式玉米收获机是一种专门用来从事玉米收获作业的装备，自身具备行走、动力、操纵控制等系统，驾驶员直接操控作业装置。该类机型具有结构紧凑、配置合理、操作灵活、作业效率高等特点，但售价较高、投资回收期较长。

2. 背负式玉米收获机

背负式玉米收获机与拖拉机配套使用，需将各工作部件安装在拖拉机上，驾驶员通过操控拖拉机及作业装置进行玉米收获作业。在非玉米收获季节，可将玉米收获机的工作部件拆下，用拖拉机进行其他作业。该类机型具有拖拉机利用率高、价格低、投资回收期短等优点。由于背负式玉米收获机需在拖拉机上加装机架、摘穗、输送、集穗箱、秸秆粉碎等装置，驾驶员操作视野和舒适性较差。安装后，整机重心偏移，转移地块或长距离运输时，行驶速度受到限制。

3. 牵引式玉米收获机

牵引式玉米收获机以拖拉机为动力，工作装置自成体系，装有支重轮、操纵系统等。作业时拖拉机牵引工作装置，驾驶员操控作业装置。该类机型具有拖拉机利用率高、价格低、挂接方便、投资回收期较短等优点，但机组较长、转弯半径大、作业前需人工开道，主要适用于农场等大地块作业。

9.1.2.2　按收获方式分类

1. 摘穗、脱粒型玉米收获机

在玉米收获作业过程中，一次作业可完成摘穗、果穗输送、脱粒、分离、清选、集仓等作业环节。一般采用在大型自走式小麦联合收割机上换装玉米割台直接收获玉米籽粒。适应范围：玉米成熟期一致，籽粒湿度较低，并应具备相应的干燥措施。特点：①直接收获玉米籽粒，效率高，可提高小麦联合收割机的利用率；②摘穗装置采用摘穗板与拉茎辊组合式，茎秆不进入脱粒装置，摘下的玉米穗不经剥苞叶直接进入脱粒装置；③无切割装置，茎秆不能回收利用。

2. 摘穗、剥皮型玉米收获机

在玉米收获作业过程中，一次作业可完成摘穗、果穗剥皮、集箱等多项工序。适应范围：果穗的成熟度较好、成熟期较一致，籽粒含水率可较高。

3. 摘穗、秸秆还田型玉米收获机

在玉米收获作业过程中，一次作业可完成摘穗、果穗输送、集箱、秸秆粉碎直接还田等项工序。适应范围：成熟度较差、成熟期不一致、去果穗苞叶容易造成籽粒严重损失的情况。通过秸秆机械粉碎直接还田，可改良土壤、培肥地力及减少焚烧秸秆带来的环境污染。该机型是国内目前使用最广泛的机型。

4. 摘穗、剥皮、秸秆还田型玉米收获机

在玉米收获作业过程中，一次作业可完成摘穗、果穗剥皮、集箱、秸秆粉碎直接还田等项工序。适应范围：果穗的成熟度较好、成熟期较一致，籽粒含水率可较高；果穗剥去苞叶后需晾晒、不适宜直接脱粒的情况。

5. 穗、茎（粮、草）兼收型玉米收获机

在玉米收获作业过程中，一次作业可完成果穗采摘、果穗输送、去杂、果穗剥皮、集箱，茎秆的切割、输送、切碎、抛送、收集等项工序。适宜农区畜牧业较发达地区，充分利用秸秆资源进行牲畜养殖，可将秸秆中的有效养分转化为肉和奶，有机物（牲畜粪便）通过生物、化学反应产生沼气，用于照明和做饭等，沼渣、沼液直接还田，可改良土壤、培肥地力及减少焚烧秸秆带来的环境污染，能促进农作物秸秆的综合利用和生态农业的建设。

6. 摘穗型玉米收获机

在玉米收获作业过程中，具备摘穗、果穗输送、去杂、果穗集箱等作业功能的玉米摘穗机。虽功能单一，但可靠性较高。

9.1.2.3　按摘穗形式分类

1. 卧式摘穗装置

卧式摘穗装置主要由一对相对旋转的摘穗辊、传动箱和摘穗辊间隙调整机构等组成。摘穗辊表面有双头螺旋状凸棱、棱上可以有龙爪形摘穗爪，摘穗辊为前低、后高纵向配置，其轴线与水平面呈 35°～40°倾角，两摘穗辊轴线平行且具有约 35mm 的高度差。摘穗辊分前、中、后三段，前段为带螺纹的锥体，主要引导茎秆和有利于茎秆进入摘穗辊间隙；中段为带有螺旋凸棱的圆柱体，起摘穗作用，两对摘穗辊的螺纹方向相反，并相互交错配置，在螺纹上相隔 90°设有摘穗钩，可以加强摘穗能力，易于揪断穗柄；摘穗辊后段为强拉段，表面具有较高的凸棱和沟槽，其主要作用是将茎秆的末梢部分和在摘穗中已拉断的茎秆强制从缝隙拉出或咬断，以防堵塞。

2. 立式摘穗装置

由一对倾斜（与垂直线呈 25°夹角）配置的摘穗辊和挡禾板组成。每个摘穗辊分上、下两段，上段为主要部分，起摘穗作用，为了增加摘穗辊对茎秆的抓取能力和对果穗的挤落能力，该段的断面为花瓣形；下段为辅助部分，起拉茎作用，该段的断面或与上段相同或采用棱形。工作时，玉米茎秆在喂入链的夹持下由根部喂入摘穗辊下段的间隙中，在下段摘穗棍的碾拉下，茎秆迅速后移并上升，在挡禾板的阻挡下，向垂直于摘穗辊轴线的方向旋转，并被抛向后方。果穗在两摘穗辊的碾拉下被摘掉而落入下方。

3. 摘穗板式摘穗装置

由一对纵向斜置式拉茎辊和两个摘穗板组成。拉茎辊分为前后两段，前段为带螺纹的锥体，主要起引导和辅助作用；后段为拉茎段，其断面形状有四叶轮形、四棱形和六棱形等几种，表面设有提高抓取能力的凸棱或叶片，其水平倾角和卧式摘穗辊相近。摘穗板位于拉茎辊上方，有平板式和弯板式，起摘穗作用，其工作宽度和拉茎辊的工作长度相同，摘穗板的间隙可根据茎秆和果穗直径大小而调整，入口为 22～35mm，出口为 28～40mm，为减少对果穗的挤伤，边缘制成圆弧形。

9.1.3　国内外玉米机械化收获的发展状况

国外经济发达的国家，玉米收获早已实现了机械化[2]。最具代表性的是美国和苏联。

美国从 1936 年开始推行机械化收获玉米，到基本上实现玉米收获机械化共用了 15 年左右的时间，到 1951 年，玉米的机收率已经达到了 90%[3]。由七大公司生产的 42 种型号的玉米摘穗剥皮机，到 1962 年保有量达到了 79 万台，多为牵引型，只有 1 种是悬挂型，收获行数为 1～2 行；卧式摘辊是主要摘穗部件，收获之后的秸秆或者留在田间供牲畜食用，或者搂集成堆以作他用[3]。从 20 世纪 60 年代起，玉米新品种使果穗成熟时的含水率降低了，加之机械上的改进，使玉米直接脱粒技术日趋成熟[4]。另外，大型的谷物联合收获机可以换装玉米割台，运粮拖车与联合收获机配合作业，联合收获机将谷物直接卸到拖车中。半个多世纪的发展，不仅使美国收获机的作业幅宽不断扩大，也使不对行收获技术不断完善[5]。

苏联从 1952 年开始，用了 6 年的时间，完成了从开始推行玉米机械收获到实现玉米收获全部机械化的进程。苏联纬度较高，气候寒冷，需要更多的玉米秸秆作为牲畜的饲料，为了解决机械化收获不能较好地回收玉米秸秆的弱点，苏联的科技工作者曾应用立式摘辊摘穗。到 1978 年之前的 20 年间，共生产了从“KKX-3”到“赫尔松-7”三代各种型号的玉米收获机 17 万台[3, 5]。20 世纪 70 年代末，苏联又发明了摘穗板式摘穗装置，研制了“赫尔松-200”型具有 6 行自走型摘穗板式摘穗装置的玉米收获机，立式辊型机具停止生产，同时终止了夹持部件的研究，现在多应用板式摘穗装置。

我国玉米收获机械的研制经历了从引进、试用、仿制、改进到自行设计制造的过程[3, 6]。我国的玉米大多采用分段收获的工艺，即先收获玉米果穗，晾干后再脱粒[7]。我国玉米机械化收获的发展，主要是针对玉米分段收获工艺进行的。从 20 世纪 60 年代开始，在对引进的苏联样机进行试验、研究的基础上进行技术转化和吸收。到 70 年代进入自主开发阶段，我国先后开发出多种牵引式和悬挂式玉米收获机，但绝大部分机型都没有能够大面积推广使用[5, 6]，只有 70 年代中期，黑龙江省赵光机械厂与中国农业机械化科学研究院合作，在引进法国牵引式玉米收获机的基础上，设计、生产的牵引式玉米收获机一直坚持生产至 80 年代末，这种玉米收获机就是我们平时所称的“二卧”[3]。

20 世纪 80 年代，由于农村实行家庭联产承包责任制，土地分散，个体经济实力较弱，玉米收获机研制进入了一个短暂的停滞阶段[6]。

进入 20 世纪 90 年代，在先富起来的地区，农民要求机收的愿望更加迫切[6]。“玉米收获机”继“小麦收获机”之后成为又一个发展热点，很多科研单位和厂家都开始研制开发，特别是国内几家大型收割机厂都积极参与其中[6]。目前，在我国玉米收获机的研制与生产中，已出现了百花齐放、百家争鸣的局面[3]。收获时期的玉米籽粒含水率过高是玉米联合收获机不能直接脱粒的主要原因，我国东北地区的玉米，收获时期的水分含量通常可达 30%～40%，强行脱粒会造成种皮破坏，籽粒无法贮藏。实现北方地区玉米收获的同时，完成低破损率脱粒作业是目前玉米收获机的研究热点与今后的发展趋势之一。截止到 2014 年底，全国农作物总播种面积达 16 544.6 万 hm^2，其中玉米总播种面积达 3712.3 万 hm^2，占比 22.44%；2011 年，全国玉米机收率超过 33%[8]，国内玉米主产区累计投入玉米联合收获机 18.9 万台，完成机收面积 1120 万 hm^2，比上年增长 266.67 万 hm^2；2012 年，全国玉米机收率超过 40%[9]；2013 年全国共完成玉米机收面积超过 1733.3 万 hm^2，机收率超过 49%[10]；2014 年全国玉米机收率达到 58%；截止到 2015 年，全国玉米机收率达到 63%。

9.2　4YWL-2 留茬式玉米收获机整机结构

4YWL-2 留茬式玉米收获机（授权专利号 ZL201310581324.4，公开号 CN203723074U）的功能要求是在需要实行全秸秆粉碎还田时，对玉米秸秆进行粉碎还田，此时启动秸秆切碎装置作业，停止留高茬切割器作业；当需要实行玉米秸秆立茬覆盖时，进行留高茬作业，此时启动留高茬切割器作业，停止秸秆切碎装置作业。所以该“留茬式”玉米收获机同时具备秸秆切割装置与秸秆粉碎还田装置。整机如图 9-1 所示，表 9-1 为该机的主要技术参数。

图 9-1　4YWL-2 留茬式玉米收获机

表 9-1　4YWL-2 留茬式玉米收获机的主要技术参数

技术项目	指标
配套动力	35.3kW（48 马力）
作业行数	两行
适应收获行距	600～700mm
留茬高度	300～500mm 可调
生产率	$0.35hm^2/h$
籽粒损失率	1.9%
果穗损失率	2.6%
籽粒破碎率	1%
秸秆切段合格率	92%

4YWL-2 留茬式玉米收获机的结构主要由摘穗装置、秸秆切割装置、割台升降装置、升运器、果穗箱、秸秆还田机、驾驶室、发动机、减速器、行走部分、制动器等组成。

9.2.1　主要工作部件传动系统设计与计算

4YWL-2 留茬式玉米收获机的整机结构是根据各部件所需动力及各部件的位置来确

定的，本机摘穗装置动力来源为此玉米联合收获机的柴油机，如图 9-2 所示，该机通过皮带传动（D_1-D_2）将发动机的动力传递到中间传动轴，中间传动轴通过链传动（Z_1-Z_2）驱动摘穗辊的动力输入轴，摘穗辊又通过锥形齿轮（Z_7-Z_8）与摘穗辊动力输入轴相连，实现转动。玉米秸秆切割器的动力输入轴选择为摘穗辊的动力输入轴，在摘穗辊的动力输入轴上增加一个链轮，通过链传动（Z_3-Z_4），驱动秸秆切割器的动力轴，秸秆切割器的刀轴又通过锥形齿轮（Z_5-Z_6）与动力轴相连，实现刀盘的快速旋转。刀盘的角度利用丝杠与螺母调节，高度通过液压升降装置来调节。

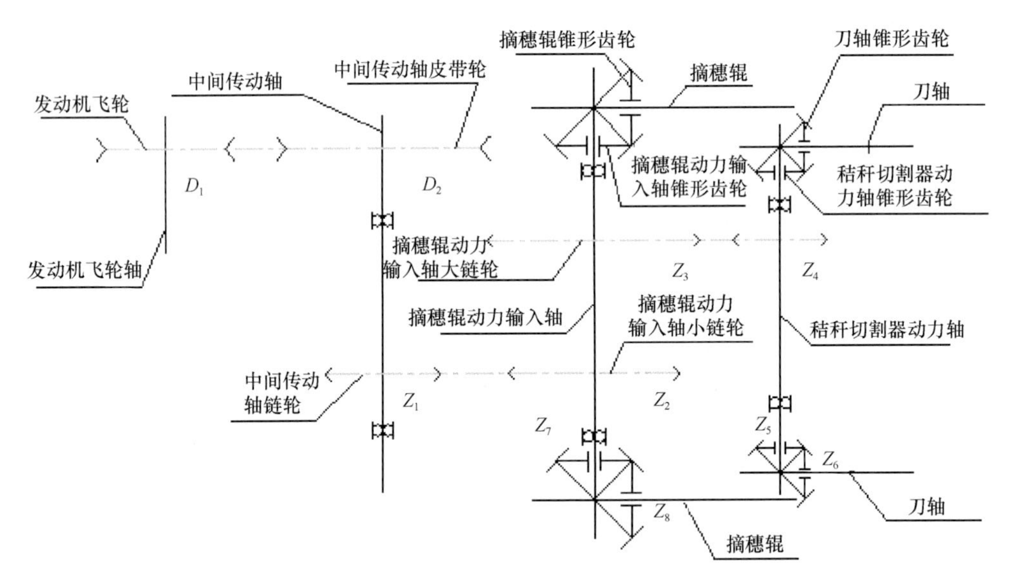

图 9-2　主要工作部件传动系统简图

发动机飞轮轴额定转速：$n_1 = 2300\text{r/min}$。

中间传动轴转速：$n_2 = 2300 \times \dfrac{D_1}{D_2} = 2300 \times \dfrac{140}{191} = 1686\text{r/min}$。

摘穗辊动力输入轴转速：$n_3 = 1686 \times \dfrac{Z_1}{Z_2} = 1686 \times \dfrac{21}{28} = 1265\text{r/min}$。

摘穗辊转速：$n_4 = 1265 \times \dfrac{Z_7}{Z_8} = 1265 \times \dfrac{17}{51} = 422\text{r/min}$。

秸秆切割器动力轴转速：$n_5 = 1265 \times \dfrac{Z_3}{Z_4} = 1265 \times \dfrac{30}{15} = 2530\text{r/min}$。

刀轴转速：$n_6 = 2530 \times \dfrac{Z_5}{Z_6} = 2530 \times \dfrac{21}{21} = 2530\text{r/min}$。

切割装置刀盘转速：$n_6 = n_7 = 2530\text{r/min}$。

9.2.2　机架的总体结构

4YWL-2 留茬式玉米收获机的机架决定其上各零部件的位置关系，机架上需要安装发动机、驾驶室、果穗箱等部件。由于发动机为外购件，因此机架上发动机安装底座需考虑发动机的固有尺寸。本机采用卧辊式摘穗机构，机架的前端需考虑到卧式摘穗辊的安装标准。果穗箱采用液压控制，达到自卸的效果，机架后部分应该考虑液压油缸的安装位置。驾驶室的位置应该尽量避免整机的视野死角，通过后视镜能够观察到整机的绝大部分。

外形尺寸如下，按照普通玉米的种植行距，本玉米收获机设计割幅为两行，约为 1300mm。左右轮胎中心距则为 975mm，机架应该位于两轮之间，则设计机架最大横向尺寸为 900mm。发动机为外购件，根据发动机座的尺寸，设计发动机架的横向尺寸为 260mm，发动机架的纵向布置为一侧固定圆孔，另一侧为可调长孔，其中圆孔中心到可调长孔中心的尺寸为 395mm。设计果穗箱纵向尺寸为 1700mm，驾驶室纵向尺寸为 918mm，机架总体纵向尺寸为 2950mm。

9.2.3　割台架的总体结构

割台架上安装摘穗辊齿轮箱、拨禾链齿轮箱、拨禾链、分禾器、摘穗辊和升运器。

割台架横向尺寸应该大于收割幅宽 1300mm，设定割台架横向尺寸为 1500mm，本玉米收获机的内侧摘穗辊长度为 1005mm，外侧摘穗辊的长度为 1305mm，外加摘穗辊传动齿轮箱的纵向尺寸，设定割台架的纵向尺寸为 1800mm。由于普通玉米果穗的长度在 200～300mm，因此设定升运器座板的间距为 346mm。为适应东北地区的玉米种植行距，所以设定摘穗辊齿轮箱座板的中心距为 650mm。

9.2.4　分禾器的设计

玉米联合收获机多是分行进行收获作业。分禾器的功能是将秸秆导向摘穗机构。玉米植株叶茂茎粗，植株高度在 2m 左右，由于气候条件、病虫害等因素，收获时部分秸秆出现倒伏、倾斜、弯曲、折断等现象。为了使机器能够顺利地收获各种状况的玉米，就要求分禾器能将它们分开、扶起并导入摘穗机构，最后完成摘穗、果穗集箱或装拖车等工艺过程。

9.2.4.1　分禾器高度的确定

从理论上讲，分禾器尖的离地高度越小越好，有利于将秸秆导向摘穗机构，但离地高度过小时，整机的通过性能不好，考虑到不同的作业环境，将分禾器设计成高度可调节型，其调节范围为距地面 400～900mm（可任意调节）。

9.2.4.2　分禾器倾角 α 的确定

分禾器倾角 α 的大小，直接影响到其扶禾能力。如果过大，分禾器不但不起分禾、扶禾作用，反而要推倒植株。根据中国农业机械化科学研究院陈志等对于不分行玉米收获机分禾器适应性的研究经验，选取本分禾器的倾角 α=20°～26°。

9.2.4.3 分禾器曲面的确定

为了使正对分禾器尖端的秸秆不被垂直作用力所推倒，其前部是直径为 60mm 的球壳，单点接触段、过渡段和防缠杂段在 *xyz* 空间直角坐标系中的曲面方程分别为[11]

$$27.08 + 0.2725x + 0.03\,726y + 0.0002x^2 - 0.0056y^2 - z = 0 \quad (9\text{-}1)$$

$$-621 + 3.586x + 0.1051y - 0.0041x^2 - 0.0002xy - 0.0046y^2 - z = 0 \quad (9\text{-}2)$$

$$-240.9 + 1.505x - 0.0994y - 0.0014x^2 - 0.0042y^2 - z = 0 \quad (9\text{-}3)$$

单点接触段玉米秸秆将以一点与分禾器盖板相接触，以最小的摩擦阻力进入摘穗辊。防缠杂段的曲面上，沿机组前进方向上每一点的切平面的斜率都在减小，因此可以降低分禾器大端的高度和分禾器的扩张角，避免分禾器缠绕杂草和玉米秸秆叶。

此分禾器在机组的前进方向上可以在相对中心线左右各 5°范围内摆动，分禾器盖板尖端的水平摆动量为 87mm，这样秸秆就可以顺利滑离分禾器中心线，不被推倒。其示意图如图 9-3 所示。

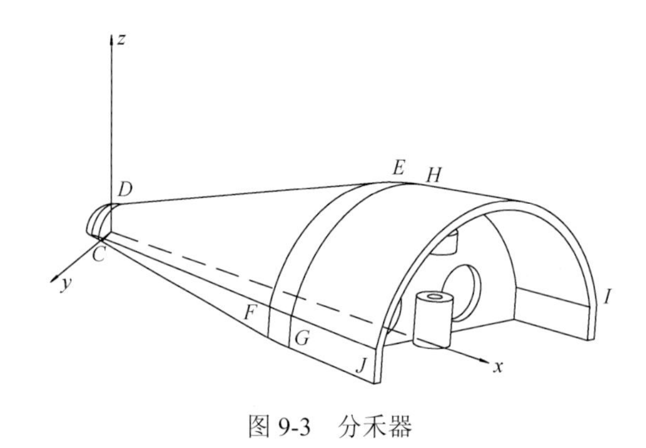

图 9-3 分禾器

其中单点接触段为图 9-3 中的曲面 *CDEF*，过渡段为图 9-3 中的曲面 *EFGH*，防缠杂段为图 9-3 中的曲面 *GHIJ*。

9.2.5 拨禾链的设计

4YWL-2 留茬式玉米收获机采用拨禾链强制喂入技术，配合分禾器优化设置，将拨禾链延伸至分禾器尖端，可实现不对行收获，解决适应多种行距问题。

9.2.5.1 选择链轮齿数

根据《机械设计手册》[7]与割台前端位置配置情况，选择拨禾链的链轮齿数为：$z_1 = z_2 = 10$。

9.2.5.2 确定节距 *p*

由《机械设计手册》可知，在 A 系列链中，单排链 20A，其 P_0=9kW，该玉米收获机的发动机功率为 35.3kW，根据功率逐级递减原理，参照传动系统简图（图 9-2）进行计算，拨禾链部分的功率 P 约为 7.2kW。可知 20A 系列链满足要求。节距 p=31.75mm。

9.2.5.3　确定链节的中心距 a 和链节数 L_p

初选中心距 a_0=40p，则链节数 L_p 为

$$L_p = \frac{2a_0}{p} + \frac{z_1 + z_2}{2} + \left(\frac{z_2 - z_1}{2\pi}\right)^2 \frac{p}{a_0} = \frac{2 \times 40p}{p} + \frac{10+10}{2} = 90 \qquad (9\text{-}4)$$

则理论中心距为

$$a = \frac{p}{4}\left[\left(L_p - \frac{z_1+z_2}{2}\right) + \sqrt{\left(L_p - \frac{z_1+z_2}{2}\right)^2 - 8\left(\frac{z_2-z_1}{2\pi}\right)^2}\right]$$

$$= \frac{31.75}{4}\left[\left(90 - \frac{10+10}{2}\right) + \sqrt{\left(90 - \frac{10+10}{2}\right)^2 - 0}\right] = 1270\text{mm} \qquad (9\text{-}5)$$

9.2.5.4　链轮设计

链轮材料采用 40#钢，热处理后硬度为 40～50HRC。

链轮尺寸及齿形如下。

分度圆直径 $d_1 = d_2 = \dfrac{p}{\sin\dfrac{180^\circ}{z_1}} = 102.75\text{mm}$。

强制喂入装置三维示意图如图 9-4 所示。

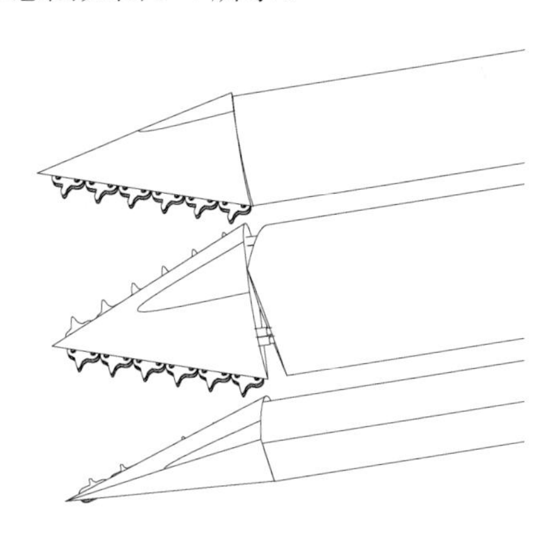

图 9-4　强制喂入装置

9.2.6 果穗升运器

本机采用刮板式升运器，该升运器工作可靠，不损伤果穗，可适应较长的运送距离。

影响刮板式升运器性能的因素主要是输送链的速度和输送槽的大小。输送链的速度过大，则输送不稳定，且有冲击果穗、碰伤果穗、果穗掉粒现象；如速度过小，容易产生果穗集堆，造成堵塞。输送槽过窄、过浅，果穗容易横在槽内卡死，造成堵塞，或跳

出机外，造成落穗损失。

本机选取的主要参数如下：输送链节距为 19.05mm；刮板宽度为 260mm；刮板高度为 40mm；壳体宽度为 280mm；主动输送链轮齿数 z=13；升运器主动轴转速 $n = 324$ r/min；输送链线速度 $v = \dfrac{pzn}{60\,000} = \dfrac{19.05 \times 13 \times 324}{60\,000} = 1.34$ m/s。

升运器底端连接割台，上端超过果穗箱上沿高度，总体长度为 2824mm，升运器上端安装有风机清选装置，尽量保证玉米果穗的清洁度，整体从驾驶室下方穿过。传动系统采用带轮传动，升运器刮板为树脂刮板，主体材料为 3mm 厚钢板。

风机主要有两方面的作用，首先，风机可以将升运器中的轻小杂质吹过果穗箱，减小果穗含杂率；其次，风机对较重的玉米果穗具有抛送作用，使其顺利进入果穗箱中。风机的主轴材料为 45#钢，风机带轮材料为 HT150。

9.2.7 秸秆耙整装置

当该玉米收获机启动留高茬还田模式时，利用该玉米收获机的秸秆耙整装置可以将切割之后留在田中的玉米秸秆耙整成堆，同时保留玉米根茬不受破坏，有利于后续玉米秸秆捡拾打捆作业。秸秆耙整装置位于整机的最后端，由液压系统控制，驾驶员可以通过驾驶室内的监控摄像头控制耙齿的升降。秸秆耙整装置的耙子架由 90×90 的角钢焊成，耙齿采用 40mm 宽、6mm 厚的碳素弹簧钢制成。耙齿高度为 700mm，共由 9 根分 3 组配置。秸秆耙整装置的结构示意图如图 9-5 所示。

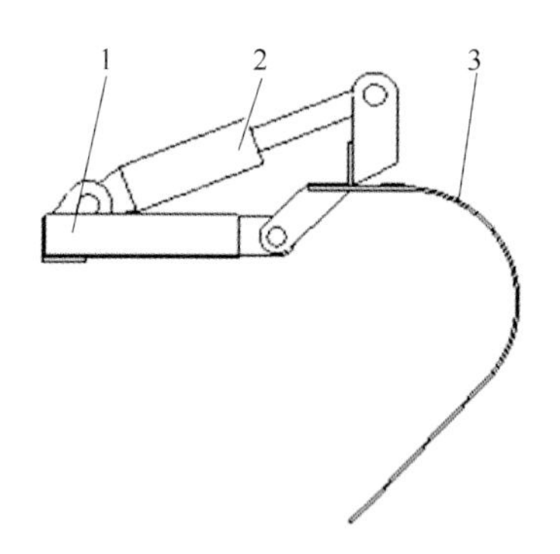

图 9-5 秸秆耙整装置结构示意图

1. 耙子架；2. 液压油缸；3. 耙齿

9.3 仿棉蝗虫口器切割刀盘的设计与试验

要实现玉米的立茬覆盖，关键部件之一是切割玉米秸秆的刀具。玉米秸秆由海绵状的中心髓质和层状长纤维构成的坚硬表皮组成[12]。由于玉米秸秆的内外异质性，这些外部的坚硬表皮是最难切削的部分，也是消耗切割能量最多的部分。

棉蝗通常以棉花、玉米、高粱秸秆及芦苇为食，这些植物尤其是棉秆含有坚硬的植物纤维。这些蝗虫通过百万年的进化，它们的口器可以切断并且撕扯断裂植物纤维。由此产生了仿生模型，以及设计新型切割木质纤维素锯片的思想[13, 14]。

首先利用体式显微镜进行棉蝗口器外缘轮廓的扫描，然后利用 MATLAB 软件对外缘轮廓曲线进行处理，最后将外缘轮廓曲线用 6 次多项式进行拟合，以进行加工制造。为了比较仿生刀盘和普通刀盘在切割能力上的差别，分别用仿生刀片和普通刀片对干燥玉米秸秆的节间进行切割，利用万能试验机记录切割力的表现特点。结果显示，仿生刀片的最大切削力为 128.26N，比传统锯片 152.45N 的切削力小 15.87%；仿生锯片的平均切削力为 51.56N，比传统锯片的平均切削力 71.78N 减小 28.17%。与此同时，仿生锯片的切削功耗为 8.95J，比传统锯片的 10.27J 减小 12.85%。总之，仿生锯片大幅度地减小了切削力和切削功耗。这些试验结果对于设计玉米收获机的切削部件具有重要意义。

9.3.1　仿生原材料的获取

在河北沧州捕获成年的棉蝗。该棉蝗样本已经用 99%的乙醚溶液处理，然后用解剖刀将下颌骨从棉蝗的身体上分离，最后，用蒸馏水将下颌骨洗干净。

本试验中使用的玉米品种为农大 108，种植地点为东经 125.419007°，北纬 43.813500°。该玉米于 2012 年 4 月 21 日播种，2012 年 10 月 7 日收获。被用来试验的玉米秸秆需扒掉玉米秸秆叶，由于玉米收获机工作时，切割节间处的概率远远大于玉米节处，并且节间处的机械特性较节处更加均匀，所以试验中切割下部节间。玉米秸秆节间处的平均直径为 30mm。

棉蝗下颌骨的微观几何形态用 XTJ-30 体式显微镜来提取。下颌骨上锋利的锯齿状的结构就是棉蝗的口器。

去除了不相关的部分之后，图 9-6 为一个在 MATLAB 中 625×236 像素的图片。

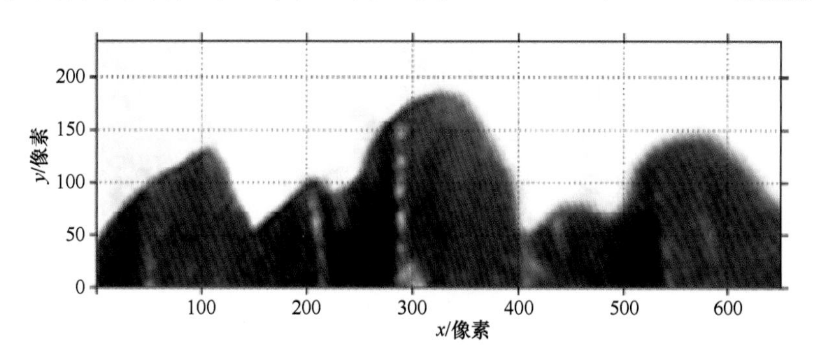

图 9-6　棉蝗口器

数学形态是图像处理中的一种方法，其基本思想是测量和提取结构元素为图像处理与分析使用。数学形态方法对噪声具有较好的抑制作用，并且边缘的提取相对较光滑。二值图像也叫作黑白图像，物体很容易在背景中被提取出来[15]。结合二值图像和数学形态来提取边缘，可以减少噪声和避免无效的边界，使边界更平滑和准确。图 9-7 显示了利用 MATLAB 进行边界提取的流程图。通过该程序，确定了 809 个点的坐标，如图 9-8 所示。

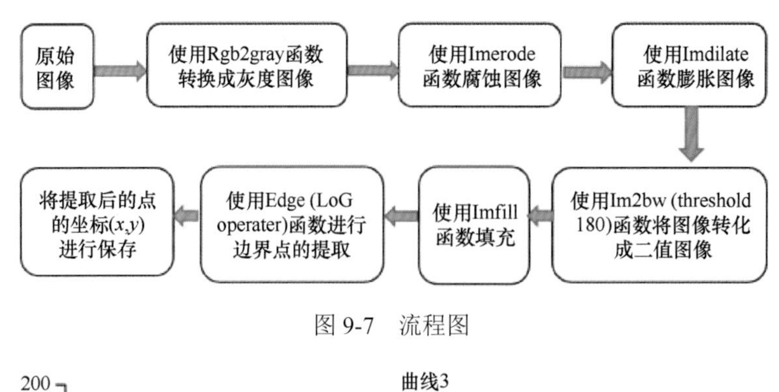

图 9-7　流程图

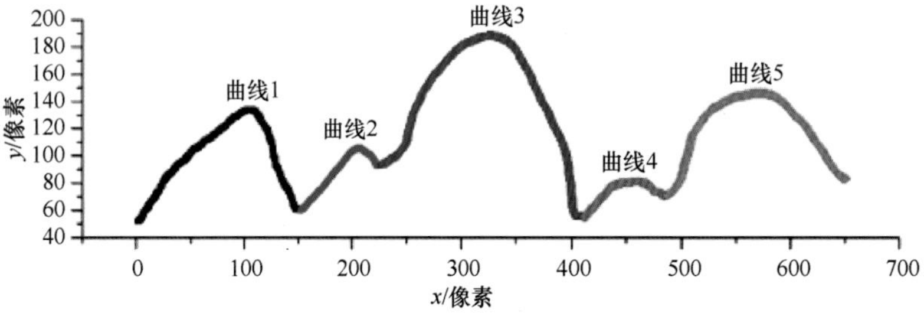

图 9-8　棉蝗口器外缘轮廓的坐标

棉蝗口器的外缘轮廓曲线共有 5 个波峰和 4 个波谷，如图 9-8 所示。单一的数学方程很难一次性地精确表示整个外缘轮廓曲线。因此，为了更加精确地拟合这条曲线，每个波峰被当作一条独立的曲线，所以该轮廓曲线被分成了 5 个部分。

用 Origin 软件来拟合 5 条曲线。

使用 AutoCAD 软件画出来锯片的 CAD 模型。传统锯片的设计依据 ISO 7294-1983 进行，首先是锯齿的设计，然后是外形设计，最后是齿距的分配，如图 9-9 所示。

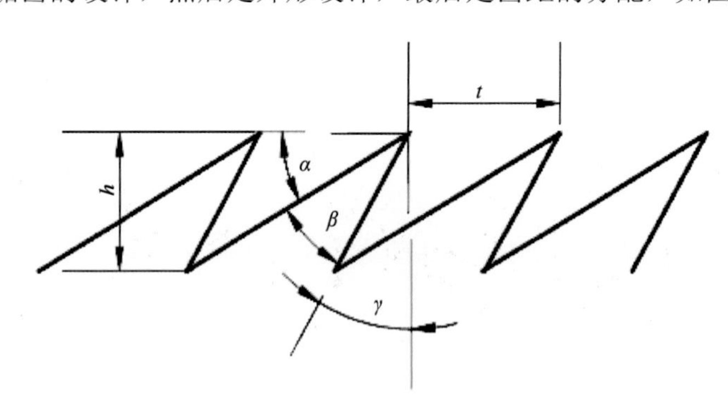

图 9-9　传统锯片模型

齿高 h 为 2.85mm，齿距 t 为 3.29mm，间隙角度 α 为 30°，楔入角 β 为 30°，倾斜角 γ 为 30°。

仿生锯片按照棉蝗口器外缘轮廓拟合曲线制作，如图 9-10 所示。

齿高和传统锯片相同。锯片的长度为 425mm。两种类型的锯片都使用线切割进行制作。锯片的材质均为 1.2mm 厚的钢板。锯片的切削刃均磨出 30°的倾角，传统锯片和仿生锯片如图 9-11 所示。

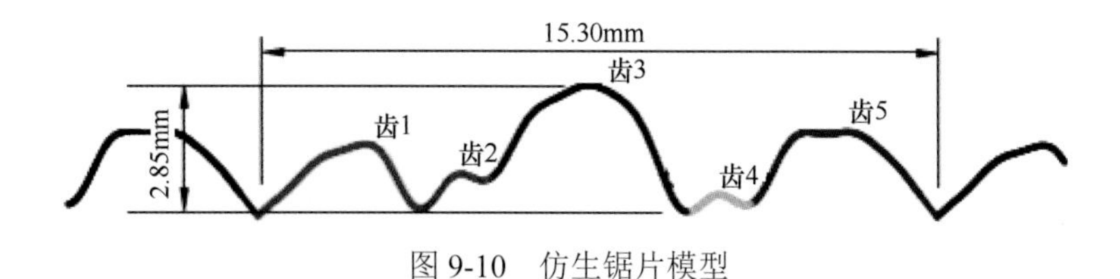

图 9-10　仿生锯片模型

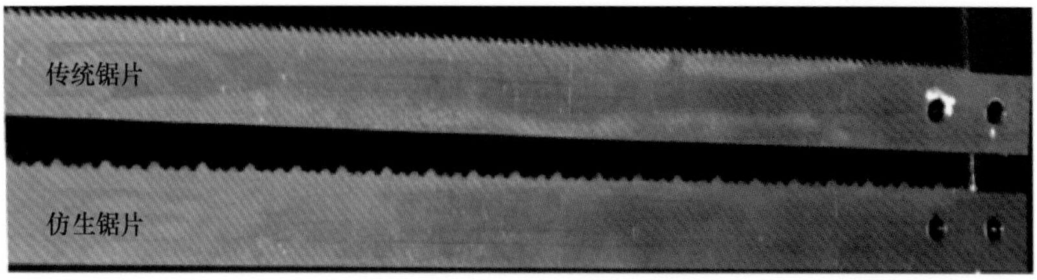

图 9-11　锯片实例

9.3.2　切割试验

使用万能试验机（universal testing machine，UTM）进行该试验，通过控制万能试验机的机头，将切割速度控制为 4mm/s，切割角度为 12°。每种锯片在相同的工况下切割 12 根秸秆，显著性检验分析显示，每种锯片切割的 12 根秸秆断面没有显著差异（$P<0.01$）。切割力与切割位移被万能试验机自动记录，记录间隔为 1/15s。玉米秸秆和锯片的固定装置如图 9-12 所示。

图 9-12　玉米秸秆和锯片的固定装置示意图

本试验的试验平台为 1 台双栏的万能试验机，UTM 所自带的软件系统可以驱动 UTM 的机头工作，并且自动记录数据。锯片与机头连接，切割时向上运动；固定支撑块与 UTM 的基座连接，保证整机试验的稳定性。

9.3.2.1　锯片对玉米秸秆切割力的比较

切割力和切割位移的关系如图 9-13 所示。使用传统锯片的情况下，切割位移从 0

到 15mm 的变化过程中，切割力急剧增加；然后切割力急剧下降，并且维持一个振动的状态直到切割过程几乎结束；到最后的时候，切割力急剧上升，达到最大值之后迅速降低到 0。当使用仿生锯片时，切割力缓慢上升，然后以振动状态持续到切割过程结束。使用两种锯片切割玉米秸秆的最大切割力是不同的。12 次试验的最大切割力记录在表 9-2 中。

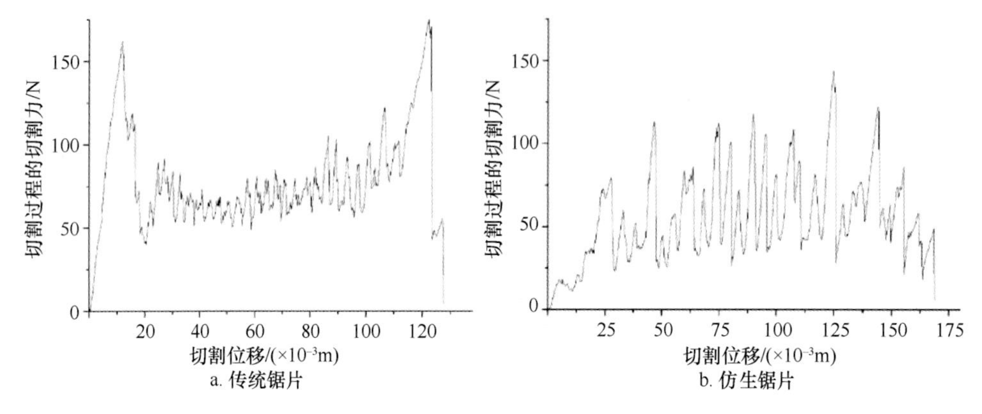

图 9-13 切割力和切割位移的关系

表 9-2 玉米秸秆的最大切割力

试验序号	最大切割力/N	
	传统锯片	仿生锯片
1	152.42	111.31
2	144.25	111.41
3	175.47	131.00
4	139.24	124.51
5	134.79	143.90
6	170.83	118.09
7	156.11	131.00
8	162.86	142.30
9	166.49	132.45
10	112.78	125.70
11	140.27	140.49
12	173.84	126.99
均值±方差	152.45±18.07	128.26±10.49

传统锯片的最大切割力平均值为 152.45N，仿生锯片的最大切割力平均值为 128.26N；相比较于传统锯片，仿生锯片可以将最大切割力降低 15.87%。传统锯片的平均切割时间为 35.72s，仿生锯片的平均切割时间为 43.47s；传统锯片的平均切割时间比仿生锯片短 17.83%。切割玉米秸秆时的切割力变化如图 9-13 所示。传统锯片和仿生锯片切割玉米秸秆的平均切割力如图 9-14 所示。

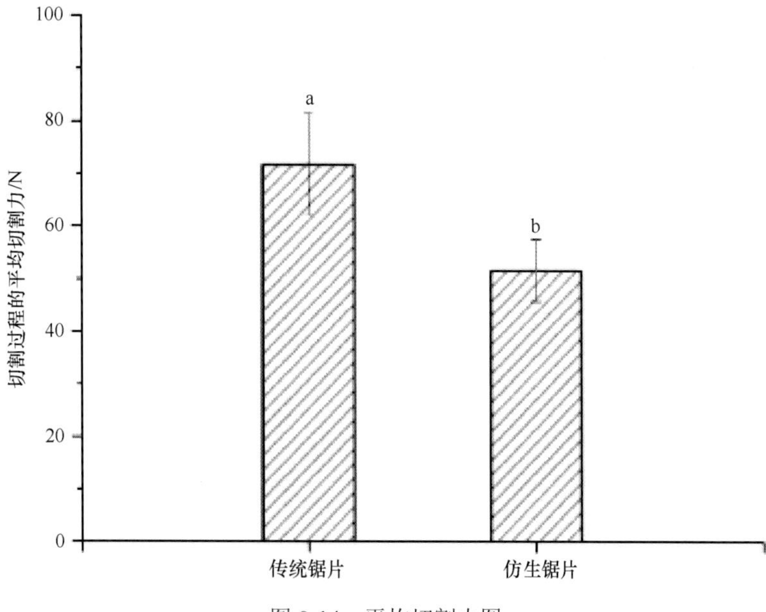

图 9-14　平均切割力图

在显著性水平 0.05 下，显著性检验显示，两组数据 a 与 b 具有显著差异。仿生锯片的平均切割力为 51.56N，传统锯片的平均切割力为 71.78N，相比于传统锯片，仿生锯片可以将切割力减小 28.17%。

9.3.2.2　切割能量消耗

如图 9-13 所示，切割能量的计算方法是利用图 9-13 中曲线以下，位移轴以上的面积进行计算的。结果显示，仿生锯片可以减少切割过程所消耗的能量。

表 9-3 显示，使用传统锯片切割一根玉米秸秆需要消耗更多的能量。切割一根玉米秸秆所需消耗的平均能量如图 9-15 所示。

表 9-3　切割一根玉米秸秆所需的能量

试验序号	能量消耗/J	
	传统锯片	仿生锯片
1	8.28	7.58
2	9.36	7.52
3	9.96	8.61
4	11.28	8.42
5	9.24	9.35
6	12.89	9.01
7	11.74	8.97
8	11.74	8.28
9	12.82	9.54
10	6.88	9.08
11	9.13	11.3
12	9.92	9.78
均值±方差	10.27±1.77	8.95±0.98

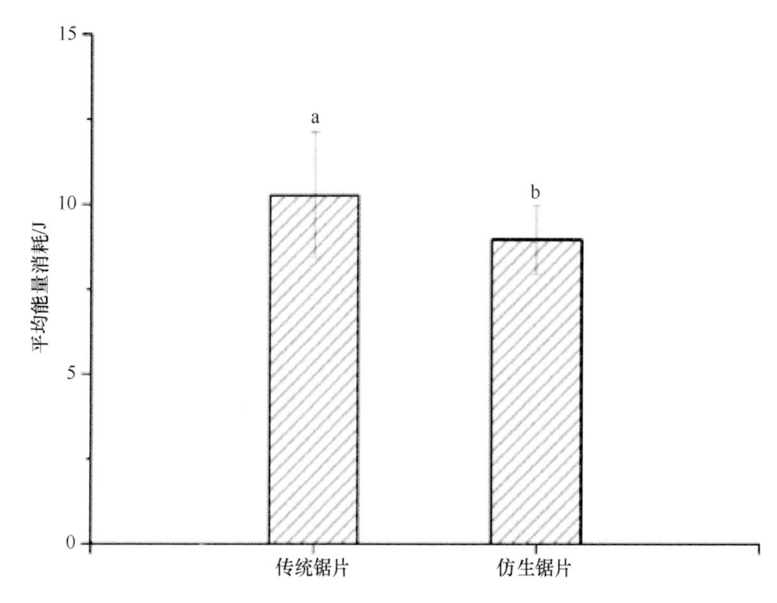

图 9-15　切割玉米秸秆的平均能量消耗

显著性检验显示，在显著性水平 0.05 下，a 组和 b 组的平均能量消耗具有显著差异。使用传统锯片切割玉米秸秆的平均能量消耗为 10.27J，使用仿生锯片切割玉米秸秆的平均能量消耗为 8.95J。这意味着，仿生锯片可以节省 12.85%的能耗。

图 9-16 记录了不同锯片的切割过程。使用传统锯片进行切割时，在玉米秸秆被切断之前，玉米秸秆断裂为很多条状。然而，使用仿生锯片切割时，在玉米秸秆被切断之前，玉米秸秆断裂出的条数远远小于传统锯片。

如图 9-16 所示，其中图 9-16a 为传统锯片的切割过程，图 9-16b 为仿生锯片的切割过程。由于玉米秸秆的异质性，外部是坚硬的纤维素外皮，内部是柔软的类海绵体，这就意味着，当切割玉米秸秆时，表皮将消耗主要的能量。对于切割木质纤维素材料来说，剪切对于能量的消耗是比较经济的。研究结果显示，对于冬小麦，剪切所需要的剪切力是其自身秸秆纤维素张力的 1/4[16]，而柳枝黍是 1/5[17]，苜蓿是 1/3[18]。使用传统锯片切割玉米秸秆，如图 9-16a 所示，秸秆的外皮变成细小的纤维素束。然后这些小纤维素束被锯齿勾住，最后被扯断。使用仿生锯片切割玉米秸秆，锯齿可以很平滑地通过玉米秸秆，如图 9-16b 所示。换句话说，这些被仿生锯片切割的纤维素是被剪切力剪断的。研究结果已经证实，剪切失效比拉伸失效所需的能量更少，这就是仿生锯片比传统锯片节省能量的原因。

9.3.3　圆盘型仿生锯齿锯片的设计及试验

圆盘式切割锯片在农业、牧业及林业等行业有着广泛的应用，对于切割锯齿的类型多采用普通的锯齿式，即三角尖齿。其中尖齿往往前倾，前倾角度为刃前角，根据不同的应用场合，刃前角大小多在 30°～75°。齿尖的大小通过刃角来体现，刃角越大表明齿尖越厚，但是过大会影响切割质量，因此通常设计刃角为 30°～45°。

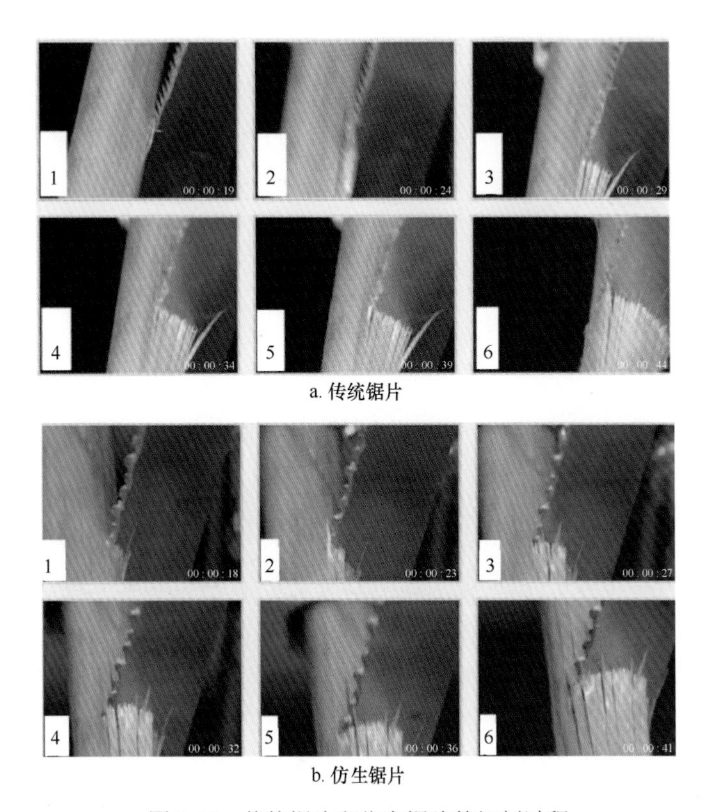

a. 传统锯片

b. 仿生锯片

图 9-16　传统锯片和仿生锯片的切割过程

直线型仿生锯齿锯条表现出了降低切割力、减小切割功耗的作用，为了进一步扩大其应用范围，本设计采用了圆盘型仿生锯齿锯片，以期将其应用在回转式切割作业中。

9.3.3.1　圆盘型仿生锯齿锯片设计的基础

圆盘型仿生锯齿锯片的设计依照直线型仿生锯齿的标准，并参照国际标准 ISO 7294-1983 来设计锯齿的齿尖大小、倾角等。

9.3.3.2　仿生锯齿锯片的设计与试验

使用 AutoCAD2004 绘制仿生锯齿模型。薄锯片的应用越来越广泛，主要是因为其良好的切割性能，因此将仿生锯齿锯片直径设计为 300mm，齿数为 60。如图 9-17 所示，其中 a 为设计图，b 为实物图。

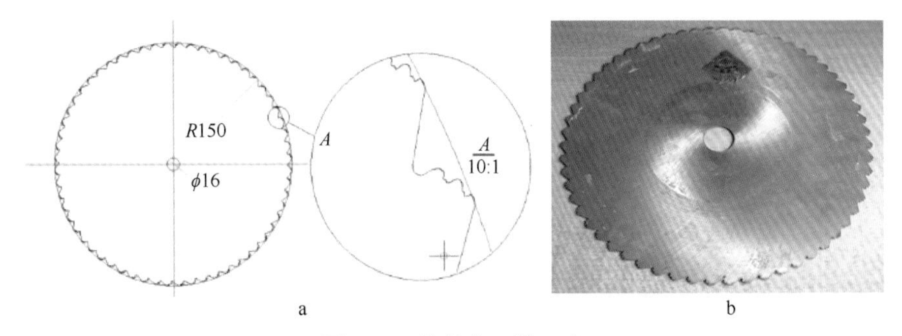

图 9-17　仿蝗虫口器刀盘

基于数字图像处理技术，我们得到了精确的棉蝗口器的外缘轮廓。为了比较传统锯片和仿生锯片之间的工作差别，通过线切割技术制作了仿生锯片和传统锯片；并且对两种锯片进行了相同的开刃处理。利用万能试验机（UTM）进行了一系列的试验。

使用仿生锯片切割玉米秸秆，平均扭矩为（1.439±0.214）N·m，相对于传统锯片降低了 14.89%。使用仿生锯片切割玉米秸秆的平均切割功率为（0.090±0.013）kW，相对于传统锯片降低了 14.86%。

这些试验结果均显示，当切割玉米秸秆时，相比较于传统锯片，仿生锯片可以降低切割力与切割功耗。

9.4 留高茬切割器的设计与试验

9.4.1 刀盘切割玉米秸秆作业的分析

由于传统的玉米收获机在进行秸秆还田作业时，保留的根茬高度较低，为了满足玉米留高茬（留茬高度 300～500mm）保护性耕作模式的要求，需要在传统的玉米收获机上加装特殊的玉米秸秆切割器。通过观察玉米收获机的整机布置，我们发现玉米割台下有一定的空间，而且割台是玉米收获机的摘穗部件，是首先与玉米秸秆接触的机构，决定将切割器安装在割台下，利用高速旋转的刀盘对玉米秸秆进行无支撑切割，如图 9-18 所示。

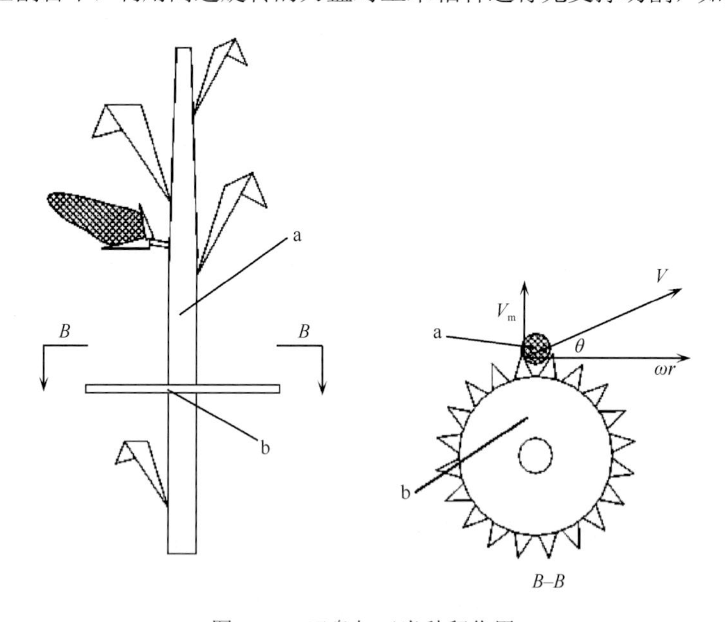

图 9-18 刀盘与玉米秸秆作用

V_m 为机具前进速度，m/s；ω 为刀盘的转速，rad/s；r 为刀盘的半径，m；V 为 V_m 与 ωr 的合速度，m/s；θ 为 V_m 与 ωr 之间的夹角，rad；a 为玉米秸秆；b 为刀盘

根据前人对多个品种玉米秸秆有节、无节及不同含水率的力学特性试验研究可知，图 9-18 中的刀盘转过的角度 θ 角越小，机具前进对玉米秸秆的推倒作用越弱[19]，即刀盘的线速度远大于机具的前进速度时，有利于刀盘把玉米秸秆顺利切断。根据玉米收获

机割台下的空间，选取刀盘的直径为 300mm，刀盘的材料为 65Mn，厚度为 1.2mm。通常玉米收获机的正常作业速度约为 1.6m/s，根据华中农业大学高欣的研究成果[20]，则初步选取：

$$\omega r = 5V_{\mathrm{m}} \tag{9-6}$$

式中，ω 为刀盘的转速，rad/s；r 为刀盘的半径，m；V_{m} 为机具前进速度，m/s。

由式（9-6）可知，ω 约等于 318r/min，取 ω 为 320r/min。

$$t = \frac{d}{V_{\mathrm{m}}} \tag{9-7}$$

$$\theta = \omega t \tag{9-8}$$

$$n = \theta \frac{60}{2\pi} \tag{9-9}$$

$$f = \frac{d}{n} \tag{9-10}$$

式中，t 为秸秆进入摘穗辊的时间，s；θ 为刀盘转过的角度，rad；d 为玉米秸秆直径，mm；n 为切割一根玉米秸秆所需的刀齿数；f 为每刀齿进给量，mm。

锯切属于去除材料切割，刀齿每次切割玉米秸秆将去除一定量的玉米秸秆纤维，最终将玉米秸秆切断。选取此刀盘的刀齿数为 60。

当玉米收获机工作时，玉米秸秆被玉米收获机拉拽。相对于玉米收获机来说，玉米秸秆在向后和向下运动。因此，当玉米秸秆进入两摘穗辊间隙之后，会发生弯曲[21]。如果刀盘水平地切割玉米秸秆，当玉米秸秆回弹之后，断口上将出现一个尖端。这个尖端不利于后续研究中，利用基于机器视觉技术获取玉米植株数量[22, 23]。理想的工作情况是，刀盘能够垂直地切割玉米秸秆，因此当玉米秸秆回弹之后，断口是一个平面，断口上没有尖端[19, 24]。如图 9-19 所示。为了简化分析过程，只考虑一根摘穗辊和玉米秸秆的相互作用，被摘穗辊拖拽作用的结果是，玉米秸秆从虚线处移动到实线处。玉米秸秆和摘穗辊的接触点从 K 移动到 M（图 9-19a）。如图 9-19b 所示，接触点的瞬时速度 V 是两个速度的合速度，其一是玉米秸秆相对于玉米收获机的喂入速度 V_{m}，另一个是摘穗辊的线速度 V_{r}。

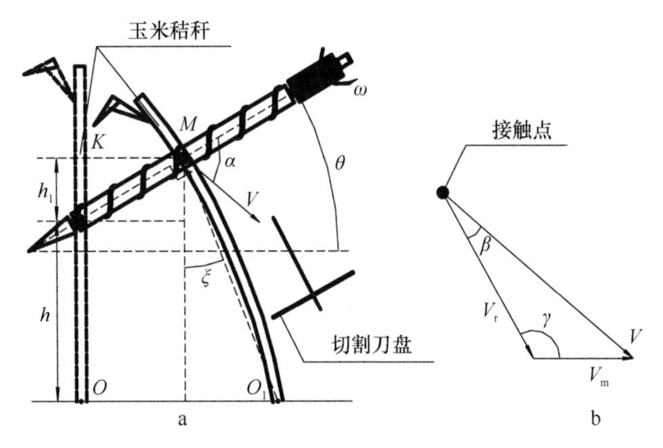

图 9-19　摘穗辊与玉米秸秆相互作用示意图

$$V_{\mathrm{r}} = \omega r \tag{9-11}$$

$$\gamma = \frac{\pi}{2} + \theta \tag{9-12}$$

$$V = \sqrt{V_{\mathrm{r}}^2 + V_{\mathrm{m}}^2 - 2V_{\mathrm{r}}V_{\mathrm{m}}\cos\gamma} \tag{9-13}$$

式中，V_{r}为摘穗辊的线速度，m/s；ω 为摘穗辊的转速，rad/s；r 为摘穗辊的半径，m；γ 为摘穗辊线速度与地面之间的夹角，rad；θ 为摘穗辊轴线与地面之间的倾角，rad；V_{m} 为玉米收获机的喂入速度，m/s；V 为玉米秸秆与摘穗辊接触点的相对瞬时速度，m/s。

由于玉米秸秆有挠度，刀盘很难准确地对玉米秸秆进行正切割，但刀盘若能与图 9-19 中线段 O_1M 相垂直，再切割玉米秸秆，玉米秸秆的断口可以达到相对最佳的平面效果。为了使刀盘能与图 9-19 中线段 O_1M 相垂直，需要知道进入摘穗辊间隙一定时间之后的玉米秸秆与竖直方向的夹角 ξ。

$$\beta = \arccos\frac{V_{\mathrm{r}}^2 + V^2 - V_{\mathrm{m}}^2}{2V_{\mathrm{r}}V} \tag{9-14}$$

$$\alpha = \frac{\pi}{2} - \beta \tag{9-15}$$

$$h_1 = \int_0^t V\cos\alpha\sin\theta \mathrm{d}t \tag{9-16}$$

$$\xi = \operatorname{arccot}\frac{\int_0^t V\cos\alpha\sin\theta\mathrm{d}t + h}{\int_0^t [V\cos(\alpha-\theta) - V_{\mathrm{m}}]\mathrm{d}t} \tag{9-17}$$

式中，β 为摘穗辊的线速度和玉米秸秆与摘穗辊接触点的相对瞬时速度 V 之间的夹角，rad；α 为玉米秸秆与摘穗辊接触点的相对瞬时速度 V 与摘穗辊轴线之间的夹角，rad；h 为玉米秸秆刚进入摘穗辊摘穗段时的离地高度，m；h_1 为玉米秸秆与摘穗辊接触点在竖直方向上的高度增量，m；ξ 为图 9-19 中 O_1M 与竖直方向的夹角，rad。

当玉米秸秆进入摘穗辊的摘穗段之后，即将发生变形。根据运动的相对性，在图 9-19 中，假设玉米收获机不动，玉米秸秆以 V_{m} 的速度相对于玉米收获机运动。玉米秸秆与摘穗辊接触点的速度 V_{r} 比玉米秸秆相对于玉米收获机的进给速度 V_{m} 大得多，OO_1 为在此非常短的时间内，玉米秸秆相对于收获机的进给量。最后，根据玉米收获机的前进速度、摘穗辊的直径及转速，可以确定刀盘与地面之间的夹角 ξ（切割角）。

9.4.2 切割器部件的设计

由于不同品种的玉米秸秆的高矮、粗细均有差别，玉米立茬覆盖保护性耕作模式旨在将一部分秸秆进行站立还田，其余部分的秸秆可以另作他用[25]。根据不同品种的玉米、不同的土壤结构、不同的土壤养分含量及农艺要求，该切割器的切割高度需要调节。如 9.4.1 节所述，该切割器切割秸秆的角度也应该可以调节。所以，本研究中设计的切割器既可以使刀盘水平地切割秸秆，也可以使刀盘与水平面呈一定角度地切割秸秆，并且切割秸秆的高度（即留茬高度）可以在一定范围内调节[26]。玉米秸秆切割器如图 9-20 所示。

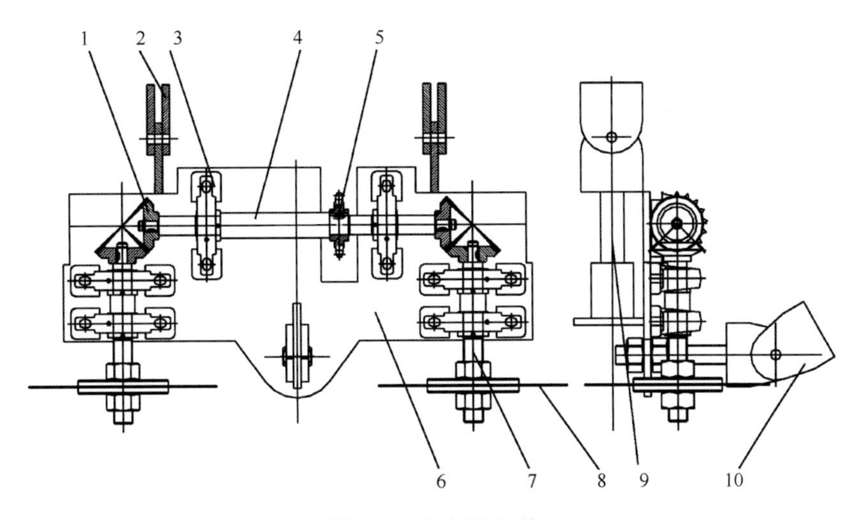

图 9-20　切割器部件

1. 锥齿轮；2. 座板吊耳；3. 轴承座；4. 动力轴；5. 链轮；6. 座板；7. 刀轴；8. 刀盘；
9. 切割器升降装置；10. 螺纹杆吊耳

在图 9-20 中，链轮（5）与摘穗辊传动轴上的链轮相连，通过链条传动获得刀盘切割秸秆的动力，通过选取传动比，使刀盘的转速为 320r/min。座板吊耳（2）与螺纹杆吊耳（10）分别焊接在玉米收获机割台下方，座板上与螺纹杆相对应的位置有一长孔，螺纹杆穿过长孔，并且在座板的两侧分别拧上螺母，这样可以使座板沿着座板吊耳轴在 0°～15°的范围内旋转，即刀盘与水平面可以呈 0°～15°，刀盘切割玉米秸秆的角度可以调节。整个切割器部件安装在割台下方，刀盘倾斜角度为 0，且保持最大离地高度时，竖直方向与割台底部的距离为 430mm，水平方向与摘穗辊尖端的距离为 510mm。通过割台的升降，可以大幅度调节留茬高度。切割器升降装置（9）通过液压驱动，可以粗调刀盘离地高度。刀轴的下方为 M30 螺纹，通过调节刀盘上下的螺母即可调节刀盘在刀轴上的位置，从而精确调节刀盘离地高度[27]。切割器的实物图如图 9-21 所示。

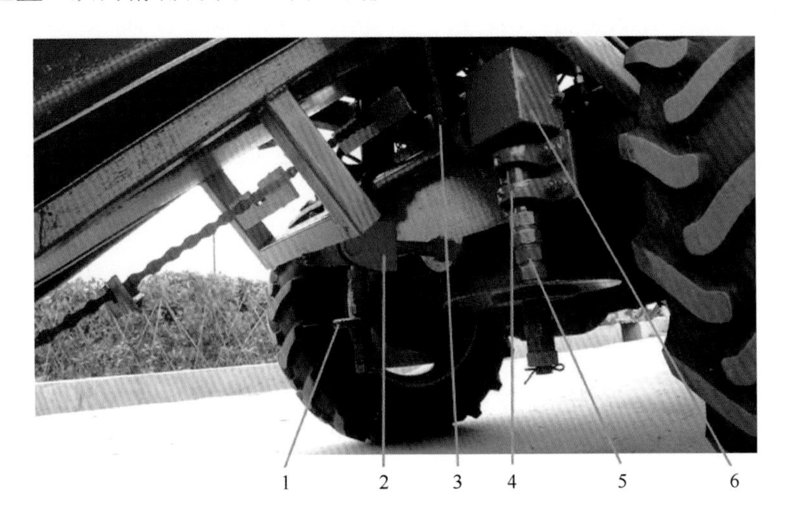

图 9-21　切割器实物图

1. 切割刀盘；2. 切割角度调节机构；3. 传动链；4. 轴承；5. 切割高度调节螺母；6. 换向齿轮箱

9.4.3 秸秆切断率与留茬高度田间试验

我国东北地区的玉米是单熟，每年的收获季节在一个月左右。在大田玉米还没有成熟收获之前，为了延长试验时间，初步验证该玉米收获机的切割性能，我们进行了一个田间模拟试验[26-28]，如图 9-22 所示。田间模拟试验的一个关键设备是玉米秸秆夹持轨道，每两根玉米秸秆之间的株距为 200mm[26]。试验时，可以成整数倍选择玉米秸秆之间的间距，如 400mm、600mm 等。

图 9-22 模拟田间试验

9.4.3.1 材料与方法

试验于 2013 年 10 月 8 日在吉林大学农业试验基地进行。试验地块长为 300m，宽为 200m；试验中的玉米选用吉林省近年来的主要种植品种之一，吉单 209，该玉米品种的平均株高为 1955～2005mm，秸秆根部的直径为 29～33mm，果穗处的直径为 24～28mm。试验中选取该玉米收获机的最佳作业速度，约为 1.6m/s；摘穗辊与水平面之间的夹角为 40°；摘穗辊的转速大约为 400r/min。试验中主要考察指标是玉米秸秆的切断率、留茬高度与切割高度之间的关系；试验因素选取秸秆切割器的切割高度及切割角度。

1. 秸秆切断率试验

玉米秸秆切断率的试验中，切割高度、切割角度（顺时针方向，刀盘与地面之间的夹角）的设置如表 9-4 所示。

表 9-4 秸秆切断率试验参数

切割高度可选数值/mm	300，320，340，360，380，400，420，440，460，480，500
切割角度可选数值/（°）	0，3，6，9，12，15

作业时，每种刀盘离地高度分别与任一角度组合，称为一种工况。测量时，选取每种工况下所有的玉米秸秆进行测量，按式（9-18）计算秸秆切断率：

$$\delta = \frac{m}{n} \times 100\% \tag{9-18}$$

式中，δ 为秸秆切断率，%；m 为试验区内被完全切断的玉米株数；n 为试验区内总的玉米株数。

农田工作环境比较恶劣与复杂，在实际工作中，除玉米秸秆的生长状况以外，玉米收获机的多种工作参数都影响玉米收获机的作业效果。因此不可避免地会产生个别秸秆没有被切到或者没有被完全切断的现象；所以需要首先进行秸秆切断率的试验。切割高度和切割角度都会对秸秆切断率产生影响。当切割高度固定时，平均切断率用式（9-19）进行计算。当切割角度固定时，平均切断率用式（9-20）计算：

$$\varepsilon_h = \frac{1}{6} \sum \delta_{h,a} \tag{9-19}$$

式中，ε_h 为固定切割高度 h 下的秸秆切断率，%；h 为切割高度，mm；a 为切割角度，(°)；$\delta_{h,a}$ 为切割高度 h、切割角度 a 下的秸秆切断率，%。

$$\varepsilon_a = \frac{1}{11} \sum_h \delta_{a,h} \tag{9-20}$$

式中，ε_a 为固定切割角度 a 下的秸秆切断率，%；$\delta_{a,h}$ 为切割角度 a、切割高度 h 下的秸秆切断率，%。

2. 留茬高度与切割高度关系试验

该试验中，切割高度、切割角度的设置亦见表 9-4。作业时，每种刀盘离地高度分别与任一角度组合，称为一种工况。测量时，刀盘的切割高度为刀盘中心的离地高度，玉米秸秆的留茬高度选取留茬断面最高点的离地高度。选取每种工况下所有的玉米秸秆进行测量，累加所有玉米根茬的离地高度，然后除以试验地块总的玉米株数，即为留茬高度的平均值。

与秸秆切断率的试验相似，秸秆留茬高度同时受到切割高度和切割角度的影响。当切割高度固定时，平均留茬高度用式（9-21）进行计算。当切割角度固定时，平均留茬高度用式（9-22）进行计算：

$$L_a = \frac{1}{11} \sum_h H_{a,h} \tag{9-21}$$

式中，L_a 为固定切割角度 a 下的平均留茬高度，mm；$H_{a,h}$ 为切割角度 a 和切割高度 h 下的平均留茬高度，mm。

$$L_h = \frac{1}{6} \sum_a H_{h,a} \tag{9-22}$$

式中，L_h 为固定切割高度 h 下的平均留茬高度，mm；$H_{h,a}$ 为切割高度 h 和切割角度 a 下的平均留茬高度，mm。

9.4.3.2　田间试验结果与分析

66 种工况下秸秆切断率的平均值均在 90%以上，达到了玉米立茬覆盖保护性耕作的农艺要求。以切割角度、切割高度为自变量，秸秆切断率为因变量在坐标系中拟合曲面，如图 9-23 所示。从图 9-23 中可以看出，切割高度在 300～500mm 的范围内，随着切割高度的增加，其切断率的平均值分别为 82.61%、83.86%、85.15%、86.55%、87.2%、90.7%、91.01%、92.48%、93.28%、93.73%和 93.33%，也即秸秆的切断率随切割高度的增加而上升；切割角度在 0°～15°的范围内，随着切割角度的减小，其切断率的平均值分别为 88.71%、88.76%、88.83%、88.9%、88.99%和 89.08%，也即秸秆的切断率随切割角度的减小而略有上升。

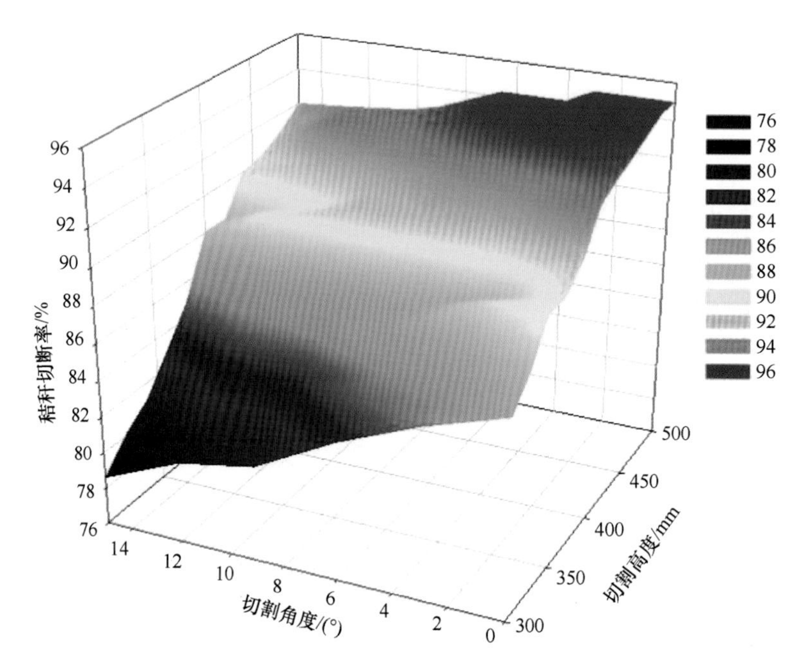

图 9-23　秸秆切断率、切割高度、切割角度的关系

随着切割高度的增加，切割器工作的过程中，刀盘与玉米秸秆发生切割的位置点升高，由于切割器相对于收获机是固定的，玉米收获机摘穗辊对玉米秸秆造成的形变远大于玉米收获机前进对玉米秸秆造成的形变，因此随着切割点的提高，玉米秸秆发生的形变减小；又由于玉米秸秆下端粗、上端细，故切割点越高，切割效果越好，即秸秆切断率上升。根据上文中对秸秆切割角度的分析，在 0°～15°的范围内，切割角度越小，刀盘越近似于与玉米秸秆进行正切，留茬的断面面积越小，切断率越高[26]。

9.5　秸秆粉碎还田装置的设计与试验

该机除具有留高茬还田的独特功能之外，还具有与其他玉米收获机相同的秸秆粉碎还田功能，两种不同的作业功能可以根据具体的作业要求进行切换。秸秆粉碎还田功能的实现主要依靠安装于果穗箱下方的秸秆还田装置，如图 9-1 所示。本节将研究的直抛式曲面直刃刀应用于玉米秸秆还田装置，其最大特点是具有秸秆切碎并抛送的双重功能。下面对切碎刀的型式、切碎与抛送变量的关系和设计参数进行研究及分析，并对切碎刀转速与秸秆切碎长度、抛送距离、功率消耗的关系进行试验研究及理论分析。玉米秸秆切碎装置应用在玉米收获机上，可将摘穗后排出的秸秆切碎还田或回收作青贮饲料。摘穗辊将果穗摘除后，秸秆被喂入秸秆切碎装置。切碎装置中动刀绕轴高速转动，秸秆在动刀与定刀结合处被动刀切断。由于惯性作用，被切断的秸秆将随动刀一起运动，运动至抛送筒位置时，被动刀经由抛送筒抛出[29]。

9.5.1　秸秆切段动力学分析

进入切碎装置后被切碎的秸秆切段在绕定轴转动的切碎刀上运动，本节对秸秆切段进行如下动力学分析。

9.5.1.1　假设条件

为了便于分析，先作如下几项假设。

1）秸秆切段的运动完全按抛扔分析，不考虑气流的影响。

2）秸秆切段重力忽略不计。

3）秸秆与刀片相遇之前其速度为 0（秸秆进入切碎装置前的速度与切碎刀的转速相比很小）。

4）刀片是平板式，并且后倾。

9.5.1.2　动力学方程

当动刀以角速度 ω 回转时，质量为 m 的秸秆切段质点 M 的受力如图 9-24 所示，图 9-24 中 F_{n} 为质点 M 所受的离心力，F_{d} 为质点 M 所受的摩擦力，F_{g} 为科氏力，建立秸秆切段沿刀片运动的微分方程式为

$$
\begin{aligned}
m\frac{\mathrm{d}^2 S}{\mathrm{d}t^2} &= F_{\mathrm{n}}\cos\beta - f\left(F_{\mathrm{g}} - F_{\mathrm{n}}\sin\beta\right) = F_{\mathrm{n}}\cos\beta - f\left(2m\omega\frac{\mathrm{d}S}{\mathrm{d}t} - F_{\mathrm{n}}\sin\beta\right) \\
&= m\omega^2\rho\cos\beta - f\left(2m\omega\frac{\mathrm{d}S}{\mathrm{d}t} - m\omega^2\rho\sin\beta\right)
\end{aligned}
$$

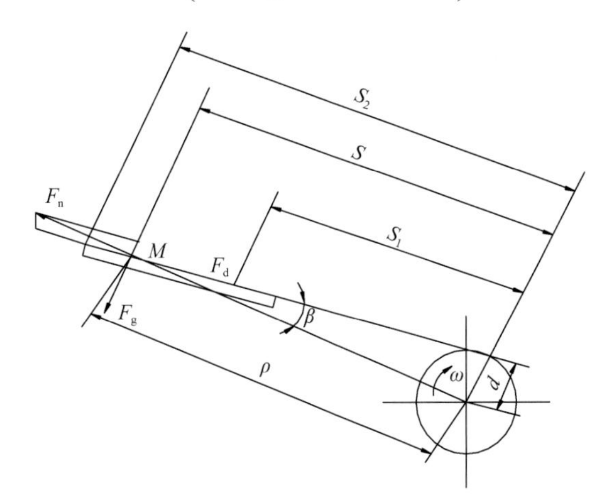

图 9-24　秸秆切段质点 M 受力分析

将 $\rho\sin\beta = d$ 、 $\rho\cos\beta = S$ 代入得

$$\frac{\mathrm{d}^2 S}{\mathrm{d}t^2} + 2\omega f \frac{\mathrm{d}S}{\mathrm{d}t} - \omega^2 S - fd\omega^2 = 0 \tag{9-23}$$

式中，d 为刀片偏心圆半径（刀片工作面与回转中心的垂直距离）；ρ 为秸秆切段 M 沿刀片运动时，某一瞬间的回转半径；β 为质点的径向方向与刀片的夹角；f 为摩擦系数。

其方程一般解为

$$S = c_1 \mathrm{e}^{\left(-f+\sqrt{f^2+1}\right)\omega t} + c_2 \mathrm{e}^{\left(-f-\sqrt{f^2+1}\right)\omega t} - fd$$

令

$$a = \left(-f + \sqrt{f^2+1}\right)$$

则

$$\frac{\mathrm{d}S}{\mathrm{d}t} = c_1 a\omega\, \mathrm{e}^{a\omega t} - c_2 \frac{1}{a}\omega\, \mathrm{e}^{-\frac{1}{a}\omega t}$$

t=0 时，S=S_1，则

$$\frac{\mathrm{d}S}{\mathrm{d}t} = 0$$

联立方程求得：

$$\begin{cases} c_1 = \dfrac{1}{a^2+1}\left(S_1 + fd\right) \\ c_2 = \dfrac{a^2}{a^2+1}\left(S_1 + fd\right) \end{cases}$$

将 c_1、c_2 代入上式求得

$$S = \frac{1}{a^2+1}\left(S_1 + fd\right)\mathrm{e}^{a\omega t} + \frac{a^2}{a^2+1}\left(S_1 + fd\right)\mathrm{e}^{-\frac{1}{a}\omega t} - fd$$

式中，S_1 为秸秆切段沿刀片运动的起始距离。

为简化计算，令 f=1，得

$$S = \left(S_1 + d\right)\left(0.85\mathrm{e}^{0.414\omega t} + 0.15\mathrm{e}^{-2.414\omega t}\right)\mathrm{e}^{-\frac{1}{a}\omega t} - d \tag{9-24}$$

$d>0$ 时，刀片为后倾（$\beta>0$）。

$d=0$ 时，刀片径向配置（$\beta=0$）。

$d<0$ 时，刀片为前倾（$\beta<0$），且有

$$V_{M'i} = \frac{\mathrm{d}S}{\mathrm{d}t} = \left(S_1 + d\right)\omega\left(0.352\mathrm{e}^{0.414\omega t} + 0.362\mathrm{e}^{-2.414\omega t}\right) \tag{9-25}$$

9.5.1.3 动力学参数分析

为了使秸秆切段 M 能够由抛送筒抛出，必须使秸秆切段运动到刀端时有适当的沿刀片方向的速度分量 $V_{M'i}$。$V_{M'i}$ 过小，秸秆切段不能尽快到达刀端被抛出而被带回机壳

内，造成堵塞。

由式（9-25）可知，影响速度分量 $V_{M'i}$ 的因素有秸秆被动刀切断后沿刀片运动的起始距离 S_1、动刀绕回转中心的转速 ω、刀片工作面与回转中心的垂直距离 d。平板刀片工作面与回转中心的垂直距离 d 为定值，因此在刀片转速 ω 一定的情况下，靠近刀片末端的秸秆切段的起始距离 S_1 较小，秸秆切段被抛出时，其沿刀片方向的速度分量 $V_{M'i}$ 较靠近刀片前端的秸秆切段速度分量 $V_{M'i}$ 要小。为了使靠近刀片末端的秸秆切段也能获得足够的速度分量 $V_{M'i}$，可以适当增大刀片工作面与回转中心的垂直距离 d。而改变刀片倾角 β 的大小可以有效地控制垂直距离 d 的大小。

依据上述分析，来设计刀片的型式，使它既能满足秸秆切碎要求，又能满足秸秆的抛送。为此应使刀片上每一点的 β 角不一样，靠近刀片末端刀片上的 β 角取较大值，靠近刀片前端刀片上的 β 角取较小值，这样可以使分布在刀片上各处的秸秆切段运动速度的大小和方向基本保持一致，抛送效果较好。

9.5.2　动刀的研究设计

9.5.2.1　设计参数的选取

刀片参数如图 9-25 所示，刀宽 90mm，刀长 200mm，刀厚 6mm，刃口角为 30°，圆弧半径 r 取系列值。根据切碎装置的结构配置（图 9-26），取切碎刀回转半径 R＝210mm。

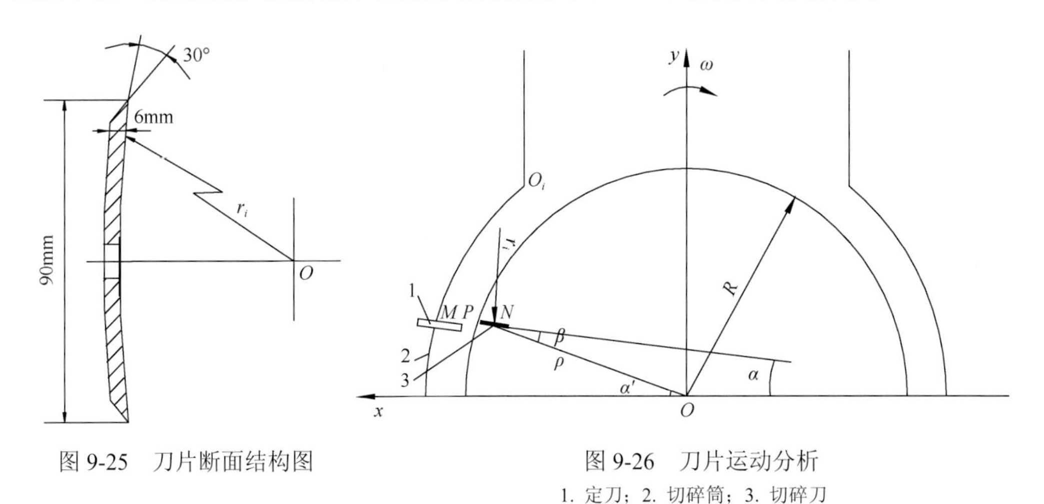

图 9-25　刀片断面结构图

图 9-26　刀片运动分析

1. 定刀；2. 切碎筒；3. 切碎刀

1. 切碎刀转速 n_j

设计秸秆切段长度为 30mm，则切碎刀转速为

$$n_j = \frac{60 \times 1000 v_j}{L_j K} = 1885\ \mathrm{r/min} \tag{9-26}$$

式中，L_j 为秸秆切段长度，L_j=30mm；K 为刀片数量，K=4；v_j 为线速度，取值不固定。

2. 切碎刀切线速度 v_t

$$v_{\mathrm{t}} = \frac{2\pi R n_{\mathrm{j}}}{60 \times 1000} = 41.45\ \mathrm{m/s} \tag{9-27}$$

式中，R 为切碎刀回转半径。

满足秸秆切断抛送所需的线速度可由试验确定。在青饲收获机上 $v_t \geqslant 36$m/s，可见，满足秸秆切段长度要求的切刀线速度可满足抛送要求。

9.5.2.2 刀片参数的选取

1. 刀片中点处 β 的选取

对于不同倾角的平板刀片，位于刀片中点处秸秆切段被抛出时，其沿刀片方向的速度分量 $V_{M'i}$ 各不相同，其被抛出时的速度 V_i 也各不相同。分别求出对应不同 β 角的 $V_{M'i}$、V_i、φ_i（V_i 与 $V_{切}$夹角），见表 9-5。取 S_1=150mm，取 f=0.5（秸秆对应的摩擦系数）。

表 9-5　倾角 β 与各参数间变化关系

倾角	d_i/mm	$V_{M'i}$/（m/s）	V_i/（m/s）	φ_i/（°）
β_1=10°	34.83	25.64	52.39	28.81
β_2=15°	52.25	26.52	54.68	27.94
β_3=20°	70.97	27.93	57.36	27.23
β_4=25°	90.93	28.93	59.74	26.03
β_5=30°	112.58	29.99	62.13	24.71
⋮	⋮	⋮	⋮	⋮
β_8=45°	195	35.35	70.99	20.62

由表 9-5 可知，取 β=15°或 β=20°时，秸秆切段被抛出时可获得较大速度 V_i 且有较大的 φ_i 角。φ_i 角较大，秸秆可被抛送到一定高度，此时试验效果较好。但刀片中点 β 角不可取值过大（$\beta \leqslant 30°$），否则不利于切断秸秆，本机取 β=15°。

2. 刀片半径 r_i 的选取

将刀片设计成圆弧曲面，曲面上各对应的 β 各不相同。若靠近刀片末端曲面上的 β 角较刀片前端曲面上各点对应的 β 值大，则刀片末端的秸秆切段可获得较大的沿刀片方向的速度分量，使位于刀片末端的秸秆与位于刀片中点处的秸秆基本同时到达刀片的端点被抛出，抛送效果较好。表 9-6 中为不同刀片半径 r_i 对应刀片末端的最大 β 角，以及位于刀片中点秸秆运动至刀端所需时间 t_1 和位于刀片末端秸秆运动至刀端所需时间 t_2 的对比。

由表 9-6 可知，当刀片取较小半径，刀片末端对应的 β 角较大，这样位于刀片末端的秸秆切段将获得较大沿刀片的速度分量 $V_{M'i}$，秸秆切段运动至刀端所需时间短，因此取 r=115mm。

表 9-6　半径 r 与各参数间变化关系

半径	β_{max}	t_1/s	t_2/s
r_1=100	47.16°	0.005 243	0.005 909
r_2=115	42.04°	0.005 235	0.005 953
r_3=130	39.25°	0.005 227	0.005 996
r_4=145	37.09°	0.005 219	0.006 038
r_5=160	35.34°	0.005 211	0.006 080

9.5.2.3　秸秆出口位置的确定

如图 9-27、图 9-28 所示，刀片端点秸秆切段 M 沿圆周的运动速度 $v_{切} = R\dfrac{n_j\pi}{30}$，由表 9-6 可知，当 r=115mm 时位于刀片末端的秸秆切段运动到刀端所需时间 t=0.005 953s，则切刀转过角度 θ 为

$$\theta = \frac{360n_jt}{60} = 11\,310t = 67.33° \tag{9-28}$$

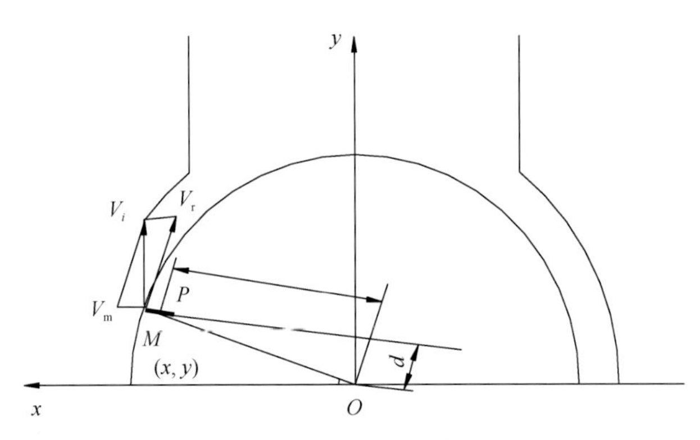

图 9-27　秸秆入口位置

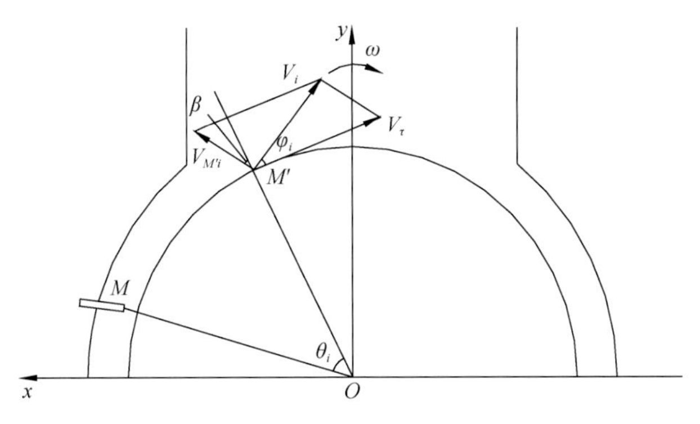

图 9-28　秸秆出口位置

由表 9-5 可得 M' 点秸秆切段的实际运动速度 V 的大小和方向，V=54.68m/s，φ=27.94°。使速度 V 的方向不与抛送筒干涉，由此可确定抛送筒尺寸[29]。

9.5.3 研究结果讨论

1）由上述分析可知，刀片倾角 β 对抛送效果影响较大。适当增大 β 角，可使秸秆切段获得较大的沿刀片方向的速度分量 $V_{M'i}$。

2）将刀片设计成圆弧曲面，刀片末端对应的 β 角增大，则刀片末端的秸秆切段可获得较大的沿刀片方向的速度分量 $V_{M'i}$，较快地到达刀片端点，对抛送有利。

3）刀片半径 r_i 越小，则对应的 β 角越大，速度分量 $V_{M'i}$ 也越大。

9.5.4 切碎抛送装置的试验

9.5.4.1 已知参数及试验条件

刀片半径 r=115mm，切刀回转半径 R=210mm，刀片数量 K=4。试验在室内实验台上进行，秸秆切碎抛送装置由调速电机驱动，秸秆由夹持输送链喂入。采用正交试验方法，用自记功率表测试功率消耗，利用 SASS 软件处理试验数据。

9.5.4.2 试验方案及结果

考察两个因素 A（切刀转速）、B（喂入速度）对 3 个试验指标 $y^{(1)}$（秸秆切段长度）、$y^{(2)}$（秸秆抛送距离）及 $y^{(3)}$（功率消耗）的影响，为此采用正交试验设计，选用正交表 $L_{18}(6^1\times3^6)$安排试验，测得试验数据列入表 9-7。

表 9-7 试验计划及试验结果

试验计划		试验结果		
A（切刀转速）	B（喂入速度）	$y^{(1)}$切段长度/mm	$y^{(2)}$抛送距离/m	$y^{(3)}$功率消耗/kW
1（1600r/min）	1（1.5m/s）	47.3	7.42	8.32
1	2（1.8m/s）	46.2	6.88	8.48
1	3（2.1m/s）	45.9	7.30	8.40
2（1700r/min）	1	41.0	8.52	9.12
2	2	40.8	8.73	8.86
2	3	39.3	8.65	9.40
3（1800r/min）	1	39.7	9.53	9.51
3	2	38.2	8.97	9.78
3	3	32.2	8.42	9.96
4（1900r/min）	1	33.3	9.11	10.13
4	2	30.7	9.38	10.62
4	3	31.8	9.30	10.27
5（2000r/min）	1	31.1	8.97	11.47
5	2	28.4	9.12	11.02
5	3	27.3	9.20	11.60
6（2100r/min）	1	27.8	8.31	13.02
6	2	37.9	8.85	12.63
6	3	26.0	9.05	12.61

通过多元方差分析可知，因素 A 各水平对指标的影响差异极显著，因素 B 各水平对指标的影响无显著差异。

由此可知，影响秸秆切段长度、秸秆抛送距离及功率消耗的主要因素是切刀转速。所以，喂入速度对各指标的影响可忽略不计。为了研究切刀转速与所考察指标之间的关系，把切刀转速的不同水平与秸秆喂入速度的 3 个不同水平的搭配看作切刀转速不同水平的 3 次重复试验。用切刀转速不同水平的 3 次重复试验数据的平均值作为指标值列于表 9-8。

表 9-8　重复试验结果

x_i 切刀转速/（r/min）	$y_i^{(1)}$ 切段长度/mm	$y_i^{(2)}$ 抛送距离/m	$y_i^{(3)}$ 功率消耗/kW
1600	46.5	7.2	8.4
1700	40.3	8.63	19.2
1800	38.6	8.94	9.75
1900	32.1	9.26	10.34
2000	30.4	9.10	11.36
2100	27.0	8.74	12.75

9.5.5　切刀转速与 $y^{(1)}$、$y^{(2)}$、$y^{(3)}$ 的回归方程

由表 9-8 中的试验结果可以看出：秸秆的切段长度、秸秆的抛送距离及功率消耗均是切刀转速 x 的函数。下面应用正交多项式回归分析方法建立秸秆切段长度 $y^{(1)}$ 与切刀转速 x 之间、秸秆抛送距离 $y^{(2)}$ 与切刀转速 x 之间及功率消耗 $y^{(3)}$ 与切刀转速 x 之间的各回归方程。

9.5.5.1　有限点系上的正交多项式

设有限点系为 x_r（r=1, 2,⋯, n），多项式序列 $P_i(x)$（i=0, 1, 2,⋯, m）（$m≤n$）若满足条件

$$\sum_{r=1}^{n} P_i(x_r) P_j(x_r) = \begin{cases} P > 0, & i = j \\ 0, & i \neq j \end{cases} \tag{9-29}$$

其中 $P_i(x)$ 为 i 次多项式，则称多项式序列 $P_i(x)$ 为有限点系 x_r（r=1, 2,⋯, n）上的正交多项式。

9.5.5.2　正交多项式求法

设满足正交条件（9-29）的多项式序列有如下递推关系

$$\begin{cases} P_0(x) = 1 \\ P_1(x) = (x - \alpha_1) P_0(x) \\ P_{i+1}(x) = (x - \alpha_{i+1}) P_i(x) - \beta_i P_{i-1}(x) \end{cases} \tag{9-30}$$

式中，i=1, 2,⋯, m−1。

由正交条件（9-29）可推出（9-30）中的系数 α_i、β_i 的计算公式为

$$\alpha_{i+1}=\frac{\sum_{r=1}^{n}x_r P_i^2\left(x_r\right)}{\sum_{r=1}^{n}P_i^2\left(x_r\right)};\qquad \beta_i=\frac{\sum_{r=1}^{n}P_i^2\left(x_r\right)}{\sum_{r=1}^{n}P_{i-1}^2\left(x_r\right)} \tag{9-31}$$

9.5.5.3　正交多项式回归方程

设有 n+1 对试验数据（x_r, y_r）（r=0, 1, 2,⋯, n），要求按这些数据找到一个近似函数关系式 $y=f(x)$，设所求变量 y 与 x 之间的关系为一个 m 次多项式，即

$$y=f(x)=a_0+a_1x+\cdots+a_mx^m \tag{9-32}$$

式（9-32）可以表示成正交多项式 $P_0(x), P_1(x),\cdots, P_m(x)$ 的线性组合。即

$$y=C_0P_0\left(x\right)+C_1P_1\left(x\right)+\cdots+C_mP_m\left(x\right) \tag{9-33}$$

式（9-33）称为回归方程，$C_0, C_1,\cdots, C_m$ 是待估计的回归系数，令

$$\hat{y}=C_0P_0\left(x_r\right)+C_1P_1\left(x_r\right)+\cdots+C_mP_m\left(x_r\right) \tag{9-34}$$

下面应用最小二乘法估计式（9-33）中的回归系数 $C_0, C_1,\cdots, C_m$，即

$$I_m=\sum_{r=1}^{n}\left(\hat{y}_r-y_r\right)^2=\sum_{r=1}^{n}\left[\sum_{j=0}^{m}C_jP_j\left(x_r\right)-y_r\right]^2=\min \tag{9-35}$$

式（9-35）成立的必要条件是

$$\frac{\partial I_m}{\partial C_j}=0,\ j=0,1,\cdots,m$$

由此可以推出回归系数 $C_j\left(j=0,1,\cdots,m\right)$ 的估计公式是

$$C_j=\frac{\sum_{r=1}^{n}P_j\left(x_r\right)y_r}{\sum_{r=1}^{n}P_j^2\left(x_r\right)}=\frac{B_j}{S_j},\ j=0,1,\cdots,m \tag{9-36}$$

9.5.5.4　回归方程显著性检验

在利用正交多项式求回归方程时，回归方程和回归系数的检验可同时进行，可按表 9-9 进行。

表 9-9 中变量满足如下公式：

$$B_j=\sum_{r=1}^{n}y_rP_j\left(x_r\right);\quad S_j=\sum_{r=1}^{n}P_j^2\left(x_r\right);\quad Q_j=\frac{B_j^2}{S_j},\ j=1,2,\cdots,m$$

$$Q=Q_1+Q_2+\cdots+Q_m;\quad S_T=Q+S_e$$

9.5.5.5　秸秆切碎长度和切刀转速的回归方程与检验

由表 9-8 中的数据可看出，选择秸秆切段长度与切刀转速的回归方程为二次正交多

表 9-9　方差分析表

来源	平方和	自由度	均方和	F 值
回归	$Q=\sum_{j=1}^{m}Q_j$	m	Q/m	$\dfrac{Q/m}{S_e/(n-m-1)}$
一次	$Q_1=\dfrac{B_1^2}{S_1}$	1	Q_1	$\dfrac{Q_1/m}{S_e/(n-m-1)}$
⋮	⋮	⋮	⋮	⋮
m 次	$Q_m=\dfrac{B_m^2}{S_m}$	1	Q_m	$\dfrac{Q_m/m}{S_e/(n-m-1)}$
剩余	$S_e=S_T-Q$	$n-m-1$	$S_e=n-m-1$	—
总和	$S_T=\sum_r y_r^2-\dfrac{1}{n}\left(\sum_r y_r\right)^2$	$n-1$	—	—

项式比较适宜，因此设

$$\hat{y}^{(1)}=\hat{y}^{(1)}(x)=C_0P_0(x)+C_1P_1(x)+C_2P_2(x)$$

由式（9-30）与式（9-31）可求出正交多项式

$$P_0(x)=1\text{；}\quad P_1(x)=x-1850$$

$$P_2(x)=x^2-3700x+3\,393\,333.333$$

再由式（9-36）可求出

$$S_1=\sum_{r=1}^{6}P_1^2(x_r)=175\,000\text{；}\quad B_1=\sum_{r=1}^{6}y_1^{(1)}P_1(x_r)=-6685$$

$$S_2=\sum_{r=1}^{6}P_2^2(x_r)=3\,733\,333\,333\text{；}\quad B_2=93\,333.2928$$

$$C_0=\overline{y}^{(1)}=35.82;\ C_1=-0.0382;\ C_2=0.000\,025$$

进而求出：

$$\begin{aligned}\hat{y}^{(1)}&=C_0P_0(x)+C_1P_1(x)+C_2P_2(x)\\&=190.8233-0.1307x+0.000\,025x^2\end{aligned}\tag{9-37}$$

下面对回归方程进行显著性检验，见表 9-10。

表 9-10　方差分析

来源	平方和	自由度	均方和	F 值	显著性
回归	257.7	2	128.85	74.78	**
一次	255.37	1	255.367	147.44	**
二次	2.333	1	2.333	1.354	不显著
剩余	5.168	3	1.723	—	—
总和	262.87	5	—	—	—

**表示在 α=0.01 下显著，后同

从方差分析表 9-10 中可知，回归方程高度显著，一次项高度显著，而二次项不显著，因而可以认为切刀转速与切段长度的函数关系基本上是线性的，但由于自变量取值

较大，因变量取值较小，且回归方程仅是二次多项式，因此仍保留二次项。

9.5.5.6 秸秆抛送距离与切刀转速的回归方程与检验

由表9-8中的数据取二次正交多项式回归，在9.5.5.5中已求出$P_0(x)$、$P_1(x)$、$P_2(x)$、S_1、S_2，再由式（9-36）可算出

$$B_1=\sum_{r=1}^{6}y_r^{(2)}P_2(x_r)=471.5;\ B_2=-72\,200.04;\ C_0=\overline{y}^{(2)}=8.645;\ C_1=0.002\,694;$$

$$C_2=-0.000\,02$$

于是得回归方程

$$\begin{aligned}\hat{y}^{(2)}&=C_0P_0(x)+C_1P_1(x)+C_2P_2(x)\\&=-64.2056+0.076\,694x-0.000\,02x^2\end{aligned}\tag{9-38}$$

下面对回归方程（9-38）进行显著性检验，见表9-11。

表9-11 方差分析

来源	平方和	自由度	均方和	F值	显著性
回归	2.6673	2	1.334	38.40	**
一次	1.2710	1	1.271	36.63	**
二次	1.3963	1	1.396	40.23	**
剩余	0.1041	3	0.0347	—	
总和	2.7714	5	—	—	

由表9-11可以看出回归方程（9-38）极显著，一次项、二次项均极显著。

9.5.5.7 功率消耗和切刀转速的回归方程与检验

根据表9-8中数据的变化趋势，仍选择二次正交多项式回归方程。

在9.5.5.5中已求出$P_0(x)$、$P_1(x)$、$P_2(x)$、S_1、S_2，由式（9-36）可算出

$$B_1=1441;\ B_2=32\,200;\ C_0=10.3;\ C_1=0.008\,234;\ C_2=0.000\,008\,625$$

于是得回归方程

$$\hat{y}^{(3)}=-34.2004+0.040\,15x-0.000\,008\,625x^2\tag{9-39}$$

对式（9-39）进行显著性检验，见表9-12。

表9-12 方差分析

来源	平方和	自由度	均方和	F值	显著性
回归	12.1433	2	6.072	170.552	**
一次	11.8656	1	11.8656	333.303	**
二次	0.2777	1	0.2777	7.801	*
剩余	0.1068	3	0.0356	—	
总和	12.2502	5	—	—	

由表 9-12 可看出回归方程极显著，一次项极显著，二次项也显著。最后将上述 3 个回归方程的预测值与实际值加以比较，列于表 9-13。

表 9-13　预测值与实际值的比较

x_r	1600	1700	1800	1900	2000	2100
$y^{(1)}$	46.5	40.3	38.6	32.1	30.4	27
$\hat{y}^{(1)}$	45.8	40.8	36.6	32.7	29.43	26.7
$y^{(2)}$	7.2	8.63	8.94	9.26	9.1	8.74
$\hat{y}^{(2)}$	7.3	8.37	9.04	9.31	9.18	8.65
$y^{(3)}$	8.4	9.2	9.75	10.34	11.36	12.75
$\hat{y}^{(3)}$	7.96	9.13	10.1	10.94	11.6	12.1

表 9-13 中，$\hat{y}^{(1)}$、$\hat{y}^{(2)}$、$\hat{y}^{(3)}$ 是分别对应 $y^{(1)}$、$y^{(2)}$、$y^{(3)}$的预测值，由表 9-13 中的数据也可看出 3 个回归方程的精度是很高的。

9.5.6　回归方程的应用

9.5.6.1　$y^{(1)} = \hat{y}^{(1)}(x)$ 的应用

1）应用 $\hat{y}^{(1)}(x)$，式（9-37）可以对任意切刀转速 x 预测秸秆切段长度。

例如，取 x=1500，则可得秸秆切段长度 $\hat{y}^{(1)}(1500)$=51.02mm；取 x=2050，则可得秸秆切段长度 $\hat{y}^{(1)}(2050)$=28mm。预测应用时，x 应大于 0，小于 2600，若 x 远小于 1600 或远大于 2100，可能效果不佳，因此应用时应注意。

2）应用 $\hat{y}^{(1)}(x)$ 可求出满足一定秸秆切段长度的切刀转速 x 。

这时只需对任意的秸秆切段长度 $y_0(x)$，解方程

$$0.000\,025x^2 - 0.1307x + 190.8233 = y_0(x)$$

可求出切刀转速 x，例如，取 $y_0(x)$=30，可求 x=2002。

9.5.6.2　$y^{(2)} = \hat{y}^{(2)}(x)$ 的应用

1）应用 $\hat{y}^{(2)}(x)$ 可根据区间[1235, 2599]内任一个切刀转速预测其秸秆抛送距离。例如，取 x=2050，可得此时的抛送距离 $\hat{y}^{(2)}(2050)$=8.97m。

2）应用 $\hat{y}^{(2)}(x)$ 可对固定的抛送距离 $\hat{y}^{(2)}(x)$，求出切刀转速 x。例如，取 $y_0(x) = 9$，可由

$$9 = -64.2056 + 0.076\,694x - 0.000\,02x^2$$

解出 x_1=2044，x_2=1790。

3）应用 $\hat{y}^{(2)}(x)$ 可求出抛送距离的最大值。令

$$\hat{y}^{(2)'}(x) = 0.076\ 694 - 0.000\ 04x = 0$$

可求出驻点 x=1917，由于 $\hat{y}^{(2)''}(x)$=–0.000 04<0，因此 x=1917 为最大值点，此时的最大值为 $\hat{y}^{(2)}(1917) = 9.32\text{m}$。

9.5.6.3　$y^{(3)} = \hat{y}^{(3)}(x)$ 的应用

由于 $\hat{y}^{(3)}(x)$ 可在区间[1130, 2320]内预测任一切刀转速时的功率消耗，例如，取 x=1850，此时的功率消耗 $\hat{y}^{(3)}(1850) = 10.56\text{kW}$。

9.5.7　试验结果讨论

1）在应用回归方程 $\hat{y}^{(1)}(x)$ 预测秸秆切段长度时，切刀转速 x 不能超过 2600r/min，这是因为 $\hat{y}^{(1)}(x)$ 的最小值点为 2614。

2）在应用回归方程 $\hat{y}^{(2)}(x)$ 对固定抛送距离 $\hat{y}^{(2)}(x)$ 求切刀应控制的转速时，会得到两个切刀转速 $x_1^{(2)}$ 与 $x_2^{(2)}$。此时的两个切刀转速都是合理的，这是因为 $\hat{y}^{(2)}(x)$ 是一个抛物线，最大值为 9.32m，最大值点为 1917r/min，$x_1^{(2)}$ 与 $x_2^{(2)}$ 以 x=1917 为对称中心。此时应考虑秸秆切段长度的要求及功率消耗来选取切刀转速 x。由此还可以看出，秸秆的抛送距离并非随切刀转速的提高而单调增大。

3）秸秆回收作青饲料，要求秸秆切段长度在 30mm 左右，这时秸秆的抛送距离约为 9.2m，功率消耗约为 11.6kW。切碎还田时，要求切段长度 100mm，切刀转速控制在 850r/min 左右。

9.5.8　小结

1）刀片半径 r_i 的变化对秸秆切段的运动规律影响较大。若半径 r_i 减小，则秸秆切段运动到刀端的时间减少，对抛送有利，但不能小于 115mm。

2）切刀转速是影响秸秆切段长度、秸秆抛送距离及功率消耗等指标的主要因素，而喂入速度对各指标的影响可忽略不计。

3）本节所研究的刀片半径 r_i、刀片曲线上任意一点 $P(x_P, y_P)$ 的 β_i、任意时间 t_i 时的切刀转过角度 θ_i、任意点秸秆切段的实际运动速度 V_i 和方向等，各种参数的变化均是一般性的规律，对实际结构的参数优化和设计具有普遍的指导意义。

4）直抛式曲面直刃刀应用于玉米秸秆切碎装置，不仅结构简单，切碎质量好，同时可完成抛送回收，是粉碎装置上的理想刀型。

9.6　摘穗辊的设计与试验

摘穗是玉米收获机的最基本功能，摘穗辊也是玉米收获机的核心部件之一。玉米收获时的摘穗辊堵塞、落粒损失、籽粒破损始终是人们攻关的目标。为了在前人研究的基础上继续提高摘穗辊的工作质量，本节进行摘穗辊的研究。

9.6.1　变螺距螺旋凸棱摘穗辊的设计

通过实地试验，我们发现，造成摘穗辊堵塞的一个重要原因是，在竖直方向上，玉米秸秆还没有被拉出摘穗辊间隙，但是玉米秸秆已经到达摘穗辊末端，因此，大量的玉米秸秆堆积在摘穗辊的末端，造成摘穗辊的堵塞。摘穗辊表面的螺旋凸棱可以对玉米秸秆起到导向作用，尤其是当玉米秸秆在内外摘穗辊的螺旋凸棱之间运动的时候。如果表面螺旋凸棱采用变螺距螺旋线，螺距从摘穗辊的前部至后部逐渐减小，那么就可以使刚进入两摘穗辊之间的玉米秸秆迅速沿两摘穗辊间隙向上运动，减小在摘穗辊前部摘穗的概率，因此可以减小落地果穗损失率；玉米秸秆在沿两摘穗辊间隙向上运动的过程中，沿摘穗辊间隙向上的速度逐渐下降，能有效减少迅速进入摘穗辊强拉段的玉米秸秆的数量，因此可以减小发生堵塞割台故障的概率；根据上文中所述的玉米收获机的最佳作业速度和摘穗辊的最佳差速，设定内侧摘穗辊摘穗段的表面螺旋凸棱为右旋螺旋线[30]，其在 xyz 空间直角坐标系中的参数方程如下所示：

$$\begin{cases} x = 44 \times \cos\theta \\ y = 44 \times \sin\theta \\ z = -7.7 \times 10^{-5}\theta^2 + 0.542\theta \end{cases} \tag{9-40}$$

外侧摘穗辊摘穗段表面螺旋凸棱为与内侧相对应的左旋螺旋线[30]，其在 xyz 空间直角坐标系中的参数方程如下所示：

$$\begin{cases} x = 44 \times \cos\theta \\ y = 44 \times \sin\theta \\ z = -7.7 \times 10^{-5}\theta^2 - 0.542\theta \end{cases} \tag{9-41}$$

对于内侧摘穗辊而言，θ 是螺旋线上任一点在 xy 平面上的投影和原点的连线与 x 轴的夹角，其中 $\theta \geqslant 0$；对于外侧摘穗辊而言，θ 也是螺旋线上任一点在 xy 平面上的投影和原点的连线与 x 轴的夹角，但是其中 $\theta \leqslant 0$。

变螺距螺旋凸棱摘穗辊如图 9-29 所示，摘穗辊摘穗段的长度为 920 mm，不带螺旋凸棱的光辊其材料采用无缝钢管 $\phi 69 \times 5$。螺旋凸棱的材料采用 E9 钢筋，焊接于光辊上。

变螺距螺旋凸棱摘穗辊的设计理念也曾经被其他研究者提出，如王小娟《小型玉米收获机摘穗辊的改进设计》一文[31]。本设计的整套螺旋凸棱的螺距是连续变化的，任意两条相邻的螺旋凸棱之间的螺距均不同，连续变化的螺距使螺旋凸棱上没有拐点，在数学曲线上，螺旋线处处可导，玉米秸秆在相对于摘穗辊向上的方向上，没有速度突变的

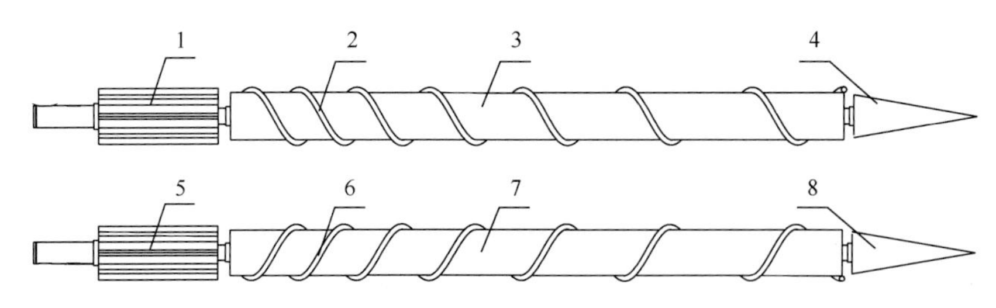

图 9-29 内外摘穗辊

1. 内侧摘穗辊强拉段；2. 内侧摘穗辊摘穗段螺旋凸棱；3. 内侧摘穗辊摘穗段；4. 内侧摘穗辊导锥段；5. 外侧摘穗辊强拉段；6. 外侧摘穗辊摘穗段螺旋凸棱；7. 外侧摘穗辊摘穗段；8. 外侧摘穗辊导锥段

情况下即可以实现速度缓慢降低，可以降低收获过程中玉米果穗的振动，减小过于成熟的玉米籽粒的落粒损失。

本设计的变螺距螺旋凸棱摘穗辊，导锥段无螺旋凸棱，螺旋凸棱从摘穗段开始。对比于从导锥段开始有螺旋凸棱的摘穗辊，更有利于玉米秸秆的进入，增大了两导锥段尖端之间的空隙，避免了导锥段上的螺旋凸棱对玉米秸秆的推倒作用。

当摘穗辊转速不变的情况下，随着螺距的减小，玉米秸秆向后推送的速度减小。玉米秸秆在沿两摘穗辊间隙向上运动的过程中，沿摘穗辊间隙向上的速度逐渐下降，能有效减少进入摘穗辊强拉段的玉米秸秆的数量，因此可以减小发生堵塞割台故障的概率。

9.6.2 间距自适应差速摘穗辊

9.6.2.1 设计思路

为了更好地解决玉米收获过程中，玉米秸秆堵塞摘穗辊间隙的问题，本机还设计了间距自适应摘穗辊。生产实践中观察到，如若玉米秸秆已经运动到摘穗辊强拉段末端，但是在其高度方向上仍然未被拉出摘穗辊，以致后来进入摘穗辊间隙的玉米秸秆滞留在摘穗辊的强拉段，最后导致多根玉米秸秆将摘穗辊间隙填满，摘穗辊不能继续正常工作，即发生了摘穗辊堵塞。图 9-30 阐述了玉米秸秆与摘穗辊的相互作用关系。为了使分析简洁明了，取单根玉米秸秆与一只摘穗辊进行分析[32]。刚进入摘穗辊间隙的玉米秸秆在图 9-30 中以虚线表示，玉米秸秆会受到由摘穗辊提供的摩擦力 F 作用，其方向为斜向下，在两摘穗辊间隙中运动了一段距离的玉米秸秆以实线表示，ωr 代表玉米秸秆与摘穗辊接触点处的线速度[33]。

根据运动的相对性，假定玉米收获机静止，玉米秸秆运动，那么玉米秸秆与摘穗辊接触点的运动方向为右下方（如图 9-30 所示，在竖直方向上，玉米秸秆向下运动，水平方向相对收获机向后运动）。由于既受到压缩，又受到摘穗辊向前的推动作用，玉米秸秆必然发生如图 9-30 所示的弯曲变形[32]。假定收获过程中不会发生堵塞，那么需要在玉米秸秆与摘穗辊接触点的速度的水平分量通过 OO_2 段位移的时间内，图 9-30 中的 h 段必须能够顺利通过摘穗辊间隙。

$$\frac{OO_1 + O_1O_2}{\omega r\sin\alpha + V_{\mathrm{m}}} \geqslant \frac{h}{\omega r\cos\alpha} \tag{9-42}$$

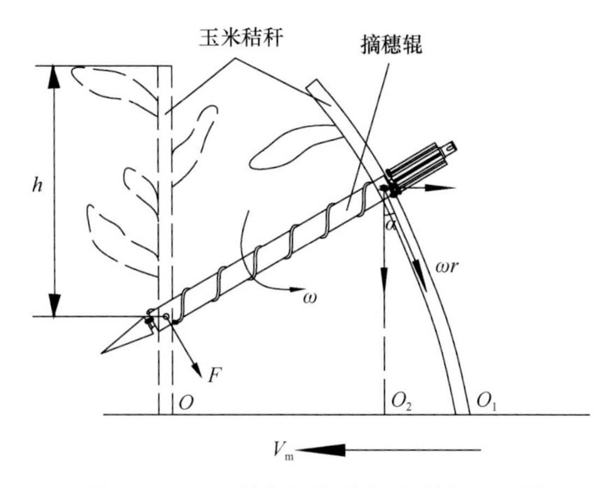

图 9-30　玉米秸秆与摘穗辊作用的示意图

式中，OO_1 为玉米收获机前进距离；O_1O_2 为玉米秸秆被摘穗辊向前推动的水平距离；h 为玉米秸秆上，自摘穗辊始端至其自身顶端之间的垂直高度；ω 为摘穗辊转速；r 为摘穗辊（包括螺旋凸棱）外圆半径；α 为摘穗辊轴线与地面之间的倾角；V_{m} 为玉米收获机前进速度。

即图 9-30 中 h 段通过摘穗辊间隙的时间要短于接触点速度的水平分量通过 OO_2 段位移所需的时间。摘穗辊和玉米秸秆之间的摩擦为静摩擦是式（9-42）能够成立的前提条件。影响摩擦力的因素是压力、接触面的材料、接触面的粗糙程度，由于接触的物体为铸铁制作的摘穗辊和主要成分为纤维素的玉米秸秆，接触面材料和粗糙程度基本上都无法改变，为了使摘穗辊与玉米秸秆之间不发生“打滑”，从而不发生堵塞现象[34]，只可以通过增加内外摘穗辊对玉米秸秆的夹持力，来增加玉米秸秆受到的摩擦力。农业生产实际显示，同一品种的玉米在同一地区具有相似的长势，这也就是玉米收获机内外摘穗辊之间的距离固定的原因。但理想状况是，摘穗辊的间隙会在遇到的玉米秸秆纤细时而迅速变小，以保证玉米秸秆所受到的夹持力和摩擦力不会减小；当摘穗辊遇到的玉米秸秆较粗壮时，为了不至于使玉米秸秆被夹断，摘穗辊之间的距离应该适当增加。

通过田间试验，我们还发现了一种造成籽粒破损甚至籽粒脱落的原因。当被摘落的玉米果穗与两摘穗辊产生摩擦时，即使摩擦时间极短，也会造成籽粒破损。产生这种现象的原因是，玉米果穗被摘落之后，平行地陷入了两摘穗辊之上的缝隙中，如图 9-31 所示，如果当时的作业状况较平稳，玉米果穗会与摘穗辊滚动摩擦，而不会立即掉落到升运器中，这会造成籽粒破损，破损的籽粒不利于玉米的后续贮藏[28, 31]。

两行卧辊式玉米收获机的配置结构通常是，两对摘穗辊之间为升运器。理论上，摘穗辊的内低外高设计不利于玉米果穗停留在摘穗辊的缝隙上，但是小尺寸的玉米果穗，尤其是细小的玉米果穗就较容易陷入两摘穗辊之间的缝隙。如图 9-31 所示，玉米果穗同时与内、外侧摘穗辊相接触，因此玉米果穗同时受到内、外侧摘穗辊的摩擦力作用；果穗也因此具有逆时针旋转的趋势 V_2 和顺时针旋转的趋势 V_1[35]。如果想让玉米果穗脱离摘穗辊缝隙，玉米果穗需受到指向某一侧的力，当果穗具有图 9-31 中 x 轴负方向的加速度时（果穗与摘穗辊之间产生摩擦力，故产生加速度），果穗则可顺利落入升运器内（在内侧摘穗辊内侧，图 9-31 中 x 轴负方向）[28, 31]。

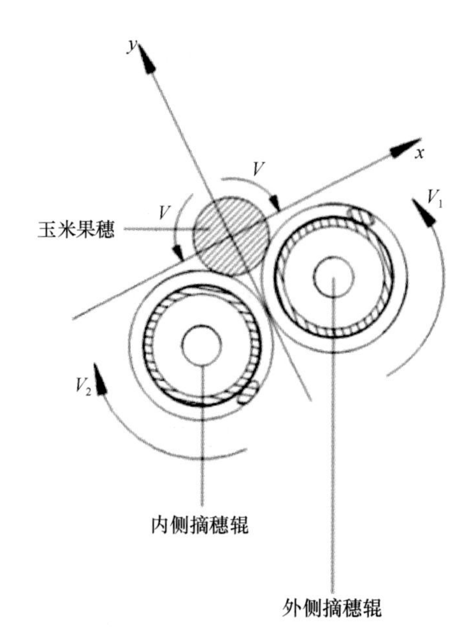

图 9-31 玉米果穗轴线与两摘穗辊轴线相平行时的示意图

$$a_{x-}=\frac{\mathrm{d}V}{\mathrm{d}t}\cos\alpha=\frac{\mathrm{d}\sqrt{(\omega r)^{2}+\left[(g\sin\theta-\mu g\cos\theta)t\right]^{2}}}{\mathrm{d}t}\cos\alpha \tag{9-43}$$

$$a_{x+}=\frac{\mathrm{d}V}{\mathrm{d}t}\cos\alpha=\frac{\mathrm{d}\sqrt{(-\omega r)^{2}+\left[(g\sin\theta-\mu g\cos\theta)t\right]^{2}}}{\mathrm{d}t}\cos\alpha \tag{9-44}$$

式中，a_{x-} 为玉米果穗沿着 x 轴负方向的加速度；a_{x+} 为玉米果穗沿着 x 轴正方向的加速度；θ 为摘穗辊轴线与水平地面的夹角；α 为果穗合速度的方向与 x 轴的夹角；μ 为果穗与摘穗辊之间的动摩擦系数；t 为果穗在两摘穗辊之间滚动的时间。

上文的分析表明，如果内外摘穗辊具有相同大小的转速，必然导致玉米果穗具有沿 x 轴正、负方向相同大小的加速度；相同大小的加速度造成的结果就是玉米果穗陷入两摘穗辊缝隙中，如将常规的相同转速的摘穗辊改变成一快一慢的差速摘穗辊，可以使陷入摘穗辊间隙的玉米果穗具有离开摘穗辊间隙的趋势。常规的两等速摘穗辊表面的螺旋凸棱的配置位置为互相间隔开的（一条摘穗辊的螺旋凸棱正好处于另一条摘穗辊的螺旋凸棱中间），即使两摘穗辊之间的距离足够小，也不会发生螺旋凸棱之间的互相干涉，为避免两摘穗辊差速造成的螺旋凸棱之间的干涉，主要应用了以下两点技术措施：第一，使用直径较细的钢筋制作螺旋凸棱；第二，加设必要的限位装置。

9.6.2.2 间距自适应结构的设计

玉米摘穗辊通常由两根摘穗辊组成，本设计需要两摘穗辊之间的距离可以变化，故本设计中采用一根定辊（称定辊），另一根摘穗辊可以受控运动（称动辊）。两摘穗辊分别由轴承座承接，定辊的轴承座与机架相连，动辊的轴承座为运动限位装置的一端。为了改变两摘穗辊之间的间距，应用四轮传动装置（图 9-32），在传动部分有一个啮合齿轮和一个惰齿轮。啮合齿轮始终与其相邻上方两齿轮完好啮合，故可保证当两摘穗辊之间的距离变化时，4 个齿轮有效、稳定传动[31]。其结构如图 9-32 所示。

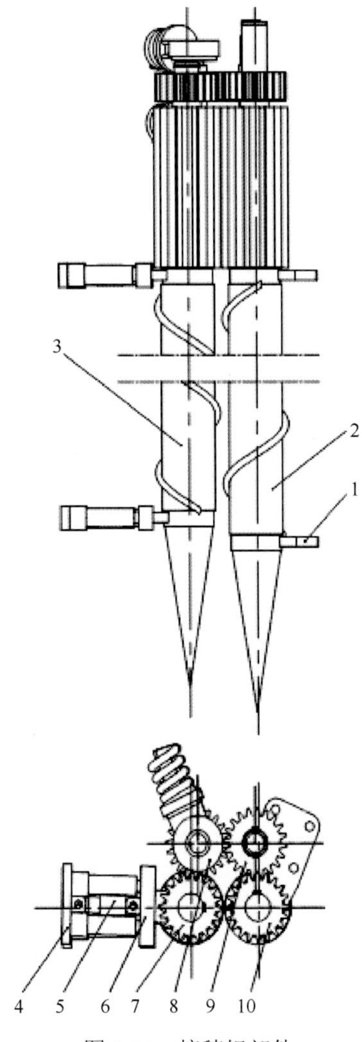

图 9-32　摘穗辊部件

1. 定辊轴承座；2. 定辊；3. 动辊；4. 动辊轴承座套管Ⅱ；5. 空气弹簧；6. 动辊轴承座套管Ⅰ；
7. 动辊齿轮；8. 啮合齿轮；9. 惰齿轮；10. 定辊齿轮

参考《农业机械设计手册》(中国农业科学技术出版社，2007 年)，当摘穗辊线速度的水平投影为机具前进速度的 1.5～2 倍时[36]，有利于摘取玉米果穗。本研究中，设定此摘穗辊的直径为 88mm，螺旋凸棱的高度为 10mm，机具前进的速度约为 1.6m/s，摘穗辊与水平地面的夹角为 35°[31]。

即

$$V_{\mathrm{m}} = 1.6\mathrm{m/s}$$

$$V_{\mathrm{k}} = \left(1.5 \sim 2\right)V_{\mathrm{m}} = \left(2.4 \sim 3.2\right)\mathrm{m/s}$$

式中，V_{k} 为摘穗辊线速度的水平投影。

玉米收获机实际工作时，与本研究中在理想条件下分析结果的不同之处是，有多根玉米秸秆同时进入摘穗辊间隙。无论有多少玉米秸秆同时进入摘穗辊间隙，动辊会在弹簧的压力下，夹紧摘穗辊间隙中的所有玉米秸秆，保证玉米秸秆受到足够的摩擦力，没有打滑即不会发生堵塞摘穗辊的故障。

9.6.3 差速的设计

式（9-43）与式（9-44）表明，如若希望玉米果穗被摘落之后，能立即离开摘穗辊而掉入升运器之中，两个摘穗辊的转速应不相同，旋转方向也要相反，本研究通过加设两只惰齿轮（保证两摘穗辊可以实现间距自适应），并且使用齿数不同的 4 只齿轮来实现差速传动。

9.6.3.1 螺旋凸棱干涉的控制

玉米植株呈下粗上细形状。我国北方的绝大多数玉米品种，根部直径在 30mm 左右，雄蕊以下直径大于 5mm；绝大多数玉米收获机的摘穗辊直径在 65～85mm。通过计算决定，本研究中两摘穗辊的中心距在 89～114mm[32]。限位装置的一端为动辊轴承座，另一端与机架固定连接，如图 9-33 所示。动辊轴承安装在动辊轴承座（1）内；当两辊间距变大时，上限位板（2）会与伸缩管顶端（4）靠近，极限位置即上限位板与伸缩管顶端接合；当两辊间距变小时，上限位板与伸缩管顶端的距离变大，其极限位置为伸缩杆限位块（5）与伸缩管顶端里侧接合[32]。凭借以上两个极限位置，实现限位功能[32]。

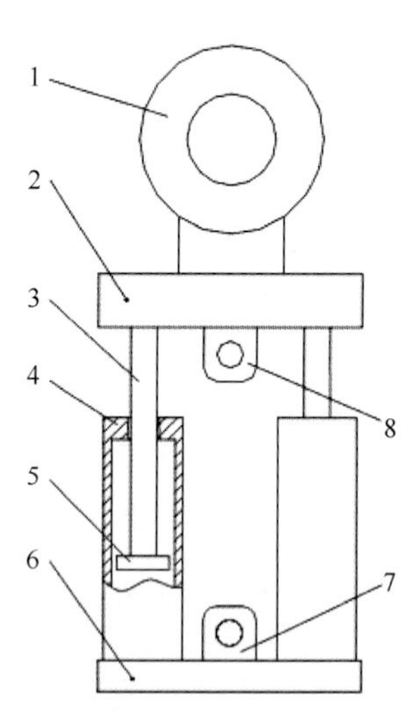

图 9-33 限位装置

1. 动辊轴承座；2. 上限位板；3. 伸缩杆；4. 伸缩管顶端；5. 伸缩杆限位块；6. 割台架连接座；7. 弹簧连接座Ⅰ；8. 弹簧连接座Ⅱ

9.6.3.2 间距自适应的控制

两辊间距变化的过程需要迅速，因此传感器起到了至关重要的作用。由于压力传感器需要伸缩来感应张力变化，故将压力传感器与动辊弹簧相连接，弹簧处于限位装置上

（图 9-33 中的 7、8 之间）。通过试验，设定压力上、下阈值分别为 130N、70N[37]，由于机械气泵为空气弹簧供气，当压力不足时，气泵可以使空气弹簧的压力在 0.5s 之内达到 80～130N，当动辊对玉米秸秆的压力值超过 130N 时，空气弹簧的进气阀则自动关闭。

9.6.4 摘穗辊的田间试验与结果

本设计的玉米收获机摘穗辊于 2013 年 8 月在吉林省农业科学院农机实验厂完成加工与装配。并且于 2013 年 10 月，在吉林大学农业试验场进行试验[32]。试验场景如图 9-34 所示。

图 9-34　田间试验

9.6.4.1 变螺距螺旋凸棱摘穗辊的试验

该试验应用了 2 台玉米收获机，其中 1 台装配变螺距螺旋凸棱摘穗辊，另 1 台装配固定螺距螺旋凸棱摘穗辊。同一名玉米收获机驾驶员分别驾驶 2 台玉米收获机作业。试验进行过程中，驾驶员先将玉米收获机的速度增加到 2km/h，然后以大约 $0.05m/s^2$ 的加速度使其加速，直到玉米收获机的 1 对摘穗辊出现堵塞，或者 2 对摘穗辊同时出现堵塞为止；在驾驶室中，有一个速度计用来记录当摘穗辊发生堵塞的时候，玉米收获机的速度[26]。每个玉米收获机进行 10 次重复试验，10 个堵塞速度的平均值即为该玉米收获机发生摘穗辊堵塞时的速度值。实验结果如表 9-14 所示。

表 9-14　玉米收获机摘穗辊堵塞时的平均速度

摘穗辊类型	发生摘穗辊堵塞时的平均速度/（km/h）
固定螺距螺旋凸棱摘穗辊	4.85
变螺距螺旋凸棱摘穗辊	7.6

表 9-14 显示，固定螺距螺旋凸棱摘穗辊的玉米收获机发生摘穗辊堵塞时的机组平均前进速度为 4.85km/h，而变螺距螺旋凸棱摘穗辊的玉米收获机发生摘穗辊堵塞时的机组平均前进速度为 7.6km/h；即相比较于固定螺距螺旋凸棱摘穗辊的玉米收获机，变螺距螺旋凸棱摘穗辊的玉米收获机工作效率可以提高 56.7%。试验结果与前文分析结果一致。

9.6.4.2 间距自适应与差速的试验

间距自适应摘穗辊选用 FSR402 电阻式薄膜压力传感器（Interlink Electronics Ltd.）、DADCO 标准充气氮气弹簧与 Arduino 微处理器控制单元。为了获得内外摘穗辊的最佳差速（内侧摘穗辊为 900r/min，外侧摘穗辊为 860r/min），选用一对传动比为 43∶45 的直齿圆柱齿轮作为内外摘穗辊的传动齿轮[32]。

和本玉米收获机的设计特点有关，摘穗辊的一级传动轴与发动机的动力输出轴通过皮带连接，所以发动机的油门大小会影响摘穗辊的转速。试验中，玉米收获机驾驶员可以通过挡位与油门的配合，控制摘穗辊的转速大约处于最佳差速状态。本试验中玉米收获机的工作参数如下：前进速度约为 1.67km/h，摘穗辊的倾角约为 35°。所选用的玉米共 5 个品种，分别为吉单 209、高玉 465、福地 201、伟科 702、郝玉 811[32]。其长势各不相同，含水率分别为 20.4%、23.5%、24%、22.5%、21.6%；株距均为 210～240mm，行距均为 650mm[32]。各个玉米品种的作业量均为 $1hm^2$，结果均未发生摘穗辊堵塞。

试验过后，人工捡拾田间掉落的玉米籽粒，人工计数玉米果穗上的破损籽粒。其结果是籽粒破损率和损失率之和为 0.11%，符合国家标准规定的籽粒损失率小于等于 2%[38]。试验中发生的籽粒破损和籽粒损失并不是由摘穗辊缝隙夹持摩擦玉米果穗所致，绝大多数是由高速下落的玉米果穗，其大端与摘穗辊撞击所致。

9.7 基于机器视觉的玉米植株数量获取方法与试验

玉米的种植密度会影响玉米的产量，种植密度又和玉米品种、种植地域的土壤肥力状况密切相关[39-41]。

如若计算某一玉米品种的出苗率，则必须在玉米出苗之后（在出现第 4 片或者第 5 片叶子之前）获得玉米植株的数量[42-45]。玉米苗期，植株纤细矮小，两玉米行之间的空间大，有利于带有轮胎且离地间隙较小的各种机器与设备进入田间。玉米从发芽成活再到结穗成熟需要经历 5 个月左右的生长周期，所以未必每一株玉米苗都会结穗，因此只有获得成熟结穗的玉米植株数量才能计算某一玉米品种的平均株产[46]。点数成熟的玉米植株的一个难点是，成熟期的玉米高大粗壮，不利于设备和人进入田间进行工作。

迄今为止，相关领域的科研人员已经开发出了基于机械式的、基于光电传感的和基于机器视觉传感的多种方法来获得玉米植株的数量[47]。Easton Gore 是一种机械式的玉米植株点数器的发明者，该点数器的主要功能部件是一个带有弹簧的机械手，这个机械手被安装在一个带有轮子的小车上，随着小车沿着玉米种植行间运动，机械手会不断碰触到玉米秸秆，每一次触碰就产生一次计数，触碰到玉米秸秆的机械手在弹簧的拉动下，能够自动复位[48]。这个机械式的计数器只能算得上是半自动的设备，因为它只有在人力的扶持和推动下，才能工作，并且有一定的计数额度限制；除此之外，玉米植株之间的距离过小是该计数器产生误差的主要原因，任何造成机械手来不及复位的原因都将导致计数减少。美国伊利诺伊大学的 Plannter 和 Hummel 教授是一种基于激光发射与接收的点数器的发明者，激光发射器和激光接收器分别位于玉米种植行的两侧，该设备还需要一个高地隙的框架跨越玉米种植行，以确保激光发射器和激光接收器的同步运动。该计数器的计数原理是计数玉米秸秆遮挡激光束的次数。该装置产生误差的原因是无法区分是玉米秸秆遮挡了激光束还是玉米叶片遮挡了激光束[49]。基于机器视觉的计数器是目前为止最复杂、最智能的计数器，它们以图像为基础数据，通过处理图像，分析图像中图形的几何特征、颜色特征等，挑选特定的几何形状、颜色，最后得出玉米植株数量[50]。俯拍的成像质量有利于后期的图像处理，所以基于机器视觉的计数器很适合应用于点数幼苗期的玉米植株数量；影响机器视觉计数器精度的因素主要有图像质量和图像后处理能力[51]；如果图像质量较好，后期处理方法得当，计数结果就会比较精确。

研究某一玉米品种的平均株产，优化某一玉米品种的种植密度都需要获得玉米植株的数量，尤其是成熟结穗的玉米植株数量。基于 2D 图像处理技术，获得收获期的玉米植株数量是一种可行的方法。图像中的物体数量越少，物体之间的位置关系越简单明显，物体之间的颜色对比度越大，对图像的后处理帮助越大。为了避免杂乱无章的玉米叶片对图像识别造成的巨大干扰，图像采集将只针对收获之后的玉米秸秆。利用 4YWL-2 留茬式玉米收获机收获之后的玉米地，地面之上保留 300～500mm 高度的玉米秸秆所留高茬。这段玉米秸秆主要有两个优势，其一是由于水分的散失，玉米叶已经垂降至地表或者已经脱落；其二是玉米秸秆的断面颜色较浅、形状为类圆形的椭圆形，这样的颜色、几何特征与周围物体易于区别[22]。因此最后决定将图像采集器安装在 4YWL-2 留茬式玉米收获机后部。

9.7.1　留茬断面图像的获取

玉米立茬覆盖保护性耕作模式要求玉米收获之后在地表有一定高度的玉米秸秆[52]；如图 9-35 所示。收获之后站立在地表的一定高度的玉米秸秆已经基本没有叶片，或者叶片已经垂降至地表，因此可以极大地降低叶片对图像造成的各种干扰；此时的玉米秸秆低矮、粗壮，即使在有风的天气里，其自身也不会产生较大的晃动，因此可以保证较为理想的拍摄效果[22]。此时的玉米秸秆还有另外的一个优势——颜色对比度明显，散落在地上的秸秆叶、玉米果穗苞叶外皮、田间土壤都呈现较深的颜色，刚刚被切断的秸秆断面却呈现较浅的类乳白色。虽然玉米果穗苞叶的内皮颜色较浅，但是 4YWL-2 留茬式玉米收获机不带有剥皮功能，因此不会导致过多的玉米果穗内侧苞叶散落在田间。即使图像中可以捕获部分玉米果穗内侧苞叶，还可以通过几何形状区分开秸秆断面和内侧苞叶。

图像采集装置的核心部件是凯聪彩色摄像头（上海凯聪电子科技有限公司，分辨率为 1280×800 像素）和索尼 DCR-TRV900 数字摄录机[22]。为了捕获刚刚被切断的玉米秸秆断面，如图 9-36 所示，将其铰接于玉米收获机的果穗箱后部，铰接的目的是保证摄像头能够一直垂直摄录玉米秸秆断面，摄像头的安装高度大约离地 2.0m，其成像范围大约为 1.2m×0.4m。试验获得的第一手资料为数字视频文件，调节索尼摄录机的快门时间为 1/100s，玉米收获机的前进速度大约是 1.6m/s；获得视频文件之后，需要将 avi 格式的视频文件转换为 tif 格式的图片文件，所应用的软件为 Adobe Premiere 6（Adobe 公司）；接下来对图片文件进行处理、分析的软件为 Matlab R2013b（MathWorks 公司）。

图 9-35　玉米立茬覆盖地表

图 9-36　图像采集装置

9.7.2　图像的拼接

摄像头采集两幅图片的时间间隔非常短，玉米收获机在这个时间间隔之内只行走了极短的距离。比对 tif 格式的图片可以发现，一幅图片中的大部分内容是和另一幅甚至多幅图片中的内容重叠的；因此，如果叠加所有图片中的玉米植株数量，所得的结果是不切实际的。为了得到正确的玉米植株数量，需要对图片进行正确的拼接，拼接过程中的关键步骤就是配准。

能否正确找到两幅图片的相同部分，并且让两幅图片中相同的部分重合，是决定图像配准能否成功的关键[52, 53]。适用于图像配准的算法有很多种，其中的一种方法是从一张图片中截取一部分作为模板，然后寻找另一张图片中与该模板相同的区域，也就是去搜索这个模板[54]。设搜索图为 S，待配准模板为 T。设 S 大小为 $M\times N$ 像素，T 大小为 $U\times V$ 像素；如图 9-37 所示[22]。

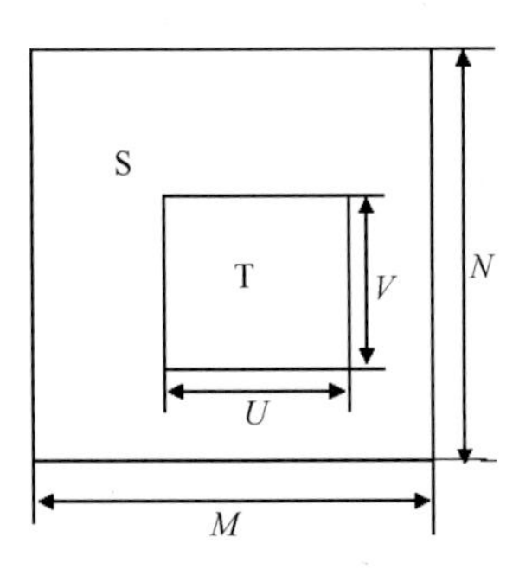

图 9-37　图像配准示意图

假定一个坐标为（i,j）的点是搜索图 S 中的基点，以该点为基点截取一小块图像，该图像的大小与模板 T 一样。在搜索图 S 中有（$M–U$+1）×（$N–V$+1）个这样的基点，我们的期望就是在（$M–U$+1）×（$N–V$+1）个小块图像中找一个与模板 T 最相似的图像[55]，最佳配准点就是该小块图像的基点[56]。

假设模板 T 固定不动，搜索图 S 在与模板 T 平行的方向上移动，模板 T 在搜索图 S 上的投影叫作“子图”，子图的左上角点在 S 图中的坐标记为 S（i,j），以该点为参考点，比较模板 T 和子图的内容[56]。当模板 T 和子图之差为 0 时，两者完全一致。但实际情况是，很少出现两幅图像完全一致的情况，只要模板 T 和子图之差满足一定的条件，即可认为符合要求[55, 56]。式（9-45）[57]即是根据以上原理进行衡量子图和模板 T 的相似程度的公式。$D_{(i,j)}$ 的值越小，则子图与模板图越匹配。

$$D_{(i,j)} = \sum_{1}^{M-U+1} \sum_{1}^{N-V+1} \left[S_{(i,j)}(m,n) - T(m,n) \right]^2 \tag{9-45}$$

式中，$S_{(i,j)}$ (m,n) 为搜索图片上坐标为 (m,n) 处的像素值；$T(m,n)$ 为模板图片上对应点处的像素值；$D_{(i,j)}$ 为二者差值的平方和[22]。

当 $D_{(i,j)}$ ≤0.05 时，我们认为两幅图片已经配准[58]。由 avi 格式的视频流解析出来的 tif 格式的图片为真彩图，真彩图需要用三层数据矩阵分别存储红、绿、蓝信息，又由于存储灰度图像所需数据量较小，运算较简便；因此均将红、绿、蓝真彩图转换成灰度图像进行处理[22]。以其中的两幅图为例，按照视频流的先后顺序，以当前观察到的图像为搜索图 S，以其前一张图的一部分为模板图 T，配准之后的图像如图 9-38 所示，两幅图的接触处称为“拼接缝隙”，实践证明，肉眼可以识别大多数图片拼接之后的缝隙[22]。

9.7.3　图像的分割与识别

能否找到图像中的玉米秸秆成为图像配准之后的又一难题。在灰度图中灰度值的大小反映为图片中的明暗程度，所以实际景物的反射光线越强的区域在灰度图中越亮。由于灰度图采用无符号 8 位整形二进制数据表示，则越亮的区域的灰度值越接近于 255[22]。虽然人眼可以很清楚地辨识玉米秸秆断面、土壤和秸秆外皮，并且肉眼可以感知到它们反射光线的巨大差异，但是图像分割的过程中如此之大的差异也变得不很明显，尤其是

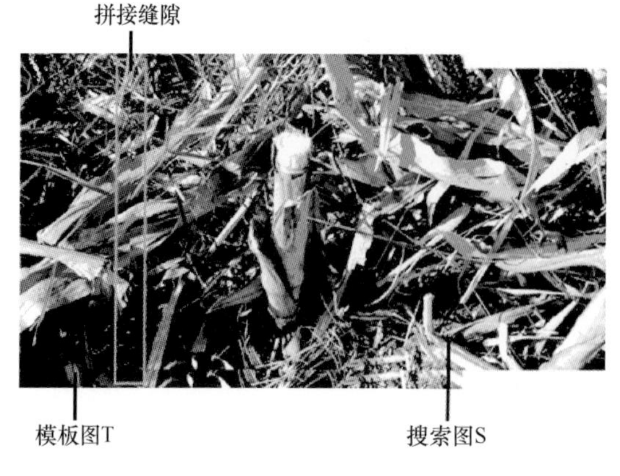

图 9-38 灰度图配准

当光线充足的时候，各部分在灰度图中均表现为接近白色，也就是各部分都具有较高的亮度值，如图 9-38 所示。因此，不能利用基于灰度值的差异去分割玉米秸秆断面、土壤和秸秆外皮。

虽然图像中景物灰度值的差异不明显，但是图像中景物几何特征的差异却很大，因此，利用图像中景物的几何特征去分割玉米秸秆断面是一种可行的办法。与灰度图像相比，二值图像更能够缩短运算时间；在灰度图像与二值图像转化的过程中，通过多次对比，最后确定阈值为 0.75，此时秸秆断面与周围的景物具有较佳的对比度。利用 Matlab R2013b 软件中的 bwareaopen 函数去除图像中的小目标，使用 imclose 函数去除图像中的缝隙，然后对图像中的所有图形进行边界提取，分别计算各个图形的面积及周长[22]。

$$\varphi = \frac{4\pi s^2}{l^2} \tag{9-46}$$

式中，s 为图形的面积；l 为图形的周长；φ 为比值。

由于玉米秸秆断面是类圆形的椭圆形，因此不可以奢求 φ 值等于 1。通过（9-46）求得的 φ 值为 0.90～1 时，则认为该图形为玉米秸秆断面[59]。然后用 centroid 函数标记其几何中心，每一个几何中心用一个星号来标记[60]。如图 9-39 所示。对图像中星号的求和结果即代表玉米植株的总数[22]。

图 9-39 被标记的玉米秸秆

9.7.4 玉米植株数量获取的试验与结果

试验所要检验的指标主要有 3 项：第一是检验机器视觉识别玉米植株数量结果的误差；第二是检验人工播种与机械播种对机器视觉识别玉米植株数量结果的影响；第三是检验机器视觉识别玉米植株数量的误差是否会随着工作量的增加而变大。试验于 2013 年 10 月分别在吉林大学农业试验场、吉林农业大学试验田、吉林省农业科学院试验田和梨树县试验田进行[22]。试验地块的面积为 6.1m×1.3m，宽度为通常状况下，吉林省的两行玉米种植行；试验次数定为 60 次/试验地块。机械播种的株距为 21cm 左右；人工播种的株距在 20～25cm。试验结果如表 9-15 所示。

表 9-15 试验结果

试验地点	实际数量（r）	机器点数数量（a）	误差（ω）/%	播种方式
吉林大学农业试验场	3666	3496	4.6	机播
吉林省农业科学院试验田	3647	3359	7.9	机播
吉林农业大学试验田	3332	3634	9.1	人工
梨树县试验田	3225	3055	5.3	人工
平均值	3467.5	3386	6.7	

表 9-15 中，实际数量的获得方式为：3 名同学分别点数每个试验地块 60 次试验的玉米植株总量，然后取 3 名同学点数数量的平均值作为实际数量；机器点数数量即通过机器视觉技术获得的每个试验地块 60 次试验的总玉米植株数量。误差的计算方式如下所示[22]：

$$\omega = \frac{|r-a|}{r} \times 100\% \tag{9-47}$$

式中，ω 为误差；r 为实际的玉米植株数量；a 为通过机器视觉点数获得的玉米植株数量。

通过计算发现，机器视觉识别出来的玉米植株数量与实际数量没有显著差异（$P>0.05$）；人工播种与机械播种在图像识别的误差上没有显著差异（$P>0.05$）；设 4 个地块，每个地块的 60 次试验中，人工点数的玉米植株数量累计结果为横坐标（例如，第一次试验点数玉米植株数量为 60，则第一个点的横坐标为 60；第二次试验点数的玉米植株数量为 58，则第二个点的横坐标为 118），横坐标命名为“人工结果”；机器视觉识别出来的玉米植株数量累计结果（累计结果的定义与人工点数的玉米植株数量相同）为纵坐标，纵坐标命名为“自动结果”；将结果在坐标系上描点，如图 9-40 所示[22]。

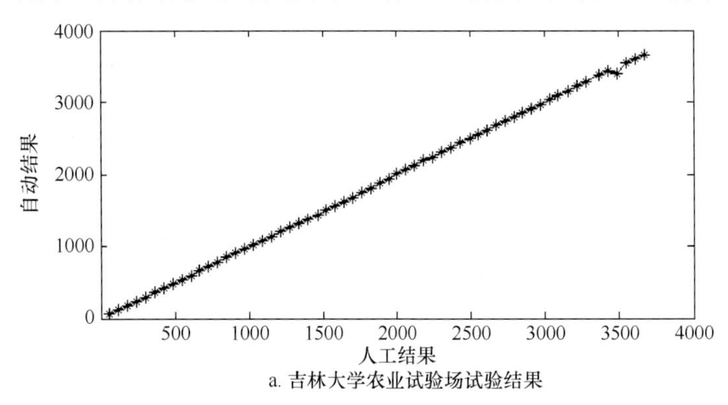

a. 吉林大学农业试验场试验结果

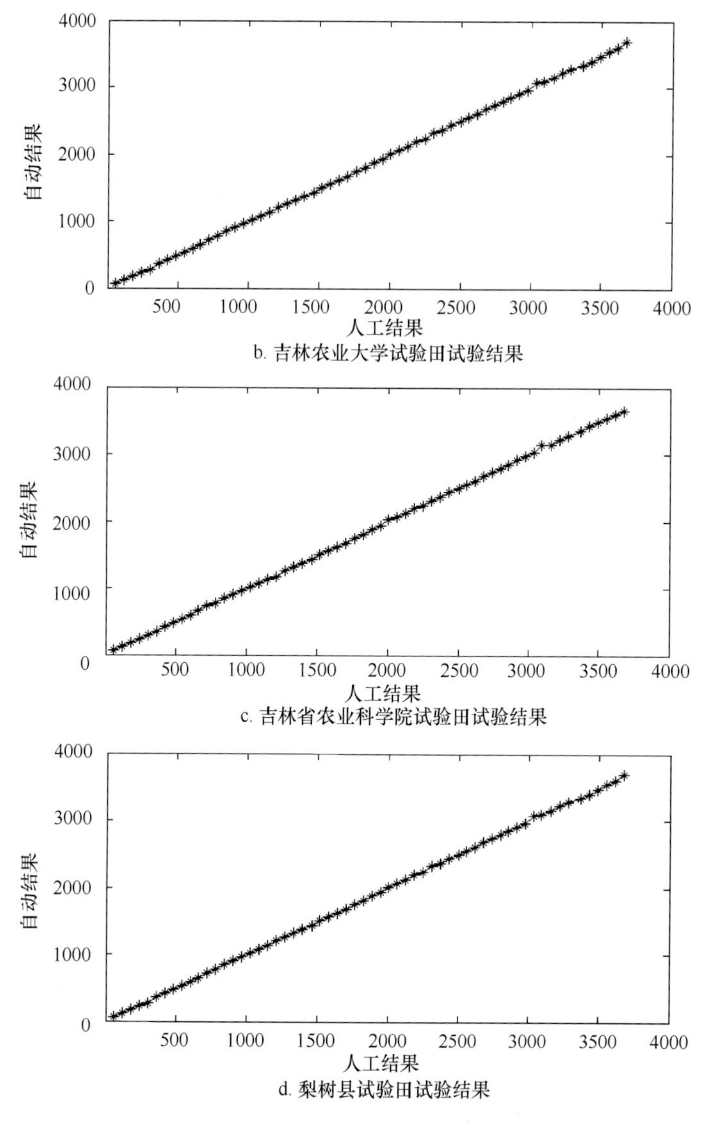

图 9-40　自动结果与人工结果曲线图

通过回归分析可知，吉林大学农业试验场、吉林农业大学试验田、吉林省农业科学院试验田和梨树县试验田 4 个地块的试验结果都显示：机器视觉的识别结果与实际人工点数的结果呈线性相关关系，相关系数 R^2 分别为 0.95、0.91、0.90 和 0.91，线性回归方程的斜率分别为 0.93、1.08、0.91 和 0.95，截距分别为 0.98、−0.12、0.97 和 0.97[22]。

由图 9-40 可知，机器视觉的点数精度与工作量的大小无关，也就是不会产生累积误差。由于图像中所捕获的玉米秸秆是经过切割器无支撑切割过的，因此存在一部分的玉米秸秆不再与地面垂直，而是呈一定的角度，同时拍摄角度与断面也不垂直，那么这样的玉米秸秆断面在二值图像中经过边界提取之后，其 φ 值不能处于 0.90～1，所以这样的图像无法被识别为玉米秸秆断面；通过生活常识可知，光照角度无法垂直于秸秆断面，当玉米秸秆叶脱落，只留下光秃秃的玉米秸秆，并且入射光线正好照射在脱落秸秆叶的那一侧的光秸秆上，光秃秃的玉米秸秆也会反射较强烈的光线，当这样的情况发生时，有可能造成二值图像的边界提取过程失效，或者 φ 值不能处于 0.90～1；这两个原因都会造成机器视觉的点数结果小于实际的玉米植株数量。当田间不干净，含有粗壮秸秆的其他作物时，如黄花蒿等，这些作物的秸秆断面也会被认为是玉米秸秆断面；当一些玉米秸秆叶或者玉米苞叶散落在地表，受到轮胎碾压或土块覆盖的时候，可能导致这样的物体经过边界提取之后，其 φ 值为 0.90～1，虽然这种情况极少，但是会被认为是玉米秸秆断面；这两个原因都会造成机器视觉的结果大于实际的玉米植株数量。

主要参考文献

[1] 易克传, 朱德文, 张新伟, 等. 含水率对玉米籽粒机械化直接收获的影响. 中国农机化学报, 2016, 37(11): 78-80.

[2] 薄满如. 我国玉米收获机械的现状及发展趋势. 科技情报开发与经济, 2007, 17(36): 144-146.

[3] 刘枫. 穗、茎兼收型立式摘穗辊玉米收获机的关键部件研究. 长春: 吉林大学硕士学位论文, 2007.

[4] 苏桂华, 徐艳荣. 吉林省玉米品种收获时子粒含水量概况. 现代化农业, 2015, (8): 23-24.

[5] 闫洪余. 立辊式玉米收获机关键部件工作机理及试验研究. 长春: 吉林大学博士学位论文, 2009.

[6] 王如喜. 玉米收获机械化技术的发展及对策. 科技情报开发与经济, 2004, 14(6): 92-93.

[7] 徐灏. 机械设计手册. 第四册. 北京: 机械工业出版社, 1991.

[8] 农业部. 2011 年全国玉米机收率超过 33%. 农产品市场周刊, 2011, (49): 22.

[9] 农业部. 我国玉米机收率连续 4 年增幅超过 6 个百分点. 2012-12-10. www.gov.cn/gzdt/2012-12/10/content_2286967.htm.

[10] 赵洁. 我国玉米机收率不断增长. 致富天地, 2014, 181(1): 73.

[11] 贾洪雷, 王刚, 姜铁军, 等. 不对行玉米收获机的非侧边分禾器: 中国, ZL201310000904. X. 2013-04-03.

[12] Jarabo R, Monte M C, Fuente E, et al. Corn stalk from agricultural residue used as reinforcement fiber in fiber-cement production. Industrial Crops and Products, 2013, 43: 832-839.

[13] Jia H, Li C, Zhang Z, et al. Design of bionic saw blade for corn stalk cutting. Journal of Bionic Engineering, 2013, 10(4): 497-505.

[14] 贾洪雷, 王刚, 李常营, 等. 一种用于玉米秸秆切割具有仿生锯齿的锯条锯片: 中国, ZL201310023877. 8. 2013-05-01.

[15] Cui F Y, Zou L J, Song B, et al. Edge Feature Extraction Based on Digital Image Processing Techniques. New York: IEEE, 2008.

[16] Odogherty M J, Huber J A, Dyson J, et al. A study of the physical and mechanical-properties of wheat-straw. Journal of Agricultural Engineering Research, 1995, 62(2): 133-142.

[17] Yu M, Womac A R, Igathinathane C, et al. Switchgrass ultimate stresses at typical biomass conditions available for processing. Biomass & Bioenergy, 2006, 30(3): 214-219.

[18] Galedar M N, Jafari A, Mohtasebia S S, et al. Effects of moisture content and level in the crop on the engineering properties of alfalfa stems. Biosystems Engineering, 2008, 101(2): 199-208.

[19] 于勇, 毛明, 泮进明. 玉米秸秆不同部位含水率特性和拉伸学特性研究. 中国农机化学报, 2012, (4): 75-77.

[20] 高欣. 玉米秸秆力学特性试验研究. 武汉: 华中农业大学硕士学位论文, 2013.

[21] Kathirvel K, Suthakar B, Jesudas D M. Influence of crop and machine parameters on conveying efficiency and inclination of maize stalks in an experimental fodder harvester. AMA-Agricultural Mechanization in Asia, Africa and Latin America, 2010, 41(3): 30-35.

[22] 贾洪雷, 王刚, 郭明卓, 等. 基于机器视觉的玉米植株数量获取方法与试验. 农业工程学报, 2015,

(3): 215-220.

[23] Sims B G, Thierfelder C, Kienzle J, et al. Development of the conservation agriculture equipment industry in sub-Saharan Africa. Applied Engineering in Agriculture, 2012, 28(6): 813-823.

[24] Herrmann C, Prochnow A, Heiermann M. Influence of chopping length on capacities, labour time requirement and costs in the harvest and ensiling chain of maize. Biosystems Engineering, 2011, 110(3): 310-320.

[25] Miron J, Zuckerman E, Adin G, et al. Comparison of two forage sorghum varieties with corn and the effect of feeding their silages on eating behavior and lactation performance of dairy cows. Animal Feed Science and Technology, 2007, 139(1-2): 23-39.

[26] Wang G, Jia H, Tang L, et al. Design of variable screw pitch rib snapping roller and residue cutter for corn harvester. International Journal of Agricultural and Biological Engineering, 2016, 9(1): 27-34.

[27] 李常营. 留高茬式玉米收获机切割部件的仿生设计及其切割机理. 长春: 吉林大学博士学位论文, 2014.

[28] Wang G, Jia H, Tang L. Design and Experiment of Differential Speed Snapping Rollers for Horizontal Roller Corn Harvester. New Orleans: 2015 ASABE Annual International Meeting. American Society of Agricultural and Biological Engineers, 2015.

[29] 贾洪雷. 东北垄作蓄水保墒耕作技术及其配套的联合少耕机具研究. 长春: 吉林大学博士学位论文, 2005.

[30] 贾洪雷, 王刚, 李常营, 等. 一种留高茬式玉米收获机: 中国, ZL201310581324. 4. 2014-07-23.

[31] 王小娟. 小型玉米收获机摘穗辊的改进设计. 当代农机, 2013, (2): 59-61.

[32] 贾洪雷, 王刚, 赵佳乐, 等. 间距自适应差速玉米摘穗辊设计与试验. 农业机械学报, 2015, (3): 97-102.

[33] 陈志, 韩增德, 颜华, 等. 不分行玉米收获机分禾器适应性试验. 农业机械学报, 2008, (1): 50-52, 86.

[34] 佟金, 贺俊林, 陈志, 等. 玉米摘穗辊试验台的设计和试验. 农业机械学报, 2007, (11): 48-51.

[35] Diao P S, Zhang D L, Zhang S X. Virtual design and kinematic simulation for cutter of corn harvester. KunMing: Proc of the 9th Int Conf On Computer-Aided Industrial Design and Conceptual Design, 2008, 313-317.

[36] 殷江璇. 玉米收获机械化影响因素分析. 晋中: 山西农业大学硕士学位论文, 2013.

[37] Zhang X, Dong Y, Zhang D. Design and experiment of 4YQZ-3A combine harvester for corn. Zibo: ICAE 2011 Proceedings: 2011 International Conference on New Technology of Agricultural Engineering, 2011, 44-49.

[38] 佚名. 玉米收获机作业质量标准. 农民文摘, 2013, (9): 41.

[39] Doerge T, Hall T, Gardner D. New research confirms benefits of improved plant spacing in corn. Crop Insights, 2002, 12(2): 1-5.

[40] Nielsen R L. Planting speed effects on stand establishment and grain yield of corn. Journal of Production Agriculture, 1995, 8(3): 391-393.

[41] Duncan W G. The relationship between corn populations and yield. Agronomy, 2008, 50(2): 82-84.

[42] Jia J, Krutz G W. Location of the maize plant with machine vision. Journal of Agricultural Engineering Research, 1992, 52(3): 169-181.

[43] 王传宇, 郭新宇, 吴升, 等. 采用全景技术的机器视觉测量玉米果穗考种指标. 农业工程学报, 2013, (24): 155-162.

[44] 胡炼, 罗锡文, 曾山, 等. 基于机器视觉的株间机械除草装置的作物识别与定位方法. 农业工程学报, 2013, (10): 12-18.

[45] 邓继忠, 李敏, 袁之报, 等. 基于图像识别的小麦腥黑穗病害特征提取与分类. 农业工程学报, 2012, (3): 172-176.

[46] 李寒, 王库, 曹倩, 等. 基于机器视觉的番茄多目标提取与匹配. 农业工程学报, 2012, (5): 168-172.

[47] 周竹, 黄懿, 李小昱, 等. 基于机器视觉的马铃薯自动分级方法. 农业工程学报, 2012, (7): 178-183.

[48] Maciel J, Costeira J. Robust point correspondence by concave minimization. Image and Vision Computing, 2002, 20(9-10): 683-690.

[49] 朱启兵, 冯朝丽, 黄敏, 等. 基于图像熵信息的玉米种子纯度高光谱图像识别. 农业工程学报, 2012, (23): 271-276.

[50] 李文勇, 李明, 陈梅香, 等. 基于机器视觉的作物多姿态害虫特征提取与分类方法. 农业工程学报, 2014, (14): 154-162.

[51] 钱建平, 李明, 杨信廷, 等. 基于双侧图像识别的单株苹果树产量估测模型. 农业工程学报, 2013, (11): 132-138.

[52] Jin J, Tang L. Corn plant sensing using real-time stereo vision. Journal of Field Robotics, 2009, 26(6-7): 591-608.

[53] 黄星奕, 钱媚, 徐富斌. 基于机器视觉和近红外光谱技术的杏干品质无损检测. 农业工程学报, 2012, (7): 260-265.

[54] Nakarmi A D, Tang L. Automatic inter-plant spacing sensing at early growth stages using a 3D vision sensor. Computers and Electronics in Agriculture, 2012, 82: 23-31.

[55] 徐文莹, 贾彦斌, 贺丽. 光电侦察动态视频图像拼接中的图像配准算法. 火力与指挥控制, 2010, 35(1): 133-134, 146.

[56] 胡益民. 视觉拼接系统的研究与实现. 西安: 西安科技大学硕士学位论文, 2014.

[57] Shrestha D S, Steward B L. Automatic corn plant population measurement using machine vision. Transactions of the American Society of Agricultural Engineers, 2003, 46(2): 559-565.

[58] Tang L, Tian L F. Plant identification in mosaicked crop row images for automatic emerged corn plant spacing measurement. Transactions of the ASABE, 2008, 51(6): 2181-2191.

[59] Jin J, Tang L. Optimal coverage path planning for arable farming on 2D surfaces. Transactions of the ASABE, 2010, 53(1): 283-295.

[60] Oksanen T, Visala A. Coverage path planning algorithms for agricultural field machines. Journal of Field Robotics, 2009, 26(8): 651-668.

第 10 章　玉米秸秆捡拾打捆机

10.1　概　　述

玉米秸秆打捆机是一种将田间秸秆切割、收集、压缩成型并打捆的设备，它能使玉米秸秆一次成型，自动化程度高，减少劳动力投入，较大地提高了生产机械化水平。收集打捆后的玉米秸秆经过加工，转化成饲料或肥料，也可以利用其天然植物纤维作编织原料或墙体材料[1, 2]。而秸秆更大的用途在于充当石化能源替代品，如直接燃烧或经气化、热解作为发电燃料，将秸秆进行发酵制酒精、沼气等，秸秆打捆将提高作物产值，增加农户收益，既能增加其经济效益，又能解决能源危机，保护生态环境[3, 4]。回收的秸秆作为可再生资源，有着广阔的应用前景。

打捆机按挂接方式可分为牵引式和悬挂式两类，从打捆机的作业方式及成型原理来看，可以将其分为两大类，分别为方捆打捆机和圆捆打捆机[5]。

10.1.1　国外秸秆打捆机发展概况

在国外发达国家，如美国、日本和欧洲国家等，打捆机发展较早，从诞生到现在已有 100 多年历史，从最开始的畜力牵引打捆机到小方捆打捆机，再到圆捆打捆机及大、中型方捆打捆机。欧美国家的打捆机一直处于世界领先地位，其产品以大型的圆捆打捆机为主，草捆直径在 1200mm 以上，捡拾幅宽一般在 1800mm 左右[6, 7]。

世界上第一台固定式打捆机于 1870 年诞生，而后包括现代自动打捆机在内的一系列新型打捆机都是在它的基础上改进和发展的[8]。典型的固定式打捆机主要由具有矩形截面的长方体压捆室和做直线往复运动的活塞构成，能对物料进行简单的压缩，但输送、喂入和打捆等作业工序仍然需要人工作业完成，自动化程度低，生产效率不高。在后来的半个世纪里，经过不断研究，在 1920 年诞生了结构和制造工艺相当成熟的固定式打捆机，并在生产中得到广泛的推广和使用[9]。

到 1930 年，美国研制了新型牵引式打捆机，能自动地完成物料的捡拾、输送、喂入和压缩等作业工序，但打捆这一工序的技术问题尚未能得到改进。

1930 年以后，欧美工业发达国家的某些公司开始尝试把割捆机用打结器引用到牵引式打捆机上，由打结器自动完成打捆作业工序，但这使打结器问题频发，技术改进迫在眉睫。又经过 10 年左右的不断发展，摆动活塞式打捆机逐渐出现在农户的面前，特别是第二次世界大战以后，田间自动打捆机得到了广泛推广使用，此时牵引式打捆机技术已经达到一定的成熟阶段[10]。

1958 年，美国人研制出了新型圆捆打捆机，它具有运行可靠、生产效率高、打捆密度高、切割质量好等优点，一直到现在，这种打捆机在很多地区仍在大量使用[11]。

20 世纪 60 年代以后，牵引式小方捆打捆机的生产技术逐渐成熟，整机性能稳定可靠。约翰迪尔（John Deere）、纽荷兰（New Holland）、威力格尔（Welger）、克拉斯（Claas）和麦赛福格森（Massey Ferguson）等公司都拥有自己的产品系列，且各具特色。各大公司还陆续开发了自带发动机、自走式打捆机和钢丝打捆压捆机等新产品。此时，西方国家秸秆收获机械的发展达到高峰期，畜力机械也逐渐被动力机械所取代。

1976 年，美国爱科集团（AGCO）率先开始研制出了大方捆压捆机。这种机器对作物的切割更流畅，切碎效果更好，并在喂入机构、打结器等工作部件方面做出了重大改进。它还可以在一个工作循环中完成两次打结，大大提高了打捆机的作业效率，也因此在欧美等发达国家得到迅速的推广和应用[11]。

目前，打捆机的发展趋势为大型化、智能化、高自动化。国际著名的打捆机制造商有爱科（AGCO）、克拉斯（Claas）、凯斯纽荷兰（Case New Holland）、约翰迪尔（John Deere）、威猛（Vermeer）等公司。这些公司制造打捆机的技术都已经非常成熟，生产的打捆机自动化程度高，但是机器的价格都比较昂贵[12, 13]。

10.1.2　国内秸秆打捆机发展概况

在我国，秸秆打捆机械起步较晚。在 20 世纪 70 年代，开始从美国、法国等国家引进捡拾打捆机，与此同时开始合作或自行研制。到 80 年代初，我国研制的打捆机已经批量生产并在吉林、江苏和内蒙古等地投入使用。之后通过学习国外打捆机的先进技术，并根据我国的发展情况对一些现有机型进行改进，使产品种类显著增加，同时使产品的性能得到了提升。我国陆续研发了小方捆打捆机、小圆捆打捆机及二次压缩机等产品，代表机型有尤耐特 MK5050-G 型青贮圆捆机、MRB0870 悬挂式打捆机、内蒙古华德 9YFQ-1.9 方捆打捆机、上海世达尔 THB 系列方捆打捆机、沈阳方科 FSB-1900 玉米秸秆捡拾打捆机和中收 9YFQ-1.5 方捆打捆机[14-18]。但是，国内的打捆机以小型、圆捆为主，大圆捆和高密度大方捆打捆机还是空白。国内打捆机的捡拾宽度在 800mm 左右，草捆密度一般在 100～160kg/m^3，草捆直径为 500～800mm，作业效率与自动化程度比较低[19-26]。

我国的玉米秸秆打捆机的总体技术水平仍然较低，与国际水平相比还有很大的差距。从国外进口的打捆机价格昂贵，所以普及率不高。而国内生产打捆机的厂家对打捆机多是仿造而缺乏创新，对各个部件的研究较少，缺乏计算数据，从而存在作业速度慢、效率低、操作不便等问题。因此，我们应该根据我国的实际情况，不断学习国外的先进技术，不断创新，加大研究力度，提高我国玉米秸秆打捆机的水平。

10.1.3　农业技术要求

1）在捡拾和压缩等作业环节中对物料造成的损失少，其总损失率应不大于 3%。

2）打捆机构工作稳定可靠，在一个作业季节内的成捆率应不小于 99%。

3）草捆密度应不低于国家行业标准规定的下限值。

4）草捆应具有良好的抗摔性能，在装载、运输、卸载和码垛过程中不易散捆。

5）草捆在露天贮存的条件下，至少在一年内不会因为缠绳老化而导致散捆。

6）在凹凸不平的田间作业时，打捆机应具有较好的仿形缓冲性能和地面适应性。

10.1.4 问题的提出

我国玉米种植面积大，秸秆资源丰富，以吉林省为例，2015 年全省秸秆产量约为 4000 万 t，其中玉米秸秆产量约为 3000 万 t。近年来，随着国家禁止焚烧秸秆力度的加大，以及提倡秸秆综合利用，玉米秸秆打捆设备市场需求量巨大[27, 28]。目前，国内外现有秸秆打捆机多是用于牧草打捆，大多采用弹齿滚筒捡拾装置，对玉米秸秆捡拾打捆作业并不适应，主要表现为：经玉米收获机切碎的秸秆松散，需先用搂草机搂成草条，再采用圆捆打捆机（Vermeer）和大方捆打捆机（Claas、John Deere、中机美诺）进行打捆收获，玉米收获机作业后，有些玉米秸秆未被切断，导致捡拾损失率高，且打捆机捡拾装置的弹齿易被折断；人工收获的秸秆完整、植株长，多采用侧牵引小方捆打捆机（Case New Holland、沈阳方科）进行收获，由于玉米秸秆粗壮且质地较硬，小方捆打捆机压缩秸秆时切段较长，因此打捆密度小，且捡拾装置的弹齿损坏严重，作业效率低，应用较少。此外，保护性耕作模式多样化发展，随着高留茬保护性耕作模式的提出，要求 1/3 秸秆还田即可，因此，带来了多余秸秆机械化收集问题。

本章针对玉米秸秆捡拾打捆现有机具弹齿易损坏、可靠性差等问题，对捡拾机构、成捆机构、卸捆机构等进行改进优化，设计一种适用于玉米秸秆捡拾粉碎的圆捆打捆机，为保护性耕作部分秸秆还田、其余秸秆收集提供技术装备支撑。

10.2 玉米秸秆捡拾打捆机总体方案设计

10.2.1 总体结构

9YG-2.0 型圆捆打捆机（图 10-1a）是由吉林大学于 2016 年研制成功的新型玉米秸秆捡拾打捆机，由 58.8kW 拖拉机牵引作业，主要用于捡拾割后铺在田间的玉米、水稻、小麦等秸秆，经过捡拾、切碎、喂入、成捆、缠绳等作业打成圆捆。整机主要由捡拾粉碎机构（2）、成捆室（6）、缠绳机构（5）、卸捆机构（8）等组成（图 10-1b），机具的动力由拖拉机通过万向节轴传至机具上的齿轮箱（3）。液压系统（7）有两个液压缸安装在成捆室左、右两侧，保证成捆室后盖打开时的稳定性。

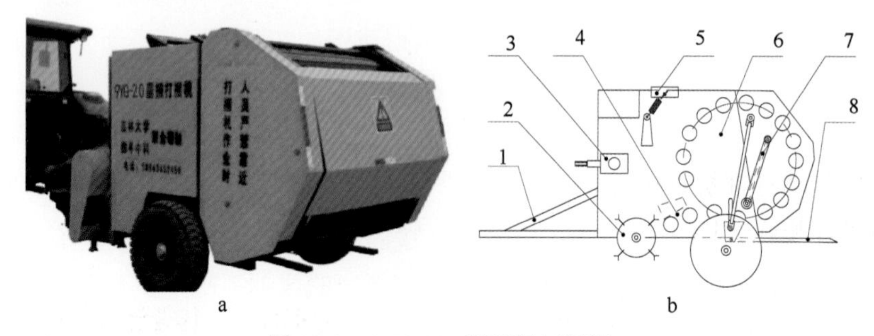

图 10-1 9YG-2.0 型圆捆打捆机

1. 牵引机构；2. 捡拾粉碎机构；3. 齿轮箱；4. 传送机构；5. 缠绳机构；6. 成捆室；7. 液压系统；8. 卸捆机构

捡拾粉碎机构采用 Y 型甩刀，高速旋转起到捡拾和粉碎秸秆的作用，粉碎后秸秆被抛入成捆室。成捆室（图 10-1b 中的 6）由 16 个圆周上呈锯齿凸起的钢制辊筒围成，使碎秸秆逐渐被压缩成圆捆，缠绳机构有两个缠绳单元；卸捆机构保证成捆室后盖开启后圆草捆顺利落地。

10.2.2　工作原理

圆捆打捆机的工作原理见图 10-2，拖拉机动力通过传动系统传递到各工作部件，在田间作业过程中，随着机器的运转和前进，高速旋转的捡拾粉碎刀片将地面上的秸秆捡拾粉碎的同时，由高速旋转的捡拾粉碎刀片将碎秸秆抛入成捆室或由刀片高速旋转形成的负压将碎秸秆吸入成捆室，在旋转辊筒的作用下碎秸秆旋转形成草芯（图 10-2a）。随着越来越多的碎秸秆进入成捆室并不断旋转逐渐形成圆捆（图 10-2b）。继续捡拾，碎秸秆将在圆捆外圆周上缠绕，形成外紧内松的圆草捆（图 10-2c）。圆捆成型达到规定值时机组停止前进，驾驶员操纵缠绳机构进行缠绳作业。缠绳作业完成后开启后门将草捆经卸捆机构弹出滚落到地面（图 10-2d）。合上后门继续进行下一个圆草捆的作业。

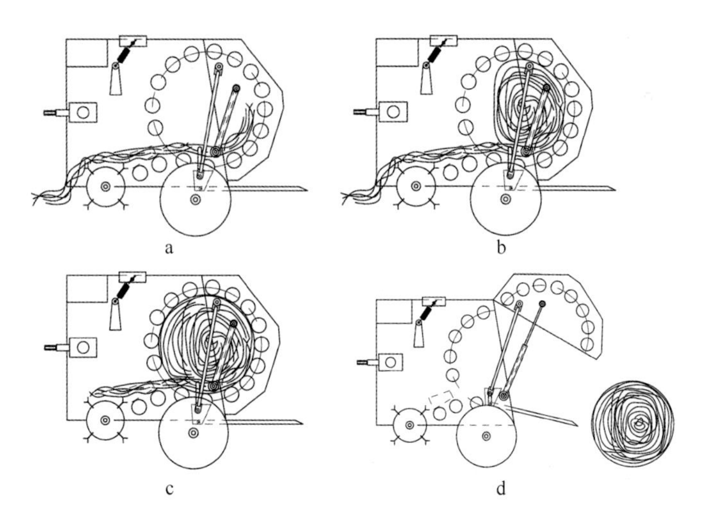

图 10-2　圆捆打捆机工作原理示意图

a. 形成草芯；b. 形成圆捆；c. 圆捆成型；d. 卸捆

10.2.3　作业流程

9YG-2.0 型圆捆打捆机可对站立或铺放秸秆完成捡拾打捆作业，对站立秸秆捡拾时，通过拖拉机带动打捆机直接对秸秆打捆作业，秸秆粉碎刀片对秸秆根部进行切断，秸秆随机具前进被粉碎、抛到成捆室内，完成打捆，作业流程见图 10-3。

对铺放秸秆捡拾时，打捆机捡拾粉碎机构对铺放在垄上的秸秆进行捡拾，同时通过粉碎刀片的作用将秸秆切碎，并将切碎的秸秆抛送至成捆室打捆，作业流程如图 10-4 所示。

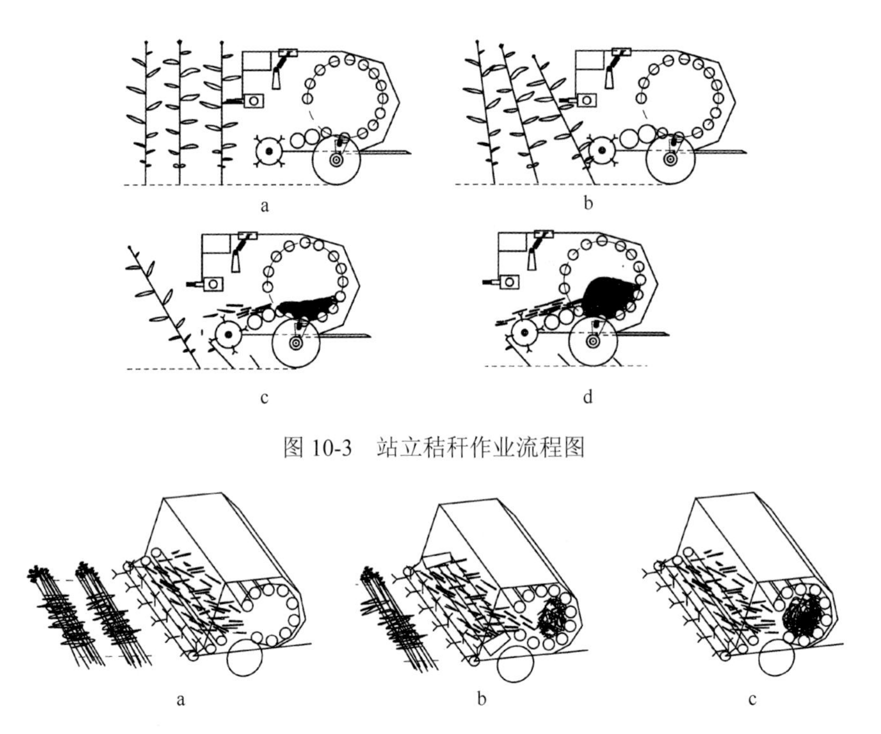

图 10-3　站立秸秆作业流程图

图 10-4　铺放秸秆作业流程图

10.2.4　整机动力传动系统

圆捆打捆机的传动方式见图 10-5，由约翰迪尔 58.8kW 以上的拖拉机牵引作业，实现移动式自动捡拾打捆，打捆机由牵引的拖拉机动力输出轴将动力传入齿轮箱（7），再由齿轮箱将动力进行分配，动力沿两个方向同时传递，一方面使捡拾粉碎机构（2）高速旋转；另一方面使成捆室（12）的钢辊旋转，成捆室再将动力分配给送料机构（1），实现物料输送。

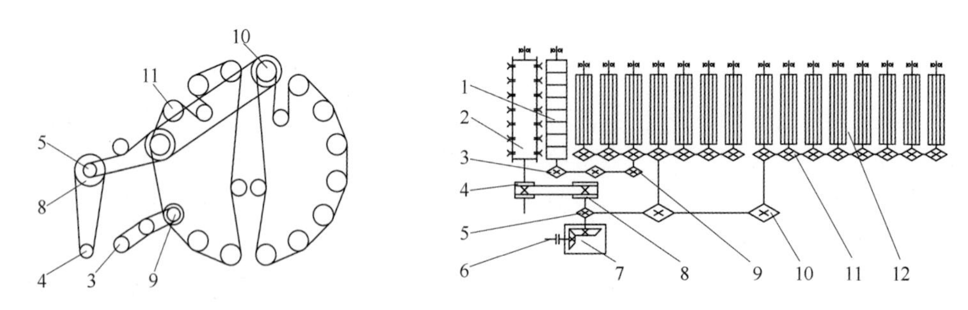

图 10-5　整机动力传动系统简图

1. 送料机构；2. 捡拾粉碎机构；3. 送料机构链轮；4. 刀辊轴皮带轮；5. 齿轮箱输出轴小链轮；6. 万向节；7. 齿轮箱；8. 齿轮箱输出轴皮带轮；9. 成捆室传递链轮；10. 成捆室大链轮；11. 成捆室小链轮；12. 成捆室

工作时，选择拖拉机动力输出轴转速 n_0=720r/min，齿轮箱的传动比 i=1.2，所以齿轮箱的输出转速 $n_1=n_0/i$=600r/min；齿轮箱输出轴皮带轮（8）的基准直径 d_1 为 630mm，刀辊轴皮带轮（4）的基准直径 d_2 为 180mm，不考虑弹性滑动，故刀辊转速 $n_2=n_1\times$

（d_1/d_2）=2100r/min（满足刀辊最低转速需求）；齿轮箱输出轴小链轮（5）齿数 Z_1 为 17 齿，成捆室大链轮（10）齿数 Z_2 为 43 齿，成捆室大链轮（10）与小链轮（11）同轴，转速相同，所以成捆室钢辊转速 $n_3=n_1\times(Z_1/Z_2)$=237r/min；成捆室传递链轮（9）齿数 Z_3 为 17 齿，送料机构链轮（3）齿数 Z_4 为 19 齿，所以送料机构的输送圆辊转速 $n_4=n_3\times(Z_3/Z_4)$= 212r/min。

10.2.5　整机主要技术参数

9YG-2.0 型圆捆打捆机配套动力为 80 马力拖拉机，打捆密度大于 130kg/m^3，纯工作小时生产率可达 5800kg/h，具体参数见表 10-1。

表 10-1　9YG-2.0 型圆捆打捆机主要技术参数

技术参数	指标
配套动力/kW（马力）	58.8（80）
外形尺寸（长×宽×高）/mm	4400×2380×2330
结构质量/kg	3600
工作幅宽/mm	2000
捡拾粉碎刀轴转速/（r/min）	1900
粉碎刀片数量/个	56
成捆率/%	99
秸秆总损失率/%	1.1
草捆密度/（kg/m^3）	132.8
吨草油耗量/（kg/t）	0.78
纯工作小时生产率/（kg/h）	5840

10.3　捡拾粉碎机构

10.3.1　机构总体设计

采用弹齿滚筒式捡拾装置的圆捆打捆机，主要用于牧草、稻麦秸秆捡拾，不适合秆长、质地硬又粗壮的玉米秸秆捡拾粉碎；相关研究人员为解决玉米秸秆捡拾粉碎问题，给打捆机设计了滚筒动刀系统，由捡拾器两侧的喂入绞龙强制引导秸秆进入滚筒动刀，动刀与定刀对秸秆进行粉碎，这样增加了机具的生产制作成本、机具的复杂程度和功率的消耗。本设计中捡拾粉碎的对象主要是玉米秸秆，研究人员对捡拾机构进行了创新设计，采用类似灭茬机具的刀片结构、高速旋转，对长度大、质地硬、粗壮的玉米秸秆进行捡拾、粉碎，取得了较好效果。

该机构安装于机具最前方，可最先接触到工作对象——作物秸秆，它被置于成捆室下方入口处之前（图 10-1b），可保证其捡拾粉碎后的秸秆，直接进入成捆室打捆。

该机构的核心工作部件是捡拾粉碎刀辊（图 10-6）。由圆管制成的刀辊轴按一定规律（呈双头螺旋线排列）焊有若干刀座，Y 型甩刀与刀座铰接，可绕销轴摆动。高速旋转时，各 Y 型甩刀在离心力作用下，均处于刀辊轴的径向位置。

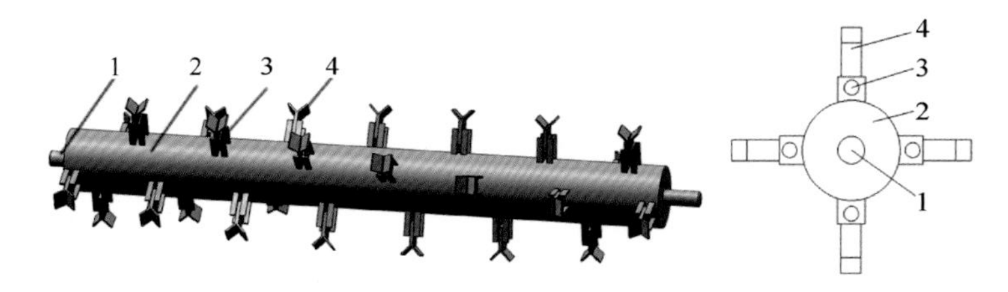

图 10-6　捡拾粉碎机构示意图

1. 主轴；2. 刀辊；3. 刀座；4. Y 型甩刀

刀辊在作业时呈顺时针（在机具前进方向的左侧看）高速旋转，旋转的动力来自拖拉机的后部动力输出轴，动力传动线路见图 10-5。动力由万向节轴传给齿轮箱，再传给皮带轮，由皮带轮驱动捡拾粉碎刀轴旋转，完成对秸秆的捡拾粉碎。该机主要是针对玉米秸秆捡拾粉碎而设计的，捡拾幅宽选为 2m。

10.3.2　秸秆捡拾粉碎作业运动分析

10.3.2.1　秸秆捡拾粉碎刀运动方程

当打捆机在进行田间捡拾粉碎作业时，其主要工作部件秸秆捡拾粉碎刀片（Y 型甩刀，图 10-6 中的 4）的绝对运动是两种运动的合成（忽略刀片随刀座销轴的摆动），即打捆机随拖拉机前进的直线运动和刀片绕刀辊中心旋转所形成的回转运动。直线运动为牵连运动（记其为 V_e，即机组前进速度），回转运动为相对运动（记其为 V_r，即刀端的线速度）。所以，刀端点的绝对速度 V_a 的运动方程为

$$V_a = V_e + V_r \tag{10-1}$$

如果刀片的回转半径 R、旋转角速度 ω、机组的前进速度 V_e 已知，通过计算，就可以得到甩刀刀端点的运动轨迹方程。刀端的运动轨迹是由刀端 N 点连续运动所形成的。以刀轴轴心 O 为原点，以机组前进方向为 x 轴的正方向，以垂直向上为 y 轴的正方向（图 10-7），建立平面直角坐标系。

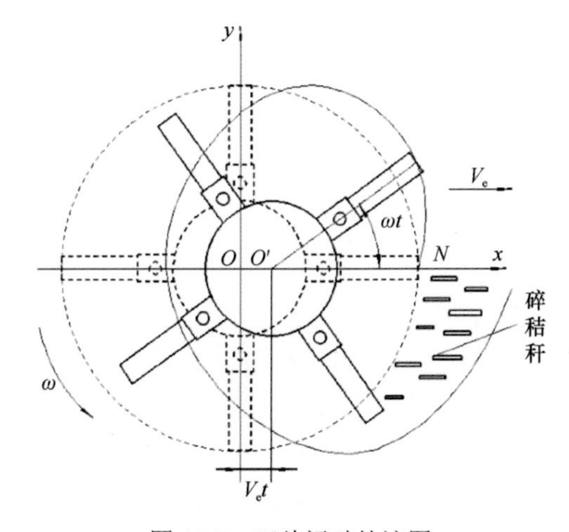

图 10-7　刀片运动轨迹图

以 N 点在 x 轴正半轴时的时间 t 为起点，则在 t 瞬时，刀尖 N 点（x，y）坐标可表示为

$$\begin{cases} x = R\cos\omega t + V_e t \\ y = R\sin\omega t \end{cases} \tag{10-2}$$

式中，ω 为刀辊（秸秆捡拾粉碎刀）回转角速度，rad/s；R 为秸秆捡拾粉碎甩刀回转半径，m；V_e 为机组前进的速度，m/s。

整理式（10-2）可得到 N 点的运动轨迹方程为

$$x = \frac{V_e}{\omega}\arcsin\frac{y}{R} + \sqrt{R^2 - y^2} \tag{10-3}$$

这与旋耕、碎茬机的运动方程是一致的，故借鉴其研究理论，定义速比 λ，即刀端回转线速度与机具前进速度之比，表达式为

$$\lambda = \frac{V_r}{V_e} = \frac{R\omega}{V_e} \tag{10-4}$$

将式（10-4）代入式（10-3），整理后可得到刀尖 N 点的运动轨迹方程：

$$x = \frac{R}{\lambda}\arcsin\frac{y}{R} + \sqrt{R^2 - y^2} \tag{10-5}$$

式（10-5）表明，秸秆捡拾粉碎刀片在作业过程中，运动轨迹是摆线。

10.3.2.2　秸秆捡拾粉碎刀运动轨迹

通过分析刀端 N 点的运动轨迹，建立其运动轨迹方程，由运动轨迹方程可知，与秸秆捡拾粉碎刀片的运动轨迹有关的相关参数为：机组前进速度 V_e，刀端 N 点回转半径 R，刀辊回转角速度 ω。由式（10-5）可知，当 V_e、R、ω 发生改变时，λ 取值随即发生改变，刀端 N 点运动的轨迹曲线随 λ 取值范围的变化，有如图 10-8 所示的特点。

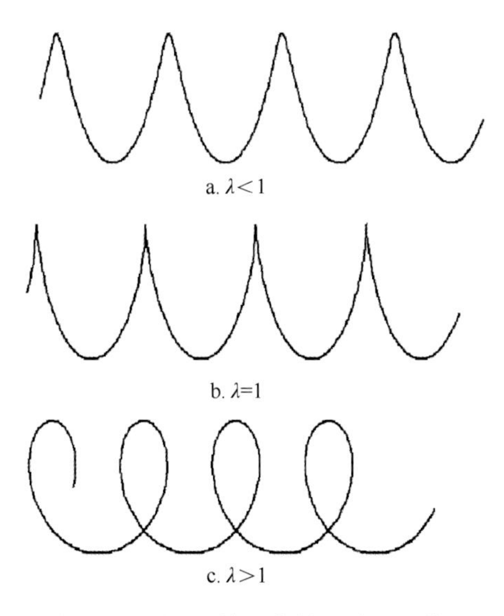

图 10-8　不同 λ 值对应的刀片运动轨迹

1）当 $\lambda\leq1$ 时，甩刀运动轨迹如图 10-8a、b 所示。刀端 N 点在任意位置的绝对水平位移的方向与机具的前进方向相同，运动轨迹呈无扣摆线，甩刀只能对秸秆进行一次捡拾粉碎，不能对秸秆进行反复的捡拾粉碎，达不到玉米秸秆捡拾粉碎的作业要求。

2）当 $\lambda>1$ 时，甩刀运动轨迹如图 10-8c 所示，甩刀在工作过程中，轨迹曲线为余摆线，它所包括的部分存在重叠，当 λ 取值越大时，余摆线横弦也就越大，重叠部分面积也越大。当机具前进速度为 0 时，即 λ 无穷大时，甩刀的运动轨迹就变成圆了，此刻横弦最大，等于 $2R$。从以上简单分析可得知，当 λ 越大时，甩刀在工作过程中，能够对秸秆进行多次捡拾粉碎，有助于提高机具的捡拾粉碎质量，完全满足玉米秸秆捡拾粉碎的作业要求。

10.3.2.3 秸秆捡拾粉碎刀的速度分析

1. 秸秆捡拾粉碎刀的作业速度

秸秆捡拾粉碎刀在工作时，甩刀片在冲击粉碎秸秆的过程中，各点的运动速度和加速度完全是不相同的。甩刀的绝对速度是一个变量，随时间变化而不断变化。将运动方程式（10-2）对时间 t 进行一次求导，可得 x 轴、y 轴的速度方程如下：

$$\begin{cases} V_x = \dfrac{\mathrm{d}x}{\mathrm{d}t} = V_\mathrm{e} - \omega R\sin\omega t \\ V_y = \dfrac{\mathrm{d}y}{\mathrm{d}t} = \omega R\cos\omega t \end{cases} \tag{10-6}$$

因此由式（10-6）可求得刀片的绝对速度 V_a（捡拾粉碎秸秆的速度）：

$$V_\mathrm{a} = \sqrt{V_x^2 + V_y^2} = \sqrt{V_\mathrm{e}^2 - 2V_\mathrm{e}V_\mathrm{r}\sin\omega t + V_\mathrm{r}^2} \tag{10-7}$$

简化可得

$$V_\mathrm{a} = \omega R\sqrt{\left(1 + \frac{1}{\lambda^2} - \frac{2}{\lambda}\sin\omega t\right)} \tag{10-8}$$

如图 10-7 所示，甩刀转动到与 y 轴正半轴交点处，其圆周线速度方向与机组前进水平速度方向相反，即 $V_\mathrm{a} = V_\mathrm{r} - V_\mathrm{e}$（两速度绝对值之差），此时绝对速度 V_a 取最小值；刀片转动到与 y 轴负半轴交点处，其圆周速度方向与机组前进水平速度方向相同，即 $V_\mathrm{a} = V_\mathrm{r} + V_\mathrm{e}$（两速度绝对值之和），此时绝对速度 V_a 取最大值。

以甩刀与 y 轴正半轴交点为研究对象，这正是甩刀捡拾粉碎玉米秸秆之瞬间，如果机组前进速度设定为某个定值，秸秆捡拾粉碎甩刀的绝对速度 V_a 过小，秸秆将无法被切断（未粉碎秸秆会造成秸秆缠绕刀辊）。这样，就要求甩刀的圆周线速度的值足够大，才能保证绝对速度达到切断玉米秸秆的要求。

2. 秸秆捡拾粉碎刀的加速度

当打捆机的秸秆捡拾粉碎刀的刀辊以角速度 ω 匀速转动，机组以定速 V_e 前进作业时，刀端点只存在指向刀辊中心的向心加速度 a_n。因此将甩刀的速度方程组（10-6）对时间

t 再次进行求导，则可以得到甩刀的加速度方程如下：

$$\begin{cases} a_x = \dfrac{\mathrm{d}V_x}{\mathrm{d}t} = \omega^2 R\cos\omega t \\ a_y = \dfrac{\mathrm{d}V_y}{\mathrm{d}t} = -\omega^2 R\sin\omega t \end{cases} \tag{10-9}$$

由式（10-9）可得刀端点的绝对加速度为

$$a_{\mathrm{n}} = \sqrt{a_x^2 + a_y^2} = \omega^2 R \tag{10-10}$$

10.3.3 秸秆捡拾粉碎刀辊转速的确定

10.3.3.1 甩刀速度

前面已叙及，只有甩刀刀端圆周速度足够大，才能保证机构对秸秆的捡拾粉碎质量。速度过小，导致负压太小甚至不能产生负压，引起捡拾率迅速下降，影响捡拾粉碎质量；速度太大会导致功耗过大。因此，V_{r} 值设计必须合理，它的选择对机具的作业效率、秸秆捡拾粉碎效果及机具的故障率会产生非常重要的影响。

对捡拾秸秆进行切割粉碎，是在无支撑条件下进行的，甩刀的线速度要大大增加。试验研究表明，转速 ω 和回转半径 R 值的搭配应使切割线速度≥48m/s，才能满足刀片稳定工作及玉米秸秆的捡拾粉碎。所以甩刀切割线速度 V_{r} 应≥48m/s。

10.3.3.2 刀端回转半径

刀端回转半径决定于甩刀有效工作长度、刀座销孔距刀辊轴中心的距离。

1. 甩刀的选取与设计

各种类型的粉碎刀有不同的优缺点（表 10-2），Y 型刀的体积小、质量轻，所受阻力小，因此功率消耗也小。而且，Y 型刀与其他各种刀相比，秸秆捡拾性能突出，随刀辊高速旋转时，冲击并切断秸秆效果好，粉碎效率高，对不同秸秆适应性强，能够将碎秸秆直接甩入成捆室内，高速旋转形成的负压将碎秸秆吸入成捆室。Y 型刀还具有非常好的对称性，质心在刀轴对称线上，可以消除其他刀在作业过程中机具的强烈振动、动力消耗大、捡拾粉碎效果不理想的缺陷。综上分析，刀片选择 Y 型结构，但是为了更好地捡拾粉碎玉米秸秆，提高刀辊的平衡精度，降低冲击力对刀辊及刀座的影响，选择用两把 L 型刀片组合而成的 Y 型结构（图 10-9），通过销轴连接在刀座上，刀片在刀座上可以来回摆动。这样设计，既汲取了 Y 型刀的优点，又可以通过刀片的来回摆动，减轻刀座焊点及刀辊的受力，而且捡拾粉碎效果更好。

2. 甩刀各参数设计

刀片材料选用 65Mn 钢板，经淬火处理，以保证刀片具有足够的耐磨性和刚度。结合现有的刀片参数，确定刀片的主要结构参数如下。

表 10-2 各种甩刀性能对比表

性能参数	甩刀					
	直刀	锤爪式	Y 型	T 型	L 型	鞭式
粉碎效果	较好	好	较好	好	较好	较好
质量	小	大	小	较小	小	较小
体积	小	大	小	较小	小	较小
功率	较小	大	小	较小	小	较大
成本	低（单）	高	中等	较高	中等	较高
其他	需组合使用	工作负载增大	捡拾性能较好	横纵双向切割	切断速度低	同时入土破茬

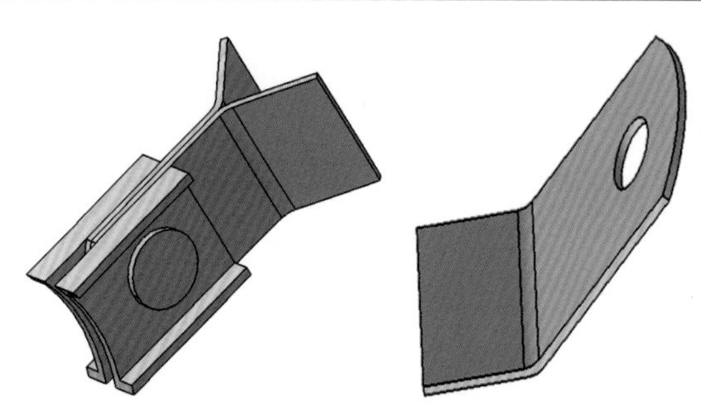

图 10-9 L 型刀片组合的 Y 型结构

1）刀片宽度：考虑刀对切碎秸秆的抛送作用，防止刀片在工作过程中产生变形，通常刀片宽度为 30～100mm，为了提高捡拾率，刀片宽度取 70mm。

2）刃口：因为玉米秸秆粗壮且刚度较好，所以粉碎秸秆多以击碎为主，切割为辅，因而不要求刃口的锋利程度。

3）刀片折弯角：现有 L 型刀片折弯角大多数为 135°。因为刀片属于易损件，为方便以后机器的维修使用，故选取折弯角为 135°，可购买现有 L 型刀片进行更换损坏件。

4）刀片厚度：现有刀片中直刀和甩刀为平板冲压而成，刀片厚度一般为 4～6mm，为防止刀片在工作过程中产生变形，且为了更适合玉米等硬质秸秆的捡拾粉碎，选取刀片厚度为 6mm。

5）甩刀长度：甩刀总长度为 160mm。其中有效工作长度（销孔中心至刀端）为 130.5mm。改进型 L 型刀片的设计图纸及加工完的刀片见图 10-10。

3. 刀端回转半径的确定

如图 10-6 所示，Y 型甩刀安装在刀辊的刀座上，在甩刀结构尺寸确定之后，还要决定刀座销孔中心到刀辊轴中心的距离。

刀辊轴为外径 ϕ100mm 的圆管，壁厚为 5mm，刀座焊在刀辊轴外面，焊接后刀座销孔中心与刀辊轴中心的距离为 115mm。这个距离与 Y 型甩刀有效工作长度之和就是甩刀刀端回转半径 R，R=245.5mm。

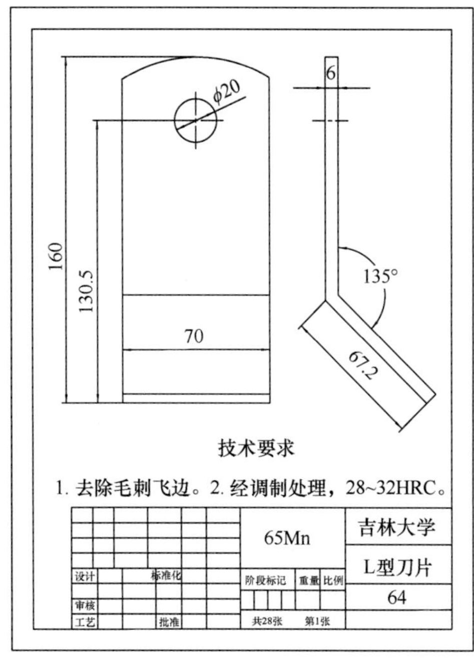

图 10-10　L 型刀片

10.3.3.3　刀辊转速

$$n = \frac{60\omega}{2\pi} = \frac{60V_{\mathrm{r}}}{2\pi R} = \frac{60 \times 48}{2 \times 3.14 \times 0.2455} = 1868\mathrm{r/min} \tag{10-11}$$

因此刀辊转速不能低于 1868r/min。

10.3.4　刀座（甩刀）在刀辊上的排列

刀座（甩刀）在刀辊上的排列方式，是该机构的主要结构参数。

10.3.4.1　甩刀排列密度

在作业幅宽、刀辊转速、机组前进速度相同的情况下，捡拾粉碎刀的数目有一个最佳值。数量过少，秸秆捡拾粉碎质量太差；数量过多，功率消耗大，制造成本也会相应增加，而且不利于碎秸秆的排出，容易造成堵塞并影响捡拾粉碎质量。甩刀数量的最佳值根据刀片的排列密度来确定：

$$N = C \times L \tag{10-12}$$

式中，N 为甩刀总数量，片；L 为机具的作业幅宽，cm；C 为甩刀密度，片/cm。

由《农业机械设计手册》[29]可知，L 型及其改进型甩刀，本设计选 C=0.28，机具作业幅宽（捡拾幅宽）L=200cm，得 N=56。因是 2 片 L 型（改进型）组合成 1 片 Y 型刀，故应是 28 个刀座，安装 56 片甩刀。

10.3.4.2　甩刀的排列方式

甩刀在刀辊上的排列不仅会直接影响秸秆捡拾粉碎效果，而且当布置不合理时，会对刀辊的平衡造成直接影响，严重时机具猛烈振动，导致其无法正常作业，甚至会损坏机具的工作部件。甩刀（刀座）的排列应满足如下原则。

1）甩刀的排列，首先轴向间距要恰当，要保证不产生漏捡，其次捡拾粉碎秸秆时，尽可能使甩刀的径向相邻两刀夹角大些，有效防止相互干扰和堵塞等现象。

2）从整体上来权衡甩刀排列，尽可能保证每次一组刀片捡拾粉碎秸秆。为保证机具空载旋转时，刀辊载荷均匀，径向力达到平衡，两刀呈 180°布置，产生的离心力相互抵消，尽可能确保轴向均匀分布，径向上呈等角分布。同时，结构应简单，方便生产制造、装配和刀片的更换，消耗功率要小。

3）通过销轴把甩刀连接在刀座上，刀座焊接在刀辊上，过长的刀座会妨碍刀片的回转，对秸秆的捡拾粉碎效果也产生显著影响；但是刀座太短，甩刀又会碰撞刀辊，也不利于秸秆的捡拾粉碎。

如今，常见的甩刀排列有单（双）螺旋线、对称排列等。目前，国内的秸秆粉碎还田机的刀片，大多采用单（双）螺旋线排列。甩刀螺旋线排列时，其特点是排列规律明显，结构简单，制造方便，维修简单，刀辊受力好，满足动平衡要求，轨迹分布均匀，且不重复。本设计为保证径向两组 Y 型甩刀离心力相互抵消，使其沿圆周上呈 180°配置，故刀座采用双螺旋线排列，见图 10-11。

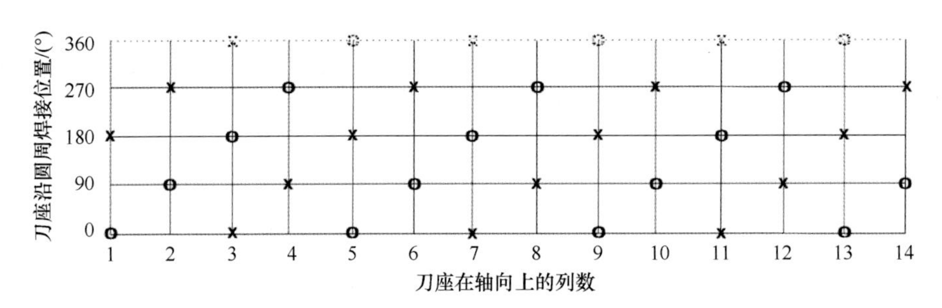

图 10-11　刀座在刀辊轴上排列展开图

对展开图做如下说明。

1）该图横坐标为刀辊长度方向，主要考虑其捡拾宽度（2m），在 1 及 14 两列刀座外侧，各留出 9cm，即第 1 列及第 14 列刀座之间相距 182cm，每列刀座之间相距 14cm。

2）该图纵坐标为刀辊圆周方向展开，每隔 90°焊一排刀座，共 4 排，28 个刀座平均分至 4 排之中，每排 7 个刀座，这样各排相邻刀座之间的距离为 14×2=28cm。

3）相邻两排刀座错开排列，保证同排刀座之间有足够距离，防止堵塞，相邻两排甩刀不会互相干扰。

4）刀辊上刀座分别处于两头螺旋线上："o"标号为一条螺旋线，"x"标号为另一条螺旋线，在同列上的两个刀座，呈 180°配置，甩刀高速旋转时，可互相抵消离心力。

5）刀辊转速为 1867r/min，这样每秒可转 31.116 667 周，也就是每转一周只用 0.032 137 1s，以机组前进速度为 2m/s 计，刀辊转一周，机组前进 6.42cm，一排甩刀捡拾作业（刀辊转 1/4 周），机组只能前进 1.6cm，这样就保证了捡拾的可靠性；相邻两排甩刀快速连续作业，更能防止漏捡的产生。

10.3.5　甩刀受力分析

工作时甩刀高速旋转，在离心力的作用下，甩刀近似处于径向位置。粉碎玉米秸秆时甩刀端部受到切割阻力 F_2 作用，甩刀部分动能用来克服切割功耗，因而甩刀会产生一个偏转角 α，如图 10-12 所示。若略去销轴对甩刀的摩擦力矩，则甩刀相对于 O 点产生力矩的力主要有重力 mg、离心力 F_1、切削阻力 F_2，力臂分别是 $L_0\sin\alpha$、L_1、L_2，设定从甩刀销孔计刀长（有效工作长度）为 L，略去刀宽，根据三角函数，则存在如下关系：

$$\begin{cases} L_2 = L\cos\alpha \\ \dfrac{R_2}{R_1} = \dfrac{L_0\sin\alpha}{L_1} \end{cases} \tag{10-13}$$

甩刀上任意点的力平衡方程为

$$F_2L_2 = F_1L_1 + mgL_0\sin\alpha \tag{10-14}$$

将式（10-13）代入式（10-14），经整理可得

$$\tan\alpha = \frac{F_2}{\dfrac{m\left(g+\omega^2R_1\right)L_0}{L}} \tag{10-15}$$

式中，L 为甩刀有效工作长度（销孔中心至刀端的长度），mm；R_1 为刀座孔中心至刀辊轴中心线距离，mm；R_2 为甩刀产生偏角 α 时，其质心至刀辊轴中心线距离，mm；L_0 为甩刀销孔至甩刀质心距离，mm。

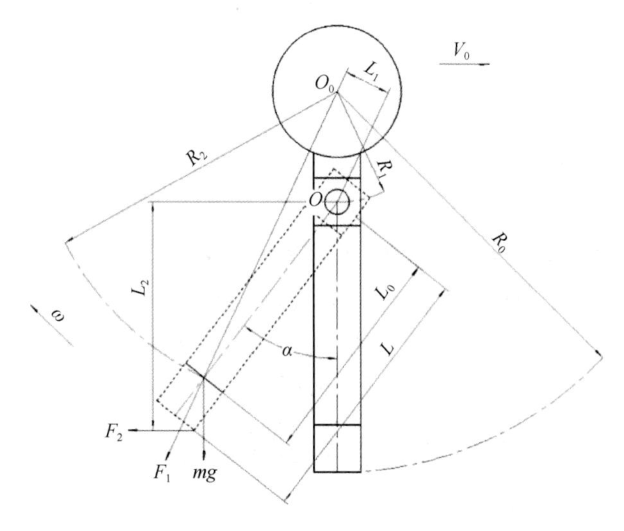

图 10-12　甩刀受力分析图

甩刀工作时，偏角 α 过大，不利于切割、粉碎和物料的抛送，由式（10-15）可知如下规律。

1）增大甩刀质量，α 将变小，有利于切割和粉碎，因此甩刀的质量不宜过小。选择 3 种甩刀厚度（4mm、5mm、6mm）进行对比试验表明，捡拾率随着甩刀厚度的增加而

显著提高，粉碎质量也提高，但单位时间燃油消耗量随之也相应增加，参考已有秸秆粉碎还田机，并考虑到切割玉米秸秆工作条件恶劣，选择甩刀厚度为 6mm。

2）L_0/L 增大时，α 将变小，说明把甩刀的质量中心向刀端移动，可以获得减小甩刀工作偏角的效果。

3）增加刀辊角速度 ω，同样可以使甩刀工作偏角减小，但动力消耗相应增大，对动平衡要求也较高，因此必须选择合适的刀辊角速度，即刀辊的转速。

10.4 成捆室设计

10.4.1 成捆室总体设计

成捆室的功能是使物料不断地旋转逐渐形成圆捆。成捆室采用辊筒式结构，见图 10-13。主要由卸捆机构（1）、开合机构（2）、开合连杆机构（3）、链传动（4）、主体机架（5）、辊筒（6）、缠绳机构（7）等组成。

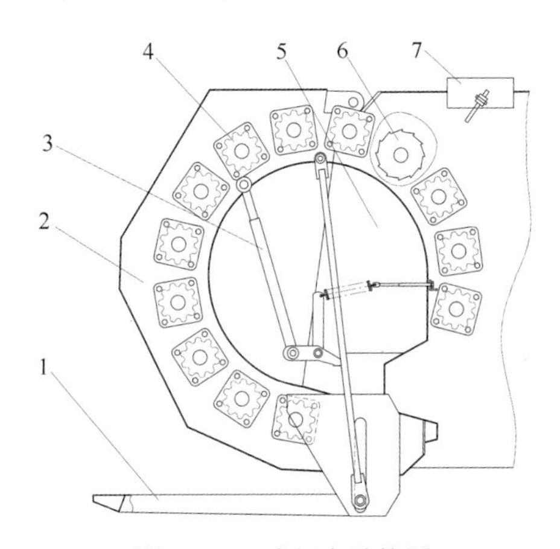

图 10-13 成捆室结构图

1. 卸捆机构；2. 开合机构；3. 开合连杆机构；4. 链传动；5. 主体机架；6. 辊筒；7. 缠绳机构

10.4.2 成捆室参数设计

成捆室采用辊筒式结构，随钢制辊筒的数量不同，成捆室直径分别为 1.8m、1.6m、1.2m、1.0m、0.8m、0.5m。根据实际草捆用途的不同，成捆室可选择不同直径，如作燃料草捆可大一些，减小运输成本；作饲料草捆可小一些，便于搬运。根据大型农场、电厂等需要，本设计的成捆室直径为 1.2m、长度为 1.5m，草捆的密度范围为 120～150kg/m^3。

10.4.3 辊筒设计

辊筒是此类结构圆捆机的主要工作部件，由钢板制成。为增加摩擦力，表面压制成不同形式的凸起。图 10-14 是目前使用最多的两种辊筒形式。图 10-14a 为压制成菱形凸起的辊筒，图 10-14b 为压制成在圆周上呈锯齿形凸起的辊筒，本设计采用这种结构。

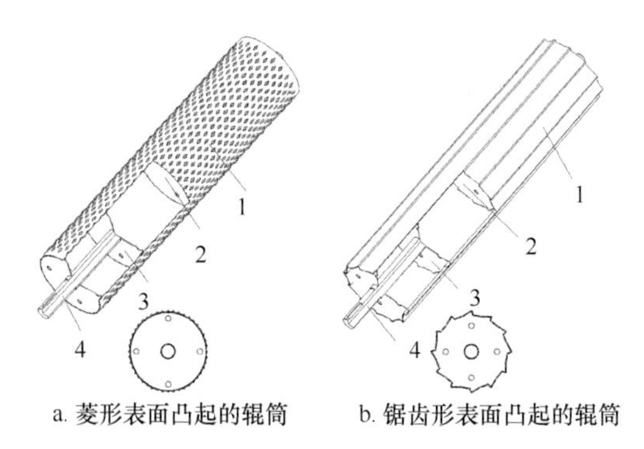

图 10-14　辊筒结构示意图

1. 辊筒；2. 内支撑盘；3. 端轴支撑盘；4. 端轴

辊筒直径为 200～300mm，线速度为 2.0～2.3m/s，材料一般采用冷轧普通碳素钢板。本设计辊筒直径为 250mm，线速度为 2.16m/s。

10.4.4　开合机构设计

开合机构的设计要求是：应有足够的支撑能力和刚度，保证打捆工作正常进行；开合机构工作时应保证草捆能在一定开合角度下自然下落，不会与草捆发生干涉；开合机构外侧设置的与拉杆、活塞杆的铰接点位置应合理。

开合机构为打捆机构的重要组成部分，见图 10-15，首先考虑到打捆设备对于刚度的要求，开合机构有两根钢管焊接在开合机构的顶端和中端，成型草捆长度为 1.5m，所以左右侧板的间距设置为 1.5m，这两根钢管和左右侧板共同形成了开合机构的基本骨架。成型草捆的直径为 1.2m，所以开合机构内辊筒形成的圆形直径为 1.2m。

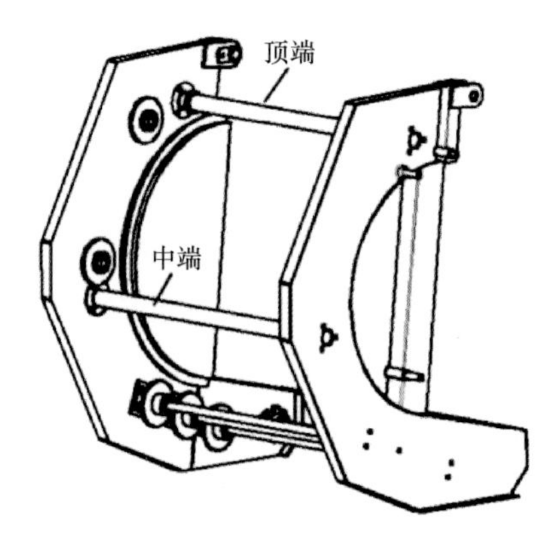

图 10-15　开合机构结构示意图

10.4.5　开合连杆设计

开合连杆结构（图 10-16）主要适用于控制开合机构的开启和关闭，在正常工作条件下，应尽量缩短液压缸的工作行程，降低液压缸的支撑力。

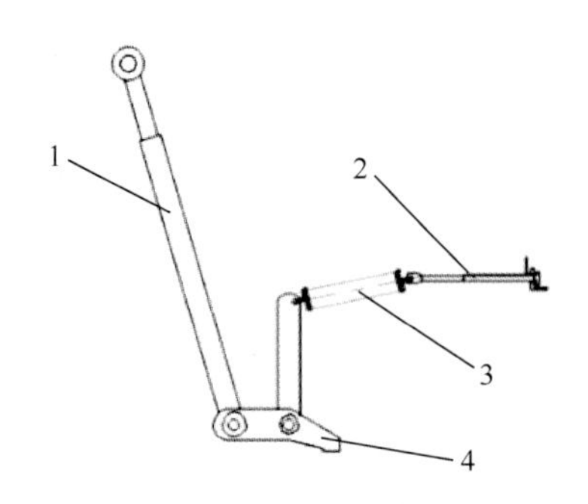

图 10-16　开合连杆结构示意图

1. 液压缸；2. 螺杆；3. 弹簧；4. 中间连杆

开合连杆结构采用弹簧连杆组合机构，主要由液压缸（1）、螺杆（2）、弹簧（3）和中间连杆（4）组成。液压缸活塞与开合机构铰接，液压缸底座与中间连杆前端铰接。中间连杆结构呈“L”形，底部与主体机架铰接，另伸出一端与弹簧挂接。弹簧的另一端连有一根长螺杆，螺杆与主体机架上焊接的槽钢采用普通螺栓连接。当液压缸进油时，液压缸活塞伸长，开合机构质心距离转动中心的水平距离增大，力矩增大，液压缸受力增大，此时弹簧伸长，液压缸底座下移，从而改变支撑角度，减小支撑力。因为本设计的开合角度为 76°，不会有质心在转动中心以上的情况，也就不会有质心向回转中心水平靠近的情况。而当活塞铰接点竖直高度超过回转中心时，会出现支撑角增大，其与质心力矩效应增大同时作用，会出现支撑力的波动现象，但由于弹簧的调节，系统总能在力最小的工作点工作，当开合角度达到 76°时，活塞缸大致竖直，系统稳定。当活塞缸出油时，作用效果与进油相反，弹簧拉伸量逐渐缩短，因为中间连杆“L”形底部有一小平面，与机架接触，为回转的终止位置，防止弹簧过度收缩，使连杆转动过于剧烈而到达另一个平衡点。

10.4.6　缠绳机构设计

缠绳机构也是打捆机的关键部件，可对成捆室内密度和尺寸达到要求的秸秆包进行缠绳操作，以保证落地后捆包不散开，且落地前后密度和尺寸变化很小，缠绳过程是捆包成型的最后一道过程，捆包紧凑结实，可节省空间，方便运输和储存。缠绳机构（图 10-17）由钢板（1）、旋转臂（2）、弹簧（3）、凸轮连杆装置（4）、电机（5）等构成。

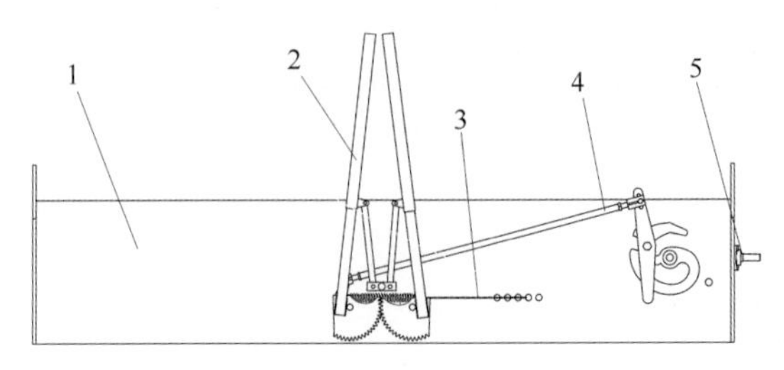

图 10-17　缠绳机构示意图

1. 钢板；2. 旋转臂；3. 弹簧；4. 凸轮连杆装置；5. 电机

旋转臂通过旋转轴承安装在支撑钢板上，且与连杆一端铰接，连杆另一端与凸轮组成凸轮连杆机构，凸轮与固定在钢板下的电机连接，旋转臂为空心的钢管，缠绳穿过钢管悬于辊筒上。上次缠绳操作结束时，凸轮旋转至直径最大处；当缠绳机构收到缠绳指令后，电机工作，凸轮旋转至直径最小处，旋转臂在弹簧的作用下快速闭合，悬浮的缠绳落在高速旋转的辊筒上并被卷入成捆室，在草捆和钢辊的同时作用下对草捆进行缠绳缠绕操作。此时凸轮一直保持旋转，且直径逐渐变大，带动连杆机构做往复运动，旋转臂慢慢张开，弹簧逐渐拉伸，当凸轮直径最大，旋转臂到达最大角度时，电机停止工作，切刀介入将缠绳割断，至此缠绳操作结束，开始进行卸捆操作。

缠绳机构的设计依据平行四连杆结构特性，且通过实际作业验证，缠绳结实可靠，缠绳时间缩短。图 10-18 为缠绳机构的结构设计，其中 *O* 为钢板上的固定点，*C* 为固定于左旋转臂上的一点，*OABC* 为平行四连杆，*AO*、*BC* 为转动件，可分别绕 *O* 点和 *C* 点旋转，*AB* 为连杆，*A* 点和 *B* 点均为铰接，*OC* 为钢板上 *O* 点与 *C* 点的直线距离，*K* 为沿凸轮外表面旋转的从动点，在初始位置 *OABC* 处，旋转臂闭合，在结束位置 *OA′B′C* 处，旋转臂最大张开，此时凸轮直径从最小变为最大，其中 *OA* 长为 40cm，*AB* 长为 70cm，*BC* 长为 10cm，*CO* 长为 80cm，*OK* 长为 25cm，初始位置时∠*BCO*=60°。

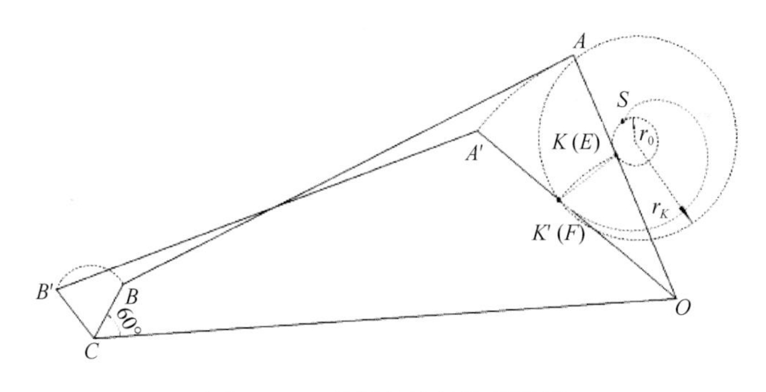

图 10-18　缠绳机构结构设计图

根据草捆宽与缠绳距草捆边长度的差值可得到缠绳在草捆上的最大缠绕宽度为 120cm，且旋转臂长为 63cm，因此旋转臂最大角度为 144°，因为旋转臂为双臂旋转，*BC* 到 *B′C* 为单臂转过的角度，因此∠*B′CB*=72°，根据余弦定理，可知 *KK′*的直线距离为 7cm，即 $r_K=r_0+7$，缠绳过程初始位置 *K′*位于凸轮最大直径处，随后凸轮旋转，从 *K′* 变为 *K*，旋转臂角度从最大变为最小，开始缠绳，$\overset{\frown}{ES}$ 为基圆上的弧度，旋转臂不动，当 *K* 点从 *S* 转到 *F* 处时，旋转臂匀速张开，至 *F* 点停止，此时旋转臂最大张开，为下一缠绳过程起点。玉米秸秆为黏弹性物料，根据草捆密度及膨胀力，草捆上的缠绳为中间最密集，两侧较稀，再外侧保持等间距缠绕至缠绳末端。

10.4.7　卸捆机构设计

10.4.7.1　功能和要求

卸捆机构的功能是当打捆机开合机构开启时，令成捆室内形成的圆捆顺利滚出，以便开合盖能正常关闭，一般由卸捆架、弹簧和销轴等组成。

卸捆机构在机组协调工作方面有很重要的作用，其功能需满足以下几个条件：成捆室开合机构开启时圆捆在旋转辊筒的作用下脱离成捆室，圆捆能正好滑落到卸捆架上；卸捆架与地面能在开合机构开启的时候形成一定的倾角，圆捆在自身重力作用下自行下滚；卸捆机构不能与开合机构底部发生干涉；卸捆机构有一定的引导作用，使圆捆滚落到地面的位置与圆捆机拉开一段距离，防止圆捆与开合机构产生干涉，使其不能顺利闭合；卸捆架可以在开合机构关闭时回复原位。

10.4.7.2 原理设计

一些打捆机的卸捆机构在实际使用中存在一定问题，如机手操作问题，打捆时警报不响便进行缠绳作业，导致捆包不紧实；卸捆时可能会存在捆包不易滚落的问题，阻碍后盖闭合，进而影响作业效率，另外，在对含水量较高的玉米秸秆进行打捆作业时，捆包重量大，对卸捆架的冲击较大，导致卸捆架易损坏等；根据这些问题对卸捆机构进行了改进，见图 10-19，卸捆机构由左拉杆（1）、销轴（2）、卸捆架（3）、右拉杆（4）、弹簧（5）、弹簧连接板（6）组成，卸捆机构为双“T”形结构，中间圆筒左侧通过弹簧连接板与左拉杆用弹簧相连，当开合机构开启（绕 O 点旋转），左右拉杆通过 A 点与开合机构相连，B 点随着开合机构而提升至 B_1 处，此时卸捆架向上运动，圆捆落下，卸捆架倾斜，圆捆沿其滚落到地面。当开合机构关闭时，左拉杆回到 B 点，弹簧带动卸捆架回复原位，完成整个卸捆操作。与现有机构相比，该机构提升了圆捆落下时卸捆架的高度，缩短了圆捆与卸捆架的高度差，减小了圆捆下落时对卸捆架的冲击，同时加大了卸捆角度，使圆捆更容易滚落，避免了圆捆滚落不远，阻碍开合机构的闭合。

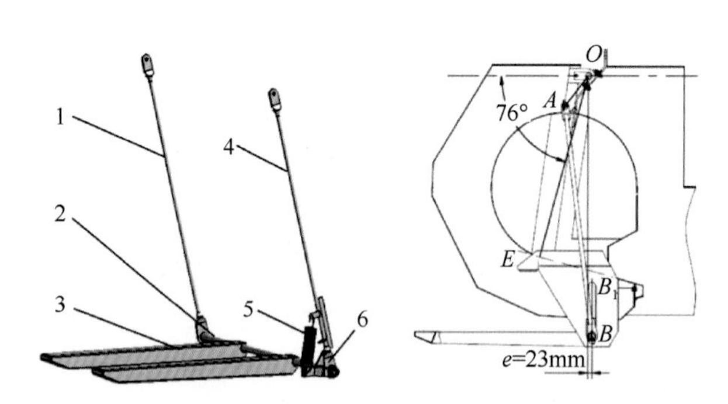

图 10-19 卸捆机构结构简图

1. 左拉杆；2. 销轴；3. 卸捆架；4. 右拉杆；5. 弹簧；6. 弹簧连接板

10.4.7.3 参数设计

本设计采用曲柄滑块式卸捆联动机构，见图 10-20，开合机构绕 O 点转动，暂定 A_1 点位置位于开合机构内侧轨道上边缘，以 OA_1=200mm 为曲柄半径，连杆 A_1B_1=1210mm，带动卸捆架在打捆机机架底部的空槽中形成沿竖直方向的滑动副，卸捆架质心 B 与转动中心 O 点的水平偏心距（图 10-19）e=23mm，移动极限距离 s=200mm。

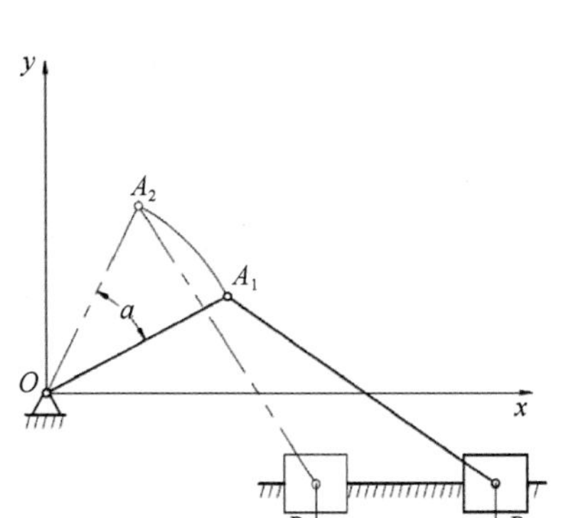

图 10-20　卸捆机构运动简图

10.4.7.4　验证分析

利用 ADAMS 仿真软件校验开合机构及卸捆机构的运动轨迹，由于 CATIA 软件和 ADAMS 软件不兼容，因此通过 SIM DESIGNER 软件把 CATIA 中的*.product 文件转换成 ADAMS 可读取的*.cmd 文件，导入 ADAMS，添加约束和运动，运动速度定为 760mm/s，仿真时间定为 1s。图 10-21a 模型中 *A* 点为卸捆架质心点，*B* 点为开合机构最低点（危险点），此两点随时间沿 *y* 轴方向的运动轨迹如图 10-21b 所示，根据仿真结果可以看出，*A*、*B* 两点的相对距离先减小再增大，且在 0.2s 时距离最短，为 75mm，因此，在整个卸捆过程中开合机构和卸捆机构不会发生干涉。

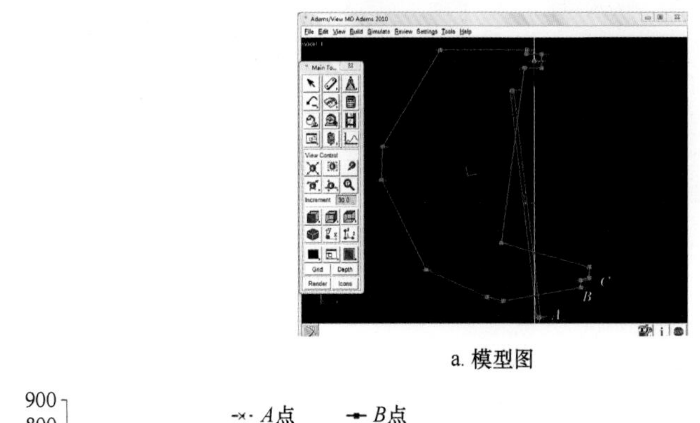

a. 模型图

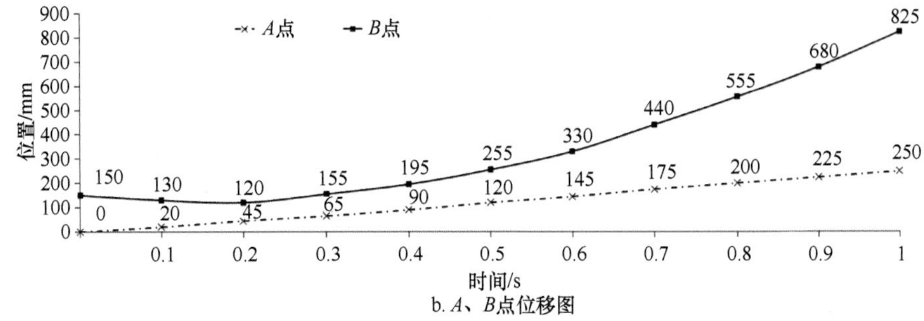

b. *A*、*B*点位移图

图 10-21　仿真校核

10.5 田 间 试 验

10.5.1 试验方法和条件

根据《圆草捆打捆机》(GB/T 14290—2008)及《农业机械 生产试验方法》(GB/T 5667—2008)所规定的试验方法，对打捆机的成捆率、秸秆损失率、草捆密度、吨草油耗量、纯工作小时生产率等主要性能指标进行了测试。

试验地点在四平市铁西区平西乡新条子河村九组，试验地块长 100m、宽 200m，地势平坦，玉米秸秆由人工割倒，与垄垂直铺放，0～10cm 处土壤绝对含水率 16.7%，空气相对湿度 48%，气温 15℃。

10.5.2 试验结果与讨论

10.5.2.1 试验结果记录

2014 年 10 月 29 日，试验人员进行了 9YG-2.0 型圆捆打捆机的性能试验（图 10-22、图 10-23）。

图 10-22 机具在田间作业情况

图 10-23 作业后田间地表情况

试验人员在人工收获玉米后的地块进行了样机性能试验和生产查定，整理之后的数据见表 10-3～表 10-7。玉米秸秆调查情况：秸秆平均株长 2185mm，秸秆平均质量 5.06kg/m，秸秆平均含水率 33.7%。地表条件情况：平均垄高 54.3mm，平均垄距 637mm，土壤绝对含水率 16.7%，0～10cm 土壤平均坚实度值 0.142MPa，10～20cm 土壤平均坚实度值 0.183 MPa。

表 10-3 秸秆捆密度测定表

测定号	秸秆捆质量/kg	秸秆捆长度/m	秸秆捆直径/m	圆捆密度/（kg/m^3）
1	245.4	1.5	1.3	123.3
2	258.7	1.5	1.28	134.1
3	256.8	1.5	1.3	129.0
4	260.3	1.5	1.22	143.8
5	282.5	1.5	1.34	133.6
平均值	260.7	1.5	1.29	132.8

测定人：王文君、曲文菁　　　　记录人：袁洪方

表 10-4　圆捆打捆机秸秆总损失率测定表

捡拾损失率			成捆损失率					秸秆总损失率/%
10m 漏捡秸秆质量/kg	10m 秸秆质量/kg	损失率/%	圆捆质量/kg	成捆室损失的秸秆质量/kg	漏捡秸秆质量/（kg/m）	测定地段全长/m	损失率/%	
0.41	51.4	0.8	248.0	0.75	0.041	51.5	0.3	1.1

测定人：蒲永峰、曲文菁、王文君、姚鹏飞　　　记录人：袁洪方

表 10-5　成捆率、纯工作小时生产率和吨草油耗量测定表

测定号	打捆数/个	散捆数/个	圆捆质量/kg	纯工作时间/h	油耗量/kg	纯工作小时生产率/（kg/h）	吨草油耗量/（kg/t）	成捆率/%
1	49	1	228.2	1.91	86.6	5734.9	0.77	98
2	48	0	239.1	1.94	90.3	5915.9	0.79	100
3	49	0	234.8	1.96	88.7	5870.0	0.77	100
平均值	—	—	—	—	—	5840.3	0.78	99

测定人：蒲永峰、曲文菁、王文君、姚鹏飞　　　记录人：袁洪方

表 10-6　9YG-2.0 型圆捆打捆机可靠性试验测定表

试验机器编号	试验单位	试验日期	累计工作时间/h	故障排除、修复时间/h	故障分类数		使用有效度/%
					合计	其中轻微故障数	
1	吉林大学	2014 年 10 月 10～18 日	71.5	1.6	3	2	—
		2014 年 10 月 19～30 日	90.5	2.3	4	2	—
合计	—	—	162.0	3.9	7	4	97.6

测定人：蒲永峰、曲文菁　　　记录人：袁洪方

表 10-7　圆捆打捆机试验结果汇总表

机具型号：9YG-2.0 型圆捆打捆机　　　试验地点：四平市铁西区平西乡新条子河村

配套动力：58.8kW（80 马力）　　　试验日期：2014 年 10 月 29 日、30 日

平均机器速度/（km/h）				成捆率/%	秸秆总损失率/%	圆捆密度/（kg/m^3）	吨草油耗量/（kg/t）	纯工作小时生产率/（kg/h）	可靠性/%
1 挡	2 挡	3 挡	最佳作业速度						
1.41	3.21	4.53	1.68	99	1.1	132.8	0.78	5840	97.6

整理人：袁洪方　　　审核人：贾洪雷

为考核机具使用的可靠性、经济性、方便性、适用性等，试验人员对其进行了大面积生产考核。试验考核结果见表 10-8。

表 10-8　试验考核面积统计表　　（单位：hm^2）

试验年份	四平市铁西区平西乡新条子河村试验面积	公主岭试验面积	双阳区试验面积	累计试验面积
2014	5	8	22	35
2015	5	23	136	164
合计	10	31	158	199

10.5.2.2　试验结果及分析

1. 性能试验结果及分析

从试验可以看出秸秆总损失率为 1.1%，比国家标准降低 45%；圆捆密度为 132.8kg/m^3，

比国家标准提高 15.5%。主要原因是，9YG-2.0 型圆捆打捆机的捡拾粉碎机构可在捡拾的同时完成切碎作业，省去了打捆机切碎装置，提高了工作效率，降低了功率消耗，提高了捡拾净度，增加了打捆密度，粉碎效果好。

2. 生产试验结果及分析

1）秋季试验期间，样机在试验地区进行了生产试验。从表 10-7 和表 10-8 中可以看出，查定的总的班次时间为 162h，纯工作时间为 158.1h，机具故障时间为 3.9h。纯工作小时生产率为 5840kg/h，比国家标准提高 16.8%；吨草油耗量为 0.78kg/t，比国家标准降低 13.3%。

2）从生产查定结果（表 10-5～表 10-8）中可以看出：机具故障少，使用可靠，经计算样机可靠度高达 97.6%，高于部颁标准中 95%的规定指标。

3）机具强度好，在试验与运输中均未发现零部件损坏、机具变形、机具开焊等现象。

4）操作灵活、使用方便，整个工作过程只需驾驶员一人即可完成。

5）该机结构简单、设计紧凑，操作方便，主要用于玉米秸秆捡拾打捆作业，生产效率高、效益好，深受用户欢迎。

10.5.2.3 结论

9YG-2.0 型圆捆打捆机可对人工收获、收获机收获后的玉米秸秆进行捡拾打捆作业，捆包密度大，作业效率高，降低秸秆原料收集储运成本，为田间秸秆规模化利用提供农机装备技术支撑，促进生物质资源快速发展。该机具有如下创新点。

1）优化玉米秸秆捡拾装置，采用甩刀式喂入技术，可实现捡拾和粉碎同时作业，省去切碎装置，简化结构，提高整机稳定性，同时将玉米秸秆切断得较为细碎，增大打捆密度。

2）优化整机连接方式，应用拖拉机两个悬挂拉杆进行液压控制，不用独立设计调节机构，可实现捡拾高度可调，可满足垄作、平作等不同地块的作业要求。

3）优化卸捆机构，采用曲柄滑块式卸捆联动结构，提升了卸捆架高度，缩短了圆捆与卸捆架的高度差，减小了圆捆下落时对卸捆架的冲击，同时加大了卸捆角度，使圆捆更容易滚落，避免了圆捆滚落不远阻碍开合机构闭合的问题。

主要参考文献

[1] 韩鲁佳, 闫巧娟, 刘向阳, 等. 中国农作物秸秆资源及其利用现状. 农业工程学报, 2002, 18(3): 87-91.

[2] 高林, 王健威, 李鹏, 等. 玉米秸秆利用及其机械化收获技术. 农业工程, 2015, 5(5): 14-17.

[3] 姚宗路, 赵立欣, 田宜水, 等. 黑龙江省农作物秸秆资源利用现状及中长期展望. 农业工程学报, 2009, 25(11): 288-292.

[4] 高利伟, 马林, 张卫峰, 等. 中国作物秸秆养分资源数量估算及其利用状况. 农业工程学报, 2009, 25(7): 173-179.

[5] 杨世昆, 苏正范. 牧草生产机械与设备. 北京: 中国农业出版社, 2009: 429-546.

[6] 王春光, 敖恩查, 邢冀辉, 等. 钢辊外卷式圆捆打捆机设计与试验. 农业机械学报, 2010, 41(S1):

103-106.
[7] 赵婉宁, 操子夫, 杨雨林, 等. 玉米秸秆打捆机的研究现状及发展前景. 农业与技术, 2014, 34(9): 39-40.
[8] 阎文圣, 陈颖. 对玉米秸秆综合利用的探讨. 中国农机化学报, 2003, (3): 12-13.
[9] Wang Y J, Bi Y Y, Gao C Y. The assessment and utilization of straw resources in China. Agricultural Sciences in China, 2010, 9(12): 1807-1815.
[10] 吴鸿欣. 玉米秸秆收获关键技术与装备研究及数字化仿真分析. 北京: 中国农业机械化科学研究院博士学位论文, 2013: 5-14.
[11] 韩国靖, 吴尚华, 赵新天, 等. 玉米秸秆打捆技术研究现状的分析与探讨. 价值工程, 2012, (31): 309-311.
[12] Kemmerer B, Liu J D. Large square baling and bale handling efficiency—A case study. Agricultural Sciences, 2012, 3(2): 178-183.
[13] Hess J R, Kenney K L, Wright C T, et al. Corn stover availability for biomass conversion: Situation analysis. Cellulose, 2009, 16(4): 599-619.
[14] 王文明, 王春光. 弹齿滚筒式捡拾装置参数分析与仿真. 农业机械学报, 2012, 43(10): 82-89.
[15] 王振华, 王德成, 刘贵林, 等. 方草捆压捆机捡拾器参数设计. 农业机械学报, 2010, 41(S1): 107-109.
[16] 尹建军, 刘丹萍, 李耀明. 方捆机捡拾器高度自动仿形装置参数分析与试验. 农业机械学报, 2014, 45(8): 86-92.
[17] 王锋德, 陈志, 王俊友, 等. 4YF-1300 型大方捆打捆机设计与试验. 农业机械学报, 2009, 40(11): 36-41.
[18] 王德福, 蒋亦元, 王吉权. 钢辊式圆捆打捆机结构改进与试验. 农业机械学报, 2010, 41(12): 84-88.
[19] 操子夫, 赵婉宁, 潘世强, 等. 圆捆打捆机研究现状及发展趋势. 农业与技术, 2014, 34(11): 38-69.
[20] 丁海泉, 郁志宏, 刘伟峰, 等. 弹齿滚筒式捡拾装置运动学特性的理论分析. 农机化研究, 2015, (10): 76-78, 82.
[21] 张佳喜, 王学农, 蒋永新, 等. 4KM-1800 牵引式棉秸秆收获打捆机关键参数设计及试验研究. 新疆农业科学, 2012, 49(5): 903-908.
[22] 王德福, 张全超, 杨星, 等. 秸秆圆捆机捆绳机构的参数优化与试验. 农业工程学报, 2016, 32(14): 55-61.
[23] 丛宏斌, 李汝莘, 韩新月, 等. 青贮玉米收获机打捆装置自动控制系统设计. 农业机械学报, 2009, 40(11): 42-45.
[24] 曲文菁, 贾洪雷, 张伟汉, 等. 逆向柔性玉米秸秆捡拾装置: 中国, ZL 201410367022.1. 2015-06-03.
[25] 曲文菁, 贾洪雷, 张伟汉, 等. 轮带可升降式玉米秸秆捡拾装置: 中国, ZL 201510061480.7. 2016-05-18.
[26] 袁洪方, 贾洪雷, 王佳旭, 等. 一种打捆机捡拾切割刀: 中国, ZL 201610195270.1. 2018-02-23.
[27] 韩福太. 玉米秸秆焚烧的危害及综合治理措施. 现代农业科技, 2015, (19): 234-236.
[28] 尹秀丽. 秸秆焚烧的危害及禁烧措施. 现代农业科技, 2014, (13): 249-250.
[29] 中国农业机械化科学研究院. 农业机械设计手册(上下册). 北京: 中国农业科学技术出版社, 2007: 296-297.

第 11 章　粮食干燥机械

11.1　引　　言

我国是世界上最大的粮食生产国，由于人口众多，也是世界上最大的粮食消费国。因此粮食安全不仅是关乎我国民生的大问题，更是保持国民经济平稳较快发展与构建和谐社会的前提条件。

近年来，随着科技的不断发展，粮食的产量不断增加，国家在农业领域的投入不断加大，农业现代化的程度越来越高，我们已经能在很大程度上克服自然灾害对农业生产所带来的影响。

然而粮食产量的增加不仅涉及种植与收获，还包括干燥和储运。据统计，我国粮食收获后在干燥、晾晒、脱粒、贮存、运输、加工、消费等环节中所造成的损失约为 18%，远远超出了联合国粮农组织所规定的 5%的标准。由于我国粮食干燥技术及设备还相对落后，原粮收获后得不到及时干燥处理而霉变发芽的事故时有发生，仅此一项损失的粮食高达年产量的 5%，按每年产 5 亿 t 粮食计算，相当于 2500 万 t 粮食，按每人每天食用 0.5kg 粮食计，可供 13 698 万人食用 1 年，这是个非常惊人的数字。

因此，在粮食产量日益提高的今天，如何确保粮食既丰产又丰收，真正做到颗粒归仓是摆在人们面前的重要课题。从这一意义上说，实现粮食干燥的机械化比田间作业的机械化更为重要，它是粮食丰产、丰收、颗粒归仓的重要保障条件[1-7]。

玉米产量约占我国粮食总产量的 25%。东北是我国玉米的主产区之一，玉米种植面积已占全国的 26.8%，总产量占全国的 32.3%。东北地区的玉米为春玉米，多为秋粮晚熟品种，刚收获的玉米水分普遍在 28%～35%，有时甚至高达 40%，因此东北地区是我国高水分粮食比较集中的地区。这些高水分玉米必须经过人工干燥，将水分降至安全水分（14%）才能安全储运。

为此，2000 年以来，国家投入巨资专门用来解决东北地区高水分粮食烘干能力严重不足的问题，至 2003 年，分 3 批在东北垄作区（辽、吉、黑及内蒙古东四盟）共建设了 187 台（套）大中型粮食烘干设备，这其中 80%以上用于玉米干燥，但是东北地区玉米干燥能力仍有很大不足。

粮食干燥是一个极其复杂的传热、传湿的过程，干燥过程中还伴随着谷物本身的生物、化学、物理品质的改变，要在达到安全储存标准的基础上，最大限度地保持粮食的品质是当今粮食机械化干燥面临的最大难题。

作者所在团队，曾对粮食干燥机械进行了深入研究。20 世纪 90 年代，曾研制成功 RFG100-200 粮食烘干生产线；21 世纪初，研制成功适合产地烘干的可变能源内循环式小型移动烘干机。根据我国东北玉米的干燥现状，从高效、节能、低碳、绿色环保的角度，于 2010 年研究燃气直热-微波辅助联合干燥工艺，开创性地将该工艺应用于玉米干燥，研制成功燃气直热-微波辅助联合干燥机，该机的研究试验将是本章的重点。

11.1.1　粮食干燥机械类型

粮食干燥主要是在机械的基础上，采用相应的工艺和技术措施，人为地控制温度、湿度等因素，在不损害粮食品质的前提下，降低粮食中的含水量，使其达到国家安全贮存标准。一个完整的粮食干燥过程通常包含粮食预热、水分汽化、缓苏和冷却等 4 个阶段。

11.1.1.1　按热量传给谷物的方式分类

在干燥作业中，应用较广泛的是通过加热使粮食中的水分蒸发，此方式属于热力干燥的范畴。根据供热方式的不同，这种干燥方法又可分为以下几种。

对流干燥法：将加热的空气或烟气与冷空气的混合气以对流的方式传递给粮食，使粮食水分汽化，从而达到干燥的目的。这种方法的主要优点是干燥介质的温度和湿度容易控制，可避免因粮食过热而降低品质。

传导干燥法：物料与热表面直接接触获得热量，蒸发水分。若物料层薄或物料很潮湿，则采用传导干燥较为适宜。因为蒸发水的热量是从热表面经过物料的，热经济性好。

辐射干燥法：这种方法是利用阳光或红外辐射器发射的辐射热能来干燥物料的。当辐射能被粮食吸收后，转化成热能使粮食升温，水分汽化，从而达到干燥的目的。

高频电场干燥法：高频干燥时，通过电场加热粮食，使其自身运动发热而产生温度梯度推动水分子移动，达到干燥的目的。粮食高频烘干机使用电场的频率在 110MHz 左右（100 万 Hz 为 1MHz）。电场频率在 300MHz 以上的粮食烘干机，通常称为微波烘干机。

11.1.1.2　按热空气与粮食的相对运动分类

根据干燥介质在烘干机内流动的方向与粮食流动方向的不同，将干燥机分成顺流、逆流、横流、混流、顺逆流、混逆流和顺混流。

11.1.1.3　几种粮食干燥机械的结构特点

1. 气流式干燥机

气流干燥是对流干燥的一种。烘干原理：空气自鼓风机鼓入后，经过加热器加热与粮食汇合，粮食在干燥管中被高速的热气流强制扩散并悬浮在气流中，由于被加热吸收一定的热量，粮食表面的水分蒸发。然后，进入缓苏室，这时粮食中的水分从内部以液态或气态扩散到粮食表面，粮食靠自重进入余热干燥室，被余热空气加热干燥。

性能特点：该机结构简单，干燥强度大，时间短，热效率高，处理量大，但含水率降低（以下简称降水）幅度不大。干燥介质一般采用不饱和热空气和烟道气。目前，较先进的技术是采用过热蒸汽干燥，它具有节能、热效率高、产品品质好、传质阻力小、蒸汽用量少及利于环保等优点。

2. 流化床干燥机

流化床干燥机又名沸腾床干燥机。流化干燥是指通过干燥介质使固体颗粒在流化状态下进行干燥的过程。烘干原理：空气加热后被送入流化床底部经分布板与湿粮接触，此时热风将湿粮层吹成流化状态，湿粮依靠重力的分力作用沿分布板向前缓缓流动并逐步得到干燥。干燥后的废气由排湿风机排出机外。本机的最大特点是冷却后的废气可被利用，降低了热能的消耗。

性能特点：设备结构简单；由于谷层较薄，气流围绕谷粒分布较均匀，其干燥时间较短，均匀度好（干燥时间一般是 40～50s，降水幅度一般在 1.5%）；流化床内温度分布均匀，从而避免了任何局部的过热；由于物料和干燥介质接触面积大，同时物料在床内不断地进行激烈搅动，因此传热效果良好，热容量系数大；在同一设备内可以进行连续操作，也可进行间歇操作。但是该机一般没有冷却装置，因此需要自然冷却，且对被干燥物料颗粒度有一定的要求。

另外，根据用户需要将流化床干燥机加振动，即构成振动流化床式烘干机。工作原理：热风由进风口进入，形成一定的压力，将通过流化室的气体分布均匀，由振动电机驱动，以某一固定频率沿一定方向作周期振动，这样粮食在激振力与热空气的共同作用下形成流化状态，从而使粮食颗粒与热空气充分接触，完成传热传质过程，达到干燥、冷却、增温的目的。

振动流化床和普通流化床相比，具有以下优点：一是振动使物料达到流化状态，增大了有效传热系数，故热效率高；二是振动起输送作用，也有利于节约能量，比一般干燥机装置可节能 30%以上；三是通过调节振动的频率和振幅，容易控制物料的停留时间分布，可实现连续操作；四是低床层操作，颗粒的破碎、磨损较少；五是振动促进流态化，使介质需要量减少、颗粒夹带率降低。

3. 管束干燥机

管束干燥机是传导式干燥机，是目前发达国家使用最广泛、最先进的干燥设备之一。该机物料的干燥可为顺流，也可为逆流。工作原理：工作时，湿粮由进料绞龙送入机内，通过装在管束外周的抄板，一面将粮食抄起，使之均布筒体截面，同时推动湿粮沿轴向前进，使湿粮被连续地从干燥机的一端均匀推进到另一端，最后由出料口排出。

与此同时，蒸汽从一端蒸汽接头进入蒸汽均布腔，热能通过管壁传递给湿粮，加热和干燥粮食。而蒸汽降温形成的冷凝水则从另一端冷凝水排除系统排出。近几年，国民经济的高速发展对干燥工程提出了越来越高的要求。一种新型的回转圆筒管束干燥机（简称回转管束干燥机）诞生了，其改变了传统管束干燥机的机械传动型式，采用回转圆筒干燥机的传动结构，在圆筒中设置与筒体同步旋转的换热蒸汽管束，使湿粮与管束接触加热得到干燥。

性能特点分析：采用管束作为干燥主件，可把热源直接通入机内，从而可减少一道中间换热设备；除减少设备投资外，至少可节约能源 10%～15%。该机优点：一是可连续运行，噪声小，运转平稳，干燥弹性大，可干燥高水分物料；二是采用间接干燥，热源和物料不接触，产品质量较好；三是操作简单，密封性好，自动化程度高，易损件少。

其缺点是设备自重大，制作成本高，运输安装不方便。

11.1.2　国外粮食烘干机（设备）的发展

20 世纪 40 年代发达国家就开始了粮食干燥机械的研究，五六十年代基本上实现了粮食干燥的机械化，六七十年代实现了粮食干燥的自动化，七八十年代粮食干燥机向高效、优质、降低成本、节能及电脑控制方向发展，90 年代以后国外的粮食干燥设备已经达到系列化、标准化。近几年来，研究人员在粮食干燥过程的计算机模拟研究方面取得了较大的进展，不断开发出用于干燥设备的传统软件和专用软件，保证了干燥后粮食的品质，对粮食干燥机械的设计和质量的改进起到了重要作用。现在国外使用的干燥机按结构及原理分，主要有横流、顺流、逆流、混流和循环式干燥机，其发展趋势如下。

1）横流式粮食干燥机。是目前美国最流行的一种干燥机，结构简单、制造简便、可靠性高。其主要生产厂家有 Berico、Zim-merman、Airstream 等公司。目前横流式粮食干燥机的研究重点是提高干燥后粮食水分的均匀性。一般采用谷物换位、差速排粮、热风换向、多级横流干燥、增设缓苏段等措施来提高干燥后粮食水分均匀性。

2）顺流式粮食干燥机。顺流式粮食干燥机中，热风与粮食的流动方向相同，粮食向下流动，热空气先与湿粮接触，可使用温度较高的热风。其生产厂家有加拿大的 Westlaken 公司和美国的 York、Bird 公司。目前国外顺流式粮食干燥机的发展以降低能耗、优化级数、优化参数及使用安全为主。

3）逆流式粮食干燥机。热风与粮食的流动方向相反，使用的热风温度不可太高，易产生饱和现象。生产厂家有美国的 Shivvers、Stormore、Sukup 等公司和日本的株式会社山本制作所、金子农机株式会社等。研究重点是增设粮食搅拌装置和改进通风底板结构设计等。

4）混流式粮食干燥机。其内部设有多排上下交错排列的进、排气角状盒，粮食靠重力向下流动，受到以横流、顺流、逆流等方式的热风加热。其由于能耗低、通用性强、干燥质量好而得到很好的发展，是目前国外应用最为广泛的一种粮食干燥设备。其生产厂家有很多，如丹麦的 Cimbria、法国的 Law、美国的 Lsu、加拿大的 Vertec、英国的 Carier 等，俄罗斯生产的干燥机几乎全是混流式的。主要发展方向为采用脉动排粮机构、采用变温干燥工艺、采用可变冷却段等多个方面。

5）循环式粮食干燥机。又分为批循环式水稻干燥机和圆筒内循环式谷物干燥机两种。目前韩国、日本及东南亚一些国家主要使用批循环式水稻干燥机干燥水稻，成熟的机型有日本金子农机株式会社的 EL-580R、韩国新兴株式会社的 ECD-60 等。圆筒内循环式谷物干燥机具有生产率高、谷物循环速度快、使用方便、干燥速度快等特点，国外主要产品有美国的 GT380、法国的 Law denis、英国的 Master、德国的 Agres、意大利的 Mecmar9/90 等。对内循环移动式干燥机的研究主要集中在清粮部件、改善机内气流的均匀性、伸缩式外筛筒和绞盘式传动装置、采用折叠式卸粮螺旋、改进粮食通过性能等方面。

11.1.3　我国粮食烘干机的发展

我国粮食烘干机械的发展从 20 世纪 50 年代中期开始，东北垦区引进了苏联的“库兹巴斯”移动式干燥机，其他地区还引进了日本的“金刚”式干燥机。在引进的基础上也有一些国有农场开始仿制国外一些成熟的机型。但是由于成本、结构和工艺及当时农业的经济与体制等条件的制约，当时的粮食干燥机仅在国有农场、粮库及集体企业等大型产粮、储粮单位使用。

从 20 世纪 60 年代起，国内的一些科研单位才开始自主研制适合当时我国国情的粮食干燥机械。当时广东省农业机械研究所研制了敞开式干燥机和围式简易干燥设备等。1975 年 6 月第一届全国干燥会议在南京召开。70 年代后期，则有更多的科研单位参与到粮食干燥相关领域的研究中来，在引进、消化、吸收国外粮食干燥技术的基础上结合我国国情研制了塔式、网柱式、循环仓式多种干燥机械，其中代表机型有：广西的 5HD-25Y/F 型低温干燥仓、黑龙江省农副产品加工机械化研究所研制的 5HL-2.5 型干燥机、四川的 5HY-2.5 型干燥机等。

80 年代后，国营农场系统引进了美国、加拿大、法国等发达国家的高温连续式谷物干燥机，并经消化、吸收出现了几种新的产品，如北大荒 10（仿美国的贝利克机型）、庆丰 10（仿美国的斯托摩机型）及桦丰 6（仿加拿大的沃太克机型）等。这些机型都是日处理 100～500t 的大型干燥机。农村经济体制改革后，我国的干燥机械开始向小型化、多用化方向发展。

90 年代以后，随着农业的发展及国家对粮食干燥的重视，一些大专院校及科研单位也相继投入大量的人力和物力，研制了多种形式的谷物干燥机，服务于全国各地的粮食系统。例如，中国农业大学曹崇文研究开发的 5HG-4.5 粮食干燥成套设备，已推广百余台；吉林大学吴文福研制的 5HSZ-C-8.8/10.8 神阳系列横流组合式粮食干燥机，在东北也有一定的数量；吉林省农业机械研究所研制的松辽 RFG100-200 型粮食烘干生产线也在辽宁、吉林、北京等地推广应用。以无烟煤直接烘干的干燥机被淘汰。

经过几十年的发展，从引进国外的干燥技术到自己研究新技术，从仿制国外产品到自主开发，我国在粮食干燥领域取得了长足的进步。国内新兴的干燥设备厂不断涌现，新型国产干燥设备也纷纷诞生。我国粮食干燥机定型产品有 10 多种机型、100 多个规格。有大型生产厂家约 35 个，年产能力达 2000 台。干燥机保有量已经超过 2 万台（套），其中进口干燥设备仅占 3%，大规模引进国外干燥技术和设备的时代基本结束。

11.1.4 我国粮食烘干存在的主要问题

虽然我国粮食干燥设备的研制已经取得很大的进步，并且逐步趋向完善和成熟。但我国的粮食干燥技术和设备与发达国家相比较仍有较大的差距。

1）干燥机数量少，干燥能力不足，干燥机械化水平低。到 21 世纪初，我国粮食干燥机保有量为 2 万多台（套），而日本则拥有粮食干燥机达 150 万台以上；我国目前粮食干燥的机械化水平仅为 3%，而美国粮食干燥早已完全实现了机械化，日本粮食干燥机械化水平为 90%。在东北玉米主产区和南方稻谷主产区，这些粮食干燥有一定发展的地区，干燥能力仍有很大的缺口，有些粮库和粮食加工厂由于缺乏粮食干燥设备，均不完全具备收购高水分粮食的条件。并且我国的粮食干燥机大都在粮食储备和流通部门及国有大中型农场中使用，农村和个体户拥有量极少。

2）粮食干燥机发展不均衡。我国粮食干燥机主要在大型农场和粮库使用。大型粮食干燥机在东北玉米主产区已有一定普及率，在南方稻谷主产区小型循环式干燥机也有一定发展。总体来说，发达地区干燥机拥有量较多，欠发达地区干燥机拥有量较少。

3）设备陈旧。早期建设的直热塔式干燥机、蒸汽干燥机等，年久失修，有的甚至接近报废，有的工艺落后，配套设备不齐全，达不到干燥要求，干燥成本高，干燥后粮食品质不好，应该及时维护或更新换代。

4）干燥设备型号多、类型杂，缺少主导产品；生产厂家数量多、规模小，研发能力弱，自主开发研制的产品少、模仿多。由于小厂家缺乏研发能力和驾驭市场风险的能力，只能仿制国外或者其他大型企业的成型产品，在市场竞争中难以取胜。小厂家制造的产品质量差、寿命短、可靠性不高，性能根本得不到保证，给用户造成较大隐患。

5）干燥设备的技术水平和自动控制水平低，导致干燥后粮食水分不均匀度大，裂纹率、破碎率大，失去工业用粮的部分使用价值，也影响粮食的安全储运。目前，我国出口的高品质工业用粮大多采用自然晾晒、机械通风等方法降水。

6）我国粮食干燥热源单一。到 21 世纪初，多以煤为主，对环境和粮食都有很大程度的污染。早期采用燃煤直热技术，煤燃烧后的产物直接与粮食接触，对粮食造成很大的污染。后经改进，采用燃煤热风炉和换热器相结合的热源，虽然降低了对粮食的污染，但燃煤热风炉成本高、寿命短、可靠性差、效率低，对换热器也造成很大的热量浪费。另外，我国干燥机生产厂家和热风炉生产厂家相脱离，干燥机和热源不配套。上述问题都不同程度制约了我国粮食干燥事业的发展，应尽快加以解决，吸收国外先进的技术，结合我国国情，自主创新，研制具有我国特色的粮食（玉米）干燥机。

11.2　燃气直热与微波辅助联合干燥机干燥工艺设计

11.2.1　玉米干燥的特点

玉米相对于其他谷物来说，籽粒比较大，单位比表面积小，籽粒表层结构光滑致密，不利于水分从籽粒内部向外转移，是比较难干燥的粮种之一。目前我国玉米的干燥方式以传统的热风干燥为主，玉米干燥机大多是塔式干燥机。

玉米的常规干燥可分为 3 个阶段。

1）加速干燥阶段即预热阶段。玉米被加热，水分开始汽化，气固两相间进行质量、热量传递，玉米表面温度随时间增加而升高，干燥速率也随时间增加而呈线性增加。玉米籽粒比较大，其预热时间比其他谷物更长。

2）恒速干燥阶段。此阶段干燥条件恒定，干燥介质的温度和湿度基本不变，因而干燥介质温度与物料表面温度的差值也维持不变，干燥速率变化不大，由于含水率较高，去除的是玉米中一些较容易被去除的游离水。此时单位耗热量低，干燥速率较大，大部分水分在该阶段被去除。

3）降速干燥阶段。当玉米湿含量已降至临界点后，就进入降速干燥阶段，在此阶段玉米表面水分逐渐减少，主要是排出结合水，单位时间内能够被汽化的水分逐渐减少，干燥介质传递给玉米的热量，除一部分用于水分的汽化，剩余的部分则用于使玉米升温，因此干燥在升温下进行，所以此时单位耗热量开始增大，干燥速率也逐渐降低。

11.2.2 常规干燥方法的不足

常规的干燥方法以煤、柴油、煤油、稻壳、秸秆等为热源燃料，燃料燃烧后的热量需通过换热器加热空气产生热空气。热空气作为干燥介质，与玉米接触的时候以对流的方式将热量传给玉米，并且将玉米升温后汽化的水分带走。结合玉米的干燥特点，可以总结出常规热风干燥玉米的一些不足。

1）玉米籽粒大，初期加热困难，升温较慢，预热阶段长。

2）玉米表层温度高于内部的温度，玉米内部的含水量却高于外层，这样籽粒的温度梯度和水分梯度不一致，不利于水分排出。

3）玉米表层结构致密，不利于水分排出，且在干燥过程中玉米表层还会因为外部首先被干燥而形成一层硬壳结构，更加不利于水分的迁移。

4）高温介质作用下，玉米籽粒表层的水分急剧汽化，而内部之水分不能及时转移，这样就会产生压力，压力继续升高就会使表皮胀裂，淀粉糊化，淀粉得率降低，干燥后玉米的品质就会下降。

5）为了保证干燥后玉米的品质，常规干燥工艺大多都设有缓苏段，用来平衡干燥过程中玉米的温度和水分差异，使其分布更均匀，但是这样大大降低了干燥效率。

6）目前的玉米干燥塔很少采用直接加热的方式，都是用换热器来加热空气产生干燥介质。换热器的效率一般在 70%左右，降低了热能利用率。

11.2.3 微波干燥的机理及其特点

11.2.3.1 微波简介

微波是指波长很短、频率很高的电磁波，是无线电波中一个有限频带的简称，波长在 1mm 以上至 1m（不含 1m）的电磁波称为微波。随着现代微波技术发展，短于 1mm 的电磁波亦属于微波范围（0.1～1mm）。微波在电磁波波谱中的具体位置见图 11-1。

在微波波段内，常用的频率范围被划分成更细的波段，并用一个固定的字母来代表一个波段。工业加热上只有特定频率的微波才被允许使用，我国为 915MHz 和 2450MHz。

微波与其他波段特别是低频电磁波相比有一些自身的特点，使得人们对它特别感兴趣，并单独研究它。其主要特点是：波长短、频率高、穿透性强、具有量子特性。由于自身的特点，微波已经在科学研究、军事技术、工农业生产及日常生活等很多领域广泛应用，如雷达、电子对抗、微波武器、通信、微波检测、微波能应用等。

近年来微波能的应用越来越广泛，微波干燥和微波加热就是其中重要的应用[8-12]。

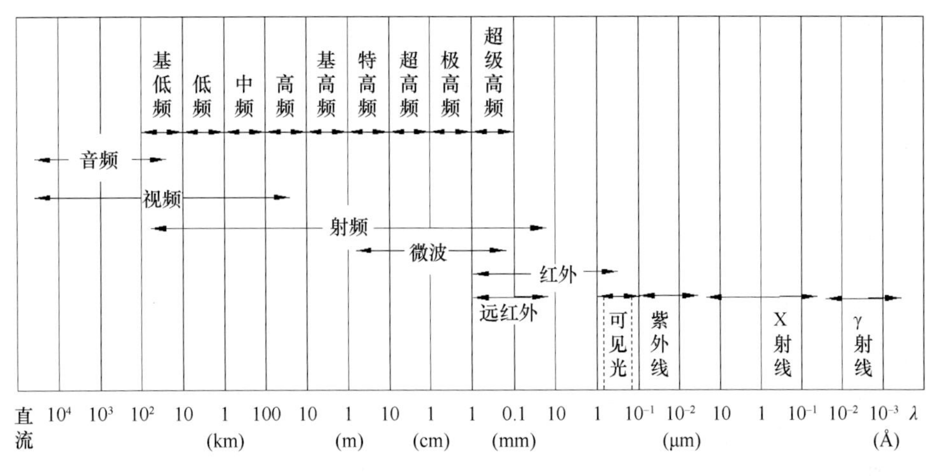

图 11-1　电磁波波谱图

11.2.3.2　*微波加热原理*

微波加热与常规加热相比是一种全新的加热方法。将电介质置于微波场时，极性分子受到交变电场的影响，介质材料中的偶极子或在微波电磁场中形成的偶极子重新排列，并随着高频交变电磁场进行每秒数亿次乃至数十亿次的超高速摆动，分子要随着不断变化方向的高频电场进行重新排列，就必须克服分子原有的布朗运动和分子之间相互作用的干扰与阻碍，产生“摩擦效应”的作用，从而实现分子水平的“搅拌”，产生大量的热，也就是电场能先转化为势能，而后再转化为热能。单位体积介质吸收的微波功率 P_a 与该处的电场强度 E 和频率 f 的关系如下：

$$P_a=2\pi\varepsilon_0\varepsilon'\tan\delta E^2 f \tag{11-1}$$

式中，ε_0 为真空介电常数，$\varepsilon_0=8.85\times10^{-12}$(A·s)/(V·m)；$\varepsilon'$为介质的介电系数，是表征极化程度的参量，(A·s)/(V·m)；$\tan\delta$ 为介质的损耗正切，是表征介质损耗的参量。

11.2.3.3　*微波加热的特点*

微波加热独特的机理，使得微波加热具有以下特点。

1. 即时性，加热速度快，物料里外一起加热

这是微波加热有别于常规加热最大的特点。常规加热方式热源都是在外面，物料由外及里升温，这样会受到傅里叶定律的限制。被加热物料通常是热的不良导体，热阻很大，故加热需要很长时间。而微波加热热量从物料内部产生，异常迅速，物料接受微波辐射即刻被加热；反之，停止微波辐射，立刻就停止加热，微波加热能使物料瞬间得到或者失去热量。由德拜理论可知，在微波段时交变电磁场极性改变的角频率 ω 和极性分子在极化弛豫过程中弛豫时间 τ 的关系为：$\omega\tau=1$。按微波工作频率为 2450MHz 计算，则 τ 约为 10^{-10}s 数量级，可见微波加热速度非常快。

2. 具有穿透性

穿透性是指微波能穿透到被干燥物料的内部。微波在透入物料表面并向物料内部传播的过程中，微波能会因不断被吸收并转化成热能而以指数衰减。当电磁波能量衰减到只有物料表面的 $\frac{1}{l^2} \approx \frac{1}{2.722^2} \approx 13.5\%$ 时，所能透入介质的深度称为“穿透深度”D(cm)。大约有 87%的能量在物料表面深度为 D 的一层内被消耗掉，大部分热量产生在这一层。

一般近似的有

$$D = \frac{\lambda}{\pi\sqrt{\varepsilon'}\tan\delta} \tag{11-2}$$

由式（11-2）可知，一般物料的穿透深度大致与波长是同一数量级。以微波加热常用的加热频率 2450MHz，其波长 λ 为 12.2cm，其加热物料的 D 值通常在几厘米至几十厘米的范围内，可见除很大的物体外，微波加热一般可以做到内外一致均匀加热。

3. 具有选择性

由式（11-1）可知，单位体积的介质吸收的微波功率 P_a 不仅与该处的电场强度 E 和频率 f 成正比，还与物料的介电系数 ε' 和损耗正切 $\tan\delta$ 之积成正比。各种物料的 ε' 各不相同，一般在 1～10，但是水的 ε' 为 78.54，远远高于一般的物料，故含水量越高，物料吸收微波的能力越强，微波发挥的效能也就越好。另外，各种物料的损耗正切 $\tan\delta$ 相差则更大，像聚四氟乙烯、石英等优良介质的 $\tan\delta < 1/1000$。吸收性物料 $\tan\delta$ 最大可达十分之几，如水的 $\tan\delta$ 约为 0.3，远远高于其他一般的物料。无论从 ε' 和 $\tan\delta$ 来看，水都能剧烈地吸收微波，含水量从百分之几到百分之几十的各种物料 ε' 和 $\tan\delta$ 也都很大，也能很有效地吸收微波，且含水量越高，吸收微波的能力越强。

可见不同的物料由于自身的介电特性不同，其微波加热的效果也不一样，并非所有的物料都能用微波来加热，这就是微波加热的选择性。

4. 温度效应

物料内部所含的水分可以分为自由水和结合水两种，两者的损耗因子不同。当自由水占多数时，ε'' 是负温度系数，即温度升高，ε'' 下降（$\mathrm{d}\varepsilon''/\mathrm{d}t < 0$），故温度低的地方 ε'' 大，吸收功率就多；而温度高的地方 ε'' 小，吸收的功率就少些，这种现象是有利于均匀加热的。当物料中自由水较少而以结合水为主时，ε'' 变成正温度系数，即温度升高，ε'' 升高（$\mathrm{d}\varepsilon''/\mathrm{d}t > 0$），温度越高的地方，$\varepsilon''$ 越大，吸收的微波功率越多，温升越大，如此便会产生恶性循环，最后会有失控的危险，致使物料温度急剧上升，过热严重时会产生烧焦甚至着火，这种现象是必须防止的。

5. 能量利用的高效性

常规加热时，设备预热、热辐射造成的损失和高温介质热损失在总能耗中占有较大的比例。微波加热时，介质材料吸收微波并转化成热能，设备本身只反射微波而不吸收或者极少吸收微波，所以微波加热设备本身的热损失很少。且微波加热为内部“体热源”，因此不需要借助高温介质来传热，绝大部分微波能被物料吸收转化成热能用于升温。与常规的电加热方式相比较，微波加热一般可以节电 30%～50%。故微波加热的能量利用具有高效性。

另外，微波加热还有安全、卫生、无污染、加热质量高、设备紧凑占空间小等特点，可见微波加热与常规加热相比具有不可替代的优势。

11.2.3.4　微波干燥的机理

微波干燥是微波加热的一种具体应用形式。微波以其独特的加热机理造就了“物料体热源”的存在，微波干燥过程改变了常规的依靠外部热源的干燥过程中某些迁移势及其梯度的方向，可见微波干燥具有自己的独特机理。

如前所述，微波加热具有均匀性。由于水的介质损耗较大，微波干燥过程中，物料中的水分大量吸收微波能并将其转化成热能，物料整体同时进行温升和水分蒸发。在物料表面存在蒸发冷却和热辐射，使得其温度下降并略低于物料内部的温度。热量在物料内部不断产生，致使水蒸气在物料内部连续不断地产生，这样就形成了压力梯度。当物料的初始含水率很高时，物料内部的压力就会迅速升高并产生较大的压力梯度，水分就以水蒸气的形式在压力梯度的作用下从物料中被排出。物料的初始含水率越高，压力梯度越大，其作用就越明显，对水分排出的影响就越大，这样就形成了一种类似“泵”的效应，驱使水分不断流向表面，加速了干燥过程。

由此可见，微波干燥过程中，温度梯度、传热方向和蒸汽压迁移方向都是一致的，从而使整个干燥过程中水分迁移的条件得到了很大的改善，显然要优于常规干燥过程。压力梯度的存在，使得微波具有由内向外的干燥特点，即对于物料的整体来说，首先被干燥的是内层心部，这样就可以克服常规干燥中因物料外部表面首先被干燥而形成一层硬壳板结结构，阻碍内部水分继续向外迁移的缺点。这是微波干燥相对于常规干燥的最大优点。

11.2.3.5　微波干燥的特点

由以上对微波加热机理的分析可看出微波干燥的一些特点。

1）干燥速度快、周期短。干燥时间缩短一半甚至更多。

2）干燥更加均匀，产品品质高。由于微波对水有选择性加热的特点，微波干燥可以在较低的温度下进行，这样就不会因过热而损坏物料内的干物质。另外微波加热还会产生一些有利的化学或者物理作用。

3）反应灵敏，容易实现自动化控制。微波加热具有及时性，通过改变调整微波的输出功率，物料的加热情况就可以瞬间被改变，便于实现连续生产和自动化控制，提高生产率、改善工作环境。

4）节能高效、设备紧凑。与远红外干燥相比，微波干燥可节约 1/3～1/2 能量。微波干燥设备外形尺寸一般较小，节省空间。

5）杀菌灭虫、防霉、保鲜。微波能的热效应会使物料中虫类和菌体的蛋白质变性失去生物活性；另外高频的电场也使其膜电位、极性分子结构发生改变，使微生物体内蛋白质和生理活性物质发生变异，从而丧失活力或死亡，这使得微波能可以在较低温度下杀虫灭菌，最大限度地保存物料的活性、色泽和营养成分。

6）低碳环保、安全无害。一个好的微波干燥设备，其微波泄漏会被有效地抑制，不存在电磁污染和放射线危害，也没有有害气体的排放，不产生余热，总之微波干燥不污染环境也不污染粮食。

11.2.3.6 国内外微波干燥的发展现状

1. 国外

国外对于微波干燥的研究起源于20世纪40年代，50年代其发展几乎停滞，直到人们认识到微波干燥的独特优点后得到迅速的发展，60年代国外才大量应用。近几十年，国外对微波干燥技术的理论和应用进行了大量研究。目前国外微波干燥已在化工、轻工、食品、农产品加工等方面得到广泛应用。

1999年，法国的Ledion研究了微波加热大量水溶液时所表现出的系列性能，并指出微波加热可以瞬时改变碳酸钙的平衡。他还研究了进行选择性加热和控温的方法。

1999年，南非的Bradshaw对微波加热在矿物处理中的应用进行了研究，研究结果表明许多矿石都可以吸收微波，但脉石不吸收微波。

2000年，德国的J. Suhm进行了微波干燥陶瓷等材料的研究。他的研究结果表明，由于物料被干燥时能量的吸入各不相同，物料的干燥过程各异。当物料含水率大于15%时没有实质性的不同，含水率决定着干燥过程。含水率在5%～15%时，被干燥物质起着重要的作用。

2000年，英国的Mcloughlin对微波干燥药物粉的情况进行了研究，他认为药物对微波的吸收率很低。

2. 国内

我国微波干燥的研究起步较晚，始于20世纪70年代。经过几十年的发展，我国在微波干燥领域取得很大的进步。目前我国微波干燥设备能够完全国产化，磁控管的质量和寿命已大大提高，整机生产技术已经过关。

1998年，郑州粮食学院的于秀荣等研究过玉米的微波干燥特性，选用不同的功率和加热时间对水分为25%左右的玉米进行干燥，并对比干燥前后玉米的水分、爆腰率、发芽率、过氧化氢酶活性等指标的变化。

2000年，清华大学同方研究中心的马国远与他人合作研究热泵微波联合干燥系统。他们先建立数学模型，通过计算来预测干燥参数，并用该系统对泡沫橡胶进行干燥试验。其研究结论表明，热泵微波联合干燥可以提高产量、降低能耗。

2006年，安徽农业大学的朱德文运用自制的微波试验设备，采用不同的工艺参数和工艺流程，研究了玉米微波干燥特性及不同工艺参数对干燥后玉米品质和能耗的影响；并确定了合理的工艺参数和工艺流程。

2007年，昆明理工大学的谭蓉等研制了小功率微波干燥设备，并成功将其用于干燥黄姜，使产品达到了国际标准。

虽然微波能的利用效率很高，但是微波干燥消耗的是高品质的电能，而将电能转化成微波能的转化率只有60%左右，所以微波干燥的成本要远远高于常规干燥，另外微波干燥设备较贵，一次性资金投入较高。虽然微波干燥具有常规干燥无法比拟的优点，但是以上问题严重限制了微波干燥的应用。目前微波干燥大多用于干燥具有高附加值的产品，如茶叶、药材等。

11.2.4　燃气直热-微波辅助联合干燥工艺

11.2.4.1　联合干燥形式的选择

将微波和传统的热风联合使用，不仅能降低能量消耗还能提高干燥效率和产品品质[13-16]。因为常规干燥是热风，可以有效地去除物料表面的自由水分，而微波干燥可以高效地排出物料内部的水分。这样就可以发挥两种干燥方法各自的优点，从而降低干燥成本、提高干燥效率和产品品质。热风干燥与微波干燥的联合形式一般有 3 种。

1）先用微波对物料进行预热、干燥，然后再用热风干燥。

2）先用热风干燥，当干燥速度进入降速阶段，此时物料表面是干的，水分都在物料内部。此时引入微波干燥，使物料内部产生热量和压力梯度，将水分驱除至物料表面并迅速被排出。

3）将微波干燥用于干燥末段，在常规热风干燥接近结束时，物料含水率较低，干燥效率是最低的，此时引入微波干燥，用于排出物料最后的也是最难排出的水分。

结合玉米的干燥特点，本研究选用第一种联合干燥形式：先用微波对玉米进行干燥，使玉米快速升温，在去除一定量的水分之后再用热风干燥。这种联合干燥形式用于玉米干燥主要有以下优势。

1）干燥前期玉米含水率高，此时玉米吸收微波的能力较强，可以提高微波的干燥效率。

2）微波可使玉米快速升温，减少预热时间，缩短干燥周期。

3）微波干燥是从玉米的内层心部开始，可以防止热风干燥前期容易结成硬壳的现象。

4）热风干燥置于微波干燥之后，更加有利于干燥介质将微波干燥段所产生的水蒸气排出。

5）干燥前期可以选用更大的微波功率，而在干燥后期，随着玉米含水率的降低，微波加热的温度效应越来越明显，严重限制了大功率微波的应用。

11.2.4.2　燃气直热技术

干燥作业是一个耗能巨大的操作，目前我国玉米干燥常用的能源以煤、柴油、煤油、重油、稻壳、秸秆等为主。由于燃烧后的烟道气洁净度较差，为了避免污染玉米，需要采用热交换器间接加热，增加了设备成本，而且热交换器换热效率一般都低于 70%，还会造成热量损失。

鉴于以上问题，本研究采用燃气直热技术，即选用天然气（或者煤气、液化石油气、沼气等燃气）作为热风热源。天然气是清洁能源，燃烧后的烟道气主要是水和二氧化碳，对环境和玉米几乎没有污染，无须烟气净化装置，可以不经过换热器混入冷空气后直接用于加热玉米。这样既降低了设备的成本，也减少了热量损失。

11.2.4.3　热风-微波联合干燥的研究现状

为克服微波干燥存在的问题，微波干燥经常与其他干燥方法联合应用，其中研究最多的就是热风-微波联合干燥。

2000 年张晓辛等进行了干燥菊花的试验研究，2009 年江思佳等对米粉干燥进行了正交试验，2010 年章斌和侯小桢对香蕉片干燥进行了正交试验，2010 年钟成义等对枸杞子进行了干燥试验。这些试验均证明，联合干燥提高了生产效率，干燥后物料质量好，并通过试验找到了合理的干燥工艺条件。

国内还有将微波-热风联合干燥用于金银花、荔枝等的研究。可见近年我国关于微波-热风联合干燥的研究较为活跃，且多侧重于食品、果蔬、药材等的干燥。国外也有将微波-热风联合干燥用于食品、果蔬的研究，不过国外更多的是关于微波-热风联合干燥陶瓷的研究。

将热风-微波联合干燥工艺用于玉米的研究，在作者团队研究之前，国内外公开发表的中英文专利及文献中鲜有报道。

11.3　干燥机结构设计

11.3.1　干燥机整机结构设计

微波干燥对粮层的厚度有一定的要求，塔式、柱式及循环式干燥剂物料输送方式显然不适合微波辅助燃气直热干燥机。因此本研究采用带式水平结构，将物料平铺在输送带上，水平运动。

11.3.1.1　干燥机型号

该燃气直热微波辅助干燥机最大设计生产率为 1t/h，降水幅度为 5%～7%；当生产率为 0.5t/h 时，降水幅度可达 10%左右，此时该干燥机可一次性将含水率低于 25%的原料玉米干燥至安全水分。为了保证产品玉米的品质，一次性降水不宜过多，原料玉米含水率过高时应分两次进行干燥。按 JB/T 10200—2000 规定，该机的型号为 5HTW-1，即 5HTW-1 燃气直热与微波辅助联合干燥机[16-19]，型号含义如图 11-2 所示。

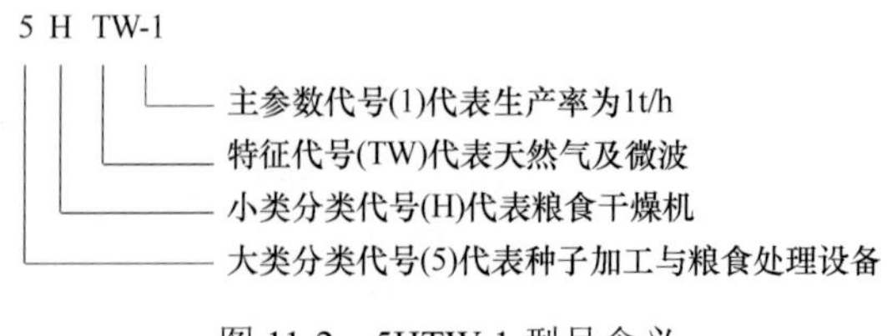

图 11-2　5HTW-1 型号含义

11.3.1.2　干燥机的整机结构

干燥机的整机结构见图 11-3 及图 11-4。

图 11-3　5HTW-1 燃气直热与微波辅助联合干燥机实物图

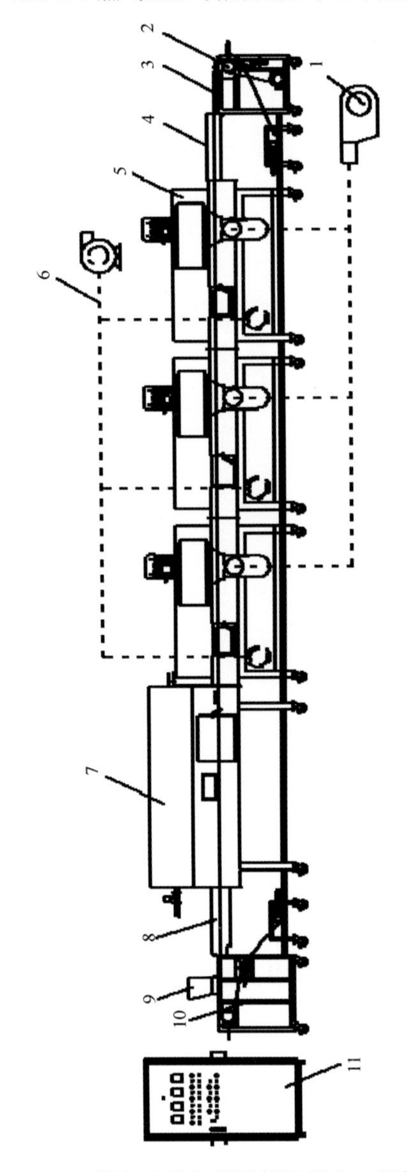

图 11-4　5HTW-1 燃气直热与微波辅助联合干燥机结构简图

1. 热风系统；2. 传动系统；3. 输送带；4. 出料端微波抑制器；5. 热风干燥段（共 3 段）；6. 排湿系统；7. 微波干燥段；8. 进料端微波抑制器；9. 进料斗；10. 机架；11. 电控柜（控制系统）

5HTW-1燃气直热与微波辅助联合干燥机实物图见图11-3，其结构简图见图11-4，各部分结构及作用如下。

1）热风系统，包括燃烧器、燃烧室和送风管道，用来燃烧天然气并混入冷空气，形成干燥介质，并送进热风干燥腔。为了降低热损，送风管道外部用保温材料包裹。

2）传动系统，包括摆线针轮减速机、蜗轮蜗杆减速器、变频器、主动辊、从动辊、张紧辊、托辊、导向辊、防滑辊等，通过调整变频器，可进行无级变速，灵活地调整生产率。

3）输送带，贯穿整个干燥机，用来输送玉米。从降低热损的角度，输送带应该选用不吸收或少吸收微波的材料。聚四氟乙烯（特氟龙）损耗正切 $\tan\delta < 1/1000$，根据式（11-1），该介质吸收的微波功率很少。聚四氟乙烯耐高温、耐低温、耐腐蚀、不黏附、无毒害、机械性能良好，有"塑料王"的美誉，适合用于玉米干燥机中，因此选用带有网眼的聚四氟乙烯输送带，但是聚四氟乙烯摩擦系数较小，容易打滑，应设有防滑装置。

4）出料端微波抑制器，用于防止出料口的微波泄漏。

5）热风干燥段，由3个热风干燥腔组成，每段之间用法兰连接，这样方便加工、运输和维护。

6）排湿系统，用于排出干燥后的湿空气，由排湿风机和排气管道组成。

7）微波干燥段，由微波干燥腔、微波源、电源、冷却系统等组成。

8）进料端微波抑制器，用于防止进料口的微波泄漏。

9）进料斗，如图11-5所示，通过调节螺母调整进料斗上闸板的位置，可以改变粮层厚度。

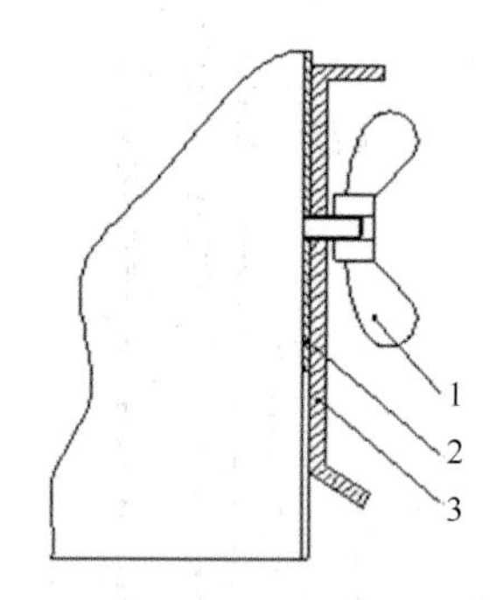

图11-5　进料斗闸板组件

1. 调节螺母；2. 料斗壁；3. 闸板

10）机架，起支撑作用，为了便于加工和运输，机架由进料架、头架、尾架、微波腔底架、3个热风腔底架及出料架组成，相邻底架之间用螺栓连接，各底架下面均设有滚轮，以方便移动和拆装。

11）电控柜，主要包括控制系统及磁控管的电源等。

11.3.2　微波功率和天然气用量的初算

干燥机生产率越低，废气所带出的相对热量损失就越高，因此去除同等水分时生产率越高能耗越低。故结合现有的塔式干燥机和柱式干燥机的参数及计算，对生产率为0.5t/h、降水幅度为10%左右的工况进行计算，粗略估算出微波功率和天然气的用量[16-19]。

为了方便计算，特将干燥过程理想化地划分为微波干燥和热风干燥两个阶段。但是在实际干燥作业时，微波干燥腔内会有干燥介质流动，热风干燥腔内也会存在一定量的微波能。微波干燥腔内的干燥介质可以及时带走一部分微波干燥段所产生的水蒸气，特别是在干燥末段，热风干燥腔内少量的微波辐射完全能够蒸发玉米芯部残存的多余水分，而常规的热风干燥蒸发这部分水分则要消耗大量的热量和时间。

11.3.2.1　微波功率计算

微波具有选择性加热的特点，热损失较少，可以不考虑该段的热损，则微波所产生的热量应该等于蒸发水分所耗的热量与玉米升温所耗热量之和，则有

$$I_1=I_{s1}+I_{l1} \tag{11-3}$$

式中，I_1 为微波能产生的热量，kJ/h；I_{s1} 为蒸发水分所耗热量，kJ/h；I_{l1} 为谷物升温所耗热量，kJ/h。

由于烘干前后玉米的干物质量不变，可得

$$G_1(1-\omega_1)=G_2(1-\omega_2) \tag{11-4}$$

式中，G_1 为原料玉米每小时进入的质量，已知为 500kg/h；G_2 为微波干燥段每小时产品玉米的质量，kg/h；ω_1 为原料玉米的湿基水分，为 25%；ω_2 为微波干燥段产品玉米的湿基水分，为 22%。

微波干燥段，水分蒸发量 M_w（kg/h）为

$$M_w=G_1-G_2 \tag{11-5}$$

由式（11-4）和式（11-5）可得

$$M_w=\frac{G_1(\omega_1-\omega_2)}{1-\omega_2} \tag{11-6}$$

得 G_2=480.8kg/h，M_w=19.2kg/h。

在微波干燥段蒸发水分耗热量为

$$I_{s1}=M_w\gamma'' \tag{11-7}$$

式中，γ''为干燥过程中蒸发 1kg 谷物水分所需要的热量，kJ/kg，干燥终点水分较高，可取 γ''=2512.2kJ/kg，得 I_{s1}=48 311.5kJ/h。

玉米升温耗热为

$$I_{l1}=(G_1-M_w)(T_{l2}-T_{l1})C_w \tag{11-8}$$

式中，T_{l1} 为原料玉米的温度，已知为 0℃；T_{l2} 为微波干燥段产品玉米的温度，已知为50℃；C_w 为微波干燥段产品玉米的比热容，kJ/(kg·℃)。

$$C_w=4.1868\times\omega_2+\left(1-\omega_2\right)C_0 \tag{11-9}$$

式中，C_0 为含水率为 0 时玉米的比热容，已知为 1.549 kJ/(kg·℃)。

由式（11-8）和式（11-9）可得，C_w=2.13kJ/(kg·℃)，I_{l1}=51 205.2kJ/h。

则微波功率 P_w（kW）为

$$P_w = \frac{I_{s1} + I_{l1}}{3600} \tag{11-10}$$

计算得知微波功率为 P_w=27.64kW，考虑到微波的加热效率及微量的热损耗，确定微波功率约为 30kW。

11.3.2.2　天然气用量的初算

由式（11-6），可得热风干燥段水分蒸发量 M_t（kg/h）为

$$M_t = \frac{G_2(\omega_2 - \omega_3)}{1-\omega_3} \tag{11-11}$$

式中，ω_3 为热风段产品玉米的含水量，即最终产品玉米的含水量。国家规定的安全水分为 14%，干燥后玉米在冷却过程中含水量还会降低，故一般将其干燥至含水量为 14.5%，冷却后水分可自行降至 14%，故 ω_3=14.5%，得 M_t=42.2kg/h。

热风干燥段毛容积 V'_{m1}（m^3）为

$$V'_{m1} = \frac{M_t}{P_s} \tag{11-12}$$

式中，P_s 为干燥段水分蒸发强度 kg/(m^3·h)。P_s 值与干燥介质有关，其值一般在 25～40kg/(m^3·h)，为了保证产品玉米的质量，保守选取 P_s=25kg/(m^3·h)，得 V'_{m1}=1.688m^3。

热风干燥段的实际有效容积应该基本上与 V'_{m1} 一致，选取干燥段高度 h=0.3m，有效宽度 b=1m，有效长度 l=6m，则热风干燥段的实际容积 V'_{m1}=1.8m^3。

得干燥介质的体积流量 U_{g1}（m^3/h）为

$$U_{g1}=3600F_bV_1 \tag{11-13}$$

式中，V_1 为干燥介质的流动速度，m/s，参考一些柱式干燥机的参数，取 V_1=1m/s；F_b 为迎风面的实际面积，m^2。

设输送带上铺料宽度 b_m=0.8m，则 F_b=$b_m l$=4.8m^2。由此得 U_{g1}=17 280m^3/h。

热风干燥段总的热量消耗 I_2（kJ/h）为

$$I_2= I_{s2}+I_{l2}+I_{g1}+I_h \tag{11-14}$$

式中，I_{s2} 为热风段蒸发水分所消耗的热量，kJ/h；I_{l2} 为热风段玉米升温所消耗的热量，kJ/h；I_{g1} 为废气带出的热量，kJ/h；I_h 为热风段的热损失，设 I_h=I_2·10%。

由式（11-7）可知：

$$I_{s2}=M_t\gamma'' \tag{11-15}$$

则得 I_{s2}=106 014.8kJ/h。

由式（11-8）和式（11-9）得出：

$$I_{l2}=(G_2-M_t)(T_{l3}-T_{l2})C_t \tag{11-16}$$

$$C_t = 4.1868\omega_3 + (1-\omega_3)C_0 \tag{11-17}$$

式中，T_{l3} 为最终产品玉米的温度，此处取 55℃；C_t 为最终产品玉米的比热容，kJ/(kg·℃)。

由此可得 C_t=1.93kJ/(kg·℃)，I_{l2}=4232.5kJ/h。

$$I_{g1}=G_{g1}(T_{g2}-T_{g1})C_p \tag{11-18}$$

式中，G_{g1} 为废气的重量流量，kg/h；C_p 为废气的比热容，取 1.0kJ/(kg·℃)；T_{g2} 为废气的温度，取 35℃；T_{g1} 为大气的温度，取 0℃。

$$G_{g1}=U_{g1}\gamma_g \tag{11-19}$$

式中，γ_g 为废气的容积密度，kg/m³。

$$\gamma_g=\frac{353}{273+T_{g2}} \tag{11-20}$$

由式（11-18）～式（11-20）得 γ_g=1.15kg/m³，G_{g1}=19 872kg/h，I_{g1}=695 520kJ/h。得 I_2=895 297kJ/h。

天然气的用量 V_t（m³/h）：

$$V_t=\frac{I_2}{q} \tag{11-21}$$

式中，q 为天然气的燃烧热，q=8501.6kcal/m³=35 587.8kJ/m³，得 V_t=25.16m³/h。

11.3.2.3　天然气燃烧器的选型

天然气的用量是燃烧器选型的主要依据，根据前面的粗略估算，可知天然气用量大约为 25.16m³/h，选择 GDNT30B 型燃烧器，其具体参数如下。

1）燃料种类：天然气、煤气、液化石油气等。

2）设计功率：20×10⁴kcal/h（232.6kW）。

3）设计燃气压力：2.3～2.7kPa。

4）功率调节范围：92～253kW。

5）燃气量：25m³/h。

11.3.3　循环式热风腔体的设计

11.3.3.1　废气直接循环利用的可行性

若按以上的计算结果，干燥机的理论耗热 γ''（kJ/kg）为

$$\gamma''=\frac{I_1+I_2}{M_w+M_t} \tag{11-22}$$

得 γ''=16 202.2kJ/kg。

在相同的条件下，我国现有的谷物干燥机单位耗热量在 6000～7000kJ/kg，国外一些先进的干燥机耗热量则更低，可见该干燥机理论耗热量显然还达不到预期的要求。分析上面的计算过程不难发现废气带出的热量占整个干燥过程所耗总热量的 80%。回收或者循环利用废气所带出的热量是降低耗热量的有效手段。

干燥热介质在干燥过程中通常起着载热体和载湿体两种作用，即在与物料接触的过程中将热量传递给物料，同时也将汽化后的水分带走。现有的干燥机因废气湿度较高，吸收和提取水分的能力较弱，故很少将其直接循环利用，大多是采用废气对冷空气进行

预热。

通过干燥过程中的水分核算，计算在没有循环利用的情况下该干燥机废气的相对湿度 φ_0。

废气中的水分 M_s（kg/h）包括干燥介质本身所含水分 M_g（kg/h）、玉米中去除的水分和天然气燃烧产生的水分 M_r（kg/h），故有

$$M_s=M_g+M_r+M_t+M_w \tag{11-23}$$

已知环境温度 T_{g1}=0℃，设此时大气相对湿度 φ_1=50%，则有

$$M_g=U_{g1}\varphi_1\gamma_{sb1} \tag{11-24}$$

式中，γ_{sb1} 为温度为 0℃时，标准大气压下 1m^3 饱和湿空气中水蒸气的质量，此处为 0.0049kg，得 M_g=42.3kg/h。

已知天然气的平均分子量 M=16.59，密度 ρ_t=0.738kg/m^3，其成分组成见表 11-1。

表 11-1　天然气成分组成

成分	H_2	N_2	CH_4	C_2H_6	C_3H_8
体积含量/%	0.17	3.58	95.45	0.66	0.14

$$M_r=\rho_s V_t\left(0.17\%+2\times95.45\%+3\times0.66\%+4\times0.14\%\right) \tag{11-25}$$

式中，ρ_s 为水蒸气的密度，已知为 0.8035kg/m^3，得 M_r=39.14kg/h，M_s=142.84kg/h。

$$\gamma_{s1}=\frac{M_s}{U_{g1}} \tag{11-26}$$

$$\varphi_0=\frac{\gamma_{s1}}{\gamma_{sb2}}\times100\% \tag{11-27}$$

式中，γ_{s1} 代表温度为 40℃时，标准大气压下 1m^3 废气中水蒸气的量，kg/m^3；γ_{sb2} 代表温度为 40℃时，标准大气压下 1m^3 饱和湿空气中水蒸气的量，kg/m^3，已知为 0.05kg/m^3。

由式（11-26）和式（11-27）得，γ_{s1}=0.008kg/m^3，φ_0=16%。

在 50℃时，含水量 15%的玉米平衡水分为 80%左右。由于该干燥机粮层薄、风速高的结构特点，若干燥介质只穿透一次粮层，携带的水分较少，干燥介质的湿度变化不大。计算结果表明，直接排出的废气的相对湿度仅为 16%，还有很大的携带、吸收和提取水分的能力，因此从减少耗热和携带水分两方面来说将废气直接循环利用都是完全可行的。

11.3.3.2　循环式热风腔体的设计

循环式热风腔体，用来实现干燥介质的直接循环利用、降低耗热。循环式热风腔体主要由送风风机、回风罩、干燥腔、送风罩、隔风板等组成。热风干燥段总共由 3 个循环式热风腔体组成，除第一个热风腔体的回风罩与微波干燥腔体的下端相通之外，其他相邻的两个腔体的回风罩和送风罩都是独立的，仅通过物料腔两端的法兰连接。干燥机作业时，热干燥介质由送风风机送进送风罩，通过送风罩进入物料腔，穿过物料和输送带进入回风罩。在回风罩，一部分热风通过排潮口被排潮风机抽走，并最终被排出系统，

成为废气，剩余的干燥介质通过回风管与热风管道的高温干燥介质混合，一起被送风风机送进送风罩，又开始了下一轮的循环，这样就实现了干燥介质的直接循环利用，见图 11-6。

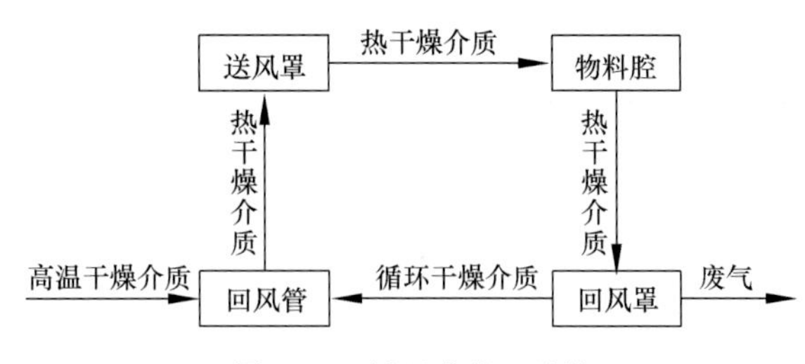

图 11-6　循环式热风腔体

干燥作业时，玉米的铺料宽度应小于输送带的宽度，输送带两侧就会各有一定宽度的闲置区域。如果输送带的闲置区域直接暴露在干燥介质中，大部分干燥介质会不通过物料，而是直接穿过闲置区域的网眼进入回风罩，降低了干燥介质的利用率，干燥效果就会大打折扣。为了防止这种现象产生，在输送带两侧各设一个隔风板，这样送风风罩的干燥介质只有穿透物料才能进入回风风罩。

送风罩、物料腔和回风罩之间各有一个匀风板（防泄漏板）。匀风板是一块开孔的金属板，主要有两个作用：平稳气流，使干燥介质的流动更加均匀；防止物料腔内的微波通过排潮口和补风口而造成微波泄漏。

另外，由于每个循环腔体相对独立，大部分干燥介质只在一个腔体内循环，最终被排出，因此每一个循环腔体内干燥介质的相对湿度值不等。随着干燥过程的进行，越靠后的循环腔体内的玉米含水率越低，腔体内干燥介质的相对湿度也越低，吸收携带水分的能力也越强，这样就更加有利于玉米干燥末段水分的排出。

11.3.3.3　循环风量的计算

从降低耗热的角度，循环风量 U_x（m^3/h）越多，废气越少，耗热就越低，但是循环风量越多，干燥介质的相对湿度就越高，越不利于玉米水分的排出。因此应该合理地选取循环风量，在保证排潮能力的前提下最大限度地降低耗热。

设经过循环式热风腔体后，废气流量为 U_f（m^3/h），则

$$U_f = U_{g1} - U_x \tag{11-28}$$

由式（11-23）和式（11-24）可得，此时废气中水分的质量 M_f（kg/h）为

$$M_f = U_f \varphi_1 \gamma_{sb1} + M_r + M_t + M_w \tag{11-29}$$

由式（11-26）和式（11-27）可得

$$\gamma_{s2} = \frac{M_f}{U_f} \tag{11-30}$$

$$\varphi_2 = \frac{\gamma_{s2}}{\gamma_{sb2}} \times 100\% \tag{11-31}$$

式中，φ_2 代表循环后废气的相对湿度；γ_{s2} 代表温度为 40℃时，标准大气压下 $1m^3$ 循环后废气中水蒸气的量，kg/m^3。

由式（3-30）和式（3-31）可得

$$\varphi_2 = \left(0.049 + \frac{1912}{U_f}\right) \times 100\% \tag{11-32}$$

为了保证干燥介质的持水能力，取循环后废气的相对湿度 φ_2=60%，代入式（11-32）得 U_f=3470.1m³/h，U_x=13 809.9m³/h。

11.3.3.4 风机的选择

根据风量和风压选择风机型号。根据谷堆通风阻力的经验计算公式

$$H_1=9.8(400V_1S+2000V_1S^2)l \tag{11-33}$$

式中，H_1 为玉米层阻力，Pa；S 为系数，取 S=0.4；l 为铺料厚度，l=0.03m；得 H_1=141.1Pa。

根据经验数据估计其他各部分阻力，热风系统阻力 H_2=400Pa，回风管和弯头阻力 H_3=300Pa，匀风板阻力 H_4=600Pa。

送风风机的风压 H_s（Pa）为

$$H_s= H_1+H_2+H_3+H_4 \tag{11-34}$$

得 H_s=1441.1Pa。

送风风机的风量 V_s（m³/h）为

$$V_s=U_{g1}/3 \tag{11-35}$$

得 V_s=5760m³/h。

根据以上数据，选择送风风机的型号为 4-72-4A/5.5-2，技术参数如下：流量为 4012～7419m³/h；全压为 2014～1320Pa；电机功率为 5.5kW；转速为 2900r/min。

因为废气流量较少，所以 3 个热风腔体的废气由一个排潮风机排出。排潮风机的风量 U_f=3470.1m³/h，根据经验数据，排潮系统的阻力 H_5=500Pa。根据风量和风压，选择排潮风机的型号为 4-72-3.2A/2.2-2，具体参数如下：流量为 3200～3800m³/h；全压为 900Pa；电机功率为 2.2kW；转速为 2900r/min。

11.3.3.5 干燥介质循环利用后的理论耗热和天然气用量

干燥介质循环利用后，由废气带出的热量 I_f（kJ/h）会明显降低，由式（11-18）可知

$$I_f=G_f(T_{g2}-T_{g1})C_p \tag{11-36}$$

式中，G_f 为介质循环利用后废气的重量流量，kg/h。

$$G_f=U_f\gamma_g \tag{11-37}$$

由式（11-36）和式（11-37）得 I_f=139 671.5kJ/h。

由式（11-14）可知，干燥介质循环利用后，热风干燥段总的热量消耗 I_2'（kJ/h）为

$$I_2' = I_{s2} + I_{12} + I_f + I_h' \tag{11-38}$$

式中，I_h' 为干燥介质循环利用后热风段的热损失，kJ/h，$I_h' = I_2' \cdot 10\%$。得 I_2' = 277 687.6kJ/h。

则此时天然气的用量V_t'（m³/h）为

$$V_t' = \frac{I_2'}{q} \tag{11-39}$$

得V_t'=7.8m³/h。

由式（11-11）干燥介质循环利用后，干燥机的理论耗热γ_{l1}''（kJ/kg）为

$$\gamma_{l1}'' = \frac{I_1 + I_2'}{M_w + M_t} \tag{11-40}$$

得γ_{l1}''=6143.4kJ/kg。

可见，干燥介质经循环式热风腔体循环利用后，天然气的用量仅为原来的31%，干燥机的理论耗热降低了62%。

11.3.4　传动系统的设计

11.3.4.1　传动参数的计算

按照干燥机最大生产率 q=1t/h=1000kg/h 计算传动参数，设输送带的速度为 v（m/min），则有

$$q=60v_0hb_m\gamma \tag{11-41}$$

式中，h为干燥段高度；b_m为输送带上铺料宽度；γ为玉米容积密度，已知为0.71t/m³；得v_0=0.1m/min。

主动辊的转速n_1（r/min）为

$$n_1 = \frac{v_0}{r_1} \tag{11-42}$$

式中，r_1为主动辊半径，取0.15m，得n_1=0.67r/min。

设输送带和托辊之间的摩擦系数μ=0.2，输送带跟托辊间的摩擦力F_1（N）为

$$F_1=l_dhb_m\gamma g\mu \tag{11-43}$$

式中，l_d为输送带实际铺料长度，已知为1.2m。

得F_1=408.96N，其他各辊对输送带的阻力按F_2=500N计，则传动系统的输出功率应大于P_e（kW）：

$$P_e = \frac{n_1r_1\left(F_1 + F_2\right)}{9550} \tag{11-44}$$

得P_e=0.0096kW。

11.3.4.2　传动部件的选型及传动方案

通过以上计算可知，该传动系统的输出功率和输出转速都较低，减速比较大，应采用多级大减速比的减速器。本团队设计了如图11-7所示的传动系统[16-19]，传动系统主要包括摆线针轮减速机、蜗轮蜗杆减速器、主动辊、从动辊、张紧辊、防滑辊、托辊等，运动方向如图11-7上箭头所示。聚四氟乙烯摩擦系数较小，为了防止输送带打滑，主动

辊表面包裹一层 1cm 厚的橡胶用来增加摩擦系数，另外还设有张紧辊，增加输送带和主动辊之间的摩擦力，降低打滑率。

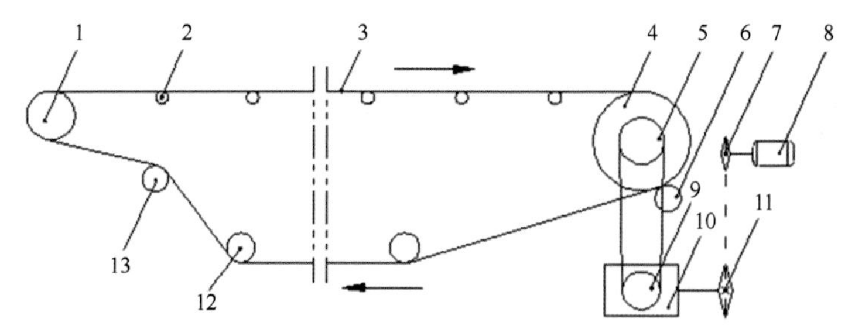

图 11-7　传动系统简图

1. 从动辊；2. 托辊；3. 输送带；4. 主动辊；5. 链轮 Z_4；6. 防滑辊；7. 链轮 Z_1；8. 摆线针轮减速机；9. 链轮 Z_3；10. 蜗轮蜗杆减速器；11. 链轮 Z_2；12. 导向辊；13. 张紧辊

摆线针轮减速机型号为 XW02，具体参数如下：输入功率 P_0=0.75kW；输入转速 n_0=1400r/min；传动比 i_1=1∶29；传动效率 η_3=0.98。

其他传动部件的参数见表 11-2。

表 11-2　部分传动部件参数

参数	蜗杆减速器	链轮 Z_1	链轮 Z_2	链轮 Z_3	链轮 Z_4
节距/mm	—	12.7	12.7	12.7	12.7
齿数	—	31	19	31	19
传动比	i_2=1∶20	i_3=1.632∶1		i_4=1.632∶1	
传动效率	η_1=0.42	η_2=0.95		η_4=0.95	

传动系统最终输出转速 n（r/min）和功率 P（kW）分别为

$$n=n_0 i_1 i_2 i_3 i_4 \tag{11-45}$$

$$P=P_0 \eta_1 \eta_2^2 \eta_3 \tag{11-46}$$

得 n=6.43r/min，P=0.279kW，输送带的速度 v（m/min）为

$$v=nr_1 \tag{11-47}$$

得 v=0.965m/min。

为了满足不同生产率的要求，需要连续地改变输送带的速度，因此配置了变频器，用来改变减速机的工作频率，实现无级变速。选用台达 VFD015M43B 型号的变频器（图 11-8），输出频率解析度为 0.1Hz，输出频率为 0.1～400Hz。

图 11-8　台达 VFD015M43B 型变频器

在输送带上玉米厚度不变的前提下，配置变频器后输送带的最大速度为 v_m（m/min），则

$$\left(F_1+F_2\right)r_1=9550\frac{P}{\frac{v_m}{r_1}} \tag{11-48}$$

得 v_m=2.93m/min，故配置变频器后输送带的速度可在 0～2.93m/min 实现无级变速。

11.3.4.3　托辊组件的设计

如图 11-7 所示，为了防止输送带中间下垂而导致输送带上铺料厚度不均匀的现象发生，在输送带下面安装多个托辊。托辊与腔体壁接触处有狭长的细缝，干燥机工作时托辊与腔体壁之间的细缝会产生电场集中，加之腔体内空气湿度较大，容易发生空气击穿、拉弧放电现象，会影响干燥机的正常工作甚至产生安全事故。

图 11-9 为托辊组件，在托辊和腔体壁之间安装一个陶瓷隔离套，用陶瓷介质填充了托辊与腔体壁之间的细缝，这样就可以避免击穿现象的产生。

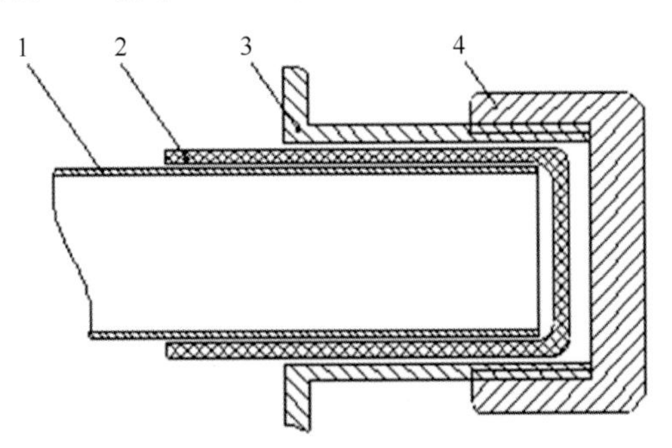

图 11-9　托辊组件简图

1. 托辊；2. 陶瓷隔离套；3. 腔体壁；4. 闷盖

11.3.5　微波加热系统的设计

微波加热系统主要由电源、微波源、微波加热腔、控制系统及冷却系统等组成（图 11-10）。其中微波加热腔是整个微波加热系统的核心部分。

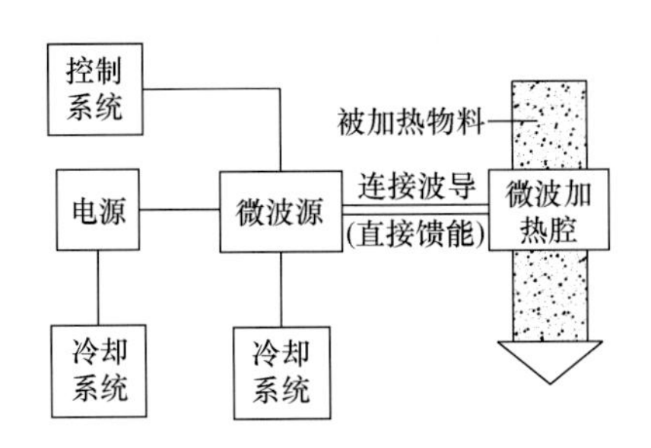

图 11-10　微波加热系统

11.3.5.1　微波源的选择及其冷却系统的设计

1. 微波频率的选择

我国允许用于工业加热的微波有 915MHz 和 2450MHz 两个波段。由式（11-1）可知，

相同介质对于高频率的微波具有更大的吸收功率，式（11-2）则表明频率为 915MHz 的微波具有更强的穿透性。玉米颗粒体积较小，且对粮食而言 $D\approx\lambda$，则频率为 2450MHz 的微波可以穿透 12.2cm 左右的粮层，完全符合该机的参数，因此采用频率为 2450MHz 的微波。

2. 微波源的选择

在微波干燥技术的发展中，大型工业微波炉大多采用集中馈能的大功率微波源。大功率微波源集中馈能虽然设计简单、操作方便，但是这种馈能方式干燥不均匀、工作可靠性低、使用寿命短、价格高，这些都成为制约该技术发展的因素。近年来随着家用微波炉的迅速发展，其所采用的小功率连续式磁控管的加工工艺完善，性能也日趋良好，且其价格越来越低廉。因此可以采用多个家用微波炉磁控管按一定方式排列并直接馈能，来产生大功率微波，用以代替大功率的工业微波源。这种馈能方式相比大功率微波源馈能主要有以下优点。

1）成本低。经过价格调研，2450MHz/6kW 的工业微波源价格在 6000 元左右，而 2450MHz/700W 的家用微波炉磁控管价格在 80 元左右。采用 9 个家用微波炉磁控管可获得 6.3kW 的功率，价格仅为 720 元，远远低于工业微波源的价格。

2）工作可靠性高。小功率微波源可以减少电场集中，可有效防止空气击穿、拉弧放电。

3）干燥更均匀。多个微波源馈能，微波源以一定的方式排列在加热腔内，可使干燥更加均匀。

4）可灵活调整微波功率，每个微波源配以单独的开关，这样就可以根据原料玉米含水量的不同灵活调整微波功率。

最后选用磁控管的型号为 Panasonic 2M167-M1。

3. 微波源冷却系统的设计

磁控管可把阳极上直流电能转化成微波能，其转换效率在 70%左右，其他的能量大部分散耗在阳极上，会使阳极温度升高，如果阳极的温度过高会影响磁控管的正常工作，甚至会烧坏磁控管，因此应对阳极进行冷却。另外，磁控管工作时阴极发射的电子中有一些不利电子会返回到阴极，产生“回轰”现象，使阴极也发热，不过对于小功率磁控管来说“回轰”现象不显著，产生的热量较低，可以忽略，不用对阴极进行冷却。

磁控管的冷却通常有风冷和水冷，干燥机一般会在玉米收获季节长时间工作，且磁控管数量较多，排列较密集，不利于风冷，故采用冷却效果更好的水冷。

微波源电源所用的变压器在工作过程中也会产生高温，也需进行冷却。为防止漏电，采用浸油冷却，将变压器放置在油箱内，油箱内注入变压器油，并将冷却水管置于油箱内。

干燥机主要在玉米收获季节后集中使用，此时东北天气寒冷，干燥机不工作时残存在管道内的冷却水会结冰，磁控管内的冷却水管结冰就有可能直接将其冻裂。当干燥机再次工作时，结冰段以后的磁控管就得不到冷却，迅速升温致使分水软管融化，冷却系统失灵，严重时磁控管会被烧毁。

设计的冷却系统（图 11-11）用来防止结冰。将 3 个磁控管串联为一组，与进水管和排水管相连，磁控管之间用软管连接，每组都有单独的阀门。进水管的水位高于分水软管，排水管的水位低于分水软管。干燥机不工作时，断开进水口和排水口的连接法兰，进水口端可安装接口与空气压缩机相连，用压缩空气排出管道内残存的水。冷却系统还设有流量传感器，若管道内没有流量，无法启动磁控管。变压器的冷却系统类似于磁控管冷却系统，不再赘述。

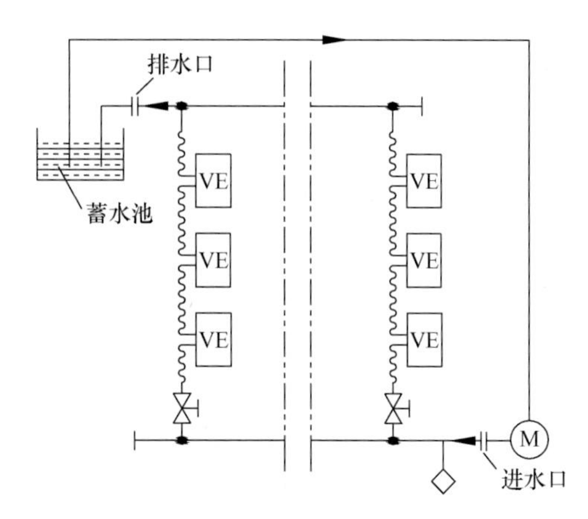

图 11-11　磁控管冷却系统

VE 为磁控管；M 为电动机

实践表明，干燥机长时间在 0℃以下工作时，该冷却系统可以保证磁控管平稳工作，没有出现冷却水结冰的现象。

11.3.5.2　微波源电源的设计

磁控管是正交场微波振荡管，主要由阳极、阴极和能量输出机构组成。阳极和阴极组成同轴圆柱结构形式。阳极由偶数个环绕在阴极周围的扇形谐振腔组成，通过阴极发射的电子和腔内激发出的射频电场之间的能量转换产生微波能。

磁控管工作时阴极上需要一个 4V 左右的交流电压，而阳极上则需要 4000V 的直流高压。需要有专门的电源用来提供磁控管工作所需的电压，其主要电气原理图见图 11-12。

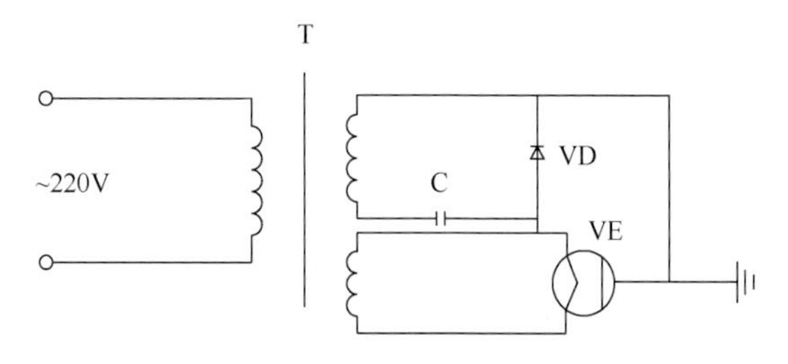

图 11-12　微波源电源的电气原理图

图 11-12 中 VE 为磁控管，通过变压器 T 就可提供磁控管正常工作所需的电压。在变压器的初级线圈上加 220V 交流电压，次级低压线圈中产生用于磁控管阴极的低压交流电压；同时，在次级高压线圈中会产生几千伏的高压交流电，经过高压电容 C 和高压二极管 VD 组成的倍压整流电路后，为磁控管的阳极和阴极之间提供一个恒定的高直流电压。

11.3.5.3 微波加热腔的设计

常用的微波加热器有驻波加热器、行波加热器、表面波加热器等。应用最为广泛的就是驻波加热器。驻波加热器可使物料从各个方向上受热，没有被物料吸收的微波在穿透物料后经腔壁反射又重新回到物料中，这样微波能就有可能全部被用于加热物料，提高了加热均匀性和微波能的利用率。驻波加热器分为多模腔加热器和单模腔加热器，多模腔加热器相对于单模腔加热器来说，对负载没有严格的限制，加热更加均匀，应用也更为广泛，家用微波炉就是多模腔加热器。本设计为矩形多模腔加热器。

微波加热腔是整个加热系统的核心部分，它将微波功率以最小的反射或最佳的匹配耦合至该装置，在其中形成特定的电场分布，使之能将微波能最大限度地耦合在腔内并与被干燥物料产生最佳的相互作用。忽略腔体两端的进出料口，可将腔体近似看成一个两端封闭的矩形谐振腔，见图 11-13。

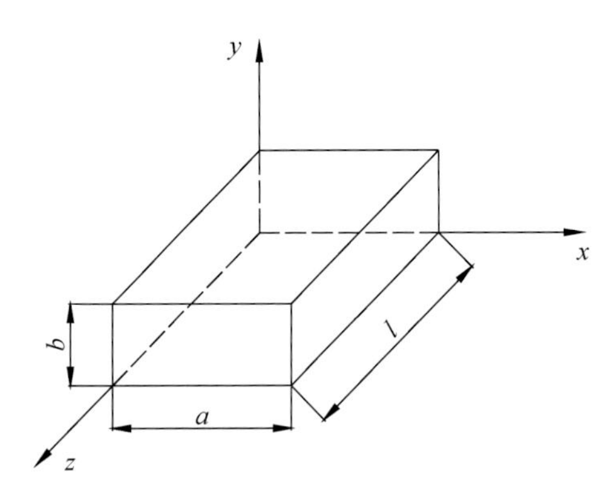

图 11-13 微波加热腔简图

a、b、l 为加热腔边长，m；z 方向为物料前进方向

该微波加热腔可以被看作一个两端被短路的矩形波导，在此边界条件下求解麦克斯韦方程组，可以求出满足其理想导体边界条件的场。

TE_{mnp} 振荡模式的场分量为

$$\begin{cases} H_x = \sum_{m=0}^{\infty}\sum_{n=0}^{\infty}\sum_{p=1}^{\infty} -\beta k_x H_{mnp}\sin(k_x x)\cos(k_y y)\cos(\beta z) \\ H_y = \sum_{m=0}^{\infty}\sum_{n=0}^{\infty}\sum_{p=1}^{\infty} -\beta k_y H_{mnp}\cos(k_x x)\sin(k_y y)\cos(\beta z) \\ H_z = \sum_{m=0}^{\infty}\sum_{n=0}^{\infty}\sum_{p=1}^{\infty} k_{\mathrm{c}}^2 H_{mnp}\cos(k_x x)\cos(k_y y)\sin(\beta z) \\ E_x = \sum_{m=0}^{\infty}\sum_{n=0}^{\infty}\sum_{p=1}^{\infty} \mathrm{j}\omega\mu k_y H_{mnp}\cos(k_x x)\sin(k_y y)\sin(\beta z) \\ E_y = \sum_{m=0}^{\infty}\sum_{n=0}^{\infty}\sum_{p=1}^{\infty} -\mathrm{j}\omega\mu k_x H_{mnp}\sin(k_x x)\cos(k_y y)\sin(\beta z) \\ E_z = 0 \end{cases} \tag{11-49}$$

TM_{mnp} 振荡模式的场分量为

$$\begin{cases} E_x = \sum_{m=1}^{\infty}\sum_{n=1}^{\infty}\sum_{p=0}^{\infty} -\beta k_x E_{mnp}\cos(k_x x)\sin(k_y y)\sin(\beta z) \\ E_y = \sum_{m=1}^{\infty}\sum_{n=1}^{\infty}\sum_{p=0}^{\infty} -\beta k_y E_{mnp}\sin(k_x x)\cos(k_y y)\sin(\beta z) \\ E_z = \sum_{m=1}^{\infty}\sum_{n=1}^{\infty}\sum_{p=0}^{\infty} k_c^2 E_{mnp}\sin(k_x x)\sin(k_y y)\cos(\beta z) \\ H_x = \sum_{m=1}^{\infty}\sum_{n=1}^{\infty}\sum_{p=0}^{\infty} \mathrm{j}\omega\varepsilon k_y E_{mnp}\sin(k_x x)\cos(k_y y)\cos(\beta z) \\ H_y = \sum_{m=1}^{\infty}\sum_{n=1}^{\infty}\sum_{p=0}^{\infty} -\mathrm{j}\omega\varepsilon k_x H_{mnp}\cos(k_x x)\sin(k_y y)\cos(\beta z) \\ H_z = 0 \end{cases} \tag{11-50}$$

$$\begin{cases} k_x = \frac{m\pi}{a}, k_y = \frac{m\pi}{b}, \beta = \frac{p\pi}{l} \\ k_c^2 = \left(\frac{m\pi}{a}\right)^2 + \left(\frac{n\pi}{b}\right)^2 = k_x^2 + k_y^2 = \left(\frac{2\pi}{\lambda_c}\right)^2 \end{cases} \tag{11-51}$$

式中，ω 为角频率；E 为电场强度，V/m；H 为磁场强度，A/m；μ 为介质的导磁系数，H/m；ε 为介质的介电常数，F/m；β 为电磁波的相位常数；π 为电磁波的角频率；k 为电磁波在介质中的波数，其中 k_c 为截止波数；λ_c 为截止波长，m；m、n、p 为在 a、b、l 上分布的半驻波波长个数，均为整数。

由式（11-51）可以推导出谐振频率 f_0 和谐振波长 λ_0。

TE_{mnp} 振荡模式如下：

$$\begin{cases} (\lambda_0)_{mnp} = \dfrac{2}{\left[\left(\frac{m}{a}\right)^2 + \left(\frac{n}{b}\right)^2 + \left(\frac{p}{l}\right)^2\right]^{\frac{1}{2}}} \\ (f_0)_{mnp} = \dfrac{c}{2}\left[\left(\frac{m}{a}\right)^2 + \left(\frac{n}{b}\right)^2 + \left(\frac{p}{l}\right)^2\right]^{\frac{1}{2}} \end{cases} \tag{11-52}$$

TM_{mnp} 振荡模式如下：

$$\begin{cases} (\lambda_0)_{mnp} = \dfrac{2}{\left[\left(\frac{m}{a}\right)^2 + \left(\frac{n}{b}\right)^2 + \left(\frac{p}{l}\right)^2\right]^{\frac{1}{2}}} \\ (f_0)_{mnp} = \dfrac{c}{2}\left[\left(\frac{m}{a}\right)^2 + \left(\frac{n}{b}\right)^2 + \left(\frac{p}{l}\right)^2\right]^{\frac{1}{2}} \end{cases} \tag{11-53}$$

式中，c 为光速，m/s。

在 TE_{mnp} 振荡模式中，p 不能为 0，且 m、n 也不能同时为 0；而 TM_{mnp} 振荡模式中，m、n 都不能为 0，p 可以为 0。

对于一个给定的加热腔和微波波长 λ，m、n、p 可取好几个组合并满足式（11-52）和式（11-53），在加热腔内就存在多个 TE_{mnp} 振荡模式和 TM_{mnp} 振荡模式。每一个振荡模式下的电场都按一定的规律不均匀分布，这是不利于物料均匀受热的，因此合理地设计加热腔的尺寸，使得在给定频率范围内能够激励起尽量多的振荡模式尤为重要，多个振荡模式相叠加后加热腔内的电场分布就会相对均匀，有利于均匀加热。

由以上推导可知，在功率相同的情况下，腔体尺寸越小，则微波场的振荡模式越少，加热相对不均匀。腔体尺寸越小，电场就越大，容易击穿腔体内的空气；相反则有，腔体尺寸越大，存在的振荡模式越多，加热越均匀，但是腔体尺寸过大会使腔体内功率密度降低，腔体壁的损耗也增加，加热速度相应减慢。

11.3.5.4 模式数目的计算及微波腔体尺寸的确定

磁控管的工作频率为 2450MHz±30MHz，令 f_1=2420MHz，将其代入式（11-52）或式（11-53）可得

$$\sqrt{\left(\frac{m}{1.22}\right)^2+\left(\frac{n}{b}\right)^2+\left(\frac{p}{l}\right)^2}=16.133 \tag{11-54}$$

令 f_2=2480MHz，将其代入式（11-52）或式（11-53）可得

$$\sqrt{\left(\frac{m}{1.22}\right)^2+\left(\frac{n}{b}\right)^2+\left(\frac{p}{l}\right)^2}=16.533 \tag{11-55}$$

由式（11-54）和式（11-55）可得谐振频率在磁控管工作频段 2450MHz±30MHz 范围内的 m、n、p 必须满足 $16.133\leqslant\sqrt{\left(\frac{m}{1.22}\right)^2+\left(\frac{n}{b}\right)^2+\left(\frac{p}{l}\right)^2}\leqslant16.533$，整理得

$$260.27\leqslant\left(\frac{m}{1.22}\right)^2+\left(\frac{n}{b}\right)^2+\left(\frac{p}{l}\right)^2\leqslant273.34 \tag{11-56}$$

由式（11-56）可以在确定 a、b、l 的值后，用凑试法计算微波腔体内存在的模式数目及相对应的频率。

根据输送带和热风干燥段的宽度，取 a=1.22m，由微波腔体的体积、磁控管排列密度等大致选取 b=0.5～0.55m，l=3.5～3.55m。为了取模式数最多的 a、b、l 组合，需要求解给定范围内每一个 a、b、l 组合的模式数，并进行比较。由于计算过程烦琐，计算量也大，可用计算机编程进行计算。

采用 C 语言编程进行上述的计算。该程序以 1mm 为最小变化单位，计算给定范围内每一个 a、b、l 组合的模式数，并进行比较，最后选择模式数最多的 a、b、l 组合。

运行程序，结果表明，当 b=0.51m，l=3.509m 时，腔体内存在的振荡模式最多，共有 201 个振荡模式，故确定微波腔体的尺寸为：a=1.22m，b=0.51m，l=3.509m。

以上计算均是在理想状态且多模腔处于空载的情况下进行的。实际上干燥机作业时，腔体内局部加载，物料本身的介电性质、形状、铺料厚度等因素都会对腔体内的振荡模式产生影响。

11.3.5.5 微波腔体的品质因数和最大电场强度

品质因数 Q_0 是微波腔体一个非常重要的参数，它表征的是微波腔体储存能量的能力。该微波腔体内振荡模式较多，当腔体内部填充物料时计算更为复杂，只能近似估算微波腔的品质因数 Q_0。

当微波腔体部分填充时有

$$Q_0 = \frac{A}{\tan\delta} \tag{11-57}$$

式中，A 为体型系数，主要取决于腔体的填充系数 v 和物料的介电系数 ε'。

$$A = 1 + \frac{(\varepsilon' + 2)^2}{9\varepsilon'}\left(\frac{1 - v}{v}\right) \tag{11-58}$$

$$v = \frac{V_{\mathrm{L}}}{V} \tag{11-59}$$

式中，V 为微波腔体的体积，m^3；V_{L} 为干燥作业时微波腔体内玉米的体积，m^3。

查表得：含水率为 25%的玉米，ε'=3.5，$\tan\delta \approx 0.022$。

得 Q_0=743.9。

根据品质因数 Q_0 可以计算微波腔体内最大电场强度 $E_{\max}$（kV/m）为

$$E_{\max} = 2\left[\frac{(P/V)Q_0}{\omega\varepsilon_0 \times 10^6}\right]^{\frac{1}{2}} \tag{11-60}$$

式中，P 为微波腔体消耗的微波功率，已知为 29 400W；ω 为角频率；得 $E_{\max}$=17.1kV/m。

干燥作业时物料边缘、微波腔体边角和接缝等处会出现电场强度分布集中的效应，这些地方的电场强度就会升高，因而产生空气击穿或引起该处物料过热，$E_{\max}$ 远低于常压下空气击穿强度极限值 30kV/m，故可避免产生高频击穿现象。

另外，微波腔内接缝、焊缝等处需要进行处理，必须使表面光滑、无突出和螺钉头，减少电场集中效应。

11.3.5.6 微波源馈能口的分布

微波腔体的尺寸确定后，可能存在的振荡模式的数目只说明存在改善微波腔体加热均匀性的可能。同样的边界条件，具体可以激励出多少振荡模式就由馈能口的分布来决定了。因此微波源馈能口的分布是微波加热腔设计中的关键。

本研究采用 42 个磁控管同时馈能，因此要有 42 个馈能口。为了保证微波腔内场强分布的均匀性，馈能口分布方式以激励出尽可能多的振荡模式为前提（原则上，微波腔体中的模式数目与馈能口的数量没有关系）。但是多个馈能口同时馈能时，每个馈能口所激励的场强都会在其他馈能口处产生反射，也就是多管馈能时的耦合效率问题；因此这时不能再单纯地考虑激励的模式数目的多少，还要考虑多个磁控管之间的相互耦合，即耦合效率问题。

鉴于以上分析，馈能口按照下面两条分布规则进行设计。

1）为了激励尽可能多的振荡模式，每个馈能口的位置都是有利于某种（或几种）模式的激励，其中有利于激励 Z 向 TE_{mnp} 的位置为

$$\begin{cases} X = \dfrac{a}{m}k \\ Z = \dfrac{l}{2p}(2k-1) \end{cases} \tag{11-61}$$

有利于激励 Z 向 TM_{mnp} 的位置为

$$\begin{cases} X = \dfrac{a}{2m}(2k-1) \\ Z = \dfrac{l}{p}k \end{cases} \tag{11-62}$$

式中，k=1、2、3 等整数。

m、n、p 的组合值为该微波腔体可能被激励起的振荡模式。

2）任意一个馈能口的长边和宽边与其相邻馈能口的长边及宽边相互垂直，这样相邻馈能口就会激励起不同类型的振荡模式，通过模式互补可以降低功率反射，提高耦合效率。馈能口整体交错排列。

本研究采用矩形波导来传输微波功率，矩形波导一端与磁控管相连，另一端则与微波腔顶板连接，通过馈能口将微波能馈入微波腔体。根据标准波导的参数和磁控管的功率，选择 BJ-26 型标准矩形波导，其内截面尺寸为 a=86.40mm，b=43.20mm，波导厚度为 2mm，主模（TE10）单模传输。图 11-14 为馈能口的局部分布图。

11.3.6 微波防泄漏装置

微波泄漏不仅会对环境造成污染，过量的微波辐射还会伤害人体的健康。微波的伤害机理包括热效应和非热效应：由于人体 70%以上是水，微波辐射会引起人体组织升温，影响体内器官的正常工作；微波场还会扰乱人体内本来就存在的电磁场，这种微弱的平衡电磁场遭到破坏后人体就会遭受损伤。大剂量或者长时间的微波辐射所引起的热效应和非热效应还会产生积累效应，即便是功率很小、频率很低的微波，长期接触，也可能会诱发意想不到的病变。

鉴于微波辐射对人体的伤害，每个国家都制订了严格的安全标准。人体接受微波照射的允许强度约为 10mW/cm^2，我国规定的安全标准小于此值。我国的微波设备生产的安全标准（GB 5959.6—2008）规定，在离设备外壳 5cm 处，微波泄漏必须小于 5mW/cm^2。因此对于大功率的微波设备来说，必须设计专门的防泄漏装置。

该干燥机可能引起微波泄漏的地方主要有：进料口、出料口，各炉门，视镜，以及进风口和排潮口。因此应针对每个容易引起泄漏的地方，设计相应的防泄漏装置，包括：进、出料口抑制器，炉门、视镜、进风口和排潮口防泄漏板。

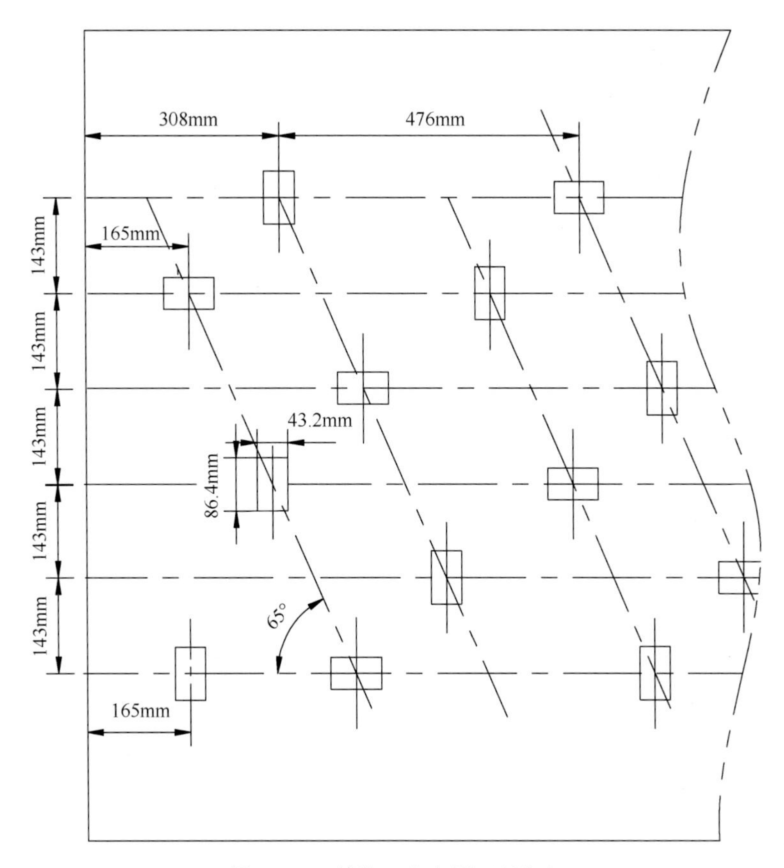

图 11-14　馈能口分布图（局部）

11.3.6.1　微波抑制器

干燥机进料口和出料口的缝隙大而长，工作时微波泄漏最为严重。当生产率变化时，物料的厚度可能会低于设计的厚度，这样进料口和出料口的泄漏更为严重，因此进料口和出料口处的防泄漏最为重要，应在干燥机两端设有专门的微波抑制器。

设计的抑制器如图 11-15b 所示，该抑制器结构上由上下两个半抑制器（图 11-15a）组成，原理上主要由前、中、后 3 段组成（图 11-15c）：前段，靠近腔体的一端采用 1/2 波导波长终端短路波导并接，分别用来抑制几个主要的高次模；中段为采用梳状抑制片组成的衰减器；后段为固态吸收材料。

11.3.6.2　微波抑制器前段的设计

抑制器的前段为 1/2 波导波长终端短路波导，主要是用来抑制高次模——H10、E10、H30、E30，其中 H10、E10 的截止波长相等，为 λ_{c1}（cm），则有

$$\lambda_{c1}=\frac{2\pi}{K_{c1}}=\frac{2}{\sqrt{\frac{m}{a}+\frac{n}{b}}} \tag{11-63}$$

式中，a 为抑制器开口长度，115cm；b 为抑制器开口高度，4.2cm；m=1；n=0。

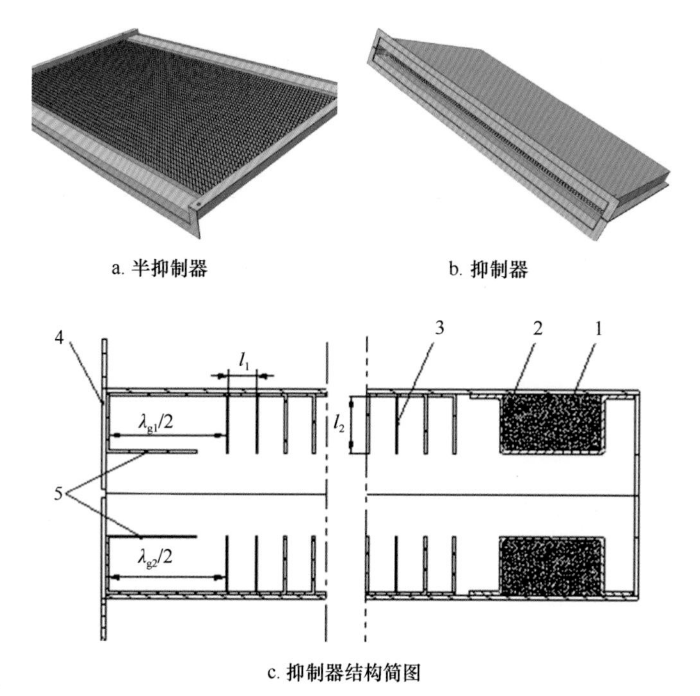

a. 半抑制器　　b. 抑制器

c. 抑制器结构简图

图 11-15　抑制器结构图

1. 吸收材料；2. 托板；3. 梳状抑制片；4. 抑制器罩（与腔体壁连接）；5. 短路波导

类似地，可得 H30、E30 的截止波长 λ_{c2}（cm）

$$\lambda_{c2}=\frac{2\pi}{K_{c2}}=\frac{2}{\sqrt{\frac{m}{a}+\frac{n}{b}}} \tag{11-64}$$

式中，m=1，n=0。

其波导波长 λ_{g1}（cm）和 λ_{g2}（cm）分别为

$$\lambda_{g1}=\frac{\lambda}{\sqrt{1-\left(\frac{\lambda}{\lambda_{c1}}\right)^2}} \tag{11-65}$$

$$\lambda_{g2}=\frac{\lambda}{\sqrt{1-\left(\frac{\lambda}{\lambda_{c2}}\right)^2}} \tag{11-66}$$

由式（11-63）～式（11-66）得，λ_{g1}=14.83cm，λ_{g2}=14.83cm。

11.3.6.3　微波抑制器中段的设计

抑制器中段采用由 40 组梳状型抑制片组成的衰减器，每组抑制片上都有一定间隔的开槽，前后抑制片上的开槽交错排列。该衰减器可被认为由主波导（$a{\cdot}b$）E 面双边串联 n 个长为 l_2 的短路波导所构成。Z 表示短路波导感抗，l_1 表示各自短路波导间的距离，由于抑制片的厚度远小于工作微波的波长 λ，因此抑制片的厚度可以忽略不计。衰减器的等效电路和单片抑制片的等效电路见图 11-16 与图 11-17。

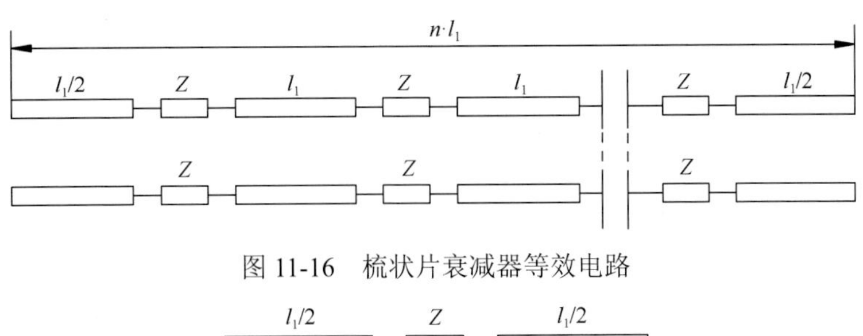

图 11-16　梳状片衰减器等效电路

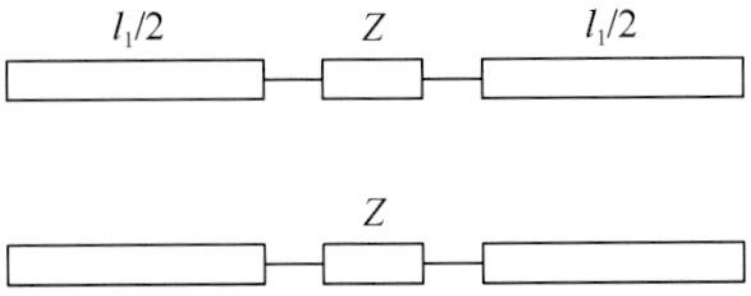

图 11-17　单片抑制片等效电路

单片抑制片等效电路的矩阵[***A***]为

$$[\boldsymbol{A}]=\begin{bmatrix}\cos\theta & \mathrm{j}Z_{01}\sin\theta\\ \mathrm{j}\dfrac{\sin\theta}{Z_{01}} & \cos\theta\end{bmatrix}\begin{bmatrix}1 & 2Z\\ 0 & 1\end{bmatrix}\begin{bmatrix}\cos\theta & \mathrm{j}Z_{01}\sin\theta\\ \mathrm{j}\dfrac{\sin\theta}{Z_{01}} & \cos\theta\end{bmatrix} \tag{11-67}$$

式中，θ 为 $\dfrac{l_1}{2}$ 的有效电气长度，$\theta=\dfrac{\pi\cdot l_1}{\lambda_g}$；$Z_{01}$ 为主波导特性阻抗，$Z_{01}=\dfrac{377b}{a}\left[1-\left(\dfrac{\lambda}{2a}\right)^2\right]^{-\frac{1}{2}}$；

Z_{02} 为短路波导特性阻抗，$Z_{02}=\dfrac{377l_1}{a}\left[1-\left(\dfrac{\lambda}{2a}\right)^2\right]^{-\frac{1}{2}}$；$Z$ 为长度为 l_2 的短路波导特性电抗，

$Z=\mathrm{j}Z_{02}\tan\dfrac{2\pi}{\lambda_g}l_2$。

简化后可得

$$\begin{cases}\boldsymbol{A}_{11}=\cos\left(\dfrac{2\pi l_1}{\lambda_g}\right)-\dfrac{Z_{02}}{Z_{01}}\tan\left(\dfrac{2\pi l_2}{\lambda_g}\right)\sin\left(\dfrac{2\pi l_1}{\lambda_g}\right)\\ \boldsymbol{A}_{12}=\mathrm{j}Z_{01}\sin\left(\dfrac{2\pi l_1}{\lambda_g}\right)+\mathrm{j}Z_{02}\cdot 2\tan\left(\dfrac{2\pi l_2}{\lambda_g}\right)\cos^2\left(\dfrac{\pi l_1}{\lambda_g}\right)\\ \boldsymbol{A}_{21}=\mathrm{j}\dfrac{1}{Z_{01}}\sin\left(\dfrac{2\pi l_1}{\lambda_g}\right)-\mathrm{j}\dfrac{Z_{02}}{(Z_{01})^2}\tan\left(\dfrac{2\pi l_2}{\lambda_g}\right)\sin^2\left(\dfrac{2\pi l_1}{\lambda_g}\right)\\ \boldsymbol{A}_{22}=\cos\left(\dfrac{2\pi l_1}{\lambda_g}\right)-\dfrac{Z_{02}}{Z_{01}}\tan\left(\dfrac{2\pi l_2}{\lambda_g}\right)\sin\left(\dfrac{2\pi l_1}{\lambda_g}\right)=A_{11}\end{cases} \tag{11-68}$$

为了使衰减器等效电路计算简化，可将其看作由 n 个相同的单片抑制片等效电路相连接而成，则衰减器等效电路的矩阵$[\boldsymbol{A}_{总}]$为

$$[\boldsymbol{A}_{总}]=[\boldsymbol{A}_1]\cdot[\boldsymbol{A}_2]\cdot[\boldsymbol{A}_3]\cdots[\boldsymbol{A}_n]=[\boldsymbol{A}]^n \tag{11-69}$$

将式（11-68）代入式（11-69），计算可得

$$\left[A_{总}\right]=\begin{bmatrix}A'_{11} & A'_{12}\\ A'_{21} & A'_{22}\end{bmatrix} \tag{11-70}$$

则由衰减器引起的微波衰减 L_A 为

$$L_A=\frac{1}{4}\left|A'_{11}+A'_{12}+A'_{21}+A'_{22}\right|^2 \tag{11-71}$$

用共轭梯度法求 L_A 的最大值及相对应的 l_1、l_2 的值。由于计算太过烦琐，采用MATLAB编程来进行计算。得 l_1=14mm，l_2=29mm。

11.3.6.4 微波抑制器后段的设计

抑制器后段采用微波吸收材料，这些材料对微波呈电阻性能，可以消耗大部分微波能，从而起到防止泄漏的作用，是防止进出料口微波泄漏的最后一道屏障。常用的微波吸收材料有活性炭、铁氧体和石墨等，考虑到吸收材料在抑制器罩上的固定问题，选用粉状石墨作为抑制器后段的吸收材料。把石墨和水泥以 1∶2 的比例调和黏接到抑制器罩上，并用聚四氟乙烯托板将吸收材料遮盖，用来防止吸收材料在干燥机使用过程中掉落，以至污染被干燥的玉米。

11.3.6.5 炉门的设计

为了便于清理输送带、检修维护设备等，应在每个干燥段都设置有炉门。对于一个连续式微波干燥设备来说，炉门附近的微波泄漏程度仅次于两端的抑制器。而炉门随着使用次数的增多，会产生不同程度的磨损和疲劳损坏，会严重影响炉门的防漏性能。对于一台大型干燥设备来说，炉门不仅要降低微波泄漏风险，还要有一定的机械密封性，避免热介质通过门缝流向大气。

微波炉门主要有机械接触式和抗流槽（或扼流槽）式。机械接触式的炉门主要是依靠炉门上的金属弹片与门框（或炉腔）的机械接触来保持电气上的密封，理论上这是最可靠的方法，不过使用过程中炉门会发生氧化、磨损、变形、玷污等，容易使电气接触受到破坏，产生打火放电，造成泄漏增加。抗流槽式炉门是现在普遍采用的，通过设置在炉门四周的抗流槽来实现电气上的密封，图 11-18 为抗流槽式微波炉门的一种结构形式及其等效电路。

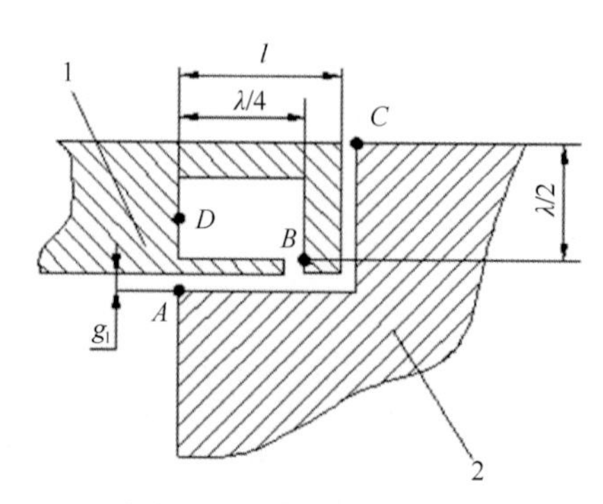

a. 抗流槽式微波炉门局部结构图

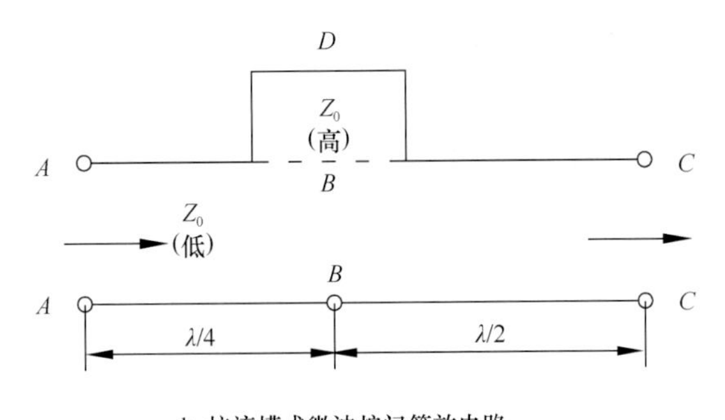

b. 抗流槽式微波炉门等效电路

图 11-18　一种抗流槽式微波炉门

1. 炉门；2. 腔体壁

该防泄漏装置利用 1/4 波长传输线阻抗的变换特性，在电气上由传输线的两部分组成：第一部分为终端短路（在 *D* 点），根据阻抗变换原理至第二部分的另一端构成了实际上的短路点，即在抗流槽装置两个 1/4 波长的连接处（电气上的中点）（*B* 点），阻抗很高、电流很小。这种抗流装置与腔体是面接触，炉门板内面与腔体壁面接触的长度 l 越长，则微波的泄漏量越小。这种抗流装置的微波泄漏量还跟门与腔体间隙 g_1 有关系，g_1 越小，则微波泄漏量越小。

理论上，如果 g_1 足够小，抗流槽式炉门不仅能实现电气上的密封，基本上也能满足机械密封的要求，这时可以将泄漏量控制在 100μW/cm^2 以内。但是加工过程中钢板会产生应力，导致炉门密封面不平整，特别是在单件或者小批量生产中，不能完全实现机械加工，炉门密封面的平整度会更差，炉门和腔体壁之间的间隙就会增大，机械密封就会遭到破坏，不仅会增加热量的损失，还会有更多的微波能从门缝泄漏。为解决上述问题，研究人员设计了混合式防泄漏炉门。

如图 11-19 所示的混合式防泄漏炉门，可同时实现机械密封和电气密封。该炉门具有 3 层防泄漏结构：抗流槽机构、密封条及吸收钩片。密封条是由细钢丝网包裹橡胶而构成的柔性体，炉门锁死时既能反射微波也能更好地实现机械密封。吸收钩片由含有铁氧体的材料加工而成，用来吸收透过抗流槽和密封条的微量微波。混合式的 3 层防泄漏结构通过抗流、反射和吸收 3 种手段来抑制微波，有效防止微波泄漏的同时也能降低炉门对加工精度及加工工艺的要求，即便炉门因加工、使用等有一定的变形和缝隙，那么过量的微波泄漏也会被密封条和吸收钩片所抑制。

干燥机正常工作时炉门必须是锁死的，为了防止炉门开启或未锁死时微波源继续工作的现象，炉门设有触点开关，只有当炉门锁死后，压紧板压紧触点开关使其闭合，微波源才能工作。

11.3.6.6　防泄漏板的设计

微波源空载时由于反射功率过大可能会烧毁磁控管，而且空载时微波腔内容易发生击穿、打火，甚至烧毁磁控管，应该禁止空载。启动干燥机时应根据玉米的工位逐组启动磁控管，因此在腔体上开设视镜用于观察腔体内的工作状况十分重要。

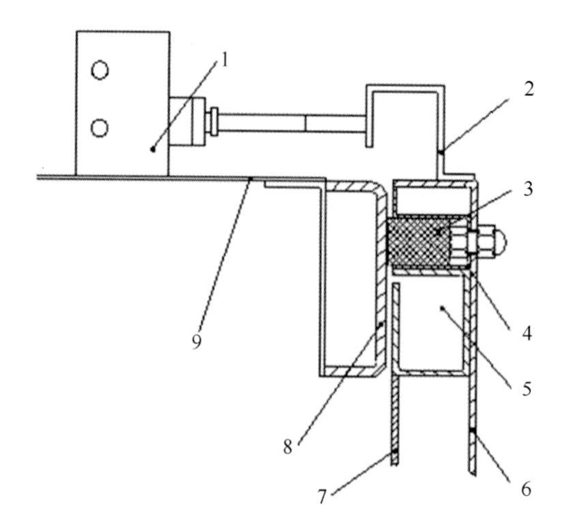

图 11-19　混合式防泄漏炉门

1. 触点开关；2. 压紧板；3. 密封条；4. 吸收钩片；5. 抗流槽；6. 门外侧板；7. 门内侧板；8. 门框；9. 腔体

微波可以完全透射视镜所用的玻璃而引起大量的微波泄漏。如图 11-20 所示，在视镜前面安装一个多元孔阵金属板作为防泄漏板，就可以在保证视野的前提下抑制微波泄漏。多元孔阵金属板的传输损耗值 T（dB）可由式（11-72）近似表示：

$$T = 20\lg\left(\frac{3ab\lambda_0}{2\pi d^3 \cos\theta_i}\right) + \frac{32\tau}{d} \tag{11-72}$$

式中，a、b 为在水平、竖直两个方向上的空间距，mm；d 为孔径，mm；θ_i 为入射角，(°)；τ 为材料厚度，mm；λ_0 为谐振波长。

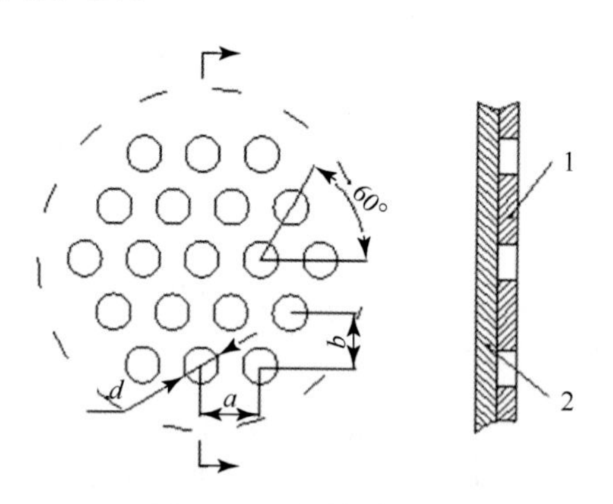

图 11-20　视镜结构图

1. 防泄漏板；2. 视镜玻璃

综合考虑视野和加工，设多元孔阵 60°交叉排列，a=6，d=3.5，τ=1，考虑入射的极限情况即 $\cos\theta_i$=1，则由式（11-72）可得 T=42dB。一般来讲，对于功率低于 10kW 的微波设备，当视镜多元孔阵传输损耗值为 50 时，距离视镜 5cm 处微波泄漏功率密度在 10μW/cm^2 数量级。该干燥机最大微波功率为 30kW，则距离视镜 5cm 处微波泄漏功率密度在 300μW/cm^2 左右，完全符合我国相关标准。

另外，虽然多元孔阵金属板可以有效抑制视镜的微波泄漏，但是也一定程度上影响了观察视野。

进风口和排潮口也采用多元孔阵金属板作为防泄漏板，见图 11-21，其开孔尺寸与视镜防泄漏板相同。

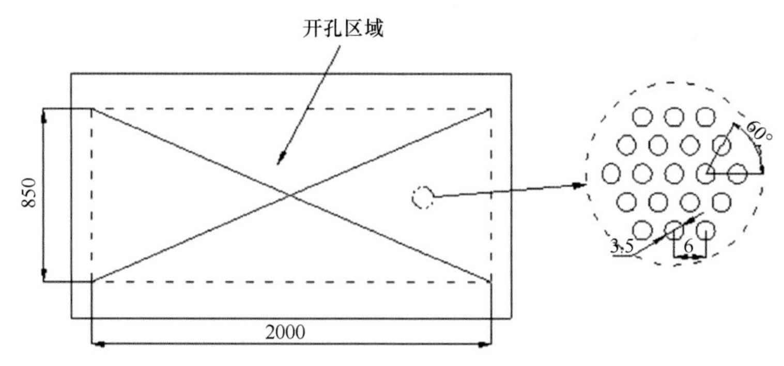

图 11-21　进风口和排潮口防泄漏板（单位：mm）

11.3.6.7　防泄漏性能测试

采用 MJW-1 型微波漏能检测仪（图 11-22），对该干燥机进行了微波泄漏检测。

图 11-22　MJW-1 型微波漏能检测仪

检测时在微波腔体内放置少量水负载，并开启全部的磁控管。检测结果显示，在离干燥机外壳 5cm 处的微波泄漏量均小于 5mW/cm^2，其中进料口处泄漏量最大，约 3mW/cm^2。当干燥机进行正常干燥作业时，负载的匹配性优于检测时放置的少量水负载，因此微波泄漏量将小于此次检测值，可见该干燥机的微波泄漏量完全符合国家相关标准。

11.4　干燥机的性能试验

本试验在吉林大学工程仿生教育部重点实验室的试验场地进行。为了考察干燥作业时不同的天然气用量和微波功率对玉米降水幅度的影响，首先进行正交多项式回归试验，并建立玉米降水幅度模型，参考该模型选择工作参数进行重复试验，对干燥机单位耗热量、干燥不均匀度、破碎率增加量、裂纹率增加量等指标进行检验，并与相关国家标准进行比较。

11.4.1　试验材料与设备

11.4.1.1　试验材料

玉米：农大 108，由吉林农业大学农场提供，收获后处于自然晾置状态，原始含水率为 24%～26%，容积密度为 695g/L。

试验期间，平均气温为−5℃，大气相对湿度为15%，原料玉米的温度为−5℃。

燃料：液化天然气，其燃烧热为35 579.7kJ/m^3。

11.4.1.2 试验设备

1. TM8188 谷物水分速测仪

该仪器应用高频电容的原理，不需要将试样进行粉碎等前期处理，按下测定键，并将试样放入测定容器中即可显示水分值。可以快速、准确地测量含水率在 6%～40%的玉米水分，并可多次测量自动计算其平均值，标准误差为±0.5%。

2. LZZ-25 型金属转子流量计

如图 11-23 所示，具体参数如下：量程为 0～10m^3/h；测量介质为天然气、煤气等；工作温度为−15～10℃；工作压力为 4MPa；管道口径为 25mm；精度等级为 1.5 级。

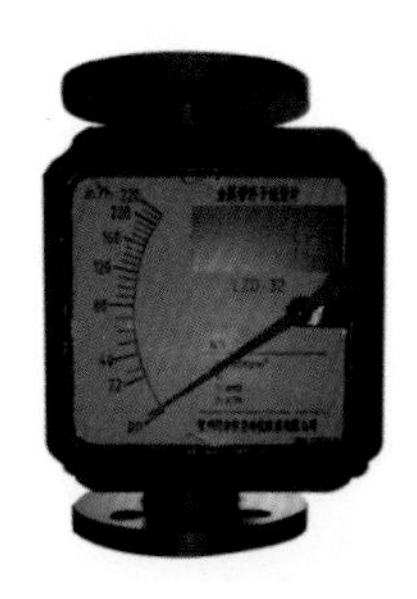

图 11-23 LZZ-25 型金属转子流量计

该仪器可用于测量天然气的用量，其工作原理为：由下而上的流体通过直立的测量管时，管内浮子会在压差的作用下上升，用浮子上升的高度来表示流量的大小。因此为了保证测量的准确性，流量计必须垂直于地面安装，其倾斜度不得超过 2°，并在流量计的进气端增加不少于 250mm（DN10）的直管段，出气端增加不少于 125mm（DN5）的直管段，见图 11-24。

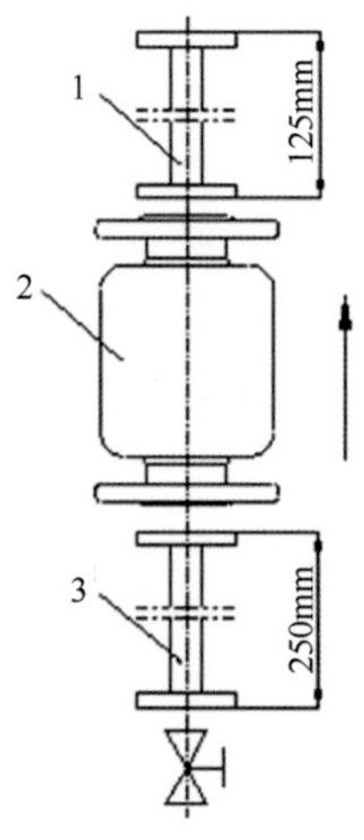

图 11-24 流量计安装图

1. 出气端直管段；2. 流量计；3. 进气端直管段

3. 其他主要的设备、仪器

除 5HTW-1 燃气直热与微波辅助联合干燥机外，还有 HQ-Y-150 型压力表、TES-1360A 普通温湿度计等。

11.4.2　工作参数正交多项式回归试验

11.4.2.1　试验目的

利用正交多项式回归分析，考察天然气用量和微波功率对玉米降水幅度 y 的影响，并建立降水幅度的回归模型。通过初步测量，原料玉米的初始含水率为 24%～26%，可在 500kg/h 的生产率下，一次性将其降至安全水分，故选定生产率为 500kg/h，即玉米铺料厚度为 3cm，输送带速度为 0.50m/min。

11.4.2.2　试验方案

试验以玉米降水幅度为指标。由于原料玉米的原始含水率有一定的不均匀度，故对每个试验点的初始含水率和干燥后的含水率均进行测量，求得该试验点的降水幅度，并重复 3 次。为了避免干燥不均匀度对试验结果产生影响，将产品玉米搅匀后再进行测量。每次测量均要在干燥机进入稳定状态后才能开始。改变工作参数后可通过观察控制柜上的 3 个干燥介质温度仪表和一个物料温度仪表来判断干燥机的工作状态，当仪表上显示的数值稳定不变时，就可以认为干燥机已经处于稳定状态。按二次关系进行回归设计，试验因素及水平见表 11-3。

表 11-3　玉米降水幅度试验因素水平表

水平	因素	
	z_1	z_2
	微波功率/kW	天然气用量/（m^3/h）
1	23.8	6
2	26.6	8
3	29.4	10

进行全面试验，试验方案见表 11-4。

表 11-4　玉米降水幅度试验方案表

试验序号	z_1	z_2
	微波功率/kW	天然气用量/（m^3/h）
1	1（23.8）	1（6）
2	1	2（8）
3	1	3（10）
4	2（26.6）	1
5	2	2
6	2	3
7	3（29.4）	1
8	3	2
9	3	3

11.4.2.3 试验结果及分析

考虑 z_1、z_2 间的交互作用，则 y 对 z_1、z_2 的正交多项式回归方程为

$$\hat{y}=b_0+b_{11}X_1(z_1)+b_{21}X_2(z_1)+b_{12}X_1(z_2)+b_{22}X_2(z_2)+b_{12}X_1(z_1)X_1(z_2) \tag{11-73}$$

式中

$$\begin{cases} X_1(z_1)=\psi_1(z_1)=\dfrac{z_1-\bar{z}_1}{\varDelta_1}=\dfrac{1}{2.8}(z_1-26.6) \\ X_2(z_1)=3\psi_2(z_1)=3\left[\left(\dfrac{z_1-\bar{z}_1}{\varDelta_1}\right)^2-\dfrac{N^2-1}{12}\right]=\dfrac{3}{7.84}(z_1-26.6)^2-2 \\ X_1(z_2)=\psi_1(z_2)=\dfrac{z_2-\bar{z}_2}{\varDelta_2}=\dfrac{1}{2}(z_2-8) \\ X_2(z_2)=3\psi_2(z_2)=3\left[\left(\dfrac{z_2-\bar{z}_2}{\varDelta_2}\right)^2-\dfrac{N^2-1}{12}\right]=\dfrac{3}{4}(z_2-8)^2-2 \end{cases} \tag{11-74}$$

式（11-73）中各回归系数计算及其显著性检验可在计算格式表中进行。设计计算格式表的过程实际上就是构造方程（11-73）的结构矩阵的过程。具体设计时，常数项 b_0 的正交多项式为 ψ_0=1，应放在第 1 列，$X_1(z_1)$、$X_2(z_1)$、$X_1(z_2)$和 $X_2(z_2)$按 N=3 时的单元情形查正交多项式表，再将其排入相应的列中，$X_1(z_1)X_1(z_2)$为 $X_1(z_1)$列与 $X_1(z_2)$列的对应值之乘积。试验结果及计算格式表见表 11-5。

表 11-5 玉米降水幅度试验结果及计算格式表

试验序号	z_1/kW	z_2/（m³/h）	ψ_0	$X_1(z_1)$	$X_2(z_1)$	$X_1(z_2)$	$X_2(z_2)$	$X_1(z_1)X_1(z_2)$	y/%	y^2
1	23.8	6	1	−1	1	−1	1	1	7.9	62.4
2	23.8	8	1	−1	1	0	−2	0	10.0	100.0
3	23.8	10	1	−1	1	1	1	−1	11.6	134.6
4	26.6	6	1	0	−2	−1	1	0	8.2	67.2
5	26.6	8	1	0	−2	0	−2	0	10.3	106.1
6	26.6	10	1	0	−2	1	1	0	11.8	139.2
7	29.4	6	1	1	1	−1	1	−1	8.3	68.9
8	29.4	8	1	1	1	0	−2	0	10.4	108.2
9	29.4	10	1	1	1	1	1	1	11.9	141.6
	D_j		9	6	18	6	18	4	90.4	928.2
	B_j		90.4	1.1	−0.5	10.9	−1.7	−0.1		
	b_j		10.04	0.18	−0.03	1.82	−0.09	−0.03		
	S_j			0.20	0.01	19.80	0.16	0.003		
	F_j			22.0		216.02	17.52			
	a_j			0.05		0.01	0.05			

为了估计试验误差，检验失拟，将第 5 号试验再进行 3 次重复试验，试验结果见表 11-6。

表 11-6　重复试验结果

试验序号	z_1/kW	z_2/（m^3/h）	y/%
1	26.6	8	10.3
2	26.6	8	10.1
3	26.6	8	10.2
4	26.6	8	10.3

由此可计算出误差偏差平方和

$$S_e=\sum_{i_0=1}^{4}y_{i_0}^2-\frac{1}{4}\left(\sum_{i_0=1}^{4}y_{i_0}\right)^2=0.0275$$

$$f_e=3$$

回归系数及显著性检验结果见表 11-6，剔除不显著项后，则有

$$S_{回}=S_{X_1(z_1)}+S_{X_1(z_2)}+S_{X_2(z_2)}=20.16$$

$$f_{回}=5$$

$$S=\sum_{i=1}^{9}y_j^2-\frac{1}{9}\left(\sum_{i=1}^{9}y_j\right)^2=20.18$$

$$f=8$$

$$S_R=S-S_{回}=0.02$$

$$f_R=3$$

于是

$$F_{回}=\frac{S_{回}/f_{回}}{S_R/f_R}=604.8>F_{0.01}(3,5)=12.06$$

由于

$$\hat{y}_0=b_0+b_{11}X_1(z_1)+b_{12}X_1(z_2)+b_{22}X_2(z_2)=10.233$$

$$\bar{y}_0=\frac{\sum_{i_0=1}^{4}y_{i_0}}{4}=10.225$$

对回归方程进行失拟检验，则有

$$F_{lf}=\frac{(\hat{y}_0-\bar{y}_0)^2}{S_e/f_e}=0.00698<1$$

可见回归方程

$$\hat{y}=10.04+0.183X_1(z_1)+1.817X_1(z_2)-0.094X_2(z_2) \tag{11-75}$$

拟合得很好，方程的显著水平为 0.01，置信度为 99%。

将式（11-74）代入式（11-75），整理后得

$$\hat{y}=0.065z_1-0.071z_2^2+2.04z_2-3.29 \tag{11-76}$$

用实际变量将式（11-76）中的 z_j 进行替换得

$$M = 0.065P - 0.071V^2 + 2.04V - 3.29 \tag{11-77}$$

式中，M 为干燥降水幅度，%；P 为微波功率，kW；V 为天然气用量，m^3/h。

式（11-77）即为干燥降水幅度的模型，其三维曲面图见图 11-25，该模型反映了干燥降水幅度与微波功率和天然气用量之间的关系。但是由于玉米干燥末期，特别是含水率降至安全水分以后，干燥耗热就会明显提高，因此当产品玉米含水率较低时，该回归模型会严重失真，不再适用。

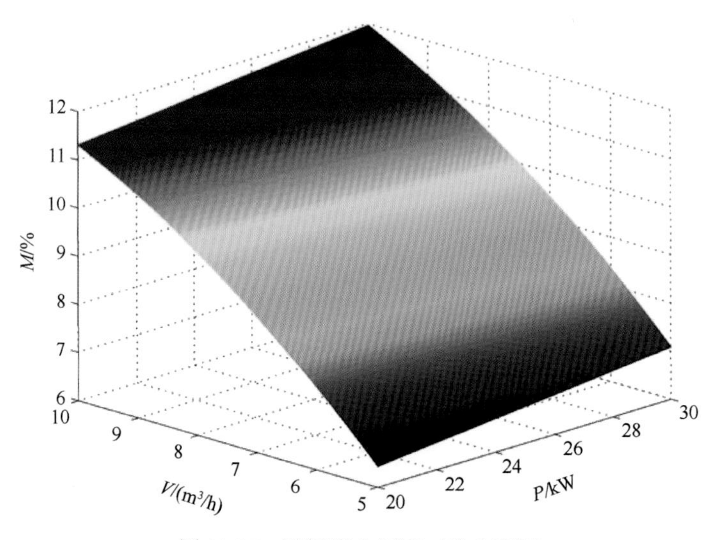

图 11-25　干燥降水幅度三维曲面图

11.4.3　干燥机的性能检测试验

11.4.3.1　试验目的

通过已经建立的回归模型，选择合理的工作参数，将原料玉米降至安全水分，检验此时产品玉米的含水率、干燥不均匀度、破碎率增加量、裂纹率增加量、单位耗热量，并与相关国家标准进行对比，综合评价该干燥机的性能。

11.4.3.2　试验方法

干燥不均匀度为产品玉米的横断面上最大含水率与最小含水率之间的差值。测量时在每个横断面上取 5 个测量点，其平均值为该处的降水幅度。最大值和最小值的差值为干燥不均匀度。

破碎率增加量是干燥前后玉米破碎率的差值。测定方法为：干燥前后分别取 100 粒样品，观察每个籽粒并数出破碎粒数目，其所占的比例就是破碎率。

裂纹率增加量是干燥前后玉米裂纹率的差值。测定方法为：取 100 粒样品，观察每个籽粒并数出裂纹粒数目，其所占的比例就是裂纹率。

11.4.3.3　试验参数的选择

原料玉米的含水率在 24%～26%，生产率为 500kg/h，干燥降水幅度按 10.5%计算，

由式（11-77）可得

$$0.065P - 0.071V^2 + 2.04V - 13.79 = 0 \tag{11-78}$$

此时微波功率 P 和天然气用量 V 的关系见图 11-26。

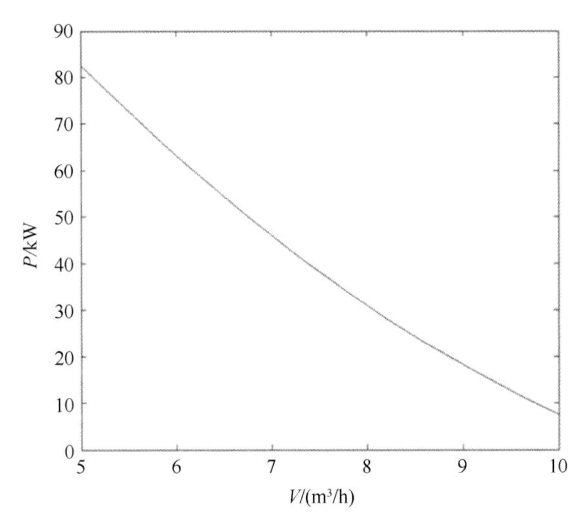

图 11-26 干燥降水幅度为 10.5%时微波功率和天然气用量关系图

原料玉米的含水率按 25%计，则干燥的单位耗热量 γ（kJ/kg）为

$$\gamma = \frac{3600P + 35\,579.7V}{M_\mathrm{w} + M_1} \tag{11-79}$$

联立式（11-77）～式（11-79）得

$$\gamma = 64.04V^2 - 1260.7V + 12\,439 \tag{11-80}$$

由式（11-80）可得单位耗热量 γ 与天然气用量 V 的关系，见图 11-27，当 V=9.84m^3/h 时，单位耗热量最低，由式（11-78）相应可得 P=9.09kW，因为微波功率的取值受到单个磁控管功率的限制，故取 P=9.1kW（13 个磁控管的功率），此时 V=9.84m^3/h。

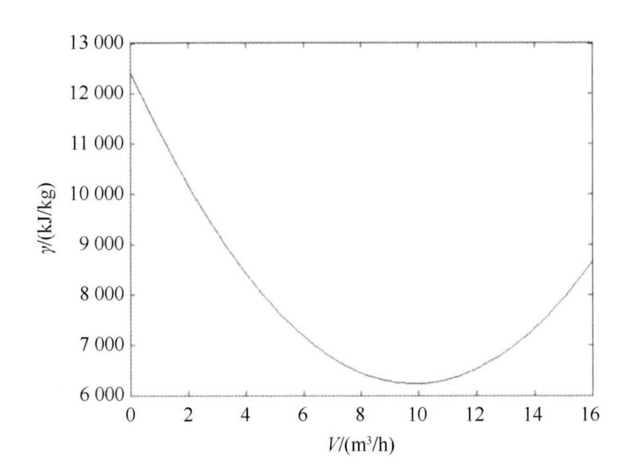

图 11-27 单位耗热量 γ 与天然气用量 V 的关系图

11.4.3.4 试验结果及分析

在生产率为500kg/h的工况下，按照所选的工作参数 P=9.1kW、V=9.84m^3/h 进行3次重复试验，试验结果见表11-7，各项指标均能达到国家标准的要求。干燥降水幅度为10.43%±0.32%，原料玉米的含水率接近安全水分，干燥不均匀度为0.43%±0.21%，破碎率增加量为0.33%±0.58%，裂纹率增加量为16.67%±1.53%，单位耗热量为6278.48kJ/kg±101.64kJ/kg，与国标值相比降低了6.3%左右。国标中计算粮食干燥机单位耗热量的环境条件是：环境温度20℃，相对湿度70%，潮粮进机前温度为20℃。该干燥机的干燥试验环境温度和原料玉米的温度均为−5℃，均低于国标中的环境条件，若在国标中规定的环境条件下进行测试，该干燥机的单位耗热量还会进一步降低。

表11-7 干燥机性能试验结果

试验序号	原料玉米含水率/%	干燥降水幅度/%	干燥不均匀度/%	破碎率增加量/%	裂纹率增加量/%	单位耗热量/（kJ/kg）
1	24.5	10.4	0.2	1	15	6324.62
2	24.9	10.3	0.5	0	17	6348.86
3	25.3	10.6	0.6	0	18	6161.95
平均值	24.9	10.43	0.43	0.33	16.67	6278.48
标准偏差		0.32	0.21	0.58	1.53	101.64
国标值（GB/T 21015—2007）			3.0	1		6700.0

主要参考文献

[1] 闫汉书. 粮食干燥技术现状与发展思路探讨. 粮食储藏, 2007, (6): 29-32.

[2] 李军富. 我国谷物干燥机械的发展现状及对策. 农机化研究, 2006, (9): 44-46.

[3] 朱文学, 张仲欣, 钟莉娟. 谷物干燥工艺、设备现状及入世后的应对措施. 干燥技术与设备, 2005, 3(1): 3-8.

[4] 曹崇文, 汪喜波. 我国粮食干燥的现状及发展前景. 农机科技推广, 2001, (1): 14-15.

[5] 夏吉庆, 韩豹, 周德春. 我国大型连续式谷物干燥机现状及发展趋势. 现代化农业, 2003, (9): 37-38.

[6] 史勇春, 柴本银. 中国干燥技术现状及发展趋势. 干燥技术与设备, 2006, 4(3): 122-130.

[7] 曹崇文, 何金榜. 国外谷物干燥设备的发展趋势. 现代化农业, 2002, (1): 40-43.

[8] 于秀荣. 微波干燥玉米的研究. 郑州粮食学院学报, 1998, 19(2): 50-52.

[9] 朱德泉, 王继先, 朱德文. 玉米微波干燥特性及其对品质的影响. 农业机械学报, 2006, 37(2): 72-75.

[10] 王永周, 陈美, 邓维用. 我国微波干燥技术应用研究进展. 干燥技术与设备, 2008, 2(5): 219-224.

[11] 朱德泉, 周杰敏, 王继先, 等. 玉米微波干燥特性及工艺参数的研究. 包装与食品机械, 2005, 23(3): 5-9.

[12] 桂江生, 应义斌. 微波干燥技术及其应用研究. 农机化研究, 2003, (4): 153-154.

[13] 贾洪雷, 徐艳阳, 刘春喜, 等. 一种提高玉米脱水效率的联合干燥方法: 中国, ZL 201010153889.9. 2012-08-29.

[14] 徐艳阳, 蔡森森, 吴海成. 玉米热风与微波联合干燥特性. 吉林大学学报(工学版), 2014, 43(2): 579-584.

[15] 徐艳阳, 蔡森森, 吴海成. 玉米热风与微波联合干燥品质的研究. 食品研究与开发, 2012, 33(9): 18-20.
[16] 李冠南. 燃气直热—微波辅助玉米干燥机的设计与试验. 长春: 吉林大学硕士学位论文, 2011.
[17] 贾洪雷, 刘春喜, 徐艳阳, 等. 微波辅助加热组合带式干燥机: 中国, ZL 201010161154.0. 2012-05-23.
[18] 中国农业机械化科学研究院. 农业机械设计手册(上下册). 北京: 中国农业科学技术出版社, 2007.
[19] 中国有色工程设计研究总院. 机械设计手册. 3 卷. 北京: 化学工业出版社, 2008.

第 12 章　播种、施肥、耕深监控系统

从世界农业机械的发展来看，适合大面积农田作业的生产率较高的大型农业装备成为农机发展的方向。加上信息技术的进步，为精准农业研究创造了良好条件。

本书第 8 章已就变量喷药进行了论述，第 4 章就液压马达为执行机构的变量施肥系统做了介绍，此处不再重复。本章将围绕其他常用的精密播种监测系统、变量施肥系统及耕深监控系统等展开论述。

12.1　播种机工作状态监测系统

分析播种机排种机构故障导致的漏播情况，原因包括以下几点：排种轮停转或排种轮转速远低于理论转速、种箱排空、开沟器堵塞等[1]。本节从排种机构故障部位诊断入手，设计排种机构故障监测系统，为排种机构故障排除提供技术支持。

《单粒（精密）播种机试验方法》（GB/T 6973—2005）（以下简称《试验方法》）不仅为检验精密播种机的各项性能提供了检验方法，而且可作为精密播种机工作状况实时监测系统研究与设计的理论依据。参照该《试验方法》通过划分区间的方法，对数据进行处理，具体方法是指以 $0.5X_r$（X_r 为系统设计的理论粒距）划分区间，并绘制各区间的频率表。频率直方图以 X_r 为横坐标，相对频率 $F_i=n_i/N$ 为纵坐标，其中 N 为测试试验中种子的总数，n_i 为各区间出现种子的频率[2]。

将整个粒距样本区间划分如下：$(0, 0.5X_r]$；$(0.5X_r, 1.5X_r]$；$(1.5X_r, 2.5X_r]$；$(2.5X_r, 3.5X_r]$；$(3.5X_r, +\infty)$

如果

$$n_1' = \sum_{i=1}^{m} n_i \left\{ X_i \in (0, 0.5] \right\}$$

$$n_2' = \sum_{i=1}^{m} n_i \left\{ X_i \in (0.5, 1.5] \right\}$$

$$n_3' = \sum_{i=1}^{m} n_i \left\{ X_i \in (1.5, 2.5] \right\}$$

$$n_4' = \sum_{i=1}^{m} n_i \left\{ X_i \in (2.5, 3.5] \right\}$$

$$n_5' = \sum_{i=1}^{m} n_i \left\{ X_i \in (3.5, +\infty) \right\}$$

则

$$N = n_1' + n_2' + n_3' + n_4' + n_5' \tag{12-1}$$

根据《试验方法》规定，测得的粒距若在区间（$0.5X_r$, $1.5X_r$]内，为合格粒距；若在区间（0, $0.5X_r$]内，则为重播；若大于 $1.5X_r$，则为漏播。

确立以下等式

区间数　$N' = n_2' + 2n_3' + 3n_4' + 4n_5'$　（12-2）

重播数　$n_2 = n_1'$　（12-3）

重播指数　$D = \frac{n_2}{N'} \times 100\%$　（12-4）

合格数　$n_1 = N - 2n_2$　（12-5）

合格指数　$A = \frac{n_1}{N'} \times 100\%$　（12-6）

漏播数　$n_0 = n_3' + 2n_4' + 3n_5'$　（12-7）

漏播指数　$M = \frac{n_0}{N'} \times 100\%$　（12-8）

平均合格粒距 $\overline{X} = \frac{\sum_{i=1}^{m} n_i x_i}{n_2}$　（12-9）

式中，$X_i \in (0.5, 1.5]$。

播种机播种量是指播种机在单位播种长度或单位播种面积播入的种子数量和质量，单粒精密播种，测定排种量和播种量仅指种子的数量。

$$Q = \frac{w}{\gamma D \pi B} \times \delta \left(\mathrm{kg/m^2} \right) \tag{12-10}$$

其中

$$w = \frac{\gamma H Q_L \pi \rho}{10^3} \tag{12-11}$$

则播种量可换算为每公顷 Q_{ha}=10 000Q（$\mathrm{kg/hm^2}$）。

式中，γ 为地轮转动的圈数；H 为播种机的播种行数；w 为监测段的播种种子质量，kg；D 为地轮的直径，m；B 为播种机的全幅宽，m；δ 为播种机工作时滑移率的指数，0.95；Q_L 为每米行间落种数，粒/m；ρ 为种子的密度，$\mathrm{kg/m^3}$；Q 为每平方米的播种量，$\mathrm{kg/m^2}$。

作业时总播量　$G = \frac{vtw}{\gamma D \pi} = vtHQ_L\rho$　（12-12）

作业时播种的总面积　$S = rD\pi B$　（12-13）

12.1.1　系统工作原理及工作过程

精密播种机的性能指标主要有株（粒）距合格率、播深稳定性、种子破损率等[3]。根据上述播种机的主要性能指标，确定所研制的排种监测系统的功能如下。

1）排种故障监测：播种机排种的主要故障形式有漏播、堵塞、重播及种箱空等。

当播种过程中出现故障时，系统就应判断出故障形式及故障所在位置，并采取相应的措施。

2）播种参数监测：主要监测的播种参数包括株（粒）距合格数、漏播数、总播数、作业面积、行进速度等。

3）速度采集：主要采集播种机在作业时的行进速度。

4）声光报警：播种机在播种过程中出现故障时，就会发出声光警报，提醒驾驶员。声光报警还可以指示出现故障的具体位置。

5）人机交互：人机交互界面的设计，可实现操作手与系统之间的信息交换，以便掌握播种情况及控制精密播种，主要包括输入设备和输出设备。

12.1.1.1　排种故障监测

精密播种机工作状况实时监测系统的主要任务是及时判断出故障形式和故障发生的位置[4, 5]。根据《试验方法》和前文所述方法对株距区间的划分，当实际株距小于 $0.5X_r$ 时，为重播故障；当实际株距大于 $1.5X_r$ 时，为漏播故障；若安装在开沟器处的传感器连续长时间有信号产生，即为堵塞故障；若种箱处的传感器一直有种箱空信号，则为种箱空故障。对漏播和重播的判别，主要是根据播种机的作业速度和理论株距对所计算出的漏播与重播所对应的播种时间差及实际落种的时间差进行比较，监测原理图见图 12-1。

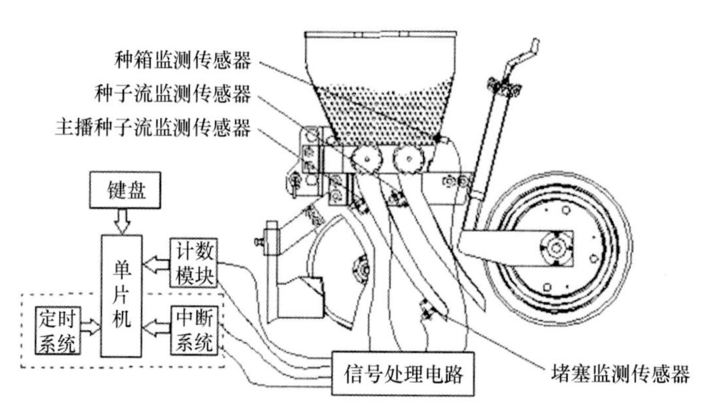

图 12-1　监测原理图

精密播种机在播种作业过程时，排种轴带动外槽轮旋转，种子依靠重力充满槽轮的窝眼，被槽轮带着一起旋转，落入排种管，并在下落的过程中经过种子流监测传感器和堵塞监测传感器。

种子间断有序地经过种子流监测传感器时，种子流监测传感器会产生 12V 的电脉冲信号，电脉冲信号经过调理电路后转化为逻辑集成电路（TTL）信号传送至计数芯片进行计数累加。定时器的时间设定为漏播的界定时间。若定时结束后，定时器没有被重装初始值，则产生溢出中断，判别为发生漏播，并累计漏播一次，连续发生三次漏播时，进行声光报警；当时间差介于界定的重播时间和定时器初始值之间时，则判别为正常播种，并累计合格播种一次。

种子在落向开沟器时，堵塞监测传感器也会产生电脉冲信号，若发生堵塞情况，堵塞监测传感器就会一直产生 12V 的电压信号，经信号电路处理后传送至单片机系统中，同时调用堵塞子程序，进行声光报警。

种箱中种子料位在种箱监测传感器所在的安全线之上时，种箱监测传感器持续产生电压信号；当种箱中种子料位在种箱监测传感器所在的安全线之下时，此时种箱监测传感器不产生电压信号，调用空种子程序，进行声光报警。

实时监测系统，播种机每一行都安装有种子流监测传感器和堵塞监测传感器。监测系统在播种故障发生后判别出故障形式和故障发生的位置。系统将故障信息提供给驾驶员，方便其及时排查故障，减少因漏播或堵塞所带来的经济损失。

12.1.1.2 排种器驱动

在播种作业过程中，播种机排种器的转动多是依靠地轮的驱动来实现的。在保护性耕作模式下，地面覆盖大量秸秆，导致地轮附着力降低。地轮上还有一套提供排种和施肥动力的传动装置，导致地轮负载较大。上述因素可导致在播种作业中出现地轮打滑或不转的情况，均会影响播种质量。

与本系统配套的精密播种机排种器由直流电机直接驱动，而不是地轮带动，直流电机由监测系统所产生的驱动脉冲控制。在播种过程中，在拖拉机后驱动轮安装测速传感器，以获取播种作业的行进速度，用于控制电机的转速，达到播种均匀性的要求。

排种器转速计算公式为

$$n = 2\pi \times \frac{v_{\mathrm{m}}}{R} \times i \tag{12-14}$$

式中，n 为排种器转速，r/min；v_{m} 为拖拉机的行进速度，m/s；R 为拖拉机后驱动轮的半径，m；i 为排种轮与拖拉机后驱动轮的转速比，可根据设置的株距自行调节。

12.1.2 系统的硬件设计

精密播种机工作状况实时监测系统的硬件是整个系统中重要的一部分，硬件系统组成见图 12-2，主要包括：信息采集（包含播种工况监测传感器模块和转速监测模块）、输入、单片机控制系统、电机驱动、报警、显示、自动补偿等模块。以上模块主要用以完成数据采集、数据分析处理运算和信号输出控制等功能。

信息采集模块中的传感器主要包括种箱、种子流、堵塞和转速等各监测传感器，主要用于采集播种状况及转速状况等信息，并对信号进行调理工作。输入模块由 4×4 矩阵键盘组成，用于完成菜单选择、输入株距参数信息的工作。单片机控制系统模块是精密播种机工作状况实时监测系统的核心部分，主要作用是对采集到的信号进行运算处理，根据处理的结果做出决策，并输出控制信号。报警模块可在播种故障发生时，用于把单片机输出的信号转化成声音信息并在液晶屏幕上显示故障位置和故障形式，提醒操作员采取相应的补救措施。显示模块主要是用于显示播种状况和故障信息，如合格数、漏播数、总播种量、合格率、漏播率、播种面积、株距等信息。

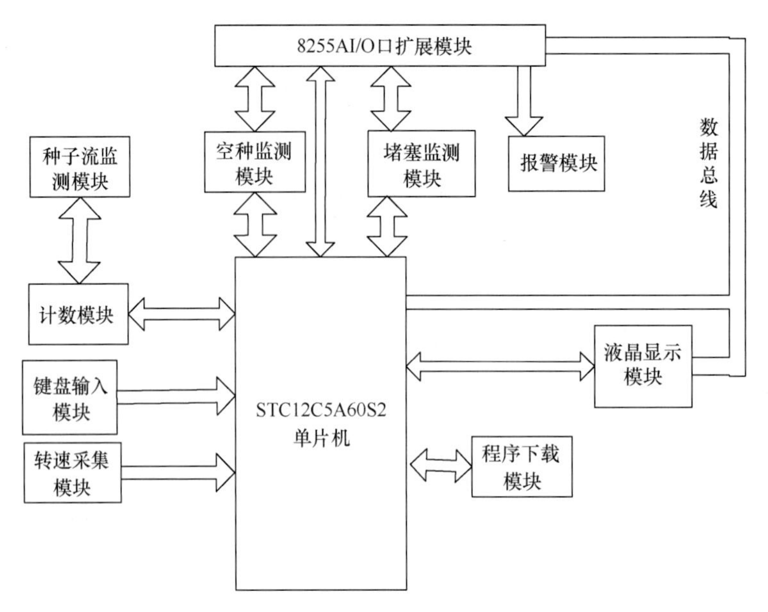

图 12-2　硬件系统组成图

12.1.2.1　信息采集模块

该系统以电容式接近传感器为检测元件。电容式接近传感器是把被测量的变化转换为电容量变化的一种传感器[6]。以下具体介绍电容式接近传感器。

该传感器是以电极的静电感应方式来检测物体的。当被测物体靠近它的电极时，在高频振荡电路的作用下，被施加电压的电极产生电场，被测物体就会受到静电感应的作用发生极化现象。电容式接近传感器的电极与被测物体构成一个电容器并接在振荡回路内，参与振荡回路的工作。

电容式接近传感器的特性有以下 5 点。

1）可用无接触的方式来检测任何物体，而不会磨损和损伤被检物体。

2）与光检测方式相比，不受光线的影响，对环境洁净程度要求不高，抗尘性能好。

3）与接触式检测相比，可以实现高速响应。

4）能适用的温度范围广，有些电容式接近传感器能在−40～200℃的环境下使用。

5）不管被检测物体的颜色、表面形态如何，透明与否，都可以被可靠地检测到。

精密播种机工作状况实时监测系统所选用的是德国 MaCHer 公司生产的电容式接近传感器，型号是 TAP-30D40N1-D3，外形结构见图 12-3 和图 12-4。该电容式接近传感器直径为 30mm，检测距离为 0～30mm，其具体参数见表 12-1。

图 12-3　TAP-30D40N1-D3 传感器

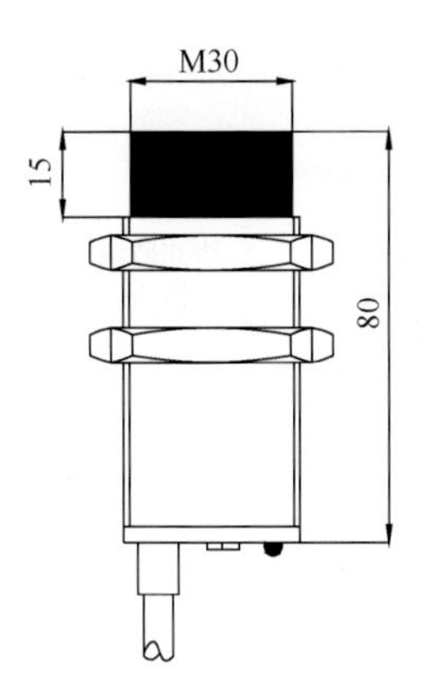

图 12-4　TAP-30D40N1-D3 传感器结构尺寸

表 12-1　TAP-30D40N1-D3 传感器性能参数

性能	参数
工作电压	10～30V
连波	<10%
无负载电流	<10mA
最大负载电流	300mA
漏电流	<0.01mA
电压降	<2VDC
开关频率	100Hz
响应时间	1.5ms
防护等级	IP67
工作温度	−2～+70℃
短路保护	是
过载保护	350mA
感应面材质	POM
Led 显示	是

传感器能否准确检测到播种作业的实时状况，很大程度上决定了精密播种机工作状况实时监测系统的可靠性。如若传感器设计不合理，系统就无法正常工作，导致不能实现预定功能。精密播种机工作状况实时监测系统主要用以检测排种箱是否空种、排种管种子流和开沟器是否堵塞等状况。如图 12-5 所示，传感器主要安装在种箱底部、输种管和开沟器等处。

该监测系统与 2BH-3 行间精密播种机配套使用，有 3 个播种行，每个播种行安装种子流、补种和堵塞等监测传感器各一个（每行为独立种箱）。整个系统共需要安装 12 个传感器，选用 TAP-30D40N1-D3 传感器。传感器靠拖拉机自带 12V 电瓶直接供电。由于 TAP-30D40N1-D3 传感器所产生的电压值与供电电压值是相同的，因此，需要对传感器所输出的电压信号进行处理，电路图见图 12-6。

图 12-5　传感器安装

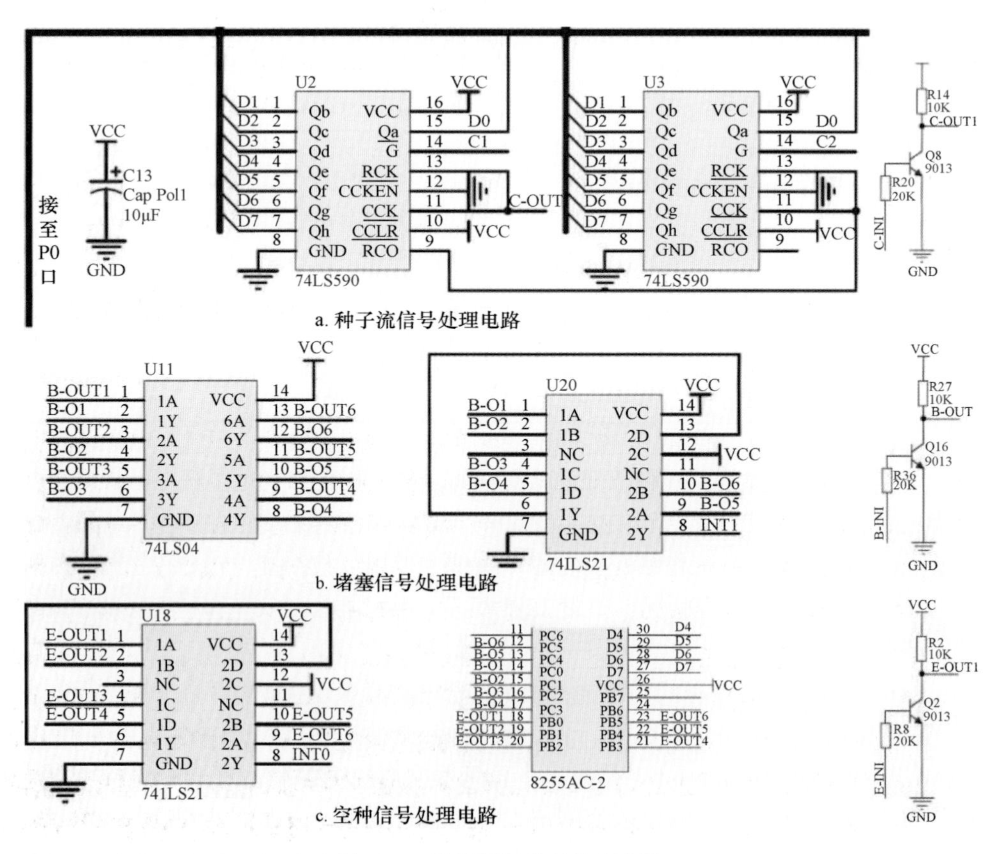

图 12-6　播种状况信号处理电路

TAP-30D40N1-D3 传感器输出的 12V 电压信号通过 9013 三极管转化为单片机可以接收的电压信号。空种监测传感器和堵塞监测传感器所输出的经 9013 三极管转化的电压信号接至各自的 4 输入端与门正逻辑 741LS21 芯片引脚。经与门处理后，空种电压信号再输送至单片机 INT0 中断引脚，堵塞电压信号接至 INT1 引脚。种子流监测传感器所输出的经 9013 三极管转化的电压信号接至计数器 74LS590 芯片进行计数。系统实现播种量计数的方法是将经 9013 三极管转化的种子流脉冲信号传送至 74LS590 计数芯片中。

12.1.2.2　行进速度监测模块

霍尔轮速传感器测量精密播种机转速的结构见图 12-7。霍尔轮速传感器安装在拖拉机后轮支架上，用于检测拖拉机后车轮的转速[7]。为了确保传感器能够准确捕捉到拖拉机后轮的运动状态，在传感器探测头前端的后轮毂上贴有磁钢。通过测量拖拉机后轮转速获得播种机行走速度。在测量转速时，传感器的感应探头在其检测范围内穿过贴有磁钢的前端，磁钢引起磁场强度的变化，变化的磁力线穿过感应探头时，产生霍尔电势。拖拉机后轮旋转一周，传感器发出的脉冲信号值等同于拖拉机后轮贴有磁钢的脉冲信号数，所输出脉冲数与拖拉机后轮转速成正比。通过其在单位时间内测得的脉冲数，即可换算出后轮的转速，进而获得播种机的行走速度。

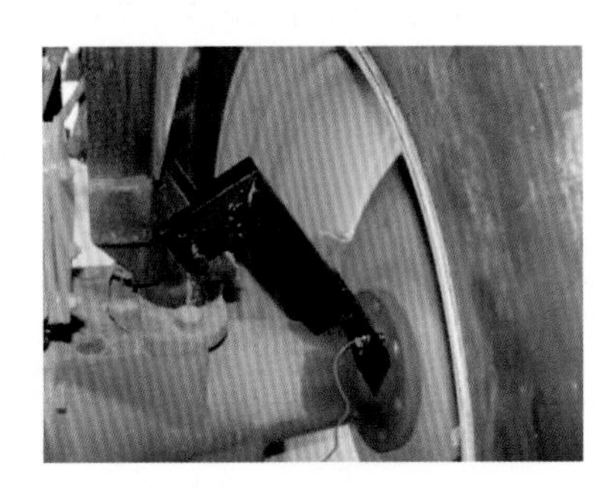

图 12-7　霍尔轮速传感器测速结构

12.1.2.3　故障报警模块

精密播种机在作业过程中，若某一行或者某几行出现播种异常现象时，显示器上会显示出故障发生的位置及故障形式，蜂鸣器发出短暂性鸣叫，提示播种故障的出现。若出现补种系统无法解决的情况，蜂鸣器持续发出报警声音，则驾驶员停车并检查修理故障位置，防止在播种过程中出现大量的断条现象。若种箱内无种，控制台上的指示灯将变为常亮状态，蜂鸣器发出报警声，提示驾驶员种箱无种，在发出报警声的同时，电机停止运行。报警系统包括显示报警和声音报警两部分。显示报警部分在显示系统中叙述。

精密播种机的各个播种行共用一套报警装置，其作用是在各行正常作业时，蜂鸣器不发出报警声音；在某一行或者某几行出现播种故障时，如漏播、堵塞和种箱无种的情况下，除在显示器显示播种故障形式和位置外，报警装置同时发出警报声音。报警装置的电路见图 12-8，SP 接至 8255 芯片 A 口 PA7 端。设高电平信号为 1，低电平信号为 0。当输种管正常落种时，开沟器和输种管处监测传感器采集到规则的间歇性信号，且种箱处监测传感器持续输出信号 1，则 PA7 端输出信号 0，蜂鸣器不发出警报声。若出现开沟器堵塞，开沟器处监测传感器持续输出信号 1；或种箱出现无种，种箱处监测传感器持续输出信号 0；或输种管超出规定时间 *T* 无种落下，输种管处监测传感器在 *T* 时间输出信号 0；在出现上述 3 种情况之一或多种情况同时发生时，则 PA7 端输出高电平，信号为 1，蜂鸣器发出报警声音，提示驾驶员。监测传感器信号与报警装置报警逻辑关系见表 12-2。

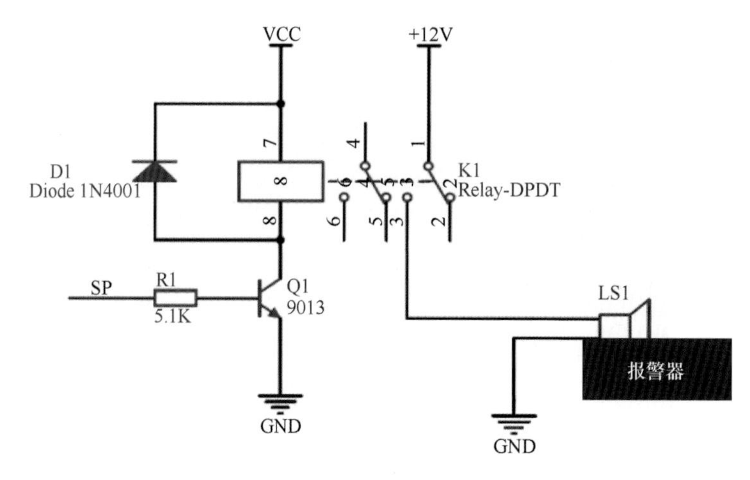

图 12-8　报警装置电路图

表 12-2　报警逻辑表

位置	*T* 时间内传感器信号	条件	报警器信号	蜂鸣器
输种管	规则脉冲信号 0101			
开沟器	规则脉冲信号 0101	三者同时出现	1	不鸣叫
种箱	1			
输种管	0			
开沟器	1	三者出现一种或几种同时出现	0	鸣叫
种箱	0			

12.1.3　监测软件设计

精密播种机工作状况实时监测系统软件部分的功能主要包含：对拖拉机行进速度的处理计算；对播种机漏播、堵塞、种箱空的识别判断，并需要识别出哪个播种单体出现异常情况；当某个单体出现异常时，控制程序驱动显示模块进行显示出现异常的播种单体号及异常类型，并驱动报警系统发出声光报警；根据采集的速度信息计算处理播种作业面积；根据播种量公式计算所需要的排种轴电机转速；识别键盘模块输入的信息；控制显示模块进行播种机工作状况的实时显示。系统软件功能结构框图见图 12-9。

控制器资源的分配：定时器 0 用于统计速度脉冲的个数，定时器 1 用于产生 10ms 的系统基准时间，外部中断 0 用于响应种箱空的中断，外部中断 1 用于启动检测开沟器是否堵塞的定时器，驱动排种轴转动的驱动脉冲由 STC12C5A60S2 单片机的可编程计数器阵列（programmable counter array，PCA）产生。

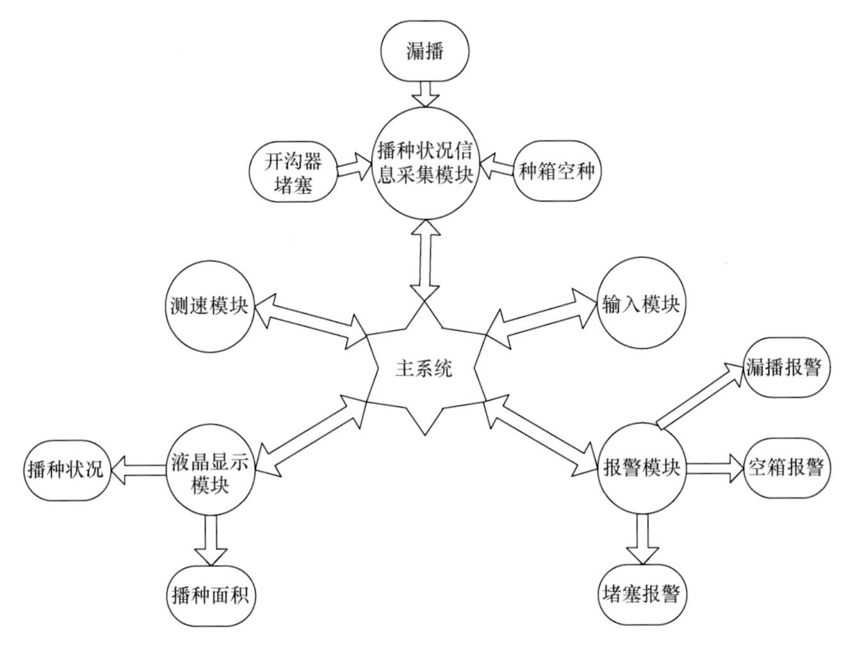

图 12-9　系统软件功能结构框图

12.1.3.1　监测系统主程序

监测系统主程序是精密播种机工作状况实时监测系统程序的核心部分，可完成控测系统中各个模块的初始化，对监测系统的各种情况进行实时监测，做出相应的响应，跳转各个子程序的入口，实现整个系统功能。主程序的任务是识别按键、解析命令，并获得处理各个子程序的入口地址，调用功能子程序。

系统主程序流程图见图 12-10。系统启动后，首先定义全局变量及临时变量；然后对它们进行初始化，随后设置定时器 0 工作于计数方式；定时器 1 工作于定时方式；并分别设置定时器/计数器的初值。完成定时器的设置后设置中断，根据系统功能及硬件的需要，设置外部中断 0 为下降沿触发方式，外部中断 1 为低电平触发方式。由于系统中使用并口扩展芯片 8255A 进行端口资源的扩展，故在其工作之前也需要进行初始化。设置 PA 口为输出口，PB 口、PC 口为输入口，且都工作于模式 0。系统初始化的最后一部分是设置显示模块的工作方式，完成显示模块的初始化。

系统初始化完成后，进入工作状态，首先显示“开机画面”，显示系统的名称与制作单位的信息。此时，等待用户按下任意键。用户按下任意键后提示输入播种的株距信息，系统存储后打开工作所需的定时器、中断等待进入监测播种机工作的状态。在监测状态实时监测播种机是否发生漏播、堵塞和种箱空等异常情况，如监测到异常，就驱动相应的机构执行预设动作。在此过程中，若菜单键“M”按下，系统进入暂停状态。在此状态下，速度脉冲的计数、播种机的漏播监测停止工作，但种箱空监测和开沟器堵塞的监测仍然保持工作，该功能可用于当机组到达地头时的转弯。接下来，若用户按下“DEL”键，程序继续原来的状态继续工作；若按下菜单键“M”，程序返回到输入株距的界面，各变量、寄存器重新初始化，系统重新开始工作。

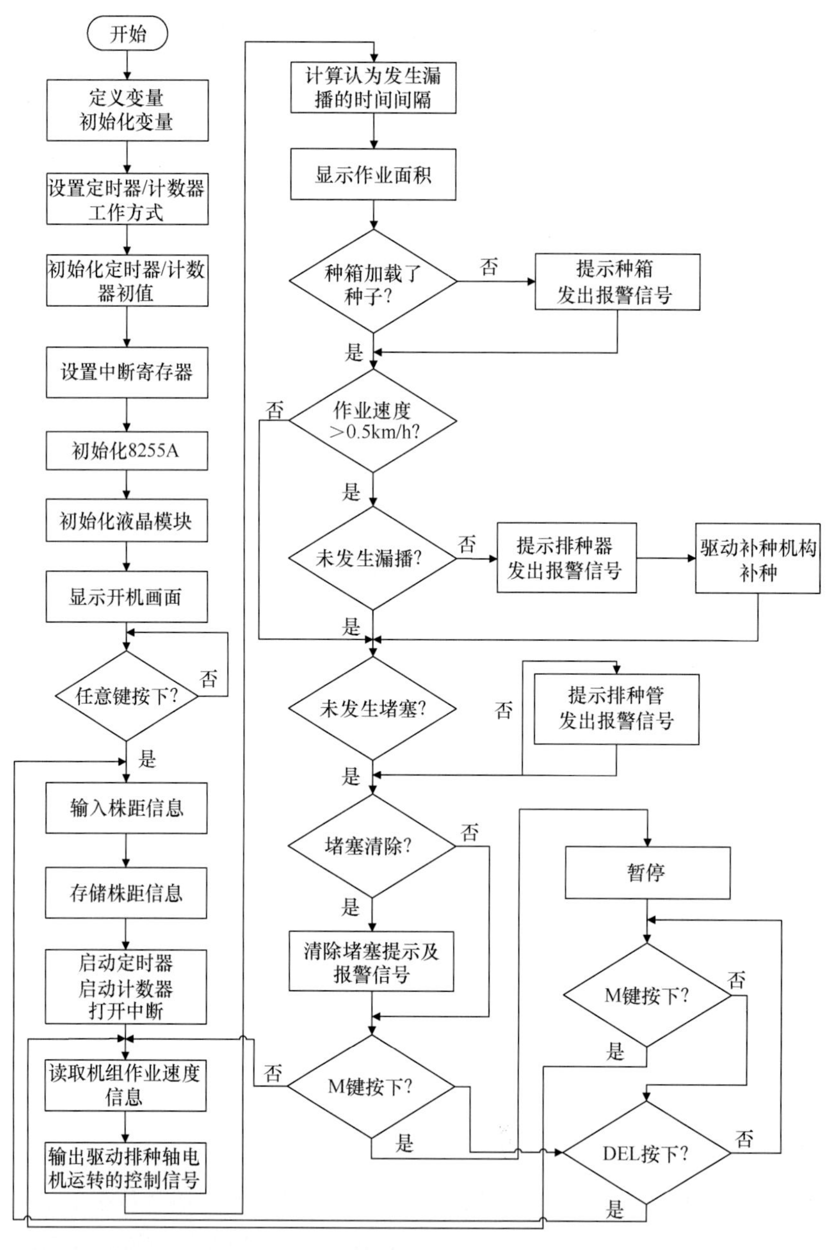

图 12-10　系统主程序流程图

12.1.3.2　信息采集子程序

1. 速度信息采集子程序

本系统采用脉冲方式采集播种作业的行驶速度。以 1s 为测量时间间隔，每转一圈产生 16 个脉冲。速度的采集在系统中主要用于为播种排种轮的转速提供依据，计算播种作业行驶速度，计算播种面积等。

速度采集模块所采集到的脉冲传送至 STC12C5A60S2 单片机 14 脚 T0 口，该引脚为定时器/计数器功能引脚。在采集作业行驶速度时，定时器/计数器 0 工作于计数方式，统计速度脉冲的个数，换算为播种作业行驶速度，其计算公式为

$$v = \frac{C}{N} \times \pi \times D \times 3.6 \tag{12-15}$$

式中，C 为测得的脉冲个数；N 为被测对象转动一周所产生的脉冲个数；D 为被测对象的直径，m。

速度采集程序流程图见图 12-11。

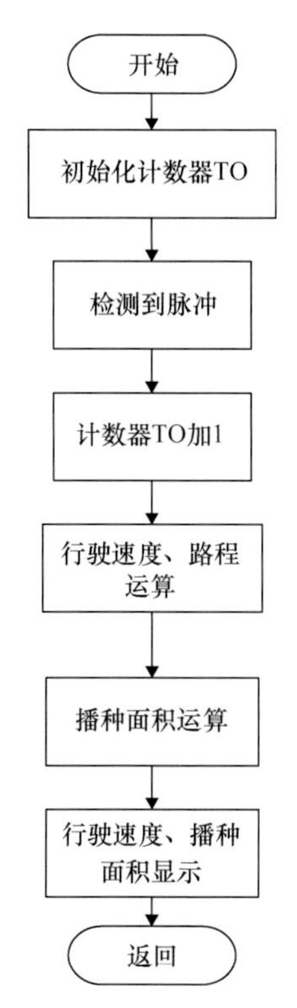

图 12-11　速度采集程序流程图

2. 播种量采集子程序

系统根据种子流监测传感器采集的播种信息统计播种量。播种量采集子程序主要完成播种量的统计功能。测量系统的每个播种单体使用两片外部计数器芯片 74LS590 构成一个 16 位的计数器单元，统计落下种子的个数。播种量采集程序流程图见图 12-12。

3. 漏播判断子程序

本系统根据种子流监测传感器不断采集播种信息时，计数器不断累计加 1，统计播种量。当在规定时间内没有采集到种子流信号时，系统就会判别为漏播故障。由于每个单体都有各自的计数系统，可根据对应计数器停止计数判别漏播位置。漏播程序流程图见图 12-13。漏播判定的预定时间间隔根据株距的改变而变化，其时间间隔为

$$T = \frac{36l}{v} + 100 \tag{12-16}$$

式中，l 为播种株距，cm；v 为播种作业行驶速度，km/h；100 为理论时间间隔的空余时间，ms。

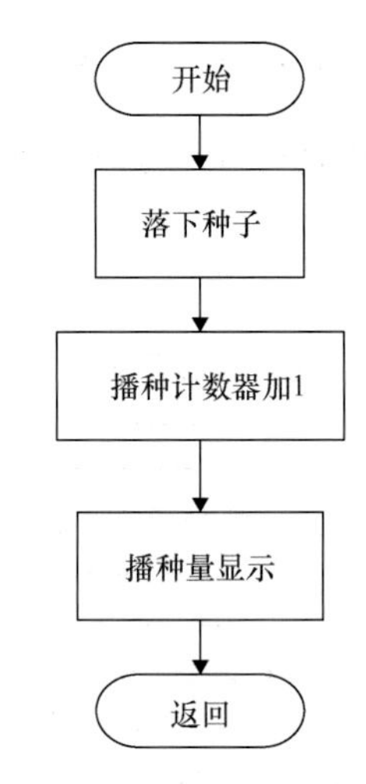

图 12-12　播种量采集程序流程图

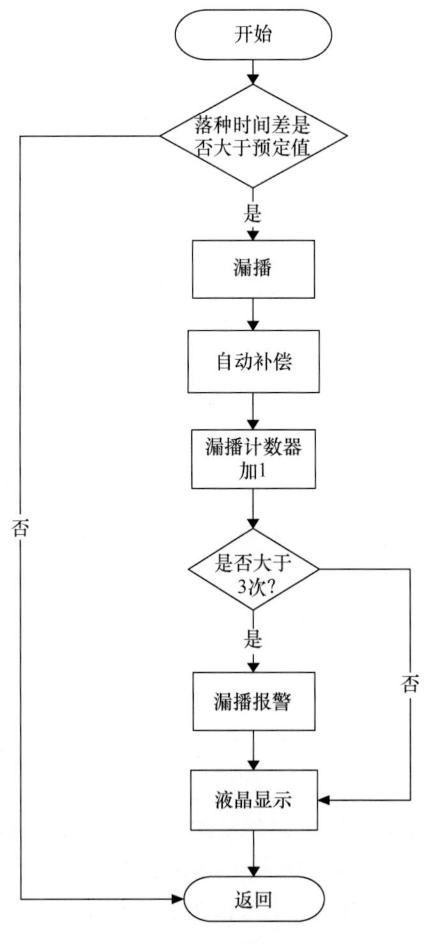

图 12-13　漏播程序流程图

达到预定时间间隔以后读取播种单体落下种子的总数 seedcount，并与上次读取的值 seedcount0 进行比较，若相等，则发生漏播，漏播计数变量 lbcnt 加 1。漏播发生后，调用自动补偿子程序。连续出现 3 次漏播，则发出声光报警，显示模块提示漏播。

4. 开沟器堵塞判断子程序

每当有种子落下，位于开沟器位置的堵塞监测传感器就向控制器外部中断 1 申请中断，开沟器堵塞判断程序流程图见图 12-14，中断服务程序完成置堵塞判断标志位及启动检堵定时器的工作。当检堵的时间到时，使用开沟器堵塞判断程序完成检堵的工作及堵塞是否清除的检验。

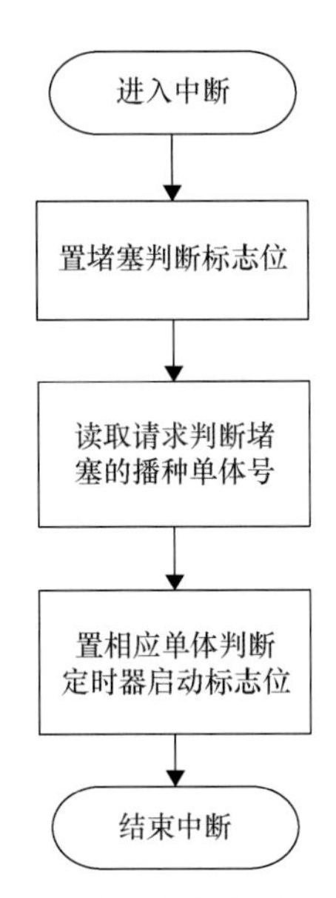

图 12-14　开沟器堵塞判断程序流程图

5. 种箱空判断子程序

种箱空时，位于种箱位置的传感器向控制器外部中断 0 申请中断，中断响应后，种箱空标志信号灯亮。种箱空判断子程序流程图见图 12-15。子程序定时检测种箱是否有种子，若没有加载种子或种箱排空就发出报警信号，加载种子后，报警信号自动清除。

6. 报警子程序

报警子程序主要针对在播种作业过程中出现播种故障时，进行声光报警，以提醒驾驶员。播种作业过程中出现的故障位置和故障形式通过液晶显示器显示，并同时启动报警器。报警子程序的流程图见图 12-16。

当播种机播种出现异常情况时，控制程序就需控制报警系统做出相应的响应。报警的提示形式包括两种：声光报警和液晶显示器提示。声光报警的控制端连接在 8255A 的 PA 口，通过以下代码控制声光报警系统，报警器发出警报由代码 PA8255=0xff 控制；报警器停止报警由 PA8255=0x00 代码控制，在显示模块中显示故障形式和故障位置通过报警函数 void displaywarn（U8 type）实现。

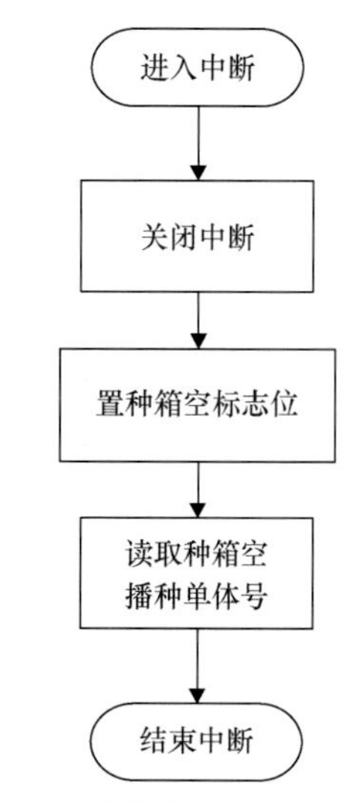

图 12-15　种箱空判断子程序流程图

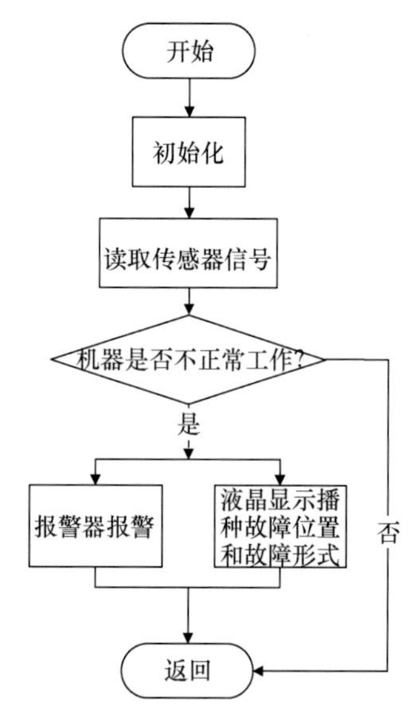

图 12-16　报警子程序的流程图

12.1.4　播种机状态监测试验

12.1.4.1　试验材料

试验中采用到的材料见表 12-3。

表 12-3　试验材料明细表

种类	品种号	介质常数	含水率/%	千粒重/g	形状
玉米种子	欣晟 18 号	1.8	14.6	413.2	马齿形

12.1.4.2　试验设备

1. JPS-12 排种器性能检测试验台

图 12-17 为吉林大学生物与农业工程学院农业工程实验室的 JPS-12 排种器性能检测

试验台，可用于机械式播种和气力式播种试验，其性能指标如表 12-4 所示。该试验台在工作时，排种器固定不动，以种床带运行速度模拟播种机在工作田间作业时的行进速度。

图 12-17　JPS-12 排种器性能检测试验台

表 12-4　JPS-12 排种器性能检测试验台性能指标

项目	指标
种床带运行速度/（km/h）	1.5～12
种床带运行速度测量误差/%	＜0.5
排种轴转速/（r/min）	10～150
排种轴转速测量误差/%	＜0.5
风机正压输出的工作压力/kPa	0～5
风机负压输出的工作压力/kPa	−5～0
种子粒距测量平均误差/%	≤2

2. 精密播种机工作状况实时监测装置

自主开发的精密播种机工作状况实时监测装置如图 12-18 所示，主要包括：控制装置、电容传感器、霍尔轮速传感器、直流电机、补种装置等部分，可以实现玉米播种工况、作业速度、作业面积等监测及补种作业。

供电电压：12V DC。

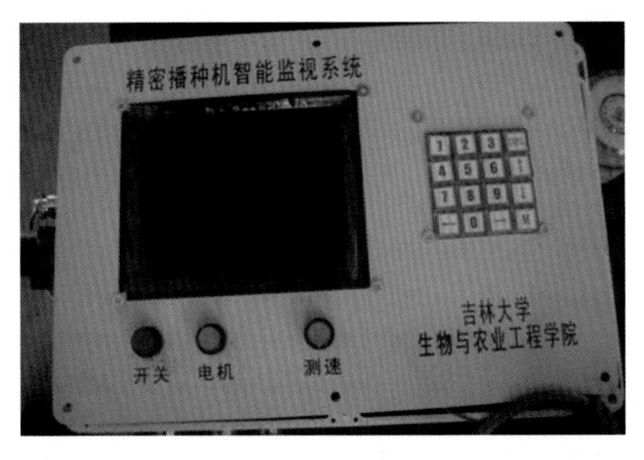

图 12-18　精密播种机工作状况实时监测装置

3. 其他试验设备

其他试验设备主要有：笔记本电脑、优利德万用表 UT-61B、优利德示波器 UTD2102CM、优利德直流稳压电源 UTP3705、电烙铁、直钢尺、PRO360 电子角度仪等。

12.1.4.3 排种监测传感器安装位置及输种管倾斜度对检测准确率影响的试验研究

1. 试验目的

排种监测传感器的试验主要是为了验证传感器安装位置和输种管的倾斜度对传感器检测准确率 y 的影响，建立传感器检测准确率 y 回归模型。试验条件如下：种床带的运行速度为 1m/s，排种器的转速为 20r/min，玉米播种株距为 300mm。

2. 试验方案

试验以传感器对玉米排种的检测准确率 y 为指标，以传感器安装位置和输种管倾斜度做全面正交试验，两者之间具有交互作用。其中传感器安装位置是指传感器距离排种口位置的直线距离。在播种作业过程中，为避免种子与输种管壁相碰撞，输种管应向播种机前进方向的反方向倾斜。下落的种子与输种管壁不碰撞的理想倾斜角为 60°，倾斜角为 45°时，管径对种子的动能影响最小。因此，输种管倾斜度的选择范围确定在 45°～60°。每组试验落种 500 粒，试验因素水平见表 12-5。

表 12-5 检测准确率试验因素水平表

水平	因素	
	z_1 传感器安装位置/mm	z_2 输种管倾斜度/（°）
1	60	45
2	120	52.5
3	180	60

全面试验方案见表 12-6。

表 12-6 检测准确率试验方案表

试验序号	z_1 传感器安装位置/mm	z_2 输种管倾斜度/（°）
1	1（60）	1（45）
2	1	2（52.5）
3	1	3（60）
4	2（120）	1
5	2	2
6	2	3
7	3（180）	1
8	3	2
9	3	3

3. 结果及分析

考虑 z_1 与 z_2 具有交互作用，则 y 对 z_1、z_2 的正交多项式回归方程为

$$\hat{y} = b_0 + b_{11}X_1(z_1) + b_{21}X_2(z_1) + b_{12}X_1(z_2) + b_{22}X_2(z_2) + b_{12}X_1(z_1)X_2(z_2) \tag{12-17}$$

其中

$$\begin{cases} X_1(z_1) = \psi_1(z_1) = \dfrac{z_1 - \overline{z}_1}{\Delta_1} = \dfrac{1}{60}(z_1 - 120) \\ X_2(z_1) = 3\psi_2(z_1) = 3\left[\left(\dfrac{z_1 - \overline{z}_1}{\Delta_1}\right)^2 - \dfrac{N^2 - 1}{12}\right] = \dfrac{1}{120}(z_1 - 120)^2 - 2 \\ X_1(z_2) = \psi_1(z_2) = \dfrac{z_2 - \overline{z}_2}{\Delta_2} = \dfrac{1}{7.5}(z_2 - 52.5) \\ X_2(z_2) = 3\psi_2(z_2) = 3\left[\left(\dfrac{z_2 - \overline{z}_2}{\Delta_2}\right)^2 - \dfrac{N^2 - 1}{12}\right] = \dfrac{3}{56.25}(z_2 - 52.5)^2 - 2 \end{cases} \tag{12-18}$$

由于考察的因素均为三水平，故式（12-18）中的 N 取为 3，并按 N=3 时的单元情形查正交多项式表。根据查表结果，将 $X_1(z_1)$、$X_2(z_1)$、$X_1(z_2)$和 $X_2(z_2)$的具体值排入对应列。ψ_0=1 放于第一列。$X_1(z_1)X_1(z_2)$为 $X_1(z_1)$列与 $X_1(z_2)$列的对应值之乘积。试验方案及计算格式见表 12-7。

表 12-7　试验方案及计算格式

试验序号	z_1/mm	z_2/（°）	ψ_0	$X_1(z_1)$	$X_2(z_1)$	$X_1(z_2)$	$X_2(z_2)$	$X_1(z_1)X_1(z_2)$	$y-90$/%	$(y-90)^2$
1	60	45	1	−1	1	−1	1	1	8.2	67.24
2	60	52.5	1	−1	1	0	−2	0	6.8	46.24
3	60	60	1	−1	1	1	1	−1	5.2	27.04
4	120	45	1	0	−2	−1	1	0	7.4	54.76
5	120	52.5	1	0	−2	0	−2	0	5.2	27.04
6	120	60	1	0	−2	1	1	0	4.4	19.36
7	180	45	1	1	1	−1	1	−1	5.6	31.36
8	180	52.5	1	1	1	0	−2	0	3.2	10.24
9	180	60	1	1	1	1	1	1	3.2	10.24
	D_j		9	6	18	6	18	4	49.2	293.52
	B_j		49.2	−8.2	−1.8	−8.4	3.6	0.6		
	b_j		5.47	−1.37	−0.1	−1.4	0.27	0.15	S=24.56	f=8
	S_j			11.234	0.18	11.76	0.72	0.09	$S_{回}$=23.714	$f_{回}$=3
	F_j			306.4	4.91	320.7	19.64	2.45	S_R=0.846	f_R=5
	a_j			0.01		0.01	0.05			

为了估计检验误差，考察最优组合，对第 1 号试验重复进行 4 次，试验结果见表 12-8。

表 12-8　最优组合重复试验

试验序号	z_1/mm	z_2/（°）	$y-90$/%
1	60	45	8.2
2	60	45	8.6
3	60	45	8.4
4	60	45	8.2

由此可得偏差平方和

$$S_{\mathrm{e}}=\sum_{i_0=1}^{4}y_{i_0}^2-\frac{1}{4}\left(\sum_{i_0=1}^{4}y_{i_0}\right)^2=0.11$$

$$f_{\mathrm{e}}=3$$

$$f_{回}=\frac{S_{回}/f_{回}}{S_{\mathrm{R}}/f_{\mathrm{R}}}=\frac{23.714/3}{0.846/5}\approx 46.72>F_{0.01}(3,5)=12.06$$

由表 12-7 可知仅 z_1 的一次项、z_2 的一次项和 z_2 的二次项显著，得

$$y_0=b_0+b_{11}X_1(z_1)+b_{12}X_1(z_2)+b_{22}X_2(z_2)=8.44$$

$$\overline{y_0}=\frac{\sum_{i_0=1}^{4}y_{i_0}}{4}=8.35$$

则

$$F_{\mathrm{lf}}=\frac{\left(y_0-\overline{y_0}\right)^2}{S_{\mathrm{e}}/f_{\mathrm{e}}}\approx 0.221<1$$

可见回归方程

$$y=5.47-1.37X_1(z_1)-1.4X_1(z_2)+0.2X_2(z_2) \tag{12-19}$$

是拟合好的，显著水平为 0.01，即方程可信度为 99%。

经整理得回归方程为

$$y=24.674-0.023z_1-0.511z_2+0.004z_2^2 \tag{12-20}$$

将实际变量代入式（12-20）中，整理得

$$P=114.674-0.023h-0.511\varphi+0.004\varphi^2 \tag{12-21}$$

式中，P 为检测准确率，%；h 为传感器安装位置的直线距离，mm；φ 为输种管倾斜度，(°)。分析可得，方程适用于 $h\in[60, 180]$，$\varphi\in[45°, 60°]$的范围内。

12.1.4.4 监测系统试验设计

1. 试验目的

排种监测传感器的试验主要是为了验证排种轴转速对系统的正确判断率 y_1 的影响。

2. 试验方案

经由排种监测传感器正交多项式回归试验，可得当传感器的安装位置离外槽轮排种器落种口直线距离 h 取 60mm，输种管倾斜度 φ 取 45°时，此时的直线距离和输种管倾斜度是最优组合，传感器可获得最大的检测准确率。故在上述情况下，对监测系统进行单因素试验。试验考察指标为监测系统的正确判断率 y_1。依据 10 个种子之间株距的方差大小考察播种株距均匀性。

查《农业机械设计手册》[8]可知免耕精密播种机作业速度为 5～7km/h，株距为 200～500mm。精密播种机所安装的排种器为 10 孔窝眼轮式排种器。由计算可得排种轴的转速范围在 16～58r/min。在排种轴转速的自然变化范围之内分 7 个水平进行试验，种床带的速度为 1.5m/s，每组试验落种 500 粒。试验因素水平见表 12-9。

表 12-9　试验因素水平表

水平	因素
	z_1 排种轴转速/（r/min）
1	20
2	25
3	30
4	35
5	40
6	45
7	50

3. 试验结果与分析

试验方案及计算格式见表 12-10。

表 12-10　试验方案及计算格式

试验序号	X_0	X（z）	y_1/%	y_1^2
1	1	−3（20）	98.4	9 682.56
2	1	−2（25）	98.4	9 682.56
3	1	−1（30）	98.2	9 643.24
4	1	0（35）	98.4	9 682.56
5	1	1（40）	98.2	9 643.24
6	1	2（45）	98	9 604
7	1	3（50）	98.2	9 643.24
D_j	7	28	687.8	473 068.84
B_j	687.8	−1.4	S=119.99 f=6 S_R=0.07 f_R=5	
b_j	98.257 14	−0.05		
S_j		0.07		
F_j		0.07		

由表 12-10，易得

$$\hat{y} = 98.26 - 0.05x \qquad (12\text{-}22)$$

对 4 号试验，重复试验 3 次，计算 S_e，检验回归方程的显著性。试验结果见表 12-11。

表 12-11　重复试验结果

X（z）	y_1/%	$\bar{y}_0$ /%
0	98.4	
0	98.4	98.47
0	98.6	

则误差平方和 S_e

$$S_e = \sum_{i=1}^{3}(y_i - \overline{y}_0)^2 = 0.0267$$

$$f_e = 2$$

回归系数检验

$$F_x = \frac{S_x / f_x}{S_e / f_e} = 0.216 < F_{0.25}(f_1, f_2) = 2.57$$

由此可知，排种器转速对指标 y_1 的线性影响不大，对监测系统的检测准确率影响不显著，为此不进行回归方程的检验。

12.2 肥料精准施用系统

变量施肥技术是一种根据作物对土壤中养分的实际需求进行肥料的变量投入的技术。变量施肥技术在提高农业生产的经济性和环境的生态效益方面的作用已得到试验的证实[9-11]。本系统设计的变量施肥功能节点采用直流电机与编码器组合作为变量施肥的执行机构，它是有别于本书第 4 章中介绍的液压马达变量施肥系统的执行机构。本系统工作电压需求为 12V，省去逆变器和变压器等电气部件，简化了变量施肥系统的电气结构。

12.2.1 直流电机施肥系统组成

变量施肥功能节点由微控制器、速度传感器、CAN 通信电路、电机驱动器、直流电机和编码器组成（图 12-19）。工作时，微控制器基于航位推算的方法获得地块位置的识别信息，读取预先存储的对应地块的处方信息，微控制器同时接收测速传感器的速度信息，根据施肥量控制公式，输出脉冲给电机驱动器，电机驱动器驱动直流电机运转，带动与电机同轴连接的增量式编码器旋转，同时驱动器接收编码器的输出，利用 PID 算法，使电机以设定的转速运转。直流电机通过链条带动排肥轴转动，实现变量施肥。与此同时，微控制器将机具作业速度、地块编号和施肥量等信息通过 CAN 通信网络发送给监控终端。

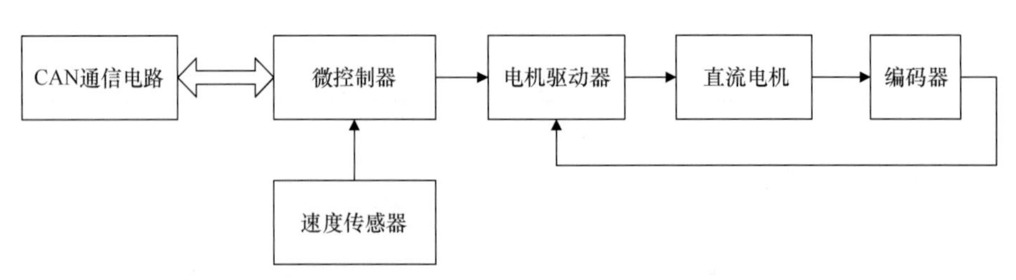

图 12-19　变量施肥功能节点结构

12.2.2 直流电机施肥系统硬件

变量施肥功能节点（图 12-20）的电源系统见图 12-21，经 7812 芯片产生的 12V 电源用于速度传感器的供电，经 7805 芯片产生的 5V 电源用于单片机系统的供电。

图 12-20　变量施肥功能节点控制板实物图

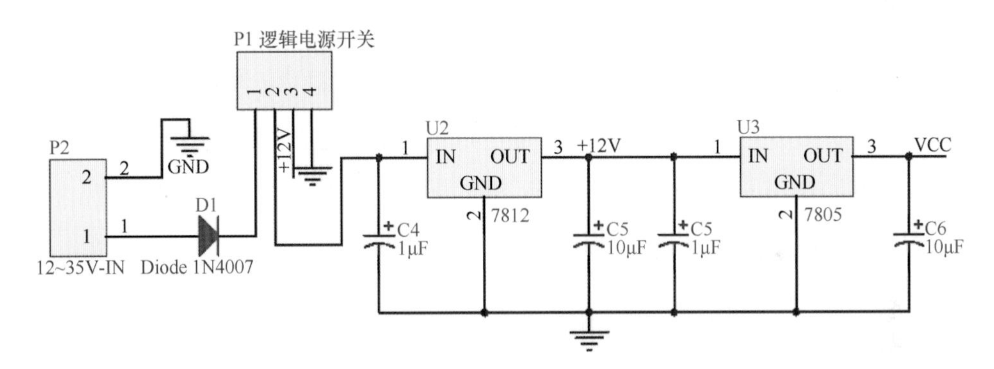

图 12-21　电源系统

本系统采用了型号为 YG8008-8EI 的电机驱动器（图 12-22），采用脉冲和方向的控制方式，驱动器工作电压为+12～+36V，拖拉机电瓶电压可直接满足其工作的需要。速度传感器用于采集机组的行驶速度，以作为计算电机转速和位置推算的依据。本系统以霍尔传感器作为速度采集传感器，磁钢安装在拖拉机后轮的轮毂上，一共 16 片，速度传感器及其安装形式见图 12-23。

图 12-22　电机驱动器

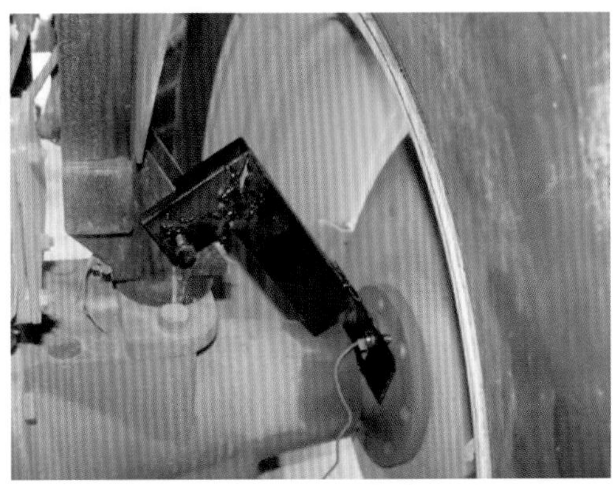

图 12-23　速度传感器及其安装形式

速度传感器为集电极开路输出，其输出经光耦合后连接到单片机 STC12C5A60S2 的 P3.4 引脚（图 12-24），该引脚为计数器 0 的外部输入引脚，使用计数器 0 统计速度传感器输出脉冲的个数，用于速度的计算和机具坐标位置的推算。

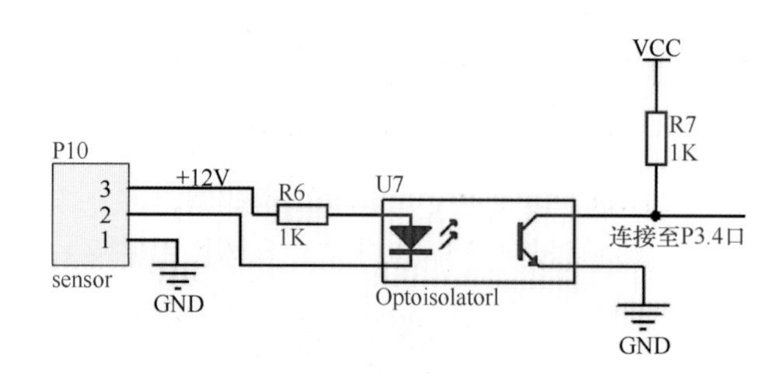

图 12-24　速度传感器输入电路

单片机产生的用于控制施肥量的 PWM 脉冲信号由 P2.7 引脚输出（图 12-25），此信号经三极管增加其驱动能力后与电机驱动器连接，方向选择为一单刀双掷的微型开关，用于设置电机驱动器驱动电机的转动方向。

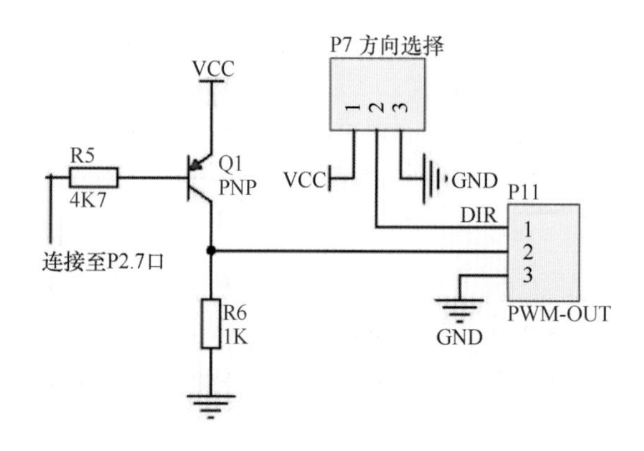

图 12-25　脉冲信号输出电路

经过对试验样机的排肥轴转动阻扭矩的测量，得到阻力矩的范围是 2～4N·m，以此为依据，考虑到农业机械作业环境的复杂性和系统工作的可靠性，本系统选取型号为 160LYX01 的稀土直流电机，其最大扭矩为 11N·m，最大转速为 300r/min，工作电压在 27V 以下，满足机具大扭矩及低电压的要求。

直流力矩伺服电动机驱动型是由直流力矩伺服电动机提供驱动力，这种电机的工作原理是将接收到的电信号转换成电机轴上的角位移或者角速度，根据输入电压的不同而产生不同的速度。

基于直流力矩伺服电动机的机构简单、低速状态下运行平稳可靠且速度易于控制的这些优点，本次设计采用直流力矩伺服电动机作为动力输出机构。

根据设计要求，变量施肥装置的施肥量为 150～700kg/hm^2，可以计算出排肥器的转速为 20～120r/min，施肥装置的力矩≤10N·m（正常运行状态下力矩为 5N·m 左右）。我们选取北京勇光高特微电机有限公司生产的 160LYX01 直流力矩伺服电动机，即可满足使用要求。技术数据见表 12-12。

表 12-12　LYX 系列稀土永磁式直流力矩伺服电动机技术数据

型号	峰值堵转				最大转速 /（r/min）	连续堵转			
	转矩/（N·m）	电流/A	电压/V	功率/W		转矩/（N·m）	电流/A	电压/V	功率/W
160LYX01	11.8	10.2	27	275.4	190	5.9	5.1	13.5	68.85

编码器选取型号为 PHB8-3600-G05L 的增量式编码器，每旋转一周输出 3600 个脉冲，工作电压为 5V DC。编码器与电机同轴连接，具体机构见图 12-26。

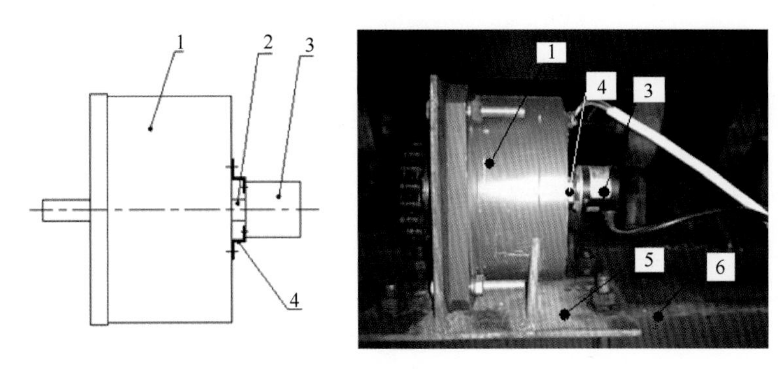

图 12-26　电机和编码器的配置形式及其安装

1. 电机；2. 电机轴；3. 编码器；4. 编码器支架；5. 电机座；6. 机具横梁

12.2.3　直流电机施肥系统软件

变量施肥功能节点软件运行于 STC12C5A60S2，单片机采集速度传感器信号计算机组作业速度，同时推算机具位置，根据施肥公式实施变量施肥。在此过程中将变量施肥状态信息发送到通信网络上，运行于监测平台监控终端的变量施肥监测 LabVIEW 程序显示记录作业情况。

12.2.3.1　变量施肥功能节点微控制器软件设计

变量施肥功能节点微控制器根据速度传感器的脉冲信号计算机具的作业速度，同时依据速度脉冲信号推算机具所在的网格位置，根据网格的施肥量处方信息控制电机的转速实施变量施肥。

机组行驶速度与速度计数脉冲满足以下公式：

$$v = \frac{C}{N} \times \pi \times D \times 3.6 \tag{12-23}$$

式中，v 为机组的行驶速度，km/h；C 为单位时间内的速度脉冲个数；N 为用于计数的轮毂上的磁钢个数；D 为拖拉机后轮直径，m。

排肥器的排肥量应满足以下要求：

$$q = \frac{10}{6} vBQ \times 10^{-3} \tag{12-24}$$

式中，q 为每个排肥器的单位时间排肥量，kg/min；B 为施肥机行距，m；Q 为每公顷的施肥量，kg/hm^2。

单个排肥器单位时间的排肥量 q 与排肥轴转速 n 满足式（12-25）：

$$q = kn + b \tag{12-25}$$

式中，n 为排肥轴转速，r/min；k 为系数常量，k=0.032；b 为系数常量，b=0.1935。

将式（12-25）代入式（12-24）中，可以得到排肥轴转速 n 与施肥量 Q 和机组行驶速度 v 之间的关系

$$n = \left(\frac{10}{6} vBQ \times 10^{-3} - b \right) \Big/ k \tag{12-26}$$

微控制器程序流程图见图 12-27，程序开始执行后，进行定时器/计数器的初始化，设置定时器 0 工作在 16 位计数器模式，定时器 1 工作在 16 位定时器模式。定时器 0 用于统计速度脉冲的个数，定时器 1 用于定时中断计算机具作业。设置可编程计数器阵列模块 0（PCA0）工作于软件定时器模式，通过 PCA 的中断产生用于驱动电机的 PWM 脉冲信号。使定时器 1 和可编程计数器阵列模块 0 中断，启动定时器，打开中断。查询标记变量 Tflag，判断定时时间 1s 是否达到，如果没有达到，程序在此处循环等待。如果达到了 1s，进行设计任务程序代码的执行。读取速度脉冲的个数，根据位置推算算法推算机具所在的网格位置，根据式（12-23）计算机具的作业速度，根据式（12-26）计算电机的转速。调用脉冲产生设置函数通过 PCA 模块产生 PWM 脉冲。按照监测平台通信网络协议规定，将 CAN 报文需要的数据存放到发送缓存数组中，调用 CAN 报文发送函数进行 CAN 报文的发送。清零时间标记变量 Tflag，程序返回等待下一个处理循环。

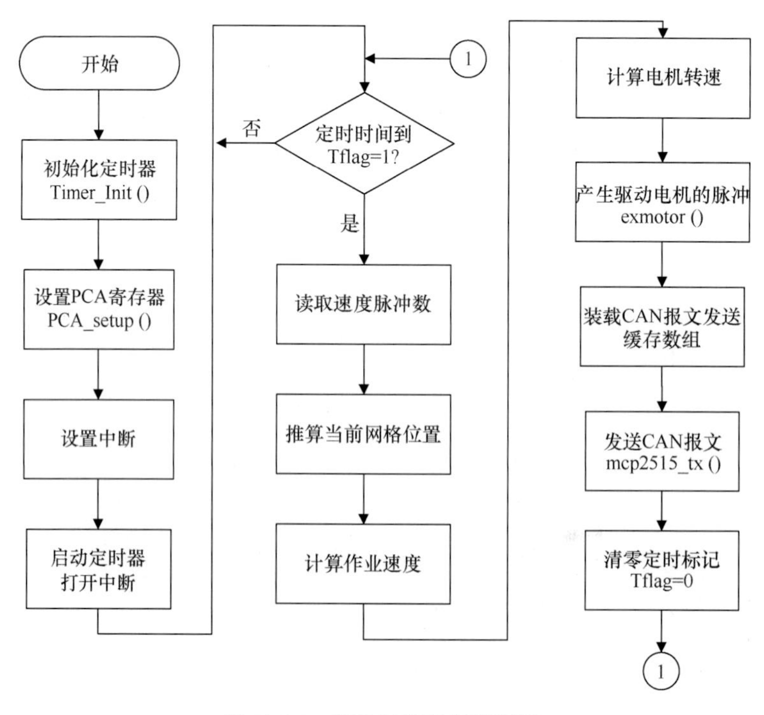

图 12-27　微控制器程序流程图

变量施肥功能节点的数据类型编码信息见表 12-13，将机具作业速度独立成一条可以方便使该信息与 CAN 网络上的其他功能节点进行信息的共享。

表 12-13　变量施肥功能节点数据类型编码

作业类型	数据类型	数据类型编码	数据格式
变量施肥（0x00）	机具作业速度	0x01	第 1 字节为作业速度高字节，第 2 字节为作业速度低字节，其余为 0。分辨率为 0.01（km/h）/bit
	施肥状态信息	0x02	第 1 字节为地块编号的高字节，第 2 字节为地块编号的低字节；第 3 字节为排肥轴转速高字节，第 4 字节为排肥轴转速低字节，分辨率为 0.1（r/min）/bit；第 5 字节为施肥量高字节，第 6 字节为施肥量低字节，分辨率为 0.1（kg/hm^2）/bit

按照数据格式的规定，如果机具作业速度（0x01）传输的 8 字节数据如图 12-28 所示，其表示作业速度为 $(0x01\times256+0x23)\times0.01=(256+35)\times0.01=2.91km/h$ 。

0x01	0x23	0x00	0x00	0x00	0x00	0x00	0x00

图 12-28　机具作业速度数据范例

如果施肥状态信息传输的 8 字节数据如图 12-29 所示，其表示的含义为地块编号为 291，排肥轴转速为 29.1r/min，施肥量为 29.1kg/hm^2。

0x01	0x23	0x01	0x23	0x01	0x23	0x00	0x00

图 12-29　施肥状态信息范例

12.2.3.2　监控终端部分程序设计

变量施肥监测软件界面见图 12-30，界面左侧显示当前机具所在的地块编号、作业面积、工作时间和当前时间等信息，中间显示当前机具的作业速度、排肥轴转速、施肥量和施肥量历史曲线信息。当监控终端收到信息时，指示灯闪烁，指示监控终端的通信状态。暂停按钮用于暂停变量施肥作业，用于机具在地头转向等特殊情况。

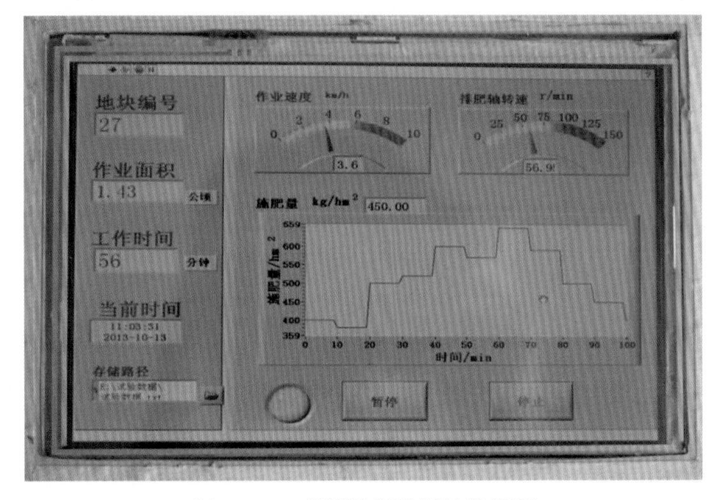

图 12-30　变量施肥监测软件界面

变量施肥监测程序的流程图见图 12-31，LabVIEW 串口接口函数接收微控制器 S3C2440A 发送过来的信息，判断接收到的数据是否完整有效，判断接收到的数据的类型是作业速度数据还是施肥信息数据。如果是作业速度数据，接下来进行速度的显示，结合机具宽度计算作业面积，最后进行数据的文件存储，文件以文本文件的方式进行存储。如果不是作业速度数据则判断是否为施肥信息数据，如果不是则数据接收错误，返回到接口函数。如果判断得到是施肥信息，则进行地块编号的显示、排肥轴转速显示、施肥量显示，最后进行数据的存储，其文件存储框图见图 12-32。数据存储完成以后此次处理过程就完成了，返回到串口接口函数开始下次循环。

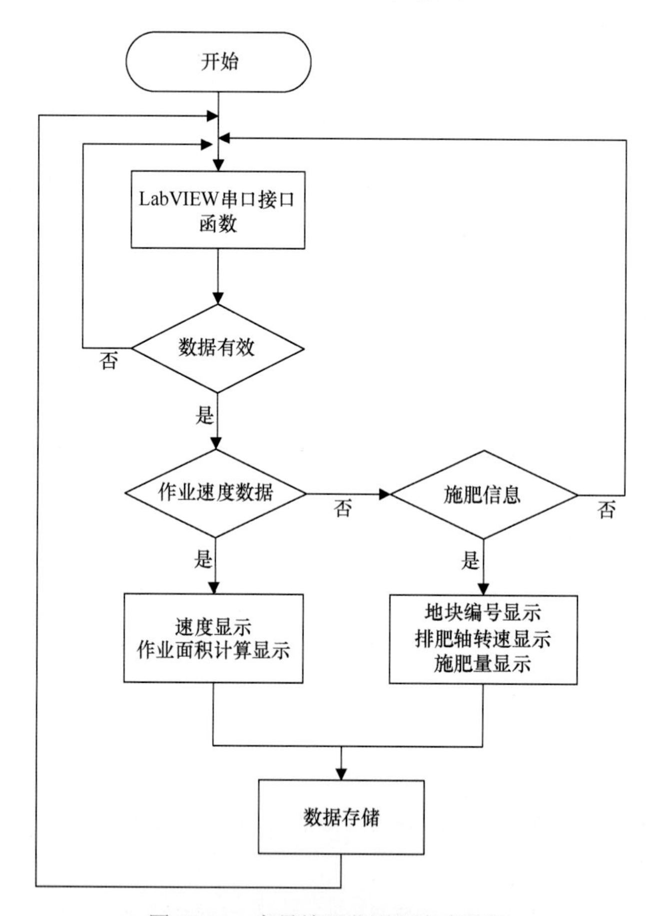

图 12-31　变量施肥监测程序流程图

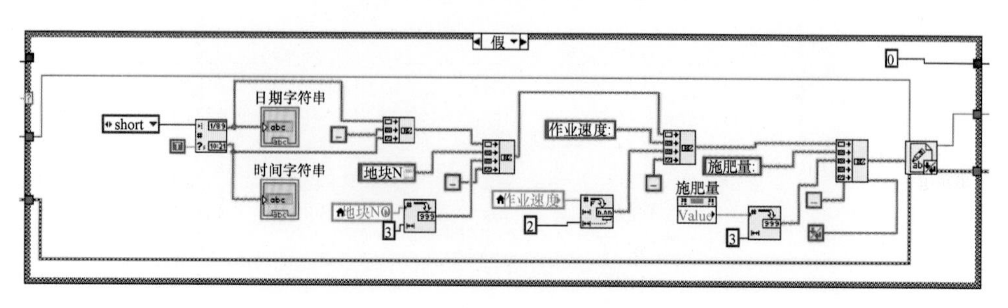

图 12-32　变量施肥文件存储框图

12.2.4　变量施肥系统田间试验

为了测量变量施肥功能节点的性能，实验人员将典型环节监控平台与变量施肥功能节点组合安装到吉林大学研制的 1GT-6 通用型耕整机（图 12-33）上，于 2013 年 10 月在长春市农业科学院试验田进行了田间试验。拖拉机为约翰迪尔 1204。1GT-6 通用型耕整机有 6 个肥管，施肥机构设计施肥能力为 150～700kg/hm^2。试验地表留有上一年玉米根茬，有少量秸秆覆盖。

图 12-33　1GT-6 通用型耕整机

采用平行四边形对角线等距取点法设计了试验地采样点，使用 SZ-3 型土壤硬度计和 T-300 型土壤水分温度检测仪分别测定了土壤坚实度与土壤含水量。测得土壤坚实度（单位：MPa）为 5cm 0.124，10cm 0.156，15cm 0.182；土壤含水量（单位：%）为 5cm 10.71，10cm 11.43，15cm 12.63。

1. 试验方法

设定施肥量为某一固定的数值以后，使机具以 3.6km/h 的速度行驶 20m，在此过程中，使用容器承接排肥器排出经肥管落下的肥料。每次试验结束后对每个肥管排出的肥料分别进行称重。

2. 试验结果与分析

试验中设定施肥量分别为 100kg/hm^2、400kg/hm^2 和 720kg/hm^2，试验得到的数据见表 12-14～表 12-16。

表 12-14　施肥量 100kg/hm^2 时的测量数据

设定施肥量 Q 100kg/hm^2			试验序号				
			1	2	3	4	5
每行接到的肥料重量/g	行号	1	124.66	142.55	122.35	138.91	135.67
		2	144.62	169.75	162.45	158.33	150.87
		3	132.61	149.80	143.59	139.62	141.25
		4	126.08	142.91	131.95	132.84	135.79
		5	148.74	169.92	138.5	145.35	143.11
		6	140.45	170.85	182.95	150.49	147.33
总肥量/g			817.16	945.78	881.79	865.54	854.02
总肥量平均/g			872.86±47.19				

表 12-15 施肥量 400kg/hm^2 时的测量数据

设定施肥量 Q 400kg/hm^2		试验序号				
		1	2	3	4	5
每行接到的肥料重量/g	行号 1	578.72	522.57	519.63	536.87	540.57
	2	630.57	605.79	611.9	627.39	658.92
	3	610.37	542.08	538.35	550.88	560.13
	4	634.57	519.75	530.57	540.67	554.87
	5	686.93	595.39	605.03	612.98	623.62
	6	715.37	597.63	614.41	621.61	635.49
总肥量/g		3856.53	3383.21	3419.89	3490.4	3573.6
总肥量平均/g		3544.73±188.86				

表 12-16 施肥量 720kg/hm^2 时的测量数据

设定施肥量 Q 720kg/hm^2		试验序号				
		1	2	3	4	5
每行接到的肥料重量/g	行号 1	881.43	915.67	906.86	921.51	901.38
	2	1015.83	1081.46	1082.97	1047.86	1055.63
	3	923.59	965.52	959.34	948.39	928.98
	4	874.37	915.07	943.11	920.57	929.11
	5	961.39	961.27	944.13	951.29	951.68
	6	904.06	1064.42	1078.91	1015.64	1055.67
总肥量/g		5560.67	5903.41	5915.32	5805.26	5822.45
总肥量平均/g		5801.42±143.00				

机组行驶 20m，排肥器接到的肥料 M 与施肥量 Q 之间的关系为

$$\frac{M}{N \times B \times 20} = \frac{Q}{10\,000} \tag{12-27}$$

式中，N 为肥管个数，N=6；M 为接到的肥料量，kg；B 为肥管间距，B=0.65m。

使用式（12-27）对测量结果进行转化，得到表 12-17。

表 12-17 变量施肥处理后试验结果

理论施肥量/（kg/hm^2）	20m 肥量/g	实际施肥量/（kg/hm^2）	绝对误差/（kg/hm^2）	相对误差/%
100	872.86	111.9	11.9	11.90
400	3544.73	454.5	54.5	13.63
720	5801.42	743.8	23.8	3.31
	最大		54.5	13.63
	平均		30.1	9.61

通过试验表明精准农业典型环节监控系统在进行变量施肥作业时工作稳定可靠，达到了设计目标。设计的变量施肥功能节点变量施肥的最大相对误差为 13.63%，平均相对误差为 9.61%。

12.3　自适应耕深监测与调控系统

12.3.1　耕深监测功能节点设计

耕深对于作物的生长有着重要的影响，也是衡量耕整机具作业性能的重要指标。耕作时，耕作深度太浅，起不到对土壤耕作的预期效果，影响种植作物的质量和产量[12, 13]；耕作深度太深又会造成能源动力的过度消耗[14]。因此，耕深需要维持在一个合理的范围。传统耕深测量通过人工的方式进行，采用人工的方式操作烦琐，时间消耗长并且只能得到不连续的点的数据，无法实现在线连续实时测量。本研究的耕深监测功能节点是为解决上述问题而设计的，其总体架构与安装形式见图 12-34。监测平台监测终端放置于拖拉机驾驶室中，耕深测量装置安装到作业的机具上，CAN 通信网络将监控终端与耕深测量装置的监测功能节点连接。

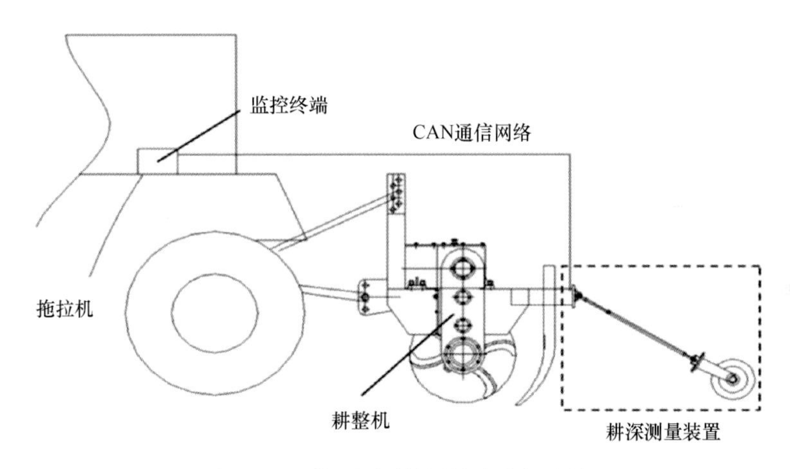

图 12-34　耕深测量装置的安装与连接

12.3.1.1　耕深测量装置设计

耕深测量装置用于反映耕深的变化，使用时按照图 12-35 所示的方式安装到需要进行耕深监测的作业机具上。功能节点使用基于摆臂式的耕深测量装置，测量装置由地轮、摆臂、基板、编码器、编码器支架、旋转轴、带座轴承、联轴器、电路盒和连接件组成。摆臂与旋转轴通过连接件固接，编码器安装在编码器支架上，编码器轴与旋转轴在一条直线上，通过柔性联轴器连接。旋转轴可在摆臂的带动下在带座轴承中旋转。编码器支架和带座轴承固定到基板上，基板安装到作业机具的横梁上。工作时，地轮行走在没有作业土地的地表，当机具耕作深度上升或者下降时，地轮连同摆臂带动旋转轴旋转，旋转轴通过联轴器带动编码器轴发生转动，致使编码器轴的转角发生变化，功能节点的电路部分处理编码器的信号，通过运算就能得到当前的耕深值。

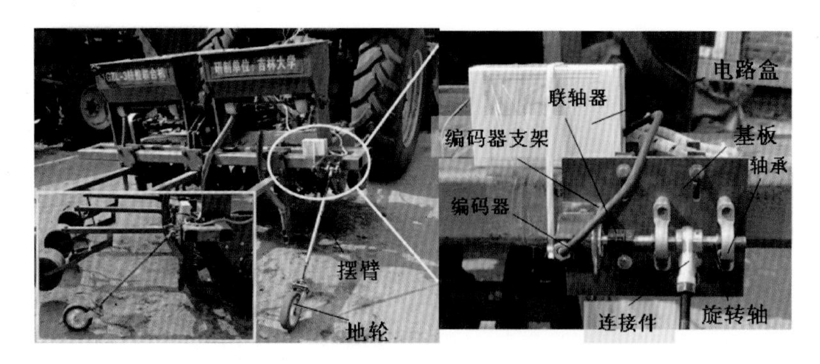

图 12-35　耕深测量装置及其安装形式

12.3.1.2　编码器的选型

此测量装置选用绝对式编码器，绝对式编码器转轴的每个转角都对应有唯一的编码，控制系统需要获取旋转轴的转角时，直接读取该编码值即可。使用绝对式编码器具有以下优势：第一，相对于增量式编码器，控制系统不用记录编码器的每个正反向脉冲，通过推算得到旋转轴的转角，大大降低了软件开发的难度，同时提高了测试的精度。第二，相对于模拟量的角度传感器，不用设计 A/D 转换电路，简化了电路的设计。测量装置选用光洋电子（无锡）有限公司生产的型号为 TRD-NA1024NW 的编码器，TRD-NA1024NW 将一圈进行 1024 细分，角度精度为 0.176°，二进制格雷码并行输出，具体性能参数见表 12-18。

表 12-18　TRD-NA1024NW 编码器性能规格

项目	参数
型号	TRD-NA1024NW
电源电压	10.8～26.4V DC
电流	≤70mA
精度	0.176°
输出码	二进制格雷码
输出类型	NPN 集电极开路输出
最高响应频率	20kHz
容许最高转速	3000r/min（连续）；5000r/min（瞬时）
防护等级	IP65（防尘、防滴型）

12.3.1.3　摆臂的设计

摆臂连接了地轮与旋转轴。测量装置可在不同的机具上使用，由于不同的机具的高度是不同的，为了提高测量装置的适用性，本系统设计的摆臂的长度可以调节。如图 12-36 所示，摆臂由下螺杆（1）、空心管（2）、上螺杆（3）、下套筒（5）、上套筒（6）、左旋螺母（4）和右旋螺母（7）组成。上套筒和下套筒通过焊接与空心管固连，下套筒内孔是 M14 的左旋螺纹，上套筒内孔为 M14 的右旋螺纹。下螺杆表面具有 M14 的左旋螺纹，用于与下套筒配合，下螺杆另一侧与地轮连接。上螺杆表面具有 M14 的右旋螺纹，用于与上套筒配合，上螺杆另一侧与旋转轴连接。保持下螺杆和上螺杆不动，通过旋转空心管可以调节摆臂的总长，当摆臂的长度调节合适以后，通过螺母 4 和螺母 7 紧固，可以保证摆臂维持在固定的长度。摆臂的调节长度范围是 740～1050mm。

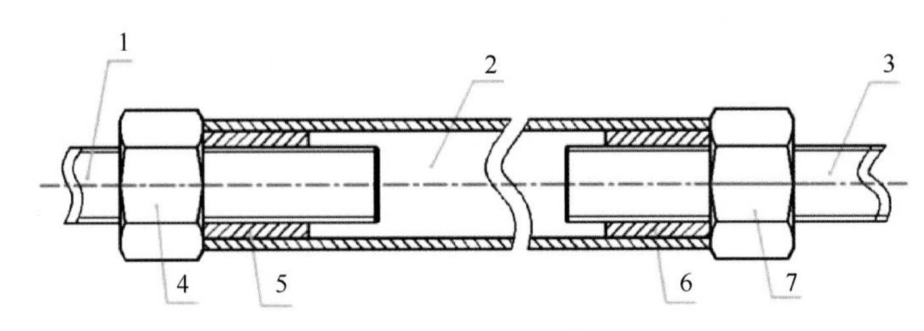

图 12-36　摆臂结构图

1. 下螺杆；2. 空心管；3. 上螺杆；4. 左旋螺母；5. 下套筒；6. 上套筒；7. 右旋螺母

12.3.1.4　基板的设计

基板（图 12-37）用于旋转轴组件的装配固定，编码器支架、轴承座等部件都通过螺栓固定到基板上。为了使基板能够固定到一定粗细范围内的机具横梁上，在基板上开有宽度为 8mm 的长孔，使得基板能够与 60～115mm 宽的横梁配合使用。

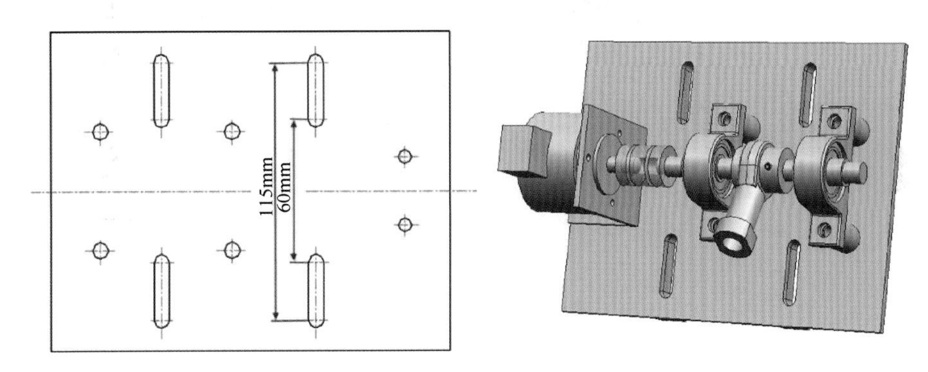

图 12-37　基板装配尺寸图及装配模型

12.3.2　耕深测量原理

使用上述测量装置进行耕深监测时，将耕深测量装置安装到机具上，地轮被机具拖着行走在未被耕作的农田地表。当耕作深度发生变化时，摆臂与竖直面（与农田地表垂直的面）的夹角会同步发生变化，例如，当耕深增加 H 时，摆臂与竖直面夹角由 θ_1 变化到 θ_2，耕深监测功能节点的微控制器通过编码器的输出监测此角度的变化，经过运算得到当前的耕深值。根据农田地表与机具纵梁的关系，耕深的计算过程可分为 4 种情况：①农田地表水平机具平行于农田地表；②农田地表水平机具不平行于农田地表；③农田地表不水平机具平行于农田地表；④农田地表不水平机具不平行于农田地表。

12.3.2.1　农田地表水平机具平行于农田地表

如图 12-38 所示，若农田地表水平，并且机具平行于农田地表，在机具未入土时，摆臂与竖直面夹角为 θ_1，机具入土后的夹角为 θ_2，摆臂的长度为 L，由几何关系可以计算得到耕深 H：

$$H = L \times (\cos\theta_1 - \cos\theta_2) \tag{12-28}$$

式中，H 为耕深，mm；L 为摆臂长，mm；θ_1 为入土后摆臂与竖直面夹角，(°)；θ_2 为入土前摆臂与竖直面夹角，(°)。

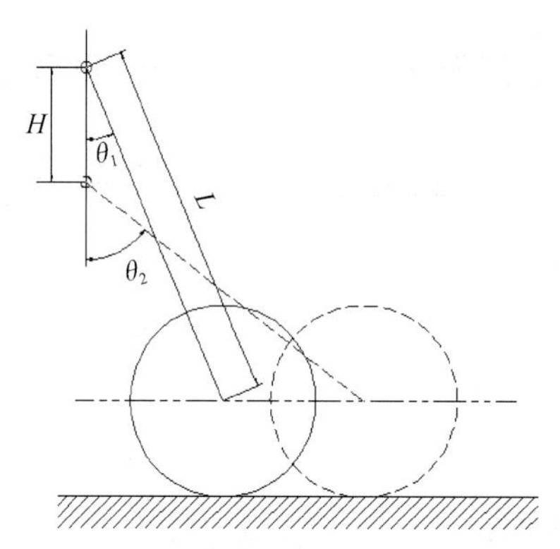

图 12-38 耕深计算几何关系（之一）

12.3.2.2 农田地表水平机具不平行于农田地表

耕深是机具在垂直于农田地表的方向入土的距离，在农田地表水平的情况下，耕深是在 b-b 方向的距离。耕深是由机具相对于农田地表发生相对运动引起的，为了几何关系计算的方便，以相对运动的观点，机具相对于农田地表的在高度方向的变化，相当于机具不动，土地平面发生了上升。如图 12-39 所示，土地面 1 表示机具未入土时的农田地表，土地面 2 表示机具入土后等效的农田地表。

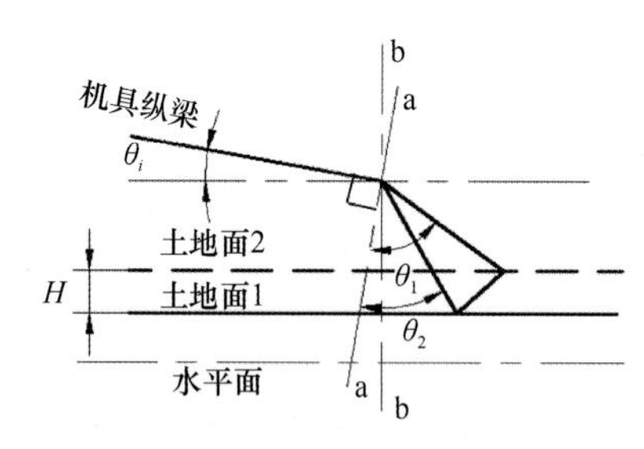

图 12-39 耕深计算几何关系（之二）

b-b. 竖直面；a-a. 与机具纵梁垂直面；θ_2. 未入土时摆臂夹角；θ_1. 入土后摆臂夹角；θ_i. 机具纵梁与水平面的夹角

若农田地表是水平的，机具的纵梁与农田地表有夹角，不平行于农田地表，耕深的计算公式为

$$H = L \times \cos(\theta_2 - \theta_i) - L \times \cos(\theta_1 - \theta_i) \tag{12-29}$$

式中，H 为耕深，mm；L 为摆臂长，mm。

12.3.2.3 农田地表不水平机具平行于农田地表

此时，农田地表与水平面有夹角，角度为 θ_g，机具的纵梁与农田地表平行（图 12-40）。

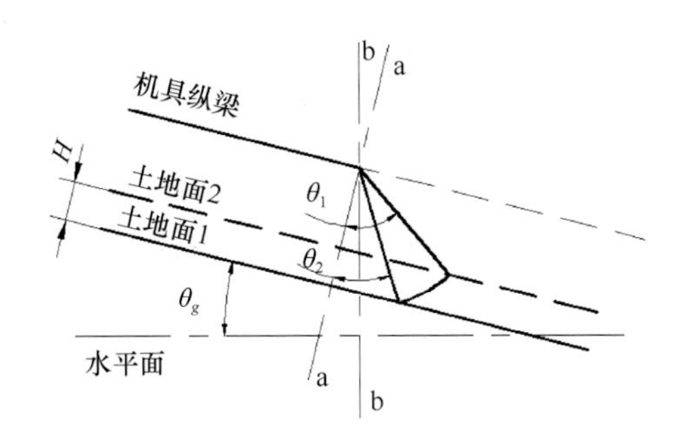

图 12-40　耕深计算几何关系（之三）

b-b. 竖直面；a-a. 与机具纵梁垂直面；θ_2. 未入土时摆臂夹角；θ_1. 入土后摆臂夹角；θ_g. 农田地表与水平面的夹角

此时，耕深的计算公式为

$$H = L \times (\cos\theta_2 - \cos\theta_1) \tag{12-30}$$

式中，H 为耕深，mm；L 为摆臂长，mm。

可见此时的计算公式与式（12-28）土地水平机具与农田地表平行时的计算公式相同。

12.3.2.4　农田地表不水平机具不平行于农田地表

此时，农田地表倾斜角度为 θ_g，机具纵梁相对于农田地表倾斜 θ_i。a-a 为与机具纵梁垂直的面，b-b 为与水平面垂直的面，c-c 为与农田地表垂直的面，耕深是各线交汇点在与农田地表垂直的 c-c 方向的距离。机具未入土时，摆臂与 a-a 的夹角为 θ_2，入土后摆臂与 a-a 的夹角为 θ_1（图 12-41）。

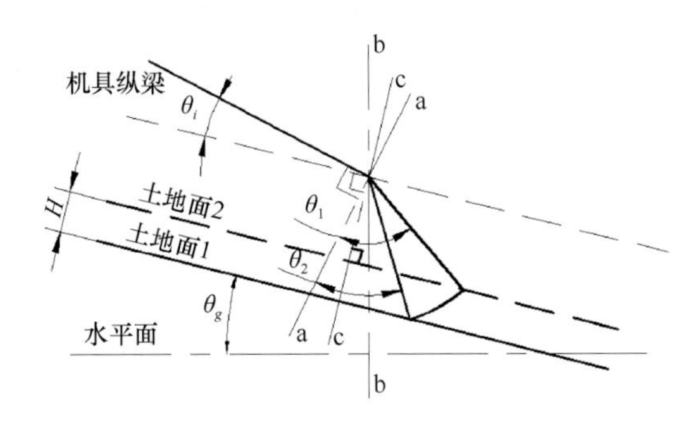

图 12-41　耕深计算几何关系（之四）

b-b. 竖直面；a-a. 与机具纵梁垂直面；c-c. 与农田地表垂直面；θ_2. 未入土时摆臂夹角；
θ_1. 入土后摆臂夹角；θ_g. 农田地表与水平面的夹角

此时，耕深的计算公式为

$$H = L \times \cos(\theta_2 - \theta_i) - L \times \cos(\theta_1 - \theta_i) \tag{12-31}$$

式中，H 为耕深，mm；L 为摆臂长，mm；θ_1 为入土后摆臂与 a-a 面夹角，(°)；θ_2 为入土前摆臂与 a-a 面夹角，(°)；θ_i 为机具纵梁与农田地表的夹角，(°)。

通过对以上 4 种情况下的耕深测量式（12-28）～式（12-31）的分析可知，耕深测量结果和农田地表与水平面的夹角 θ_g 无关，和机具的纵梁与农田地表的夹角 θ_i 有关，即农田地表是否水平不影响测量结果，机具是否与农田地表平行影响测量结果。因此，计算耕深仅仅需要以下 4 个参数：摆臂长 L、摆臂夹角 θ_1、摆臂夹角 θ_2 和机具纵梁与农田地表的夹角 θ_i。

12.3.3 耕深监测节点硬件与软件设计

12.3.3.1 硬件设计

耕深监测功能节点主控制器选用 STC 生产的型号为 STC12C5A60S2 的增强型 8051 单片机。该单片机具有 1T 的时钟周期，最高工作频率为 35MHz，片载 60K flash 程序存储器、1280byte SRAM、1K EEPROM，集成有 2 路 UART 串口，2 路 PWM 输出，1 路 SPI 接口。STC12C5A60S2 通过串口下载程序，无须专门的编程设备，开发成本较低，其 SPI 接口可与 CAN 协议控制器 MCP2515 直接连接。

耕深监测功能节点从 CAN 通信网络的 PWR+和 GND 线缆获得+12V 电源（图 12-42），经线性稳压器 7805 将电压转换成 5V，为单片机、程序下载电路和 CAN 控制电路提供电源。

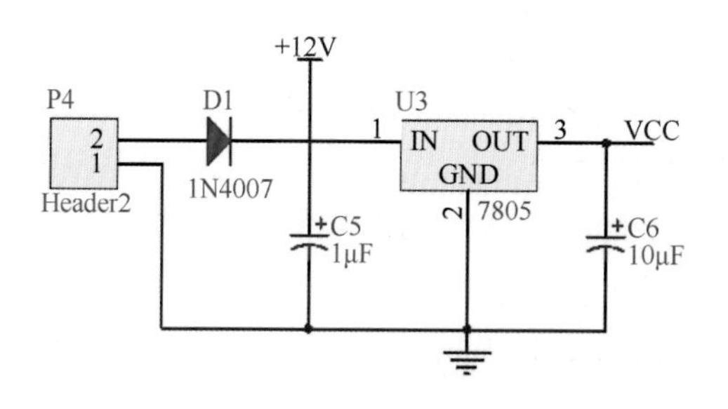

图 12-42 电源电路

程序下载电路由芯片 MAX232 构成（图 12-43），MAX232 可实现电脑的串口 RS232 逻辑电平与单片机 STC12C5A60S2 串口 5V TTL 电平的双向转换。

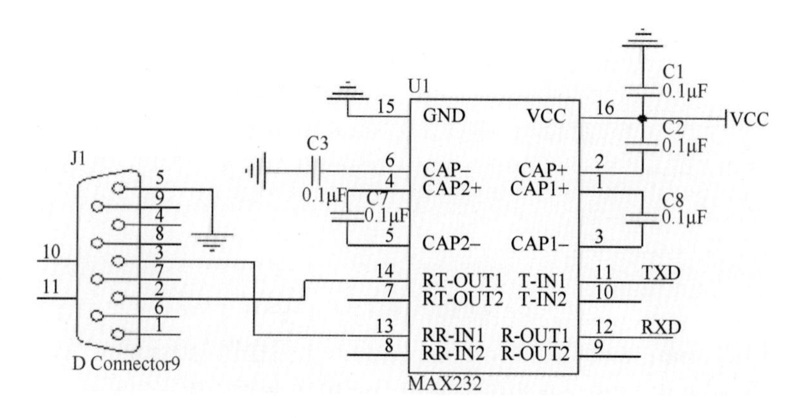

图 12-43 程序下载电路

STC12C5A60S2 通过端口 P2 和端口 P4.4、P4.5 组合与编码器 TRD-NA1024NW 通信，P2.0 连接编码器输出数据最高位，P4.5 连接输出数据最低位，具体连接方式见图 12-44。

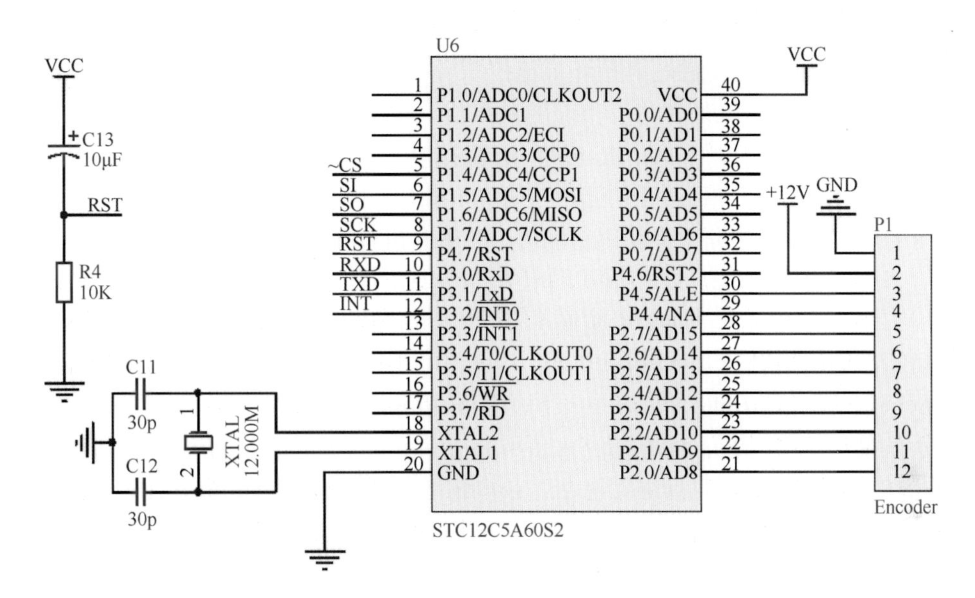

图 12-44　单片机与编码器连接

耕深监测功能节点的 CAN 通信部分采用 MCP2515 作为 CAN 协议控制器，TJA1050 作为 CAN 收发器。MCP2515 与单片机 STC12C5A60S2 通过 SPI 端口连接，具体连接关系见图 12-45。此处 MCP2515 和 TJA1050 都工作在 5V 状态，这一点与监测平台监控终端中 CAN 收发板 MCP2515 略有不同，因为此处 MCP2515 要与工作于 5V 的 STC12C5A60S2 相兼容。MCP2515 的中断输出引脚连接到 STC12C5A60S2 的外部中断 0 引脚 P3.2。

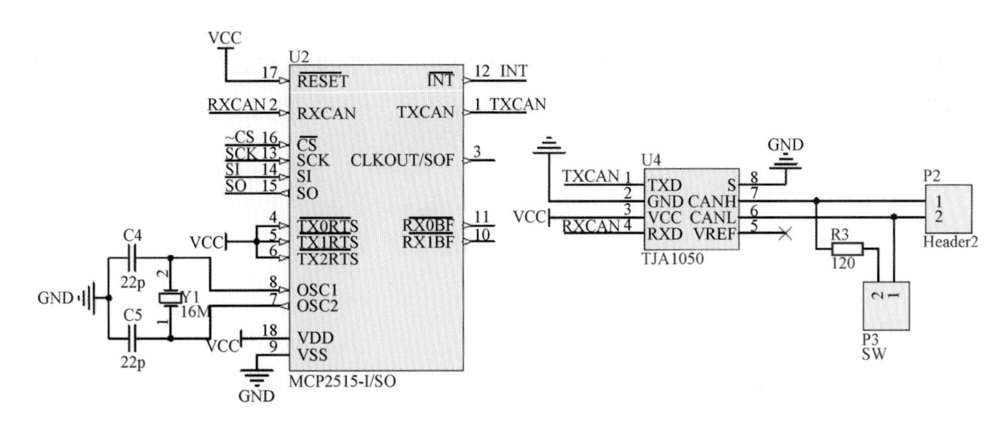

图 12-45　CAN 通信电路

12.3.3.2　软件设计

耕深监测功能节点软件运行于 STC12C5A60S2 单片机，该单片机处理耕深测量装置上编码器的输出信号，用于耕深数据的采集。为了在监测平台监控终端上显示机具耕深的情况，也需要开发运行于监测平台监控终端的 LabVIEW 程序。

耕深测量装置部分的微控制器程序的主要作用是周期性地读取编码器的值，然后微控制器操纵CAN通信模块通过典型环节监控平台的CAN网络将编码器数据发送给监控终端，监控终端通过运算处理得到当前的耕深值。

微控制器的程序流程图如图12-46所示，微控制器启动以后首先进行串口的初始化，串口用于程序的调试。然后进行初始化配置P4端口，因为编码器的输出有10位，P2口只有8位，扩展P4口也作为编码器的接口。然后进行SPI通信端口的初始化，对SPI控制寄存器进行设置，实现SPI通信。初始化定时器，设定定时器的时间为50ms，时间到后定时器产生中断，在定时器中断服务程序中配合计数全局变量，使每20次中断置位一次读取编码器数值标记Tflag，即每1s处理编码器数据一次。然后进行CAN通信模块的初始化和中断的初始化，打开定时器中断和外部中断0。

在处理编码器时，首先读取编码器的当前值，由于TRD-NA1024NW输出的是二进制的格雷码，需要将格雷码转换成数值，将转换完成的数据按照监测平台CAN网络数据通信的协议存放到发送缓存数组中，调用CAN报文发送函数，启动编码器数据报文发送。清零定时时间标记Tflag，等待下次定时时间到，重复进行编码器数据的上述处理过程。

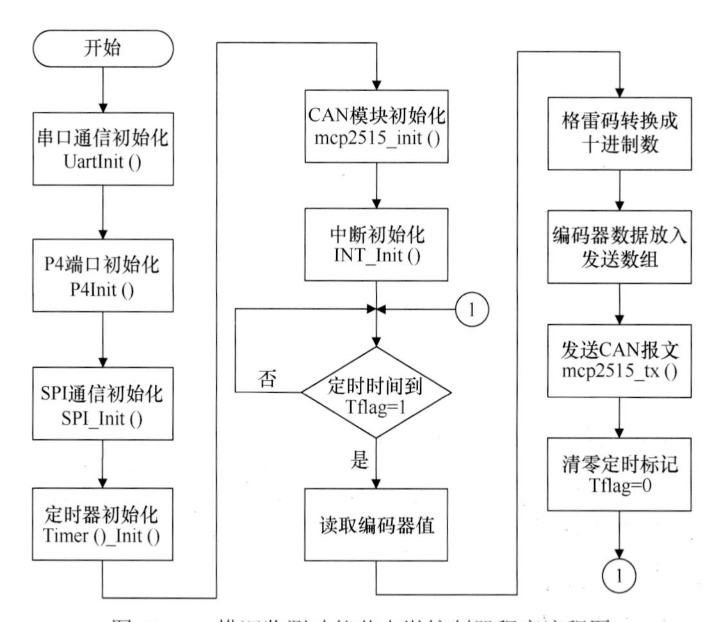

图12-46 耕深监测功能节点微控制器程序流程图

按照CAN通信网络通信协议的规定，耕深监测功能节点的编码信息见表12-19。耕深监测功能节点的地址码为0x02，耕深的编码器值数据类型编码为0x01，传输的8字节数据中，第一字节为编码器的高字节数据，第二字节为编码器的低字节数据，其余6个字节的值为0。

表12-19 数据类型的编码与数据格式定义

作业类型	数据类型	数据类型编码	数据格式
耕深监测（0x02）	耕深的编码器值	0x01	第一字节为编码器高字节，第二字节为编码器低字节，其余为0

监控终端耕深监测软件界面见图 12-47，软件中显示有耕深实时值、耕深历史曲线、当前编码器的数值、摆臂与机具纵梁垂线夹角、摆臂的长度、文件存储信息和机具与农田地面的夹角。界面上按钮“校核”的作用是置当前的耕深值为 0，在机具未入土时，地轮与未被耕作的土地表面接触，按下此按钮一次，将耕深值设定为 0，后台程序记录下此时的编码器数值，用于当机具入土后，耕作深度的计算求解。摆臂长度、文件存储路径和机具与农田地面的夹角需要用户在作业之前输入软件中。

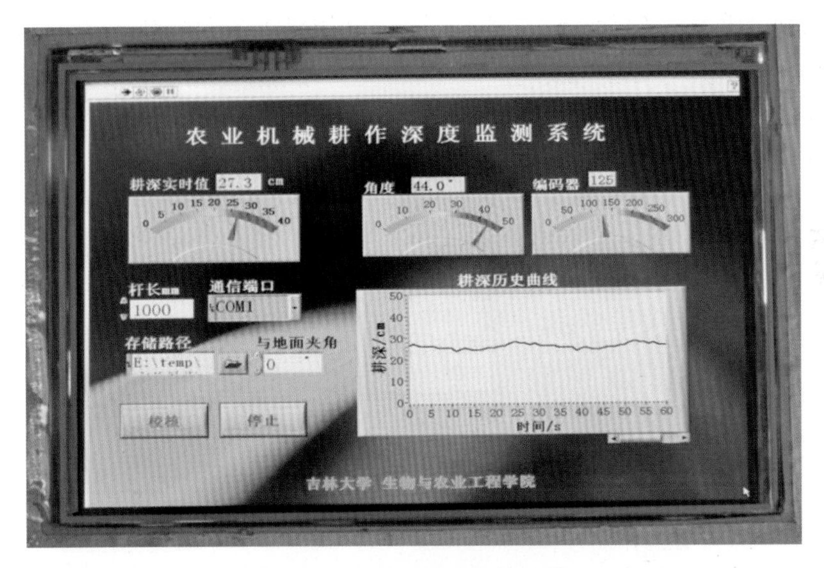

图 12-47　耕深监测软件界面

软件的处理过程为：首先从 LabVIEW 串口接口函数得到的 10 字节数组中提取报文源地址，判断是否为耕深监测功能节点（0x02）发送过来的数据。如果是耕深监测功能节点发来的数据，提取数据类型编码值判断是否为编码器值（0x01），判断为编码器值之后，将第 1 字节和第 2 字节数据提取出来，通过子 VI 转换成角度值。判断前面板“校核”按钮是否按下，如果按下，将此时的杆长 $L\times\cos\theta$ 存入临时变量 tem；如果前面板“校核”按钮没有按下，按照式（12-30）做运算操作，此过程框图见图 12-48，运算得到的耕深实时值传递给显示变量。

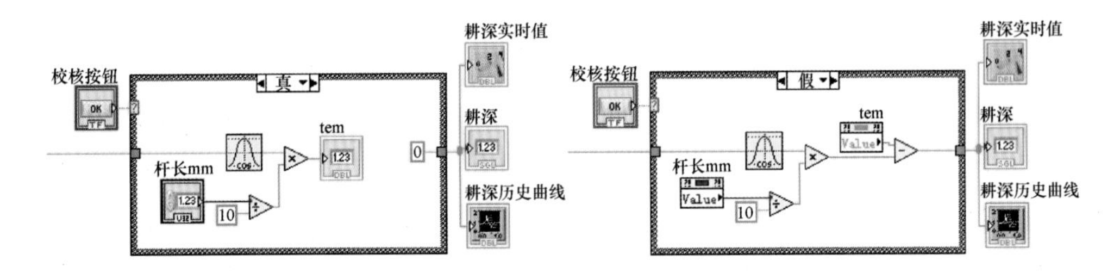

图 12-48　耕深数据处理程序框图

然后将得到的耕深值以一定的格式记录到.txt 文件中，当用户单击“停止”按钮时，程序关闭通信串口和数据记录文件，退出程序运行。

12.3.4 耕深监测作业试验

12.3.4.1 室内模拟试验

实验室试验主要有两个目的：一是验证典型环节监控平台能否完成设计的功能，二是测试耕深监测功能节点的测量精度，并考察机具倾斜对测量结果的影响。

为了进行实验室试验，研究人员设计了用于耕深测试的试验台，见图 12-49。试验台由底座、导轨、立柱、高度尺、横梁、直线轴承、微控制器板和 12.3.1.1 节所述的耕深测量装置等组成。

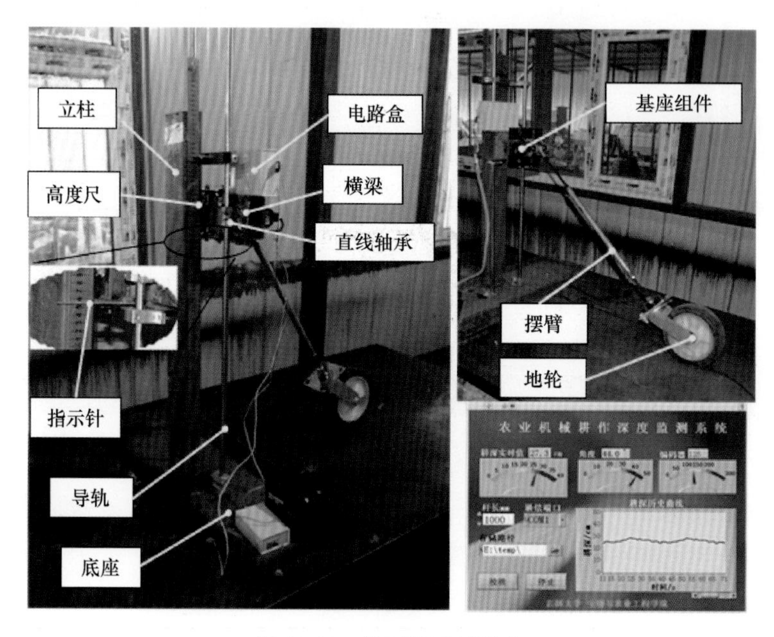

图 12-49 耕深测试试验台

横梁与直线轴承焊接在一起，横梁可以通过直线轴承沿着两个导轨上下移动用于模拟耕深的变化。立柱与底座焊接在一起，立柱上固定有高度尺。通过横梁上随横梁上下移动的指示针和固定在立柱上的高度尺可以显示横梁的当前高度。

1. 机具平行于农田地表

首先在底座没有倾斜的情况下进行试验测试，这种情况模拟了农田地表水平机具平行于农田地表和农田地表不水平机具平行于农田地表的情景。为了使耕深测量装置能够适应不同高度的机具，测量装置的摆臂长度可以调节，根据机具未入土时横梁与地面的高度情况，试验分别在摆臂长为 750mm、875mm 和 1000mm 的条件下进行，每个摆臂长下分别重复 3 次，得到如表 12-20～表 12-22 所示的结果，而图 12-50 和图 12-51 则分别为不同耕深的绝对误差与相对误差（对 3 种摆臂长度下的试验数据分别求解测量平均值、标准差、绝对误差和相对误差，最后求解绝对误差和相对误差的最大值与平均值）。

表 12-20　摆臂长 750mm 时处理后试验数据

实际耕深值/mm	测量平均值/mm	标准差	绝对误差/mm	相对误差/%
50	49.6	1.7	–0.4	–0.80
100	100.4	1.9	0.4	0.40
150	150.9	2.0	0.9	0.60
200	201.7	2.2	1.7	0.85
250	251.8	2.3	1.8	0.72
300	303.0	0.0	3.0	1.00
350	353.3	0.0	3.3	0.94
400	400.8	0.0	0.8	0.20
450	452.4	2.6	2.4	0.53
500	501.8	2.6	1.8	0.36
最大值			3.3	1.00

表 12-21　摆臂长 875mm 时处理后试验数据

实际耕深值/mm	测量平均值/mm	标准差	绝对误差/mm	相对误差/%
50	48.3	2.1	–1.7	–3.40
100	97.3	2.1	–2.7	–2.70
150	149.3	2.1	–0.7	–0.47
200	202.4	2.4	2.4	1.20
250	254.5	2.5	4.5	1.80
300	303.4	2.6	3.4	1.13
350	355.2	2.1	5.2	1.49
400	404.8	2.7	4.8	1.20
450	453.4	2.1	3.4	0.76
500	506.2	2.1	6.2	1.24
最大值			6.2	1.80

表 12-22　摆臂长 1000mm 时处理后试验数据

实际耕深值/mm	测量平均值/mm	标准差	绝对误差/mm	相对误差/%
50	48.3	5.1	–1.7	–3.40
100	97.1	3.2	–2.9	–2.90
150	149.6	3.4	–0.4	–0.27
200	202.1	2.7	2.1	1.05
250	256.1	9.3	6.1	2.44
300	301.9	0.6	1.9	0.63
350	354.3	0.7	4.3	1.23
400	399.7	4.2	–0.3	–0.08
450	453.6	4.2	3.6	0.80
500	502.1	4.3	2.1	0.42
最大值			6.1	2.44

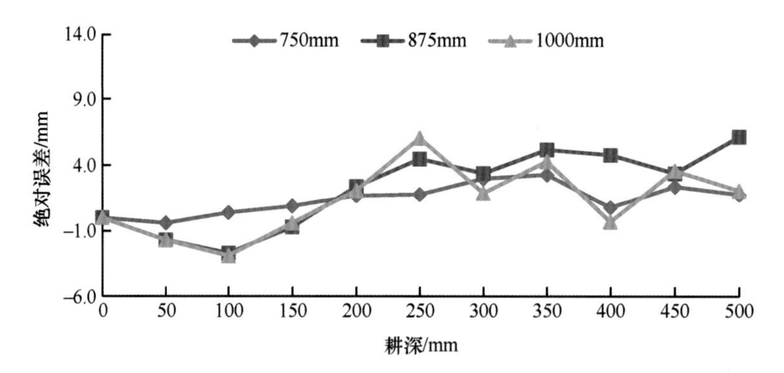

图 12-50　不同耕深的绝对误差

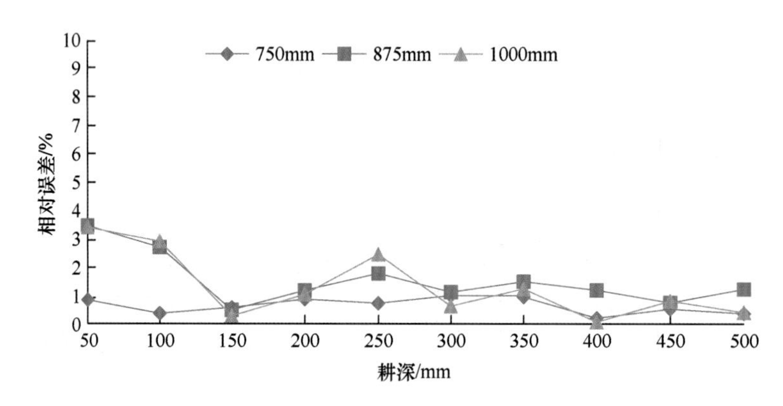

图 12-51　不同耕深的相对误差

不同摆臂长度下绝对误差对比和相对误差对比分别见图 12-52 与图 12-53，当摆臂长为 750mm 时，最大绝对误差为 3.3mm，最大相对误差为 1.00%；当摆臂长为 875mm 时，最大绝对误差为 6.2mm，最大相对误差为 1.80%；当摆臂长为 1000mm 时，最大绝对误差为 6.1mm，最大相对误差为 2.44%。

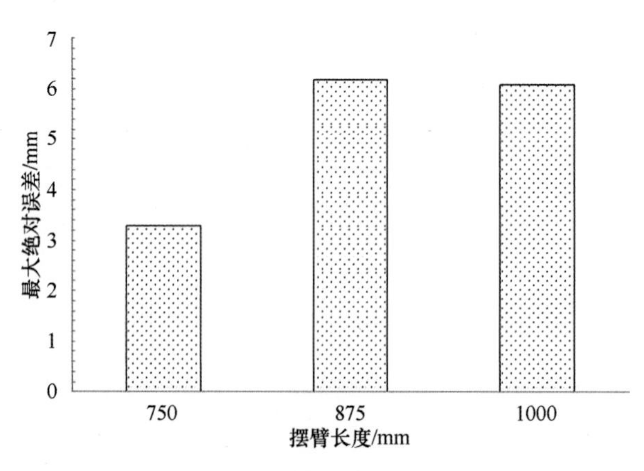

图 12-52　不同摆臂长度下绝对误差对比

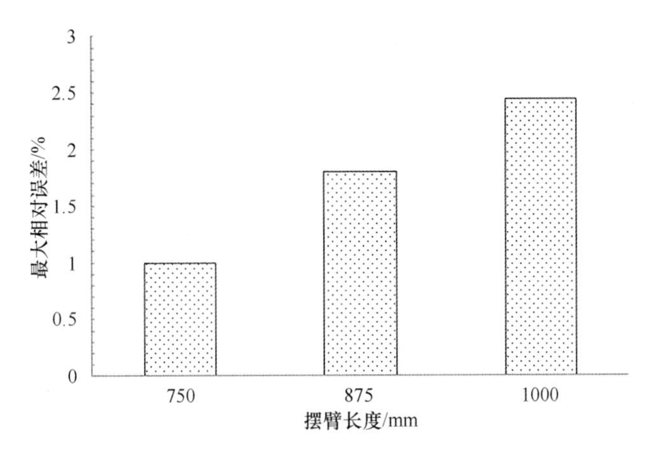

图 12-53　不同摆臂长度下相对误差对比

2. 机具不平行于农田地表

当机具与农田地表不平行时，要得到准确的耕深值，需要测量得到机具纵梁相对于农田地表的夹角 θ_i，然而此角度在实际作业中非常不容易得到，因为在测量时找不到相应的参照物。在此节中，作者倾斜实验台底座用以模拟机具倾斜的情况，在计算时仍然使用机具平行于农田地表的公式计算耕深，考察在不同的倾斜角度下测量结果的误差，从而考察系统在实际应用中不测量倾斜角度来计算耕深的可应用性。

试验在 3 个倾斜角度下进行，θ_i 分别为 5°、10°和 15°，摆臂长度固定为 1000mm。每个倾斜角度下每个层次耕深分别测量 3 次，试验结果见表 12-23～表 12-25。

表 12-23　倾斜角度 θ_i=5°时测量结果

实际耕深值/mm	测量平均值/mm	标准差	绝对误差/mm	相对误差/%
50	51.8	5.37	1.8	3.60
100	103.6	3.36	3.6	3.60
150	159.0	3.55	9.0	6.00
200	213.9	2.93	13.9	6.95
250	268.1	6.31	18.1	7.24
300	319.4	2.93	19.4	6.47
350	371.3	0.55	21.3	6.09
400	421.6	2.93	21.6	5.40
450	472.5	4.13	22.5	5.00
500	523.5	0.61	23.5	4.70
最大值			23.5	7.24
平均值			15.5	5.50

表 12-24　倾斜角度 θ_i=10°时测量结果

实际耕深值/mm	测量平均值/mm	标准差	绝对误差/mm	相对误差/%
50	54.4	5.61	4.4	8.80
100	108.5	3.46	8.5	8.50
150	166.0	3.61	16.0	10.67
200	222.6	3.09	22.6	11.30
250	278.2	6.55	28.2	11.28
300	330.5	3.09	30.5	10.17
350	383.2	0.43	33.2	9.49
400	434.1	3.09	34.1	8.53
450	485.2	4.00	35.2	7.82
500	536.4	0.45	36.4	7.28
最大值			36.4	11.30
平均值			24.9	9.38

表 12-25　倾斜角度 θ_i=15°时测量结果

实际耕深值/mm	测量平均值/mm	标准差	绝对误差/mm	相对误差/%
50	56.6	5.80	6.6	13.20
100	112.7	3.53	12.7	12.70
150	171.7	3.65	21.7	14.47
200	229.7	3.23	29.7	14.85
250	286.2	6.74	36.2	14.48
300	339.1	3.23	39.1	13.03
350	392.3	0.32	42.3	12.09
400	443.4	3.23	43.4	10.85
450	494.4	3.84	44.4	9.87
500	545.3	0.29	45.3	9.06
最大值			45.3	14.85
平均值			32.1	12.46

通过对上述试验结果分析可得到以下结论。

1）机具纵梁的倾斜角度 θ_i 越大，耕深测量的绝对误差和相对误差越大。

2）在同一纵梁的倾斜角度 θ_i 情况下，耕深越深，耕深测量的绝对误差越大。当实际耕深为 500mm，θ_i 等于 5°、10°和 15°时，耕深测量绝对误差分别为 23.5mm、36.4mm 和 45.3mm。

3）在同一纵梁的倾斜角度 θ_i 情况下，耕深测量的相对误差整体上随耕深加深先降低，然后增加，再降低，在耕深为 200mm 左右时达到最大。θ_i 等于 5°、10°和 15°时，最大相对误差分别为 7.24%、11.30%和 14.85%。

12.3.4.2　田间试验

1. 试验条件

为了验证典型环节监控平台在田间环境的使用效果，研究人员将监测平台与耕深测量功能节点组合进行了田间试验，见图 12-54。田间试验于 2014 年 4 月在吉林农业大学试验田进行，将耕深测量装置安装到吉林大学研制的 1GZL-3 耕整联合作业机上，使用约翰迪尔 904 拖拉机，试验地为耕整过后准备播种的地块，地表基本没有秸秆覆盖。

图 12-54　耕深监测田间试验

对试验地的土壤坚实度和土壤含水率进行了测定，土壤取样时采用平行四边形对角线等距取点法确定 5 个采样点位置。用 SZ-3 型土壤硬度计测定土壤坚实度，用 T-300 型土壤水分温度检测仪测定土壤含水量。测得土壤坚实度平均值（单位：MPa）为 5cm 0.062，10cm 0.082，15cm 0.107；土壤含水量（单位：%）为 5cm 11.36，10cm 13.32，15cm 16.25。

2. 试验方法

试验中测量 1GZL-3 耕整机深松的深度，首先将深度调节到某一数值，机组保持此耕深数值行走 3m，在此过程中监测平台以 5Hz 的频率记录监测到的耕深。在 10cm、15cm、20cm、25cm、30cm 和 35cm 的耕深重复上述过程，完成所有深松深度测量点的测试。

3. 试验结果与分析

试验过程中，监测平台工作稳定可靠。图 12-55 和图 12-56 分别是设定耕深为 10cm 与 25cm 时，监测记录得到的耕深数据，试验结果见表 12-26。由于试验中数据采样的随机性，试验记录到的数据波动较大，将记录到的数据求平均值作为测量耕深值。

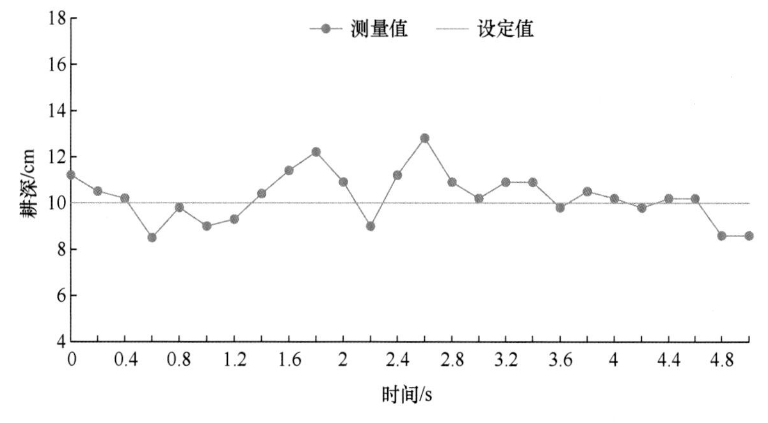

图 12-55　耕深 10cm 时的记录数据

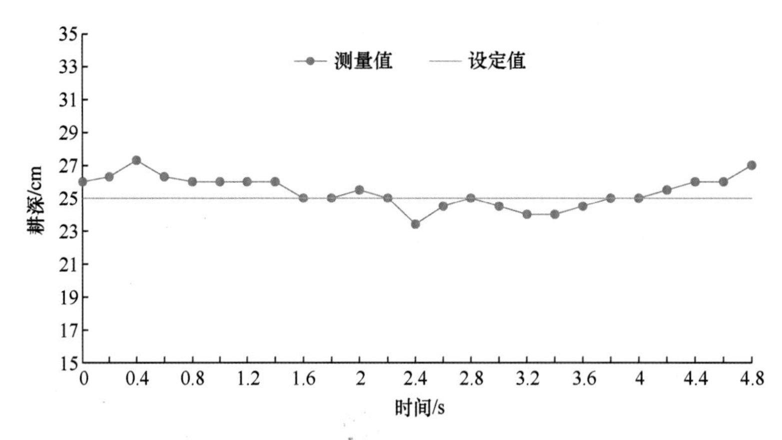

图 12-56 耕深 25cm 时的记录数据

表 12-26 田间试验测试结果

实际耕深值/cm	测量平均值/cm	标准差	绝对误差/mm	相对误差/%
10	10.34	0.95	3.4	3.40
15	13.89	1.40	−11.1	−7.40
20	21.13	1.37	11.3	5.65
25	25.46	0.88	4.6	1.84
30	29.13	1.18	−8.7	−2.90
35	35.76	1.21	7.6	2.17
最大			11.3	7.40

田间试验表明：耕深在 10～35cm 范围时，测量耕深值的最大误差为 11.3mm，最大相对误差为 7.40%（图 12-57、图 12-58）。

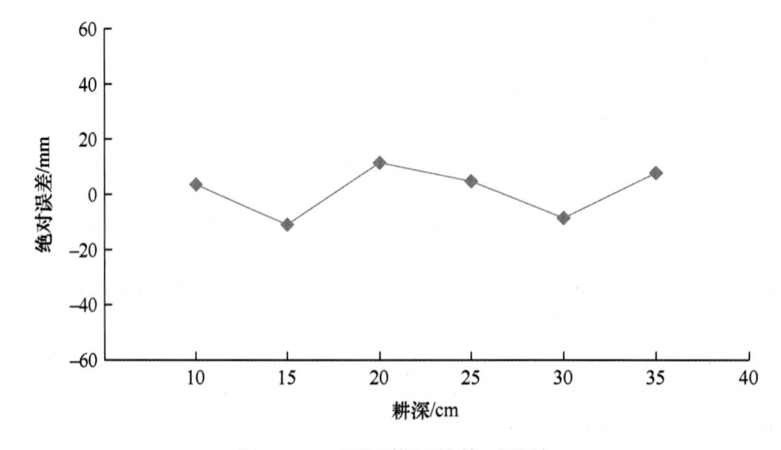

图 12-57 不同耕深的绝对误差

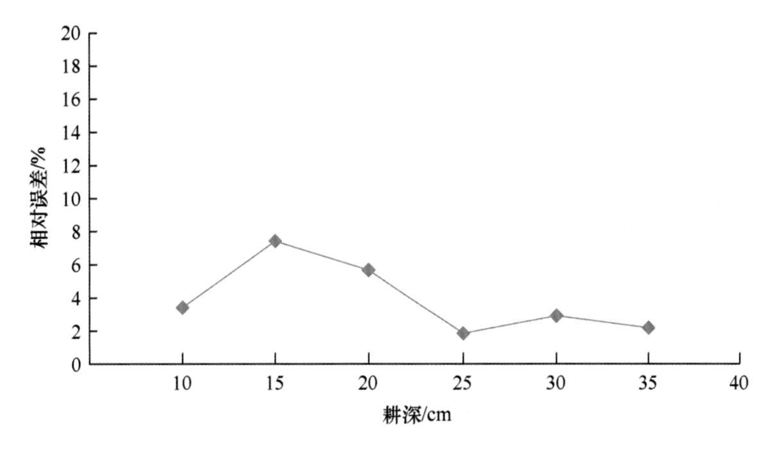

图 12-58　不同耕深的相对误差

主要参考文献

[1] 黄东岩, 贾洪雷, 祁悦, 等. 基于聚偏二氟乙烯压电薄膜的播种机排种监测系统. 农业工程学报, 2013, 29(23): 15-22.

[2] 中华人民共和国国家质量监督检验检疫总局, 中国国家标准化管理委员会. 单粒(精密)播种机试验方法: GB/T 6973—2005. 北京: 中国标准出版社, 2005.

[3] 马成林. 精密播种理论. 长春: 吉林科学技术出版社, 1999.

[4] Qi J T, Jia H L, Li Y, et al. Design and test of fault monitoring system for corn precision planter. International Journal of Agricultural & Biological Engineering, 2015, 8(6): 13-19.

[5] 孙全芳, 戴玉华, 刘东利, 等. 精密播种机监控系统的研究现状与发展趋势. 山东机械, 2005, (4): 60-62.

[6] Hristov L. 电容式接近检测技术在汽车电子中的应用. 电子设计技术, 2011, (5): 50-52.

[7] 汪云. 基于霍尔传感器的转速检测装置. 传感器技术, 2003, (10): 45-47.

[8] 中国农业机械化科学研究院. 农业机械设计手册(上下册). 北京: 中国农业科学技术出版社, 2007.

[9] Yang C, Everitt J H, Bradford J M. Comparisons of uniform and variable rate nitrogen and phosphorus fertilizer applications for grain sorghum. Transactions of the Asae, 2001, 44(2): 201-209.

[10] 张书慧, 马成林, 李伟, 等. 变量施肥对玉米产量及土壤养分影响的试验. 农业工程学报, 2006, 22(8): 64-67.

[11] Wittry D J, Mallarino A P. Comparison of uniform- and variable-rate phosphorus fertilization for corn-soybean rotations. Agronomy Journal, 2004, 96(1): 26-33.

[12] Jia H L, Guo M Z, Yu H B, et al. An adaptable tillage depth monitoring system for tillage machine. Biosystems Engineering, 2016, 151: 187-199.

[13] Søgaard H. Automatic control of a finger weeder with respect to the harrowing intensity at varying soil structures. Journal of Agricultural Engineering Research, 1998, 70(2): 157-163.

[14] Condon S, Ward S, Holden N, et al. AE—Automation and Emerging Technologies: the development of a depth control system for a peat milling machine, part Ⅰ: sensor development. Journal of Agricultural Engineering Research, 2001, 80(1): 7-15.